Klaus Görner • Kurt Hübner

Abfallwirtschaft und Bodenschutz

Springer-Verlag Berlin Heidelberg GmbH

Klaus Görner • Kurt Hübner

Abfallwirtschaft und Bodenschutz

Mit 245 Abbildungen und 171 Tabellen

 Springer

Prof. Dr.-Ing. habil. Klaus Görner
Dr. Kurt Hübner
Lehrstuhl für Umweltverfahrenstechnik und Anlagentechnik
FB 12 – Maschinenwesen
Universität GH Essen
Leimkugelstraße 10
45141 Essen

Die Deutsche Bibliothek - CIP-Einheitsaufnahme
Abfallwirtschaft und Bodenschutz / Hrsg.: Klaus Görner ; Kurt Hübner. Anm. von P. Beckefeld. - Berlin ; Heidelberg ; New York ; Barcelona ; Hongkong ; London ; Mailand ; Paris ; Singapur ; Tokio : Springer, 2002
(VDI-Buch)
ISBN 978-3-540-42008-8   ISBN 978-3-642-18197-9 (eBook)
DOI 10.1007/978-3-642-18197-9

Dieses Werk ist urheberrechtlich geschützt. Die dadurch begründeten Rechte, insbesondere die der Übersetzung, des Nachdrucks, des Vortrags, der Entnahme von Abbildungen und Tabellen, der Funksendung, der Mikroverfilmung oder Vervielfältigung auf anderen Wegen und der Speicherung in Datenverarbeitungsanlagen, bleiben, auch bei nur auszugsweiser Verwertung, vorbehalten. Eine Vervielfältigung dieses Werkes oder von Teilen dieses Werkes ist auch im Einzelfall nur in den Grenzen der gesetzlichen Bestimmungen des Urheberrechtsgesetzes der Bundesrepublik Deutschland vom 9. September 1965 in der jeweils geltenden Fassung zulässig. Sie ist grundsätzlich vergütungspflichtig. Zuwiderhandlungen unterliegen den Strafbestimmungen des Urheberrechtsgesetzes.

http://www.springer.de

Springer-Verlag Berlin Heidelberg 2002

Die Wiedergabe von Gebrauchsnamen, Handelsnamen, Warenbezeichnungen usw. in diesem Buch berechtigt auch ohne besondere Kennzeichnung nicht zu der Annahme, daß solche Namen im Sinne der Warenzeichen- und Markenschutz-Gesetzgebung als frei zu betrachten wären und daher von jedermann benutzt werden dürften.

Sollte in diesem Werk direkt oder indirekt auf Gesetze, Vorschriften oder Richtlinien (z.B. DIN, VDI, VDE) Bezug genommen oder aus ihnen zitiert worden sein, so kann der Verlag keine Gewähr für die Richtigkeit, Vollständigkeit oder Aktualität übernehmen. Es empfiehlt sich, gegebenenfalls für die eigenen Arbeiten die vollständigen Vorschriften oder Richtlinien in der jeweils gültigen Fassung hinzuzuziehen.

Einband-Entwurf: Struve & Partner, Heidelberg
Satz und graphische Gestaltung: medio Technologies AG, Berlin
Gedruckt auf säurefreiem Papier   SPIN: 10833324   68/3020Rw - 5 4 3 2 1 0

Geleitwort

Die Konzeption des Buches Hütte – Umwelttechnik (Umwelthütte), das in seiner Erstauflage 1999 erschien, ist auf ein breites Spektrum verschiedener Facetten des Umweltschutzes angelegt.

Es konnte damit ein großer Interessentenkreis angesprochen werden. Gleichwohl sind viele Leser an einzelnen Teilgebieten interessiert und wollen speziell ein Fachbuch zu diesem Thema. Verlag und Herausgeber haben sich daher entschlossen, diesem Wunsch nachzukommen und zu den Teilgebieten:
 Gewässerschutz,
 Abfallwirtschaft und
 Gasreinigung
eine Sonderauflage, jeweils als Teilausgabe des Gesamtwerkes, auf den Markt zu bringen.

Wir glauben, dass hierdurch die Darstellung der Gesamtzusammenhänge nicht leidet, da entsprechende Querverweise zu den jeweils anderen Sonderausgaben aufgenommen sind und wir im Übrigen auf das Gesamtwerk verweisen möchten.

Essen, im September 2001   Prof. Dr.-Ing. habil. Klaus Görner
                                                     Dr. rer.nat. Kurt Hübner

Hinweise zur Benutzung

Die in diesem Buch aufgenommenen Abschnitte sind mit denen des Gesamtwerks Hütte – Umweltschutztechnik identisch. Die Abschnittsnummerierung wie auch die Querverweise im Text auf andere Abschnitte, auch wenn diese nicht im Einzelband enthalten sind, wurden beibehalten. Obwohl für das Grundverständnis des Einzelbands nicht notwendig, ermöglichen diese Hinweise dem Leser einen eindeutigen Pfad zum Gesamtwerk und somit zu weiteren interessanten Ausführungen. Aus diesem Grund folgt im Anschluss an das Inhaltsverzeichnis dieses Teilbandes eine Inhaltsübersicht über das Gesamtwerk.

In Verbindung damit haben sich Herausgeber und Verlag außerdem entschieden, diesen Teilband mit dem vollständigen Sachverzeichnis zu versehen. Die hinter den Stichworten stehenden Seitenangaben verweisen jeweils auf den Abschnitt und somit auf den Teilband, in dem der jeweilige Begriff behandelt wird.

Autoren

Austermann-Haun, Ute, Prof. Dr.-Ing. (Abschn. G.3.3.5)
  FH Lippe, Abteilung Detmold, Emilienstr.45, 32756 Detmold
Barjenbruch, Matthias, Dr.-Ing, (Abschn. G.3.3.6)
  Institut für Kulturtechnik und Siedlungswasserwirtschaft, FB Landeskultur und Umweltschutz, Agrarwissenschaftliche Fakultät, Universität Rostock, Satower Str. 48, 18051 Rostock
Beckefeld, Petra, Dr. (Abschn. J.4.7, J.5.6)
  Hochtief Civil, Huyssenallee 22–30, 45128 Essen
Beine, Reinhard, A., Dr. (Abschn. J.4)
  Jessberger + Partner GmbH, Am Umweltpark 5, 44793 Bochum
Beisheim, Knut, Dr. (Abschn. L.1, L.4)
  Staatliches Umweltamt, Postfach 2730, 47727 Krefeld
Bilitewski, Bernd, Prof. Dr.-Ing. (Abschn. H.2.1)
  intecus – Ingenieurgemeinschaft für technischen Umweltschutz, Pohlandstr. 17, 01309 Dresden
Bortlisz, Johannes, Dipl.-Ing. (Abschn. M.2)
  Emschergenossenschaft Lippeverband, Kronprinzenstr. 24, 45128 Essen
Delling, Steffen, Dipl.-Ing. (Abschn. L.2.3, L.3.3)
  Landesumweltamt NRW, AB Anlagensicherheit, Wallneyer Str. 6, 45133 Essen
Doedens, Heiko, Prof. Dr.-Ing. habil., (Abschn. H.1, H.3, H.4)
  Institut für Siedlungswasserwirtschaft und Abfalltechnik, Fachgebiet Abfallwirtschaft, Universität Hannover, Welfengarten 1, 30167 Hannover
Eckardt, Andreas, Dr. (Abschn. J.2.1 – J.2.4)
  Staatliches Umweltfachamt Radebeul, Wasastr. 50, 01445 Radebeul
Euteneuer, Ulrich, Dipl.-Ing. (Abschn. L.3.2)
  Landesumweltamt NRW, AB Anlagensicherheit, Wallneyer Str. 6, 45133 Essen
Fabian, Peter, Prof. Dr. (Abschn. D.2)
  Institut für Bioklimatologie, Universität Münschen, Hohenbachernstr. 22, 85354 Freising
Feikes, Lieselotte, Dr. (Abschn. N.1.6)
  A.-L.-Grimm-Str. 18, 69469 Weinheim
Fischer, Klaus Martin, Dr. (Abschn. F.3.8)
  Institut für Siedlungswasserbau, Wassergüte- und Abfallwirtschaft, Universität Stuttgart, Bandtäle 2, 70569 Stuttgart
Fricke, Klaus, Dr.-Ing. (Abschn. H.7)
  IGW Fricke & Turk GmbH, Bischhäuser Aue 12, 37213 Witzenhausen
Gillmann, Peter, Dr.-Ing. (Abschn. H.2.2, J.5.2)
  Lehrstuhl für Umweltverfahrenstechnik und Anlagentechnik, Universität GH Essen, Leimkugelstr. 10, 45141 Essen
Görner, Klaus, Prof. Dr.-Ing. habil. (Kap. A)
  Lehrstuhl für Umweltverfahrenstechnik und Anlagentechnik, FB 12 – Maschinenwesen, Universität GH Essen, Leimkugelstr. 10, 45141 Essen

Grefen, Klaus, Prof. Dr.-Ing. (Abschn. B.1.1.3)
   Kommission Reinhaltung der Luft (KRdL) im VDI und DIN, Robert-Stolz-Str. 5, 40470 Düsseldorf
Greim, Helmut, Prof. Dr. (Abschn. D.3)
   Institut für Toxikologie der GSF, Postfach 1129, 85758 Oberschleißheim
Guderian, Robert, Prof. Dr. (Abschn. D.4)
   Institut für angewandte Botanik/Biologie, Universität Essen, Universitätsstr. 15, 45141 Essen
Haber, Wolfgang, Prof. em. Dr. Dr. h.c. (Abschn. D.5, N.4)
   Lehrstuhl für Landschaftsökologie, Technische Universität München, Weihenstephan,
   85350 Freising
Hartwig, Peter, Dr.-Ing. (Abschn. G.3.3.3.3, G.3.3.3.4)
   aqua consult Ingenieur GmbH, Mengendamm 16, 30177 Hannover
Haug, Hans-Peter, Dr.-Ing. (Abschn. G.1)
   Institut für Siedlungswasserwirtschaft, Wassergüte- und Abfallwirtschaft, Bandtäle 2,
   70569 Stuttgart
Heimhard, Hans-Jürgen, Dr. (Abschn. J.5.4)
   Thyssen Altwert Umweltservice GmbH, Postfach 143640, 45266 Essen
Heine, Peter, Dr. (Abschn. N.2)
   RWTÜV Fahrzeug GmbH, Institut für Fahrzeugtechnik, Abgasprüfstelle, Adlerstr. 7,
   45307 Essen
Hesse, Hans-Peter, Dipl.-Ing. (Abschn. M.2)
   Emschergenossenschaft Lippeverband, Kronprinzenstr. 24, 45128 Essen
Hochgreve, Heinz-Bernd, Dipl.-Ing. (Abschn. L.3.5)
   Landesanstalt für Arbeitsschutz, Ulenbergstr. 127-131, 40225 Düsseldorf
Hoffmann, Hinrich, Dr. (Abschn. N.1.4)
   Gimbacher Tann 34, 65779 Kelkheim/Ts.
Hübner, Kurt, Dr. (Abschn. F.1, F.2.2.2, F.3 ex. F.3.6.1 u. F.3.8)
   Lehrstuhl für Umweltverfahrenstechnik und Anlagentechnik, FB 12 – Maschinenwesen,
   Universität GH Essen, Leimkugelstr. 10, 45141 Essen
Jansen, Gerd, Prof. em. Dr. (Abschn. B.2.3, D.6, M.5, Kap. K)
   Zentrum für Arbeits- und Umweltmedizin, Ev. Krankenhaus, Kirchfeldstr. 35,
   40217 Düsseldorf
Jansen, Peer, Rechtsanwalt (Abschn. B.2.3)
   RAe Becker, Harlos & Jansen, Zeigertstr. 20, 40130 Essen
Jessberger, Hans Ludwig, Prof. Dr. (Abschn. J.3, J.5.5, J.6)
   Jessberger + Partner GmbH, Am Umweltpark 5, 44793 Bochum
Katzer, Helga, Dipl.-Ing. (Abschn. L.2.1, L.2.2)
   Landesumweltamt NRW, AB Anlagensicherheit, Wallneyer Str. 6, 45133 Essen
Ketelsen, Ketel, Dr.-Ing. (Abschn. H.6)
   IBA – Ingenieurbüro für Abfallwirtschaft und Entsorgung GmbH, Friesenstr. 14,
   30161 Hannover
Klein, Jürgen, Prof. Dr. (Abschn. J.5.3)
   DMT-Gesellschaft für Forschung und Prüfung mbH, Franz-Fischer-Weg 61, 45307 Essen
Klemmer, Paul, Dr. (Kap. C)
   Rheinisch-Westfälisches Institut für Wirtschaftsforschung e.V. RWI. Hohenzollernstr. 1-3,
   45128 Essen
Kunst, Sabine, Prof. Dr.-Ing. Dr. (Abschn. G.3.3.1, G.3.3.2)
   Institut für Siedlungswasserwirtschaft und Abfalltechnik, Universität Hannover, Welfengarten 1,
   30167 Hannover
Laßl, Michael, Dipl.-Geol. (Abschn. J.3, J.5.1, J.5.5)
   Jessberger + Partner GmbH, Am Umweltpark 5, 44793 Bochum
Lipphard, Günter, Prof. Dr.-Ing. (Kap. E)
   Brunhildenweg 7, 65779 Kelkheim/Ts.
Lützke, Klaus, Dr.-Ing (Abschn. M.1)
   RWTÜV Anlagentechnik GmbH,. Steubernstr 33, 45138 Essen

Malz, Franz, Prof. Dr.   (Abschn. G.3.2)
   Weidenbruch 63b, 45133 Essen
Marutzky, Rainer, Prof.   (Abschn. N.1.5)
   Fraunhofer Institut Holzforschung (WKI), Bienroder Weg 54E, 38108 Braunschweig
Melsa, Achim, Prof. Dr.   (Abschn. 3.4)
   Niersverband, Freiheitsstr. 173, 41747 Viersen
Mennerich, Artur, Prof. Dr.-Ing.   (Abschn. G.3.1)
   Fachbereich Bauingenieurwesen (Wasserwirtschaft und Umwelttechnik), FH Nordostniedersachsen, Herber-Meyer-Str. 7, 29556 Suderburg
Meyer, Hartmut, Dipl.-Ing.   (Abschn. G.3.3.3.1, G.3.3.3.2, G.3.3.3.5, G.3.3.3.6, G.3.3.4, G.3.3.5)
   Institut für Siedlungswasserwirtschaft und Abfalltechnik, Universität Hannover, Welfengarten 1, 30167 Hannover
Müller, Günther, Dr.-Ing.   (Abschn. J.2.1–J.2.4)
   Sächsisches Staatsministerium für Umwelt und Landesentwicklung, Referat Altlasten, Ostra-Allee 22, 01067 Dresden
Mull, Rolf, Prof. Dr.-Ing.   (Abschn. J.1)
   Institut für Wasserwirtschaft, Hydrologie und landwirtschaftlichen Wasserbau, Universität Hannover, Appelstr. 9A, 30167 Hannover
Nonn, Christiane, Dr.   (Abschn. M.3, M.4)
   Institut WAR, Technische Hochschule Darmstadt, Petersenstr. 13, 64287 Darmstadt
Pecher, Rolf, Dr.-Ing.   (Abschn. G.2)
   Klinkerweg 3, 40699 Erkrath
Pütz, Manfred, Prof. Dr.-Ing. Ministerialdirigent a.D.   (Abschn. B.2.1, B.2.2)
   In der Lohwiese 13, 44269 Dortmund
Rosenwinkel, Karl-Heinz, Prof. Dr.-Ing.   (Abschn. G.3.3.3.1, G.3.3.3.2, G.3.3.3.5, G.3.3.4)
   Institut für Siedlungswasserwirtschaft und Abfalltechnik, Universität Hannover, Welfengarten 1, 30167 Hannover
Rott, Ullrich, Prof. Dr.-Ing.   (Abschn. G.1)
   Institut für Siedlungswasserwirtschaft, Wassergüte- und Abfallwirtschaft, Bandtäle 2, 70569 Stuttgart
Saake, Michael, Dr.-Ing.   (Abschn. G.3.5)
   aqua consult Ingenieur GmbH, Mengendamm 16, 30177 Hannover
Salzwedel, Jürgen, Prof. Dr. Rechtsanwalt   (Abschn. B.4, B.5)
   Gaedertz Rechtsanwälte, Theodor-Heuss-Ring 19-21, 50668 Köln
Scherer-Leydecker, Chr., Dr. Rechtsanwalt   (Abschn. B.1.1 ex B.1.1.3-B.1.4, B.2.4, B.3)
   Gaedertz Rechtsanwälte, Theodor-Heuss-Ring 19-21, 50668 Köln
Schlebusch, Detlev, Dr.   (Abschn. N.1.1., N.1.2)
   Erlenweg 2, 61206 Wöllstadt
Schmidt, Dieter, Dr.-Ing.   (Abschn. L.3.1)
   Mechanische Verfahrenstechnik und Apparatetechnik, FB 12, Universität GH Essen, Universitätsstr. V15, 45117 Essen
Schmidt, Paul, Prof. em. Dr.-Ing.   (Abschn. F.2.1, F.2.2.1)
   Lehrstuhl für Umweltverfahrenstechnik und Anlagentechnik, FB 13 – Maschinenbau, Universität GH Essen, Leimkugelstr. 10, 45141 Essen
Schulz, Reinhard, Dr.-Ing.   (Abschn. F.2.2.3, F.3.6.1)
   Institut für Umweltverfahrenstechnik, Universität GH Essen, Leimkugelstr. 10, 45141 Essen
Streffer, Christian, Prof. Dr. Dr. h.c.   (Abschn. D.1, D.7, M.6)
   Institut für Med. Strahlenbiologie, Universitätsklinikum, 45122 Essen
Turk, Thomas, Dipl.-Ing.   (Abschn. H.7)
   IGW Fricke & Turk GmbH, Bischhäuser Aue 12, 37213 Witzenhausen
Vogelsang, Dieter, Prof. Dr.   (Abschn. J.2.5)
   Kampstr. 70, 30629 Hannover
Völcker, Helmut, Prof. Dr.   (Abschn. N.1.3)
   Huyssenallee 82-84, 45128 Essen

Weber, Burkhard, Dr.-Ing. (Abschn. H.5)
   Büro für Umwelt- und Verfahrenstechnik, Dr.-Ing. Burkhard Weber GmbH, Am Neuen Kamp 30, 24537 Neumünster
Werz, Hans Joachim (Abschn. N.1.1, N.1.2)
   Lurgi Metallurgie GmbH, Lurgiallee 5, 60295 Frankfurt/Main
Wiese, Norbert, Dr.-Ing. (Abschn. L.3.1, L.3.4)
   Landesumweltamt NRW, AB Anlagensicherheit, Wallneyer Str. 6, 45133 Essen
Wiesner, Siegfried, Dr. (Abschn. N.3)
   RWTÜV e.V., Steubenstr. 53, 45138 Essen
Wiggers, Helmut, Dr.-Ing. (Abschn. F.2.2.4)
   Mechanische Verfahrenstechnik und Apparatetechnik, FB 12, Universität GH Essen, Universitätsstr. V15, 45117 Essen

Inhalt

Der Verfasser/die Verfasserin eines bestimmten Kapitels/Abschnitts geht aus dem Autorenverzeichnis S. IX hervor.

B	**Rechtsgrundlagen des Umweltschutzes**	
	J. Salzwedel	
B.1	**Grundlagen des Umweltrechts**	B-1
	K. Grefen, Chr. Scherer-Leydecker	
B.1.1	Rechtsquellen des Umweltrechts	B-1
B.1.1.1	Internationales Umweltrecht	B-1
B.1.1.1.1	Umweltvölkerrecht	B-1
B.1.1.1.2	Europäisches Umweltrecht	B-1
B.1.1.2	Innerstaatliches Umweltrecht	B-2
B.1.1.2.1	Umweltverfassungsrecht	B-2
B.1.1.2.2	Gesetze, Rechtsverordnungen und Satzungen	B-3
B.1.1.2.3	Verwaltungsvorschriften	B-3
B.1.1.2.4	Empfehlungen von Sachverständigenausschüssen	B-4
B.1.1.3	Private Regelwerke	B-4
B.1.1.3.1	Die Verbindlichkeit privater Regelwerke	B-4
B.1.1.3.2	Normungsinstitutionen und Regelwerke im Bereich des Umweltschutzes	B-5
B.1.2	Instrumente des Umweltrechts	B-7
B.1.2.1	Materielle Verhaltenspflichten	B-7
B.1.2.2	Eigenüberwachung	B-7
B.1.2.2.1	Organisatorische Pflichten	B-7
B.1.2.2.2	Umweltaudit	B-7
B.1.2.3	Behördliche Überwachung	B-8
B.1.2.3.1	Mitwirkungs- und Duldungspflichten	B-8
B.1.2.3.2	Behördliche Vorabkontrolle	B-8
B.1.2.3.3	Ordnungsverwaltung	B-9
B.1.2.4	Umweltschutzplanung	B-10
B.1.2.5	Fiskalische Umweltschutzinstrumente	B-10
B.1.2.6	Umwelthaftung	B-10
B.1.2.7	Sanktionen im Umweltrecht	B-10
B.1.2.7.1	Umweltstrafrecht	B-10
B.1.2.7.2	Umwelt-Ordnungswidrigkeitenrecht	B-11
B.1.2.8	Aufklärung und Information	B-11
B.1.2.8.1	Aufklärung der Bevölkerung	B-11
B.1.2.8.2	Zugang zu Informationen über die Umwelt	B-12

B.1.3	Der behördliche Vollzug des Umweltrechts	B-12
B.1.3.1	Verwaltungsorganisation	B-12
B.1.3.2	Verwaltungshandeln und Rechtsschutz	B-13
B.1.3.2.1	Der Verwaltungsakt	B-13
B.1.3.2.2	Der öffentlich-rechtliche Vertrag	B-13
B.1.3.2.3	Der Verwaltungs-Realakt	B-14
B.1.3.2.4	Privatrechtliches Handeln der Verwaltung	B-14
B.1.4	Allgemeiner Umweltschutz: das Naturschutzrecht	B-14
B.1.4.1	Landschaftsplanung	B-14
B.1.4.2	Naturschutzrechtliche Eingriffsregelung	B-14
B.1.4.3	Naturschutzrechtlicher Gebiets- und Objektschutz	B-15
B.2	**Immissionsschutzrecht**	**B-15**
	G. Jansen, P. Jansen, M. Pütz, Chr. Scherer-Leydecker	
B.2.1	Allgemeines Immissionsschutzrecht	B-15
B.2.1.1	Die Teilbereiche des allgemeinen Immissionsschutzrechts	B-15
B.2.1.1.1	Anlagenbezogener Immissionsschutz	B-15
B.2.1.1.2	Produktbezogener Immissionsschutz	B-16
B.2.1.1.3	Verkehrsbezogener Immissionsschutz	B-16
B.2.1.1.4	Gebietsbezogener Immissionsschutz	B-17
B.2.1.2	Betreiberpflichten	B-17
B.2.1.2.1	Genehmigungsbedürftige Anlagen	B-17
B.2.1.2.2	Nicht genehmigungsbedürftige Anlagen	B-17
B.2.1.3	Die immissionsschutzrechtliche Anlagengenehmigung	B-18
B.2.1.3.1	Genehmigungspflicht	B-18
B.2.1.3.2	Genehmigungsverfahren	B-18
B.2.1.3.3	Rechtswirkung der Genehmigung	B-19
B.2.1.3.4	Genehmigungsvoraussetzungen	B-19
B.2.1.4	Überwachung	B-20
B.2.1.4.1	Behördliche Anordnungen	B-20
B.2.1.4.2	Maßnahmen der Eigenkontrolle	B-20
B.2.1.4.3	Anzeigepflicht bei Anlagenstillegung	B-21
B.2.2	Luftreinhaltung	B-21
B.2.2.1	Luftreinhalteplanung	B-21
B.2.2.2	Die TA Luft 1986	B-22
B.2.2.2.1	Begrenzung der Emissionen krebserzeugender Stoffe	B-22
B.2.2.2.2	Begrenzung der Emissionen von Gesamtstaub	B-22
B.2.2.2.3	Begrenzung der Emissionen staubförmiger anorganischer Stoffe	B-22
B.2.2.2.4	Begrenzung der Emissionen dampf- oder gasförmiger anorganischer Stoffe	B-22
B.2.2.2.5	Begrenzung der Emissionen organischer Stoffe	B-22
B.2.2.2.6	Besondere anlagenbezogene Anforderungen	B-24
B.2.3	Lärmschutz	B-24
B.2.3.1	Der Lärmschutz im Vollzug des Umweltrechts	B-24
B.2.3.2	Spezielle Lärmschutzvorschriften	B-26
B.2.3.2.1	Lärmschutz am Arbeitsplatz	B-26
B.2.3.2.2	TA Lärm	B-26
B.2.3.2.3	Verkehrslärm	B-26
B.2.3.2.4	Freizeitlärm	B-27
B.2.3.3	Die wichtigsten Lärmschutzwerte	B-27
B.2.4	Strahlenschutz	B-29
B.2.4.1	Strahlenschutzvorsorge	B-29
B.2.4.2	Atomrechtlicher Strahlenschutz	B-29
B.2.4.2.1	Anwendungsbereich des Atomrechts	B-29
B.2.4.2.2	Atomrechtliche Genehmigungen	B-30
B.2.4.2.3	Strahlenschutzpflichten	B-31

B.2.4.2.4	Eigenüberwachung	B-33
B.2.4.2.5	Behördliche Überwachung	B-33
B.2.4.2.6	Atomrechtliches Haftungsrecht	B-33
B.2.4.3	Schutz vor radioaktiver Strahlung außerhalb des Atomrechts	B-33
B.2.4.3.1	Schutz vor Radioaktivität im Bergbau	B-34
B.2.4.3.2	Sanierung radioaktiver Altlasten	B-34
B.2.4.3.3	Radonbelastung von Gebäuden	B-35
B.2.4.3.4	Schutz vor kosmischer Strahlung	B-35
B.2.4.4	Schutz vor nichtionisierender Strahlung	B-35
B.3	**Kreislaufwirtschafts- und Abfallrecht**	**B-36**
	Chr. Scherer-Leydecker	
B.3.1	Anwendungsbereich des Abfallrechts	B-37
B.3.1.1	Der Abfallbegriff	B-37
B.3.1.1.1	Der objektiv-tatsächliche Abfallbegriff (Entledigung)	B-37
B.3.1.1.2	Der subjektive Abfallbegriff (Entledigungswille)	B-37
B.3.1.1.3	Der normative Abfallbegriff (Entledigungsgebot)	B-38
B.3.1.1.4	Abfallkategorien	B-38
B.3.1.2	Ausnahmen von dem Anwendungsbereich	B-39
B.3.2	Die abfallrechtlichen Grundpflichten	B-39
B.3.2.1	Abfallvermeidung	B-39
B.3.2.2	Abfallverwertung	B-39
B.3.2.3	Abfallbeseitigung	B-40
B.3.2.4	Die Sonderregelung für Anlagen i.S.d. BImSchG	B-40
B.3.2.5	Entsorgungsverantwortung	B-40
B.3.3	Die abfallrechtliche Produktverantwortung	B-41
B.3.4	Maßnahmen der Eigenüberwachung	B-41
B.3.4.1	Abfallwirtschaftskonzepte und Abfallbilanzen	B-41
B.3.4.2	Die Betriebsorganisation	B-41
B.3.5	Die behördliche Überwachung	B-42
B.3.5.1	Die allgemeine Überwachung	B-42
B.3.5.2	Nachweisverfahren	B-42
B.3.5.3	Die Transport- und Vermittlungsgenehmigung	B-42
B.3.5.4	Abfallverbringung	B-43
B.3.5.5	Abfallbeseitigungsanlagen	B-44
B.3.5.6	Der Entsorgungsfachbetrieb	B-44
B.4	**Gewässerschutzrecht**	**B-45**
	J. Salzwedel	
B.4.1	Rechtsgrundlagen und Anwendungsbereich	B-45
B.4.2	Die Gewässerbewirtschaftung durch die Bundesländer	B-45
B.4.3	Das Erlaubnis- und Bewilligungsregime für Gewässerbenutzungen	B-46
B.4.3.1	Gewässerbenutzungen	B-46
B.4.3.2	Das System der subjektiv-öffentlichen Rechte der Gewässerbenutzung	B-46
B.4.3.3	Die besonderen Anforderungen für Abwassereinleitungen	B-47
B.4.4	Unterhaltung und Ausbau eines oberirdischen Gewässers	B-48
B.4.4.1	Die Gewässerunterhaltung	B-48
B.4.4.2	Der Gewässerausbau	B-49
B.4.5	Der anlagenbezogene Gewässerschutz	B-49
B.4.5.1	Die Grundsatzverbote des WHG	B-49
B.4.5.2	Das Recht der wassergefährdenden Stoffe	B-50
B.4.5.2.1	Das Recht der Rohrleitungsanlagen	B-50
B.4.5.2.2	Das Recht der Anlagen zum Umgang mit wassergefährdenden Stoffen	B-51
B.4.5.3	Sonstige anlagenbezogene Anforderungen	B-52
B.4.6	Wasserrechtliche Schutzgebiete	B-53
B.4.6.1	Wasserschutzgebiete	B-53

B.4.6.2	Überschwemmungsgebiete und Gewässerrandstreifen	B-53
B.4.7	Fiskalisches Wasserrecht	B-53
B.4.7.1	Abwasserabgabenrecht	B-53
B.4.7.2	Grundwasserabgabe und Wasserpfennig	B-54
B.4.8	Die wasserrechtliche Gefährdungshaftung	B-54
B.5	**Bodenschutzrecht**	**B-54**
	J. Salzwedel	
B.5.1	Grundlagen	B-54
B.5.1.1	Das Bundes-Bodenschutzgesetz	B-54
B.5.1.2	Die Gesetzgebungskompetenz	B-55
B.5.1.3	Anwendungsbereich	B-55
B.5.1.4	Prüf- und Sanierungswerte	B-56
B.5.2	Bodenschutzrechtliche Verwaltungsverfahren	B-56
B.5.2.1	Zuständige Behörden	B-56
B.5.2.2	Behördliche Maßnahmen	B-57
B.5.2.3	Der Sanierungsplan	B-58
B.5.3	Maßstäbe für die Inanspruchnahme von Handlungs- und Zustandsstörern	B-58
B.5.3.1	Störerverantwortlichkeit und Verhältnismäßigkeitstest	B-58
B.5.3.2	Die bodenschutzrechtliche Grundpflicht	B-59
B.5.3.3	Sanierungs- und Schutzmaßnahmen	B-59
B.5.3.4	Bodenschutz und Grundwasser	B-60
B.5.3.5	Maßstäbe für Untersuchungen	B-62
B.5.4	Anforderungen an Sanierungsuntersuchung und Sanierungsplan	B-62
B.5.4.1	Sanierungsuntersuchungen	B-62
B.5.4.2	Sanierungsplan	B-63
	Ergänzende Literatur	B-64
H	**Abfallwirtschaft**	
	H. Doedens	
H.1	**Einführung**	**H-1**
	H. Doedens	
H.1.1	Abfallbegriffe und Abfallentstehung	H-1
H.1.2	Abfallarten	H-2
H.1.3	Abfallmengen	H-3
H.1.4	Abfallzusammensetzung	H-4
H.1.5	Technische und rechtliche Vorgaben	H-6
H.1.6	Bewertungsverfahren	H-6
H.1.7	Produkt-, stoffgruppen- oder verfahrensspezifische Lösungen	H-10
H.2	**Abfallbehandlung**	**H-10**
	B. Bilitewski, P. Gillmann	
H.2.1	Mechanische Abfallaufbereitung	H-10
H.2.1.1	Zerkleinerung	H-11
H.2.1.2	Sortieren und Klassieren eines Stoffgemischs	H-13
H.2.1.2.1	Klassieren	H-13
H.2.1.2.2	Sortieren	H-16
H.2.1.3	Verfahrenskombinationen	H-18
H.2.1.3.1	Gewinnung von Brennstoffen	H-18
H.2.1.3.2	Mechanisch-biologische Vorbehandlung von Restabfall	H-18
H.2.2	Thermische Abfallbehandlung	H-21
H.2.2.1	Grundlagen der thermischen Abfallaufbereitung	H-22
H.2.2.1.1	Abfallverbrennung	H-22
H.2.2.1.2	Pyrolyse	H-24
H.2.2.2	Verfahrenstechnik der Abfallverbrennung	H-25
H.2.2.2.1	Feuerungssysteme und Anlagenaufbau	H-25

H.2.2.2.2	Emissions- und Rückstandssituation	H-30
H.2.2.3	Verfahrenstechnik der Abfallpyrolyse	H-32
H.2.2.3.1	Pyrolysesysteme und Anlagenaufbau	H-32
H.2.2.3.2	Emissions- und Rückstandssituation	H-32
H.2.2.4	Brennstoff aus Müll (BRAM)	H-34
H.3	**Abfallsammlung/Abfalltransport**	**H-34**
	H. Doedens	
H.3.1	Abfallsammlung	H-34
H.3.1.1	Aufgaben der Sammlung	H-34
H.3.1.2	Sammelsysteme	H-34
H.3.1.3	Sammelbehälter	H-35
H.3.1.4	Getrennte Sammlung	H-39
H.3.1.4.1	Planungsunterlagen	H-39
H.3.1.4.2	Systemübersicht zur getrennten Sammlung	H-39
H.3.1.4.3	Bringsysteme	H-39
H.3.1.4.4	Holsysteme	H-39
H.3.1.5	Sammelfahrzeuge	H-41
H.3.2	Transport	H-42
H.4	**Stoffliche Verwertung**	**H-44**
	H. Doedens	
H.4.1	Grundlagen	H-44
H.4.2	Verwertung von Altpapier (AP)	H-47
H.4.3	Altglas (AG)	H-51
H.4.4	Altkunststoff (AK)	H-54
H.4.5	Bauabfälle	H-59
H.4.5.1	Definitionen, Mengenaufkommen und Verwertung	H-59
H.4.5.2	Stofftrennung durch kontrollierten Rückbau von Bauwerken	H-61
H.4.5.3	Technik der Bauschuttaufbereitung	H-62
H.4.5.4	Verwertung von Straßenaufbruch	H-63
H.4.5.5	Sortierung und Aufbereitung von Baumischabfällen	H-64
H.4.5.6	Prüfkriterien, Beurteilung der Umweltverträglichkeit und Vermarktungschancen von Recyclingbaustoffen	H-65
H.5	**Abfallablagerung**	**H-68**
	B. Weber	
H.5.1	Grundlagen	H-68
H.5.2	Anforderungen an Deponien und Zuordnungskriterien	H-69
H.5.2.1	Neue Deponien	H-69
H.5.2.2	Altdeponien	H-70
H.5.3	Flächenbedarf und Erscheinungsbild der Deponie	H-72
H.5.4	Bautechnische Lösungen	H-74
H.5.5	Deponiebetrieb	H-76
H.5.6	Sickerwasser	H-76
H.5.6.1	Sickerwassermengen und -qualitäten	H-76
H.5.6.2	Sickerwasserbehandlungsverfahren	H-79
H.5.6.2.1	Einführung	H-79
H.5.6.2.2	Biologische Verfahren	H-79
H.5.6.2.3	Biologische Stufe/Aktivkohleadsorption	H-81
H.5.6.2.4	Biologische Stufe/Chemische Oxidation	H-81
H.5.6.2.5	Biologische Stufe/Umkehrosmose/Verdampfung/Trocknung	H-82
H.5.6.2.6	Biologische Stufe/Nanofiltration/Konzentratbehandlung	H-83
H.5.6.2.7	Mehrstufige Umkehrosmose/Verdampfung/Trocknung/ Stickstoffausschleusung	H-83
H.5.6.2.8	Auswahl eines Sickerwasserbehandlungsverfahrens	H-84
H.5.7	Deponiegas	H-85

H.5.7.1	Einführung	H-85
H.5.7.2	Gasproduktionsmodell	H-85
H.5.7.3	Gasqualität	H-87
H.5.7.4	Gasfassung	H-89
H.5.7.5	Gasförderstation und Gasbehandlung	H-90
H.5.7.6	Gasnutzung	H-91
H.5.7.7	Sicherheitstechnisches Konzept	H-93
H.5.8	Rekultivierung	H-93
H.5.9	Nachsorgephase von Deponien	H-93
H.6	**Abfallwirtschaftskonzepte**	**H-95**
	K. Ketelesen	
H.6.1	Ziele integrierter Abfallwirtschaft	H-95
H.6.2	Entwicklung der Konzepte und der rechtlichen Vorgaben	H-96
H.6.3	Inhalt und Struktur von Abfallwirtschaftskonzepten	H-96
H.6.4	Beispiele für Abfallwirtschaftkonzepte	H-99
H.6.4.1	Abfallvermeidung	H-99
H.6.4.2	Schadstoffentfrachtung	H-100
H.6.4.3	Abfallverwertung	H-100
H.6.5	Quantitative Auswirkungen abfallwirtschaftlicher Maßnahmen	H-100
H.6.6	Prognose der Mengen, Zusammensetzung und Eigenschaften zukünftiger Restabfälle	H-100
H.6.6.1	Änderung der Zusammensetzung der Restabfälle durch Vermeidung und Verwertung	H-102
H.6.6.2	Eigenschaften der Restabfälle	H-103
H.6.7	Zusammenfassung	H-104
H.7	**Biologische Abfallbehandlung**	**H-104**
	K. Fricke, Th. Turk	
H.7.1	Einleitung	H-104
H.7.2	Rechtlicher Rahmen	H-104
H.7.3	Organische Abfälle	H-105
H.7.3.1	Geeignete Abfälle zur Vermeidung und Verwertung	H-105
H.7.3.2	Geeignete Abfälle zur Restabfallbehandlung	H-106
H.7.4	Zuordnung einzelner Abfallarten zu den verschiedenen biologischen Behandlungstechnologien	H-106
H.7.5	Konzeptionen zur Verwertung und Restabfallbehandlung	H-108
H.7.5.1	Verwertung organischer Abfälle	H-108
H.7.5.1.1	Ausgangssituation	H-108
H.7.5.1.2	Status quo betriebener Verwertungsanlagen	H-108
H.7.5.1.3	Anlagen und Verfahrenstechnik	H-109
H.7.5.1.4	Kompostqualität	H-115
H.7.5.1.5	Vermarktung	H-117
H.7.5.2	Biologische Restabfallbehandlung	H-118
H.7.5.2.1	Ausgangssituation	H-118
H.7.5.2.2	Status quo betriebener MBA	H-118
H.7.5.2.3	Anlagen- und Verfahrenskonzeptionen	H-118
H.7.6	Emissionen	H-121
H.7.6.1	Abluftemissionen	H-123
H.7.6.1.1	Geruch	H-123
H.7.6.1.2	Schadstoffemissionen	H-123
H.7.6.2	Abwasseremissionen	H-125
H.7.6.2.1	Bio- und Grünabfallkompostierung	H-125
H.7.6.2.2	Restabfallbehandlung	H-125
	Literatur	H-126

J	**Altlastensanierung und Bodenschutz**	
	H.L. Jessberger	
J.1	**Wechselwirkungen mit der Umwelt**	J-1
	R. Mull	
J.1.1	Ursachen der Altlasten	J-1
J.1.2	Begriffsdefinition „Altlast"	J-1
J.1.3	Einteilung der Altlastenverdachtsflächen	J-2
J.1.4	Stand der Altlastenerfasseung	J-2
J.1.5	Einteilung in Stoffgruppen	J-2
J.1.6	Böden	J-2
J.1.7	Schadstoffausbreitung in der gesättigten und ungesättigten Bodenzone	J-5
J.1.8	Schutzgüter	J-9
J.1.9	Nutzungscharakteristik der Schutzgüter	J-10
J.1.10	Auswirkungen von Altlasten auf die Umwelt	J-11
J.1.11	Geogene und ubiquitäre Grundbelastung	J-12
J.1.12	Expositionsrisiken und Ableitung toxikologischer Grenzwerte	J-12
J.2	**Erkundung und Bewertung von Altlasten**	J-15
	A. Eckardt, G. Müller, D. Vogelsang	
J.2.1	Vorbemerkungen und Zielsetzungen	J-15
J.2.2	Erfassung und Erstbewertung	J-18
J.2.2.1	Zielsetzung	J-18
J.2.2.2	Generelles Vorgehen bei der Erhebung und Priorisierung von Altlastenverdachtsfällen	J-19
J.2.2.3	Rechnergestützte Behandlung von Altlastenverdachtsfällen	J-21
J.2.3	Erkundung und Gefährdungsabschätzung	J-23
J.2.3.1	Beprobungsfreie Phase	J-23
J.2.3.2	Technische Erkundung und Gefährdungsabschätzung	J-25
J.2.4	Rechtliche Probleme bei der Erfassung und Bewertung von Altlasten	J-26
J.2.5	Geophysikalische Methoden	J-28
J.2.5.1	Voraussetzungen	J-28
J.2.5.2	Aufgaben	J-28
J.2.5.3	Methoden	J-28
J.2.5.3.1	Geomagnetik	J-28
J.2.5.3.2	Geoelektrik	J-30
J.2.5.3.3	Seismik	J-35
J.2.5.3.4	Weitere Verfahren der Umweltgeophysik	J-37
J.2.5.4	Tabellen und Daten	J-39
J.3	**Handlungsstrategien für die Sanierung von Altlasten**	J-42
	H.L. Jessberger	
J.3.1	Einleitung	J-42
J.3.2	Relevante Umweltbelange	J-42
J.3.3	Zielsetzungen und Handlungsfelder	J-43
J.3.4	Sanierungskonzepte	J-46
J.3.5	Kostenbewußte Sanierungsstrategien	J-47
J.3.6	Altlasten – Planungsrandbedingung oder Investitionshemmnis	J-48
J.4	**Techniken zur Sicherung von Altlasten**	J-48
	R.A. Beine	
J.4.1	Überblick der Sicherungsverfahren	J-48
J.4.2	Hydraulische Verfahren	J-49
J.4.2.1	Grundprinzip	J-49
J.4.2.2	Anwendungsbereiche	J-50
J.4.3	Pneumatische Verfahren	J-51
J.4.3.1	Grundprinzip	J-51
J.4.3.2	Anwendungsbereiche	J-51

J.4.4	Oberflächensicherung	J-51
J.4.4.1	Grundprinzip	J-51
J.4.4.2	Anwendungsbereiche	J-52
J.4.5	Vertikale Abdichtung	J-55
J.4.5.1	Grundprinzip	J-55
J.4.5.2	Anwendungsbereiche	J-57
J.4.6	Nachträgliche Sohlabdichtung	J-58
J.4.6.1	Grundprinzip	J-58
J.4.6.2	Anwendungsbereiche	J-59
J.4.7	Immobilisierung	J-59
J.4.7.1	Grundprinzip	J-59
J.4.7.2	Anwendungsbereiche	J-60
J.4.7.3	Verfahrensprinzip	J-61
J.4.7.4	Übersicht Verfahrenstechniken	J-62
J.4.7.5	Anforderungen	J-62
J.4.7.6	Qualitätssicherung	J-63
J.5	**Dekontamination**	**J-63**
	P. Gillmann, H.-J. Heimhard, H.L. Jessberger, J. Klein, P. Beckefeld	
J.5.1	Überblick über Dekontaminationsmaßnahmen	J-63
J.5.2	Thermische Verfahren	J-64
J.5.2.1	Grundlagen der thermischen Altlastensanierung	J-65
J.5.2.2	Voruntersuchung und Vorbehandlung der Altlast	J-68
J.5.2.3	Verfahrensprinzipien zur thermischen Behandlung	J-69
J.5.2.3.1	Hochtemperaturverfahren	J-69
J.5.2.3.2	Mitteltemperaturverfahren	J-73
J.5.2.3.3	Thermische Sonderverfahren	J-75
J.5.2.4	Nachbehandlung des gereinigten Bodens	J-76
J.5.2.5	Kosten der Verfahren	J-76
J.5.2.6	Anwendungsbereiche und Reinigungsleistung	J-77
J.5.3	Biologische Verfahren	J-78
J.5.3.1	Grundprinzip	J-78
J.5.3.2	Voruntersuchungen	J-78
J.5.3.2.1	Abbaubarkeit der Schadstoffe	J-78
J.5.3.2.2	Bioverfügbarkeit der Schadstoffe im Boden	J-79
J.5.3.2.3	Einstellbarkeit der für den biologischen Abbau im Boden erforderlichen Bedingungen	J-80
J.5.3.3	Verfahrensprinzipien der biologischen Bodenbehandlung	J-80
J.5.3.3.1	Ex-Situ-Verfahren	J-80
J.5.3.3.2	In-Situ-Verfahren	J-83
J.5.3.4	Sanierungsüberwachung	J-84
J.5.3.5	Verwertung des Bodens	J-85
J.5.3.6	Perspektiven	J-85
J.5.4	Wasch- und Extraktionsverfahren	J-86
J.5.4.1	Grundprinzip	J-86
J.5.4.2	Anwendungsbereiche für Bodenwaschverfahren sowie Voraussetzungen für deren Anwendung	J-86
J.5.4.3	Allgemeines Verfahrensprinzip	J-89
J.5.4.4	Verfahrensschritte im einzelnen	J-90
J.5.4.4.1	Vorbereitung des Aufgabeguts	J-90
J.5.4.4.2	Naßaufschluß und Schadstoffablösung mittels kinetischer Energie	J-92
J.5.4.4.3	Schadstoffablösung mit Hilfsmitteln	J-93
J.5.4.4.4	Sortierprozesse	J-95
J.5.4.4.5	Feinstkornabtrennung	J-96
J.5.4.4.6	Nachbehandlung des gereinigten Bodens	J-98

J.5.4.4.7	Prozeßwasserführung und -aufbereitung	J-99
J.5.4.5	Emissionsstoffströmebehandlung	J-100
J.5.4.5.1	Abwasserreinigung	J-100
J.5.4.5.2	Abluftaufbereitung	J-100
J.5.4.6	Nachbehandlung der belasteten Restbodenfraktionen (Schadstoffkonzentratbehandlung)	J-101
J.5.4.7	Kosten der chemisch-physikalischen Bodenbehandlung	J-101
J.5.5	Elektrokinetisches Verfahren	J-102
J.5.5.1	Grundprinzip	J-102
J.5.5.2	Anwendungsbereiche	J-102
J.5.5.3	Konzeption und Anlagentechnik	J-103
J.5.6	Behandlung und Entsorgung der Reststoffe aus Dekontaminationsverfahren	J-104
J.5.6.1	Übersicht Reststoffe	J-104
J.5.6.2	Thermische Verfahren	J-104
J.5.6.2.1	Verbrennung, Verschwelung	J-104
J.5.6.2.2	Verglasung	J-104
J.5.6.3	Biologische Verfahren	J-105
J.5.6.4	Verfestigung	J-106
J.5.6.5	Deponierung	J-106
J.6	**Bewertungsmodell zur Auswahl geeigneter Sanierungsverfahren (BESAL)** H.L. Jessberger	J-106
J.6.1	Einführung	J-106
J.6.2	Anforderungen an ein Bewertungsmodell	J-107
J.6.3	Zielsetzungen der Altlastensanierung	J-108
J.6.4	Das Bewertungsmodell zur Auswahl geeigneter Sanierungsverfahren (BESAL)	J-108
J.6.4.1	Konkretisierung der Ausgangssituation für die Auswahl geeigneter Sanierungsverfahren	J-108
J.6.4.2	Vorauswahl	J-109
J.6.4.3	Entwicklung standortbezogener Sanierungsszenarien	J-111
J.6.4.4	Detailbewertung der Sanierungsszenarien	J-111
J.6.4.5	Wirtschaftlichkeitsbetrachtungen	J-112
J.6.4.6	Vorschlag eines Sanierungskonzepts	J-112
J.6.4.7	Strukturierte Informationsbasis	J-112
J.6.5	Möglichkeiten und Grenzen der Anwendung	J-112
	Literatur	J-113
M	**Meß- und Analysetechnik** K. Lützke	
M.1	**Luft** K. Lützke	M-1
M.1.1	Emissionsmessungen	M-1
M.1.1.1	Aufgabenstellung und Meßplanung	M-1
M.1.1.2	Meßverfahren und Probenahme	M-2
M.1.1.2.1	Stäube	M-2
M.1.1.2.2	Staubinhaltsstoffe	M-8
M.1.1.2.3	Anorganische Gase	M-9
M.1.1.2.4	Gasförmig organische Verindungen	M-16
M.1.1.2.5	Gerüche	M-19
M.1.1.2.6	Organische Verbindungen im Spurenbereich	M-20
M.1.1.2.7	Auswerterechner	M-22
M.1.1.2.8	Kalibrierung registrierender Meßgeräte	M-24
M.1.2	Immissionsmessungen	M-26
M.1.2.1	Meßplanung	M-26

M.1.2.2	Meßverfahren	M-27
M.1.2.2.1	Stäube	M-28
M.1.2.2.2	Anorganische Gase	M-30
M.1.2.2.3	Gasförmige organische Verbindungen	M-35
M.1.2.2.4	Gerüche	M-37
M.1.2.2.5	Organische Verbindungen im Spurenbereich	M-38
M.1.3	Untersuchungen im Laboratorium	M-39
M.1.3.1	Schwermetalle im Feststoff und in der Gasphase	M-39
M.1.3.2	Anorganische Gase	M-41
M.1.3.3	Organische Verbindungen	M-41
M.1.3.4	Polizyklische aromatische Kohlenwasserstoffe	M-42
M.1.3.5	Polychlorierte Dibenzodioxine und Furane	M-42
M.1.3.6	Polychlorierte Biphenyle (PCB)	M-42
M.2	**Wasser/Abwasser**	**M-44**
	J. Bortlisz, H.-P. Hesse	
M.2.1	Untersuchungsschwerpunkte	M-44
M.2.1.1	Wassermatrices	M-44
M.2.1.1.1	Wasserarten	M-44
M.2.1.2	Feststoffmatrices	M-48
M.2.2	Probenahme und -vorbereitung	M-51
M.2.2.1	Allgemeines	M-51
M.2.2.2	Probenahme in Wasser und Abwasser	M-51
M.2.2.3	Probenahme von Feststoffen aus dem Bereich Abwassertechnik	M-54
M.2.2.3.1	Allgemeines	M-54
M.2.2.3.2	Probenahme	M-54
M.2.3	Ausblick	M-58
M.3	**Abfall**	**M-58**
	C. Nonn	
M.3.1	Gesetzliche Vorgaben	M-58
M.3.2	Probenahme	M-59
M.3.3	Vor-Ort-Analytik/Schnellanalytik	M-60
M.3.4	Probenaufbereitung	M-60
M.3.4.1	Probenvorbehandlung	M-60
M.3.4.2	Extraktion	M-61
M.3.4.2.1	Extraktion zur anschließenden Schwermetallbestimmung	M-61
M.3.4.2.2	Extraktion zur anschließenden Bestimmung organischer Verunreinigungen	M-61
M.3.4.3	Elutionsverhalten	M-61
M.3.4.3.1	Elution mit destilliertem Wasser nach DIN 38414 Teil 4 (DEV S4-Methode)	M-62
M.3.4.3.2	Sonstige Elutionsverfahren	M-62
M.3.5	Analytik	M-63
M.3.5.1	Bestimmung der allgemeinen Parameter	M-64
M.3.5.2	Bestimmung anorganischer Parameter	M-65
M.3.5.3	Bestimmung organischer Summenparameter	M-66
M.3.5.4	Bestimmung organischer Einzel- und Gruppenparameter	M-66
M.3.5.5	Bestimmung zur Charakterisierung der organischen Substanz	M-67
M.3.5.5.1	Tests zur Beurteilung des biologisch-abbaubaren Anteils mittels biologischer Verfahren	M-67
M.3.5.5.2	Tests zur Beurteilung des biologisch-abbaubaren Anteils mittels chemischer Verfahren	M-68
M.4	**Boden**	**M-69**
	C. Nonn	
M.4.1	Methodensammlungen zur Bodenuntersuchung	M-69
M.4.2	Untersuchungsmethoden	M-70

M.4.2.1	Probenahme	M-70
M.4.2.2	Probenaufbereitung	M-71
M.4.2.3	Vor-Ort-Analytik	M-72
M.4.2.4	Aufschluß-, Extraktions- und Elutionsverfahren	M-72
M.4.2.5	Analytische Methoden	M-73
M.4.2.5.1	Allgemeine Parameter	M-73
M.4.2.5.2	Anorganische Parameter	M-73
M.4.2.5.3	Organische Summenparameter	M-74
M.4.2.5.4	Organische Gruppen- und Einzelparameter	M-74
M.5	**Lärmmeßverfahren und Anlagebeurteilung**	**M-75**
	G. Jansen	
M.5.1	Grundbegriffe	M-75
M.5.1.1	„Lärm" im BImSchG	M-75
M.5.1.2	Emission	M-75
M.5.1.3	Immission	M-76
M.5.1.4	Pegel	M-76
M.5.1.5	A-bewerteter Schalldruckpegel dB(A)	M-76
M.5.2	Die Ausssagekraft gängiger Meßverfahren	M-76
M.5.2.1	Messung	M-76
M.5.2.2	Wettereinfluß	M-77
M.5.3	Untersuchungen und Beurteilungen von Anlagen und Bauwerken	M-77
M.5.3.1	Schalleistung	M-77
M.5.3.2	Auffälligkeiten und Informationshaltigkeit	M-77
M.5.3.3	Hintergrundgeräusch	M-78
M.5.3.4	Auffälligkeiten und Hintergrundgeräusche	M-79
M.5.3.5	Tonzuschlag	M-79
M.5.3.6	Impulszuschlag	M-79
M.5.4	Nachbarschaftsprüfungen und Geräuschspitzen	M-79
M.5.4.1	Lästigkeitszuschlag	M-79
M.5.4.2	Tonhaltigkeit	M-80
M.5.5	Verkehrslärm	M-80
M.5.6	Immissionsbeurteilungen aus technischer Sicht	M-80
M.5.6.1	TA Lärm	M-80
M.5.6.2	Messung und Berechnung	M-80
M.5.6.3	Berechnungsverfahren	M-81
M.5.6.4	Eichung	M-81
M.6	**Messung der Dosis ionisierender Strahlen**	**M-81**
	C. Streffer	
M.6.1	Einleitung	M-81
M.6.2	Ionisation in Gasen	M-83
M.6.2.1	Ionisationskammern	M-83
M.6.2.2	Zählrohre	M-83
M.6.3	Ionisation in Festkörpern, Halbleiterdetektoren	M-85
M.6.4	Scintillation und Lumineszenz	M-85
M.6.5	Thermolumineszenz	M-86
M.6.6	Photographische und chemische Effekte	M-87
M.6.6.1	Filme	M-87
M.6.6.2	Chemische Dosimeter	M-87
M.6.7	Schlußbemerkungen	M-87
	Literatur	M-87

N	**Stoffquellen**	
	S. Wiesner	
N.1	**Gewerblicher und industrieller Bereich**	N-2
	L. Feikes, H. Hoffmann, R. Marutzky, D. Schlebusch, H. Völcker, H.-J. Werz	
N.1.1	Steine und Erden	N-2
N.1.1.1	Anlagen zur Herstellung von Zementklinkern und Zement	N-3
N.1.1.2	Anlagen zum Brennen von Bauxit, Dolomit, Gips, Kalkstein, Magnesit usw.	N-5
N.1.1.3	Anlagen zur Herstellung und Bearbeitung von Glas	N-7
N.1.2	Metalle	N-9
N.1.2.1	Eisen und Stahl	N-9
N.1.2.1.1	Erzvorbereitung	N-9
N.1.2.1.2	Reduktion	N-12
N.1.2.1.3	Stahlerzeugung	N-14
N.1.2.1.4	Kupolofen	N-16
N.1.2.2	NE-Metallurgie	N-17
N.1.2.2.1	Anlagen zur Herstellung von Aluminium	N-17
N.1.2.2.2	Anlagen zur Gewinnung von Nichteisenrohmetallen	N-18
N.1.3	Stoffquellen der Kernenergie und der Kerntechnik	N-18
N.1.3.1	Grundlagen	N-18
N.1.3.1.1	Einleitung	N-18
N.1.3.1.2	Radioaktivität	N-18
N.1.3.1.3	Kernreakti0nen mit Neutronen	N-18
N.1.3.1.4	Umweltrelevante Spaltprodukte	N-19
N.1.3.1.5	Aktivierungsprodukte	N-19
N.1.3.2	Kerntechnische Anlagen	N-22
N.1.3.2.1	Kernkraftwerke mit Leichtwasserreaktoren	N-22
N.1.3.2.2	Forschungszentren	N-24
N.1.3.3	Brennstoffkreislauf	N-26
N.1.3.3.1	Urangewinnung	N-26
N.1.3.3.2	Urananreicherung	N-29
N.1.3.3.3	Brennelementfertigung	N-30
N.1.3.3.4	Wiederaufbereitung	N-30
N.1.3.3.5	Konditionierung ausgedienter Brennelemente	N-32
N.1.3.4	Radioaktive Abfälle	N-33
N.1.3.4.1	Abfallquellen	N-33
N.1.3.4.2	Abfallhandhabungs- und Konditionierungsanlagen	N-34
N.1.3.4.3	Zwischen- und Endlager	N-35
N.1.4	Chemie und Pharmazie	N-36
N.1.4.1	Grundlagen	N-36
N.1.4.1.1	Pharmazeutische Wirk- und Hilfsstoffe und Arzneimittel: unterschiedliche Herstellverfahren, Nebenprodukte, Schadstoffe	N-36
N.1.4.1.2	Rechtsgrundlagen und GMP in der pharmazeutischen Produktion	N-37
N.1.4.1.3	Die Internationalen Normen (Modelle) zur Qualitätssicherung	N-37
N.1.4.1.4	Pharmazeutische Forschung und Entwicklung	N-38
N.1.4.1.5	Sonderbereiche der pharmazeutischen Produktion	N-38
N.1.4.2	Die chemische Synthese	N-39
N.1.4.3	Die Biosynthese	N-39
N.1.4.4	Die Herstellung von Zubereitungen (Fertigarzneimitteln)	N-40
N.1.4.5	Die begleitende Analytik	N-41
N.1.4.6	Präventive Maßnahmen des Umweltschutzes speziell in Chemie und Pharmazie	N-41
N.1.4.7	Recycling	N-42
N.1.4.8	Entsorgung von Abfällen speziell aus Chemie und Pharmazie	N-43

N.1.4.9	Die Produktionsüberwachung	N-44
N.1.5	Holz	N-45
N.1.5.1	Erzeugung und Lagerung	N-45
N.1.5.2	Trocknung	N-45
N.1.5.3	Be- und Verarbeitung	N-48
N.1.5.4	Holzwerkstoffherstellung	N-49
N.1.5.5	Oberflächenbeschichtung	N-49
N.1.5.6	Verbrennung	N-50
N.1.5.7	Entsorgung von Rest- und Altholz	N-52
N.1.6	Leder	N-52
N.1.6.1	Allgemeines zur Lederherstellung	N-52
N.1.6.1.1	Die Lage der Lederindustrie	N-52
N.1.6.1.2	Rohware	N-53
N.1.6.2	Verfahren zur Lederherstellung und ihre Auswirkungen auf die Umwelt	N-53
N.1.6.3	Reinhaltung – Verfahren und Anlagen	N-55
N.1.6.3.1	Abwasser	N-55
N.1.6.3.2	Abluft	N-56
N.1.6.3.3	Abfälle	N-56
N.1.6.4	Anforderungen und Ziele	N-57
N.2	**Stoffquellen-Verkehr**	**N-57**
	P. Heine	
N.2.1	Einleitung	N-57
N.2.2	Kraftfahrzeugverkehr	N-60
N.2.2.1	Kraftfahrzeugabgase	N-60
N.2.2.1.1	Ottokraftstoffe	N-61
N.2.2.1.2	Dieselkraftstoffe	N-63
N.2.2.1.3	Hauptkomponenten der Automobilabgase	N-63
N.2.2.1.4	Maßnahmen zur Reduzierung der Abgasemissionen	N-64
N.2.2.1.5	Emissionsmessungen	N-66
N.2.2.1.6	Reduktion von Abgasemissionen und Kraftstoffverbrauch	N-69
N.2.2.2	Maßnahmen	N-69
N.2.2.3	Alternative Kraftstoffe	N-70
N.2.2.3.1	Methanol und Ethanol	N-71
N.2.2.3.2	Pflanzenöle	N-72
N.2.2.3.3	Erdgas/Flüssiggas	N-72
N.2.2.3.4	Vergleich einzelner Stoffwerte	N-73
N.2.2.3.5	Wirtschaftlichkeit verschiedener Alternativkraftstoffe	N-73
N.2.2.3.6	Abgasemissionsverhalten von Gasmotoren	N-74
N.2.2.3.7	Wasserstoff	N-74
N.2.2.4	Alternative Antriebe	N-74
N.2.2.4.1	Elektroantrieb	N-74
N.2.2.4.2	Brennstoffzelle	N-75
N.2.2.5	Produktionsverfahren/Altautoverwertung	N-76
N.2.3	Schienenverkehr	N-77
N.2.4	Luftverkehr	N-80
N.2.4.1	Flugzeugantriebe und deren Abgasverhalten	N-80
N.2.4.2	Richtlinien zur Abgaszertifikation im Flugverkehr	N-84
N.2.4.3	Auswirkungen der Abgasemissionen auf Tropopause und Stratosphäre	N-85
N.2.5	Wasserverkehr	N-87
N.2.5.1	Technische Grundlagen	N-87
N.2.5.2	Abgasgesetzgebung im Wasserverkehr	N-89
N.3	**Stoffquellen im öffentlichen und privaten Bereich**	**N-90**
	S. Wiesner	
N.3.1	Privater Bereich	N-90

N.3.1.1	Feuerungsanlagen	N-90
N.3.1.2	Verwendung von Chemikalien	N-91
N.3.1.2.1	Pflanzenschutzmittel	N-91
N.3.1.2.2	Lösungsmittel	N-92
N.3.1.2.3	Kältemittel und Dämmstoffe	N-92
N.3.1.2.4	Holzschutzmittel	N-92
N.3.1.3	Abfall und Abwasser	N-92
N.3.1.3.1	Häuslicher Abfall	N-92
N.3.1.3.2	Häusliches Abwasser	N-93
N.3.1.4	Sport und andere Freizeitaktivitäten	N-93
N.3.1.4.1	Sport	N-93
N.3.1.4.2	Freizeitaktivitäten	N-94
N.3.2	**Öffentlicher Bereich**	N-94
N.3.2.1	Gesundheits- und Veterinärwesen	N-94
N.3.2.1.1	Abfall	N-95
N.3.2.1.2	Abwasser	N-95
N.3.2.1.3	Kesselanlagen	N-96
N.3.2.2	Bildung, Wissenschaft und Kultur	N-96
N.3.2.2.1	Hochschulen, Forschungseinrichtungen	N-96
N.3.2.2.2	Theater	N-97
N.3.2.2.3	Schulen	N-97
N.3.2.3	Sport- und Freizeiteinrichtungen	N-98
N.3.2.3.1	Sportplätze	N-98
N.3.2.3.2	Sporthallen und Schwimmbäder	N-98
N.3.2.3.3	Campingplätze	N-99
N.3.2.4	Lokale Strom- und Wärmeversorgung	N-99
N.3.2.5	Wasser- und Gasversorgung	N-101
N.3.2.5.1	Wasserversorgung	N-101
N.3.2.5.2	Gasversorgung	N-101
N.3.2.6	Abwasserbeseitigung	N-105
N.3.2.6.1	Kläranlagen	N-105
N.3.2.6.2	Kanalisation	N-107
N.3.2.7	Straßenreinigung	N-107
N.3.2.8	Abfallentsorgung	N-108
N.3.2.8.1	Thermische Behandlungsanlagen	N-109
N.3.2.8.2	Biologische Behandlungsanlagen	N-113
N.3.2.8.3	Deponien	N-114
N.4	**Pflanzenbau und Viehhaltung**	**N-115**
	W. Haber	
N.4.1	Pflanzenbau – Ackerbau	N-116
N.4.1.1	Ackerbauverfahren und -maßnahmen	N-116
N.4.1.2	Schadstoffemissionen in die Umwelt und ihre Auswirkungen	N-117
N.4.1.2.1	Dünger	N-117
N.4.1.2.2	Chemische Pflanzenschutzmittel	N-120
N.4.1.2.3	Kohlenwasserstoffe und Kohlendioxid	N-121
N.4.2	Viehhaltung	N-122
N.4.2.1	Typen und Techniken der Viehhaltung	N-122
N.4.2.2	Schadstoffemissionen in die Umwelt und ihre Auswirkungen	N-123
N.4.2.2.1	Ammoniak	N-124
N.4.2.2.2	Methan und Kohlendioxid	N-126
N.4.3	Verminderungs- und Vermeidungsmöglichkeiten und -maßnahmen	N-126
N.4.3.1	Stickstoff	N-127
N.4.3.2	Methan und andere Kohlenstoffverbindungen	N-129
N.4.3.3	Chemische Pflanzenschutzmittel (Pestizide)	N-129

N.4.4	Umweltschonende Landwirtschaft	N-131
	Literatur	N-132

Sachverzeichnis S-1

Inhaltsübersicht
Gesamtwerk Umweltschutztechnik

A	Einführung	
A.1	Allgemeine Bemerkungen zum Umweltschutz	A-1
A.2	Nachhaltige Entwicklung (sustainable development)	A-2
A.3	Ökologie und Ökonomie	A-3
A.4	Wirkungen von Eingriffen in die Umwelt	A-3
A.5	Vorsorgender Umweltschutz	A-4
A.6	Nachsorgender Umweltschutz	A-4
A.7	Sicherheitstechnik im Umweltschutz	A-4
A.8	Stoffbilanzen	A-4

B	Rechtsgrundlagen des Umweltschutzes	
B.1	Grundlagen des Umweltrechts	B-1
B.2	Immissionsschutzrecht	B-15
B.3	Kreislaufwirtschafts- und Abfallrecht	B-36
B.4	Gewässerschutzrecht	B-45
B.5	Bodenschutzrecht	B-54

C	Ökonomie der Umwelttechnik	
C.1	Umweltökonomie und technischer Umweltschutz	C-1
C.2	Umsetzung von technischem Umweltschutz	C-18

D	Auswirkungen von Schadstoffen, Lärm und Strahlen	
D.1	Einleitung	D-1
D.2	Immissionswirkungen auf Atmospäre und Klima	D-2
D.3	Toxikologie	D-16
D.4	Wirkungen auf Pflanzen	D-27
D.5	Wirkungen von Schadstoffen auf Böden	D-36
D.6	Lärmwirkungen	D-45
D.7	Immissionen ionisierender Strahlen und ihre Wirkungen	D-54

E	Produktionsintegrierter Umweltschutz	
E.1	Begriffe	E-1
E.2	Umweltschutz als technische und gesellschaftspolitische Aufgabe	E-1
E.3	Der additive Umweltschutz	E-1
E.4	Emissionsarme Produktionsanlagen	E-2
E.5	Die Verpflichtung der chemischen Industrie	E-3
E.6	Der integrierte Umweltschutz	E-3

F	Gasreinigungsverfahren	
F.1	Einführung	F-1
F.2	Partikelabscheidung	F-2
F.3	Schadgasabscheidung	F-41

G	Gewässerschutz und Abwasserbehandlung	
G.1	Gewässergüte und Selbstreinigung der Gewässer	G-1
G.2	Kanalisation	G-36
G.3	Techniken der Abwasserereinigung	G-54

H	Abfallwirtschaft	
H.1	Einführung	H-1
H.2	Abfallbehandlung	H-10
H.3	Abfallsammlung/Abfalltransport	H-34
H.4	Stoffliche Verwertung	H-44
H.5	Abfallablagerung	H-68
H.6	Abfallwirtschaftskonzepte	H-95
H.7	Biologische Abfallbehandlung	H-104

J	Altlastensanierung und Bodenschutz	
J.1	Wechselwirkungen mit der Umwelt	J-1
J.2	Erkundung und Bewertung von Altlasten	J-15
J.3	Handlungsstrategien für die Sanierung von Altlasten	J-42
J.4	Techniken zur Sicherung von Altlasten	J-48
J.5	Dekontamination	J-63
J.6	Bewertungsmodell zur Auswahl geeigneter Sanierungsverfahren (BESAL)	J-106

K	Lärmschutz und Lärmvermeidung	
K.1	Quellen und Ursachen von Lärmbelastung	K-1
K.2	Passive Schallschutzmaßnahmen	K-6
K.3	Beurteilung prognostischer Verfahren zum Schallschutz	K-6
K.4	Europäische Regelungen im NALS zur Lärmminderung	K-8

L	Sicherheit im Umweltbereich	
L.1	Gefährdungspotentiale im Umweltbereich	L-2
L.2	Gefahren im Sinn der Störfall-Verordnung	L-5
L.3	Maßnahmen und Vorkehrungen zur Anlagensicherheit	L-17
L.4	Stand der Sicherheitstechnik an ausgewählten Beispielen	L-53

M	Meß- und Analysetechnik	
M.1	Luft	M-1
M.2	Wasser/Abwasser	M-44
M.3	Abfall	M-58
M.4	Boden	M-69
M.5	Lärmmeßverfahren und Anlagebeurteilung	M-75
M.6	Messung der Dosis ionisierender Strahlen	M-81

N	Stoffquellen	
N.1	Gewerblicher und industrieller Bereich	N-2
N.2	Stoffquellen-Verkehr	N-57
N.3	Stoffquellen im öffentlichen und privaten Bereich	N-90
N.4	Pflanzenbau und Viehhaltung	N-115

Sachverzeichnis	S-1

Rechtsgrundlagen des Umweltschutzes

Das Umweltrecht, d.h. der Inbegriff der Regeln, die auf den Schutz der Umwelt oder einzelner ihrer Teile abzielen, hat sich erst in neuerer Zeit als eigenständiges Rechtsgebiet herausgebildet. Eine umfassende Kodifikation wird angestrebt; die damit befaßte Sachverständigenkommission hat 1998 ihren Entwurf eines Umweltgesetzbuches (UGB) vorgelegt. Das Umweltrecht setzt sich bislang aus den verschiedensten Rechtsbereichen zusammen. Wichtig für die Praxis sind insb. das Immissionsschutz-, Abfall-, Wasser- und Bodenschutzrecht. Das Naturschutzrecht ist als medienübergreifendes Querschnittsrecht ausgebildet und wird daher im allgemeinen Teil behandelt (s. Abschn. B.1.4). Weitere Rechtsgebiete, die teilweise ebenfalls dem Umweltschutzrecht zugerechnet werden, z.B. das primär arbeitsschutzrechtliche Gefahrstoffrecht oder das Gentechnikrecht, werden nicht besonders dargestellt.

B.1 Grundlagen des Umweltrechts

B.1.1 Rechtsquellen des Umweltrechts

B.1.1.1 Internationales Umweltrecht

B.1.1.1.1 Umweltvölkerrecht

Normen zum Schutz der Umwelt haben sich auch im Völkerrecht herausgebildet. Wichtigste Rechtsquelle sind die *internationalen Verträge*, die auf bilateraler, regionaler und globaler Ebene geschlossen werden können. Im Rahmen des Umweltschutzes beziehen sich derartige Abkommen lediglich auf Teilbereiche. Von besonderer Bedeutung sind Abkommen zum Artenschutz, zur Sicherheit von Kernanlagen, zum Schutz von internationalen Gewässern (Meere, Flüsse), über grenzüberschreitende Abfallverbringung sowie in zunehmendem Maße zum Klimaschutz.

Daneben gehört zum Völkerrecht das *Völkergewohnheitsrecht*, das sich durch internationale, von Rechtsbindungswillen getragene Staatenpraxis bildet. Gewohnheitsrechtliche Regeln werden z.B. im Bereich grenzüberschreitender Beeinträchtigungen durch emittierende oder besonders gefährliche Anlagen *(Ultra-Hazardous Activities)* diskutiert und im Zusammenhang mit der Nutzung internationaler Flüsse durch Oberliegerstaaten (Staudämme) vor zwischenstaatlichen Schiedsgerichten geltend gemacht.

Die Regeln des Umweltvölkerrechts binden lediglich die Staaten untereinander und sind i.d.R. nicht *self-executing*. Sie müssen erst noch innerstaatlich umgesetzt werden. Auf diese Weise haben insb. die völkerrechtlichen Abkommen in einzelnen Bereichen maßgeblichen Einfluß auf die deutsche Gesetzgebung.

B.1.1.1.2 Europäisches Umweltrecht

Bereits seit den 70er Jahren beschäftigen sich auch die Europäischen Gemeinschaften mit dem Umweltschutz. Ursprünglich wurden Vorschriften zum Umweltschutz auf allgemeine *Kompetenzen* im EWG-Vertrag, insb. zur Harmonisierung der rechtlichen Rahmenbedingungen, gestützt. Mit der Einheitlichen Europäischen Akte wurde ein eigener Abschnitt über die Umwelt (Titel XVI – Art. 130r-130t EG-Vertrag) eingefügt. Umweltschutz gilt seitdem als Ziel der durch den Maastrichter Vertrag in die Europäische Union (EU) integrierten Europäischen Gemeinschaft

(EG), das bereichsübergreifend zu berücksichtigen ist. Außerdem wurde eine spezielle Kompetenz für die EU-Organe geschaffen, Vorschriften im Bereich des Umweltschutzes zu erlassen. Derartige EG-Vorschriften hindern einen Mitgliedstaat aber nicht, innerstaatliche Regelungen aufrechtzuerhalten oder anzunehmen, die ein höheres Schutzniveau gewährleisten. Im Bereich des Strahlenschutzes gilt der EURATOM-Vertrag, auf dessen Grundlage sog. Grundnormen für den Gesundheitsschutz erlassen werden können, die vielfach auch dem Schutz der Umwelt vor Strahlenbelastungen dienen.

Als *Rechtsakte* stehen den Organen der EU insb. die Verordnung und die Richtlinie zur Verfügung.

- Die *Verordnung* ist – wie ein Gesetz – unmittelbar anwendbar; sie muß nicht erst durch eine innerstaatliche Rechtsvorschrift umgesetzt werden. In der Regel werden aber ergänzende Ausführungsgesetze, die organisatorische und Verfahrensangelegenheiten regeln oder einzelne allgemein gehaltene Bestimmungen konkretisieren, zusätzlich verabschiedet. Vorschriften im Bereich des Umweltschutzes ergehen jedoch selten in der Form der Verordnung (z. B. Umweltaudit-, Abfallverbringungs- und Ozonschutzverordnung).
- Die weitaus überwiegende Zahl der Rechtsakte im Bereich der Umwelt ergeht als *Richtlinie*. Diese verpflichtet die Mitgliedstaaten, den Richtlinieninhalt innerhalb einer gesetzten Frist in innerstaatliches Recht umzusetzen. Geschieht dies nicht, nicht vollständig oder nicht ordnungsgemäß, kann man sich gegenüber staatlichen Stellen unmittelbar auf die Richtlinie berufen, wenn deren Inhalt unbedingt und hinreichend bestimmt ist und damit keiner weiteren Ausführungsbestimmung bedarf. Entgegenstehendes deutsches Recht wird dann verdrängt. Außerdem kann ein Gericht im Laufe eines Rechtsstreits die Vereinbarkeit der nationalen Regelung mit dem betreffenden EU-Recht dem Europäischen Gerichtshof (EuGH) zur Entscheidung vorlegen. Unabhängig davon besteht die gemeinschaftsrechtliche Pflicht, innerstaatliche Vorschriften richtlinienkonform auszulegen.

Richtlinien decken nahezu alle Bereiche des Umweltrechts ab und haben dadurch die deutsche Rechtsordnung in hohem Maße mitgeprägt. Sie betreffen den Arten- und Naturschutz (z. B. Vogelschutzrichtlinien), die Wasserqualität, das Abfallrecht, die Luftreinhaltung und viele andere Bereiche des Umweltschutzes; auch die Grundnormen zum Strahlenschutz aufgrund des EURATOM-Vertrags ergingen als Richtlinien.

B.1.1.2 Innerstaatliches Umweltrecht

B.1.1.2.1 Umweltverfassungsrecht

Auch die Verfassung, das Grundgesetz der Bundesrepublik Deutschland (GG), enthält Bestimmungen im Bereich des Umweltschutzes. Hierbei handelt es sich zum einen um die Vorschriften des *Staatsorganisationsrechts*, die die Zuständigkeiten für die Gesetzgebung und den Gesetzesvollzug in den betroffenen Rechtsgebieten festlegen (s. Abschn. B.1.1.2.2).

Darüber hinaus enthält das GG seit 1994 eine *Staatszielbestimmung* zum Umweltschutz (Art. 20a GG), die folgenden Wortlaut hat:

Der Staat schützt auch in Verantwortung für die künftigen Generationen die natürlichen Lebensgrundlagen im Rahmen der verfassungsmässigen Ordnung durch die Gesetzgebung und nach Maßgabe von Gesetz und Recht durch die vollziehende Gewalt und die Rechtsprechung.

Aus dieser Vorschrift erwachsen keine unmittelbaren Ansprüche. Sie wirkt sich in erster Linie bei der Auslegung unbestimmter Rechtsbegriffe in sonstigen Rechtsvorschriften (z. B. „Allgemeinwohl" oder „öffentliches Interesse"), bei der Ausübung des pflichtgemäßen Ermessens durch die Verwaltung und bei planerischen Abwägungen aus. Die Belange des Umweltschutzes haben durch die Verleihung von Verfassungsrang ein stärkeres Gewicht erhalten und müssen hinreichend berücksichtigt werden. Auch der Grundrechtsschutz wird nachhaltig beeinflußt: formell uneinschränkbare Grundrechte unterliegen nun auch der verfassungsimmanenten Schranke des Umweltschutzes; Inhaltsbestimmungen und gesetzgeberische Beschränkung von Grundrechten haben sich auch an Art. 20a GG auszurichten.

Die *Grundrechte* können auch selbst dem Umweltschutz dienen. Aufgrund des engen Zusammenhangs zwischen Gesundheitsschutz und Umweltschutz ist hier insb. Art. 2 Abs. 2 S. 1 GG von Bedeutung, der jedermann das Recht auf Leben und körperliche Unversehrtheit einräumt. Außerdem ist das Recht auf freie Entfaltung der Persönlichkeit (Art. 2 Abs. 1 GG) in Betracht zu ziehen. Diese Grundrechte erlangen vor allem im Zusammenhang mit dem Rechtsschutz (s. Abschn. B.1.3.2) an Bedeutung. Denn grundsätzlich können Rechtsbehelfe nur eingelegt werden, wenn man selbst in eigenen Rechten verletzt oder zumindest bedroht ist.

B.1.1.2.2 Gesetze, Rechtsverordnungen und Satzungen

Umweltrecht ist in erster Linie ein Teil des besonderen *Verwaltungsrechts*; privat- und strafrechtliche Vorschriften spielen lediglich eine untergeordnete Rolle (s. Abschn. B.1.2.6 und B.1.2.7). Bei den Rechtsquellen kann zwischen Gesetzen, Rechtsverordnungen und Satzungen unterschieden werden.

Für die einzelnen Rechtsbereiche, die heute dem Umweltrecht zugeordnet werden können, wurde im GG eine unterschiedliche Verteilung der Gesetzgebungskompetenz festgelegt. Dies hat zu einem komplizierten Zusammenspiel von Regelungen in *Bundes- und Landesgesetzen* geführt. Dabei kann unterschieden werden zwischen:

- abschließenden bundesgesetzlichen Regelungen, die keine weiteren Landesgesetze zulassen: Atomgesetz (AtG), Gentechnikgesetz (GenTG), weitestgehend auch das Chemikaliengesetz (ChemG);
- bundesgesetzlichen Regelungen, die nicht abschließend sind und daher durch Landesgesetze ergänzt werden: Kreislaufwirtschafts- und Abfallgesetz (KrW-/AbfG) – Landesabfallgesetze, Bundes-Immissionsschutzgesetz (BImSchG) – Landes-Immissionsschutzgesetze, Bundes-Bodenschutzgesetz (BBodSchG) – Landesaltlastengesetz;
- Bundesrahmengesetzen, die auf Ausfüllung durch Landesrecht angelegt sind: Wasserhaushaltsgesetz/Abwasserabgabengesetz (WHG/AbwAG) – Landeswassergesetze, Bundesnaturschutzgesetz (BNatG) – Landesnaturschutzgesetze;
- Rechtsbereichen, die nur landesgesetzlich geregelt sind: früher Landesbodenschutzgesetze, Landesaltlastengesetze;
- den vereinzelten Regelungen des allgemeinen Umweltrechts, die in Bundesgesetzen (UVP-Gesetz, Umweltauditgesetz, Umweltinformationsgesetz), teilweise auch in Landesvorschriften (z. B. Landes-UVP-Gesetze) zu finden sind.

In der Regel enthalten diese Gesetze Vorschriften, die die Exekutive zum Erlaß von *Rechtsverordnungen* ermächtigen. Diese Verordnungen wurden in großer Zahl erlassen und ergänzen und präzisieren die gesetzlichen Regelungen. Oft erfolgt die Ausweisung von Schutzgebieten (Wasserschutz-, Naturschutzgebiete) oder die Verbindlicherklärung von Regelwerken, die von Sachverständigenausschüssen oder in privaten Normungsinstitutionen ausgearbeitet wurden, durch Rechtsverordnung. Darüber hinaus finden sich umweltrechtliche Regelungen in *Satzungen*, die auf Ermächtigungen in Spezialgesetzen oder der allgemeinen kommunalrechtlichen Satzungsgebungskompetenz beruhen (z. B. Müllabfuhr-, Straßenreinigungs-, Baumschutzsatzungen).

B.1.1.2.3 Verwaltungsvorschriften

Verwaltungsvorschriften sind Regelungen, die innerhalb einer Verwaltungsorganisation von übergeordneten Verwaltungsinstanzen an nachgeordnete Behörden oder Bedienstete ergehen. Durch sie soll die Verwaltungsorganisation und vor allem auch das Handeln der Verwaltung näher bestimmt werden. Die verhaltenslenkenden Verwaltungsvorschriften umfassen insb.:

Norminterpretierende Verwaltungsvorschriften
Sie dienen der Auslegung von Bestimmungen in den jeweils einschlägigen Gesetzen oder Rechtsverordnungen. Dazu klären sie rechtliche Zweifelsfragen und legen unbestimmte Rechtsbegriffe oder Generalklauseln aus, um den Vollzug durch den Amtswalter zu erleichtern und die Rechtsanwendung zu vereinheitlichen. Zur Konkretisierung unbestimmter Rechtsbegriffe, z. B. „Stand der Technik", werden zunehmend auch private Regelwerke (s. Abschn. B.1.1.3) für verbindlich erklärt.

Ermessensrichtlinien
In zahlreichen Vorschriften wird der Behörde ein Handlungsermessen eingeräumt, was in den meisten Fällen durch Verwendung des Begriffs „kann" zum Ausdruck kommt. Um eine sachgerechte und gleichförmige Ausübung des Ermessensspielraums zu erzielen, werden durch die Richtlinien Entscheidungsmaßstäbe festgelegt.

Grundsätzlich sind Verwaltungsvorschriften als innerbehördliche Regelungen nur verwaltungsintern verbindlich und entfalten somit keine *Bin-*

dungswirkung für außenstehende Einzelpersonen oder Unternehmen. Vereinzelt werden sie jedoch in Gesetzen oder Rechtsverordnungen für verbindlich erklärt. In der Regel wird die Behörde auch im übrigen ihr Verhalten an den für sie verbindlichen Verwaltungsvorschriften ausrichten, so daß Außenstehende insoweit ebenfalls faktisch betroffen sind. Darüber hinaus ist die Verwaltung zur Gleichbehandlung verpflichtet (Art. 3 GG); die Behörde darf daher nicht grundlos von ihrer bisherigen Praxis, die sich ansonsten an der Verwaltungsvorschrift orientiert hat, abweichen (sog. Selbstbindung der Verwaltung). In der Rechtsprechung wird den Verwaltungsvorschriften über diese mittelbare Rechtsbindung hinaus im Rahmen des Umweltrechts ausnahmsweise eine normkonkretisierende Wirkung bei der Feststellung von Umweltstandards (Grenzwerten) zuerkannt, die – vorbehaltlich atypischer Situationen und neuerer wissenschaftlicher Erkenntnisse – allgemein und damit auch für Gerichte verbindlich sind.

Richtlinien und sonstige Normen werden auch in *Koordinierungsgremien der Bundesländer*, die für zahlreiche Bereiche des Umweltschutzes auf der Ebene hoher Ministerialbeamter eingerichtet wurden, erarbeitet. Von erheblicher Bedeutung sind insb.:
- LAWA – Länderarbeitsgemeinschaft Wasser,
- LAGA – Landesarbeitsgemeinschaft Abfall,
- LAI – Länderausschuß für Immissionsschutz,
- LANA – Länderarbeitsgemeinschaft Naturschutz, Landschaftspflege und Erholung.

Die von diesen Gremien angenommenen Regelwerke haben keine unmittelbare Verbindlichkeit. Sie werden jedoch in großem Maße durch Einarbeitung in Verwaltungsvorschriften oder durch Bezugnahme in Gesetzen, Rechtsverordnungen oder Verwaltungsvorschriften umgesetzt. Die dauernde faktische Anwendung solcher Richtlinien oder Empfehlungen kann auch zu einer Selbstbindung der Verwaltung führen.

B.1.1.2.4 Empfehlungen von Sachverständigenausschüssen

Zahlreiche Vorschriften sehen die Einrichtung von Ausschüssen vor. Die Regelungen finden sich in Verwaltungsvorschriften (z. B. Reaktorsicherheitskommission, Strahlenschutzkommission, Kerntechnischer Ausschuß – RSK, SSK, KTA), in Umweltgesetzen (z. B. Technischer Ausschuß für Anlagensicherheit, Störfall-Kommission, Zentrale Kommission für die Biologische Sicherheit, Umweltgutachterausschuß) oder Rechtsverordnungen (z. B. Deutscher Ausschuß für brennbare Flüssigkeiten – DAbF). Diese Gremien sind mit Sachverständigen, Vertretern von Behörden und sonstigen Institutionen und/oder sachkundigen Interessenvertretern (z. B. aus Gewerkschaften, Naturschutzverbänden, Wirtschaft) besetzt. Ihnen obliegt in erster Linie die Beratung und das Recht, Empfehlungen auszusprechen. Diese Empfehlungen sind i. d. R. unverbindlich, konkretisieren aber den jeweiligen Stand der Technik oder die anerkannten Regeln der Technik oder Wissenschaft. Sie können daher als antizipierte Sachverständigengutachten herangezogen werden (s. Abschn. B.1.1.3.1). Bindungswirkung erlangen die Empfehlungen, wenn sie in Rechtsvorschriften für verbindlich erklärt werden.

B.1.1.3 Private Regelwerke

Das staatliche Umweltrecht wird durch zahlreiche private Regelwerke ergänzt. Hierbei handelt es sich um Technische Regeln (TR), Normen, Standards, Richtlinien, Arbeits- und Merkblätter, Empfehlungen oder sonstige Regelungen, die von privaten Institutionen (Vereine, Verbände) herausgegeben werden.

B.1.1.3.1 Die Verbindlichkeit privater Regelwerke

Als Normen nicht-staatlicher Institutionen haben private Regelwerke aus sich heraus keine rechtsverbindliche Wirkung, außer für die Mitglieder des betreffenden Vereins oder Verbands, wenn dies in der Satzung festgeschrieben ist. Oft fließen die in der Norm zum Ausdruck kommenden technischen und wissenschaftlichen Erkenntnisse in den staatlichen Normgebungsprozeß ein, so daß zahlreiche Rechtsvorschriften auf ihnen beruhen, ohne daß dies nach außen hin sichtbar wäre.

Das Regelwerk selbst erlangt Rechtsbindungswirkung, wenn es in einer staatlichen Vorschrift (EG-Verordnung, EG-Richtlinie, Gesetz, Rechtsverordnung, Satzung) für *verbindlich erklärt* wird. Geschieht dies im Rahmen einer Verwaltungsvorschrift, erhält das ursprünglich rein private Regelwerk die rechtliche Qualität einer solchen Vorschrift mit der entsprechenden Bindungswirkung (s. Abschn. B.1.1.2.3). Auf jeden Fall zulässig ist die statische Verweisung der Rechtsvorschrift auf eine bereits vorliegende Fassung der privaten Norm, die genau bezeichnet werden muß; umstritten und nicht abschließend geklärt ist dagegen, ob und wieweit auch eine dynamische Verweisung auf die jeweilige Fassung eines Umweltstandards setzenden Regelwerks verfassungsrechtlich erlaubt ist.

Auch ohne eine Verbindlicherklärung werden private Regelwerke von den Gerichten zur Konkretisierung ausfüllungsbedürftiger Rechtsbegriffe (z. B. „Stand der Technik") oder zur Abschätzung von Gefährdungspotentialen als *„antizipierte Sachverständigengutachten"* herangezogen. Gegen eine vorbehaltslose Anwendung privater Regelwerke hat das BVerwG namentlich in einem Urteil vom 22.05.1987 aber Bedenken angemeldet, da die normgebenden Gremien nicht nur mit Sachverständigen, sondern auch mit Vertretern besetzt seien, die die Interessen einzelner Branchen einbrächten; diesen Organen käme daher nicht das gleiche Maß an Objektivität und Unvoreingenommenheit zu wie einem gerichtlichen Sachverständigen. Dessen ungeachtet werden die anerkannten privaten Normen i. d. R. als Indizien verwertet: es wird vermutet, daß sie den gesicherten Stand der Technik oder Wissenschaft zum Ausdruck bringen; bestehen Anhaltspunkte oder legt eine Prozeßpartei substantiiert dar, daß das Regelwerk überholt oder aus sonstigen Gründen unbrauchbar ist, muß das Gericht weitere Ermittlungen anstellen. Auf jeden Fall ist zu prüfen, ob die Norm anwendbar oder deren Inhalt auf die betroffene Konstellation übertragbar ist; es dürfen z. B. keine atypischen Situationen vorliegen.

B.1.1.3.2 Normungsinstitutionen und Regelwerke im Bereich des Umweltschutzes

Auf den einzelnen Gebieten des Umweltschutzes werden in Deutschland Regelwerke im Rahmen unterschiedlicher privater Organisationen ausgearbeitet. Teilweise sind diese Institutionen fachübergreifend tätig, wie das DIN Deutsche Institut für Normung e.V. und der Verein Deutscher Ingenieure VDI. Andere Organisationen sind demgegenüber nur mit bestimmten Umweltbereichen befaßt.

Auf europäischer Ebene ist die EG mit der Harmonisierung von Normen befaßt. 1985 beschloß der Ministerrat eine neue Konzeption in diesem Bereich, wonach sich die EG-Organe nur noch auf die Festlegung grundlegender Anforderungen beschränken und die sonstige Normierungsarbeit den zuständigen privaten Institutionen überlassen sollen. Diese sind z. B. das Comité Européen de Normalisation (CEN) und das Comité Européen de Normalisation Electrotechnique (CENELEC) mit Sitz in Brüssel. Mitglieder sind die nationalen Normungsorganisationen der EU- und EFTA-Staaten, für Deutschland das DIN. Die im Konsens erarbeiteten und mit qualifizierter Mehrheit angenommenen Europäischen Normen (EN) sind von jeder Mitgliedsorganisation umzusetzen (DIN EN-Normen).

Auf internationaler, globaler Ebene sind die International Organization for Standardization (ISO) und die International Electrotechnical Commission (IEC) mit Sitz in Genf für die Normierung zuständig. Mitglieder sind die Normungsinstitutionen aus ca. 120 Ländern, für Deutschland das DIN. Beschlossene Regelwerke werden als ISO-/IEC-Norm veröffentlicht; die Umsetzung in Deutschland erfolgt als DIN ISO- oder DIN IEC-Norm. Es besteht eine enge Zusammenarbeit mit CEN/CENELEC.

Die Institutionen haben i. d. R. Fachausschüsse und diese wiederum Unterausschüsse und Arbeitsgruppen (international: Technical Committees – TC) gebildet, in denen Fachleute aus Wirtschaft, Wissenschaft und Verwaltung ehrenamtlich mitarbeiten. Die fachlichen Normenausschüsse des DIN nehmen die deutsche Vertretung in zahlreichen Fachgremien (TC) der internationalen Normungsinstitutionen, CEN/CENELEC und ISO/IEC, wahr. Teilweise haben sie auch die Sekretariate von TCs übernommen (z. B. KRdL, NAW) und bringen damit das besondere deutsche Engagement zum Ausdruck.

Allgemeiner Umweltschutz
Der Umweltschutz gewinnt durch eine umweltentlastende Produktgestaltung zunehmend an Bedeutung. Mit dem Ziel, die Belange des Umweltschutzes in die allgemeinen, insb. produktbezogenen Normgebungsprozesse einfließen zu lassen, wurde 1983 die *Koordinierungsstelle Umweltschutz* (KU) im DIN gegründet. Sie hat die Aufgabe, Stellungnahmen zu Normentwürfen mit Umweltrelevanz abzugeben oder zu veranlassen.

1993 wurde als deutsches Gegenstück zum ISO/TC 207 „Umweltmanagement" der *Normenausschuß Grundlagen des Umweltschutzes* (NAGUS) im DIN gegründet. Sein Aufgabenbereich umfaßt die Erarbeitung fachübergreifender Basisnormen (Terminologie, Umweltmanagement, Ökobilanzen, umweltbezogene Kennzeichnungen).

Ein weiterer wichtiger Bereich der Normung im Rahmen der Qualitätssicherung ist die Akkreditierung von Prüflaboratorien und Zertifizierstellen. Laboruntersuchungen und die Zertifizierung von Unternehmen sollen nach einheitlichen und verläßlichen Maßstäben erfolgen, was gerade im Bereich des Umweltschutzes von großer Bedeutung ist (ISO 9.000; ISO 14.000).

Immissionsschutz
Im Bereich des Immissionsschutzes sind die durch Fusion eigenständiger Ausschüsse dieser Organisationen entstandenen gemeinschaftlichen Gremien des DIN und VDI tätig:
- der Normenausschuß Akustik, Lärmminderung und Schwingungstechnik (NALS) im DIN und VDI und
- die Kommission Reinhaltung der Luft (KRdL) im DIN und VDI.

Im Rahmen ihrer jeweiligen Fachgebiete erarbeiten die Ausschüsse vorgenannter Organisationen DIN ISO-, DIN EN- und DIN-Normen sowie VDI-Richtlinien.

Außerdem befaßt sich die *Deutsche Elektrotechnische Kommission* (DKE) im DIN und Verein Deutscher Elektrotechniker (VDE) mit der Erarbeitung von DIN-VDE-Normen im Bereich der Sicherheit in elektromagnetischen Feldern, der im Strahlenschutz zunehmend an Bedeutung gewinnt (Elektrosmog).

Gewässerschutz
Im Bereich des Wasser- und Abwasserrechts sind zahlreiche private Organisationen tätig:
- Normenausschuß Wasserwesen (NAW) im DIN mit den Fachbereichen: Umweltanalytik, Wasserbau, Wasserversorgung, Abwassertechnik, Begriffe, Zeichen und Grundlagen;
- Abwassertechnische Vereinigung e.V. (ATV) mit den Hauptausschüssen Abwasserableitung, Gewässerschutz und Abwasserreinigung, Schlämme/feste Abfälle, Recht, Aus- und Fortbildung von Fachpersonal, Fortbildung von Ingenieuren und Naturwissenschaftlern, Industrieabwässer und Öffentlichkeitsarbeit;
- Deutscher Verein des Gas- und Wasserfachs e.V. (DVGW);
- Deutscher Verband für Wasserwirtschaft und Kulturbau (DVWK).

Diese Gremien bzw. die Ausschüsse dieser Organisationen erarbeiten umfangreiche Regelwerke in der Form von Normen (NAW: DIN-Normen), Richtlinien, Hinweisen, Arbeits- oder Merkblättern. Der NAW hat mit den anderen wasserwirtschaftlichen Vereinigungen Kooperationsvereinbarungen im Hinblick auf die Vertretung in den internationalen Gremien abgeschlossen. Insbesondere meßtechnische Normen werden vom NAW gemeinsam mit der Fachgruppe Wasserchemie in der Gesellschaft Deutscher Chemiker (GDCh), dem Umweltbundesamt und anderen interessierten Kreisen als Deutsche Einheitsverfahren (DEV) zu Wasser-, Abwasser- und Schlammuntersuchungen (Reihe DIN 38400 ff.) erarbeitet. Gemeinsam mit den Länderverwaltungen und der betroffenen Wirtschaft hat der DVWK technische Regeln für Anlagen zum Umgang mit wassergefährdenden Stoffen (TRUwS) erarbeitet, die die Anforderungen des anlagenbezogenen Gewässerschutzes konkretisieren. Von großer Bedeutung für die Festsetzung von Wasserschutzgebieten sind z.B. die Richtlinien im Arbeitsblatt W 101, das vom DVGW in Zusammenarbeit mit der LAWA ausgearbeitet wurde.

Abfall
Folgende Gremien leisten abfallrechtlich relevante Normsetzung:
- ATV-Ausschuß Schlämme und feste Abfälle,
- NAW (im DIN),
- KRdL (im VDI und DIN), z.B. bzgl. Geruchsemissionen,
- Normenausschuß Kommunale Technik (NKT) im DIN wegen der kommunalen Trägerschaft der öffentlichen Entsorgung.

Wichtige Normungsthemen sind insb. Verfahren der Probenanalytik und Meßtechnik (z.B. DEV).

Bodenschutz
Im Bereich des Bodenschutzes stehen Meßtechnik und Probenanalytik bisher im Vordergrund der Normungsarbeit, die in erster Linie in folgenden Gremien betrieben wird:
- ATV-Ausschuß Boden,
- NAW (im DIN),
- KRdL (im VDI und DIN): Arbeitsgruppen zu Wirkungen von Luftverunreinigungen auf den Boden und Verfahren zur Messung von Bodenluft.

Gefahrstoffe
Im Bereich des Gefahrstoffrechts sind insb. die Werte der Maximalen Arbeitskonzentration (MAK) von Bedeutung, die im Rahmen der Deutschen Forschungsgemeinschaft e.V. (DFG) von

der *DFG-Senatskommission zur Prüfung gesundheitsschädlicher Arbeitsstoffe* (MAK-Kommission) erarbeitet werden.

B.1.2 Instrumente des Umweltrechts

B.1.2.1 Materielle Verhaltenspflichten

Wichtiges Instrument des öffentlichen Umweltrechts sind materielle Verhaltenspflichten, die darauf abzielen, das Verhalten von Einzelpersonen und Unternehmen durch Ge- und Verbote zu lenken. Diese Verpflichtungen finden sich in Gesetzen, Rechtsverordnungen und Satzungen und binden den einzelnen unmittelbar. Die Bürger oder die Unternehmen müssen ihr Verhalten an ihnen ausrichten, ohne daß es einer weiteren behördlichen Aufforderung bedarf. Oft sind diese Vorschriften jedoch sehr allgemein gehalten (Generalklauseln) oder enthalten unbestimmte Rechtsbegriffe (z. B. „Stand der Technik"), so daß diesen Bestimmungen nicht direkt entnommen werden kann, welches Verhalten konkret gefordert wird. Aus diesem Grunde sind Verwaltungsvorschriften und private Regelwerke heranzuziehen, die die gesetzlichen Anforderungen näher präzisieren, soweit sie nicht, z. B. wegen einer Weiterentwicklung des Stands der Technik, als überholt angesehen werden müssen (s. Abschn. B.1.1.2.3 und B. 1.1.3.2). Zur Durchsetzung der gesetzlichen Verhaltensgebote dienen insb. die behördliche Überwachung (s. Abschn. B.1.2.3) und die Festsetzung von Sanktionen für den Fall der Zuwiderhandlung (s. Abschn. B.1.2.7).

B.1.2.2 Eigenüberwachung

B.1.2.2.1 Organisatorische Pflichten

Betroffene Bürger und Unternehmen sind verpflichtet, die erforderlichen organisatorischen Maßnahmen zu ergreifen, um die Einhaltung der materiell-gesetzlichen oder behördlich angeordneten Vorgaben des Umweltschutzes sicherzustellen. Darüber hinaus enthalten die Umweltvorschriften verschiedene spezifische organisatorische Pflichten. Diese sollen die Einhaltung der Umweltschutzanforderungen sicherstellen und eine effektive Kontrolle durch die Verwaltung erleichtern. Hierzu zählt die Verpflichtung zur eigenverantwortlichen Durchführung von Messungen, Störfallvorsorge, Aufzeichnung von Daten, Buchführung oder Aufbewahrung von Belegen, Information und Fortbildung von Personal, Deckungsvorsorge oder zum Abschluß von Pflichtversicherungen. Die in zahlreichen Umweltgesetzen für bestimmte Betriebe vorgesehene Pflicht, umweltrelevante Konzepte zu erarbeiten (und ggf. der Behörde vorzulegen) dient nicht nur der Erleichterung der behördlichen Überwachung, sondern soll die betroffenen Unternehmen auch anhalten, ihre Betriebsorganisation in dieser Hinsicht zu überdenken.

Eine besondere Maßnahme der Selbstüberwachung stellt die Bestellung eines *Betriebsbeauftragten* für Umweltschutz dar, der gesetzlich insb. als Immissionsschutz-, Abfall- und Strahlenschutzbeauftragter vorgesehen ist. Die jeweiligen Fachgesetze legen die Pflicht zur Bestellung eines solchen Betriebsbeauftragten für bestimmte Betriebe fest. Der Beauftragte berät den Unternehmer und die Betriebsangehörigen in umweltrechtlichen Fragen und übernimmt dabei Überwachungs-, Kontroll-, Schulungs-, Aufklärungs-, Mitwirkungs- und Berichtsaufgaben. Er muß die erforderliche Fachkunde aufweisen und sich hierzu regelmäßig fortbilden. Seine arbeitsrechtliche Stellung ist durch Kündigungsschutz und Benachteiligungsverbot abgesichert. Der im Atomrecht vorgesehene Strahlenschutzbeauftragte ist gegenüber dem Betriebsinhaber in einem höheren Maß verselbständigt als die sonstigen Umweltschutzbeauftragten; ihm obliegen Mitteilungspflichten auch gegenüber der zuständigen Behörde.

B.1.2.2.2 Umweltaudit

Das Ökoaudit (Umweltbetriebsprüfung) wurde als Managementsystem in den USA entwickelt und durch EG-Verordnung auch in Deutschland eingeführt. Es stellt eine freiwillige (oder faktisch erzwungene) Selbstprüfung im Bereich des Umweltschutzes dar. Die Verläßlichkeit der Audits soll durch zugelassene unabhängige Umweltgutachter sichergestellt werden.

Das Umweltauditsystem unterteilt sich in folgende Schritte:
- Aufstellung einer Umweltpolitik;
- Umweltprüfung: Erfassung der umweltrelevanten Tatsachen und deren erste Bewertung;
- Erarbeitung eines Umweltprogramms zur Verwirklichung der Umweltpolitik;
- Erarbeitung eines Umweltmanagementsystems (UMS), das den Anforderungen der EG-Verordnung genügt;
- Durchführung der Umweltbetriebsprüfung (Umweltaudit) durch interne oder externe Um-

weltbetriebsprüfer: Ermittlung, ob umweltrechtliche Vorgaben eingehalten werden und das UMS zur Bewältigung der Anforderungen geeignet und wirksam ist, Erarbeitung eines Berichts, u. U. mit Verbesserungsvorschlägen;
- Festlegung von Zielen zur Verbesserung des Umweltschutzes und Anpassung des Umweltprogramms;
- Erstellung einer für die Öffentlichkeit verfaßten Umwelterklärung;
- Begutachtung des Standorts durch einen zugelassenen unabhängigen Umweltgutachter;
- Gültigerklärung der Umwelterklärung durch den Umweltgutachter bei positiver Beurteilung;
- Eintragung des Standorts in das Standortregister bei der zuständigen IHK oder Handwerkskammer;
- Das Unternehmen darf zu Werbezwecken (nicht zur Produktwerbung) eine Teilnahmeerklärung verwenden, die die Funktion eines Umweltzeichens erfüllt.

Das Unternehmen muß die Betriebsprüfungen in bestimmten Zeitabständen wiederholen und die Umwelterklärungen regelmäßig aktualisieren.

B.1.2.3 Behördliche Überwachung

Unternehmen und Bürger unterliegen der behördlichen Überwachung, die die Verwirklichung der gesetzlichen Zielvorgaben und die Einhaltung der umweltrechtlichen Vorschriften sicherstellen soll.

B.1.2.3.1 Mitwirkungs- und Duldungspflichten

Zur Erleichterung der Überwachung werden Unternehmen und sonstigen Personen Mitteilungspflichten auferlegt. Die Aufnahme, Ausübung oder Aufgabe bestimmter Tätigkeiten muß der Behörde angezeigt werden. Meßergebnisse müssen regelmäßig übermittelt werden, was bei Kernkraftwerken durch direkte EDV-Verbindung (KFÜ) praktiziert wird. Störfälle sind mitzuteilen und Berichte anzufertigen. Belege und Umweltbilanzen sind im Rahmen von Nachweisverfahren vorzulegen. Bestimmte Anlagenbetreiber müssen der Behörde Angaben über die verantwortlichen Personen der Geschäftsleitung und die Betriebsorganisation machen. Außerdem sind umweltwirtschaftliche Konzepte oder Unterlagen für Umweltverträglichkeitsprüfungen (UVP) vorzulegen. Die konkreten Anforderungen ergeben sich aus den jeweils einschlägigen Rechtsvorschriften.

Darüber hinaus sehen sämtliche Umweltgesetze Duldungspflichten und Auskunftsrechte zugunsten der Behörde vor. Behördenvertreter sind befugt, Geschäfts- und Betriebsräume zu betreten und Untersuchungen vorzunehmen. Ihnen ist Einsicht in Unterlagen zu gewähren.

B.1.2.3.2 Behördliche Vorabkontrolle

Bestimmte Tätigkeiten, insb. der Betrieb bestimmter Anlagen, werden vom Gesetzgeber allgemein als besonders umweltgefährdend eingestuft und daher einer behördlichen Kontrolle unterstellt. Diese erfolgt vor Beginn der Ausübung der Tätigkeit bzw. Inbetriebnahme der Anlage, um möglichst zu verhindern, daß sich dieses Gefährdungspotential realisiert. Teilweise sind vorläufige Vorabgenehmigungen vorgesehen. Für bestehende Altbetriebe werden im Hinblick auf den Bestandsschutz i. d. R. Übergangsregelungen festgelegt. Verschiedene Arten der Vorabkontrolle kommen in Betracht.

Die Genehmigung

Die begehrte Tätigkeit, z. B. der Betrieb einer Anlage, darf nur aufgenommen werden, wenn sie durch eine zuvor beantragte Genehmigung abgedeckt ist und die darin enthaltenen Nebenbestimmungen, insb. Auflagen, Bedingungen und Fristen, eingehalten werden. Teilweise handelt es sich dabei um ein präventives Verbot mit Erlaubnisvorbehalt: die Berechtigung zur Ausübung der Tätigkeit wird lediglich zu dem Zweck zurückgehalten, die Vorabkontrolle zu ermöglichen. Werden die Umweltvorschriften eingehalten, besteht ein Anspruch auf Genehmigung (z. B. Genehmigung nach § 4 BImSchG, Abfalltransportgenehmigung, Eignungsfeststellung nach Wasserrecht). Anders verhält es sich bei dem repressiven Verbot mit Befreiungsvorbehalt: potentiell umweltschädliche Tätigkeiten werden als unerwünscht angesehen und verboten; die Behörde hat ein Ermessen, ob und inwieweit sie Ausnahmen von einem solchen Verbot erteilt (z. B. Erlaubnis und Bewilligung nach WHG). Dieses Ermessen hat die Behörde pflichtgemäß auszuüben, und ein Anspruch auf Genehmigung besteht nur ausnahmsweise. Am 30.10.1996 ist die EG-Richtlinie über die integrierte Vermeidung und Verminderung von Umweltverschmutzung (IVU = IPPC) in Kraft getreten. Sie schreibt vor, daß die

Genehmigungsverfahren für bestimmte Industrieanlagen innerhalb von 3 Jahren an die in ihr festgelegten Anforderungen angepaßt werden müssen.

Der Anmeldevorbehalt
Die Anmeldepflicht geht über die bloße Anzeigepflicht hinaus. Der Anmelder hat bestimmte Unterlagen vorzulegen, die eine Überprüfung durch die Behörde erlauben. Die Tätigkeit darf i. d. R. erst nach einer Frist aufgenommen werden, in der die Behörde die Unterlagen prüfen und ggf. Auflagen anordnen oder Untersagungen aussprechen kann (z. B. Anmeldeverfahren nach ChemG und GenTG).

Das Planfeststellungsverfahren
Für Vorhaben, die besonders schwerwiegende Auswirkungen auf die Umwelt haben (z. B. Gewässerausbau, Abfalldeponien, atomare Endlager, große Verkehrsprojekte) ist die Durchführung eines Planfeststellungsverfahrens vorgesehen. Hierbei handelt es sich um ein umfassendes förmliches Verwaltungsverfahren mit Öffentlichkeitsbeteiligung, in dem die betroffenen öffentlichen und privaten Belange zu berücksichtigen sind. Es unterteilt sich in folgende Schritte:
- Antrag mit ausführlichem Plan des Projekts (u. U. Vorlage von Unterlagen für UVP),
- Behördenanhörung,
- öffentliche Bekanntmachung und (einmonatige) Auslegung,
- Einwendungsfrist (2 Wochen),
- Erörterungstermin: nur fristgerecht erhobene Einwendungen sind zu behandeln,
- Beschlußfassung: Behörde hat Planungsermessen,
- Planfeststellungsbeschluß: ersetzt sämtliche erforderlichen Genehmigungen, Erlaubnisse usw. (Konzentrationswirkung) und regelt sämtliche öffentlich-rechtliche Beziehungen zwischen dem Unternehmen und sonstigen Betroffenen rechtsgestaltend.

Einwendungen gegen den Planfeststellungsbeschluß nach Ablauf der Einwendungsfrist sind ausgeschlossen (materielle Präklusion), wenn sie nicht auf privatrechtlichen Titeln beruhen. Diese durch das Genehmigungsverfahrensbeschleunigungsgesetz von 1996 eingefügte Beschränkung des Rechtsschutzes wird man aber dahingehend einschränken müssen, daß sie nur für solche Einwendungen gilt, die rechtzeitig hätten erhoben werden können.

Die Umweltverträglichkeitsprüfung (UVP)
Die UVP ist kein eigenständiges Verwaltungsverfahren, sondern unselbständiger Teil des verwaltungsbehördlichen Genehmigungs-, Planfeststellungs- oder sonstigen Verfahrens. Sie sieht eine Öffentlichkeitsbeteiligung vor und umfaßt die Ermittlung, Beschreibung und Bewertung von Auswirkungen des jeweiligen Vorhabens auf Menschen, sonstige Lebewesen und sämtliche Umweltmedien, einschl. der jeweiligen Wechselbeziehungen sowie auf Kultur- und Sachgüter. Die Umweltverträglichkeitsprüfung ist im UVP-Gesetz geregelt und dann durchzuführen, wenn dies in diesem Gesetz oder einem Fachgesetz angeordnet ist.

Die UVP gliedert sich in folgende Verfahrensschritte:
- Unterrichtung der zuständigen Behörde über das geplante Vorhaben,
- Scoping-Verfahren: Festlegung des Untersuchungsrahmens und der beizubringenden Unterlagen unter Beteiligung anderer Behörden und ggf. Drittbetroffener,
- Vorlage der erforderlichen Unterlagen durch Vorhabensträger,
- Beteiligung anderer betroffener Behörden und der Öffentlichkeit (Auslegung, Einwendungsfrist, Erörterungstermin),
- zusammenfassende Darstellung der Umweltauswirkung,
- Berücksichtigung der Bewertung bei der Verwaltungsentscheidung (Genehmigung, Planfeststellungsbeschluß).

Das Betriebsplanverfahren
Das Betriebsplanverfahren stellt eine Besonderheit des *Bergrechts* dar. Für bergrechtliche Vorhaben (einschl. Vorhaben bzgl. Untergrundspeicherungen, unterirdischer atomarer Lager und Tiefbohrungen) muß der Unternehmer einen Betriebsplan mit zwei- oder mehrjähriger Laufzeit vorlegen. Die Tätigkeit darf erst begonnen werden, wenn der Plan von der Behörde zugelassen worden ist.

B.1.2.3.3 Ordnungsverwaltung

Unabhängig von den formal ausgestalteten Vorabkontrollverfahren sehen die meisten Umweltgesetze Befugnisse der Überwachungsbehörde vor, die „erforderlichen Maßnahmen" zu ergreifen oder Anordnungen zu treffen, um die Einhaltung der Vorschriften des betreffenden Gesetzes sicherzustellen.

Hierzu kann die Behörde insb. das Mittel der *Ordnungsverfügung* ergreifen und entsprechende Verhaltensweisen, Anlagestillegungen und dergl. anordnen. Fehlt eine spezielle Befugnis in dem einschlägigen Umweltgesetz, können derartige Bescheide aufgrund der Generalklausel des allgemeinen Polizei- und Ordnungsrechts ergehen. Adressat solcher Verfügungen kann die Person sein, die sich pflichtwidrig verhält (Verhaltensstörer). Geht die Umweltgefährdung von einer Sache aus, kann auch derjenige in Anspruch genommen werden, der die tatsächliche Gewalt über sie ausübt oder ihr Eigentümer ist (Zustandsstörer). Die Behörde muß nach *pflichtgemäßem Ermessen* handeln: die Wahl des Mittels und die Auswahl der Verantwortlichen hat entsprechend dem Zweck der Ermächtigungsnorm und unter Beachtung des Willkürverbots und des Verhältnismäßigkeitsgrundsatzes zu erfolgen.

Neben dem Verwaltungsakt steht der Behörde auch der *öffentlich-rechtliche Vertrag* als Mittel zur Durchsetzung umweltrechtlicher Vorgaben zur Verfügung. Dieses zweiseitige Rechtsgeschäft beruht auf Gegenseitigkeit und erfordert daher die Kooperationsbereitschaft auf beiden Seiten (s. a. Abschn. B. 1.3.2.2).

B.1.2.4 Umweltschutzplanung

Ein weiteres Instrument behördlichen Umweltschutzes ist die Aufstellung von Plänen, die der Erfassung komplexer Zusammenhänge sowie der Koordination und dem Ausgleich des Umweltschutzes mit sonstigen öffentlichen und privaten Belangen dient. Das Planfeststellungsverfahren (s. Abschn. B.1.2.3.2) ist ebenfalls ein derartiges Planungsverfahren; aufgrund seiner Projektbezogenheit hat es jedoch in erster Linie genehmigenden Charakter. Der Planungsträger hat zur Ausübung der notwendigen Gestaltungsfreiheit ein recht weitgehendes Planungsermessen, dessen Ausübung an den vorgegebenen Planungszielen ausgerichtet sein muß und ebenfalls die rechtlichen Schranken berücksichtigt. Gesetzlich vorgesehene Pläne sind teilweise fachübergreifend (Raumordnungs- oder Bauleitpläne) und teilweise umweltspezifisch. Zu letzteren zählen insb. Luftreinhalte- und Lärmminderungspläne nach BImSchG, Abfallwirtschaftspläne nach KrW-/AbfG sowie wasserwirtschaftliche Rahmen-, Gewässerbewirtschaftungs- und Abwasserbeseitigungspläne nach WHG. Aufgrund der Konzentrationswirkung des feststellenden Beschlusses ist auch das Planfeststellungsverfahren fachübergreifend angelegt, wobei die Belange des Umweltschutzes jedoch i.d.R. im Vordergrund stehen.

B.1.2.5 Fiskalische Umweltschutzinstrumente

Ein indirektes Mittel zur Verwirklichung des Umweltschutzes ist die Belastung von umweltschädigenden Tätigkeiten mit einer Abgabe (z.B. Abwasser-, Grundwasser- oder Sonderabfallabgabe, Verpackungssteuer). Die Betroffenen haben daher ein finanzielles Interesse, die Umweltbelastung zu minimieren, z.B. indem sie anfallende Abfallmengen oder den Wasserverbrauch reduzieren. Dies fördert auch die Innovationsbereitschaft von Unternehmen.

Die Verfassungsmäßigkeit solcher Umweltabgaben wird immer wieder angezweifelt. Das Bundesverfassungsgericht (BVerfG) hat die Auferlegung von Grundwasserabgaben (Abschöpfungsabgabe) für verfassungskonform, die Erhebung von örtlichen Verpackungssteuern und Abfallabgaben demgegenüber für verfassungswidrig erklärt.

B.1.2.6 Umwelthaftung

Indirekt schützen auch privatrechtliche Vorschriften die Umwelt, indem die drohende Inanspruchnahme auf Schadensersatz, Beseitigung oder Unterlassung den Einzelnen zur Minimierung seiner Umweltbelastungen anhält. Die Durchsetzung wird hierbei den Bürgern überlassen, die ihre Ansprüche vor den ordentlichen Gerichten geltend machen müssen. Dabei haben sie insb. das Problem, die Ursachenzusammenhänge nachzuweisen. Nur vereinzelt kommen ihnen hierbei Beweiserleichterungen zugute. Anspruchsgrundlagen finden sich im Bürgerlichen Gesetzbuch (BGB), in dem für bestimmte abschließend aufgezählte Anlagen geltenden Umwelthaftungsgesetz als auch in umweltrechtlichen Spezialgesetzen (z.B. § 14 S. 2 BImSchG, § 22 WHG, §§ 32 ff. GenTG, §§ 25 ff. AtG).

B.1.2.7 Sanktionen im Umweltrecht

B.1.2.7.1 Umweltstrafrecht

Umweltstrafvorschriften finden sich in den einzelnen Fachgesetzen zum Umweltschutz. Zudem schützen auch zahlreiche Straftatbestände des Strafgesetzbuches (StGB) die Umwelt, und zwar insb. die gemeingefährlichen Straftaten (§§ 306 ff. StGB) und die Straftaten gegen die Umwelt (§§ 24 ff. StGB). Als gemeingefährlich gelten neben den klassischen Delikten Brandstiftung, Herbeiführung von Überschwemmungen usw. auch die Straftatbestände hinsichtlich des Umgangs mit der Kernenergie. Die *Umweltschutzdelikte* umfassen darüber hinaus spezifische umweltschützende Tatbestände, wie z. B. die Gewässer-, Boden- und Luftverunreinigung, die umweltgefährdende Abfallbeseitigung oder das unerlaubte Betreiben von Anlagen.

Die umweltschützenden Strafvorschriften hängen in vielfacher Weise von dem Umweltverwaltungsrecht ab (*Verwaltungsakzessorietät*). Es werden Begriffe der betreffenden Fachgesetze verwendet (z. B. Abfall, Kernbrennstoff, Gefahrstoff i. S. d. ChemG). Teilweise ist ein Verhalten nur tatbestandlich, wenn es „unter Verletzung verwaltungsrechtlicher Pflichten" oder „entgegen einer vollziehbaren Untersagung" erfolgt; es ist daher zu prüfen, inwieweit derartige gesetzliche Pflichten oder behördliche Anordnungen vorliegen. Außerdem wirkt eine behördliche Genehmigung grds. rechtfertigend. Es sei denn, sie ist wegen schwerwiegender und offensichtlicher Fehler nichtig oder wurde auf unlauterem Wege erlangt. Man kann sich auch dann nicht auf diesen Rechtfertigungsgrund berufen, wenn sich aufgrund neuerer Erkenntnisse zeigt, daß die behördliche Einschätzung falsch war und eine Gefährdung besteht; bei unverschuldeter Unkenntnis kann der Genehmigungsinhaber aber auf die Beurteilung durch die Genehmigungsbehörde vertrauen. Unter Umständen kann auch eine behördliche Duldung strafausschließend wirken; bloße Untätigkeit der Behörde genügt jedoch i. d. R. nicht.

Strafrechtlich verantwortlich kann auch ein *Amtsträger* sein, z. B. bei der Erteilung fehlerhafter Genehmigungen, Nichtrücknahme fehlerhafter Genehmigungen oder Unterlassung des Einschreitens gegen Umweltbeeinträchtigungen. Auch die *Unternehmensleitung* kann strafrechtlich herangezogen werden, soweit sie das strafrechtliche Verhalten beherrscht oder sich hieran beteiligt, z. B. bei mangelhafter Organisation oder Kontrolle, u. U. auch für Sub-Unternehmer.

B.1.2.7.2 Umwelt-Ordnungswidrigkeitenrecht

Sämtliche Umweltverwaltungsgesetze und oft auch die auf deren Grundlage erlassenen Rechtsverordnungen enthalten *Ordnungswidrigkeitentatbestände*. In der Vergangenheit wurde von diesem Sanktionsinstrumentarium, für dessen Handhabung in erster Linie die Fachbehörden zuständig sind, nur zurückhaltend Gebrauch gemacht. Diese behördliche Praxis verschärft sich in letzter Zeit zunehmend. Neben den Verwarnungen bei kleineren Verstößen kommt insb. die Verhängung eines Bußgelds gegen den Täter, aber auch – anders als im Strafrecht – gegen das Unternehmen in Betracht. Die Verhängung eines Bußgelds über 200 DM kann auch in das Gewerbezentralregister eingetragen werden. Das Ordnungswidrigkeitengesetz enthält zudem einen besonderen Tatbestand für das *Unterlassen von Aufsichtsmaßnahmen* durch den Betriebsinhaber.

B.1.2.8 Aufklärung und Information

B.1.2.8.1 Aufklärung der Bevölkerung

Die Unterrichtung der Öffentlichkeit stellt ein unentbehrliches Instrument zur Verwirklichung von Umweltschutz dar. Auf diese Weise können Verhaltensempfehlungen und Warnungen ausgesprochen werden. Einer speziellen Ermächtigungsvorschrift bedarf es grds. nicht, wenn die Aufklärungsmaßnahme im Rahmen des zugewiesenen Aufgabenbereichs der handelnden behördlichen Stelle ergriffen wurde.

Wird die Unterrichtung der Bevölkerung demgegenüber derart konkret, daß sie in die Grundrechte einzelner eingreift (z. B. Produktwarnungen), muß sie von einer Befugnisnorm abgedeckt sein, die die Verwaltungsstelle zur Abgabe von derartigen Erklärungen ermächtigt. Diese Befugnis kann sich insb. aus den Vorschriften der einzelnen Umweltgesetze oder den Generalklauseln des allgemeinen Polizei- und Ordnungsrechts ergeben, die die Behörde ermächtigen, die erforderlichen Maßnahmen zur Durchsetzung der betreffenden Gesetze oder zur Gefahrenabwehr zu ergreifen. Nur vereinzelt finden sich spezielle Vorschriften, die konkret zur Abgabe von Empfehlungen oder Warnungen berechtigen (z. B. § 9 StrVG). Nach der Rechtsprechung des BVerwG ist eine Ermächtigungsnorm nicht notwendig, wenn das handelnde Organ seine Aufgaben aus der Verfassung (GG) herleiten kann. Die Veröffentlichung von Listen der Vertreiber glykolhaltiger Weine durch die Bundesregierung wurde demgemäß mit der der Regierung durch das GG übertragenen Aufgabe der politischen Krisenbewältigung durch Information und Warnung der Öffentlichkeit gerechtfertigt.

Darüber hinaus ist die Behörde verpflichtet, in einem Genehmigungsverfahren, das die Durchführung eines Vorhabens im Rahmen eines wirtschaftlichen Unternehmens betrifft, dem Antragsteller Auskunft zu erteilen und mit ihm einzelne Punkte auch vor Antragstellung zu erörtern. Der Antragsteller kann auch die Einberufung einer Besprechung mit allen beteiligten Stellen (Antragskonferenz) verlangen.

B.1.2.8.2 Zugang zu Informationen über die Umwelt

Der Zugang zu Informationen hat erst mit Verabschiedung des *Umweltinformationsgesetzes* (UIG), das auf einer entsprechenden Richtlinie der EG beruht, eine umfassende Regelung erfahren. Aufgrund dieses Gesetzes hat jeder einen Anspruch auf freien Zugang zu Umweltinformationen, die einer Verwaltungsbehörde oder einer Privatperson, die öffentliche Aufgaben wahrnimmt, vorliegen. Der Anspruch ist ausgeschlossen, sofern Belange der öffentlichen Sicherheit betroffen sind, im Rahmen nicht abgeschlossener Verfahren oder wenn eine Umweltgefährdung infolge der Auskunftserteilung zu befürchten ist. Der Behörde freiwillig übermittelte Daten werden vom Auskunftsanspruch ebenfalls nicht erfaßt, es sei denn, diese Übermittlung erfolgt als Unterlage für einen Antrag oder eine Anzeige. Mißbräuchliche Auskunftsersuchen sind abzulehnen. Des weiteren müssen Urheberrechte, Betriebs- und Geschäftsgeheimnisse sowie schutzwürdige persönliche Interessen berücksichtigt werden. Schließlich wird die Bundesregierung zur periodischen Veröffentlichung eines Berichts über den Zustand der Umwelt verpflichtet.

Außerhalb dieses Gesetzes können sich die Beteiligten eines Verwaltungsverfahrens auf ihr Akteneinsichtsrecht berufen; darüber hinaus steht die Gewährung von Akteneinsicht im Ermessen der Behörde. Außerdem sind einzelne Kataster oder Wasserbücher öffentlich. Die meisten Gemeindeordnungen enthalten die allgemeine Pflicht, die Einwohner über bedeutsame Angelegenheiten zu unterrichten.

B.1.3 Der behördliche Vollzug des Umweltrechts

B.1.3.1 Verwaltungsorganisation

Der Vollzug des Umweltrechts erfolgt in erster Linie durch Behörden, wobei der Schwerpunkt bei der Landesverwaltung liegt. Eine Ausnahme bildet dabei das Atom- und Strahlenschutzrecht: hier handelt die Landesbehörde im Bundesauftrag und unterliegt daher Weisungen des *Bundesministeriums für Umwelt, Naturschutz und Reaktorsicherheit (BMU)*. Im übrigen beschränkt sich die Arbeit des BMU vor allem auf die Ausarbeitung von Gesetzesentwürfen, Rechtsverordnungen und Allgemeinen Verwaltungsvorschriften des Bundes. Es wird dabei durch das Umweltbundesamt (UBA) unterstützt, das in erster Linie wissenschaftliche und technische Aufgaben wahrnimmt. Weitere *Bundesoberbehörden* sind das Bundesamt für Naturschutz (BfN) und das Bundesamt für Strahlenschutz (BfS).

In der Regel erfolgt der Gesetzesvollzug aber durch die *Bundesländer* in eigener Angelegenheit. Der Verwaltungsaufbau in den einzelnen Ländern unterscheidet sich infolge der bundesstaatlichen Struktur Deutschlands stark und ist meistens dreistufig, in kleineren Flächenländern zweistufig und in den Stadtstaaten einstufig. Als oberste Umweltschutzbehörde fungiert das zuständige *Landesministerium*, das den Vollzug des Umweltrechts in erster Linie durch den Erlaß von Verwaltungsvorschriften und (Landes-) Rechtsverordnungen lenkt. Daneben bestehen häufig Landesoberbehörden (Landesämter für Umweltschutz), die wissenschaftlich-technische Aufgaben und vereinzelte übergreifende Vollzugsaufgaben (z.B. Bauartzulassungen) wahrnehmen. Als *Mittelbehörde* (beim dreistufigen Aufbau) fungiert die Bezirksregierung oder das Regierungspräsidium (oder die Regierung), die jeweils für ihren Regierungsbezirk zuständig sind; Schleswig-Holstein und Thüringen haben jeweils ein Landesverwaltungsamt als Mittelbehörde. Bei den Landesmittelbehörden ist eine Vielzahl von Verwaltungskompetenzen konzentriert, wozu auch die Umweltbereiche zählen. Sie nehmen Vollzugsaufgaben in größeren Angelegenheiten (Altlastensanierung, Planfeststellungen) und insb. die Aufsicht über die *untere Umweltschutzbehörde* wahr. Der überwiegende Teil der täglichen Vollzugsarbeit wird von diesen unteren Behörden geleistet, die auf der Ebene der Landkreise oder (kreisfreien) Städte angesiedelt sind. Dabei werden die Vollzugsaufgaben im Bereich des Umweltschutzes teilweise von der allgemeinen Kreis- oder Stadtverwaltung wahrgenommen oder von Sonderbehörden, wie Staatliche Umweltämter (StUA) oder auch Gewerbeaufsichtsämter. Typische *Aufgaben der Gemeinden* betreffen darüber hinaus die Gewässerunterhaltung, Abwasserbeseitigung und Abfallentsorgung.

B.1.3.2 Verwaltungshandeln und Rechtsschutz

B.1.3.2.1 Der Verwaltungsakt

Der *Verwaltungsakt* stellt das wichtigste Handlungsinstrument der Behörde dar. Durch ihn regelt sie einen Einzelfall hoheitlich und für den (die) Adressaten unmittelbar verbindlich. Verwaltungsakte sind insb. Genehmigungen, Planfeststellungsbeschlüsse und sonstige behördliche Zulassungsbescheide sowie Verfügungen, mit denen dem Unternehmen oder Bürger bestimmte Verhaltensweisen (z. B. Dekontaminierung einer Bodenfläche, Stillegung einer Anlage, Führung von Nachweisen) auferlegt werden. In den meisten Fällen enthalten Verwaltungsakte Nebenbestimmungen, z. B. Auflagen, Bedingungen oder Befristungen. Die nachträgliche Anordnung solcher Nebenbestimmungen sowie die Rücknahme oder der Widerruf von Verwaltungsakten durch die Behörde sind nur unter bestimmten Voraussetzungen möglich.

Rechtsbehelf ist der *Widerspruch*, der grds. vor jeder verwaltungsgerichtlichen Klage und innerhalb einer Frist von einem Monat (Ausnahme: bei fehlender Rechtsmittelbelehrung 1 Jahr) eingelegt werden muß. Das Klagerecht besteht erst, wenn ein Widerspruchsbescheid in der Sache ergangen ist. Es sei denn, die Sache wird im ursprünglichen Verwaltungsverfahren oder dem Widerspruchsverfahren unzulässigerweise verzögert. Dann kann nach drei Monaten direkt Untätigkeitsklage erhoben werden.

Grundsätzlich haben ein Widerspruch und die darauf folgende verwaltungsgerichtliche Klage *aufschiebende Wirkung* (Suspensiveffekt). Das bedeutet, daß der Verwaltungsakt nicht vollzogen werden kann. Durch Gesetz oder behördliche Verfügung wird jedoch vielfach die unmittelbare Vollziehung angeordnet; im Wege des einstweiligen Rechtsschutzes kann die aufschiebende Wirkung aber (wieder-) hergestellt werden.

Im wesentlichen können drei Konstellationen im *Rechtsschutz* bei Verwaltungsakten unterschieden werden:
- Erläßt die Behörde einen *belastenden Verwaltungsakt*, z. B. eine Ordnungsverfügung (s. Abschn. B.1.2.3.3), mit der einer Person oder einem Unternehmen ein bestimmtes Tun oder Unterlassen aufgegeben wird, kann insb. der Adressat dieser Verfügung Widerspruch und bei abweisendem Widerspruchsbescheid (innerhalb eines Monats) *Anfechtungsklage* erheben. Sind die rechtlich geschützten Interessen eines Dritten betroffen, stehen diese Rechtsbehelfe auch diesem zu.
- Wird einer Person oder einem Unternehmen eine Genehmigung (z. B. Anlagengenehmigung, Baugenehmigung; s. Abschn. B.1.2.3.2) erteilt oder ein sonstiger *begünstigender Verwaltungsakt mit belastenden Nebenwirkungen* erlassen, können auch Dritte (z. B. Nachbarn), die individualisierbar in eigenen Rechten betroffen sind, Widerspruch einlegen und ggf. Anfechtungsklage erheben. Die Widerspruchsfrist läuft aber nur, wenn ihnen der Verwaltungsakt behördlich bekanntgegeben wurde; u. U. kann die Anfechtungsbefugnis verwirken, wenn ein Dritter längere Zeit nichts unternimmt, obwohl ihm die Erteilung des Verwaltungsakts bekannt war.
- Wird der *Erlaß des begünstigenden Verwaltungsakts*, insb. die Erteilung einer Genehmigung begehrt, muß grundsätzlich vorher ein entsprechender Antrag bei der zuständigen Behörde gestellt werden. Gegen den versagenden Bescheid ist fristgemäß Widerspruch einzulegen. Wird dem Antrag auch im Widerspruchsverfahren nicht stattgegeben, muß der Antragsteller fristgemäß *Verpflichtungsklage* beim Verwaltungsgericht erheben. Entscheidet die Behörde nicht innerhalb angemessener Zeit, kann direkt Untätigkeitsklage (s. o.) eingelegt werden.

Werden Widerspruch oder Klage nicht (fristgemäß) eingelegt oder der Verwaltungsakt durch das Gericht rechtskräftig bestätigt, können nach Androhung und Fristsetzung *Vollzugsmaßnahmen*, z. B. Ersatzvornahme oder Festsetzung eines Zwangsgelds, ergriffen werden.

B.1.3.2.2 Der öffentlich-rechtliche Vertrag

Der öffentlich-rechtliche Vertrag findet auch im Umweltrecht zunehmend Anwendung. Hinsichtlich der Einzelheiten gelten die allgemeinen Regeln des bürgerlichen Rechts. Das Verwaltungsverfahrensgesetz regelt einige Besonderheiten, wie das Schriftformerfordernis und besondere Nichtigkeits- und Anpassungsgründe. Zulässig sind auch Vergleichsverträge, durch die eine Ungewißheit in rechtlicher oder tatsächlicher Hinsicht im Wege des gegenseitigen Nachgebens ausgeräumt wird. Für Rechtsstreitigkeiten ist das Verwaltungsgericht zuständig, bei dem auf Vertragserfüllung oder Schadensersatz geklagt werden kann.

B.1.3.2.3 Der Verwaltungs-Realakt

Eine weitere Handlungsform der Verwaltung ist das *schlichte Verwaltungshandeln* (Verwaltungs-Realakt). Es ist nicht auf die Herbeiführung von Rechtsfolgen gerichtet, sondern führt einen unmittelbaren tatsächlichen Erfolg herbei. Wichtigste Beispiele sind die Erteilung von Informationen und Auskünften sowie das Aussprechen von Warnungen und Empfehlungen (s. Abschn. B.1.2.8). Zur Erzwingung eines behördlichen Realaktes ist grundsätzlich Leistungsklage beim Verwaltungsgericht zu erheben. Soweit die begehrte Leistung nur durch oder aufgrund eines Verwaltungsakts erbracht werden darf, muß die Verpflichtungsklage (nach dem Widerspruchsverfahren) erhoben werden.

B.1.3.2.4 Privatrechtliches Handeln der Verwaltung

Die Verwaltung handelt in bedeutendem Maße in *privatrechtlichen Formen*. Sie kauft Sachmittel, mietet Büroräume, gründet oder beteiligt sich an Handelsgesellschaften (GmbH, AG), wie z. B. Abfallentsorgungs- oder Altlastensanierungsgesellschaften. Insoweit tritt der Staat als Zivilrechtsperson (Fiskus) auf, unterliegt aber öffentlich-rechtlichen Bindungen. Ob der Rechtsweg zu den Verwaltungsgerichten oder den ordentlichen Gerichten gegeben ist, richtet sich nach der Lage des Einzelfalls.

B.1.4 Allgemeiner Umweltschutz: das Naturschutzrecht

Das Naturschutzrecht bezweckt die Entwicklung und Pflege von Landschaft und Natur. Maßgebliche Rechtsgrundlagen sind das Bundesnaturschutzgesetz (BNatSchG) und die in dessen Rahmen ergangenen Landesnaturschutzgesetze. Auf europäischer Ebene sind insb. die EG-Richtlinie Fauna – Flora – Habitat (FFH-Richtlinie) und die EG-Vogelschutzrichtlinie zu beachten, und im Artenschutz spielen völkerrechtliche Abkommen über die Export- und Importkontrolle eine wichtige Rolle.

B.1.4.1 Landschaftsplanung

Wichtiges Instrument des Naturschutzrechts ist die Landschaftsplanung. Im überörtlichen Bereich sind für das Gebiet eines Landes Landschaftsprogramme und für Teilgebiete Landschaftsrahmenpläne zu erstellen. Die örtlichen Erfordernisse und Maßnahmen sind in Landschaftsplänen darzustellen, die sowohl den vorhandenen Zustand als auch den angestrebten Zustand von Natur und Landschaft umfassen sollen. Die Verbindlichkeit der Landschaftspläne wird in den Landesgesetzen geregelt: teilweise werden sie als Satzungen oder Rechtsverordnungen erlassen und erlangen dadurch aus sich heraus rechtliche Bindungswirkung; in anderen Ländern werden sie in Bauleitpläne integriert, die für weiterführende Planungen oder Bauvorhaben maßgeblich sind.

B.1.4.2 Naturschutzrechtliche Eingriffsregelung

§ 8 Abs. 1 BNatSchG definiert einen *Eingriff in Natur und Landschaft* als eine Veränderung der Gestalt oder Nutzung von Grundflächen, die die Leistungsfähigkeit des Naturhaushalts oder das Landschaftsbild erheblich oder nachhaltig beeinträchtigen können. Ordnungsgemäße land-, forst- und fischereiwirtschaftliche Bodennutzung gilt nicht als ein derartiger Eingriff (Agrarprivileg).

Der Eingriffsverursacher unterliegt bestimmten *Pflichten*, soweit nach anderen Rechtsvorschriften eine Genehmigung oder sonstige behördliche Entscheidung (s. Abschn. B.1.2.3.2) erforderlich ist. Vermeidbare Eingriffe sind zu unterlassen, unvermeidbare Eingriffe auszugleichen. Unvermeidbare Eingriffe nach § 8 BNatSchG, die nicht ausgeglichen werden können, sind zu untersagen, wenn die Belange des Natur- und Landschaftsschutzes vorgehen. Sind andere Belange vorrangig, kann durch Landesrecht eine Ersatzmaßnahme oder ein Ausgleich in Geld vorgeschrieben werden. Die für die behördliche Vorabkontrolle zuständige Stelle muß ihre Entscheidung im Benehmen mit der zu beteiligenden Naturschutzbehörde fällen. Diese fungiert dabei als Sachwalter der Belange des Umweltschutzes. Vorgeschrieben ist ebenfalls die Berücksichtigung der naturschutzrechtlichen Eingriffsregelung im Rahmen der Bauleitplanung. Bebauungspläne weisen daher i. d. R. Ausgleichsflächen aus, die neuerdings auch an anderen Orten im Gemeindegebiet liegen können.

Darüber hinaus sieht das BNatSchG Beteiligungsrechte für anerkannte *Naturschutzverbände* vor. Einige Länder haben zudem die sog. Verbandsklage eingeführt, die gerichtliche Klagen von Umweltschutzorganisationen im Interesse des Naturschutzes ermöglicht; eine Einführung dieser Klageart auf Bundesebene wird derzeit diskutiert.

Auch unterhalb der Eingriffsschwelle sind die naturschutzrechtlichen Aspekte im Rahmen von behördlichen Verfahren als Konkretisierung von unbestimmten Rechtsbegriffen, wie Allgemeinwohl oder „öffentliches Interesse" zu berücksichtigen. Die Naturschutzbehörden werden als Fachbehörde beteiligt.

B.1.4.3 Naturschutzrechtlicher Gebiets- und Objektschutz

Durch die Länder können Gebiete im Hinblick auf ihre Schutzwürdigkeit als *Naturschutzgebiet*, Nationalpark, Landschaftsschutzgebiet oder Naturpark festgesetzt, bestimmte Naturobjekte als geschützte Landschaftsbestandteile und besonders schützenswerte „Einzelschöpfungen" als *Naturdenkmäler* ausgewiesen werden. Dies erfogt nach Landesrecht i. d. R. durch Erlaß einer Rechtsverordnung der zuständigen Naturschutzbehörde. Darüber hinaus regelt das BNatSchG in Umsetzung der FFH-Richtlinie und der EG-Vogelschutzrichtlinie den Aufbau und Schutz des Europäischen ökologischen Netzes „Natura 2000", insb. zum Schutz der Gebiete von gemeinschaftlicher Bedeutung und der Europäischen Vogelschutzgebiete. Örtlicher Baumschutz wird demgegenüber meist durch Satzungen der Gemeinde geregelt. Die für das betreffende Gebiet oder Objekt zu beachtenden Ge- und Verbote oder Genehmigungsvorbehalte für bestimmte eingreifende Maßnahmen werden in den betreffenden Festsetzungsakten geregelt. Im Rahmen der Novellierung des BNatG ist geplant, eine weitere Gebietsart zum Schutz von Kulturlandschaften (Biosphärenreservat) einzuführen.

Der allgemeine *Artenschutz*, der Schutz von wildlebenden Pflanzen und Tieren bedrohter Arten und der Biotopschutz, ist im Naturschutzrecht besonders geregelt. Ein- und Ausfuhrbeschränkungen betreffend bedrohte Arten und aus deren Körperbestandteilen hergestellte Produkte beruhen auf EG-Recht und internationalen Abkommen.

B.2 Immissionsschutzrecht

Maßgebliche Rechtsgrundlagen des Immissionsschutzrechts bilden in erster Linie das Bundes-Immissionsschutzgesetz (BImSchG) und die aufgrund dieses Gesetzes erlassenen Rechtsverordnungen (Bundes-Immissionsschutzverordnungen – BImSchV). Zur Konkretisierung der in diesen Rechtsvorschriften festgelegten Anforderungen wurden Verwaltungsvorschriften (s. Abschn. B. 1.1.2.3), insb. in Form von technischen Anleitungen erlassen (z. B. TA Luft, TA Lärm; s. Abschn. B. 2.2.2 u. B. 2.3.2). In erheblichem Maße basieren diese Vorschriften auf EG-Richtlinien zu Luftverunreinigungen durch ortsfeste Anlagen, Baulärm, Fahrzeugemissionen und Luftqualität; insb. muß die Richtlinie über die integrierte Vermeidung von Umweltverschmutzungen (IVU = IPPC) umgesetzt werden. Daneben bestehen völkerrechtliche Übereinkommen zur Reduzierung grenzüberschreitender Luftverunreinigungen.

B.2.1 Allgemeines Immissionsschutzrecht

Das Immissionsschutzrecht bezweckt den Schutz von Menschen, Tieren und Pflanzen, Boden, Wasser, Atmosphäre sowie Kultur- und sonstigen Sachgütern vor schädlichen Umwelteinwirkungen (Immissionen). Nach der gesetzlichen Definition sind *Immissionen* auf diese Schutzgüter einwirkende Luftverunreinigungen, Geräusche, Erschütterungen, Licht, Wärme, Strahlen u. ä. Einwirkungen. Als *Emissionen* werden diese Erscheinungen bezeichnet, wenn sie von einer Anlage ausgehen. Im Hinblick auf genehmigungsbedürftige Anlagen umfaßt der Zweck des BImSchG auch den Schutz vor sonstigen Gefahren und Beeinträchtigungen sowie die Vorsorge.

B.2.1.1 Die Teilbereiche des allgemeinen Immissionsschutzrechts

Im Rahmen des allgemeinen Immissionsschutzrechts können von dem für die Praxis in erster Linie bedeutsamen anlagenbezogenen Immissionsschutz (s. a. Abschn. B. 2.1.2-B. 2.1.4) der stoffbezogene, der verkehrsbezogene und der gebietsbezogene Immissionsschutz unterschieden werden; für den Strahlenschutz gelten besondere Regelungen (s. Abschn. B.2.4).

B.2.1.1.1 Anlagenbezogener Immissionsschutz

Als *Anlagen i. S. d. BImSchG* gelten:
- Betriebsstätten und sonstige ortsfeste Einrichtungen,
- Maschinen, Geräte und sonstige ortsveränderliche technische Einrichtungen sowie grds. auch Fahrzeuge (Ausnahme: s. u.) und
- Grundstücke, auf denen Stoffe gelagert oder

abgelagert oder Arbeiten durchgeführt werden, die Emissionen verursachen können (Ausnahme: öffentliche Verkehrswege).

Soweit es um den Schutz vor Verkehrsemissionen geht, gelten *Fahrzeuge* nicht als Anlagen im Sinne des BImSchG. Maßgeblich sind vielmehr die Vorschriften des verkehrsbezogenen Immissionsschutzes (s. Abschn. B.2.1.1.3). Im Hinblick auf öffentliche Verkehrswege sind ebenfalls spezielle Rechtsvorschriften anwendbar, insb. das Verkehrswegeplanungsrecht und das Straßenverkehrsrecht (StVO), die Bestimmungen zum Immissionsschutz enthalten.

Von besonderer Bedeutung ist die *Unterscheidung zwischen genehmigungsbedürftigen und nicht genehmigungsbedürftigen Anlagen*. Bei den genehmigungsbedürftigen Anlagen handelt es sich um besonders emissionsträchtige Anlagen, die in der 4. BImSchV abschließend aufgezählt werden. Teilweise sind sie nur genehmigungsbedürftig, soweit sie gewerblichen Zwecken dienen oder im Rahmen wirtschaftlicher Unternehmungen verwendet werden. Außerdem hängt die Genehmigungsbedürftigkeit für einen Großteil der genannten Anlagen vom Erreichen oder Überschreiten bestimmter Leistungsgrenzen oder Anlagengrößen ab; hierbei ist auf den rechtlich und tatsächlich möglichen Betriebsumfang abzustellen. Die 4. BImSchV ordnet die genehmigungsbedürftigen Anlagen folgenden *Anlagengruppen* zu:

1. Wärmeerzeugung, Bergbau, Energie,
2. Steine und Erden, Glas, Keramik, Baustoffe,
3. Stahl, Eisen und sonstige Metalle einschl. Verarbeitung,
4. chemische Erzeugnisse, Arzneimittel, Mineralölraffinerien und Weiterverarbeitung,
5. Oberflächenbehandlung mit organischen Stoffen, Herstellung von bahnenförmigen Materialien aus Kunststoffen, sonstige Verarbeitung von Harzen und Kunststoffen,
6. Holz, Zellstoff,
7. Nahrungs-, Genuß- und Futtermittel, landwirtschaftliche Erzeugnisse,
8. Verwertung und Beseitigung von Abfällen und sonstigen Stoffen,
9. Lagerung, Be- und Entladen von Stoffen und Zubereitungen,
10. sonstiges.

Instrumente des anlagenbezogenen Immissionsschutzes sind die Betreiberpflichten des BImSchG und der auf dessen Grundlage erlassenen Verordnungen (s. Abschn. B.2.1.2), die immissionsschutzrechtliche Genehmigung (s. Abschn. B.2.1.3) und die sonstige behördliche und innerbetriebliche Überwachung von Anlagen (s. Abschn. B.2.1.4).

B.2.1.1.2 Produktbezogener Immissionsschutz

Die Regelungen des BImSchG zum produkbezogenen Immissionsschutz bestehen aus Ermächtigungsgrundlagen zum Erlaß von Rechtsverordnungen. Durch solche Rechtsverordnungen können Anforderungen an die Beschaffenheit von Anlagenteilen oder von ortsveränderlichen Anlagen sowie Kennzeichnungspflichten über die Höhe der Immissionen festgelegt werden. Solche Anforderungen enthalten die Rasenmäherlärm-Verordnung (8. BImSchV) und die Baumaschinenlärm-Verordnung (15. BImSchV). Ausserdem kann durch eine Rechtsverordnung die Bauartzulassung für Betriebsstätten, Geräte und Maschinen sowie Teile hiervon vorgeschrieben werden. Eine derartige Regelung enthält die Baumaschinenlärm-Verordnung (15. BImSchV), die eine EG-Baumusterprüfung vorsieht. Schließlich können auch Anforderung an die Beschaffenheit von Brenn-, Treib-, Schmierstoffen und sonstigen im Hinblick auf den Immissionsschutz gefährlichen Stoffen festgelegt werden. Derartige Verordnungen ergingen zum Schwefelgehalt in leichtem Heizöl und Dieselkraftstoff (3. BImSchV), zur Beschaffenheit und Auszeichnung der Kraftstoffqualitäten (10. BImSchV), zu Chlor- und Bromverbindungen als Kraftstoffzusatz (19. BImSchV), zu Altöl (AltölVO) und bestimmten Chlorverbindungen (Chemikalien-VerbotsVO).

B.2.1.1.3 Verkehrsbezogener Immissionsschutz

Im Rahmen des verkehrsbezogenen Immissionsschutzes können zum einen Anforderungen an die Beschaffenheit und den Betrieb von Fahrzeugen zur Begrenzung der von diesen ausgehenden Emissionen durch Rechtsverordnung festgelegt werden. Dies erfolgt in erster Linie durch entsprechende Regelungen in der Straßenverkehrszulassungsordnung (StVZO). Des weiteren können bei Vorliegen austauscharmer Wetterlagen (Smog) sowie bei Erreichen bestimmter Ozonkonzentrationen ($240\,\mu g/m^3 \geq$ Luft) Verkehrsbeschränkungen und Verkehrsverbote festgelegt werden.

Beim Bau oder wesentlichen Änderungen öffentlicher Straßen sowie von Eisenbahnen, Magnetschwebebahnen und Straßenbahnen ist sicherzustellen, daß diese keine schädlichen Lärmemissionen hervorrufen, die nach dem „Stand der Technik" vermeidbar sind. Dieses Gebot gilt nicht, soweit die Kosten der Schutzmaßnahme außer Verhältnis zu dem angestrebten Schutzzweck stehen. Diese Anforderungen sind durch die Verkehrslärmschutz-Verordnungen (16. u. 24. BImSchV) konkretisiert (s. Abschn. B.2.3.2).

B.2.1.1.4 Gebietsbezogener Immissionsschutz

Der gebietsbezogene Immissionsschutz wird im Bereich der Luftverunreinigungen durch die Festsetzung von Untersuchungsgebieten, d. h. Gebieten, die besonders problematische Luftverunreinigungen aufweisen oder aufweisen können, die Aufstellung von Emissionskatastern sowie durch die Aufstellung von Luftreinhalteplänen wahrgenommen (s. Abschn. B.2.2.1). Durch die 3. Novelle des BImSchG wurde zudem der Lärmminderungsplan als neues Instrument eingeführt, der die Lärmbelastungen, deren Quellen und die vorgesehenen Maßnahmen enthalten soll.

B.2.1.2 Betreiberpflichten

B.2.1.2.1 Genehmigungsbedürftige Anlagen

Für die genehmigungsbedürftigen Anlagen gelten die *Betreibergrundpflichten* des § 5 BImSchG, die bei Errichtung und Betrieb der Anlagen zu beachten sind. Diese Grundpflichten gelten unmittelbar und haben dynamischen Charakter. Der Anlagenbetreiber muß neue Erkenntnisse berücksichtigen und diesen seine Anlagen anpassen. Zu eigener Nachforschung ist er jedoch i. d. R. nicht verpflichtet. Eine behördliche Durchsetzung sich fortentwickelnder Grundpflichten setzt jedoch eine Konkretisierung durch Rechtsverordnung oder Verwaltungsakt voraus. Insoweit ist der Vertrauensschutz des Betreibers eingeschränkt. § 5 BImSchG enthält folgende Betreiberpflichten:

1. *Schutz- und Abwehrpflicht*
Schädliche Umwelteinwirkungen und sonstige Gefahren, erhebliche Nachteile und erhebliche Belästigungen sind zu vermeiden. Dabei sind sowohl die Belange der Allgemeinheit als auch die Belange der Nachbarschaft, soweit diese individualisierbar von der Anlage betroffen sind, zu berücksichtigen. Risiken, z. B. durch Störfälle, müssen mit hinreichender, dem Verhältnismäßigkeitsgrundsatz entsprechender Wahrscheinlichkeit ausgeschlossen sein; eine Konkretisierung dieser Anforderungen erfolgt durch die Störfallverordnung (12. BImSchV).

2. *Vorsorgepflicht*
Vorsorge gegen schädliche Umwelteinwirkungen muß insb. durch die Begrenzung der Emissionen nach dem „Stand der Technik" sichergestellt sein. Als „Stand der Technik" gilt der Entwicklungsstand fortschrittlicher Verfahren, Einrichtungen oder Betriebsweisen, der die praktische Eignung einer Maßnahme zur Immissionsbegrenzung gesichert erscheinen läßt. Eine Konkretisierung dieser Anforderungen erfolgt z. B. für Großfeuerungsanlagen in der 13. BImSchV, für Abfallverbrennungsanlagen in der 17. BImSchV und für die Titandioxid-Industrie in der 25. BImSchV sowie für zahlreiche sonstige Anlagen in der TA Luft (s. Abschn. B.2.2.2). Die IVU-Richtlinie fordert insoweit vor allem eine Anpassung an den Standard der sog. „besten verfügbaren Technik" (BAT – best available techniques) und die Beachtung des integrativen, medienübergreifenden Ansatzes.

3. *Abfallpflichten*
s. Abschn. B.3.2.4.

4. *Pflicht zur Abwärmenutzung*
Die Pflicht zur technisch möglichen und zumutbaren Eigen- oder Fremdnutzung entstehender Wärme besteht nur bei Anlagen, für die eine Rechtsverordnung dies vorsieht. Bisher existiert eine solche Regelung nur für Abfallverbrennungsanlagen (17. BImSchV). Nach der IVU-Richtlinie muß darüber hinaus die allgemeine Pflicht berücksichtigt werden, Energie effektiv zu nutzen.

5. *Nachsorgepflicht*
Der Betreiber hat sicherzustellen, daß auch nach einer Anlagenstillegung keine schädlichen Umwelteinwirkungen und sonstigen Gefahren, erheblichen Nachteile und Belästigungen für die Allgemeinheit oder Nachbarschaft von der Anlage oder dem Anlagengrundstück ausgehen sowie vorhandene Abfälle ordnungsgemäß und schadlos verwertet oder beseitigt werden.

B.2.1.2.2 Nicht genehmigungsbedürftige Anlagen

Für die Errichtung und den Betrieb von Anlagen, die nicht genehmigungsbedürftig sind, gelten die Anforderungen des § 22 BImSchG:
1. *Immissionsverhinderung*
Schädliche Umwelteinwirkungen sind zu verhindern, soweit sie nach dem „Stand der Technik" (s. Abschn. B.2.1.2.1) vermeidbar sind.

2. Immissionsminimierung
Nach dem „Stand der Technik" unvermeidbare schädliche Umwelteinwirkungen sind auf ein Mindestmaß zu beschränken.

3. Abfallpflichten
s. Abschn. B.3.2.4

Für folgende Anlagen gelten aufgrund von Rechtsverordnungen strengere Schutz- und Vorsorgeanforderungen:
- Kleinfeuerungsanlagen (1. BImSchV),
- Anlagen zur Verwendung HKW-haltiger Lösemittel (2. BImSchV),
- Holzverarbeitung (7. BImSchV),
- Rasenmäher (8. BImSchV),
- Sportanlagen (18. BImSchV),
- Anlagen zum Umfüllen und Lagern von Ottokraftstoffen (20. BImSchV),
- Anlagen zur Betankung von Kraftfahrzeugen (21. BImSchV),
- Titandioxid-Industrie (25. BImSchV),
- Feuerbestattungsanlagen (27.BImSchV).

B.2.1.3 Die immissionsschutzrechtliche Anlagengenehmigung

B.2.1.3.1 Genehmigungspflicht

Der Genehmigung bedürfen die *Errichtung* und der *Betrieb* einer durch die 4. BImSchV als genehmigungsbedürftig eingestuften Anlage (s. Abschn. B.2.1.1.1).

Außerdem bedarf auch die *wesentliche Änderung der Lage, der Beschaffenheit oder des Betriebs* einer genehmigungsbedürftigen Anlage der Genehmigung. Eine solche liegt vor, wenn durch die Änderung nachteilige Auswirkungen hervorgerufen werden, die für die Prüfung, ob die Betreibergrundpflichten und die Anforderungen einschlägiger Rechtsverordnungen (s. Abschn. B.2.1.2.1) erfüllt sind, erheblich sein können. Eine Genehmigung ist nicht erforderlich, wenn
- durch die Änderungen hervorgerufene nachteilige Auswirkungen offensichtlich gering sind und die Erfüllung der genannten Anforderungen sichergestellt ist oder
- eine genehmigte Anlage oder Teile einer genehmigten Anlage im Rahmen der erteilten Genehmigung ersetzt oder ausgetauscht werden.

Geht der Anlagenbetreiber davon aus, daß eine geplante Änderung genehmigungspflichtig ist, kann er das Genehmigungsverfahren direkt einleiten. Ansonsten hat er eine Änderung mindestens einen Monat vor Ausführungsbeginn der zuständigen Behörde *anzuzeigen,* wenn sie sich auf Mensch, Umwelt, Kultur- und sonstige Sachgüter auswirken kann; die erforderlichen Unterlagen sind beizulegen. Die Behörde hat innerhalb eines Monats zu prüfen, ob es sich um eine wesentliche Änderung (im o. g. Sinne) handelt, die der Genehmigung bedarf. Die Änderung darf direkt vorgenommen werden, wenn die Behörde mitteilt, daß kein immissionsschutzrechtliches Genehmigungserfordernis besteht oder sie sich nicht innerhalb eines Monats äußert, es sei denn, nach anderen Vorschriften sind Genehmigungen einzuholen.

B.2.1.3.2 Genehmigungsverfahren

Für Anlagen, die in Spalte 1 des Anhangs zur 4. BImSchV genannt sind oder die sich aus in Spalte 1 und in Spalte 2 des Anhangs zur 4. BImSchV genannten Anlagen zusammensetzen, ist das *förmliche Genehmigungsverfahren* nach § 10 BImSchG durchzuführen, das in der 9. BImSchV näher geregelt ist. Dieses Verfahren unterteilt sich in mehrere Verfahrensschritte: schriftlicher Antrag unter Beifügung der erforderlichen Unterlagen; öffentliche Bekanntmachung; Behördenbeteiligung und Einholung erforderlicher Sachverständigengutachten; Öffentlichkeitsbeteiligung durch Auslegung der Unterlagen; Termin zur Erörterung der fristgemäß erhobenen Einwendungen; Umweltverträglichkeitsprüfung (vgl. Abschn. B.1.2.3.2); Entscheidung der Genehmigungsbehörde. Einwendungen gegen das Vorhaben können bis zwei Wochen nach Ablauf der Auslegungsfrist (1 Monat) erhoben werden. Soweit sie bereits zu diesem Zeitpunkt hätten geltend gemacht werden können, sind Einwendungen auch im Widerspruchs- oder Verwaltungsgerichtsverfahren ausgeschlossen (*materielle Präklusion*).

Soweit es sich um die Genehmigung einer *wesentlichen Änderung* handelt, soll die zuständige Behörde auf Antrag von der öffentlichen Bekanntmachung und der Auslegung absehen, wenn erhebliche nachteilige Auswirkungen auf Mensch, Umwelt, Kultur- oder sonstige Sachgüter nicht zu besorgen sind. Hiervon ist auszugehen, wenn erkennbar ist, daß die Auswirkungen durch die getroffenen oder vorgesehenen Maßnahmen ausgeschlossen werden oder die Nachteile im Verhältnis zu den jeweils vergleichbaren Vorteilen gering sind.

Das *vereinfachte Genehmigungsverfahren* nach § 19 BImSchG ist durchzuführen, soweit es sich um Anlagen handelt, die in Spalte 2 des Anhangs zur 4. BImSchV genannt werden. Im Rahmen des vereinfachten Verfahrens finden insb. keine öffentliche Bekanntmachung und Auslegung und kein Erörterungstermin statt. Außerdem entfällt die Präklusionsfrist.

Über einen Genehmigungsantrag ist innerhalb einer *Frist* von sieben Monaten, bei wesentlichen Änderungen innerhalb von sechs Monaten, und in vereinfachten Verfahren innerhalb von drei Monaten zu entscheiden. Bei Vorliegen besonderer Gründe kann die Frist um jeweils drei Monate verlängert werden.

B.2.1.3.3 Rechtswirkung der Genehmigung

Die immissionsschutzrechtliche Genehmigung hat zum einen *Konzentrationswirkung*. In ihr werden nach sonstigen Vorschriften erforderliche Genehmigungen oder Zulassungen gebündelt, so daß es nicht der Durchführung separater Verfahren bedarf. Aus diesem Grund sind die entsprechend betroffenen Behörden zu beteiligen. Die Konzentrationswirkung erstreckt sich aber nicht auf sämtliche Genehmigungen; ausgenommen sind z. B. berg- und atomrechtliche Zulassungen (s. Abschn. B.2.4.2.2), die wasserrechtliche Erlaubnis und Bewilligung (s. Abschn. B.4.3) sowie Planfeststellungen (s. Abschn. B.1.2.3.2). Hier dürften Änderungen erforderlich sein, da die IVU-Richtlinie einen umfassenden medienübergreifenden Ansatz fordert.

Darüber hinaus hat die immissionsschutzrechtliche Genehmigung *privatrechtsgestaltende Wirkung*. Auch bei erheblichen benachteiligenden Immissionen kann ein Dritter vom Anlagenbetreiber keine Einstellung des ordnungsgemäß im formlichen Verfahren genehmigten Betriebs, sondern nur Vorkehrungen zum Ausschluß der benachteiligenden Wirkungen verlangen. Sind Vorkehrungen nach dem „Stand der Technik" nicht durchführbar oder wirtschaftlich nicht vertretbar, kann sich der Nachbar lediglich auf Schadensersatz berufen.

B.2.1.3.4 Genehmigungsvoraussetzungen

Voraussetzung für die Erteilung einer Genehmigung ist, daß der Anlagenbetreiber sicherstellt, daß
- die Betreibergrundpflichten und die Anforderungen in einschlägigen immissionsschutzrechtlichen Verordnungen erfüllt werden und
- andere öffentlich-rechtliche Vorschriften und Belange des Arbeitsschutzes dem nicht entgegenstehen.

Dabei sind insb. die Voraussetzungen der von der Konzentrationswirkung mitumfaßten sonstigen Zulassungen und Genehmigungen zu prüfen. Neben den Belangen des Immissionsschutzes und des Arbeitsschutzes sind insb. das Bauordnungs-, Bauplanungs-, Abfall- und Naturschutzrecht (s. Abschn. B.3 und B.1.4) zu beachten. Liegen die Voraussetzungen vor, *muß* die Genehmigung erteilt werden. Zur Sicherstellung der Genehmigungsvoraussetzungen kann die Genehmigung mit Nebenbestimmungen, insb. Auflagen, verbunden werden.

Auf besonderen Antrag kann eine *Teilgenehmigung* ergehen. Sie kann sich auf die Errichtung einer Anlage, die Errichtung eines Anlagenteils oder die Errichtung und den Betrieb eines Anlagenteils erstrecken. Voraussetzungen für die Erteilung einer Teilgenehmigung sind, daß
- ein berechtigtes Interesse an der Erteilung einer Teilgenehmigung besteht, z. B. um bei einer umfangreichen Anlage eine sinnvolle Planung und einen sinnvollen Ausbau in Abschnitten vornehmen zu können;
- die Genehmigungsvoraussetzungen für den beantragten Gegenstand der Teilgenehmigung erfüllt werden;
- der Errichtung und dem Betrieb der Gesamtanlage von vornherein keine unüberwindlichen Hindernisse entgegenstehen (*vorläufiges positives Gesamturteil*).

Auf besonderen Antrag kann außerdem ein *Vorbescheid* über einzelne Genehmigungsvoraussetzungen sowie über den Standort der Anlage ergehen, soweit
- die Auswirkungen des geplanten Vorhabens ausreichend beurteilt werden können und
- ein berechtigtes Interesse an der Erteilung eines Vorbescheids besteht.

Teilgenehmigungen haben, soweit ihr Gegenstand reicht, die gleiche Bindungswirkung wie Vollgenehmigungen, ihre Erteilung und die des Vorbescheids richten sich nach dem entsprechenden immissionsschutzrechtlichen Verfahren.

Schließlich kann die *Errichtung* eines Vorhabens auch *vorläufig zugelassen* werden, wenn
- mit einer Entscheidung zugunsten des Antragstellers gerechnet werden kann,

- ein öffentliches Interesse oder ein berechtigtes Interesse des Antragstellers an dem vorzeitigen Beginn besteht,
- der Antragsteller sich zum Ersatz entstehender Schäden und zur Wiederherstellung des ursprünglichen Zustands (bei Genehmigungsversagung) verpflichtet.

Soweit es sich um eine genehmigungsbedürftige *Änderung* handelt, kann auch der *Betrieb* der Anlage vorläufig zugelassen werden, wenn die Änderung der Erfüllung einer immissionsschutzrechtlichen Pflicht (z. B. zur Emissionsminderung) dient (§ 8a BImSchG).

B.2.1.4 Überwachung

B.2.1.4.1 Behördliche Anordnungen

Die behördliche Überwachung erfolgt in erster Linie durch die Vorabkontrolle im immissionsschutzrechtlichen Genehmigungsverfahren. Zur Erfüllung der sich aus BImSchG und Immissionsschutzverordnungen ergebenden Pflichten können auch nach Genehmigung *behördliche Anordnungen* getroffen werden. Die Behörde *soll* tätig werden, wenn festgestellt wird, daß die Allgemeinheit oder die Nachbarschaft beeinträchtigt oder erheblich belästigt wird. Unverhältnismäßige Anordnungen dürfen nicht ergehen.

§ 20 BImSchG ermächtigt die Behörde außerdem, einen *Betrieb* ganz oder teilweise *stillzulegen*, soweit der Anlagenbetreiber einer Auflage, einer nachträglichen Anordnung oder einer abschließend bestimmten Pflicht aus einer Rechtsverordnung nicht nachkommt. Die Behörde *soll* die Stillegung oder Beseitigung einer Anlage anordnen, wenn sie ohne die erforderliche Genehmigung errichtet, betrieben oder wesentlich geändert wurde. Auch die Unzuverlässigkeit des Anlagenbetreibers kann ein Grund für das Untersagen des weiteren Betriebs einer Anlage sein. In § 21 BImSchG ist geregelt, unter welchen Voraussetzungen eine Genehmigung nachträglich *widerrufen* werden kann, und zwar insb., wenn
- die Genehmigung einen Widerrufsvorbehalt enthält,
- der Anlagenbetreiber ihm obliegende Auflagen nicht erfüllt,
- die Genehmigungsbehörde aufgrund nachträglich eingetretener Umstände berechtigt wäre, die Genehmigung nicht zu erteilen, *und* ohne den Widerruf das öffentliche Interesse gefährdet wäre,
- schwere Nachteile für das Allgemeinwohl zu verhüten oder zu beseitigen sind.

Der Widerruf muß innerhalb eines Jahres nach Kenntnis der einem Widerrufsgrund zugrundeliegenden Tatsachen erfolgen. Soweit der Widerruf in erster Linie im öffentlichen Interesse erfolgt, ist der Genehmigungsinhaber zu entschädigen.

Die zuständige Behörde kann auch im Hinblick auf *nicht genehmigungsbedürftige Anlagen* die erforderlichen *Anordnungen* treffen, um den Anforderungen des § 22 BImSchG und einschlägiger immissionsschutzrechtlicher Verordnungen Geltung zu verschaffen. Es können auch Maßnahmen zum Zweck des Arbeitsschutzes angeordnet werden. Kommt der Anlagenbetreiber einer immissionsschutzrechtlichen Anordnung nicht nach oder werden durch die von der Anlage hervorgerufenen schädlichen Umwelteinwirkungen das Leben oder die Gesundheit von Menschen oder bedeutende Sachwerte gefährdet, kann die Behörde den *Betrieb* der betreffenden Anlage *untersagen*.

B.2.1.4.2 Maßnahmen der Eigenkontrolle

Die Behörde kann unter den im BImSchG festgelegten Voraussetzungen anordnen, daß der Betreiber einer Anlage *Einzelmessungen* (durch zugelassene Meßstellen), *kontinuierliche Messungen* (mittels installierter Geräte) oder/und bei genehmigungsbedürftigen Anlagen *sicherheitstechnische Prüfungen* (i. d. R. durch einen zugelassenen Sachverständigen) durchführen läßt. Sie kann dabei die Einzelheiten festlegen. Bei genehmigungsbedürftigen Anlagen mit erheblichen Emissionsmassenströmen luftverunreinigender Stoffe oder erheblichen Abgasströmen (insb. bei mehr als 50.000 m³/h) *sollen* kontinuierliche Messungen angeordnet werden.

Betreiber genehmigungsbedürftiger Anlagen sind verpflichtet, in regelmäßigen Abständen *Emissionserklärungen* über die von ihrer Anlage ausgehenden Luftverunreinigungen zu erstellen und der zuständigen Behörde vorzulegen. Die Einzelheiten werden in der Emissionserklärungsverordnung (11. BImSchV) geregelt. Die Erklärungspflicht besteht nicht, wenn von der Anlage nur in geringem Umfang Luftverunreinigungen ausgehen können.

Des weiteren schreibt das BImSchG Mitteilungspflichten zur Betriebsorganisation (§ 52 a BImSchG) gegenüber der zuständigen Behörde und die Bestellung eines Betriebsbeauftragten für Immissionsschutz sowie eines Störfallbeauftragten für bestimmte genehmigungsbedürftige Anlagen vor (s. Abschn. B.1.2.2.1).

B.2.1.4.3 Anzeigepflicht bei Anlagenstillegung

Sobald der Betreiber einer Anlage die Absicht faßt, diese stillzulegen, hat er dies unter Angabe des Zeitpunkts der Einstellung der zuständigen Behörde unverzüglich anzuzeigen. Außerdem sind die erforderlichen Unterlagen vorzulegen. Die Behörde hat diese Unterlagen zu prüfen und erforderlichenfalls nachträglich Anordnungen zu treffen, um sicherzustellen, daß der Anlagenbetreiber seine Nachsorgepflichten erfüllt (s. Abschn. B. 2.1.2.1).

B.2.2 Luftreinhaltung

Eines der Hauptziele des Immissionsschutzrechts ist der Schutz vor Luftverunreinigungen. Diese werden definiert als Veränderungen der natürlichen Zusammensetzung der Luft, insb. durch Rauch, Ruß, Staub, Gase, Aerosole, Dämpfe oder Geruchsstoffe.

B.2.2.1 Luftreinhalteplanung

Die Quellen luftverunreinigender Stoffe finden sich bei nahezu allen stationären und mobilen Anlagen im industriellen, gewerblichen, landwirtschaftlichen, öffentlichen als auch im privaten Bereich. Sie lassen sich in vier Emittentengruppen zusammenfassen: Industrie, Hausbrand, Kleingewerbe und Verkehr.

Da in der *Industrie* heute Staub und Schwefeldioxid (ubiquitäre Schadstoffe) nicht mehr so bedeutungsvoll sind wie in der Vergangenheit, richtet sich die Aufmerksamkeit auf andere Luftschadstoffe, wie z.B. Chlor, Kohlenwasserstoffe und Schwermetalle. So rückten die organischen Gase und Dämpfe der chemischen und petrochemischen Industrie sowie die Schadstoffe der Stahl- und Zementerzeugung (z.B. Blei, Arsen, Dioxin, Thallium) in den Blickpunkt.

Beim *Hausbrand* entstehen durch die Verbrennung fester, flüssiger und gasförmiger Brennstoffe vor allem CO, NO und SO_2.

Dagegen treten beim *Kleingewerbe* in erster Linie Emissionen aus typischen Betriebsarten wie Druckereien, chemischen Reinigungen, Autolackiereien, Räucheranlagen und Tankstellen auf. Von Bedeutung sind auch hier die Emissionen organischer Gase und Dämpfe.

Der Emittentengruppe *Verkehr* gehören Straßen-, Schienen-, Wasser- und Luftfahrzeuge an, bei deren Betrieb insb. CO, NO, SO_2, Kohlenwasserstoffe, Aldehyde und Blei ausgestoßen werden. In der Immissionsbetrachtung nehmen die Kraftfahrzeugabgase eine entscheidende Rolle ein (z. Z. sind über 40 Mio. Pkw in Deutschland zugelassen).

Bei der Betrachtung der *Wirkung von Luftverunreinigungen* auf den Menschen ist die Wirkungsschwelle das wichtigste Kriterium zur Abschätzung des Risikos. Bisher vorliegende Untersuchungen haben gezeigt, daß ein Synergismus von lungengängigem Staub und SO_2 besteht. Hinsichtlich chronischer Wirkungen von Luftverunreinigungen liegen epidemiologische Studien vor, die sich im wesentlichen auf Veränderungen der Atemwege und Lunge erstrecken. Neben der inhalativen Aufnahme von Luftverunreinigungen ist heute der Nahrungsmittelkette besondere Bedeutung beizumessen. Als Luftschadstoffe mit kanzerogener Wirkung kommen faserförmige Stoffe (z.B. Asbest) und polyzyklische, aromatische Kohlenwasserstoffe (Benzo(a)pyren) in Frage.

Aus den Erkenntnissen der letzten Jahre hat sich eine *neue Strategie der Luftreinhalteplanung* entwickelt. Sie zielt darauf ab, in begrenzten geografischen Bereichen vorhandene Luftverunreinigungen mit hohem Wirkungspotential (toxisch, kanzerogen und/oder akkumulierend) zu erkennen und zu beseitigen. Das neue Konzept hat auch in § 44 BImSchG seinen Niederschlag gefunden, denn Art und Umfang bestimmter Luftverunreinigungen, die schädliche Umwelteinwirkungen hervorrufen können, sind in sog. Untersuchungsgebieten in einem bestimmten Zeitraum oder fortlaufend festzustellen. Darüber hinaus sind die für ihre Entstehung und Ausbreitung bedeutsamen Umstände zu untersuchen. Gleiches gilt für Gebiete, in denen eine Überschreitung der Immissionswerte festgestellt oder erwartet wird.

Ergeben Auswertungen, daß im gesamten Untersuchungsgebiet, in Teilen dieses Gebietes oder außerhalb von Untersuchungsgebieten Immissionswerte überschritten werden, muß ein Luftreinhalteplan als Sanierungsplan aufgestellt werden (§ 47 BImSchG). Das strategische Konzept eines Luftreinhalteplans besteht aus mehreren Einzelelementen:
– Darstellung des Sachverhalts: Emissions-, Immissions- und Wirkungskataster,
– Ursachenanalyse: Feststellung der Ursachen,

- Emissions- und Immissionsprognose: Abschätzung der zu erwartenden künftigen Entwicklung,
- Maßnahmenkatalog: Aufstellung eines Handlungskonzepts.

Die Maßnahmen eines Luftreinhalteplans sind durch Anordnungen oder anderweitige Entscheidungen der zuständigen Träger der öffentlichen Verwaltung (Umweltbehörden) durchzusetzen. Sind planungsrechtliche Festlegungen vorgesehen, haben die zuständigen Planungsträger zu befinden, ob und inwieweit sie bei den Planungen in Betracht zu ziehen sind.

B.2.2.2 Die TA Luft 1986

Die TA Luft wurde 1986 als allgemeine Verwaltungsvorschrift des Bundes erlassen. Sie konkretisiert die Schutz-, Abwehr- und Vorsorgeanforderungen des BImSchG im anlagenbezogenen Immissionsschutzrecht (zur Bindungswirkung s. Abschn. B.1.1.2.3). Die TA Luft enthält neben der Bestimmung von Begriffen und Einheiten des Meßwesens allgemeine Grundsätze für Genehmigungen und Vorbescheide, die von den Behörden zu beachten sind, sowie Regelungen über die Ableitung von Abgasen (Schornsteine), die Immissionswerte und die Ermittlung von Immissionskenngrößen. Von besonderer Bedeutung für den Vollzug im anlagenbezogenen Immissionsschutz sind die Regelungen zur Begrenzung der Emissionen (insb. Emissionsgrenzwerte). Für Altanlagen wurde eine am Verhältnismäßigkeitsgrundsatz und dem Erfordernis des Bestandsschutzes orientierte Übergangsregelung getroffen.

B.2.2.2.1 Begrenzung der Emissionen krebserzeugender Stoffe

Für krebserzeugende Stoffe wurde eine Sonderregelung geschaffen. Beim Erlaß der TA Luft war es nach dem Erkenntnisstand der Wirkungsforschung nicht möglich, Schwellendosen anzugeben, bei deren Unterschreitung eine Unbedenklichkeit angenommen werden konnte. Es wurde daher festgelegt, daß die Emission kanzerogener Stoffe unter Beachtung des Grundsatzes der Verhältnismäßigkeit soweit wie möglich zu begrenzen und die Restemissionen umweltschonend abzuleiten sind. Für 21 enumerativ aufgeführte Stoffe wurden die Emissionen in Abhängigkeit von ihrem krebserzeugenden Potential durch besonders strenge höchstzulässige Massenkonzentrationen im Abgas einer Anlage begrenzt. Hierzu wurden die Stoffe in drei Klassen unterteilt, denen die Vorsorgegrenzwerte zugeordnet wurden (s. Tabelle B.2-1).

B.2.2.2.2 Begrenzung der Emissionen von Gesamtstaub

Die im Abgas enthaltenen staubförmigen Emissionen dürfen bestimmte Massenkonzentrationen nicht übersteigen (s. Tabelle B.2-2).

Diese Emissionswerte sind auf alle in Rohrleitungen, Abgaskanälen oder Schornsteinen gefaßten Abgasströme anzuwenden. Für nicht gefaßte Abgasströme (diffuse Staubquellen) gelten die Anforderungen unter Ziff. 3.1.5 der TA Luft zur Vermeidung und Minimierung staubförmiger Emissionen bei Aufbereitung, Herstellung, Transport, Be- und Entladung sowie Lagerung staubender Güter.

B.2.2.2.3 Begrenzung der Emissionen staubförmiger anorganischer Stoffe

Für bestimmte staubförmige anorganische Stoffe stellt die TA Luft Grenzwerte auf. Auch beim Vorhandensein mehrerer Stoffe derselben Klasse dürfen insgesamt die in Tabelle B.2-3 ausgewiesenen Werte im Abgas nicht überschritten werden.

B.2.2.2.4 Begrenzung der Emissionen dampf- oder gasförmiger anorganischer Stoffe

Auch bei den Grenzwerten für dampf- oder gasförmige anorganische Stoffe im Abgas werden im Hinblick auf deren Risikopotential und unter Berücksichtigung der verfügbaren Abgasreinigungstechnik Klassen gebildet, für die jeweils verschiedene Emissionsgrenzwerte (s. Tabelle B.2-4) gelten. Für geruchsintensive Stoffe können sich weitergehende Anforderungen ergeben.

B.2.2.2.5 Begrenzung der Emissionen organischer Stoffe

Zur Bestimmung der Grenzwerte für organische Stoffe wurden die betreffenden Stoffe im Anhang E der TA Luft aufgezählt und jeweils einer von drei Klassen zugeordnet. Auch beim Vorhandensein mehrerer Stoffe derselben Klasse dürfen die in Tabelle B.2-5 ausgewiesenen Emissionsgrenzwerte nicht überschritten werden. Be-

Tabelle B.2-1 Emissionsgrenzwerte für kanzerogene Stoffe

Krebserzeugende Stoffe	Höchstzulässige Massenkonzentration im Abgas
Klasse I: z.B. Asbest als Feinstaub, Benzo(a)pyren, Beryllium und seine Verbindungen in atembarer Form	Bei einem Massenstrom von 0,5 g/h oder mehr: 0,1 mg/m^3
Klasse II: z.B. Arsen- und Chromverbindungen, Cobalt, Nickel	Bei einem Massenstrom von 5 g/h oder mehr: 1 mg/m^3
Klasse III: z.B. Acrylnitril, Benzol, Vinylchlorid	Bei einem Massenstrom von 25 g/h oder mehr: 5 mg/m^3

Tabelle B.2-2 Emissionsgrenzwerte für Gesamtstaub

Massenstrom	Höchstzulässige Massenkonzentration von Staub im Abgas
mehr als 0,5 kg/h	50 mg/m^3
bis einschl. 0,5 kg/h	0,15 g/m^3

Tabelle B.2-3 Emissionsgrenzwerte für staubförmige anorganische Stoffe

Staubförmige anorganische Stoffe	Höchstzulässige Massenkonzentration im Abgas
Klasse I: Cd, Hg, Tl und ihre Verbindungen	Bei einem Massenstrom von 1 g/h oder mehr: 0,2 mg/m^3
Klasse II: As, Co Ni, Se Te und ihre Verbindungen	Bei einem Massenstrom von 5 g/h oder mehr: 1 mg/m^3
Klasse III: Sb, Pb, Cr, Cu, Mn, Pt, Pd, Rh, V, Sn und ihre Verbindungen, leicht lösliche Cyanide (CN) und Fluoride (F)	Bei einem Massenstrom von 25 g/h oder mehr: 5 mg/m^3

Tabelle B.2-4 Emissionsgrenzwerte für dampf- oder gasförmige anorganische Stoffe

Dampf- oder gasförmige anorganische Stoffe	Höchstzulässige Massenkonzentration im Abgas
Klasse I: Arsenwasserstoff, Chlorcyan, Phosgen, Phosphorwasserstoff	Bei einem Massenstrom von 10 g/h oder mehr: 1 mg/m^3
Klasse II: Brom und Fluor sowie ihre dampf- oder gasförmigen Verbindungen, Chlor, Cyanwasserstoff, Schwefelwasserstoff	Bei einem Massenstrom von 50 g/h oder mehr: 5 mg/m^3
Klasse III: dampf- oder gasförmige anorganische Chlorverbindungen, soweit nicht in Klasse I	Bei einem Massenstrom von 0,3 kg/h oder mehr: 30 mg/m^3
Klasse IV: Schwefeloxide, Stickstoffoxide	Bei einem Massenstrom von 5 kg/h oder mehr: 0,5 mg/m^3

Tabelle B.2-5 Emissionsgrenzwerte für organische Stoffe

Organische Stoffe	Höchstzulässige Massenkonzentration im Abgas
Klasse I: z.B. Alkylbleiverbindungen, Ameisensäure, Anilin, Chlormethan, 1,4-Dioxan, Formaldehyd, Nitrobenzol	Bei einem Massenstrom von 0,1 kg/h oder mehr: 20 mg/m^3
Klasse II: z.B. Chlorbenzol, Essigsäure, Ethylbenzol, Nappthalin, Propionsäure, Toluol, Xylole	Bei einem Massenstrom von 2 kg/h oder mehr: 0,1 g/m^3
Klasse III: z.B. Aceton, Alkylalkohole, Chlorethan, Parafinkohlenwasserstoffe (ausgenommen Methan), Trichlorfluormethan	Bei einem Massenstrom von 3 kg/h oder mehr: 0,15 g/m^3

steht ein begründeter Verdacht auf krebserzeugendes Potential, ist ein organischer Stoff auf jeden Fall der Klasse I zuzuordnen. Für *staubförmige* organische Stoffe, die den Klassen II oder III zuzuordnen sind, gelten abweichend die Grenzwerte für Gesamtstaub (s. Abschn. B.2.2.2.2). Auch im Hinblick auf die organischen Stoffe können bei besonderer Geruchsintensität weitergehende Maßnahmen erforderlich werden.

Zusätzlich zu den in Tabelle B.2-5 genannten Emissionsgrenzwerten darf beim Vorhandensein von organischen Stoffen mehrerer Klassen (bei einem Massenstrom von insgesamt 3 kg/h oder mehr) die Massenkonzentration im Abgas insgesamt 0,15 g/m^3 ≥ nicht überschreiten. Die in Anhang E nicht aufgeführten organischen Stoffe sind den Klassen zuzuordnen, deren Stoffen sie in ihrer Einwirkung auf die Umwelt am nächsten stehen. Hierbei sind insb. Abbaubarkeit, Anreicherbarkeit, Toxizität, Auswirkungen von Abbauvorgängen mit deren jeweiligen Folgeprodukten und Geruchsintensität zu berücksichtigen.

Weitere Anforderungen zur Vermeidung bzw. Minimierung dampf- oder gasförmiger Emissionen beim Verarbeiten, Fördern und Umfüllen von flüssigen organischen Stoffen enthält die TA Luft unter Ziff. 3.1.8. Es werden bestimmte Sicherheitsvorkehrungen, z.B. die Verwendung bestimmter gesicherter Pumpen und Abdichtungen vorgeschrieben.

B.2.2.2.6 Besondere anlagenbezogene Anforderungen

Während die bisher dargestellten Emissionsgrenzwerte und sonstigen Anforderungen für sämtliche (insb. genehmigungsbedürftige) Anlagen gelten, wurden unter Ziff. 3.3 der TA Luft besondere Anforderungen für spezielle Anlagen und Anlagengruppen festgelegt. Zum einen wurden darin im Verhältnis zu den allgemeinen Regelungen strengere Grenzwerte festgelegt, da z.B. in diesen Bereichen der Stand der Luftreinhaltetechnik weiter entwickelt war. Zum anderen ergab sich aber auch aus Gründen der Verhältnismäßigkeit die Notwendigkeit, Abschwächungen für bestimmte Anlagenarten vorzunehmen. In jedem Fall gehen die anlagenbezogenen Anforderungen als speziellere Regelung den allgemeinen Anforderungen vor. Der systematische Aufbau des Abschnitts der TA Luft mit den anlagenbezogenen Anforderungen entspricht dem des Anhangs zur 4. BImSchV. Die Differenzierung erfolgt nach den gleichen Anlagengruppen (s. Abschn. B.2.1.1.1). Bei der Festlegung dieser Anforderungen waren auch die Regelungen in den bestehenden immissionsschutzrechtlichen Durchführungsverordnungen zu berücksichtigen, z.B. in der 13. BImSchV über Großfeuerungsanlagen. Strengere Anforderungen in diesen Verordnungen oder sonstigen spezielleren Gesetzen, insb., wenn sie nach 1986 erlassen oder verschärft wurden, gehen der TA Luft vor. Bevor man auf die allgemeinen Anforderungen der TA Luft abstellt, ist daher in jedem Fall zu prüfen, ob nicht speziellere anlagenbezogene Regelungen bestehen. Lediglich soweit speziellere Regelungen nicht bestehen, sind die allgemeinen Anforderungen anwendbar.

B.2.3 Lärmschutz

B.2.3.1 Der Lärmschutz im Vollzug des Umweltrechts

Die allgemeinen immissionsschutzrechtlichen Pflichten, die auf eine Verhinderung schädlicher Umwelteinwirkungen abzielen, bezwecken neben der Luftreinhaltung insb. auch den Schutz vor Geräuschen (Lärm). Den nach Landesrecht zuständigen Stellen obliegt gemäß § 47 a BImSchG die Aufstellung von Lärmminderungsplänen für schutzwürdige Gebiete (z. B. Wohngebiete), die Angaben zur Geräuschbelastung und deren Quellen sowie den vorgesehenen Lärmminderungsmaßnahmen enthalten müssen. Lärmschutz spielt bei der Erteilung von immissionsschutzrechtlichen Genehmigungen, aber auch bei der Aufstellung von Fachplänen, in Planfeststellungs- oder sonstigen Genehmigungsverfahren (z. B. Baugenehmigungen, gewerberechtliche Zulassungen, Bauartzulassungen) eine bedeutende Rolle, insb. wenn eine Überprüfung nach UVP durchzuführen ist. Außerdem können die Aufsichtsbehörden im Einzelfall Anordnungen zum Lärmschutz treffen. Diese können sie auf das BImSchG oder die einschlägige landesimmissionsschutzrechtliche Vorschrift, gewerberechtliche oder sonstige anwendbare Spezialvorschriften mit Befugnisnormen sowie auf das allgemeine Polizei- und Ordnungsrecht stützen (s. dazu Abschn. B.1.2.3.3).

Probleme bereitet die im Rahmen dieser Tätigkeitsbereiche notwendig werdende Abgrenzung der Gefährdungen oder erheblichen Belästigungen, die staatliches Eingreifen erfordern, von den zu duldenden Belästigungen. Die Lärmwirkungsforschung hat in dieser Hinsicht eine Reihe von Schwellenwerten erarbeitet und weitgehend abgesichert, bei denen lärmbedingte Veränderungen physiologischer und psychischer Abläufe eintreten (s. Abschn. D.2). Medizinisch können ferner Gefährdungswerte für gesundheitliche Risiken angegeben werden. Zwischen diesen beiden Bereichen der Schwellen- und Gefährdungswerte erstreckt sich ein Kontinuum immer unzumutbar werdender Belastungen, für die je nach konkreter Situation und schutzbedürftiger Funktion eine Interessen- und Güterabwägung vorzunehmen ist. Die sozialwissenschaftliche und psychologische Forschung hat wichtige Erkenntnisse beigesteuert, wie sich Gestörtheitsreaktionen prozentual in der Bevölkerung verteilen und welche Lärmeinwirkungen als erhebliche Belästigung empfunden werden. Trotz allem bleibt jedoch ein Abwägungsbereich bestehen, in dem auf politischer Ebene Zumutbarkeitswerte festzulegen sind. Wissenschaftlich de-

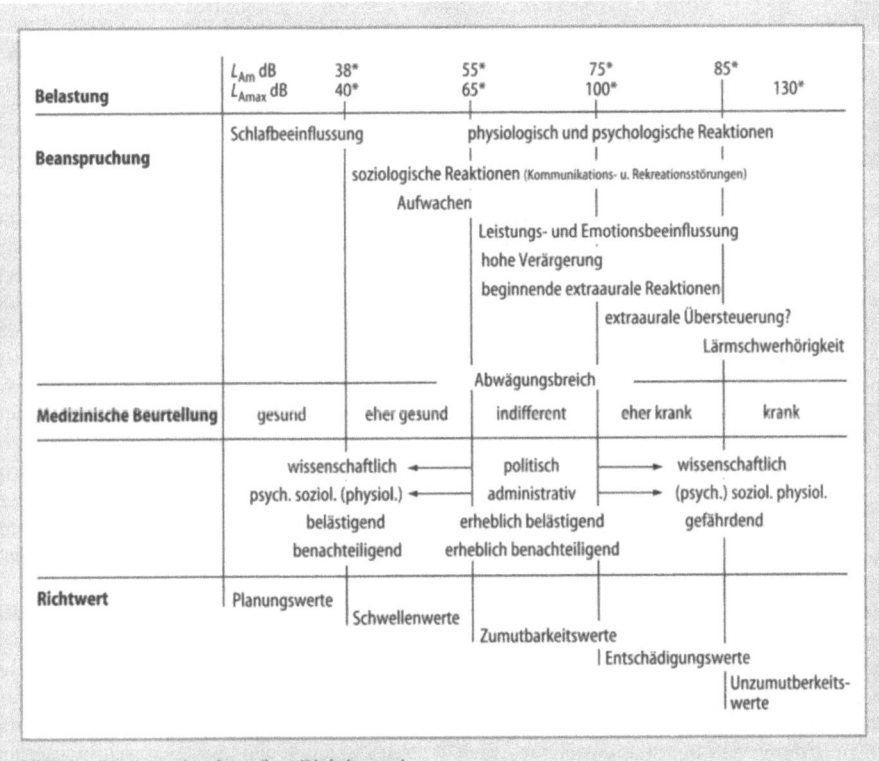

Bild B.2-1 Kriterien zur Lärmbeurteilung (*Anhaltswerte)

finierte Schwellenwerte können dabei je nach Fall mit Zumutbarkeit oder auch Unzumutbarkeit identisch sein. Bild B.2-1 verdeutlicht das Spannungsfeld, in dem die Beurteilung von Lärmeinwirkungen erfolgen muß. Ein wesentlicher Gesichtspunkt in dem angesprochenen Abwägungsprozeß ist schließlich die Frage, ob das einzelne Individuum, die durchschnittliche Bevölkerung oder bestimmte kritische Personengruppen als Maßstab der Beurteilung einer vorhandenen Gefährdung oder Belästigung herangezogen werden sollen.

Zur Bewältigung dieser Unsicherheit bedarf der Rechtsanwender, insb. Behörden und Gerichte, konkreter Vorgaben in Form von Immissions- oder Emissionswerten. Nur so kann auch ein dem Gleichbehandlungsgebot gerecht werdender Vollzug des Immissionsschutzrechts gewährleistet werden. Solche Grenz- oder Richtwerte sind jedoch nur teilweise in allgemein verbindlichen Rechtsvorschriften festgelegt. Soweit solche nicht vorliegen, muß auf Verwaltungsvorschriften, Empfehlungen von Sachverständigengremien und private Regelwerke zurückgegriffen werden (s. Abschn. B.1.1.2.3, B. 1.1.2.4 u. B. 1.1.3).

B.2.3.2 Spezielle Lärmschutzvorschriften

B.2.3.2.1 Lärmschutz am Arbeitsplatz

Gemäß dem Arbeitsschutzgesetz vom 07.08.1996 besteht die allgemeine Pflicht eines Arbeitgebers, seine Arbeitnehmer vor Gesundheitsbeeinträchtigungen zu schützen. Diese Anforderung wird durch die Arbeitsstättenverordnung konkretisiert, die vorschreibt, daß der Schallpegel so niedrig zu halten ist, wie es nach der Art des Betriebs möglich ist. Weiterhin werden absolute Höchstgrenzwerte (Beurteilungspegel) für die Lärmbelastung festgelegt, bei denen auch von außen wirkende Geräusche zu berücksichtigen sind.

Spezielle Lärmschutzregelungen finden sich auch in den Unfallverhütungsvorschriften (UVV Lärm) der Unfallversicherungsträger. Diese werden von den Berufsgenossenschaften im Rahmen ihrer Kompetenz aufgrund des Sozialgesetzbuches (SGB VII), beruflichen Gesundheitsbeeinträchtigung vorzubeugen, als autonomes Recht angenommen und bedürfen der Genehmigung durch den Bundesminister für Arbeit und Soziales.

B.2.3.2.2 TA Lärm

Für den Bereich des Industrie- und Gewerbelärms galt bislang die Technische Anleitung (TA) Lärm vom 16.07.1968. Zum 01.11.1998 hat die TA Lärm vom 26.08.1998 diese zwischenzeitlich veraltete Verwaltungsvorschrift (s. Abschn. B.1.1.2.3) abgelöst. Im Unterschied zur alten TA Lärm ist die neue Vorschrift sowohl auf genehmigungsbedürftige als auch auf nicht genehmigungsbedürftige Anlagen (s. Abschn. B.2.1.1.1) anwendbar und daher bspw. auch im Baugenehmigungsverfahren zu beachten. Sie enthält neben allg. Grundsätzen und Immissionsrichtwerten Regelungen über die Ermittlung von Geräuschimmissionen.

Sonderregelungen bestehen für den Schutz vor Baulärm. In der Baumaschinenlärm-Verordnung (15. BImSchV) werden die in EG-Richtlinien festgelegten Geräuschemissionswerte für Baumaschinen eingeführt und die Baumusterprüfungen für die Geräte geregelt. Weitere Richtwerte, Meßmethoden und sonstige Lärmschutzmaßnahmen werden in den Allgemeinen Verwaltungsvorschriften der Bundesregierung zum Schutz gegen Baulärm sowie der 2. und 3. BImSch-Verwaltungsvorschrift festgelegt, soweit sie nicht durch die 15. BImSchV verdrängt werden.

B.2.3.2.3 Verkehrslärm

Der Schutz vor Lärm, der durch Straßen- oder Schienenverkehr verursacht wird, hat in der 16. BImSchV eine Regelung erfahren, die Immissionsgrenzwerte und die Methoden zur Berechnung der Beurteilungspegel umfaßt. In der 24.BImSchV werden die erforderlichen Schutzmaßnahmen festgelegt. Lärmschutzvorschriften finden sich auch in der Straßenverkehrsordnung (StVO) und der Straßenverkehrszulassungsordnung (StVZO), die teilweise auf EG-Recht verweist. In seiner Richtlinie für den Verkehrslärmschutz an Bundesfernstraßen hat das Bundesverkehrsministerium Lärmsanierungswerte festgelegt, bei deren Überschreiten Schallschutzmaßnahmen in Betracht kommen sollen.

Der Lärmschutz im Zusammenhang mit dem Luftverkehr wird durch das Fluglärmschutzgesetz geregelt. Dieses Gesetz schreibt die Festsetzung von Lärmschutzbereichen in der Umgebung von Flugplätzen (Schutzbereich 1 und Schutzbereich 2) durch den Bundesumweltminister und das Ergreifen baulicher Schallschutzmaßnahmen vor. Die Lärmschutzanforderungen an die Luftfahrzeuge und den Luftverkehr sind im Luftverkehrsgesetz und seinen Durchführungsverordnungen geregelt.

B.2.3.2.4 Freizeitlärm

Dem Schutz vor Freizeitlärm dienen die Sportanlagenlärmschutzverordnung (18. BImSchV) und die Rasenmäherlärm-Verordnung (8. BImSchV), die Grenz- und Richtwerte sowie sonstige Anforderungen festlegen. Die landesrechtlichen Immissionsschutzgesetze oder Lärmschutzverordnungen enthalten Vorschriften zur Bekämpfung von Freizeitlärm, z.B. über den Schutz der Nachtruhe, die Benutzung von Tongeräten oder das Halten von Tieren. Die TA Lärm gilt nur für Anlagen (s. Abschn. B.2.1.1.1), also nicht für Lärm, der durch sonstige Aktivitäten verursacht wurde, darüber hinaus auch nicht für genehmigungsbedürftige Freizeitanlagen und Freiluftgaststätten. Außerdem hatte der Länderausschuß für Immissionsschutz (LAI; s. Abschn. B.1.1.2.4) bereits 1995 die Freizeitlärm-Richtlinie als Musterverwaltungsvorschrift angenommen, die nach Erlaß der neuen TA Lärm nur noch auf nicht genehmigungsbedürftige Freizeitanlagen anwendbar ist, ausgenommen Sportanlagen, Gaststätten und Kinderspielplätze in Wohngebieten. Bei seltenen Ereignissen (z.B. Jahrmärkte) soll im Einzelfall eine höhere Lärmbelastung zumutbar sein.

B.2.3.3 Die wichtigsten Lärmschutzwerte

Lärmschutzwerte werden als Grenz- und Richtwerte in Rechts- und Verwaltungsvorschriften, Empfehlungen und privaten Regelwerken festgelegt. Die wichtigsten Werte, die in Praxis und Rechtsprechung Anwendung finden, sind im folgenden tabellarisch dargestellt.

Es wird unterschieden in Arbeitsstätten- und Umweltlärm. Der Umweltlärm gliedert sich in in

- Straßenverkehr
- Schienenverkehr
- Flugverkehr
- Industrie und Gewerbe
- Freizeit, Sportanlagen
- Stadtplanung

Nicht aufgeführt sind Details einzelner Richtlinien hinsichtlich Ermittlung der Mittelungspegel, Berücksichtigung von Zuschlägen oder Spitzenpegeln und Grenzwerte für Innenraumpegel bei Geräuschübertragung innerhalb von Gebäuden. Bei der Anwendung der Werte ist strikt auf den Anwendungsbereich der Norm bzw. Vorschrift und die zugrundeliegenden Meß- und Berechnungsverfahren zu achten. Für den Tag gilt die Zeit von 6.00-22.00 und für die Nacht von 22.00-6.00 Uhr.

Arbeitsstättenlärm

Arbeitsplatz nach Art der Tätigkeit (Arbeitsstättenverordnung)	Immissionsgrenzwerte[a] dB(A)
Überwiegend geistige Tätigkeit; Pausen-, Bereitschafts-, Liege- u. Sanitätsräume	55
Einfache und überwiegend mechanisierte Tätigkeit und vergleichbare Tätigkeiten	70
Alle sonstigen Tätigkeiten	85

[a]Höchstzulässiger Beurteilungspegel L_r

Umweltlärm

Straßenverkehr

Art der zu schützenden Nutzung	Immissionsgrenzwerte dB(A)			
	Tag[a]	Nacht[a]	Tag[b]	Nacht[b]
Krankenhäuser, Schulen, Kur- und Altenheime	57	47	70	60
Reine und allgemeine Wohn- und Kleinsiedlungsgebiete	59	49	70	60
Kerngebiete, Dorf- und Mischgebiete	64	54	72	62
Gewerbegebiete	69	59	75	65

[a]Lärmvorsorge bei Neubau und wesentlicher Änderung von Straßen (16. BImSchV)
[b]Lärmsanierung an bestehenden Straßen in der Baulast des Bundes (Richtlinie für den Verkehrslärmschutz an Bundesfernstraßen in der Baulast des Bundes vom 15.1.1986)

Schienenverkehr

Bei Neubau und wesentlicher Änderung von Schienenwegen (16. BImSchV) gelten die für Lärmvorsorge im Straßenverkehr angegebenen Immissionsgrenzwerte abzgl. eines Schienenbonus von 5 dB(A). Vom Schienenbonus ausgenommen sind nur Schienenwege, auf denen in erheblichem Umfang Güterzüge gebildet oder zerlegt werden.

Flugverkehr
Lärmschutzbereich von Verkehrsflughäfen und Flugplätzen (Fluglärmschutzgesetz)

Lärmschutzbereich	Immissionswerte dB(A)
Schutzzone 1. Wohnungen dürfen nicht errichtet werden; für bestehende Wohnungen besteht Anspruch auf Kostenerstattung für Schallschutzmaßnahmen	$L_{eq} \geq 75$
Schutzzone 2. Krankenhäuser, Altenheime, Schulen und ähnlich schutzbedürftige Einrichtungen fürfen nicht errichtet werden	$67 < L_{eq} < 75$

Gewerbe
Arbeitslärm in der Nachbarschaft (VDI Richtlinie 2058 Blatt 1)

Art der zu schützenden Nutzung	Immissionsrichtwerte - Außen -, dB(A)	
	Tag	Nacht
Nur gewerbliche Nutzung, außer Wohnungen für Betriebsinhaber, Betriebsleiter, Aufsichts- oder Bereitschaftspersonal (Industriegebiete)	70	70
Vorwiegend gewerbliche Nutzung (Gewerbegebiete)	65	50
Weder vorwiegend gewerblich noch vorwiegend als Wohnung genutzt (Kern-, Misch- oder Dorfgebiete)	60	45
Vorwiegend Wohnungen (allg. Wohngebiete, Kleinsiedlungsgebiete)	55	40
Ausschließlich Wohnungen (reines Wohngebiet)	50	35
Kurgebiete, Krankenhäuser, Pflegeanstalten, soweit sie als solche durch Orts- und Straßenbeschilderung ausgewiesen sind	45	35

TA Lärm 1998

Art der zu schützenden Nutzung	Immissionsrichtwerte, dB(A)	
	Tag	Nacht
Kurgebiete, Krankenhäuser und Pflegeanstalten	45	35
reine Wohngebiete	50	35
allg. Wohngebiete u. Kleinsiedlungsgebiete	55	40
Kerngebiete, Dorfgebiete, Mischgebiete	60	45
Gewerbegebiete	65	50
Industriegebiete	70	70

Freizeit
Freizeitlärm-Richtlinie des LAI (Ruhezeiten 6.00–8.00 Uhr; 20.00–22.00 Uhr)

Art der zu schützenden Nutzung	Immissionsrichtwerte, dB(A)		
	Tag	Ruhezeit	Nacht
Industriegebiet	70	70	70
Gewerbegebiet	65	60	50
Kern-, Dorf- und Mischgebiet	60	55	45
allg. Wohngebiet, Kleinsiedlungsgebiet	55	50	40
reines Wohngebiet	50	45	35
Kurgebiete, Krankenhäuser und Pflegeanstalten	45	45	35

Sportanlagen (18. BImSchV)

Art der zu schützenden Nutzung	Immissionsrichtwerte, dB(A)	
	Tag[a]	Nacht
Reine Wohngebiete	50/45	35
Allgemeine Wohn- und Kleinsiedlungsgebiete	55/50	40
Kern-, Dorf- und Mischgebiete	60/55	45
Gewerbegebiete	65/60	50
Kurgebiete, Krankenhäuser und Pflegeanstalten	45/45	35

[a]Der zweite Tagwert bezieht sich auf die Ruhezeiten: werktags 6.00-8.00 und 20.00-22.00 Uhr, an Sonn- und Feiertagen 7.00-9.00, 13.00-15.00 und 20.00-22.00 Uhr. Nachts ist die ungünstigste volle Stunde zu berücksichtigen.

Stadtplanung
Bauleitplanung – DIN 18005 Teil 1

Art der zu schützenden Nutzung	Orientierungswerte dB(A)	
	Tag	Nacht[a]
Reine Wohngebiete, Wochenend- und Ferienhausgebiete	50	40/35
Allgemeine Wohn-, Kleinsiedlungs- und Campingplatzgebiete	55	45/40
Friedhöfe, Kleingarten- und Parkanlagen	55	55
Besondere Wohngebiete	60	45/40
Dorf- und Mischgebiete	60	50/45
Kern- und Gewerbegebiete	65	55/50
Sondergebiete je nach Art der Nutzung	45-65	35-65

[a]Der niedrigere Wert gilt für Industrie-, Gewerbe- u. Freizeitlärm sowie Geräusche von vergleichbaren öffentl. Betrieben.

B.2.4 Strahlenschutz

Strahlen gelten zwar als Immissionen bzw. Emissionen i. S. d. BImSchG. Der Strahlenschutz wird jedoch größtenteils außerhalb des eigentlichen Immissionsschutzrechts geregelt.

B.2.4.1 Strahlenschutzvorsorge

Die Strahlenschutzvorsorge basiert auf dem Strahlenschutzvorsorgegesetz (StrVG), das (teilweise) Anforderungen der Grundnormen der Europäischen Atomgemeinschaft (EURATOM) umsetzt. Bezweckt wird ein umfassender Schutz vor ionisierender Strahlung, wobei die Ursache der Radioaktivität irrelevant ist. Auf der Grundlage dieses Gesetzes wurde ein integriertes Meß- und Informationssystem, das in einer umfassenden Verwaltungsvorschrift (AVV-IMIS) geregelt ist, aufgebaut. Darüber hinaus können Grenzwerte festgelegt werden, bei deren Überschreitung Verbote und Beschränkungen hinsichtlich Lebensmittel und sonstiger Stoffe anzuordnen sind. Derartige Produktbeschränkungen ergingen bisher lediglich auf EG-Ebene (im Gefolge des Tschernobyl-Unfalls).

Des weiteren ermächtigt das StrVG den Bundesumweltminister, Verhaltensempfehlungen auszusprechen (s. Abschn. B.1.2.8.1).

B.2.4.2 Atomrechtlicher Strahlenschutz

Eine umfassende Regelung hat der Strahlenschutz durch das Atomrecht für den Bereich des Umgangs mit radioaktiven Stoffen erfahren. Zu beachten ist allerdings, daß dieses Rechtsgebiet nicht nur dem *Strahlenschutz* dient, sondern auch die *Förderung* der friedlichen Nutzung der Kernenergie bezweckt.

B.2.4.2.1 Anwendungsbereich des Atomrechts

Das Atomrecht regelt den Umgang mit radioaktiven Stoffen. Dabei wird zwischen Kernbrennstoffen und „sonstigen radioaktiven Stoffen" unterschieden. *Kernbrennstoffe* sind besondere spaltbare Stoffe in Form von
- Plutonium 239, Plutonium 241 oder mit den Isotopen 235 oder 233 angereichertem Uran,
- Stoffen, die einen oder mehrere der vorerwähnten Stoffe enthalten, oder
- Stoffen, mit deren Hilfe in einer geeigneten

Anlage eine sich selbst tragende Kettenreaktion aufrechterhalten werden kann und die in einer Rechtsverordnung bestimmt werden.

Alle radioaktiven Stoffe, die nicht von dieser Aufzählung erfaßt werden, sind *„sonstige radioaktive Stoffe".* Als radioaktiv gelten sie, wenn sie ionisierende Strahlen, also Photonen- oder Teilchenstrahlungen, die in der Lage sind, direkt oder indirekt die Bildung von Ionen zu bewirken, spontan aussenden. Erfaßt sind auch Stoffe, die solche radioaktiven Stoffe enthalten oder mit ihnen kontaminiert sind, ohne daß sie selbst ionisiernde Strahlen aussenden. Für ungefährliche Stoffe können durch Verordnung Ausnahmen festgelegt werden, und einzelne Kernbrennstoffe gelten in geringfügigen Mengen/Konzentrationen als sonstige radioaktive Stoffe für die Anwendung der Genehmigungsvorschriften.

B.2.4.2.2 Atomrechtliche Genehmigungen

Genehmigungstatbestände
Charakteristisch für das Atomrecht sind die zahlreichen Genehmigungstatbestände des Atomgesetzes (AtG) und der auf dessen Grundlage ergangenen Strahlenschutzverordnung (StrlSchV) und Röntgenverordnung (RöV).

Im Mittelpunkt des Interesses steht die *Genehmigung nach § 7 AtG (Anlagengenehmigung)* für die Errichtung, den Betrieb, die wesentliche Änderung oder Stillegung einer Anlage zur Bearbeitung, Verarbeitung oder Spaltung von Kernbrennstoffen oder Aufarbeitung bestrahlter Kernbrennstoffe. Das Genehmigungsverfahren wird durch die *Atomrechtliche Verfahrensverordnung* (AtVfV) geregelt und entspricht weitgehend den Genehmigungsverfahren nach BImSchG (s. Abschn. B.2.1.3) und dem Planfeststellungsverfahren (s. Abschn. B.1.2.3.2). Die Öffentlichkeit ist durch Auslegung der Planungsunterlagen und in einem Erörterungstermin zu beteiligen. Einwendungen gegen das Vorhaben können grundsätzlich nach Ablauf der Auslegungsfrist nicht mehr geltend gemacht werden. Für ortsfeste Anlagen ist eine UVP vorgeschrieben (s. Abschn. B.1.2.3.2). In der Praxis werden meist separate Teilgenehmigungen z. B. für einzelne Bauabschnitte oder Anlagenteile erteilt. Der ersten Teilgenehmigung kommt dabei wegweisende Bedeutung zu, weshalb sie erst ergehen darf, wenn die Genehmigungsbehörde zu einem „vorläufigen positiven Gesamturteil" über die vollständige geplante Anlage kommt. Seit 1998 sieht das AtG ein unverbindliches Verfahren zur Prüfung sicherheitstechnischer Fragen vor.

Gemäß § 9a AtG muß der Bund *Endlager für radioaktive Abfälle* errichten. Für deren Errichtung und Betrieb muß ein Planfeststellungsverfahren einschl. einer UVP durchgeführt werden. Noch keine Errichtung stellt die Erkundung der vorgesehenen Lagerstätte dar. Das Gesetz ermöglicht außerdem, Enteignungen vorzunehmen. Die genehmigende Wirkung des Planfeststellungsbeschlusses erstreckt sich nicht auf eine evtl. erforderliche bergrechtliche Zulassung. Für Tiefspeichervorhaben ist daher auch ein Betriebsplanverfahren durchzuführen (s. Abschn. B.1.2.3.2). Darüber hinaus sehen die atomrechtlichen Vorschriften *weitere Genehmigungserfordernisse* vor für

- die Ein- und Ausfuhr von Kernbrennstoffen, kernbrennstoffhaltigen Abfällen und sonstigen radioaktiven Stoffen,
- die Beförderung von Kernbrennstoffen, kernbrennstoffhaltigen Abfällen und sonstigen radioaktiven Stoffen,
- die Aufbewahrung von Kernbrennstoffen (ausserhalb staatlicher Verwahrung), wesentliche Änderung einer Aufbewahrung sowie die Lagerung, Bearbeitung und Beseitigung kernbrennstoffhaltiger Abfälle,
- die Verwendung von Kernbrennstoffen außerhalb genehmigungspflichtiger Anlagen,
- den Umgang mit „sonstigen radioaktiven Stoffen" (Ausnahme: Gewinnung radioaktiver Bodenschätze),
- die Errichtung, den Betrieb und die Veränderung von bestimmten Anlagen zur Erzeugung ionisierender Strahlen, den Betrieb von Röntgeneinrichtungen und Störstrahlern (auch Bauartzulassung möglich),
- die Vornahme einer genehmigungspflichtigen Tätigkeit in einer fremden Anlage sowie
- die Errichtung und den Betrieb eines vom Land einzurichtenden Zwischenlagers für radioaktive Abfälle.

Ausnahmen von der Genehmigungspflicht, z. B. für kleine Anlagen von geringem Gefährdungspotential, werden in der StrlSchV und RöV zugelassen. Die Genehmigung für die Verbringung oder Beförderung von bestimmten Kleinmengen kann durch eine Anzeige ersetzt werden oder ganz entfallen.

Die geschäftsmäßige Überprüfung, Erprobung, Wartung und Instandsetzung von Röntgeneinrichtungen und Störstrahlern unterliegen einem Anmeldevorbehalt (s. Abschn. B.1.2.3.2).

Genehmigungsvoraussetzungen
Die Genehmigungsvoraussetzungen werden im Zusammenhang mit den jeweiligen Genehmigungstatbeständen geregelt. Bei einer *Anlagengenehmigung (§ 7 AtG)* muß insb. die nach dem *„Stand von Wissenschaft und Technik"* erforderliche Vorsorge gegen Schäden durch die beantragte Tätigkeit getroffen worden sein. Dabei sind die neusten wissenschaftlichen Erkenntnisse, die die bestmögliche Gefahrenabwehr und Risikovorsorge ermöglichen, und grds. auch die Störfall-Planungsgrenzwerte der StrlSchV (s. Tabelle B.2-6) zugrundezulegen; im Rahmen der Risikovorsorge muß der Verhältnismäßigkeitsgrundsatz beachtet werden, insb. bei sicherheitsverbessernden Nachrüstungen. Dabei sind die Empfehlungen der atomrechtlichen Ausschüsse (s. Abschn. B.1.1.2.4), DIN-Normen (s. Abschn. B.1.1.3) sowie Verwaltungsvorschriften (s. Abschn. B.1.1.2.3) und Sicherheitskriterien des BMU heranzuziehen. Bei Kernkraftwerken gelten erhöhte Anforderungen im Hinblick auf praktisch ausgeschlossene Schadensereignisse. Des weiteren sind insb. die Zuverlässigkeit und die Fach- und Sachkunde des Antragstellers sowie der verantwortlichen Personen und des Personals zu prüfen; diese Anforderungen werden durch vom BMU bekanntgegebene Richtlinien konkretisiert. Außerdem muß die erforderliche Deckungsvorsorge nachgewiesen werden und der Schutz vor Einwirkungen Dritter (insb. Sabotageschutz) gewährleistet sein. Schließlich dürfen keine öffentlichen Interessen, insb. des Umweltschutzes, entgegenstehen. Bei Vorliegen der Genehmigungsvoraussetzungen besteht keine Pflicht zur Erteilung der Genehmigung; die Behörde kann vielmehr unter besonderen und unvorhergesehenen Umständen die Erteilung versagen (Versagungsermessen).

Die Voraussetzungen für die Erteilung der *sonstigen Genehmigungen* entsprechen weitgehend diesen Anforderungen (Ausnahme: insb. Ein- und Ausfuhrgenehmigung). Genehmigungen für die Anwendung radioaktiver Stoffe oder ionisierender Strahlen in der medizinischen Forschung unterliegen den zusätzlichen besonderen Voraussetzungen des § 41 StrlSchV. Während der Genehmigungsbehörde bei der Entscheidung über die Verwendung von Kernbrennstoffen und über die Endlagerung von radioaktiven Abfällen (wie bei der Anlagengenehmigung) ein Versagungsermessen zusteht, hat der Antragsteller bei den sonstigen atomrechtlichen Genehmigungen einen Anspruch auf deren Erteilung, wenn die jeweiligen Voraussetzungen erfüllt sind (kein Versagungsermessen).

B.2.4.2.3 Strahlenschutzpflichten

Strahlenschutzpflichten ergeben sich i. d. R. aus den *Genehmigungsbescheiden*, die mit inhaltlichen Beschränkungen und Auflagen versehen werden können. Zu Schutz- und Sicherheitszwecken können Auflagen nachträglich angeordnet werden.

Das AtG selbst regelt die *Entsorgungspflichten*. Anfallende radioaktive Reststoffe sowie aus- oder abgebaute radioaktive Anlagenteile sind schadlos zu verwerten oder ordnungsgemäß zu beseitigen. Die ordnungsgemäße Beseitigung radioaktiver Abfälle erfolgt durch Sicherstellung und Endlagerung in Anlagen des Bundes; der Bund kann die Aufgabe auch einem Privatunternehmen (Beleihungsmodell) oder einem mit Privatunternehmen gebildeten Verband (Kör-

Tabelle B.2-6 Störfall-Planungsgrenzwerte der Körperdosen in der Umgebung der Anlage (für Anlagen nach § 7 AtG kann die Behörde im Einzelfall andere Grenzwerte festlegen)[a,b]

Effektive Dosis; Teilkörperdosis für: Keimdrüsen, Gebärmutter, rotes Knochenmark	Teilkörperdosis für: Hände, Unterarme, Füße, Unterschenkel, Knöchel, einschl. der dazugehörigen Haut	Teilkörperdosis für: sonstige Haut, Knochenoberfläche	Teilkörperdosis für: sonstige Organe oder Gewebe
50,0 mSv/a	500,0 mSv/a	300,0 mSv/a	150,0 mSv/a

[a] Die natürliche Strahlenexposition bleibt bei der Ermittlung der Körperdosen außer acht.
[b] Zur Berechnung der effektiven Dosis bei einer Ganz- und Teilkörperexposition werden die Äquivalentdosen in der Tabelle B.2-9 genannten Organe und Gewebe mit den Wichtungsfaktoren der Tabelle B.2-9 multipliziert und die so erhaltenen Produkte addiert. Die Summe der Ausgangskörper- und Teilkörperexpositionen bei äußerer und innerer Strahlenexposition errechneten Beträge zur effektiven Dosis darf den Grenzwert der effektiven Dosis nicht überschreiten. Daneben darf die Summe der durch Ganz- und Teilkörperexpositionen bei äußerer und innerer Strahlenexposition erhaltenen Teilkörperdosen eines Körperteils den zugehörigen Grenzwert der Teilkörperdosis nicht überschreiten.

perschaftsmodell) übertragen. Direkt bei diesen Anlagen sind radioaktive Abfälle abzuliefern, die bei einer staatlichen oder privaten Verwahrung oder Verwendung von Kernbrennstoffen oder in Anlagen, die gem. § 7 AtG genehmigungspflichtig sind, anfallen. Im übrigen sind sie bei der jeweils zuständigen Landessammelstelle abzuliefern, die die Abfälle wiederum an die Anlagen des Bundes abgibt. Diese gegenwärtige Entsorgungsstruktur wird zunehmend kontrovers diskutiert; mit einer Änderung der gesetzlichen Grundlage ist daher zu rechnen.

Sonstige Schutzbestimmungen finden sich in der Strahlenschutzverordnung (StrlSchV). § 28 Abs. 1 StrlSchV enthält die *Strahlenschutzgrundsätze*: die Pflicht, unnötig Strahlenexpositionen oder -kontaminationen zu verhindern und sonstige Strahlenexpositionen oder -kontaminationen zu minimieren. Darüber hinaus sieht die Verordnung zahlreiche Schutzmaßnahmen vor, die teilweise unmittelbar vorgeschrieben sind, teilweise erst nach behördlicher Anordnung durchzuführen sind. Diese Bestimmungen wie auch die allgemeinen Grundsätze gelten für das Aufsuchen, Gewinnen und Aufbereiten radioaktiver Bodenschätze (Ausnahme: neue Bundesländer; s. Abschn. B.2.4.3.1). Im einzelnen lassen sich folgende *Schutzmaßnahmen* unterscheiden:

- Kennzeichnung von Vorrichtungen, Räumen, Bereichen und Behältnissen (§ 35 StrlSchV),
- notwendige Maßnahmen bei sicherheitstechnisch bedeutsamen Ereignissen (§ 36 StrlSchV),
- Vorsorge betreffend Brand- und Schadensbekämpfung (§§ 37 und 38 StrlSchV),
- Dosisgrenzwerte (s. Tabelle B.2-7 – B.2-9) sowie sonstige Anforderungen zum Schutz von Bevölkerung und Umwelt (§§ 44-48 StrlSchV),
- Dosisgrenzwerte zum Arbeitsschutz und sonstige Anforderungen zum Schutz beruflich exponierter und sonstiger Personen im betrieblichen Bereich (§§ 49 – 56 StrlSchV),
- Maßnahmen hinsichtlich besonderer Strahlenschutzbereiche: Sperr- und Kontrollbereiche, Bestrahlungsräume, Überwachungsbereiche (§§ 57 – 61 StrlSchV),
- Anforderungen an die Lagerung, Sicherung und Weitergabe radioaktiver Stoffe (§§ 74, 77 StrlSchV).

Tabelle B.2-7 Dosisgrenzwert durch Direktstrahlung im außerbetrieblichen Überwachungsbereich unter Einbeziehung der Ableitungen (Tabelle B.2-8)[a]

Effektive Dosis	1,5 mSv/a in Einzelfällen Erhöhung durch Behörde auf bis zu 5 mSv/a möglich

[a] Die natürliche Strahlenexposition bleibt bei der Ermittlung der Körperdosen außer acht.

Tabelle B.2-9 Wichtungsfaktoren zur Berechnung der Körperdosen

Organe und Gewebe	Wichtungsfaktoren
Keimdrüsen	0,25
Brust	0,15
rotes Knochenmark	0,12
Lunge	0,12
Schilddrüse	0,03
Knochenoberfläche	0,03
andere Organe und Gewebe[a]: Blase, oberer Dickdarm, unterer Dickdarm, Dünndarm, Gehirn, Leber Magen, Milz, Nebenniere, Niere, Bauchspeicheldrüse, Thymus, Gebärmutter	je 0,06

[a] Zur Bestimmung des Beitrags der anderen Organe und Gewebe bei der Berechnung der effektiven Dosis ist die Teilkörperdosis für jedes der fünf am stärksten strahlenexponierten anderen Organe und Gewebe bleibt bei der Berechnung der effektiven Dosis unberücksichtigt.

Tabelle B.2-6 Störfall-Planungsgrenzwerte der Körperdosen in der Umgebung der Anlage (für Anlagen nach § 7 AtG kann die Behörde im Einzelfall andere Grenzwerte festlegen)[a,b]

Effektive Dosis; Teilkörperdosis für: Keimdrüsen, Gebärmutter, rotes Knochenmark	Teilkörperdosis für: Hände, Unterarme, Füße, Unterschenkel, Knöchel, einschl. der dazugehörigen Haut	Teilkörperdosis für: sonstige Haut, Knochenoberfläche	Teilkörperdosis für: sonstige Organe oder Gewebe
50,0 mSv/a	500,0 mSv/a	300,0 mSv/a	150,0 mSv/a

[a] Die natürliche Strahlenexposition bleibt bei der Ermittlung der Körperdosen außer acht.
[b] Zur Berechnung der effektiven Dosis bei einer Ganz- und Teilkörperexposition werden die Äquivalentdosen in der Tabelle B.2-9 genannten Organe und Gewebe mit den Wichtungsfaktoren der Tabelle B.2-9 multipliziert und die so erhaltenen Produkte addiert. Die Summe der Ausgangskörper- und Teilkörperexpositionen bei äußerer und innerer Strahlenexposition errechneten Beträge zur effektiven Dosis darf den Grenzwert der effektiven Dosis nicht überschreiten. Daneben darf die Summe der durch Ganz- und Teilkörperexpositionen bei äußerer und innerer Strahlenexposition erhaltenen Teilkörperdosen eines Körperteils den zugehörigen Grenzwert der Teilkörperdosis nicht überschreiten.

Spezifische Schutzpflichten über den Umgang mit röntgenstrahlenerzeugenden Vorrichtungen sind in der *Röntgenverordnung* geregelt (vgl. insb. § 15 RöV).

B.2.4.2.4 Eigenüberwachung

Bei der Eigenüberwachung sind der Strahlenschutzverantwortliche und der Strahlenschutzbeauftragte zu unterscheiden. *Strahlenschutzverantwortlicher* ist zum einen, wer eine nach dem AtG oder der StrlSchV genehmigungspflichtige Tätigkeit ausübt oder eine Röntgeneinrichtung oder einen genehmigungspflichtigen Störstrahler betreibt. Darüber hinaus ist auch Strahlenschutzverantwortlicher, wer das Aufsuchen, Gewinnen oder Aufbereiten radioaktiver Bodenschätze betreibt, ohne einer Genehmigung nach der StrlSchV zu bedürfen. Der Verantwortliche hat dafür Sorge zu tragen, daß die Schutzpflichten, wie sie in der StrlSchV und der RöV vorgeschrieben sind, eingehalten werden.

Dazu muß er die erforderliche Anzahl von *Strahlenschutzbeauftragten* bestellen, die bestimmte Anforderungen an die Person und Fachkunde erfüllen müssen. Im Bergbau muß es sich um eine verantwortliche Person in betriebsleitender Funktion handeln. Die Strahlenschutzbeauftragten haben bei der Überwachung der Einhaltung der Schutzvorschriften mitzuwirken und unter Umständen auch Mitteilungen an die Behörden zu machen. Näheres über Stellung und Aufgaben der Beauftragten ist in den §§ 29 – 31 StrlSchV, den §§ 13 – 15 RöV und für Anlagen nach § 7 AtG der Atomrechtlichen Sicherheitsbeauftragten- und Meldeverordnung (AtSMV) geregelt.

Besondere Überwachungspflichten sind die Pflichten zur Feststellung von Strahlendosen, Untersuchung strahlenexponierter Personen, Aufzeichnung von Daten, Buchführung, Überprüfung von Anlagen und Geräten, Information, Einweisung und Fortbildung des Personals, die Durchführung von Abnahmeprüfungen für Röntgeneinrichtungen und sonstiger Maßnahmen.

B.2.4.2.5 Behördliche Überwachung

Der Umgang und Verkehr mit radioaktiven Stoffen unterliegt der staatlichen Aufsicht. In der Regel sind die Landesbehörden zuständig, die im Auftrag des Bundes handeln (s. Abschn. B.1.3.1). Zur Ausübung ihrer Aufsichtspflicht stehen der Behörde Zutritts- und Prüfungsrechte sowie Auskunftsansprüche zu. Der Strahlenschutzverantwortliche hat zudem Melde- und Anzeigepflichten zu beachten. Hierbei kann es sich zum einen um die Verpflichtung zur Übermittlung von Daten handeln, die im Rahmen des ordnungsgemäßen Betriebs regelmäßig aufzuzeichnen oder zu ermitteln sind. Zum anderen bestehen Meldepflichten, wenn sich außergewöhnliche Vorfälle, wie Störfälle oder sonstige Unregelmäßigkeiten ereignen. In der Praxis werden Kernkraftwerksfernüberwachungssysteme (KFÜ) mit *online*-Verbindungen zur Überwachungsbehörde eingesetzt. Ebenfalls anzeigepflichtig sind das Abhandenkommen und der Fund radioaktiver Stoffe.

Gemäß § 19 Abs. 3 AtG kann die Atombehörde Anordnungen zur Beseitigung eines strahlenrechtswidrigen Zustands oder zur Gefahrenabwehr treffen. Aufgrund § 48 StrlSchV kann z. B. auch eine Umgebungsüberwachung angeordnet werden. Die Behörde ist außerdem berechtigt, zu Schutz- und Sicherheitszwecken nachträglich Auflagen zu Genehmigungsbescheiden anzuordnen und Genehmigungen oder Zulassungen zurückzunehmen oder zu widerrufen. In diesen Fällen können Entschädigungsansprüche der Betroffenen entstehen.

B.2.4.2.6 Atomrechtliches Haftungsrecht

Das atomrechtliche Haftungsrecht basiert auf den §§ 25 ff. AtG und völkerrechtlichen Abkommen. Danach unterliegen der Inhaber einer Kernanlage oder eines Reaktorschiffs und der Beförderer, der die Haftung durch schriftlichen Vertrag übernommen hat, der Gefährdungshaftung. Gleiches gilt für den Besitzer eines von einer Kernspaltung betroffenen Stoffs, eines radioaktiven Stoffs oder eines Beschleunigers sowie desjenigen, der diesen Besitz verloren hat, wenn der Vorfall vermeidbar war. Die Haftung ist grundsätzlich unbegrenzt. Es muß aber nur bis zu bestimmten Höchstsummen eine Deckungsvorsorge geleistet werden. In bestimmten Fällen ist auch eine Freistellung oder ein Ausgleich von Schäden durch den Staat vorgesehen.

B.2.4.3 Schutz vor radioaktiver Strahlung außerhalb des Atomrechts

Aufgrund der Beschränkung des Anwendungsbereichs des Atomrechts auf den Umgang mit radioaktiven Stoffen muß hinsichtlich des sonstigen Strahlenschutzes (Schutz vor natürlicher

Radioaktivität, Sanierung radioaktiver Altlasten) auf anderweitige Vorschriften zurückgegriffen werden. Auf europäischer Ebene wurde am 13.05.1996 die Richtlinie 96/29/EURATOM angenommen, die spätestens bis zum Jahr 2000 wirksam umzusetzen ist und in diesen Bereichen die Mitgliedstaaten auffordert, Maßnahmen zu ergreifen.

B.2.4.3.1 Schutz vor Radioaktivität im Bergbau

Der natürlichen terrestrischen Strahlung sind insb. Bergleute ausgesetzt. Im Bergbau gelangen radioaktive Materialien aber auch durch Abluft, Abwasser oder die Zutageförderung an die Erdoberfläche und gefährden Anwohner und Umwelt. Diese Gefährdungen sind im Rahmen des *Betriebsplanverfahrens* bzw. des für bestimmte Projekte vorgeschriebenen Planfeststellungsverfahren zu berücksichtigen. Dies betrifft insb. die Zulassungsvoraussetzungen, wonach die erforderliche Vorsorge gegen Gefahren für Beschäftigte und Dritte (nach der Rechtsprechung auch Anwohner) zu treffen und gemeinschädliche Einwirkungen (z. B. auf die Trinkwasserversorgung) auszuschließen sind sowie überwiegende öffentliche Interessen (z. B. des Umweltschutzes) nicht entgegenstehen dürfen. In einzelnen Bundesländern haben die Bergbehörden Betriebsanweisungen zum Strahlenschutz der Beschäftigten erarbeitet, die von den Bergbaubetrieben zu beachten sind. Der Betriebsplan über die Stillegung einer Anlage muß den Schutz Dritter nach Betriebseinstellung und die Wiedernutzbarmachung der betroffenen Fläche sicherstellen. Strahlenschutz- und Eigenüberwachungspflichten ergeben sich auch aus der StrlSchV (s. Abschn. B.2.4.2.3 u. B.2.4.2.4).

Für die neuen Bundesländer gelten nach dem Einigungsvertrag bestimmte *Strahlenschutzvorschriften der DDR* „für bergbauliche und andere Tätigkeiten, soweit dabei radioaktive Stoffe, insb. Radonfolgeprodukte, anwesend sind", fort, weshalb der Anwendungsbereich der atomrechtlichen StrlSchV dort insoweit ausgeschlossen wurde. Aufgrund der danach fortgeltenden Verordnung über die Gewährleistung von Atomsicherheit und Strahlenschutz (VOAS) können den Betriebsleitern Auflagen erteilt werden, insb. die Sperrung von Räumen und Anlagen sowie die Durchführung medizinischer Maßnahmen. Außerdem gilt der Grundsatz des § 9 VOAS, daß der Strahlenschutz so zu gestalten ist, daß nichtstochastische Strahlenschäden ausgeschlossen und die Wahrscheinlichkeit für das Auftreten stochastischer Strahlenschäden auf ein wissenschaftlich vertretbares und für die Gesellschaft annehmbares Maß begrenzt werden. Die ebenfalls weitergeltende „Anordnung zur Gewährleistung des Strahlenschutzes bei Halden und industriellen Absetzanlagen und bei der Verwendung darin abgelagerter Materialien" gilt nur für industrielle und bergbauliche Materialien und Abfallstoffe, deren mittlere Radiumkonzentration 0,2 Bq/g (5,5 pCi/g) übersteigt, sowie für Halden und Absetzanlagen, die solche Stoffe enthalten. Die Vorschrift enthält Anforderungen an die Sicherung und die Nutzung von derartigen Halden und Absetzanlagen. Für bestimmte Nutzungen und Arbeiten an diesen Halden gelten Genehmigungserfordernisse. Für die Verwendung und Nutzung von Materialien aus Halden und Absetzanlagen sowie die Durchführung von Veränderungen an Bauobjekten aus Haldenmaterialien muß eine behördliche Zustimmung eingeholt werden. Außerdem sind Benachrichtigungs-, Berichterstattungs-, Instruktions- und Belehrungspflichten zu beachten. In den §§ 9 und 14 der Anordnung werden die betriebliche und staatliche Kontrolle geregelt. Es ist beabsichtigt, in diesem Bereich eine bundeseinheitliche Regelung herbeizuführen.

Die Grundnorm 96/29/EUROATOM schreibt die Ermittlung der Radonbelastungen im Bergbau vor. Weitere Maßnahmen werden in das Ermessen der Mitgliedsstaaten gestellt.

B.2.4.3.2 Sanierung radioaktiver Altlasten

Vor allem in den atom- und bergrechtlichen *Stillegungsverfahren* ist sicherzustellen, daß von einer nicht mehr genutzten Anlage keine Gefährdungen durch radioaktive Strahlung ausgehen (s. Abschn. B.2.4.2.2 u. B.2.4.3.1). Die Sanierung von Altlasten, die vor Inkrafttreten der entsprechenden Vorschriften oder auf nicht durch diese Vorschriften erfaßten Pfaden (z. B. grenzüberschreitender *fall-out*) verursacht wurden, hat auf der Grundlage des Bundes-Bodenschutzgesetzes und des ergänzenden Landesrechts zu erfolgen (s. Abschn. B.5).

Bei der Sanierung *bergbaulicher Altlasten in den neuen Bundesländer* gelten zudem die nicht außer Kraft getretenen DDR-Vorschriften (s. Abschn. B.2.4.3.1). Das betrifft insb. die wohl größte radioaktive Altlast, die durch den Uranbergbau in der DDR verursacht wurde und nun nach dessen Einstellung von der Wismut GmbH, deren Alleingesellschafter der Bund ist, gesichert und saniert werden soll.

Die neue EURATOM-Grundnorm schreibt vor, daß radioaktive Altlasten abzusperren, zu überwachen und die erforderlichen „Interventionen" vorzunehmen sind; dies muß durch die vorgenannten Vorschriften sichergestellt sein.

B.2.4.3.3 Radonbelastung von Gebäuden

Ein besonderes Problem stellt die Belastung von Gebäuden durch Radongas und dessen Folgeprodukte dar. Das Gas diffundiert i.d.R. aus dem Baugrund, der von Natur aus oder als Altlast erhöhte Radioaktivität aufweist, in das Gebäude, insb. die Kellergeschosse. Schutzmaßnahmen können im Rahmen des Bau- und des Arbeitsschutzrechts ergriffen werden. Mangels Durchführungsvorschriften wird der Strahlenschutz in der behördlichen Praxis aber nicht vollzogen. Als Richtwerte könnten die in der Empfehlung der Strahlenschutzkommission vom 22.04.1994 enthaltenen Grenzwerte für Wohnungen dienen (s. Tabelle B.2-10). Für Arbeitsräume sind laut dieser (unverbindlichen) Empfehlung wegen der geringeren Aufenthaltszeiten höhere Werte anzusetzen.

Die europäische Grundnorm 96/29/EURATOM schreibt vor, daß die Radonkonzentrationen in Arbeitsräumen zu ermitteln sind. Daraufhin zu ergreifende Maßnahmen werden ins Ermessen der Mitgliedstaaten gestellt.

B.2.4.3.4 Schutz vor kosmischer Strahlung

Erhöhter Exposition durch ionisierende kosmische Strahlen ist insb. Flugpersonal in großer Höhe ausgesetzt. Spezielle Schutzvorschriften im Arbeitsschutz- oder Luftverkehrsrecht fehlen aber. Erste Regelungen in diesem Bereich enthält die Richtlinie 96/29/EURATOM. Danach werden die Mitgliedstaaten verpflichtet, die Strahlenbelastungen und deren Auswirkungen zu ermitteln. Als Vorkehrungen sind angepaßte Arbeitspläne und Aufklärung sowie besondere Schutzmaßnahmen für Schwangere vorgesehen. Es wird in das Ermessen der Mitgliedstaaten gestellt, inwieweit sie die Fluggesellschaften verpflichten, diese oder ähnliche Maßnahmen zu ergreifen.

Eine weitere Gefährdung durch kosmische Strahlung wird durch den schrittweisen Abbau der Ozonschicht verursacht, da insoweit deren Filterfunktion hinsichtlich ionisierender und sonstiger Strahlen beeinträchtigt wird. Daher dienen auch die Verordnung über Verbote von bestimmten die Ozonschicht abbauenden Halogenkohlenwasserstoffen und ähnliche Regelungen, die gerade auch auf internationaler Ebene zum Klimaschutz angestrebt werden, dem Strahlenschutz.

B.2.4.4 Schutz vor nichtionisierender Strahlung

Erst in neuerer Zeit stellte sich die Gefährlichkeit auch nichtionisierender Strahlungen (NIR; Stichwort Elektrosmog) heraus. In der Rechtsprechung wurde dieses Thema im Zusammenhang mit der Genehmigung von Hochspannungsleitungen, Bahnstromfreileitungen oder Sendeanlagen relevant. In der Regel wurden die Klagen der Anwohner jedoch abgewiesen, da eine Gesundheitsgefährdung nicht nachgewiesen werden konnte. Als Maßstab dienten den Gerichten der Entwurf der DIN VDE-Norm 0848, Teil 4, der Vorsorgegrenzwerte zum Schutz vor elektromagnetischen Feldern enthält, und die Empfehlungen der Strahlenschutzkommission (SSK) beim BMU, die wiederum auf den Empfehlungen der Internationalen Kommission für den Schutz vor nichtionisierenden Strahlen (ICNIRP) beruhen. Inzwischen hat die Bundesregierung eine Verordnung über elektromagnetische Felder aufgrund § 23 Abs. 1 BImSchG erlassen. Diese Verordnung (26. BImSchV) gilt für die Errichtung und den Betrieb von Hochfrequenzanlagen und Niederfrequenzanlagen, die gewerblichen Zwecken dienen oder im Rahmen wirtschaftlicher Unternehmungen Verwendung finden und nicht nach § 4 BImSchG genehmigungspflichtig sind. Für die Zwecke der Verordnung sind

Hochfrequenzanlagen
Ortsfeste Sendefunkanlagen mit einer Sendeleistung von 10 W EIRP (äquivalente isotrope Strahlenleistung) oder mehr, die elektromagnetische

Tabelle B.2-10 Grenzwerte der Strahlenschutzkommission für Radonkonzentrationen in Wohnungen

Normalbereich (unbedenklich)	bis 250 Bq/m³
Ermessensbereich	250 – 1000 Bq/m³
Sanierungsbereich	über 1000 Bq/m³

Tabelle B.2-11 Grenzwerte für Hochfrequenzanlagen

Frequenz (f) in Megahertz (MHz)	Effektivwert der Feldstärke, quadratisch gemittelt über 6-Min.-Intervalle	
	Elektrische Feldstärke in Volt pro Meter (V/m)	Magnetische Feldstärke in Ampère pro Meter (A/m)
10 – 400	27,5	0,073
400 – 2000	$1{,}375\sqrt{f}$	$0{,}0037\sqrt{f}$
2000 – 300.000	61	0,16

Tabelle B.2-12 Grenzwerte für Niederfrequenzanlagen

Frequenz (f) in Hertz (Hz)	Effektivwert der elektrischen Feldstärke und magnetischen Flußdichte	
	Elektrische Feldstärke in Kilovolt pro Meter (kV/m)	Magnetische Flußdichte in Mikrotesla (μT)
50 Hz-Felder	5	100
16 $^2/_3$ Hz-Felder	10	300

Felder im Frequenzbereich von 10–300.000 MHz erzeugen.

Niederfrequenzanlagen
Folgende ortsfeste Anlagen zur Umspannung und Fortleitung von Elektrizität:
- Freileitungen und Erdkabel mit einer Frequenz von 50 Hz und einer Spannung von 1000 V oder mehr,
- Bahnstromfern- und Bahnstromoberleitungen einschließlich der Umspann- und Schaltanlagen mit einer Frequenz von 16 2/3 Hz oder 50 Hz,
- Elektroumspannanlagen einschl. der Schaltfelder mit einer Frequenz von 50 Hz und einer Oberspannung von 1000 V oder mehr.

Die Verordnung enthält Grenzwerte für diese Anlagen (s. Tabelle B.2-11 u. B.2-12), die bei höchster betrieblicher Auslastung und unter Berücksichtigung von Immissionen durch andere Anlagen in Gebäuden oder auf Grundstücken, die nicht nur dem vorübergehenden Aufenthalt von Menschen bestimmt sind, nicht überschritten werden dürfen. Bei gepulsten elektromagnetischen Feldern von Hochfrequenzanlagen darf zusätzlich der Spitzenwert für die Feldstärken das 32fache der vorgeschriebenen Grenzwerte nicht überschreiten. Bestimmte kurzzeitige oder kleinräumige Überschreitungen der Grenzwerte für Niederfrequenzanlagen werden toleriert; in der Nähe besonders sensibler Einrichtungen (Wohnungen, Kindergärten, Spielplätze) kann die Behörde aber auch in diesen Fällen eine Einhaltung der Werte verlangen. Die Inbetriebnahme und wesentliche Änderungen von Hochfrequenz- und von bestimmten Niederfrequenzanlagen unterliegen der Anzeigepflicht. Hinsichtlich der anzuwendenden Meß- und Berechnungsverfahren verweist die Verordnung auf den Entwurf der DIN VDE-Norm 0848 Teil 1. Die Rechtsprechung geht davon aus, daß bei Einhaltung dieser Werte keine Gesundheitsgefahren zu befürchten sind.

B.3 Kreislaufwirtschafts- und Abfallrecht

Erstmals mit dem Abfallbeseitigungsgesetz von 1972 entstand eine umfassende bundeseinheitliche Regelung des Abfallrechts, die 1986 vom Abfallgesetz (AbfG) abgelöst wurde. Parallel hierzu wurden auch auf der Ebene der EG Richtlinien zum Abfallrecht verabschiedet und die Abfallverbringung neuerdings durch Verordnung geregelt. Mit der Annahme des Kreislaufwirtschafts- und Abfallgesetzes am 08.07.1994 (KrW-/AbfG), das am 07.10.1996 das alte Recht ablöste, und dem Erlaß des untergesetzlichen Regelwerks zum

KrW-/AbfG wurde ein weiterer entscheidender Schritt im Rahmen der Entwicklung des Abfallrechts unternommen. Neben dem Bundes- und EG-Recht sind ergänzend die Landesabfallgesetze und sonstige landesrechtliche Vorschriften zu berücksichtigen.

B.3.1 Anwendungsbereich des Abfallrechts

B.3.1.1 Der Abfallbegriff

Das KrW-/AbfG gilt nur für die Vermeidung, Verwertung und Beseitigung von *„Abfällen"*. Auch die sonstigen abfallrechtlichen Vorschriften auf EG-, Bundes- und Landesebene knüpfen i. d. R. an den Umgang mit Abfall an. Damit erlangt der in § 3 KrW-/AbfG definierte Abfallbegriff, der die EG-rechtlich vorgeschriebene Begriffsbestimmung wiederholt und konkretisiert, eine entscheidende Bedeutung. Gemäß dieser Bestimmung gelten als Abfall

sämtliche beweglichen Sachen, die unter die in Anhang I aufgeführten Gruppen fallen und deren sich ihr Besitzer entledigt, entledigen will oder entledigen muß.

Es muß sich demnach um körperliche Gegenstände (Sachen) handeln, die beweglich sind, also keine Grundstücke und feststehenden Häuser; Altlasten gelten daher nicht als Abfall. Im Anhang I zum KrW-/AbfG werden verschiedene typische Abfallarten (Q 1 – Q 15) aufgezählt; erfaßt werden aber auch alle sonstigen Stoffe und Produkte (Q 16). Hauptkriterien der Abfalldefinition sind daher die drei Entledigungstatbestände.

B.3.1.1.1 Der objektiv-tatsächliche Abfallbegriff (Entledigung)

Abfall liegt vor, wenn sich der Besitzer der betreffenden Sache dieser tatsächlich *entledigt*. Im bisherigen AbfG war diese Alternative nicht enthalten. Maßgeblich ist das Verhalten des Besitzers der Sache, also der Person, die die tatsächliche Sachherrschaft über den Gegenstand hat. Der *Abfallbesitzer* muß faktisch in der Lage sein, auf die Sache einzuwirken und dem dürfen keine Rechte anderer entgegenstehen. Hierzu zählt insb. derjenige, der den Gegenstand in Händen hält, mit ihm umgeht; Abfallbesitzer ist grds. auch der Sacheigentümer oder der Inhaber eines Grundstücks oder Gebäudes, auf bzw. in dem sich die Sache befindet, es sei denn, er ist in seiner Verfügungsgewalt über die Sache eingeschränkt. Der Besitzeigenschaft steht nicht entgegen, daß die Herrschaftsgewalt erst aufgrund einer behördlichen Anordnung, z. B. ordnungsrechtlichen Verfügungen zur Beseitigung kontaminierten Erdreichs, erlangt wird; auch der so Verpflichtete gilt als Abfallbesitzer.

Nicht jedwedes Loswerden oder Abgeben des Gegenstands gilt als *Entledigung* i. S. d. KrW-/AbfG. Maßgeblich ist die Definition des § 3 Abs. 2 KrW-/ AbfG. Danach gilt als Entledigung einer Sache
- die Beseitigung i. S. d. Anhangs II A. KrW-/AbfG (insb. Deponieablagerung, Verbrennung, Gewässereinleitung),
- die Verwertung i. S. d. Anhangs II. B. KrW-/AbfG (insb. Energie- oder Stoffrückgewinnung),
- die Aufgabe der tatsächlichen Sachherrschaft unter Wegfall jeder weiteren Zweckbestimmung.

Soweit eine Beseitigung oder Verwertung vorliegt, muß der Abfallbesitzer die Sachherrschaft nicht notwendigerweise aufgeben; erfaßt ist auch die Eigenentsorgung. Der Entsorgung wird auch die Sammlung und Vorbehandlung zum Zweck der Beseitigung bzw. Verwertung zugerechnet.

Keine Entledigung stellt der Verkauf von Stoffen oder Gegenständen zum Zweck des Weitergebrauchs (z. B. Gebrauchtwagen), ohne daß zuvor eine Aufbereitung im Sinne einer Verwertung nach Anhang II B. KrW-/AbfG erfolgt ist, dar. Das bloße Säubern oder Reparieren der Sache macht sie nicht zum Abfall.

B.3.1.1.2 Der subjektive Abfallbegriff (Entledigungswille)

Der subjektive Abfallbegriff galt bereits unter dem AbfG 1986, hat aber nach dem neuen Recht einen veränderten Inhalt erhalten. Das liegt insb. an dem bereits dargestellten Entledigungsbegriff, der – entgegen der bisherigen Rechtslage – auch Stoffe zur Verwertung erfaßt.

Im Unterschied zum objektiv-tatsächlichen Tatbestand muß der Entledigungsvorgang nach dem subjektiven Abfallbegriff noch nicht eingeleitet worden sein. Es genügt, wenn der Sachbesitzer den Willen gefaßt hat, sich ihrer im dargestellten Sinne zu entledigen, insb. sie einer Verwertung oder Beseitigung zuzuführen. Dabei muß auf Tatsachen abgestellt werden, die auf einen Entledigungswillen schließen lassen. Das dürfte dazu führen, daß man oft erst dann von einem solchen Willen ausgehen kann, wenn die Entledigung schließlich doch tatsächlich stattfindet.

In der Praxis wird der subjektive Abfallbegriff daher seine eigenständige Bedeutung insb. durch die in § 3 Abs. 3 KrW-/AbfG geregelten Fiktionen erlangen. Selbst wenn der Sachbesitzer keinen Entledigungswillen im vorgenannten Sinne hat, ist ein solcher anzunehmen, wenn
- es sich um Sachen handelt, die *„bei der Energieumwandlung, Herstellung, Behandlung oder Nutzung von Stoffen oder Erzeugnissen oder bei Dienstleistungen anfallen, ohne daß der Zweck der jeweiligen Handlung hierauf gerichtet ist"*. Hierunter fallen insb. sämtliche in der Industrie, Handwerk und dem Dienstleistungsgewerbe anfallenden *Reststoffe*, nicht dagegen End-, Zwischen- oder zweckgerichtet hergestellte Nebenprodukte. Solange sich ein Stoff in der Anlage befindet (anlageninterne Kreislaufführung) handelt es sich nicht um Abfall. Erst mit der Isolierung des Stoffs von der Anlage wird er zu Abfall, auch dann, wenn er der Anlage im Wege der Verwertung wieder zugeführt werden soll. Es ist abzusehen, daß es insoweit zu Abgrenzungsschwierigkeiten kommen wird.
- die ursprüngliche Zweckbestimmung einer Sache entfällt oder aufgegeben wird, *„ohne daß ein neuer Verwendungszweck unmittelbar an deren Stelle tritt"*. Nach dieser Alternative fallen abgenutzte und verbrauchte Gegenstände, die nicht als Gebrauchtartikel oder *direkt* zu einem anderen Zweck (Umwidmung) Verwendung finden (*Altstoffe*), unter den Abfallbegriff. Dabei ist nicht notwendig, daß die Sache tatsächlich nicht mehr brauchbar ist; es genügt, daß der Sachbesitzer die Zweckbestimmung aufgibt. Eine etwaige neue Verwendung muß sich zeitlich unmittelbar und eindeutig anschließen. Eine bloße Reinigung oder Überarbeitung der Sache steht dem nicht entgegen. Nur vage oder diffuse Vorstellungen über eine mögliche zukünftige Nutzung genügen demgegenüber nicht.

Für die *Bestimmung des Zwecks* ist die Auffassung des Abfallbesitzers oder -erzeugers maßgeblich. Als Korrektiv ist die Verkehrsanschauung zu berücksichtigen. Der Sachbesitzer kann daher den Verwendungszweck einer Sache nicht willkürlich bestimmen. Die Zweckbestimmung muß sachlich nachvollziehbar und realisierbar sein. Im Rahmen von Vertragsbeziehungen empfiehlt es sich daher, genau festzuschreiben, welchem Verwendungszweck der Gegenstand des Rechtsgeschäfts zugeführt werden soll. Einer solchen Festlegung käme Indizwirkung zu, auch wenn sie nicht verbindlich ist.

B.3.1.1.3 Der normative Abfallbegriff (Entledigungsgebot)

Bereits das bisherige Abfallgesetz kannte den normativen Abfallbegriff, der gemeinhin, aber ungenau als objektiver Abfallbegriff bezeichnet wurde. Im Unterschied zum bisherigen Recht enthält § 3 Abs. 4 KrW-/AbfG nun eine Definition dieses Abfallbegriffs, die auf einschlägigen Entscheidungen des BVerwG beruht. Hiernach müssen drei Voraussetzungen kumulativ vorliegen:
1. Die Sache wird nicht mehr entsprechend ihrer ursprünglichen Zweckbestimmung verwendet.
2. Von der Sache geht aufgrund ihres konkreten Zustands eine Gefahr für die Umwelt oder sonstige Güter des Allgemeinwohls (z.B. wegen des hohen Schadstoffanteils oder Brandgefahr) aus.
3. Dieses Gefahrenpotential kann nur durch eine ordnungsgemäße Verwertung oder Beseitigung im Rahmen des Abfallregimes, nicht etwa durch eine alsbaldige Wiederverwendung, ausgeschlossen werden.

B.3.1.1.4 Abfallkategorien

Das KrW-/AbfG unterscheidet mehrere Kategorien von Abfällen. Die Einstufung als „Abfall zur Verwertung" oder „Abfall zur Beseitigung" richtet sich nach der bezweckten Art der Entsorgung. Ist zeitnah eine Verwertung vorgesehen, handelt es sich um Abfall zur Verwertung, ansonsten um Abfall zur Beseitigung.

Darüber hinaus wird zwischen besonders überwachungsbedürftigen, überwachungsbedürftigen und nicht überwachungsbedürftigen Abfällen differenziert. *Besonders überwachungsbedürftige Abfälle* (b. ü. Abf) und *überwachungsbedürftige Abfälle zur Verwertung* (ü. Abf. z. V.) wurden durch entsprechende Abfallbestimmungsverordnungen festgelegt (BestbüAbfV und BestüVAbfV); bis Ende 1998 bleibt der Abfallkatalog der alten Abfallbestimmungsverordnung (AbfBestV) übergangsweise anwendbar. Als *überwachungsbedürftige Abfälle zur Beseitigung* (ü. Abf. z. B.) gelten sämtliche Abfälle zur Beseitigung, die nicht besonders überwachungsbedürftig sind. Alle sonstigen Abfälle (zur Verwertung) sind *nicht überwachungsbedürftig* (n. ü. Abf.). Die Behörde kann im Einzelfall andere Einstufungen vornehmen.

Im übrigen wurde durch die EAK-Verordnung der Europäische Abfallkatalog (EAK) der Europäischen Kommission als verbindliche Abfallartennomenklatur eingeführt, der sämtliche Abfälle zuzuordnen sind. Diese Abfallgruppen orientieren sich an der Herkunft des betreffenden Stoffs und werden sechsstelligen Abfallschlüsselnummern zugeordnet. Auf dieser Nomenklatur und Nummernzuordnung basieren auch die neuen Abfallbestimmungsverordnungen.

B.3.1.2 Ausnahmen von dem Anwendungsbereich

Zahlreiche Stoffe oder Erzeugnisse wurden gem. § 2 Abs. 2 KrW-/AbfG von dem Anwendungsbereich des KrW-/AbfG ausgeschlossen und dem Regime anderer Gesetze unterworfen, wie z. B. radioaktive Abfälle, im Bergbau anfallende Abfälle, nach Lebensmittelrecht zu beseitigende Stoffe und Kampfmittel. Gasförmige Stoffe können Abfall sein, werden vom KrW-/AbfG aber nur erfaßt, wenn sie sich in Behältern befinden. Das KrW-/AbfG gilt nicht mehr, sobald Stoffe einem Gewässer oder einer Abwasseranlage zugeleitet werden; diese Stoffe (z. B. Abwasser) unterliegen somit auf ihrem Beseitigungsweg erst dem abfallrechtlichen und sodann dem wasserrechtlichen Regime. Für Altöle gelten vorübergehend die bisherigen Vorschriften des AbfG 1986, bis eine neue Altölverordnung erlassen wird (§ 64 KrW-/AbfG).

B.3.2 Die abfallrechtlichen Grundpflichten

Das KrW-/AbfG regelt die Kreislauf- und Abfallwirtschaft durch die Aufstellung und Ausgestaltung von Grundpflichten. Dabei wird die Regelung durch eine *Hierarchie* geprägt, wonach die Abfallvermeidung der Verwertung und die Verwertung grds. der Beseitigung von Abfällen vorgeht.

B.3.2.1 Abfallvermeidung

Die Vermeidung von Abfällen ist das oberste Ziel des Abfallrechts. Der Abfall soll möglichst erst gar nicht zur Entstehung gelangen. Als Maßnahmen zur Vermeidung von Abfällen werden beispielhaft die anlageninterne Kreislaufführung von Stoffen, abfallarme Produktgestaltung sowie ein entsprechendes Konsumverhalten aufgezählt. Konkrete Handlungspflichten können hieraus noch nicht entstehen. Insoweit wird auf die sog. Produktverantwortung von Herstellern und Händlern verwiesen, die erst noch durch Rechtsverordnung geregelt werden muß (s. Abschn. B. 3.3).

B.3.2.2 Abfallverwertung

Soweit Abfälle entstanden sind, müssen der Abfallerzeuger und der Abfallbesitzer diese einer möglichst hochwertigen Verwertung zuführen. Diese hat im Einklang mit den Vorschriften (ordnungsgemäß) und schadlos zu erfolgen. Es wird zwischen der stofflichen und der energetischen Verwertung unterschieden. Eine Verwertung gilt als stofflich, wenn es sich um eine Rückgewinnung von Stoffen oder die Nutzung stofflicher Eigenschaften von Abfällen (ausgenommen unmittelbare Energierückgewinnung) handelt. Die energetische Verwertung zeichnet sich demgegenüber dadurch aus, daß die (thermische) Behandlung der Gewinnung von Energie dient. Beide Verwertungsarten stehen grds. gleichwertig nebeneinander. Es ist jeweils die im Einzelfall umweltverträglichere Verwertung durchzuführen. Diese kann durch Rechtsverordnung für einzelne Abfallarten verbindlich festgelegt werden. Bis dahin hat jeweils eine Einzelprüfung stattzufinden.

Die Verwertungspflicht entfällt, wenn die Durchführung einer Beseitigung umweltverträglicher ist. Sie ist auch dann nicht durchzuführen, wenn sie technisch unmöglich oder wirtschaftlich unzumutbar ist, z. B. weil kein Markt für das gewonnene Produkt besteht oder zu schaffen ist oder die Kosten der Verwertung außer Verhältnis zu den Beseitigungskosten stehen.

Bei der Abgrenzung zwischen energetischer Verwertung durch Verwendung des Abfalls als Brennstoff und Beseitigung im Wege der Verbrennung ist auf den Hauptzweck der Behandlung abzustellen: ist Hauptzweck der Nutzung des Abfalls die Energiegewinnung, liegt eine Verwertung vor; steht demgegenüber der Ausschluß des Stoffes aus dem Wirtschaftskreislauf im Vordergrund und ist die Energiegewinnung ein nur untergeordneter Nebenzweck, handelt es sich um eine Abfallbeseitigung. Maßgebliches Kriterium bei der Abgrenzung dürfte nach der Zweckbestimmung des Gesetzes (§ 1 KrW-/AbfG) die Bedeutung der Behandlung im Hinblick auf eine Schonung der natürlichen Ressourcen sein. Ähnliche Probleme treten bei der Abgrenzung der stofflichen Verwertung von bestimmten Beseitigungsverfahren auf. Auch hier ist auf den Hauptzweck der Maßnahme abzustellen.

Das KrW-/AbfG enthält sonstige Vorschriften über die Abfallverwertung. Durch Rechtsverordnung der Bundesregierung können weitere Anforderungen festgelegt werden, z. B. über die Einbindung von Abfallstoffen in Erzeugnisse, Hol- und Bringsysteme oder Hinweis- oder Kennzeichnungspflichten.

B.3.2.3 Abfallbeseitigung

Kommt keine Verwertung in Betracht, müssen Abfälle von den Abfallerzeugern und -besitzern (grds. im Inland) beseitigt werden, und zwar so, daß das Allgemeinwohl, insb. die Umwelt und Gesundheit der Menschen, nicht beeinträchtigt wird. Die Beseitigung ist dadurch charakterisiert, daß sie zu einem Ausschluß des Abfalls aus dem Wirtschaftskreislauf und seiner Abgabe ins Ökosystem führt, in den Boden bei Deponien, in die Luft bei der Verbrennung und in den Wasserhaushalt bei der Gewässereinleitung. Dabei anfallende Energie oder Stoffe sind möglichst zu nutzen. Konkrete Anforderungen können durch Rechtsverordnung und allgemeine Verwaltungsvorschriften des Bundes festgelegt werden. Bisher wurden (auf der Grundlage des AbfG 1986) eine Allgemeine Verwaltungsvorschrift über den Grundwasserschutz bei Abfallagerung und -ablagerung, die Technische Anleitung (TA) Abfall (über die Behandlung besonders überwachungsbedürftiger Abfälle) sowie die nur noch inerte Ablagerungen gestattende TA Siedlungsabfall (TASi) erlassen.

B.3.2.4 Die Sonderregelung für Anlagen i. S. d. BImSchG

Besonderheiten gelten für Anlagen i. S. d. Bundes-Immissionsschutzgesetzes (BImSchG, s. Abschn. B. 2.1.1.1). Die Pflichten der Betreiber hinsichtlich Errichtung und Betrieb solcher Anlagen richten sich *nicht* nach dem KrW-/AbfG, sondern nach dem BImSchG (vgl. auch Abschn. B.2.1.2):
– In *genehmigungsbedürftigen Anlagen* müssen Abfälle vermieden werden. Diese Pflicht gilt aber nicht, soweit die Abfälle ordnungsgemäß und schadlos verwertet werden können. Die Vermeidung ist damit – anders als nach dem KrW-/AbfG – nicht vorrangig. Eine Beseitigung darf nur erfolgen, wenn eine Vermeidung oder Verwertung technisch nicht möglich oder unzumutbar ist. Diese Anforderungen werden im Rahmen der Errichtungs- und Betriebsgenehmigung geprüft und können in Auflagen zur Genehmigung von der Behörde verbindlich konkretisiert werden.

– Bei *nicht genehmigungsbedürftigen* Anlagen besteht lediglich die Pflicht, für eine vorschriftsgemäße Beseitigung der Abfälle zu sorgen. Diese Anforderung kann aber durch Rechtsverordnung der Bundesregierung verschärft werden.

Hinsichtlich der stoffbezogenen Anforderungen an die Art und Weise der Verwertung oder Beseitigung gelten auch für die Anlagen i. S. d. BImSchG die Regelungen des Abfallrechts.

B.3.2.5 Entsorgungsverantwortung

Nach den Vorschriften und der Konzeption des KrW-/AbfG sind Erzeuger und Besitzer des Abfalls für die Entsorgung verantwortlich, also diejenigen, bei denen der Abfall angefallen ist oder/und die die tatsächliche Sachherrschaft über ihn ausüben (Verursacherprinzip). Eine Beauftragung Dritter mit der Erfüllung dieser Pflichten befreit nicht von dieser Verantwortung.

Abfallerzeuger- und Abfallbesitzerpflichten können behördlich auf Dritte, auf Entsorgungsverbände, die sich aus wirtschaftlichen Unternehmungen oder öffentlichen Einrichtungen zusammensetzen, oder auf Selbstverwaltungskörperschaften der Wirtschaft (Kammern) übertragen werden. Diese *Übertragung der Entsorgungsverantwortung* hat pflichtenbefreiende Wirkung für die begünstigten Abfallerzeuger und -besitzer.

Darüber hinaus besteht eine *Überlassungspflicht*
– für Hausmüll (zur Beseitigung oder Verwertung) und
– für sonstige Abfälle (Gewerbeabfälle) zur Beseitigung
gegenüber den durch die Landesabfallgesetze bestimmten Entsorgungsträgern (i. d. R. Stadt oder Landkreis), die wiederum zur Annahme verpflichtet sind.

Hiervon ausgenommen sind
– Hausmüll, zu dessen Verwertung der Abfallerzeuger oder -besitzer in der Lage und gewillt ist;
– Gewerbeabfall, der in eigenen Anlagen beseitigt wird, es sei denn, öffentliche Interessen fordern eine Überlassung;
– Abfälle, deren Entsorgung behördlich privaten Entsorgungsträgern oder Kammern übertragen wurde;
– Abfälle, für die im Rahmen der Produktverantwortung durch Rechtsverordnung (s. Abschn.

B.3.3) eine Rücknahme- oder Rückgabepflicht festgelegt wurde;
- bestimmte nicht besonders überwachungsbedürftige Abfälle, die durch gemeinnützige oder gewerbliche Sammlung einer ordnungsgemäßen und schadlosen Verwertung zugeführt werden.

Durch Rechtsverordnungen können Sonderregelungen getroffen werden.

Des weiteren können gem. § 13 Abs. 4 KrW-/AbfG *Überlassungs- und Andienungspflichten durch Landesrecht* bestimmt werden. Zahlreiche Länder haben landesoffizielle Sonderabfallgesellschaften gegründet und zu deren Gunsten Andienungs- und Überlassungspflichten eingeführt. Dieses System soll nicht aufgegeben werden. Für besonders überwachungsbedürftige Abfälle zur Beseitigung können diese Pflichten aufrechterhalten oder eingeführt werden, *soweit* dies der Sicherstellung der umweltverträglichen Beseitigung dient. Für besonders überwachungsbedürftige Abfälle zur Verwertung gilt dies nur, *soweit* eine ordnungsgemäße Verwertung nicht anderweitig gewährleistet werden kann; diese Abfälle müssen noch durch Rechtsverordnung der Bundesregierung bestimmt werden. Darüber hinaus bleiben Andienungspflichten für besonders überwachungsbedürftige Abfälle zur Verwertung bestehen, die bis zum Inkrafttreten des KrW-/AbfG festgelegt waren; dies kann nur für Gegenstände gelten, die auch nach altem Recht Abfall waren. Wurden Dritten oder privaten Entsorgungsträgern Entsorgungspflichten behördlich übertragen, sind sie von derartigen landesrechtlichen Andienungs- oder Überlassungspflichten befreit.

B.3.3 Die abfallrechtliche Produktverantwortung

Neu in das Abfallrecht eingeführt wurde die sog. Produktverantwortung. Durch sie werden die mit einem Produkt befaßten Personen in die abfallrechtliche Pflicht genommen, bevor überhaupt Abfall entstanden ist. Verantwortlich sind danach bereits diejenigen, die ein *Produkt* entwickeln, herstellen, be- und verarbeiten oder vertreiben. Erfaßt werden somit sämtliche frühen Stadien des Lebenszyklus eines Produkts. Schon in diesen Stadien sollen abfalltechnische und abfallwirtschaftliche Belange berücksichtigt werden. Erzeugnisse sollen so gestaltet werden, daß bei der Herstellung und ihrem Gebrauch das Entstehen von Abfall minimiert wird und die umweltverträgliche Verwertung und Beseitigung der angefallenen Abfälle sichergestellt ist.

Dabei umfaßt die Produktverantwortung zahlreiche Maßnahmen, wie u.a. die Entwicklung mehrfach verwendbarer oder langlebiger Produkte, die Verwertung von Sekundärrohstoffen, die Kennzeichnung der Produkte im Hinblick auf die spätere Entsorgung oder die Rücknahme gebrauchter Produkte. Sie begründet jedoch lediglich eine abstrakte Pflichtenstellung. Konkrete Handlungspflichten für die Betroffenen, z.B. Kennzeichnungs-, Rücknahme- oder Pfanderhebungspflichten, müssen erst noch durch Rechtsverordnung der Bundesregierung festgelegt werden. Diese sind oder werden nach dem derzeitigen Stand erlassen für Verpackungen, Altautos, Batterien und Elektroschrott.

B.3.4 Maßnahmen der Eigenüberwachung

B.3.4.1 Abfallwirtschaftskonzepte und Abfallbilanzen

Unternehmen, bei denen jährlich mehr als insgesamt 2000 kg besonders überwachungsbedürftige Abfälle oder 2000 t Abfälle zur Beseitigung eines Abfallschlüssels anfallen, müssen erstmals zum 31.12.1999 ein Abfallwirtschaftskonzept erarbeiten, das alle fünf Jahre erneuert werden muß. Außerdem müssen diese Abfallerzeuger jährlich, und zwar erstmals zum 01.04.1998, Abfallbilanzen erstellen und auf Verlangen der zuständigen Behörde vorlegen, die u.U. die Prüfung durch einen Sachverständigen anordnen kann. Konzept und Bilanz müssen bestimmten inhaltlichen und formellen Anforderungen genügen, die in einer Rechtsverordnung (AbfKoBiV) geregelt sind.

B.3.4.2 Die Betriebsorganisation

Unternehmen haben (kraft Gesetzes) der zuständigen Behörde anzuzeigen, welches Vorstandsmitglied, welcher von mehreren Geschäftsführern oder welcher vertretungsberechtigte Gesellschafter
- die Pflichten des Betreibers einer genehmigungsbedürftigen Anlage nach BImSchG (s. Abschn. B. 3.2.4) oder
- die Pflichten im Zusammenhang mit einer freiwilligen oder vorgeschriebenen (s. Abschn. B.3.3) Abfallrücknahme

wahrnimmt. Die Gesamtverantwortung der sonstigen Organmitglieder oder Gesellschafter entfällt dadurch nicht.

Darüber hinaus müssen demgemäß anzuzeigende Personen, Betreiber von genehmigungsbedürftigen Anlagen nach BImSchG sowie Abfälle (freiwillig oder aufgrund Rechtsvorschrift) zurücknehmende Hersteller/Vertreiber der Abfallbehörde mitteilen, wie die Einhaltung der abfallrechtlichen Grundpflichten sichergestellt wird (s. Abschn. B.1.2.2.1).

Diese Unternehmen sowie solche, bei denen regelmäßig besonders überwachungsbedürftige Abfälle anfallen, und Betreiber von Sortier-, Verwertungs- oder Abfallbeseitigungsanlagen haben *Abfallbeauftragte* (s. Abschn. B.1.2.2.1) zu bestellen, *soweit* dies erforderlich erscheint. Diese Betriebe werden durch Rechtsverordnung festgelegt.

B.3.5 Die behördliche Überwachung

B.3.5.1 Die allgemeine Überwachung

Die Vermeidung von Abfällen im Rahmen der Produktverantwortung sowie die Verwertung und Beseitigung von Abfällen unterliegen der Überwachung durch die Abfallbehörde. Diese kann auch auf stillgelegte Anlagen ausgedehnt werden.

Gemäß § 21 KrW-/AbfG hat die Behörde die Generalbefugnis, die im Einzelfall erforderlichen Anordnungen zur Durchführung des KrW-/AbfG und der dazu erlassenen Rechtsverordnungen zu treffen. Sie kann somit lenkend in das Abfallgeschehen eingreifen und so z. B. eine stoffliche anstatt einer energetischen Verwertung fordern. Dabei sind insb. der Gleichbehandlungs- und der Verhältnismäßigkeitsgrundsatz zu beachten (s. Abschn. B.1.2.3.3 u. B.1.3.2.1).

B.3.5.2 Nachweisverfahren

Darüber hinaus sieht auch das neue Recht Nachweisverfahren vor. Dabei ist zwischen dem Entsorgungsnachweis und dem Begleitscheinverfahren zu unterscheiden.

Der *Entsorgungsnachweis* besteht aus einer Erklärung des Abfallbesitzers über den anfallenden Abfall, einer Annahmeerklärung des Beseitigers bzw. Verwerters und einer Bestätigung durch die zuständige Behörde. Hierdurch wird die Zulässigkeit, Ordnungsgemäßheit und Schadlosigkeit der vorgesehenen Entsorgung dokumentiert. Durch diesen Nachweis soll sichergestellt werden, daß es sich um einen ordnungsgemäßen Entsorgungsweg handelt und der Abfall nicht von dem vorgesehenen Entsorger abgewiesen wird. Mit Sammelnachweisen können mehrere gleichartige Entsorgungsvorgänge erfaßt werden. Beim *Vereinfachten Entsorgungsnachweis* entfällt die behördliche Bestätigung.

Der Nachweis über die durchgeführte Beseitigung oder Verwertung (Verbleibskontrolle) wird im Rahmen des *Begleitscheinverfahrens* erbracht. Der Begleitschein besteht aus mehreren, farbig gekennzeichneten Ausfertigungen und begleitet den Abfall auf seinem gesamten Weg vom Abfallerzeuger bis zur Verwertung oder Beseitigung. Die Beteiligten behalten jeweils die für sie vorgesehenen Ausfertigungen zurück; und den zuständigen Behörden sind die für sie vorgesehenen Ausfertigungen zur Kontrolle zuzuschikken. Dadurch soll sichergestellt werden, daß der Abfall auch tatsächlich auf die im vorhergehenden Entsorgungsnachweis genehmigte Weise entsorgt wurde. Bei Sammelentsorgungen erfolgt die Nachweisführung für die Übergabe an den Einsammler/Beförderer mittels eines Übernahmescheins (ohne behördliche Beteiligung) und hinsichtlich des weiteren Entsorgungswegs durch Begleitscheine, in die die Übernahmescheinnummern einzutragen sind. Die in den jeweiligen Verfahren empfangenen Nachweise sind einzubehalten und zu einem Nachweisbuch zusammenzuheften.

Das KrW-/AbfG sieht – je nach Überwachungsbedürftigkeit (s. Abschn. B.3.1.1.4) – eine abgestufte Einbindung in diese Nachweisverfahren vor (s. Tabelle B.3-1). Spezielle Nachweisregelungen gelten für Klärschlamm und Altöl.

Verpflichtet sind bzw. werden dabei jeweils der Betreiber der Anlage, in der der Abfall anfällt, die Einsammler oder Beförderer sowie der Betreiber der Anlage, in der der Abfall beseitigt oder verwertet wird. Die näheren Einzelheiten über das Nachweisverfahren sind in der Nachweisverordnung (NachwV) geregelt, die auch die zu verwendenden Nachweisformulare festlegt, Erleichterungen für Entsorgungsfachbetriebe (s. Abschn. B.3.5.6) vorsieht und Übergangsregelungen bis Ende 1998 enthält.

B.3.5.3 Die Transport- und Vermittlungsgenehmigung

Wie das bisherige Recht kennt das KrW-/AbfG die *Transportgenehmigung*, die von der für den Hauptsitz des Beförderers oder Einsammlers zuständigen Behörde mit Wirkung für das gesam-

Tabelle B.3-1 Nachweispflichten nach KrW-/AbfG und NachwV

Besonders überwachungsbedürftiger Abfall	*Obligatorisch:* Entsorgungsnachweis- und Begleitscheinverfahren müssen ohne behördliche Anordnung durchgeführt werden; Anzeigepflicht *Ausnahmen:* • Kleinmengenregelung: 2000 kg/a: nur Übernahmeschein auszufüllen und mitzuführen • Nachweis bei Eigenentsorgung in engem räumlichen und betrieblichen Zusammenhang durch Abfallkonzept und -bilanz • Befreiung durch Behörde, insb. bei sonstiger Eigenentsorgung oder bei Verwertung, soweit Abfallkonzept und -bilanz vorgelegt werden, oder bei freiwilliger Rücknahme
Überwachungsbedürftiger Abfall	*Fakultativ:* Entsorgungsnachweis- und Begleitscheinverfahren müssen durchgeführt werden, soweit sie behördlich angeordnet werden *Ausnahmen:* • Entsorgung mit Haushaltsabfällen • Bei ü.Abf.z.V. gegenständliche Beschränkung der Nachweispflicht (§ 45 Abs. 2 S.2 KrW-/AbfG) *Obligatorisch:* Vereinfachtes Nachweisverfahren *Ausnahmen:* • Kleinmenge (5 t/a je Abfall-Schlüsselnr.) • Öffentlich-rechtliche Entsorgungsträger
Nicht überwachungsbedürftiger Abfall	*Fakultativ:* Entsorgungsnachweis- und Begleitscheinverfahren müssen durchgeführt werden, soweit sie behördlich angeordnet wurden, weil das Allgemeinwohl es (ausnahmsweise) erfordert *Ausnahme:* • Verwertung mit Haushaltsabfällen

te Gebiet der Bundesrepublik Deutschland erteilt wird. Unmittelbar kraft Gesetzes bedarf es einer solchen Genehmigung, wenn man *gewerbsmäßig*, also auf Gewinnerzielung gerichtet und auf Dauer angelegt, *Abfälle zur Beseitigung* einsammelt oder befördert. Außerdem sind die Transportfahrzeuge zu kennzeichnen („A"-Schild). Nach der Transportgenehmigungsverordnung (TgV) bedarf auch der gewerbsmäßige Transport *besonders überwachungsbedürftiger Abfälle zur Verwertung* der Genehmigung (Ausnahme: freiwillige Rücknahme durch Hersteller oder Vertreiber oder Rücknahme aufgrund Rechtsverordnung). Im Rahmen des durch die TgV geregelten Genehmigungsverfahren werden die Fach- und Sachkunde sowie die Zuverlässigkeit des Betriebsinhabers und sonstiger verantwortlicher Personen geprüft. Keine Transportgenehmigung benötigen

- öffentlich-rechtliche Entsorgungsträger sowie Verbände und Kammern, denen Entsorgungsaufgaben übertragen wurden,
- Transporteure von unbelastetem Erdaushub oder Bauschutt und
- Beförderer, die wegen der geringen Transportmengen freigestellt wurden.

Ebenfalls genehmigungspflichtig ist die gewerbsmäßige *Vermittlung* von Verbringungen für Dritte. Im Rahmen dieser Genehmigungsverfahren ist die Zuverlässigkeit des Vermittlers zu prüfen. Keiner Transport- oder Vermittlungsgenehmigung bedürfen sog. *Entsorgungsfachbetriebe* (s. Abschn. B. 3.5.6), wenn sie der Behörde die Aufnahme ihrer Tätigkeit unter Vorlage der erforderlichen Nachweise anzeigen. Die Abfallbehörde kann Auflagen festlegen und unter bestimmten Voraussetzungen die Ausübung der Tätigkeit untersagen.

B.3.5.4 Abfallverbringung

Die *grenzüberschreitende* Verbringung von Abfällen in der, in die und aus der EG wird durch die EG-Abfallverbringungsverordnung (EG-AbfVerbrV-Verordnung) (EWG) 259/93) geregelt, die durch das Abfallverbringungsgesetz (AbfVerbrG) ergänzt wird. Angestrebt wird *Beseitigungs*autarkie auf gemeinschaftlicher und nationaler Ebene, was nach der Rechtsprechung des EuGH mit dem EG-rechtlichen Grundsatz des freien Warenverkehrs in Einklang steht.

Innerhalb der EG ist vor einer Verbringung von *Abfällen zur Beseitigung* ein Notifizierungsverfahren durchzuführen. Das Unternehmen, das den Abfall verbringen will, muß dies mittels eines Begleitscheins und unter Vorlage der vorgeschriebenen Unterlagen der für den Empfangsort zuständigen Abfallbehörde notifizieren. Die zuständige Behörde des Entsendestaats ist zu unterrichten und kann Einwände (z.B. Entsorgungsautarkie, Grundsatz der Nähe, Verstoß gegen Abfallbewirtschaftungsplan) erheben. Die Verbringung darf nur nach Genehmigung durchgeführt werden, und beim Transportvorgang ist der genehmigte Begleitschein mitzuführen.

Für die *Verbringung von Abfällen zur Verwertung* ist nach der Abfallart zu unterscheiden:
- Für *Abfälle der grünen Liste* (Anh. II EG-AbfVerbrV) gelten die Anforderungen der EG-Abfall-Rahmenrichtlinie (Verbringung nur in genehmigte Anlage, Transportüberwachung). Beim Transport ist ein Begleitdokument mit bestimmten Angaben mitzuführen. Durch die EG-Kommission und aufgrund einer Rechtsverordnung nach AbfVerbrG können die Notifikationsverfahren der EG-AbfVerbrV für diese Stoffe vorgeschrieben werden.
- Für *Abfälle der gelben Liste* (Anh. III EG-AbfVerbrV) ist ein Notifikationsverfahren durchzuführen, das im wesentlichen dem für Abfälle zur Beseitigung entspricht. Im Unterschied zu diesem ist keine Genehmigung erforderlich. Die Verbringung darf nach einer 30tägigen Frist durchgeführt werden, wenn keine Einwände erhoben wurden. Es bedarf dagegen einer vorherigen Zustimmung, wenn dies von den zuständigen Behörden beschlossen wurde.
- Für *Abfälle der roten Liste* (Anh. IV EG-AbfVerbrV) *und sonstige Abfälle*, die keiner Liste zugeordnet werden können, muß das gleiche Verfahren durchgeführt werden wie für Abfälle der gelben Liste. Es ist aber immer eine vorherige Zustimmung der zuständigen Behörde erforderlich.

Die *Ausfuhr von Abfällen in Drittstaaten* ist nur sehr eingeschränkt erlaubt. Der Abfallexport in AKP-Staaten (Afrika, Karibik, Pazifik) ist verboten; und Abfälle zur Beseitigung dürfen nur in EFTA-Staaten verbracht werden, soweit diese die Einfuhr erlauben und keine Besorgnis der umweltschädlichen Entsorgung besteht. Auch Abfälle zur Verwertung dürfen nur in bestimmte OECD-Staaten und Staaten, mit denen Vereinbarungen bestehen, die bestimmten Anforderungen genügen, verbracht werden. Auf jeden Fall ist auch für die Abfallverbringung in einen Drittstaat ein Notifizierungsverfahren vorgesehen.

Die *Einfuhr von Abfällen* zur Beseitigung in die EG darf im Rahmen eines Notifizierungsverfahrens nur aus Vertragsstaaten des Basler Übereinkommens über gefährliche Abfälle erfolgen, im übrigen nur aus Staaten, mit denen Abmachungen bestehen. Abfälle zur Verwertung dürfen darüber hinaus auch aus bestimmten OECD-Staaten eingeführt werden. Für sie werden je nach Listenzugehörigkeit bestimmte Verfahrensvorschriften für anwendbar erklärt. Schließlich regelt die EG-AbfVerbrV auch das Verfahren, das bei der *Durchfuhr von Abfällen* zu beachten ist.

B.3.5.5 Abfallbeseitigungsanlagen

Abfälle dürfen grundsätzlich nur in den dafür zugelassenen Anlagen (Abfallbeseitigungsanlagen) zum Zweck der Beseitigung (zwischen-) gelagert, abgelagert oder behandelt werden (Anlagenzwang). Kein Anlagenzwang besteht, soweit die Beseitigung in einer nach BImSchG genehmigungsbedürftigen Anlage, die hauptsächlich anderen Zwecken dient, erfolgt. Hier ist die Einhaltung der Anforderungen an die Beseitigungsmaßnahmen in dem Genehmigungsverfahren (nach BImSchG) sicherzustellen (s. Abschn. B.2.1.3). Außerdem ist die Lagerung und Behandlung von Abfällen zur Beseitigung auch in bestimmten unbedeutenden Anlagen zulässig. Weitere Ausnahmen vom Anlagenzwang können im Einzelfall behördlich angeordnet oder in Rechtsverordnungen der Landesregierungen festgelegt werden.

Die Errichtung oder der Betrieb ortsfester Abfallbeseitigungsanlagen zur Lagerung oder Behandlung sowie wesentliche Änderungen an der Anlage oder bei deren Betrieb bedürfen einer Genehmigung nach dem BImSchG (s. Abschn. B.2.1.3) und darüber hinaus keiner abfallrechtlichen Zulassung. Für Anlagen zur Ablagerung (Deponien) ist ein Planfeststellungsverfahren durchzuführen (s. Abschn. B.1.2.3.2). Für unbedeutende Deponien, wesentliche Änderungen ohne erhebliche nachteilige Auswirkungen und Erprobungsanlagen kann die Behörde anstelle des Planfeststellungsverfahrens ein Plangenehmigungsverfahren durchführen.

Der Inhaber einer Deponie oder einer Anlage, in der besonders überwachungsbedürftige Abfälle anfallen, hat die beabsichtigte Stillegung seiner Anlage der Behörde anzuzeigen. Diese soll den Deponieinhaber zur Rekultivierung und zu sonstigen erforderlichen Schutzmaßnahmen verpflichten. Außerdem kann die zuständige Behörde hinsichtlich bestehender alter Deponien Anordnungen treffen.

B.3.5.6 Der Entsorgungsfachbetrieb

Entsorgungsfachbetrieb ist,
- wer berechtigt ist, das Gütezeichen einer behördlich anerkannten Entsorgergemeinschaft zu führen oder

– einen Überwachungsvertrag mit einer technischen Überwachungsorganisation abgeschlossen hat, der eine mindestens einjährige Überprüfung einschließt und dem die zuständige Behörde zugestimmt hat.

In der Entsorgungsfachbetriebeverordnung (EfbV) sind die Anforderungen an die Fachkenntnisse, den Nachweis der Zuverlässigkeit, die nachzuweisende Haftpflichtversicherung sowie an Gerät und Ausrüstung des Betriebs festgelegt und die anzuwendenden Anerkennungs- und Prüfverfahren geregelt.

B.4 Gewässerschutzrecht

Das Wasserrecht umfaßt die *Gewässerbewirtschaftung* und das Gewässerwegerecht. Unmittelbares Umweltschutzrecht ist das Recht der Gewässerbewirtschaftung.

B.4.1 Rechtsgrundlagen und Anwendungsbereich

Maßgebliche *Rechtsvorschriften* des Gewässerschutzrechts sind in erster Linie das Wasserhaushaltsgesetz (WHG) des Bundes sowie die dieses Rahmengesetz ausfüllenden Gesetze und Verordnungen der Länder. In großem Maße beruht das deutsche Recht auf EG-Richtlinien, die insbesondere Qualitätsziele für das Wasser vorschreiben und Anforderungen an Abwassereinleitungen festlegen. Nachdem die Bundesrepublik mehrfach wegen mangelhafter Umsetzung europäischer Normen vom EuGH verurteilt worden war, hat der Gesetzgeber in der 6. WHG-Novelle Ermächtigungen zum Erlaß von Rechtsverordnungen eingeführt, die eine verbindliche Umsetzung von EG-Recht zulassen (z. B. AbwasserV; GrundwasserV).

Das Wasserrecht erstreckt sich – von gewässerwirtschaftlich wenig bedeutsamen Ausnahmen, wie Straßengräben oder Fischteichen, abgesehen – auf oberirdische Gewässer, Küstengewässer und das Grundwasser.

Oberirdische Gewässer sind die ständig oder zeitweilig in Betten fließenden oder stehenden oder aus Quellen wild abfließenden Wasser, z. B. Bäche, Flüsse, Seen und Teiche. Als Gewässer gelten nicht Wasser- und Abwasserleitungen sowie sonstiges in Behältnisse gefaßtes Wasser, das den natürlichen Zusammenhang mit dem Wasserhaushalt verloren hat (z. B. Schwimmbecken). Die Größe eines Wassers spielt für seine Klassifizierung als Gewässer keine Rolle. Unerheblich ist auch, ob das Gewässer auf natürliche oder künstliche Weise geschaffen wurde. Flußbegradigungen oder die streckenweise Führung eines Bachs in Rohren, Tunneln oder Dükern berühren die Gewässereigenschaft nicht. Die Bundesländer unterteilen die oberirdischen Gewässer i. allg. nach ihrer Größe oder wasserwirtschaftlichen Bedeutung in verschiedene Klassen (z. B. in Nordrhein-Westfalen: Gewässer 1. Ordnung, Gewässer 2. Ordnung). Zahlreiche wasserrechtliche Regelungen knüpfen an diese Unterscheidung an.

Küstengewässer sind die deutschen Hoheitsgewässer der Nord- und Ostsee. Sie werden landseitig durch die Küstenlinie bei mittlerem Hochwasser gebildet. Die seewärtige Grenze richtet sich nach völkerrechtlichen Regeln.

Der Begriff des *Grundwassers* ist weit gefaßt. Grundwasser ist das gesamte, nicht künstlich (z. B. in Rohren oder Leitungen) gefaßte unterirdische Wasser; problematisch ist dies bei Sickerwasser in der ungesättigten Zone (s. Abschn. B.5.3.4).

B.4.2 Die Gewässerbewirtschaftung durch die Bundesländer

Nach § 1 a Abs. 1 WHG sind die Gewässer als Bestandteil des Naturhaushalts und Lebensraum für Tiere und Pflanzen so zu bewirtschaften, daß sie dem Allgemeinwohl und, im Einklang hiermit, auch dem Nutzen einzelner dienen. Dabei haben vermeidbare Beeinträchtigungen der ökologischen Gewässerfunktion zu unterbleiben. Gewässerbewirtschaftung bedeutet demnach nicht nur eine möglichst ökonomische Nutzung der vorhandenen Ressourcen, sondern auch und vor allem die planende Vorsorge für einen auf Dauer geordneten Wasserhaushalt im Hinblick auf die Sicherstellung der Wasserversorgung, den Hochwasserschutz als auch auf ökologische Gesichtspunkte. Das WHG betont damit die umweltschützende Ausrichtung der Gewässerbewirtschaftung und stellt sie neben den wirtschaftlichen Aspekt. Die Verwirklichung dieser miteinander in Einklang zu bringenden Ziele obliegt den Bundesländern (Bewirtschaftungshoheit der Länder). Als Instrumente der *Planung* stehen den zuständigen Behörden nach WHG die wasserwirtschaftlichen Rahmenpläne für Flußgebiete oder Wirtschaftsräume, Bewirtschaftungspläne zur Ordnung des Wasserhaushalts sowie Abwasserbeseitigungspläne, nach Landesrecht auch Wasserversorgungspläne, zur Verfügung. Diese binden die Verwaltung, haben aber keine Außenwirkung. Außerdem können zur Sicherung von Planungen für bestimmte wasserwirtschaftlich bedeutsame Vorhaben durch Rechtsverordnung Veränderungssperren festgelegt werden.

Weitere Instrumente der Gewässerbewirtschaftung sind:
- das Erlaubnis- und Bewilligungsregime für Gewässerbenutzungen (s. Abschn. B.4.3),
- die Regelung der Unterhaltung und des Ausbaus oberirdischer Gewässer (s. Abschn. B.4.4),
- der anlagenbezogene Gewässerschutz (s. Abschn. B. 4.5),
- die Festlegung von Schutzgebieten (s. Abschn. B.4.6),
- die Erhebung von Abgaben (s. Abschn. B.4.7),
- eine spezielle wasserrechtliche Haftungsvorschrift (s. Abschn. B.4.8).

B.4.3 Das Erlaubnis- und Bewilligungsregime für Gewässerbenutzungen

B.4.3.1 Gewässerbenutzungen

Jede Benutzung eines Gewässers bedarf einer behördlichen Erlaubnis oder Bewilligung. *Gewässerbenutzung* ist jede Maßnahme, die geeignet ist, dauernd oder in einem nicht nur unerheblichen Ausmaß schädliche Veränderungen der physikalischen, chemischen oder biologischen Beschaffenheit des Wassers herbeizuführen (sog. unechte Gewässerbenutzung). Im übrigen ist nach der Art des Gewässers zu unterscheiden.

Die Benutzung eines *oberirdischen Gewässers* liegt auch vor, wenn es sich um eine Wasserentnahme oder -ableitung, das Aufstauen oder Absenken des Gewässers, das Entnehmen fester Stoffe aus dem Gewässer, soweit dies Gewässerzustand oder Wasserabfluß beeinträchtigt, sowie das Einbringen oder Einleiten von Stoffen handelt. Im Hinblick auf *Küstengewässer* werden die Einbringung und Einleitung von Stoffen als Gewässerbenutzungen aufgezählt. Beim *Grundwasser* gelten die Stoffeinleitung, die Wasserentnahme, -zutageförderung, -zutageleitung und -ableitung sowie das Aufstauen, Absenken und Umleiten durch hierfür bestimmte oder geeignete Anlagen als Gewässerbenutzung.

Benutzungen können nur solche Handlungen sein, die nach ihrer objektiven Eignung auf ein Gewässer gerichtet sind und sich seiner, insb. des Wassers, für bestimmte Zwecke bedienen. Daher liegt z. B. keine Benutzung vor, wenn Stoffe infolge eines unglücklichen Ereignisses (etwa eines Unfalls mit einem Tanklastzug) in ein Gewässer gelangen. Wenn der Eingriff in ein Gewässer nicht dessen Nutzung zum Ziel hat, sondern lediglich eine vielleicht sogar lästige Begleiterscheinung einer anderen Zwecken dienenden Maßnahme ist, so handelt es sich ebenfalls um eine Benutzung. Dies gilt z. B. für die Errichtung einer Mülldeponie, aus der nach allgemeinem Erfahrungsstand Sickerwasser in einen nahegelegenen Fluß gelangen wird.

Zulassungsfrei sind Maßnahmen zur Gefahrenabwehr, der Gemein- und Anliegergebrauch oberirdischer Gewässer nach Maßgabe des Landesrechts sowie wasserwirtschaftlich untergeordnete Tätigkeiten, z.B. in Fischerei und Landwirtschaft. Neu ist die Befreiung von der Erlaubnispflicht für die schadlose Versickerung von Niederschlagswasser in das Grundwasser.

B.4.3.2 Das System der subjektiv-öffentlichen Rechte der Gewässerbenutzung

Mit der Erlaubnis oder Bewilligung erhält ein Unternehmen das subjektiv-öffentliche Recht, das Gewässer zu dem im Bescheid näher bezeichneten Zweck und den darin festgelegten Bedingungen zu benutzen. Die Erlaubnis gewährt die widerrufliche, i.d.R. befristete *Befugnis*, die Bewilligung dagegen das *Recht* zur Gewässernutzung. Diese Unterscheidung ist charakteristisch für das WHG. Grundsätzlich kann jede Genehmigung einer Gewässerbenutzung in Form einer Erlaubnis oder Bewilligung ergehen (wichtigste Ausnahme: Abwassereinleitungen, s. Abschn. B.4.3.3). Diese unterscheiden sich im wesentlichen dadurch, daß die Bewilligung dem Nutzungsberechtigten eine stärkere gegen späteren Entzug gesicherte Rechtsposition erteilt als die Erlaubnis. Die Erlaubnis ist generell widerruflich, ohne daß dies in der Genehmigung ausdrücklich vorbehalten sein müßte. Das bedeutet jedoch nicht, daß die zuständige Behörde die Genehmigung jederzeit willkürlich aufheben könnte. Der Widerruf einer Erlaubnis ist nur dann zulässig, wenn hierfür ein sachlicher Grund vorliegt und der Widerruf nicht unverhältnismäßig ist. Für den Fall des Widerrufs steht dem Unternehmer kein Entschädigungsanspruch gegenüber dem Staat zu. Bei der Bewilligung sieht das WHG nur ausnahmsweise und oftmals unter Zahlung einer angemessenen Entschädigung eine Widerrufsmöglichkeit vor.

Hinsichtlich der Genehmigungsvoraussetzungen bestehen zwischen Bewilligung und Erlaubnis keine Unterschiede. Erlaubnis oder Bewilligung sind zu versagen, wenn von der beabsichtigten Gewässerbenutzung eine Beeinträchtigung des Allgemeinwohls, insb. eine Gefährdung der öffentlichen Wasserversorgung, zu erwarten ist, die nicht durch Auflagen oder andere Maßnahmen verhütet werden kann.

Bei der Entscheidung über den Antrag eines Unternehmens hat die Behörde sämtliche relevanten Umstände des Einzelfalls zu berücksichtigen und in eine sachgerechte Interessenabwägung einzustellen. Hierzu zählen sowohl die Gesichtspunkte, die für, als auch jene, die gegen die beantragte Gewässerbenutzung sprechen. In Betracht kommen insb. Belange der Gesundheit, Erholung und Landeskultur, des Naturschutzes, des Verkehrs, der Fischerei oder des Hochwasserschutzes, aber auch die Investitionsinteressen des Unternehmers. Das Einbringen fester Stoffe in oberirdische Gewässer, um sich ihrer zu entledigen, darf nicht genehmigt werden. Diese Form der Gewässerbenutzung ist ausdrücklich untersagt.

Das Fehlen einer Gemeinwohlbeeinträchtigung hat nicht zur Folge, daß die Behörde zur Erteilung der Erlaubnis oder Bewilligung verpflichtet ist. Nach Ansicht des Bundesverfassungsgerichts ist die Einräumung eines Rechtsanspruchs auf Erteilung einer Erlaubnis oder Bewilligung mit den Grundsätzen einer geordneten Wasserwirtschaft, die auf die Schonung des Wassers als wesentlicher Bestandteil des Naturhaushalts, Erhaltung von Freiräumen und planende Verteilung (Bewirtschaftung) auch im Hinblick auf künftige Benutzer gerichtet ist, unvereinbar. Die Behörde wäre nicht in der Lage, auf die rasch veränderlichen allgemeinen Wirtschaftsverhältnisse und die damit verbundene wasserwirtschaftliche Entwicklung zu reagieren. Die Erlaubnis oder Bewilligung darf daher nach pflichtgemäßem Ermessen auch aus Gründen versagt werden, die weder im WHG noch in den Landeswassergesetzen genannt sind (Bewirtschaftungsermessen). Zum Beispiel kann die zuständige Behörde eine wasserwirtschaftliche Genehmigung versagen, wenn im Falle ihrer Erteilung andere Interessenten sich auf die Entscheidung berufen und dadurch eine wasserwirtschaftlich bedenkliche Entwicklung einleiten würden oder die beantragte Wasserfördermenge in vorsehbarer Zukunft nicht benötigt wird. Auch subjektive Aspekte – wie etwa die Zuverlässigkeit des Unternehmens – darf die Behörde im Rahmen ihres Ermessens berücksichtigen.

B.4.3.3 Die besonderen Anforderungen für Abwassereinleitungen

Für das Einleiten von Abwasser in ein Gewässer legt das WHG besondere Anforderungen fest. Denn hierbei handelt es sich um eine besonders häufige und oft sehr umweltgefährdende Art der Gewässernutzung. Unter *Abwasser* versteht das WHG das durch häuslichen, gewerblichen, landwirtschaftlichen oder sonstigen Gebrauch in seinen Eigenschaften veränderte und das bei Trockenwetter damit zusammen abfließende Wasser (*Schmutzwasser*). Ferner zählt dazu das von Niederschlägen aus dem Bereich von bebauten oder befestigten Flächen abfließende und gesammelte Wasser (*Niederschlagswasser*). Erfaßt werden insb. das durch innerbetriebliche Vorgänge zu Verarbeitungs-, Behandlungs-, Reinigungs-, Transport- oder auch Kühlzwecken veränderte Wasser. Sonstige flüssige Reststoffe (z. B. Säuren), die nicht mit Wasser abgeleitet werden, fallen nicht unter den Abwasserbegriff.

Nach § 7 a WHG darf die Befugnis zum Einleiten von Abwasser nur in Form der Erlaubnis erteilt werden; die für den Unternehmer günstigere Bewilligung ist nicht möglich. Die Erlaubnis darf nur erteilt werden, wenn die Schadstofffracht des Abwassers so gering gehalten wird, wie dies bei Einhaltung der jeweils in Betracht kommenden Verfahren nach dem „Stand der Technik" möglich ist. Dieser Rechtsbegriff wird definiert als

der Entwicklungsstand technisch und wirtschaftlich durchführbarer fortschrittlicher Verfahren, Einrichtungen oder Betriebsweisen, die als beste verfügbare Techniken zur Begrenzung von Emissionen praktisch geeignet sind.

Diese Anforderungen werden durch die *Abwasserverordnung* (AbwV) vom 21.03.1997 konkretisiert. Sie sind in den Anhängen zur AbwV enthalten, die bisher für Abwasser aus dem häuslichen und kommunalen Bereich (Anhang 1), der Metallbe- und -verarbeitung (Anhang 40) und der Alkalichloridelektrolyse (Anhang 42) sowie zur Umsetzung von EG-Richtlinien (Anhang 48) vorliegen. Diese Anhänge enthalten Einleitverbote und Grenzwerte für Abwasser an der Einleitstelle, vor der Vermischung und/oder an dem Ort des Anfalls. Soweit es sich um Konzentrationswerte handelt, dürfen diese nicht durch Verdünnung erreicht werden. Teilweise sind aus Gründen des Bestandsschutzes weniger strenge Anforderungen für vorhandene Anlagen festgelegt.

Die im Einzelfall in Betracht kommenden Anforderungen der AbwV werden nicht unmittelbar verbindlich sein. Sie müssen in der wasserrechtlichen Erlaubnis festgesetzt werden und erlangen dadurch Verbindlichkeit gegenüber dem Einleiter. Hinsichtlich der anzuwendenden Analyse- und Meßverfahren verweist die Anlage zur AbwV auf DIN- und DEV-Normen (s. Abschn. B.1.1.3).

Vorübergehend gelten Festlegungen in den Anhängen der Rahmen-Abwasserverwaltungsvorschrift und den separaten Abwasserverwaltungsvorschriften, die aufgrund der alten Fassung des WHG ergangen sind und bisher allein maßgeblich waren, weiter. Diese Verwaltungsvorschriften werden derzeit an die neue Regelungsstruktur und den gegenwärtigen „Stand der Technik" angepaßt und als Anhänge in die Abwasserverordnung übernommen. Sie decken weite Bereiche der Montan-, Lebensmittel-, chemischen und verarbeitenden Instrustrie ab. Soweit weder die Anhänge zur AbwV noch diese Verwaltungsvorschriften für einen Industriezweig oder sonstigen Bereich Anforderungen enthalten, darf die Einleitung nur erlaubt werden, wenn „die Schadstofffracht nach Prüfung der Möglichkeiten im Einzelfall so gering gehalten wird, wie dies durch Einsatz wassersparender Verfahren bei Wasch- und Reinigungsvorgängen, Indirektkühlung und dem Einsatz von schadstoffarmen Betriebs- und Hilfsstoffen erreicht werden kann".

Soweit ein Unternehmen seine Abwässer der öffentlichen Kanalisation zuleitet, ist lediglich der Träger der Kanalisation (Gemeinden, Abwasserverbände) unmittelbarer Benutzer des Gewässers (Direkteinleiter). Es obliegt den Ländern sicherzustellen, daß darüber hinaus auch die sog. Indirekteinleiter die Anforderungen des § 7 a WHG i. V. m. der AbwV einhalten. Hierzu haben die Länder Rechtsverordnungen erlassen (in Nordrhein-Westfalen: VGS), in denen eine Genehmigungspflicht für die Einleitung von Abwasser mit gefährlichen Stoffen aus bestimmten Herkunftsbereichen in öffentliche Abwasseranlagen festgelegt wurde. Im Rahmen des Genehmigungsverfahrens wird von der Wasserbehörde überprüft, ob das Unternehmen die Anforderungen, wie sie in der AbwV festgelegt sind, einhält.

Des weiteren enthält das Landesrecht Regelungen, wonach Abwasserdirekt- und -indirekteinleiter verpflichtet sind oder verpflichtet werden können, die Einleitung ständig oder regelmäßig selbst zu überwachen. Bestimmte Abwassereinleiter haben einen Gewässerschutzbeauftragten zu bestellen (s. Abschn. B.1.2.2.1). Die Anforderungen für die Einleitung von Abwasser und sonstigen Stoffen in das *Grundwasser* sind strenger als diejenigen für sonstige Gewässereinleitungen. Eine Erlaubnis darf nur erteilt werden, wenn eine schädliche Verunreinigung des Grundwassers oder eine sonstige nachteilige Veränderung seiner Eigenschaften nicht zu besorgen ist.

B.4.4 Unterhaltung und Ausbau eines oberirdischen Gewässers

Das WHG regelt die Unterhaltung und den Ausbau *oberirdischer Gewässer*. Diese Vorschriften werden durch die Landeswassergesetze konkretisiert.

B.4.4.1 Die Gewässerunterhaltung

Gemäß § 28 Abs. 1 WHG umfaßt die Unterhaltung eines Gewässers die Erhaltung eines ordnungsgemäßen Zustands für den Wasserabfluß und – soweit es sich um schiffbare Gewässer handelt – auch die Erhaltung der Schiffbarkeit. Die Belange des Naturhaushalts sind zu berücksichtigten. Zur Unterhaltung verpflichtet sind die Eigentümer der Gewässer, die Anlieger und die Eigentümer von Grundstücken und Anlagen, die aus der Unterhaltung Vorteile haben oder die die Unterhaltung erschweren. Bundeswasserstraßen stehen im Eigentum des Bundes. Im übrigen werden die Eigentumsverhältnisse in den Landeswassergesetzen geregelt. Dabei wird zwischen den verschiedenen Gewässerklassen unterschieden. Gewässer 1. Ordnung stehen i.d.R. im Landeseigentum, Gewässer 2. ggf. auch 3. Ordnung gehören i.d.R. den Eigentümern der Ufergrundstücke.

Zur Durchführung der Unterhaltung können auch Gebietskörperschaften (z.B. Kreise, Gemeinden), Wasser- und Bodenverbände oder gemeindliche Zweckverbände herangezogen werden. Unterhaltungsmaßnahmen sind grds. nicht erlaubnis- oder bewilligungspflichtig (Ausnahme: Verwendung chemischer Mittel).

Als Unterhaltungsarbeiten *unterhalb der Mittelwasserlinie* kommen insb. in Betracht:

- die Beseitigung von Ablagerungen, umgestürzten Bäumen und anderen Abflußhindernissen, und zwar auch dann, wenn das Hindernis durch fremde Einwirkung, z. B. einen Verkehrsunfall oder eine rechtswidrige Abwassereinleitung, verursacht wurde;
- die Verfestigung des Böschungsfußes;
- das Auffüllen besonders starker Eintiefungen oder sonstiger Zerstörungen der Flußsohle;
- der Einbau von Grundschwellen zur Verhütung solcher Schäden;
- das Entkrauten und Beseitigen der vom Boden getrennten Pflanzen aus dem Gewässer;
- der Schutz von Uferstrecken, die dem Angriff der Strömung ausgesetzt sind (z. B. durch Steinschüttungen).

Die Reinigung des Wassers von Schadstoffen zählt nicht zur Unterhaltung.

Zu den Unterhaltungsarbeiten *oberhalb der Mittelwasserlinie* gehören:
- das Abschrägen der Ufer zur Sicherung gegen Abbruch,
- die Beseitigung von Uferschäden und die Befestigung der Ufer gegen den Angriff des Hochwassers,
- das Mähen der Ufer und das Beseitigen von Bäumen oder Sträuchern zur Erhaltung des Abflußquerschnitts.

B.4.4.2 Der Gewässerausbau

Ausbau eines oberirdischen Gewässers ist nach § 31 WHG die Herstellung, Beseitigung oder wesentliche Umgestaltung des Gewässers selbst oder seiner Ufer. Dem werden Damm- und Deichbauten gleichgesetzt, die den Hochwasserabfluß beeinflussen. Der Ausbau setzt ein Planfeststellungsverfahren voraus, das den Anforderungen an eine Umweltverträglichkeitsprüfung entspricht (s. Abschn. B.1.2.3.2). Dieses aufwendige Verfahren ist nicht durchzuführen, wenn
- es sich um einen Ausbau von geringer Bedeutung handelt,
- der Ausbau keine erheblichen Umweltbeeinträchtigungen bewirken kann oder
- eine Verbesserung im Hinblick auf die Umweltschutzgüter bezweckt wird.

Dann genügt die Durchführung eines Plangenehmigungsverfahrens. Die Abgrenzung des Ausbaus zur Unterhaltung ergibt sich daraus, daß die Maßnahmen zur Erhaltung eines ordnungsgemäßen Zustands für den Wasserabfluß und (an schiffbaren Gewässern) die Erhaltung der Schiffbarkeit keine wesentliche Umgestaltung des Gewässers oder seiner Ufer darstellen dürfen. Die Abgrenzung zur Benutzung ist in erster Linie daraus zu entnehmen, daß der Ausbau für den Gegenstand der Bewirtschaftung, das Gewässer, eine neue wasserwirtschaftliche Ausgangslage auf Dauer schafft, während die jeweils zugelassenen Benutzungen sich nach Art, Zweck und Ausmaß an dem damit vorgegebenen Gewässerzustand orientieren müssen. Maßnahmen, die dem Ausbau eines oberirdischen Gewässers dienen, können daher keine Benutzungen sein.

Dem Ausbauunternehmer wird im Wege der Planfeststellung das Recht zur Durchführung des Gewässerausbaus eingeräumt. In den meisten Landeswassergesetzen ist vorgesehen, daß der Unterhaltspflichtige zum Ausbau verpflichtet ist oder werden kann, wenn das Allgemeinwohl es erfordert. Neuerdings verpflichtet auch das WHG zur Zurückführung von Ausbauzuständen in einen naturnahen Zustand, soweit dies möglich ist und das Allgemeinwohl (z. B. Wasserkraftnutzung) dem nicht entgegensteht. Eine Ausbaumaßnahme darf nicht zugelassen werden, wenn sie die Hochwassergefahr erhöht. Große Bedeutung kommt der vom Bundesverwaltungsgericht eingeführten Unterscheidung zwischen einem Ausbau im öffentlichen Interessen und einem bloßen privatnützigen Ausbau zu. Während ein Ausbau im öffentlichen Interesse die Möglichkeit eröffnet, entgegenstehende Rechte und Befugnisse, z. B. durch Enteignung auszuräumen, ist dies beim privatnützigen Ausbau nicht möglich. Ein Ausbau bei entgegenstehenden Rechten Dritter ist deshalb nicht zulässig ist.

B.4.5 Der anlagenbezogene Gewässerschutz

B.4.5.1 Die Grundsatzverbote des WHG

Gemäß § 1a Abs. 2 WHG ist *jeder*, also auch ein Anlagenbetreiber, zur Sorgfalt verpflichtet, um Wasserverunreinigungen oder sonstige nachteilige Auswirkung zu verhüten und eine sparsame Verwendung von Wasser zu erzielen. Durch landesrechtliche *Reinhalteordnungen* (Rechtsverordnungen) können diese allgemeinen Anforderungen für oberirdische Gewässer konkretisiert werden.

Das WHG verbietet die Lagerung oder Ablagerung von Stoffen oder die Beförderung von Flüssigkeiten und Gasen durch Rohrleitungen, soweit dadurch eine schädliche Verunreinigung des Grundwassers oder eine sonstige nachteilige Veränderung seiner Eigenschaften zu besorgen ist (§ 34 Abs. 2 WHG). Dieses Verbot gilt auch im Hinblick auf die sonstigen Gewässer nach WHG, wenn sich die Lager-, Ablagerungs- oder Rohrleitungsanlage an einem oberirdischen Gewässer bzw. Küstengewässer befindet (§§ 26 Abs. 2, 32 b WHG). Nach der Rechtsprechung des Bundesverwaltungsgerichts ist bei der Handhabung dieses Besorgnisprinzips ein strenger Maßstab anzulegen. Die Wahrscheinlichkeit der Gewässerverunreinigung soll geradezu ausgeräumt sein müssen; es dürfe keine auch noch so wenig naheliegende Wahrscheinlichkeit der Verunreinigung bestehen. Allerdings ist auch dabei die Eintrittswahrscheinlichkeit in ein angemessenes Verhältnis zum potentiellen Ausmaß des Schadens zu setzen.

Diese Vorgaben sind insb. in sonstigen Zulassungsverfahren, z.B. nach dem Baurecht (Baugenehmigung), Immissionsschutz-, Abfall- oder Bergrecht zu beachten.

B.4.5.2 Das Recht der wassergefährdenden Stoffe

Da diese Grundsatzverbote zu unbestimmt sind, hat sich ein besonderes Recht des Schutzes vor wassergefährdenden Stoffen entwickelt.

B.4.5.2.1 Das Recht der Rohrleitungsanlagen

Die Errichtung und der Betrieb sowie die wesentliche Änderung und die wesentliche Änderung des Betriebs einer Rohrleitungsanlage zum Befördern wassergefährdender Stoffe bedürfen der Genehmigung durch die Wasserbehörde. Ausgenommen sind solche Anlagen, die den Bereich eines Werksgeländes nicht überschreiten oder die Zubehör einer Anlage zum Lagern solcher Stoffe sind. Im Rahmen dieser Genehmigungspflicht sind *wassergefährdende Stoffe*:
– Rohöle, Benzine, Dieselkraftstoffe und Heizöle sowie
– andere flüssige oder gasförmige Stoffe, die geeignet sind, Gewässer zu verunreinigen oder sonst in ihren Eigenschaften nachteilig zu verändern, und durch Rechtsverordnung abschließend bestimmt wurden.

Soweit es sich um Rohrleitungsanlagen für den Ferntransport von Öl oder Gas (Pipelines) handelt, ist eine UVP (s. Abschn. B.1.2.3.2) durchzuführen; landesrechtlich wird das UVP-Erfordernis teilweise auch auf sonstige Rohranlagen erstreckt. Die Genehmigung kann zum Schutz der Gewässer unter Bedingungen und Auflagen erteilt sowie befristet werden. Auflagen über Anforderungen an die Beschaffenheit und den Betrieb der Anlage sind auch nach Erteilung der Genehmigung zulässig, wenn zu besorgen ist, daß eine Verunreinigung der Gewässer oder eine sonstige nachteilige Veränderung ihrer Eigenschaften eintritt. Derartige Bedingungen und Auflagen müssen sachgerecht und zum Schutz der Gewässer geeignet, also auch technisch erfüllbar sein; Grenze ist der Verhältnismäßigkeitsgrundsatz. Derartige Anforderungen sind in erster Linie darauf auszurichten, daß wassergefährdende Stoffe aus der Rohrleitungsanlage nicht in Gewässer eintreten können. Möglich sind auch Auflagen, die eine Überwachung der Anlage anordnen. Die Genehmigung ist zu versagen, wenn durch die Errichtung oder den Betrieb der Anlage eine Gewässerverunreinigung oder eine nachteilige Veränderung der Gewässereigenschaften zu besorgen ist und auch nicht durch Auflagen verhütet oder ausgeglichen werden kann. Ein Rechtsanspruch auf Genehmigungserteilung besteht grds. nicht. Der Unternehmer hat aber ein Anrecht darauf, daß die Behörde nach pflichtgemäßem Ermessen und nicht willkürlich handelt. Technische Einzelheiten werden in den *Technischen Regeln* für brennbare Flüssigkeiten (TRbF) geregelt (s. Abschn. B.1.1.2.4). Denn nach der Verordnung über brennbare Flüssigkeiten (VbF) bedürfen Rohrleitungen ebenfalls einer Erlaubnis, wenn sie der Beförderung *brennbarer Flüssigkeiten* dienen. Insoweit wird auch die wasserrechtliche Genehmigung von der für den Arbeitsschutz zuständigen Behörde – aber im Einvernehmen mit der Wasserbehörde – erteilt. Die VbF unterscheidet zwischen Verbindungsleitungen, die zwar den Bereich des Werksgeländes überschreiten, aber Anlagen verbinden, die im engen räumlichen und betrieblichem Zusammenhang stehen, und Fernleitungen (Pipelines). Für Verbindungsleitungen gilt die „Richtlinie für Verbindungsleitungen zum Befördern gefährdender Flüssigkeiten – RVF" (TRbF 302) und für die Fernleitungen die „Richtlinie für Fernleitungen zum Befördern gefährdender Flüssigkeiten – RFF" (TRbF 301). Diese Richtlinien wurden unter Mitwirkung von Vertretern der Wasserwirtschaft und im Einvernehmen mit den Wasserbehörden der Länder erarbeitet. Es fanden daher nicht nur die Belange des Brandschutzes, sondern auch die des Gewässerschutzes maßgebliche Berücksichtigung. Diese TRbF gelten nur für Mineralöle und brennbare Flüssigkeiten. Im übrigen ist die vom BMU bekanntgegebene „Richtlinie für Rohrleitungsanlagen zum Befördern wassergefährdender Stoffe (RRwS)" zu beachten. Diese ist zwar nicht unmittelbar rechtlich verbindlich, wurde aber in Zusammenarbeit mit der Länderarbeitsgemeinschaft Wasser (LAWA) festgelegt und wird daher auch von den Ländern getragen (s. Abschn. B.1.1.2.3). Ähnlich den TRbF wurden im Rahmen der Azetylen-Verordnung Technische Regeln für Rohrleitungsanlagen zum Befördern von Azetylen (TRAC), und im Rahmen der Verordnung über Gashochdruckleitungen Technische Regeln für Rohrleitungsanlagen zum Befördern anderer wassergefährdender Gase (TRGL) erarbeitet. Von der Ermächtigung im WHG zum Erlaß von Rechtsverordnungen hat der Bund bisher noch keinen Gebrauch gemacht.

B.4.5.2.2 Das Recht der Anlagen zum Umgang mit wassergefährdenden Stoffen

„Anlagen zum Umgang mit wassergefährdenden Stoffen" sind Anlagen zum Lagern, Abfüllen und Umschlagen wassergefährdender Stoffe (LAU-Anlagen) sowie Anlagen zum Herstellen, Behandeln und Verwenden wassergefährdender Stoffe (HBV-Anlagen). Hinsichtlich dieser Anlagen gilt der wasserrechtliche *Besorgnisgrundsatz*: sie dürfen nur so beschaffen sein und eingebaut, aufgestellt, unterhalten und betrieben werden, daß eine Verunreinigung der Gewässer oder eine sonstige nachteilige Veränderung der Gewässereigenschaften nicht zu besorgen ist. Dies gilt auch für Rohrleitungsanlagen, die den Bereich eines Werksgeländes nicht überschreiten. Der Besorgnisgrundsatz gilt für Anlagen zum Verwenden wassergefährdender Stoffe nur im Bereich der gewerblichen Wirtschaft und öffentlicher Einrichtungen. Anlagen zum Umschlagen wassergefährdender Stoffe sowie Anlagen zum Lagern und Abfüllen von Jauche, Gülle und Silagesickersäften (JGS-Anlagen) werden privilegiert: sie müssen (lediglich) so beschaffen sein und so eingebaut, aufgestellt, unterhalten und betrieben werden, daß der bestmögliche Schutz der Gewässer vor Verunreinigung oder sonstiger nachteiliger Veränderungen ihrer Eigenschaften erreicht wird. Als Mindestanforderung für die vom WHG erfaßten LAU- und HBV-Anlagen sind die allgemein anerkannten Regeln der Technik zu beachten. Diese Anforderungen werden durch das Landesrecht konkretisiert. Hierzu haben die Länder Anlagenverordnungen (in Nordrhein-Westfalen: VAwS) und Durchführungsverwaltungsvorschriften erlassen. Es bestehen aber Bestrebungen, das Anlagenrecht bundeseinheitlich zu regeln.

Der Begriff der *wassergefährdenden Stoffe* wird in diesem Zusammenhang anders definiert als bei den Rohrleitungen. Erfaßt werden feste, flüssige und gasförmige Stoffe, die geeignet sind, nachhaltig die physikalische, chemische oder biologische Beschaffenheit nachteilig zu verändern. Eine beispielhafte Aufzählung der betroffenen Stoffgruppen findet sich in § 19 g Abs. 5 WHG. Im übrigen werden die Stoffe in der Allgemeinen Verwaltungsvorschrift über die Bestimmung wassergefährdender Stoffe und ihre Einstufung (VwVwS), deren neue Fassung zum 01.05.1996 in Kraft getreten ist, näher bestimmt und entsprechend ihrer Gefährlichkeit eingestuft. Die Einstufung erfolgt in vier Wassergefährdungsklassen: WGK 0 – i. allg. nicht wassergefährdend; WGK 1 – schwach wassergefährdend; WGK 2 – wassergefährdend; WGK 3 – stark wassergefährdend. Die besonderen Anforderungen in den Anlagenverordnungen differenzieren insb. im Hinblick auf diese Wassergefährdungsklassen. Die VwVwS stellt eine norminterpretierende Verwaltungsvorschrift dar (s. Abschn. B.1.1.2.3); die in ihr enthaltene Stoffauflistung ist nicht abschließend.

Um sicherzustellen, daß Unternehmen und sonstige Betroffene die umfassenden wasserrechtlichen Anforderungen an ihre Anlagen einhalten, wurde in § 19h WHG die Pflicht zur *Eignungsfeststellung oder Bauartzulassung* festgelegt. Diese Pflicht erstreckt sich auf die Anlagen selbst, Teile von ihnen sowie technische Schutzeinrichtungen, *soweit sie nicht einfacher oder herkömmlicher Art* sind. Handelt es sich um Einzelanlagen oder Einzelteile, ist die Eignungsfeststellung durchzuführen; bei einer serienmäßigen Herstellung kann eine Zulassung der Bauart nach erfolgen. Diese Pflicht entfällt, soweit eine arbeits- oder immissionsschutzrechtliche Bauartzulassung oder bestimmte Zulassungen nach dem Bauprodukterecht (z.B. CE-Zeichen), die die Einhaltung der wasserrechtlichen Anforderungen sicherstellen, vorliegen. Weitere Ausnahmen bestehen für die Zwischenlagerung im Rahmen eines ordnungsgemäßen Transportvorgangs, für Stoffe, die sich im Arbeitsgang befinden, sowie für die Bereithaltung geringfügiger Mengen in Laboratorien.

Damit erlangt die Qualifikation als einfach oder herkömmlich erhebliches Gewicht. Eine Anlage gilt als *einfach*, wenn sie mit geringem technischem Aufwand erstellt ist und ihre Brauchbarkeit ohne technische Hilfsmittel überprüft werden kann. Sie ist *herkömmlich*, soweit ihre Tauglichkeit aufgrund einer Vielzahl von Fällen gesammelter tatsächlicher Erfahrungen feststeht. Diese unbestimmten Rechtsbegriffe werden teilweise in den Anlagenverordnungen der Länder sowie den dazu ergangenen Verwaltungsvorschriften konkretisiert. Lagertanks gelten beispielsweise als einfach oder herkömmlich, wenn sie doppelwandig sind oder in einem Auffangraum stehen und mit einem selbsttätigen Leckanzeigemechanismus ausgestattet sind. In den landesrechtlichen Vorschriften wird auch in erheblichem Maße auf technische Regeln (z.B. TRbF) und private Regelwerke (z.B. DIN-Normen) verwiesen. Allgemein kann festgestellt werden, daß Anlagen oder Teile einfach oder herkömmlich sind, soweit sie eingeführten technischen Vorschriften oder Baubestimmungen entsprechen.

Eine Anlage darf nur Verwendung finden, wenn die Eignungsfeststellung oder Bauartzulassung durch Bescheid erfolgt ist. Sie haben daher genehmigenden Charakter. Im Rahmen des Verwaltungsverfahrens hat die Wasserbehörde zu überprüfen, ob die Anforderungen des WHG, wie sie durch das Landesrecht, insb. die Anlagenverordnungen, und die TRbF, neuerdings auch die TRUwS (s. Abschn. B.1.1.3.2), konkretisiert werden, eingehalten werden. Die Eignungsfeststellung oder Bauartzulassung kann inhaltlich beschränkt, befristet und unter Auflagen erteilt werden, soweit dies zur Einhaltung der wasserrechtlichen Anforderungen erforderlich ist (Verhältnismäßigkeitsgrundsatz).

Die Anforderungen des WHG und der Anlagenverordnungen sind aber bereits unmittelbar kraft Gesetzes bzw. Rechtsverordnung verbindlich und daher von den Unternehmen zu respektieren. Der Einbau, die Aufstellung, Instandhaltung, Instandsetzung oder Reinigung von Anlagen darf nur durch *Fachbetriebe i. S. d. § 19l WHG* ausgeführt werden. Der Anlagenbetreiber darf auch nur solche Betriebe mit diesen Arbeiten beauftragen. Als Fachbetrieb gilt, wer über die nötige Ausrüstung und das Personal mit der erforderlichen Sachkunde verfügt und berechtigt ist, Gütezeichen einer baurechtlich anerkannten Überwachungs- oder Gütegemeinschaft zu führen, oder einen Überwachungsvertrag mit einer technischen Überwachungsorganisation abgeschlossen hat. Des weiteren treffen den Anlagenbetreiber Überwachungspflichten; die Wasserbehörde kann hierzu weitergehende Anordnungen treffen. Außerdem muß derjenige, der eine Lageranlage befüllt oder entleert, diesen Vorgang überwachen und sich vor Beginn der Arbeiten vom ordnungsgemäßen Zustand der dafür erforderlichen Sicherheitseinrichtungen überzeugen.

B.4.5.3 Sonstige anlagenbezogene Anforderungen

Gemäß § 18b WHG sind Abwasseranlagen unter Berücksichtigung der Benutzungsbedingungen und Auflagen für das Einleiten von Abwasser (s. Abschn. B.4.3.3) nach den hierfür jeweils in Betracht kommenden Regeln der Technik zu errichten und zu betreiben. Diese Regeln der Technik werden durch Landesrecht, insb. in Verwaltungsvorschriften, die teilweise auch DIN-Normen für verbindlich erklären, und in privaten Regelwerken (z.B. der ATV, s. Abschn. B.1.1.3) konkretisiert. Für den Bau und Betrieb sowie die wesentliche Änderung einer Abwasserbehandlungsanlage, die für mehr als 3.000 kg/d BSB_5 (roh) oder für mehr als 1.500 m³ ≥ anorganisch belastetes Abwasser in zwei Stunden (ausgenommen Kühlwasser) ausgelegt ist, schreibt das WHG eine behördliche Zulassung vor. Das Zulassungsverfahren muß den Anforderungen an eine UVP entsprechen. Nach Landesrecht können derartige Zulassungen der Bauart nach erfolgen. Außerdem erstrecken die Landeswassergesetze teilweise das Zulassungserfordernis auf sonstige Abwasserbehandlungsanlagen.

Darüber hinaus enthalten die Landeswassergesetze weitere Anforderungen an Anlagen. Genehmigungs- oder Anzeigepflichten, auch Planfeststellungsverfahren werden z.B. für folgende Tätigkeiten festgelegt:
- Außerbetriebsetzung, Beseitigung, Änderung bestimmter Benutzungsanlagen, insb. Stauanlagen,
- Bau, Betrieb und wesentliche Veränderung von Wasserversorgungsanlagen,
- Errichtung und wesentliche Änderung von Anlagen in oder an Gewässern,
- Bau und Betrieb von Talsperren.

In der Regel gelten diese Genehmigungspflichten nur, soweit keine sonstige baurechtliche oder gewerberechtliche Zulassung erforderlich ist. Weitere Genehmigungserfordernisse gelten für bestimmte Maßnahmen, die innerhalb festgesetzter Wasserschutz- oder Hochwassergebiete durchgeführt werden.

B.4.6 Wasserrechtliche Schutzgebiete

B.4.6.1 Wasserschutzgebiete

§ 19 WHG ermächtigt die Wasserbehörden, im Interesse der Allgemeinheit *Wasserschutzgebiete* einzurichten, insb. um das Grundwasser als intaktes Reservat für die öffentliche Wasserversorgung zu erhalten. Die Festsetzung eines Wasserschutzgebiets bedarf eines förmlichen Verfahrens; in den Bundesländern ist hierfür i. d. R. der Verordnungsweg vorgeschrieben. Von großer Bedeutung für die Festsetzung solcher Schutzgebiete ist das DVGW-Arbeitsblatt W 101 (s. Abschn. B.1.1.3.2). In den Wasserschutzgebieten können bestimmte Handlungen verboten werden. Die Eigentümer und Nutzungsberechtigten der in dem betroffenen Gebiet gelegenen Grundstücke können zur Duldung oder Vornahme bestimmter Maßnahmen verpflichtet werden. Es wird i. d. R. festgesetzt, welche Handlungen verboten, beschränkt oder geboten oder von einer behördlichen Genehmigung abhängig sind. Diese Festsetzungen richten sich nach dem Zweck des Wasserschutzgebiets, dem Schutzbedürfnis der Wassergewinnungsanlagen und den hydrologischen Gegebenheiten. Die Schutzanordnungen können sich auch an die Allgemeinheit richten. Stellt ein Verbot, eine Beschränkung oder ein Gebot im Hinblick auf bestimmte Grundstücksnutzungen eine Enteignung dar, so ist der Eigentümer zu entschädigen. Soweit durch die erhöhten Anforderungen die *ordnungsgemäße* land- oder forstwirtschaftliche Nutzung eines Grundstücks beschränkt wird, ist für die dadurch verursachten wirtschaftlichen Nachteile ein angemessener Ausgleich zu leisten, der sich nach Landesrecht richtet. Für Rechtsstreitigkeiten über Entschädigungs- und Ausgleichszahlungen sind die Zivilgerichte zuständig.

Die Landesgesetze ermächtigen darüber hinaus zur Festsetzung von Gebieten zum *Schutz von Heilquellen*. Als Heilquellen gelten natürlich zutagetretende oder künstlich erschlossene Wasser- oder Gasvorkommen, die aufgrund ihrer chemischen Zusammensetzung, physikalischen Eigenschaften oder nach der Erfahrung geeignet sind, Heilzwecken zu dienen. Auf derartige Festsetzungen sind in der Regel die Vorschriften zur Festsetzung von Wasserschutzgebieten sinngemäß anzuwenden.

B.4.6.2 Überschwemmungsgebiete und Gewässerrandstreifen

Gemäß § 32 WHG sind Gebiete, die bei Hochwasser überschwemmt werden, zu *Überschwemmungsgebieten* zu erklären, soweit es die Regelung des Wasserabflusses erforderlich macht. Zur Sicherstellung eines schadlosen Abflusses des Hochwassers haben die Länder Vorschriften für solche Gebiete erlassen, insb. sind Rückhalteflächen zu erhalten und ggfs. wiederherzustellen. Die Festsetzung der Überschwemmungsgebiete und der darin zu beachtenden Ge- und Verbote erfolgt i. d. R. durch Rechtsverordnung. Teilweise wird auch eine Genehmigung für bestimmte Maßnahmen vorgesehen, die den Hochwasserabfluß behindern können. Das Landeswasserrecht sieht darüber hinaus weitere Maßnahmen zur Sicherung des schadlosen Hochwasserabflusses vor. Zum Teil sieht das Landesrecht Anforderungen und Verbote für Maßnahmen in festgelegten oder festzusetzenden *Gewässerrandstreifen* vor.

B.4.7 Fiskalisches Wasserrecht

B.4.7.1 Abwasserabgabenrecht

Das Bundes-Abwasserabgabengesetz (AbwAG) schreibt vor, daß für das Einleiten von Abwasser in ein Gewässer eine Abgabe (Abwasserabgabe) zu entrichten ist, die von den Ländern erhoben wird. Als *Abwasser* gelten nach der Begriffsbestimmung des § 2 Abs. 1 AbwAG Schmutzwasser und Niederschlagswasser (s. Abschn. B.4.3.3), wobei zum Schmutzwasser auch die aus Anlagen zum Behandeln, Lagern und Ablagern von Abfällen austretenden und gesammelten Flüssigkeiten (insb. Deponiesickerwässer) zählen.

Die *Höhe der Abgabe* richtet sich nach der Schädlichkeit des Abwassers. Diese wird unter Zugrundelegung der oxidierbaren Stoffe (in chemischem Sauerstoffbedarf – CSB), des Phosphors, des Stickstoffs, der organischen Halogenverbindungen, der Metalle Quecksilber, Cadmium, Chrom, Nickel, Blei, Kupfer und ihrer Verbindungen sowie der Giftigkeit des Abwassers gegenüber Fischen nach Schadstoffeinheiten bestimmt. Diese sind in der Anlage zu § 3 AbwAG festgelegt. Schadstoffkonzentrationen oder Jahresmengen, die die in dieser Anlage angeführten Schwellenwerte nicht überschreiten, bleiben außer Betracht. Die Schädlichkeit bestimmt sich nach der Schadstofffracht, die im *Bescheidsystem* ermittelt wird: der die Abwassereinleitung zulassende Erlaubnisbescheid hat die in einem bestimmten Zeitraum im Abwasser einzuhaltenden Schadstoffkonzentrationen und bei der Giftigkeit gegenüber Fischen den in einem bestimmten Zeitraum einzuhaltenden Verdünnungsfaktor zu begrenzen (Überwachungswerte) sowie die Jahresschmutzwassermenge festzulegen; die zu veranlagenden Schadeinheiten sind aufgrund dieser Festlegungen zu errechnen. Anstelle der in dem Bescheid festgelegten Parameter sind die vom Einleiter gegenüber der Behörde erklärten Werte zu berücksichtigen, wenn der Einleiter glaubt, niedrigere Werte als die festgelegten einhalten zu können, oder soweit keine Festlegung im Bescheid erfolgt ist. Für Niederschlagswasser und bei Kleineinleitungen wird die Anzahl der Schadeinheiten pauschalisiert. Die zu veranlagende Anzahl der Schadeinheiten ist mit dem jeweils gültigen Abgabensatz zu multiplizieren. Seit dem 01.01.1997 beträgt dieser 70 DM im Jahr. Außer für die pauschalisierten Einleitungen ermäßigt sich der Abgabensatz um 75 %, ab 1999 um 50 % für die Schadeinheiten, die nicht vermieden werden, obwohl die Anforderungen der AbwV oder der Abwasserverwaltungsvorschriften eingehalten werden. § 10 AbwAG nimmt einzelne Abwassereinleitungen von der Abgabepflicht aus.

Der Ertrag der Abwasserabgabe ist zweckgebunden für bestimmte wasserwirtschaftliche Maßnahmen zu verwenden.

B.4.7.2 Grundwasserabgabe und Wasserpfennig

Zahlreiche Bundesländer haben die Erhebung einer Abgabe für die Wasserentnahme aus Gewässern durch Landesgesetz festgelegt. Die meisten Länder beschränken diese Abgabenpflicht nur auf die Entnahme aus dem Grundwasser (z.B. Hessen, Schleswig-Holstein, Berlin), andere (z.B. Baden-Württemberg) erstrecken sie auch auf sonstige Wasserentnahmen. Abgabenpflichtig ist jeder, der aus dem betroffenen Gewässer Wasser entnimmt. Dies betrifft in erster Linie die Betriebe der Trinkwasserversorgung und industrielle Großbetriebe. Die Höhe der Abgabe richtet sich nach der entnommenen Wassermenge. Der Abgabensatz ist i. d. R. nach der Art der Wasserverwendung gestaffelt. Dies führt insb. zu einer Privilegierung der Trinkwasserversorgung, Landwirtschaft, Fischerei und ähnlicher subventionierungswürdiger Betriebe gegenüber der industriellen Nutzung. Außerdem werden Wasserentnahmen zu bestimmten Zwecken von der Abgabenpflicht befreit. Diese Differenzierungen rechtfertigen sich als eine wirtschaftsrechtlich zulässige Subventionierung der begünstigten Bereiche, weil die wasserwirtschaftlichen Belange nur unerheblich beeinträchtigt werden oder aus sonstigen Gründen des Allgemeinwohls.

Die Verfassungsmäßigkeit dieser Abgabepflichten wurde angezweifelt. Inzwischen hat das Bundesverfassungsgericht aber diese Regelungen für mit dem Grundgesetz vereinbar erklärt. Insbesondere verstießen sie nicht gegen die Finanzordnung des GG, da die Abgabe der Abschöpfung eines Sondervorteils (Wassernutzung) diene und damit sachlich gerechtfertigt sei.

B.4.8 Die wasserrechtliche Gefährdungshaftung

Gemäß § 22 WHG ist derjenige, der in ein Gewässer Stoffe einbringt oder einleitet oder wer auf ein Gewässer derart einwirkt, daß die physikalische, chemische oder biologische Beschaffenheit des Wassers verändert wird, zum Ersatz des daraus einem anderen entstehenden Schadens verpflichtet. Diese Haftung trifft auch den Inhaber einer Anlage, die dazu bestimmt ist, Stoffe herzustellen, zu verarbeiten, zu lagern, abzulagern, zu befördern oder wegzuleiten, und aus der derartige Stoffe in ein Gewässer gelangen, ohne in dieses eingebracht oder eingeleitet zu sein; insoweit entfällt die Haftung, wenn der Schaden durch höhere Gewalt verursacht wurde. Dem Geschädigten obliegt weiterhin die Beweislast hinsichtlich des Kausalzusammenhangs zwischen der Stoffeinleitung in das Gewässer und seinem Schaden. Er muß dagegen nicht das Verschulden des Inhabers oder Betreibers der Anlage nachweisen.

B.5 Bodenschutzrecht

B.5.1 Grundlagen

B.5.1.1 Das Bundes-Bodenschutzgesetz

Seit Beginn der 80er Jahre wird in der Umweltpolitik des Bundes erörtert, ob neben dem Schutz der Luft und des Wassers nicht auch der Schutz des Bodens als des bis dahin angeblich vernachlässigten *„dritten Umweltmediums"* systematisch und bundeseinheitlich geregelt werden sollte. Dabei stand die Forderung im Vordergrund, für den zukünftigen Umgang mit dem Boden den Maßstab der Gefahrenabwehr nach dem Polizei- und Ordnungsrecht der Länder durch einen anspruchsvolleren Vorsorgemaßstab abzulösen. Gleichzeitig sollte sichergestellt werden, daß Altdeponien und kontaminierte Industriestandorte so saniert werden, wie dies erforderlich erscheint, um überall eine zufriedenstellende Bodenbeschaffenheit wiederherzustellen. Von den naturwissenschaftlichen Grundlagen her stellte es sich als schwierig heraus, die Definition des Bodens als Schutzobjekt eines eigenständigen Bodenschutzrechts zu bestimmen und Kriterien für die verschiedenen Bodenfunktionen festzulegen.

Das Bundes-Bodenschutzgesetz (BBodSchG) wurde vom Deutschen Bundestag am 05.02.1998 beschlossen, der Bundesrat hat dem Gesetz am 06.02.1998 zugestimmt. Das Gesetz ist am. 17.03.1998 verkündet worden (BGBl S. 502). Abgesehen von den Verordnungsermächtigungen, die sofort wirksam werden, treten die Regelungen des Gesetzes zusammen mit der Bodenschutz- und Altlastenverordnung im März 1999 in Kraft.

B.5.1.2 Die Gesetzgebungskompetenz

Bisher waren Altlastenrecht und Bodenschutz Gegenstand landesrechtlicher Regelungen. Die Bundesregierung geht davon aus, daß der Bund über eine konkurrierende *Gesetzgebungskompetenz* (s. Abschn. B.1.1.2.2) für den Bodenschutz verfügt. Diese Kompetenz soll sich aus einem Konglomerat einzelner Kompetenzzuweisungen ergeben, in denen der Bodenschutz partiell mitumfaßt ist, insbesondere aber aus Art. 74 Nr. 18 des Grundgesetzt (GG), wonach sich die konkurrierende Gesetzgebung auch auf das „Bodenrecht" erstreckt. Verfassungsrechtlich kann dies nicht überzeugen. Unter Bodenrecht hat man stets nur Bodennutzungsrecht, nicht Bodenschutzrecht verstanden. Vor allem machte es keinen Sinn, wenn das Grundgesetz einerseits für den Schutz des Wasserhaushalts und für den Naturschutz nach Art. 75 Nr. 3 und 4 GG bewußt nur eine Rahmengesetzgebung (s. Abschn. B.1.1.2.2) vorsähe, obwohl in dieser Materie immer schon die weitaus wichtigsten Bodenschutzkomponenten mitenthalten waren, andererseits die Bestimmung von Schutzwürdigkeits- und Gefährdungsprofilen für den Boden der Bundespolitik vollständig öffnete. Sofern sich einige Bundesländer künftig einem Interventionismus des Bundesrechts widersetzen sollten, dürfte die verfassungsrechtliche Basis, die die Gesetzesbegründung reklamiert, rasch zusammenbrechen. Aber das jetzt erlassene Bundesgesetz und auch die in der Entstehung begriffene Bodenschutz- und Altlastenverordnung sind weit davon entfernt, eine konkurrierende Gesetzgebungskompetenz voll auszuschöpfen. Was jetzt bundeseinheitlich geregelt wird, dürfte noch in Einklang mit der Kompetenzverteilung für den Schutz der Umweltmedien in den Art. 70, 74 und 75 GG stehen.

B.5.1.3 Anwendungsbereich

In dieser Hinsicht kommt der sehr zurückhaltenden Regelung des *Anwendungsbereichs* des Gesetzes bereits große Bedeutung zu. Nach § 4 Abs. 4 BBodSchG bestimmen sich die bei der Sanierung von Gewässern zu erfüllenden Anforderungen nach dem Wasserrecht. Nach dem Wasserhaushaltsgesetz ist es weiterhin Sache der Länder, Bewirtschaftungs- und Sanierungsziele für die Gewässer vorzugeben. Das gilt selbstredend nicht nur für die Sanierung der Gewässer selbst, etwa die Reinigung von kontaminierten Grundwasserkompartimenten, sondern bedeutet auch, daß bei der Sanierung von kontaminierten Böden, deren eluierende Schadstoffe die Gewässer bisher noch nicht erreicht haben, die Bewirtschaftungs- und Sanierungsziele den Ausschlag geben, die die zuständigen Landesbehörden im Rahmen ihrer komplexen Gewässerbewirtschaftung jeweils setzen.

In weitem Umfang hängt die Erfüllung der boden- und altlastenbezogenen Pflichten von der planungsrechtlich zulässigen Nutzung des Grundstücks ab. Hier bleiben die Vorschriften des Bauplanungsrechts maßgebend, so daß sich die Anforderungen i.d.R. danach ausrichten, wie die Gebietsplanung des Landes und die Bauleitplanung der Städte und Gemeinden ineinandergreifen.

In ähnlicher Weise sind die Vorschriften des Verkehrsrechts, des Forstrechts, des Bergrechts, des Immissionsschutzrechts und des Abfallwirtschaftsrechts vorrangig, soweit sie Einwirkungen auf den Boden regeln. In besonderer Weise gilt dies für die Landwirtschaft, die nach wie vor auf eine standortangepaßte Produktion verpflichtet wird, aber nur nach Maßgabe der Grundsätze der *guten fachlichen Praxis*, die im Landwirtschaftsressort formuliert wird. Bodenschutzrechtliche Beschränkungen der land- und forstwirtschaftlichen Bodennutzung sowie zur Bewirtschaftung von Böden sind nach § 10 Abs. 2 BBodSchG entschädigungspflichtig, wenn dies auch unter Berücksichtigung von Verursacherverantwortung und zumutbaren innerbetrieblichen Anpassungsmaßnahmen sowie der für jedermann mit Bodenschutz vorbundenen allgemeinen Belastungen zu einer *besonderen Härte* führen würde.

Auch *Landesrecht* wird aus dem Gebiet des Bodenschutzes keineswegs verdrängt. Zwar müssen die Länder sowohl ihre Bodenschutzgesetze als auch Sondergesetze, die die Altlastensanierung behandeln, dem neuen Bundesrecht anpassen. In erheblichem Umfang bleiben diese Landesgesetze aber aufrechterhalten. Auch künftig können die Länder ergänzende Verfahrensregelungen erlassen, Verdachtsflächenkataster führen, gebietsbezogene Maßnahmen des Bodenschutzes bei flächenhaft schädlichen Bodenveränderungen treffen und eigene Bodeninformationssysteme einrichten. Auch landesrechtlich unterschiedliche Grundsätze für die Heranziehung von Störern und Nichtstörern bleiben aufrechterhalten, wenn nur die bundesrechtlichen Vorgaben beachtet werden.

Zusammenfassend kann man feststellen, daß das BBodSchG sich auf Regelungen beschränkt, über die sich Bund und Länder einig sind. Der künftige Umgang mit dem Boden nach Vorsorgemaßstäben ist noch in weitem Umfang ausfüllungsbedürftig. Vor allem ist offen, was zum Schutz spezifisch ökologischer Bodenfunktionen gefordert werden soll. Für die Sanierung von Altlasten wird ein einheitliches Verfahren eingeführt, insbesondere was die Ermittlung von Bodenverunreinigungen nach Maßgabe bestimmter Untersuchungsverfahren und die Bewertung von Analyseergebnissen angeht; insoweit wird das allenthalben beklagte „Listenwirrwarr" (teilweise) beseitigt. Hinsichtlich der Maßstäbe, nach denen Altlasten zu sanieren sind, ändert sich jedoch gegenüber dem bisherigen Rechtszustand wenig. Wird im Hinblick auf eine künftige Flächennutzung saniert, sind die dafür jeweils geltenden Grenzwerte zum Schutz des Menschen und von pflanzlichem und tierischem Leben einzuhalten. Wird im Hinblick auf den Schutz von Oberflächengewässern oder von Küstengewässern saniert, kommt es auf die Bewirtschaftungsziele an, die die Wasserbehörde für die betreffende Gewässerstrecke vorgibt. Wird im Hinblick auf den Schutz von Grundwasservorkommen saniert, kommt es darauf an, welchen Spielraum das Wasserhaushaltsgesetz den Ländern für die Bestimmung der Sanierungsziele läßt und wie die zuständige Behörde davon im Rahmen der Grundwasserbewirtschaftung Gebrauch macht.

B.5.1.4 Prüf- und Sanierungswerte

Schließlich ist entscheidend, daß in der Bodenschutz- und Altlastenverordnung *Prüfwerte* festgelegt werden, nur ganz vereinzelt Sanierungswerte (Maßnahmenwerte), die gewissermaßen schon aufgrund von Bundesrecht bestimmte Sanierungsmaßnahmen auslösen. Da letztlich die Sanierung jeder Altlast eine Einzelfallentscheidung bleibt, in die zahlreiche Abwägungsfaktoren eingehen müssen oder zumindest eingehen können, erscheint es unrealistisch, die Vorstellung zu pflegen, mit dem neuen Bodenschutzrecht seien Maßnahmen zur Sanierung von Altlasten schon normativ festgelegt und die Kosten präzis kalkulierbar geworden. Der Entscheidungsspielraum für die Behörde bleibt weitgesteckt; die dogmatische Feinstruktur, wo jeweils Bewirtschaftungsermessen, wo Rechtsfolgenermessen, wo nur Verhältnismäßigkeitsspektren im Rahmen an sich strikter Gesetzesbindung ausgeschöpft werden, kann demgegenüber oft auf sich beruhen. Die Verwaltungsgerichte werden sich bei der Überprüfung von Sanierungsanordnungen oder öffentlichrechtlichen Sanierungsverträgen eher zurückhalten, gleichviel ob dies im Ermessensbereich nach § 114 VwGO geschieht oder sonst aus Gründen praktischer Vernunft.

B.5.2 Bodenschutzrechtliche Verwaltungsverfahren

B.5.2.1 Zuständige Behörden

Es ist *Sache der Länder* zu bestimmen, welche Behörden für den Vollzug des Bodenschutzrechtes *zuständig* sein sollen. Hier kommen staatliche und kommunale Zuständigkeiten in Betracht, außerdem ist das Verhältnis zwischen Vollzugsbehörden und reinen Fachbehörden zu klären.

Dementsprechend richtet sich das *Verwaltungsverfahren* nach dem Verwaltungsverfahrensgesetz des jeweiligen Bundeslandes. Das Polizei- und Ordnungsrecht liefert nach wie vor die maßgeblichen Modelle für die Abwicklung, sowohl bei der Durchsetzung von Vorsorgeanforderungen als auch bei der Altlastensanierung. Nur wenige Vorgaben des Bundesrechts sind hier zu beachten. Vor allem sieht das Bundesrecht davon ab, den Behörden Amtspflichten zum Schutz des Bodens aufzuerlegen. Das gilt auch für die

Sanierung von Altlasten. Die Behörde kann nach ihrem Opportunitätsermessen Maßnahmen treffen, muß dies aber nicht tun. Allerdings sieht § 13 Abs. 1 BBodSchG vor, daß bei Altlasten, von denen aufgrund von Art, Ausbreitung oder Menge der Schadstoffe „in besonderem Maße" schädliche Bodenveränderungen ausgehen, die zuständige Behörde Sanierungsuntersuchungen herbeiführen sowie die Vorlage eines Sanierungsplans verlangen „soll". Aber dies bleibt weit hinter einer Garantenstellung für saubere Böden zurück. Nur für Extremsituationen kann daher der Vorwurf der Verletzung verwaltungsrechtlicher Pflichten gegenüber Beamten in Betracht kommen, die einer Amtspflicht zum Schutz des Bodens nach § 324 a StGB nicht nachgekommen sind.

B.5.2.2 Behördliche Maßnahmen

Bei der Sanierung von Altlasten kommt eine Durchsetzung durch *Sanierungsanordnung* (s. Abschn. B.1.2.3.3 u. B.1.3.2.1) oder durch *öffentlich-rechtlichen Vertrag* (s. Abschn. B.1.3.2.2) in Betracht; letzterer wird in § 13 Abs. 4 BBodSchG ausdrücklich hervorgehoben. Vom Inhalt her geht es einerseits darum, Sanierungsuntersuchungen anderseits die Vorlage eines Sanierungsplans anzuordnen. Gegenüber dem klassischen Ordnungsrecht zeigt sich eine deutliche Abweichung. Während dort i. allg. die Behörde den Nachweis führt, daß eine Gefahr vorliegt, die Abwehrmaßnahmen erfordert, bemüht man sich in § 9 BBodSchG, den Ermittlungs- und Untersuchungsaufwand (s. Abschn. B.5.4.1) möglichst weitgehend schon auf Handlungs- oder Zustandsstörer (s. Abschn. B.1.2.3.3) zu verlagern. Nach § 9 Abs. 1 BBodSchG genügt es, daß der zuständigen Behörde „Anhaltspunkte" dafür vorliegen, daß eine schädliche Bodenveränderung oder Altlast eingetreten ist, um eine Inanspruchnahme in die Wege zu leiten. Stellt sie fest, daß Prüfwerte überschritten sind, werden Grundstückseigentümer und Gewahrsamsinhaber über die getroffenen Feststellungen schriftlich unterrichtet. Bestehen daraufhin auch schon „konkrete Anhaltspunkte", die den „Verdacht" auf eine schädliche Bodenveränderung oder eine Altlast begründen, reicht dies bereits aus, die Handlungs- oder Zustandsstörer zur Durchführung der notwendigen Untersuchungen zur Gefährdungsabschätzung heranzuziehen. Die Kosten dieser Maßnahmen sind nach § 24 Abs. 1 i. V. m. § 9 Abs. 2 BBodSchG von den Verpflichteten zu tragen. Bestätigt sich freilich bei diesen Untersuchungen der Verdacht nicht, sind den zur Untersuchung Herangezogenen die Kosten zu erstatten, es sei denn, daß sie die den Verdacht begründenden Umstände zu vertreten hätten.

Es liegt in der Konsequenz einer so weitgehenden Inpflichtnahme Privater, daß das Sanierungsprogramm nach § 13 BBodSchG Sache des Handlungs- oder Zustandsstörers ist, der einen Sanierungsplan (s. Abschn. B.5.4.2) zu erarbeiten hat oder auf seine Kosten von Ingenieurbüros erarbeiten läßt. Die Behörde kann den Sanierungsplan nach § 14 BBodSchG aber auch selbst erstellen oder ergänzen oder durch einen Sachverständigen erstellen oder ergänzen lassen. Ihr Opportunitätsermessen ist hier aber nach zwei Seiten hin deutlich eingeschränkt.

Einerseits muß sie dies gegenüber den Verantwortlichen rechtfertigen, wenn diese selbst zur Aufstellung des Sanierungsplans bereit und in der Lage sind. Diese müssen den Selbsteintritt der Behörde nur hinnehmen, wenn aufgrund der großflächigen Ausdehnung der Altlast, der auf der Altlast beruhenden weiträumigen Verunreinigung eines Gewässers oder aufgrund der großen Zahl der Handlungs- oder Zustandsstörer ein koordiniertes Vorgehen erforderlich ist.

Die Vorschrift dürfte das Opportunitätsermessen damit aber zugleich auch gegenüber denjenigen einschränken, die ohne ein koordiniertes Vorgehen deutliche Nachteile zu besorgen hätten. Das ist in erste Linie der Grundstückseigentümer, der anderenfalls die ganze Sanierungslast zunächst selbst zu tragen hätte. Zwar sieht § 24 Abs. 2 BBodSchG vor, daß mehrere Verpflichtete unabhängig von ihrer Heranziehung untereinander einen Ausgleichsanspruch haben. Aber die Frage, welche Verpflichteten welche Kostenanteile zu tragen haben, muß dann erst auf Klage der zuerst Herangezogenen im ordentlichen Rechtsweg geklärt werden. Außerdem bleibt offen, ob die Verpflichteten zahlungsfähig sind. In der Regel wird die Behörde daher nicht darum herumkommen, in Fällen komplexer Verantwortlichkeit die Verteilung der Sanierungslast selbst in die Hand zu nehmen; alles andere wäre unzumutbar. Dies gilt in besonderem Maße, wenn zu dem Kreis der Sanierungsverantwortlichen auch der Bund, das Land oder Gebietskörperschaften gehören.

Offen ist, ob auch Dritte, die durch die Altlastensanierung begünstigt werden, einen Anspruch gegen die Behörde auf ein koordiniertes Vorgehen gegenüber den Handlungs- und Zustandsstörern geltend machen können. Hier ist etwa an ein Wasserversorgungsunternehmen zu denken, das besorgen muß, daß im Fall einer Sanierungsplanung auf privater Basis die Sanierung nur unzulänglich oder in allzu langen Zeiträumen abgewickelt werde. Jedenfalls dann, wenn sich überhaupt ein Anspruch auf behördliches Einschreiten zugunsten solcher Betroffener konstruieren läßt, wird man die Meinung vertreten können, hier sei auch ein koordiniertes Vorgehen der Behörde ggf. verwaltungsgerichtlich durchsetzbar.

Die Unterscheidung zwischen Altlasten auf der einen Seite, Grundstücken mit schädlichen Bodenveränderungen auf der anderen Seite hat zunächst die Bedeutung, daß bei ersteren gewissermaßen von Gesetzes wegen schon ein Anfangsverdacht auf schädliche Bodenveränderungen besteht. Dabei handelt es sich um stillgelegte Abfallbeseitigungsanlagen und Grundstücke, auf denen Abfälle behandelt, gelagert oder abgelagert worden sind (Altablagerungen), ferner um Grundstücke stillgelegter Anlagen und sonstige Grundstücke, auf denen mit umweltgefährdenden Stoffen umgegangen worden ist (Altstandorte).

Altlasten und altlastverdächtige Flächen unterliegen ferner, soweit erforderlich, der Überwachung durch die zuständige Behörde. Liegt eine Altlast vor, kann die Behörde nach § 15 Abs. 2 BBodSchG Handlungs- oder Zustandsstörer heranziehen, die Eigenkontrollmaßnahmen, insbesondere Boden- und Wasseruntersuchungen sowie Einrichtung und den Betrieb von Meßstellen durchzuführen haben. Das hat insbesondere auch für die Zeit nach Durchführung von Dekontaminations-, Sicherungs- und Beschränkungsmaßnahmen Bedeutung.

B.5.2.3   Der Sanierungsplan

Die praktisch wichtigste Verfahrensregelung des Bundesrechts liegt in der *Konzentrationswirkung*, die dem *Sanierungsplan* (s. Abschn. B.5.4.2) zukommen kann. Im Normalfall, in dem etwa der Grundstückseigentümer oder eine Störergemeinschaft den Sanierungsplan aufgestellt hat, greift § 13 Abs. 6 BBodSchG ein, wonach die Behörde den Plan – auch unter Abänderung oder mit Nebenbestimmungen – für verbindlich erklären kann. Ein für verbindlich erklärter Plan schließt andere die Sanierung betreffende behördliche Entscheidungen grundsätzlich ein. Dementsprechend kann selbstredend auch eine behördliche Sanierungsplanung mit Konzentrationswirkung ausgestattet werden. Von der Konzentrationswirkung ausgenommen sind Zulassungsentscheidungen, die außerhalb des Anwendungsbereichs nach § 3 BBodSchG liegen und nach Bundes- oder Landesrecht einer Umweltverträglichkeitsprüfung unterliegen. Außerdem setzt die Konzentrationswirkung voraus, daß die jeweils miteingeschlossenen Entscheidungen in der Verbindlicherklärung ausdrücklich aufgeführt werden und daß vorher das Einvernehmen mit der zuständigen Behörde hergestellt worden ist.

B.5.3   Maßstäbe für die Inanspruchnahme von Handlungs- und Zustandsstörern

B.5.3.1   Störerverantwortlichkeit und Verhältnismäßigkeitstest

Die mit dem Bundes-Bodenschutzgesetz verbundenen Erwartungen an eine flächendeckende Wiederherstellung unbeeinträchtigter Bodenverhältnisse, an eine gleiche und gerechte Verteilung der Sanierungslast unter allen Beteiligten und an bestimmte, sicher kalkulierbare Vorgaben dafür, was die Behörde von den Handlungs- und Zustandsstörern (s. Abschn. B.1.2.3.3) verlangen kann, waren stets drastisch überzogen. Demgegenüber sind zum Verständnis des Gesetzes vor allem drei Korrekturen unerläßlich.

– Die Behörden der Länder sind nicht verpflichtet, Altlasten zu beseitigen oder beseitigen zu lassen. Das Gesetz harmonisiert *Eingriffsbefugnisse*, es konstruiert keine Garantenstellung für die Wiederherstellung sauberer Böden. Manche Altlasten werden also saniert, andere nicht.

– Der Grundpflichtenkatalog, wonach Grundstückseigentümer, frühere Grundstückseigentümer, Gewahrsamsinhaber, Handlungsstörer und deren Gesamtrechtsnachfolger verpflichtet werden können, die schädlichen Bodenveränderungen so zu sanieren, daß dauerhaft keine Gefahren für den Einzelnen oder die Allgemeinheit entstehen, steht zunächst unter dem Vorbehalt eines *„großen Verhältnismäßigkeitstests"*, wonach potentiell erreichbare Sanierungserfolge mit dem an volkswirtschaftlichen Kategorien ausgerichteten Aufwand in Beziehung zu setzen sind. Nicht alles, was technisch möglich wäre, um die Sünden der Vergangenheit auszugleichen, läßt sich nach Maßstäben praktischer Vernunft rechtfertigen.

– Schließlich unterliegt die Heranziehung jedes

Zustands- oder Handlungsstörers einem „*kleinen Verhältnismäßigkeitstest*", wobei der von jedem Verpflichteten geforderte Aufwand an betriebswirtschaftlich ausgerichteten Zumutbarkeitskategorien gemessen werden muß. Dabei sind die Grenzen der Zumutbarkeit für jede Gruppe der *Verpflichteten* (s. Abschn. B.1.2.3.3) gesondert festzustellen. Gewahrsamsinhaber können i. allg. überhaupt nur zur Duldung von Sanierungsmaßnahmen, nicht zur Sanierung selbst verpflichtet werden. Bei der Inanspruchnahme des Grundstückseigentümers kommt es auch darauf an, wieweit er sich anrechnen lassen muß, daß er es zur Kontamination des Bodens auf seinem Grundstück hat kommen lassen; jenseits dessen wird die Frage der Zumutbarkeit deutlich kritischer gestellt. Allerdings muß ein Eigentümer nach heute vorherrschender Auffassung gegen sich gelten lassen, daß er ein so kontaminiertes Grundstück überhaupt erworben hat; demgegenüber greift aber wieder der Gesichtspunkt korrigierend ein, daß die Sorgfaltspflichten für den Grundstücksmarkt nicht überzogen werden dürfen, erst recht nicht mit rückwirkender Kraft. Bei Grundstücksverkäufen nach Inkrafttreten des BBodSchG haftet nun grds. auch der bisherige Eigentümer. Selbst beim Handlungsstörer werden durch das Verhältnismäßigkeitsprinzip Grenzen gezogen. Obgleich es abwegig wäre, allen früher erteilten gewerberechtlichen Genehmigungen und Baugenehmigungen eine „Legalisierungswirkung" zuzuschreiben, die sie niemals gehabt haben, spielt es u. U. eine Rolle, daß Behörden bei der Überwachung von Betrieben eine gewisse Mitverantwortung übernommen haben und der Betreiber nach den damals praktizierten Maßstäben alles seinerseits Erforderliche eigentlich pflichtgemäß getan hatte.

Es wäre also eine Illusion zu glauben, daß alle Altlasten überall nach gleichen Maßstäben saniert werden und daß die Bodenschutz- und Altlastenverordnung für den Bereich der Altlastensanierung „gleichwertige Lebensverhältnisse im Bundesgebiet" herstellen könnte (Art. 72 Abs. 2 GG).

B.5.3.2 Die bodenschutzrechtliche Grundpflicht

Die *Grundpflicht* des § 4 Abs. 1 BBodSchG ist § 1 a Abs. 2 WHG (s. Abschn. B.4.5.1) nachgebildet: Wie jedermann verpflichtet ist, bei Maßnahmen, mit denen Einwirkungen auf ein Gewässer verbunden sein können, die nach den Umständen erforderliche Sorgfalt anzuwenden, um eine Verunreinigung des Wasser zu verhüten, so hat sich auch jeder, der auf den Boden einwirkt, so zu verhalten, daß schädliche Bodenveränderungen nicht hervorgerufen werden. Dies reicht über bloße Gefahrenabwehr hinaus. Soweit in der Bodenschutz- und Altlastenverordnung für bestimmte Schadstoffeinträge Vorsorgewerte festgesetzt sind, ist deren Überschreitung schon im Vorfeld einer möglichen Bodenveränderung zu verhindern. Soweit keine Vorsorgewerte festgesetzt sind, müssen die Einträge soweit wie möglich begrenzt werden. Dies gilt insbesondere für die Stoffe, die in den Technischen Regeln für Gefahrstoffe – Verzeichnis krebserzeugender, erbgutverändernde oder fortpflanzungsgefährdender Stoffe (TRGS 905, Ausgabe 1995) – aufgeführt werden. Auch hier ist im Hinblick auf den Nutzungszweck des Grundstücks die Verhältnismäßigkeit von Fall zu Fall zu prüfen.

Für alles, was bereits im Boden ist, gilt der Maßstab der Gefahrenabwehr. Demgemäß sind schädliche Bodenveränderungen grundsätzlich so zu sanieren, daß die Gefahrenschwelle wieder unterschritten wird. Anordnungen mit dem Ziel, auch eine Überschreitung der Vorsorgewerte zu korrigieren, sind bodenschutzrechtlich nicht zu begründen. Eine Ausnahme gilt aber für gewissermaßen „nachgesetzliche" Kontaminationen: Sind schädliche Bodenverunreinigungen erst nach Inkrafttreten des BBodSchG eingetreten, gilt ein strengerer Sanierungsmaßstab. Allerdings gilt auch hier das Verhältnismäßigkeitsprinzip: Wer zum Zeitpunkt der Verursachung aufgrund der Erfüllung der für ihn geltenden gesetzlichen Anforderungen darauf vertraut hat, daß solche Beeinträchtigungen nicht entstehen werden, ist entlastet, es sei denn, daß sein Vertrauen unter Berücksichtigung der Umstände des Einzelfalles nicht schutzwürdig war.

B.5.3.3 Sanierungs- und Schutzmaßnahmen

Grundsätzlich sind *drei Sanierungsfälle* zu unterscheiden: nutzungsbezogene, gewässerbezogene und „rein bodenschutzrechtliche" Sanierungsfälle. Maßstab für die Sanierung bei *nutzungsbezogenen Sanierungsfällen* ist naturgemäß, daß eine gefahrlose Nutzung auf Dauer sichergestellt werden soll. Hierzu gehören aber nicht nur Nutzungen, bei denen die Gesundheit des Menschen eine Rollen spielen kann, wie bei Kinderspielplätzen und Kleingärten mit Gemüseanbau, sondern auch Nutzungen ökologischer Art. Dort geht es um die Erhaltung oder Wiederherstellung schutzwürdiger Bestände an pflanzlichem und tierischem Leben, von Feuchtbiotopen, von wertvollen Landschaftsbildern oder Naturdenkmälern, die Nutzen aus dem Boden ziehen. Auf weite Sicht spielt die dritte Kategorie, nämlich die Sanierung zur Wiederherstellung reiner Bodenfunktionen, noch keine große Rolle. Hier geht es vor allem um die Durchsetzung der Entsiegelungspflicht nach § 5 BBodSchG. Von einer Begrenzung der Düngung in der Landwirtschaft mit dem Ziel, einer Erschöpfung des Kohlenstoffgehalts in tieferen Bodenschichten der ungesättigten Zone und damit des Denitrifizierungsvermögens entgegenzuwirken, ist man bei der Definition der guten fachlichen Praxis noch weit entfernt. Ebensowenig kann man der Anreicherung mit Pflanzenschutzmitteln, soweit diese im Boden fest gebunden bleiben (*bound residues*), bodenschutzrechtlich begegnen, allein gestützt auf die Möglichkeit, daß solche Schadstoffe einmal mobilisiert werden könnten.

Ein Vorrang der Beseitigung von Altlasten gegenüber der bloßen Sicherung ist bundesrechtlich nicht geschaffen worden. Dabei spielt eine Rolle, daß die *Dekontaminationsmaßnahmen* auch zu einer Mobilisierung von Schadstoffen führen oder diese steigern können, so daß der Schaden u. U. größer ist als der Nutzen. Es spielt aber auch eine Rolle, daß die Beseitigung der Schadstoffe oft problematisch ist, weil man sie u.U. nur unvollständig erfaßt oder weil die Dekontaminationsmaßnahmen nicht hinreichend greifen oder weil der gesamte Vorgang von Auskofferung, Abtransport, Verbrennung und Ablagerung in der Ökobilanz unzweckmäßig erscheint. Nicht zuletzt kann man aber auch bei den Dekontaminationsmaßnahmen am schnellsten alle Grenzen der Verhältnismäßigkeit sprengen. *Sicherungsmaßnahmen* sind also als gleichwertige Sanierung anerkannt; sie sind geeignet, wenn sie gewährleisten, daß durch die im Boden oder in Altlasten verbleibenden Schadstoffe langfristig keine Gefahren für den einzelnen oder die Allgemeinheit entstehen. Auch eine geeignete Abdeckung schädlich veränderter Böden mit einer Bodenschicht oder durch eine Versiegelung ist ausdrücklich vorgesehen.

In der Bodenschutz- und Altlastenverordnung wird für alle nutzungsbezogenen Sanierungsfälle auch ausdrücklich anerkannt, daß unter der Rubrik der sonstigen *Schutz- und Beschränkungsmaßnahmen* auch Anpassungen der Nutzung und der Bewirtschaftung der Böden in Betracht zu ziehen sind. Das Ergebnis einer Abwägung kann im Grenzfall also auch sein, daß die an sich vorgesehene Nutzung als Kinderspielplatz oder für den Gemüseanbau untersagt werden muß. Auch bereits ausgeübte Nutzungen können verboten werden, sei es zum Schutz von Mensch und Vieh, sei es wegen der Gefährlichkeit des Wirkungspfades Boden – Nutzpflanze – Mensch.

B.5.3.4 Bodenschutz und Grundwasser

Das wichtigste Problem der Altlastensanierung nach Bodenschutzrecht liegt darin, daß in der Mehrzahl der wirklich schwerwiegenden Kontaminationen letztlich der Wirkungspfad Boden-Gewässer, dabei wieder ganz überwiegend der Wirkungspfad *Boden-Grundwasser* den Ausschlag dafür gibt, über welche Größenordnung des finanziellen Aufwands man mit den Sanierungspflichtigen redet. Hinzukommt, daß sich der Sanierungsbedarf bei großflächiger Ausdehnung der Altlast und weiträumiger Verunreinigung von Gewässern auch oft gegenüber dem Bund, dem Land und den kommunalen Gebietskörperschaften überzeugend begründen lassen muß, die als Fiskus mit den gleichen Grundpflichten belastet sind, die für Private gelten. So beeinflußt die Bereitschaft des Fiskus, finanzielle Mittel für die Sanierung von Altlasten bereitzustellen, mittelbar auch die Maßstäbe dafür, was man von den privaten Handlungs- und Zustandsstörern sinnvollerweise verlangen kann. Denn wenn es um den flächendeckenden Schutz von Grundwasservorkommen geht, läßt sich nur eine vorkommensbezogene Sanierungsplanung überzeugend begründen, nicht eine parzellenbezogene Sanierung einzelner Grundstücke, je nachdem, ob öffentliche oder private Kassen davon betroffen sind.

Im Hinblick darauf, daß grundwasserbezogene Sanierungen i.d.R. um Größenordnungen teurer als nutzungsbezogene Sanierungen sein dürften, wird die Abgrenzung zwischen Bodenschutz- und Wasserrecht zur entscheidenden Weichenstellung. Den Schlüssel bietet die juristische *Definition des Grundwassers*, die sich bisher überwiegend von der naturwissenschaftlichen gelöst hatte, nun aber zu dieser zurückkehrt. Im juristischen Sprachgebrauch herrschte bisher die Auffassung vor, daß alles in den Boden eingedrungene Niederschlagswasser dem Grundwasser zugerechnet werden müsse und damit dem Schutz des Wasserhaushaltsgesetzes unterstellt sei. Auch das Strafrecht war dem in § 324 StGB gefolgt. Noch in seinem Sondergutachten vom April 1998 – Flächendeckend wirksamer Grundwasserschutz – sprach sich der Sachverständigenrat für Umweltfragen dafür aus, im Interesse des flächendeckend wirksamen Grundwasserschutzes an dieser Betrachtungsweise festzuhalten, wonach alles unterirdische Wasser, sowohl die wassergesättigte Zone als auch die darüberliegende ungesättigte Zone, die nicht vollständig und zusammenhängend mit Wasser ausgefüllt ist, dem Schutz des Wasserrechts unterstellt bleiben sollte.

Im naturwissenschaftlichen Sinne gehört zum Grundwasser dagegen nur die wassergesättigte Zone, in der das Wasser die Hohlräume des Untergrunds zusammenhängend und zu 100 % ausfällt. Die gesättigte Zone wird nach oben durch die Grundwasseroberfläche begrenzt. Sie beginnt unterhalb des Kapillarsaums, der je nach Bodenbeschaffenheit einen Raum zwischen 1 cm und 1 m umfassen kann. Im Kapillarsaum begegnen sich das von oben kraft der Schwerkraft eindringende Sickerwasser und das kraft Oberflächenspannung aus dem Grundwasserraum aufsteigende Wasser; hier spricht man auch vom „Übergangsbereich" von der ungesättigten zur wassergesättigten Zone. Die Wiederannäherung der juristischen an die naturwissenschaftliche Definition, wie sie jetzt im Bundesrecht durch das Nebeneinander von Bundes-Bodenschutzgesetz und Wasserhaushaltsgesetz nahegelegt wird, klammert die ungesättigte Zone und damit das Sickerwasser aus den Wasserhaushaltsgesetz aus. Dazu heißt es im Entwurf einer Bodenschutz- und Altlastenverordnung: „Ort der Gefahrenbeurteilung für das Grundwasser ist der Übergangsbereich von der ungesättigten zur wassergesättigten Zone. Danach wird die Beschaffenheit des Sickerwassers künftig vom Bodenschutzrecht kontrolliert, Wasserrecht wird erst mit Erreichen der Übergangszone relevant." Da § 324 StGB mit der Strafbarkeit der „unbefugten Gewässerverunreinigung" seit 1994 durch § 324 a StGB mit der Strafbarkeit der „Bodenverunreinigung unter Verletzung verwaltungsrechtlicher Pflichten" ergänzt wird, kann man davon ausgehen, daß der neue umweltrechtliche Sprachgebrauch auch unmittelbar ins Umweltstrafrecht übernommen werden kann.

Die wichtigste Rechtsfolge dieses Paradigmenwechsels liegt darin, daß es jetzt Aufgabe des bodenschutzrechtlichen Instrumentariums ist, Oberflächengewässer und Grundwasservorkommen vor der Gefahr der Verunreinigung durch über den Boden eindringendes Sickerwasser zu schützen. Es ist Sache des Bodenschutzrechts abzuschätzen, welche Eintrittswahrscheinlichkeit dafür besteht, daß Schadstoffe aus einer Altlast die gesättigte Zone erreichen. Es bleibt aber nach wie vor Sache des Wasserrechts zu bestimmen, welche Schutzwürdigkeitsprofile im Rahmen der Bewirtschaftung für das Grundwasservorkommen maßgebend sind, sofern das Grundwasser erreicht wird. Soweit man im Wasserrecht postuliert, daß überhaupt keine nachteilige Veränderung von Grundwasser rechtlich hinnehmbar sei, auch nicht in eng begrenzten Abschnitten der gesättigten Zone, ist dies bei der Festsetzung des Sanierungsziels zugrundezulegen. Geht man davon aus, daß das Bewirtschaftungsermessen der Wasserbehörde unterschiedliche Schutzwürdigkeiten für Teile des Grundwasservorkommens veranschlagen kann, verlagert sich die Gefährdungsabschätzung u. U. weiter in die gesättigte Zone hinein, etwa zu dem Standort hin, in dem man vernünftigerweise erst die Errichtung eines Brunnens in Erwägung ziehen würde.

Die praktische Bedeutung des Paradigmenwechsels liegt vor allem in folgendem. Da noch nicht das in der ungesättigten Zone vorhandene Wasser als Grundwasser geschützt ist, vielmehr erst bei Erreichen der gesättigten Zone ein Grundwasserschaden eintreten kann, liegt eine Gefahr für die Verunreinigung des Grundwassers so lange nicht vor, als sich die Schadstoffkonzentrationen auf dem Weg dorthin bis auf ein unbedenkliches Maß vermindert haben dürften. Dabei sind zu berücksichtigen: das Bindungsvermögen der Bodenschichten, die Migrationsgeschwindigkeit, chemische Umwandlungsprozesse, biologische Abbauprozesse, nicht zuletzt aber auch Verdünnungseffekte durch weitere Niederschläge oder den seitlichen Zustrom von unbelastetem Sickerwasser.

Besonders deutlich wird die Grenzlinie an den sog. *unechten Benutzungen* eines Gewässers nach § 3 Abs. 2 Nr. 2 WHG, die wie die Entnahme oder Einleitung von Wasser erlaubnispflichtig sind. Erlaubnispflichtig sind danach alle Maßnahmen die geeignet sind, dauernd oder in einem nicht nur unerheblichen Ausmaß schädliche Veränderungen der physikalischen, chemischen oder biologischen Beschaffenheit des Wassers herbeizuführen. Die Vorschrift ist ein wichtiges Instrument des flächendeckenden Grundwasserschutzes. Hier kommt es entscheidend auf die Sickerwasserprognose an. Materiellrechtlich handelt es sich dabei künftig um Bodenschutzrecht, was den Tatbestand der grundwassergefährdenden Maßnahmen angeht, um Wasserrecht, was die Rechtsfolge der Erlaubnispflicht angeht. Die Gefährdungsabschätzung, die für den Boden-Grundwasser-Pfad maßgebend ist, muß mit den noch zu entwickelnden Maßstäben des Bodenschutzrechts harmonisiert werden. Diese eigentliche Sickerwasserprognose ist also künftig strikt gesetzesgebunden. Nicht dagegen die Schutzwürdigkeitsbewertung für das erstbetroffene Grundwasserkompartiment; hier gilt weiterhin Bewirtschaftungsermessen.

B.5.3.5 Maßstäbe für Untersuchungen

Die Kernaussage der Bodenschutz- und Altlastenverordnung dürfte deshalb darin zu sehen sein, wie man methodisch eine einigermaßen verläßliche *Sickerwasserprognose* begründen kann. Hier ist ein gewisses Gefälle zwischen der präzisen Bewertung der Schadstoffe am Standort der Bodenverunreinigung und einer überschlägigen Abschätzung dessen, was auf dem Pfad bis zum Erreichen der gesättigten Zone passiert, ebenso unübersehbar wie unvermeidlich.

Der Verordnungsentwurf fordert lediglich, daß die Prognose der Sickerwasserbeschaffenheit zu begründen ist. Ziel der Prognose ist die Abschätzung der Stoffkonzentrationen am Ort der Gefahrenbeurteilung, insbesondere durch Berücksichtigung der Abbau- und Rückhaltewirkung der ungesättigten Zone. Zur Beurteilung der Abbau- und Rückhaltewirkung sind insbesondere maßgebend: Grundwasserflurabstand, Bodenart, Textur, Gehalt an organischer Substanz (Humus), pH-Wert, Grundwasserneubildung, Mobilität und Abbaubarkeit der Stoffe. Insofern wird auf allgemein vorliegende wissenschaftliche Erkenntnisse und Erfahrungen verwiesen. Die Möglichkeit von Stofftransportmodellen wird angedeutet. Hier können sich zwischen worst-case- und best-case-Annahmen Kostenabschätzungen sehr leicht um mehrere Faktoren verschieben.

Demgegenüber bemühen sich die Anforderungen an die Probenahme bei *kontaminiertem Bodenmaterial* um eine möglichst genaue Abschätzungsbasis. Die Beprobung erfolgt horizont- bzw. schichtspezifisch. Im Untergrund dürfen Proben aus Tiefenintervallen bis max. 1 m entnommen werden. In begründeten Fällen ist die Zusammenfassung engräumiger Bodenhorizonte bzw. -schichten bis zu max. 1m Tiefenintervall zulässig. Organoleptische oder visuelle Auffälligkeiten sind gesondert zu beproben.

Die entnommenen Bodenproben unterliegen zur Bestimmung des Gehalts an anorganischen Schadstoffen – zum Vergleich der Schadstoffaufnahme auf dem Wirkungspfad Boden-Mensch und Boden-Nutzpflanze auf Grünland – dem Königswasserextrakt. Zur Ermittlung der Gehalte anorganischer Schadstoffe für die Bewertung der Schadstoffe im Wirkungspfad Boden-Nutzungspflanze für Ackerbau und Gartenbau ist die Ammonium-Nitrat-Extraktion vorgesehen. Sonst kommt es auf die Herstellung von Eluaten mit Wasser zur Prognose von Stoffgehalten im Sickerwasser an.

Besondere Bedeutung kommt der Qualitätssicherung bei der Probenahme und der Analytik zu. Die Probenahme ist zu dokumentieren; die Dokumentation soll auch eine Abschätzung ermöglichen, mit welcher Sicherheit angenommen werden kann, daß die entnommenen Proben ein einigermaßen repräsentatives Bild von der Beschaffenheit des potentiell kontaminierten Standorts im ganzen bieten. Die Dokumentation der Analyse ist mit einer Angabe der Ergebnisunsicherheit zu verbinden.

B.5.4 Anforderungen an Sanierungsuntersuchung und Sanierungsplan

Die für die Sanierung von Altlasten eigentlich bestimmenden Instrumente sind die Sanierungsuntersuchung und der Sanierungsplan. In der Bodenschutz- und Altlastenverordnung wird vorgegeben, welche Angaben darin jeweils mindestens enthalten sein müssen.

B.5.4.1 Sanierungsuntersuchungen

Mit Sanierungsuntersuchungen sind die zur Erfüllung der Pflichten nach § 4 Abs. 3 BBodSchG geeigneten, erforderlichen und angemessenen Maßnahmen zu ermitteln. Die hierfür in Betracht kommenden Maßnahmen sind unter Berücksichtigung von Maßnahmenkombinationen und erforderlichen Begleitmaßnahmen darzustellen.

Die Prüfung muß insbesondere umfassen
- die schadstoff-, boden-, material- und standortspezifische Eignung der Verfahren,
- die technische Durchführbarkeit,
- den erforderlichen Zeitaufwand,
- die Wirksamkeit im Hinblick auf das Sanierungserfordernis,

- eine Kostenschätzung sowie das Verhältnis von Kosten und Wirksamkeit,
- die Auswirkung auf die betroffenen Nachbarn oder Unterlieger und die Umwelt,
- das Erfordernis von Zulassungen,
- die Entstehung, Verwertung und Beseitigung von Abfällen,
- den Arbeitsschutz,
- die Wirkungsdauer der Maßnahmen und deren Überwachungsmöglichkeiten,
- die Erfordernisse der Nachsorge und
- die Nachbesserungsmöglichkeiten.

Die Prüfung soll unter Verwendung vorhandener Daten, insbesondere aus bodenschutzrechtlich gebotenen Untersuchungen sowie aufgrund sonstiger gesicherter Erkenntnisse durchgeführt werden. Sofern solche Informationen, insbesondere zur gesicherten Abgrenzung belasteter Bereiche oder zur Beurteilung der Eignung von Sanierungsverfahren, im Einzelfall nicht ausreichen, sind ergänzende Untersuchungen zur Prüfung der Eignung eines Verfahrens durchzuführen.

Die Ergebnisse der Prüfung und das danach vorzugswürdige Maßnahmenkonzept sind darzustellen.

B.5.4.2 Sanierungsplan

Ein Sanierungsplan soll Angaben zur Eignung des vorgesehenen Sanierungsverfahrens, zur technischen Durchführung, zum Zeitaufwand, zur Wirksamkeitsprognose im Hinblick auf das Sanierungsziel, zur Kostenschätzung und zum Verhältnis von Aufwand und Sanierungsergebnis enthalten, ferner die für eine Verbindlichkeitserklärung erforderlichen Angaben und Unterlagen (§ 13 Abs. 6 BBodSchG).

Dazu gehören folgende Darstellungskomplexe:

1. Darstellung der *Ausgangslage*, insbesondere hinsichtlich
- der Standortverhältnisse (u. a. geologische, hydrogeologische Situation; bestehende und planungsrechtlich zulässige Nutzung),
- der Gefahrenlage (Zusammenfassung der Untersuchungen im Hinblick auf Schadstoffinventar nach Art, Menge und Verteilung, betroffene Wirkungspfade, Schutzgüter und -bedürfnisse),
- der Sanierungsziele,
- der getroffenen behördlichen Entscheidungen und der geschlossenen öffentlich-rechtlichen Verträge, insbesondere auch hinsichtlich des Maßnahmenkonzepts, die sich auf die zu erfüllenden Sanierungspflichten auswirken und
- der Ergebnisse der Sanierungsuntersuchungen.

2. Textliche und zeichnerische Darstellung der durchzuführenden *Maßnahmen* und Nachweise ihrer Eignung, insbesondere hinsichtlich
- des Einwirkungsbereichs der Altlast und der Flächen, die für die vorgesehenen Maßnahmen benötigt werden,
- des Gebiets des Sanierungsplans,
- der Elemente und des Ablaufs der Sanierung im Hinblick auf
  • den Bauablauf,
  • die Erdarbeiten (insbesondere Aushub, Sanierung, Wiedereinbau, Umlagerungen),
  • die Abbrucharbeiten,
  • die Zwischenlagerung von Bodenmaterial und sonstigen Materialien,
  • die Abfallentsorgung beim Betrieb von Anlagen,
  • die Verwendung von Böden,
  • die Ablagerung von Abfällen auf Deponien und die Arbeits- und
  • die Arbeits- und Immissionsschutzmaßnahmen,
- der fachspezifischen Berechnungen zu
  • On-site-Bodenbehandlungsanlagen,
  • In-situ-Maßnahmen,
  • Anlagen zur Fassung und Behandlung von Deponiegas oder Bodenluft und
  • Grundwasserbehandlungsanlagen sowie Anlagen und Maßnahmen zur Fassung und Behandlung von Sickerwasser
- der zu behandelnden Mengen und der Transportwege bei Bodenbehandlung in Off-site-Anlagen,
- der technischen Ausgestaltung von Sicherungsmaßnahmen und begleitenden Maßnahmen, insbesondere von
  • Oberflächen-, Vertikal- und Basisabdichtungen,
  • Oberflächenabdeckungen,
  • Zwischen- bzw. Bereitstellungslagern,
  • begleitenden passiven pneumatischen, hydraulischen oder sonstigen Maßnahmen (z. B. Baufeldentwässerung, Entwässerung des Aushubmaterials, Einhausung, Abluftfassung und -behandlung) und
- der behördlichen Zulassungserfordernisse für die durchzuführenden Maßnahmen.

3. Darstellung der Eigenkontrollmaßnahmen zur Überprüfung der sachgerechten Ausführung und Wirksamkeit der vorgesehenen Maßnahmen, insbesondere
   - des Überwachungskonzepts hinsichtlich
     • des Bodenmanagements bei Auskofferung, Separierung und Wiedereinbau,
     • der Boden- und Grundwasserbehandlung, der Entgasung oder der Bodenluftabsaugung,
     • des Arbeits- und Immissionsschutzes,
     • der begleitenden Probenahme und Analytik und
   - des Untersuchungskonzepts für Materialien und Bauteile bei der Ausführung von Bauwerken.

4. Darstellung der Eigenkontrollmaßnahmen im Rahmen der Nachsorge einschl. der Überwachung, insbesondere hinsichtlich
   - des Erfordernisses und der Ausgestaltung von längerfristig zu betreibenden Anlagen oder Einrichtungen zur Fassung oder Behandlung von Grundwasser, Sickerwasser, Oberflächenwasser, Bodenluft oder Deponiegas sowie Anforderungen an deren Überwachung und Instandhaltung,
   - der Maßnahmen zur Überwachung (z.B. Meßstellen) und
   - der Funktionskontrolle im Hinblick auf die Einhaltung der Sanierungserfordernisse und Instandhaltung von Sicherungsbauwerken oder -einrichtungen.

Ergänzende Literatur

Gesamtdarstellungen
Bender, B., Sparwasser, R., Engel, R.: Umweltrecht – Grundzüge des öffentlichen Umweltschutzrechts, 3. Aufl. Heidelberg: Müller 1995
Breuer, R.: Umweltschutzrecht. In: Schmidt-Aßmann, E. (Hrsg.): Besonderes Verwaltungsrecht, 10. Aufl. Berlin: de Gruyter 1995, S. 433–575
Himmelmann, S., Pohl, A., Tünnesen-Harmes, C.: Handbuch des Umweltrechts. München: Beck, Loseblattslg.
Kloepfer, M.: Umweltrecht. 2. Aufl. München: Beck 1998
Salzwedel, J. (u.a. Hrsg.): Grundzüge des Umweltrechts. 2. Aufl. Berlin: Schmidt, Loseblattslg.
Schmidt, R.: Einführung in das Umweltrecht, 4. Aufl. München: Beck 1995

Storm, P.-C.: Umweltrecht – Einführung, 6. Aufl. Berlin: Schmidt 1995

Einzeldarstellungen
Private Regelwerke
DIN-Katalog für technische Regeln, Berlin: Beuth
DIN-Mitteilungen
Pohle, H.: Chemische Industrie – Umweltschutz, Arbeitsschutz, Anlagensicherheit. Rechtliche und technische Normen, Umsetzung in der Praxis. Weinheim: 1991
Reihlen, H.: Normung. In: Czichos, H. (Hrsg.): Hütte – Grundlagen der Ingenieurswissenschaften, 30. Aufl. Berlin: Springer 1996, Kap. N

Immissionsschutzrecht
Landmann, R., Rohmer, G.: Umweltrecht, Band I: Bundes-Immissionsschutzgesetz (BImSchG) – Kommentar. Hansmann, K. (Hrsg.). München: Beck, Loseblattslg.
Jarras, H.D.: Bundes-Immissionsschutzgesetz (BImSchG) – Kommentar, 3. Aufl. München: Beck 1995
Pütz, M., Buchholz, K.-H.: Die Genehmigungsverfahren nach dem Bundes-Immissionsschutzgesetz, 5. Aufl. Berlin: Schmidt 1994
Sellner, D.: Immissionsschutzrecht und Industrieanlagen – Zulassung – Abwehr – Kontrolle nach dem BImSchG, 2. Aufl. München: Beck 1988
Ule, C.H., Laubinger, H.-W.: Bundes-Immissionsschutzgesetz – Kommentar. Köln: Heymann, Loseblattslg.

Strahlenschutzrecht
Ossenbühl, F., Di Fabio, U.: Rechtliche Kontrolle ortsfester Mobilfunkanlagen. Köln: Heymann 1995
Salzwedel, J., Scherer, C.: Strahlenschutzrecht. In: Siel, A. (Hrsg.): Umweltradioaktivität. Berlin: Ernst & Sohn 1996, S. 389–411
Schmidt-Preuß, M.: Das neue Atomrecht. Neue Zeitschrift für Verwaltungsrecht, 17 (1998) 553–563
Wagner, H.: Die Fortentwicklung des Atom- und Strahlenschutzrechts im Zeitraum 1.1.1989 bis zum 30.6.1991. Neue Zeitschrift für Verwaltungsrecht (NVwZ), 10 (1991) 834–842
ders.: Die Siebte Novelle zum Atomgesetz. Neue Zeitschrift für Verwaltungsrecht (NVwZ), 12 (1993) 513–520

Kreislaufwirtschafts- und Abfallrecht
Hösel, G., von Lersner, H.: Recht der Abfallbeseitigung – Kommentar. Berlin: Schmidt, Loseblattslg.

von Köller, H.: Kreislaufwirtschafts- und Abfallgesetz, 2. Aufl. Berlin: Schmidt 1996

von Köller, H., Klett, W., Konzak, O.: EG-Abfall-Verbringungsverordnung, Berlin: Schmidt 1994

Kunig, P., Paetow, S., Versteyl, L.-A.: Kreislaufwirtschafts- und Abfallgesetz – Kommentar. 3. Aufl. München: Beck

Scherer-Leydecker, C.: Die Abfallbeseitigung in der Kreislaufwirtschaft. Entsorgungspraxis, 3/16 (1998) 64–66

ders.: Europäisches Abfallrecht. Neue Zeitschrift für Verwaltungsrecht (NVwZ), 18 (1999)

Versteyl, L.-A., Wendenburg, H.: Änderungen des Abfallrechts, NVwZ, 15 (1996) 937–949

Gewässerschutzrecht

Berendes, K.: Das Abwasserabgabengesetz, 3. Aufl. München: Beck 1995

Breuer, R.: Öffentliches und privates Wasserrecht, 2. Aufl. München: Beck 1987

Czychowski, M.: Wasserhaushaltsgesetz – Kommentar, 7. Aufl. München: Beck 1998

Siedler, F., Zeitler, H., Dahme, H.: Wasserhaushaltsgesetz und Abwasserabgabengesetz Kommentar. München: Beck, Loseblattslg.

Bodenschutzrecht

Burmeier u.a. altlasten spektrum, 7 (1998) 56–115

Holzrath, F. Radtke, H., Hilger, B.: Bundes-Bodenschutzgesetz. Berlin: Schmidt 1998

Kobes, S.: Das Bundes-Bodenschutzgesetz. Neue Zeitschrift für Verwaltungsrecht, 17 (1998) 786–797

Salzwedel, J.: Altlastensanierung und Grundwasserschutz. In: Lühr, H.-P. (Hrsg.): Altlastenbehandlung. Berlin: Schmidt 1995, S. 27–70

Scherer-Leydecker, C.: Das neue Altlastenrecht – Das Bundes-Bodenschutzgesetz und seine Auswirkungen auf die Haftung für Altlasten. Entsorgungspraxis, 9/16 (1998) 52–56

Abfallwirtschaft

H.1. Einführung

H.1.1 Abfallbegriffe und Abfallentstehung

Stoffe, Produkte und Abfälle werden im Kreislaufwirtschaftsgesetz (KrW-/AbfG) 1994, § 3 unterschieden nach den in Bild H.1-1 dargestellten Kriterien.

Abfälle zur Verwertung oder Beseitigung (Oberbegriff hierfür ist „Entsorgung") können entstehen aus
- jedem nicht mehr verwendeten Produkt nach unterschiedlich langer Benutzung oder Lebensdauer, z. B.
  - die Tageszeitung als kurzlebiges Produkt nach 1 Tag,
  - das Auto bzw. das Fernsehgerät nach 10 – 15 Jahren oder
  - das Gebäude als langlebiges Produkt nach 30 – 500 Jahren.
- der Produktion bei der Gewinnung von Rohstoffen, Vorprodukten und der Herstellung von Gütern
- aus der Aufbereitung und Reinigung anderer Umweltgüter, z. B.
  - Klärschlamm aus der Reinigung von Abwasser oder
  - Stäube und Rauchgasreinigungsrückstände aus der Abluftreinigung.

In Bild H.1-2 ist die Anwendung abfallwirtschaftlicher Prinzipien der Wiederverwendung, Verwertung und Aufkonzentrierung von Schadstoffen dargestellt. Aus einer großen Menge von beladenem Rauchgas eines Verbrennungsprozesses wird ein mengenmäßig weit dominierendes, in die Atmosphäre ableitbares Reingas aufbereitet und die geringe Menge der Abfälle der Abgasreinigung möglichst weitgehend, evtl. nach zusätzlicher Aufbereitung, der Verwertung zu-

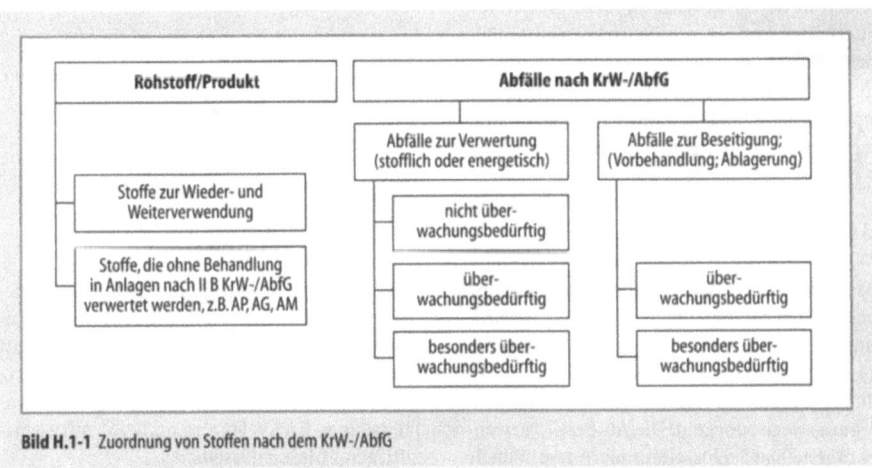

Bild H.1-1 Zuordnung von Stoffen nach dem KrW-/AbfG

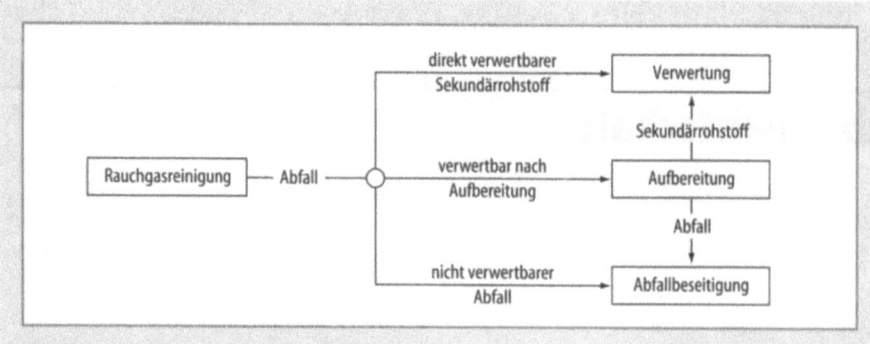

Bild H.1-2 Minimierung von Abfall bei der Rauchgasreinigung

Tabelle H.1-1 Beispiele für Zuordnung von Abfallarten zu Entsorgungswegen nach TA Abfall 1990, Anhang C

Abfall-Schlüssel-Nr.	Bezeichnung	Massen-abfall	Entsorgungshinweis mit Priorität					
			CPB	HMV	SAV	HMD	SMD	UTD	sonstiges
52723	Entwicklerbäder		1		2				
54802	Säureharz und Säureteer		1		1				
55509	Druckfarbenreste			1					
57801	Shredderrückstände (Leichtfraktion)	M		1		2	2		Mono-deponie

CPB chemisch/physikalische oder biologische Behandlungsanlage
HMV Hausmüllverbrennungsanlage oder sonstige Verbrennungsanlage außerhalb der TA Abfall, Teil 1
SAV Sonderabfallverbrennungsanlage
HMD Hausmülldeponie (→ besser: Siedlungsabfalldeponie)
SAD Sonderabfalldeponie
UTD Untertagedeponie
MD   Monodeponie
M   Massenabfall
1; 2; ... 1 bzw. 2. Priorität für die Entsorgung

geführt (z. B. REA-Gips bzw. Rückgewinnung von HCl oder NaCl aus der Abscheidung saurer Rauchgasbestandteile). Der nicht verwertbare Abfall wird dadurch weitestgehend minimiert.

Im Gegensatz zu Luft- und Wasseremissionen bleiben in der Abfallwirtschaft ein großer Teil dauerhafter und dauerhaft wirksamer Abfälle übrig. Wegen möglicher Langzeitwirkungen, z. B. mögliche Grundwasserbelastungen unter Deponien, sind höchste Anforderungen an Entsorgungsanlagen nach dem Stand der Technik zu stellen.

H.1.2 Abfallarten

Besondere Bedeutung für die Klassifizierung von Abfällen hat die Abfallbestimmungsverordnung (AbfBestV vom 01.10.1990) mit insgesamt 389 Abfallarten sowie der Anhang C der TA Abfall, Teil 1, der diesen Abfallarten vorrangige Entsorgungswege zuordnet. Die AbfBestV verwendet fünfstellige Schlüsselnummern (vgl. Tabelle H.1-1) mit den Hauptgruppen der Tabelle H.1-2.

Die AbfBestV wird ersetzt durch den EWC (European Waste Catalogue 94/904/EWG; Amtsblatt der Europäischen Gemeinschaften Nr. L 356/14 vom 31.12.1994; VO zur Einführung des Europ. Abfallkatalogs EAKV vom 10.09.1996) mit sechsziffrigen Abfallschlüsseln.

Tabelle H.1-2 Hauptgruppen der Abfallschlüssel nach AbfBestV

Nr. der Abfall-Hauptgruppe	Abfallart
1	Pflanzliche und tierische Abfälle
3	Abfälle mineralischen Ursprungs sowie Veredelungsprodukten
5	Abfälle aus Umwandlungs- und Syntheseprozessen
9	Siedlungsabfälle

Häufig wird der Begriff „Siedlungsabfall" als Oberbegriff für folgende Abfallarten verwandt:
- Hausmüll,
- Geschäftsmüll,
- Sperrmüll,
- hausmüllähnliche Gewerbeabfälle,
- Straßenkehricht,
- Marktabfälle,
- Park- und Gartenabfälle,
- Baustellenabfälle,
- Klärschlamm und
- Rechengut.

Die mengenmäßig dominierenden Abfallarten Bauschutt, Bodenaushub und Straßenaufbruch sowie die produktionsspezifischen Abfälle sollten demgegenüber nicht unter „Siedlungsabfall", sondern separat bilanziert werden. Eine detaillierte Empfehlung zur Verwendung sinnvoller Definitionen für die im Bereich der öffentlichen Abfallentsorgung anfallenden Abfallarten findet sich bei Ketelsen [H.1.1].

H.1.3 Abfallmengen

Aufgrund des Umweltstatistikgesetzes werden regelmäßig die auf öffentlichen Anlagen und im Bereich des produzierenden Gewerbes anfallenden Abfallmengen erhoben [H1.2], aus denen man z. B. die in Tabelle H.1-3 genannten Mengen für öffentliche Anlagen entnehmen kann. Von den insgesamt dort anfallenden Abfallmengen wa-

Tabelle H.1-3 An öffentliche Anlagen in der BRD angelieferte Abfallmengen [H.1.2]

Abfallart	Jahr	Angelieferte Abfälle zur Beseitigung (100 t/a) an öffentliche Anlagen der BRD						Außerdem an U-Stationen, Sammelstellen
		gesamt	davon					
			Deponien gesamt	SIA-Deponien	MVA	Kompostierung	sonstige	
gesamt	1975	58.722	53.159		5.086	430	47	703
	1977	64.377	57.754	45.612	5.424	537	662	1.366
	1980	84.834	76.262	47.600	6.487	471	1.807	2.963
	1984	86.101	77.394	43.768	7.539	663	504	6.525
	1987	99.534	88.494	45.263	8.462	724	1.854	8.541
	1990	104.971	90.943	45.366	8.719	1.423	3.885	9.377
	1990[a]	144.489	130.271	78.056	8.804	1.515	3.899	9.670
	1993[a]	110.522	90.774	51.546	9.156	2.397	8.195	8.641
Hausmüll, Sperrmüll, hmä. Gewerbeabfälle, Straßenkericht, Marktabfälle, kompostierbareorg. Abfälle = Siedlungsabfall	1975	31.012	25.757		4.191	335	1	666
	1977	28.985	23.295	22.860	5.119	481	89	1.007
	1980	31.698	24.876	24.876	6.253	442	127	2.507
	1984	29.604	21.704	21.308	7.185	546	169	3.597
	1987	31.288	22.112	21.505	7.962	630	583	4.341
	1990	35.966	25.211		8.198	1.361	1.186	5.194
	1990[a]	55.217	44.329		8.273	1.429	1.186	5.471
	1993[a]	40.017	27.840		8.552	2.241	1.384	4.725
	1995[a]				10.870			
Bodenaushub, Bauschutt, Straßenaufbruch = Bauabfall	1975	22.202	22.201		<1	<1		19
	1977	28.458	28.379		–	–	79	1
	1980	44.237	43.772		4	–	511	227
	1984	46.546	46.537	15.453	–	6	2	2.572
	1987	56.962	56.055	15.261	9	5	892	3.372
	1990	57.981	55.704		11	3	2.264	3.822
	1990[a]	69.993	67.715		11	3	2.264	2.822
	1993[a]	58.895	52.726		100	4	6.064	3.537
Sonstige feste produktionsspezifische Abfälle; Schlämme aus Industrie und Gewerbe	1975	1.937	1.885		39	6	19	4
	1977	4.167	3.708		262	–	197	76
	1980	3.709	3.221		105	<1	383	42
	1984	5.014	4.708	4.124	254	4	48	269
	1987	5.104	4.778	4.105	261	4	61	351
	1990	7.303	6.731		311	59	382	308
	1990[a]	14.210	13.423		315	77	396	319
	1993[a]	8.823	7.746		313	23	740	275

[a] mit neuen Bundesländern   SIA Siedlungsabfall

ren nur etwa 1/3 Siedlungsabfälle. Die beseitigte Rest-Siedlungsabfallmenge ist ab 1990 deutlich zurückgegangen, die stofflich verwerteten Mengen sind stark gestiegen und das Abfallpotential etwa konstant geblieben.

Maßgeblich für abfallwirtschaftliche Gesamtbilanzen ist das Abfallpotential:

$$\text{Abfallpotential} = \text{beseitigter Abfall} + \text{verwerteter Abfall}$$

Abfallmengenprognosen müssen folgende Einflußfaktoren berücksichtigen:
- Prognosen zur Produktion und zum Konsum mit unterschiedlicher Lebensdauer. Bei den kurzlebigen abfallrelevanten Grundstoffen, z. B. Papier/Pappe bei den Siedlungsabfällen, gehen die Veränderungen des Verbrauchs aktuell in die Veränderungen der Abfallmengen ein; bei langlebigen Gütern geschieht dies mit entsprechender Zeitverzögerung.
- Einwohnerentwicklung
- Einfluß von gesetzlichen Vorgaben, z. B.
  - Verwertungsangebote (z. B. Einführung neuer Systeme zur getrennten Erfassung),
  - Rücknahmeverpflichtungen oder Ersatzsysteme (z. B. Verpackungsverordnung, 1991, seitdem stagnierender bzw. rückläufiger Verbrauch von Papier/Pappe und Behälterglas; Altautoverordnung, 1997),
  - Phosphorelimination in der Abwasserreinigung mit der Folge steigender Klärschlammmengen,
  - Entschwefelung von Rauchgasen bei Verbrennungsprozessen (z. B. Gipsproduktion),
  - neue Begriffsdefinitionen mit geänderten statistischen Zuordnungen,
- Veränderung von Qualitätsstandards für Sekundärrohstoffe oder Produkte aus Sekundärrohstoffen sowie von Umweltstandards (z. B. höhere Anforderungen an die landwirtschaftliche Verwertung von Klärschlämmen),
- Kostenentwicklung bei der Abfallentsorgung (z. B. teurere Restentsorgung begünstigt die Abfallvermeidung und -verwertung).

H.1.4 Abfallzusammensetzung

Zu unterscheiden sind zunächst *chemische Abfallanalysen und Sortieranalysen*. Bezüglich der chemischen Analysen wird auf die Abschn. M.2 und M.3 (Meß- und Analysentechnik) verwiesen. Vorschriften zur Probenahme finden sich z.B. in der TA Siedlungsabfall (TASI) [H.1.3] im Anhang A (vgl. Tabelle H.1-4):

Auf die nach DIN genormten Vorschriften für die *chemische Analyse* wird ebenfalls im Anhang A der TASI [H.1.3] hingewiesen, wobei zu unterscheiden ist zwischen Analysen
- der *Originalsubstanz* (z. B. für das Verhalten der Abfälle bei der Verwertung, der Verbrennung und Ablagerung) sowie
- des *Eluates* (z. B. für das Verhalten der Abfälle bei der Ablagerung).

Sortieranalysen im Hausmüll [H.1.1] erfolgen stoff- oder produktbezogen manuell aus möglichst repräsentativen geschichteten Stichproben nach Sortierfraktionen, deren Art und Zahl sich an der gestellten Aufgabe orientiert (vgl. Bild H.1-3 und Tabelle H.1-5).

Aufgrund der Heterogenität muß bei Gewerbeabfällen anstelle einer Stichprobensortieranalyse mit anderen (Sortier-)Verfahren gearbeitet werden, zu denen Ketelsen [H.1.1] detaillierte Empfehlungen und Alternativen gibt:
- Quantitative Analyse der entsorgten und verwerteten Mengen auf der Basis von Mengenstatistiken (Erhebungen im Altstoffhandel, Auswertung von Begleitscheinen, Auswertungen der Statistiken von Entsorgungsanlagen),
- Befragung der Abfallerzeuger,
- Analyse aller auf den Entsorgungsanlagen an-

Tabelle H.1-4 Vorgaben zur Probenahme nach TASI bzw. PN 2/78 bzw. PN 78D der LAGA

	Anzahl der Einzelproben	Mindestprobemenge
Bei homogenem Abfall (z.B. flüssig, pumpfähig, Stäube)	1 Probe pro Lieferung	1000 g bzw. ml
Bei heterogenem Abfall	1 Probe je angefangene 5 t oder 5 m³	1000 g bzw. ml[a]

[a] ggf. erhöhte Probemenge bei grobstückigem Abfall

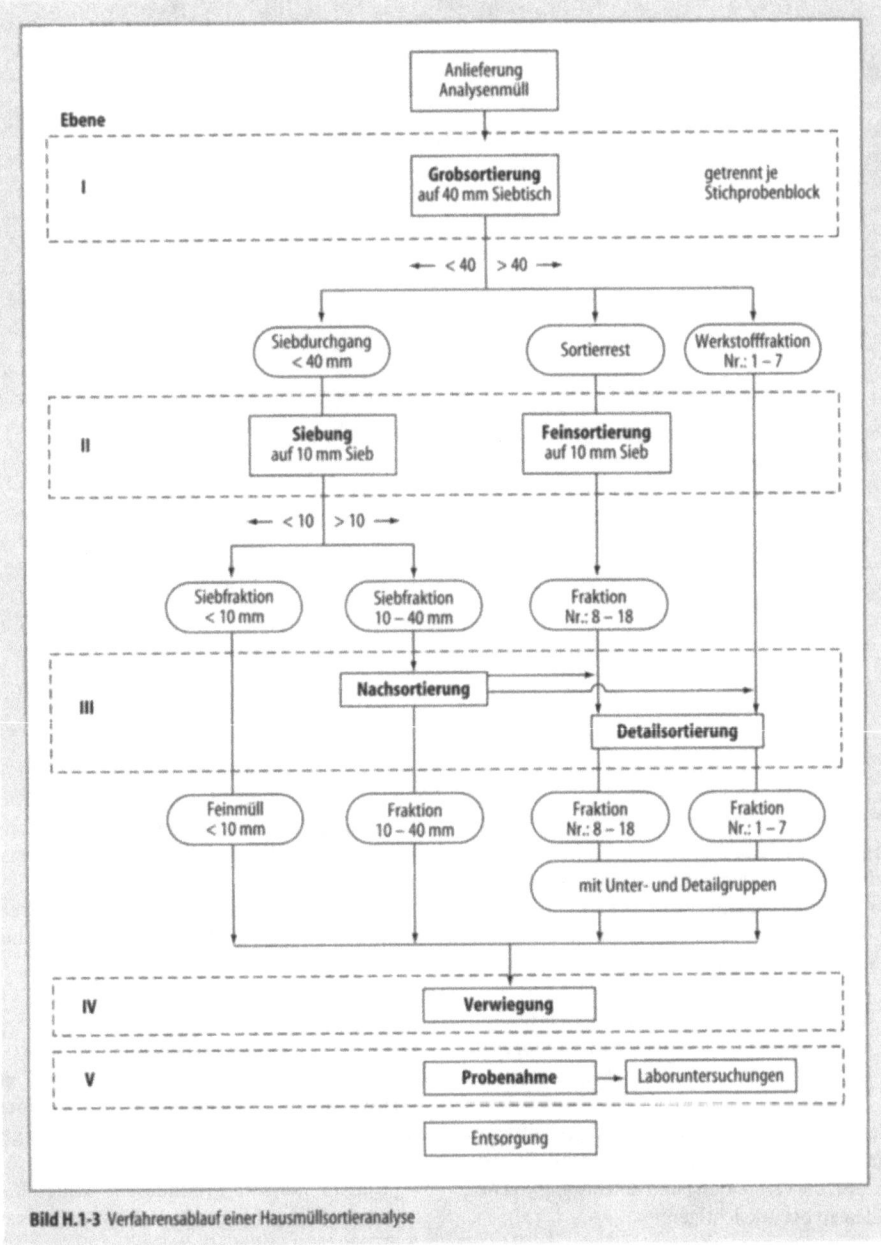

Bild H.1-3 Verfahrensablauf einer Hausmüllsortieranalyse

gelieferten Abfälle durch visuelle Klassifikation und Herkunftsanalyse durch Anliefererbefragung,

– Analyse der vorhandenen Gewerbestruktur und Hochrechnung über branchenspezifische Abfallkenngrößen.

Tabelle H.1-5 Beispiel für Sortierfraktionen bei einer Hausmüllsortieranalyse

Grobsortierung	Feinsortierung

1. Papier
  1.1 Papier I, stapelbar (Zeitungen, Zeitschriften)
  1.2 Papier I, sonstiges ≥ DIN A4 und unverschmutzt
	8. Papier und Pappe II (Papierschnitzel, Hygienepapier)

2. Pappe I	9. Papierverbund (Getränkeverpackungen)
	10. Kunststoffe II, Gummi

3. Glas I, Ganzglas und Bruchstücke ≥ 50 mm
  3.1 Weißglas
  3.2 Grünglas
  3.3 Braunglas
	11. Glas II, (Glasbruch < 50 mm)

	12. Inertstoff, Mineralien (Steine, Porzellan, Keramik)
	13. Holz

4. Bekleidung
  4.1 Textilien
  4.2 Schuhe, Gummi, Leder
	14. Verbundstoffe (z.B. Haushaltgeräte)

	15. Problemabfälle (Batterien, Farbdosen, Altmedikamente, Spraydosen usw.)

5. Kunststoff I
  5.1 Folien, überwiegend PE
  5.2 Becher, Blister, Flaschen
  5.3 sonstige Verpackungskunststoffe (Styropor, Schaumstoff, Mischkunststoff)
  5.4 sonstige Kunststoffe
	16. Windeln, Binden

	17. Gartenabfall (nach Feinsortierung verbliebener Sotierrest, z.B. Gemüse- und Gartenabfälle)

6. Fe-Metall (magnetisch)	18. Küchenabfall
	  18.1 für die Bioabfallkompostierung zugelassene Küchenabfälle
	  18.2 für die Bioabfallkompostierung nicht zugelassene Abfälle, z.B. Speisereste

7. Ne-Metall	
Σ Fraktion 1 – 7: Summe der trockenen Werkstoffe	19. Siebfraktion 10 – 40 mm
Unterscheidung nach Stückgrößen: I = großstückig/verwertbar II = kleinstückig/nichtverwertbar	20. Feinmüll < 10 mm

H.1.5 Technische und rechtliche Vorgaben

Ergänzend zu Abschn. B.3 und B.6 (Abfallrecht) seien hier vor allem als technische Vorschriften noch einmal genannt:
- die TA Abfall, Teil 1 (für besonders überwachungsbedürftige Abfälle (= Sonderabfälle) vom 23.04.1990,
- die TA Siedlungsabfall vom 29.05.1993,
- das Kreislaufwirtschafts- und Abfallgesetz KrW-/AbfG [H.1.2] in Kraft ab 07.10.1996.

Neben detaillierten technischen Vorschriften zu einzelnen Verfahren ist danach folgende Hierarchie für die Vermeidung und Entsorgung von Abfällen zu berücksichtigen:

1. Vermeidung
   - quantitativ (Reduzierung der Abfallmenge)
   - qualitativ (Reduzierung der Schadstoffgehalte, Verbesserung der stofflichen Verwertbarkeit
2. Stoffliche Verwertung, soweit
   - sie technisch möglich,
   - die wiedergewonnenen Stoffe vermarktbar,
   - die Kosten nicht unzumutbar,
   - die Verwertung insgesamt ökologisch vorteilhaft ist oder energetische Verwertung (Heizwert $H_{u,roh}$ > 11.000 kJ/kg; Feuerungswirkungsgrad > 75%)
3. (Vor-)Behandlung (z.B. thermisch mit Energieverwertung oder biologisch (biologischer Abbau organischer Substanz))
4. schadarme Ablagerung

Verkürzt bedeutet dies: Vermeidung vor Verwertung vor Beseitigung. Als Abgrenzung zwischen Verwertung und Beseitigung werden an einen Abfall zur Verwertung folgende Ansprüche gestellt:
- positiver Marktwert (mindestens sollten Kosten der Verwertung nicht außer Verhältnis zu denen der Beseitigung stehen),
- der verwertete Anteil sollte höher als der zu beseitigende Anteil sein,
- der Schadstoffgehalt sollte niedrig sein.

H.1.6 Bewertungsverfahren

Für die ökologische Bewertung von Produkten und Verfahren zur Abfallverwertung und -behandlung können vorteilhaft Ökobilanzen ein-

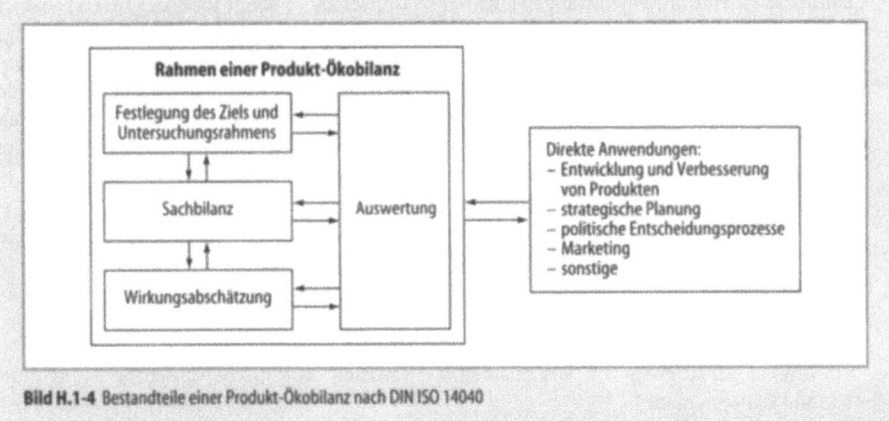

Bild H.1-4 Bestandteile einer Produkt-Ökobilanz nach DIN ISO 14040

gesetzt werden. Hierbei erfolgt eine möglichst weitgehend objektive ökologische Bilanz einer Prozeßkette (z.B. Lebenszyklus eines Produkts mit Auflistung der (primären) einzelnen Umweltauswirkungen [H.1.4] „von der *Wiege* (Rohmaterialgewinnung) über die Herstellung und die Verwendung bis zur *Bahre* (Abfallbeseitigung)".

Als ähnliche Begriffe werden verwandt:
- Product-Life-Cycle-Assessment (LCA),
- Produktlinien-Analyse (PLA) bzw.
- Produkt-UVP (vgl. hierzu [H.1.5, H.1.6].

DIN/EN/ISO 14040 „Produkt-Ökobilanz" schlägt die in Bild H.1-4 dargestellte Systematik vor.

Das UBA schlägt für das *Standardmodell einer Ökobilanz* folgende Arbeitsschritte vor:
- *Festlegung des Bilanzierungsziels* und des Untersuchungsrahmens („goal and scope definition")
  - Zweck,
  - Produkt,
    Bezugsgröße; *funktionelle Einheit* als Maß für den Nutzen des Produktsystems; Vergleich für gleiche Leistung, z.B. 1000 l Füllvolumen bei Verpackungen oder m² Oberflächeneinheit, die bei einem Anstrich für eine bestimmte Zeit geschützt ist),
  - Bilanzraum; Systemgrenzen; Abschneidekriterien; ausgenommen ist i.d.R. die Ökologie der im Prozeß verwendeten Anlagen (Bauten; Installationen) und zugehörige menschliche Tätigkeit,
- *Sachbilanz* („Life cycle inventory") mit
  - Vertikalanalyse (Gliederungsmodule der Produktions-, Distributions-, Gebrauchs- und Entsorgungsphasen),
- Berücksichtigung der Lenbensweg-Kriterien (z.B. Nutzungsdauer, Umlaufzahlen, Altstoffeinsatz usw.),
- Horizontalanalyse (Aufbereitung der einzubeziehenden Kategorien und Indikatoren (z.B. Luft- und Wasserbelastung)),
- Auswahl der Daten

mit *quantitativ* erfaßbaren Faktoren:
- Verbrauch an Rohstoffen und Hilfsstoffen (Bringezu/Schmidt-Bleek [H.1.7] empfehlen als ersten wesentlichen Bewertungsparameter die Material-Intensität (MIPS = Material-Input pro Service-Einheit),
- Nebenprodukte,
- atmosphärische Schadstoffe (z.B. CO_2, NO_x, SO_x usw.),
- Wasserverbrauch und -belastung,
- feste Abfälle (ggf. differenziert nach Abfallart oder -qualität),
- Energiebedarf (teilweise auch als Leitparameter geeignet),
- Temperatur, Abwärme,
- Temperatur, Abwärme,
- Flächenverbrauch,
- Lärm,

und *qualitativ* erfaßbaren Faktoren wie
- potentielle Gefährdungen (Betrieb von AKWs, Stauwehre, Chlorchemie, ...),
- Veränderungen in der Geographie (Absenkung des Grundwasserspiegels, Entstehung von Halden, ...),
- Veränderungen in der optischen Erscheinung der Umwelt (Landschaftsschäden),
- Ressourcenknappheit (evtl. auch quantitativ).

Die Ergebnisse der Sachbilanz sind transparent und nachvollziehbar in eine Matrix der

quantifizierbaren Umweltbelastungen aufzunehmen sowie ergänzend in eine systematisierte Übersicht der lediglich qualitativ zu beschreibenden Belastungen.
- *Wirkungsabschätzung* („Impact assessment")
  - Abschätzung der Wirkungen der in der Sachbilanz ermittelten Einzelfaktoren anhand folgender 10 Wirkungskategorien [H.1.6]:
    1. Verbrauch von Rohstoffen
    2. Treibhauseffekt
    3. Ozonabbau
    4. Beeinträchtigung der Gesundheit des Menschen
    5. Direkte Schädigung von Organismen und Ökosystemene
    6. Bildung von Photooxidantien
    7. Versauerung von Böden und Gewässern
    8. Eintrag von Nährstoffen in Böden und Gewässer
    9. Flächenverbrauch
    10. Lärmbelastung
  - evtl. hierzu gewichtete Zusammenfassung der einzelnen Wirkungspotentiale über Äquivalenzfaktoren in vergleichbaren Bilanzräumen (dies ist allerdings z.T. schon „Bilanzbewertung")
- *Auswertung* („Interpretation")
  - Gesamtbewertung der Sachbilanz und Wirkungsabschätzung

Lentz et al. [H.1.8] vergleichen als Beispiel für eine Produkt-Ökobilanz:
- Einweg-Höschenwindeln (EHW) oder
- Mehrweg-Waschwindeln (EWW).

Zunächst werden hierzu die Vergleichsparameter festgelegt, die Grenzen der „Rückverfolgung" und die Vorprodukte für die Rohstoffgewinnung, Rohstoffaufbereitung, Produktherstellung, Konsumtion und Benutzung bzw. Wiederaufbereitung. Mit entsprechenden Annahmen für den Materialbedarf, Windelwechsel und zur Windelwäsche (Wasser- und Waschmittelverbrauch, anteiliger Einsatz von Weichspülern und Trocknern) errechnen die Autoren die in Tabelle H.1-6 wiedergegebene Ökobilanz.

Unbefriedigend ist hierbei, daß ohne Gewichtung einzelner Parameter und Wirkungsfelder (z.B. unterschiedliche Luft- oder Wasserschadstoffe) bei nicht durchgängiger Vorteilhaftigkeit einer Variante keine eindeutigen Schlüsse für die Wahl der ökologisch optimalen Variante gelingt. Ansätze zu einer zusammenfassenden Normierung sind dagegen Äquivalenzfaktoren (z.B. CO_2-Äquivalente, Energieäquivalenzwerte) und die normierende Bewertung verschiedener Wirkungsfelder vom Schweizerischen Bundesamt für Umwelt, Wald und Landschaft nach dem Prinzip der „ökologischen Knappheit" [H.1.4] als kritische Volumina pro kg Produkt für die Bereiche Luft und Wasser und Abfall:

$$\frac{\text{Emission (mg oder g)}}{\text{Grenzwert (z.B. g/m}^3 \text{ oder mg/dm}^3)} = \frac{\text{kritisches Volumen}}{(\text{dm}^3 \text{ oder m}^3)}$$

Hierbei bedeuten:

Emission spezifische Umweltbelastung durch einen bestimmten Parameter (z.B. SO_2 im Abgas in g/kg bzw. CSB im Abwasser in g/kg eines bestimmten produzierten Stoffs

Grenzwert gesetzlich zugelassener Grenzwert, z.B. für die Abluft die MIK-Werte (max. Immissionskonzentrationen bei dauernder Belastung) in mg SO_2/m^3 oder beim Abwasser die nach den Rahmenverwaltungsvorschriften zulässigen Werte in mg CSB/dm^3

kritisches Volumen Rechengröße, bei der durch die Emission eine entsprechende Anzahl von m^3 Luft oder dm^3 Wasser bis zur Grenzkonzentration verschmutzt würden

Tabelle H.1-6 Ausgewählte Parameter für die Sachbilanz einer Ökobilanz Einwegwindel/Waschwindel (Bezug: alle Kleinkinder in der alten BRD)

		Einwegwindelhose	Baumwollwaschwindel
Rohstoffbedarf	t/a	143.000	37.000
Energiebedarf gesamt	GJ/a	5.600	4.200
regenerierbar	GJ/a	1.700	–
nicht regenerierbar	GJ/a	3.900	4.200
Wasserverbrauch/ Abwassermenge	Mio. m³/a	17,7	16,0
CSB-Fracht	1000 t/a	7,0	14,4
BSB-Fracht	1000 t/a	2,5	6,4
Abfallmenge	t/a	143.000	2.000
+ Klärschlamm	t/a	??	5.000 t TR/a

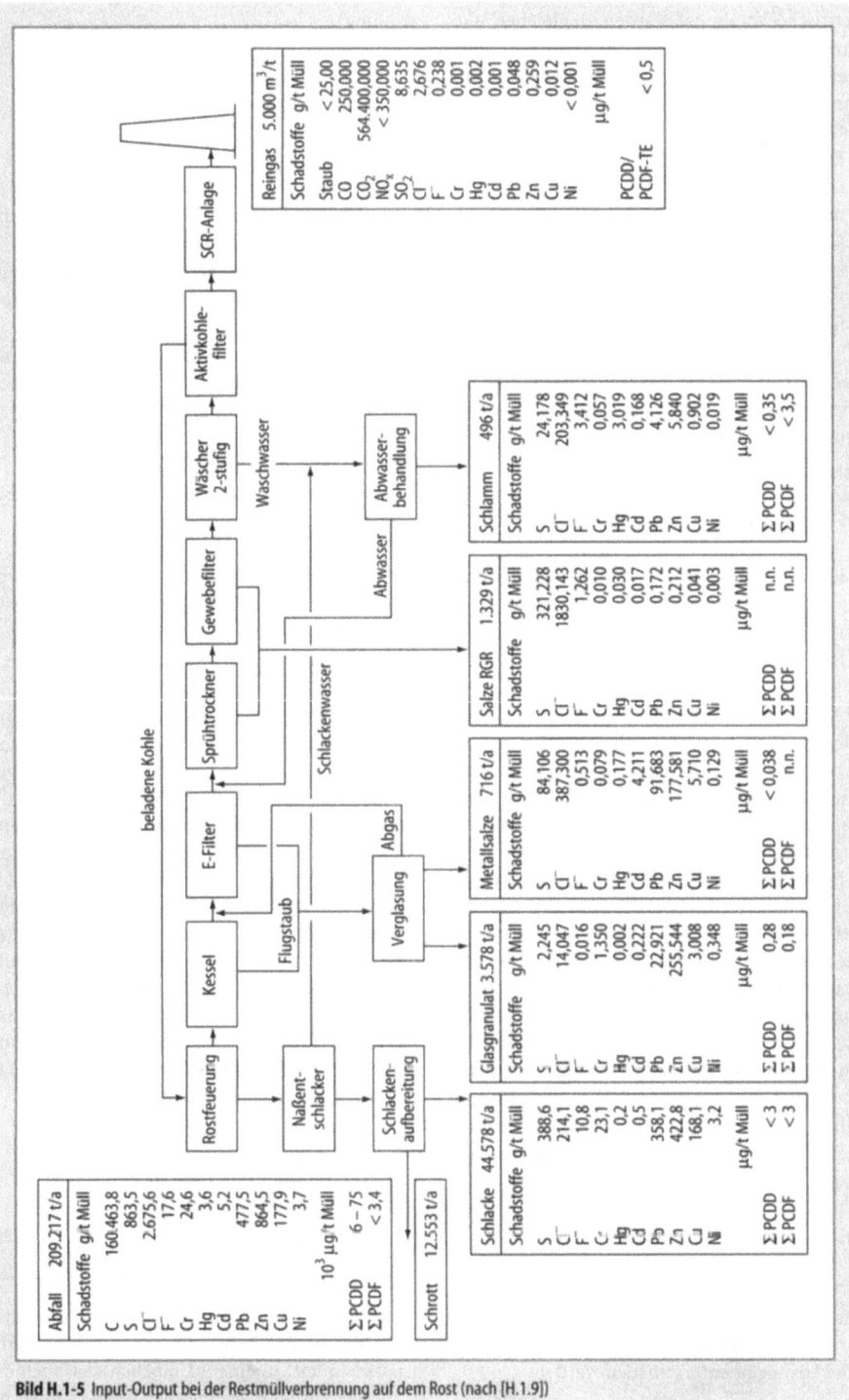

Bild H.1-5 Input-Output bei der Restmüllverbrennung auf dem Rost (nach [H.1.9])

Die für einzelne Schadstoffe berechneten Teil-„kritische-Volumina" werden im gleichen Wirkungsfeld zu einem gesamten kritischen Volumen addiert. Insgesamt besteht das Ökoprofil dann aus:
- Energie-Äquivalenzwert (MJ/kg) = Energie$_{thermisch}$ (MJ/kg) + Energie$_{el}$ (kWh/kg) · 3,6/η_{el}
  mit η_{el} = 0,38 nach UCPTE 88 und 3,6 aus 3,6 MJ = 1 kWh,
- kritische Luftmenge   in m³/kg,
- kritische Wassermenge   in dm³/kg,
- festes Abfallvolumen   in cm³/kg

Nach dem Prinzip der Ökofaktoren kann eine Zusammenfassung (Aggregierung) aller Umweltbelastungen erfolgen [H.1.4]:

Ökofaktor = 1/F_k · F/F_k · 10^{12}

   F   tatsächliche Gesamtbelastungsfracht in einem Land (z.B. Schweiz)
   F_k max. zulässige Gesamtbelastungsfracht in einem Land
   1   1 Ökopunkt
   10^{12} Maßstabsfaktor

Diese Zusammenfassung – obwohl eigentlich von allen erwünscht für eine objektive Bewertung der Rangfolge von Varianten – wird als idealtypische Lösung von vielen als „methodisch unlösbar, pseudo-objektiv und nicht konsensfähig abgelehnt" (z.B. [H.1.6]).

Behandlungsverfahren in der Abfallwirtschaft werden häufig mit Input-/Output-Bilanzen bewertet. Wenn keine Neubildung von Stoffen im Verfahren selbst stattfindet, läßt sich damit z.B. aus der Bilanzierung der Schadstoffkonzentrationen in den Outputströmen einer Müllverbrennungsanlage, also in der Rostasche (Schlacke), der Kesselasche, den E-Filterstäuben und den Rauchgasreinigungsrückständen, der Input an Schadstoffen im Rohabfall bilanzieren und auch die Verteilung auf die unterschiedlichen Austragspfade (Bild H-1-5).

H.1.7   Produkt-, stoffgruppen- oder verfahrensspezifische Lösungen

Die Entsorgung von Abfällen kann in verfahrens-, stoffgruppen- und auch produktspezifische Lösungen unterschieden werden.

Beipiele für verfahrensspezifische Lösungen
- Vorrotte gemischter Siedlungsabfälle vor der Ablagerung (mechanisch/biologische Behandlung),
- Verbrennung gemischter Siedlungsabfälle vor der Ablagerung (thermische Behandlung),
- Ablagerung gemischter Abfälle.

Beipiele für stoffgruppenspezifische Lösungen
- Rückführung von Altpapierfasern in die Papierherstellung oder von Glasscherben in die Behälterglasproduktion,
- Rückführung von Blei, Polypropylen und Altsäure aus der Aufbereitung von Starterbatterien,
- Rückführung von organischer Substanz und Nährstoffen bei der landwirtschaftlichen Schlammverwertung.

Beipiel für produktspezifische Lösungen
- Wiederverwendung von Getränke-Mehrwegflaschen.

Die vorgenannten Beispiele zeigen, daß die produktspezifischen Lösungen als aufwendigste Form der Abfallvermeidung zuzuordnen sind, die stoffgruppenspezifischen Lösungen – mit einem ebenfalls noch hohen Aufwand der Getrennthaltung – der stofflichen Verwertung und die verfahrensspezifischen Lösungen mit einem möglichst breiten Anwendungsspektrum auf möglichst viele Abfallbestandteile im wesentlichen nur der Restabfallentsorgung. Die Anfang der 70er Jahre in der damaligen BRD häufig reinen verfahrensspezifischen Lösungen sind bis heute zunehmend durch die differenzierteren stoffgruppen- und produktspezifischen Lösungen ersetzt und ergänzt worden. Die Festlegung der vorzugswürdigen Alternativen sollte allerdings zukünftig vermehrt auch die 4 Bedingungen der TA Siedlungsabfall für die Verwertung (vgl. Abschn. H.1.5) bzw. entsprechend auch für die Vermeidung berücksichtigen.

H.2   Abfallbehandlung

H.2.1   Mechanische Abfallaufbereitung

Im Rahmen der Umsetzung der Gesetzgebung des Bundes und der Länder befindet sich die Abfallwirtschaft in einem Umbruch, der auch die Zielsetzung der mechanischen Aufbereitung von Haushaltsabfälle beeinflußt. Zur Aufbereitung gelangt zukünftig nur noch ein von Wertstoffen stark abgereicherter Restabfall, so daß eine weitere Abtrennung einzelner Wertstoffe im Rahmen der Restabfallbehandlung derzeit nicht sinnvoll erscheint.

Gegenwärtig und zukünftig kann man 4 Anwendungsbereiche mit jeweils unterschiedlicher Zielsetzung für mechanische Aufbereitungsverfahren definieren:
1. Gewinnung von Wertstoffen oder Brennstoff aus Müll (BRAM):
   - Trennung in Stoffströme mit gleichen Eigenschaften (Stoff, Heizwert)
   - Homogenisierung
2. Vorbehandlungsstufe vor der Verbrennung:
   - Zerkleinerung und Homogenisierung
   - Einstellung von Parametern der nachfolgenden Verbrennung
3. Bestandteil der mechanisch-biologischen Restabfallbehandlung:
   - Trennung in Stoffströme mit gleichen Eigenschaften (Anteil kompostierbaren Materials)
   - Zerkleinerung und Homogenisierung
   - Einstellung von Parametern der nachfolgenden Rotte
4. Aufbereitung von Rohstoffen (Wertstoffen) vor der Verwertung:
   - Automatische Sortierverfahren (Glas, Metall, Papier, Kunststoffe)
   - Detektion und Sortierung von Wertstoffgemischen

H.2.1.1 Zerkleinerung

Zerkleinern ist das Überführen eines Aufgabeguts in eine feinere Körnung. Jede Zerkleinerung dient der spezifischen Oberflächenvergrößerung. Für die Auswahl der richtigen Zerkleinerungsmaschine werden folgende Informationen benötigt:
- die physikalischen Eigenschaften der zu zerkleinernden Stoffe, wie Ausgangskörnung, Aufbau, Härte, Sprödigkeit und Spaltbarkeit,
- der Verwendungszweck, wie z.B. weiteres Aufbereiten oder chemische Reaktion,
- die geforderten Eigenschaften des Fertigguts, wie Korngrößenverteilung, Kornform, gewünschter Schwerpunkt eines Korngrößenbereichs oder auch selektiv zerkleinertes Fertiggut.

Zur Erzielung einer gewünschten Korngrößenverteilung bei minimalem Verbrauch an Betriebs- und Verschleißstoffen sind die Betriebsparameter und die Möglichkeiten der Steuerung für die einzelnen Zerkleinerungsmaschinen erforderlich. Zur Kennzeichnung von Zerkleinerungsaggregaten haben Terzek und Savage 2 abhängige Größen bei der Hausmüllzerkleinerung erfaßt:
- die Endkörnung,
- den spezifischen Arbeitsbedarf [H.2.1].

Die Parameter der Endkörnung sind:
- Aufgabekörnung,
- Feuchte,
- minimaler Spalt und Rostöffnung,
- Verschleiß der Zerkleinerungswerkzeuge,
- Drehzahl.

Die Parameter des spezifischen Arbeitsbedarfs sind:
- Aufgabekörnung,
- Endkörnung,
- kritische Bestandteile,
- Feuchte,
- Durchsatz und Drehzahl.

Die Aufgabekörnung als Einflußgröße für die Zerkleinerung und anschließende Sortierung von Hausmüll ist eine selten gemessene Größe im Betrieb einer Anlage. Je nach Sammelfahrzeug und Behältergröße kann die Korngröße des Abfalls über 2 oder 3 Größenordnungen variieren.

In Bild H.2-1 sind die wichtigsten Stoffgruppen als Korngrößenverteilungsfunktion aus der Untersuchung in Heidenheim dargestellt. Wie aus Bild H.2-1 deutlich wird, verlaufen die einzelnen Stoffgruppen sehr unterschiedlich und bieten so die Möglichkeit, mit Hilfe geeigneter Zerkleinerungsaggregate eine selektive Trennung der Wert- und Ballaststoffe vorzunehmen.

Die Zerkleinerung des heterogenen Körnergemischs wird durch die verschiedenen Aggregate unterschiedlich aufbereitet, wodurch wiederum je nach Mühleneinsatz verschiedene nachgeschaltete Trennaggregate erforderlich werden.

Zur Zerkleinerung von Hausmüll in schnell laufenden Mühlen werden Hammer- und Prallmühlen eingesetzt. Diese haben die Eigenschaft, den Müll verstärkt selektiv zu zerkleinern, d.h. die harten und spröden Stoffe sowie die nassen Materialien intensiver zu zerschlagen als die weichen, mittelharten und trockenen Müllbestandteile. Graphisch läßt sich dieses Phänomen in einer Korngrößenverteilungsdichtekurve darstellen. Diese wird aus einem Histogramm der verschiedenen Kornklassen geteilt durch die Kornklassenbreite entwickelt.

Bei genauer Betrachtung der zerkleinerten Müllbestandteile läßt sich feststellen, welche In-

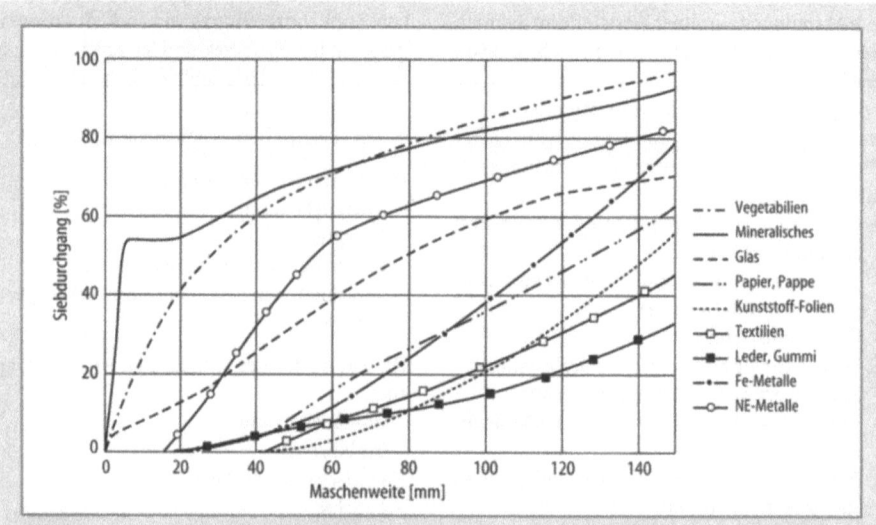

Bild H.2-1 Korngrößenverteilungsfunktion für die verschiedenen Inhaltsstoffe des Hausmülls aus Heidenheim, August 1984 [H.2.1]

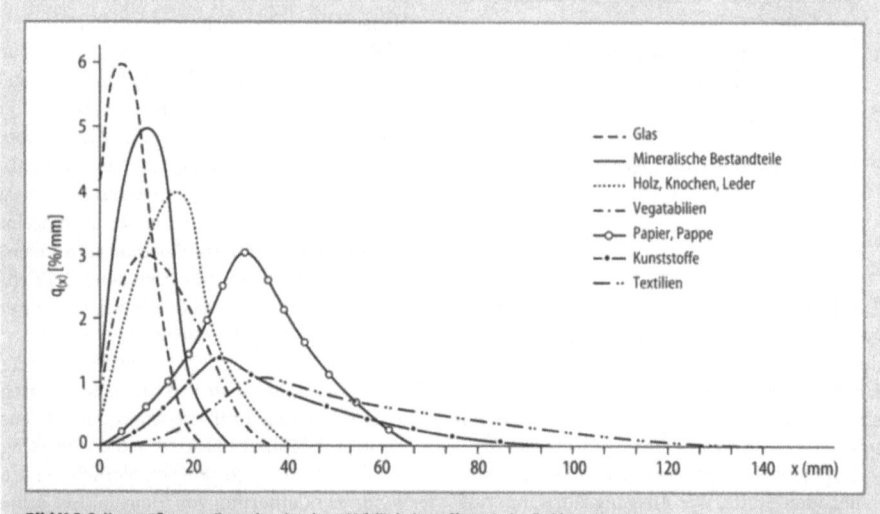

Bild H.2-2 Korngrößenverteilung der einzelnen Abfallinhaltsstoffe nach der Zerkleinerung mit einer Hammermühle (Rostweite 80 mm) [H.2.1]

haltsstoffe des Abfalls entsprechende Korngrössenbereiche bilden. In Bild H.2-2 wird die selektive Zerkleinerung anhand der einzelnen Stoffgruppen des Hausmülls in der Korngrößenverteilungsdichte deutlich. Aus Praxisversuchen kann beispielsweise festgestellt werden, daß ca. 95 % des Glases im zerkleinerten Materialgemisch < 20 mm ist, während die wertbestimmenden Stoffe Papier, Pappe, Kunststoffe zu 80 – 90 % > 20 mm sind.

Aus Bild H.2-3 wird deutlich, daß die Zerkleinerung mit einer Rotorschere von der einer Hammermühle abweicht. Glas und Mineralisches werden weniger stark zerkleinert und haben daher das Maximum bei höheren Korngrößen, während Papier, Pappe, Folien usw. relativ gleichmässig über das gesamte Korngrößenspektrum ver-

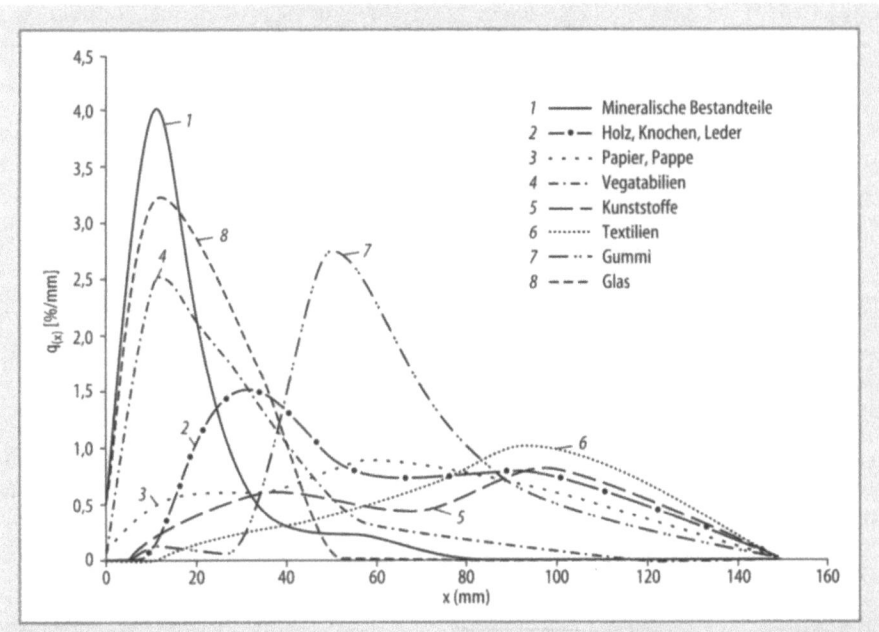

Bild H.2-3 Korngrößenverteilungsdichtekurven der einzelnen Abfallinhaltsstoffe nach der Zerkleinerung mit der Rotorschere [H.2.1]

teilt sind. Diese Fraktion bildet ein weniger ausgeprägtes Maximum. Damit werden die Trennungsmöglichkeiten durch nachgeschaltete Sortieraggregate erschwert. Für eine Zerkleinerung vor der Kompostierung kann diese gespreizte Korngrößenverteilung jedoch sehr sinnvoll sein, da so eine gute Luftdurchlässigkeit in der Miete durch grobe Stücke gewährleistet wird.

H.2.1.2 Sortieren und Klassieren eines Stoffgemischs

Bei der Trennung eines Stoffgemischs unterscheidet man zwischen Sortierung und Klassierung. Dabei werden bei der Sortierung stoffliche Eigenschaften (Dichte, Benetzbarkeit, Steifigkeit, magnetische und elektrische Eigenschaften usw.) und bei der Klassierung die Partikelgröße und -form genutzt.

Nicht immer ist jedoch eine so klare Einteilung der Vorgänge in den Aggregaten möglich, da z. B. in Windsichtern und Sichtertrommeln sowohl eine Klassierung als auch eine Sortierung stattfindet. In diesem Fall kommt es zu einer sortierenden Klassierung.

In Tabelle H.2-1 sind verschiedene Aggregate zur Stofftrennung einschl. der genutzten Eigenschaften von unterschiedlichen Herstellern zusammengefaßt.

Aggregate zur Sortierung und Klassierung sind durch den langjährigen Einsatz im Bereich der Aufbereitung von Abfällen und Wertstoffen ständig weiterentwickelt worden. Die Umsetzung neuer gesetzlicher Regelungen wie die Verpackungsverordnung führte zu Weiter- und Neuentwicklungen. Insbesondere für Verpackungsmaterialien der Leichtfraktion wurden Aggregate entwickelt, die die Flug-, Roll- und Haftfähigkeit ausnutzen.

H.2.1.2.1 Klassieren

Das am meisten angewandte Verfahren in Sortieranlagen ist die Klassierung mit verschiedenen Siebaggregaten.

Die Siebaggregate trennen Stoffe unterschiedlicher Korngrößen in die jeweiligen Korngrößenklassen. Bei der Siebung von Hausmüll kann neben der Klassierung nach der Korngröße auch gleichzeitig eine Sortierung nach Stoffen auftreten, wie aus der Beschreibung der Abfallzusammensetzung deutlich wird. Somit können Siebmaschinen auch zur sortierenden Klassierung verwendet werden.

Tabelle H.2-1 Genutzte Eigenschaften und Aggregate zur Sortierung und Klassierung von Stoffgemischen (Abfälle/Werkstoffe) [H.2.2]

Aggregat	Nr.	Genutzte Eigenschaft	Anwendungen	Ausführung	Hersteller/Betreiber
Sieb	1	Partikelgröße	Trennung in Kornklassen	Schwing-, Spannwellen-, Trommelsieb	Lindemann, Klasmann-Deichmann, Brauer, Herbold, Voest-Alpine, Bühler, Mogensen, Bezner
Windsichter	2	Gleichfälligkeit	Trennung in Leicht- und Schwerfraktion	Vertikal-, Zickzack-, Rotationswindsichter, Zyklon	Tollemache, Alpine, Bühler, Bezner, Hazemag
Hydrosortierer, Stromklassierer	3	Sinkgeschwindigkeit, Fliehkraft	Trennung von Kunststoffen	Hydrozyklon, Schwimmsink-Trennung, Flachbodenzyklon	Thyssen-Hentschel, KHD, AKW
Ballistischer Seperator	4	Steifigkeit	Trennung in Leicht-, Mittel- und Schwerfraktion		Sellberg, PLM, Fischer
Flotation	5	Benetzbarkeit	Deinking, Trennung von Kunststoffen	Flotationszellen	Refakt
Schrägbandsortierer	6	Haftfähigkeit, Rollfähigkeit	Trennung in „flächig", „rollend leicht" und „rollend schwer"		Bezner
Sichtertrommel	7	Haftfähigkeit	Trennung in flächen- und körperförmige Fraktion		Horstmann, Bezner
Drehteller	8	Form, Haftfähigkeit	Trennung in flächen- und körperförmige Fraktion		Lindemann
Magnetschneider	9	Magnetisierung	FE-Metallseparierung	Überband-, Trommelmagnete	Wagner, Steinert, Eriez.
Elektrosortierung	10	Oberflächenleitfähigkeit	NE-Metallabtrennung, Papier-Kunststofftrennung	Wirbelstromseperator, Hochspannungsschneider, Korona-Walze	Wagner, Steinert, Eriez., Hamos, Goudsmit
Automatisches Klauben	11	Impulsverhalten, Trägheit	Farbglassortierung, Kunststoffsortierung	Pneumatische oder mechanische Auslenkung	S+S Elektronics, Hamos, BFI

Bei der Siebklassierung erfolgt die Trennung nach der charakteristischen Länge der Körner mit Hilfe einer Trennfläche (Siebboden), in der sich viele geometrisch angenäherte Öffnungen befinden. Körner, die bei der Bewegung über den Siebboden hinweg in einer passenden Lage kleiner als die Öffnungen sind, können diese passieren und ins Feingut gelangen. Die anderen verbleiben auf dem Siebboden und bilden das Grobgut.

Da eine technische Siebung nur einen unvollkommenen Trennprozeß darstellt, kann ein gewisser Anteil des Unterkorns im Grobgut verbleiben.

Der Siebgütegrad ist eine Kenngröße für die Trennschärfe eines Siebvorgangs und wird durch das Verhältnis der Feinkornanteile im Siebdurchgang und im Aufgabegut ausgedrückt, wobei die Voraussetzung gilt, daß kein Fehlüberkorn im Durchgang vorhanden ist.

Feinkörnige, feuchte, faserige und klebrige Haufwerke neigen zum Verstopfen der Siebmaschinen. Die offene Siebfläche wird verkleinert und der Siebdurchsatz nimmt ab. Um Verstopfungen zu verhindern, werden bestimmte Siebkonstruktionen für schwierig zu siebende Güter eingesetzt oder verschiedene Siebhilfen benutzt. Wichtige Siebhilfen sind Bürsten, Ketten, Siebheizungen, Luftstöße und Zusatzwasser zum Aufheben der Kapillarkräfte zwischen aneinanderklebenden Teilchen.

Unzerkleinerter, aber auch zerkleinerter Hausmüll gehört aufgrund der faserigen und klebrigen Struktur sowie der teilweise hohen Feuchtigkeit im Aufgabegut zu den siebschwierigsten Gütern. Er ist auf konventionellen Siebmaschinen kaum absiebbar. Siebtrommeln und bestimmte Wurfsiebe konnten bisher erfolgreich eingesetzt werden. Andere Siebformen (z. B. Schwingsieb, Rüttelsieb) sind nur für bestimmte Abfallkomponenten (Glas, Mineralien, Metalle usw.), jedoch nicht für das Abfallgemisch geeignet, da bereits nach einer kurzen Betriebszeit von ca. 2–6 h die

Siebroste je nach Textilanteil und Feuchtegehalt verlegt sind.

Die Siebklassierung kann ja nach Ziel der Sortierung sowohl vor als auch nach der Zerkleinerung des Hausmülls eingesetzt werden. Ein Vorteil der Rohmüllsiebung liegt in der eingesparten Primärzerkleinerung mit ihren hohen Verschleiß- und Energiekosten.

Der Nachteil einer vorgeschalteten Rohmüllsiebung liegt in erster Linie bei der geringen spezifischen Siebleistung aufgrund großer Pappen, Papiere und Kunststoffe, der erhöhten Verstopfungsgefahr durch Textilien, Draht usw., der aufwendigen Öffnung von Mülltüten und anderen Behältnissen und der notwendigen händischen Vorsortierung sperriger Müllkomponenten.

Die Praxisausführungen führten zu einer Auswahl geeigneter Siebmaschinen für den Einsatz in Recyclinganlagen. Dazu gehören:
- Trommelsiebe,
- Spannwellensiebe,
- ballistische Seperatoren.

Der Durchsatz und die Trennleistung einer *Siebtrommel* sind durch die Lochweite, den Durchmesser, die Drehzahl, die Einbauten und den Neigungswinkel der Trommel gekennzeichnet. Die Leistungsfähigkeit der Siebtrommel kann durch geeignete Mitnehmer und Wandkonstruktionen (Polygonsieb) noch verbessert werden. Für die Planung und die technische Auslegung von Siebtrommeln wurden eine Reihe praktischer Faustformeln entwickelt. Um einen Siebgütegrad von 90 % zu erreichen, muß sowohl die Verweilzeit in der Trommel als auch die Siebfläche groß genug sein und es sollte eine Trommelbeladung von $0,1\ Mg/m^2$ nicht überschritten werden.

Das *Spannwellensieb* hat sich als verstopfungsfreies und leistungsfähiges Aggregat insbesondere bei der Absiebung von Kompost bewährt.

Für die Trennung des zerkleinerten Hausmülls in die 3 Fraktionen Schwer-, Leicht- und Feinfraktion wurde der *ballistische Separator* entwickelt.

Alle drei hier vorgestellten Siebmaschinentypen sind für den Einsatz in Recyclinganlagen geeignet. Ausschlaggebend für die Trennleistung ist das entsprechende optimale Aggregat sowie die richtige Dimensionierung für den gewünschten Anwendungsfall.

In Bild H.2-4 ist der Siebgütegrad für verschiedene Siebmaschinen nach der Primärzerkleinerung als Funktion der Flächenbelastung der Siebe durch das Überkorn dargestellt. Neben den technischen Mängeln, die z. B. beim Trommelsieb in Eskilstuna sichtbar werden, wird auch die schlechte Betriebsführung in verschiedenen Anlagen in bezug auf die Überlastung der Aggregate deutlich. Außerhalb des Bildes liegen die Ergebnisse mit dem Spannwellensieb in Landskrona. Bei einer Flächenbelastung durch das Überkorn von $0,8\ Mg/m^2$ Sieböffnung und Stunde konnte ein Siebgütegrad von immerhin 55 % erreicht werden.

Das Verfahren der *Windsichtung* zur Klassierung von Haufwerken beruht auf der Gleichfälligkeit im aufsteigenden Luftstrom. Gleichfälligkeit bedeutet, daß verschiedene Teilchen gleiche Endfallgeschwindigkeiten erreichen. Wenn Teilchen gleichfällig sind, dann müssen diese unter

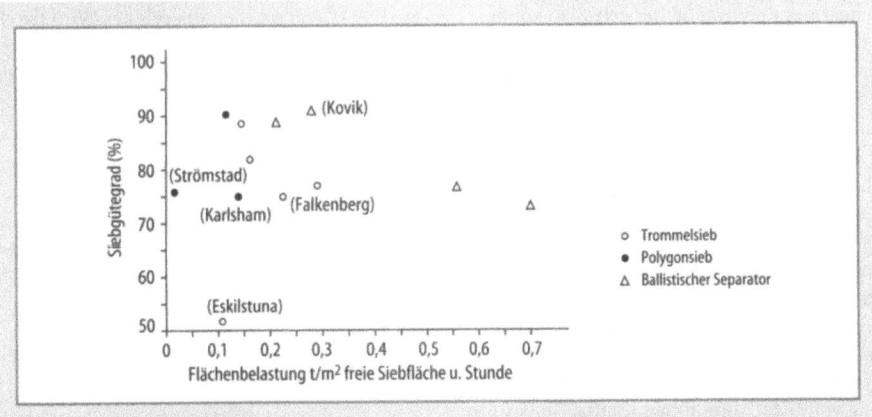

Bild H.2-4 Siebgütegrad verschiedener Siebmaschinen nach der Verkleinerung in Abhängigkeit zur Flächenbelastung der Siebe durch das Überkorn [H.2.3]

gleichen Anfangsbedingungen gleiche Bahnen beschreiben.

Der Sichter trennt nach der Sinkgeschwindigkeit der Teilchen, wobei die Sinkgeschwindigkeit in der Praxis in unübersichtlicher Weise von der Kornform und vom jeweiligen Stoff abhängt. Als Faustregel genügt für die Praxis, daß der Windsichter nicht nach der Korngröße, sondern nach der Dicke trennt. Bei der Windsichtung von Müll kommt noch hinzu, daß jede Abfallstoffgruppe ein anderes spezifisches Gewicht hat und daher die Kornscheide, bezogen auf die Dicke der Stoffe, unterschiedlich ausfällt.

Eine Reihe verschiedener Windsichtertypen wurde für Kompostanlagen [H.2.4] und für Hausmüll [H.2.5 - H.2.8] getestet. Von den ursprünglich unterschiedlichsten Gerätetypen werden überwiegend 2 Arten in der Hausmüllaufbereitung eingesetzt: Zick-Zack- und Rotationswindsichter und im Bereich der Wertstoffsortierung horizontale Windsichter.

Obwohl Windsichter, wie die Praxis gezeigt hat, als erstes Klassieraggregat nach der Zerkleinerung keinen Sinn machen und der spezifische Energieverbrauch relativ hoch liegt, können sie für die nachgeschaltete Trennung sehr nützlich sein.

Nach einem Trommelsieb kann der Windsichter aus dem Überkorn vor allem schadstoffreiche Bestandteile (Kunststoff-Formkörper, NE- und Fe-Metalle, Gummi und Leder), große und nasse Stoffe (Vegetabilien) und schlecht zerkleinerte Abfallkomponenten, die die Brennstoffkonfektionierung stören würden (Textilien), entfernen. Dazu muß das Sieb nach der Zerkleinerung besonders die feinen aschehaltigen Korngrößenklassen nachhaltig entfernen, um ein aschearmes Endprodukt herstellen zu können.

Bei der Bauschuttaufbereitung hingegen wird das flugfähige Material wie Papier, Holz, Kunststoff von der gebrochenen Steinefraktion getrennt.

H.2.1.2.2 Sortieren

Beim Sortieren werden die physikalischen Eigenschaftsunterschiede der zu trennenden Feststoffteilchen ausgenutzt. Dabei wird grundsätzlich zwischen *Dichtesortieren, Flotieren, Magnet- und Elektrosortieren* usw. unterschieden. Diese verschiedenen Methoden wurden für die Sortierung von Glas, Aluminium, Kupfer, Kunststoff-Folien aus dem Wertstoff- und Abfallgemisch untersucht. Insgesamt erwiesen sich die Apparate als zu teuer und ungeeignet für den gemischten Hausmüll. Nur *Setzherde* als Steinausleser in Kompostierungsanlagen und Magnetscheider haben in der Praxis eine Verwendung gefunden.

Die *Magnetsortierung* erfolgt weitgehend durch Überbandmagnete, die die Eisenteile aus dem Müll herausziehen und über ein umlaufendes Band quer zur Förderrichtung des Mülltransports austragen. Eine wirksame Magnetscheidung setzt voraus, daß die ferromagnetischen Teile durch eine entsprechende Vorzerkleinerung bzw. Auflockerung weitgehend einzeln dem Magneten zugeführt werden. Die Größe der Eisenteile ist nicht begrenzt, da Magnete für die Entfernung nahezu aller Gewichtsgrößen zur Verfügung stehen. Überbandmagnete werden i. d. R. zur groben magnetischen Vorsortierung zerkleinerter und nicht zerkleinerter Siedlungsabfälle eingesetzt. Während sich die magnetische Sortierung nach der Zerkleinerung als erfolgreich erwiesen hat, sind bisher alle Versuche, ein gutes ferromagnetisches Produkt durch Ausheben der FE-Metalle vor dem Zerkleinerungsaggregat zu erzielen, gescheitert. Wie Tabelle H.2-2 deutlich zeigt, ist die Wiedergewinnungsrate der Magnetscheidung vor der Zerkleinerung ausreichend, jedoch führt die Verunreinigung durch Hausmüllbestandteile in der Schrottfraktion zu keinem marktgängigen Produkt.

Neben der Handlese für Glas aus der getrennten Sammlung wurden zur Abtrennung von Keramik und Fehlfarben *Farbsortiermaschinen* entwickelt, die mit einer Sensorik das zu sortierende Gut nach der Opazität abtasten. Diese Sensorik basiert entweder auf Infrarotstrahlung oder auf optoelektronischen Signalen. Sie ist sowohl zur Farbglas- als auch zur Fremdstoffsortierung (Keramik, Steine) geeignet. Wird durch die Sensoren das auszusortierende Material erkannt, dann wird als Steuerungsmechanismus

Tabelle H.2-2 Wiedergewinnungsraten und Verunreinigungen der Schrottfraktion bei Einsatz von Magnetschneidern vor der Zerkleinerung des Hausmülls [H.2.1]

Schrottfraktion	Anteil %	Wiedergewinnungsrate %
Fe-Schrott	48,1	98,9
Fe-Blech	35,2	87,6
Hausmüllbestandteile	16,7	
Summe	100,0	

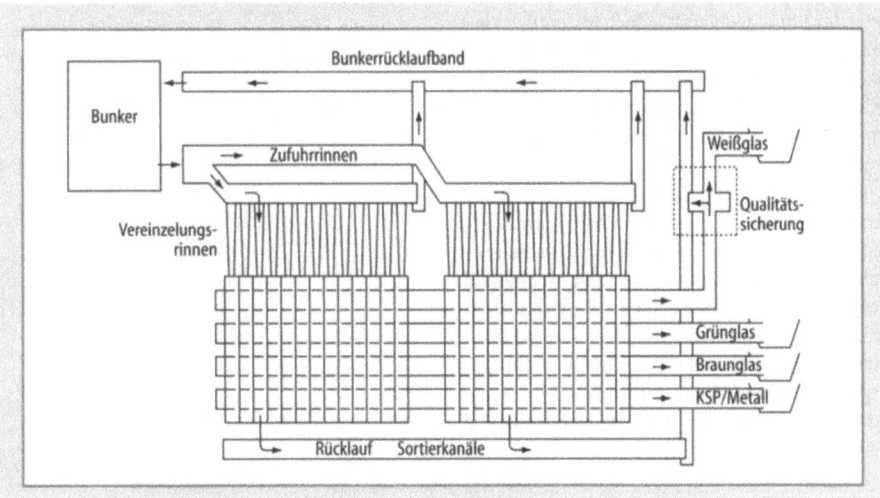

Bild H.2-5 Darstellung eines Blocks zur Farbsortierung von Altglasscherben [H.2.9]

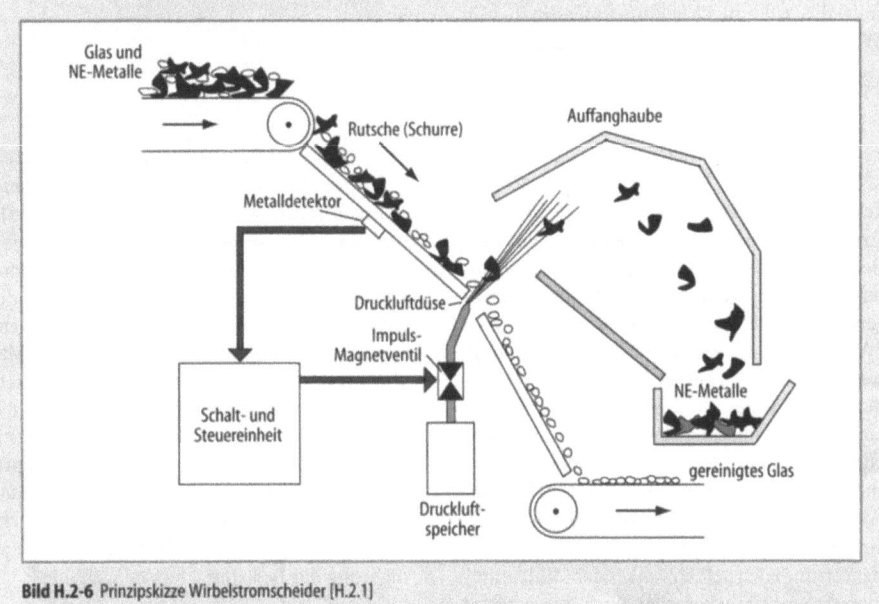

Bild H.2-6 Prinzipskizze Wirbelstromscheider [H.2.1]

ein kurzer Luftstoß aktiviert, der zum Auswurf des Teilchens führt.

Nach einer Vorbehandlung (Siebung, Sortierung, Zerkleinerung, Sichtung) wird der zur optischen Sortierung vorgesehene Altglasanteil kontinuierlich aus einem Glasbunker abgezogen und über Zufuhr- und Vereinzelungsrinnen in die Sortierkanäle gefördert (Bild H.2-5).

Die vereinzelten Glasscherben durchlaufen die Weiß-, Grün-, Braunglaserkennung und die Erkennung der nicht transparenten Materialien (Keramik, Steine, Porzellan). Mittels dieser Farbsortieranlagen wird eine Reinheit des Weißglases von ca. 99,7 % erreicht.

Im Rahmen der Altglasaufbereitung werden zur Abtrennung von Nichteisen(NE)-Metallen verstärkt auch *Nichteisenmetallscheider* eingesetzt. Ihr Einsatzgebiet ist jedoch wesentlich vielfältiger und reicht von der Aufbereitung von Verpackungsabfällen der DSD-Leichtfraktion (Getränkekartons mit Aluminiumschicht, Aluminiumdosen usw.) bis zur Aufbereitung von Elektronikschrott.

Die NE-Scheidung basiert auf der magnetischen Induktion von Wirbelströmen. Wirbelströme entstehen, wenn sich ein Leiter in einem zeitlich oder räumlich sich ändernden Magnetfeld befindet oder darin bewegt wird. Nach der Lenzschen Regel erzeugen diese Ströme ihrerseits ein Magnetfeld, das dem sie erzeugenden Feld entgegengerichtet ist. Dabei wird eine Kraft auf den Leiter ausgeübt, die ihn aus dem Ursprungsfeld herausbeschleunigt.

Das aufzubereitende Gut wird vereinzelt auf einem Förderband einem starken Magnetfeld zugeführt. die induzierten Wirbelströme bewirken in den Metallteilen eine große Abstoßungskraft, die, z. B. mit Druckluft unterstützt, zum „Wegfliegen" der Teile führt (Bild H.2-6).

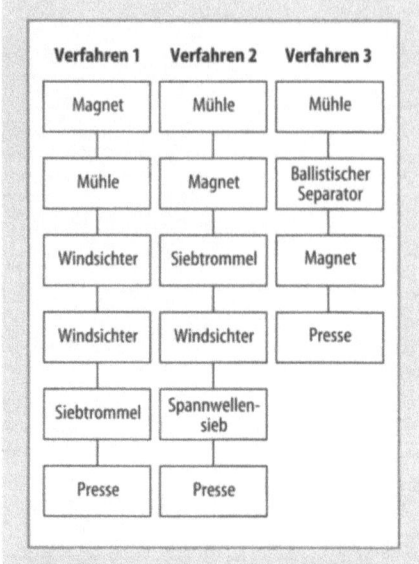

Bild H.2-7 Darstellung der Fließbilder der untersuchten Verfahrenskombination zur Herstellung von BRAM aus Wiener Hausmüll

H.2.1.3 Verfahrenskombinationen

H.2.1.3.1 Gewinnung von Brennstoffen

Heizwertreiche Bestandteile können in einem verfahrenstechnischen Grundkonzept mit Zerkleinerung, Magnetscheidung und anschließender Klassierung für die nachfolgende Verbrennung aufbereitet werden (Bild H.2-7).

Variationen der Anordnung dieser Grundaggregate wirken sich auf die Qualität und Quantität des BRAM aus. So folgen beim Verfahren 1 nach der Zerkleinerung 2 Windsichter und 1 Siebtrommel, was sich besonders bei Pappe und Textilien bemerkbar macht. Wie weitergehende Untersuchungen gezeigt haben, bleibt innerhalb einer bestimmten Verfahrenstechnik die Zusammensetzung auch bei schwankender Müllzusammensetzung relativ konstant. Ein höherer Anteil an Brennbarem macht sich durch eine größere Ausbeute bemerkbar. Als vorgeschaltete Anlage vor einer Verbrennung würden bereits 3 Aggregate für die Zerkleinerung, Siebung und Magnetscheidung zur Herstellung eines angereicherten Brennstoffs ausreichen.

Eine mechanische Vorbehandlung vor der energetischen Verwertung wird zukünftig stärkere Bedeutung erlangen. Zur Erreichung des geforderten Glühverlustes von < 5 % sollte möglichst homogenes Brennmaterial eingesetzt werden. Homogenes Brennmaterial führt u.a. zu einem besseren Ausbrand und verringert somit die organischen Reste in der Schlacke [H.2.10].

In der Müllverbrennungsanlage Göppingen (Bild H.2-8) wurde eine Drehtrommel zur Homogenisierung des Materials eingesetzt. Durch die Rückführung warmer Abluft aus der Verbrennung wird gleichzeitig eine Vortrocknung des Materials erreicht. Das Material (Müll und Klärschlamm) verbleibt bei 0,8–3 U/min mind. 8 h in der Homogenisierungstrommel und wird auf ca. 80 °C aufgeheizt. Diese Verfahrenskonzeption führt zu einer Vergleichmäßigung des Inputs und somit auch zur kontinuierlichen und gleichmäßigen Wärmefreisetzung sowie zu einer Verringerung der Belastung der Anlagenteile.

H.2.1.3.2 Mechanisch-biologische Vorbehandlung von Restabfall

Unter diesem Oberbegriff werden verschiedene verfahrenstechnische Varianten der Kombination mechanischer Stufen zur Zerkleinerung, Schad- und Wertstoffabtrennung bzw. -anreicherung und der biologischen Umsetzung durch aerobe und/oder anaerobe Reaktionen zusammengefaßt. Mechanisch-biologische Vorbehandlungsverfahren basieren auf den Verfahren zur BRAM-

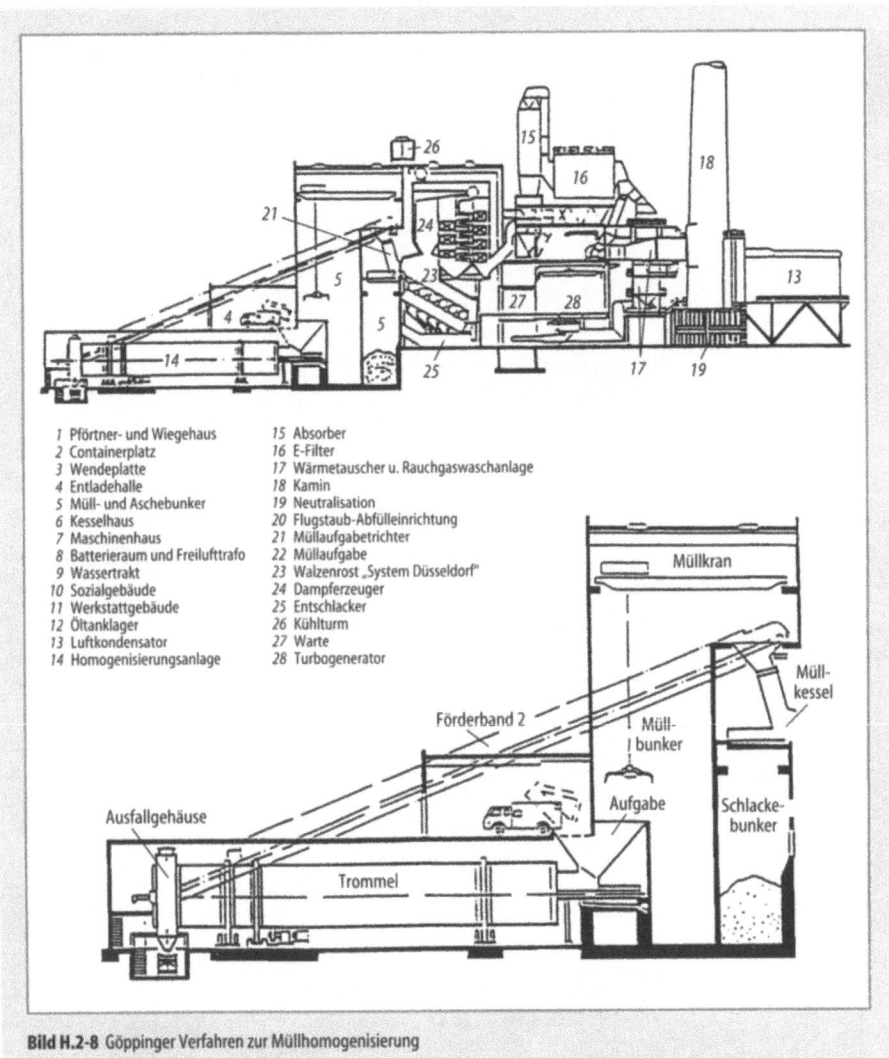

Bild H.2-8 Göppinger Verfahren zur Müllhomogenisierung

1 Pförtner- und Wiegehaus
2 Containerplatz
3 Wendeplatte
4 Entladehalle
5 Müll- und Aschebunker
6 Kesselhaus
7 Maschinenhaus
8 Batterieraum und Freilufttrafo
9 Wassertrakt
10 Sozialgebäude
11 Werkstattgebäude
12 Öltanklager
13 Luftkondensator
14 Homogenisierungsanlage
15 Absorber
16 E-Filter
17 Wärmetauscher u. Rauchgaswaschanlage
18 Kamin
19 Neutralisation
20 Flugstaub-Abfülleinrichtung
21 Müllaufgabetrichter
22 Müllaufgabe
23 Walzenrost „System Düsseldorf"
24 Dampferzeuger
25 Entschlacker
26 Kühlturm
27 Warte
28 Turbogenerator

Gewinnung. Dies wird auch in Bild H.2-9 deutlich, wo beispielhaft das Verfahrensfließbild der Kehrichtbehandlungsanlage Hard (Schweiz) dargestellt ist. Dabei werden bereits die Möglichkeiten der mechanisch-biologischen Vorbehandlung auch in Verbindung mit der thermischen Vorbehandlung deutlich.

In Abhängigkeit vom Ausgangsstoff (insbesondere bei der Zugabe von Klärschlamm) muß eine Homogenisierung vorgesehen werden. Für die biologische Stufe stehen aerobe und anaerobe Verfahren zur Auswahl.

Eine Analyse bereits bestehender bzw. in Planung befindlicher Anlagen ermöglicht eine Verallgemeinerung der verschiedenen Verfahrenskonzeptionen auf 8 Verfahrensschritte [H.2.12] (Bild H.2-10).

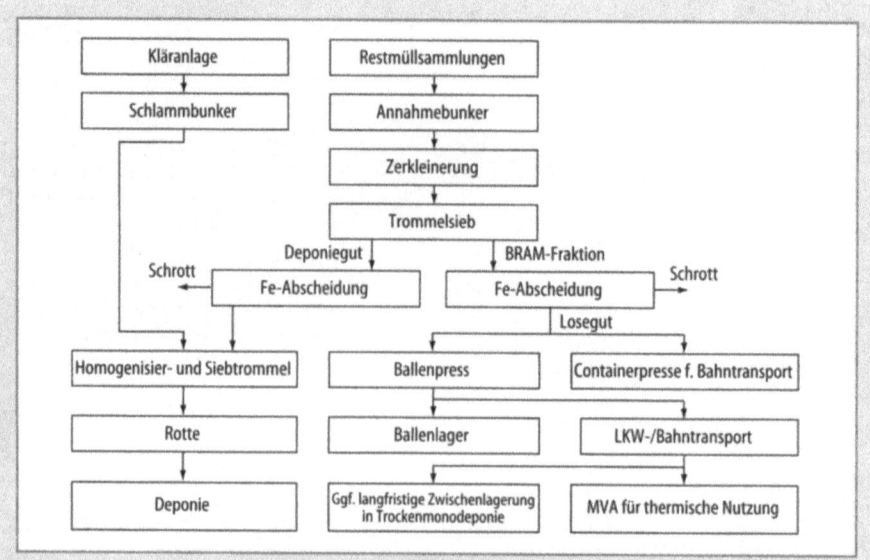

Bild H.2-9 Verfahrensfließbild einer mechanisch-biologischen Anlage mit BRAM [H.2.11]

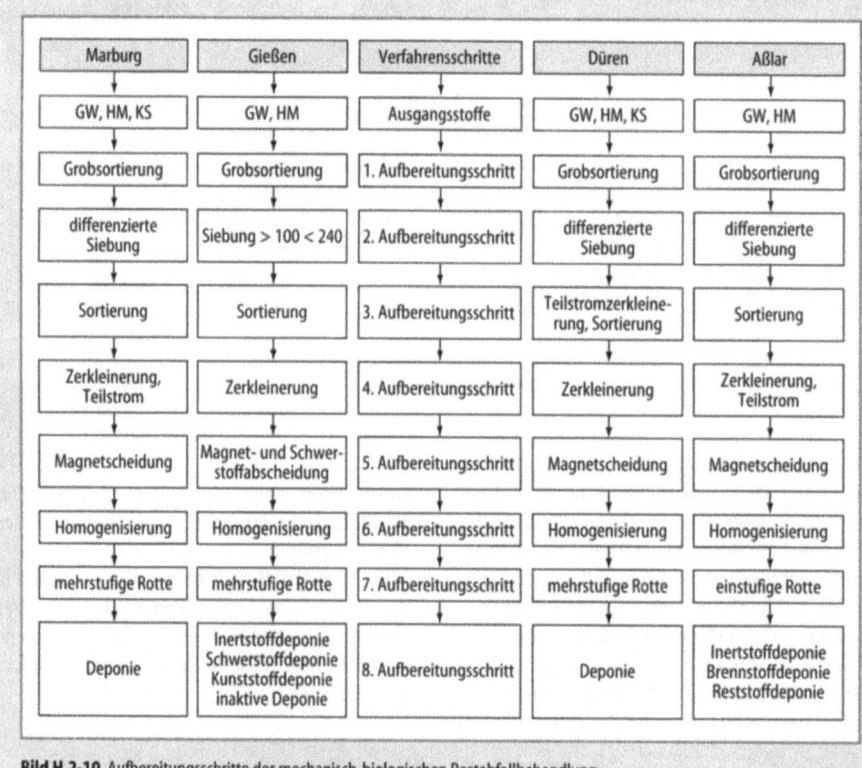

Bild H.2-10 Aufbereitungsschritte der mechanisch-biologischen Restabfallbehandlung

H.2.2 Thermische Abfallbehandlung

Die Bedeutung der thermischen Abfallbehandlung insbesondere für belastete und organisch angereicherte Abfallarten wird in Zukunft weiter zunehmen. So zielen neue gesetzliche Vorschriften darauf ab, den Glühverlust der Abfälle bei der Ablagerung auf 3 bzw. 5 % zu begrenzen [H.2.13]. Dies dürfte ohne den Einsatz thermischer Behandlungsverfahren kaum erreichbar sein.

Wesentliche Ziele moderner thermischer Verfahren zur Abfallbehandlung sind [H.2.14]:
- Gefährdungs- und Schadstoffpotentiale weitestgehend zu verringern,
- Abbau organischer Bestandteile (einschl. pathogener Keime),
- Reduzierung (Menge und Volumen) und Inertisierung der Restabfälle bei möglichst großer stofflicher und/oder energetischer Verwertung.

Die thermische Abfallbehandlung umfaßt verschiedene Verfahrenstechniken, die wie folgt in direkte Verbrennungs- und in Kombinationsverfahren einteilbar sind:

Direkte Verbrennungsverfahren
- Abfallverbrennung
  - mit Luft
  - mit Sauerstoff

Kombinationsverfahren
- Pyrolyse
- Vergasung
- Erzeugung von festen Brennstoffen

Direkte Verbrennungsverfahren enthalten als wesentlichen Entsorgungsschritt die Zersetzung und weitgehende Oxidation von Abfallbestandteilen bei hohen Temperaturen (etwa 900 °C – 1100 °C bei Siedlungsabfällen [H.2.15] und über 1200 °C bei Sonderabfällen [H.2.16, H.2.17]), wobei die organischen Komponenten zu Kohlendioxid und Wasser und die anorganischen Substanzen in mineralisierte Schlacke umgewandelt werden. Die Verbrennungsvorgänge und die Inertisierung des verbleibenden Restabfalls lassen sich prinzipiell durch Erhöhung der Prozeßtemperatur und der Sauerstoffkonzentration (nicht zu verwechseln mit dem Luftüberschuß) positiv beeinflussen.

Darüber hinaus bietet sich der Einsatz schadstoffarmer Abfallfraktionen z. B. in Kohlefeuerungen (vor allem Schmelzkammerfeuerungen) oder Industriefeuerungen (wie der Zementherstellung) an, wobei prozeßbedingte hohe Verbrennungstemperaturen und lange Materialverweilzeiten zu einem hohen Inertisierungsgrad der Verbrennungsrückstände führen.

Die indirekt arbeitenden thermischen Kombinationsprozesse wandeln die organischen Inhaltsstoffe in zumeist mehreren Prozeßstufen um, oder bereiten sie so auf, daß sie in weiteren Bearbeitungsstufen vor allem energetisch, seltener stofflich genutzt werden können.

Bei der Pyrolyse (oder auch Entgasung) erfolgt die thermische Zersetzung des organischen Materials unter weitgehender Sauerstoffabwesenheit vor allem zu Brenn- oder Synthesegasen, kondensierbaren Komponenten und festen zumeist kohlenstoffhaltigen Produkten, während bei der Vergasung der Kohlenstoffanteil mit Vergasungsmitteln (z. B. Wasserdampf, Luft oder Sauerstoff) zu Kohlenmonoxid und -dioxid sowie Wasserstoff umgesetzt wird. Die bei der Vergasung anfallenden festen und flüssigen Produkte sind im Vergleich zur Pyrolyse nahezu frei von kohlenstoffhaltigen Bestandteilen. Die Vergasungsverfahren haben außer in speziellen Sonderfällen bei der Abfallbehandlung keine große Bedeutung und werden daher nicht eingehender betrachtet.

Die Erzeugung fester Brennstoffe (BRAM) aus Abfällen erfordert z. B. bei Hausmüll eine Separierung hochenergetischer Müllfraktionen (insbesondere Papier, Pappe und Kunststoffe), die ggf. mit Additiven zur Einstellung gleichbleibender Produktqualität und emissionsarmer Verbrennung versetzt werden.

Welche der vorgenannten thermischen Behandlungstechniken letztendlich einzusetzen ist, wird von der Abfallart (s. Abschn. H.1.2, wie Siedlungsabfälle, Sonderabfälle einschl. Krankenhausabfälle, Altlasten und Abfälle aus der Landwirtschaft und Tierhaltung) und Abfalleigenschaften bestimmt. Bedeutsame Abfalleigenschaften hinsichtlich einer thermischen Verwertung sind:
- chemische Zusammensetzung,
- Konsistenz und Dichte,
- Form, Größe und Größenverteilung der Partikel,
- stoffspezifische Emissions- und Rückstandsbildung.

Eine Übersicht der am Markt befindlichen Verfahren und deren Verfahrensspezifizierung findet sich in Tabelle H.2-3.

Tabelle H.2-3 Übersicht thermischer Verfahren zur Abfallbehandlung und deren wesentliche Merkmale

Trocknung	Pyrolyse	Vergasung	Verbrennung	Verfahrenssynonym, Apparate
Rost (auch mit Sauerstoffanreicherung, Wasserkühlung)				Vorschub-, Rückschub-, Walzenrostfeuerung
Etagenofen		Wirbelschicht		Etagenwirbler
Wirbelschicht (stationäre, rotierende oder zirkulierende)				Rowitec, Thermitec
Rost		Drehrohr		Duotherm
Drehrohr		Schmelzkammerkessel		Schwel-Brenn-Verfahren
Entgasungskanal	Festbettvergaser	GM/GuD/HK		Thermoselect
Brikettierung	Festbettvergaser	GM/GuD/HK		GSP-Vergaser
Drehrohr	Flugstromvergasung	GM/GuD/HK		Noell-Konversionsverfahren
Wirbelschichtvergaser (Luft)		GM/GuD/HK		Ökogas, Wikonex
Staub-, Rost-, Wirbelschichtfeuerung für Kohle und Abfall				Mischfeuerung

GM Gasmotor   GuD Gas- und Dampfturbinenprozeß   HK Heizkraftwerk

H.2.2.1 Grundlagen der thermischen Abfallaufbereitung

H.2.2.1.1 Abfallverbrennung

Neue Entwicklungen in der Abfallverbrennung optimieren die Verbrennungsführung (z.B. Steuerung der Luftzuführung mittels Infrarotkameras [H.2.18]), minimieren die Rauchgasmengen (z.B. durch Umstellung von Luft- auf Wasserkühlung der Roste [H.2.19]) oder verwenden geeignete Verbrennungssysteme bei minimaler Schadstoffentstehung und hohem Inertisierungsgrad. Außerdem erfolgt eine Anpassung von Gasreinigungssystemen gemäß dem Fortschritt der technischen Entwicklung und den gesetzlichen Anforderungen.

Vorgänge bei der Verbrennung

Der Reihe nach und teilweise sich überlagernd, laufen folgende physikalischen und chemischen Vorgänge bei der Abfallverbrennung ab:
Trocknung – Entgasung –
Vergasung – Verbrennung

Trocknung. Erwärmung des Materials auf über 100 °C mit Verdampfung des Wassers aus den Abfällen.

Entgasung. Thermische Zersetzung von organischem Material unter weitgehendem Ausschluß eines Vergasungsmittels. Dabei werden flüchtige Stoffe im Temperaturbereich zwischen 250 °C und 900 °C ausgetrieben.

Vergasung. Umsetzung von kohlenstoffhaltigem Material bei hohen Temperaturen zu gasförmigem Brennstoff unter Verwendung von Vergasungsmitteln. In der Vergasungszone findet hauptsächlich die partielle Oxidation der aus der Entgasung stammenden „fixen Kohlenstoffe" statt. Die Temperatur liegt in der Vergasungszone i.d.R. zwischen 800 und 1100 °C.

Verbrennung. Oxidation des „Einsatzguts". Es wird mit einem Luftüberschuß verbrannt, um den Heizwert des Brennstoffs optimal auszunutzen und die Kohlenstoffverbindungen möglichst vollständig zu oxidieren. Während Trocknung, Ent- und Vergasung endotherm verlaufen, ist die Verbrennung exotherm.

Für den optimalen Prozeßablauf ist es erforderlich, die Heizwerte von Abfällen zu kennen.

Zur Bestimmung unbekannter Heizwerte eignen sich kalorimetrische Untersuchungsmethoden (s. u. a. DIN 51 900) oder häufig auch Näherungsberechnungen unter Einbeziehung von Elementaranalysen:

$$H_u = 34{,}8\,C + 93{,}9\,H + 10{,}5\,S + 6{,}3\,N - 10{,}8\,O - 2{,}5\,W$$

in MJ/kg mit folgenden Gehalten [in kg/kg]:
C Kohlenstoff   N Stickstoff
H Wasserstoff   O Sauerstoff
S Schwefel   W Wasser

Bei Anwendung von Elementaranalysen zur Heizwertbestimmung ist aber der Bindungscharakter der Elemente unberücksichtigt (z. B. anorganisch oder organisch, aliphatisch oder aromatisch), so daß genauere Informationen nur durch Verbrennungsversuche an großtechnischen Anlagen zu erhalten sind. Regionale und saisonale Schwankungen des Heizwerts zeigen jedoch, daß zu hohe Anforderungen an die Heizwertbestimmung insbesondere bei Hausmüll unangemessen sind.

Neben dem Heizwert sind die angebotene Sauerstoffmenge und -konzentration im Verbrennungsraum weitere wesentliche Einflußgrößen. Bild H.2-11 zeigt den Zusammenhang zwischen O_2-Gehalt (bei Verwendung von Verbrennungsluft) und Feuerungstemperatur bei ausgewähltem Hausmüll und Sonderabfall [H.2.20]. Der für eine Verbrennung benötigte Mindestbedarf an Sauerstoff läßt sich wie folgt berechnen:

$$O_2 = 2{,}67\,C + 8\,H + - O + S \;[\text{kg/kg}]$$

Wie bei allen realen technischen Verbrennungsvorgängen erfordert insbesondere auch die Abfallverbrennung eine überstöchiometrische Zugabe von Sauerstoff (als Sauerstoffüberschuß oder Luftzahl bezeichnet), die vor allem von der Feuerungsart abhängig ist. Eine Erhöhung der Sauerstoffkonzentration (durch O_2-Anreicherung) führt i. allg. zu verbesserten Ausbrandbedingungen und verringert außerdem Aufwand und Größe für Gasreinigung und Rauchgasableitung.

Für die Dimensionierung der Feuerungsanlage ist neben O_2-Gehalt und Verbrennungstemperatur insbesondere die Partikelgröße von Bedeutung. In Bild H.2-12 (typisch für Flugstromfeuerungen) und Bild H.2-13 (typisch für Drehrohr- oder Rostfeuerungen) sind Ausbrandzeiten kohlenstoffhaltiger Partikel abhängig vom Partikeldurchmesser und der Verbrennungstemperatur aufgeführt. Je nach Partikelgröße können die Ausbrandzeiten zwischen < 1 s bis zu > 10 min und bei Hausmüll aufgrund der Heterogenität auch deutlich darüber liegen. Weitergehende Angaben zum Thema Verbrennungsvorgänge und Feuerungsanlagendimensionierung sind nachzulesen in [H.2.21, H.2.22].

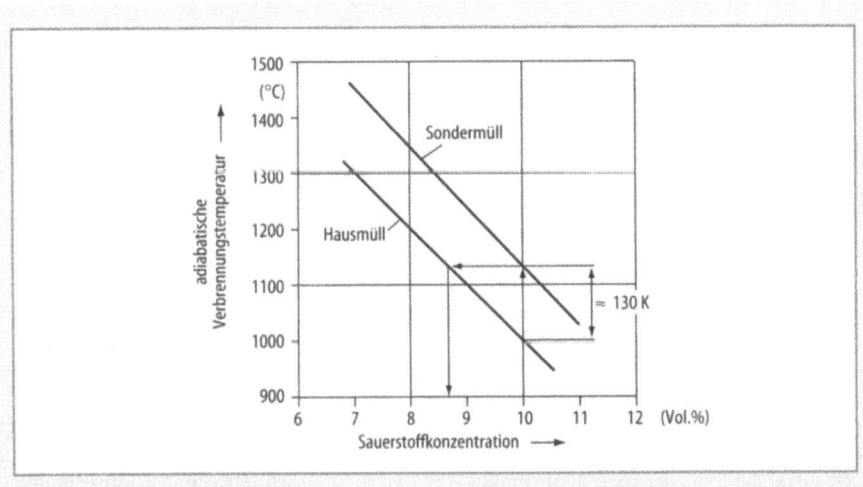

Bild H.2-11 Einfluß der O_2-Rauchgasgehalte auf die Verbrennungstemperatur am Beispiel ausgewählter Abfallstoffe

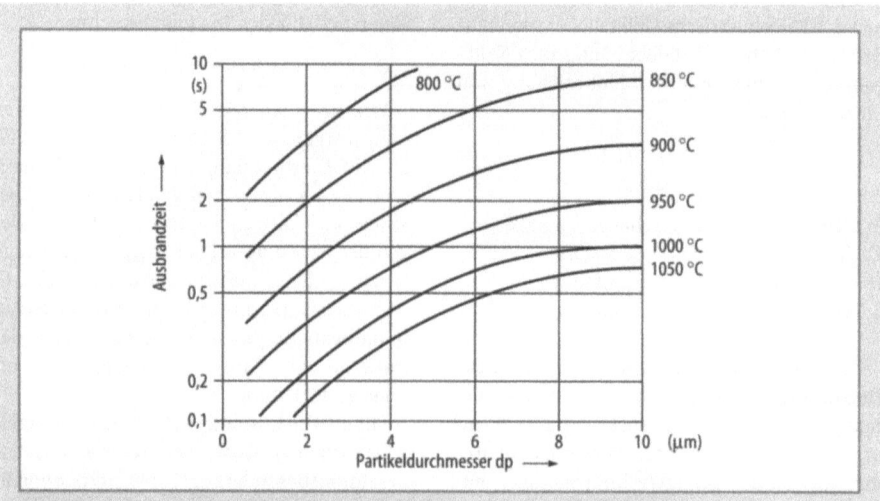

Bild H.2-12 Ausbrandzeiten von kohlenstoffhaltigen Partikeln als Funktion des Partikeldurchmessers

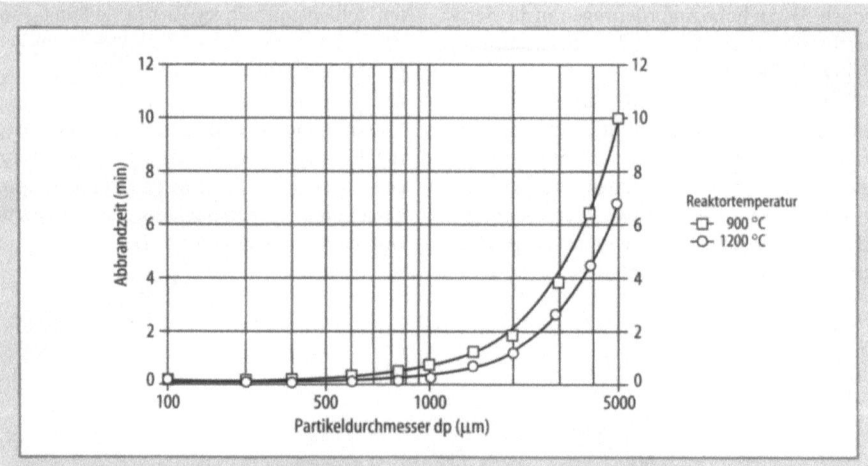

Bild H.2-13 Ausbrandzeiten von Kokspartikeln als Funktion der Partikelgröße

H.2.2.1.2 Pyrolyse

Die Pyrolyse führt bei weitgehendem Ausschluß von Sauerstoff und hohen Temperaturen zur Zerstörung der chemischen Bindungen insbesondere der organischen Stoffe. Die Zersetzungsproduktbildungen werden neben der Temperatur und der Aufheizrate durch die Anwesenheit katalytisch wirkender Stoffe beeinflußt. Als Produkte fallen Schwelgase, teer- und ölhaltige Komponenten sowie feste Rückstände an.

Vorgänge bei der Pyrolyse

Trocknung. Wasserabspaltung zwischen 100 und 120 °C.

Abhängig von den gewählten Reaktionstemperaturen unterscheidet man weiter in

Niedertemperaturpyrolyse. Aufbrechen aliphatischer Bindungen sowie von Sauerstoff-, Stickstoff- und Schwefel-Kohlenstoffverbindungen bei Temperaturen < 550 °C, wobei höhere Anteile an flüssigen Spaltprodukten (Öle und Teere) gebildet werden.

Mitteltemperaturpyrolyse. Im Temperaturbereich zwischen 550 und 800 °C entstehen in der Hauptsache gasförmige, kurzkettige Kohlenwasserstoffe sowie koksartige Feststoffe und in geringerem Umfang flüssige (insbesondere auch aromatische) Produkte.

Hochtemperaturpyrolyse. Zersetzung der organischen Bestandteile im Temperaturbereich zwischen etwa 800 und ca. 1100 °C, wobei in der Gasphase der Wasserstoffanteil und in den festen Reaktionsprodukten der Kohlenstoff dominant werden.

Während die vollständige Verbrennung organisches Material zu Kohlendioxid und Wasser und damit zu den Grundbausteinen der Photosynthese zurückführt, wird bei der Pyrolyse der Versuch gemacht, aus dem organischen Material Kohlenwasserstoffbausteine zu erhalten. Bei inhomogenen Abfallgemischen (wie z. B. Hausmüll) lassen sich jedoch unter vertretbarem Aufwand zumeist keine gleichbleibenden Produktmengen und -qualitäten erreichen. Vorteile der Pyrolyse gegenüber der Verbrennung bestehen, insbesondere bei sortenreinen Abfallstoffen, in einem veränderten Emissionsverhalten und in einer besseren Verwertbarkeit der Metallfraktionen.

H.2.2.2 Verfahrenstechnik der Abfallverbrennung

H.2.2.2.1 Feuerungssysteme und Anlagenaufbau

Anlagen zur Verbrennung von Abfällen bestehen im wesentlichen aus folgenden verfahrenstechnischen Teilbereichen:
- Annahme und Lagerung,
- Aufbereitung und Beschickung,
- Verbrennung,
- Rauchgasreinigung,
- Rückstandsbehandlung.

Bild H.2-14 zeigt den Anlagenaufbau einer Hausmüllverbrennungsanlage und Bild H.2-15 den einer Sonderabfallverbrennungsanlage [H.2.23, H.2.24]. Eine wesentliche Anlagenkomponente ist dabei das Feuerungssystem, das primär über den Inertisierungsgrad der Abfälle und die Schadstoffbildung entscheidet. Grundsätzlich kommen für die Verbrennung von Abfällen folgende Feuerungssysteme zur Anwendung:
- Rostfeuerungsofen,
- Drehrohrofen,
- Etagenofen,
- Wirbelschichtofen,
- Muffelofen,
- Staubfeuerungen als Mischfeuerungen.

In Bild H.2-16 sind die Feuerungssysteme und deren Klassifizierungsmerkmale dargestellt. Neben den typischen Gasgeschwindigkeiten sind weitere Daten wie der Mindestluftbedarf, mögliche Feuerungstemperaturen sowie Anforderungen an die Abfallkonditionierung (Verteilung und Größe der Abfallpartikel) aufgeführt. Darüber hinausgehende Informationen zu den Feuerungssystemen sind nachfolgend beschrieben.

Drehrohrofen

Drehrohröfen sind zylindrische, rotierende Öfen, deren Achse zur Waagerechten schwach geneigt ist (1–3°), etwa 8–12 m Länge und Durchmesser zwischen 1 und 5 m aufweisen. Sie können bis zu 20 % ihres Hohlraumvolumens mit Brenngut gefüllt werden. Durch die Ofenrotation wird das Brenngut durchgemischt und zum tiefergelegenen Ende des Drehrohrs befördert. Dabei wird es immer wieder von neuem mit der feuerfesten, heißen Ausmauerung in Kontakt gebracht, so daß neben festen auch pastöse und flüssige Abfälle mit relativ hohem Wassergehalt weitgehend problemlos verbrannt werden können. Drehrohröfen sind das bevorzugte Feuerungssystem für Sonderabfälle.

Etagenofen

Etagenöfen besitzen eine zylindrische Form und sind stehend angeordnet. Das Brenngut (z. B. Klärschlamm) wird durch Krählarme über Teller bewegt, die etagenförmig untereinander gesetzt sind. Je nach Art der Rauchgasführung werden Gleichstrom- und Gegenstromanlagen unterschieden. Während Etagenöfen bei heterogenen Abfällen wie Hausmüll eine aufwendige Abfallaufbereitung benötigt, braucht man im Vergleich bei Rost- und Drehrohrfeuerungen i.allg. keine mechanische Aufbereitung (Zerkleinerung) des Abfalls - mit Ausnahme von Sperrmüll - vor der Verbrennung.

Muffelöfen

Muffelöfen sind mit einer feuerfesten Ausmauerung versehene Brennkammern, die zur Erzielung hoher Temperaturen geeignet sind. Sie fin-

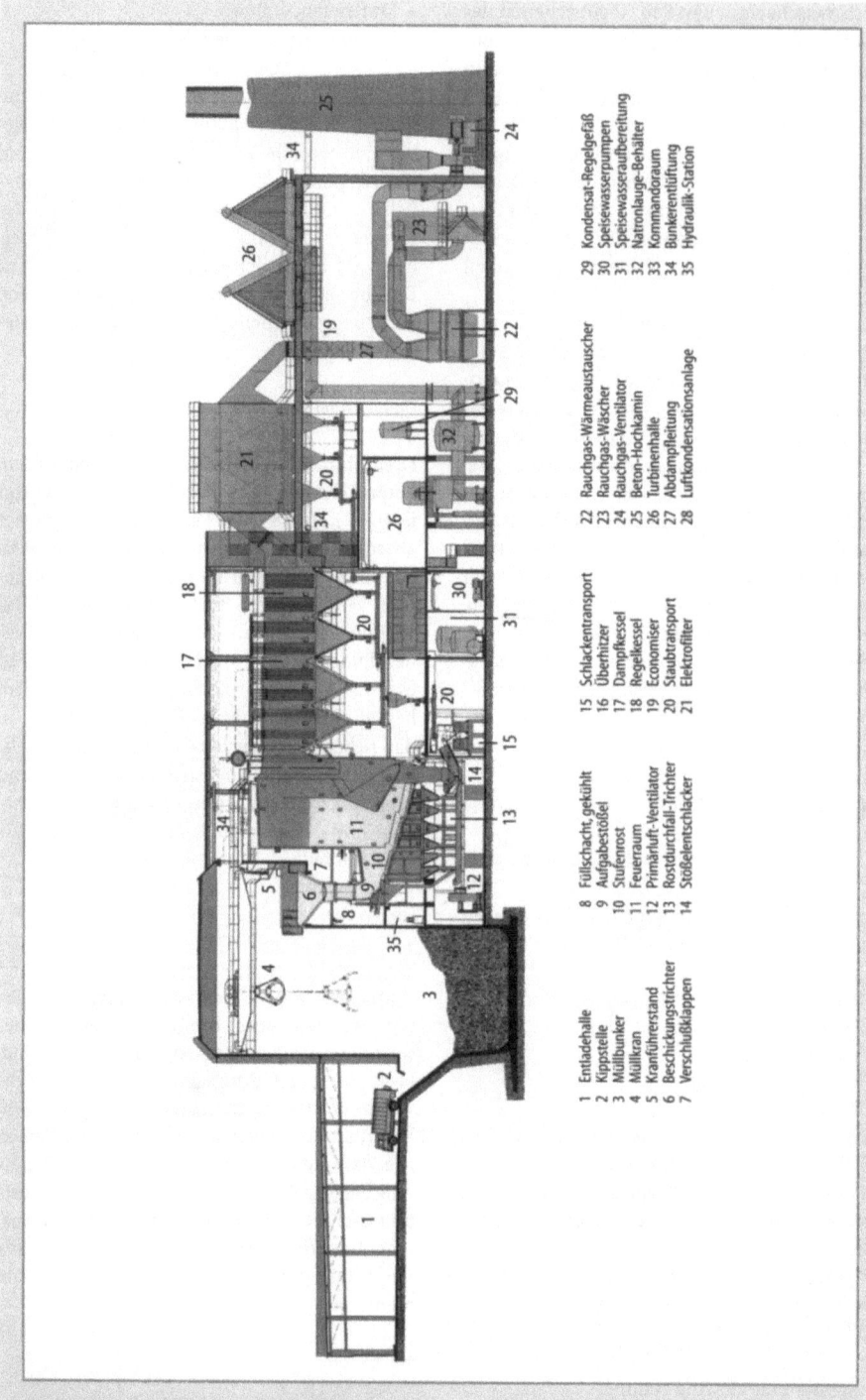

Bild H.2-14 Schematische Darstellung einer Müllverbrennungsanlage (Mülldurchsatz 20 t/h, Dampfleistung 45 t/h)

1 Entladehalle
2 Kippstelle
3 Müllbunker
4 Müllkran
5 Kranführerstand
6 Beschickungstrichter
7 Verschlußklappen
8 Füllschacht, gekühlt
9 Aufgabestößel
10 Stufenrost
11 Feuerraum
12 Primärluft-Ventilator
13 Rostdurchfall-Trichter
14 Stößelentschlacker
15 Schlackentransport
16 Überhitzer
17 Dampfkessel
18 Regelkessel
19 Economiser
20 Staubtransport
21 Elektrofilter
22 Rauchgas-Wärmeaustauscher
23 Rauchgas-Wäscher
24 Rauchgas-Ventilator
25 Beton-Hochkamin
26 Turbinenhalle
27 Abdampfleitung
28 Luftkondensationsanlage
29 Kondensat-Regelgefäß
30 Speisewasserpumpen
31 Speisewasseraufbereitung
32 Natronlauge-Behälter
33 Kommandoraum
34 Bunkerentlüftung
35 Hydraulik-Station

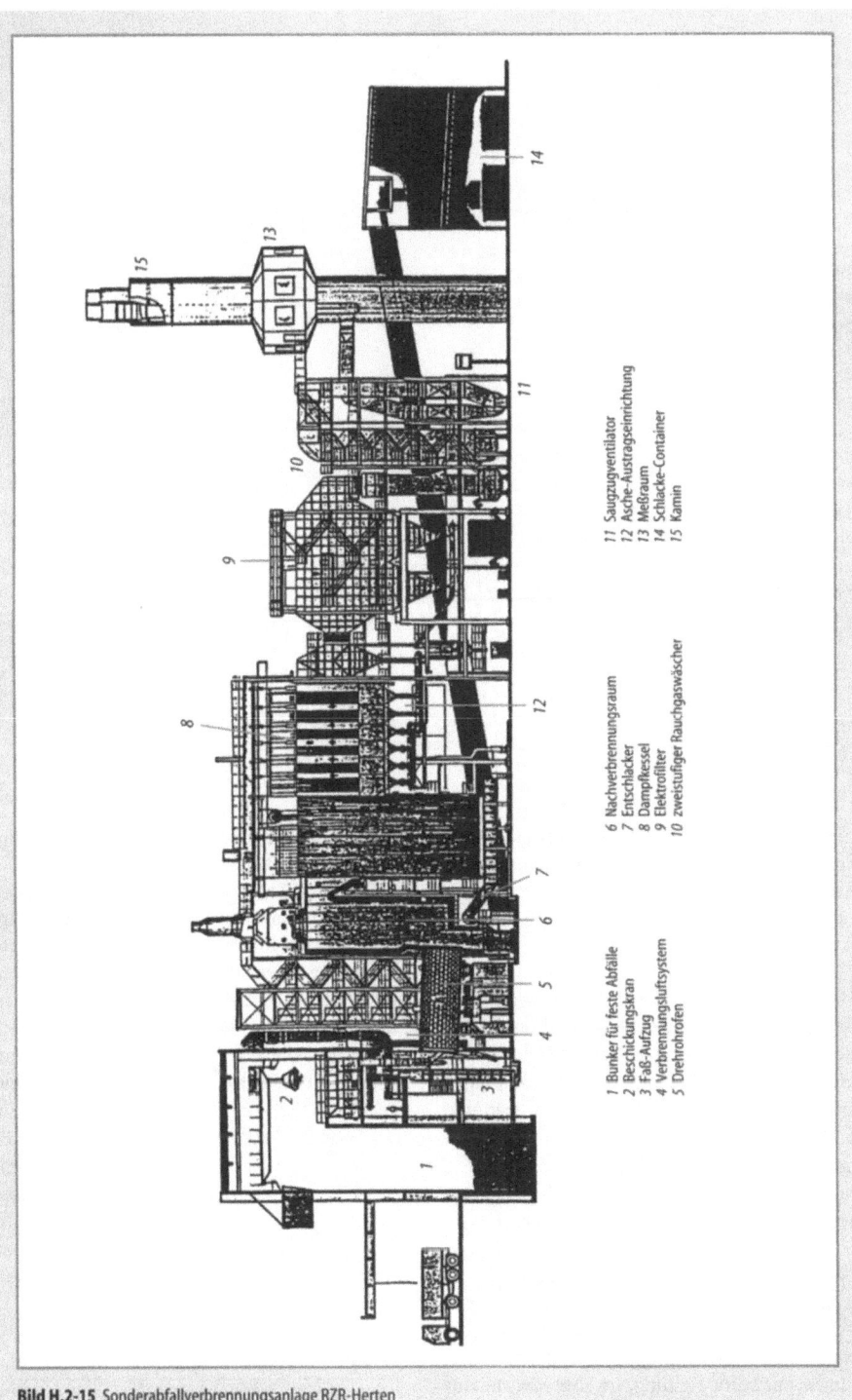

Bild H.2-15 Sonderabfallverbrennungsanlage RZR-Herten

1 Bunker für feste Abfälle
2 Beschickungskran
3 Faß-Aufzug
4 Verbrennungsluftsystem
5 Drehrohrofen
6 Nachverbrennungsraum
7 Entschlacker
8 Dampfkessel
9 Elektrofilter
10 zweistufiger Rauchgaswäscher
11 Saugzugventilator
12 Asche-Austragseinrichtung
13 Meßraum
14 Schlacke-Container
15 Kamin

Abfallbehandlung | H-27

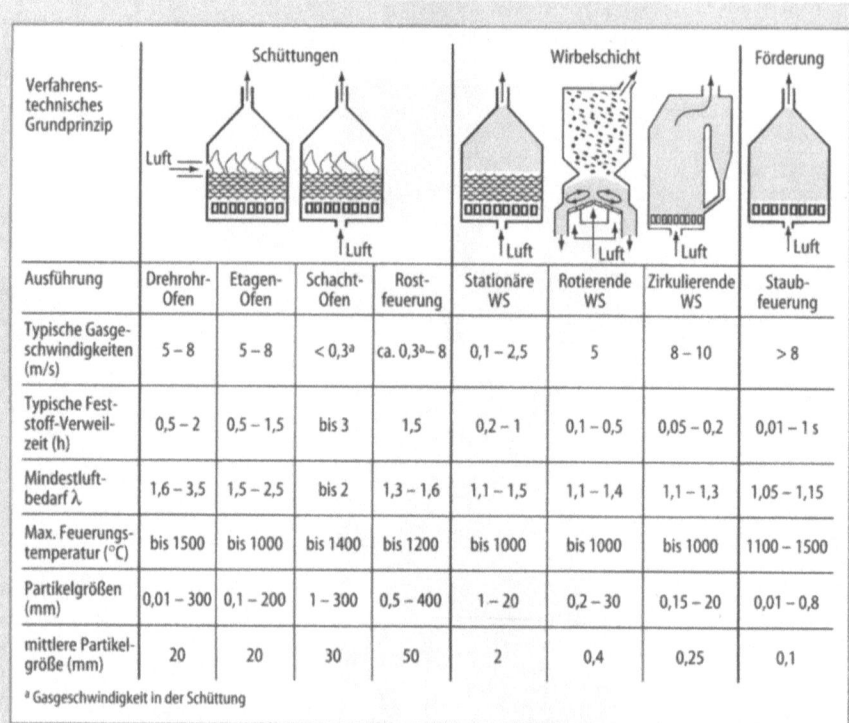

Bild H.2-16 Feuerungssysteme und deren Klassifizierungensmerkmale

Ausführung	Drehrohr-Ofen	Etagen-Ofen	Schacht-Ofen	Rostfeuerung	Stationäre WS	Rotierende WS	Zirkulierende WS	Staubfeuerung
Typische Gasgeschwindigkeiten (m/s)	5 – 8	5 – 8	< 0,3^a	ca. 0,3^a – 8	0,1 – 2,5	5	8 – 10	> 8
Typische Feststoff-Verweilzeit (h)	0,5 – 2	0,5 – 1,5	bis 3	1,5	0,2 – 1	0,1 – 0,5	0,05 – 0,2	0,01 – 1 s
Mindestluftbedarf λ	1,6 – 3,5	1,5 – 2,5	bis 2	1,3 – 1,6	1,1 – 1,5	1,1 – 1,4	1,1 – 1,3	1,05 – 1,15
Max. Feuerungstemperatur (°C)	bis 1500	bis 1000	bis 1400	bis 1200	bis 1000	bis 1000	bis 1000	1100 – 1500
Partikelgrößen (mm)	0,01 – 300	0,1 – 200	1 – 300	0,5 – 400	1 – 20	0,2 – 30	0,15 – 20	0,01 – 0,8
mittlere Partikelgröße (mm)	20	20	30	50	2	0,4	0,25	0,1

^{a} Gasgeschwindigkeit in der Schüttung

den vorwiegend bei der Verbrennung kleinerer Sonderabfallmengen (z. B. Krankenhausabfälle) Anwendung.

Rostfeuerungsofen

Dieses Feuerungssystem wird insbesondere bei der Verbrennung von Siedlungsabfall eingesetzt. Bei Gegenstromführung können feuchte Abfälle vorgetrocknet werden, bei trockenen Abfällen kann eine Gleichstromführung von Brenngut und Abgas auf dem Rost eine Frühzündung vermeiden. Verschiedene Möglichkeiten der Feuerraumgestaltung mit Temperaturprofilen und Gasstromverläufen zeigt Bild H.2-17 [H.2.25].

Je nach gewünschter Funktion gibt es verschiedene Rostarten: Wanderrost, Vorschubrost, Rückschubrost, Walzenrost sowie Stufenschwenkrost.

Zur optimalen Gestaltung und Betriebsfahrweise von Rostfeuerungen (vor allem Einstellungen zur Luftverteilung) im Hinblick auf eine schadstoffarme Verbrennung bieten sich Simulationsmethoden an, mit deren Hilfe gleichmässige Verbrennungsbedingungen (insbesondere gleichmäßige Temperaturverteilungen und Strömungszustände) einstellbar sind.

Bild H.2-18 zeigt den schematisch dargestellten Brennraum einer Rostfeuerung und die auftretenden CO-Konzentrationen vor und nach Optimierung unter Einsatz von Simulationstechniken [H.2.26]. Die so durchgeführte Optimierung der Verbrennungsverhältnisse liefert eine gleichmäßigere Temperaturverteilung und damit auch geringere Schadstofffrachten (neben CO- auch geringere NO_x- und Kohlenwasserstoffemissionen) sowie reduzierte Korrosionseinflüsse im Bereich der Kesselanlage. Die durch Simulationstechniken optimierten Temperaturverteilungen im Brennraum und im Kesselbereich gibt Bild H.2-19 wieder, wobei die Einstellung der Luftzuführung sowie die Brennluftmengenverteilung wesentliche Optimierungsparameter sind.

Wirbelschichtofen

Wirbelschichtöfen bestehen im wesentlichen aus zylindrischen, vertikal angeordneten, ausgemauerten Brennkammern. Bei der Wirbelschichtfeuerung unterscheidet man stationäre, rotierende und zirkulierende Ausführungen. Die Verbrennung in der Wirbelschicht findet recht schnell bei vergleichsweise niedrigen Temperaturen im Bereich zwischen 800 und 900 °C statt. In die Wirbelschicht werden flüssige oder gasförmige Abfälle über Düsen quer zur aufsteigenden Luft eingebracht. Feste Abfälle werden dem Wirbelbett von oben zugeführt. Während des Anlagenbetriebs darf der Erweichungspunkt der Asche nicht überschritten werden. Durch Agglomeration bilden sich sonst größere Partikel, die den Wirbelvorgang zum Erliegen bringen. Außerdem muß das Brenngut in möglichst enger Korngrößenverteilung vorliegen, was eine spezielle Abfallaufbereitung notwendig machen kann.

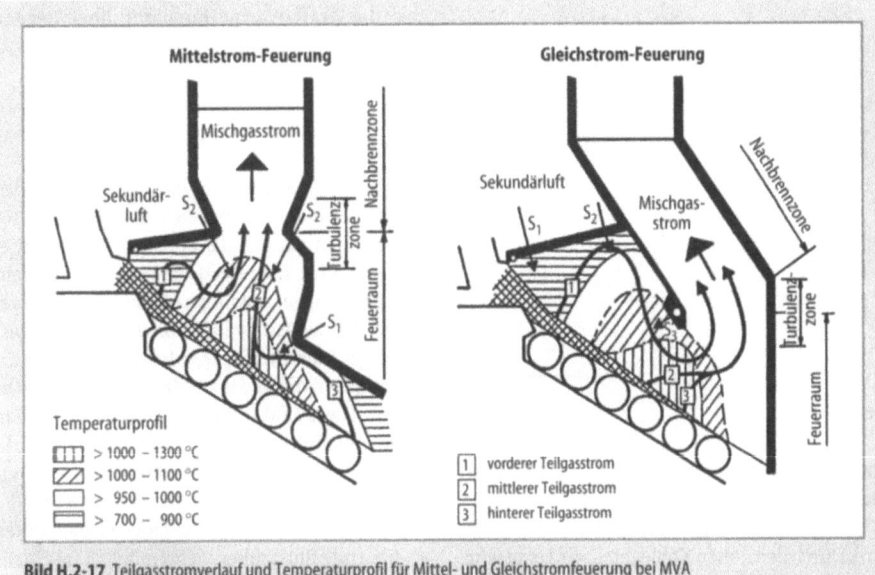

Bild H.2-17 Teilgasstromverlauf und Temperaturprofil für Mittel- und Gleichstromfeuerung bei MVA

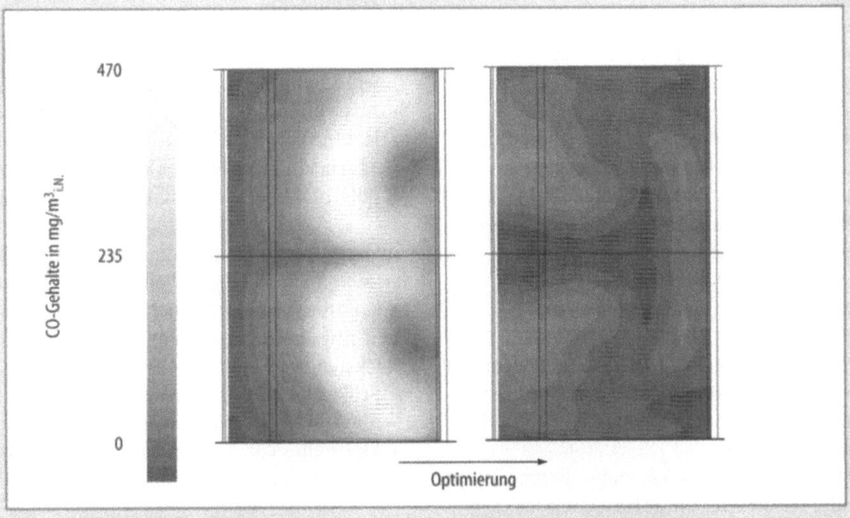

Bild H.2-18 CO-Gehalte in einer MVA-Rostfeuerung vor und nach der Optimierung durch Simulationstechnik

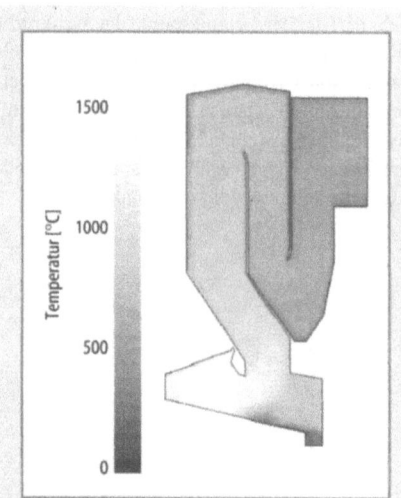

Bild H.2-19 Temperaturverteilung im Brennraum und im Kesselbereich einer Rostfeuerung für die Verbrennung von Hausmüll

Mischfeuerung

Unter Mischfeuerungen versteht man große Kohlefeuerungen, in denen überwiegend Kohle (ca. 95%) und ein geringer Abfallanteil verbrannt wird. Durch den hohen Kohleanteil wird eine sehr homogene Verbrennung erzielt, wobei vor allem Staub- und Wirbelschichtfeuerungen geeignet sind.

Daneben kommen grundsätzlich auch Drehrohröfen der Zementindustrie sowie Hochöfen in Frage. Der Einsatz von Zementdrehrohröfen und Hochöfen ist – abhängig von der Abfallfraktion – insofern eingeschränkt, weil die Einhaltung einer hohen Produktqualität unbedingt zu gewährleisten ist. Darüber hinaus kann die Gefahr der Überlastung von Abgasreinigungssystemen bei Produktionsanlagen bestehen.

Energienutzung aus der Abfallverbrennung

Der Wärmeinhalt des Abfalls kann in Form von Wärme oder elektrischem Strom genutzt werden. Verfahrens- und Anlagenvarianten sind folgende:
- Müll-Fernheizwerk (Erzeugung von Dampf oder Heißwasser mit niedrigem Druck),
- Müll-Heizkraftwerk (Erzeugung von Dampf oder elektrischer Energie mit einer Gegendruckturbine),
- Müllkraftwerk (Stromerzeugung mit hohem thermodynamischen Wirkungsgrad im Kondensationsbetrieb),
- kombiniertes Müll- und Fossilbrennstoff-Kraftwerk (wie das Müllkraftwerk, jedoch integrierter Anlagenteil in einem fossil gefeuerten Kraftwerk).

Etwa 98 % der verbrannten Abfälle werden in Anlagen mit Wärmeverwertung durchgesetzt, wobei die Kraft-Wärme-Kopplung überwiegend zum Einsatz kommt.

H.2.2.2.2 Emissions- und Rückstandssituation

Die bei der Abfallverbrennung auftretenden Schadstoffe werden entweder direkt aus den Inhaltsstoffen des Abfalls oder nach chemischer Umwandlung freigesetzt bzw. bei der Verbrennung oder in der Abkühlphase der Rauchgase gebildet. Für zulässige Emissionen fester und gasförmiger Schadstoffe aus Abfallverbrennungsanlagen gelten die in der 17. BImSchV festgelegten Werte. Diese sind technisch nur dann erfüllbar, wenn Abfallverbrennungsanlagen mit hochwirksamen Rauchgasreinigungssystemen ausgestattet sind. Hierzu gehören (s. a. Abschn. F.1):
- Hochleistungsstaubabscheider (Elektrofilter, filternde Entstauber, wenn möglich im Hochtemperaturbereich),
- mehrstufige Rauchgaswäsche (unter Produktgewinnung),
- Stickoxidminderung (vorteilhaft ist dabei der Einsatz von Reststoffen als Reduktionsmittel wie z. B. Gülle [H.2.27, H.2.28]),
- Adsorptionsfilter (auf der Basis von Aktivkohle, künstlichen oder natürlichen Zeolithen) zur Abscheidung schädlicher Spurenstoffe wie z. B. polychlorierte Dioxine und Furane sowie Hg.

Aus den vorgenannten Rauchgasreinigungssystemen fallen abhängig von der Abfallart und -zusammensetzung wie auch von der Feuerungs- und Abgasreinigungstechnik unterschiedliche Rückstände an:
- Schlacken bzw. Aschen aus der Verbrennung,
- Flugstäube aus der Rauchgasentstaubung,
- Stoffe aus Schadgasreinigung und Abwasserbehandlung.

Pro Tonne Siedlungsabfall werden etwa 300–400 kg und pro Tonne Klärschlamm bis zu über 500 kg Rückstände produziert. Bei Sonderabfällen ist der Rückstandsanteil i.d.R. deutlich niedriger.

Der in den Rückständen auftretende Schadstoffanteil erfordert – wenn ein hohes Verwertungspotential der Produkte angestrebt wird – zumeist den Einsatz spezieller Aufbereitungstechniken. Bild H.2-20 zeigt den Verbleib wichtiger Schadstoffe bei der Verbrennung von Siedlungsabfällen, wobei berücksichtigt werden muß, daß es sich um Mittelwerte ohne den Einsatz eines NO_x-Minderungsverfahrens oder eines Aktivkohlefilters handelt.

Die Verwertung von Schlacke aus Abfallverbrennungsanlagen wird durch Auslaugung von Salzen und Schwermetallen und verschärfte Grenzwertgestaltung problematischer, so daß zusätzliche Aufbereitungsverfahren unerläßlich werden. Ein geeignetes Aufbereitungsverfahren sowohl für Schlacken als auch für Flugstaub kann die Verglasung der Rückstände bei hohen Temperaturen (meist oberhalb 1300 °C) sein. Organische Spurenstoffe werden dabei vollständig zerstört und die Eluierbarkeit von Schwermetallen nimmt ebenfalls deutlich ab.

Der Einsatz von Mischfeuerungen kann prinzipiell ebenfalls zu verbesserter Rückstandsgestaltung (insbesondere für Schlacke und Flugstäube im Hinblick auf Schadstofflösevorgänge) führen, wenn geeignete Abfallfraktionen sowie Brennstoff/Abfallmischungen Verwendung finden. In Bild H.2-21 sind Ergebnisse von Eluatuntersuchungen dargestellt, wobei als Ausgangsmaterial verschiedene Verbrennungsrückstände aus Mischfeuerungen eingesetzt wurden [H.2.29]. Die Substituierung von Braunkohleanteilen durch Papierfraktionen oder Klärschlamm führte, wie Bild H.2-21 zeigt, bei einer Reihe von wasserlöslichen Schadstoffen zu niedrigeren Eluatwerten. Art und Menge der entstehenden Rückstände bei der Abscheidung gasförmiger Schadstoffe werden im wesentlichen durch die Verfahrensweise der Schadstoffabscheidung beeinflußt [H.2.14, H.2.30]. Bei nassen Verfahren mit vorgeschalteter Feststoffabscheidung rechnet man mit einem Anfall von 8–15 kg/t Reststoff, die bei entsprechender Aufbereitung teilweise zu marktfähigen Wertstoffen wie Gips und Salzsäure verarbeitet werden können.

Bei der Abscheidung toxisch relevanter Spurenstoffe (z.B. Hg, polychlorierte Dioxine oder Furane) werden in neuerer Zeit Anstrengungen unternommen, die eine Substitution hocheffek-

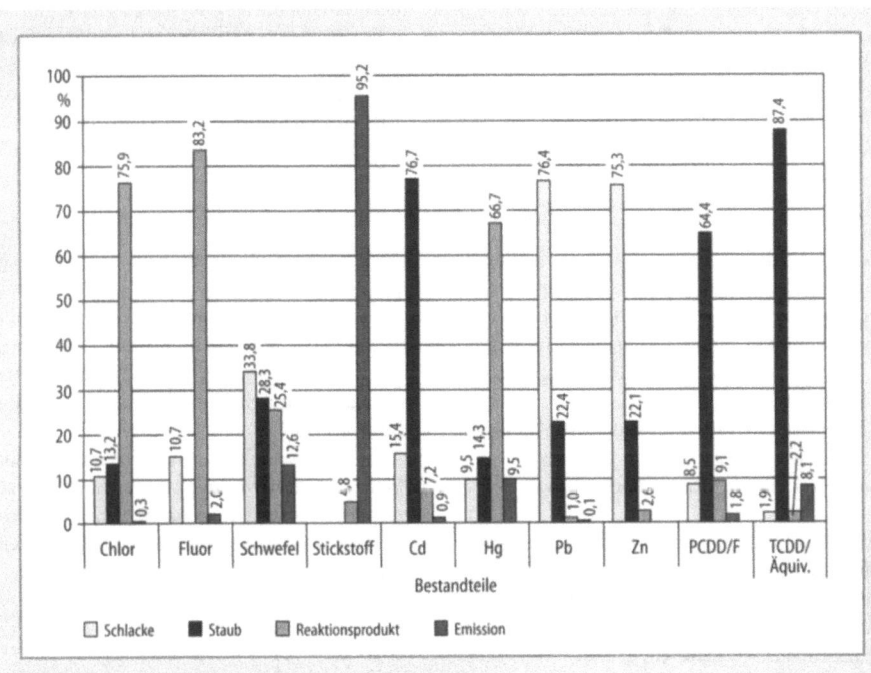

Bild H.2-20 Anfall wichtiger Schadstoffe bei der Hausmüllverbrennung

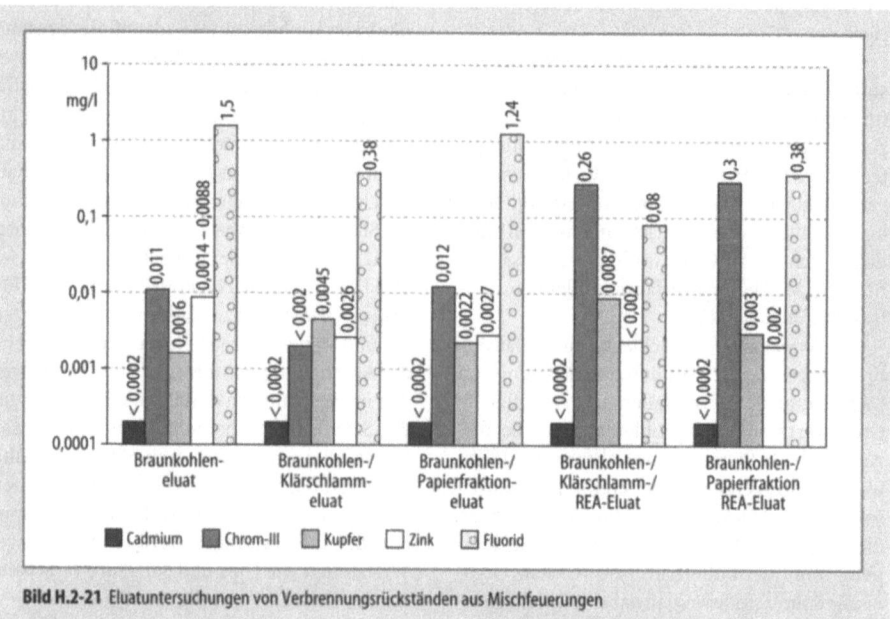

Bild H.2-21 Eluatuntersuchungen von Verbrennungsrückständen aus Mischfeuerungen

tiver, aber schwer handhabbarer Adsorbentien (wie z. B. Aktivkohle aufgrund der Staubexplosions- und Brandgefahr sowie der problematischen Deponieeignung) durch Stoffe wie z. B. natürliche Zeolithe (in Form von Phonolith) ermöglichen, die nicht brennbar und außerdem regenerierfähig und besser handhabbar sind.

H.2.2.3 Verfahrenstechnik der Abfallpyrolyse

H.2.2.3.1 Pyrolysesysteme und Anlagenaufbau

Eine Einteilung der in der Bundesrepublik Deutschland angebotenen Pyrolysetechniken kann wie folgt vorgenommen werden:
- Pyrolyse mit direkt gekoppelter Produktverbrennung (Gas oder Gas-/Kokskomponentenverbrennung),
- Pyrolyse mit indirekter Produktverbrennung (z. B. Gasturbine),
- Pyrolyse mit stofflicher Verwertung.

Bild H.2-22 zeigt eine Pyrolyseanlage, bei der Shreddermüll sowohl stofflich als auch thermisch verwertet werden soll [H.2.31]. Gegenüber einer Abfallverbrennung unterscheidet sich der Anlagenaufbau i. d. R. dadurch, daß eine zusätzliche Produktaufbereitung in mehr oder minder grossem Umfang notwendig wird, während sich die Abgasreinigung aufgrund veränderter Schadstoffemissionen vereinfachen soll.

Ein zentrales technisches Problem der endotherm ablaufenden Pyrolyseverfahren ergibt sich in der Zuführung der notwendigen Prozeßwärme, wobei folgende Varianten denkbar sind:
- Wärmetauscherflächen (z. B. Reaktorwand),
- inerte Wärmeträger (z. B. Quarzsand),
- partielle Verbrennung von Abfallanteilen oder Zusatzbrennstoffen,
- elektrische Beheizung.

Die Pyrolyseprodukte können jedoch hinsichtlich Qualität und Menge durch die Verwendung inerter Wärmeträger oder partieller Verbrennung nachteilig beeinflußt werden. Diese Techniken ermöglichen jedoch eine gegenüber den anderen Verfahrensarten gleichmäßige und effektive Produkterwärmung.

Als Pyrolysereaktor eignen sich grundsätzlich die aus der Abfallverbrennung bekannten Systeme, wobei jedoch Drehrohr- und Schachtreaktoren bevorzugt eingeplant und für den Praxiseinsatz optimiert wurden.

H.2.2.3.2 Emissions- und Rückstandssituation

Die Pyrolyse von Abfällen kann prinzipielle Vorteile bzgl. Menge und Toxizität der gasförmigen

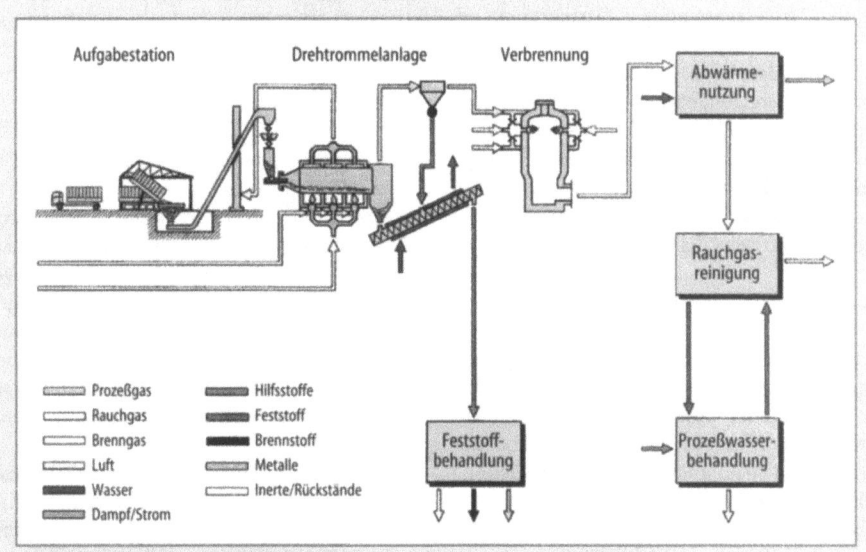

Bild H.2-22 Pyrolyseanlage zur stofflichen und thermischen Verwertung von Schreddermüll [19]

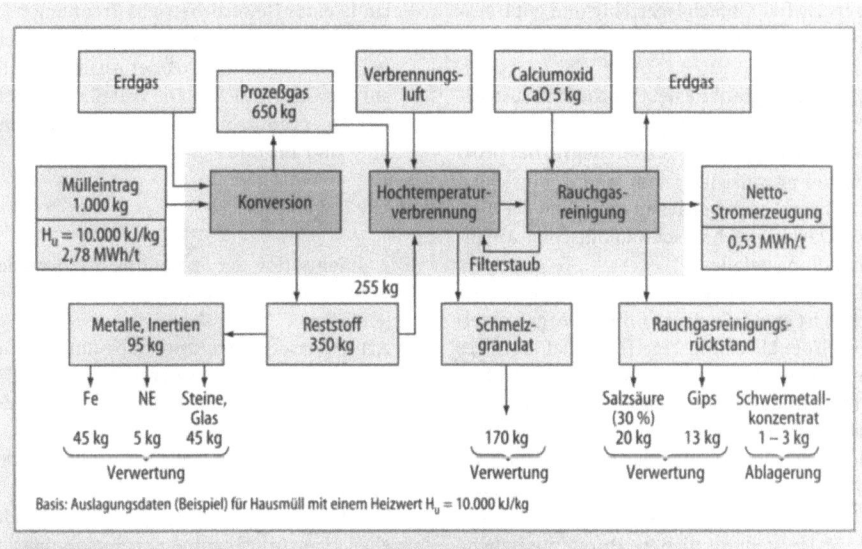

Bild H.2-23 Massen- und Energiebilanzen für das Schwelbrennverfahren

Emissionen im Vergleich zur Verbrennung aufweisen. So wurden bei dieser Verfahrensweise vergleichsweise geringe PCDD/F-Emissionen gemessen. Dem steht jedoch ein erhöhter Schadstoffgehalt der Pyrolyserückstände gegenüber, was eine Weiterbehandlung dieser Rückstände erforderlich macht. Werden diese Rückstände, die einen hohen Kohlenstoffgehalt besitzen, verbrannt, so werden die Vorteile der geringeren gasförmigen Emissionen teilweise wieder aufgehoben.

Eine interessante Weiterentwicklung der klassischen Pyrolyseverfahren kann das Schwelbrennverfahren (kombinierte Pyrolsegas- und Pyrolysekoksverbrennung) oder das Thermoselectverfahren (Pyrolysegaseinsatz in Gasmotoren und partielle Pyrolysekoksverbrennung mit reinem Sauerstoff) darstellen. In Bild H.2-23 sind Massen- und Energiebilanzen für das Schwelbrennverfahren dargestellt [H.2.30]. Insbesondere über das Thermoselectverfahren fehlen bislang noch umfassende praxisgerechte und bewertbare Untersuchungsergebnisse. Vorliegende Daten werden z. T. kontrovers diskutiert [H.2.32].

H.2.2.4 Brennstoff aus Müll (BRAM)

Es wurden verschiedene Verfahren mit dem Ziel entwickelt, aus Hausmüll, Klärschlamm oder deren Teilfraktionen einen energetisch hochwertigen Brennstoff herzustellen, der gegenüber zu verbrennendem Rohmüll vor allem folgende Vorteile besitzen soll:
- hoher, gleichmäßiger Heizwert,
- niedriger Wasser- und Ascheanteil,
- geringer Schadstoffanteil (Schwermetalle, Chlor, Schwefel),
- geruchsfrei, einfach lagerfähig und gut transportierbar.

BRAM-Produkte ohne wesentliche Stoffzuschläge bestehen im wesentlichen aus Papier, Pappe und Kunststoffen. Der Heizwert liegt in der Grössenordnung zwischen 12.000 und 20.000 kJ/kg. BRAM kann auch bei der ab ca. 1995 in der BRD entwickelten mechanisch-biologischen Abfallbehandlung anfallen.

Bei der Verbrennung der verschiedenen BRAM-Sorten ist ebenfalls die 17. BImSchV (ggf. anteilig nach der Mischungsregel) einzuhalten und es kann auf eine Abgasreinigung nicht verzichtet werden, wodurch der Absatz dieses Brennstoffs erschwert wird. Besonders die Chlor-, Staub- und Schwermetallgehalte der Rauchgase überschreiten die zulässigen Werte beträchtlich, wenn nur Abfallfraktionen als Ausgangsmaterial für die BRAM-Herstellung dienen. Durch zusätzliche Sortierungsmaßnahmen versucht man die Schadstoffgehalte des BRAM weiter zu senken.

Die Verbrennung von BRAM, auch ohne spezielle abfallspezifische Rauchgasreinigung, ist in Feuerungssystemen möglich, bei denen aufgrund der Reaktionsführung eine zwangsläufige Einbindung der Schadstoffe in die Produkte des Prozesses zu erwarten ist, wie z. B. bei der Verfeuerung in Zementdrehrohröfen.

H.3 Abfallsammlung/Abfalltransport

H.3.1 Abfallsammlung

H.3.1.1 Aufgaben der Sammlung

Die Sammlung von Abfällen hat in der Abfallwirtschaft folgende Aufgaben:
- Aus Gründen der öffentlichen Sicherheit und Ordnung bzw. der Hygiene ist eine regelmässige Erfassung der vom Abfallerzeuger abgegebenen Abfälle nötig. Nach Untersuchungen von Jager et al. [H.3.1] ist eine *14tägliche* Hausmüll-Sammlung heute hygienisch akzeptabel. Das Bundesgesundheitsamt rät allerdings bei Restmüll und bei Bioabfall zu einer *wöchentlichen* Abfuhr.
- Getrennte Sammlung beim Abfallerzeuger nach Stoffgruppen als Vorsortierung für eine qualitativ hochwertige stoffliche Verwertung. Dafür ist bereits beim Abfallerzeuger eine entsprechende Ausstattung notwendig, z. B. in der Küche 2–3 Abfallbehälter, auf dem Werksgelände eines Gewerbebetriebs Trennung nach Sonderabfall, Altstoffen und Restabfall, geteilte Papierkörbe im Büro oder Altstoffbehälter auf den Grundstücken. Die Vorteile und Nachteile einer gemischten oder getrennten Sammlung sind aus Bild H.3-1 ersichtlich.

H.3.1.2 Sammelsysteme

Die Organisation der Sammlung und Sammelsysteme muß sich an folgenden Einflußgrößen orientieren:
- Art (Wirtschaftstruktur; Bebauung, Standplätze) und Größe des Sammelgebiets,
- einwohnerspezifische Menge und Dichte der zu sammelnden Abfälle,
- Qualitätsanforderungen der nachfolgenden Entsorgung,
- Gewährleistung der Erkennung der individuellen Inanspruchnahme der Entsorgungsleistung für die Gebührenabrechnung.

Im Gegensatz zum Trinkwasser und Abwasser mit einer Transportmasse von ca. 150 kg/E*d (davon > 95 % Wasser als Transportmedium), wofür Rohrleitungen als Stetigfördersysteme mit hoher Leistung eingesetzt werden, werden beim Hausmüll nur ca. 1 kg/E*d, bei Einzelsystemen der getrennten Sammlung sogar nur bis zu 0,1 kg/E*d transportiert, also weniger als 1 % der Abwassermenge eines Einwohners.

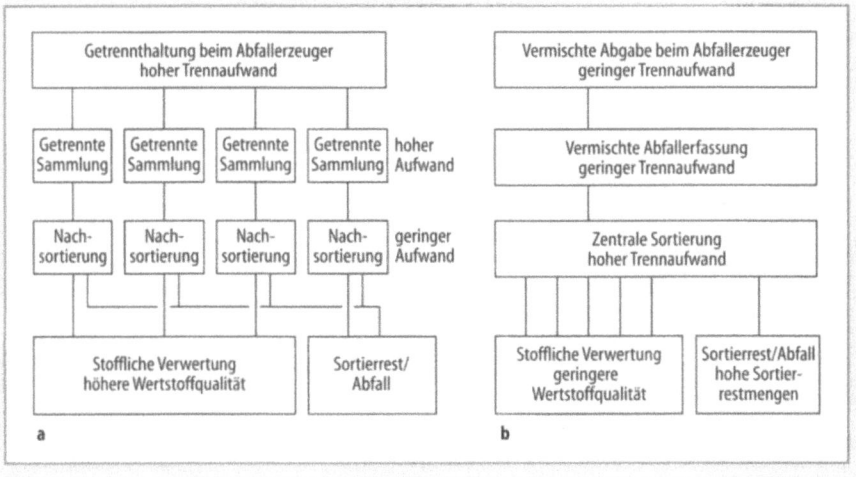

Bild H.3-1 Verfahrensschritte sowie Vor- bzw. Nachteile bei der getrennten (a) bzw. gemischten (b) Sammlung

Behälter und Fahrzeuge: Dies wird auch zukünftig das Regelsystem zur Erfassung fester Abfälle aus dem privaten und gewerblichen Bereich bleiben.

Rohrsammlung und -transport. Pneumatisch: nur in Verbindung mit Fallschächten für abfallintensive Flächen (Hochhausbebauung, Bürokomplexe) eine wirtschaftlich akzeptable Alternative. Nachteilig ist hierbei – neben hygienischen Problemen –, daß eine getrennte Erfassung von Wertstoffen stark erschwert ist.

Rohrsammlung und -transport. Hydraulisch: Bei diesem in den USA häufiger eingesetzten System werden die leicht zerkleinerbaren Küchenabfälle über Küchenabfall-Zerkleinerer unter der Spüle in der Küche mit dem übrigen Abwasser über die bestehende Schmutzwasser-Kanalisation mit zur Kläranlage abgeschwemmt.

Die Vorteile bei der Hygiene und beim Komfort der Abfallentsorgung sind vergleichsweise gering gegenüber den Nachteilen durch Betriebsstörungen in der Kanalisation durch Ablagerungen sowie erhöhten Abwasser- und Schlammanfall. Der *hydraulische Transport* von Küchenabfällen und der Einbau von Küchenabfallzerkleinerern ist daher in der BRD über die Entwässerungssatzungen der Städte und Gemeinden verboten.

Behälterlos/systemlos: Für Sperrmüll und andere Großteile sowie teilweise für die Altpapiersammlung

H.3.1.3 Sammelbehälter

Dies sind feste, überwiegend nach DIN genormte Behälter, passend zur Schüttung bzw. zum Ladesystem am Fahrzeug. Sie werden wie folgt unterschieden:

Umleerbehälter (verbleiben nach der Entleerung auf dem Grundstück des Abfallerzeugers):

ME Mülleimer 35 – 50 l (veraltet)
MT Mülltonnen 60 – 110 l (veraltet)
MGB Müllgroßbehälter 60, 80, 120, 240, 660, (770 nur in Stahl), 1100 l
MC Müllcontainer $\geq$ 2200 l

Wechselbehälter werden mit dem Inhalt bei der Abfuhr von einem Fahrzeug übernommen und gegen einen anderen mitgebrachten geleerten Behälter ausgetauscht. Sie werden nur für Abfälle mit Schüttgewichten $\geq$ 300 – 400 kg/m³ und oder für Behältervolumina $\geq$ 5 m³ eingesetzt:

GAB Gleitabsetz- oder -abroll-Container $\geq$ 10 m³
AK Absetzkipper $\geq$ 4 m³

Einwegbehälter: Müllsäcke von 35 bis ca. 160 l aus PE oder Papier. Für PE-Säcke ist der Materialverbrauch ca. 3 – 4mal höher als bei PE-MGB bzw. es entsteht für die „Verpackung des Abfalls" ca. 0,5 – 3 Gew.-% zusätzliches Müllgewicht. Dafür treten allerdings bei Säcken sehr geringe Sammelzeiten und -kosten auf wegen des Fortfalls der Rückstellung des geleerten Behälters (Tabelle H.3-1, Bild H.3-2 und H. 3-3).

Tabelle H.3-1 Abfallbehälter

Behälter-system	Sammelsystem und Normung	Behälter-Leergewicht Stahl	Behälter-Leergewicht Kunststoff	Personalstärke für Abfuhr 1 Fahrer + ... Lader
l bzw. m³	-	kg	kg	-
ME 35/50[a]	U DIN 6628	7,7/9,5	2,9/3,3	1 + (1 bis 2) B
MT 110[a]	U DIN 6629	25	6	1 + (2 bis 4) M
MS 35/50/90[b]	E z.T. DIN 55465	-	.../0,04/...	1 + (0 bis 2) B
MGB 60 (auch als DU)	U -	-	6,0	1 + (0 bis 2) B
MGB 80 (auch als DU)	U DIN EN 840-1	-	7,7	1 + (0 bis 2) B
MGB 120 (auch als DU)	U DIN EN 840-1	26[c]	11	1 + (0 bis 2) B
MGB 240 (auch als DU)	U DIN EN 840-1	31[c]	16	1 + (0 bis 2) B (bzw. M)
MGB 360 (auch als DU)	U DIN EN 840-1	-	23	1 + (0 bis 2) B (bzw. M)
MGB 660 (auch als DU)	U -	-	45 – 52	1 + (0 bis 2) M (bzw. B)
MGB 770 (auch als DU)	U DIN EN 840-3	120 – 140	48 – 58	1 + (0 bis 2) M (bzw. B)
MGB 1100 (auch als DU)	U DIN EN 840-3	150 – 170	65 – 92	1 + (0 bis 2) M (bzw. B)
MGB 2,5; 4,5; 5,0 m³	U DIN 30737/38	200 – 400[d]	-	1 + 0 (1) M
MEKAM 140; 210; 260	U			1 + (1 bis 2) B
GAB 4 – 40 m³	W DIN 30722	1200 – 3400[d]	-	1 + 0 M
AK 4 – 20 m³	W DIN 30720	400 – 2100[d]	-	1 + 0 M

U Umleerbehälter
W Wechselbehälter
E Einwegbehälter
DU Diamond-Umleer-System

[a] veraltet, nicht mehr (neu) einsetzen (EG-Recht verlangt rollbare Behälter mit Griffhöhe ≥ 900 mm)
[b] Müllsäcke: 50 l RM-Sack 60 × 80 cm; 35 l WS-Sack 50 × 65 cm; DSD-Sack Hannover (mit Falte) 57 × 82 cm
[c] nur für Sonderfälle (z.B. ölhaltige Abfälle in Werkstätten) oder für Abfälle mit Glutresten (bei Hausbrand)
[d] Anhaltswerte, je nach Hersteller verschiedene Sonderausführungen möglich

B Benutzertransport
M Mannschaftstransport

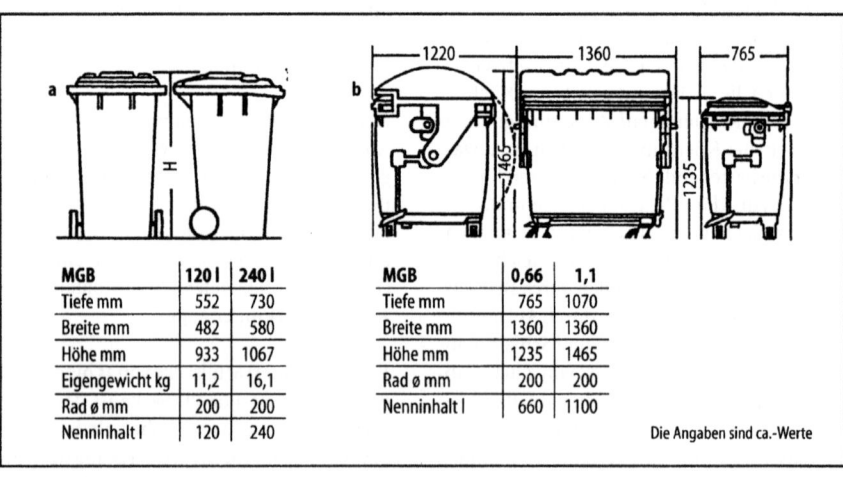

MGB	120 l	240 l
Tiefe mm	552	730
Breite mm	482	580
Höhe mm	933	1067
Eigengewicht kg	11,2	16,1
Rad ø mm	200	200
Nenninhalt l	120	240

MGB	0,66	1,1
Tiefe mm	765	1070
Breite mm	1360	1360
Höhe mm	1235	1465
Rad ø mm	200	200
Nenninhalt l	660	1100

Die Angaben sind ca.-Werte

Bild H.3-2 Sammelbehälter MGB 120/240 (a) und MGB 660/1100 (b)

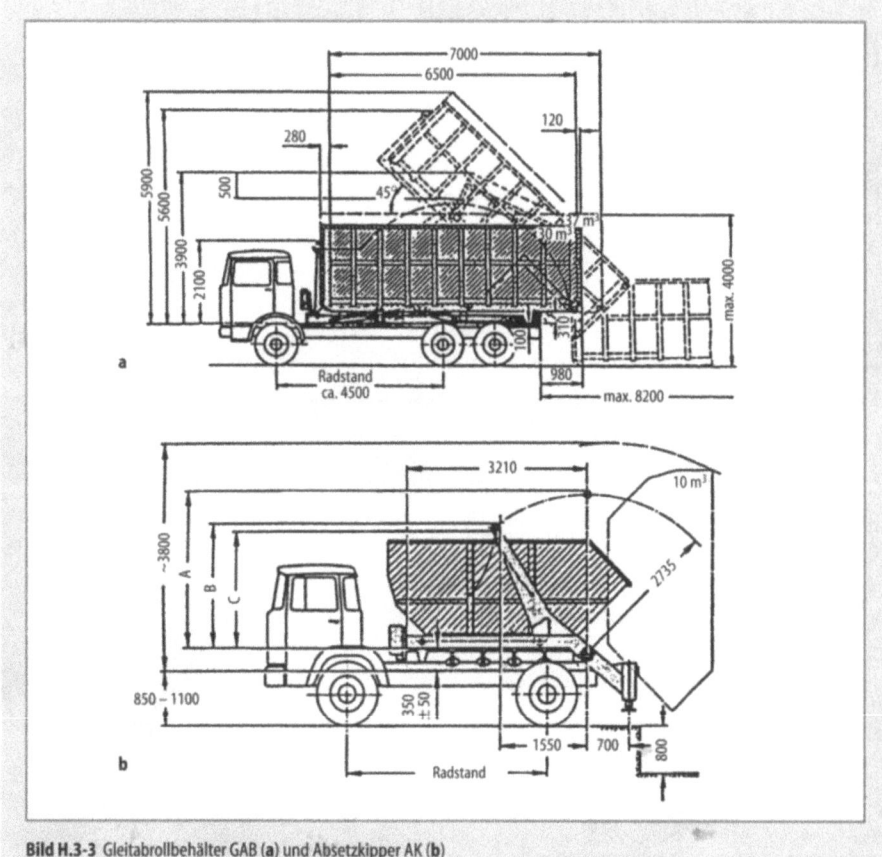

Bild H.3-3 Gleitabrollbehälter GAB (a) und Absetzkipper AK (b)

Aufgrund der fehlenden Fixkosten im Vergleich zu festen MGB sind Säcke prädestiniert für die Sammlung von geringen Abfallgewichten pro Anfallstelle, z.B. also für AP, AG, AK, AM und DSD-Leichtverpackungen (vgl. Bild H.3-4). Für Bioabfall und für Restmüll sind die Sack-Behälterkosten höher als die MGB-Behälterkosten.

Die *Behälterstandplätze* sind nach Bauordnung und Satzung der Abfallentsorgung im Rahmen von Bauanträgen mit großen Reserven festzulegen (Abfallmengensteigerung; getrennte Sammlung für 3–4 verschiedene Fraktionen berücksichtigen). Standplätze möglichst ≥ 15 m von der Straßenkante, ohne Stufen, frei zugänglich anlegen.

Für wassergefährdende Stoffe oder brennbare, flüssige oder pastöse Abfälle werden Spezialbehälter verwendet, und zwar meistens Wechselbehälter, die den Anforderungen der technischen Regeln für brennbare Flüssigkeiten (TRbF) und den Gefahrgutverordnungen Straße bzw. Bahn (GGVS/GGVE) entsprechen.

Als *Mindestbehältervolumen-Angebot* für die Hausmüllabfuhr ist von den Verwaltungsgerichten 30–35 l/E · Woche anerkannt (geregelte Abfuhr, Sperrmüllmenge). Auch bei Mehrbehältersystemen für die getrennte Sammlung sollte ein Mindestangebot für Restmüll von ca. 15–25 l/E · Woche aufrechterhalten werden, um saubere Wertstoffe bei der getrennten Sammlung zu gewährleisten.

Das Volumen von Sammelbehältern errechnet sich wie folgt:

$$VB \cdot (l) = \frac{G_E \cdot E}{\varrho \cdot 52 \cdot L_W} \cdot S$$

$VB \cdot (l)$ rechnerisches Mindestbehältervolumen

G_E (kg/E·a) Abfallgewicht pro Einwohner und Jahr

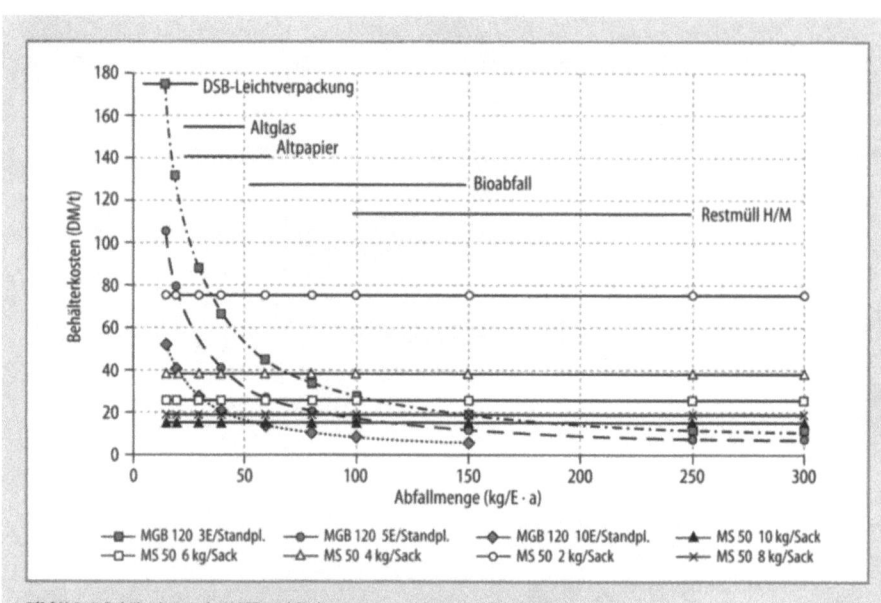

Bild H.3-4 Behälterkosten bei MGB und Säcken

Tabelle H.3-2 Erfaßbare Mengen und Schüttgewichte bei verschiedenen Systemen der Sammlung

Erfaßte Fraktion bzw. Erfassungssystem	Spezifische Menge kg/(E · a)	Schüttgewicht kg/m³
Restmüll	100 – 300	90 – 200
Altglas Einstoffbehälter Sack	 20 – 40 20 – 30	 250 – 300 250 – 300
Altpapier Einstoffbehälter Sack Bundsammlung	 40 – 60 15 – 50 15 – 40	 80 – 120 100 – 150 150 – 250
Altkunststoff (Sack)	5 – 10	25 – 50
Mehrstoffbehälter trockene WS (ohne AG)	 55 – 85	 60 – 120
Leichtstoffbehälter des Dualen Systems (ohne AG und AP)	15 – 25	25 – 70
Bioabfall Bringsysteme Grünabfall Holsystem Sack und Sack Biotonne, nur Küchenabfall Biotonne gesamt (häufig) Biotonne (Bereich) Straßensammlung Straßensammlung 14tägig und Container	 5 – 30 30 – 60 30 – 70 70 – 105 30 – 160 2 – 20 55	 200 – 300

E an Sammelbehälter angeschlossene Einwohner
ϱ (kg/l)   Schüttgewicht des Abfalls
52   Wochen pro Jahr
L_W (1/W)   Leerungen pro Woche

S Spitzenfaktor (zu berücksichtigende Relation zwischen Spitzenanfall zu durchschnittlichem Anfall) oder = 1/mittlerer Füllgrad

Das errechnete Mindestbehältervolumen VB^* wird dann auf die nächste genormte Behältergröße V_B auf- (oder ab-)gerundet. Das einwohnerspezifische Behältervolumenangebot beträgt dann:

$$VB_{EW}\,(l/E \cdot \text{Woche}) = \frac{V_B}{E} \cdot L_W$$

Weitere wichtige Festlegungen sind (s. Tabelle H.3-2):

Raumgewicht: Schüttgewicht mal Füllgrad der Behälter
Füllgrad: gefülltes Behältervolumen/Normalbehältervolumen
Bereitstellungsgrad: Zahl der zur Abfuhr bereitgestellten Zahl der ausgegebenen Behälter (bei Mannschaftstransport der Behälter = 1)

H.3.1.4 Getrennte Sammlung

H.3.1.4.1 Planungsgrundlagen

Für die Wertung oder Einführung von Systemen der getrennte Sammlung zur stofflichen Verwertung muß man das gesamte Verwertungspotential der betreffenden Stoffgruppe kennen. Es setzt sich aus folgenden 3 Blöcken zusammen:
1) Im Haus- bzw. Restmüll enthaltener Wertstoff anhand einer Sortieranalyse
2) Anderweitig entsorgte Menge (Eigenkompostierung bei Bioabfall; Kamin bei Altpapier (AP) usw.)
3) Bereits über eine bestehende getrennte Sammlung erfaßte Menge (z. B. Container für Altpapier (AP), Altglas (AG) und Gartenabfälle) sowie über Direktanlieferungen bei Entsorgungsanlagen.

Der Erfassungsgrad einer getrennten Sammlung wird als Quotient (3)/((1)+(3)) berechnet. Die Erfassungsgrade eines Systems wachsen mit dem Komfort (z. B. Holsysteme besser als Bringsysteme), der Dauer und dem Bekanntheitsgrad eines Systems sowie seiner abfallwirtschaftlichen Sinnhaftigkeit.

H.3.1.4.2 Systemübersicht zur getrennten Sammlung

Bei den im Bild H.3-5 dargestellten Systemen zur getrennten Sammlung werden folgende Kategorien unterschieden:
- *integriert:* Wertstoffe und Restmüll werden ab Haus in einem oder mehreren Behältern, jedoch in einem Arbeitsgang mit demselben Fahrzeug gesammelt,
- *additiv:* zusätzliche Wertstoffsammlung in getrennten Fahrzeugen und Behältern; nicht alternierend,
- *teilintegriert oder alternierend:* additive Wertstoffsammlung ab Haus im Wechsel (alternierend) mit Restmüllsammlungsterminen,
- *Einstoffsammlung:* Sammlung nur *eines* vorsortierten Altstoffs in (jeweils) einem Behälter, z. B. nur AP in AP-Monobehälter, AG im Depotcontainer,
- *Sammlung mehrerer Einzelstoffe:* z. B. AG oder AP in getrennten Säcken bzw. einzelnen Kammern eines Mehrkammerbehälters,
- *Mischstoffsammlung:* Sammlung gemischter Wertstoffe zur nachträglichen Sortierung in einzelne Altstoffe,
- *Holsystem:* Erfassung von Wertstoffen ab Grundstück des Abfallerzeugers,
- *Bringsystem:* Erfassung von Wertstoffen, nachdem sie vom Erzeuger zu einem Sammelplatz oder Container außerhalb des eigenen Grundstücks gebracht wurden

H.3.1.4.3 Bringsysteme

Bringsysteme unterscheiden sich von Holsystemen durch geringere Kosten für Behälter und Sammlung sowie geringere Erfassungsquoten und zeichnen sich meist durch hohe Wertstoffqualität aus. Bekannte Systeme sind:
- Container für Altglas, Altpapier, Altmetall, Altkleider, Altbatterien,
- Recyclingstationen, Wertstoff- und Betriebshöfe, Problemabfallsammelstellen,
- Rückgabesysteme (z. B. Altmedikamente beim Apotheker, Altautos beim Altauto-Verwerter.

H.3.1.4.4 Holsysteme

Am häufigsten werden für Holsysteme der getrennten Sammlung Müllgroßbehälter MGB 60 – 1100 l eingesetzt, deren Farbe und Art der Einwurföffnung an die speziellen Einsatzzwecke angepaßt sind, z. B. braun für die Biotonne, gelb für die Sammlung von Leichtstoff-Verpackungen im Rahmen des Dualen Systems oder blau für die Altpapiertonne.

Nach Tabelle H.3-2 ist die Erfassung von Bioabfällen mit der *Biotonne* die abfallwirtschaftlich wirkungsvollste Maßnahme mit ca. 50 – 150 kg/E·a erfaßten schadstoffarmen Rohstoffen für die Kompostierung. Bei dem Sammelgut sollte ent-

Bild H.3-5 Systeme zur getrennten Sammlung

Tabelle H.3-3 Empfehlungen für die Auswahl kompostierbarer Stoffe mit der Biotonne

Kompostierbar	Bedingt kompostierbar	Nicht kompostierbar
Obst- und Gemüseabfälle Kartoffelschalen Tee- und Kaffesatz (einschl. Filterpapier) Küchentücher Zeitungspapier zum Einwickeln Garten- und Blumenabfälle Haustierstreu Eierschalen, Haare	Speisereste (Salzgehalt) Fleisch und Fisch Milchprodukte Mehlprodukte Saucen, Mayonaise Altpapier	Kunststoff, Alufolien Verbundpackungen behandelte holzreste Asche Wegwerfwindeln

sprechend Tabelle H.3-3 nach der Eignung für die Kompostierung und der Kompostqualität unterschieden werden.

Als Sonderform des MGB ist das *Mehrkammersystem* MEKAM zu nennen, bei dem ein vertikal geteilter MGB mit zwei verschiedenen Abfallfraktionen befüllt und von einem Zweikammerfahrzeug als integriertes Holsystem abgefahren wird [H.3.2].

Als flexibles Holsystem werden *Abfallsäcke*, besonders für die Erfassung von geringen Mengen verschiedener Fraktionen (im Landkreis Han-

nover z. B. für 7 Wertstoff-Fraktionen), in Gebietsstrukturen mit individueller Bebauung, eingesetzt. In Verbindung mit einem Restmüllsack spricht man hier von dem System „Sack + Sack". Besondere Bedeutung hat die Sacksammlung im Rahmen des Dualen Systems für die Leichtstoffverpackungen bekommen.
Behälterlos werden Großgegenstände (z. B. Kühlschränke, Schrott) und teilweise Altpapier in Form verschnürte Bündel gesammelt.

H.3.1.5 Sammelfahrzeuge

An die Fahrzeuge werden für Sammlung und Transport unterschiedliche Ansprüche gestellt:
- *Sammlung:* möglichst wendig, d. h. *kleines* Fahrzeug,
- *Transport:* möglichst große Nutzlast, also *grosses* Fahrzeug.

Die Müllsammel-Fahrzeuge stellen daher meistens einen Kompromiß für diese beiden Aufgaben dar. Wegen der geringen Raumgewichte von Hausmüll, Sperrmüll und Gewerbeabfällen von nur 0,05 – 0,2 t/m³ benötigen die Fahrzeuge eine Verdichtung vor dem Transport. Mögliche Verdichtungsgrade sind abhängig von der Art der Abfälle und der weiteren Behandlung. Hausmüll kann im Müllfahrzeug auf ca. 0,4 – 0,6 t/m³ verdichtet werden. Zulässige Nutzlasten für die Fahrzeuge ergeben sich wie folgt:

Zulässiges Gesamtgewicht nach STVZO = 16/ 24 – 27/32 – 35/40 t bei 2-/3-/4-/5-Achs-Fahrzeugen
- Fahrgestellgewicht
- Aufbaugewicht
- Gewicht der Schüttung
= zulässige Nutzlast ca. 5,5 – 7/10 – 12/15 – 18/20 – 22 t bei 2-/3-/4-/ bzw. 5-Achs-Fahrzeugen bei Ladevolumina von (8) – 16/18 – 23/25 – 32/35 – 42 m³ in 2-/3-/4- bzw. 5-Achs-Fahrzeugen (verpreßt) bzw. max. ca. 70 m³ unverpreßt in 5-Achs-Fahrzeugen.

Fahrzeugaufbauten haben unterschiedliche Systeme für Förderung, Verdichtung und Entladung:
- *Drehtrommelfahrzeuge* mit einem Laderaum einer um die Längsachse rotierenden Trommel und schneckenförmigen Leitblechen an der Trommelinnenwand; Hinterschüttung speziell für den Hausmüll,
- *Preßmüllfahrzeuge* mit einem Laderaum mit verschieblicher Vorderwand und von hinten fördernden und pressenden Aggregaten, Hinterschüttung,
- Laderaum mit hinterer fester (nur für die Entleerung öffnender) Rückwand und vorderer *Überkopf-* oder *Seitenschüttung* mit Stopfpresse. Dieser Fahrzeugtyp wird auch mit 1-Mann-Rechts-Lenkung beim Sammeln eingesetzt und kann mit abnehmbarem Ladeaufbau für den Ferntransport mehrerer Aufbauten benutzt werden,
- Zwei- oder mehrkammerige Fahrzeugaufbauten für die integierte getrennte Sammlung,
- Vakuum-Sammelfahrzeuge zur Entleerung von Vakuumtanks (entwickelt in Schweden [H.3.3]).

Schüttungen dienen zum mechanisierten, staubarmen Entladen der Systembehälter, entweder nur für einzelne Behältergrößen 35 – 50 l-ME/60 – 110 l-MT/60 – 360 l MGB/660 – 1100 l MGB oder zur Reduzierung der Sammelwege für die Behältergruppen MGB 60 – 1100 l mit der integriert arbeitenden Kammschüttung.

Mit der Behälter-Schüttung lassen sich Systeme zur leistungsbezogenen Gebührenerhebung kombinieren:
- *Identifikations-Systeme* zur Erkennung von Behältern und Abfallart; Zählen der Schüttvorgänge über automatische Lesesysteme und EDV-Auswertung,
- *Wäge-Systeme* mit den Leistungsmerkmalen der Identifikation, zusätzlich jedoch Errechnung der einzelnen geschütteten Abfallgewichte aus der Differenz der Wägung der vollen und geleerten Behälter oder
- Systeme zur *Messung des verfüllten Behältervolumens.*

Das Gebührenrecht fordert für die *Gebührenveranlagung* einen praktikablen, aber möglichst wirklichkeitsnahen Wahrscheinlichkeitsmaßstab. Dieser kann durch die Identifikation bzw. besser noch durch die Verwiegung oder Füllvolumenmessung der Behälter beim Laden erreicht werden. Der Anreiz zur Verringerung der Abfallmengen durch verursachungsgerechte Gebühren kann bei der Individualnutzung kleinerer Behälter erreicht werden, bisher jedoch nicht bei der anonymen Nutzung größerer Behälter.

Für *Müllsäcke* sind zwar keine Schüttungen notwendig, aber zur Vermeidung von Hebearbeit für das Ladepersonal erwünscht. Müllsäcke können in Verbindung mit (mobilen) Umschlagstationen auch in nicht verdichtenden Fahrzeugen gesammelt werden. Dabei ist aber auf die Vermeidung zu hoher körperlicher Belastung des Ladepersonals achten (Sackgewichte möglichst < 10 kg).

Abfallarten mit hohem Raumgewicht (z. B. > 300 – 400 kg/m³), insbesondere Bauabfälle, Klärschlämme usw., können unverdichtet mit Fahrzeugen für die Aufnahme von *Wechselbehältern* (Absetzkipper- oder Gleit-Abroll-Container) abgefahren werden.

Als Sammel- und Transportfahrzeuge für Depotcontainer-Umleersysteme in der getrennten Sammlung werden i. allg. großvolumige nicht verdichtende Fahrzeugaufbauten eingesetzt.

Für die *Tourenplanung* der Sammelfahrzeuge werden die Zeitrestriktionen eines Arbeitstages und z. T. mit Hilfe der EDV eine Minimierung der Sammelwege berücksichtigt [vgl. H.3.4].

H.3.2 Transport

Der Mülltransport als Bindeglied zwischen Müllsammlung (beendet mit Laden des letzten Sammelbehälters) und der Behandlung oder Ablagerung erfolgt im Direkttransport im Sammelwagen oder nach Umladen in Umschlagstationen in Spezialtransportfahrzeugen, im Sonderfall auch in Rohrleitungen.

Die *Transportzeit tT* für einen einfachen Transportweg WT (km) bei einer mittleren Transportgeschwindigkeit v (km/h; z. B. const. 20 – 60 km/h, je nach Verkehrssituation) und eine Be- und Entladezeit tE (h) betragen zusammen:

tT, E (h) $= 2 \cdot WT/v + tE$
oder
tT, E (h) $= (a \cdot WT + b) + tE$

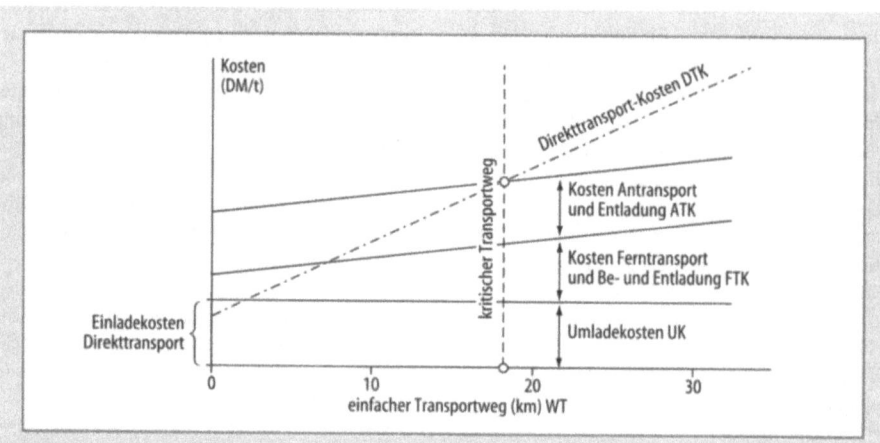

Bild H.3-6 Kostenvergleich zwischen Direkt- und Ferntransport mit Umschlag

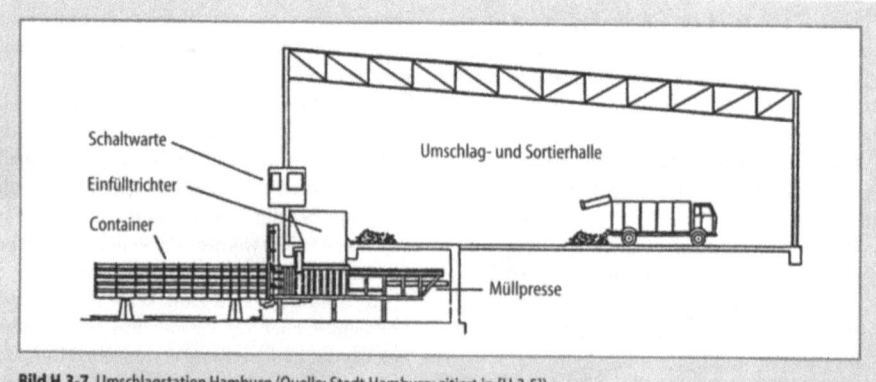

Bild H.3-7 Umschlagstation Hamburg (Quelle: Stadt Hamburg; zitiert in [H.3.5])

a 0,014–0,025
b 0,006–0,10 als von der Verkehrssituation abhängigen Konstanten
tE 10–25 min Entladezeit auf der Entsorgungsanlage

Die *Transportkosten KT* errechnen sich für Fahrzeugkosten *KFz* (DM/h) mit einer Abfallnutzlast *NL* (t) zu:

$$KT\,(DM/h) = KFz/NL \cdot [2 \cdot (b + a \cdot WT) + tE]$$

Für die Beurteilung von Standortvarianten für Anlagen zur Behandlung oder Ablagerung aus Sicht des Transportaufwandes kann der jeweilige mittlere Transportweg *MWT* bzw. die Σ Transportarbeit *TA* dienen:

$$MWT\,(km) = \frac{AM_1 \cdot WT_1 + AM_2 \cdot WT_2 + \ldots + AM_n \cdot WT_n}{\sum_{i=1}^{i=n} AM_i}$$

$$= \frac{\Sigma\ \text{Transportarbeit}\ TA}{\Sigma\ \text{Abfallmenge}}$$

wobei AM_i die Abfallmenge des Anfallorts i darstellt mit dem zugehörigen Transportweg WT_i. Im transportoptimalen Standort („*Punkt kleinster mittlerer Transportentfernung*", fälschlicherweise oft als „Schwerpunkt" bezeichnet) werden die Σ Transportarbeit und der mittlere Transportweg minimal.

Der Direkttransport im Sammelfahrzeug ist wegen der geringen Nutzlasten und der hohen Personalkosten durch das mitfahrende Sammelpersonal auf kurze Transportentfernungen begrenzt. Beim Ferntransport im Spezialfahrzeug besteht gegenüber dem Direkttransport ein Kostenvorteil durch geringere Personalkosten (nur 1 Fahrer beim Straßentransport, beim Schienentransport anteilig noch geringer) und höhere Nutzlast pro Transporteinheit. Andererseits müssen die Antransportkosten und die Umschlagkosten berücksichtigt werden. Die Kostengrenze zwischen Direkttransport im Sammelfahrzeug und Ferntransport im Spezialfahrzeug ergibt sich bei einem „kritischen Transportweg", wo die Direkttransportkosten (*DTK*) = Antransportkosten (*ATK*) + Umschlagkosten (*UK*) + Ferntranportkosten (*FTK*) sind (vgl. Bild H.3-6) zu ca.:

Straßentransport
  1 Fahrer + 4 Lader 10–15 km
  1 Fahrer + 2 Lader 15–25 km
  1 Fahrer + 1 Lader 25–35 km
Bahntransport
  ab ca. 40 km

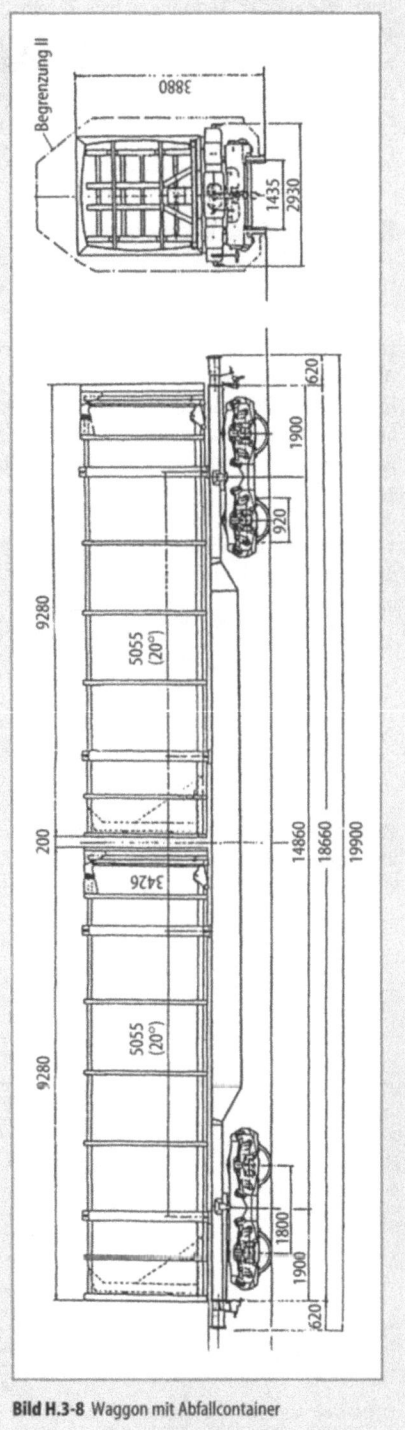

Bild H.3-8 Waggon mit Abfallcontainer

Der Umschlag erfolgt in geschlossenen Hallen über Flach- oder Tiefbunker bzw. direkt über Pressentrichter. Stopf- oder Vorkammerpressen befüllen dann Container, die beim Straßentransport mit 5-Achs-Sattellaufliegern oder beim Bahntransport mit Spezialwaggons transportiert werden (vgl. Bild H.3-7 und Bild H.3-8).

H.4 Stoffliche Verwertung

H.4.1 Grundlagen

Die stoffliche Verwertung ist begrifflich von der Abfallvermeidung abzugrenzen, wie dieses z. B. in der VDI-Richtlinie 2243 „Konstruieren recyclinggerechter technischer Produkte (Entwurf Mai 1991)" mit den folgende Varianten des Recyclings getan wird:

Verwendung: Weitgehende Beibehaltung der Produktgestalt (hohes Wertniveau), sonst auch „Vermeidung",
- Wiederverwendung: erneute Benutzung des gebrauchten Produkts für den gleichen Verwendungszweck,
- Weiterverwendung: erneute Benutzung des gebrauchten Produkts für einen anderen Verwendungszweck.

Verwertung: Mit Auflösung der Produktgestalt und damit größerem Wertverlust,
- Wiederverwertung: wiederholter Einsatz von Altstoffen und Produktionsabfällen bzw. Hilfs- und Betriebsstoffen in einem gleichartigen wie dem bereits durchlaufenen Produktionsprozeß; durch Aufbereitung möglichst dem originären Rohstoff gleichwertige Werkstoffe,
- Weiterverwertung: Einsatz von Altstoffen und Produktionsabfällen bzw. Hilfs- und Betriebsstoffen in einem von diesen noch nicht durchlaufenen Produktionsprozeß; hierbei entstehen Werkstoffe oder Produkte mit anderen Eigenschaften und/oder anderer Gestalt.

Im Rahmen der stofflichen Verwertung im Dualen System Deutschland (DSD) wird auch von *werkstofflicher* Verwertung (Verwertung als Kunststoff), *rohstofflicher* Verwertung (Verwertung von Kunststoffvorprodukten aus der Hydrolyse) oder von *baustofflicher* Verwertung (Parkbänke, Gittersteine aus Mischkunststoffen) gesprochen.

Für den Absatz der aus der stofflichen Verwertung gewonnenen Altstoffe ist die Gewährleistung höchstmöglicher Qualität der Altstoffe die wichtigste Voraussetzung. Abgesehen von der Sortiergenauigkeit von Sortieranlagen wird die Altstoff-Qualität maßgeblich von der *Altersstruktur* und dem *Wertverlauf* eines mit Altstoffen hergestellten Materials bestimmt.

Wenn bei der Produktion eines Materials ausser dem primären Rohstoff ein gleichbleibender Anteil x_R an Altstoff eingesetzt wird, läßt sich bei

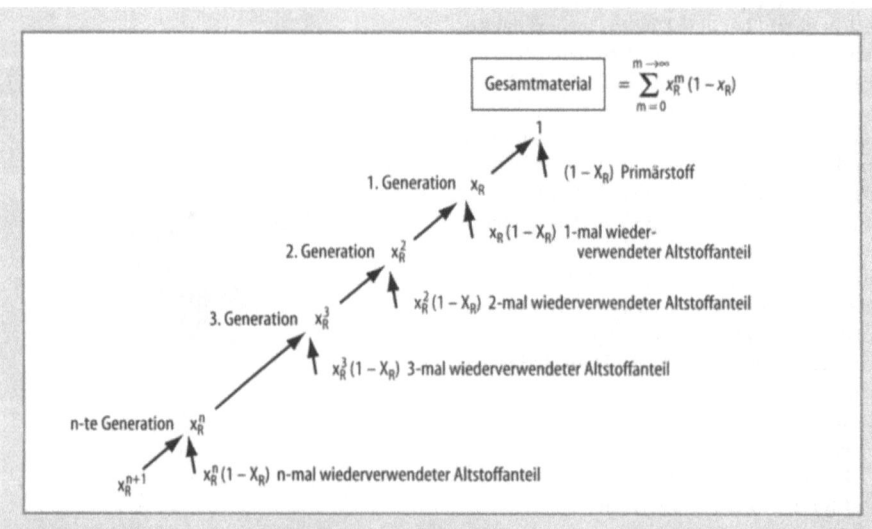

Bild H.4-1 Stammbaum eines mit einem Altstoffanteil x_R hergestellten Materials nach „unendlich" wiederholtem Recycling

einem (unendlich oft) wiederholten Kreislauf Rohstoff → Altstoff → Rohstoff das Gesamtmaterial nach Bild H.4-1 als Summe der unterschiedlich häufig recycelten Altstoffanteile („Stammbaum") beschreiben.

Es wird danach also neben dem Primäranteil $(1 - x_R)$ nicht ein Anteil x_R von einmal recyceltem Material eingesetzt, sondern eine Summe von Anteilen an

$$\sum_{m=1}^{m\to\infty} x_R^m (1-x_R)$$ m-mal wiederverwendetem, unterschiedlich altem Altstoff.

Der Altersaufbau eines Materials mit unterschiedlichem Altstoffeinsatz x_R in Bild H.4-2 zeigt bei zunehmendem Altstoffeinsatz deutlich, wie die jüngeren Generationsanteile zunehmend durch ältere, qualitativ meistens schlechtere Altstoffanteile ersetzt werden.

Der Wertverlauf von Rohstoffen kann beim Recycling starke Unterschiede aufweisen. Er kann im günstigsten Fall, z.B. beim Einsatz aufbereiteter und farbreiner Scherben für die Glasschmelze, ein dem Primärmaterial gleichwertiges Produkt (werterhaltendes Recycling) aus Altstoffen gewonnen werden. Für die Behälterglasproduktion ist daher auch ein sehr hoher Altstoffeinsatz ohne Qualitätseinbuße möglich. In der Mehrzahl der Fälle tritt jedoch ein Wertverlust während des Recyclings durch Qualitätsverluste beim Gebrauch (z. B. durch Oxidationsprozesse beim Kunststoff) oder auch bei der Altstoffaufbereitung (z. B. Verkürzung der Faserlängen bei der Altpapieraufbereitung) sowie durch unerwünschte und technisch bzw. wirtschaftlich nicht wieder separierbare Vermischungen (z. B. Legierungszusätze bei Metallen oder Vermengung von Eisenschrott mit NE-Schrott bei der Schrottaufbereitung) auf.

Nach Untersuchungen von Göttsching [H.4.1] erleidet z. B. Altpapier bei der Aufbereitung und Produktion einen Qualitätsverlust (Bild H.4-3), der nach m Zyklen die ursprüngliche Qualität Q_o wie folgt abmindert, wobei die Konstanten ΔQ und b für unterschiedliche Papier-Primärrohstoffe stark differieren:

$$Q_m = Q_o \cdot (1 - \Delta Q)^{mb}$$

Je höher der Altstoffeinsatz desto höhere Anforderungen sind an die Qualität der Altstoffe zu stellen. Die Verfahren der Altstoffgewinnung und -aufbereitung sind daher vorrangig auf die Erhaltung einer höchstmöglichen Qualität auszurichten, um die aufbereiteten Altstoffe möglichst auf oder nahe der Qualitätsstufe originärer Rohstoffe einsetzen zu können („Recycling" statt „Downcycling"). Da jede Stofftrennung in Sortieranlagen nie mit 100% Wirkungsgrad erfolgt, sollte z. B. die Vermischung vor der Sortieranlage so gering wie möglich gehalten werden. Einmal Getrenntes sollte möglichst durchgängig getrennt gehalten werden. Irreversible, schädigende Vermischungen müssen gänzlich vermieden werden.

Steigende Verwertungs- und Einsatzquoten erfordern schon bei gleichbleibender Produktqua-

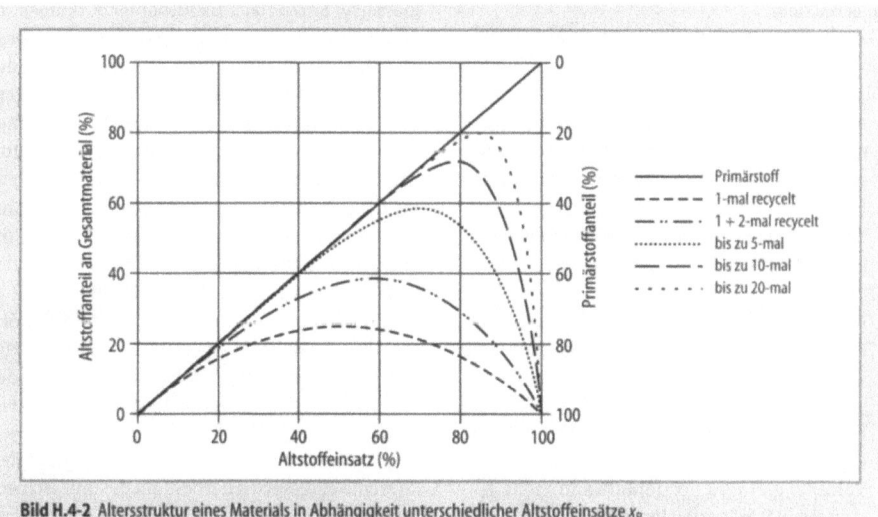

Bild H.4-2 Altersstruktur eines Materials in Abhängigkeit unterschiedlicher Altstoffeinsätze x_R

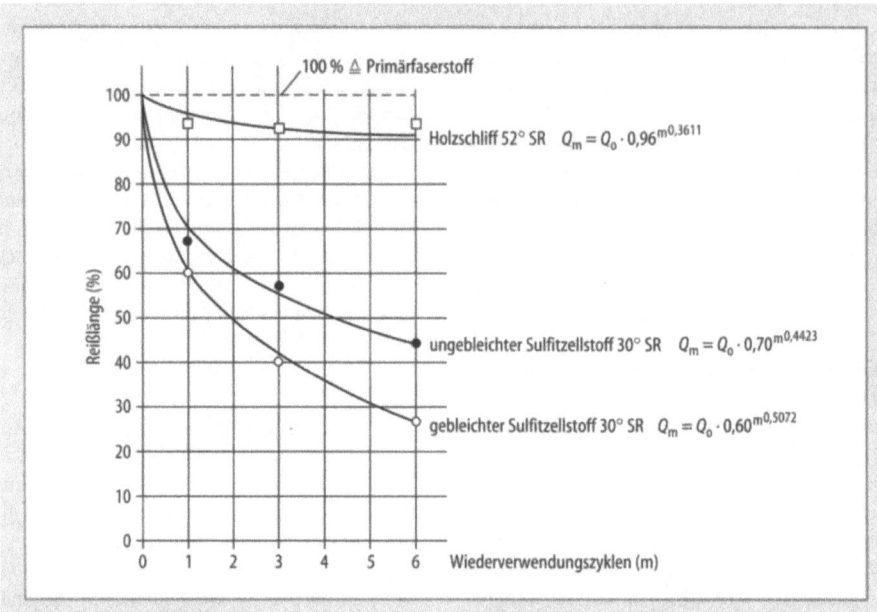

Bild H.4-3 Qualitätsverlust unterschiedlicher Papierfasern beim Recycling (nach [H.4.1])

lität des Fertigprodukts höhere Qualitäten der Altstoffe, und zwar nicht nur für die zusätzlich verwerteten Altstoffmengen, sondern für die gesamten verwerteten Altstoffmengen. Außer dem höheren Aufwand für die Steigerung der Erfassungsquoten ist die Qualitätssteigerung nur durch das Zusammenwirken von geeigneteren Erfassungssystemen und höherer Sortiereffektivität zu erreichen.

Als Erfassungssystem von Altstoffen sind in der Abfallwirtschaft grundsätzlich die beiden folgenden Wege möglich:
- gemischte Erfassung aller Abfallstoffgruppen mit nachträglicher zentraler Sortierung (Beispiele in der BRD: Anlagen in Neuss, Haus Forst, Dusslingen)
Vorteile: geringer Aufwand beim Abfallerzeuger und bei der Erfassung (Behälter, Sammlung);
Nachteile: hoher Sortieraufwand, niedrige Altstoffqualität durch Vermischung, begrenzte Vermarktbarkeit,
- getrennte Erfassung einzelner Altstoffe oder Erfassung von Altstoffgruppen (vgl. Abschn. H.3.1.4)
Vorteile: geringer Sortieraufwand, hohe Altstoffqualität mit erleichtertem Absatz;
Nachteile: hoher Arbeitsaufwand beim Abfallerzeuger und bei der Erfassung (Behälterzahl, Standplatzprobleme für Behälter, verschiedene Sammelfahrzeuge, Sammel- und Transportfahrten), notwendige Begrenzung der Erfassung auf wenige relevante Altstoffarten.

Bei der gemischten Erfassung aller Abfallstoffgruppen zeigte sich immer wieder, daß trotz verbesserter Sortiertechnik Altpapier, Altkunststoff und Altglas ebenso wie der gewonnene Kompost die Qualitätsnormen der Abnehmer nicht oder nur bei günstigster Marktlage erfüllen konnten. Stattdessen mußten zweitklassige Downcycling-Verwertungen gesucht werden, wie „Brennstoff aus Müll" (BRAM) für Altpapier und Altkunststoff, „Deponiekompost" für gemischte organische Abfälle oder „Hydrolyse" für Altkunststoffe aus den Sammlungen in der Zuständigkeit des Dualen Systems Deutschland (DSD).

Unabdingbare Voraussetzung für stoffliche Verwertung ist daher die getrennte Erfassung von Altstoffen und kompostierbarem Material an der Quelle, vor jeder Vermischung beim Abfallerzeuger. Im kommunalen Bereich werden für die getrennte Sammlung die in Bild H.3-5 gezeigten Systeme eingesetzt. Hierbei sind die unterschiedlichen Schüttgewichte in Tabelle H.4-1 zu berücksichtigen.

Tabelle H.4-1 Schüttgewichte von Wertstoffkomponenten in kg/m³

Wertstoff	In MGB 240	In Containern
Altglas (AG)	250 – 300	275 – 325
Altpapier (AP)		
• Deinking	140 – 160	150 – 250
• Pappe	40 – 60	
• Misch	80 – 160	100 – 200
Altkunststoff (AK)		
• Styropor	10 – 15	
• Folien	25 – 50	
• Hohlkörper	35 – 55	
• Becher/Blister	20 – 45	
Alttextilien (AT)		45 – 70
Altmetall (AM)		
• Weißblechdosen	80 – 105	
• NE-Metallverpackung	30 – 45	
trockene Wertstoffe		
(AP, AG, AK, AM)	100 – 170	
(AP, AK, AM)	70 – 100	
DSD-Leichtstoffe		35 – 55
-Verbunde		50 – 120
Küchenabfall	250 – 400	
Bioabfall	160 – 280	
Grünabfall		200
Kompost aus Bioabfall		500 – 750

H.4.2 Verwertung von Altpapier (AP)

Papier als einer der mengenmäßig bedeutsamsten Altstoffe ist ein flächiger Werkstoff aus Fasern, vornehmlich pflanzlicher Herkunft, die sich nach Freilegung, Suspendierung und Entwässerung durch chemische Bindungen über Nebenvalenzen verbinden. Diese Bindung ist durch Zugabe von Wasser reversierbar. Diese Reversierbarkeit der Bindung wird beim Einsatz von Altpapier in der Papierproduktion genutzt. Rohstoffe für die Papierherstellung in der BRD sind heute in der Reihenfolge der eingesetzten Mengenanteile:
- Altpapier
- Zellstoff = verbleibender Anteil des Holzes nach chemischer Abtrennung des Lignins (ca. 50% des Holzes) als
  - *Sulfatzellstoff*, in der BRD nicht hergestellt, nur importiert; alkalisches Sulfatverfahren mit wäßriger Lösung von Natronlauge, Natriumsulfid und manchmal auch Soda bei 170 – 190 °C 4 – 6 h gekocht; häufig Eindampfung der Lauge und Rückgewinnung der Kochchemikalien; Sulfatzellstoff schwierig bleichbar, bisher nur begrenzter Verzicht auf Chlorbleiche möglich; hohe Festigkeit,
  - *Sulfitzellstoff*, überwiegend inländische Herstellung; saures Sulfitverfahren mit wäßriger Lösung von Magnesium- oder Calciumbisulfit; nach Eindampfen der Kochsäure auch hier thermische Verwertung und Rückgewinnung von Chemikalien; Zellstoff geringerer Festigkeit, aber leichter bleichbar (auch ohne Chlor, mit Sauerstoff, H_2O_2 oder O_3),
  - *Organosolv- oder ASM*-Verfahren; Kombination von saurem oder alkalischem Aufschluß mit Lösemittelprozessen (Methanol),
  - *Halbzellstoff* (Zellstoff mit Restanteilen von Lignin),
- Holzschliff für holzhaltige (am Licht vergilbende) Papiere, z. B. Zeitungspapier; mechanisch, thermo-mechanisch und chemo-thermo-mechanisch,
- Hilfs- und Füllstoffe: Leime, Weißstoffe (Kalk, Kaolin usw.),
- Lumpen, z. B. für Geldscheinpapier.

Als Produkte unterscheidet man (abgekürzt als PKK):
- Papier
  Flächengewicht nach DIN 6730 < 150 g/m²
- Pappe
  Flächengewicht nach DIN 6730 > 600 g/m²
- Karton
  Flächengewicht nach DIN 6730 > 150 – 600 g/m²

Altpapier (AP) fällt in unterschiedlichen Anfallstellen an, z. B.:
- Papierverarbeitung: große Mengen pro Anfallstelle, sortenrein, unverschmutzt, auch höhere Altpapierqualitäten,
- auspackendes Gewerbe: mittlere bis größere Mengen, nur Verpackungs-Altpapiere,
- Haushalte, Verwaltungen, kleinere Geschäfte: geringe Mengen pro Anfallstelle, insgesamt aber großes Potential, gemischte untere Qualitäten.

Während die unteren Altpapiersorten meist im Überfluß vorhanden sind, fehlen stets die besseren Sorten aus der Papierverarbeitung mit der Folge höherer Preise für diese Sorten. Hohe AP-Einsatzquoten zeigen nach Tabelle H.4-2 die Verpackungs- und Zeitungspapiere.

Aus Tabelle H.4-3 erkennt man, daß die Papierabfallmengen seit 1990 als Erfolg der abfallwirtschaftlichen Bemühungen und auch der Verpackungsverordnung bei stagnierendem Papier-

Tabelle H.4-2 Altpapiereinsatzquoten (%) in graphischen Papieren in der BRD (nach BVSE-Jahresberichten)

Papier- und Pappsorten	1985	1990	1992	1994	1996
Verpackungspapiere	92	92	93	94	95
Druck-, Presse- und Administrationspapiere	12	18	20	28	36
davon Zeitung		68	72	108	116
davon sonstiges		6	7	7	13
Hygienepapiere	30	55	62	69	68
technische und Spezialpapiere	43	39	41	44	46
Einsatzquote gesamt	46	49	52	56	60

Tabelle H.4-3 Zeitreihen zu Papierverbrauch, Papierherstellung, AP-Aufkommen und Papierabfall in der BRD (nach VDP- und BVP-Statistiken)

1	2	3	4	5	6	7	8	9	10	11
	AP-Verbrauch	AP-Aufkommen	AP-Ausfuhr	AP-Einfuhr	AP-Einsatzquote[a]	AP-Rücklaufquote[b]	AP-Preisindex B12	Verbrauch Papier + Pappe	Erzeugung Papier + Pappe	Papierabfall[c]
Jahr	1000 t	1000 t	1000 t	1000 t	%	%	'85 = 100	1000 t	1000 t	1000 t
1950	470	414	–	54	30,0	25,9	–	1.600	1.565	1.186
1955	892	804	7	100	35,5	28,1	–	2.857	2.515	2.053
1960	1.319	1.174	35	206	38,4	26,7	101,5	4.396	3.434	3.222
1965	1.823	1.593	56	289	45,1	27,5	98,1	5.791	4.039	4.198
1970	2.511	2.403	184	320	45,6	31,5	110,5	7.621	5.504	5.218
1975	2.416	2.373	228	355	45,9	34,2	75,7	6.936	5.266	4.563
1980	3.168	3.282	527	429	41,8	33,9	116,0	9.678	7.580	6.396
1985[d]	4.300	4.668	911	565	46,5	43,4	100,0	10.745	9.239	6.077
1990	6.212	6.803	1.398	784	48,6	44,0	6,3	15.461	12.773	8.658
1995	8.599	10.531	3.212	1.141	58,0	66,6	61,9	15.823	14.827	5.292
1996	8.888	10.921	2.958	934	60,3	70,6	12,2	15.471	14.733	4.550

[a] AP-Einsatzquote = AP-Aufkommen/Verbrauch von Papier und Pappe
[b] AP-Rücklaufquote = AP-Verbrauch/Produktion von Papier und Pappe
[c] Papierabfall = Verbrauch von Papier und Pappe – AP-Aufkommen
[d] ab 1985 teilweise geänderte Bezugsbasis

verbrauch und weiter steigendem Altpapieraufkommen (Spalte 11) erstmals rückläufig sind.

Die zeitliche Entwicklung der Erlöse für gemischtes Altpapier (Bild H.4-4) verläuft bis 1985 mit gemäßigten Schwankungen in Zyklen, die – abgesehen von den Einflüssen der Erdölkrisen – für eine marktwirtschaftlich orientierte Erfassung typisch sind. Der völlige Preisverfall ab 1986 ist durch danach nur abfallwirtschaftlich vorgegebene Intensität der Erfassung ohne Rücksicht auf die marktwirtschaftlichen Randbedingungen zu erklären. Diese Entwicklung ist zudem typisch für Industriestaaten mit niedrigen Rohstoffpreisen und hohen Lohnkosten, wo ein eigenwirtschaftliches Recycling zunehmend durch ein abfallwirtschaftlich subventioniertes Recycling ersetzt werden muß.

Die AP-Sortierung und -Aufbereitung muß die Wirkung aller Vorgänge bei der Herstellung, Verarbeitung und Verwendung von Papier rückgängig machen, bis wieder eine verwendungsfähige Fasersuspension vorliegt. Zunächst erfolgt i. d. R. eine Handsortierung (vgl. Bild H.4-5) beim AP-Handel, in Gewerbeabfallsortieranlagen o. ä. zur Abtrennung von papierfremden Bestandteilen und produktionsschädlichen Papieren und Pappen sowie zur Abtrennung bestimmter Altpapiersorten.

Danach folgt eine Feinaufbereitung des Altpapiers in der Papierfabrik mit einer mehrstufigen

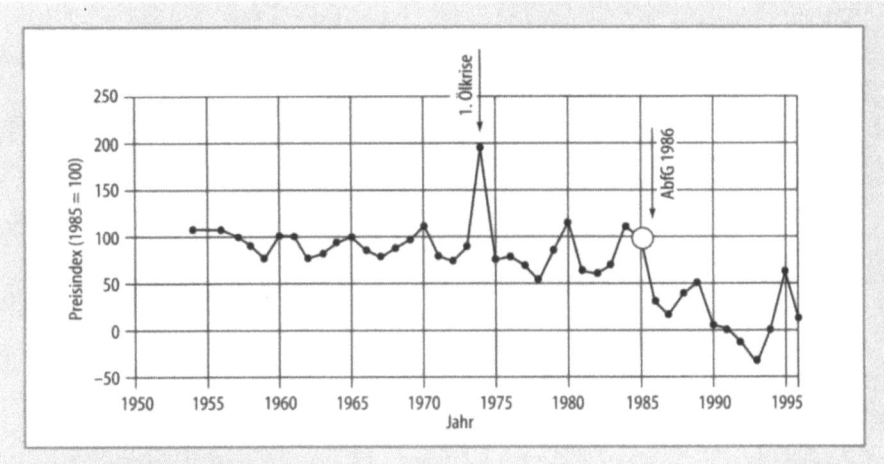

Bild H.4-4 Entwicklung des Preisindex für gemischtes Altpapier

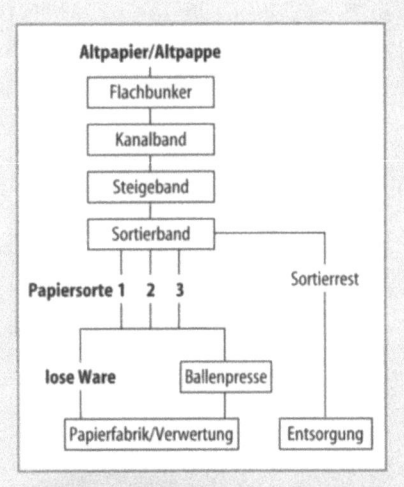

Bild H.4-5 Verfahrensschema einer Handvorsortieranlage für Altpapier

Verfahrenskette, wobei je nach produzierter Papiersorte einzelne der in Bild H.4-6 gezeigten Stufen entfallen können.

Bei Vergleichen zwischen AP- und Zellstoff-Einsatz muß berücksichtigt werden, daß den Papiermachern von luftfeuchtem Altpapiergewicht nur knapp 70 % als nutzbarer Faserstoff bleiben, während der Rest auf ca. 10 % Wasser, über 10 % Füllstoffe und Abfall entfällt.

Für den Einsatz von Zellstoff, Holzstoff oder Altpapier werden vom Umweltbundesamt in Bild H.4-7 Daten zum Frischwasserverbrauch, zur Abwasserbelastung und zum Energiebedarf gegeben, wobei Altpapier im Mittel die geringsten Belastungen aufweist.

Angesichts der Absatzprobleme für Altpapier unterer Qualitäten in der Papierproduktion müßte Altpapier mehr als bisher auch außerhalb der Papierindustrie genutzt werden. Bisher werden aber nur wenige Prozent des Altpapiers dort stofflich verwertet. Mengenmäßig relevant ist dagegen die energetische Verwertung, die gleichzeitig für eine Ausschleusung minderwertiger Faserqualitäten im Altpapier sorgt (Tabelle H.4-4).

Nach Ersatz der bleihaltigen Druckfarben in den Jahren 1970–1985 [vgl. H.4.3] ist Altpapier heute eine schwermetallarme Stoffgruppe, so daß aus dieser Sicht eine Zugabe bei der Bioabfallkompostierung unbedenklich wäre. Zu berücksichtigen sind für die Eignung von Altpapier für die Kompostierung jedoch auch die Gehalte an organischen Schadstoffen, z. B. an organischen Chlorverbindungen aus der Chlorbleiche, deren Anwendung allerdings rückläufig ist.

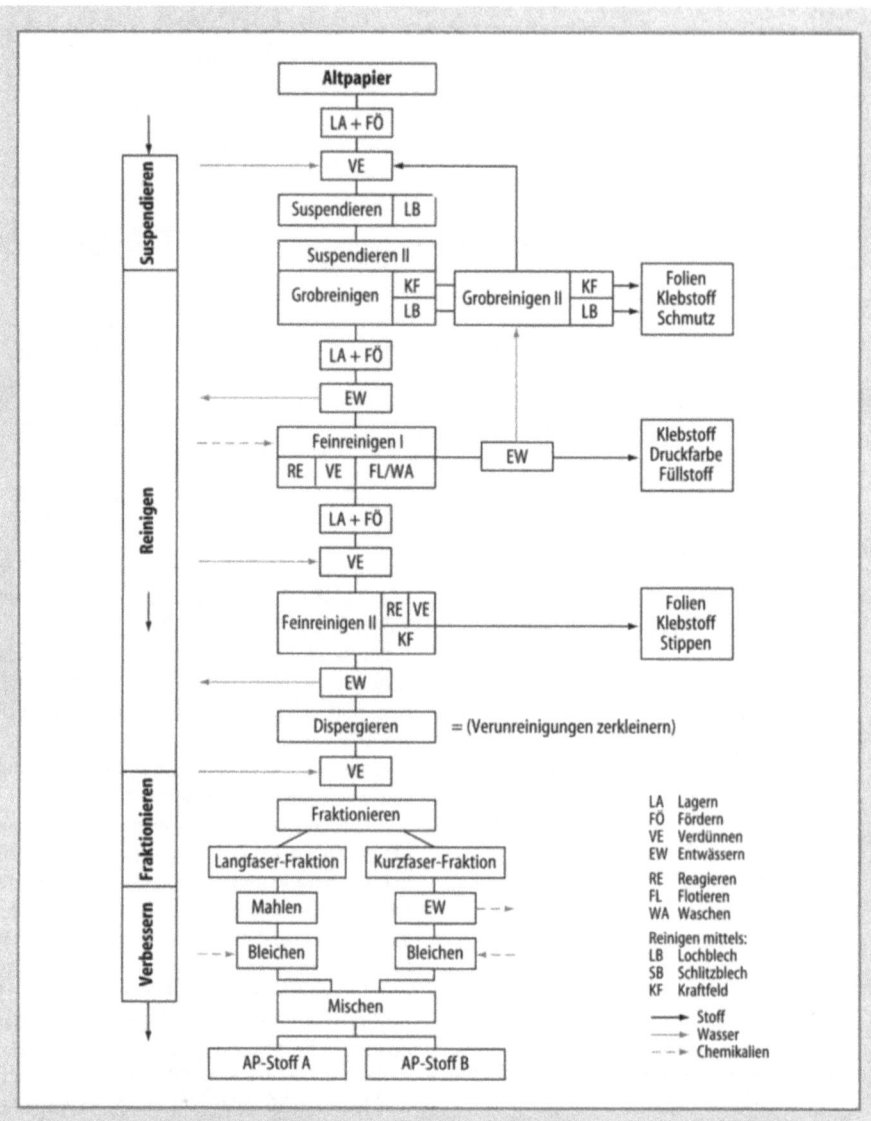

Bild H.4-6 Verfahrensstufen der AP-Aufbereitung in der Papierfabrik (nach [H.4.2])

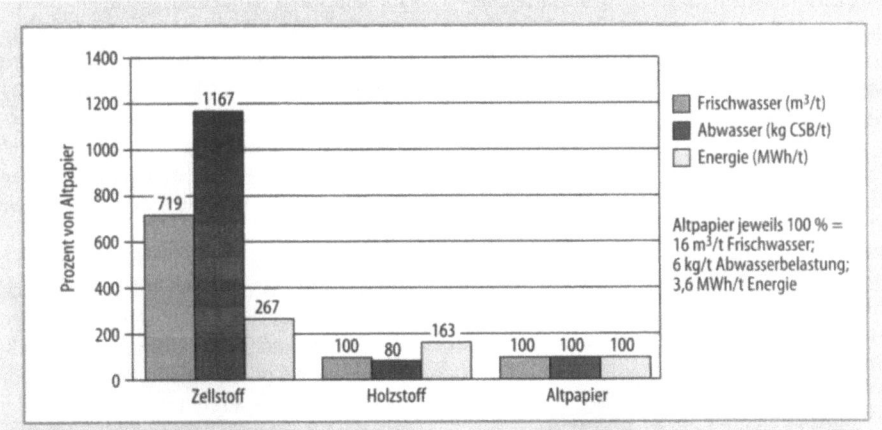

Bild H.4-7 Ökologisches Profil für Papier aus Zellstoff, Holzstoff und Altpapier [BVP (1990) nach Daten des UBA]

Tabelle H.4-4 Alternativen der AP-Verwertung außerhalb der Papierindustrie

Nutzung	Prozeß	Verwendungszweck
Nutzung der Fasereigenschaften	Trockene Verarbeitung	Spanplatten, Paletten, Formteile, *Wärmematerial*, Einstreu für die Viehhaltung
	Nasse Verarbeitung	*Faserplatten* (z.B. Rigips, Fermacell); Blumentöpfe Pflanzkübel
Nutzung der chemischen Eigenschaften	Hydrolyse, Vergärung	Glucose, Alkohol, Protein
	Pyrolyse	Gas, Öl, Koks
Energetische Verwertung	Verbrennung	*Dampf, Strom*
	Blähmittel	Ziegelherstellung
Biologische Nutzung	Kompostierung	Kompost

H.4.3 Altglas (AG)

Altglas kann weder in der Müllverbrennung noch in der Deponie verwertet oder abgebaut werden. Für eine stoffliche Verwertung ist Glas dagegen ein idealer Wertstoff, der auch bei mehrfachem Recycling – im Gegensatz zu Papier und Kunststoff –, abgesehen von Vermischungen, z.B. durch Fehlfarben oder NE-Metalle, keinen Qualitätsverlust erleidet.

Für die Glasherstellung werden je nach Glasart, z.B. Flachglas, Behälterglas, Bleikristall, unterschiedliche, untereinander nicht verträgliche Rezepturen verwandt. Für die Produktion des im Siedlungsabfall dominierenden Behälterglases (vor allem Getränkeflaschen und Konservenglas) werden die in Bild H.4-8 genannten Rohstoffe verwandt, die in ihrem Vorkommen nicht als selten bezeichnet werden können. Allerdings werden an deren Reinheit hohe Anforderungen gestellt. Umweltbelastend bei der Glasherstellung wirken die Salzfracht ($CaCl_2$) aus der Sodaproduktion und der relativ hohe Energiebedarf für die Schmelze.

Beide Umweltbelastungen lassen sich mindern, wenn anstelle originärer Rohstoffe Altglasscherben eingesetzt werden: Lubisch [H.4.4] gibt eine Energieeinsparung für die Schmelze und die Primärrohstoffe von ca. 4,0 GJ/t Scherbeneinsatz gegenüber dem Einsatz originärer Rohstoffe an.

Die dosierten, gemischten Zuschlagstoffe schmelzen in beheizten Glaswannen ohne Scherbenzusatz bei Temperaturen von 1500–1600 °C. Mit Scherbenzusätzen kann die Temperatur dagegen bis auf 1300–1400 °C abgesenkt werden. Scherbenschmelzen sind mit 100 % Altglas (AG)

möglich und werden z. B. für die Grünglasschmelze heute schon praktiziert (Bild H.4-9).

Altglas fällt im Gegensatz zum Altpapier wenig im Gewerbeabfall und Sperrmüll an, sondern ganz überwiegend in den Haushalten. Der Behälterglasverbrauch für den privaten und kleingewerblichen Bereich lag nach den Erhebungen des BMU für die Verpackungsverordnung 1991 in der BRD bei 3.813.000 t/a bzw. differenziert nach Bundesländern bei 39 – 55 kg/(E∗a) und verteilte sich etwa zu 50 % auf Weißglas, zu 30 % auf Grünglas und zu 20 % auf Braunglas (Tabelle H.4-5).

Das Behälter-AG wird in der BRD im Rahmen der Erfassung über das „Duale System Deutschland" fast ausschl. im Bringsystem über farbgetrennte Container (weiß, grün, braun) erfaßt, weil hiermit AG mit den geringsten Verunreinigungen und farbgetrennt gewonnen werden kann. Als Alternativen können Altglas-Einstoffbehälter oder auch Wertstoffsäcke im Holsystem eingesetzt werden.

Für die Sammlung des AG aus den Containern werden Lkw mit offenen Aufbauten und Hakenkran für die Aufnahme der Container eingesetzt. Der Transport erfolgt mit diesen Lkw und in Einzelfällen auch mit der Bahn zu ca. je 30 Aufbereitungsanlagen bzw. Glashütten. Bei der gesamten

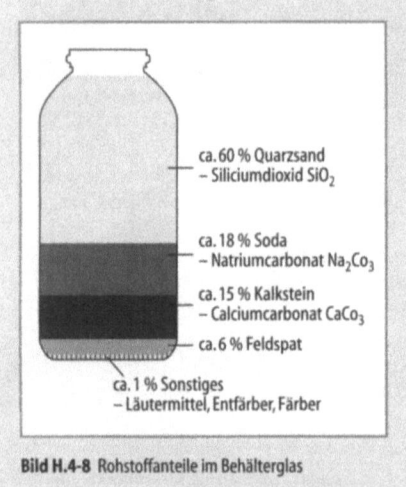

Bild H.4-8 Rohstoffanteile im Behälterglas

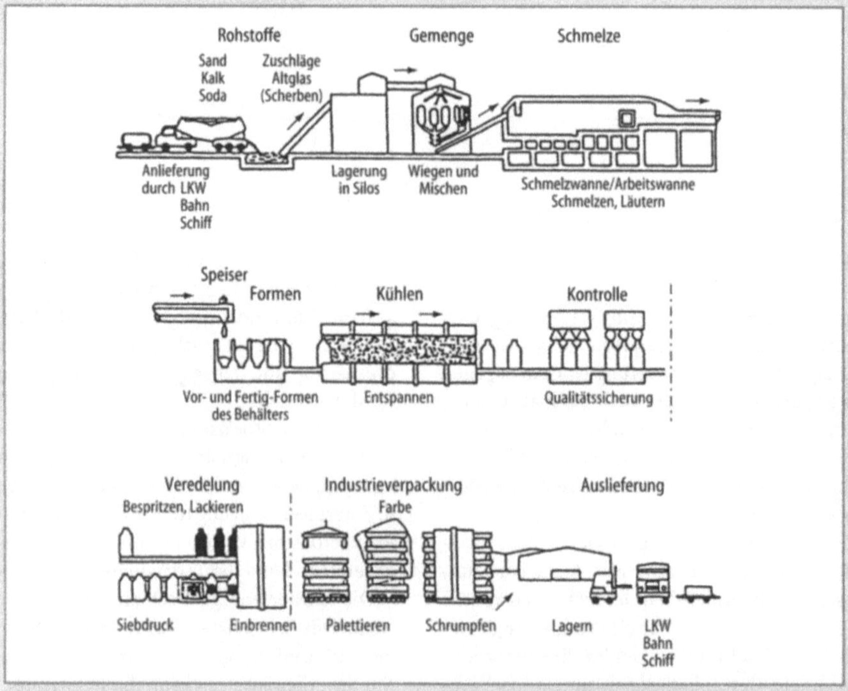

- ca. 60 % Quarzsand – Siliciumdioxid SiO_2
- ca. 18 % Soda – Natriumcarbonat Na_2Co_3
- ca. 15 % Kalkstein – Calciumcarbonat $CaCo_3$
- ca. 6 % Feldspat
- ca. 1 % Sonstiges – Läutermittel, Entfärber, Färber

Bild H.4-9 Behälterglas-Herstellung

Erfassung des AG sollte darauf geachtet werden, daß das Glas möglichst wenig zerbrochen und damit gut aufbereitbar in die Aufbereitungsanlagen gelangt.

In diesen Sortieranlagen (vgl. Bild H.4-10) werden *organische Stoffe*, z. B. Papier und Kunststoff, *Eisen, Blei und Zinn, Aluminium* sowie *Porzellan, Keramik und Steine* von den Glasscherben getrennt. Hierbei werden von der Glasindustrie wegen der möglichen Störeinflüsse scharfe Anforderungen an ofenfertige Scherben gestellt (s. Tabelle H.4-6). Problematisch ist dabei die Einhaltung der Grenzwerte für Keramik und NE-Metalle.

Bis 1994 mangelte es an farbseparierten Weißglas- und Braunglasscherben, während andererseits Grün- und Farbmischglasscherben im Überangebot und nur schwer vermarktbar waren. Grünglasschmelzen laufen daher bereits mit bis zu 100 % Altglasscherbeneinsatz. Systeme für eine mechanische Sortierung nach den Glasfarben weiß (halbweiß), grün, (lichtgrün) und braun

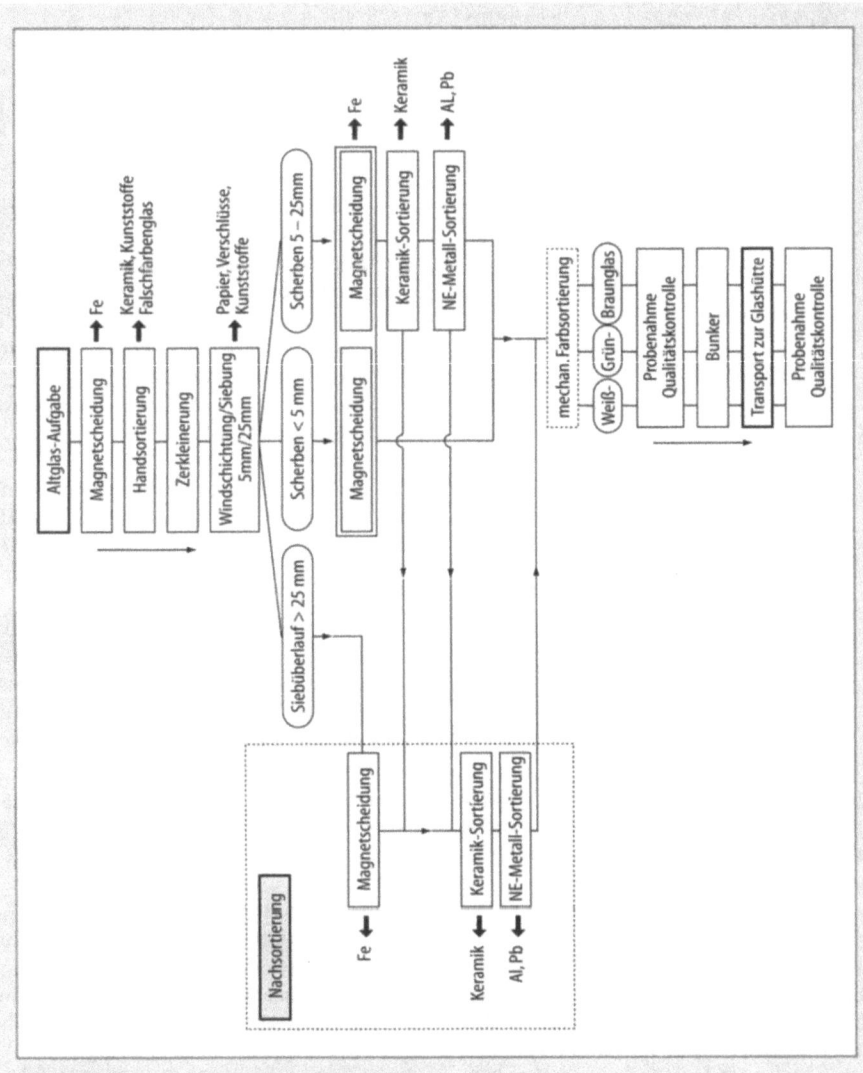

Bild H.4-10 Verfahrensschema einer AG-Aufbereitungsanlage

Tabelle H.4-5 Behälterglasproduktion und AG-Erfassung und -Verwertung in der BRD [H.4.5]

1	2	3	4	5	6	7	8	9	10
Jahr	BG-Produktion	BG-Inlandsabsatz	im Inland	AltglasVerwertung gesamt BG In- und Ausland	alternative Verwertung	Import/Export-saldo	AG-Inlands-Verwertung in dt. Bg-Produktion	vom BG-Inlandsabsatz	Gesamte Verwertung BG-Inland-absatz
Jahr	t/a	t/a	t/a	t/a	t/a	t/a	%	%	%
1974		2.307.874	150.000			–		6	
1980		2.457.529	566.474			73.985		23	
1990		3.324.061	1.791.124			–		54	
1991		3.655.397	2.295.423			–7.211		63	
1992	4.390.000	3.797.992	2.228.924	2.460.000		–68.521	51	59	65
1993	4.200.000	3.693.206	2.390.279	2.600.000		–58.410	57	65	70
1994	4.432.000	3.694.096	2.721.659	2.868.436	40.968	147.666	61	74	78
1995	4.580.000	3.718.400	2.713.446	3.000.000		4.711	59	73	81
1996	4.500.000	3.601.350	2.754.594	3.100.000	80.000	–21.690	61	76	86

Tabelle H.4-6 Anforderungen an Störstoffgehalte und Fehlfarben in Altglasscherben [H.4.5]

Begrenzte Stoffe	Anforderungen im Rahmen des DSD [g/t]	
Feuchte	< 2 %	
Organische Stoffe (Papier, Kunststoff)	< 500	
Magnetische Metalle	< 5	
Leichtmetalle	< 5	
Blei	< 1	
Ton, Keramik, Steine	< 25	
	Unaufbereitet	Aufbereitet
Grün- in Braunglas	< 5 %	< 5 %
Grün- in Weißglas	< 1 %	< 0,1 %
Braun- in Grünglas	< 10 %	< 5 %
Braun- in Weißglas	< 2 %	< 0,5 %
Weiß- in Braunglas	< 5 %	< 5 %
Weiß- in Grünglas	< 15 %	< 5 %

sind ab ca. 1994 in mehreren Aufbereitungsanlagen in der Anwendung und entlasten den Altglasmarkt vom früheren Überangebot an Grün- und Mischglas.

H.4.4 Altkunststoff (AK)

Kunststoffe können nach ihren Haupteigenschaften in folgende Gruppen eingeteilt werden:
- Thermoplaste: lineare oder verzweigte, aber nicht in ihren Polymerketten vernetzte Polymere (Ketten von Monomeren), die beim Erwärmen reversibel bis zur Fließfähigkeit erweichbar sind. Recycling über die Schmelze ist daher möglich.
- Duroplaste: synthetische Kunststoffe, zum Fertigprodukt ausgehärtet aus der Reaktion mehrerer fließfähiger Vorprodukte. Die Härte ist bis zu den Grenztemperaturen des Polymerabbaus wenig veränderlich.
- Elastomere: nicht schmelzbare, dauerelastische Kunststoffe (z. B. PUR).

Für die Abfallwirtschaft sind mengenmäßig neben den Fluidoplasten (z. B. Leim, Lack) und Elastomeren (z. B. Kautschuk) die Gruppen der Thermoplaste (z. B. PE, PP, PVC, PS, PA) und Duroplaste (z. B. PUR, EP, UP) bedeutsam.

Nur bei den Thermoplasten ist eine direkte *werkstoffliche* Wiederverwertung durch erneutes Einschmelzen möglich. Alle anderen Kunststoffe können nur durch Zerlegung in die Ausgangsstoffe *rohstofflich* oder thermisch verwertet werden (vgl. Tabelle H.4-9).

Kunststoff wird für die in Bild H.4-11 dargestellten Einsatzgebiete verbraucht.

Für 1995 wird in der BRD genannt [H.4.6, BVSE 1997]:
- eine Polymerproduktion von 11 Mio. /ta
- ein Kunststoffverbrauch (vermutlich ohne Fluidoplaste) von 6,1 Mio. t/a sowie
- eine Abfallmenge von 3,0 Mio. t/a, davon 1,3 Mio. t/a verwertet (davon 0,485 Mio. t/a über das DSD) und 1,7 Mio. t/a beseitigt.

Die Differenz aus dem Verbrauch und der Abfallmenge führt zu einem wachsenden Lager langlebiger Produkte, insbesondere Baumaterialien, und zu zukünftig steigenden Kunststoffabfallmengen.

Neben den in Tabelle H.4-7 dargestellten Hauptbestandteilen können Kunststoffe Weichmacher (org. Verbindungen, z.B. in PVC weich), Stabilisatoren (schwermetallhaltig mit Pb, Cd (vor allem in Bauprofilen aus PVC hart), Zn und Sn), Licht- und Flammschutzmittel sowie Farbpigmente (meist schwermetallhaltig (Cd (stark rückläufig), Cr, Cu, Ni, Pb, Zn) und Schwermetallkatalysatoren (Titan in PE-HD und PP, Chrom in PE-HD) enthalten. Nähere Angaben hierzu in [H.4.7, H.4.8].

Kunststoffabfälle im Hausmüll setzen sich etwa wie folgt zusammen:

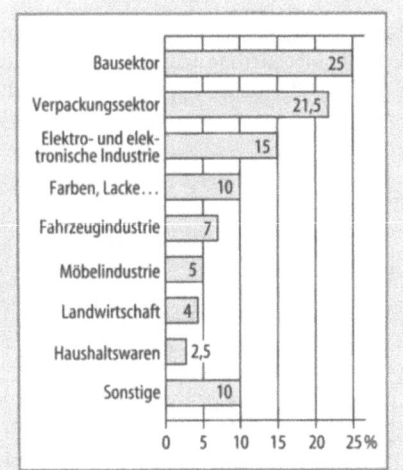

Bild H.4-11 Einsatzgebiete von Kunststoffen 1993 [Verband Kunststofferzeugende Industrie (1994)]

- 60–65 Gew.% PE, geringe Anteile PP
- 15–20 Gew.% PS
- 10–15 Gew.% PVC
- 5–10 Gew.% sonstige (PUR, PA, PTFE)

Für die *Abfallverbrennung* ist zunächst bedeutsam, daß die Kunststoffe außer der für die Produktion aufgewendeten Energie je nach der chemischen Zusammensetzung (s. oben) hohe Heizwerte enthalten, die z.T. mit dem Heizwert von Heizöl vergleichbar sind. Geringere Heizwerte ergeben sich nur beim PVC durch den hohen Cl-Anteil, beim PTFE (mengenmäßig unbedeutend) durch den F-Anteil oder beim Silikon durch Ersatz des C durch Si. Kunststoffabfälle eignen sich wegen des hohen Heizwerts auch zur thermischen Verwertung (vgl. § 6 KrW-/AbfG).

Kunststoffgemische im Siedlungsabfall enthalten u.a. PVC (geschätzt im Hausmüll ca. 0,6 und im Gewerbeabfall ca. 2 Gew.%, i.M. ca. 1%). In Müllverbrennungsanlagen (MVA) wird der Cl-Anteil im PVC zu HCl umgewandelt und anschließend über eine abwasserfreie Rauchgaswäsche in Form von trockenem Salz als $CaCl_2$ oder NaCl abgeschieden. Aus 1 t PVC werden bei stöchiometrischer Umsetzung

$(23 + 35)/35 \cdot 0{,}57 = 0{,}94$ t NaCl oder
$(40 + 2 \cdot 35)/35 \cdot 0{,}57 = 0{,}90$ t $CaCl_2$.

Wegen erheblich überstöchiometrischer Dosierung sind stets > 1 t Salz/1 t PVC als Sonderabfall zu entsorgen, wodurch 1 t PVC die gesamte Verbrennung mit 5–10 DM/t Müll bzw. 500–1000 DM/t PVC belastet. Zu fordern wäre entweder eine kostenfreie Rücknahme des anteiligen Salzes durch die PVC-Hersteller oder auch eine Abnahmegarantie zum Zweck der Verwertung in der Chloralkali-Elektrolyse. Als Alternative wird in

Tabelle H.4-7 Zusammensetzung einiger Kunststoffe

Kunststoffart	Anteil in Gew.-%						Heizwert
	C	H	O	N	Cl	F	kJ/kg
PE	85,7	14,3	–	–	–	–	46.000
PP	85,7	14,3	–	–	–	–	46.00
PS	92,3	7,7	–	–	–	–	40.500
PUR	62,1	3,4	18,4	16,1	–	–	24.000
PA	63,7	9,7	14,2	12,4	–	–	33.400
PVC	38,7	4,8	–	–	56,8	–	18.000
PTFE	24	–	–	–	–	76	8.400
Gemischte Kunststoffe im Hausmüll							18.300 (H_u) 26.200 (H_o)

einigen Anlagen die aus dem Rauchgas ausgewaschene Salzsäure als HCl-Dünnsäure an die chemische Industrie zurückgegeben.

Über die Beeinflussung der Bildung von PCDD/PCDF- oder Chlorbenzol-Emissionen durch erhöhte PVC-Gehalte liegen z.T. gegensätzliche Untersuchungsergebnisse vor [z.B. H.4.9, H.4.10]. Auch sehr aufwendige Verbrennungsversuche in der MVA Würzburg unter Beteiligung des Kernforschungszentrums Karlsruhe [H.4.11] mit Zusätzen von 7,5 und 15 Gew.% Kunststoffresten (also auch entsprechend erhöhten PVC-Gehalten) ergaben keine Verschlechterung bei der Roh- und Reingasemission. Offensichtlich reichen für die „De-Novo-Synthese" von PCDD/PCDF auch die Gehalte an Chloriden im übrigen Abfall aus. Schwermetalle aus den Kunststoffen sind dagegen ein bedeutender Schadstoffanteil in den Rohgas-Emissionen bzw. in den Stäuben und Rauchgasreinigungsrückständen.

Bei der *Deponierung und Kompostierung* von Abfall ist das Polymergerüst der synthetischen Kunststoffe selbst nicht biologisch abbaubar, sondern allenfalls einzelne Hilfs- und Füllstoffe (z.B. Weichmacher; vgl. [H.4.8]. Für spezielle abbaubare Kunststoffe bieten sich folgende Möglichkeiten [H.4.12] (s. Tabelle H.4-8):
- gezieltes Einarbeiten labiler Stellen in der Polymerkette,
- photochemisch abbaubare Kunststoffe (Zerfall unter UV-Licht),
- *biologisch abbaubare* Kunststoffe, z.B. auf Cellulosebasis (Cellulosediacetatfolien) oder „Biopol" von ICI auf der Basis von PHBV oder andere Kunststoffe auf Stärkebasis oder Polycaprolacton [H.4.8]. Nachteilig für den Einsatz dieser Kunststoffe sind ihr noch sehr hoher Preis und ihre begrenzte Einsetzbarkeit, z.B. nicht für die Verpackung von Nahrungsmitteln.

Da außerdem der biologische Abbau nicht nur in der Kompostierung oder Deponie stattfinden würde, sondern auch bei längerem Gebrauch

Tabelle H.4-8 Auswahl einiger auf dem deutschen Markt befindlicher biologisch abbaubarer Polymere (nach [H.4.13])

Handelsname	Material	Vertreiber	Auf dem Markt als	ca. Preis
Biopol	Natürlicher Polyester aus PHBV	Zeneca Bio Products	Verpackung (Flaschen) Kompostiersäcke	25 DM/kg
Bioceta	Celluloseacetat mit Weichmacher	Franz Rascher GmbH & Co Chemiewerkstatt KG	Grablichter, Verpackung	11 DM/kg
Flo-pak Bio8	Extrudierte hydroxypropilierte Stärke	FLO-PAK GmbH	Geschäumte Chips als Verpackungspolster	50 DM/m^3
MaterBi	Polyester-/Stärke-Mischung	Novamont Sales; Europe Montesdison Deutschland	Kugelschreiber, Farbbandkassetten; Kompostiersäcke	3 – 9 DM/kg
Tone-Polymere	Synthetisches Polyester aus Policaprolacton	Union Carbide Chem. Düsseldorf		5,90 US$/kg
Renatur	Extrudierte Stärke	Storpack; H. Reichenecker GmbH & Co	Geschäumte Chips als Verpackungspolster	50 DM/m^3

Tabelle H.4-9 Entsorgungswege und Nutzungsmöglichkeiten bei Altkunststoffen mit Prioritäten

Priorität	Entsorgungsweg	Nutzung	Gewonnenes Produkt
1. 2.	Regranulierung Umschmelzen in sortenreine und gemischte Kunststoffe	*Werkstofflich;* makromolekulare Struktur; Erhalt wesentlicher Anteile des Energieaufwands für die Herstellung	Regranulat, Verarbeitung zu Kunststoffprodukten
3. 4.	Hydrierung Pyrolyse	*Rohstofflich;* organische Grundstruktur	Chemische Grundstoffe; Gase und/oder Öle
5.	Verbrennung	*Thermisch;* Heizwert	Energie
6.	Deponie	Verzicht auf Material- und Heizwert	–

oder beim Recycling-Kreislauf, ist der Nutzen der Bioabbaubarkeit von Kunststoffen umstritten wegen des unkontrollierten Zerfalls von Recycling-Produkten und der unvermeidbaren Vermischung von biologisch abbaubaren und nicht abbaubaren Kunststoffen bei der Altkunststofferfassung und -verwertung.

Bei einer Ökobilanz [H.4.14] von biologisch abbaubaren und fossil basierten Kunststoffen haben die biologisch abbaubaren bei einer Entsorgung über die Kompostierung und der fossil basierten über das DSD und mit dem Rest über 70 % Ablagerung und 30 % die thermische Behandlung
– den Vorteil des geringeren Rohstoffverbrauchs (Erdöl), aber
– die Nachteile keiner stofflichen Verwertung und keiner Nutzung des Energieinhalts (bei thermischer Behandlung oder energetischer Verwertung), sondern meistens eines Energiebedarfs für die Kompostierung.

Ein grundsätzlicher ökologischer Vorteil der biologisch abbaubaren Kunststoffe ist nach [H.4.14] nicht erkennbar (Tabelle H.4-9).

Bei der getrennten Sammlung von Kunststoff macht sich der Gebrauchsvorteil, das leichte Gewicht, nun auch bei der Erfassung wieder bemerkbar. Das niedrige Schüttgewicht von Altkunststoffen von nur 10 – 55 kg/m³ verursacht – verglichen mit z. B. Altglas – wesentlich höhere Erfassungskosten.

Erschwerend für die werkstoffliche Verwertung der Kunststoffe ist die große Sortenvielfalt und die Unverträglichkeit vieler Kunststoffe untereinander. Nach Tabelle H.4-10 sind z.B. alle

Tabelle H.4-10 Verträglichkeit unterschiedlicher Kunststoffe (nach [H.4.12])

	PS	SAN	ABS	PA	PC	PMMA	PVC	PP	PE-LD	PE-HD	PET
PS	1										
SAN	6	1									
ABS	6	1	1								
PA	5	6	6	1							
PC	6	2	2	6	1						
PMMA	4	1	1	6	1	1					
PVC	6	2	3	6	5	1	1				
PP	6	6	6	6	6	6	6	1			
PE-LD	6	6	6	6	6	6	6	6	1		
PE-HD	6	6	6	6	6	6	6	6	1	1	
PET	5	6	5	5	1	6	6	6	6	6	1

1 gut mischbar; 6 schlecht mischbar

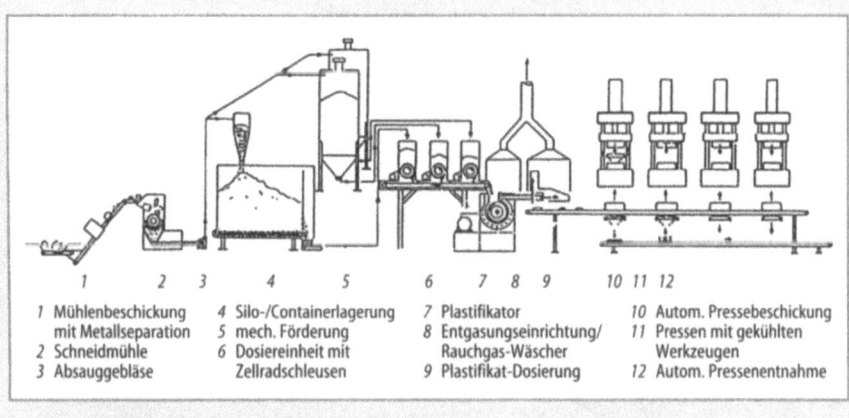

1 Mühlenbeschickung mit Metallseparation
2 Schneidmühle
3 Absauggebläse
4 Silo-/Containerlagerung
5 mech. Förderung
6 Dosiereinheit mit Zellradschleusen
7 Plastifikator
8 Entgasungseinrichtung/ Rauchgas-Wäscher
9 Plastifikat-Dosierung
10 Autom. Pressebeschickung
11 Pressen mit gekühlten Werkzeugen
12 Autom. Pressenentnahme

Bild H.4-12 Aufbereitungsverfahren für gemischte Kunststoffabfälle der Fa. Recycoplast [H.4.8]

Thermoplaste untereinander nicht verträglich. Da eine getrennte Sammlung unterschiedlicher Kunststoffarten nur bei Großanfallstellen möglich ist, müssen für ein werterhaltendes „Re"-cycling daher die Kunststoffarten aufwendig sortiert werden, sonst bleibt nur ein „Down"-cycling zu Kunststoffgemischen sehr geringer Qualität. Für diese Kunststoffgemische besteht jedoch nur ein sehr begrenzter Markt, so daß diese Form des Recyclings nur wenig angewendet werden kann.

Bei Verzicht auf Trennung der einzelnen Kunststoffarten reicht eine vereinfachte Verfahrenstechnik (vgl. auch Bild H.4-12) mit den Stufen:
- Fremdstoff-Sortierung (Fe, NE, sonstige Störstoffe)
- Agglomeration, Zerkleinerung
- Plastifizierung
- Ausformung

Produkte mit großen Wandstärken, die sonst aus Holz oder Beton angeboten werden, z. B. Palisaden, Blumenkübel, Parkbänke, Begrenzungspfähle, Rasengittersteine oder Bakenfüße, lassen sich mit dieser Technik herstellen.

Anspruchsvollere Produkte oder mit Neuware vergleichbares Regranulat läßt sich nur herstellen, wenn das Kunststoffgemisch in die einzelnen Kunststoffsorten manuell oder besser mechanisiert getrennt wird. Für die mechanisierte Sortierung wird vorrangig die unterschiedliche Dichte beim Flotieren und Zyklonieren ausgenutzt:

PE HD	0,94 – 0,96 g/cm^3
PVC hart	1,38 – 1,40 g/cm^3
PE LD	0,91 – 0,94 g/cm^3
PVC weich	1,20 – 1,53 g/cm^3
PP	0,90 – 0,91 g/cm^3
PTFE	2,14 – 2,20 g/cm^3
PS	1,05 – 1,10 g/cm^3
PA	1,04 – 1,15 g/cm^3
PUR	1,15 – 1,23 g/cm^3

Andere mechanische Verfahren zur Trennung von Kunststoffarten, wie die Röntgenfluoreszensanalyse, Massenspektroskopie, Infrarotspektroskopie, die thermo-optische Erkennung oder

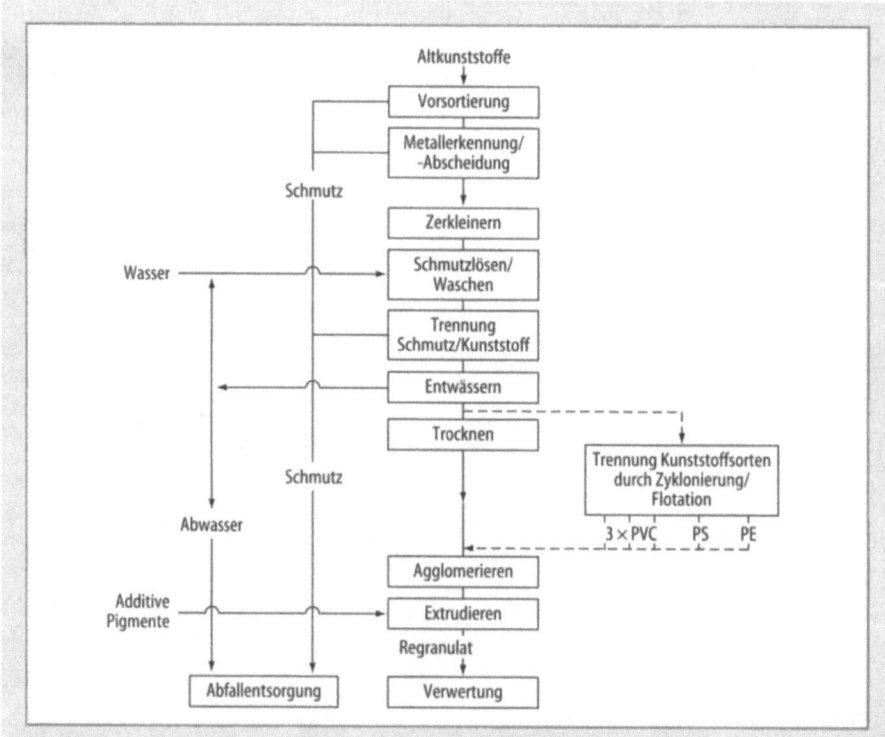

Bild H.4-13 Verfahrensschema zur Aufbereitung von Altkunststoffen (z.B. AKW-Verfahren in Blumenrod/Coburg)

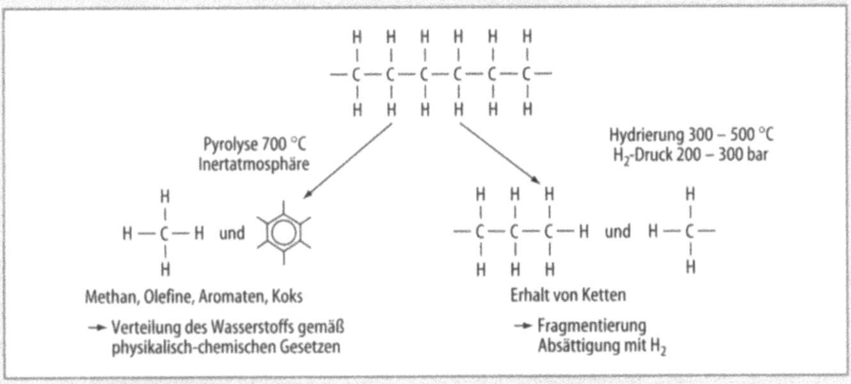

Bild H.4-14 Vergleich des Reaktionsprinzips Pyrolyse und Hydrierung (nach [H.4.16])

Tabelle H.4-11 Zusammensetzung der Destillate aus der Umsetzung von PE-/PP-Gemischen (nach [H.4.16])

	Pyrolyse Gew. %	Hydrierung Gew. %
Methan	23,1	1,1
Ethen	19,0	–
Gasförmige Kohlenwasserstoffe	20,5	7,0
Kettenförmige Kohlenwasserstoffe	4,9	87,7
Benzol	16,6	0,2
Toluol, Xylole	7,8	0,2
Höhere Aromaten	8,1	–
Hochsiedende Kohlenwasserstoffe	–	3,8

auch die optische Bilderkennung sind in der Erprobung (Bild H.4 13).

Als Alternative zur werkstofflichen Verwertung kann, wenn die AK-Gemische physikalisch nicht trennbar oder nicht plastifizierbar sind oder keine wirtschaftlich sinnvolle Verwertungsmöglichkeit besteht, die rohstoffliche Verwertung mit Gewinnung von Chemierohstoffen, besonders Ölen und z.T. auch Gasen, angesehen werden über [H.4.12] (s. Bild H.4-14 und Tabelle H.4-11):
- Alkolyse (z.B. angewandt für PUR-Schaum oder für Autositzreste [H.4.12],
- Hydrierung [vgl. H.4.12, H.4.15], z.B. in der Kohle-Öl-Anlage, Bottrop (KAB). Hier werden die zerkleinerten und agglomerierten DSD-Kunststoffe zunächst auf ca. 2000 ppm dehalogeniert und dann gemeinsam mit Raffinerie-Vakuumrückständen bei 300 bar Wasserstoffdruck und 475 °C hydriert. Das entstehende hochwertige Syncrude-Öl geht dann wieder in die Raffinerie als Einsatzprodukt für die Polymerisation.
- Dehalogenierung und nachfolgende Destillation bei der BASF [vgl. H.4.15] ebenfalls für zerkleinerte und agglomerierte DSD-Kunststoffe, die zunächst bei 300 °C in Kunststofföl gelöst, dann bei 400 °C durch Visbreaking abgebaut und anschließend destillativ aufgetrennt werden.
- Vorgeschaltete degradative Extrusion zum Abbauen und Dehalogenieren und anschließendes Steamcracken [vgl. H.4.15],
- Einsatz von DSD-Kunststoffen nach mechanischer Aufbereitung oder nach degradativer Extrusion als Reduktionsmittel im Hochofenprozeß (bei den Stahlwerken Bremen (Klöckner) [vgl. H.4.15] für 80.000 t/a ab Mitte 1995),
- Pyrolyse (z.B. [H.4.12] zur Erzeugung von Chemierohstoffen in Form von Gas und Öl, z.B. die Wirbelschicht-Pyrolyse für AK.

H.4.5 Bauabfälle

H.4.5.1 Definitionen, Mengenaufkommen und Verwertung

In Anlehnung an die TA Siedlungsabfall vom Mai 1993 sind in Tabelle H.4-12 die Bauabfallarten und deren Definitionen zusammengestellt.

Bauschutt und Baustellenabfälle (sowie Baumischabfälle) fallen überwiegend im Hochbau an, während Bodenaushub und Straßenaufbruch dem Tiefbau zuzuordnen sind.

Tabelle H.4-12 Definitionen der Bauabfallarten (in Anlehnung an TA Siedlungsabfall)

Abfallart	LAGA-Schlüssel	Definition	Erläuterungen bzw. Hauptinhaltstoffe
Bauabfälle	–	Bauschutt, Bodenaushub, Straßenaufbruch, Baustellenabfälle	Sammelbegriff für alle Abfälle aus Bautätigkeiten
Bauschutt	314 09	Mineralische Stoffe aus Bautätigkeiten, auch mit geringfügigen Fremdanteilen	Beton und Stahlbeton, Kalksandsteine, Ziegel, Mörtel
Bodenaushub	314 11	Nicht kontaminiertes, natürlich gewachsenes oder bereits verwendetes Erd- oder Felsmaterial	Steine, Kies, Sand, Ton, Lehm, Torf
Straßenaufbruch	314 10	Mineralische Stoffe, die hydraulisch, mit Bitumen oder Teer gebunden oder ungebunden im Straßenbau verwendet werden	Ungebundene Stoffe, z.B. Schotter, gebundene Stoffe wie Asphalt- und Betonaufbruch
Baustellenabfälle	912 06	Nichtmineralische Stoffe aus Bautätigkeiten, auch mit geringfügigen Fremdanteilen	Hölzer, Verpackungsmaterial, Reste von Baumaterial, -chemikalien, -hilfsstoffen, Materialien aus Innenausbau (Böden, Dämmstoffe usw.)
Baumischabfälle	–	In der Praxis häufig vorkommende Vermischung von Bauschutt, Bodenaushub und Baustellenabfällen	Offiziell nicht definierter, jedoch häufig verwendeter Begriff

Tabelle H.4-13 Aufkommen und Verwertung von Bauabfällen (Bezug: alte Bundesländer) und bundesweit angestrebte Verwertungsziele gemäß Entwurf von Zielfestlegungen der Bundesregierung, Stand Juni 1992

	Aufkommen 1989	Verwertung 1989		Aufkommen 1991	Verwertung 1990		Verwertungsziel 1994	Verwertungsziel 1995
	Mio. t/a	Mio. t/a	%	Mio. t/a	Mio. t/a	%	%	%
Bodenaushub				167,9	53,7	32	– [b]	– [b]
Bauschutt	22,6	3,7	16	34,1	9,6	29	50	60
Straßenaufbruch	20,4	11,2	55	21,4	14,8	71	80	90
Baustellenabfälle[a]	10,0	–	–	10,0	–	–	30	40

[a] Es handelt sich z.T. um Baumischabfälle gemäß o.g. Definition (Tabelle H.4-12).
[b] Unbelasteter Erdaushub ist zu verwerten und soll nicht auf Deponien, außer zu Rekultivierungszwecken, abgelagert werden. Sofern eine unmittelbare Verwertung nicht möglich ist, soll zwischengelagert werden.

Die abfallwirtschaftlichen Ziele der Bundesregierung bzgl. Bauschutt, Bodenaushub, Straßenaufbruch und Baustellenabfällen sind wie folgt zusammenzufassen [H.4.17]:
- Bereits bei der Entwicklung neuer Baustoffe, Bauprodukte und Bauweisen sind Abfallvermeidung, stoffliche Verwertung und umweltverträgliche Entsorgung zu berücksichtigen.
- Der Anfall von Baurestmassen als Abfall ist durch geeignete Maßnahmen (z.B. Ablaufgestaltung bei Abbrüchen, direkte Wiederverwendung auf der Baustelle) soweit möglich zu vermeiden.
- Die Verwertung hat Vorrang vor der Ablagerung.
- Die verwertbaren Bestandteile sollen an den Anfallstellen getrennt erfaßt und nicht auf Deponien abgelagert werden.
- Stoffe, die eine Aufbereitung behindern würden, sollen getrennt erfaßt und verwertet bzw. beseitigt werden.
- Bauabfälle sind von schadstoffhaltigen Abfällen gemäß § 14, Abs. 1 AbfG getrennt zu halten.

Die Verwertungsziele der Bundesregierung bis zum Jahr 1995 sind im Vergleich zum Bauabfallaufkommen bzw. zu derzeitigen Verwertungsquoten in Tabelle H.4-13 zusammengestellt, wobei intern verwertete sowie in Kleinbetrieben anfallende Mengen aufgrund der Erhebungsmethode nicht enthalten sind.

H.4.5.2 Stofftrennung durch kontrollierten Rückbau von Bauwerken

Die Zusammensetzung der Bauabfälle aus dem Hochbaubereich ist von der Entwicklung des Baustoffeinsatzes der letzten Jahrzehnte abhängig unter Berücksichtigung der Nutzungsdauer für Bauwerke (Tabelle H.4-14). Der Gewichtsanteil für Beton und sonstige Baustoffe im Hochbau stieg in der Vergangenheit stark an, während der Mauerwerks- und Mörtelanteil entsprechend rückläufig war.

Durch Auswertungen von Ausschreibungsunterlagen (Tabelle H.4-15) oder aus vereinzelt veröffentlichten Stoffbilanzen kontrollierter Abbrüche (Rückbau mit handgeführten Werkzeugen) wird ersichtlich, daß die Bausubstanz auch im Hochbau sich aus häufig bis zu 90 Gew. % mineralischen Stoffen zusammensetzt, die für eine Aufbereitung und Verwertung oder zumindest für

Tabelle H.4-14 Baustoffeinsatz im Hochbau, Angaben in Gew. % (nach [H.4.18])

Baustoff	Jahr	1949	1961	1973	1987
Transportbeton		0	2	25	41
Ortbeton und Betonfertigteile		28	45	27	13
Mauerwerk		46	31	24	15
Mörtel, Estrich u.ä.		19	15	11	8
Sonstiges (Dämmstoffe, Stahl, Holzfaser- und Gipskartonplatten u.a.m.)		7	7	13	23

Tabelle H.4-15 Massenbilanz ausgewählter Bauwerke, ermittelt aus Ausschreibungsunterlagen [H.4.19]

Bauweise Tragende Konstruktion Nutzung		Massivbau Beton Wohngebäude	Skelett Beton Büro	Massivbau Beton, Ziegel Schule
Baujahr		1988	1989	1982
Grundfläche	m²	2.084	–	2.132
Umbauter Raum	m³	58.307	–	16.420
Gesamtmasse	t	31.500	19.146	11.550
nicht berücksichtigte Bauelemente		Dach, Fassade, Innenausbau	–	–
Beton	Gew. %	83,12	39,01	65,45
Keramische Baustoffe/Ziegel		0,41	0,47	7,73
Sand, Kies		1,43	26,41	8,06
naturstein		–	–	0,22
Estrich		5,92	24,77	–
Mörtel		2,19	0,48	12,87
Glas	Gew. %	0,00	–	–
Asbestzement		–	–	0,01
Gipsdielen, -karton		3,26	–	0,00
Bewehrungsstahl	Gew. %	2,59	1,60	1,85
Baustahl		–	–	0,02
Sonstige Metalle		0,01	0,02	0,09
Holz	Gew. %	–	–	0,00
Bitumische Baustoffe		0,03	7,11	3,17
Teerhaltige Baustoffe		–	–	0,02
Mineralische Dämmstoffe		0,88	0,06	0,12
Kunststoff, Dämmstoffe		0,05	0,03	0,06
Dichtungsmaterialien (Bitumin., Kunststoff)		0,03	0,03	0,13
Sonstige Kunststoffe		0,09	0,02	0,03
Anstriche, Klebstoff		0,00	0,01	0,11
Sonstige Materialien		–	0,00	–

eine Ablagerung auf Inertstoffdeponien geeignet sind. Beim herkömmlichen Abbruch (i.d.R. Bagger oder Fallbirne) entstehen Baumischabfälle, die kostspielig sortiert oder auf Siedlungsabfalldeponien entsorgt werden müssen. Durch Rückbau und Vortrennung auf der Baustelle können bei steigenden Deponiepreisen zunehmend Entsorgungskosten gespart werden. Dieser Einsparung steht der deutlich höhere Aufwand des kontrollierten Rückbaus gegenüber, so daß nur eine Wirtschaftlichkeitsbetrachtung unter Einbeziehung notwendiger Transporte im Einzelfall Aufschluß über die effektive Kostenersparnis geben wird. Größenordnungsmäßig kann davon ausgegangen werden, daß bei Entsorgungskosten > 200 DM/t für Baumischabfälle kontrollierte Rückbauverfahren wirtschaftlich interessant werden.

Der weitaus größte Teil der Baumischabfälle stammt jedoch aus dem Bereich der Sanierung/ Renovierung von Gebäuden, so daß gerade in diesem Bereich eine Stofftrennung notwendig ist. Bei größeren Baustellen ist folgende Trennung zu empfehlen (Sammlung in der Nähe der Hauptanfallstelle in verschließbaren Containern zur Vermeidung von Fremdeinwürfen):
- trockene Wertstoffe (Folien, Pappe, EPS),
- unbehandeltes Holz,
- Fe-Metalle,
- Bauschutt (Steine, Sand, Beton, Mauerwerk),
- Sonderabfälle (Lackierabfälle, Verpackungen mit schädlichen Restinhalten, Putzlappen, Batterien, unbekannte Flüssigkeiten, teerhaltige Materialien, Asbest usw.),
- Baustellenabfälle (verschmutzte Wertstoffe, Dämmstoffe, Kabelreste, behandelte Hölzer, Schleif- und Tapetenreste usw.),
- hausmüllähnliche Gewerbeabfälle (Pausenabfälle, Büroabfälle).

H.4.5.3 Technik der Bauschuttaufbereitung

Zur wirtschaftlichen Verwertung von Bauschutt ist eine Trennung am Entstehungsort nach Arten und Qualitäten unabdingbar. Im einfachsten Fall kann eine Verwertung unbelasteten Materials ohne jede Aufbereitung bei Grubenrekultivierungen, Lärmschutzwällen oder als Deponieunterbaumaterial erfolgen.

Ein Marktwert ist jedoch nur durch Aufbereitung zu erzielen, wobei je nach Vormaterial und eingesetzter Technik mehr oder weniger definierte Produktqualitäten erzeugt werden. Grundsätzlich sind folgende Aufbereitungstechniken zu unterscheiden:
- stationäre, semimobile, mobile und vollmobile Anlagen (letztere selbstfahrend auf Raupenfahrwerk),
- Anlagen mit ein- oder zweistufigem Brechvorgang,
- trockene und nasse Aufbereitung (z.B. Windsichtung bzw. Aufschwemmverfahren).

Die Durchsatzleistungen liegen zwischen 50 – 400 t/h. Höhere Produktqualitäten lassen sich von Einzelfällen abgesehen nur in semimobilen und stationären Anlagen > 150.000 t/a wirtschaftlich herstellen.

Nach Erfahrungswerten können für unterschiedliche Anlagengrößen folgende sinnvolle Brecherkombinationen angeben werden [H.4.20]:
- Die Prallmühle als Universalgerät (auch bei einstufigen Anlagen) bis 100.000 t/Jahr,
- Backenbrecher und Prallmühle als zweistufige Zerkleinerung ab 100.000 t/Jahr,
- Walzenbrecher und Prallmühle als zweistufige Zerkleinerung ab 120.000 t/Jahr.

Neben der Zerkleinerung sind Sieb- bzw. Klassiermaschinen weitere zentrale Bestandteile von Anlagen zur Bauschuttaufbereitung. Siebe (bzw. Roste) erfüllen hierbei folgende Funktionen:
- Entfernung grober Störstoffe – Vorsortierung (Bechersiebe, Rollensiebe, Stangensizer, häufig jedoch Bagger mit speziellem Greifer),
- Absiebung der Feinfraktion < 45 mm vor dem Brecher zur Verschleißminderung (Spannwellensiebe, Schwingsiebe, Trommelsiebe, Disk-Scheider),
- Absiebung des Überkorns nach dem Brecher und Rückführung zum Brecher,
- Klassierung des Produkts in verschiedene, marktgerechte Korngrößenklassen (i.d.R. 0 – 8 mm, 8 – 16 mm, 16 – 32 mm und 32 – 45 mm oder als Gemisch 0 – 45mm).

Zur Abscheidung von Leichtstoffen können zusätzlich Sichter (Stromklassierer) ggf. auch Schrägsortierer eingesetzt werden. Da nasse Verfahren (Hydroklassierer wie Aquamator, Hydro-Trommelabscheider) zu Problemen bei der Abwasser- und Schlammentsorgung führen, werden trockene Verfahren (Windsichter) bevorzugt.

Neben den genannten Aggregaten werden Magnetabscheider für Eisenmetalle, kontinuierliche Förderanlagen und frei bewegliches Gerät (Rad-

Tabelle H.4-16 Kosten der Bauschuttaufbereitung nach Untersuchungsergebnissen von Stoll et al. [H.4.21]

Durchsatz	t/a	50.000	100.000	150.000	200.000	250.000	300.000
Fixkosten	DM/t	21,54	11,39	8,00	6,32	5,30	4,62
Variable Kosten	DM/t	6,78	4,37	3,57	3,16	2,92	2,76
Gesamtkosten	DM/t	28,32	15,76	11,57	9,48	8,22	7,38

lader, Bagger) zur Beschickung der Anlage und zum Verladen benötigt.

Die Kosten der Bauschuttaufbereitung (Kapital- und Betriebskosten) schwanken je nach Anlagenausstattung und -durchsatz in weiten Bereichen (Tabelle H.4-16). Unter Berücksichtigung üblicher Ablagerungsgebühren und Verkaufserlöse ist erst ab Durchsätzen > 200.000 t/a ein ausreichender Gewinn zu erwirtschaften [H.4.21].

Umweltbelastungen entstehen durch Staub und Lärm (und ggf. Erschütterungen), so daß durch Entstaubungsanlagen, absenkbare Haldenbänder, Wasserbedüsungssyteme und Lärmkapselungen entsprechende Vorsorge zu treffen ist.

H.4.5.4 Verwertung von Straßenaufbruch

Der Anteil der Asphaltbefestigungen beim klassifizierten Straßennetz der alten Bundesländer liegt bei ca. 95% (nur beim Autobahnbau wird noch ein nennenswerter Anteil an Beton verwendet). Die gesamte anfallende Menge an Ausbauasphalt wird auf 10 – 12 Mio t/a geschätzt, wovon ca. 50% verwertet werden. Demgegenüber sind die durch Rückformen der Fahrbahnoberfläche verwerteten Asphaltmassen von 200.000 – 300.000 t/a [H.4.22] relativ unbedeutend.

Der mittlere Bitumenanteil in Asphalten beträgt ca. 5% und stellt bei einem Bitumenpreis von bis zu 500 DM/t einen hohen Wert dar, so daß Ausbauasphalt nach LAGA-Richtlinie 1994 getrennt auszubauen ist und soweit möglich wieder im Straßenoberbau eingesetzt werden soll. In anderen Einsatzbereichen wird der Bindemittelgehalt des Ausbauasphaltes nicht genutzt (Downcycling).

Bei der Wiederverwendung von Asphalt sind grundsätzlich die Baustellenverfahren (Erneuerung nur der Deckschicht bei großen Flächen und geringer Verkehrsbehinderung) und die Mischanlagenverfahren zu unterscheiden. In Chargenmischanlagen kann die Erwärmung des (vorher gebrochenen) Asphaltgranulats entweder durch die heißen Mineralstoffe oder gemeinsam mit den Mineralstoffen oder durch gesonderte Vorrichtungen erfolgen (Tabelle H.4-17).

Dem Stand der Technik folgend haben die einzelnen Bundesländer für ihren Zuständigkeitsbereich in eigenen Richtlinien Sonderregelungen für die Zugabe von Ausbauasphalt bei der Herstellung von Asphaltmischgut erlassen und ständig modifiziert.

Bei einer geschätzten jährlichen Mischgutproduktion von 40 Mio. t (alte Bundesländer) ist aufgrund verschiedener Modellrechnungen nachgewiesen worden, daß bei den früher geltenden Mengenbegrenzungen nicht der gesamte anfallende Ausbauasphalt in bituminös gebundenen Schichten wiederverwendet werden kann [H.4.23]. Diesem Mengendruck konnte durch die fortlaufende Anpassung der Länderregelungen an den Stand der Technik bereits teilweise begegnet werden.

Während Ausbauasphalte mit Bitumen als Bindemittel als problemlos gelten, sind bei pechhaltigen Asphalten besondere Anforderungen zu stellen. Pech (früher als Teer bezeichnet) wird heute als Bindemittel aus Arbeitsschutzgründen nicht mehr eingesetzt, ist aber in vorhandenen Straßenbelägen z.T. im Gemisch mit Straßenbaubitumen (Pechbitumen) enthalten. Der Ausbau pechhaltiger Schichten ist nach Möglichkeit zu vermeiden. Falls ein Ausbau unvermeidlich ist, ist eine Verwertung im Straßenbau anzustreben, wobei Heißmischverfahren aus arbeitsmedizinischen Gründen bedenklich sind (Emissionen krebserzeugender PAK) und demnach derzeit den Kaltbauweisen der Vorzug zu geben ist. Folgende Zielvorgaben sind dabei zu erfüllen [H.4.24]:

– dauerhafte, wirksame Bindung des pechhaltigen Straßenaufbruchs,
– Minimierung des Hohlraumanteils der eingebauten Schicht,
– Minimierung des Wasserzutritts zur eingebauten Schicht.

Tabelle H.4-17 Varianten der Wiederverwendung von Asphalt

Baustellenverfahren	
Reshape	Wiederherstellung des Deckenmaterials ohne Mischgutzugabe; das Deckenmaterial wird mit verbesserter Ebenheit wieder eingebaut.
Repave	Wiederherstellung mit Mischgutzugabe, aber ohne Mischen (das rückgeformte, noch heiße Deckenmaterial wird mit einer Lage aus neuem Mischgut heiß auf heiß überbaut).
Remix	Wiederherstellung mit Mischgutzugabe (es wird in das alte heiße Deckenmaterial neues Mischgut oder zusätzliches Bindemittel eingemischt).
Mischanlagenverfahren	
Kaltzugabe	Zugabe von kaltem Asphaltgranulat direkt in den Mischer, die Mineralstoffwaage oder Siebumgehungstasche (bei Wassergehalten < 3 % können 20 – 30 % Asphaltgranulat direkt zugegeben werden).
Zugabe in den Heißelevator	Die Zugabe des Asphaltgranulats in den Auslauf der Trockentrommel oder den Heißelevator ist zwischen Kalt- und Heißzugabe einzuordnen.
Heißzugabe	Zugabe in die Trockentrommel (Stirn- oder Mittenzugabe), wobei Zugabemengen von 40 – 50 % möglich sind.
Zugabe über eine Parallel- oder Doppeltrommel	Die Trocknung und Erwärmung des Asphaltgranulats erfolgt schonend in einer separaten Trockentrommel. Hierdurch können bei Tragschichten bis zu 80 % Zugabemenge erreicht werden. Fundationsschichten sind schon zu 100 % aus Asphaltgranulat hergestellt worden.

Kalt gebundener pechhaltiger Straßenaufbruch darf nur im eingeschränkten Einbau unter wasserundurchlässigen Schichten eingesetzt werden. Der Einbau soll gemäß den Merkblättern der Forschungsgesellschaft für Straßen- und Verkehrswesen FGSV erfolgen (FGSV-Nr. 755 „Merkblatt für die Wiederverwendung pechhaltiger Ausbaustoffe im Straßenbau unter Verwendung von Bitumenemulsionen" und FGSV-Nr. 826 „Merkblatt für die Verwendung von Ausbauasphalt und pechhaltigem Straßenaufbruch in Tragschichten mit hydraulischen Bindemitteln"). Die Vermischung von pechhaltigem Straßenaufbruch mit Ausbauasphalt ist unzulässig. Neben den Regelungen der FGSV-Merkblätter existieren vorläufige Regelungen einzelner Bundesländer (Zusammenstellung in [H.4.25]).

H.4.5.5 Sortierung und Aufbereitung von Baumischabfällen

Ziele der Baumischabfallsortierung sind die Abtrennung mineralischer Stoffe von den übrigen Materialien (Baustellenabfälle) und darauf basierend die Erzeugung verwertbarer Produktqualitäten sowohl aus den mineralischen Stoffen als auch, soweit möglich, aus den sonstigen Altstoffen. Aufgrund hoher Verschmutzungsgrade sind allerdings aus Baumischabfällen aussortierte Folien und Pappen schwer absetzbar. Zusammen mit den Metallen bilden sie überdies i. allg. nur einen Anteil von < 5 Gew. % am Inputmaterial einer Sortieranlage, so daß die Reduzierung der Abfallmenge allein hierdurch relativ unbedeutend bleibt.

Holz wird häufig nach behandelten und unbehandelten Hölzern sortiert, wobei nur für letztere Verwertungsmöglichkeiten hauptsächlich in der Spanplattenindustrie existieren. Für mit Holzschutzmitteln behandelte Hölzer, wie sie im Baugewerbe den Regelfall darstellen, sind bis auf einzelne Anwendungen (zweifelhafte Verwertung von teerölimprägnierten Bahnschwellen im Garten- und Landschaftsbau) keine Verwertungsmöglichkeiten bekannt. Gemäß TA Abfall bzw. AbfBestV vom 03.04.90 handelt es sich bei Holzabfällen mit organischen oder anorganischen schädlichen Verunreinigungen (Abf.-Schl.-Nr. 172 13 und 172 14) um besonders überwachungsbedürftige Abfälle, die vorrangig in Sonderabfallverbrennungsanlagen bzw. auf Sonderabfalldeponien entsorgt werden sollen. Schon aufgrund des hohen Mengenanfalls erfolgt die Entsorgung derzeit jedoch in Hausmüllverbrennungsanlagen und auf Hausmülldeponien. Insgesamt ist die Entsorgung behandelter Hölzer noch als Bereich mit eher geringem Problembewußtsein und grossen Wissensdefiziten einzuschätzen [H.4.27].

Erfahrungsgemäß [H.4.28, H.4.29] enthalten Baumischabfälle derzeit etwa 60 – 80 Gew. % mineralische Anteile, so daß neben der Schadstoffentfrachtung die Verwertung dieser Inertstoffe vordringliches Ziel der Baumischabfallaufbereitung ist. Die mineralische Feinfraktion

< 10–20 mm kann evtl. als Füllstoff abgegeben werden, sofern eine ausreichende Qualität erzeugt wird und sich insbes. die Sulfatbelastung und der organische Anteil in Grenzen halten. Für die mineralische Grobfraktion ist ein Aufbereitungsprozeß wie bei reinem Bauschutt zweckmäßig.

Als Aufbereitungsreste verbleiben 20 bis 40 Gew.% der Baumischabfälle, so daß die Aufbereitung dieser Abfälle die Deponie zu 60–80 Gew.% entlastet. Die Baumischabfallsortierung stellt damit einen wichtigen Baustein integrierter Abfallwirtschaftskonzepte dar.

Da auf personalintensive Handsortierungen (Altstoff- und Störstoffauslese) bei der Baumischabfallaufbereitung bisher nicht verzichtet werden kann und der verfahrenstechnische Aufwand insgesamt höher ist als bei der Bauschuttaufbereitung, muß auch mit deutlich höheren Kosten von bis zu 100 DM/t gerechnet werden. Die Durchsätze derartiger Anlagen bewegen sich meistens um oder unter 50.000 t/a.

H.4.5.6 Prüfkriterien, Beurteilung der Umweltverträglichkeit und Vermarktungschancen von Recyclingbaustoffen

Der Einsatz von Recyclingbaustoffen darf weder zu Schäden am Bauwerk noch zu Umweltbeeinträchtigungen führen. Es sind daher für verschiedene Anwendungsbereiche die Eigenschaften gemäß Tabelle H.4-18 zu prüfen.

Tabelle H.4-18 Zu prüfende Eigenschaften bei der Verwertung von Recyclingbaustoffen (FGSV-Merkblatt über die Verwendung von industriellen Nebenprodukten im Straßenbau, Teil: Wiederverwendung von Baustoffen, 1985)

Zu prüfende Eigenschaften	A	B	C1	C2	D1	D2	E	F	G1	G2	H
									Oberbau		
1 Stoffliche Zusammensetzung	●	●	●	●	●	●	●	●	●	●	●
2 Widerstand gegen Verwitterung (DIN 52106)		●					●	○	●	●	●
3 Widerstand gegen Frost		●					●	○	●	●	●
4 Raumbeständigkeit	○			○	○	●	●	●	●	●	●
5 Korn-, Rohdichte		●	●	●	●	●	●	●	●	●	●
6 Korngrößenverteilung	○	●	●	●	●	●	●	●	●	●	●
7 Kornform				○	○			●	●	●	●
8 Anteil an gebrochenen Körnern		○					○		●	●	●
9 Kornfestigkeit		●					●	○	●	●	●
10 Schädliche Bestandteile nach DIN 4226								●			●
11 Affinität zu bit. Bindemitteln										●	●
12 Verhalten in der Trockentrommel										●	●
13 Proctordichte	○	●	●	●	●	●	●	●			
14 Verformungsmodul, Standfestigkeit Haufwerksfestigkeit, Scherfestigkeit	○	○	●	●	○	○	●				
15 Zeit-Setzungsverhalten	○		●		●		○				
16 Frostempfindlichkeit					●		●	●			
17 Begrünbarkeit	○										
18 Chemisch-pysikalische Einwirkung auf Bauteile	○	○	○	○	○	○	○	○	○	○	○
19 Einwirkung auf Umwelt	○	○	○	○	○	○	○	○	○	○	○

● zu prüfen
○ unter bestimmten Umständen zu prüfen
A Lärmschutzwälle
B Ungeb. Verkehrsflächen und Wegebau
C1 Unterbau
C2 Hinterfüllung und Überschüttung
D1 Verfüllung von Leitungsgräben
D2 Bodenverfestigung und Untergrundverbesserung
E Tragschichten ohne Bindemittel
F Hydraulisch gebundene Tragschichten
G1 Tragschichten mit bitumin. Bindemitteln
G2 Bit. Deck- und Binderschichten
H Betontragschichten

Tabelle H.4-19 Zusammenstellung einiger Feststoff- und Eluatgrenzwerte zur Beurteilung von Böden bzw. Inertmaterialien bei Verwertung bzw. Deponierung

Richtlinie			RAL-RG 501/2 (kontaminierte Böden)	LAGA Technische Richtlinie	LAGA Technische Richtlinie	TA Siedlungs-abfall (Anhang B)
Erscheinungsjahr			08/1991	09/1994	09/1994	05/1993
Spezifizierung			Güteklasse I	Z 0	Z 2	Deponieklasse I
Beschreibung			generell einsetzbar	uneingeschränkt. Einbau	eingeschränkter Einbau	Inertstoffdeponie
Feststoffkriterien						
Glühverlust		% der TS	–	–	–	3,0
TOC		% der TS	–	–	–	1,0
Extrahierb. lipophile Stoffe		% der OS	–	–	–	0,4
Extrahierb. Org. Halogene	EOX	mg/kg	0,10	1,00	15,00	–
Kohlenwasserstoffe	KW	mg/kg	100,00	100,00	1.000,00	–
Polycycl. Aromat. KW (Σ 16 PAK nach US/EPA)	PAK	mg/kg	1,00	1,00	20,00	–
Einkernige Aromaten	BTEX	mg/kg	0,10	< 1,00	5,00	–
LCKW (aliphatische CKW)		mg/kg	0,10	< 1,00	5,00	–
PCB (Σ 6 PCB n. DIN 51527)		mg/kg	0,05	0,02	1,00	–
Chlorbenzole, gesamt		mg/kg	0,05	–	–	–
Chlorphenole, gesamt		mg/kg	0,01	–	–	–
Cyanide, gesamt	CN^-	mg/kg	5,00	1,00	100,00	–
Arsen	As	mg/kg TS	1/(15)	20,00	150,00	–
Cadmium	Cd	mg/kg TS	0,1/(1)	0,60	10,00	–
Chrom	Cr	mg/kg TS	1/(500)	50,00	600,00	–
Kupfer	Cu	mg/kg TS	3/(80)	40,00	600,00	–
Quecksilber	Hg	mg/kg TS	0,02/(500)	0,30	10,00	–
Nickel	Ni	mg/kg TS	2/(500)	40,00	600,00	–
Blei	Pb	mg/kg TS	2/(80)	100,00	1.000,00	–
Thallium	Tl	mg/kg TS	0,02/(0,5)	0,50	10,00	–
Zink	Zn	mg/kg TS	5/(200)	120,00	1.500,00	–
Eluatkritierien						
pH-Wert		–	ist anzugeben	6,5 – 9,0	5,5 – 12,0	5,5 – 13,0
Leitfähigkeit		µS/m	ist anzugeben	500	1.500	10.000
Arsen	As	µg/l	200	10,0	60	200
Cadmium	Cd	µg/l	20	2,0	10	50
Chrom	Cr	µg/l	50	15,0	150	–
Chrom VI	Cr VI	µg/l	–	–	–	50
Kupfer	Cu	µg/l	1.000	50,0	300	1.000
Quecksilber	Hg	µg/l	1	0,2	2	5
Nickel	Ni	µg/l	50	–	–	200
Blei	Pb	µg/l	200	20,0	200	200
Thallium	Tl	µg/l	–	< 1,0	5	–
Zink	Zn	µg/l	5.000	100,0	600	2.000
Org. Kohlenstoff	TOC	µg/l	–	–	–	–
Sulfat	SO_4	µg/l	ist anzugeben	50	150	–
Clorid	Cl^-	µg/l	ist anzugeben	10	30	–
Fluorid	F^-	µg/l	ist anzugeben	–	–	5.000
Ammonium-N	NH_4-N	µg/l	ist anzugeben	–	–	4.000
Cyanid, gesamt	CN^-	µg/l	50	< 10	100	–
Cyanid, l. freis.	CN^-	µg/l	–	–	50	100
Phenolindex		µg/l	100	< 10	100	200
Adsorbierb. Org. Halog.	AOX	µg/l	500	–	–	300
Kohlenwasserstoffe	KW	µg/l	1.000	–	–	–
Polycycl. Aromat. KW	PAK	µg/l	5	–	–	–

Zusätzlich ist die Umweltverträglichkeit der Sekundärbaustoffe zu beurteilen. Hierzu existieren in aktuellen, häufig im Hinblick auf Altlastensanierungen erstellten Richtlinien mehrerer Bundesländer Feststoff- und Eluatkriterien. Einen sehr umfassenden, in Tabelle H.4-19 nur teilweise wiedergegebenen Kriterienkatalog enthält [H.4.30]. Die früher unbefriedigende Situation der fachlich kaum begründbaren, unterschiedlichen Länderregelungen (Zusammenstellung z. B. in [H.4.31]) hat sich durch die 1994 herausgegebene LAGA-Richtlinie „Anforderungen an die stoffliche Verwertung von mineralischen Reststoffen/Abfällen" einheitlicher gestaltet. Zwei der dort genannten 3 Einbauklassen (Zuordnungswerte Z 0 für uneingeschränkten Einbau und Z 2 für eingeschränkten Einbau mit definierten technischen Sicherungsmaßnahmen) sind in Tabelle H.4-19 den Werten der TA Siedlungsabfall für Deponieklasse 1 (Inertstoffdeponie = Zuordnungswert Z 3 nach LAGA-Richtlinie) gegenübergestellt.

Die allgemeinen Marktchancen von Recyclingbaustoffen lassen sich durch den Vergleich des Bauschuttaufkommens (mit zusätzlichen Anteilen an Straßenaufbruch) mit dem Bedarf bzw. der Produktion an natürlichen Mineralstoffen grob abschätzen. Nach Untersuchungen von Stein [H.4.32] kann mit Recyclingbaustoffen in etwa folgender Bedarf abgedeckt werden:
– ca. 30 % der Baustoffe mit geringen Qualitätsanforderungen,
– ca. 5 % des Gesamtverbrauchs an Kies und Sand,
– ca. 3 % des gesamten Verbrauchs körniger Mineralstoffe.

Allein für den Straßenbau werden jährlich in den alten Bundesländern 250–300 Mio. t Mineralstoffe benötigt. Der Gesamtbedarf wird mit etwa 500 Mio. t/a angegeben [H.4.33].

Für nach Stoffgruppen unterschiedene Recyclingbaustoffe werden die Verwendungsbereiche nach Tabelle H.4-20 empfohlen. Der Haupteinsatzbereich ist derzeit in Frostschutz- und Schottertragschichten des Straßenunterbaus zu sehen. Grundsätzlich sollte eine Verwertung auf möglichst hohem Niveau angestrebt werden, so daß für ein wirkliches „Recycling" die Sekundärbaustoffe zukünftig verstärkt in ihrem ursprünglichen Verwendungsbereich einzusetzen wären (Tabelle H.4-21).

Die Erwartungen seitens der potentiellen Anwender (Bauunternehmen) von Recyclingbau-

Tabelle H.4-20 Verwendungsmöglichkeiten der Stoffgruppen in verschiedenen Anwendungsbereichen (FGSV-Merkblatt über die Verwendung von industriellen Nebenprodukten im Straßenbau, Teil: Wiederverwendung von Baustoffen, 1985)

Stoffgruppen	A	B	C1	C2	D1	D2	E	F	G1	G2	H
									Oberbau		
1 Asphalt	●	●	○	○	○	○	○	○[a]	●[b]	●[b]	
2 Beton, Betonwerksteine	●	●	●	●	●	●	●	●	○		●
3 sonst. hydr. geb. Materialien	●	●	●	●	●	●	●	●	○		●
4 Naturwerksteine, gebr. ungebr. Materialien, Gleisschalter	●	●	●	●	●	●	●	●	●	●	●
5 Kies, Sand	●	●	●	●	●	●	●	●		○	●
6 sonst. mineralische Massen (z.B. bindige und verwitterungsempfindliche Stoffe)	●	○	●	○	○	○					
7 Ziegel, Mauerwerk, Steinzeug	●	●	●	○	●	●	○	○			○[a]

● Verwendung möglich
○ Verwendung bedingt möglich
[a] Als Beimengung zu den Stoffgruppen 2 bis 5 je nach Laboruntersuchung oder aufgrund von Praxiserfahrungen
[b] Siehe „Merkblatt für die Erhaltung von Asphaltstraßen – Teil: Bauliche Maßnahmen – Wiederverwenden von Asphalt"

A Lärmschutzwälle
B Ungeb. Verkehrsflächen und Wegebau
C1 Unterbau
C2 Hinterfüllung und Überschüttung
D1 Verfüllung von Leitungsgräben
D2 Bodenverfestigung und Untergrundverbesserung
E Tragschichten ohne Bindemittel
F Hydraulisch gebundene Tragschichten
G1 Tragschichten mit bitumin. Bindemitteln
G2 Bit. Deck- und Binderschichten
H Betontragschichten

stoffen sind auf der Grundlage von Umfrageergebnissen in Tabelle H.4-22 zusammengestellt. Akzeptanzprobleme, die einer Verwertung entgegenstehen können, existieren hauptsächlich bei den Produktqualitäten. Gesicherte Qualitäten, die dem RAL-Gütezeichen genügen [H.4.35], sind nur mit relativ aufwendiger Aufbereitungstechnik zu erzielen. Bei durch Eigen- und Fremdüberwachung gesicherter Qualität sowie einer marktgerechten Produktpalette und Preisnachlässen gegenüber Neuware sind gute Marktchancen gegeben.

Tabelle H.4-21 Einsatzgebiete für Sekundärbaustoffe [H.4.34]

Einsatzbereich	Anteil in %
Landschaftsbau, Rekultivierung	3,3
Unterbau, Dammbau, Lärmschutzwall	6,6
Bodenverbesserung, Bodenverfestigung	16,4
Frostschutz-, Schottertragschicht	59,4
Ungebundene Verkehrsflächen, Wegebau	7,4
Kanalbau	3,4
Zwischenlager	3,5

H.5 Abfallablagerung

H.5.1 Grundlagen

Hatte sich an der Technik, wie sich der Mensch seiner Abfälle durch Ablagern entledigte, jahrtausendelang vom Abfallhaufen vor der Steinzeitsiedlung bis zu den Müllplätzen in der Nähe unserer Dörfer und Städte wenig geändert, so bewegen wir uns in der Bundesrepublik Deutschland etwa seit den 70er Jahren mit großen Schritten aus der „Steinzeit der Deponietechnik" hinaus. Trotz der Fortschritte kann die derzeit noch übliche Praxis der Ablagerung von unbehandelten Abfällen in zwar basisgedichteten, aber sonst offenen Deponien zu erheblichen Belastungen der Umwelt führen. Mögliche Emissionen wie organisch belastetes Sickerwasser, Deponiegas, Gerüche, Lärm, Staub, Papier- und Kunststoffverwehungen sowie das z.T. massenhafte Auftreten von Vögeln und Ungeziefer prägen das negative Image herkömmlicher Deponien. Kurzfristiges und langfristiges Ziel der Deponietechnik muß die Vermeidung bzw. Verminderung der Umweltbelastungen sein.

In der TA Abfall und der TA Siedlungsabfall, dem untergesetzlichen Regelwerk zum gültigen Kreislaufwirtschafts- und Abfallgesetz, finden

Tabelle H.4-22 Umfrageergebnisse zur Akzeptanz von Recycling-Baustoffen bei potentiellen Anwendern [H.4.36]

Anforderungsprämissen		
	– Qualitätssicherung	75 %
	– Reinheitsgrad	60 %
	– Sieblinie	60 %
	– Verarbeitungseigenschaften	60 %
	– Sortiment	45 %
	– Materialdosierung	40 %
Hauptverwendungsgebiete		
	– Straßenunterbau	60 %
	– Deckschicht	56 %
	– Erdbau	60 %
	– Tiefbau	35 %
	– anteilige Einsetzbarkeit	45 %
Genannte Hauptmängel von Recycling-Baustoffen		– nicht frostbeständig – verunreinigt – hoher Ziegelanteil – hohe chemische Kontamination – Holz- und PVC-Reste
Gründe für die Ablehnung von Recycling-Baustoffen		– undifferenzierte Angaben – veraltete Vorschriften – keine vorhandene DIN-Vorschriften – Preis – Garantie – Umweltverträglichkeit

sich hierzu umfassende Regelungen. Der Schwerpunkt dieses Beitrags liegt auf den Anforderungen der TA Siedlungsabfall (abgekürzt TA Si) an Deponieneuplanungen und Altdeponien, die grundsätzlich seit dem 01.06.1993 zu beachten sind. Für Altdeponien gelten Übergangsvorschriften, wonach die Schritte eines technischen und organisatorischen Nachrüstprogramms spätestens zum 01.06.2005 umgesetzt sein müssen. Spätestens zu diesem Termin ist auch der Ablagerungsbetrieb für Rohabfälle einzustellen.

Mehrere andere europäische Länder, z.B. die Niederlande, Österreich und die Schweiz, verfolgen eine ähnliche Strategie für die Ablagerung, indem nur noch ausreichend stabilisierte Abfälle abgelagert werden sollen.

H.5.2 Anforderungen an Deponien und Zuordnungskriterien

H.5.2.1 Neue Deponien

Abfälle zur Beseitigung, die nach
- Abfallvermeidung
- Abfallverwertung
- Abfallbehandlung

verbleiben, müssen umweltverträglich abgelagert werden (vgl. Bild H.5-1). Dabei sind (Zitat TA Si Nr. 10.1):

„Deponien so zu planen, zu errichten und zu betreiben, daß
a) durch geologisch und hydrogeologisch geeignete Standorte,
b) durch geeignete Deponieabdichtungssysteme,
c) durch geeignete Einbautechnik für die Abfälle,
d) durch Einhaltung der Zuordnungswerte nach Anhang B

mehrere weitgehend voneinander unabhängig wirksame Barrieren geschaffen und die Freisetzung und Ausbreitung von Schadstoffen nach dem Stand der Technik verhindert werden. Durch die Einhaltung der Zuordnungswerte nach Anhang B soll insbesondere erreicht werden, daß sich praktisch kein Deponiegas entwickelt, die organische Sickerwasserbelastung sehr gering ist und nur geringfügige Setzungen als Folge eines biologischen Abbaus von organischen Anteilen in den abgelagerten Abfällen auftreten."

Im Anhang B und unter der Nr. 4.2 TA Si wird nach den Deponieklassen I und II unterschieden. Für sie gelten spezifische Zuordnungswerte und Anforderungen an die Abdichtungssysteme, die unter Nr. 10.4 TA Si erläutert werden.

Basierend auf dem o.g. Grundsatz werden zu den Kriterien a) und c) sowie zur Minimierung möglicher Umweltbelastungen unter den Nrn. 10.3 und 10.6 der TA Si detaillierte Anforderungen formuliert. Diese gelten grundsätzlich für beide Deponieklassen. Für die Deponieklasse II sind die wichtigsten allgemeinen und spezifischen Merkmale in der Tabelle H.5-1 zusammengefaßt.

Bei den Zuordnungswerten von Abfällen zu Deponien werden im Anhang B der TA Si neben Eluatkriterien auch Stoffkenngrößen aufgeführt (s. Tabelle H.5-2). Von den Stoffkenngrößen ist der Glühverlust mit max. 3% bei Deponien der Klasse I und max. 5% bei Deponien der Klasse II umstritten, weil hiermit faktisch die thermische Behandlung festgeschrieben wird und der Glühverlust nur für thermisch behandelte Abfälle das Ablagerungsverhalten charakterisiert. Für eine ebenfalls mögliche biologische Stabilisierung fehlen in der TA Si bisher geeignete Beurteilungsparameter.

Der verwaltungs- und genehmigungsrechtlich schwierige Weg, die Ablagerung von Abfällen aus der mechanisch-biologischen Vorbehandlung (kurz MBV-Abfall) über die Ausnahmeregelung unter der 2.4 der TA Siedlungsabfall im Einzelfall genehmigt zu bekommen, würde mit der Ergänzung derartiger Parameter vereinfacht. Es würde auch Rechtssicherheit für die Verfüllung

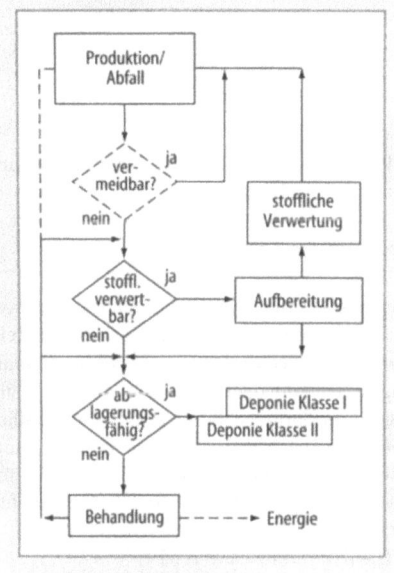

Bild H.5-1 Leitbild TA Siedlungsabfall (nach [H.5.1])

Abfallablagerung | H-69

Tabelle H.5-1 Anforderungen an Deponien der Klasse II zu Standort und Technik

Standortan- forderungen	• Deponieaufstandsfläche mind. 1 m über dem max. zu erwartenden GW-Druckspiegel (nach Setzungen) • Geologische Barriere: natürlicher, homogener und schwach durchlässiger Untergrund mit hohem Schadstoffrückhaltepotential oder Einbau einer homogenen Ausgleichsschicht mit $k_f \leq 10^{-7}$ m/s • Ausschlußkriterien: Karst-, Trinkwasserschutz-, Überschwemmungs- und Naturschutzgebiete; Waldschutz und Biotopfläche • Standorteignungsprüfung: $\geq$ 300 m Abstand zu Siedlungsgebieten; Lage in Erdbeben-, Hangrutsch- und Erdfallgebiet: Prüfen der geologischen u.a. Verhältnisse (TA Si 10.7)
Basisabdich- tung	• Einfache Kombinationsdichtung mineralische Schicht: $(3 \times 0{,}25$ m), $k_f \leq 5 \times 10^{-10}$ m/s $d \geq 0{,}75$ m Kunststoffdichtungsbahn: $d \geq 2{,}5$ mm • Dachprofilartige Oberfläche der Dichtung • Quergefälle $\geq$ 3 % und Längsgefälle $\geq$ 1 % nach Setzungen • Entwässerungsschicht: $d \geq 0{,}3$ m, $k_f \geq 1 \times 10^{-3}$ m/s • Maximale Leitungslänge der Sickerrohre = 300 m (DIN 19 667) • Hydraulischer Nachweis auf $q = 6$ l/(s × ha) • Spül- und kontrollierbare Sickerrohre; freies Gefälle zu außerhalb liegenden Entwässerungsschächten • Vertikale Durchdringung des Dichtungssystems unzulässig
Oberflächen- abdichtung	• Dichtungsauflager $d \geq 0{,}5$ m • Gasdränschicht $d \geq 0{,}3$ m, falls mit Gas zu rechnen ist oder gasgängiges Auflager (s.o.) • Einfache Kombinationsdichtung: mineralische Schicht: $(2 \times 0{,}25$ m), $k_f \leq 5 \times 10^{-9}$ m/s $d \geq 0{,}5$ m Kunststoffdichtungsbahn: (bevorzugt aus Recyclaten) $d \geq 2{,}5$ mm • Gefälle der Oberflächendichtung $\geq$ 5 % nach Abklingen der Setzungen • Entwässerungsschicht auf der Kunststoffdichtungsbahn: $d \geq 0{,}3$ m • Rekultivierungsschicht: $d \geq 1{,}0$ m
Sickerwasser und sonstiges Wasser	• Sickerwasserverminderung beim Aufbau des Deponiekörpers (TA Si); dito durch Zwischenabdichtung nach TA Abfall • Sickerwasser ist zu fassen und zu behandeln, ebenso Oberflächenwasser und anderes Wasser • Sickerwasserreinigung nach der Rahmen-Abwasserverwaltungsvorschrift Anhang 51
Gas	• Fassung, Behandlung und Verwertung einsetzen, wenn Gas nachgewiesen wurde oder mit der Entstehung zu rechnen ist • Aktive Entgasung 6 Monate nach Ablagerungsbeginn • Kondensatableitung und -behandlung erforderlich • Bei ausschließl. horizontaler Gasdränage: Horizontalabstand: $\approx$ 30 m Vertikalabstand: $\approx$ 5 – 10 m • Vertikale Kies- und Schottersäulen auf Müllpolster aufsetzen

bestehender Altdeponien mit MBV-Abfällen, die Glühverluste > 5 % aufweisen, über den 01.06.2005 hinaus geschaffen werden.

Neben den deponie- und abfalltechnischen Grundsätzen, die in der TA Si unter Nr. 10.1 benannt sind und unter den Nrn. 10.2–10.5 näher ausgeführt werden, gelten auch Anforderungen an die Organisation und das Personal sowie an die Information und Dokumentation (Nr. 6). Für Deponien werden diese Maßgaben unter Nr. 10.6 „Betrieb" konkretisiert. Maßnahmen zum Abschluß und für die Nachsorgephase von Deponien werden unter Nr. 10.7 aufgelistet:
- obere Abdichtung abgeschlossener Abschnitte,
- Schlußabnahme,
- Betrieb der Entsorgungsanlagen für Deponiegas und Abwasser, Fortführung der Kontrollen und der Dokumentation bis zur Entlassung aus der Nachsorge.

H.5.2.2 Altdeponien

Deponien, deren Betrieb noch nicht abgeschlossen ist, deren Errichtung und Betrieb zum Zeitpunkt des Inkrafttretens der TA Siedlungsabfall zugelassen war oder deren Vorhaben im Rahmen eines Planfeststellungsverfahrens öffentlich bekannt gemacht worden war, werden als „Altdeponien" bezeichnet. Diese Begriffsbestimmung macht deutlich, daß Altdeponien Anlagen unterschiedlichsten Standards sein können.

Die Bandbreite kann reichen von
- Gesamte Deponie ohne Basisabdichtung, ohne Sickerwasserfassung und/oder -behand-

Tabelle H.5-2 Zuordnungskriterien für Deponien (Anhang B TA Si)

Nr.	Parameter	Dim.	Deponiekl. I	Deponiekl. II	TA Abfall	EG
1	Festigkeit[a]					
1.01	Flügelscherfestigkeit	KN/m^2	≥ 25	≥ 25	≥ 25	–
1.02	Axiale Verformung	%	≤ 20	≤ 20	≤ 20	–
1.03	Einaxiale Druckfestigkeit	KN/m^2	≥ 50	≥ 50	≥ 50	–
2	Organischer Anteil des Trockenrückstandes der Originalsubstanz[b]					
2.01	bestimmt als Glühverlust	Masse-%	≤ 3	≤ 5[c]	≤ 10	–
2.02	bestimmt als TOC	Masse-%	≤ 1	≤ 3	–	–
3	Extrahierbare lipophile Stoffe der Originalsubstanz	Masse-%	$\leq 0,4$	$\leq 0,8$	≤ 4	–
4	Eluatkriterien					
4.01	pH-Wert		5,5 – 13,0	5,5 – 13,0	4 – 13	4 – 13
4.02	Leitfähigkeit	µs/cm	≤ 10.000	≤ 50.000	≤ 100.000	–
4.03	TOC	mg/l	≤ 20	≤ 100	≤ 200	40
4.04	Phenole	mg/l	$\leq 0,2$	≤ 50	≤ 100	20
4.05	Arsen	mg/l	$\leq 0,2$	$\leq 0,5$	≤ 1	0,2
4.06	Blei	mg/l	$\leq 0,2$	≤ 1	≤ 2	–
4.07	Cadmium	mg/l	$\leq 0,05$	$\leq 0,1$	$\leq 0,5$	–
4.08	Chrom-VI	mg/l	$\leq 0,05$	$\leq 0,1$	$\leq 0,5$	0,1
4.09	Kupfer	mg/l	≤ 1	≤ 5	≤ 10	2
4.10	Nickel	mg/l	$\leq 0,2$	≤ 1	≤ 2	0,4
4.11	Quecksilber	mg/l	$\leq 0,005$	$\leq 0,02$	$\leq 0,1$	0,02
4.12	Zink	mg/l	≤ 2	≤ 5	≤ 10	2
4.13	Fluorid	mg/l	≤ 5	≤ 25	≤ 50	10
4.14	Ammonium-N	mg/l	≤ 4	≤ 200	$\leq 776,5$	200
4.15	Cyanide, leicht freisetzbar	mg/l	$\leq 0,1$	$\leq 0,5$	≤ 1	0,2
4.16	AOX	mg/l	$\leq 0,3$	$\leq 1,5$	≤ 3	0,6
4.17	Wasserlöslicher Anteil (Abdampfrückstand)	Masse-%	≤ 3	≤ 6	≤ 10	–

[a] 1.02 kann gemeinsam mit 1.03 gleichwertig zu 1.01 angewandt werden. Die Festigkeit ist entsprechend den statischen Erfordernissen für die Deponiestabilität jeweils gesondert festzulegen. 1.02 in Verbindung mit 1.03 darf dabei insbesondere bei kohäsiven, feinkörnigen Abfällen nicht unterschritten werden.
[b] 2.01 kann gleichwertig zu 2.02 angewandt werden; Anforderung gilt nicht für verunreinigten Bodenaushub, der auf einer Monodeponie abgelagert wird.
[c] Gilt nicht für Aschen und Stäube aus nicht genehmigungsbedürftigen Kohlefeuerungsanlagen nach dem BImSchG.

Anmerkung: Ausnahmen von den Zuordnungswerten der Nummern 1 und 2 sind gem. Nr. 4.2.4 unzulässig

lung, ohne (ausreichende) Gasfassung und -behandlung, ohne Abfallvorbehandlung
bis hin zu
– Gesamte Deponie mit kombinierter Basisabdichtung, Sickerwasserfassung und -behandlung, Gasfassung, -behandlung und -nutzung, mechanisch-biologischer Vorbehandlung für das aktuelle Abfallaufkommen.

Da die TA Siedlungsabfall nicht unmittelbar nach Inkrafttreten umgesetzt werden konnte, wurden für Altdeponien Anforderungen (Nr. 11.2) und Übergangsvorschriften (Nr. 12) formuliert. Altdeponien sind schrittweise während einer 12-jährigen Übergangszeit, die am 01.06.1993 begann und am 01.06.2005 endet, an die Anforderungen nach Tabelle H.5-1 anzupassen. Wenn der Abfall aus Gründen mangelnder Behandlungskapazität die Zuordnungskriterien des Anhangs B nicht erfüllen kann, kann die zuständige Behörde die Ablagerung auf Altdeponien oder getrennten Abschnitten von Deponien der Klasse I oder II längstens bis zum 01.06.2005 zulassen.

Je geringer der technische Ausrüstungsstand der Altdeponien ist, um so höher ist der Nachrüstungsbedarf. Das Nachrüstprogramm wird dem Deponiebetreiber von der zuständigen Behörde per nachträglicher Anordnung aufgegeben. Die Fristen zur Umsetzung der Anforderungen an Altdeponien sind in Tabelle H.5-3 zusammenge-

Tabelle H.5-3 Fristen zur Umsetzung der Anforderungen der TA Siedlungsabfall an Altdeponien [H.5.2]

Datum	Behörde	Betreiber
1.6.1995	Anordnung nach TA Si Nr. 11.2	Nachrüstungsprogramm aufstellen
1.6.1995	Anordnung nach TA Si Nr. 12.2	Ab jetzt Erstellung von jährlichen Erklärungen zum Deponieverhalten
1.6.1996	Anordnung nach TA Si Nr. 11.1	
1.6.1997		Vorlage vollständiger und prüffähiger Pläne zum Nachrüstprogramm
1.6.1999	Anordnung oder Zulassung des Nachrüstprogramms nach § 31 Abs. 3 KrW-/AbfG oder Ablauf der Einwendungsfrist im Planfeststellungsverfahren	
1.6.1999		Erhöhung der Einbaudichte und Reduzierung der nativorganischen Bestandteile
1.6.1999		Einhaltung der Anforderungen an Organisation und Personal sowie Information und Dokumentation
1.6.2001		Einhaltung der Zuordnungswerte bei Bauabfalldeponien
1.6.2002		Einhaltung der Anforderungen nach TA Si Nr. 7 (Anlagenbereiche u.a.)
1.6.2005		Einhaltung der Zuordnungswerte bei allen Deponien
1.6.2005		Einhaltung der Mindestanforderungen an die Deponietechnik (Nachrüstprogramm)

stellt. Betroffen sind neben den technischen Einrichtungen zur Gas- und Sickerwasserbehandlung auch die in Abschn. H.5.2.1. angesprochenen Bereiche „Betrieb" sowie „Abschluß und Nachsorge".

H.5.3 Flächenbedarf und Erscheinungsbild der Deponie

Bei Deponieneuplanungen kann nach den folgenden 4 funktionalen Einheiten unterschieden werden:
1. Eingangsbereich einschl. Betriebs- und Verwaltungsgebäude
2. Straßen und Wege zur inneren Erschließung
3. Ablagerungsbereich
4. Gas-, Abwasser- und Oberflächenwasserbehandlungsanlagen.

Auf der Basis planerischer Empfehlungen und politischer Beschlüsse können am Deponiestandort mit der o.g. Mindestausstattung zusätzliche Flächen für Anlagen zur Aufbereitung, Sortierung und Abfallbehandlung vorgesehen werden. Es ist von Vorteil, für diese „Entsorgungszentren" darüber hinaus weitere Flächen zu berücksichtigen. Da auf Deponien nahezu jederzeit größere und kleinere Baumaßnahmen durchgeführt werden, sollte z.B. eine ausreichend bemessene Bauvorbereitungsfläche eingeplant werden. Die Randbedingungen für die Flächenfestlegung eines Abfallentsorgungszentrums sind Tabelle H.5-4 zu entnehmen.

Das Erscheinungsbild des Ablagerungsbereichs wird zunächst dadurch geprägt, daß zukünftig hauptsächlich Hochdeponien zum Einsatz kommen sollen. Gruben- oder Hangdeponien können grundsätzlich auch geplant werden, wenn die freie Vorflut des Sickerwassers zu den außerhalb des Ablagerungsbereichs anzulegenden Entwässerungsschächten möglich ist. Nach den Vorgaben der TA Siedlungsabfall ergeben sich weiterhin maximal mögliche Abmessungen. Die Ablagerungsfläche ist max. 300 m breit, die Länge ergibt sich aus dem geplanten Deponievolumen und der gewählten Höhe. Die Höhe beträgt wegen der Begrenzung der Breite und der Böschungsneigung max. 40 m. Die Randbedingungen für das Erscheinungsbild der Deponie sind Tabelle H.5-5 zu entnehmen. Angepaßt an die Deponieumgebung kann es erforderlich sein, geringere Höhen zu planen. Zu beachten ist hierbei eine Mindestneigung der Böschung von 1:10, mit der nach Abklingen der Setzungen die

Tabelle H.5-4 Grobgliederung der Flächen für ein Abfallentsorgungszentrum (AEZ)

	Grobgliederung der Flächen	Einzelnutzungen	Zuordnung zum AEZ-Betrieb/-Standort	Erforderl. Grundlagen/ Vorgaben z. Ermittlung	Bemerkungen/ Erläuterungen
1.	Aktive Deponiefläche	Abfallablagerung	Notwendig	• Jahreabfallmenge • Deponielaufzeit • Abfallbehandlung • Einbautechnik • Deponietyp • Deponiegeometrie	z.B. bei Haldendeponie, Grundfläche der Halde
2.	Infrastrukturflächen	• Kleinanlieferbereich • Containerabstellplatz • Eingangsbereich, -kontrolle • Sicherstellungshalle • Betriebsstraßen und Wirtschaftswege • Betriebsgebäude, Hallen und Parkplätze • Sickerwasser-, Oberflächenwasser- und Deponiegasbehandlung (inkl. Speicherbereich) • Begrünung und Trennzonen	Notwendig	Zunächst Schätzung aufgrund von Erfahrungswerten, genaue Ermittlung im Rahmen eines Entwurfes	
3.	Bauvorbereitungsflächen	• Zwischenlagerung von Baustoffen • Aufbereitung von Baustoffen • Prüffelder für Deponiebautechnik • Stellflächen für Fahrzeuge und Geräte • Bauleitung, Lager etc.	Notwendig	Schätzung aufgrund typischer Bauabläufe	Bisher bei Deponieplanungen kaum berücksichtigt
4.	Flächen zur Behandlung von Restabfällen	• Mechanisch-biologische (aerobe bzw. anaerobe) bzw. • chemisch-physikalische Behandlung	Vorteilhaft	Schätzung aufgrund typischer Bauabläufe	Bisher bei Deponieplanungen kaum berücksichtigt
5.	Periphere Anlagen	• Bodenbörse • Zwischenlager für Klärschlamm, Holz • Lager für Heizwertreiche Fraktionen • Schlackeübergabe • Bodenabbaufläche • Bodenzwischenlager	Je nach regionalen Gegebenheiten vorteilhaft, Handlungsbasis: politischer Beschluß	Grundsätzliche Beschlüsse zur Zentralisierung/Dezentralisierung abfalltechnischer Anlagen	Bei Erweiterung der Deponie zum Entsorgungszentrum
6.	Korrektivfläche	• Unvorhergesehenes zur späteren Anpassung der Planung	Vorteilhaft	Parzellenscharfer Standort und konkrete Planung	
7.	Zusatzflächen	• Ausgleichsflächen • Schutzbepflanzung • Deponiezufahrtstraße	Je nach Standort außerhalb der AEZ-Fläche festzulegen	Parzellenscharfer Standort und konkrete Planung	

vorgegebene Mindestneigung von 1:20 eingehalten wird.

Bei großen zentralen Deponien kann die Deponiebreite auf max. 600 m festgelegt werden. Dann ist unter der Deponie ein befahrbarer Stollen anzulegen, von dem aus die Sickerwasserdräns nach rechts und links bis zum Deponierand hin kontrolliert werden können. Aus der Verdoppelung der Deponiebreite ergibt sich theoretisch auch eine Verdoppelung der Deponiehöhe.

Für Deponieneuplanungen empfehlen Doedens et al. [H.5.3] Deponievolumina von mind. 1 Mio. m^3. Die Laufzeit sollte entsprechend der abzulagernden Menge für mind. 20 Jahre, ggf. länger, gewählt werden.

Tabelle H.5-5 Zusammenstellung der Daten zur Deponiegeometrie [H.5.3]

Geometrische Deponieparameter	Vorlage	Begründung	Hinweis
Deponietyp	Haldendeponie	Entwässerungstechnisch günstigste Form (Lanzeitsicherheit)	Nds. Standorterlaß 11/1991 TA Siedlungsabfall 05/1993
Deponiebreite (ohne Stollenlösung)	300 m	Leitungslängen von mehr als 300 m bei Drän-leitungen sind zu vermeiden (Kontrollier- und Reparierbarkeit), ebenso Schachtbauwerke im Ablagerungsbereich	DIN 19 667, 05/1991
Deponielänge	Variabel		
Deponiehöhe über Gelände	max. 40 m	Zwangsbedingung aus Breite und Generalnei-gung der Böschungen	Nach aktuellen Deponiepla-nungen üblich 25 – 40 m
Generalneigung der Böschung	1:3	oder flacher aus Gründen der Landschaftspla-nung und zur Vermeidung des Abrutschens der oberen Abdichtung (im Kuppenbereich Böschungsneigung 1:10)	LAGA-Deponiemerkblatt 1979 und aktuelle Deponie-planungen
Bermenabstand	8 – 10 m	Als Fahrweg und zur Sicherung der oberen Abdichtung gegen Abrutschen	LAGA-Deponiemerkblatt 1979
Bermenbreite	5 m	Fahrweg mit seitlicher Entwässerung	

H.5.4 Bautechnische Lösungen

Der Ablagerungsbereich muß an der Basis und nach Verfüllung an der Oberfläche abgedichtet werden. Grundsätzlich werden für Deponien der Klasse II Kombinationsdichtungen aus minera-lischen Schichten und einer Kunststoffdichtungs-bahn und für Deponien der Klasse I mineralische Dichtungen gefordert (s. Bild H.5-2.). Varianten beim Dichtungsaufbau auf der Grundlage von Weiterentwicklungen und neuen Techniken sind zugelassen, wenn diese den oben beschriebenen Standardlösungen vergleichbar sind. Ein wesent-licher Punkt bei der Herstellung der Abdichtungs-systeme ist die Überwachung anhand eines Qua-litätssicherungsplans (nach DIN 55350), wie ihn die TA Abfall vorschreibt. Die mineralische Dich-tung ist i. d. R. kein Industrieprodukt, sie bedarf von Fall zu Fall der Nachbesserung, z. B. mittels Bentonit. Es dürfen nur zugelassene Dichtungs-bahnen eingesetzt werden. Für den Preßverbund zwischen mineralischer Dichtung und Dichtungs-bahn ist ein Gutachten zu erstellen, was u. a. die Standsicherheit in Abhängigkeit von der Sohl-neigung und der Deponiehöhe beinhaltet.

Details zur Ausbildung der Dichtungsschicht sind der Tabelle H.5-1. zu entnehmen. Das zuge-hörige Entwässerungssystem muß sich an DIN 19667 orientieren (s. Bild H.5-3.). Sickerwas-sersammelschächte an den Endpunkten der Ent-wässerungsleitungen sind wie oben bereits er-wähnt außerhalb des Deponiekörpers anzulegen. Es ist zu gewährleisten, daß von dort aus die Funk-tionskontrolle des Deponieabdichtungssystems gem. Anhang G der TA Abfall vorgenommen werden kann:
- Höhenvermessung der Sickerrohre zur Doku-mentation von Verformungen,
- Kamerabefahrungen zur Detektion von Ver-krustungen mit evtl. anschließender Spülung der Rohre,
- Aufnahme von Temperaturprofilen in den Sik-kerrohren.

Verschiedentlich werden über die Dichtungsan-forderungen der TA Siedlungsabfall hinausge-hende Konzepte verfolgt, um die Akzeptanz von Deponien der Klasse II bzw. bis zum 01.06.2005 abzuschließende Altdeponien zu erhöhen:
- Einbau der Dichtungssysteme und der Abfäl-le unter einem Dach (vgl. TA Abfall Nr. 9.6.4.2),
- kontrollierbare Oberflächenabdichtung, rea-lisierbar als Dränschicht mit Kontrolldräns und Dichtungsbahn unter der Kombi-Dich-tung,
- kontrollierbare Basisabdichtung, realisierbar als Dränschicht mit Kontrolldräns und Dich-tungsbahn unter der Kombi-Dichtung.

Bei diesen Sicherheitskonzepten unter dem Stich-wort „Trockendeponie" wird der Niederschlags-wasserzutritt während des Betriebs (Dach) und

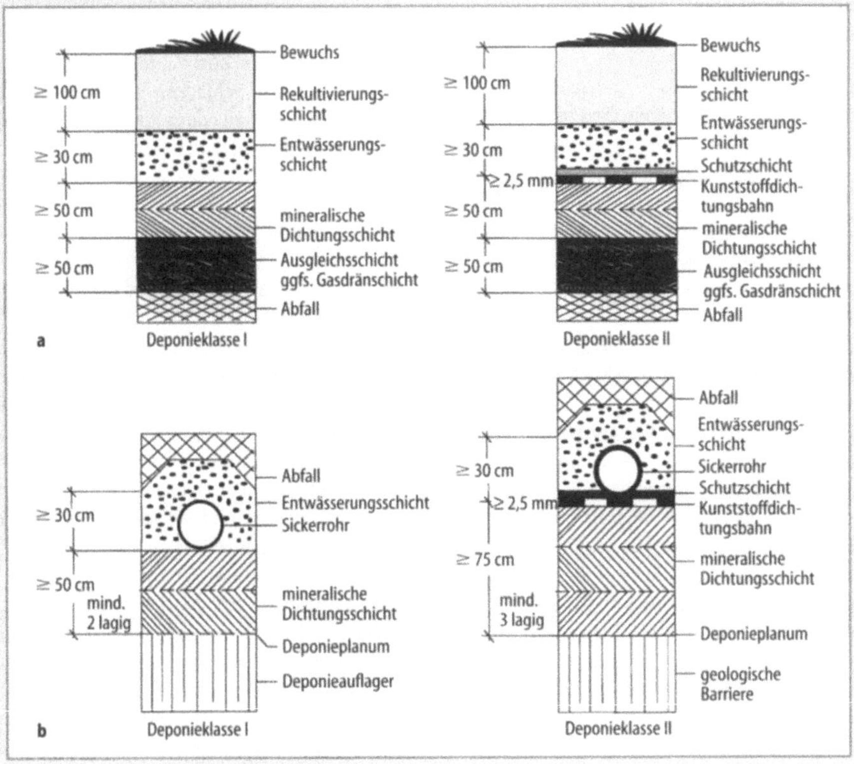

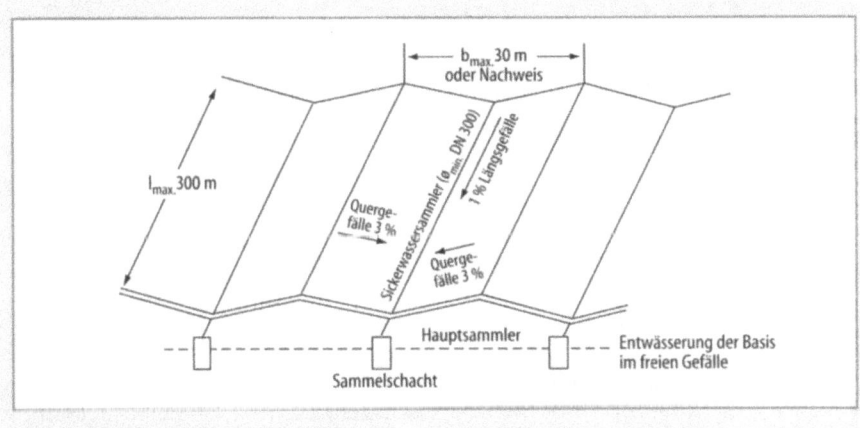

Bild H.5-2 Deponieabdichtungssysteme nach TA Si. **a** Deponieoberflächenabdichtung, **b** Deponiebasisabdichtung

Bild H.5-3 Sickerwasserfassung nach DIN 19667

nach Abschluß (kontrollierbare Dichtung) konsequent verhindert. Diese Rahmenbedingungen widersprechen insbesondere bei der Ablagerung unvorbehandelter Abfälle allerdings dem Ziel, den „Restabbau" in überschaubaren Zeiten zu gewährleisten. Denn der Wassergehalt und die

Wasserbewegung spielen für die Aufrechterhaltung biochemischer Umsetzungsprozesse eine ganz wesentliche Rolle [H.5.4].

H.5.5 Deponiebetrieb

Die Anforderungen an den Deponiebetrieb im besonderen sind unter den Nrn. 10.6 und 10.7 und an Abfallentsorgungsanlagen i. allg. unter Nr. 6 der TA Siedlungsabfall beschrieben. Folgende Aspekte werden dort behandelt:
- Aufbau- und Ablauforganisation,
- Personal,
- Information und Dokumentation (Betriebsordnung, -handbuch, -tagebuch, Berichtswesen),
- Betrieb (Betriebsplan, Sickerwasser- und Gasbehandlung),
- Abschluß und Nachsorge,

von denen 2 Bereiche herausgegriffen werden:
Die *Dokumentation* des Deponiebetriebs wird durch ein einheitliches System der Datenerfassung und -auswertung vereinfacht. Bei Neuplanungen sollte eine integrale Planung der Hardware- und Softwarekomponenten für die im Deponiebereich zu erfassenden Betriebsstellen erfolgen (s. Bild H.5-4). Die Information der zuständigen Behörde soll jeweils zum 31.03. für das zurückliegende Jahr über einen Jahresbericht und eine Erklärung zum Deponieverhalten vorgenommen werden (s. hierzu Bild H.5-5).

Der *Einbau der Abfälle* soll gem. TA Siedlungsabfall hohlraumarm und verdichtet erfolgen. Dies kann für alle Abfälle nach dem Dünnschichtverfahren mittels Kompaktoren erfolgen. Für Schüttgüter, wie Schlacken und MBV-Abfälle, können auch die aus dem Straßenbau bekannten Glattmantelwalzen eingesetzt werden.

H.5.6 Sickerwasser

H.5.6.1 Sickerwassermengen und -qualitäten

Solange auf Altdeponien umsetzbare organische Anteile abgelagert werden, wird, gefördert durch infiltrierten Niederschlag und den Feuchtigkeitsgehalt der Abfälle, organisch belastetes Sickerwasser anfallen. Auf Deponien mit MBV-Abfällen bzw. mit Abfällen der thermischen Behandlung wird ein eher anorganisch belastetes Sickerwasser erfaßt. In Tabelle H.5-6 sind die wichtigen Sickerwasserinhaltsstoffe für unterschiedliche Deponietypen als grobe Richtwerte den Anforderungen an die Einleitung gegenübergestellt. Wird ein Wasserzutritt zugelassen oder besser zeitlich begrenzt und kontrolliert vorgenommen, so führt die daraus resultierende Auslaugung zu langsam abnehmenden Sickerwasserbelastungen. Dieser Effekt wird bei Rohabfällen durch die Produkte der endlichen biochemischen Umsetzungsprozesse überlagert (s. Bild H.5-6).

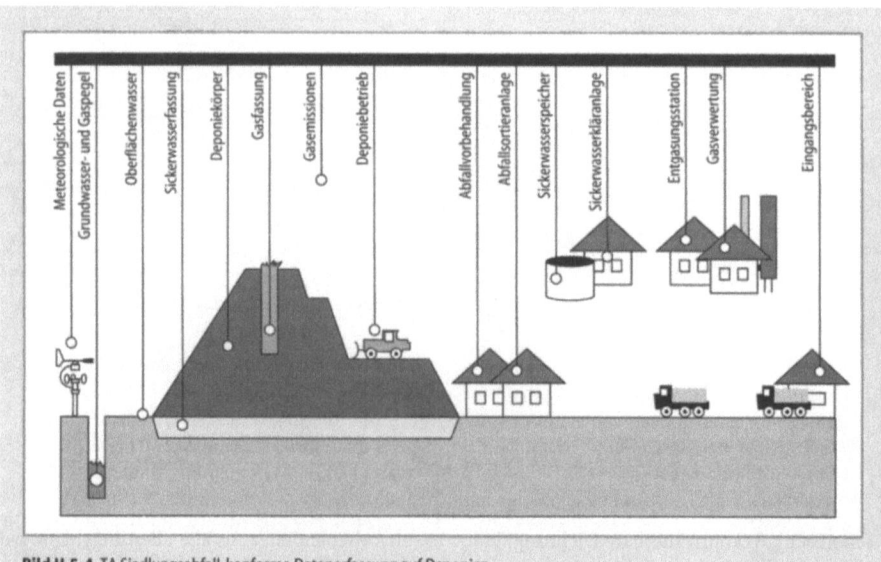

Bild H.5-4 TA Siedlungsabfall-konforme Datenerfassung auf Deponien

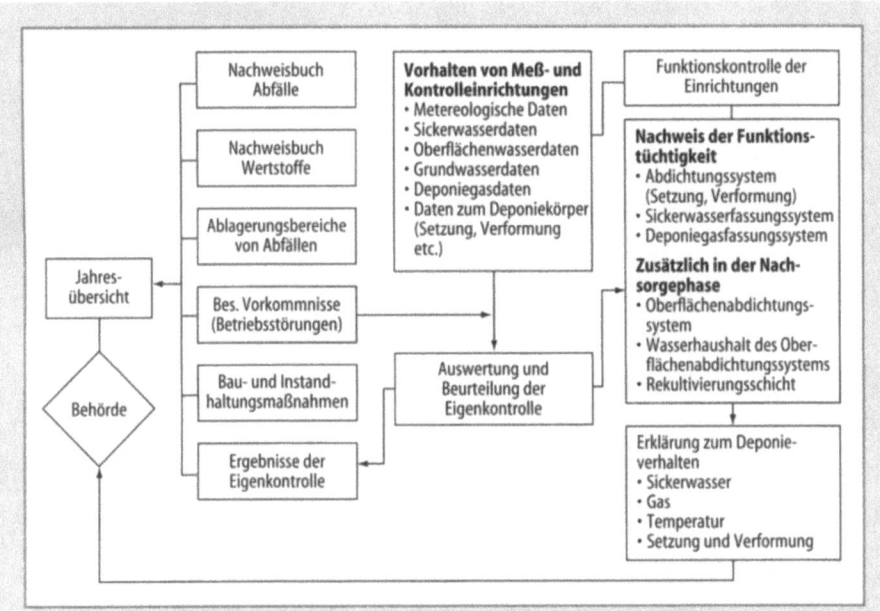

Bild H.5-5 Jahresübersicht und Erklärung zum Deponieverhalten als Jahresauswertung des Betriebstagebuchs (6.4.3 TaSi)

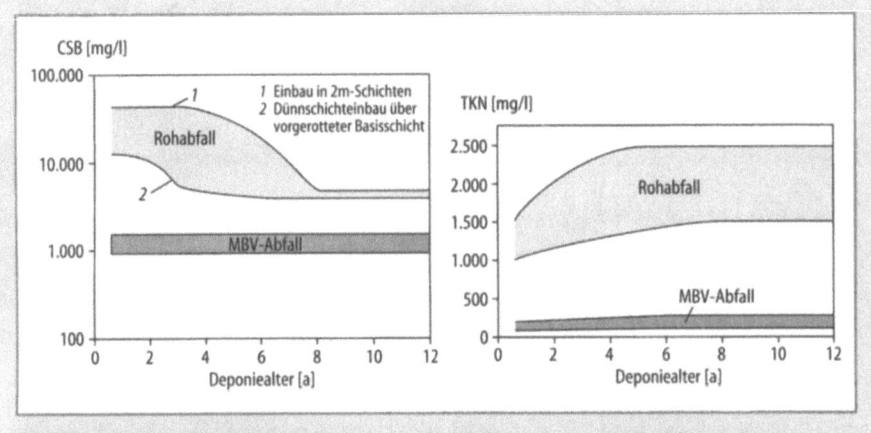

Bild H.5-6 Verlauf von CSB und Kjeldahl-Stickstoff im Sickerwasser in Abhängigkeit vom Abfall und Deponiealter

Die Sickerwassermenge (s.a. [H.5.4, H.5.5]) kann aus den klimatischen Bedingungen am Deponiestandort und dem Rückhaltevermögen der Abfälle nach folgender Wasserhaushaltsgleichung abgeschätzt werden:

Sickerwasserabfluß =
Niederschlag – Verdunstung – Rückhalt
$Q_S = N - V - R$

In den meteorologischen Stationen auf Deponien oder des Deutschen Wetterdienstes wird der Niederschlag gemessen und die potentielle Verdunstung rechnerisch nach Haude ermittelt.

Sich verändernde Eigenschaften des abzulagernden Abfalls haben Einfluß auf die Wasserhaltekapazität und den Durchlässigkeitsbeiwert der abgelagerten Stoffe. Für den sich daraus ergebenden Rückhalt R ist zu bedenken, daß er

Tabelle H.5-6 Inhaltsstoffe für Deponiesickerwasser und wichtige Einleitgrenzwerte als Auszug aus der Rahmen-Abwasser-VwV; Anhang 51 in den Fassungen von 1989 und 1996

Parameter		Einheit	Inhaltsstoffe Rohsickerwasser Deponietyp				Einleitungsgrenzwerte Anhang 51	
			Rohabfall-Deponie mit Kombi-Dichtung		Neue Deponie		1989	1996
			Saure Phase	Methan-phase	mit MBV-Abfall	Klasse II[a]		
Biochemischer Sauerstoffbedarf innerhalb von fünf Tagen	BSB_5	mg/l	≥ 5.000	400	150	< 100	20	20
Chemischer Sauerstoffbedarf *Direktleitung abhängig von der Sickerwasserkonzentration:*	CSB	mg/l	≥ 15.000	4.000	1.500	20 – 1.500		
< 4.000 mg/l		mg/l					200	200
> 4.000 mg/l		Red. %					95	95
Indirektleitung		mg/l					400	–
Ammonium-Stickstoff	$NH_4^+ - N$	mg/l	800	1.500	150	1 – 150	50	–
Nitrit-Stickstoff	$NO_2^- - N$	mg/l	i.d.R. 0	i.d.R. 0	–	–	–	2
Summe aus $NO_3^- - N$, $NO_2^- - N$ und $NH_4^+ - N$		mg/l	800	1.500	ges. N 250	k.A.	–	70
Abdampfrückstand (Salze)		g/l	10	10	10	0,5 – 30	–	–
Adsorbierbare organische Halogene	AOX	mg/l	2	4	1,5	0,01 – 4,5	0,5	0,5
Giftigkeit gegenüber Fischen als Verdünnungsfaktor	GF	–	7	10	k.A.	k.A.	2	2
Leitfähigkeit		mS/cm	15	18	10	5 – 30	–	–

Schwermetalle sind mit Ausnahmen von Zink i.d.R. ohne Bedeutung; Blei und Kupfer können bei Schlacke erhöht sein.
[a] entspr. Deponieklasse II TA Si. Es liegen bisher hauptsächlich Eluattests und nur wenige Sickerwasseranalysen vor.
k.A. keine Angaben

nur einmal ausgenutzt werden kann. Nach Ausschöpfung der Wasserhaltekapazität entspricht die Sickerwasserneubildung dem Niederschlag abzgl. der Verdunstung. Hierin ist u. a. die Forderung der TA Siedlungsabfall nach Abdeckung bzw. Abdichtung abgeschlossener Deponieabschnitte begründet. Wird die Wasserhaltekapazität überschritten, was bei Altdeponien durch die fortschreitende Umsetzung organischer Substanz zu Deponiegas und den damit verbundenen Masseverlust geschehen kann, sind Rückhalteverluste RV zu berücksichtigen. Die Rückhalteverluste korrelieren mit der Gasproduktion.

Für die Anwendung der Wasserhaushaltsgleichung spielen die folgenden Punkte eine Rolle. Die tatsächliche Verdunstung an der Abfalloberfläche ist geringer als die potentielle Verdunstung nach Haude. Einflußfaktoren f_V und $f_{N/V}$ sind die Neigung und Oberflächenbeschaffenheit (Durchlässigkeit, kein bis spärlicher Bewuchs) sowie das

Verhältnis von Niederschlag und Verdunstung. In das Bilanzglied Rückhalt geht neben der Qualität der Abfälle noch die Aufbaugeschwindigkeit ΔH in m/a ein: $R = r \times \Delta H$. Der spezifische Rückhalt r und ΔH sind voneinander abhängig. Es wird daher nicht gelingen, durch einen schnellen Aufbau die Sickerwasserbildung gegen Null zu führen, da sich r gegenläufig zu ΔH verhält. Das heißt zusammengefaßt: sowohl für die Verdunstung als auch für den Rückhalt bzw. den Rückhalteverlust spielen deponiespezifische Faktoren eine Rolle. Ein möglicher Oberflächenabfluß von der Deponiefläche ist i.d.R. belastet, wird dem Sickerwasser zugeschlagen und daher auch in der erweiterten Bilanzgleichung nicht aufgeführt:

$$Q_S = N - f_V \times f_{N/V} \times V_{Haude} - r \times \Delta H + RV$$

Mit Hilfe von EDV-Programmen aufgestellte Prognosen sind mit den im Rahmen der Kontrolle erfaßten Meßwerten zu vergleichen, um darüber zu einer fortlaufend vorzunehmenden Eichung der Bilanzglieder zu kommen. Sickerwasserprognosen mit Hilfe des bisher üblichen Faustwerts $Q_S = 0,25 \times N$ führen leicht in die Irre, wie das folgende Beispiel belegen soll. Dabei wurden die Bilanzglieder für einen seit 5 Jahren in Betrieb befindlichen offenen Deponieabschnitt anhand der gemessenen Sickerwasserabflußspende geeicht:

Q_S = 800 mm/a − 0,75 × 0,7 × 540 mm/a − 85 mm/m × 3 m/a + 63,5 mm/a = 325 mm/a entsprechend ca. 0,4 × N oder 9 m³/(ha × d).

H.5.6.2 Sickerwasserbehandlungsverfahren

H.5.6.2.1 Einführung

Die Sickerwasserbehandlung nach dem Stand der Technik erfordert einen hohen apparativen Aufwand, wenn gewährleistet werden soll, daß die geforderten Einleit-Grenzwerte auch eingehalten werden. Für die direkte Einleitung in einen Vorfluter sind schärfere und weitergehende Anforderungen zu beachten als für die indirekte Einleitung in eine kommunale Kläranlage. Das Behandlungskonzept der Wahl muß neben der Reinigungsleistung und geringen spezifischen Kosten sehr flexibel auf wechselnde Sickerwasserzusammensetzungen und Sickerwassermengen reagieren können. Dies ist meist nur durch ein ausreichend bemessenes Pufferbecken in Kombination mit einer überdimensionierten Anlage

Tabelle H.5-7 Verfahren der Abwasserreinigung [H.5.6]

	Verfahren	Abkürzung
1	Adsorption	Ads
2	Flockung	Flo
3	Fällung	Fäl
4	Flotation	Flot
5	Sedimentation	Sed
6	Filtration	Fil
7	Mikrofiltration	Mik
8	Ultrafiltration	Ult
9	Nanofiltration	Nan
10	Umkehrosmose	UO
11	Elektrodialyse	Ele
12	Flüssigmembrantechnik	Flü
13	Extraktion	Ext
14	Ionenaustausch	Ion
15	Transmembran-Destillation	TrD
16	Verdampfung	Ver
17	Trocknung	Tro
18	Strippung	Stri
19	Absorption	Abs
20	Biologische Verfahren	Bio
21	Chemische Oxidation	ChO
22	Naßoxidation	NaO
23	Thermische Oxidation	ThO

möglich. Außerdem muß das Konzept zur Charakteristik des Sickerwassers der jeweiligen Deponie passen. Tabelle H.5-7 beinhaltet 23 Grundverfahren der Abwasserreinigung, von denen allerdings nur ein Teil sinnvoll zur Sickerwasserbehandlung eingesetzt werden kann.

Da Einzelverfahren i.d.R. nicht in der Lage sind, alle Parameter auf die geforderten Grenzwerte der Rahmen-Abwasserverwaltungsvorschrift zu § 7a Wasserhaushaltsgesetz zu bringen, ist der Einsatz von Verfahrenskombinationen sinnvoll. Die zulässigen Schadstoffkonzentrationen für die wichtigen Sickerwasserinhaltsstoffe sind dem Auszug aus Anhang 51 zur Rahmen-AbwVwV in Tabelle H.5-6 zu entnehmen. Für die Direkteinleitung werden oft noch schärfere Überwachungswerte festgelegt.

Geeignete Einzelverfahren bzw. Verfahrenskombinationen zur Sickerwasserreinigung sind im folgenden dargestellt (s. dazu Bild H.5-7).

H.5.6.2.2 Biologische Verfahren

Die Ziele der biologischen Verfahren sind im wesentlichen die Umsetzung und Eliminierung von Stickstoffverbindungen mit der Hydrolyse von organischem Stickstoff, der Oxidation von Ammonium (Nitrifikation) und der Reduktion oxidierten Stickstoffs zu elementarem Stickstoff (De-

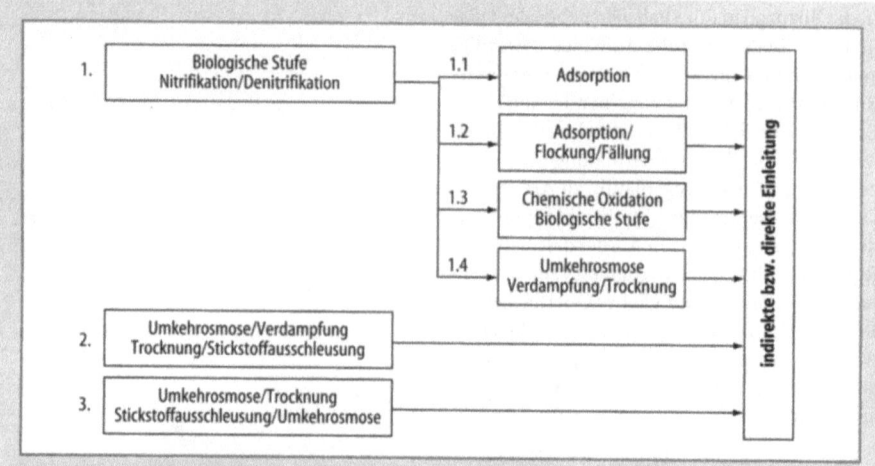

Bild H.5-7 Verfahrenskombinationen zur Sickerwasserbehandlung (nach [H.5.8])

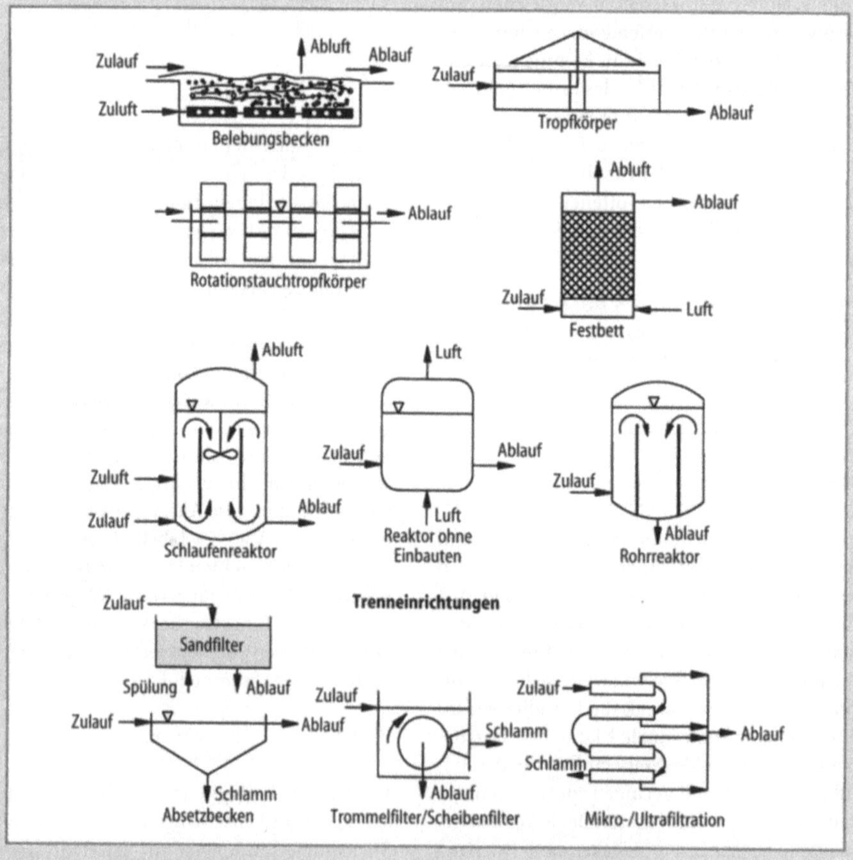

Bild H.5-8 Mögliche Bauformen von Reaktoren und Trenneinrichtungen zur biologischen Sickerwasserreinigung [H.5.7]

nitrifikation) sowie der Abbau organischer Kohlenstoffverbindungen.

Für die Leistungsfähigkeit einer biologischen Reinigungsstufe ist die Vermischung von Biozönose, Hilfsstoffen und Sickerwasser von entscheidender Bedeutung. Bei nicht trägerfixierter Biozönose kommt das Rückhaltevermögen der Trenneinrichtung als wichtiger Faktor hinzu. Neben den klassischen Verfahren Belebung und Tauch- bzw. Tropfkörper gewinnt das Reaktorbelebungsverfahren mit nachgeschalteter Ultrafiltration in jüngster Zeit Bedeutung (s. Bild H.5-8). Die Ultrafiltration als Trenneinrichtung gewährleistet einen sicheren Rückhalt der Biomasse (auch Bläh- und Schwimmschlamm) und ermöglicht die Einstellung hoher Trockensubstanzgehalte. Dadurch können hohe Raumumsätze erzielt und Reaktorvolumina minimiert werden. Die Ultrafiltration hält nicht nur abfiltrierbare Stoffe effektiv zurück, sondern auch schwer abbaubare Inhaltsstoffe, was zu einer verbesserten Reinigungsleistung führt.

H.5.6.2.3 Biologische Stufe/Aktivkohleadsorption

Diese Verfahrenskombination sieht eine biologische Reinigungsstufe mit nachgeschalteter Adsorption mittels Aktivkohle vor. Ziel des physikalischen Verfahrens der Festbettadsorption unter Verwendung von Aktivkohle ist im wesentlichen die Reduzierung des CSB und der AOX. Bezüglich der übrigen relevanten Parameter muß das Abwasser im Abfluß der Bio-Stufe bereits Einleitungsbedingungen aufweisen. Das biologisch vorgereinigte Sickerwasser wird durch Behälter geleitet, die mit Aktivkohle gefüllt sind. Die Aktivkohle wird mit den adsorbierbaren Stoffen beladen und nach Erschöpfung der Beladungskapazität gegen Neukohle ausgetauscht. Die erschöpfte Aktivkohle kann fast vollständig reaktiviert werden und steht danach erneut der Sickerwasserreinigung zur Verfügung (Bild H.5-9).

H.5.6.2.4 Biologische Stufe/Chemische Oxidation

Bei dieser Verfahrenskombination wird das Sickerwasser biologisch vorbehandelt und dann durch chemische Oxidation weiter gereinigt. Die chemische Oxidation dient wie die Aktivkohleadsorption der Reduzierung des CSB und der AOX, weswegen die betrieblichen Randbedingungen für die Bio-Stufe den vorgenannten entsprechen. Als Oxidationsmittel stehen zur Zeit Ozon und Wasserstoffperoxyd zur Verfügung. In vielen Anwendungsfällen wird unterstützend eine UV-Bestrahlung durchgeführt. Das Verfahren befindet sich seit dem ersten Einsatz Anfang der 90er Jahre in einem fortlaufenden Optimierungsprozeß, der insbesondere auf die Reduzierung des erheblichen Bedarfs an elektrischer Energie hinzielt (Bild H.5-10).

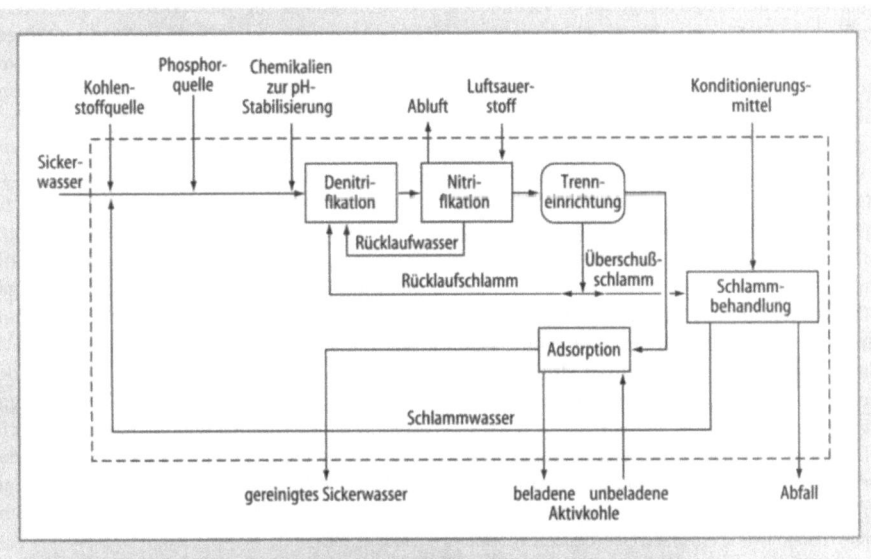

Bild H.5-9 Grundfließbild Bio-Stufe mit Nitrifikation und Denitrifikation/Aktivkornkohle-Adsorption

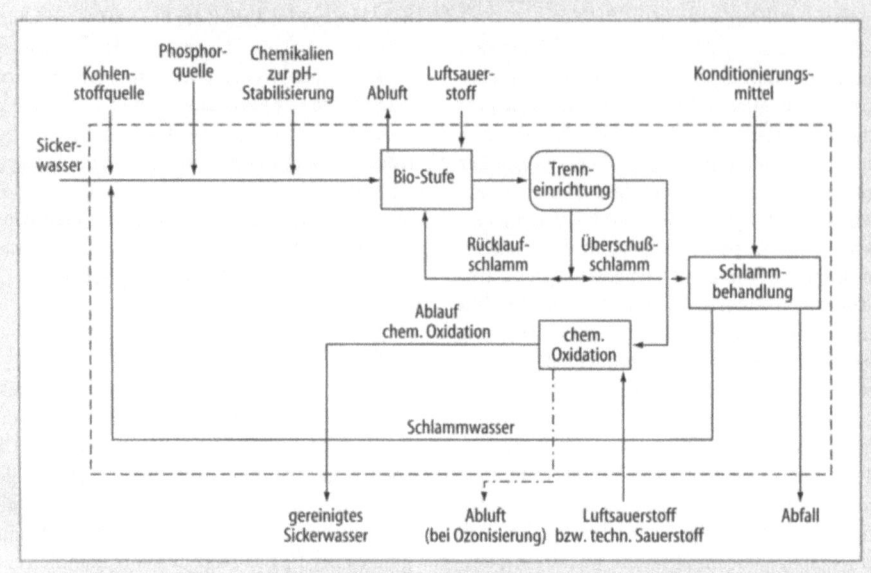

Bild H.5-10 Grundfließbild Bio-Stufe/chemische Oxidation

H.5.6.2.5 Biologische Stufe/Umkehrosmose/ Verdampfung/Trocknung

Hier ist die Umkehrosmose das abflußbestimmende Verfahren. Die dabei eingesetzten Membranen halten nicht nur die als CSB und AOX analysierten Inhaltsstoffe sondern alle im biologisch vorbehandelten Sickerwasser verbliebenen Verbindungen weitgehend zurück.

Das Abwasser wird in einen gereinigten Teilstrom (Permeat) und einen aufkonzentrierten Teilstrom (Konzentrat) getrennt. Das Konzentrat ist mit den Inhaltsstoffen angereichert, muß weiterbehandelt und entsorgt werden. Die Trennung erfolgt mit Hilfe semipermeabler (halbdurchlässiger) Membranen, die durchlässig für Wasser, nicht aber für die gelösten Moleküle (z. B. Salze) sind.

Die Membranen befinden sich in Modulen, durch die das Sickerwasser unter einem Druck von 40–150 bar gepumpt wird. Die Module werden je nach Bedarf zu größeren Einheiten, den sog. Blöcken zusammengeschaltet.

In der ersten Umkehrosmose-Stufe wurden bisher verschmutzungsunempfindliche Rohr- oder Plattenmodule verwendet. Neuerdings können auch Wickelmodule eingesetzt werden, die für den Betrieb mit belastetem Abwasser durch den Einsatz größerer Abstandshalter (wide-spacer) angepaßt wurden. Der Gefahr einer Belagbildung wird bei allen Systemen durch eine hohe Anströmgeschwindigkeit entlang der Membranoberfläche (Cross-Flow-Betrieb) begegnet.

Permeat mit Konzentrationen unterhalb der zulässigen Grenzwerte kann indirekt oder direkt eingeleitet werden. Das Konzentrat wird einer Verdampferanlage zugeführt. Dort findet eine Wasserabtrennung statt, bis ein noch pumpfähiges Konzentrat entsteht. Das abgetrennte Wasser wird vor die Umkehrosmose zurückgeführt, das Konzentrat einer Trocknung unterzogen. Das Umkehrosmosekonzentrat kann bei kleineren Mengen ökonomisch aber auch direkt dem Trockner zugeführt werden.

Im Trockner wird dem Konzentrat wiederum Wasser entzogen. Das dabei entstehende Destillat wird vor die Verdampferanlage zurückgeführt. Aus dem Konzentrat entsteht als Reststoff der Abdampfrückstand. Dieser besitzt nur noch geringe Wasseranteile (<5%) und enthält die Schadstoffe des Sickerwassers (Salze und Organika). Der Abdampfrückstand muß entweder in eine Untertage-Deponie verbracht werden oder in Zwischenlagern deponiert werden, bis z. B. eine Umarbeitung zu verwertbaren Stoffen realisierbar ist.

Nitrate und ihre Verbindungen finden sich potenziert in den Konzentraten der Umkehrosmose und der Eindampfung wieder. Sie sind nach derzeitigem Kenntnisstand einmal wegen ihres niedrigen Schmelzpunkts für Anbackungen und Klumpenbildung im Trockner verantwortlich. Der zweite und wesentliche Punkt für die Begrenzung der Nitratabflußkonzentrationen ist in der Bildung eines exotherm reagierenden Abdampfrückstands zu sehen. Nach neueren Erkenntnissen darf der Gehalt an Nitratsalzen max. 10 Gew.% des Abdampfrückstands betragen, wenn Probleme vermieden werden sollen [H.5.9].

Hier werden die oben genannten Vorteile der biologischen Behandlung ins Gegenteil verkehrt, wenn nicht mit einem hohen Aufwand für Betriebsmittel (Dosierung externer Kohlenstoffquellen) und an betrieblicher Überwachung weitestgehend denitrifiziert wird.

H.5.6.2.6 Biologische Stufe/Nanofiltration/ Konzentratbehandlung

Bei geringer Abwasserbelastung oder geringeren Anforderungen an die Reinwasserqualität kann die Umkehrosmose nach der biologischen Vorbehandlung durch eine Nanofiltrations-Stufe ersetzt werden. Die Nanofiltration liegt in ihrer Trennwirkung zwischen der Ultrafiltration und der Umkehrosmose. Organische Inhaltsstoffe und zwei- bzw. höherwertige Salze werden zurückgehalten. Die Behandlung des Nanofiltrations-Konzentrats kann klassisch mittels Eindampfung und Trocknung bei etwa um 50 % reduzierter Salzfracht oder über eine Aktivkohle-Adsorption bzw. chemische Oxidation erfolgen. Mit den im Nebenstrom angeordneten Adsorptions- bzw. Oxidations-Stufen wird die organische Konzentratfracht (CSB und AOX) in einem für diese Systeme günstigen Konzentrationsfenster reduziert, Salze werden wegen der Kreislaufführung aufkonzentriert. Die Salzfracht wird entweder zeitweilig über einen Abzug entlastet oder bis zur Gleichgewichtskonzentration (Zufluß = Permeatabfluß) hochgefahren. Das Grundfließbild entspricht in den wesentlichen Komponenten (Bio-Stufe ggf. mit Ultrafiltration, Nanofiltration und Konzentratbehandlung) dem Bild H.5-11.

H.5.6.2.7 Mehrstufige Umkehrosmose/Verdampfung/Trocknung/Stickstoffausschleusung

Ist wegen einer vorwiegend anorganischen Abwasserbelastung bzw. aufgrund der in Abschn. H.5.6.2.5 beschriebenen Probleme der Einsatz einer biologischen Reinigungsstufe wenig sinnvoll, kann das Sickerwasser direkt einer mehrstufigen Umkehrosmose zugeführt werden. In der ersten UO-Stufe kommen Tubular- oder Plattenmodule bzw. die neu entwickelten Wide-Spa-

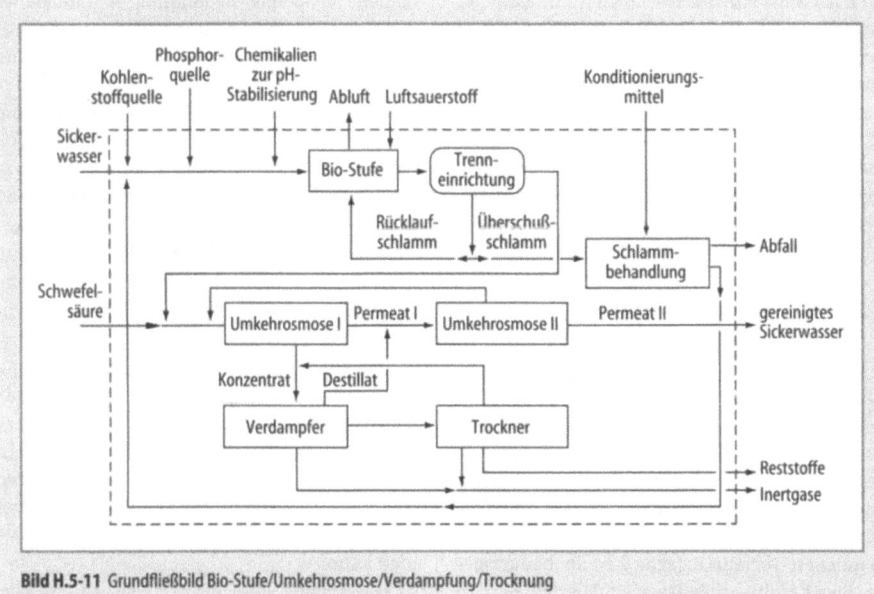

Bild H.5-11 Grundfließbild Bio-Stufe/Umkehrosmose/Verdampfung/Trocknung

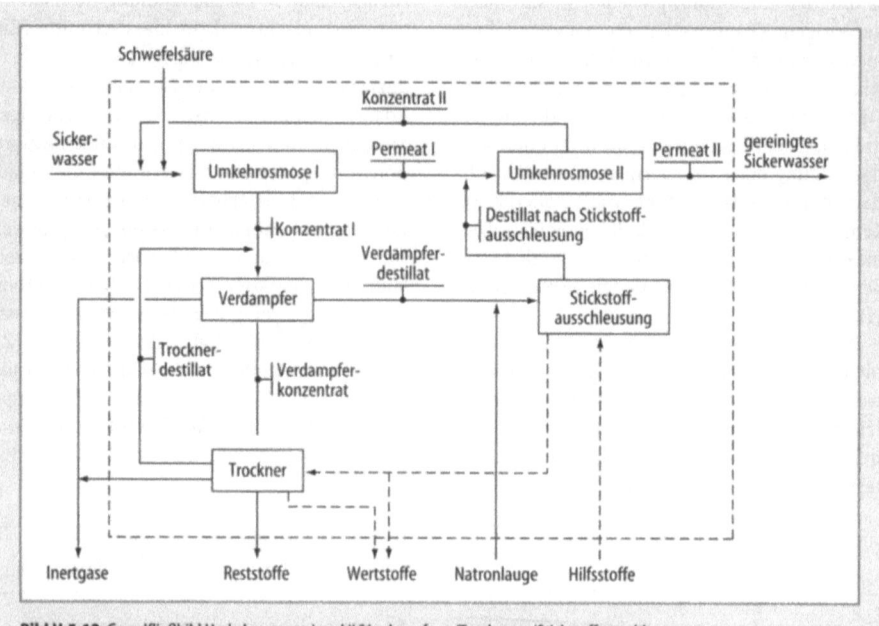

Bild H.5-12 Grundfließbild Umkehrosmose I und II/Verdampfung/Trocknung/Stickstoffausschleusung

cer-Wickelmodule zum Einsatz. Der Zufluß zur 2. oder ggf. 3. Stufe ist vorgereinigt, so daß dort in jedem Fall die kompakten und kostengünstigen Wickelmodule verwendet werden können. Die Anzahl der einzusetzenden Stufen richtet sich nach der Abwasserbelastung und dem gewünschten Reinigungsergebnis. Das Konzentrat wird wiederum durch Verdampfung und Trocknung behandelt. Zu ergänzen ist ggf. eine Stickstoffausschleusung, da Ammoniak im thermischen Prozeß ausgestrippt wird, wenn der pH-Wert der Konzentrate nicht im sauren Bereich konditioniert wird. Der Abdampfrückstand dieser Verfahrenskombination ist nicht reaktiv und neigt nicht zur Klumpenbildung (Bild H.5-12).

H.5.6.2.8 Auswahl eines Sickerwasserbehandlungsverfahrens

Die Auswahl einer bestimmten Verfahrenskombination zur Sickerwasserbehandlung muß sich an der Sickerwasserbelastung und an den Anforderungen für die Einleitung orientieren. Unter diesen Prämissen werden keine Neuentwicklungen, sondern Weiterentwicklungen der vorhandenen Verfahrenstechniken in bedarfsgerechter Kombination erwartet. Hierbei werden nicht die anspruchsvollen, technisch realisierbaren Systeme sondern die robusten, einfachen und in der Folge kostengünstigen Systeme im Vordergrund stehen.

Für eine Direkteinleitung ist grundsätzlich das Sickerwasser jeglichen Deponietyps gem. Tabelle H.5-6 einer Behandlung zu unterziehen. Geeignet ist im Prinzip jede der vorgenannten Verfahrenskombinationen, wobei wegen des hohen betrieblichen Einsatzes Abstriche bei dem System Bio-Stufe mit Umkehrosmose, Eindampfung und Trocknung zu machen sind. Je höher der Grad der Abfallvorbehandlung, um so geringer ist der Aufwand für die Sickerwasserbehandlung. Für ein Sickerwasser der Deponieklasse II reicht unter günstigen Voraussetzungen der Einsatz der Aktivkohleadsorption oder der chemischen Oxidation ohne vorherige biologische Vorbehandlung aus.

Für eine Indirekteinleitung ist der Behandlungsaufwand für jegliches Sickerwasser reduzierbar, so daß für Deponien mit MBV- bzw. thermisch behandelten Abfällen evtl. auf eine Behandlung verzichtet oder auf Aktivkohleadsorption oder chemische Oxidation ohne vorherige biologische Vorbehandlung gesetzt werden kann.

Die Angabe von Umsetzungs- bzw. Rückhalte-Wirkungsgraden als Auswahlkriterium für die einzelnen Verfahrensbausteine ist schwierig. Generell läßt sich sagen, daß hohe Zuflußkonzentrationen auch hohe Wirkungsgrade ermöglichen. Ob darüber hinaus auch die Anforderungen an die Einleitung einzuhalten sind, ist anhand von Erfahrungswerten oder über Versuche zu klären. Von Einfluß sind dabei das Schlammalter bzw. die Durchflußzeit bei der Bio-Stufe, der Betriebsmitteleinsatz bzw. die Reaktionszeit bei der Aktivkohle und der chemischen Oxidation sowie die Art der Membranen und Anzahl der Stufen bei der Druckfiltration (Umkehrosmose und Nanofiltration).

H.5.7 Deponiegas

H.5.7.1 Einführung

Ausgelöst durch Niederschläge und den Feuchtigkeitsgehalt wird der biologisch abbaubare Anteil der Abfälle (Kohlenhydrate, Fette, Eiweiß u. a.) vorwiegend unter anaeroben Bedingungen zu Methan und Kohlendioxid umgesetzt. Das produzierte Deponiegas stellt einerseits einen Energieträger dar, ist aber zunächst als potentielle Umweltbelastung zu betrachten (s. Tabelle H.5-8). Daraus ergibt sich die Notwendigkeit zur Deponieentgasung.

Eine Pflicht zur Erfassung und Behandlung von Deponiegas ließ sich in der Vergangenheit grundsätzlich sowohl aus dem Abfallgesetz als auch aus dem Bundes-Immissionsschutzgesetz herleiten. Die weitestgehenden Regelungen finden sich im Anhang C der TA Siedlungsabfall. Da MBV-Abfälle nur wenig und die Abfälle der thermischen Behandlung nahezu gar kein Deponiegas produzieren werden, sind die Anforderungen hauptsächlich bei Altdeponien für unvorbehandelte Abfälle zu beachten. Die Deponie-Betriebsart mit Rohabfällen wird trotz der Kann-Bestimmung unter Nr. 12 TA Si bis zum 01.06.2005 den Regelfall darstellen. Die Beherrschung der Emission Deponiegas ist damit nach wie vor aktuell, zumal nicht wenige Deponien in diesem Bereich Nachrüstbedarf haben und das Gas auch in der Nachsorgephase behandelt werden muß.

H.5.7.2 Gasproduktionsmodell

Auf die Grundlagen der Gasbildung wird unter Hinweis auf die Literatur [H.5.10, H.5.11] hier nicht näher eingegangen. Als Gaspotential wird jene Gasmenge definiert, die aus einer Gewichtseinheit Abfall unter optimalen Bedingungen in der Deponie entsteht. Die theoretische, spezifische Gasproduktion G_e (m³/t Abfall) kann aus dem Kohlenstoffgehalt des Substrats Abfall errechnet werden. Zur Berechnung des Kohlenstoffgehalts muß die Menge der einzelnen angelieferten Abfallarten bekannt sein. Nach dem Gesetz der idealen Gase werden bei der biochemischen Umsetzung von 1 kg Kohlenstoff (TC) 1,868 m³ Gas gebildet, unabhängig von den dabei entstehenden Anteilen von Kohlendioxid (CO_2) und Methan

Tabelle H.5-8 Mögliche Umweltbelastungen und -gefährdungen durch Deponiegas

	Quelle	Emissionspfad	Einwirkungsort	Wirkung	Maßnahmen
1	Originäres Deponiegas	Deponie, Boden, Undichtigkeiten	Schächte, Keller	Erstickung	Be- und Entlüftung, Raumluftmessung
2	Luftverdünntes Deponiegas	wie 1	Schächte, Keller, geschlossene Räume und Umgebung	Explosionsgefahr	Be- und Entlüftung, Raumluftüberwachung
		–	Inneres der Entgasungseinrichtung	Explosionsgefahr	Aktiver und passiver Ex-Schutz
3	Gasmigration	Boden	Abdeckboden, umgebender Boden	Pflanzenschäden (Verdrängung von Luftsauerstoff)	Aktive Entgasung ggfs. in Verbindung mit oberer Abdichtung
4a	Spurengase H_2S, CO, FCKW	wie 1 und 5	wie 1 – 3	Toxizität i.d.R. überlagert durch 1	wie 1 – 3
4b	Kohlendioxid	wie 1 und 5	wie 1 – 3	Toxizität, MAK 5 ‰	wie 1 – 3
5	Geruch des Gases	Ausbreitung in der Luft	Deponieumgebung	Geruchsbelästigung	Aktive Entgasung, obere Abdichtung

(CH_4). Die Gasproduktion wird als Modellansatz mit folgenden Formeln bestimmt.

Die theoretische, spezifische Gasproduktion aus einer einmalig abgelagerten Müllmenge beträgt nach der Zeit t

$$G_{e,t} (m^3/t) = 1{,}868 \cdot TC \cdot (1 - e^{-k \cdot t})$$

Die tatsächliche, spezifische Gasproduktion beträgt

$$G_{t,t} (m^3/t) = 1{,}868 \cdot TC \cdot f_{a0} \cdot f_a \cdot f_o \cdot (1 - e^{-k \cdot t})$$

Davon können system- und zeitbedingt gefaßt werden

$$G_{a,t} (m^3/t) = 1{,}868 \cdot TC \cdot f_{a0} \cdot f_a \cdot f_o \cdot f_s \cdot (1 - e^{-k \cdot t})$$

Hierbei bedeuten:
- 1,868 m³ Gas pro kg TC (m³/kg)
- TC Kohlenstoffgehalt (kg/t)
- k Zeitbeiwert (ca. 0,05 bis 0,15) (1/a)
- t Zeit zwischen dem rechnerischen Beginn und dem betrachteten Jahr der Gasproduktion (a)
- f_{a0} Anfangszeitfaktor zur Berücksichtigung der Gasproduktion während des ersten halben Jahres nach erfolgter Ablagerung oder bei der Abfallbehandlung(-)
- f_a Abbaufaktor; Verhältnis von unter optimalen Bedingungen vergasbarem zu gesamtem TC (-)
- f_o Optimierungsfaktor; Verhältnis von unter praktischen Deponiebedingungen zu unter optimalen Abbaubedingungen im Versuch vergastem TC (-)
- f_s systembedingter Fassungsgrad; Verhältnis der unter Deponiebedingungen bei laufender Entgasung gefaßten zur tatsächlich produzierten Gasmenge; fs = 0 bis 1 (-)

Die zu einem bestimmten Zeitpunkt t nach erfolgter Ablagerung faßbare Menge beträgt für eine Müllmenge M (t/a):

$$Q_{a,t} (m^3/a) = 1{,}868 \cdot M \cdot TC \cdot f_{a0} \cdot f_a \cdot f_o \cdot f_s \cdot k \cdot e^{-k \cdot t}$$

Von dem produzierten Gas können unter Standardbedingungen, Entgasung eines abgeschlossenen Deponieabschnitts über Gasbrunnen mit einem Einzugsradius von 25 m im Unterdruckbetrieb, ca. 50 % erfaßt werden ($f_s = 0{,}5$). Die Gasfassungsrate bei einem Deponieabschnitt, auf dem die obere Abdichtung aus Ton und/oder einer Dichtungsbahn aufgebracht worden ist, kann dann auf 70 bis zu 100 % ($f_s = 0{,}7-1$) ansteigen. Voraussetzung für eine korrespondierende, hohe Gasausbeute ist, daß der Wassergehalt und die Wasserbewegung für die Aufrechterhaltung biochemischer Umsetzungsprozesse über eine entsprechende Zuführung unter die Abdichtung kontrolliert werden.

Die Gasproduktion wird im folgenden für die Bedingungen einer Modelldeponie mit 100.000 t/a Abfallanlieferung, 20 Jahren Betriebszeit und 3 unterschiedlichen Betriebsweisen berechnet:

Q_{t1}: Deponie mit schnellem Aufbau in 2-m-Schichten, variierte Parameter:
 $k = 0{,}07; f_{a0} = 0{,}95; f_o = 0{,}65; f_a = 0{,}7$

Q_{t2}: Deponie mit Dünnschichteinbau und

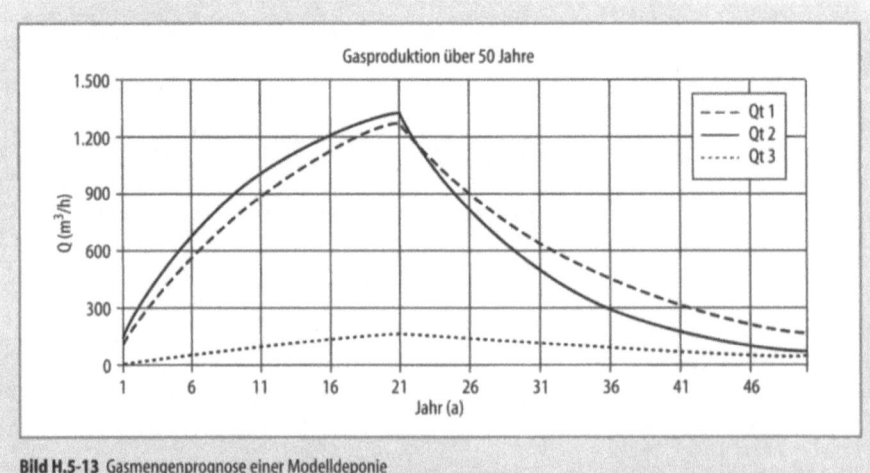

Bild H.5-13 Gasmengenprognose einer Modelldeponie

langsamem Höhenwachstum, variierte Parameter:
$k = 0{,}10; f_{a0} = 0{,}80; f_o = 0{,}7; f_a = 0{,}7$

Q_{t3}: Deponie mit MBV-Abfall, variierte Parameter:
$k = 0{,}04; f_{a0} = 0{,}30; f_o = 0{,}5; f_a = 0{,}5$

Die Modelle 1 und 2 beschreiben Rohabfall-Deponien, das Modell 3 steht für die Gasproduktion von MBV-Abfall. Durch die Rotte sind ca. 70 % der organischen Substanz umgesetzt ($f_{a0} = 1-0{,}7 = 0{,}3$), das Stabilat ist reaktionsträge ($k = 0{,}04$) und einer biochemischen Umsetzung kaum mehr zugänglich ($f_o = 0{,}5; f_a = 0{,}5$). Die Kurven der Gasproduktion sind Bild H.5-13 zu entnehmen. Die Gasproduktion des MBV-Abfalls ist so gering, daß bis zum Aufbringen der oberen Abdichtung aus dem Blickwinkel der Emissionsbegrenzung auf eine Gasfassung verzichtet werden kann.

Die berechneten Gasmengen beziehen sich auf originäres und nicht auf abgesaugtes Deponiegas. Im Absaugbetrieb wird bei offener Deponiefläche wegen des angelegten Unterdruckes Luft angesaugt, so daß die erfaßte Gasmenge um die mehr oder weniger großen Stickstoffanteile erhöht ist (vgl. Absch. H.5.7.3.).

H.5.7.3 Gasqualität

Für eine relativ kurze Phase nach der Ablagerung kann das in den oberen Müllagen produzierte Deponiegas Wasserstoff und mehr oder weniger große Anteile von Stickstoff nach der Nutzung des Sauerstoffs der Luft für aerobe Vorgänge oder durch Denitrifikationserscheinungen enthalten (s. Bild H.5-14). Deponiegas enthält weiterhin Beimengungen von Spurengasen, die mit den angelieferten Abfällen auf die Deponie gelangen (z. B. (F)CKW), oder Produkte chemischer oder biochemischer Reaktionen (z. B. Schwefelverbindungen).

Originäres, außenluftfreies und getrocknetes Deponiegas (Deponiegas ist normalerweise wassergesättigt) besteht fast ausschl. (ca. 99 Vol.%) aus den beiden geruchsfreien Komponenten Methan CH_4 (50–60 Vol.%) und Kohlendioxid CO_2 (40–50 Vol.%). Bei einem intakten Entgasungssystem werden sich die Konzentrationen im ruhenden bzw. aktiv abgesaugten Gas wie folgt einstellen:

Originäres Gas: CH_4 = 55–60 %
CO_2 = 40–45 %
Abgesaugtes Gas: CH_4 = 40–45 %
CO_2 = 35–40 %,
N_2 = 20 %
O_2 < 1 %

Die weiteren Komponenten, die zwar in ihrer Summe nur selten 1 Vol.% überschreiten, sind trotzdem entscheidend für die Wirkung als Geruchsstoff (besonders Mercaptane, Ammoniak, Schwefelwasserstoff) oder als Schadgas. Die Schadwirkung kann aus dem Blickwinkel der

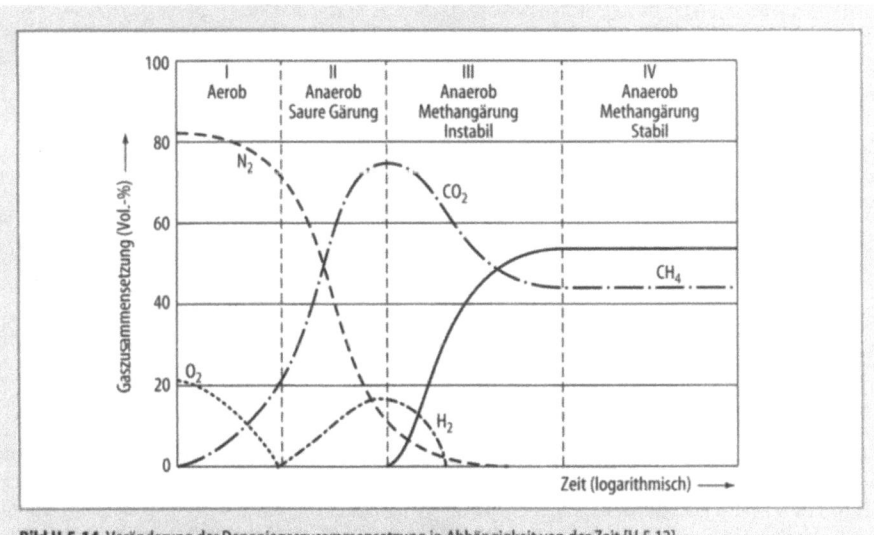

Bild H.5-14 Veränderung der Deponiegaszusammensetzung in Abhängigkeit von der Zeit [H.5.12]

Tabelle H.5-9 Spurenbestandteile in Deponiegasen Rohabfall-Deponien in mg/m³ bezogen auf ein luftfreies Deponiegas und zugehörige MAK-Werte

Stoff	Summen-formel	Wertebereich (mg/m³)	Übliche Konzentration (mg/m³)	MAK-Werte (mg/m³)
Kohlenwasserstoffe (KW)				
Alkane		Einzelwerte von 0 – 400 Summe: 18 – 824	0 – 7,4	von k.A. – 2.950
Alkene		Einzelwerte von 0,04 – 350 Summe: 18 – 412	2 – 45	k.A.
Cycloalkane		Einzelwerte von 0,03 – 11 Summe: 2 – 17	0 – 7,4	von 1.015 – 1.050
Benzol	C_6H_6	0,03 – 7	0,9 – 1,9	TRK: 18
Ethylbenzol	C_8H_{10}	0,5 – 236		440
1,3,5 Methylbenzol	C_9H_{12}	10 – 25		k.A.
Toluol	C_7H_8	0,2 – 615	0,6 – 23	380
Xylol	C_8H_{10}	0,2 – 383	<1 – 7,4	440
Schwefelverbindungen				
Mercaptane	C_nH_mS	–	4 – 45	1,5
Schwefelwasserstoff	H_2S	–	5 – >120	15
Halogenierte KW				
Trichlorfluormethan	CCl_3F	1 – 84	nn – 4,7	5.600
Dichlordifluormethan	CCl_2F_2	4 – 119	4,4 – 16,9	5.000
Chlortrifluormethan	$CClF_3$	0 – 10	<0,5	4.330
Dichlormethan	CH_2Cl_2	0 – 6	nn – <0,5	360
Trichlormethan	$CHCl_3$	0 – 2	nn – <0,5	50
Tetrachlormethan	CCl_4	0 – 0,6	nn	65
Chlorethen	C_2H_3Cl	0 – 264	0,3 – 14,3	k.A.
Dichlorethen	$C_2H_2Cl_3$	0 – 294	0,4 – 42,2	1,2 Dichloret.: 790
Trichlorethen	C_2HCl_3	0 – 182	0,1 – 7,6	270
Tetrachlorethen	C_2Cl_4	0,1 – 142	0,1 – 7,5	345
Chlorbenzol	C_6H_5Cl	0 – 0,2	0,1 – 0,7	230
Chlordifluormethan	$CHClF_2$	–	1,3 – 6,6	1.800
Dichlortetrafluorethan	$C_2Cl_2F_4$	–	1,6 – 7,8	7.000
Chlormethan	CH_3Cl	–	nn – <0,5	105
Dichlorfluormethan	$CHCl_2F$	–	0,4 – 1,7	45
Trichlorfluormethan	$C_2Cl_3F_3$	–	nn – <0,1	k.A.
1,1,1 Trichlorethan	$C_2H_3Cl_3$	–	nn – <0,6	1.080

nn nicht nachweisbar
k.A. keine Angabe
MAK maximale Arbeitsplatzkonzentration

Luftverunreinigung (MAK- oder MIK-Werte) oder der Beeinträchtigung einer Gasnutzung (H_2S, HKW) gewertet werden. Angaben über Spurengaskonzentrationen im Deponiegas sind Tabelle H.5-9 zu entnehmen. Danach werden MAK-Werte im originären Gas grundsätzlich nicht überschritten. An der Oberfläche nicht gedichteter Deponien wird austretendes Deponiegas durch die Umgebungsluft bzw. deren Bewegung unmittelbar um den Faktor $10^3 - 10^4$ verdünnt. Eine Gefährdung des Deponiebetriebspersonals auf der Fläche ist damit auszuschließen. Die früher übliche, aufwendige Analytik gem. Tabelle H.5.9. sollte daher heute auf das im Anhang C der TA Si geforderte Maß mit der Bestimmung von CH_4, CO_2, O_2, N_2, Σ Chlor, Σ Fluor, Σ Schwefel, Benzol und Vinylchlorid ergänzt um organische Siliziumverbindungen zurückgeschraubt werden. Für eine Beurteilung der Schadwirkung reicht der reduzierte Analysenumfang aus, was bei Verdachtsmomenten spätere detaillierte Untersuchungen nicht ausschließt.

Die Geruchsbelastung von Deponiegas in Abhängigkeit von der CH_4-Konzentration (C_{CH4} in ppm) kann wie folgt abgeschätzt werden:

$$0{,}2 \cdot C_{CH4} < GW < 8 \cdot C_{CH4}$$

Das heißt, bei 55 % $CH_4 \equiv 550.000$ ppm kann der Geruchswert GW $1{,}1 \cdot 10^5$ bis zu $4{,}4 \cdot 10^6$ Geruchseinheiten (vgl. VDI-Richtlinie 3881) pro m³ Gas betragen. Bei Siedlungsabfalldeponien stellt der untere einen üblichen Wert dar (vgl. [H.5.11]).

H.5.7.4 Gasfassung

Gemeinhin wird zwischen horizontalen und vertikalen *Gaskollektoren* unterschieden. In der Bundesrepublik wurden bisher überwiegend vertikale Systeme zur Deponieentgasung eingesetzt. Diese bieten, wenn sie als Ziehschächte mit dem Abfalleinbau wachsen, ebenso wie die horizontalen Dräns die Möglichkeit der Gasfassung schon während des Deponieaufbaus. Mit dieser Maßnahme können gleichzeitig die Geruchsemissionen des Schüttbereichs minimiert werden.

Die Gaskollektoren werden einzeln über *Gassammelleitungen* mit den am Deponierand aufgestellten *Gassammelstationen* verbunden. Über *Gasansaugleitungen* wird das erfaßte Deponiegas von den Gassammelstellen zur Gasfördereinrichtung transportiert

Das aus der Deponie abgesaugte wassergesättigte Gas mit einer Temperatur von ca. 35 °C kühlt sich in den Sammel- und Ansaugleitungen ab. Das dabei ausfallende Kondenswasser (temperaturabhängig 10 – 25 g/m³ Gas) wird in Abscheidern mittels Schwerkraft vom Gasstrom abgetrennt. Die *Kondensatabscheider* sind in Tiefpunkten der Gasansaugleitungen in auftriebssicheren Schachtbauwerken installiert. Vor der Gasfördereinrichtung wird ein letzter zentraler Kondensatabscheider vorgesehen. Die Gasfassung ist als Schema in Bild H.5-15 und der Schnitt eines vertikalen Gaskollektors in Bild H.5-16 dargestellt.

Gefaßtes Gas muß grundsätzlich einer Behandlung zugeführt werden. Notwendige Vorraussetzung zur Erfüllung dieser Maxime ist ein funktionstüchtiges Leitungssystem. Der herkömmliche Müllkörper ist ein weicher, setzungsgefährdeter Baugrund (Setzungsmaß 10 – 20 % der Deponiehöhe). Die Gassammelleitungen müssen nach dem Anschluß der Gaskollektoren zunächst auf diesem labilen Boden verlegt werden. Da Deponiegas wassergesättigt ist, kommt es bei Abkühlungen zur Kondensation und zum Verschluß der Leitungen im Bereich von Setzungen.

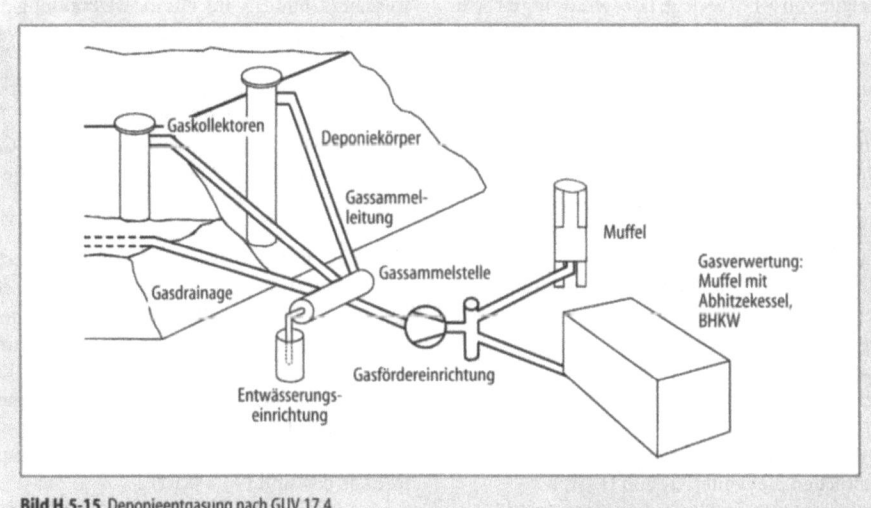

Bild H.5-15 Deponieentgasung nach GUV 17.4

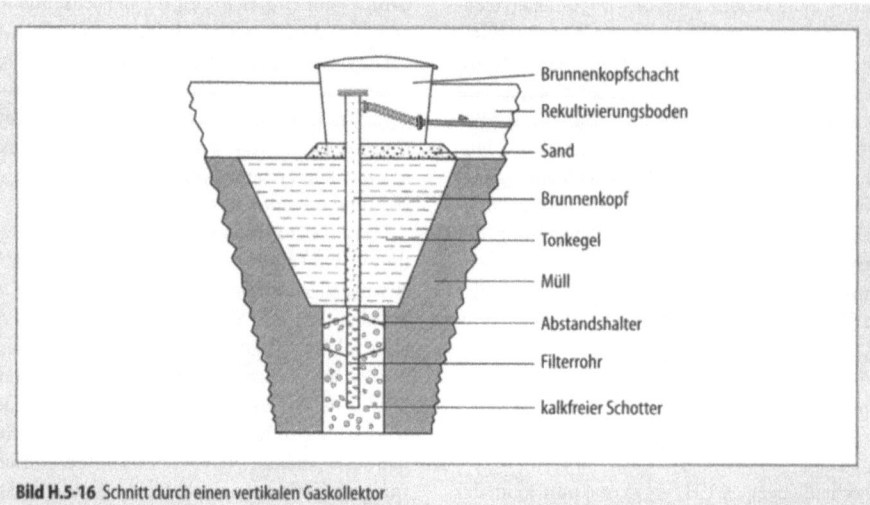

Bild H.5-16 Schnitt durch einen vertikalen Gaskollektor

Das Gefälle der Deponieoberfläche soll gem. TA Siedlungsabfall nach Abschluß der Setzungen > 5 % sein. Dies ist ein Ansatzpunkt zur Minimierung des o. g. Problems.

In diesem Zusammenhang hat es sich als vorteilhaft erwiesen, jeden Gaskollektor mit einer eigenen Sammelleitung zur Sammelstation zu führen. Der Einzelanschluß hat den Vorteil, daß von der Sammelstation am Deponierand die Gasbrunnen überwacht und ihre Einstellung hinsichtlich Gasmenge, Gasqualität und Unterdruck überprüft werden kann. Die Gasansaugleitungen werden im gewachsenen Boden mit einem Gefälle von > 1 % verlegt. Das Gefälle ergibt sich aus bautechnischer Sicht und hat auch die Aufgabe, das Kondensat sicher zu den Abscheidern zu führen.

Die Gasfassung wird nach Kreislaufwirtschafts- und Abfallgesetz genehmigt. Für die Überwachung ist ein umfassendes Programm in der TA Si insbesondere im Anhang C vorgegeben. Die Untersuchungen unter dem Arbeitstitel „Wirkungskontrolle der Entgasung und Gasuntersuchungen" sind auch auf die im folgenden beschriebene Gasbehandlung und -nutzung anzuwenden.

H.5.7.5 Gasförderstation und Gasbehandlung

Die Gasförderstation besteht aus folgenden wesentlichen Elementen (s. Bild H.5-17):
- druckstoßfestes Gasförderaggregat,
- Analyse bzw. Sicherheitsanalyse,
- Meßtechnik (Temperatur, Druck),
- Be- und Entlüftung,
- verbindende Rohrleitungen,
- (Sicherheits-)Armaturen (Ventile, Schnellschlußventile, Deflagrationssicherungen u. a.),
- E-Technik inkl. Schaltanlage,
- Gebäude,
- Raumluftüberwachung.

Das gefaßte Gas kann thermisch genutzt oder muß schadlos beseitigt werden. Schwachgas aus dem Randbereich der Deponie kann i. d. R. nur thermisch oder über Kompostfilter desodoriert werden (s. Bild H.5-18). Für die Behandlung des Deponiegases stehen folgende Verfahren zur Verfügung:
A Abfackelungsanlagen für Methankonzentrationen C_{CH_4} > 30 Vol.% im gefaßten Gas
B Biofilter für C_{CH_4} < 30 Vol.% im gefaßten Gas
C Nicht-katalytische Oxidationsanlagen ebenfalls für C_{CH_4} < 30 Vol.%

Gasabfackelungsanlagen und damit auch die Gasförderstation als Nebenanlage sind gem. der 4. BImSchV nach § 19 BImSchG zu genehmigen. Die Anlagen zu C stellen eine neue Entwicklung dar, bei der das Gas in einem 1200 °C heißen Keramikbett flammenlos oxidiert wird. Das Gas muß wie beim Biofilter durch Zuluftbeimischung auf 20 – 50 % der unteren Explosionsgrenze verdünnt werden, das sind 1 – 2,5 % CH_4.

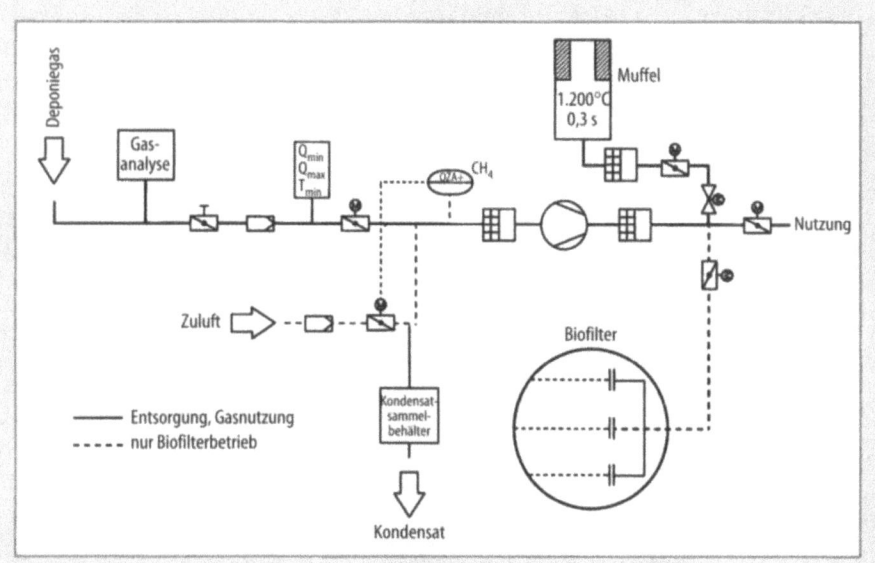

Bild H.5-17 Verfahrensfließbild Entgasungsanlage (konstruktiver Ex-Schutz)

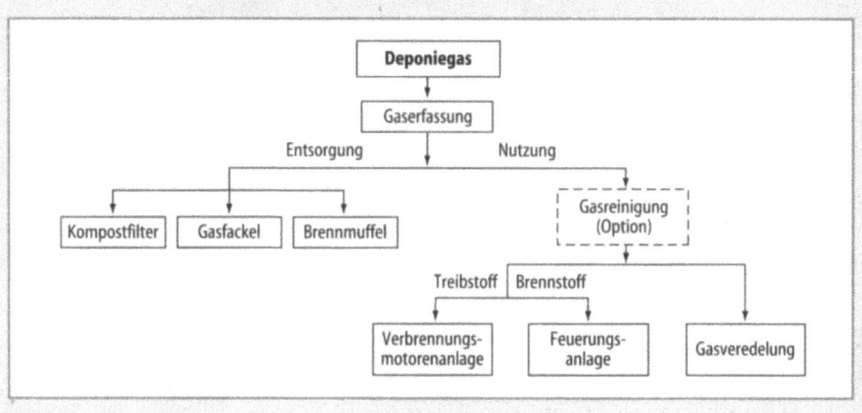

Bild H.5-18 Entsorgungs- und Nutzungswege von Deponiegas

H.5.7.6 Gasnutzung

Deponiegas weist etwa den halben Heizwert von Erdgas auf (Heizwert von Methan = 10 kWh/m³, bei 50 % Methan = 5 kWh/m³). Derzeit werden folgende Verfahren zur Verwertung des Deponiegases praktiziert bzw. geplant:
- Stromerzeugung in Verbrennungsmotoren evtl. mit Abwärmenutzung (Blockheizkraftwerk),
- Strom- und Wärmeerzeugung in Gas- und/oder Dampfturbinen,
- Dampferzeugung in einer Feuerungsanlage evtl. mit Stromerzeugung, Nutzung als Ersatzbrennstoff in Industriebetrieben,
- Nutzung als Fahrzeugtreibstoff,
- Aufbereitung zu Erdgasqualität.

Die Spurengase, insbesondere die (F)CKW und neuerdings auch organische Siliziumverbindungen beeinträchtigen die Nutzungsmöglichkeiten des Deponiegases:

Tabelle H.5-10 Grenzwerte für Feuerungs- bzw. Abfackelungs- und Verbrennungsmotorenanlagen beim Einsatz von Deponiegas

	Verbrennungsmotoren-anlagen	Feuerungs- und Abfackelungsanlagen
Staub (mg/m^3)	50/150	5
Kohlenmonoxid (mg/m^3)	650	100
Stickoxide als NO$_2$ (mg/m^3)	500	200
Schwefeloxide als SO$_2$ (mg/m^3)	500	35 (500)
bei Rest-O$_2$ (mg/m^3)	5	3
Allgemeine Regelungen:		
Chlor (als HCl) (mg/m^3)	30	bei Massenstrom > 300 g/h
Fluor (als HF) (mg/m^3)	5	bei Massenstrom > 50 g/h
Organische Stoffe (mg/m^3)	20/100/150	je nach Klasse gem. Anh. E der TA Luft

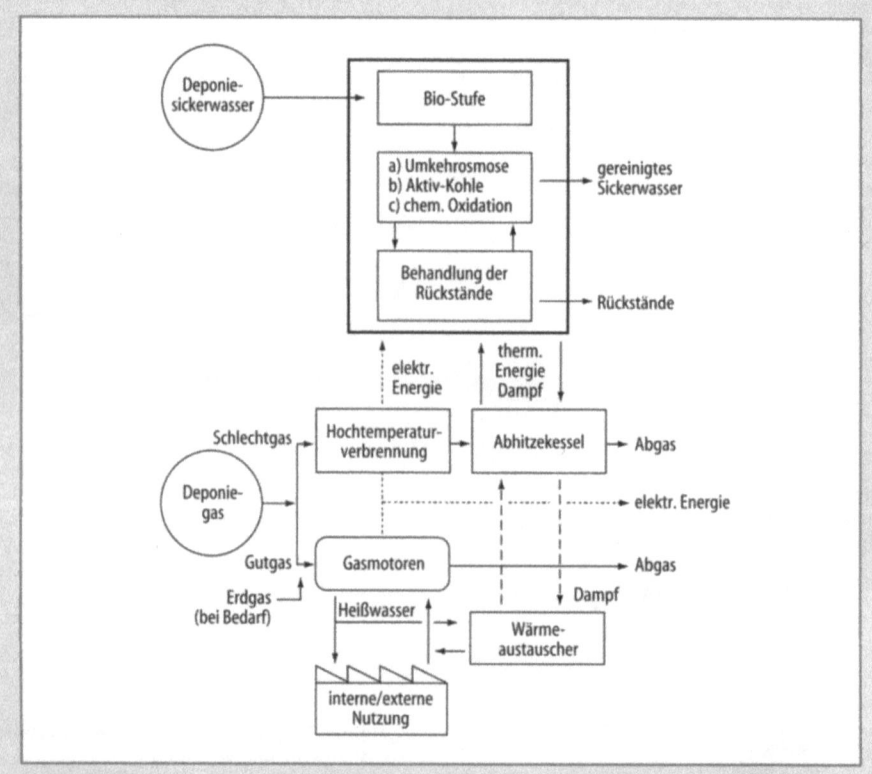

Bild H.5-19 Entsorgungs- und Nutzungswege von Deponiegas in Verbindung mit der Sickerwasserbehandlung [H.5.7]

- bei Verwertung in Verbrennungsmotoren; Σ Chlor < 50 mg/m^3 und Σ Fluor < 10 mg/m^3, Si < 15 mg/m^3,
- bei Verwertung/Verbrennung in Feuerungsanlagen mit definierten Verbrennungsbedingungen (Verbrennungstemperatur T = 1200 °C, Verweilzeit t_R > 0,3 s); Σ Chlor < 200 mg/m^3 und Σ Fluor < 20 mg/m^3.

Die Grenzwerte für die Verwertung in Verbrennungsmotoren dienen dem Schutz der Maschinen vor Korrosionsschäden. Die Grenzwerte für Feuerungs- bzw. Abfackelungsanlagen sind aus den Emissionswerten der TA Luft herzuleiten, die mit denen für Verbrennungsmotoren in Tabelle H.5-10 aufgeführt sind.

Die zu erwartenden Chlor-, Fluor- und Schwefeloxid-Emissionen sind (ohne Gasaufbereitung) von der Zusammensetzung des Rohgases abhängig. Die Emissionen an Stickoxiden, Staub, Kohlenmonoxid, Dioxinen und Furanen sind durch die Technik der Gasverbrennung zu beeinflussen.

Die Wirtschaftlichkeit der Gasnutzung hängt vom Grad der Abfallbehandlung sowie vom deponieeigenen Energiebedarf und der praktizierten Eigennutzung ab (s. Bild H.5-19). Für den Energieexport kann der Deponiebetreiber nur geringe Gutschriften erwirtschaften, während er sich bei der Eigennutzung Fremdbezugspreise gutschreiben kann.

Gasnutzungsanlagen sind i.d.R. gem. der 4. BImSchV nach §19 BImSchG zu genehmigen. Eine Genehmigung nach §10 BImSchG kommt für Feuerungsanlagen mit einer Feuerungsleistung > 1 MW in Betracht.

H.5.7.7 Sicherheitstechnisches Konzept

Das sicherheitstechnische Konzept für Deponiegasfassungs- und verwertungsanlagen muß die möglichen Wirkungen der Komponenten des Deponiegases berücksichtigen (vgl. Tabelle H.5-8). Die möglichen Stellen für Betriebsstörungen und Gefahren sind aufzulisten und in einem Konzept die erforderlichen Maßnahmen zu beschreiben. Das sicherheitstechnische Konzept ist von einem Sachverständigen (z.B. TÜV, DMT) zu prüfen. Verhaltensregeln für das Betriebspersonal, z.B. beim Betreten von Schächten, sind umfassend in den Sicherheitsregeln für Deponien (GUV 17.4) der BAGUV beschrieben.

H.5.8 Rekultivierung

Bei Rohabfall-Deponien können auf der Grundlage der Mindestansprüche von Pflanzen für die Standortfaktoren Bodenluft, -wasser und -temperatur Grenzwerte festgelegt werden, deren Unter- bzw. Überschreitung eine akute Beeinträchtigung der Pflanzenentwicklung auf der Oberflächenabdeckung bewirkt. Wachstumshemmende Wirkungen ergeben sich z.B., wenn in der Bodenluft ein Sauerstoffgehalt von 12% unter- und ein Kohlendioxidgehalt von 5% überschritten wird. Nähere Ausführungen zu diesem Thema sind der Literatur zu entnehmen [H.5.13]. Die Grenzwerte sind im Hinblick auf die Rekultivierungsmöglichkeiten zu beachten, wenn Ergebnisse von Boden- und Gasuntersuchungen, die im Rahmen der Untersuchungen zur Wirkungskontrolle der Entgasung erlangt werden, ausgewertet werden.

Nach der TA Siedlungsabfall sind Deponien grundsätzlich mit einer oberen Abdichtung zu versehen. Die Rekultivierungsschicht oberhalb der Abdichtung ist ein extremer Pflanzenstandort, da der Wurzelraum nach unten begrenzt und lokal Staunässe möglich ist. Die Dicke der Rekultivierungsschicht ist in Abhängigkeit vom gewünschten Bewuchs bzw. als Vorgabe der TA Siedlungsabfall zu 1 m (Gräser) bis zu 2 m (Gehölze) zu wählen. Der Durchwurzelung der Dichtungsbahn ist entweder durch die Wahl der Baumaterialien oder durch die Auswahl der Pflanzen zu begegnen. Wird auf die Auflage eines wurzelabweisenden Geotextils verzichtet, kann davon ausgegangen werden, daß die Wurzeln vernäßte, verdichtete und damit sauerstoffarme Bodenzonen meiden. Zu beachten ist weiterhin der Angriff nagender u.a. Lebewesen auf die Dichtungsbahn. Für die Rekultivierungsplanungen sollte unbedingt ein Landespfleger hinzugezogen werden.

H.5.9 Nachsorgephase von Deponien

Unter Nr. 10.7.2 der TA Siedlungsabfall wird ausgeführt, daß Deponien der Nachsorge bedürfen. Konkret ist dort festgelegt, daß Langzeitsicherungsmaßnahmen und Kontrollen gemäß Anhang G der TA Abfall vom Betreiber solange durchzuführen sind, bis die zuständige Behörde ihn aus der Nachsorge entläßt. Weiterhin *soll* gem. § 36 Abs. 2 KrW-/AbfG die zuständige Behörde den Inhaber verpflichten, das Deponiegelände zu rekultivieren und sonstige Vorkehrungen zum gemeinwohlverträglichen Nachsorgebetrieb zu treffen. Gemäß § 32 Abs. 3 KrW-/AbfG *kann* die zuständige Behörde verlangen, daß der Inhaber einer Deponie für die in § 36 genannten Maßnahmen nach Stillegung Sicherheit leistet.

Die Entsorgungsträger haben in aller Regel begonnen, für die Nachsorgekosten Rückstellungen zu bilden, was durch gesetzliche Regelungen gedeckt und vor dem Hintergrund der Abfallgesetze und Verordnungen als vorausschauend zu würdigen ist. Zu den ansatzfähigen Kosten im Sinne des Kommunalabgabengesetzes zählen *vorhersehbare* Kosten für die Nachsorge.

Nach dem oben Gesagten ergeben sich folgende wesentliche Kostengruppen:
- Betriebliche Maßnahmen zur Vorsorge gegen Beeinträchtigungen entsprechender Schutzgüter (Deponieentgasung, Sickerwasserbehandlung usw. nach Nr. 11.2 TA Si)
- Rekultivierungs- und Abdichtungsmaßnahmen auf der Basis des Planfeststellungsbeschlusses und nachträglicher Anordnungen der zuständigen Behörde (§ 32 Abs. 4, § 36 KrW-AbfG, Nr. 11.2 TA Si)
- Kontrolle, Datenerfassung, Datenauswertung und Berichtswesen nach den Vorgaben der TA Si auf der Basis nachträglicher Anordnungen der zuständigen Behörde (Nrn. 6.4, 10.6, 10.7 etc. TA Si)

Die Höhe der Rückstellungen wird durch die Summe der genannten Komponenten beeinflußt, wobei als kostenrelevante technische Bereiche die Oberflächenabdichtung und Rekultivierung, Deponiegasfassung und -behandlung sowie Sickerwasserfassung und -behandlung mit den zugehörigen Wartungs- und Unterhaltungsarbeiten zu werten sind. Die Kontrollen gem. Anhang G der TA Abfall sind darüber hinaus entsprechend zu erfassen.

Neben den rein technischen Gesichtspunkten kann die Zeitdauer der einzelnen Maßnahmen im Zusammenhang mit der Nutzungsdauer der Einzelkomponenten als kostenrelevant eingestuft werden. Hierdurch wird insbesondere die Häufigkeit der erforderlichen Reinvestitionen bestimmt. Die Ermittlung der deponiespezifischen Rückstellungshöhe erfolgt auf der Grundlage von Maßnahmen, die sich im wesentlichen aus den standortbezogenen Planfeststellungsunterlagen und den dazugehörigen Planunterlagen sowie den nachträglichen Anordnungen der zuständigen Behörde ergeben.

Durch eine Behandlung der abzulagernden Abfälle kann das Emissionspotential der Deponie ganz wesentlich beeinflußt werden. Hierdurch würde einem weiteren Grundsatz unter Nr. 10.1 TA Si genügt, wonach ein Betrieb anzustreben ist, der den erforderlichen Aufwand für Nachsorgemaßnahmen und deren Kontrollen so gering wie möglich hält. Dies hat Einfluß auf den Kostenausgabenplan, da z. B. Reinvestitionen für die Gasbehandlung in der Nachsorgezeit entfallen und diejenigen für die Sickerwasserbehandlung geringer ausfallen können.

Für die Entlassung aus der Nachsorge ist die Erstellung der Jahresberichte und der Erklärungen zum Deponieverhalten in der Betriebs- und Nachsorgephase die Beurteilungsbasis.

Abkürzungsverzeichnis

f_i	Variabler Faktor
T	Temperatur (°C)
8.760	Stunden pro Jahr (h/a)
Q	Gasvolumenstrom (m³/Zeiteinheit)
G	(spezifische) Gasmenge (m³ oder m³/t)

Indizes für Q und G

a	Ausbeute
B	Betrieb
e	Theoretisch erzeugbar
t	Tatsächlich produzierbar
t	Zeit

Wasserhaushaltsgleichung

ΔH	Schütthöhengeschwindigkeit (m/a)
N	Niederschlag (mm/a)
Q_S	Sickerwasserabfluß (mm/a)
R	Rückhalt (mm/a)
RV	Rückhalteverlust (mm/a)
V	Verdunstung (mm/a)
V_{HAUDE}	potentielle Verdunstung nach HAUDE (mm/a)
f_V	Verdunstungsfaktor (-)
$f_{N/V}$	Niederschlags-/Verdunstungsfaktor (-)
r	Spezifischer Rückhalt (mm/m)

Abkürzungen

BAG	Bundesverband der Unfallversicherungsträger
BG	Berufsgenossenschaft
BImSchG	Bundes-Immissionsschutzgesetz
BImSchV	Bundes-Immissionsschutzverordnung
C_x	Konzentration der Verbindung x, z.B. $C_{N_2} \equiv$ Stickstoffkonzentration
DMT	Deutsche Montan-Technik
(F)CKW	(Fluorierte) chlor. Kohlenwasserstoffe
GUV	Gemeinde-Unfallversicherungsverbände
GW	Geruchswert
HKW	Halogenierte Kohlenwasserstoffe
MAK	Maximale Arbeitsplatz-Konzentration
MIK	Maximale Immissions-Konzentration
MBV	Mechanisch-biologische Vorbehandlung
TA	Technische Anleitung

TA Si	TA Siedlungsabfall
t_R	Verweilzeit
TÜV	Technischer Überwachungsverein
UEG	Untere Explosionsgrenze
WG	Wassergehalt

H.6 Abfallwirtschaftskonzepte

H.6.1 Ziele integrierter Abfallwirtschaft

Die Probleme der Abfallwirtschaft werden zunehmend komplexer und erfordern immer differenziertere Lösungsansätze. Aufgabe und Ziel integrierter Abfallwirtschaft ist es, durch Kombination aller verfügbaren Strategien zur Vermeidung, Verwertung und Entsorgung von Abfällen und Reststoffen das zu entsorgende Abfallaufkommen zu minimieren und die anfallenden Restabfallmengen nach dem Stand der Technik umweltverträglich zu behandeln und danach abzulagern (vgl. Abschn. H.1.5).

Um die Ziele einer rückstandsarmen Kreislaufwirtschaft zu erreichen, müssen – die Gesetze der Entropie nicht außer Acht lassend – alle Stoff- und Produktströme möglichst lange durch eine Kombination von Strategien auf einer Ebene gehalten werden wie in Bild H.6-1 dargestellt.

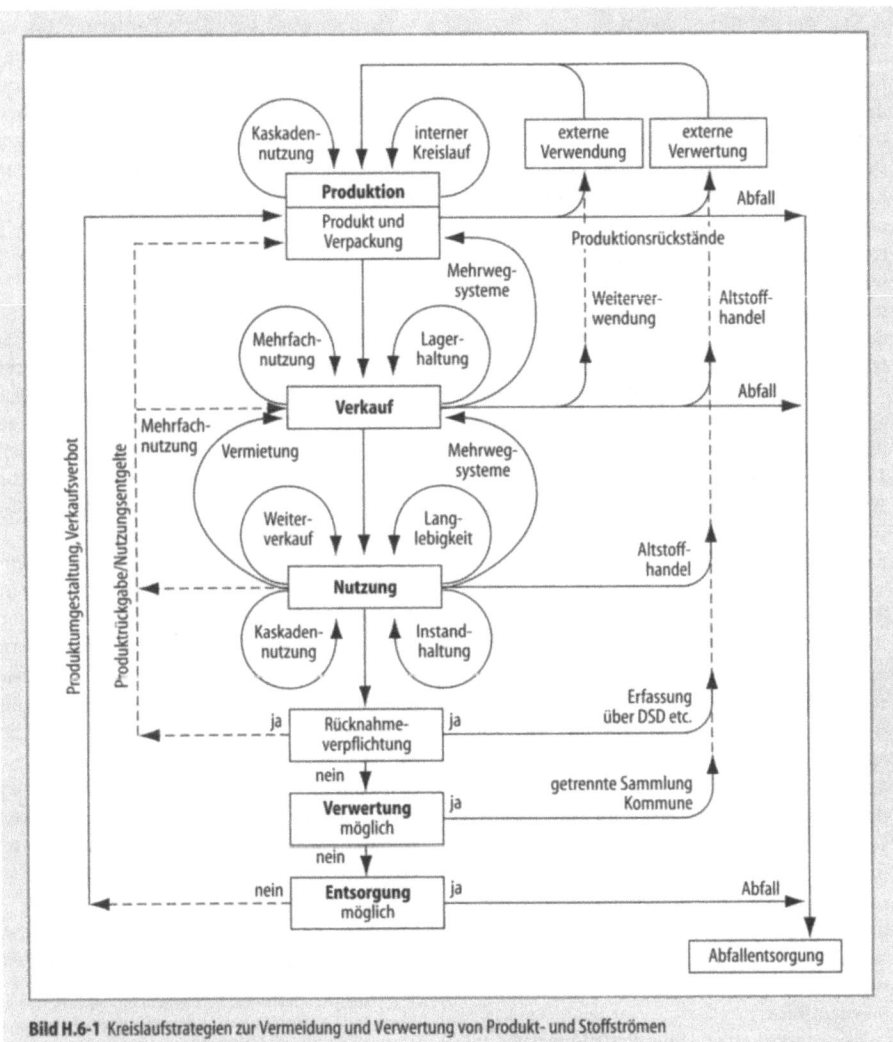

Bild H.6-1 Kreislaufstrategien zur Vermeidung und Verwertung von Produkt- und Stoffströmen

Dazu müssen auf allen Ebenen von Produktion, Verkauf und Nutzung die rechtlichen, technischen und logistischen Rahmenbedingungen geschaffen und die dafür notwendigen Maßnahmen umgesetzt werden.

Aufgabe des Abfallwirtschaftskonzepts ist es, basierend auf der Analyse des Ist-Zustands, die örtlichen abfallwirtschaftlichen Ziele zu bündeln und die vorgesehenen Maßnahmen zur Vermeidung, Verwertung und Restabfallentsorgung zu konkretisieren. Abfallwirtschaftskonzepte sind damit Grundlage für das abfallpolitische und -wirtschaftliche Handeln in den Gebietskörperschaften.

H.6.2 Entwicklung der Konzepte und der rechtlichen Vorgaben

Konzepte zur „Abfallbeseitigung" waren Anfang der 70er Jahre geprägt durch die Suche nach dem technisch und wirtschaftlich sinnvollsten System der Entsorgung. Dabei war es damals das Ziel, möglichst für unterschiedliche Abfallarten oder -stoffgruppen universell geeignete Verfahren anzuwenden, z.B. die Deponie, die geeignet war zur Aufnahme aller Abfälle (organische und inerte Stoffe; Co-Disposal von Hausmüll und Sonderabfällen) oder die Kompostierung gemischter Siedlungsabfälle.

Demgegenüber ist es das Ziel moderner integrierter Abfallwirtschaftskonzepte, neben der Priorität der Abfallvermeidung, eine sehr weit aufgefächerte Palette unterschiedlicher Abfallarten und Stoffgruppen separat zu belassen und sie spezifischen Verfahren der Erfassung, Behandlung, Sortierung sowie der stofflichen Verwertung und biologischen oder thermischen Behandlung zuzuführen.

Vor etwa 15 Jahren hat man begonnen, auf einzelne Entsorgungsregionen bezogene Konzepte zur integrierten Abfallwirtschaft zu erstellen. Diese Entwicklung wurde u. a. initiiert vor dem Hintergrund steigender Abfallmengen, knapper werdender Entsorgungskapazitäten und zunehmender Kenntnis über die Probleme und ökologischen Risiken der Abfallentsorgung. Sie wurde begünstigt durch eine zunehmend detailliertere Kenntnis der Abfallzusammensetzung sowie durch die „Wiederbelebung" der getrennten Sammlung, besonders durch neue Holsysteme, wie den Mehrstoffbehälter, die Biotonne oder den Wertstoffsack.

Diese zunächst freiwillige Erstellung von Konzepten ist inzwischen zur Pflichtaufgabe der entsorgungspflichtigen Körperschaften erklärt worden. Seit 1988 wurde diese Pflicht in die Landesabfallgesetze aufgenommen.

Im Anhang der TASI wurde vom Bundesumweltministerium ein Leitfaden für die Aufstellung integrierter Abfallwirtschaftskonzepte als „Ergänzende Empfehlung zur TASI" mit aufgenommen. Mit der strukturellen Vorgabe sollte bundesweit ein einheitlicher Standard und eine Vergleichbarkeit der Konzepte sichergestellt werden.

Das 1996 in Kraft getretene KrW-/AbfG verpflichtet alle öffentlich rechtlichen Entsorgungsträger, Abfallwirtschaftskonzepte aufzustellen. Die Anforderungen an die Abfallwirtschaftskonzepte sind von den Ländern zu regeln (§ 19 Abs. 5).

Darüber hinaus wird die Forderung zur Erstellung von Abfallwirtschaftskonzepten erweitert auf gewerbliche Abfallerzeuger, die ein bestimmtes jährliches Abfallaufkommen überschreiten[1] (§ 19 Abs. 1; vergleichbare Regelungen waren schon 1996 in einigen Landesabfallgesetzen enthalten).

H.6.3 Inhalt und Struktur von Abfallwirtschaftskonzepten

Mit der „empfehlenden Vorgabe" von Leitlinien zur Aufstellung integrierter Abfallwirtschaftskonzepte wird durch die Vorgabe eines Mindeststandards die Vergleichbarkeit der Konzepte gewährleistet, ohne daß damit eine mit Rücksicht auf den eigenen Wirkungskreis der Gebietskörperschaften bundeseinheitliche Konzeption der Abfallwirtschaft verbunden wäre.

Abfallwirtschaftskonzepte sollen einen zusammenfassenden Überblick über den Stand der integrierten Abfallwirtschaft im Gebiet der entsorgungspflichtigen Gebietskörperschaften liefern, Perspektiven und Handlungsnotwendigkeiten aufzeigen und damit als Leitlinie künftigen abfallwirtschaftlichen Handelns in der Region dienen.

Inhaltlich sollten die regionalen Abfallwirtschaftskonzepte über den rechtlich gesteckten Rahmen, der eine Beschränkung auf den juristischen Abfallbegriff vorsieht[2], hinausgehen

---

[1] Nach § 19 KrW-/AbfG bei > 2000 kg/a besonders überwachungsbedürftiger Abfälle oder > 2000 Mg/a überwachungsbedürftiger Abfälle je Abfallschlüssel

[2] z.B. soll das Abfallwirtschaftsprogramm nach NAbfG § 5 nur für die *Abfälle, die die Körperschaft zu entsorgen hat*, die notwendigen Maßnahmen zur Vermeidung, zur Verwertung und zur Entsorgung aufzeigen.

und auch die örtlichen Maßnahmen Dritter im Bereich der Abfälle zur Verwertung mit aufnehmen (DSD-Aktivitäten, Maßnahmen karitativer und gewerblicher Organisationen, Verwertungsaktivitäten des Altstoffhandels im Gewerbe usw.), soweit entsprechende Daten verfügbar sind.

Die örtlichen Abfallwirtschaftskonzepte sollten daher mindestens die nachfolgenden Punkte behandeln:

1. Zielsetzung und Leitlinien des Abfallwirtschaftskonzepts
2. Darstellung der abfallrechtlichen Rahmenbedingungen,
   - z.B. Vorgaben durch KrW-/AbfG, LAbfG, EU-Richtlinien, Verwaltungsvorschriften (TA Siedlungsabfall, Abfallentsorgungspläne der Länder sowie Verordnungen nach §§ 23, 24 KrW-/AbfG usw.)
3. Analyse und Bewertung des Ist-Zustands (Grundlagenermittlung)
3.1 Infrastrukturdaten
   - Beschreibung des Entsorgungsgebiets (Größe, Struktur, Bevölkerung, Wirtschaft, Verkehr),
   - Entwicklung von Bevölkerung und Gewerbe im Entsorgungsgebiet je nach Datenlage und soweit für Abfallprognosen erforderlich
3.2 Entsorgungsstrukturen
   - Beschreibung bestehender und in Planung befindlicher Systeme und Anlagen (Erfassungssysteme, Behandlungsanlagen, Deponien usw.),
   - Darstellung der organisatorischen und rechtlichen Strukturen der Entsorgung (z.B. Regiebetrieb, beauftragte Dritte usw.)
3.3 Stand der Vermeidung und Verwertung
   - Beschreibung laufender Aktivitäten und bestehender Systeme zur Abfallvermeidung, Schadstoffentfrachtung und Abfallverwertung, unterschieden nach Abfallherkunft (Haushalte, Gewerbe, öffentliche Einrichtungen) und rechtlicher Zuständigkeit (öffentliche Entsorgungsträger, DSD, Abfallerzeuger etc.)
   - Verbleib der getrennt erfaßten Abfälle zur Verwertung (Absatzmarktanalyse)
3.4 Abfallmengenstruktur
   - Differenzierte Mengenanalyse nach Abfallarten, Herkunft und Verbleib auf der Basis eindeutig (einheitlich) definierter Abfallarten und Zuordnungskriterien (s. hierzu [H.6.1]),
   - Normierung der Abfallmengen zwecks Vergleich- und Übertragbarkeit der Daten (Umrechnung von Mg/a in kg/E·a bzw. kg/B·a, B = Beschäftigte nach Arbeitsstättenzählung)
   - Plausibilitätskontrolle der ermittelten Abfalldaten und Statistiken
3.5 Abfallzusammensetzung (vgl. Abschn. H.1.4)

Zur Ermittlung der Abfallzusammensetzung stehen für die verschiedenen Abfallarten angepaßte Analyseverfahren zur Verfügung, die entsprechend den örtlichen Randbedingungen und den spezifischen Fragestellungen der Untersuchung zu modifizieren sind. Vorrangig sollen folgende Abfallarten analysiert werden:

- *Hausmüll* aus privaten Haushalten getrennt nach Gebietsstruktur, Behälterart, Abfuhrrhythmus,
- *Geschäftsmüll* (gemeinsam mit Hausmüll abgefahren) getrennt nach Branche und Behälterart,
- *Sperrmüll* (nur Straßensammlung) getrennt nach Gebietsstruktur, System der Hausmüllentsorgung usw.,
- *„Gewerbeabfall"* als Summe der sonstigen Selbst- und Direktanlieferungen zu den Entsorgungsanlagen privater und gewerblicher Herkunft (hausmüllähnlicher Gewerbeabfall, Bauabfall, produktionsspezifischer Abfall, Kleinmengenselbstanlieferung usw.)

Die Gewerbeabfallanalyse kann durch eine Befragung und Begehung ausgewählter, relevanter Gewerbebetriebe ergänzt werden.

Die Angaben zur Zusammensetzung sollten zwecks Vergleichbarkeit und Plausibilitätskontrolle grundsätzlich sowohl in Gew.% als auch in kg/E·a, die Gewerbeabfälle zusätzlich in kg/B·a angegeben werden

3.6 Zusammenfassende Bewertung des Ist-Zustands:
   - Bewertung der aktuellen abfallwirtschaftlichen Strukturen,
   - Erfolgskontrolle bisher schon umgesetzter Maßnahmen,
   - bewertender Vergleich zum erreichten Stand der Vermeidung und Verwertung,
   - Herausarbeiten von Handlungsdefiziten und Schlußfolgerungen für die zukünftige Konzeption
4. Integriertes Abfallwirtschaftskonzept
4.1 Darstellung der Möglichkeiten zur Vermeidung, Schadstoffentfrachtung, Verwertung und Restabfallbehandlung

- Darstellung der möglichen Maßnahmen und verfügbaren Verfahren, Systeme, Anlagen zur Vermeidung, Verwertung, Behandlung und Ablagerung,
- Aus- und Bewertung vorliegender Erfahrungen aus anderen Gebietskörperschaften mit Überprüfung der Übertragbarkeit auf die örtlichen Verhältnisse,
- Auswahl ortsbezogener Planungsvarianten mit Angabe der Auswahlkriterien und Bewertung der Verfahrensalternativen

4.2 Zusammenstellung der geplanten Konzeption
- Beschreibung, Erläuterung und Abstimmung aller geplanten und teilweise schon umgesetzten Maßnahmen, Systeme und Systemkombinationen, Anlagen im Rahmen eines integrierten Gesamtkonzepts für die Teilschritte
  - Vermeidung,
  - Erfassung (Sammlung und Transport),
  - Behandlung (Sortierung, Aufbereitung, Kompostierung, Verbrennung usw.),
  - Verwertung, Verbleib,
  - Ablagerung
  differenziert nach Abfallherkunft bzw. Abfallerzeuger (zielgruppenorientiert) sowie nach Abfallarten und Abfallfraktionen (stoffgruppenorientiert, Beispiel s. Abschn. H.6.4)

5. Abfallprognose
- Prognose auf der Ebene des Abfallpotentials (Summe der Abfälle zur Verwertung und Beseitigung) unter Beachtung der Wechselwirkungen zwischen Vermeidung, Verwertung und Beseitugung,
- Abschätzung der zu erwartenden Entwicklung des Abfallpotentials unter Berücksichtigung der Einflußfaktoren
  - Bevölkerungsentwicklung,
  - regionale konjunkturelle und wirtschaftliche Entwicklung,
  - bundesweite Entwicklung im Konsum- und Produktionsbereich,
  - Veränderung abfallrechtlicher Rahmenbedingungen,
  - Entwicklung in der Abwasserableitung und -reinigung,
  - sonstige regionalspezifische Einflüsse

Die Abschätzung von Vermeidungspotentialen sollte dabei nicht über pauschale Ansätze (wie z.B. Ansatz prozentualer Wunschquoten auf den gesamten Abfall oder auf einzelne Abfallfraktionen) erfolgen, sondern immer nur bei Nachweis konkreter überregionaler Entwicklungen (wie z.B. Rückgang im Verbrauch bestimmter Verpackungsmaterialien als indirekte Folge der Verpackungsverordnung) oder konkreter regionaler abfallwirtschaftlicher Maßnahmen (wie z.B. Rückgang an Gartenabfällen im Hausmüll durch definierte Fördermaßnahmen der Eigenkompostierung etc.).

- Prognose der Abfallmengen zur Verwertung und deren Verbleib abhängig von Einflußfaktoren
  - Angebot vorhandener bzw. geplanter Verwertungssysteme von öffentlich-rechtlichen und privaten Entsorgungsträgern sowie von Betrieben,
  - Entwicklung auf den Verwertungs- und Absatzmärkten,
  - Entwicklung abfallrechtlicher Rahmenbedingungen
  Hier sind insb. die Wechselwirkungen zwischen den Trägern der Verwertungsmaßnahmen zu beachten, die unmittelbare Auswirkungen auf den Verbleib und den bilanzstatistischen Zugriff auf die zu verwertenden Abfallmengen haben.
- Berechnung der nach Vermeidung und Verwertung zur Beseitigung verbleibenden Restabfallmengen und deren Zusammensetzung unter Berücksichtigung der Abfallgebührenentwicklung
- Berechnung der voraussichtlichen Eigenschaften der künftigen Restabfälle (Wassergehalt, Glühverlust, Heizwert, Rotte- und Vergärungseigenschaften usw.)

6. Auswirkungen des Abfallwirtschaftskonzepts
- Darstellung der quantitativen und qualitativen Auswirkungen (vgl. Pkt. 5),
- Darstellung des notwendigen Anlagenbedarfs mit Angabe von Kosten, Verfügbarkeit, Umweltauswirkungen,
- Bilanzierung von Menge und Qualität der anfallenden Reststoffe,
- Nachweis der Entsorgungssicherheit,
- Personalbedarf und Kostenübersicht,
- Zeitplan der Entscheidungsabfolge und Umsetzung der einzelnen Maßnahmen

7. Fortschreibung des Abfallwirtschaftskonzepts
- Dokumentation des Standes der Umsetzung des Abfallwirtschaftskonzepts,
- Anpassung des Konzepts an geänderte abfallrechtliche und -wirtschaftliche Rah-

menbedingungen sowie an die Entwicklung des Standes der Technik im Abfallbereich,
- Fortschreibung entsprechend den abfallrechtlichen Vorgaben, mind. alle 4 - 5 Jahre.

H.6.4 Beispiele für Abfallwirtschaftskonzepte

Beispielhaft werden in Bild H.6-2 die wesentlichen Bausteine eines Abfallwirtschaftskonzepts für den Bereich private Haushalte, Kleingewerbe und öffentliche Einrichtungen aufgezeigt und nachfolgend erläutert.

H.6.4.1 Abfallvermeidung

Der Bereich der Abfallvermeidung sollte dabei mind. den nachfolgenden kommunalen Handlungsspielraum ausschöpfen:
1. Vorbildfunktion der öffentlichen Hand
   - im eigenen Wirkungsbereich durch ein an ökologischen Zielen orientiertes Beschaffungs- und Auftragswesen
2. Lenkung durch Beratung und Information
   - Abfallwirtschaftsberatung in der öffentlichen Verwaltung, bei Haushalten und beim Gewerbe
3. Lenkung durch finanzielle Anreize
   - durch verursachergerechtere Gebühren,
   - durch Förderung der Eigenkompostierung
4. Vorhaltung von abfallvermeidender Logistik wie
   - Einrichtung von Sperrmüll- bzw. Gebrauchtartikelbörsen,
   - Anschaffung und Vermietung von Geschirrmobilen,
   - Einrichtung von Boden(vermittlungs-)börsen,
   - Verwertung von Grünabfällen am Anfallort durch Zerkleinerung und Wiederaufbringen vor Ort (z.B. als Mulch)
5. Vollzug des Reststoffvermeidungsgebots gem. § 5 Abs. 1 Nr. 3 BImSchG

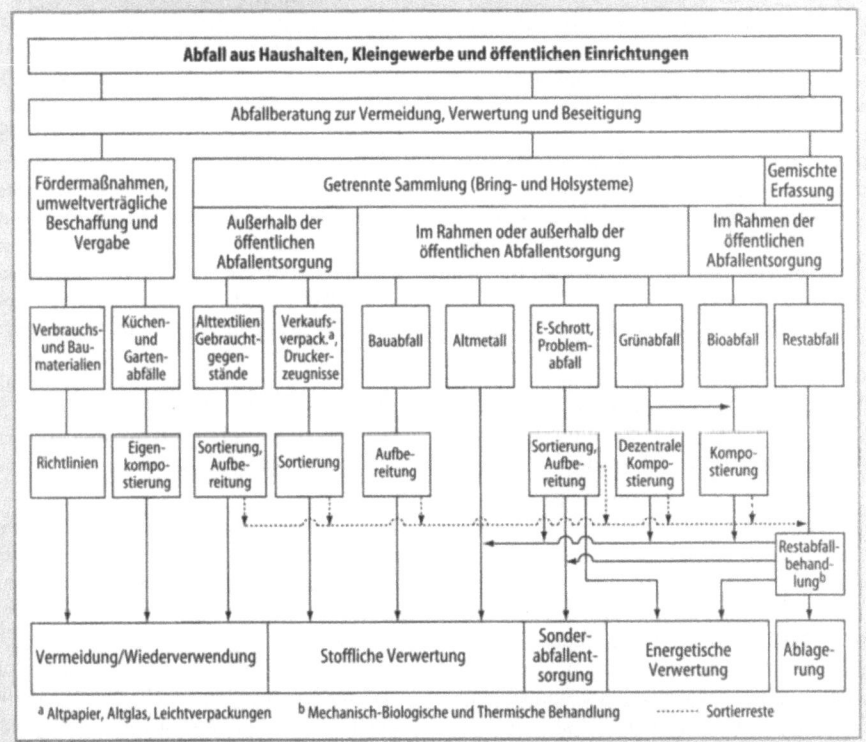

Bild H.6-2 Konzept zur Vermeidung, Verwertung und Entsorgung von Abfällen aus privaten Haushalten, Kleingewerbe und öffentlichen Einrichtungen

H.6.4.2 Schadstoffentfrachtung

Ein Konzept zur Schadstoffentfrachtung sollte mind. auf folgenden 5 Bausteinen basieren:
1. Intensive, getrennte Erfassung von Problemabfällen aus Haushalten und aus der öffentlichen Verwaltung über Bring- und Holsysteme
2. Erfassung von Sonderabfallkleinmengen (< 2000 kg pro Jahr und Erzeuger) aus der öffentlichen Verwaltung und dem Gewerbe
3. Erfassung von Elektro- und Elektronikgeräten
4. Auslese von Schadstoffen im Rahmen der Sortierung von Gewerbe- und Baustellenabfällen
5. Aufbereitung ölverunreinigter Böden.

H.6.4.3 Abfallverwertung

Der zentrale Baustein im Verwertungskonzept ist die
- Getrennthaltung und getrennte Erfassung verwertbarer und schadstoffbelasteter Abfallfraktionen. Nur durch die konsequente Verpflichtung aller privaten und gewerblichen Abfallerzeuger zur Getrennthaltung und getrennten Überlassung wird die Verwertbarkeit der Abfallfraktionen sichergestellt.

Die Verpflichtung zur Getrennthaltung, die in LAbfG, in der TA Siedlungsabfall sowie im KrW-/AbfG als Verpflichtung festgeschrieben ist, ist örtlich durch eine entsprechende Satzungsgestaltung rechtlich abzusichern
- durch den Ausschluß von der Entsorgung für Stoffe, für die gesetzliche Rücknahmeverpflichtungen nach § 23, 24 KrW-/AbfG bestehen, z. B. für Verpackungen,
- durch Ausschluß von der Restabfallbehandlung und Ablagerung für Abfälle, die der Getrennthaltungspflicht unterliegen und für die Verwertungs- und Sortieranlagen zur Verfügung stehen sowie die Zuweisung dieser Abfälle oder Abfallgemische zu den Sortier-, Aufbereitungs- und Verwertungsanlagen,

und durch das Angebot entsprechender Sammelsysteme, Behandlungsanlagen und Verwertungskapazitäten praktisch umzusetzen.

Die Getrennthaltungspflicht sollte sich mind. auf die Abfallfraktionen Papier, Pappe, Glas, Metall, Kunststoff, Verbunde, Textilien, Holz, organische Abfälle, Problemabfälle, Sonderabfallkleinmengen, Elektro- und Elektronikgeräte, Bauschutt, Erdaushub erstrecken. Darüber hinaus wird mit der sog. Sperrmüllbörse ein Angebot zur sinnvollen Wiederverwendung von Gebrauchtmöbeln eröffnet.

H.6.5 Quantitative Auswirkungen abfallwirtschaftlicher Maßnahmen

In der Praxis wurden 1995 im Siedlungsabfallbereich Verwertungsquoten zwischen 20 und 40 % erreicht. Mit den in Kap. H.6 beschriebenen je nach örtlichem Siedlungsabfallpotential Verwertungsquoten zwischen 45 und 55 % erreichbar (Bild H.6-3).

Mit Intensivierung der getrennten Sammlung werden sich die bisher rechnerischen Erfassungsquoten nach eigenen Berechnungen voraussichtlich im dargestellten prognostizierten Bereich entwickeln. Die zunehmende Streubreite ergibt sich durch unterschiedliche Abfallpotentiale und Wertstoffgehalte im Siedlungsabfall in den Gebietskörperschaften. Die dargestellten Grenzlinien decken den Bereich festgestellter Siedlungsabfallpotentiale in den Gebietskörperschaften zwischen ca. 400 und 800 kg/E·a ab. Zur Erreichung gleicher Zielquoten müssen örtlich demnach je nach vorhandenem Abfallpotential zwischen 200 und 400 kg/E·a verwertet werden. Abweichungen vom prognostizierten Bereich können sich bei Veränderung der Bezugsgröße „Siedlungs*abfall*potential" ergeben (Einfluß der Abfallvermeidung oder Verlagerungen auf sonstige Verwertungswege).

Unterschiede in der Größenordnung der berechneten Verwertungsquoten für die verschiedenen Abfallfraktionen resultieren aus unterschiedlichen Bezugsgrößen, d. h. bei abweichender Abgrenzung zwischen Wirtschaftsgut- und Abfallverwertung, sowie je nach Verfügbarkeit von Daten über den Umfang an Verwertung außerhalb der öffentlichen Abfallentsorgung.

H.6.6 Prognose der Mengen, Zusammensetzung und Eigenschaften zukünftiger Restabfälle

Die Planung abfallwirtschaftlicher Anlagen erfordert aufgrund der langen Realisierungszeiten von Anlagen die Abschätzung der voraussichtlichen Entwicklung der Abfallmengen. Aufgrund der vielfältigen sich überlagernden Einflußfaktoren sollten Prognosen möglichst nah am tatsächlichen Abfallpotential berechnet werden und nicht auf den Bereich der Abfälle zur Beseitigung begrenzt bleiben (Problem: Datenverfügbarkeit!).

Notwendig ist ferner eine differenzierte Prognose nach Abfallarten. Dabei entzieht sich die

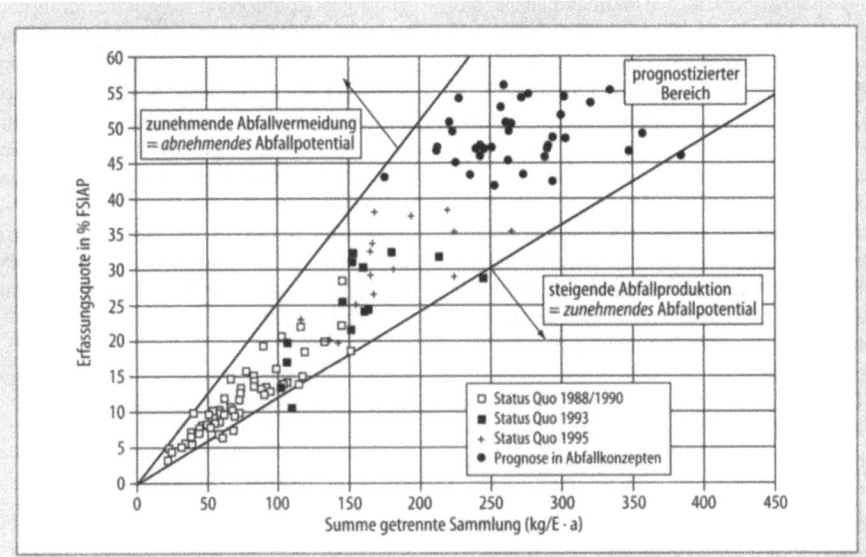

Bild H.6-3 Entwicklung der erreichten und prognostizierten (erreichbaren) Sammelmengen und Erfassungsquoten im Siedlungsabfallbereich

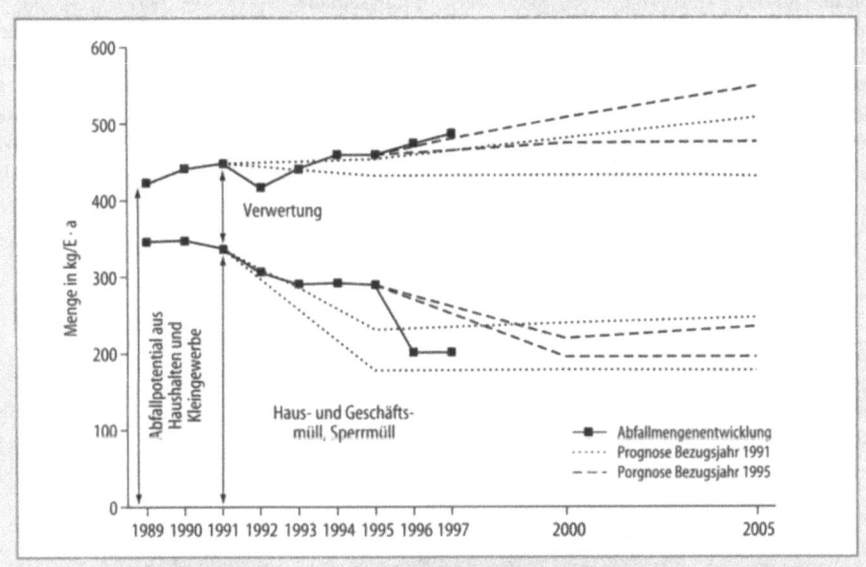

Bild H.6-4 Prognose des einwohnerbezogenen Abfallaufkommens im Bereich Haushalte und Kleingewerbe nach Umsetzung des Abfallwirtschaftskonzepts (aufgezeigt am Beispiel eines norddeutschen Landkreises)

Entwicklung in den Bereichen Bauabfall, Klärschlamm und prod.-spez. Abfall i.d.R. einer exakten Prognose. Das nachfolgende Beispiel beschränkt sich daher auf den Bereich Haushalte und Kleingewerbe (Bild H.6-4).

Im vorliegenden Beispiel wurde für einen Landkreis 1991 eine Prognose erstellt, die 1995 fortgeschrieben wurde. In der ersten Prognose wurde entsprechend der Zielvorgabe im Abfallwirtschaftskonzept des Kreises die Umsetzung aller abfallwirtschaftlichen Maßnahmen bis zum Jahr 1995 unterstellt. Nachdem die Einführung der Biotonne nicht im Zeitrahmen realisiert werden konnte, wurde die Prognose an die Zielvorgaben des Landes angepaßt, die eine Umsetzung aller abfallwirtschaftlichen Maßnahmen bis zum Jahr 2000 vorsehen.

Die Entwicklung der Restabfallmengen ist geprägt von einer Phase der Optimierung der Systeme zur Erfassung der trockenen Wertstoffe (bis 1993) und der Einführung der Biotonne als letztem mengenrelevanten Baustein der Verwertung. Seit 1996 liegt die Restabfallmenge im Prognosekorridor.

Die Abfallpotentialkurve liegt im oberen Bereich des Prognosekorridors, hervorgerufen durch eine zunehmende Verlagerung von Gewerbeabfällen in den Bereich der Haus- und Geschäftsmüllabfuhr. Diese Verlagerungsbewegungen sind mithin nicht auf einen Abfallpotentialanstieg zurückzuführen, sondern gehen einher mit einer entsprechenden Reduktion der Gewerbeabfallmengen in der Wechselbehälterabfuhr.

Ein anderes Beispiel (Bild H.6-5) zeigt die Abfallmengenentwicklung und -prognose für den gesamten Restabfall. Prognosen wurden auch hier für die Bezugsjahre 1993 und 1995 erstellt. Auf der Deponie im dargestellten Beispiel wurden in den vergangenen Jahren aufgrund sehr günstiger Deponiegebühren von 20 DM/Mg überdurchschnittlich hohe Mengen an hausmüllähnlichem Gewerbeabfall, Bau- und produktionsspezifischen Abfällen angeliefert. Schon frühzeitig ließ sich absehen, daß mit steigenden Gebühren und Auswirkungen des KrW-/AbfG diese hohen Mengen künftig nicht mehr angedient werden würden.

Eine Bestätigung des Prognoseansatzes ist an dem tatsächlich eingetretenen dramatischen Rückgang der abgelagerten Abfallmenge gemäß Abfallbilanz ersichtlich.

H.6.6.1 Änderung der Zusammensetzung der Restabfälle durch Vermeidung und Verwertung

Die Zusammensetzung der Restabfälle ändert sich nicht ausschlaggebend durch Maßnahmen zur Vermeidung und Verwertung, da hiervon gleichermaßen trockene und organische Bestandteile des Restabfalls betroffen sind. Dies gilt insbesondere für den Bereich der festen Siedlungsabfälle.

Exemplarisch wird dies an der konkreten Entwicklung in Bild H.6-6 verdeutlicht. Trotz deutlichem Rückgang der Hausmüllmenge von 207 auf 88 kg/E · a ist die prozentuale Zusammensetzung annähernd gleich geblieben. Lediglich die Fraktionen, die keiner Verwertung zugeführt

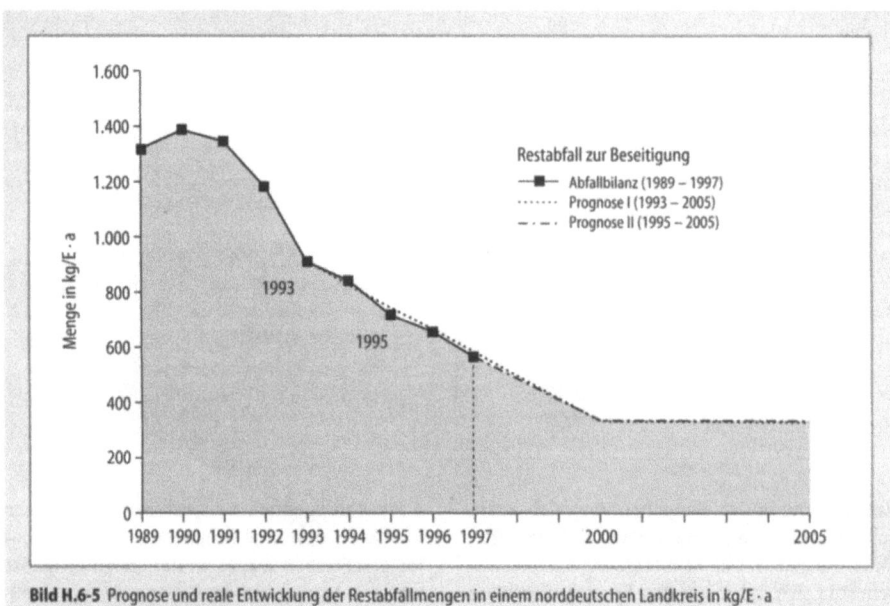

Bild H.6-5 Prognose und reale Entwicklung der Restabfallmengen in einem norddeutschen Landkreis in kg/E · a

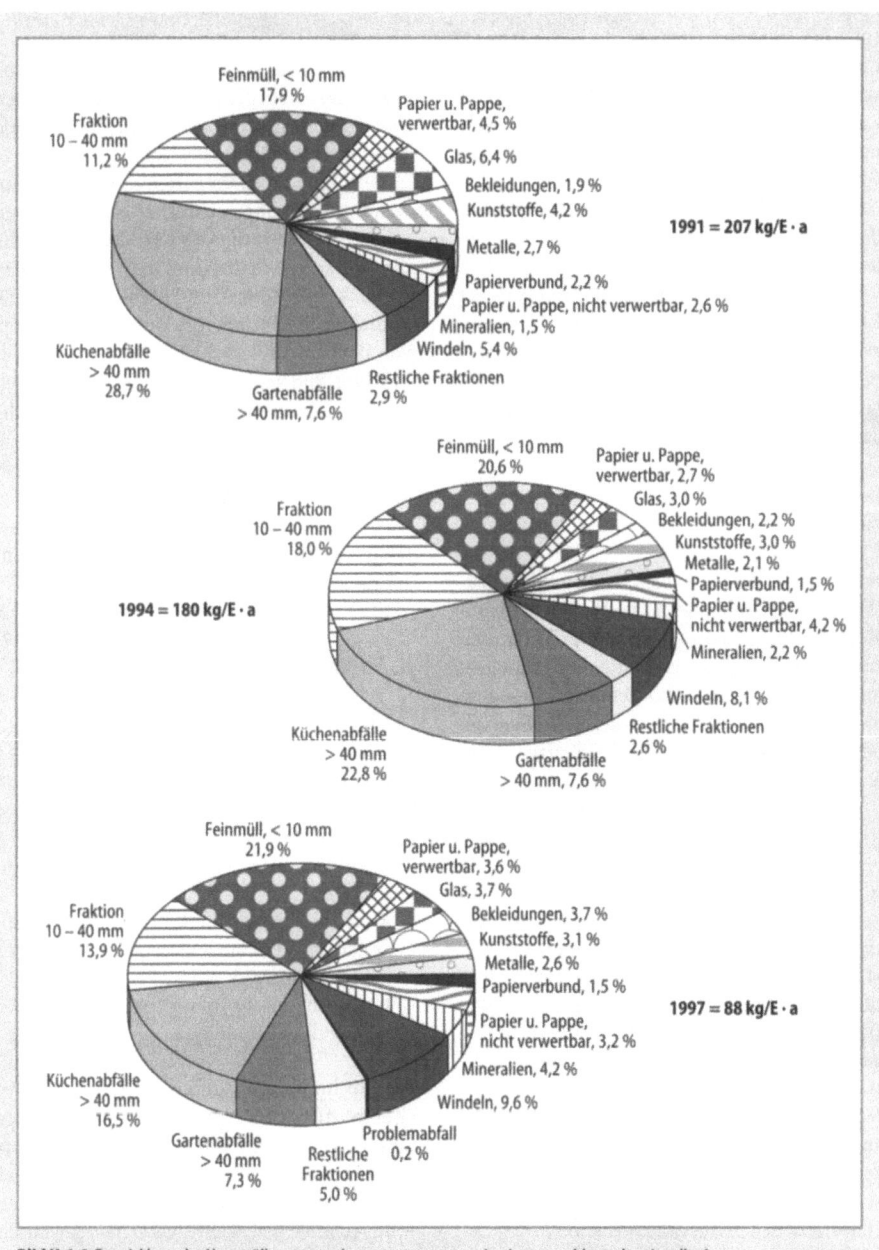

Bild H.6-6 Entwicklung der Hausmüllmenge und -zusammensetzung in einem norddeutschen Landkreis

werden, „reichern" sich prozentual an. So stieg z. B. der relative Windelanteil von ca. 5 auf 10 % an, die absolute Menge an Windeln blieb mit ca. 10 kg/E·a in den Jahren annähernd konstant.

H.6.6.2 Eigenschaften der Restabfälle

Die Eigenschaften der zu beseitigenden Restabfälle haben sich analog zur Zusammensetzung in den letzten Jahren nicht wesentlich geändert.

Auch nach weitestgehender getrennter Erfassung der Bio- und Grünabfälle verbleiben die organischen Gehalte im Restabfall auf einem Niveau von ca. 60 % TS (gemessen als Glühverlust). Zur Erfüllung der Anforderungen der TASI ist damit eine thermische Vorbehandlung der Abfälle vor der Ablagerung erforderlich.

Im Zuge von Ausnahmengenehmigungen wurde die Ablagerung von biologisch vorbehandelten Abfällen zugelassen.

Ob die Zuordnungskriterien für Deponien der Klasse II im Anhang B der TASI generell modifiziert werden, oder es weiterhin für die Ablagerung von biologisch verbehandelten Abfällen einer Ausnahmegenehmigung im Einzelfall bedarf, bleibt abzuwarten.

H.6.7 Zusammenfassung

Nach eigenen Berechnungen lassen sich mit heute umsetzbaren abfallwirtschaftlichen Maßnahmen und verfügbaren Techniken bei den aktuellen abfallwirtschaftlichen Rahmenbedingungen im *Siedlungsabfallbereich* Verwertungsquoten bis zu 55 % erreichen, die in dieser Größenordnung als Zielquote für Abfallwirtschaftskonzepte angesehen werden können.

Zusammen mit intensiven Verwertungsanstrengungen im Klärschlamm-, Bauabfall- und produktionsspezifischen Abfallbereich können je nach örtlichem Aufkommen deutlich höhere Gesamtverwertungsquoten zwischen 70 und 90 % erzielt werden, die aus der überragenden Mengenrelevanz von Bau- und produktionsspezifischen Abfällen resultieren. Für bewertende Vergleiche wird daher empfohlen, Verwertungsquoten differenziert nach den jeweiligen Abfallgruppen zu berechnen.

Das Instrument des Abfallwirtschaftskonzepts und der Abfallbilanz hat sich zum gegenwärtigen Stand als „Auslöser" zur systematischen Erhebung und Analyse der abfallwirtschaftlichen und -statistischen Ausgangssituation in den Gebietskörperschaften bewährt, um darauf aufbauend Zielkonzeptionen als Leitlinien des regionalen abfallwirtschaftlichen Handelns zu entwickeln und vorhandene Defizite aufzuzeigen und kurzfristig beheben zu können. Mit der regelmäßigen Fortschreibung der Abfallwirtschaftskonzepte kann der erreichte Stand der Umsetzung des Konzepts dokumentiert, der Erfolg bisher schon realisierter Maßnahmen analysiert werden, um darauf aufbauend das Konzept den ggf. geänderten abfallwirtschaftlichen und -rechtlichen Rahmenbedingungen anzupassen.

Abfallwirtschaftskonzepte bedeuten mithin eine Abkehr vom pragmatischen Handeln hin zu integrierten Lösungsansätzen im Rahmen zielorientierter Handlungsstrategien.

Den Gebietskörperschaften obliegt es, die notwendigen satzungsrechtlichen, anlagentechnischen und motivationsfördernden Rahmenbedingungen zu schaffen, um die heute *berechenbaren* Vermeidungs- und Verwertungsquoten künftig auch *realisieren* zu können. Unabhängig von dem uneingeschränkten Vorrang der Vermeidung und Verwertung vor der Restabfallentsorgung bedarf es auch weiterhin zur Gewährleistung der Entsorgungssicherheit der Ausweisung ausreichender Entsorgungskapazitäten für die Restabfälle. Um Anlagenüberkapazitäten zu vermeiden, bedarf es einer Abstimmung zwischen zwischen kommunaler und privater Entsorgungswirtschaft.

H.7 Biologische Abfallbehandlung

H.7.1 Einleitung

Biologische Verfahren können auf verschiedenen Ebenen Teilaufgaben in der Abfallwirtschaft erfüllen:
– Abfallvermeidung durch Eigenkompostierung;
– Abfallverwertung durch Kompostierung und Vergärung verschiedener qualitativ hochwertiger Abfallprodukte;
– Abfallbehandlung durch Verrottung und Vergärung des Restmülls.

Als Technologien kommen Aerobverfahren (Kompostierung/Verrottung) und Anaerobverfahren (Vergärung/Fermentation) zum Einsatz, wobei sowohl im Bereich der Verwertung als auch im Bereich der Restabfallbehandlung anaerobe Technologien allein nicht zu den gewünschten Zielen führen. Sie bedürfen i.d.R. einer aeroben Nachbehandlung. Zu den klassischen Formen der Biotechnologien in der Abfallwirtschaft sind weiterhin die biologische Bodensanierung und die Abluftreinigung zu zählen.

H.7.2 Rechtlicher Rahmen

Für die verschiedenen Handlungsoptionen sind in Tabelle H.7-1 die entscheidenden abfall- und

Tabelle H.7-1 Spezifische abfall- und genehmigungsrechtliche Regelwerke für Biotechnologien in der Abfallwirtschaft

	Eigenkompostierung	Verwertung	Restabfallbehandlung
Allgemeine Rechtsgrundlagen	Kreislaufwirtschafts- und Abfallgesetz (KrW-/AbfG)	Kreislaufwirtschafts- und Abfallgesetz (KrW-/AbfG) Bioabfallverordnung (BioAbfV)	Kreislaufwirtschafts- und Abfallgesetz (KrW-/AbfG) TA Siedlungsabfall EU-Deponieverordnung (Entwurf)
Genehmigungsrecht		Genehmigungsverfahren nach Bundes-Immissionsschutz-Gesetz (BImSchG) ggf. nach Baurecht	Genehmigungsverfahren nach Bundes-Immissionsschutz-Gesetz (BImSchG)

genehmigungsrechtlichen Regelwerke aufgeführt.

H.7.3 Organische Abfälle

H.7.3.1 Geeignete Abfälle zur Vermeidung und Verwertung

Als organische Rohstoffe werden ausschl. Abfallarten verwendet, bei denen die Herstellung qualitativ hochwertiger Kompostprodukte sichergestellt ist. Organische Abfälle, die sich für die Eigenkompostierung eignen, sind auch für die Verwertung verwendbar.

Die Eigenkompostierung wird im üblichen Wortgebrauch der Vermeidung zugeordnet, ist aber abfallwirtschaftlich als Verwertungsverfahren anzusehen. Sie ist die älteste Form der Verwertung organischer Abfälle aus Haushaltungen. Sie ist gleichzeitig der ökologisch sinnvollste Weg, da auf Sammlung, Transport und Behandlung der Abfälle verzichtet werden kann und die damit verbundenen Umweltbelastungen entfallen. Trotz dieses offensichtlich einfachen Lösungsansatzes, die Müllmengen zumindest in begrenztem Umfang zu reduzieren, wird diese Chance bisher nur von den wenigsten erkannt und aufgegriffen.

Auf exakte Daten über Abfallmengen, die derzeit über den Weg der Eigenkompostierung entsorgt werden bzw. zukünftig entsorgt werden könnten, kann nicht zurückgegriffen werden. Auf Grundlage einer groben Einschätzung wird in Deutschland gegenwärtig über den Weg der Eigenkompostierung eine Gesamtmenge an Kompostrohstoffen von ca. 3–7 Mio. Mg/a verwertet [H.7.1].

Umfrageergebnisse zeigen, daß dort, wo entsprechende Gartenflächen vorhanden sind, die Eigenkompostierung von ca. 30% der Bevölkerung praktiziert wird. Maßgebend für die Effizienz ist der Umfang, mit der die Eigenkompostierung betrieben wird. Nur ein sehr geringer Anteil der Eigenkompostierer gibt tatsächlich alle organischen Abfälle auf den eigenen Komposthaufen. Die Mehrheit entsorgt Küchenabfälle, Unkräuter und Zitrusfrüchte, befallene Pflanzenteile sowie große Mengen an Rasenschnitt und Laub über die Bio- oder Restmüllabfuhr [H.7.1]. In ländlich strukturierten Gebieten ist die Bereitschaft, auch Küchenabfälle über die Eigenkompostierung zu verwerten höher als in vorstädtisch und städtisch strukturierten Gebieten (Tabelle H.7-2).

Nicht über Eigenkompostierung verwertete organische Abfälle werden über spezielle Sammelsystem getrennt erfaßt und der Verwertung zugeführt.

Über die Biotonne getrennt gesammelte Küchen- und Gartenabfälle werden als *Bioabfälle* bezeichnet. Ergänzend zu den nativ-organischen Abfällen aus Küche und Garten können auch Schmutzpapiere über die Biotonne gesammelt und kompostiert werden. Küchenabfälle fallen mit ca. 30–70 kg/E*a an. Das Potential an Gartenabfällen liegt je nach Gebietsstruktur zwischen ca. 20 und 300 kg/E*a. Für den Personenkreis der Eigenkompostierer eignet sich die Biotonne als Ergänzung für die Entsorgung hygienisch nur bedingt geeigneter Kompostrohstoffe.

Eine Abgrenzung der Bioabfälle zu den *Grünabfällen* erfolgt über die Art des Rotteausgangsmaterials und die Art der Sammlung. Ausgangsmaterialien für Grünabfälle können sein: Gartenabfälle aus privaten Gärten und öffentlichen Anlagen, forst- und landwirtschaftliche Abfälle sowie geeignete organische Gewerbeabfälle. Die Sammlung erfolgt i.d.R. über Bringsysteme.

Tabelle H.7-2 Art und Umfang der praktizierten Eigenkompostierung

Gebietsstruktur	Alle Küchenabfälle	Teilmengen Küchenabfälle	Alle Gartenabfälle	Teilmengen Gartenabfälle
Städtisch und vorstädtisch	4 %	18 %	24 %	55 %
Ländlich	7 %	31 %	38 %	49 %

Tabelle H.7-3 Abfallspezifische Kenngrößen zu den Verfahren der mechanisch-biologischen Restabfallbehandlung

	Nach Einführung der Biotonne		Vor Einf. d. Biotonne
	Städtisch	Ländlich	Städtisch/ländlich
TS-Gehalt (%)	70,0	68,4	62,4
o TS-Gehalt (%)	59,4	59,2	64,1
o TS bio-Gehalt[a] (%)	38,3	39,1	50,2
Heizwert Hu (kJ/kg FS)	10.300	10.000	8.900
Heizwert Ho (kJ/kg TS)	16.900	16.800	16.800

[a] biologisch abbaubarer Teil der organischen Substanz

H.7.3.2 Geeignete Abfälle zur Restabfallbehandlung

Auch bei der weitestgehenden Ausschöpfung abfallreduzierender Maßnahmen mit den z. Z. zur Verfügung stehenden Mitteln der Vermeidung und Verwertung verbleibt eine erhebliche Menge an sog. Restmüll. Für die biologische Restmüllbehandlung kommen Abfallarten in Frage, die relevante Mengen an biologisch abbaubarer organischer Substanz aufweisen. Hierzu gehören aus dem Hausmüll vor allem: Windeln, Holz, Teilmengen der Textilien, Bioabfall- und Papierreste, Kartonverbundverpackungen. Ebenso zählen hierzu organische produktionsspezifische Abfälle, die aufgrund ihrer minderen Qualität nicht für die Erzeugung qualitativ hochwertiger Komposte verwendbar sind. Nicht zuletzt müssen auch Abfälle aus der Abwasseraufbereitung Berücksichtigung finden, wie z.B. Klärschlamm und Sandfang.

Tabelle H.7-3 zeigt planungsrelevante Kenngrößen aus dem Resthausmüll unterschiedlicher Gebietsstrukturen mit und ohne vorgeschalteter Getrenntsammlung von Bioabfällen. Der Anteil biologisch abbaubarer Komponenten im Restabfall aus ländlichen und städtischen Sammelgebieten mit installierter Biotonne ist nahezu gleich. Geringere Anteile an nativ-organischen Abfällen im städtischen Restmüll werden durch höhere Papieranteile ausgeglichen. Deutlich größere Mengenanteile biologisch abbaubaren Abfalls enthält Restmüll aus Sammelgebieten ohne Getrennterfassung von Bioabfällen.

H.7.4 Zuordnung einzelner Abfallarten zu den verschiedenen biologischen Behandlungstechnologien

Die verschiedenen Abfallarten und -komponenten Verwertung und zur Restabfallbehandlung müssen hinsichtlich ihrer Eignung für die zwei unterschiedlichen biologischen Verfahrenstechnologien differenziert betrachtet werden. Zur Charakterisierung der organischen Abfallstoffe müssen prozeßtechnische Parameter und biochemische Kenngrößen wie z. B. Wassergehalt, pH-Wert, C/N-Verhältnis, Art und Menge der organischen Substanz und Strukturgehalt herangezogen werden. Im aeroben Behandlungsprozeß werden organische Komponenten in größerem Umfang ab- bzw. umgebaut als im anaeroben Prozeß. So werden holzige Bestandteile ausschl. aerob abgebaut (Bild H.7-1).

Hinsichtlich ihrer prozeßtechnischen und biochemischen Parameter sind *Bio- und Grünabfälle* sowohl einem aeroben als auch einem anaeroben mikrobiellen Abbauprozeß zugänglich

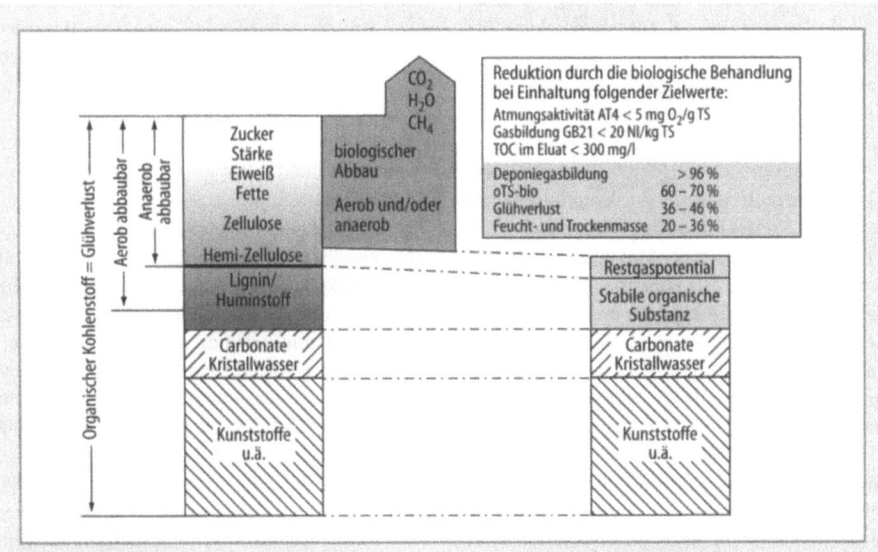

Bild H.7-1 Charakterisierung der organischen Substanz im Restabfall

Tabelle H.7-4 Prozeßparameter und Nährstoffgehalte von Bio- und Grünabfällen (Angaben in % TS)

	H_2O in der FS	pH-Wert	Glüh-verlust	C/N	N ges	P_2O_5	K_2O	CaO	MgO
Bioabfälle	52–80	5,5–7,6	34–81	14–36	0,6–2,1	0,3–1,5	0,6–2,1	2,2–6,8	0,2–1,7
Grünabfälle	35–62	4,6–7,8	32–70	15–76	0,3–1,9	0,4–1,4	0,4–1,6	0,7–7,4	0,3–1,2

Tabelle H.7-5 Kategorisierung der Bio- und Grünabfälle für die geeignete biologische Behandlungsart

	Kategorie 1	Kategorie 2
Bioabfälle	Vorwiegend ländliches Sammelgebiet	Vorwiegend städtisches Sammelgebiet
Wassergehalt	mittel bis hoch	hoch
Struktur	mittel	gering
Schüttgewicht	mittel	hoch
Störstoffgehalt	gering bis mittel	mittel bis hoch
Geruchsemissionen	mittel bis hoch	hoch
Sickerwasseremissionen	mittel	mittel bis hoch
Grünabfälle	Baum- und Strauchschnitt, Rinde, Sägemehl und -späne, Stroh, Trester, Einstreu aus Schachtöfen, Laub, Beetabdeckmaterial, Kleintiermist, Freidhofabfälle	Gras- und Rasenschnitt, Speisereste aus Großküchen und Kantinen, Panseninhalte, Marktabfälle, Fruchtabfälle, Friedhofabfälle

(Tabelle H.7-4). Aufgrund von Praxiserfahrungen können getrennt erfaßte Kompostrohstoffe hinsichtlich der Anforderungen an die Behandlungstechnik und Qualitätssicherung jedoch in zwei Kategorien eingestuft werden (Tabelle H.7-5). Zur Verarbeitung der unterschiedlichen Kompostrohstoffe bedarf es einer entsprechend angepaßten Anlagen- und Verfahrenstechnik. Bioabfälle der Kategorie 1 und holzreiche Grünabfälle sind vorzugsweise der aeroben Behandlung zuzuführen. Die sehr nassen, strukturarmen organischen Abfälle (Kategorie 2) sind im besonderen Maße für die Vergärung mit nachgeschalteter Kompostierung geeignet.

Die Höhe des Störstoffgehalts ist entscheidend für die Konzeptionierung der Materialaufbereitung und Konfektionierung, hat jedoch keine Bedeutung für die Art der biologischen Behandlungstechnologie. Mit zunehmenden Störstoffgehalten steigen die Anforderungen an die Aufbereitungstechnologie. In ländlichen Sammelgebieten liegen Störstoffgehalte zwischen 0,5 und 1,5 %, während die Werte in städtischen Gebieten zwischen 1,5 und 5 % liegen.

Für die Restabfallbehandlung von *Haus- und Geschäftsmüll* eignen sich sowohl aerobe als auch anaerob/aerobe Verfahren. Bisher durchgeführte biochemische Untersuchungen von Haus- und Geschäftsmüll zeigen, daß ca. 80–90 % der biologisch abbaubaren Komponenten auch einem anaeroben Abbau zugänglich sind. *Sperrmüll, hausmüllähnlicher Gewerbeabfall* und *Baustellenabfälle* sind aufgrund ihrer stofflichen Zusammensetzung nur begrenzt für eine biologische Behandlung geeignet. Der Schwerpunkt der Behandlung liegt in der mechanischen Aufbereitung wie Zerkleinerung, Siebung und Sichtung. Einer biologischen Behandlung sind nur die holzigen Bestandteile und Papier/Pappe, in begrenztem Umfang auch Textilfaserabfälle, zuzuführen. Als biologisches Behandlungsverfahren kommt hier die Aerobtechnologie in Frage. Nicht verwertbare, ausgefaulte *Klärschlämme* sind ausschl. in einem aeroben Prozeß weiterzubehandeln.

H.7.5 Konzeptionen zur Verwertung und Restabfallbehandlung

H.7.5.1 Verwertung organischer Abfälle

H.7.5.1.1 Ausgangssituation

Die Verwertung organischer Haushaltsabfälle als integrierter Bestandteil der Abfallwirtschaft hat erst mit Beginn der 90er Jahre an Bedeutung gewonnen. In den 70er und 80er Jahren wurden lediglich 3 % des Hausmülls über den Weg der Gesamtmüllkompostierung mehr oder weniger verwertet. Als Grund hierfür war in erster Linie die minderwertige Kompostqualität und hieraus resultierende Absatzprobleme zu nennen.

Alle zum damaligen Zeitpunkt vorliegenden Erkenntnisse zeigten, daß eine nennenswerte Schadstoffminimierung im Kompost nur durch die separate Erfassung und Kompostierung der nativ-organischen Fraktion des Hausmülls erreicht werden kann. Seit Mitte der 80er Jahre wurde in mehreren Gebietskörperschaften die Getrenntsammlung der Küchenabfälle über ein zusätzliches Sammelgefäß, der Biotonne, erprobt. Die erzielten Ergebnisse führten zu den erhofften besseren Kompostqualitäten (s. Abschn. H.7.5.1.4) und schafften somit die Voraussetzung für eine Wiederbelebung der Kompostierung.

Aus der in Würzburg und Witzenhausen entwickelten Idee der Getrenntsammlung und Kompostierung von Bioabfällen hat sich nach anfänglichem Belächeln (1982–1986) und kritischer Beobachtung aus der Distanz mit Wohlwollen (1987–1988) ein anerkanntes Verfahren zur Verwertung von organischen Haushaltsabfällen etabliert und ist mittlerweile fester Bestandteil integrierter Abfallentsorgungskonzepte. Ende 1997 waren ca. 70 % der Bundesbürger an das Getrenntsammlungssystem Biotonne angeschlossen.

H.7.5.1.2 Status quo betriebener Verwertungsanlagen

Getrennt gesammelte Bio- und Grünabfälle werden z. Z. auf 594 Kompost- und Vergärungsanlagen mit einer jährlichen Verarbeitungskapazität von 8,4 Mio. Mg verarbeitet (Tabelle H.7-6). Verfahren zur Feststoffvergärung haben erst Mitte der 90er Jahre an Bedeutung gewonnen. Insgesamt sind 44 Vergärungsanlagen in Betrieb. Vergärungstechnologien gewinnen zunehmend an Bedeutung sowohl im Anlagenneubau als auch im Rahmen von Ausbaumaßnahmen und Ersatzbeschaffungen.

Tabelle H.7-6 Verwertete Bio- und Grünabfallmengen sowie betriebene Kompost- und Vergärungsanlagen, Stand 12/97 [H.7.2]

Anlagenart	Anzahl[a]	Verarbeitungskapazität
Kompostanlagen	550	7.200.000 Mg/a
Vergärungsanlagen	44	1.200.000 Mg/a

[a] Anlagen > 1.000 Mg/a

H.7.5.1.3 Anlagen und Verfahrenstechnik

Anforderungen an die Verfahrenstechnik und den Anlagenbau

Für den Anlagenbau werden Zielvorgaben definiert. Sie gelten für Aerob- und Anaerobverfahren gleichermaßen (Tabelle H.7-7).

Entsprechend Menge, Art und Zusammensetzung der organischen Abfallstoffe können geeignete Systeme definiert und miteinander kombiniert werden. Ebenso nehmen standortspezifische Kriterien, infrastrukturelle Rahmenbedingungen des Entsorgungsgebiets und genehmigungsrechtliche Voraussetzungen Einfluß auf die Wahl des Behandlungsverfahrens. Generell können Anlagenbau und Verfahrenstechnik in zwei Standards untergliedert werden. Anaerobverfahren sind generell den Intensivverfahren zuzuordnen (Tabelle H.7-8).

Kompostierungsverfahren

Der Verfahrensablauf auf Kompostanlagen kann in 3 Abschnitte unterteilt werden:
1. Anlieferung und Aufbereitung;
2. Kompostierungsprozeß;
3. Konfektionierung und Lagerung des erzeugten Kompostes.

Tabelle H.7-7 Anforderungen Verfahrenstechnik und Anlagenbau

Erzeugung eines qualitativ hochwertigen Kompostes	Minimierung v. Emissionen
Minimierung des Störstoffgehalts	Abluft (Geruch, Schadstoffe, Keime)
Vollständige Hygienisierung	Abwasser
Erreichen des gewünschten Rottegrads und der Pflanzenverträglichkeit bei Fertigkomposten	Staub
Unterbindung der Bildung phytotoxischer Zwischen- und Abbauprodukte	Lärm
Minimierung v. Nährstoffverlusten	
Einstellung optimaler Voraussetzungen für die Konfektionierung, Lagerung, Vermarktung und Anwendung	

Tabelle H.7-8 Standards im Anlagenbau, Kompostierung und Vergärung

Standard 1 Extensive Verfahren	Standard 2 Intensive Verfahren
Geringe Verarbeitungskapazität, bis ca. 10.000 Mg/a	Hohe Verarbeitungskapazität, ab ca. 6.500 Mg/a
Geringe Automatisierungsgrad	Hoher Automatisierungsgrad
Geringe verfahrens- und bautechnische Aufwendung	Hohe verfahrens- und bautechnische Aufwendung, u.a. Einhausung emissionsrelevanter Bereiche
Geringe Aufwendungen zur Abluftfassung und -behandlung	Hohe Aufwendungen zur Abluftfassung und -behandlung

1) Anlieferung und Aufbereitung
Sämtliche auf der Kompostanlage anliefernden Fahrzeuge werden im Eingangsbereich gewogen. Anschließend werden die Kompostrohstoffe – getrennt nach Art – auf sog. Flachbunkern angeliefert. Die Anlieferungsflächen sind mit einer Basisabdichtung ausgelegt, um anfallendes Sickerwasser erfassen und abführen zu können. Das Betriebspersonal nimmt bei sämtlichen Anlieferungen optische Kontrollen des Kompostrohstoffs vor. Stark verunreinigtes sowie nicht zur Kompostierung zugelassenes Material wird abgewiesen. Auf der Anlieferungsfläche findet i. d. R. eine erste Entnahme grober Störstoffe statt. Baum- und Strauchschnitt wird auf einem separaten Lagerplatz bis zur Zerkleinerung zwischengelagert. Speziell in den Sommermonaten werden von den angelieferten Bioabfällen starke Geruchsemissionen freigesetzt. In Abhängigkeit vom Standort und der Größe der Anlage wird daher der Anlieferungsbereich eingehaust und die geruchsbeladene Abluft gefaßt und gereinigt.

Je nach Ausgangsmaterial, Kompostierungsverfahren und Anlagentechnik wird das Material entsprechend aufbereitet, mit dem Ziel der Minimierung vorhandener Störstoffe und der Optimierung des Bioabfalls für den Rotteprozeß.

Aus betriebswirtschaftlichen Gründen kann auf Klein- und Kleinstanlagen (bis ca. 10.000 Mg/a) keine aufwendige Verfahrenstechnik installiert werden. Auf dieser Art von Kompostanlagen können nur Kompostrohstoffe der Kategorie 1 verarbeitet werden, wie sie in Tabelle H.7-5 beschrieben sind. Zur Anwendung kommt hier lediglich eine manuelle grobe Störstoffauslese auf der Anlieferungsfläche. Zusätzlich werden Störstoffe unmittelbar nach den

Umsetzvorgängen von den Mieten abgesammelt. Der Hauptteil der Störstoffe wird erst nach Abschluß der Rotte durch verschiedene Siebschritte abgetrennt.

Bioabfälle der Kategorie 2, wie z. B. aus Innenstadtbereichen mit höheren Störstoffanteilen, müssen einer technischen Störstoffseparierung zugeführt werden. Auch bei Bioabfällen der Kategorie 1 wird, zumindest bei größeren Kompostanlagen ab einer jährlichen Verarbeitungskapazität von ca. 6.500 Mg, eine intensive Störstoffauslese vorgenommen. Durch Vorabsiebung des Frischmaterials bei einem Siebschnitt von ca. 80 mm reichert sich der überwiegende Störstoffanteil im Überlauf an. Bei den relativ geringen Sieböberlaufmengen ist eine manuelle Störstoffauslese praktikabel. Durch Fe-Scheider werden zuvor zusätzlich Fe-Metalle abgeschieden. Bei der Konzeptionierung der Sortierstationen müssen die Belange der Arbeitshygiene im besonderen Maße berücksichtigt werden.

In Abhängigkeit von der eingesetzten Rottetechnik müssen die Bio- und Grünabfälle für die biologische Behandlung durch Zerkleinerung, Siebung, Homogenisierung und Einstellung eines optimalen Nährstoff- und Wasserhaushalts konfektioniert werden (Bild H.7-2).

2) Kompostierungssysteme

Die hauptsächlich angewendeten Verfahren lassen sich je nach Belüftungs- und Umsetztechnik sowie Art der Kapselung in drei verschiedene Verfahrenstechnologien einteilen. Der eigentliche Unterschied der verschiedenen Kompostierungsverfahren liegt in den verschiedenen Vorrottesystemen. Die nachgeschalteten Bereiche Nachrotte, Konfektionierung und Lagerung sind i.d.R. nicht verfahrensabhängig.

a) Mietenkompostierung
   – Dreiecksmiete
   – Tafelmiete
b) Zeilen-/Tunnelkompostierung
c) Boxen-/Containerkompostierung

In der *Vorrotte* werden die leicht abbaubaren organischen Stoffe von Mikroorganismen abgebaut. Emissionen wie Sickerwasser und Geruch treten zum überwiegenden Teil in dieser Phase

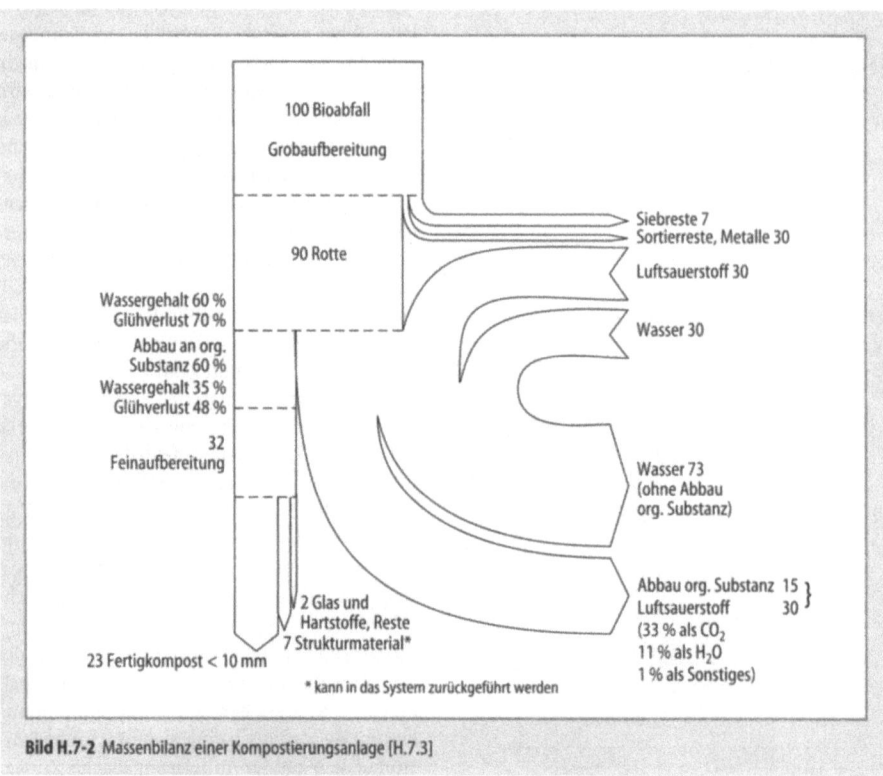

Bild H.7-2 Massenbilanz einer Kompostierungsanlage [H.7.3]

auf; dies begründet bei problematischen Standorten den Einsatz aufwendiger Vorrotteverfahren mit besonderen Einrichtungen zur Emissionskontrolle und Rottesteuerung.

Bioabfälle und andere Abfälle mit entsprechend hohem Wassergehalt und ungenügendem Strukturanteil sowie hohem Gehalt an leicht abbaubarer organischer Substanz müssen in der Vorrotte (bis ca. 6 Wochen) intensiv gesteuert werden. Das Rottegut muß ständig ausreichend mit Sauerstoff versorgt sein, damit keine anaeroben Verhältnisse entstehen, die zu Qualitätseinbußen und Geruchsemissionen führen.

Nach heutiger Kenntnis muß für die Kompostierung bei Einhaltung der für den Rotteprozeß günstigen Bedingungen zum Erreichen von Rottegrad II – III eine Rottedauer von 1 – 5 Wochen und für Rottegrad IV – V 6 – 12 Wochen veranschlagt werden.

Die Kompostierung in *Dreiecks- bzw. Walmenmieten* wird hauptsächlich auf kleineren, *offen überdachten Kompostanlagen* praktiziert. Das Rottegut wird in Dreiecksmieten je nach Anteil an Strukturbildnern von etwa 1,50 – 2,20 m Höhe und 2,80 – 4,00 m Basisbreite aufgesetzt. Diese Mietenform hat eine relativ große Oberfläche im Verhältnis zum Volumen sowie geringe Diffusionswege von Zu- und Abluft zum Mietenrand. Bei ausreichend großem Luftporenvolumen, wie bei Bioabfällen der Kategorie 1, ist daher eine künstliche Belüftung nicht erforderlich. Der Sauerstoffeintrag wird durch mehrmaliges Umsetzen der Mieten gewährleistet. Zur Verbesserung der Rotte und zur Verminderung der Sikkerwasseremissionen, werden i. d. R. die Rottebereiche überdacht oder mit Folien abgedeckt. Zum gegenwärtigen Zeitpunkt stellt die offene Mietenkompostierung, überdacht bzw. teilweise überdacht, mit 327 Anlagen (Stand 1997/98) das am häufigsten praktizierte Verfahren zur Kompostierung von Grün- und Bioabfällen der Kategorie 1 dar [H.7.3]. Kompostanlagen mit unbelüfteten Mieten in der Größenordnung bis zu 10.000 Mg/a haben sich in der Praxis bewährt.

Als klassisches intensives Kompostierungssystem ist das quasi-dynamische *Tafelmietenverfahren*, das nach der offen überdachten Mietenkompostierung am häufigsten eingesetzt wird, zu nennen. Ziel des Tafelmietenverfahrens ist es, das aufbereitete Rottegut unter optimaler Flächenausnutzung zu kompostieren. Es ist sowohl für die Vorrotte (bis Rottegrad III) als auch für die Nachrotte (bis Rottegrad V) geeignet. Das aufbereitete Rottegut wird bis ca. 2,50 m Mietenhöhe zu einer Tafel mit automatischen Eintragssystem aufgesetzt. Bei dieser Mietenhöhe und -form ist das Verhältnis von Mietenoberfläche zum Mietenvolumen so gering, daß eine künstliche Belüftung unumgänglich wird. Für die im Bild H.7-2 dargestellte Massenbilanz ist bei einem Restsauerstoffgehalt in der Abluft von ca. 15 Vol.-% mit einem Luftvolumen von ca. 3000 – 7000 m³ pro Mg Input-Feuchtmasse zu rechnen. Zum Einsatz kommen Saug- und/oder Druckluftverfahren. Das Umsetzen der Tafelmiete erfolgt mit sog. Schaufelradverfahren dessen Funktionsweise Bild H.7-3 darstellt.

Bei der *Zeilenkompostierung* handelt es sich um eine abgewandelte Form des Tafelmietensystems, wobei die Tafelmiete in Längsrichtung durch Betonwände segmentiert ist, auf denen das Umsetzsystem geführt wird. Aufnahme und Umsetzen des Rotteguts erfolgt über eine Aufnahme- bzw. Fräswalze, die analog dem „Schaufelrad-Verfahren" konzipiert ist. Im Unterschied zum „Schaufelrad-Verfahren" wandert die Aufnahmefräse nicht entlang des Mietenkörpers, sondern nimmt die gesamte Breite des Mietenkörpers ein.

Boxen- und Containerkompostierung sind im Verfahrensablauf sehr ähnlich. Hierbei erfolgt die Intensivrotte in einem angeschlossenen zwangsbelüfteten Raum mit vollständiger Ablufterfassung und -reinigung. Das Fassungsvermögen der Rottereaktoren beträgt je nach Verfahren zwischen 20 und 180 m³. Der Eintrag des Kompostrohstoffs erfolgt je nach Anbieter per Radlader oder mit automatischen Eintragssystemen. Nach Ablauf der Intensivrotte in der Box liegt ein sogenannter Frischkompost vor. Je nach Aufenthaltsdauer kann der Rottegrad II (7 – 10 Tage) oder III (10 – 20 Tage) erreicht werden. Die Nachrotte erfolgt auf dem Weg der Mietenkompostierung. Gegenüber dem reinen Mietenkompostierungsverfahren erlauben die Container/Boxen-Systeme weitergehende Steuerungsmöglichkeiten des Rotteprozesses. Mit diesem System können verschiedene Rotteausgangsmaterialien problemlos getrennt voneinander verarbeitet werden. Durch Modulbauweise sind derartige Anlagen flexibel ausbaufähig (Bild H.7-3).

In der *Nachrottephase* wird aus dem vorgerotteten Material Fertigkompost hergestellt. Das Rottegut weist in dieser Phase einen geringeren spezifischen Sauerstoffbedarf auf, ebenso ist die Geruchsentwicklung wesentlich geringer als während der Vorrotte, eine Zwangsbelüftung ist i. d. R. nicht zwingend erforderlich. Ein kontrol-

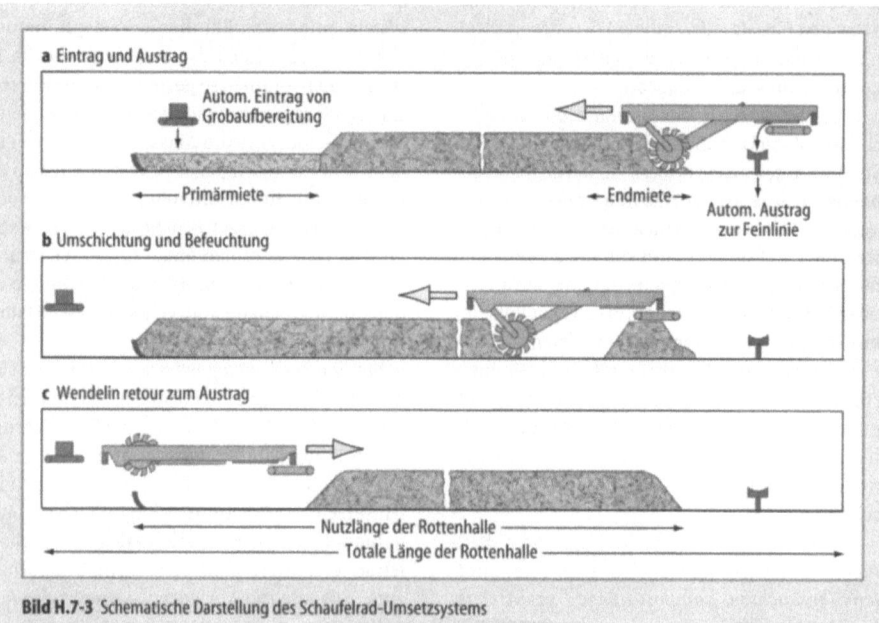

Bild H.7-3 Schematische Darstellung des Schaufelrad-Umsetzsystems

lierter Rotteverlauf ist in der Nachrotte nur gewährleistet, wenn das Material durch Überdachung oder Folienabdeckung vor Niederschlägen geschützt wird. Durch starke Regenfälle kann das Material in dieser Rottephase vernässen, die Eigentemperatur reicht nicht mehr aus, um das Rottegut zu trocknen. Die Konfektionierung wird erschwert, da zu feuchtes Material nur bedingt siebfähig, keinesfalls aber absack- und lagerungsfähig ist.

3) Konfektionierung und Lagerung des erzeugten Kompostes

In der Feinaufbereitung wird der Reifekompost zu einem vermarktungsfähigen Produkt aufbereitet. Als Mindestausrüstung der Feinaufbereitung werden Siebstufen eingesetzt, in der mehrere Korngrößenfraktionen (<40 mm, <20 mm und <10 mm) hergestellt werden können. In speziellen Absatzgebieten kann eine weitere Aufbereitung des Fertigkompostes sinnvoll sein. Hierzu gehört insbesondere die Herstellung von Kultursubstraten unter Verwendung verschiedener Zuschlagstoffe, wie z. B. Rinde, Ton, Torf, Granulate. Hierfür müssen die Komposte weitgehend frei von Glaskomponenten und Steinen sein. Die Installation eines Hartstoffscheiders ist dann als zusätzliche Komponente der Feinaufbereitung erforderlich.

Beim Kompostabsatz liegen die Vermarktungsschwerpunkte im Frühjahr und im Herbst, so daß eine Lagerkapazität von 3–5 Monaten vorgehalten werden muß. Zum Schutz vor Niederschlägen muß die Lagerfläche überdacht werden, auf Kleinanlagen eignen sich zum Schutz vor Vernässung durch Niederschlagswasser auch atmungsaktive Vliese. Für unterschiedliche Verkaufsprodukte, wie z. B. verschiedene Körnungen, Substratmischungen etc., sind Lagerboxen bereitzustellen.

Vergärungsverfahren

Die gezielte Vergärung organischer Abfälle wird im Bereich der Abwasserreinigung (Klärschlamm) und der Landwirtschaft (Gülle) seit längerem praktiziert. Die Anaerobtechnik zur Verarbeitung von Bioabfällen wurde im Laufe der letzten 10 Jahre entwickelt.

Verfahrenssysteme

Nach der Aufbereitung erfolgt der eigentliche Prozeß der Vergärung als Einstufen- bzw. Zweistufenprozeß. Im einstufigen Prozeß werden Hydrolyse und Methanisierung räumlich voneinander getrennt durchgeführt.

Einstufige Verfahren sind durch eine relativ einfache Verfahrenstechnik gekennzeichnet und werden sowohl als Naß- als auch als Trockenverfahren angeboten. Sie können mesophil als auch thermophil betrieben werden. Die im Vergleich zum zweistufigen Verfahren geringere zeitspezifische Abbauleistung kann durch eine längere Aufenthaltszeit im Reaktor ausgeglichen werden. Die Aufenthaltsdauer beträgt je nach Verfahren zwischen 15 und 30 Tage (Tabelle H.7-9).

Beim zweistufigen Verfahren wird die Hydrolyse vorwiegend in einer festen Phase und die Methanisierung in einer flüssigen Phase durchgeführt. Zweistufige Verfahren sind durch eine relativ aufwendige Verfahrenstechnik gekennzeichnet. Ihr Vorteil gegenüber den einstufigen Verfahren liegt in einer höheren zeitspezifischen Abbauleistung. Die Aufenthaltsdauer beträgt zwischen 5 und 15 Tagen.

Aufbereitung, Nachrotte, Konfektionierung und Lagerung erfolgen im wesentlichen analog den Verfahrensschritten, wie sie bei der Kom-

Tabelle H.7-9 Einteilungskriterien für Vergärungsanlagen von Feststoffen [H.7.5]

Wassergehalt im Methanreaktor	naß: TS ca. 10 % (± ca. 2 %) seme-trocken: TR ± 20 % trocken: TS >25 % (meist 30 – 35 %)
Temperatur	mesophil: ca. 35 – 37 °C thermophil: ca. 55 – 60 °C
Prozeßführung	einstufig (naß oder trocken) zwei- oder mehrstufig mit Feststoffseparation hinter 1. Stufe (naß) zwei- oder mehrstufig ohne Feststoffseparation hinter 1. Stufe (naß)
Betriebsweise	semikontinuierlich diskontinuierlich (Batch)
Art der Durchmischung	Rühren (naß) Umwälzen (naß) (teils mit Gas) Perkolieren (trocken)

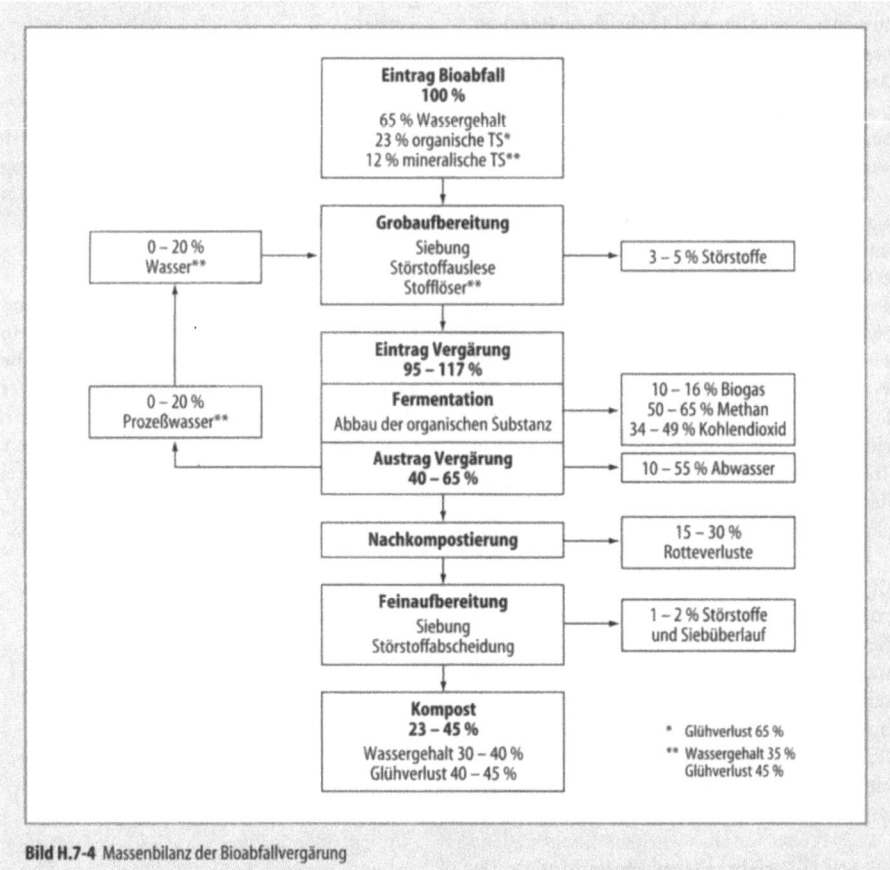

Bild H.7-4 Massenbilanz der Bioabfallvergärung

postierung beschrieben sind. Als Abfallstoffe kommen hauptsächlich die in Tabelle H.7-5 aufgeführten organischen Abfälle der Kategorie 2 mit hohen Wassergehalten und geringer Struktur in Betracht. Die Massenbilanz der Bioabfallvergärung ist Bild H.7-4 zu entnehmen.

Exemplarisch werden nachfolgend zwei Verfahrenskonzeptionen beschrieben.

BTA-Verfahren (naß/zweistufig). Die organischen Abfallstoffe werden nach der Zerkleinerung einer sog. nassen Vorbehandlung in einem Auflösebehälter unterzogen. Hierbei handelt es sich um einen nach unten konisch zulaufenden Stahlbehälter mit bis zu 20 m³ Nutzvolumen, einem Siebboden (8 mm Lochgröße), einem Leichtstoffrechen und einer Schwerstoffschleuse. Zuerst werden Prozeßwasser und Abfallstoffe in den Behälter eingefüllt, so daß eine Suspension mit 90 Gew.% Wassergehalt entsteht. Beide Phasen werden durchmischt, wobei gleichzeitig ein Auftrennen der faserigen Stoffe erfolgt. Die Rohsuspension wird über das Lochsieb am Boden abgepumpt, Störstoffe bleiben im Behälter zurück. Anschließend wird erneut Prozeßwasser eingepumpt und die Leichtstoffe über einen Rechen aus der Flüssigkeit entfernt. Grobe Schwerstoffe werden über eine Schwerstoffschleuse abgezogen.

Die Rohsuspension wird in einem Fest-Flüssig-Trennungsaggregat in einen Feststoffstrom und eine Flüssigphase getrennt. Die Hydrolyse erfolgt mit ungelösten, die Methanisierung fast ausschl. mit gelösten organischen Stoffen. Im Hydrolysereaktor sollen noch ungelöste organische Komponenten in Lösung gebracht werden. Während der gesamten Verweilzeit der Feststoffe im Reaktor von 2–3 Tagen, wird der Reaktorinhalt zwei- bis fünfmal über die Fest-Flüssig-Trennung entwässert. Mit der Flüssigphase aus der Fest-Flüssig-Trennung wird ein Methanreaktor beschickt.

Das Gas der Hydrolysestufe enthält ca. 40% CH_4, das aus der Methanisierungsstufe bis zu 70% CH_4. Neben Hydrolysereststoffen von 20 Gew.% des Input-Materials fallen bis zu 500 l Abwasser pro Tonne Ausgangsmaterial an. Mit diesem Verfahren wird die organische Substanz um bis zu 70% abgebaut [H.7.6]. Zur Herstellung von Reifekompost müssen die Hydrolysereststoffe einer drei- bis sechswöchigen Nachrotte unterzogen werden.

DRANCO-Verfahren (trocken/einstufig). Das Verfahren DRANCO (DRy ANaerobic COmposting) ist ein (semi-)kontinuierlich beschickter Einstufenprozeß zur Vergärung fester organischer Abfälle im thermophilen Temperaturbereich, d.h. bei rd. 55°C Gärtemperatur. Die biogenen Abfälle gelangen nach einer Zerkleinerung in den Gärbehälter. Vor dem Eintritt werden sie mit ausgegorenem Material zur Beimpfung mit Bakterien durchmischt. Der zylindrische, stehende Gärbehälter wird über eine externe Schlaufe durchmischt. Der optimale Trockensubstanzgehalt des Gärguts im Fermenter liegt zwischen 30 und 35%. Bei sehr nassem Substrat muß u. U. durch vermehrte Rückführung von ausgepreßtem Material der Trockensubstanzgehalt im Gärbehälter angehoben werden. Nach einer Gärzeit von 2–3 Wochen kann das Substrat ausgepreßt werden. Da das Verfahren DRANCO ein Einstufenprozeß ist, ist der apparative Aufwand gegenüber einem zweistufigen Prozeß entsprechend geringer. Ebenso wie beim BTA-Verfahren müssen die Vergärungsrückstände einer Nachrotte unterzogen werden.

Biogas

Erzielbare Biogaserträge sind in Tabelle H.7-10 aufgeführt. Über die Biogasverwertung erzeugte Energie deckt den gesamten Energiebedarf einer Vergärungsanlage.

Verfahrensvergleich

Kompostierungsverfahren eignen sich grundsätzlich für alle organischen Abfallstoffe, während bei den Vergärungsverfahren holzige Bestandteile ausgeschlossen sind. Vorteile der Vergärung liegen in den Bereichen Flächenbedarf, Geruchsemissionen und Energiebilanz, während die Vorteile bei der Kompostierung in den Berei-

Tabelle H.7-10 Kenngröße Biogas einstufiger und zweistufiger Vergärungsverfahren

	Einstufig Behandlungszeit 12 – 20 Tage	Zweistufig Behandlungszeit 4 – 10 Tage
Biogasertrag (Nm^3/Mg Input)	80 – 110	80 – 120
CH_4-Gehalt (%)	60 – 70	60 – 70
Heizwert (KWh/Nm^3)	6,0 – 6,5	6,0 – 6,5

chen geringere Abwasseremissionen, höhere Betriebs- und Entsorgungssicherheit und höhere Prozeßstabilität des biologischen Prozesses zu finden sind (Bild H.7-4).

H.7.5.1.4 Kompostqualität

Die Qualität von Bioabfallkompost wird maßgeblich von Art und Zusammensetzung der verwerteten Kompostrohstoffe bestimmt. Als wesentliche Einflußfaktoren gelten neben der Art der Kompostrohstoffe vor allem deren Reinheitsgrad, aber auch Bodenqualität und Immissionen im jeweiligen Sammelgebiet. Zusätzlich wirkt sich die zum Einsatz kommende Verfahrenstechnik und die Art der Rotteführung nachhaltig auf die Kompostqualität aus. Qualitätsuntersuchungen dienen der Erfolgskontrolle und liefern grundlegende Daten für die Optimierung sowohl der Getrenntsammlung als auch der Rottesteuerung. Ebenso dienen sie als Grundlage für die sachgerechte Kompostanwendung; sie sind damit auch ein wesentlicher Bestandteil von Marketingstrategien.

Komposte sollten folgende Qualitätsmerkmale aufweisen:
- hoher Gehalt an wertgebende Inhaltsstoffen (Pflanzennährstoffe, organische Substanz);
- geringer Anteil an Fremdstoffen (Glas, Metalle, Kunststoffe und Steine);
- gute Pflanzenverträglichkeit besitzen;
- unbedenkliche Gehalte an Schwermetallen und organischen Schadstoffen;
- unbedenkliche Gehalte an Krankheitserregern und Unkrautsamen;
- in Abhängigkeit der Anwendung rieselfähig und staubfrei (Landwirtschaft) oder stabilisiert und salzarm (Substratherstellung).

Komposte eignen sich aufgrund ihres Gehalts an organischer Substanz, Pflanzennährstoffen und basisch wirkenden Bestandteilen Kalzium ((Ca) und Magnesium (Mg)) sowohl als Dünge- als auch als Bodenverbesserungsmittel. Durch Kompostausbringung und der damit verbundenen Zufuhr organischer Substanz werden die Struktureigenschaften des Bodens verbessert und dessen mikrobielle Aktivität erhöht. Gleichzeitig wirkt die basische Reaktion des Kompostes der fortschreitenden Bodenversauerung entgegen. Im Hinblick auf die Pflanzenernährung ist eine praxisübliche Kompostgabe von jährlich 5–10 Mg (TS) geeignet, den Mikronährstoffbedarf von Kulturpflanzen zu decken, und bei mittleren Gehalten von 0,6 % Phosphor (P_2O_5) und 1,1 % Kalium (K_2O) können die durchschnittlichen Endzüge landwirtschaftlicher Kulturen ausgeglichen werden. Aufgrund der geringen Verfügbarkeit des organisch gebundenen Stickstoffs (N) und dessen langsame Freisetzung, ist eine bedarfsgerechte Stickstoffversorgung hingegen nur begrenzt möglich (Tabelle H.7-11).

Die Kompostverwertung im Substratbereich setzt im Gegensatz zur landwirtschaftlichen Verwertung einen geringen Nährstoff- und Salzgehalt sowie eine besonders gute Pflanzenverträglichkeit voraus. Diese Bedingungen können insbesondere Komposte mit hohem Grüngutanteil erfüllen (Tabelle H.7-12).

Tabelle H.7-11 Wertgebende Bestandteile im Kompost[a]

	Kenngröße[b]		
	Median	10 % Perzentil	90 % Perzentil
N ges (% TS)	1,3	0,8	1,9
P_2O_5 ges (% TS)	0,6	0,4	1,1
K_2O ges (% TS)	1,1	0,6	1,7
MgO ges (% TS)	0,7	0,3	1,3
CaO ges (% TS)	4,0	2,2	7,1
N lösl. (mg/l FS)	208,5	33,0	633,5
P_2O_5 lösl. (mg/l FS)	906,0	395,4	1591,6
K_2O lösl. (mg/l FS)	3329,0	1553,1	5587,5
MgO lösl. (mg/l FS)	22,8	145,6	370,0

[a] Berechnungsgrundlage: 1571 Analysen der Zentralen Auswertungsstelle der Bundesgütegemeinschaft Kompost e.V. im Jahre 1996
[b] Mittelwert als Median
10 % Perzentil: 10 % d. Analysen liegen unter diesem Wert
90 % Perzentil: 10 % d. Analysen liegen über diesem Wert

Tabelle H.7-12 Pflanzenverträglichkeit der erzeugten Komposte[a]

Kenngröße[b]	Pflanzenverträglichkeit in der Prüfmischung bei	
	25 % Kompost	50 % Kompost
Median	109,1 %	101,9 %
10 % Perzentil	94,7 %	74,2 %
90 % Perzentil	142,4 %	135,0 %

[a] Berechnungsgrundlage: 1571 Analysen der Zentralen Auswertungsstelle der Bundesgütegemeinschaft Kompost e.V. im Jahre 1996
[b] Mittelwert als Median
10 % Perzentil: 10 % d. Analysen liegen unter diesem Wert
90 % Perzentil: 10 % d. Analysen liegen über diesem Wert

Als vorbeugende Bodenschutzmaßnahme dürfen gemäß BioAbfV i.d.R. nur Komposte mit nachweislich niedrigen Schwermetallgehalten (Tabelle H.7-13) ausgebracht werden. Die maximale Aufwandmenge innerhalb von 3 Jahren beträgt in Abhängigkeit vom Schwermetallgehalt 20 oder 30 Mg Komposttrockenmasse. Die höhere Aufwandmenge von 30 Mg setzt eine besonders geringe Belastung voraus. Die produzierten Komposte weisen sehr hohe Qualitätsstandards auf, so daß sie in allen Anwendungsgebieten in nutzbringenden Mengen eingesetzt werden können.

Störstoffe beeinträchtigen das optische Erscheinungsbild des Kompostes und somit dessen Vermarktung. Der Anteil an Fremdstoffen (> 2 mm), insbesondere Glas, Metall und Kunststoff darf entsprechend den Anforderungen der BioAbfV einen Höchstwert von 0,5 % nicht übersteigen (Tabelle H.7-14). Steine > 5 mm werden bis zu einem Anteil von 5 % toleriert.

Letztendlich ist auch die seuchen- und phytohygienische Unbedenklichkeit der Rotteendprodukte sicherzustellen, damit durch deren Ausbringung keine Beeinträchtigung der Gesundheit von Mensch und Tier durch Freisetzung oder Übertragung von Krankheitserregern zu besorgen ist. Da im Rahmen der Bioabfallsammlung regelmäßig Krankheitserreger und Unkrautsamen erfaßt werden, haben die einzelnen Rotteverfahren die Hygienisierung zu gewährleisten und unter Beweis zu stellen.

Die hygienisierende Leistungsfähigkeit einer Kompostanlage ist einmalig anhand einer direkten Prozeßprüfung zu ermitteln. Dabei werden widerstandsfähige Erreger (*Plasmodiophora brassicae*, Tabak-Mosaik-Virus, Tomatensamen und Salmonellen) durch den Rotteprozeß geführt, damit der Hygienisierungserfolg abschließend anhand deren Inaktivierungsrate bewertet werden kann. Darüber hinaus ist ein kontinuierlicher Hygienenachweis anhand arbeitstäglicher Temperaturmessungen im Rottekörper und durch regelmäßige Endproduktkontrollen zu erbringen. Da die Temperatureinwirkung einen wesentlichen Einfluß auf die Abtötung von Krankheitserregern und Unkrautsamen besitzt, ist eine zweiwöchige Mietentemperatur von > 55 °C oder eine einwöchige von > 65 °C nachzuweisen. Im Rotteendprodukt dürfen keine Salmonellen und maximal zwei keimfähige Samen je Liter Kompost enthalten sein.

Tabelle H.7-14 Gehalt an Fremdstoffen im Kompost[a]

Kenngröße[b]	Fremdstoffe > 2mm		
	gesamt	davon Glas	davon Kunststoffe
Median	0,10 %	0,04 %	0,02 %
10 % Perzentil	0,02 %	0,00 %	0,00 %
90 % Perzentil	0,36 %	0,21 %	0,12 %

[a] Berechnungsgrundlage: 1571 Analysen der Zentralen Auswertungsstelle der Bundesgütegemeinschaft Kompost e.V. im Jahre 1996
[b] Mittelwert als Median
10 % Perzentil: 10 % d. Analysen liegen unter diesem Wert
90 % Perzentil: 10 % d. Analysen liegen über diesem Wert

Tabelle H.7-13 Schwermetallgehalte im Kompost (Angaben in mg/kg TS)[a]

Parameter	Mittelwert [H.7.7]	Mittelwert [H.7.7]	10 % Perzentil[b]	90 % Perzentil[b]	Grenzwert A[c]	Grenzwert B[d]
Blei (Pb)	85,0	52,0	30,8	89,8	150,0	100,0
Cadmium (Cd)	0,7	0,5	0,3	0,9	1,5	1,0
Crom (Cr)	39,0	22,5	13,9	40,7	100,0	70,0
Kupfer (Cu)	33,0	43,7	28,0	68,6	100,0	70,0
Nickel (Ni)	28,0	14,3	7,8	26,5	50,0	35,0
Quecksilber (Hg)	k.A.	0,2	0,1	0,3	1,0	0,7
Zink (Zn)	307,0	184,6	130,0	278,0	400,0	300,0

[a] Berechnungsgrundlage: 1571 Analysen der Zentralen Auswertungsstelle der Bundesgütegemeinschaft Kompost e.V. im Jahre 1996
[b] Mittelwert als Median
10 % Perzentil: 10 % d. Analysen liegen unter diesem Wert
90 % Perzentil: 10 % d. Analysen liegen über diesem Wert
[c] Ausbringungsmenge < 20 t Komposttrockenmasse innerhalb von 3 Jahren
[d] Ausbringungsmenge < 30 t Komposttrockenmasse innerhalb von 3 Jahren (BioAbfV)

H.7.5.1.5 Vermarktung

Die Kompostanwendung dient unterschiedlichen Zielen:
- Bestandteil von Kultursubstraten,
- Bodenersatz und Bodenverbesserung,
- Düngung,
- Förderung der Bodenfruchtbarkeit,
- Erosionschutz,
- Technische Zwecke, u. a. Filterbau, Lärmschutz.

Die Einsatzgebiete für die Kompostanwendung sind in Tabelle H.7-15 dargestellt.

Tabelle H.7-15 Anwendungsgebiete der abgesetzten Bio- und Pflanzenkomposte

Garten- und Landschaftsbau	32 %
Hobby- und Kleingärtner	15 %
Erwerbsgartenbau	10 %
Garten-, Friedhofs- u. Straßenbauämter	8 %
Weinbau	1 %
Landwirtschft	10 %
Substratherstellung	2 %
Technische Anwendungen	2 %
Deponieabdeckung	5 %
Sonstiges	15 %

H.7.5.2 Biologische Restabfallbehandlung

H.7.5.2.1 Ausgangssituation

Durch ein abfallwirtschaftliches Stoffstrommanagement sollen die Siedlungsabfälle so aufbereitet und gelenkt werden, daß der größte Teil dieser Abfälle einer Wiederverwertung zugeführt werden kann. Ist eine Wiederverwertung aus ökologischen, ökonomischen oder technischen Gründen nicht möglich, sind die verbleibenden Teilströme (Restabfälle) entsprechend ihren stofflichen Eigenschaften so zu behandeln, daß eine umweltverträgliche und nachsorgefreie Ablagerung möglich ist [H.7.7].

Neben den rein thermischen Verfahren kristallisieren sich drei grundlegend unterschiedliche Behandlungsformen mit integrierter biologischer Behandlungsstufe heraus.

Mechanisch-biologische Vorbehandlung mit Einbindung der Deponie (stoffspezifische Behandlung). In der mechanischen Stufe abgetrennte heizwertreichen Fraktionen werden thermisch behandelt oder energetisch verwertet. Die verbleibende Fraktion, gekennzeichnet durch einen hohen Gehalt an Wasser und biologisch abbaubaren Stoffen, wird biologisch stabilisiert und anschließend deponiert.

Mechanisch-biologische Vorbehandlung vor der thermischen Behandlung zur Reduzierung der thermisch zu behandelnden Abfallmengen und zur Verbesserung der Verbrennungseigenschaften.

Mechanisch-biologische Trockenstabilisierung zur Erzeugung eines heizwertreichen Restabfalls für die energetische Verwertung. Das hergestellte Trockenstabilat wird bei Bedarf mittel- bis langfristig zwischengelagert bis ausreichend Kapazitäten für die energetische Verwertung verfügbar sind.

H.7.5.2.2 Status quo betriebener MBA

Bei den Verfahren der mechanisch-biologischen Restabfallbehandlung existiert z. Z. kein bundesweit anerkannter Stand der Technik. Die bisher geplanten und realisierten Anlagen der MBA unterscheiden sich hinsichtlich der Zielsetzung sowie im verfahrens- und bautechnischen Standard – analog der biologischen Verwertungsverfahren – beachtlich voneinander (Tabelle H.7-16). Bei den neueren Anlagen und den in Bau bzw. Planung befindlichen Anlagen in der Bundesrepublik Deutschland gewinnen die technisch aufwendigen Aufbereitungs- und Behandlungsverfahren an Bedeutung.

H.7.5.2.3 Anlagen- und Verfahrenskonzeptionen

Mechanisch-biologische Restabfallbehandlung mit Einbindung der Deponie

Anforderungen an die Anlagen- und Verfahrenstechnik

Das Hauptziel der Technischen Anleitung Siedlungsabfall (TASi) besteht darin, daß von deponierten Abfällen möglichst geringe Umweltgefährdungen ausgehen. Der Abbau der in unvorbehandelt abgelagerten Abfällen enthaltenen Biomasse ist die Hauptursache für das Auftreten von Gasemissionen und organischen Sickerwasserbelastungen. Abfälle sollen so vorbehandelt werden, daß diese negativen Umweltauswirkungen weitestmöglich vermieden werden. Um dieses Ziel zu erreichen, sind im Anhang B der TASi Zuordnungskriterien aufgelistet, die die abzulagernden Abfällen aufweisen müssen.

Nach jetzigem Kenntnistand ist ein einzelner dieser Parameter, der Glühverlust mit seinem

Tabelle H.7-16 Kurzprofil der in Betrieb befindlichen Anlagen zur mechanisch-biologischen Restabfallbehandlung (Stand 12/98)

* Zahl = Behandlungsdauer in Wochen
** mit Zwangsbelüftung und Umsetzen
a Pilotanlage Druckstoßbelüftungsverfahren

Nr.	Anlagenstandort (Deponiename/Stadt bzw. Landkreis)	Bundesland	Inbetriebnahme	Ziel der MBA			Einhausung			Verfahrensbeschreibung*						Extensivrotte			Durchsatz (Gesamt-Anlagen-Input) Mg/a
				MBA vor Deponierung	Stoffspezifische Behandlung	MBA vor Therm. Behandlung	Aufbereitung eingehaust	Vorrotte eingehaust	Nachrotte eingehaust	Rottetrommel	Intensivrotte Tafelmieterrotte	Tunnel-/Zellenrotte	Dreiecksmietenrotte	Boxen-/Containerrotte	Vergärung	Tafelmieterrotte	Dreiecksmietenrotte	Kaminzugverfahren	
MBA-Anlagen in Betrieb																			
1	Waldorf/Lk Calw	Baden-Württ.	1994	x												32			30.000
2	Hasenbühl/Schwäbisch-Hall	Baden-Württ.	1976	x												24		x	42.000
3	Biberach/Lk Biberach	Baden-Württ.	1988		x		x	x						3		6			35.000
4	Quarzbichl/Lk Bad Tölz-Wolfratshsn.	Bayern	1995		x		x	x		x	4						7		35.000
5	Erbenschwang//Lk Weilh.-Schongau	Bayern	1997		x		x	x			8								22.000
6	Aßlar/Lahn-Dill-Kreis	Niedersachsen	1997			x		x						1					120.000
7	Wilhelmshaven Nord	Niedersachsen	1993	x												48		x	60.000
8	Piesberg/Stadt u. Lk Osnabrück	Niedersachsen	1996	x												24		x	40.000
9	Ostenburg/Stadt Oldenburg	Niedersachsen	1973	x			x	x								24		x	86.000
10	Lüneburg/Ges. f. Abfallwirtschaft	Niedersachsen	1996		x			x			16								29.000
11	Sedelsberg/Lk Cloppenburg	Niedersachsen	1995	x				x							x	24		x	60.000
12	Bassum/Lk Diepholz	Niedersachsen	1997	x			x	x			8							30	52.000
13	Wiefels/ZVA Friesland-Wittmund	Niedersachsen	1997		x		x	x			2						30	30	61.000
14	Horm/Lk Düren	Nordrh.-Westf.	1995	x			x	x				2							150.000
15	Haus Forst/Erftkreis	Nordrh.-Westf.	1993	x			x	x				<1							115.000
16	Neuss/Lk Neuss	Nordrh.-Westf.	1981	x								<1							70.000
17	Kirchberg/Rhein-Hunsrück-Kreis	Rheinland-Pfalz	1995	x			x	x								24		x	35.000
18	Meisenheim/Lk Bad kreuznach	Rheinland-Pfalz	1994	x				x								48		x	50.000
19	Stadt Flensburg/Lk Schleswig-Flensb.	Schlesw.-Holst.	1972	x			x	x		x	6								58.000
20	Lk Stendal[a]	Sachsen-Anhalt	1998	x			x	x											
21	Pösnick/ZWECKERND Salle/Orla	Thüringen	1998		x	?	x	x						4					17.000
22	Swanebeck/Lk Havelland	Brandenburg	1998	x												24		x	29.000
23	Grund-Schwalheim/Wetteraukreis	Hessen	1998			x	x	x			1								45.000
24	Linkenbach/Lk Neuwied u. Altenkirchen	Rheinland-Pfalz	1998	x	x		x	x			3								60.000

gesamt in Betrieb: 1.301.000

Grenzwert von 5%, der Grund dafür, daß nur thermisch behandelte Abfälle deponiert werden dürften. In der Fachwelt besteht weitgehend Einigkeit darüber, daß der Glühverlust zwar zur Überprüfung der Leistungsfähigkeit von Müllverbrennungsanlagen geeignet ist, nicht aber für die Beschreibung des Deponieverhaltens von mechanisch-biologisch vorbehandelten Abfällen [H.7.8–H.7.11]. Auch die Einhaltung des Parameters TOC_{Eluat} von 100 mg/l gestaltet sich problematisch. Nach derzeitigem Wissensstand ist die Einhaltung dieses Werts durch MBA zwar prinzipiell möglich, jedoch sind dafür Rottezeiten von 5–12 Monaten erforderlich.

Im Rahmen von Ausnahmegenehmigungen für die Deponierung von mechanisch-biologisch behandelten Abfällen über das Jahr 2005 hinaus (TASi Ziffer 1.2 und 2.4) werden Anforderungen an den Stabilisierungsgrad aufgestellt. Sie gelten für biologische Behandlungsverfahren vor der Deponie und sind alternativ zum Glühverlust zu verwenden. Nach jetzigem Diskussionsstand eignen sich nachfolgende Parameter und Grenzwerte zur Beschreibung bzw. zur Begrenzung der biologischen Aktivität:
- Atmungsaktivität AT_4 5 mg O_2/g TS;
- Gasbildung (GB_{21})   20 Nl/kg TS;
- TOC_{Eluat} 300 mg/l.

Aus deponiebautechnischer Sicht sind zwei weitere Forderungen zu stellen:
- Wassergehalt des zu deponierenden Materials geringfügig niedriger als der optimale Proctorwassergehalt ($w < W_{Pr}$). Der Wert liegt bei ca. 30–35% H_2O.
- Mindestbegrenzung der Korngröße auf < 80 mm.

Durch Einhaltung dieser Anforderungen soll sichergestellt werden, daß das Material hochdicht eingebaut (ca. 1,3 Mg/m³) werden kann und entsprechend geringe Durchlässigkeitsbeiwerte von ca. 10^{-8} m/s aufweist.

Anlagen- und Verfahrenstechnik
Die einzelnen Verfahrensbereiche bei der mechanisch-biologischen Restabfallbehandlung decken sich mit den Verfahren zur Bio- und Grünabfallkompostierung (s. Abschn. H.7.5.1). In Bild H.7-5 ist schematisch ein Verfahrensfließbild mit entsprechendem Massenstrom von MBA-Anlagen vor der Deponie dargestellt.

Angepaßt an die jeweiligen Behandlungsverfahren und -ziele werden unterschiedliche mechanische Aufbereitungsmethoden eingesetzt. Ziel der Vorbehandlung ist die Stoffstromauftrennung und die Konfektionierung für die nachfolgende stoffspezifische Behandlung.

Zur biologischen Stabilisierung kommen die gleichen Kompostierungs- und Vergärungsverfahren zum Einsatz, wie sie bei der Grün- und Bioabfallverwertung Anwendung finden. Oberstes Ziel ist ein größtmöglicher Abbau der organischen Komponenten, um die gewünschten Stabilisierungsziele zu erreichen. Zum jetzigen Zeitpunkt kommen überwiegend Aerobverfahren zum Einsatz (Tabelle H.7-17). Erfahrungen mit Anaerobtechnologien liegen erst seit kurzem vor.

Leistung der MBA
Die Massenreduktion während der biologischen Behandlung wird durch die Abnahme des Wassergehalts und der Trockensubstanz bestimmt. Bei einem Abbau der organischen Substanz von ca. 65%, einem Wassergehalt von ca. 30% im Endprodukt, findet eine Massenreduktion der Feuchtmasse von ca. 30–45% statt.

Neben den Massenverlusten spielt für die *Volumenreduktion* die Strukturveränderung des Rotteprodukts durch rotteprozeßbedingte Mineralisation sowie durch Zerkleinerungswirkung der Aufbereitungs-, Umsetz- und Nachbehandlungsprozesse eine entscheidende Rolle. Durch die biologisch-mechanische Restabfallbehandlung werden Einbaudichten von 1,4 Mg/m³ erreicht. Unbehandelter Müll weist dagegen Einbaudichten von lediglich 0,9 Mg/m³ auf. Bei Zugrundelegung der Input- und Output-Massen sowie der jeweiligen Einbaudichten kann durch die biologisch-mechanische Restabfallbehandlung der Deponie-Volumenbedarf um bis zu 70% reduziert werden.

Die geforderten Stabilisierungsgrade AT_4 von 5 mg O_2/g TS, GB_{21} von 20 Nl/kg TS und TOC_{Eluat} von 300 mg/l werden je nach Intensität des biologischen Behandlungsprozesses nach ca. 8–20 Wochen erreicht (s. Bild H.7-6). Die alleinige anaerobe Behandlung führt – mit Ausnahme des TOC_{Eluat} – nicht zu den gewünschten Zielen. Eine aerobe Nachbehandlung ist zwingend erforderlich. Erzielbare Biogaserträge zeigt Tabelle H.7-18.

Die Vorgaben der TA Siedlungsabfall bzgl. der *bodenmechanischen Eigenschaften* der zu deponierenden Abfälle werden eingehalten [H.7.10, H.7.8, H.7.12]. Die geforderten hohen Einbaudichten und geringen Durchlässigkeitsbeiwerte sind bei den zuvor beschriebenen Stabilisie-

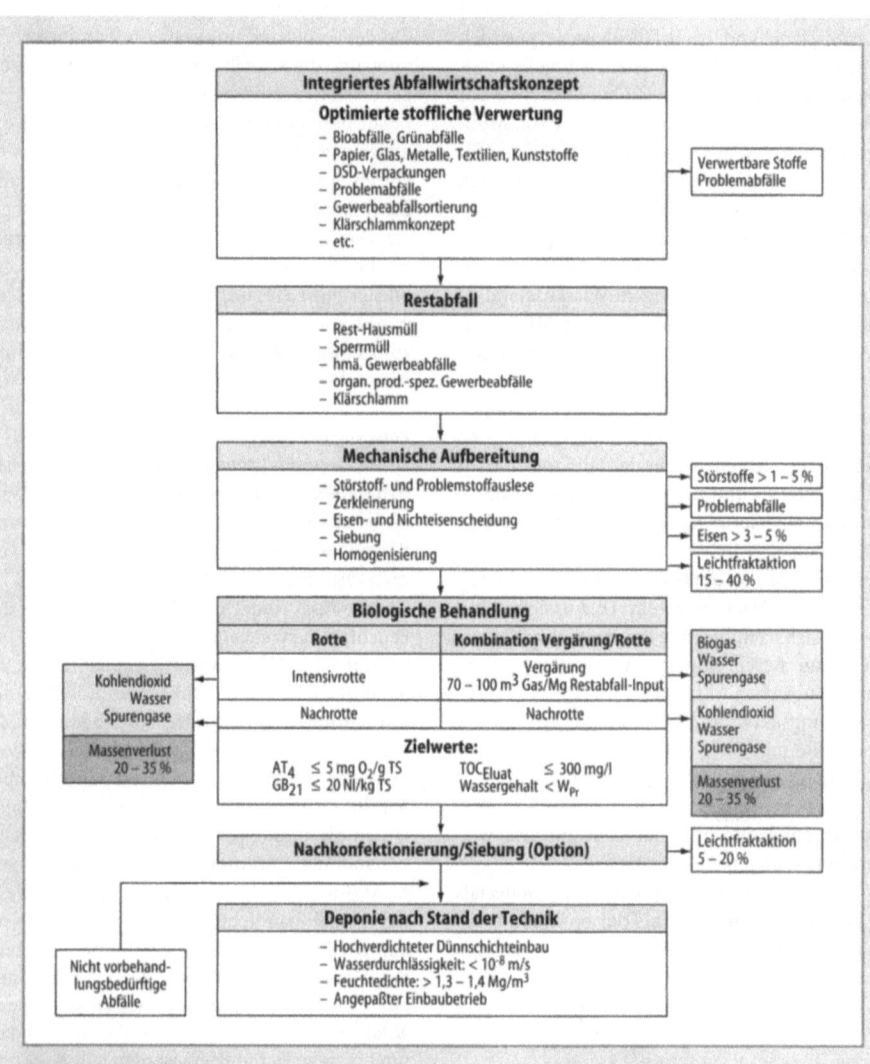

Bild H.7-5 Verfahrensfließbild und Massenstrom einer MBA

Tabelle H.7-17 Abbauleistungen und Massenbilanz der Vergärungsstufe [H.7.14]

	Input	Output	Massenverringerung berechnet über		
			Verwiegung	oTS-Abbau	Biogasproduktion
FS	165 Mg	145 Mg	12 %		
H_2O	60 %	67 %			
TS	65 Mg	48 Mg	27 %	31 %	27 %
oTS	58 %	39 %	51 %	52 %	–

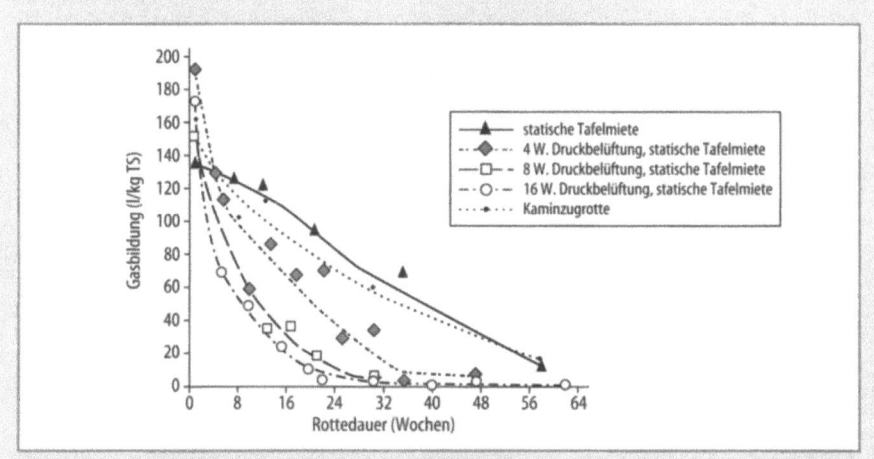

Bild H.7-6 Veränderung der Gasbildung während der biologischen Behandlung

Tabelle H.7-18 Spezifische Biogaserträge bei der Restabfallvergärung [H.7.13]

		Quarzbichl BRV AG	Ravensburg BRV AG	ZAW Donau-Wald (Müller, 1995)
Vergärungsverfahren		einstufige Trockenvergärung	einstufige Trockenvergärung	zweistufige Naßvergärung
Durchschnittl. Aufenthaltszeit	(Tage)	18,5	26	7,1
Biogasertrag				
Bezogen auf die in die Vergärungsstufe gelangten Abfälle	(m^3/Mg TS) (m^3/Mg oTS)	221 380	190 – 210 310 – 340	237 391
Bezogen auf den Gesamtanlageninput (vor der mechan. Aufbereitung)	(m^3/Mg FS) (m^3/Mg TS)	71 113	64 – 70 –	83 133
Methangehalt des Biogases	(Vol.-%)	67	63	65

rungsgraden, bei entsprechender Korngrößenbegrenzung und gezielter Deponierungstechnik erreichbar (Tabelle H.7-19).

Trockenstabilatverfahren
Im Trockenstabilatverfahren erfolgt eine biologische Trocknung der anfallenden Abfallmengen. Entwickelt wurde das Verfahren von der Fa. HerHof. Mittlerweile bieten auch andere Anlagenbauer dieses Verfahren an.

Während bei der biologischen Behandlung vor der Deponie der Rotteverlust zum überwiegenden Teil auf den Abbau an organischen Materialien zurückzuführen ist, wird beim Trockenstabilatverfahren eine Mengenreduktion durch Trocknung des Materials erzielt. Der Wassergehalt nach der Trocknung liegt unterhalb 15 %, ein Abbau der oTS-bio erfolgt lediglich zu 5 %. Wertstoffe, wie Eisen und Nichteisenmetalle, werden in der Aufbereitung bzw. Konfektionierung abgetrennt. Das klassische Trockenstabilatverfahren wurde mittlerweile weiterentwickelt und um den Baustein Inertfraktionausschleusung erweitert (Bild H.7-7).

H.7.6 Emissionen

Die emissionsrelevanten Verfahrensbereiche von biologischen Verwertungs- und Behandlungsanlagen sind in Tabelle H.7-20 dargestellt. Als wesentlich sind Abluft- und Sickerwasseremissionen zu nennen.

Tabelle H.7-19 Emissionsrelevante Verfahrensbereiche bei biologischen Abfallbehandlungstechnologien

Verfahrensschritt	Aggregat/ Verfahrensbereich	Emissionen über Wasser	Emissionen über Luft
Anlieferung	Bunker	Preß-/Sickerwasser	Geruch, Staub, sonstige Verwehungen, Mikroorganismen, organische und anorganische Schadstoffe, Lärm
Vorbehandlung	Aufbereitung (Zerkleinerung, Siebung, Entschrottung, Mischung)	Preß-/Sickerwasser	Geruch, Staub, sonstige Verwehungen, Mikroorganismen, organische und anorganische Schadstoffe, Lärm
Rotte (Aerob-Stufe)	Mieten, Container, Tunnel, Reaktor, Trommel	Preß-/Sickerwasser, Kondenswasser	Geruch, Staub, sonstige Verwehungen, organische und anorganische Schadstoffe, Mikroorganismen, Lärm
Vergärung (Anaerob-Stufe)	Reaktor, Entwässerung	Prozeßwasser	organische und anorganische Schadstoffe über Biogas und Biogasverwertung
Konfektionierung	Sieb, diverse Scheider	keine	Geruch, Staub, sonstige Verwehungen, Mikroorganismen, Lärm
Abluftreinigung	Abluftfilter/-wäscher	Kondenswasser	Geruch, organische und anorganische Schadstoffe, Mikroorganismen
Abwasserreinigung	Auffangbehälter, Kläranlage	Abwasser	Geruch
Abtransport	Ladeaggregate, Straßen, Transportfahrzeuge	Verkehrsflächenwasser	Geruch, Staub, Verwehungen, Lärm

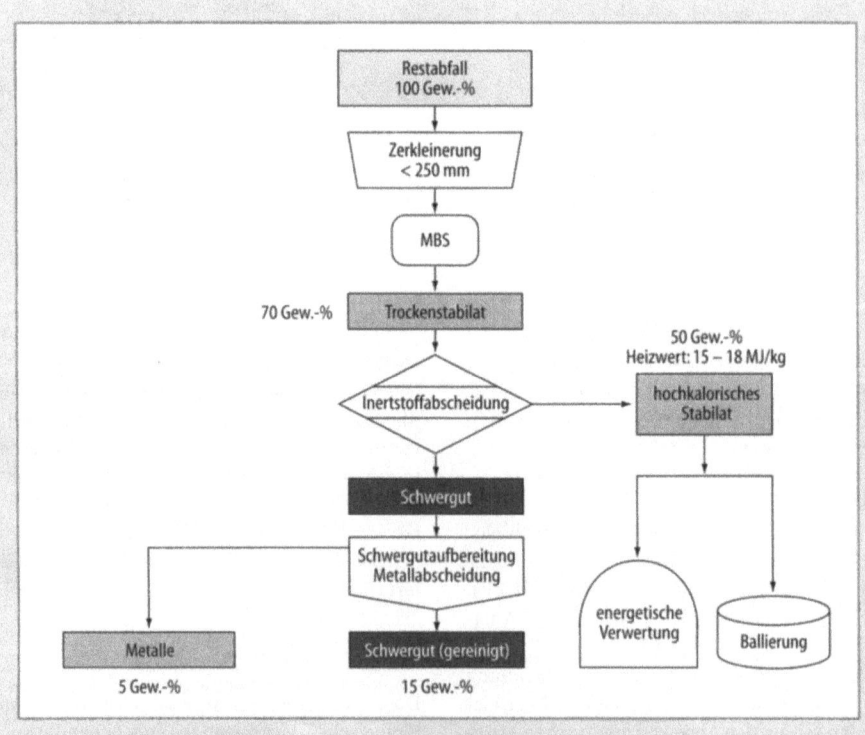

Bild H.7-7 Verfahrensfließbild einer Anlage zur Trockenstabilatherstellung (Angaben Fa. HerHof)

Tabelle H.7-20 Filterwirkungsgrade für 2stufige Biofiltersysteme bestehend aus Luftwäscher und Container-Biofilter [H.7.21–H.7.25]

Parameter	Filterwirkungsgrad (%)
Organische Verbinungen	
Aldehyde	75
Alkane (außer Methan)	75
Alkohole	90
Alkylacetate	85
AOX	40
Aromatische KW (Benzol)	40
Aromatische KW[a]	80
Chlorbenzole	50
Chlorphenole	40
CKW	50
Ether	60
FCKW	20
Ketone	85
Methan	50
NMVOC	83
Organische Säuren (Summe)	80
PAK/PCB/PCDD/F	40
Terpene	80
TOC	82
Geruch	95 – 99
Anorganische Verbindungen	
Ammoniak	90
Schwefeldioxid	50
Schwermetalle	30

[a] Toluol, Xylole und Ethylbenzol

H.7.6.1 Abluftemissionen

H.7.6.1.1 Geruch

Im Rahmen von Genehmigungsverfahren sowie der Akzeptanz von Abfallbehandlungsanlagen in der Bevölkerung kommt der Geruchsfreisetzung eine wesentliche Bedeutung zu. Dies trifft für Verwertungs- und Behandlungsverfahren gleichermaßen zu.

Je nach standortspezifischen Bedingungen müssen geruchsemittierende Arbeitsbereiche, wie Materialanlieferung, Aufbereitung und Vorrotte, gekapselt und die geruchsbeladene Abluft gefaßt und gefiltert werden. Gleiches gilt für die Abluft aus den Be- und Entlüftungssystemen.

Geruchskonzentrationen im Rotteverlauf verschiedener Versuche zur Restmüllverrottung sind in Bild H.7-8 dargestellt (logarithmische Darstellung). Mit zunehmender Rottedauer ist eine deutliche Abnahme der Geruchsintensität zu beobachten. Während der Nachrotte von Rückständen aus der Restabfallvergärung treten ähnlich hohe Geruchsemissionen auf [H.7.13]. Bedingt durch die kürzere Rottedauer ergibt sich jedoch eine geringere Geruchsfracht je Tonne Restabfall.

Aus Erfahrungswerten bei der Bioabfallkompostierung haben sich folgende Orientierungsdaten herauskristallisiert. Bei offenen bzw. nicht gekapselten Rotteverfahren muß ein Abstand von mind. 500 m zur nächsten Wohnbebauung eingehalten werden. Ab einer Verarbeitungskapazität von ca. 10.000 Mg/a muß grundsätzlich zumindest der geruchsintensive Bereich gekapselt bzw. eingehaust werden, um die geruchsbeladene Abluft zu fassen und zu desodorieren. Die Notwendigkeit weitergehender Reduzierungen der Geruchsemissionen ist im Einzelfall standortspezifisch zu entscheiden.

In der biologischen Abluftreinigung sind z. Z. hauptsächlich Biofilter und Biowäscher oder auch eine Kombination beider Verfahren im Einsatz. Für die Bioabfallkompostierung ermittelten Dammann et al. [H.7.17] für einen auf 30.000 m³ Abluft Mg/h ausgelegten Flächen-Biofilter einen Geruchsabscheidegrad von ca. 95 %. In verschiedenen anderen Untersuchungen wurden Biofilterwirkungsgrade bis zu 99 % ermittelt [H.7.18, H.7.19]. Für ein 2stufiges Reinigungssystem mit Biofilter und Biowäscher kann daher von Geruchs-Reduktionsraten zwischen 95 und 99 % ausgegangen werden.

H.7.6.1.2 Schadstoffemissionen

Luftseitige Schadstoffemissionen in relevanten Mengen treten nur bei der Restabfallbehandlung auf. Vorliegende Abluftemissionsmessungen bei der mechanisch-biologischen Restabfallbehandlung zeigen, daß mit der Selbsterhitzung des Rottematerials zu Beginn der Rotte ein Freiwerden leichtflüchtiger Schadstoffe verbunden ist. Danach sinken die Schadgaskonzentrationen schnell ab (Bild H.7-9).

Bei Genehmigungen von MBA-Anlagen sind die Vorgaben der TA Luft zu berücksichtigen. Die wesentlichen für die MBA relevanten Stoffe wurden im Rahmen verschiedener Forschungsvorhaben untersucht.

Die Grenzwerte der TA Luft für Massenströme und Konzentrationen der einzelnen organischen sowie anorganischen Verbindungen werden von den ermittelten Rohgaswerten z. T. sehr

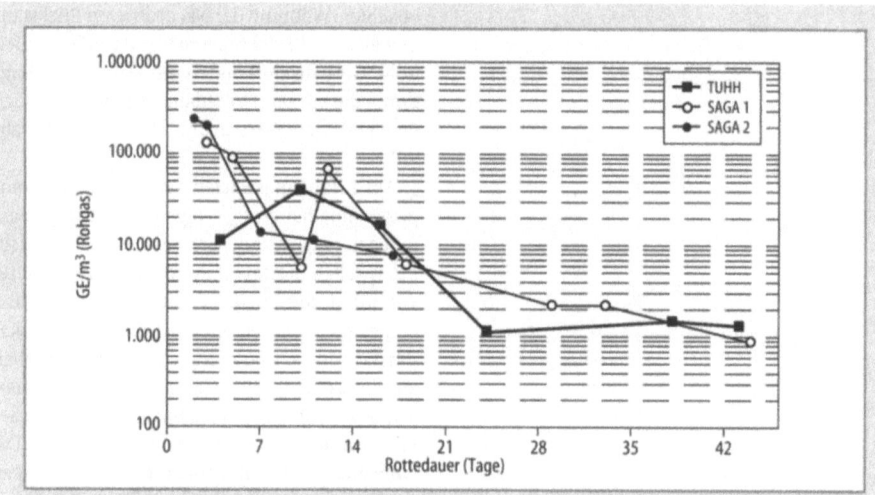

Bild H.7-8 Geruchskonzentration im Verlauf der Restabfallverrottung; Forschungsvorhaben des Landes Hessen und der SAGA [H.7.15] sowie des Landes Schleswig-Holstein [H.7.16]

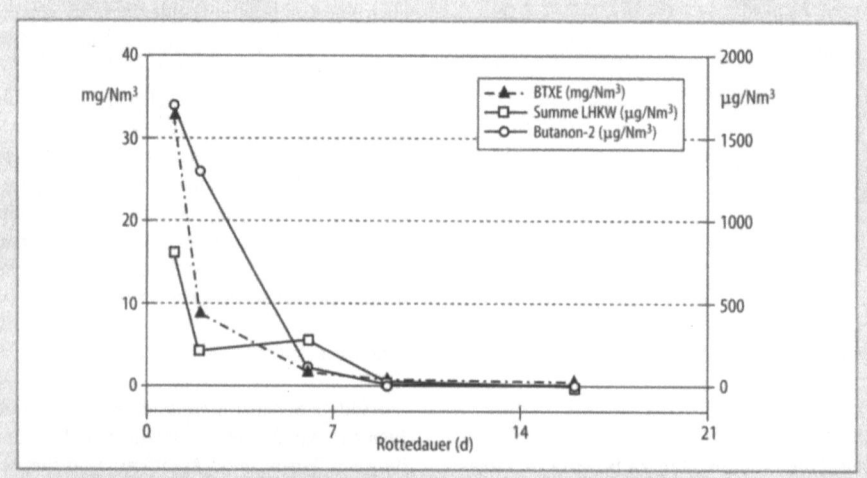

Bild H.7-9 Abluftkonzentrationen (Rohgas) bei der aeroben Behandlung von Restabfällen in einem druckbelüfteten Rottesystem, Ergebnisse aus dem Forschungsvorhaben des Landes Hessen und der SAGA

deutlich unterschritten. Als relevanter Parameter hat sich jedoch die Summe organischer Verbindungen nach Anhang E der TA Luft herausgestellt.

Der Massenstrom-Grenzwert (Summe Organik Anhang E) wird vom Rohgas einer MBA-Anlage ab einer jährlichen Behandlungskapazität von 45.000 Mg Abfall erreicht, während der Konzentrationsgrenzwert zu 48 % ausgeschöpft wird (Tabelle H.7-21).

Theoretisch könnte eine MBA demnach bis zu einer Anlagengröße von 45.000 Mg/a ohne Abluftreinigung betrieben werden, während größere Anlagen mit Filtersystemen zur Unterschreitung des Konzentrationsgrenzwerts von 150 mg/m³ ausgerüstet werden müßten. Aufgrund des Minimierungsgebots der TA Luft für Geruch und krebserzeugende Stoffe ist jedoch die Reinigung der Abluft aus MBA-Anlagen grundsätzlich erforderlich. Da die Hauptemissi-

Tabelle H.7-21 Ausschöpfung der Grenzwerte der TA Luft durch eine MBA mit einer jährlichen Behandlungskapazität von 45.000 Mg MBA-Input [H.7.20]

	MBA-Input 45.000 Mg/a	
	Rohgas	Reingas
Fracht organischer Verbindungen nach Anhang E (g NMVOC/Mg MBA-Input)	ca. 580	ca. 95
Ausschöpfung des Massenstromgrenzwerts von 3000 g NMVOC/h	100 %	16 %
Durchschnittskonzentration 10wöchige Rotte (mg NMVOC/Nm³)	72	12
Ausschöpfung des Konzentrationsgrenzwerts von 1500 mg NMVOC/Nm³	48 %	8 %

onsfracht zu Rottebeginn auftritt, wird eine Abluftfassung und -reinigung für die ersten 14 Rottetage als zwingend erforderlich erachtet. Die Notwendigkeit einer weitergehenden Emissionsbegrenzung zur Geruchsminimierung bleibt von dieser Forderung unberührt. Sie ist im Einzelfall standortspezifisch zu entscheiden.

Unter Berücksichtigung der in Tabelle H.7-20 aufgeführten Filterwirkungsgrade ergeben sich die in Tabelle H.7-21 dargestellten Reingaswerte. Die durchschnittliche NMVOC-Konzentration im Reingas einer 10wöchigen Intensivrotte läge rechnerisch mit 12 mg/m³ im Bereich des TOC-Grenzwert der 17. BImSchV und damit deutlich unter dem Grenzwert der TA Luft für die Klasse 3 (150 mg/m³).

H.7.6.2 Abwasseremissionen

Beim Betrieb biologischer Behandlungsanlagen fallen unterschiedliche Abwasserarten an, die je nach Belastungsgrad, gefaßt und ggf. behandelt werden müssen. Die verschiedenen Abwasserströme werden separat in voneinander getrennten Entwässerungssystemen gefaßt und ihrer weiteren Verwendung zugeführt.

Anfallendes *Regenwasser von den Dachflächen* ist i.d.R. unbelastet und kann daher direkt abgeleitet werden. Falls die geologischen Verhältnisse dies zulassen, kann es am Entstehungsort versickern und somit dem Aquifer unmittelbar zugeführt werden.

Das von den *Verkehrsflächen* der Kompostanlage abzuleitende Niederschlagswasser weist in geringen Mengen organische Belastungen auf, die sich aus dem Betrieb der Anlage ergeben. Der Verschmutzungsgrad beträgt etwa 400–800 mg/l CSB und 200–400 mg/l BSB_5. Das Einleiten in den Vorfluter ist daher nicht gestattet.

H.7.6.2.1 Bio- und Grünabfallkompostierung

Sickerwässer entstehen bei der Kompostierung durch hohe Feuchtigkeitsgehalte der Ausgangsmaterialien sowie durch die bei der Rotte freiwerdenden Zell- und Preßwässer sowie Prozeßwasser. Darüber hinaus fällt bei nicht überdachten Rotteabschnitten nach Niederschlägen Mietendurchflußwasser bzw. Oberflächenabflußwasser an. Die Prozeßwässer (10–80 l/Mg) werden nahezu ausschl. in der ersten, thermophilen Rottephase freigesetzt und weisen eine hohe organische Belastung auf. Der chemische Sauerstoffbedarf (CSB-Wert) liegt im Mittel zwischen 30.000 und 40.000 mg O_2/l, wobei Spitzenwerte bis 70.000 mg O_2/l gemessen wurden. Die BSB_5-Werte liegen zwischen 10.000 und 45.000 mg O_2/l (Mittelwert 17.000 mg O_2/l [H.7.26]. Belastete Kondensate und Sickerwässer dürfen nur in geschlossenen Anlagen zurückgeführt werden.

Je nach Art der Belüftung (Saug- und Druckbelüftung) und Art der Abluftreinigung fallen unterschiedliche Mengen an *Kondensatwasser* an. Bei der Abluftfilterung durch das System Kondensatscheider mit anschließendem Biofilter fallen bis zu 350 l Kondensatwasser an. Die CSB-Werte liegen im Bereich von 500–2.000 mg O_2/l. Abwässer aus der Saugbelüftung weisen eine ähnliche Qualität wie Abwässer aus dem Rotteprozeß auf.

H.7.6.2.2 Restabfallbehandlung

Bei der aeroben Behandlung von Restabfall mit dem Ziel der Deponierung kann der Betrieb i.d.R. abwasserfrei gefahren werden. Sicker- oder Preßwässer treten aufgrund des geringen Wassergehalts im Restabfall nur in sehr geringen Mengen auf. Diese Abwassermengen können vollständig in den Behandlungsprozeß zurückgeführt werden. Auch die bei der Vergärung freiwerdenden Abwässer können als Prozeßwasser zur Bewässerung der Nachrotte verwertet werden, so daß auch bei dieser Behandlungskonzeption ein abwasserfreier Betrieb möglich ist. Der zusätzliche Wasserbedarf liegt bei einer ca. 10wöchigen Rottedauer (vollständig eingehaust mit Zwangsbelüftung) bei ca. 250-380 l und bei einer 6wöchigen Rottedauer zwischen 120 und 240 l/Mg Restabfall.

Bei den Behandlungsvarianten, bei denen die mechanisch-biologische Restabfallbehandlung als Vorschaltanlage mit sehr kurzen Rottezeiten von lediglich einer Woche vor der thermischen Behandlung konzipiert ist, können Abwasseremissionen durch Kondensate aus der Abluftreinigungsanlage in relevanter Größenordnung auftreten. Beim Trockenstabilatverfahren nach HerHof, bei dem der Trocknungsprozeß über einen Zeitraum von 7-10 Tagen durchgeführt wird, fallen bis zu 180 l Kondensat/Mg Restabfall an.

Literatur

[H.1.1] Ketelsen, K. (1993) Grundlagen für ingegrierte Abfallwirtschaftskonzepte und abfallwirtschaftliche Planungen. Veröff. des ISAH der Univ. Hannover 1993, Heft 85

[H.1.2] Öffentliche Abfallbeseitigung. Umweltschutz, Fachserie 19, Reihe 1.1 u. 1.2, 1975-1987, Metzler-Pöschel-Verlag, Stuttgart, 92 S. (Fachserie 19, Reihe 1.2; Metzler-Poeschel-Verlag)

[H.1.3] Technische Anleitung Siedlungsabfall. Dritte Allgemeine Verwaltungsvorschrift zum Abfallgesetz; Technische Anleitung zur Verwertung, Behandlung und sonstigen Entsortung vom 14.5.1993, Bundesanzeiger Nr. 99a vom 29.5.1993

[H.1.4] Habersatter, K. et al., (1991) Ökobilanzen von Packstoffen - Stand 1990. Schriftenreihe Umwelt Nr. 132 des Schweizerischen Bundesamtes für Umwelt, Wald und Landschaft, Bern, Februar 1991

[H.1.5] UBA (1993) Ökobilanzen für Produkte. Bedeutung - Sachstand - Perspektiven. Texte des UBA 38/92, 113 S.

[H.1.6] UBA (1995) Ökobilanz für Getränkeverpackungen. UBA-Texte 52/95

[H.1.7] Bringezu, S.; Schmidt-Bleek, F. (1994) Ermittlung der Materialintensität von Produkten und Dienstleistungen als ein neuer methodischer Ansatz der Ökobilanzierung. Vortragsmanuskript bei UTECH, Berlin 1994

[H.1.8] Lentz, R.; Franke, M.; Thome-Kozmiensky, K.-J. (1989) Vergleichende Umweltbilanzen für Produkte am Beispiel von Höschen- und Baumwollwindeln. In: Konzepte der Abfallwirtschaft, EF-Verlag, S. 367-392

[H.1.9] Elsässer, R.F.; Kohnle, K.-D.; Mross, R. (1991) Ökologische Gegenüberstellung von Restmülldeponie und Restmüllverbrennung. AbfallwirtschaftsJournal 3, Nr. 1/2, S. 56-68

[H.2.1] Bilitewski, B. (1985) Recyclinganlagen für Haus- und Gewerbeabfälle, Grundlagen - Technik - Wirtschaftlichkeit - Umweltwirkungen, Beiheft 21 zu Müll und Abfall

[H.2.2] Wucke, A.: Automatisierung von Detektions- und Aufbereitungsverfahren für Verpackungen aus Haushaltsabfällen, Diplomarbeit an der TU Berlin, 1992

[H.2.3] Montin, T.; Persson, P.-E.; Sundquist, S.: Separering - Kompostering Fältrapport fran 19 svenska avfallsverk, Statens Naturvardsverk, Rapport SNV PM 1804 (1984), 2 Bde.

[H.2.4] Fricke, K.; Müller, W.; Wallmann, R.: Die Verfahren zur biologisch-mechanischen Restmüllbehandlung (BMA). In: Wiemer, K.,; Kern, M. (Hrsg.): Biologische Abfallbehandlung, Baeza-Verlag, Witzenhausen 1993, S. 1011-1065

[H.2.5] Barton, J.R.: Test Report. Byker Plant Operation, 13-17 September 1982, Warren Spring Laboratory, Stevenage, G.B.

[H.2.6] Barton, J.R.; Poll, A.J.; Wheeler, P.: Investigation into the performance of screens and air classifiers in the processing of urban waste, CEC Seminar, Luxemburg, 25-27 Sept. 1984

[H.2.7] Dah-Nien Fan: On the air classified light fraction of shredded municipal solid waste, Resource Recovery and Conservation (1975)

[H.2.8] Vesilind, A.P.; Rimer, A.E.: Unit Operations in Resource Recovery Engineering, Prentice-Hall, Inc., Englewood Cliffs, N.J. (1981)

[H.2.9] Bilitewski, B.; Vogel, G.: Die Analyse von Müllströmen durch Recyclinganlagen im Hinblick auf den Anlagenbetrieb und die Auswahl und Auslegung von Anlagenteilen. In: Thomé-Kozmiensky, K.J. (Hrsg.): Materialrecycling durch Abfallaufbereitung, Freitag Verlag Berlin, Bd. 5 (1983)

[H.2.10] Christmann, A.: Einfluß einer Brennstoffvorbehandlung auf den Prozeß einer Müllverbrennungsanlage. Technische Mitteilungen des HDT Essen; 78. Jahrgang (1985) 5, S. 213-218

[H.2.11] Firmenprospekt der Fa. Bühler, Braunschweig

[H.2.12] Wiemer, K.: Die Bedeutung mechanisch-biologischer Verfahren vor dem Hintergrund der TASi. In: Wiemer, K.; Kern, M. (Hrsg.): Biologische Abfallbehandlung, Baeza-Verlag, Witzenhausen 1993, S. 927-982

[H.2.13] TA Siedlungsabfall. Dritte Allgemeine Verwaltungsvorschrift zum Abfallgesetz, 1. Auf. 1993, Rehm Verlagsgruppe Jehle-Rehm

[H.2.14] Rat von Sachverständigen für Umweltfragen. Abfallwirtschaft; Sondergutachten September 1990, Metzler-Poeschel Stuttgart

[H.2.15] VDI-Richtlinie 2114. Emissionsminderung. Thermische Abfallbehandlung, Verbrennung von Hausmüll und hausmüllähnlichen Abfällen, Juni 1992

[H.2.16] VDI-Richtlinie 3460. Emissionsminderung. Thermische Abfallbehandlung, Verbrennung von Sonderabfällen, Dezember 1991

[H.2.17] VDI-Richtlinie 2301. Emissionsminderung, Verbrennen von Abfällen aus Krankenhäusern und sonstigen Einrichtungen des Gesundheitswesens, Januar 1993

[H.2.18] Büttenbender, B.; Hansen, W.: Das EVT-Müllverbrennungssystem im Hinblick auf die neuesten gesetzlichen Anforderungen. BWK-Brennstoff-Wärme-Kraft Nr. 10, Spezial: Thermische Reststoffentsorgung, Oktober 1995

[H.2.19] Morgas, A.: Konzeptionierung einer wassergekühlten Rostfeuerung für die Verbrennung von Siedlungsabfällen, Universität Essen, Institut f. Umweltverfahrenstechnik, Diplomarbeit (1996)

[H.2.20] Steinmüller, Thermische Sonderabfall- und Reststoffentsorgung, Geschäftspapiere

[H.2.21] Görner, K.: Technische Verbrennungssysteme, Springer-Verlag, Berlin Heidelberg 1991

[H.2.22] Reimann, D.O.; Hämmerli-Wirth, H.: Verbrennungstechnischen Bedarf-Entwicklung-Berechnung-Optimierung, Abfallwirtschaftsjournal 4 (1992), Heft Nr. 8 und 12

[H.2.23] Lurgi GmbH, Abfall entsorgen..., 1990, Geschäftspapiere

[H.2.24] Abfallentsorgungs-Gesellschaft Ruhrgebiet AGR, RZR-Herten: Rohstoffrückgewinnungs-Zentrum-Ruhr; Geschäftspapiere, 3. Aufl. Essen 1992

[H.2.25] Christmann, A.; Horch, K.: Emissionsminderung bei Müllverbrennungsanlagen durch Primärmaßnahmen, VGB Kraftwerkstechnik, 67. Jahrgang, Heft Nr. 4, April 1987

[H.2.26] Görner, K.; Klasen, T.: Simulation und Optimierung einer Müllverbrennungsanlage. VDI-Fachtagung: Modellierung und Simulation von Dampferzeugern und Feuerungen, 1./2. April 1998

[H.2.27] Weber E.; Gillmann P.; Sievers U.; Schwarte M.: Stickoxidminderung mit Gülle als Reduktionsmittel. Energieanwendung 40 (1991), S. 195-196

[H.2.28] Weber E.; Gillmann P.: Stickoxidminderung mit Gülle bei Abfallverbrennungsanlagen, März 1993, interne unveröffentlichte Studie

[H.2.29] Gillmann, P.: Beiträge des Instituts für Umweltverfahrenstechni zu aktuellen Problemen der Abfalltechnik. VDI Fortschritt-Berichte Reihe 15: Umwelttechnik, Nr. 195, „Technische Entwicklungen im Hinblick auf neue Abfallkonzepte", 1998

[H.2.30] VIK Berichte Nr. 208. Thermische Verfahren zur energetischen und stofflichen Verwertung und Entsorgung von Abfall. VIK Verband der Industriellen Energie- und Kraftwirtschaft e.V., Oktober 1996

[H.2.31] Thyssen Still Otto GmbH, Pyrolysetechnik zur Wertstoff- und Energierückgewinnung, Geschäftspapiere

[H.2.32] Informationsschrift: „Wunsch und Wirklichkeit", Thermoselect und Müllverbrennung (RMVA), FDBR Fachverband Dampfkessel-Behälter und Rohrleitungsbau e.V.

[H.3.1] Jager, E.; Gaube, J.; Rüden, H. (1991) Abfallwirtschaftsjournal 3, (1991), Nr. 4, S. 188-193

[H.3.2] Gallenkemper, B.; Doedens, H. (1988) Getrennte Sammlung von Wertstoffen des Hausmülls. Abfallwirtschaft in Forschung und Praxis, Band 21, ESV-Verlag, Berlin, 1988

[H.3.3] Torstensson, A. (1994) Mobile Vacuum Handling System. ISWA Times 2/1994, S. 15

[H.3.4] Otten, H.; (1993) Müll-Handbuch, Verlag E. Schmidt, Berlin, Ziff 2516

[H.3.5] Cord-Landwehr, K. (1994) Einführung in die Abfallwirtschaft. Verlag G. Teubner, Stuttgart, 1994, 278 S.

[H.3.6] Kessler, P.; Ueberholz, R. (1989) Planung, Bau und Betrieb der Umladestation des Rhein-Sieg-Kreises in Troisdorf. Müll und Abfall 21. (1989), S. 229-242

[H.4.1] Göttsching, L. (1975) Recycling in der Papierindustrie. Wochenblatt für die Papierfabrikation (1975), S. 687-697

[H.4.2] Baumgarten, H. L. (1987) Techno-ökonomische Probleme bei der Erzeugung und Verwendung von Altpapierstoff. Recycling von Holz, Zellstoff und Papier (1987), EF-Verlag, Berlin, S. 89-93

[H.4.3] Bremer, H. (1986) Druckfarben – wirklich eine Schwermetallquelle im Altpapier? Das Papier (1986), Heft 10, V46-V52

[H.4.4] Lubisch, G. (1989) Verwertung von Altglas aus der Sicht der Glasindustrie. VDI-Seminar 43-49-02 Januar 1989 „Stoffl. Verwertung von Abfall- und Reststoffen", Manuskriptband, S. 255-270

[H.4.5] BV Glas und Mineralfaser (1991) Qualitätsvorschriften für Altglas (Scherben), Stand 6.5.1991

[H.4.6] Sartorius, I. (1997) Abbaubare Kunststoffe aus der Sicht der Industrie. Manuskript bei Fachtagung „Biologisch abbaubare Kunststoffe", 19./20.02.1997, Würzburg

[H.4.7] Brahms, E.; Eder, G. (1988) Abfallaufkommen und Schadstoffbelastung von Erzeugnissen aus Papier und Kunststoff. Dissertation an der TU Berlin (1988), 299 S.

[H.4.8] Härdtle, G.; Marek, K.; Bilitewski, B.; Kijewski, K. (1991) Recycling von Kunststoffabfällen. Beiheft zu Müll und Abfall Nr. 27, 2. Aufl., 1991, 114 S.

[H.4.9] Martin, J.E.; Zahlten, M. (1989) Betriebs- und Inputvariantenversuche an einer Müllverbrennungsanlage... Abfallwirtschafts-Journal 5/1989, S. 2–11

[H.4.10] Karasek, F.M.; et al. (1983) GC-MS Study on the Formation of PCDD/PCDF from PVC in a municipal Incinerator. J. Chromat. 270. (1983), S. 227–234

[H.4.11] Kerber, G. (1994) Rauchgasemissionen bei veränderlichen Kunststoffanteilen im Restabfall. Bericht ohne Quellenangabe, 1994, 25 S.

[H.4.12] Menges, G.; Michaeli, W.; Bittner, M.; (Hrg.) (1992) Recycling von Kunststoffen. C. Hanser-Verlag, München Wien 1992

[H.4.13] Püchner, P. (1994) Biologisch abbaubare Kunststoffe in der Abfallwirtschaft. Entsorgungspraxis 11/1994, S. 35–39

[H.4.14] Beitz/ Pourshirazi(1987) in Recycling von Kunststoffen 1; hrg. von Thomé-Kozmiensky/Käufer, EF-Verlag, Berlin 1987

[H.4.15] Menges, G (1995) Das Recycling von Kunststoff-Abfällen aus Verkaufsverpackungen – Vergleich der Verfahren in ökonomischer, ökologischer und energetischer Sicht. 4. Münsteraner Abfallwirtschaftstage, Heft 8 der Veröff. des Labors für Abfallwirtschaft (LASU) der FH Münster, 1995, S. 411–438

[H.4.16] Löffler, W. (1989) UK-Wessling-Verfahren zur Wiederaufbereitung von Altkunststoffen. In: Stoffliche Verwertung von Abfall- und Reststoffen. VDI-Seminar 43-49-02, 18.-20.01. 1989, Düsseldorf; Manuskriptband S. 121 ff.

[H.4.17] Wieczorek, B. (1993) Kreislaufwirtschaft in der Bauindustrie. Umwelt, 1993, H. 9, S. 365–366

[H.4.18] Walker, I.; Tränkler, J. (1993) Untersuchungen zur künftigen Verwertbarkeit von Bauschutt. Studie des Inst. für Siedlungswasserwirtschaft der RWTH Aachen 1993

[H.4.19] Lechner, P.; Mostbauer, P.; Schachermayer, E.; Lahner, T.; u.a. (1991) Fachgrundlage zur Beurteilung der Deponiefähigkeit von Bauschutt. Hrsg. Bundesmin. für Umwelt, Jugend und Familie, Schriftenreihe der Sektion V; Bd. 1, Wien 1991, 189 S.

[H.4.20] Offermann, H. (1988) Recycling von Bauschutt – Technische und ökonomische Kriterien bei der Verfahrenswahl. Mitteilungen aus dem Fachgebiet Baubetrieb und Bauwirtschaft, Univ. Gesamthochschule Essen, Bd. 7, 1988, 191 S.

[H.4.21] Stoll, M. (1993) Kosten des Baustoff-Recyclings. In: Hiersche (Hrg.), Baustoff-Recycling 94/95, Stein Verlag, 1993, S. 119–133

[H.4.23] Friedmann, A. (1992) Wiederverwendung von Ausbauasphalt – Situation und zukünftige Möglichkeiten, Die Asphaltstraße, 1992, H. 5, S. 44–49

[H.4.23] Tappert, A. (1987) Ausbauasphalt zwischen Deponie und Deckschicht – Technische und wirtschaftliche Grenzen der Wiederverwertung. Straße und Autobahn, 1990, H. 3, S. 98–105

[H.4.24] LAGA (1994) Anforderungen an die stoffliche Verwertung von mineralischen Reststoffen/Abfällen – Technische Regeln. Länderarbeitsgemeinschaft Abfall (LAGA), Stand 07.09.1994. In: Hösel/Schenkel/Bilitewski/ Schnurer, Müll-Handbuch, E. Schmidt Verlag, Kennz. 8669, Lfg. 3/95, 62 S.

[H.4.25] Peffekoven, W. (1993) Wiederverwendung von Asphalt und pechhaltigen Ausbaustoffen. Straße + Autobahn, 1993, H. 8, S. 476–481

[H.4.26] BfS (1993) Tabellarische Zusammenstellung der Sonderregelungen für die Zugabe an Ausbauasphalt bei der Herstellung von Asphaltmischgut. Stand Mai 1993 zusammengestellt von der Bundesanstalt für Straßenwesen, Bergisch Gladbach, 2 S.

[H.4.27] Schenke, H.-D. (1991) Die Entsorgung imprägnierten Holzes – Probleme und Lösungsansätze. In: „Probleme und Perspektiven eines umweltverträglichen Holzschutzes", UTECH Berlin, Febr. 1991

[H.4.28] Doedens, H.; Bogon, H. (1990) Grundlagen für ein aktualisiertes Abfallwirtschaftskonzept im Lk Diepholz – Teilbereiche Gewerbeabfälle, produktionsspez. Abfälle und Baurestmassen, unveröff. Gutachten, 1990

[H.4.29] Wrage, B. (1993) Aufkommen und Sortierung von Bauabfällen. Recycling in der Bauwirtschaft, Hrg. K.J. Thomé-Kozmiensky, EF-Verlag, Berlin 1987, S. 257–273

[H.4.30] RAL-RG 501/2 (1991) Aufbereitung zur Wiederverwendung von kontaminierten Böden und Bauteilen. Hrg.: RAL Deutsches Institut für Gütesicherung und Kennzeichnung e.V., Beuth Verlag, Berlin, August 1991, 16 S.

[H.4.31] Geiseler, J.; Bialucha, R. (1994) Wasserwirtschaftliche Anforderungen an industrielle Nebenprodukte und Recycling-Baustoffe im Straßenbau, Straße + Autobahn, 1994, H. 2, S. 65-70

[H.4.32] Stein, V. (1987) Recycling von Bauschutt und sein Einfluß auf den Markt natürlicher mineralischer Baustoffe. Recycling in der Bauwirtschaft, Hrg. K.J. Thomé-Kozmiensky, EF-Verlag, Berlin 1987, S. 196-202

[H.4.33] Freund, H.-J. (1993) Aufkommen an Baureststoffen und wiederverwertbaren Mengen. In: Hiersche (Hrg.), Baustoff-Recycling 94/95, Stein Verlag, 1993, S. 17-32

[H.4.34] Krass, K. (1991) Baustoffrecycling als Chance für den praktizierten Umweltschutz. Vortrag anläßlich des FORUM-Führungskräfteseminars zur Abfallwirtschaft, Frankfurt a. M. 1991

[H.4.35] RAL-RG 501/1 (1985) Recycling-Baustoffe für den Straßenbau. Hrg.: RAL Deutsches Institut für Gütesicherung und Kennzeichnung e.V., Beuth Verlag, Berlin, Febr. 1985, 22 S.

[H.4.36] Meyer, S. (1993) Chancen und Instrumentarien zur Vermarktung von Baustoffrecyclingprodukten. Bilitewski (Hrg.), Recycling von Baureststoffen, EF-Verlag, Berlin 1993, S. 331-350

[H.5.1] Ketelsen, K.: Grundlagen für integrierte Abfallwirtschaftskonzepte und abfallwirtschaftliche Planungen. Veröffentlichungen des ISA der Universität Hannover, Heft 85. Hannover 1993

[H.5.2] Poos, P.-M.: Neue Entwicklungen im Abfallrecht und in der Abfalltechnik. Haase Energietechnik GmbH: Abfallwirtschaft - quo vadis 1996? Tagungsband Neumünster 1996, S. 13-27

[H.5.3] Doedens, H.; Bogon, H.; Kirschner, K.-E.: Ist eine Zentralisierung der mechanisch-biologischen Behandlung und Ablagerung von Siedlungsabfällen sinnvoll? Müll und Abfall 26. Jg. (1994) [Heft 4], S. 574-590

[H.5.4] Doedens, H.: Möglichkeiten zur Minimierung der Sickerwassermengen. Entsorgungspraxis Spezial (1989) [Heft 9], S. 11-13

[H.5.5] Ehrig, H.-J.: Sickerwassermenge und -qualität. Entsorgungspraxis Spezial (1989) [Heft 9], S. 6-10

[H.5.6] Kollbach, J.St.: Vergleich und Bewertung von Sickerwasserreinigungsverfahren. Hg. Enviro Consult und Ing.-Büro für Abfallwirtschaft: Deponiesickerwasserreinigung. Tagungsband München 1991, S. 131-177

[H.5.7] Dahm, W.; Kollbach, J.S.; Gebel. J.: Sickerwasserreinigung. Berlin: EF-Verlag 1994

[H.5.8] Albers, H.: Vergleichende Betrachtung von Verfahrenskombinationen zur Reinigung von Haus- und Sondermülldeponie-Sickerwasser. Veröffentlichungen des Zentrums für Abfallforschung der TU Braunschweig, Heft 3. Kayser, R.; Henning, A. (Hrg.) Behandlung von Sickerwässern aus Abfalldeponien. Braunschweig, 1988, S. 389-422

[H.5.9] Albertsen, A.; Holz, F; Martens, J.: Stoffliche Reaktionen im Reststoff bei Sickerwasseranlagen mit biologischer Vorbehandlung. Müll und Abfall 27. Jg. (1995), S. 707-716

[H.5.10] Tabasaran, O. (1976) Überlegungen zum Problem Deponiegas. Müll und Abfall 8. Jg. (1976) [Heft 7], S. 204-210

[H.5.11] Weber, B.: Minimierung von Emissionen der Deponie. Veröffentlichungen des ISA der Universität Hannover, Heft 74. Hannover 1990

[H.5.12] Farquhar, G.J.; Rovers, F.A.: Gas Production during Refuse Decomposition. Water, Air and Soil Pollution (1973) [Heft 7], S. 483-495

[H.5.13] Boll, Fr.-W.; Doedens, H.; Hebbelmann, H.; Schlüter, U.; Weber, B.: Auswirkungen der aktiven Entgasung auf die Möglichkeiten der Rekultivierung von Hochdeponien. Müll und Abfall 20. Jg. (1988), S. 112-122

[H.6.1] Ketelsen, K.: Grundlagen für integrierte Abfallwirtschaftskonzepte und abfallwirtschaftliche Planungen. Veröffentl. des Instituts für Siedlungswasserwirtschaft und Abfalltechnik, Universität Hannover, Heft 85, 1993

[H.7.1] Fricke, K., Vogtmann H. und Hahn G. (1993) Eigenkompostlerung und Biotonne in ländlichen Gebieten - ein Widerspruch? In: Fricke, Thomé-Kozmiensky, Neumüller (Hrsg.), Integrierte Abfallwirtschaft im ländlichen Raum, EF-Verlag Berlin, 143-154

[H.7.2] Kern, M. (1999) Input und Output. In: Müllmagazin 1/1999, Rhombos-Verlag, Berlin, 24-27

[H.7.3] Bidlingmaier, W., Vageder, M., Kranert, M., Widmann, R., Strauch, D., Kehres, B. und Gottschall, R. (1999) Die abfallrechtlichen Rahmenbedingungen der Bio- und Grünabfallkompostierung, Eugen Ulmer, Stuttgart

[H.7.4] Edelmann, W., Engeli, H., und Kull, T. (1993) Stand der Anearobtechnik aus technologischer und entsorgungsbezogener Sicht. In: Biologische Abfallbehandlung, Wiemer und Kern (Hrsg.), BAEZA-Verlag Witzenhausen

[H.7.5] Scherer, P.A. (1997) Verfahren der Vergärung. In: Thomé-Kozmiensky: Biologische Abfallbehandlung. EF-Verlag, Berlin, 373-395.

[H.7.6] Hausgartenkomposte in: Bundesgütegemeinschaft Kompost (Hrsg.) (1995): Humuswirtschaft & Komposte, H. 1, S. 24

[H.7.7] Bilitewski, B., Stegmann, R., Heilmann, A., K. Soyez, Heyer, K.-U. und Thrän, D. (1997) Stoffstrommanagement am Beispiel der Siedlungsabfälle. In: Müll und Abfall Sonderheft 33, 15-25

[H.7.8] Bidlingmaier, W. und Streff, L. (1993) Verhalten von biologisch vorbehandeltem Restmüll bei der Ablagerung. In: Fricke, Thomé-Kozmiensky, Neumüller (Hrsg.), Integrierte Abfallwirtschaft im ländlichen Raum, EF-Verlag Berlin, 249-258

[H.7.9] Lepom, P. und Henschel, P. (1993) Verfahren zur Charakterisierung des biologisch abbaubaren Anteils der organischen Substanz, Müll und Abfall 7, S. 530

[H.7.10] Müller, W. und Fricke, K. (1993) Mechanisch-biologische Restmüllbehandlung unter Berücksichtigung der Aerob- und Anaerobtechnik, in: Fricke, K., Thomé-Kozmiensky, K.J. und Neumüller, G. (1993) Integrierte Abfallwirtschaft im ländlichen Raum, EF-Verlag für Energie- und Umwelttechnik, Berlin, S.259- 523

[H.7.11] Völker, M., 1991: Ist der Glühverlust ein sinnvoller Parameter für die Beurteilung von Industrieabfällen? - Müll und Abfall 12, S. 825-827.

[H.7.12] Maile, A., Halfmann, A., Kraft, E., Scheelhaase, T. und Bidlingmaier, W. (1999) Abschlußbericht Verbundvorhaben: Mechanisch-biologische Behandlung vor der Deponie - Bodenmechanische Kennwerte - Entwurf

[H.7.13] Fricke, K., Müller, W., Hake, J., Turk, T. (1997) Vergärungsverfahren als integraler Bestandteil der mechanisch-biologischen Restabfallbehandlung. Sonderdruck aus der Zeitschrift Abfallwirtschaftsjournal, 11

[H.7.14] Dach, J. und Müller, W (1998) Gasentwicklung und Sickerwasserbelastung von Deponien mit mechanisch-biologisch vorbehandelten Abfällen. In: Friedrich/Fricke: Gleichwertigkeitsnachweis nach Ziffer 2.4 TASi für die Ablagerung von mechanisch-biologisch vorbehandelten Abfällen. 110 Abfallwirtschaft in Forschung und Praxis Erich-Schmidt-Verlag; Berlin

[H.7.15] Müller, W. und Wallmann, R. (1996) Vorversuche zur mechanisch-biologischen Restabfallbehandlung; in: Mechanisch-biologische Restabfallbehandlung unter Einbindung thermischer Verfahren für Teilfraktionen; Schriftenreihe WAR 90, Darmstadt; S. 157-184

[H.7.16] Leikam, K. und Stegmann, R. (1997) Ablagerungsverhalten mechanisch-biologisch vorbehandelter Abfälle, VDI-Seminar: Planung von mechanisch-biologischen Restabfallbehandlungsanlagen (MBA), Düsseldorf 3.-4. März 1997, VDI, Eigenverlag

[H.7.17] Damann, B., Wiese, B., Heining K. und Stegmann, R. (1996) Weitergehende Elimination von Gerüchen aus Kompostwerken. In: Neue Techniken der Kompostierung, Dokumentation des 2. BMBF-Statusseminars vom 6.-8.11.1996, Economica-Verlag, Hamurg, S. 459-476

[H.7.18] VDI 1991: BDI-Richtlinie 3477 „Biofilter"

[H.7.19] Sabo, F. (1991) Behandlung von Deponiegas im Biofilter. Stuttgarter Berichte zur Abfallwirtschaft, Stuttgart, Erich-Schmidt-Verlag, Bielefeld

[H.7.20] Wallmann, R. (1999) Ökologische Bewertung der Mechanisch-bologischen Restabfallbehandlung und der Müllverbrennung auf Basis von Energie- und Schadgasbilanzen. Schriftenreihe des ANS 38

[H.7.21] Saake, M. und Hübner, R. (1989) Einsatz von Biofiltern zur Behandlung lösemittelhaltiger Abluft, Seminar „Biologische Abgasreinigung", 23./24. Mai 1989, Köln

[H.7.22] Fischer, K., Bardtke, D., Eitner, D., Homans, W.J., Janson, O., Kohler, H., Sabo F. und Schirz, S. (1990) Biologische Abluftreinigung, Wasser Luft und Boden 212, expert-Verlag, Ehningen bei Böblingen

[H.7.23] Fricke, K. und Müller, W. (1993) Mechanisch-biologische Restmüllbehandlung unter Berücksichtigung der Aerob- und Anaerobtechnik; in: Integrierte Abfallwirtschaft im ländlichen Raum; Fricke, Thomé-Kozmiensky u. Neumüller (Hrsg.); EF-Verlag für Energie- und Umwelttechnik GmbH, Berlin; S. 259-522

[H.7.24] Doedens, H. und Cuhls, C. (1997) MBA vor Deponie - neue Erkenntnisse aus laufenden Forschungsvorhaben, Vortrag auf dem VDI-Seminar 43-98-02 „Planung von mechanisch-biologischen Behandlungsanlagen" vom 3.-4. März 1997 in Düsseldorf.

[H.7.25] Doedens, H., Cuhls, C. und Mönkeberg,

F. (1998) Bilanzierung von Umweltchemikalien bei der biologischen Vorbehandlung von Restabfällen, Tagungsband zum BMBF-Statusseminar „Verbundvorhaben mechanisch-biologische Behandlung von zu deponierenden Abfällen", 17.–19. März 1998, Potsdam

[H.7.26] Roth, T., (1991) Sickerwasser aus der Bioabfallkompostierung. Dissertation Gh Kassel.

Ergänzende Literatur

Bergs et al.: TA Siedlungsabfall. Technische Anleitung zur Verwertung, Behandlung und sonstigen Entsorgung von Siedlungsabfällen mit Erläuterungen. Abfallwirtschaft in Forschung und Praxis, Bd. 61, E. Schmitt-Verlag Berlin 1993

Bredenbals, B.; Weber, H.; Willkomm, w. (1993) Recycling, Rückbau und umweltgerechte Baustellenentsorgung. VBR-Recycling-Leitfaden. Hrg.: VBR e.V., Bonn 1993, 110 S.

BRV (1993) Richtlinie für Recycling-Baustoffe. Hrg.: Österreichischer Baustoff-Recycling-Verband BRV, 2. Aufl. 1993, 25 S.

FGSV-Arbeitspapier nr 28/1 (1992) Umweltverträglichkeit von Mineralstoffen, Teil: Wasserwirtschaftliche Verträglichkeit. Forschungsgesellschaft für Straßen- und Verkehrswesen (FGSV), Köln 1992, 17 S.

Gallenkemper, B. u. Doedens; H. (1988) Getrennte Sammlung von Wertstoffen des Hausmülls - Planungshilfen zur Bewertung und Anwendung von Systemen der getrennten Sammlung. Abfallwirtschaft in Forschung und Praxis, Bd. 21, Erich Schmidt Verlag, Berlin

Gawalpanchi, R.R.; Berthonex, P.M.; Ham, R.K.: Particle Size Distritugion of Milled Refuse, Waste Age 9/10 (1973)

Gewiese, A. (1993) Recycling-Potential an Baureststoffen und Anforderungen an die Genehmigung von Baustoff-Recycling, Steinbruch und Sandgrube, 1993, H. 9, S. 46–52

Göttsching, L. (1990) Papier in unserer Welt - Ein Handbuch. Econ.-Verlag, Düsseldorf, 345 S.

Henselder-Ludwig: TA Siedlungsabfall. Dritte Allgemeine Verwaltungsvorschrift zum Abfallgesetz – Textausgabe mit einer Einführung, Anmerkungen und ergänzenden Materliaien, Bundesanzeiger, Köln, 1993

Hiersche, E.-U. (1991) Aufkommen an alternativen Baustoffen. In: Hiersche (Hrg.), Baustoff-Recycling 1992, Stein Verlag, 1991, S. 20–27

Hösel, H.; Schenkel, W.; Schnurer, H.: Müllhandbuch. Erich-Schmidt-Verlag, Berlin, Loseblattausgabe, 6 Bände

Krass, K. (1993) Anfall, Aufbereitung und Verwertung von industriellen Nebenprodukten und Recycling-Baustoffen. Straße und Autobahn, 1993, H. 12, S. 720–724

Lützow, W.; Patuska, G. (1987) Materialprüfung zur Beurteilung mehrmals wiederverarbeiteter Thermoplaste. In: Recycling von Kunststoffen 1; hrg. von Thomé-Kozmiensky/Käufer; EF-Verlag, Berlin 1987

Ministerium für Umwelt, Baden Württemberg. Luft – Boden – Abfall. Leitfaden Siedlungsabfälle Heft 14

Müller, H.; et al. (1997) Organische und anorganische Schadstoffe im Papier. Müll-Handbuch; Ziff. 8614.8, Lieferg. 8/97, 18 S.

Pothmann, D. (1997) Altpapierverwertung in der Papierfabrik. Müll-Handbuch; Ziff. 8614.4, Lieferung 8/97, 10 S.

Reinhardt, J.J.; Ham R.K.: Final Report on an Demonstration Project at Madison, Wisc.; to Investigate Milling of Solid Wastes, U.S. EPA-3-G06-EC-00000-00S1 (1973), Vol. 1

Schubert, H.: Aufbereitung fester mineralischer Rohstoffe, Bd. 1, 3. Aufl. VEB Leipzig 1975

Stratton, F.E.; Alter, H.: Application of Bond Theory to Solid Waste Shredding, J. Environ. Engl., Vol. 104 (1978), No. EE1

Terzek, G.J.: Significance of Size Reduction in Solid Waste Management, U.S. EPA-600/2-77-131, Cincinnati, Ohio /1977)

Terzek, G.J.; Shiflett, G.R.: Parameters covering refuse comminution, Resource Recovery and Conversation 1 (1977)

Thomé-Kozmiensky, K.J.: Brennstoff aus Müll, Freitag Verlag, Berlin 1984

Thomé-Kozmiensky, K.J.: Energiegewinnung durch emissionsarme Verbrennung von Rückständen in Kleinanlagen, Bd. 2, Freitag Verlag, Berlin 1981

Thomé-Kozmiensky, K.J.: Materialrecycling durch Abfallaufbereitung, Bd. 5, Freitag Verlag, Berlin 1983

Thomé-Kozmiensky, K. (Hrg.) (1989) Sammlung, Umschlag, Transport von Abfällen. EF-Verlag, Berlin, 371 S.

Tidden, F. und Tyroller, I. (1993) Bilanz einer zweistufigen Vergärungsanlage zur Behandlung von Restabfällen. In: Fricke, Thomé-Kozmiensky, Neumüller (Hrsg.), Integrierte Abfallwirtschaft im ländlichen Raum, EF-Verlag Berlin

Verordnung über die Vermeidung von Verpackungsabfällen (VerpackV) vom 12.06.1991, Bundesgesetzblatt, Jahrg. 1991, S. 1234–1238

2. Allg. Verwaltungsvorschrift zum Abfallgesetz (TA Sonderabfall) vom 23.04.1990, GMBl. 1990, S. 169 ff. sowie S. 856 und GMBl. 1991, S. 469

Altlastensanierung und Bodenschutz

J.1 Wechselwirkungen mit der Umwelt

J.1.1 Ursachen der Altlasten

In der Entwicklungsgeschichte der Menschen bestanden Abfälle im weitesten Sinne aus Resten erbeuteter Tiere, Produktionsrückständen in der Landwirtschaft und Ausscheidungen von Menschen und Haustieren. Diese Abfälle waren weitestgehend organischer Natur und Bestandteil von Nahrungsketten. Mikroorganismen sorgten für die Rückführung organischer in anorganische Substanzen, die wiederum Nährstoffe für den Aufbau photosynthesefähiger Pflanzen und Algen waren und sind. Stoffkreisläufe waren geschlossen. Innerhalb dieser im quasi Gleichgewicht befindlichen Systeme haben sich Menschen, Tiere und Pflanzen an bestimmte Stoffkonzentrationen in ihrem Umfeld angepaßt. Diese Anpassung erforderte Zeit.

Die industrielle Epoche hat nun eine Fülle von Substanzen in die Umwelt gebracht, an die der weitaus überwiegende Teil der belebten Materie nicht angepaßt ist. Es werden mehr synthetisch erzeugte Stoffe in die Umwelt entlassen, als durch physikalische, chemische und biochemische Prozesse wieder in den Stoffkreislauf zurückgeführt. Dadurch ergibt sich eine Speicherung im System. Die wesentlichen Speicher solcher Stoffe sind die Atmosphäre (z. B. FCKW), die Gewässer und der Boden. Die Luft und das Wasser sind Medien, in und mit denen die Substanzen – auch im Boden – hauptsächlich transportiert und verteilt werden; hinzu kommen die Lebewesen und die Transportsysteme der Menschen, die für eine Verteilung sorgen.

Stoffkonzentrationen, die unter bestimmten Voraussetzungen zu Altlasten erklärt werden, resultieren zum einen im wesentlichen aus der Ablagerung von Abfällen aus dem häuslichen, gewerblichen, industriellen und militärischen Bereich, zum anderen aus dem Eindringen in den Boden und dem Speichern von Stoffen im Untergrund an den Standorten, wo sie produziert und mit ihnen umgegangen wurde.

J.1.2 Begriffsdefinition „Altlast"

Von Stoffansammlungen im Boden können Gefahren ausgehen. Im Ordnungsrecht wird unter einer Gefahr eine Lage verstanden, in der ein Zustand bei ungehindertem Ablauf des Geschehens mit hinreichender Wahrscheinlichkeit zu einem Schaden für die öffentliche Sicherheit führen würde. Der Schaden braucht nicht mit Gewißheit erwartet werden. Nach dem Abfallgesetz Nordrhein-Westfalens vom 21.06.1988 [J.1.1] ist das Schutzgut die öffentliche Sicherheit und Ordnung, nach dem Hessischen Abfallwirtschafts- und Altlastengesetz vom 10.07.1989 [J.1.2] ist es das Wohl der Allgemeinheit.

Bevor die Gefährdung des Schutzguts, die von einer Ansammlung von Stoffen auf einem Standort ausgeht, nicht behördlicherseits festgestellt ist, wird i. allg. von einer Altlastenverdachtsfläche gesprochen. Erst nach einer Untersuchung der Fläche und der Bewertung der Ergebnisse durch ein Gremium von Fachleuten kann die Behörde zu der Überzeugung kommen, daß mit hinreichender Wahrscheinlichkeit ein Schaden für die genannten Schutzgüter zu besorgen ist. Dann ist die Altlastenverdachtsfläche zu einer Altlast zu erklären. Eine Altlast ist danach das Ergebnis einer behördlichen Entscheidung.

J.1.3 Einteilung der Altlastenverdachtsflächen

Die Länder der Bundesrepublik Deutschland erfassen die Altlastenverdachtsflächen nach folgenden Kriterien:

Altablagerungen als
- stillgelegte Anlagen zum Ablagern von Abfällen,
- Grundstücke, auf denen vor Inkrafttreten des jeweiligen Abfallgesetzes Abfälle abgelagert worden sind.

Altstandorte als
- Grundstücke stillgelegter Anlagen, in denen mit umweltgefährdenden Stoffen umgegangen worden ist, soweit es sich um Anlagen der gewerblichen Wirtschaft oder im Bereich öffentlicher Einrichtungen gehandelt hat,
- Grundstücke, auf denen im Bereich der gewerblichen Wirtschaft und öffentlicher Einrichtungen mit umweltgefährdenden Stoffen umgegangen worden ist.

Ausgenommen ist der Umgang mit radioaktiven Stoffen und Kernbrennstoffen, das Aufbringen von Klärschlamm, Fäkalien, Abwasser oder ähnlichen Stoffen, von festen Stoffen, die aus oberirdischen Gewässern entnommen worden sind, sowie das Aufbringen und Anwenden von Dünge- und Pflanzenbehandlungsmitteln. Darüber hinaus werden militärische und Rüstungsaltlastenverdachtsflächen erfaßt.

Unter militärischen Altlastenverdachtsflächen werden die im Zuständigkeitsbereich des Militärs im Zusammenhang mit kriegerischen Handlungen entstandenen Flächen verstanden. Altstandorte sind im wesentlichen Truppenunterkünfte, Depots von Waffen und Munition, Fliegerhorste und Truppenübungsplätze. Darüber hinaus wurden Munition und chemische Kampfstoffe auf dem Lande in Oberflächengewässern und im Meer gelagert. Dadurch entstanden militärische Altablagerungen.

J.1.4 Stand der Altlastenerfassung

Das Umweltbundesamt hat mit Stand vom November 1993 folgende Zahl von Altablagerungen und Altstandorten mitgeteilt [J.1.3] (Zahlen gerundet).

	Altablagerungen	Altstandorte	Summe Altlastenverdachtsflächen
Alte Länder	55.000	14.000	69.000
Neue Länder	31.000	39.000	70.000
Gesamt	86.000	53.000	139.000

In vielen Ländern sind die Altstandorte noch unzureichend erfaßt. Die Gesamtzahl der Altlastenverdachtsflächen außerhalb des militärischen Bereichs wird auf Grundlage der vorhandenen Ermittlungen auf ca. 245.000 geschätzt.

Militärische Altlastenverdachtsflächen sind ca. 7.500 erfaßt, davon 64 % in den neuen, 36 % in den alten Ländern. Auch diese Zahl wird sich auf ca. 10.000 (Schätzung) erhöhen.

J.1.5 Einteilung in Stoffgruppen

Stoffe können, in gewissen Mengen pro Zeiteinheit, von Organismen und Sachgütern aufgenommen oder in Kontakt gebracht, Schäden verursachen. Bezogen auf die menschliche Gesundheit wurden in verschiedenen Bereichen Grenz- und Richtwerte von Konzentrationen verschiedener Stoffe in den Umweltmedien Luft, Boden und Wasser vorgegeben:
- zum Schutz der menschlichen Gesundheit und der Umwelt (z.B. Trinkwasser)
- zur unmittelbaren Abwehr von Mißständen (Sanierung der Altlasten)

Altlasten sind als Mißstand anzusehen, dessen Behebung anzustreben ist. Im Zusammenhang mit der Behebung des Mißstands und zum Schutz der menschlichen Gesundheit wurden Stoffgruppen definiert, denen besondere Aufmerksamkeit zu widmen ist. In Anlehnung an die sog. Berliner Liste sind die in Tabelle J.1-1 aufgeführten Gruppen zu beachten.

Die Erscheinungsformen sind für die Abschätzung der Ausbreitung in den Umweltmedien bedeutsam.

J.1.6 Böden

Der Begriff Altlast ist i. allg. mit einer Landoberfläche verbunden. Das anstehende Gestein ist mit Schadstoffen verunreinigt. Im Untergrund erfolgt der Transport von Stoffen von der Verdachtsfläche zu den Schutzgütern. Die Wahl der Sanierungsverfahren von Altlasten hängt im wesentlichen von der Art der anstehenden Böden

Tabelle J.1-1 Relevante Stoffe im Zusammenhang mit der Altlastenproblematik

	Aggregatzustand			Im Wasser gelöst	Im Boden angelagert
	fest	flüssig	gasförmig		
Anorganische Stoffe					
Metalle	x			x	xx
Sonstige anorganische Stoffe				xx	
Organische Stoffe					
Alipathische Kohlenwasserstoffe (Mineralöle)		xx	x	xx	
Aromatische Kohlenwasserstoffe		xx	x	xx	
Monoaromatische Kohlenwasserstoffe					
Polycyclische aromatische Kohlenwasserstoffe		xx	x	xx	
Substituierte Kohlenwasserstoffe					
Alipathische halogenierte Kohlenwasserstoffe		xx	x	xx	
Aromatische halogenierte Kohlenwasserstoffe		x	x	xx	
Phenole und Alkohole		xx	x	xx	
Pestizide		x		xx	
Biologische Stoffe (Viren, Bakterien, Hefen, Pilze)				x	x

ab. Unter diesem Gesichtspunkt wird der Boden charakterisiert, in dem die gefährlichen Stoffe lagern, sich ausbreiten, aus denen sie entfernt oder in denen sie fixiert werden müssen.

Mit dem Begriff Boden wurde in der Vergangenheit die oberste belebte Zone der Lithosphäre verstanden, in der Pflanzen ihre Wurzeln entwickeln. Kunze [J.1.4] versteht unter dem Boden (Pedosphäre) die Schnittmenge von Lithosphäre, Hydrosphäre, Atmosphäre, Biosphäre und Anthroposphäre. Gerade im Zusammenhang mit Altlastenverdachtsflächen und Altlasten erhält diese Definition besondere Bedeutung.

Bei den Festgesteinen wird grob zwischen Eruptivgesteinen, Sedimentgesteinen und metamorphen Gesteinen unterschieden.

Die Lockergesteine entstanden durch fluviatile und äolische Ablagerungen von Verwitterungsprodukten der Festgesteine. Sie werden nach dem Durchmesser der einzelnen Elemente in Größenklassen eingeteilt (Tabelle J.1-2).

Die Hohlräume, durch die der Transport der Schadstoffe erfolgt, lassen sich in Festgesteinen wie folgt untergliedern [J.1.5]: Poren, Trennfugen, Karsterscheinungen und anthropogene Hohlräume. In den Sedimentgesteinen kann zwischen Primärporen und Sekundärporen unterschieden werden. Die Primärporen sind die Hohlräume zwischen den Körnern. Bei den Sekundär-

Tabelle J.1-2 Korngrößenfraktionen (DIN 4022)

Kornfraktion		Korndurchmesser (mm)
Steine	X	60,000
Kies	G	60,000 – 2,000
Sand	S	02,000 – 0,060
Schluff	U	00,060 – 0,002
Ton	T	00,002

poren handelt es sich um Hohlräume zwischen Körneraggregaten. Darüber hinaus werden Grobporen durch die Einwirkung von Tieren und Pflanzen gebildet. Dazu zählen die Schrumpfrisse in Böden mit hohen Ton- und Schluffanteilen, die bei der Austrocknung entstehen.

Eine Groborientierung über die Durchlässigkeit der Gesteine gibt Tabelle J.1-3. Von den Festgesteinen sind die wesentlichen Sedimentgesteine ausgewählt worden, die in Deutschland vorkommen. In Anlehnung an Krapp [J.1.6] ist nur der Schwerpunktbereich aufgenommen, in denen die Durchlässigkeiten i. allg. liegen.

Neben der Durchlässigkeit interessiert häufig auch das Wasserhaltevermögen. Bild J.1-1 gibt den pf-Wert der verschiedenen Kornfraktionen als Funktion des Wassergehalts bezogen auf den Hohlraumanteil (Sättigungsgrad) an. Oberhalb

Tabelle J.1-3 Durchlässigkeit wesentlicher Gesteine (Groborientierung)

	Durchlässigkeit (k_f) (m/s)
Festgesteine	
Dolomit	$10^0 - 10^{-1}$
Kalkstein	$10^{-1} - 10^{-2}$
Mergelstein	$10^{-2} - 10^{-3}$
Kalksandstein	$10^{-3} - 10^{-4}$
Quarzit	$10^{-4} - 10^{-5}$
Sandstein	$10^{-5} - 10^{-6}$
Sand- und Tonstein in Wechsellagerung	$10^{-6} - 10^{-7}$
Schluffstein	$10^{-7} - 10^{-8}$
Tonstein	$10^{-8} - 10^{-9}$
Metamorphite	$< 10^{-9}$
Sedimente[a]	
Steine	$> 10^{-0}$
Kiese	$10^{-0} - 10^{-3}$
Sand	$10^{-3} - 10^{-6}$
Schluff	$10^{-6} - 10^{-9}$
Ton	$< 10^{-9}$

[a] Die angegebenen Durchlässigkeiten beziehen sich auf den Grundwasserbereich.

von pf = log $h_c/h_{co}2$ wird das Wasser gegen die Schwerkraft durch die Kapillarkraft gehalten.

In der durchwurzelten Bodenzone ist die Gefügebildung für die Durchlässigkeit von großer Bedeutung. Bei den Bodenklassen Steine, Kies und Sand liegen weitgehend Einzelkorngefüge vor. Die Durchlässigkeit wird von Poren zwischen den Steinen und Körnern bestimmt. Bei ton-, humus- und metalloxidhaltigen Böden ist das Sekundärgefüge vorherrschend. Die feinsten Bodenteilchen können durch Ionen, organische Bestandteile (Humus, Feinwurzeln, Stoffwechselprodukte der Bodentiere) und durch Metalloxide verkittet sein. Es können sich gröbere Gefügeelemente aufbauen und absondern. Die Durchlässigkeit wird durch die Hohlräume zwischen den Aggregaten (Sekundärporen) oder Grobporen bestimmt. Der Übergang von Böden mit grobkörnigen zu feinkörnigen Materialien mit den genannten Inhaltsstoffen ist fließend. Tabelle J.1-4 enthält einige Bodentypen mit ihren

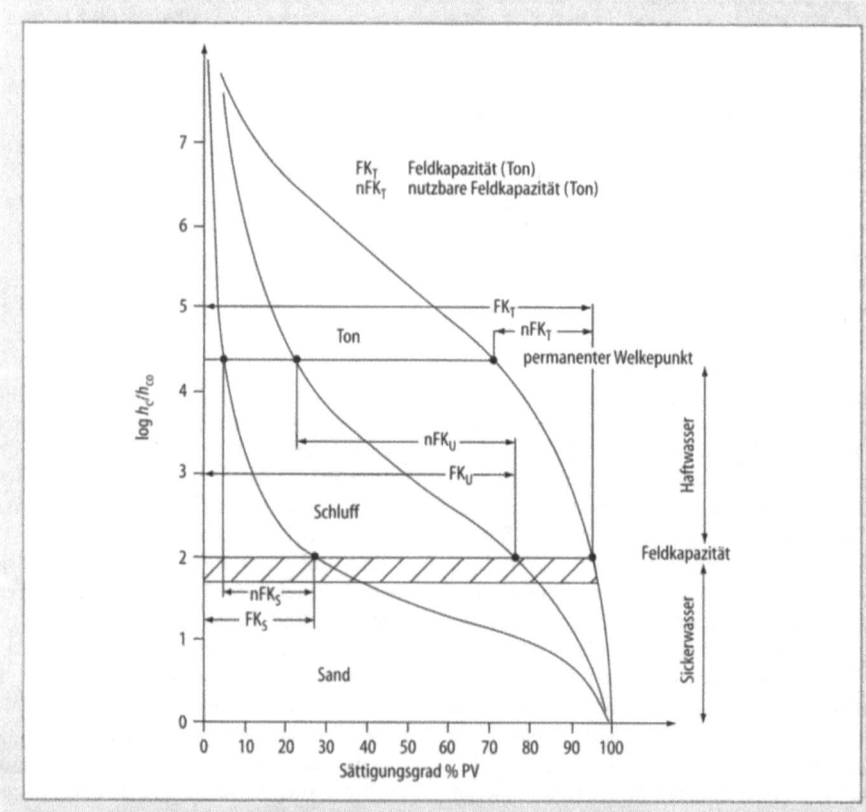

Bild J.1-1 Abhängigkeit des pf-Wertes (=log h_c/h_{co}) vom Sättigungsgrad verschiedener Bodenarten

Tabelle J.1-4 Bodentypen, Verbreitung und Eigenschaften

Bodentyp	Horizonte	Durchlässigkeit	Speicherfähigkeit (Kapillarität)	Chemische Eigenschaften	Biologische Aktivität	Verbreitung
Ranker	A-C	groß	klein	kalkarm	gering	Hoch- + Mittelgebirge; Kammlagen
Rendzina	0-A-C	groß	klein	kalkhaltig alkalisch große Natrium u. Calcium-Reserve	groß	Kalke und Dolomite, Mittel-, Oberdevon, Unterkarbon, Mesozoikum des Hügellandes
Braunerde	A-B-C	mittel-gering	mittelgroß	a) sauer pH <4 möglich b) basenreich pH = 7	gering	Großflächig in kalkfreien Gesteinen des Devons, Karbons, Perm, Trias
Parabraunerde	A-B-C	mittel, gering im B-Horizont	mittel	a) sauer-neutral Sorption im A-Horizont	gering, bei pH > 5 gut	Kalkhaltige Sedimente (Löß, Geschiebemergel) Moränen
Podsol	0-A-B-C	gut-groß	gut-gering	sauer Nährstoffarmut	gering	Silikatarme Sande (N.W.-Deutschland)
Pseudogley	A-S	gut, schlecht im Stauhorizont	gut	sauer	gering	Lokale Verbreitung, abhängig von vorhandenen Stauschichten
Gley	A-G	gering	groß	sauer - neutral	gering-mäßig	Täler-Flußauen Neubildungen Norddeutschlands

Eigenschaften, die in Deutschland häufig anzutreffen sind.

Für die Ausbreitung von Stoffen sind noch folgende Eigenschaften der Böden bedeutungsvoll:

Kalkgehalt

Saure Niederschläge mobilisieren Schwermetalle. Kalk im Boden führt zu einer Neutralisierung der Wässer und zur Erhöhung des pH-Werts. Bei pH-Werten > 4 sind die Schwermetalle im Boden i. allg. nicht beweglich.

Humusgehalt

Die Ausbreitungsmobilität der von im Wasser gelösten organische Stoffe ist aus zwei Gründen vom Humusgehalt abhängig. Zum einen werden die organischen Inhaltsstoffe an den Humusteilchen adsorbiert, zum anderen ist in Humusböden eine dichte Bakterienpopulation vorhanden. Viele organische Produkte werden von Spezialisten als Nahrung aufgenommen und biochemisch abgebaut. Der Abbau muß allerdings nicht gleich in der ersten Stufe zu harmlosen Produkten führen.

Biologische Aktivität

Auch in tieferen Bereichen des Untergrunds und in Grundwasserleitern sind Bakterien, Hefen und Pilze vorhanden, die zum Abbau organischer Stoffe fähig sind. Die Populationsdichte ist in tieferen Bereichen jedoch als Folge des i.allg. geringen Nahrungsangebots klein gegenüber der Populationsdichte im Oberboden. Bei einem Zustrom von Nahrung in Form von Schadstoffen aus Altlastenverdachtsflächen erfolgt eine Vermehrung der Spezialisten, denen das Nahrungsangebot bekömmlich ist [J.1.7].

J.1.7 Schadstoffausbreitung in der gesättigten und ungesättigten Bodenzone

Stoffe entweichen aus Altablagerungen und Altstandorten und dringen in den Untergrund ein.

Hier können sie sich als eigenständige Phasen in gasförmigem oder flüssigem Zustand ausbreiten. Auch können sie im Wasser gelöst oder in der Bodenluft aufgenommen werden und bewegen sich mit oder innerhalb dieser Medien.

Bezüglich des Aggregatzustands werden gasförmige, flüssige und feste Phasen unterschieden. Die wesentlichen physikalischen Eigenschaften sind die Dichte, die Viskosität und die Oberflächenspannung. Mit Blick auf Wechselwirkungen zwischen Phasen sind weiter zu nennen: Dampfdruck, Löslichkeit und Benetzbarkeit [J.1.8].

Bei Mehrphasensystemen liegen Fluide mit Grenzflächen vor, die die Phasen mit unterschiedlichen physikalischen Eigenschaften trennen. Über die Phasengrenzen finden Stoffaustauschvorgänge statt. Aus Flüssigkeiten treten Moleküle in die umgebende Luft über. Ein solcher Vorgang kann an der Grenzfläche zweier verschiedener oder auch gleicher Flüssigkeiten erfolgen. Chlorierte Kohlenwasserstoffe verdampfen in die umgebende Luft und lösen sich im Wasser. Aus einem stark kontaminierten Wasser mit höherer Dichte und Viskosität gegenüber der reinen Flüssigkeit treten Stoffe in relativ sauberes Wasser über. Die Ursache für diese Stoffübergänge ist letztlich die Wärmebewegung der Moleküle in den jeweiligen Fluiden und deren Beweglichkeit. Räumlich definierte Phasengrenzen liegen dann vor, wenn Stoffe in unterschiedlichen Aggregatzuständen in einem System vorkommen oder bei gleichen Aggregatzuständen aus unterschiedlichen Molekülen bestehen [J.1.9].

Es werden homogene und heterogene Phasen unterschieden. Die homogenen Phasen bestehen als Fluide aus einem Molekül. Hierzu zählen die chlorierten Wasserstoffe. Aus vielen verschiedenen Molekülgruppen sind u. a. die Mineralöle aufgebaut. Leichtflüchtige Komponenten verdampfen schnell in die umgebende Luft und leichtlösliche Gruppen gehen schnell in die Wasserphase über. Bei den schwerflüchtigen und schwerlöslichen Bestandteilen gehen diese Übergänge langsamer vonstatten. Da der Gehalt an leichtflüchtigen oder leichtlöslichen Komponenten schnell abnimmt, ist die Menge an Stoffen, die die Mineralölphase verläßt, eine Funktion der Zeit [J.1.10].

Auch die Luft ist eine heterogene Phase, da sie aus mehreren Gasen zusammengesetzt ist. Fliessende Übergänge zwischen heterogenen und homogenen Phasen bilden sich aus, wenn die Konzentration von Stoffen so groß wird, daß sich die physikalischen Eigenschaften der weniger oder mehr belasteten Flüssigkeiten und Gase voneinander unterscheiden.

Mit Blick auf die Ausbreitung von Stoffen im Untergrund wird zwischen einer ungesättigten und einer gesättigten Zone unterschieden. In der ungesättigten Zone liegen unter normalen Verhältnissen die beiden Phasen Luft und Wasser im Hohlraum von Fest- oder Lockergesteinen vor. Im Grundwasserbereich ist der Hohlraum

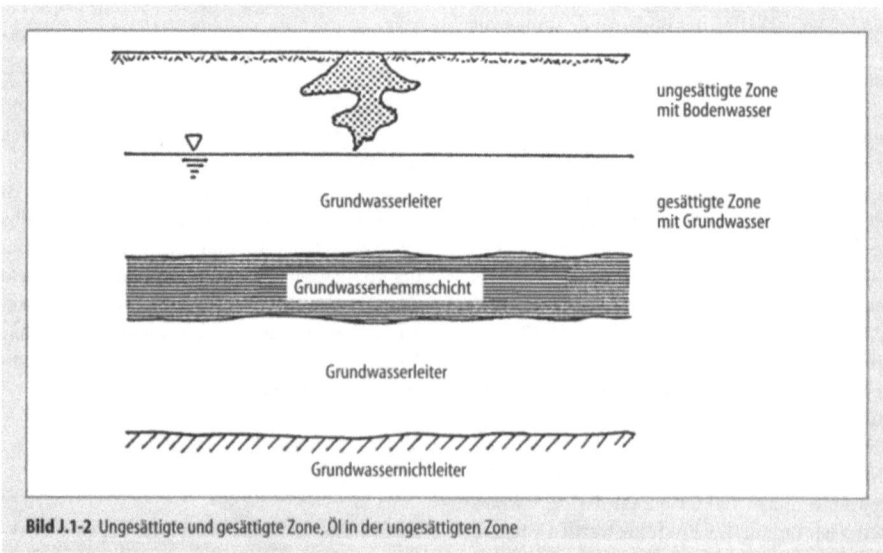

Bild J.1-2 Ungesättigte und gesättigte Zone, Öl in der ungesättigten Zone

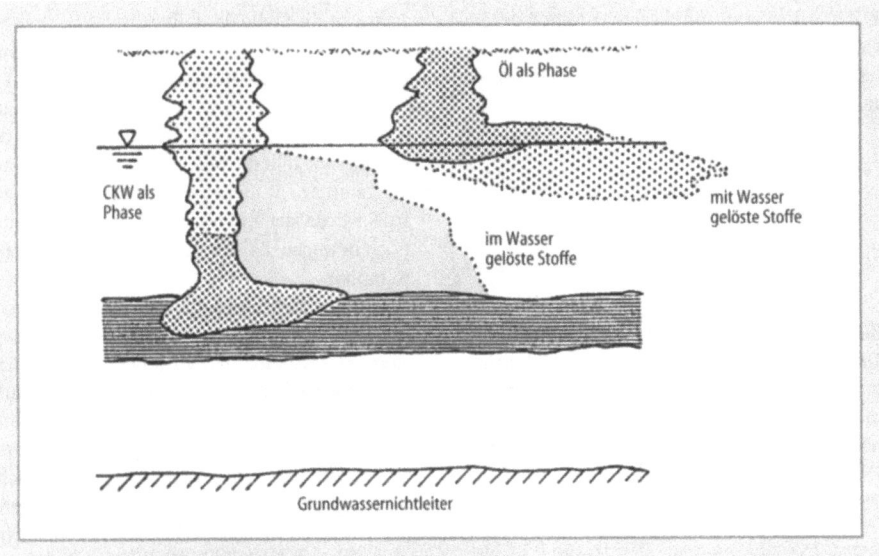

Bild J.1-3 Ausbreitung von Schadstoffen als Phase und im Wasser gelöst

nur mit Wasser gefüllt (gesättigt). Sowohl in der ungesättigten als auch in der gesättigten Zone können Bereiche mit größerer und geringerer Durchlässigkeit des Gesteins abwechseln (Bild J.1-2).

Hat eine Flüssigkeit als Phase eine geringere Dichte als Wasser (Mineralöle), kann diese Phase bis zur Grundwasseroberfläche gelangen. Dort wird sie sich oberhalb der Grundwasseroberfläche, im sog. Kapillarraum, horizontal ausbreiten. Am Ort der größten Flüssigkeitskonzentration taucht die Phase in das Grundwasser ein. Die Phase schwimmt einem Eisberg vergleichbar auf dem Grundwasser (Bild J.1-3). Eine Flüssigkeit mit größerer Dichte als Wasser (chlorierte Kohlenwasserstoffe) sinkt in den gesättigten Bereich ein und breitet sich der Schwerkraft folgend in die Tiefe hin aus, bis die Phase durch das Auflösen im Wasser aufgebraucht ist oder eine wenig durchlässige Schicht ein weiteres Absinken behindert (Geometrie des Grundwasserleiters). An einer solchen Schicht kann eine horizontal gerichtete Bewegung erfolgen. Chlorierte Kohlenwasserstoffe dringen aber auch in wenig durchlässige Schichten (Tone) als Phase ein.

In Festgesteinen erfolgt die Ausbreitung vornehmlich in Trennfugen oder karstigen Hohlräumen, in Lockergesteinen im Porenhohlraum.

Im Untergrund können in den Hohlräumen der Gesteine mehrere Phasen nebeneinander vorliegen. In der ungesättigten Zone ist es neben der Bodenluft und dem Wasser die eingedrungene Phase (Mineralöle, Aromate, chlorierte Kohlenwasserstoffe); in der gesättigten Zone sind es nur Wasser und die eindringende Phase. Im ersten Fall liegt ein Dreiphasensystem, im zweiten Fall ein Zweiphasensystem vor. Bei dieser Definition wird die feste, unbewegliche Feststoffphase des Gesteins nicht betrachtet. Die Beweglichkeit der Phasen hängt im wesentlichen vom Sättigungsgrad ab. Ein Maß für die Beweglichkeit ist die durch das Gesetz von Dary definierte Durchlässigkeit k_f.

$$v_f = k_f \cdot \text{grad } H$$

v_f Filtergeschwindigkeit (m/s)
k_f Durchlässigkeit (m/s)
H Potential der wirkenden Kräfte (m)

Die Durchlässigkeit k_f ist eine Funktion der Flüssigkeitseigenschaften Dichte und Viskosität und der Permeabilität der Gesteine:

$$k_f = \frac{\varrho \cdot g}{\eta} \cdot k_o$$

ϱ Dichte (kg/m³)
g Erdbeschleunigung (m/s²)
η Viskosität (kg/ms)
k_o Permeabilität (m²)

Bei Mehrphasensystemen wird die Durchlässigkeit und die Permeabilität eine Funktion des Sättigungsgrads. Der Sättigungsgrad gibt das Verhältnis des Volumens einer Phase zum Hohlraumvolumen an:

$$S = \frac{V_{Ph}}{V_H}$$

S Sättigungsgrad
V_{Ph} Volumen der Phase (m³)
V_H Hohlraumvolumen (m³)

Zur Berücksichtigung der Abhängigkeit der Durchlässigkeit (Permeabilität) vom Sättigungsgrad wird die sog. relative Durchlässigkeit (Permeabilität) eingeführt. Es wird die sättigungsabhängige Durchlässigkeit (Permeabilität) auf die Durchlässigkeit (Permeabilität) bei Vollsättigung bezogen:

$$k_r = \frac{k_{fu}}{k_f} = \frac{k_{ou}}{k_o}$$

k_r Relative Durchlässigkeit (Permeabilität)
k_{fu} Durchlässigkeit bei Teilsättigung (m/s)
k_{ou} Permeabilität bei Teilsättigung (m²)

Bild J.1-4 zeigt die relative Durchlässigkeit (Permeabilität) zweier Phasen in einem Zweiphasensystem als Funktion des Sättigungsgrads für Luft und Wasser. An die Stelle von Wasser kann ein Mineralöl oder ein chlorierter Kohlenwasserstoff treten. In der Praxis würde eine solche Phase in trockenen Sand eindringen.

In der gesättigten Zone tritt die eindringende Phase an die Stelle der Luft.

Bild J.1-4 zeigt, daß die relative Durchlässigkeit des Wassers eine starke Verminderung erfährt, wenn der Sättigungsgrad von 100 % auf z. B. 70 % abnimmt. Im Bereich kleiner Sättigungsgrade fällt die relative Durchlässigkeit auf Werte unter 1 %. Bei einem Sättigungsgrad von 10 % würde sich ein Mineralöl im Boden kaum noch bewegen. Es ist dann auch nicht mehr abpumpbar.

Bild J.1.5 gibt Linien gleicher relativer Durchlässigkeit für 3 Phasen in einem Dreiphasensystem wieder. Auch hier wird deutlich, daß sich die Phasen bei geringen Sättigungsgraden kaum noch bewegen und damit nicht abpumpbar sind. Bei dieser Betrachtung geht es auch um die Frage, bei welchen Sättigungsgraden hydraulische Maßnahmen ihren Sinn unter dem Gesichtspunkt der Wirtschaftlichkeit verlieren. In Sanden liegt die Grenze bei Sättigungsgraden zwischen 20 und 25 %. Der verbleibende Rest kann sich aber i. allg. im Wasser lösen und mit diesem transportiert werden. In diesem Fall haben sich Sanierungs- und Sicherungsmaßnahmen auf das belastete Wasser zu konzentrieren.

Gelöste Stoffe im Wasser breiten sich in der ungesättigten Zone mit dem versickernden Niederschlagswasser vornehmlich in vertikaler Richtung aus. Durch die Aufnahme von Wasser durch die Pflanzenwurzeln kann die nach unten gerichtete Strömung umgekehrt werden. Auch horizontal gerichtete Strömungskomponenten treten dadurch auf, sind aber örtlich begrenzt.

Im Grundwasser folgen die Stoffe der allgemeinen Strömungsrichtung, die jedoch durch die Wasserentnahme über Brunnen beeinflußbar ist. Bild J.1-3 zeigt, daß sich im Wasser lösliche Stoffe, die aus einem oberflächennahen Ölkörper hervorgehen, vornehmlich im oberflächennahen Bereich des Grundwasserleiters ausbreiten. Durchdringen chlorierte Kohlenwasserstoffe als Phase größere Mächtigkeiten des Grundwasserleiters, gehen über diese Mächtigkeit Stoffe in die Lösung. Die horizontale Ausbreitung der Stoffe erfolgt dann auch über die gesamte Tiefe des Grundwasserleiters.

Die gelösten Stoffe unterliegen der Dispersion, der Adsorption, chemischen oder biochemischen Einflüssen; die biologischen Stoffe (Bakterien, Viren) der Mortalität. Alle Prozesse führen zu einer Verminderung der Konzentration der jeweils betrachteten Substanzen im Wasser. Biochemische Abbauprozesse können allerdings

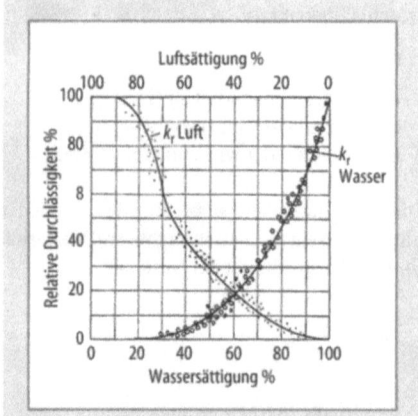

Bild J.1-4 Relative Durchlässigkeit von Luft und Wasser im Sand

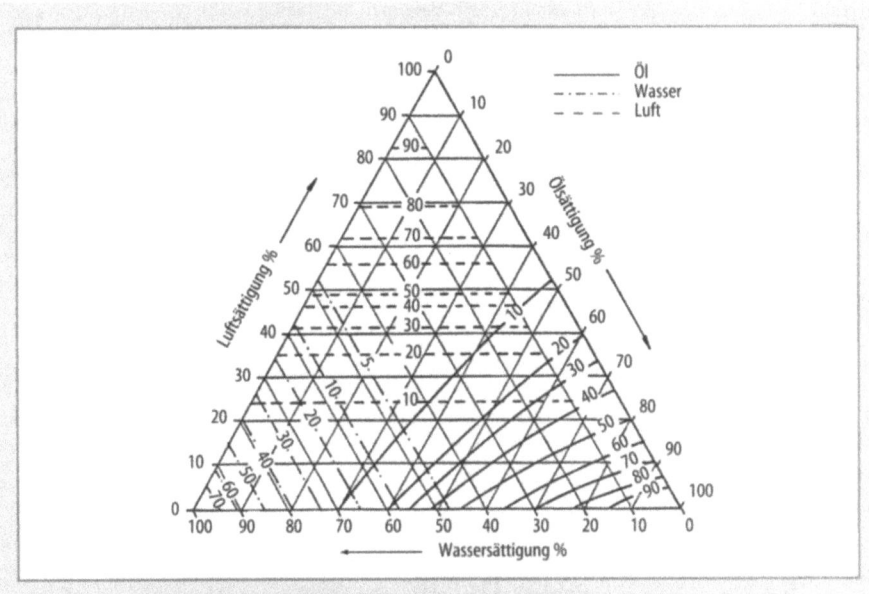

Bild J.1-5 Relative Durchlässigkeit eines Dreiphasensystems Luft – Wasser – Öl im Sand

auch den Aufbau von Reaktionsprodukten zur Folge haben, deren Schädlichkeit die der Ausgangsprodukte übertreffen kann.

J.1.8 Schutzgüter

Die von Altlastenverdachtsflächen ausgehenden Gefahren wurden i. allg. mit der Wirkung von Schadstoffen auf die belebte und unbelebte Natur und auf Sachgüter verknüpft. In der Biosphäre [J.1.18] ist die menschliche Gesundheit das höchste Schutzgut. Wasser, Boden und Luft sind die Medien, in und mit denen sich Schadstoffe ausbreiten und zu den Teilsystemen der Biosphäre gelangen. Der Mensch steht am Ende von Nahrungsketten, innerhalb derer ebenfalls Stoffe transportiert werden. Schließlich sind es auch Sachgüter, die eine Verbindung altlastverdächtiger Flächen zu den Menschen herstellen, wie Bild J.1-6 zeigt. Der Kontakt zwischen den Stoffen und dem menschlichen Körper ergibt sich aus der kontaminierter Medien und deren Aufnahme über die Atemwege oder die Verdauungsorgane. Sie wirken auf die Physis des Menschen.

Das Wohnen und Leben auf einer Altlastenverdachtsfläche kann zu einer psychischen Belastung mit Rückwirkungen auf die Physis werden. Der wirtschaftliche Ruin von Firmen, die zur Sanierung verunreinigter Grundstücke gezwungen werden, verursacht ebenfalls psychische Wirkung bei Betroffenen. Hier wirken andere als stoffliche Wirkungspfade auf die menschliche Gesundheit.

Das letzte Beispiel zeigt auf, daß über der menschlichen Gesundheit noch höherwertige Schutzgüter existieren, es sind dies die Sicherheit und Ordnung und darüber das Wohl der Allgemeinheit. Das Wohlergehen des Einzelnen muß hinter dem Wohl der Allgemeinheit zurückstehen. Aus dieser Sicht werden die Schutzgüter wie folgt geordnet:

Physische Welt
Wasser – Boden – Luft
↓
Sachgüter

Pflanzen – Tiere
↘ ↙
Physis des Menschen

Welt der Gefühle (psychische Welt)
↓
Psyche des Menschen

Welt der Produkte des menschlicen Geistes
↓
Sicherheit und Ordnung
Wohl der Allgemeinheit

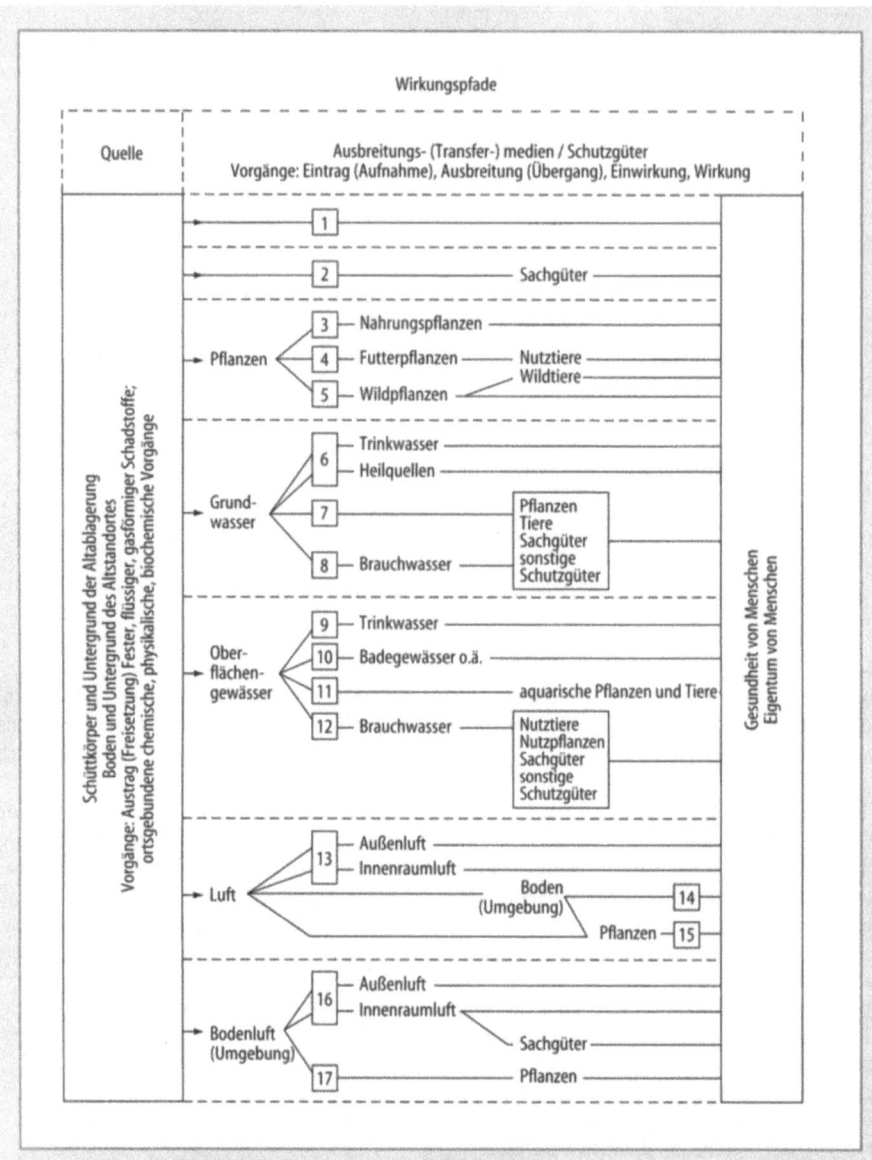

Bild J.1-6 Vereinfachte Übersicht über mögliche Wirkungspfade bei Altablagerungen und Altstandorten (aus [J.1.20])

Die Zuordnung der Schutzgüter zu drei verschiedenen, aber miteinander verbundenen Welten erfolgt in Anlehnung an Popper und Lorenz [J.1.19].

J.1.9 Nutzungscharakteristik der Schutzgüter

Der Nutzungsaspekt im Zusammenhang mit Altlasten ist vornehmlich anthropozentrischer Art und auf die physische Welt ausgerichtet. Die Luft dient vornehmlich dem Menschen zur Versorgung mit Sauerstoff und zur Aufnahme von

Kohlendioxid, das den photosynthesefähigen Pflanzen und Algen als Nährstoff dient.

Das Wasser ist das bedeutendste Nahrungsmittel der Lebewesen. Mit Blick auf die menschliche Ernährung unterliegt es vielfältigen Qualitiätsanforderungen, deren Nichterfüllung zu Nutzungseinschränkungen führen kann.

Trink-, Mineral- und Heilwässer sowie Wasser für die Notversorgung sind Beispiele für verschiedene Nutzungen im Zusammenhang mit der Ernährung.

Besondere Bedeutung kommt dem Grundwasser zu. Etwa 75 % des in Deutschland genutzten Trinkwassers kommt aus dem Untergrund.

Das Wasser als Lebensraum rückt in zunehmendem Maße in das Bewußtsein der Menschen. Durch die Einteilung der Güte der Oberflächengewässer in verschiedene Klassen nach biologischen Indikatoren wurde in Deutschland in diesem Bereich ein Schritt in eine naturalistische Betrachtung getan. Ein naturnahes Gewässer mit einer angepaßten Wasserqualität dient der Erhaltung eines leistungsfähigen Naturhaushalts.

Der Boden erfüllt ähnlich viele Nutzungsansprüche wie das Wasser. Er dient u. a. als Baugrund für Wohnungen, öffentliche Einrichtungen, Gewerbe- und Industrieanlagen, ist Ausgangsprodukt für Baustoffe, Erholungs-, Sport-, Spiel- und Verkehrsflächen, Abgrabungs- und Aufschüttungsflächen, dient dem Aufbau pflanzlicher Produkte, Tieren als Lebensraum, Pflanzen als Nährstofflieferant. Lühr [J.1.18] weist auf die Nutzung des Bodens als Archiv der Kultur und Naturgeschichte hin.

Die Nutzungscharakteristik der Schutzgüter „Sicherheit und Ordnung" und „Allgemeinwohl" dienen als Rechtsgrundlage für die Existenz einer friedlichen menschlichen Gemeinschaft in Wechselbeziehung mit der belebten und unbelebten Natur und den von Menschen geschaffenen Sachgütern.

J.1.10 Auswirkungen von Altlasten auf die Umwelt

In Abschn. J.1.8 wurde die Umwelt in 3 Bereiche eingeteilt, die physische, die psychische und die Welt der Produkte des menschlichen Geistes [J.1.19]. Nach der Darstellung der Belastungspfade zwischen Altlastenverdachtsflächen und den Schutzgütern folgen hier einige Hinweise über den Umfang und das Ausmaß von Wirkungen, die von Altlastenverdachtsflächen ausgegangen sind. Verläßliche Zahlen über den Flächenverbrauch von Altablagerungen und Altstandorten liegen noch nicht vor. Die Übergabe altlastenverdächtiger Flächen an private Nutzer stellt in den neuen Ländern ein entwicklungshemmendes Problem dar. Bei ca. 90.000 geschätzter Verdachtsflächen und einer angenommenen mittleren Flächengröße von 5.000 m^2 pro Fall ergibt sich eine Gesamtfläche von 45.000 ha, die vorwiegend in urbanen Gebieten liegt und vor einer Freistellung nicht genutzt werden kann.

Darüber hinaus befinden sich im militärischen Bereich zahlreiche Anlagen in der Untersuchung. Die von der ehemaligen Nationalen Volksarmee und den ehemaligen sowjetischen Streitkräften benutzten Fläche betragen rund 500.000 ha [J.1.17], die mit Blick auf eine Weiternutzung durch die Bundeswehr oder die Überleitung in eine zivile Nutzung weitgehend auf Altlasten hin untersucht werden müssen.

Untersuchungen der Ursachen der Grundwasserverschmutzung in einem urbanen Raum von Mull et al. [J.1.21] haben eindeutig die Priorität von Altlastenverdachtsflächen als Hauptverursacher der festgestellten Kontaminationen ergeben. Hochrechnungen auf das Flächenland Niedersachsen haben nach Stoffeinträgen aus landwirtschaftlich genutzten Arealen Altlastenverdachtsflächen als diejenigen Quellen identifiziert, die zur Verschlechterung der Grundwasserqualität beitragen [J.1.22]. Mit dem weiteren Ausbau von Kläranlagen zur Reinigung kommunaler und industrieller Abwässer wird die Qualität des Grundwassers immer bedeutungsvoller für die Güte des Wassers, das in den Flüssen abfließt.

Die Verschmutzung der Luft durch Altlastenverdachtsflächen ist mehr ein örtliches Problem. Im allgemeinen sind es Dämpfe organischer Flüssigkeiten, die in die Bodenluft geraten und von dort in die Atmosphäre oberhalb der Bodenoberfläche. Hier kann es zu Konzentrationen kommen, die auf Organismen schädigend wirken. Die Bildung explosiver Gasgemische ist nicht ausgeschlossen. Schadstoffemissionen in die Luft liefern einen Beitrag zur Verstärkung des Treibhauseffekts. Fluorchlorkohlenwasserstoffe sind als sog. Ozonkiller bekannt.

Gegenüber Emittenten wie Kraftwerken, Autos und Heizungsanlagen ist der Einfluß der Altlastenverdachtsflächen auf die Verschmutzung der Luft unter überregionalen Aspekten jedoch als gering einzustufen.

Es wurde schon mehrfach darauf hingewiesen, daß Sachgüter und Organismen mit Schadstoffen in Kontakt geraten können, die über und in den Medien Wasser, Luft, Boden transportiert werden. Schadstoffe, die sich im Boden befinden, werden von Pflanzen über die Wurzeln mit dem Bodenwasser aufgenommen und gelangen damit in die Nahrungskette.

Neben der Wirkung der Schadstoffe auf die physische Welt besteht der Einfluß auf die Psyche der Menschen, die auf oder in der Nähe von Altlastenverdachtsflächen wohnen oder ihre Arbeitsstätte haben. Die Sanierung von Altlasten oder das Verbot, eine kontaminierte Fläche zu nutzen, kann zu wirtschaftlichen Schwierigkeiten führen, die u. a. zum Verlust von Arbeitsplätzen führen können.

Auf der anderen Seite hat die Altlastenproblematik zu einer großen Zahl von Aktivitäten geführt. Das Management der Altlastenerkundung und Sanierung hat in kommunalen und staatlichen Verwaltungen zum Aufbau zahlreicher Fachabteilungen geführt. Es sind im Gewerbe und in der Industrie Zweige entstanden, die sich mit der Sanierung von Altlasten beschäftigen. Sie erhalten Unterstützung durch Forschungsarbeiten an Hochschulen und anderen Forschungseinrichtungen. Zu der Altlastenproblematik liegt umfangreiche Literatur vor. Die Vereinigung Ingenieurtechnischer Verband Altlasten (ITVA) ist entstanden, in der Vertreter der Wissenschaft, der Verwaltung und der Praxis Erfahrungen austauschen. Diese Erfahrung wird besonders zur Vermeidung weiterer Belastungen der Umwelt eingesetzt.

Es ist eine Fülle von Gesetzen, Vorschriften, technischen Anleitungen usw. entstanden, die den Rahmen für Maßnahmen im nachsorgenden und präventiven Umweltschutz zum Wohle der Allgemeinheit setzen.

J.1.11 Geogene und ubiquitäre Grundbelastung

Die wesentlichen Belastungspfade zwischen Altlastenverdachtsflächen und den Menschen laufen über die Nahrungskette Pflanze, Tier, Mensch; ergeben sich aus der Aufnahme von Wasser und durch die Berührung belasteter Böden. Der größte Teil des in Deutschland konsumierten Wassers (ca. 75 %) kommt aus dem Untergrund oder hat als Oberflächenwasser eine Untergrundpassage durchlaufen.

Aus diesem Grund werden vornehmlich für das Grundwasser und für Kulturböden Anhaltswerte über Gehalte an Stoffen gegeben, die aus Gesteinen stammen, daher geogenen Ursprungs sind oder aber als Folge menschlicher Aktivitäten sich weit in den genannten Medien verbreitet haben und damit ubiquitär sind. An Stoffkonzentrationen, die geogenen Ursprungs sind, haben sich die Organismen im Laufe ihrer Entwicklung i. allg. angepaßt. Ubiquitär vorkommende Stoffkonzentrationen, vor allem organischer Substanzen, verursachen i. d. R. keine nachweisbaren Schäden im menschlichen Körper. Die Waldschäden zeigen an, daß diese Aussage nicht auf pflanzliche Organismen zutrifft.

Zur Verdeutlichung dieser Aussagen sind für die genannten Bereiche Grundwasser und Kulturböden geogene und ubiquitäre Grundbelastungen angegeben. In Relation dazu stehen Stoffkonzentrationen, die im Trinkwasser und in Kulturböden als zulässig und damit unschädlich angesehen werden. Die geogen bedingten und ubiquitär vorhandenen Belastungen liegen i. allg. noch weit unter den Grenzwerten.

Bezogen auf das Grundwasser sind Untersuchungsergebnisse von Schleyer und Kerndorff [J.1.16] an Rohwasserproben aus zahlreichen Förderbrunnen von Wasserwerken in den alten Ländern der Bundesrepublik Deutschland herangezogen worden. Als geogene Grundbelastung bezogen auf anorganische Substanzen wird der 84 l-Perzentilwert der jeweiligen Verteilung angesehen. Für die organischen Stoffe (ubiquitäre Grundbelastung) ist es der 95'-Perzentilwert. Die Referenzwerte sind der Trinkwasserverordnung (TrinkwV) [J.1.12] und der Niederländischen Liste [J.1.14] entnommen.

Für den Bereich Kulturboden sind Untersuchungsergebnisse von Kloke [J.1.15] und aus dem Schweizer Bundesgesetz für den Umweltschutz übernommen worden.

J.1.12 Expositionsrisiken und Ableitung toxikologischer Grenzwerte

Toxikologische Stoffe sind giftige Stoffe, die bereits in niedriger Konzentration bei kurz- oder langzeitiger Aufnahme zu einer Schädigung des Organismus führen. Toxische Effekte beinhalten insgesamt: (1) akute, (2) subakute, (3) chronische Toxizität, (4) Synergismus, (5) Antagonismus, (6) Teratogenität, (7) Mutagenität, (8) Karzinogenität.

Die Aufnahme der Stoffe erfolgt i. allg. auf folgenden Wegen:
- Durchtritt der Stoffe durch die Haut (dermale Aufnahme)
- über die Atemwege (pulmonale Aufnahme)

Tabelle J.1-5 Werte physikalisch-chemischer Parameter und geogen bedingte Konzentrationen (mg/l) anorganischer Substanzen im Wasser als Richtwerte für maximale geogene Belastungen

	Lockergestein	Festgestein	Grenzwert/Trinkwasser
Leitfähigkeit (µs/cm)	660	900	2.000
pH-Wert	6,6–7,4	6,1–7,6	6,5–9,5
Calcium	120	130	400
Magnesium	25	40	50
Eisen	3	0,5	0,2
Mangan	0,3	0,1	0,05
Nitrat	(< 5)	15	50
Ammonium	0,3	0,1	0,5
Cyanid	< 1	< 1	50
Sulfat	105	125	240
Chlorid	55	70	250
Aluminium	0,04	0,2	0,2
Fluorid	0,2	0,3	1,5

– über die Verdauungsorgane (orale Aufnahme).

Die Belastungspfade, auf denen der Kontakt mit den Schadstoffen erfolgt, sind demnach die Luft, der Boden, das Wasser und die Nahrungsmittel. Hohe Expositionsrisiken bestehen für Personen, die in die Untersuchung und Sanierung von Altlasten vor Ort einbezogen sind, auf kontaminierten Böden arbeiten (Landwirte) oder spielen (Kinder), auf Altlasten wohnen und über die Atemwege Schadstoffe aufnehmen oder Pflanzen konsumieren, die auf kontaminierten Standorten gewachsen sind.

Für die toxikologische Bewertung solcher Aufnahmen sind Grundlagen ermittelt worden [J.1.11], aus denen Grenz-, Richt-, Schwellen-, Orientierungs- und Prüfwerte [J.1.13] abgeleitet wurden, die in der Praxis der Orientierung in den Bereichen Arbeitsschutz und Sanierungsnotwendigkeit Entscheidungshilfen geben, um die schädigende Aufnahme von Schadstoffen zu vermeiden.

Grenzwerte sind u.a. in der Trinkwasserverordnung [J.1.12] enthalten (s. Tabellen J.1-5 bis J.1-7). Schadstoffgehalte im Trinkwasser dürfen die Grenzwerte nicht überschreiten.

Richtwerte dienen der Orientierung über zulässige Konzentrationen, die nicht wesentlich überschritten werden sollten. Sie sind in der Trinkwasserverordnung enthalten. Auch die in den Tabellen J.1-5 und J.1-6 enthaltenen Werte über geogene und ubiquitäre Grundbelastungen sind als Richtwerte zu verstehen.

Schwellenwerte sind z.B. die in der Niederländischen Liste [J.1.14] angegebenen C-Werte. Ein Auftreten von Schadstoffkonzentrationen in Wasser und Boden größer als die Schwellenwerte

Tabelle J.1-6 Konzentrationen (µg/l) für Schwermetalle geogener Herkunft im Grundwasser

	Lockergestein [J.1-16]	Festgestein	Trinkwasser	A-Wert Niederl. Liste
Chrom	1,0	1,5	50	20
Nickel	5,5	5,5	50	20
Kupfer	12	–	100[a]	20
Silber	< 0,1	< 0,1	10	10
Zink	150	230	100[a]	50
Blei	2	205	40	20
Cadmium	0,1	0,2	5	1
Quecksilber	< 0,1	< 0,1	1	02
Arsen	1,5	4,5	10	10
Selen	0,1	< 00,1	10	–

[a] Richtwerte, keine Grenzwerte

Tabelle J.1-7 Leitwerte für ubiquitäre Grundbelastungen des Grundwassers mit organischen Substanzen [J.1-16]

		Leitwert	A-Wert Niederl. Liste	Grenzwert/TrinkwV
DOC	(mg/l)	4,3	–	–
AOX	(µg/l)	13,1	–	–
Summe PAK	(µg/l)	< 0,1	–	0,2
Summe PCB	(µg/l)	< 0,1	0,01	0,5
Summe Tenside:				
anionische	(mg/l)	< 0,1	–	0,2
nichtionische	(mg/l)	< 0,1	–	0,2
Dichlormethan	(µg/l)	< 0,1	–	10,0
Trichlormethan	(µg/l)	0,6	–	–
Tetrachlormethan	(µg/l)	< 0,1	–	3,0
1,1,1-Trichlorethan	(µg/l)	0,2	–	10,0
Trichlorethan	(µg/l)	1,1	–	10,0
Tetrachlorethan	(µg/l)	1,2	–	10,0
Benzol	(µg/l)	< 0,1	0,2	–
Toluol	(µg/l)	< 0,1	0,5	–
Xylole	(µg/l)	< 0,1	0,5	–
Phenol	(µg/l)	–	0,5	0,5
Summe PBSM	(µg/l)	0,11	–	0,5

Tabelle J.1-8 Gehalte an organischen Substanzen, die in Kulturböden toleriert werden können (Niederländische Liste) [J.1-14]

	Gehalt in mg/kg TS A-Wert der Niederl. Liste		Gehalt in mg/kg TS A-Wert der Niederl. Liste
Aromatische Verbindungen		**Chlorierte Kohlenwasserstoffe**	
Benzol	0,01	Alipathische (indiv.)	0,10
Etylbenzol	0,05	Alipathische (gesamt)	0,10
Toluol	0,05	**Übrige Verunreinigungen**	
Xylole	0,05	Tetrahydroturan	0,10
Phenole	0,02	Pyndin	0,10
Aromaten (gesamt)	0,10	Tetrahydrothiophen	0,10
Polycyclische Kohlenwasserstoffe		Cyclohexanon	0,10
Naphtalin	0,10	Styrol	0,10
Anthracen	0,10	Benzin	20,00
Phenantren	0,10	Mineralöl	100,00
Flioranthen	0,10		
Pyren	0,10		
3,4-Benzpyren	0,05		
Polycyclische Kohlenwasserstoffe (gesamt) (Pcks)	0,10		

sollte zu Maßnahmen führen, die Wirkungspfade zu unterbrechen, auf denen Schadstoffe Organismen und schließlich zum Menschen gelangen.

Prüfwerte sind u. a. die B-Werte in der Niederländischen Liste. Werden Konzentrationen in der Größe der Prüfwerte gefunden, sollte dieser Tatbestand zu eingehenden Untersuchungen der Gefährdung Anlaß geben.

Gefährliche Belastungen und Risiken für die menschliche Gesundheit bestehen dann, wenn Schadstoffkonzentrationen die in den Tabellen J.1-5 bis J.1-9 angegebenen Grundbelastungen wesentlich überschreiten. Wesentlich heißt, daß Grenzwerte erreicht oder überschritten werden. Solche Befunde sollten Maßnahmen zur Folge haben, die Expositionsrisiken zu mindern. In zunehmendem Maße wird deutlich, daß die Öko-

Tabelle J.1-9 Gehalte an Schwermetallen geogenen Ursprungs in Kulturböden

Element	Gehalt nach Kloke [J.1.15]	Gehalt nach Schweizer Bundesgesetz	A-Wert der Niederl. Liste
	mg/kg TS		
Arsen	10,00 – 5.000,0	–	20
Bor	5 – 20	–	–
Beryllium	0,1 – 5	–	–
Brom	1 – 10	–	–
Cadmium	0,01 – 1	um 0,1	1
Cobalt	1 – 10	1 – 10	20
Chrom	2 – 50	2 – 50	100
Kupfer	1 – 20	1 – 20	50
Fluor	50 – 200	–	200
Gallium	0,1 – 10	–	–
Quecksilber	0,01 – 1	um 0,1	0,5
Molybdän	0,2 – 5	1 – 5	10
Nickel	2 – 50	12 – 40	50
Blei	0,1 – 20	0,1 – 20	50
Antimon	0,01 – 0,5	–	–
Selen	0,01 – 5	–	–
Zinn	1 – 20	–	20
Thallium	0,01 – 0,5	0,1 – 0,5	–
Titan	10 – 5.000	–	–
Uran	0,01 – 1	–	–
Vanadium	10 – 100	–	–
Zink	3 – 50	20 – 100	200
Zirkon	1 – 300	–	–

nomie Grenzen für solche Maßnahmen setzt. Die Notwendigkeit von Maßnahmen kann durch Untersuchungsbefunde und deren Bewertung unter Beachtung toxikologischer Grenzwerte begründet werden. Die Durchführung von Sofortmaßnahmen, Sicherungen oder Sanierungen ist häufig eine Frage der Verfügbarkeit von finanziellen Mitteln. Die Überschreitung von Grenzwerten begründet die Notwendigkeit zum Handeln, führt aber nicht zwingend zu einer Minderung des Expositionsrisikos.

J.2 Erkundung und Bewertung von Altlasten

J.2.1 Vorbemerkungen und Zielsetzungen

Erkundung und Bewertung von Altlasten sind alle Maßnahmen, die erforderlich sind, um die von Altstandorten und Altablagerungen für Schutzgüter ausgehenden Gefährdungen abzuschätzen und den ggf. erforderlichen weiteren Handlungsbedarf zur Gefahrenabwehr zu begründen. Bei widerlegter Gefahrensituation ist der Altstandort/die Altablagerung aus dem Altlastverdacht begründet zu entlassen. Ausgehend von den Elementen des Gefahrentatbestands bei einer Altlast (Bild J.2-1) sind dazu hinreichende Informationen bzgl.
- Schadherd
- potentiellen Pfaden der Schadstoffausbreitung
- Schutzgütern
- ggf. vorhandenen Barrieren für den Schadstoff am Schadherd bzw. Schutzgut
zu erheben (Erkundung).

Die Gefährdungsabschätzung setzt je nach Komplexität eines Verdachtsfalls und dessen Umfelds eine mitunter sehr aufwendige Erkundung voraus. Andererseits kann der Gefahrenverdacht vielfach sehr schnell ausgeräumt werden.

Um mit vertretbarem und dem konkreten Verdachtsfall angepaßtem finanziellen, personellen und zeitlichen Aufwand eine endgültige Aussage zur Gefahrensituation zu erhalten, erfolgen Erkundung und Bewertung nach einem abgestuften Konzept. Dabei wechseln sich Handlungsschritte (Erkundungsstufen) mit Entscheidungsprozessen zum begründeten Ausscheiden bzw. Weiterführung in der Behandlung ab.

Dieses Prinzip wird in den deutschen Bundesländern und auch international verfolgt, jedoch

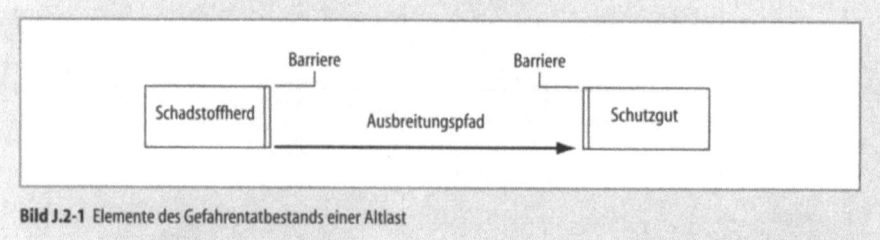

Bild J.2-1 Elemente des Gefahrentatbestands einer Altlast

schreiben landesspezifische Regelungen eine teilweise abweichende Anzahl von Schritten und Feinregelungen vor. Bewertungsergebnisse sind deshalb zwischen diesen Ländern nur bedingt vergleichbar, was Nachteile bei länderübergreifenden Vorhaben zur Altlastenbehandlung und bei statistischen Auswertungen nach sich zieht. Die Bemühungen von Bund und Ländern sind deshalb verstärkt auf eine Vereinheitlichung der Vorgehensweise gerichtet.

Folgende *Erkundungsphasen* enthalten alle Konzepte:
- die flächendeckende *Erfassung von Verdachtsfällen* als potentielle Schadherde auf der Basis ortskonkreter Kenntnis von Altablagerungen und Altstandorten. Diese Verdachtsfälle werden in einigen Ländern sofort einer „formalen Erstbewertung" auf der Grundlage branchen- bzw. abfallspezifischer Erfahrungswerte und flächenmäßig vorhandener Informationen zur (hydro-)geologischen und Nutzungssituation unterzogen;
- eine *beprobungsfreie Phase* der Informationsgewinnung und Auswertung auf der Basis von Dokumenten zur Historie des Verdachtsfalls und vorhandener Erkundungen des Umfelds;
- eine *technische Erkundung* zur gezielten Ermittlung fehlender Informationen zur Gefahrensituation. Diese Phase wird i.d.R. in zwei bis drei Teilphasen untergliedert, entsprechend dem Screening-Verfahren von wenigen, oft summarischen Informationen zu detaillierten Einzelinformationen.

Mit jeder Erkundungsphase wird ein höheres Kenntnis- bzw. Beweisniveau erreicht, auf dem eine besser abgesicherte Abschätzung der Gefahrensituation und Handlungsentscheidung erfolgt. Spätestens nach der technischen Erkundung muß eine endgültige Entscheidung zur Notwendigkeit von Maßnahmen zur Abwehr von Umweltgefahren fallen. Für diese zur Altlast gewordenen Verdachtsfälle schließen sich vorbereitende, durchführende und nachsorgende Phasen der Sanierung an. Das Beispiel einer landesspezifischen Regelung dieses abgestuften Konzepts zur Altlastenbehandlung zeigt das Stufenprogramm Sachsens (Bild J.2-2).

Die *Bewertung* eines Altlastverdachtsfalls stellt ein Hilfsmittel zur Abschätzung der Umweltgefährdung dar und muß einer Reihe von Anforderungen genügen.
1. Ein Bewertungsverfahren ist ein nachvollziehbarer, weitestgehend objektiver Algorithmus zur Quantifizierung der Gefahrensituation.
2. Das Bewertungsergebnis ermöglicht einen Vergleich des Gefährdungspotentials mehrerer Altlasten und damit die Priorisierung hinsichtlich des weiteren Handlungsbedarfs.
3. Der Algorithmus berücksichtigt medienübergreifend unterschiedliche Pfade der Schadstoffausbreitung zu verschiedenen Schutzgütern.
4. Die Bewertung muß neben der Interpretation bereits geschädigter Schutzgüter vor allem die Prognose der Exposition aus dem Schadherd einbeziehen.
5. Das Verfahren muß dem Erkundungsniveau angepaßt sein und in seinem Ergebnis die Genauigkeit der Eingangsdaten widerspiegeln.

Die je nach Kenntnisstand mit einer mehr oder weniger hohen Genauigkeit eingehenden Bewertungsdaten (Datenspanne) können zu einer Minimalbewertung (Kombination aller „günstigen" Daten) bzw. zu einer Maximalbewertung (Kombination aller „ungünstigen" Daten) verarbeitet werden. Die Differenz zwischen beiden Bewertungsergebnissen ist Ausdruck der Genauigkeit des Kenntnisstands. Die Minimalbewertung kann bei Überschreitung einer zu definierenden Marke akute Umweltgefährdung signalisieren, die Maximalbewertung bei Unterschreitung einer ebenfalls zu definierenden Marke begründete Entlassung aus dem Gefahrenverdacht.

Der arithmetische oder besser der gewichtete Mittelwert definiert die am wahrscheinlichsten

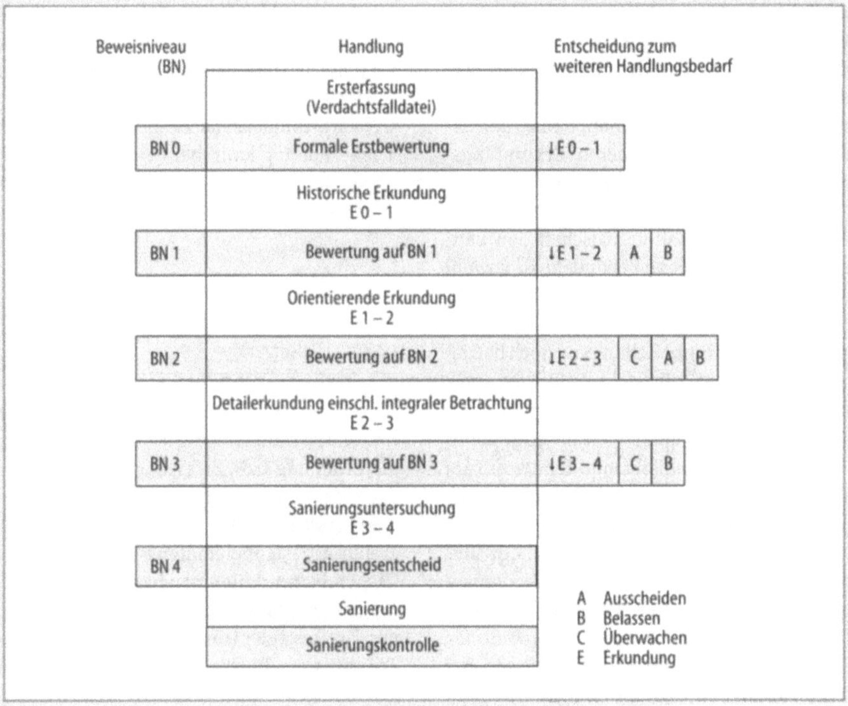

Beweisniveau (BN)	Handlung	Entscheidung zum weiteren Handlungsbedarf
	Ersterfassung (Verdachtsfalldatei)	
BN 0	Formale Erstbewertung	↓E 0 – 1
	Historische Erkundung E 0 – 1	
BN 1	Bewertung auf BN 1	↓E 1 – 2 A B
	Orientierende Erkundung E 1 – 2	
BN 2	Bewertung auf BN 2	↓E 2 – 3 C A B
	Detailerkundung einschl. integraler Betrachtung E 2 – 3	
BN 3	Bewertung auf BN 3	↓E 3 – 4 C B
	Sanierungsuntersuchung E 3 – 4	
BN 4	Sanierungsentscheid	
	Sanierung	A Ausscheiden B Belassen
	Sanierungskontrolle	C Überwachen E Erkundung

Bild J.2-2 Stufenprogramm der Altlastenbearbeitung in Sachsen

zu erwartende Höhe der Umweltgefährdung und sollte als Kriterium für die Priorisierung der Verdachtsfälle in ihrer weiteren Behandlung genutzt werden.

Das Bewertungsergebnis ist bei der Begutachtung und der behördlichen *Festlegung des Handlungsbedarfs* stets als Hilfsmittel mit der Verbindlichkeit zu verwenden, die Ausgangsdaten und Algorithmus festlegen. Eine fachspezifische kritische Betrachtung der Altablagerungen und Altstandorte aus interdisziplinärer Sicht ersetzen Bewertungsverfahren nicht. Das trifft besonders für die Wechselwirkungen mehrerer Altlasten in einem Untersuchungsgebiet mit Schutzgütern (integrale Betrachtung) sowie für komplizierte geologische Verhältnisse und Schadstoffspektren zu.

Die endgültige Festlegung von Gefahrenlage und Handlungsbedarf geschieht auf der Basis von Gutachten und Bewertungsergebnis. Länderspezifisch erfolgt dies entweder durch eine interdisziplinäre Altlastenbewertungskommission oder durch separate Stellungnahmen der Fachdisziplinen in den Umweltbehörden.

Unter fachlich-juristischen Aspekten unterscheidet das Sondergutachten Altlasten [J.2.1] die Gefahrenlage grob wie folgt:

„Unter *akuter Gefährdung* wird dabei in Übereinstimmung mit dem polizei- und ordnungsrechtlichen Gefahrenbegriff ein Zustand verstanden, der schon Schäden bzw. Beeinträchtigungen der Schutzgüter verursacht hat oder bei ungehindertem Ablauf des Geschehens in überschaubarer Zukunft mit hinreichender Wahrscheinlichkeit zu einem Schaden an einem oder mehreren Schutzgütern der öffentlichen Sicherheit führen wird.

Bei festgestellter akuter Gefährdung bereits auf niederem Beweisniveau kann die Behörde Sofortmaßnahmen zur Gefahrenabwehr anordnen, ohne daß alle Erkundungsstufen durchlaufen sind.

Von *latenter Gefährdung* wird dann gesprochen, wenn schädliche oder nachteilige Umwelteinwirkungen oder Gesundheitsbeeinträchtigungen mit einer gewissen Eintrittswahrscheinlichkeit, die im Sinne des polizeirechtlichen Gefahrenbegriffs als noch nicht hinreichende Wahrscheinlichkeit bezeichnet wird, erst zukünftig zu besorgen sind oder durch Nutzungsänderungen hervorgerufen werden können."

Die Umweltbehörden der Länder führen zur Unterstützung des Vollzugs *Altlastenkataster*, in denen grundsätzliche Informationen zu den bekannten Verdachtsfällen, deren Erkundungsstand und des jeweiligen Bewertungsergebnisses aufgenommen werden. Statistische Vergleiche der Altlastensituation zwischen den Ländern sind mit Vorsicht zu behandeln, da sowohl der Stand der flächendeckenden Verdachtsfallerfassung als auch die Interpretation der Altlastendefinition zur Einbeziehung von noch betriebenen Deponien und Betriebsstandorten stark voneinander abweichen.

Nach Auswertung einer Vielzahl erkundeter Altlasten zeichnen sich folgende Tendenzen ab:
1. Von Altstandorten geht statistisch ein oft höheres Gefährdungspotential aus als von Altablagerungen. Wesentliche Ursachen dafür sind die meist geringere Entfernung zu Siedlungsgebieten und der hohe Umsatz an umweltgefährdenden Stoffen.
2. Die häufigsten Gefährdungssituationen betreffen das Grundwasser sowohl als Schutzgut als auch als Pfad über das Trinkwasser zum Mensch. Die hohe Löslichkeit dieses Mediums, seine Mobilität und die schwere Erkennbarkeit von Kontaminationen gestalten Gefahrenabwehrmaßnahmen aufwendig und langwierig.
3. Nach gründlicher flächendeckender Verdachtsfallerhebung kann bei der deutlichen Mehrzahl der Fälle der Gefahrenverdacht widerlegt werden.

J.2.2 Erfassung und Erstbewertung

J.2.2.1 Zielsetzung

Eingepaßt in den unter Abschn. J.2.1 dargelegten Handlungsrahmen läßt sich die *Zielstellung* für die Erhebung bzw. Erfassung von Altlastenverdachtsfällen wie folgt umreißen:

Als ersten Schritt einer systematischen integralen Altlastenbehandlung (s. Bild J.2-3) sind flächendeckend für einen bestimmten Betrachtungsraum (das Territorium einer Gemeinde, eines Kreises oder eines Landes, aber auch ein Trinkwasserschutz- oder ein Sanierungsgebiet) *alle* Altlastenverdachtsfälle (AvF) zu erheben, rechentechnisch zu erfassen und einer rechnerge-

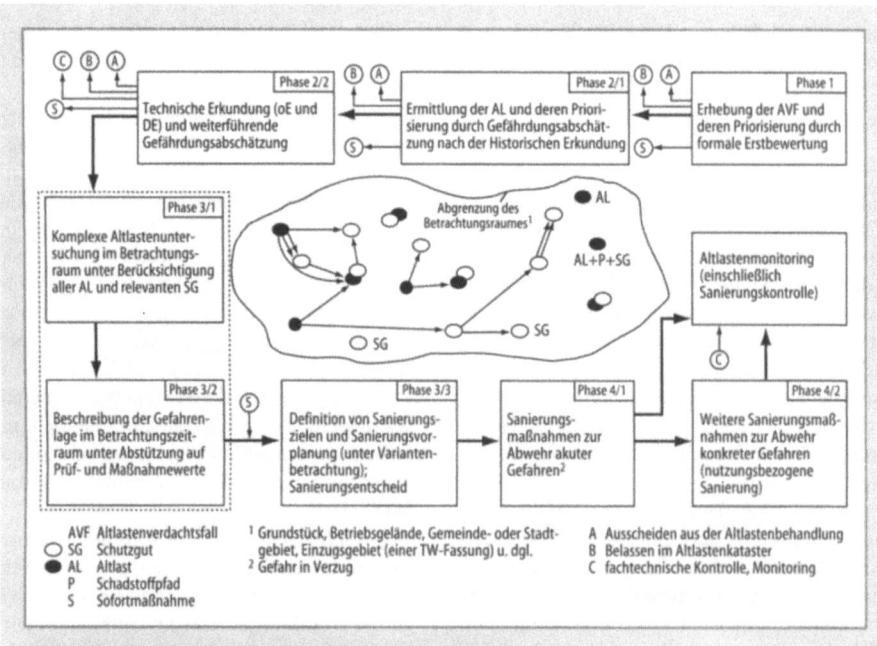

Bild J.2-3 Strukturbild der Systematischen integralen Altlastenbhandlung

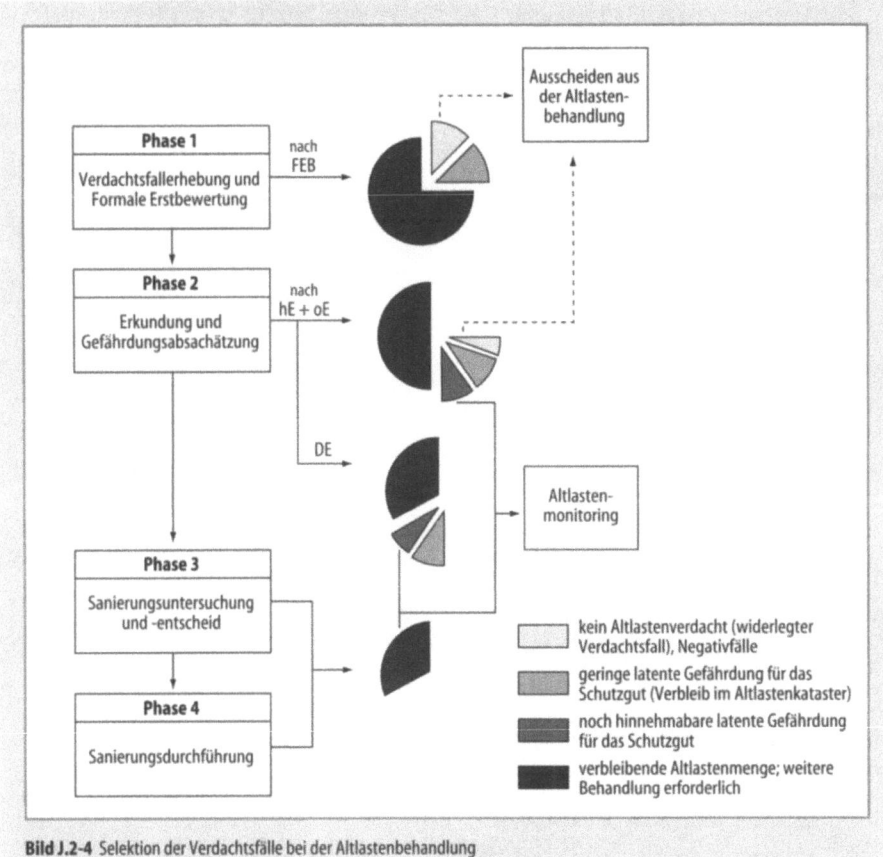

Bild J.2-4 Selektion der Verdachtsfälle bei der Altlastenbehandlung

stützten formalen Erstbewertung mit anschließender Priorisierung zuzuführen.

Nur auf diese Weise ist es im Sinne einer ökologisch intelligenten Verfahrensweise möglich,
- unter Ansatz einer Bagatellgrenze die Fälle zu ermitteln, bei denen sich der Altlastenverdacht offensichtlich nicht oder kaum bestätigt hat (diese Fälle scheiden aus der weiteren Behandlung ganz bzw. vorläufig aus, Bild J.2-4);
- und die verbleibende Fallmenge einer weiteren differenzierten Behandlung (sowohl hinsichtlich Erkundungsumfang bzw. -aufwand als auch hinsichtlich der zeitlichen Reihenfolge) gemäß Bild J.2-3 und J.2-4 zuzuführen.

J.2.2.2 Generelles Vorgehen bei der Erhebung und Priorisierung von Altlastenverdachtsfällen

Was die Verdachtsfallerhebung betrifft, gibt es zwischen den zivilen und militärischen sowie speziellen bergbaulichen Bereichen signifikante Unterschiede hinsichtlich der verwendbaren Informationsquellen und der praktischen Durchführung. Ohne auf spezielle Länder- oder Bundesregelungen einzugehen, läßt sich jedoch das generelle Vorgehen anhand von Bild J.2 5 erläutern.

Für den jeweiligen Betrachtungsraum gilt es, in einem *ersten Rechercheschritt* flächendeckend anhand von Karten, Stadtplänen, Adreßbüchern und sonstigen Unterlagen über Flächennutzungen in diesem Gebiet, zeitlich soweit wie möglich zurückreichend, Verdachtsflächen zu ermitteln. Diese sind zweckmäßigerweise nach Verdachtsfallarten oder -gruppen zu ordnen (z.B. nach Branchen bei Standorten oder nach Formen/ Arten bei Ablagerungen). Im Anschluß an Ortsbegehungen und Befragung von Zeitzeugen (Anwohnern, Betriebsangehörigen u.a.) über Realnutzungen, Besonderheiten, Vorkommnis-

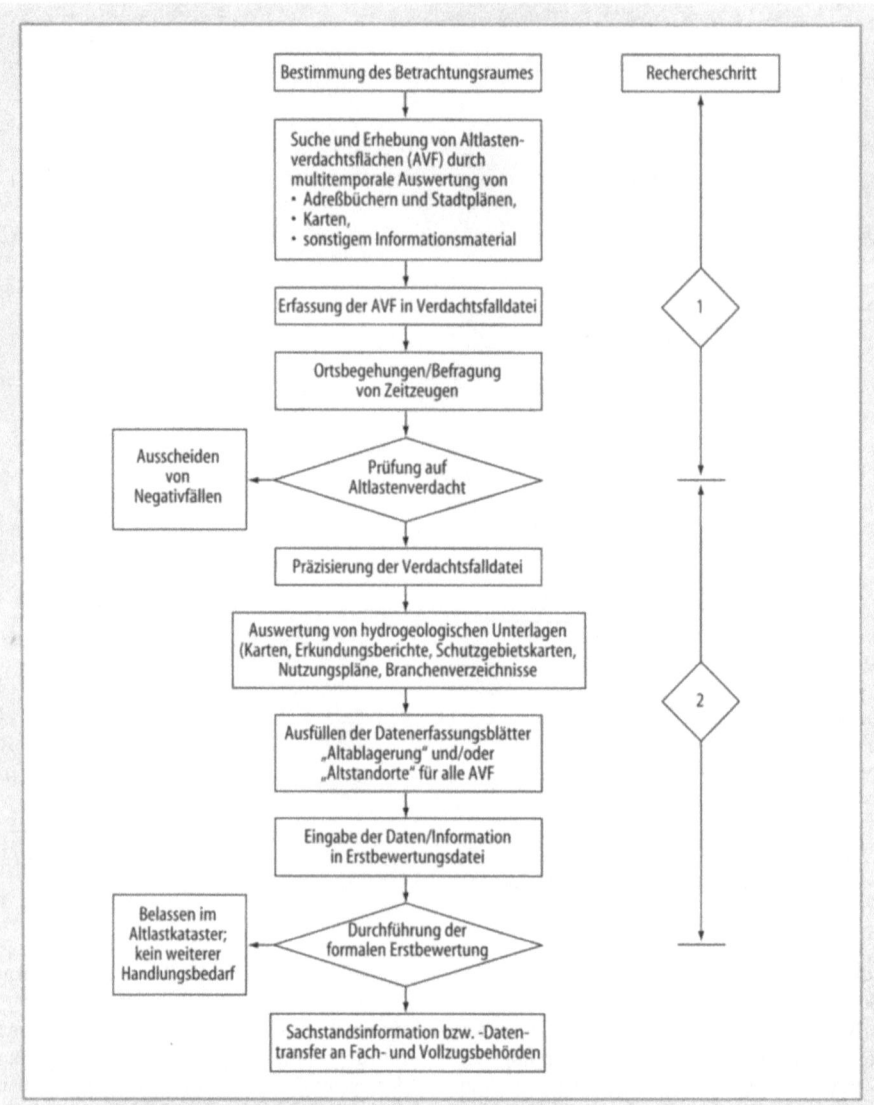

Bild J.2-5 Ablaufplan der Erhebund und Bewertung von Altlastenverdachtsflächen im zivilen Bereich

sen und dergl. können unverdächtige Fälle ausgesondert werden.

In einem *zweiten Rechercheschritt* sind für den einzelnen Standort zusätzliche Informationen zu sammeln, insbesondere über ansässige Branchen oder abgelagerte Schadstoffe sowie über die dabei/dafür genutzten Anlagen bzw. Teilflächen. Unerläßlich sind aber auch bestimmte (Basis-)Informationen über die hydrogeologische Situaton am Standort sowie über die Lage desselben zu Schutzgütern im näheren und weiteren Umfeld.

Die Informationen aus dem 1. und 2. Rechercheschritt müssen soweit vollständig sein, daß mit ihnen das Ausfüllen von Datenerfassungsblättern möglich ist. Auf ihrer Grundlage erfolgt dann die formale Erstbewertung (FEB) des gesamten Kollektivs der Verdachtsfälle im Betrachtungsraum.

J.2.2.3 Rechnergestützte Behandlung von Altlastenverdachtsfällen

Vorbemerkung

Die generelle Forderung, eine Erhebung/Erfassung, Bewertung und Priorisierung von Altlastenverdachtsfällen (AVF) auf DV-Füße zu stellen, ist durch die i. d. R. sehr große Fallzahl sowie durch das Erfordernis, ständig funktionierende Informationslinien zwischen den zuständigen Behörden auf der Basis moderner Kommunikationsmittel aufzubauen, begründet.

Die verfügbaren Informationen über die Einzelfälle sind bei der Erstbewertung i. allg. zunächst lückenhaft. Im wesentlichen stützt sie sich auf erfahrungsorientierte Kriterien zur Abschätzung des Gefahrstoffpotentials (Branche und Fläche bzw. abgelagerte Abfälle und Volumen), und zur Abschätzung der Freisetzungs- und Ausbreitungsmöglichkeiten (Sohllage zum Grundwasserspiegel/Untergrunddurchlässigkeit). Auf der anderen Seite ist der AVF in seiner Beziehung zu bestehenden oder geplanten Nutzungen (Standortgegebenheiten) zu berücksichtigen.

Die Bewertung der AVF als Emissionsquelle mit Gefahren für die öffentliche Trinkwasserversorgung wird mit besonderem Gewicht vorgenommen, parallel aber auch für Wohnbebauung und andere sensible Nutzungen.

Anwendung findet das Verfahren der FEB in Deutschland bisher in Niedersachsen (für Altablagerungen) und in den neuen Bundesländern (für Altablagerungen und Altstandorte). Dazu wurde es in PC-lauffähige DV-Programme umgesetzt.

Nachfolgend wird die in Sachsen zur Anwendung gebrachte Lösung vorgestellt [J.2.2].

Formale Erstbewertung von Altablagerungen

Bewertungsparameter sind
- Schadstoffinventar der Ablagerung,
- Volumen der Ablagerung,
- Entfernungsangaben zu sensiblen Schutzgütern (Bebauung, Schutzgebiete, Vorbehaltsgebiete, Trinkwassergewinnungsanlagen und Vorfluter),
- Bodendurchlässigkeit (k_f-Wert),
- Sohllage der Ablagerung zum Grundwasserspiegel.

Die Verknüpfung der Bewertungsparameter nach dem Bewertungsalgorithmus „Altablagerungen" ermöglicht eine Punktbewertung zwischen 0 (min.) und 100 (max.).

Eine Reihe von Informationsparametern werden zusätzlich erhoben.

Zur ordnungsgemäßen und einheitlichen Datenerfassung mittels PC wurde ein Erfassungsblatt entwickelt, für das in [J.2.2] sowohl ein Schlüsselverzeichnis als auch Ausfüllhinweise vorgegeben wurden. Eine Abfalliste mit Stoffnummern und Gefährdungsklassen vervollständigt die Unterlagen in [J.2.2].

Formale Erstbewertung von Altstandorten

Bewertungsparameter sind
- kontaminierte Fläche mit Genauigkeitskennung und Flächenklasse,
- Entfernungsangaben (analog Ablagerungen),
- Bodendurchlässigkeitsstufe (max./min.),
- Sohllage der Kontamination bzw. von Bauwerken zum Grund-wasserspiegel,
- Kontaminationsart (nach Branchenschlüssel).

Die Verknüpfung der Bewertungsparameter zeigt der Bewertungsalgorithmus „Altstandorte" in Bild J.2-6, nach dem eine Punktbewertung zwischen 0 (min.) und 367 (max.) möglich ist.

Auch bei den Altstandorten werden ergänzend eine Reihe von Informationsparametern erhoben.

In [J.2.2] wurden dem DEB ein Schlüsselverzeichnis mit Erläuterung der Schlüssel, Ausfüllhinweise und ein Branchenschlüsselverzeichnis beigefügt.

Darstellung und Interpretation der FEB-Ergebnisse

In den Bildern J.2-7 und J.2-9 sind Darstellungen gewählt worden, wie sie z. B. in Sachsen seit 1992 in der Fach- und Vollzugspraxis Verwendung finden. Durch Priorisierung bzw. Unterteilung des Fallkollektivs an Hand der Bewertungszahlen in die Fallgruppen I, II und III (nach Ermessensentscheid) ist es möglich, klare Vorgaben für die weitere Behandlung der Verdachtsfälle zu formulieren.

1. Gruppe I scheidet vorläufig aus der weiteren Bearbeitung aus. Diese Gruppe entspricht den in den Bildern J.2-4 und J.2-5 dargestellten Fällen B.
2. Gruppe III ist eine Untermenge von AM1 in Bild J.2-4 und als sehr dringlich einzustufen. Sie sollte so schnell wie möglich in die Phase 2 der Altlastenbehandlung (s. Bild J.2-3) übergeleitet werden.

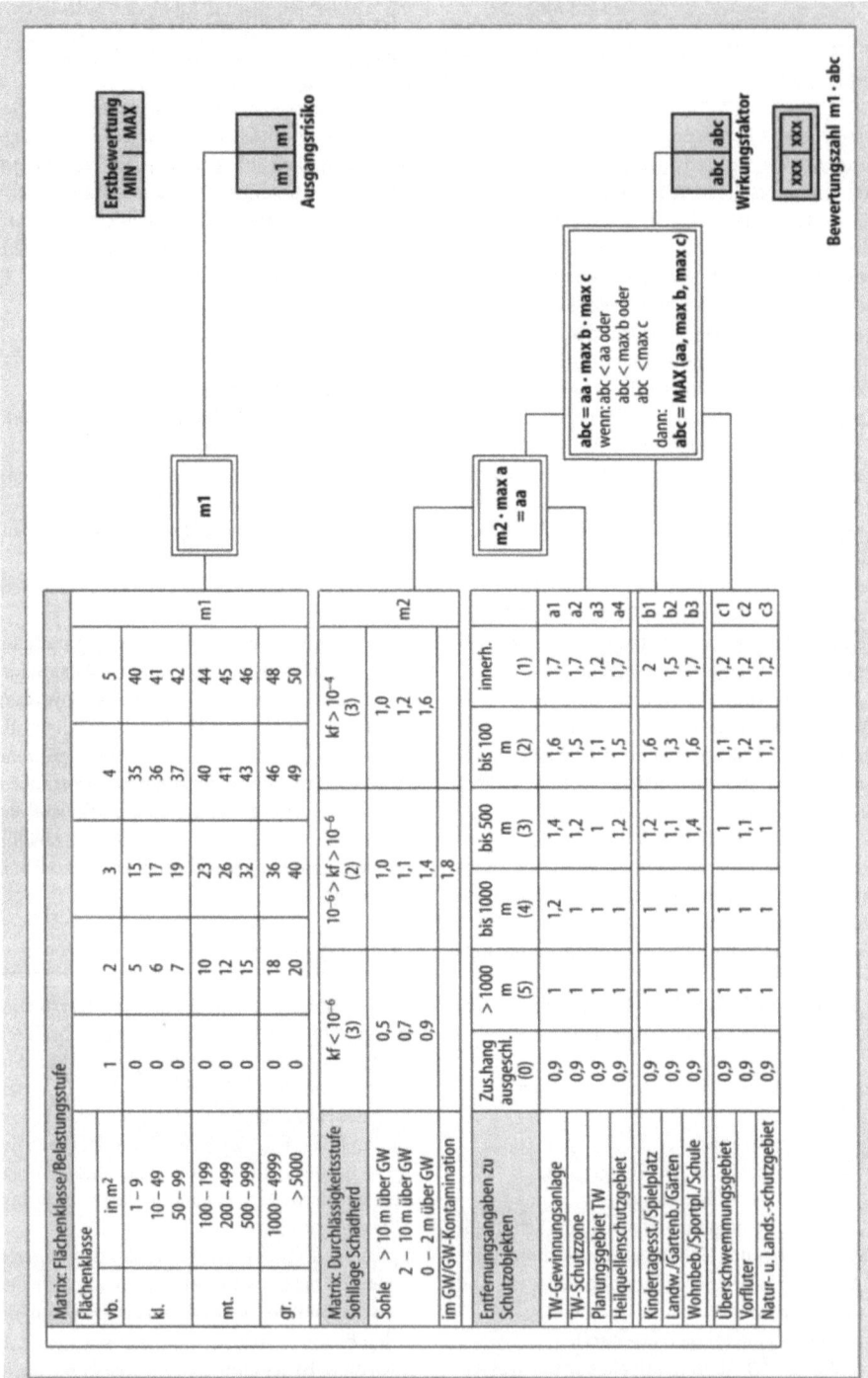

Bild J.2-6 Formale Erstbewertung Altstandorte (Sächsisches Landesamt für Umwelt und Geologie 2/94)

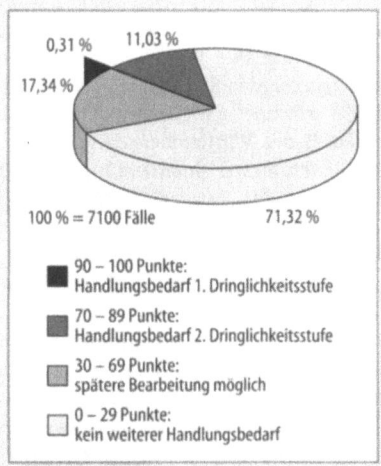

Bild J.2-7 Verteilung der Ergebnisse der formalen Erstbewertung von Altablagerungen/Deponien im Freistaat Sachsen

3. Gruppe II ist die Restmenge von AM1 in Bild J.2-4. Sie kann als weniger dringlich eingestuft und nach einem – den Finanzierungsmöglichkeiten angepaßten – gesonderten Terminplan zeitlich gestreckt der o. g. Phase 2 zugeführt werden.

J.2.3 Erkundung und Gefährdungsabschätzung

J.2.3.1 Beprobungsfreie Phase

Die beprobungsfreie Phase dient im wesentlichen folgenden Zielen:
- Abschätzung der Umweltgefährdung auf der Basis aller dokumentierten Informationen, Ermittlung des erforderlichen Handlungsbedarfs
- Ermittlung des/der Polizeipflichtigen (Handlungsstörer, Zustandsstörer)
- Schaffung einer Informationsgrundlage für die Planung einer nachfolgend ggf. erforderlichen technischen Erkundung oder Überwachung (örtliche und stoffliche Eingrenzung vermuteter Schadherde, Ausbreitungspfade, Schutzgüter)

Die *beprobungsfreie Erkundung* (Baden-Württemberg, Sachsen: Historische Erkundung, Niedersachsen: gezielte Nachermittlung) hat das Ziel, alle branchentypischen bzw. standortspezifischen und für die Abschätzung der Umweltgefährdung des Verdachtsfalls relevanten verfügbaren Informationen umfassend zusammenzutragen. In die Recherche sind sowohl Informationen zur historischen Entwicklung der Altablagerung/des Altstandorts (potentieller Schadherd), als auch solche zum Umfeld mit seinen Bedingungen für die Ausbreitung von Schadstoffen (Schwerpunkt Hydrogeologie) und den schutzwürdigen Objekten einzubeziehen.

Als *Datenquellen* dienen in der Phase
- Akten in staatlichen und kommunalen Einrichtungen
  (Bereiche Umwelt, Geologie, Bau, Gewerbeaufsicht, Ordnung, Polizei, Grundbuchamt, Bergaufsicht u. a.).
- Akten und Unterlagen privater Unternehmen/Personen
  (Bauunterlagen, Fotodokumentationen, Verfahrensbeschreibungen, Unterlagen zur Beschaffung, Absatz und Entsorgung von Rohstoffen/Produkten/Abfällen, behördliche Auflagen, Havariedokumentationen usw.)
- Pläne, Karten, Fernerkundungsbilder
  (Genehmigungspläne, Baupläne, Bestandspläne; thematische Karten zur Geologie, Hydrogeologie, Hydrologie, Schutzgebiete; Kataster- bzw. Flurstückskarten; Luftbilder verschiedener Zeiträume und Aufnahmetechniken/Sensoren)
- Untersuchungsberichte, Meßergebnisse, Gutachten vorrangig in staatlichen Einrichtungen
  (Erkundungen zu Geologie/Rohstoffen/Hydrologie/Havarien/Bauvorhaben usw., Meßnetze zur Überwachung von Umwelt bzw. technischer Anlagen)
- öffentliche und private Archive
  (Schwerpunkt: kommunale Archive, Firmenchroniken)
- Personenbefragungen
  (Mitarbeiter von Firmen und kommunalen Behörden, Grundstückseigentümer, Anwohner, Zeitzeugen, Deponiewärter u. a.)
- Ortsbegehung
  (aktueller Zustand und Nutzung, sichtbare Schäden, gefährdete Schutzgüter, Fotodokumentation)

Die Art der *Auswertung und Dokumentation* der erhobenen Informationen ist länderspezifisch festgelegt. In der beprobungsfreien Phase werden i. d. R. folgende Teildokumentationen gefordert:
- verbale Beschreibung des Verdachtsfalls (Lage, Zustand, Untergrundverhältnisse, vermu-

tete Art und Menge von Schadstoffen, Datenqualität)
- EDV-gerechte Erfassung relevanter Daten zur Fallbeschreibung und Gefährdungsabschätzung auf Formblättern bzw. Datenerfassungsprogrammen.
- formale Bewertung und Interpretation der Umweltgefährdung, Vorschlag zum weiteren Handlungsbedarf
- Quellennachweis mit Fundstellen
- Fotodokumentation
- Skizzen/Zeichnungen zu markanten Sachverhalten (Lageskizze, Veränderungen der Topographie, unterirdische Anlagen usw.)

Die *formale Bewertung* stellt den Versuch einer Quantifizierung und damit Vergleichbarkeit der Verdachtsfälle eines Landes dar.

Als Beispiel eines von vielen Ländern teilweise modifiziert nachvollzogenen Bewertungsverfahrens sind in Bild J.2-8 Bewertungsschema und Matrix zur Ableitung des Handlungsbedarfs aus dem errechneten Risiko der Umweltgefährdung aus Baden-Württemberg dargestellt.

Alle Bewertungsverfahren der Länder verknüpfen Daten zu den Kategorien Schadstoffherd, Ausbreitungspfad und Lage/Bedeutung von gefährdeten Schutzgütern zu einer Bewertungszahl, deren Größe Anhaltspunkt für die Umweltgefährdung ist.

Die nach dem Bewertungsergebnis geordneten Altablagerungen und Altstandorte werden von den zuständigen Behörden nach einer Kontrolle und Bestätigung bzw. Korrektur der Bewertung zu Prioritätslisten für den weiteren Handlungsbedarf zusammengestellt (vgl. Bild J.2-9).

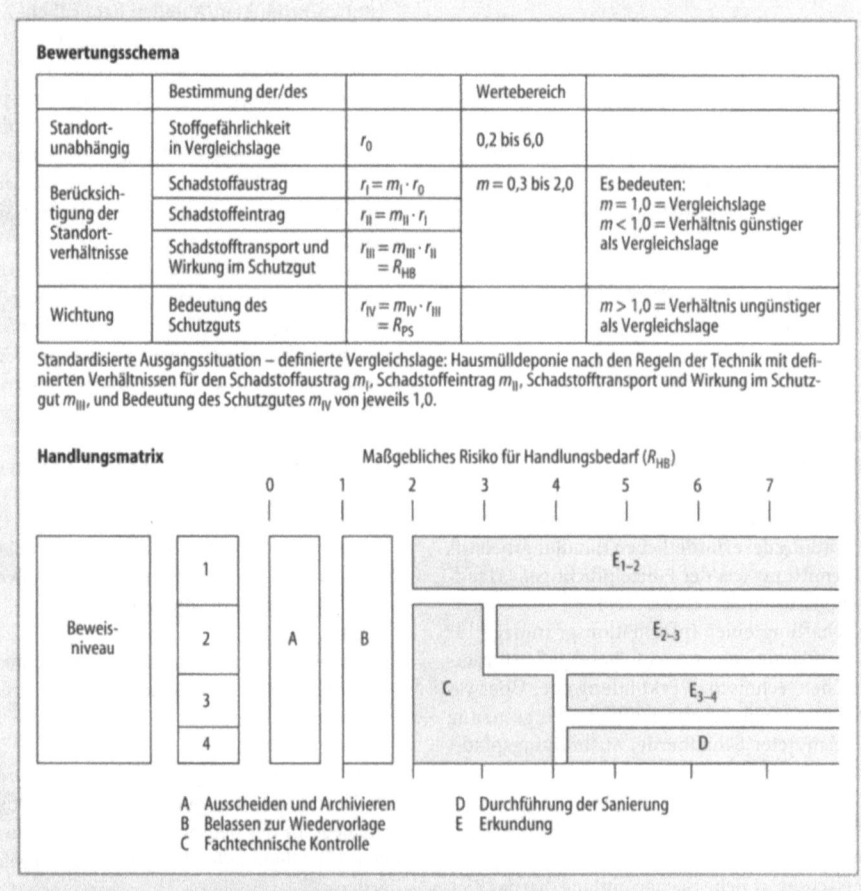

Bild J.2-8 Bewertungsschema und Handlungsmatrix nach Bade-Württemberg

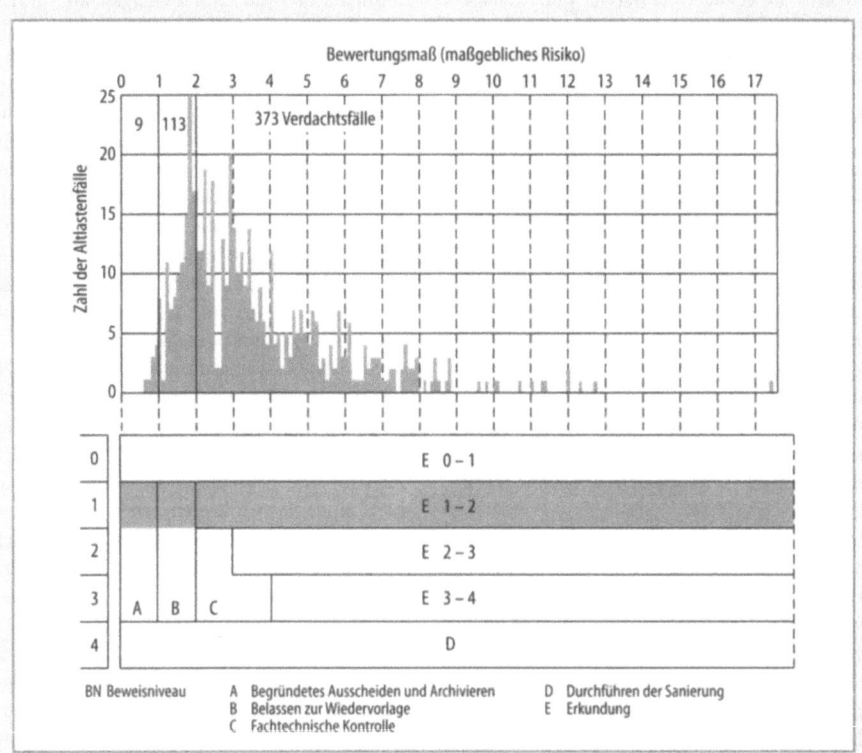

Bild J.2-9 Bewertungsergebnis von Verdachtsfällen nach der historischen Erkundung (BN 1) und Zuordnung zum weiteren Handlungsbedarf

Gleichzeitig erfolgt die Aufnahme relevanter Daten in das Altlastenkataster des Landes.

Um Probleme mit der Anerkennung von Erkundungsergebnissen durch die zuständigen Umweltbehörden zu vermeiden, sind die landesspezifischen Regelungen zur Altlastenerkundung vor der Erkundung zu erfragen.

J.2.3.2 Technische Erkundung und Gefährdungsabschätzung

Die *technische Erkundung* hat zum Ziel, alle für eine abschließende Gefährdungsabschätzung erforderlichen und in der beprobungsfreien Phase nicht ermittelten Daten durch gezielte Messungen und Untersuchungen zu gewinnen. Nach der technischen Erkundung ist mit Hilfe der Gefährdungsabschätzung zu entscheiden, ob der Verdachtsfall

a) als *Altlast* in die Sanierungsphase überführt werden muß, da die festgestellte Gefahrenlage (akute oder konkrete Gefährdung von Schutzgütern) nicht akzeptiert werden kann und Maßnahmen zur Gefahrenabwehr erforderlich sind;
b) endgültig *aus dem Altlastenverdacht entlassen* werden kann, da eine Gefährdung von Schutzgütern vernachlässigbar gering ist;
c) einer weiteren *fachtechnischen Kontrolle* unterliegen muß, falls eine festgestellte latente Gefahrenlage eine künftige konkrete bzw. akute Gefährdung nicht ausschließen läßt.

Inhalt und Aufwand der technischen Erkundung sind dem konkreten Verdachtsfall anzupassen. In den Ländern sind zwei bis drei *Stufen der technischen Erkundung* (Screening) vorgeschrieben. Die erste Stufe (orientierende Erkundung, Orientierungsuntersuchung) soll mit vergleichbar geringem Aufwand klären,

- ob die nach der Auswertung der Unterlagen vermutete Kontamination vorliegt (Ja-Nein-Entscheidung),
- welches Stoffspektrum im Groben vorliegt,
- welche Teilflächen kontaminiert sind,

- ob sich die Schadstoffe bereits weiter ausgebreitet haben,
- welche Untergrund- und Umgebungsverhältnisse für eine Stoffausbreitung zu Schutzgütern vorliegen.

In dieser ersten Stufe sind i. d. R. nur wenige Probenahmen und Meßpunkte sowie ein einfaches Analysenspektrum (Summen- und Leitparameter) erforderlich.

Die zweite (und ggf. dritte) Stufe der technischen Erkundung (Detailerkundung, nähere Erkundung) klärt für die nach der ersten Stufe verbliebenen Schadherde

- das genaue Schadstoffspektrum
- das räumliche Ausmaß der Schadstoffbelastung im Detail
- die expositionsbedingte Belastung von Schutzgütern.

Neben einer meist deutlich höheren Anzahl von Meß- und Probenahmepunkten und einem erweiterten Analysenspektrum können Modelle zur Prognose des Schadstoffverhaltens und Betrachtungen zum Einfluß weiterer Altablagerungen und Altstandorte erforderlich sein.

Die *Gefährdungsabschätzung* ist wie bei der beprobungsfreien Phase durch die Länder geregelt, ebenso Inhalt und Gliederung der Dokumentationen.

J.2.4 Rechtliche Probleme bei der Erfassung und Bewertung von Altlasten

Die Altlastenproblematik ist durch die Gesetzgebung des Bundes bisher nur in Teilbereichen geregelt, da man sich erst in der jüngeren Vergangenheit ihrer Bedeutung bewußt geworden ist. Altlastenrelevante Regelungen finden sich im Kreislaufwirtschafts-/Abfallgesetz (KrW-/AbfG) bzw. im Wasserhaushaltsgesetz (WHG) des Bundes. Diese Normierungen sind allerdings sowohl in ihrem sachlichen als auch zeitlichen Anwendungsbereich beschränkt. So ist der Anwendungsbereich des WHG auf Ablagerungen beschränkt, die nach dem Inkrafttreten des WHG (01.03.1960), aber vor dem Inkrafttreten des AbfG (11.06.1972), vorgenommen wurden.

Zudem enthält das WHG selbst keine speziellen Eingriffsermächtigungen.

Das KrW-/AbfG erfaßt wiederum nur solche Altlasten, die auf Abfallablagerungen zurückgehen, und auch das nur mit zeitlichen Beschränkungen. So kommen hinsichtlich in Betrieb befindlicher ortsfester Abfallanlagen, die vor dem Inkrafttreten des AbfG betrieben wurden oder mit deren Errichtung begonnen wurde, nach § 35 KrW-/AbfG nachträglich Bedingungen, Befristungen und Auflagen, sowie im Falle erheblicher Beeinträchtigungen des Wohls der Allgemeinheit die vollständige oder teilweise Betriebsuntersagung in Betracht. Die Rekultivierungs- und Verhütungspflicht gemäß § 36 Abs. 2 KrW-/AbfG gilt nur für nach dem Inkrafttreten des AbfG stillgelegte Anlagen. Eine Sanierung auf Grundlage des KrW-/AbfG für vor diesem Zeitpunkt stillgelegte Anlagen scheidet damit aus.

Inzwischen ist allerdings das Bundesbodenschutzgesetz (BBodSchG) mit einem Kapitel Altlasten verabschiedet worden, in welchem diese definiert werden und auch Regelungen im Hinblick auf ihre Erkundung und Sanierung normiert sind. Nach Inkrafttreten dieses Gesetzes am 01.03.1999 sind diese Regelungen zu beachten und verdrängen landesrechtliche Regelungen, soweit sich die Anwendungsbereiche überdecken.

Definiert ist der Altlastenbegriff bislang in neueren Landesgesetzen, so in den Landesabfallgesetzen der Länder Bayern, Baden-Württemberg, Brandenburg, Hessen, Mecklenburg-Vorpommern, Niedersachsen, Nordrhein-Westfalen, Rheinland-Pfalz, Sachsen-Anhalt und Thüringen. Altlasten sind nach den vorgenannten Gesetzen einschl. des BBodSchG i. d. R. Altablagerungen (stillgelegte Abfallbeseitigungsanlagen sowie sonstige Grundstücke, auf denen Abfälle behandelt, gelagert oder abgelagert wurden) oder Altstandorte (Grundstücke stillgelegter Anlagen und sonstige Grundstücke, auf denen mit umweltgefährdenden Stoffen umgegangen worden ist), von denen wesentliche Beeinträchtigungen des Wohls der Allgemeinheit oder Gefährdungen für die Umwelt ausgehen.

Darüber hinaus gilt derzeit in Sachsen noch das Erste Gesetz zur Abfallwirtschaft und zum Bodenschutz von 1991, geändert lediglich durch das Aufbaubeschleunigungsgesetz von 1994. Zwar beinhaltet dieses keine Definition des Altlastenbegriffs, die Altlastenproblematik erfährt jedoch unter Verwendung der vorgenannten Kategorien von Altablagerungen und Altstandorten eine rechtliche Regelung als Teilbereich des Bodenschutzes.

Zur Durchführung von Erkundungs- oder Sanierungsmaßnahmen bzgl. Altlasten können in Anlehnung an das allgemeine Polizeirecht nach derzeitiger Rechtslage prinzipiell

1. der Verursacher der Altlasten (Handlungsstörer) und
2. Grundstückseigentümer und der Inhaber der tatsächlichen Gewalt über ein Altlastengrundstück (Zustandsstörer)

herangezogen werden.

Das BBodSchG dehnt den Kreis der Verantwortlichen wesentlich aus. Danach wird zur Sanierung auch verpflichtet sein, wer nach handelsrechtlichem oder gesellschaftsrechtlichem Rechtsgrund für eine juristische Person einzustehen hat, der ein Grundstück, das mit einer schädlichen Bodenveränderung oder einer Altlast belastet ist, bewirkt und der das Eigentum an einem solchen Grundstück aufgibt.

Die Auswahl, wen die Behörde in Anspruch nimmt, wenn mehrere Verpflichtete in Frage kommen, ist nach pflichtgemäßem Ermessen zu treffen, wobei die einzelnen Landesgesetze diese Ermessenbestätigung z.T. näher ausgestaltet haben. Grundsätzlich hat die Behörde sich daran zu orientieren, von welchem Verpflichteten die Gefahr am schnellsten und wirksamsten beseitigt werden kann. Darüber hinaus kann es auch gerechtfertigt sein, mehrere Verpflichtete gleichzeitig in Anspruch zu nehmen.

Des weiteren regeln die genannten Gesetze z.T. auch, wie zu verfahren ist, wenn die Verpflichteten nicht oder nicht rechtzeitig in Anspruch genommen werden können und wer die Kosten für Maßnahmen der Altlastenerkundung oder -sanierung zu tragen hat. In der Regel ist dies der Verpflichtete, soweit Erkundungsmaßnahmen nicht der Behörde im Rahmen der Amtsermittlung obliegen.

Eine Ausnahme von dieser Regel kann sich allerdings in den neuen Bundesländern unter den Voraussetzungen von Artikel 1 § 4 Abs. 3 des Umweltrahmengesetzes (UmwRG) der ehemaligen Deutschen Demokratischen Republik vom 29.06.1990 (GBl. I Nr. 42, S. 649) in der Fassung durch Artikel 12 des Gesetzes zur Beseitigung von Hemmnissen bei der Privatisierung von Unternehmen und zur Förderung von Investitionen vom 22.03.1990 (BGBl. I S. 766) ergeben (sog. Altlastenfreistellung). Demnach können Eigentümer, Besitzer oder Erwerber von Anlagen und Grundstücken, die gewerblichen Zwecken dienen oder im Rahmen wirtschaftlicher Unternehmungen Verwendung finden, von der Verantwortung für durch den Betrieb der Anlage oder die Benutzung des Grundstücks vor dem 01.07.1990 verursachte Schäden freigestellt werden, wenn dies unter Abwägung der Interessen des Antragstellers, möglicherweise geschädigter Dritter, der Allgemeinheit und des Umweltschutzes geboten ist. In der Anwendungspraxis der neuen Länder wird allerdings in aller Regel nicht von Verantwortung selber freigestellt, sondern nur von der Kostenlast, die sich aus der ordnungsrechtlichen Inanspruchnahme ergibt. Damit stehen die oben dargestellten Verantwortlichen weiterhin zur ordnungsrechtlichen Inanspruchnahme durch die zuständigen Behörden in vollem Umfang zur Verfügung.

Weitere Eingriffsermächtigungen zur Anordnung von Erkundungs- oder Sanierungsmaßnahmen finden sich schließlich in den Allgemeinen Polizeigesetzen der Länder. Danach hat die Polizei diejenigen Maßnahmen zu treffen, die ihr nach pflichtgemäßem Ermessen erforderlich erscheinen, um Gefahren abzuwenden oder zu beseitigen.

Diese Ermächtigungsgrundlage ist allerdings gegenüber den vorgenannten Eingriffsregelungen nachrangig, d. h., die nach den Polizeigesetzen zuständigen Behörden dürfen nur dann tätig werden, wenn Gefahr im Verzug ist. Dies ist insbesondere dann der Fall, wenn die Gefahr schon von solcher Intensität ist, daß ein Vorgehen der an sich nach den Fachgesetzen zuständigen Behörden aus zeitlichen Gründen nicht mehr abgewartet werden kann. Im Hinblick auf die Erfassung von Altlasten ist im übrigen der Schutz personenbezogener Daten von zentraler rechtlicher Bedeutung. Nach der Rechtsprechung des Bundesverfassungsgerichts zum Recht auf informationelle Selbstbestimmung setzt die Erfassung und Verarbeitung personenbezogener Daten eine gesetzliche Grundlage voraus, in der Umfang und Zweck der Datenverarbeitung geregelt sind. Außerdem werden Schutzvorkehrungen in Form von Aufklärungs-, Auskunfts- und Löschungspflichten sowie ein amtshilfefester Schutz gegen Zweckentfremdung durch Weitergabe- und Verwendungsverbote verlangt. Auch hier gibt es keine abschließende einheitliche Regelung auf Bundesebene. Das BBodSchG untersagt lediglich die Übermittlung personenbezogener Daten. Soweit eine Datenübermittlung zwischen Bund und Ländern zur Erfüllung der Aufgaben des BBodSchG notwendig ist, sieht das Gesetz den Abschluß einer Verwaltungsvereinbarung zwischen Bund und Ländern zur Regelung von Umfang, Inhalt und Kosten des gegenseitigen Datenaustausches vor. Die genannten Landesgesetze, die spezielle altlastenrechtliche Normierung enthalten, befassen sich nicht alle mit den datenschutzrechtlichen Aspekten der Altlastenerfassung. Soweit dies der Fall ist, ist eine Altlastenerfassung daher immer nur in Einzelfällen zulässig, wenn die Voraussetzungen einer speziellen altlastenrechtlichen oder allgemeinen polizeirechtlichen Eingriffsermächtigung gegeben sind.

J.2.5 Geophysikalische Methoden

J.2.5.1 Voraussetzungen

Seit ca. 75 Jahren dienen geophysikalische Verfahren der Erkundung tiefliegender Lagerstätten von Erzen, Energierohstoffen und Grundwasser. Dabei ist ein umfangreiches Instrumentarium entwickelt worden. Große Erfahrungen in der digitalen Interpretation wurden gewonnen. Die Anwendung geophysikalischer Verfahren in der Umwelttechnik erfordert dagegen eine Neuorientierung, da die bisher störenden Oberflächeneffekte nun Gegenstand der Messungen sind.

Hierfür müssen keine neuen Methoden entwickelt werden. Es ist jedoch erforderlich, erprobte Verfahren anzupassen: z. B. muß engmaschiger gemessen werden, um präzise Aussagen für geringe Tiefen zu erzielen. Außerdem sollten vorhandene Kenntnisse über den technischen, geologischen und hydrogeologischen Aufbau einer Altlast in die Interpretation einfließen. Die Kombination mehrerer geophysikalischer Methoden ist zu empfehlen, um sichere Ergebnisse zu erzielen.

J.2.5.2 Aufgaben

Die Geophysik wird hauptsächlich zur Erkundung von Kontaminationen des Bodens und des Grundwassers eingesetzt. Gegenüber punktbezogenen Bohrungen, Rammsondierungen oder Schürfen arbeitet sie raum- bzw. flächendeckend, zerstörungsfrei und kostensparend. Ihre Messungen bieten eine höhere Arbeitssicherheit als übliche mechanische Aufschlußverfahren. Sie ist besonders gut geeignet, die Ausmaße überdeckter Altlasten oder Schadstofffahnen von der Erdoberfläche aus festzustellen.

J.2.5.3 Methoden

J.2.5.3.1 Geomagnetik

Die Messung der Totalintensität mit dem Protonenmagnetometer ist meßtechnisch einfach, schnell und kostengünstig. Körper mit starker Magnetisierung, wie Eisenschrott, Blechdosen oder stahlarmierte Betonplatten, rufen starke magnetische Anomalien hervor, sofern sie in Tiefen bis zu ca. 3 m lagern. Diese Begrenzung geht auf die Verringerung des Feldes magnetischer Körper in Abhängigkeit von der dritten Potenz der Entfernung zurück. Es gilt für den Betrag des

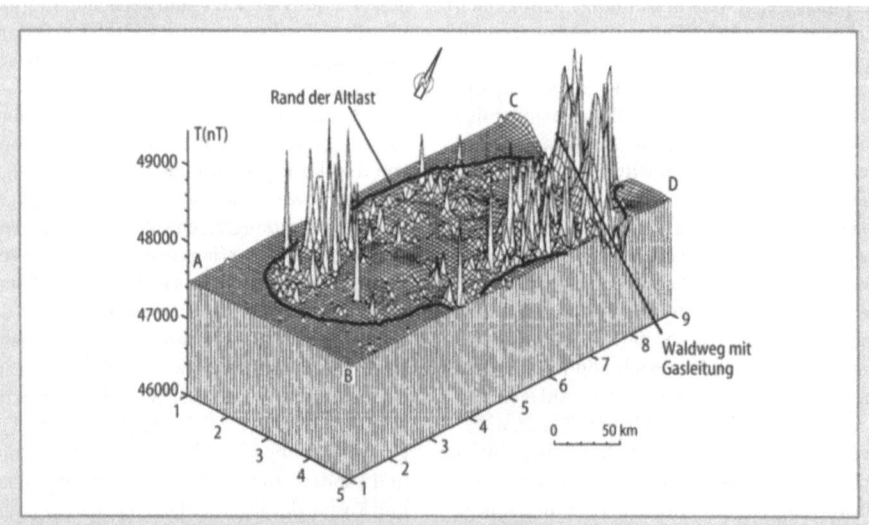

Bild J.2-10 Raumbild der magnetischen Totalintensität an einer Industrie- und Hausmülldeponie – ihre Ausdehnung wird durch magnetische Anomalien deutlich markiert (Thor GmbH)

Feldes B einer homogen magnetisierten Kugel mit dem Dipolmoments m auf der Dipolachse im Abstand r (μ_o Permeabilität im Vakuum):

$$B = \frac{\mu_o \cdot m}{2\pi} \cdot \frac{1}{r^3}$$

Das magnetische Verhalten von Körpern geht von zwei Magnetisierungen aus. Die induzierte Magnetisierung wird vom Erdmagnetfeld bewirkt, die remanente Magnetisierung ist dagegen permanent und hängt von der thermischen Vorgeschichte des Materials ab. Stark magnetisch sind vor allem ferrimagnetische Minerale mit Spinellstrukturen und ferromagnetische Stoffe mit großer Magnetisierbarkeit (Suszeptibilität). Außerdem gibt es dia- und paramagnetische Stoffe, die indessen so schwache magnetische Eigenschaften aufweisen, daß sie bei der Erkundung nicht ins Gewicht fallen.

Magnetische Erkundungen werden meist mit dem Protonenmagnetometer vorgenommen, das die Totalintensität in nT (Nanotessla) mißt. Bei der Auswertung ist die Inklination (Neigung gegen die Horizontale) des Magnetfeldes zu beachten. Sie bewirkt, daß magnetische Objekte in unseren Breiten in der Mitte zwischen ihren positiven und negativen Anomalien zu suchen sind.

Die Umgrenzung von Hausmülldeponien, mancher Bau- oder sogar Erddeponien kann ma-

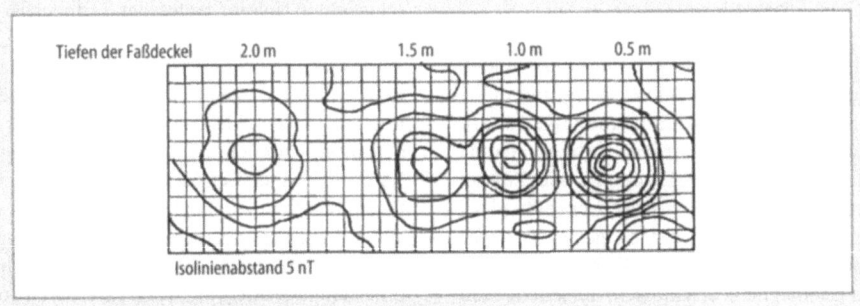

Bild J.2-11 Magnetische Anomalien vier aufrecht stehender Stahlfässer in verschiedenen Tiefen (Scintrex)

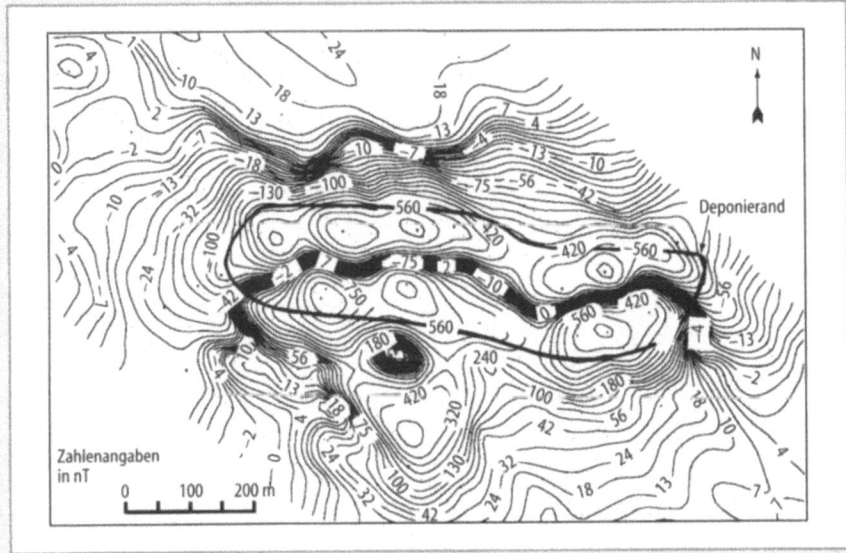

Bild J.2-12 Magnetische Isolinien der Hausmülldeponie Hannover nach Hubschrauberüberfliegung (BGR)

gnetisch bestimmt werden, da fast immer irgendwelche Eisenteile enthalten sind (Bild J.2-10). Innerhalb des Deponiekörpers lassen sich Ansammlungen von Schrott und Alteisen gut lokalisieren. Allerdings verhindert die weite Streuung kleiner magnetischer Objekte im Hausmüll den Nachweis einzelner Eisenteile. Dies gilt insbesondere für die Suche nach einzelnen Fässern (Bild J.2-11), da deren schwaches magnetisches Feld von vielen kleinen Feldern überlagert wird. Auch aus der Luft zeichnen sich Hausmülldeponien deutlich als starke magnetische Anomalien ab. Allerdings gehen dabei Einzelheiten verloren. Ihre Lage und Ausdehnung kann jedoch aus den aeromagnetischen Daten errechnet werden (Bild J.2-12).

J.2.5.3.2 Geoelektrik

Mit gleich- oder wechselstromgespeisten Meßverfahren werden Körper im Untergrund, die besondere elektrische Widerstände besitzen, nachgewiesen. Die Geoelektrik ist auch bei nichtmagnetischen Stoffen, wie Kupfer, Blei oder Zink anwendbar. Deshalb läßt sich die Grenze überdeckter Deponien geoelektrisch genau festlegen. Darüber hinaus werden größere Tiefen als bei der Geomagnetik erschlossen. Gut leitende Einlagerungen, wie z.B. feuchte salzhaltige Rückstände, Industrieschlämme oder Nichteisenschrott, lassen sich bis zur Deponiesohle aufspüren.

Besonders wichtig ist das geoelektrische Aufsuchen von Kontaminationsfahnen im Grundwasser. Erfahrungsgemäß weisen Sickerwässer von Hausmülldeponien und von vielen Industriemülldeponien erhöhte Salzgehalte auf. Deshalb sind ihre elektrischen Widerstände besonders gering und markieren die Kontaminationen für den geoelektrischen Nachweis. Geoelektrische Untersuchungen sind überdies preiswert und liefern schnell Informationen über die räumliche Ausdehnung und Beschaffenheit von Altlasten.

Der Abstand der Elektroden und Sonden und ihre Meßanordnung regelt die Eindringiefe (Bild J.2-13), die nach einer Faustregel ca. 1/3 der gesamten Auslage beträgt. Vergrößerungen dieses Abstandes ermöglichen die Erkundung in verschiedenen Niveaus unter der Erdoberfläche (Bilder J.2-14 und J.2-15).

Die *geoelektrische Kartierung* dient der Suche nach einzelnen, kontaminierten Körpern oder Deponiegrenzen. Elektroden und Sonden werden in einem engmaschigen, rechtwinkeligen Netz angeordnet. Gebräuchlich sind Netze mit 1 – 3 m Maschenweite. Der Strom wird von zwei außen liegenden geerdeten Elektroden eingespeist und die entstandene Spannung zwischen innen eingesteckten, nicht polarisierbaren Sonden abgegriffen. In Bild J.2-16 wird dargestellt, daß die geoelektrische Kartierung zur Auswahl des Standorts einer geplanten Deponie erfolgreich eingesetzt werden kann.

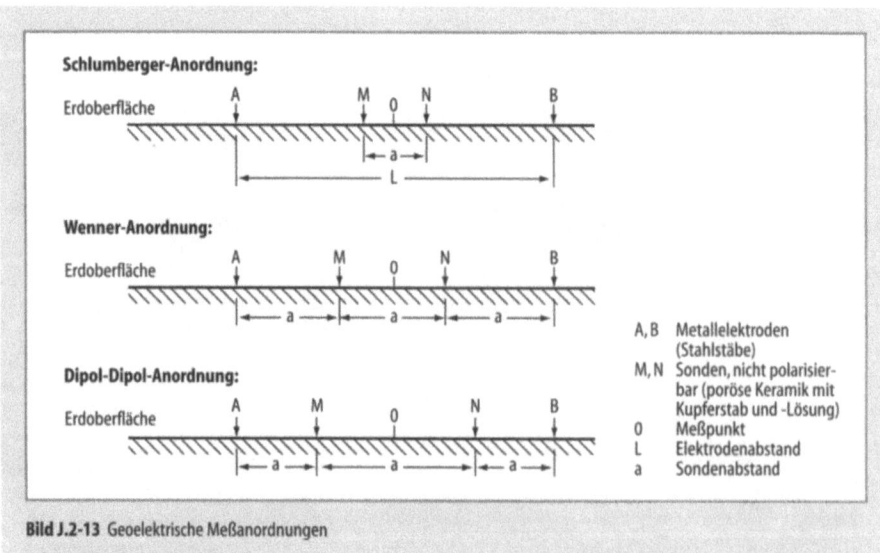

Bild J.2-13 Geoelektrische Meßanordnungen

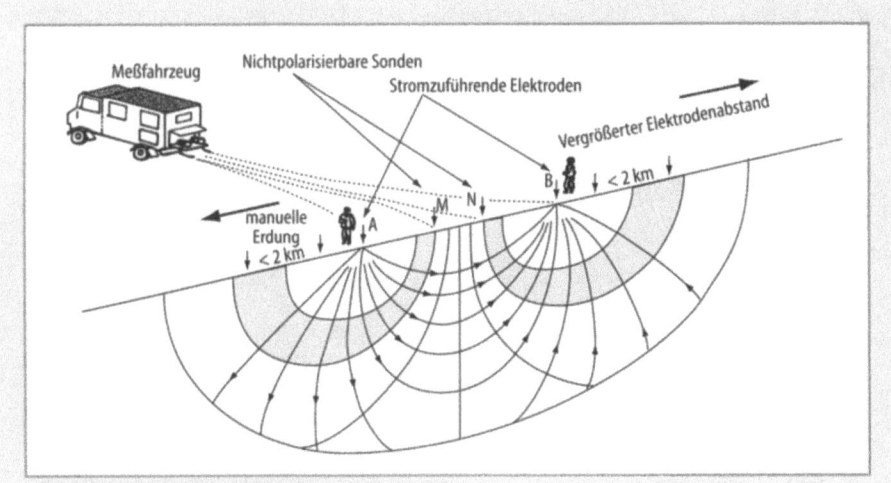

Bild J.2-14 Meßprinzip der geoelektrischen Tiefensondierung

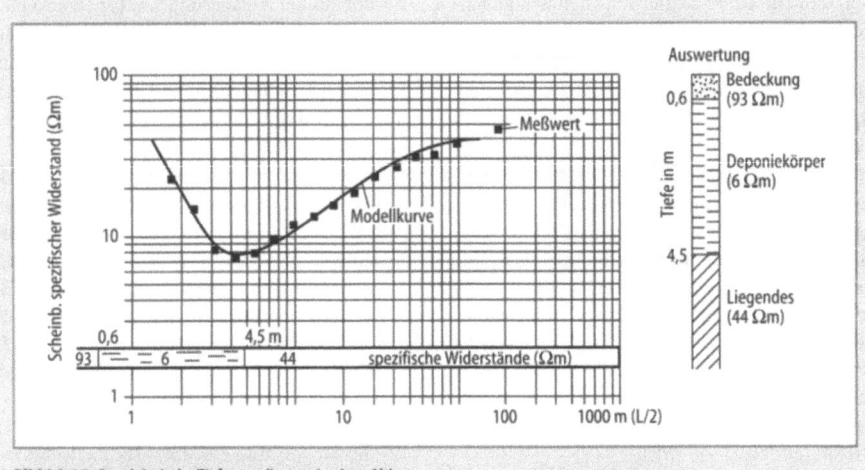

Bild J.2-15 Geoelektrische Tiefensondierung in einer Altlast

Für jede Meßanordnung muß ein Geometriefaktor K berücksichtigt werden, wenn der scheinbare spezifische Widerstand berechnet werden soll. Für diese Faktoren gilt:

K *Schlumberger* = $\frac{\pi}{a}\{(L/2)^2 - (a/2)^2\}$

K *Wenner* = $2\pi a$

K *Dipol-Dipol* = $\pi a \cdot n(n+1)(n+2)a$

ρ_2 spez. Widerstand = $K \cdot U/I$ [Ωm]

L = A, B
a = M, N
n = Vielfaches des Sonderabstands a

Bei *geoelektrischen Tiefensondierungen* wird der Abstand der stromeinspeisenden Elektroden nicht konstant gehalten, sondern ständig vergrößert (Bild J.2-14). Bei konstantem Sondenabstand dringt dadurch die Messung immer tiefer in den Untergrund ein. Es entsteht ein Säulenprofil, ähnlich dem Ergebnis einer Bohrung (Bild J.2-15 rechts). Anstelle von Bohrkernen wird hier jedoch die Tiefe bzw. die Mächtigkeit und der scheinbare spezifische Widerstand der Ablagerungen wiedergegeben.

Die Auswertung von Sondierungskurven (Bild J.2-15) kann mit Hilfe von Modellkurven oder

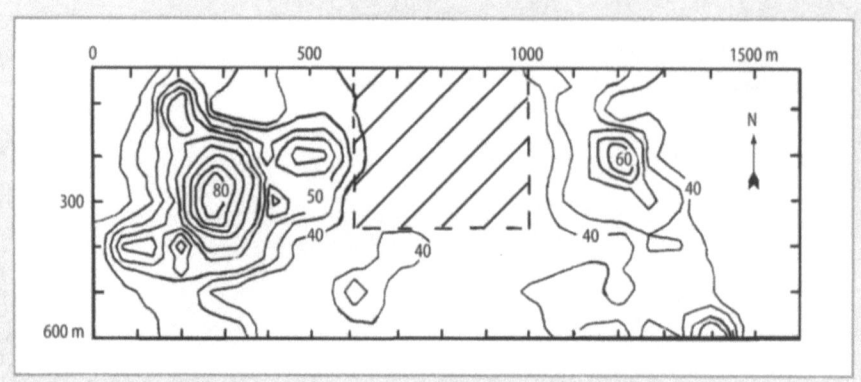

Bild J.2-16 Geoelektrische Standortkartierung (Zahlen in Ωm). Das schraffierte Gebiet (< 40 Ωm) ist als geologische Barriere geeignet

DV-Programmen erfolgen. Dabei kann es geschehen, daß für eine Sondierung mehrere gleichwertige Ergebnisse erzielt werden (Äquivalenzprinzip). Für die Auswahl der plausibelsten Lösung und die Koordinierung zu geoelektrischen Profilen müssen Daten aus der Vorgeschichte von Altorten oder aus der Geologie herangezogen werden. Diese Aufgabe sollte indessen nur erfahrenen Fachleuten übertragen werden.

Natürliche *elektrische Eigenpotentiale* bzw. deren Verteilung an der Erdoberfläche liefern Hinweise über Inhomogenitäten im Untergrund. Zu unterscheiden ist zwischen Redox- oder Reduktions-/Oxidationspotentialen und kinetischen Potentialen, die durch Bewegungen von Wässern oder Gasen im Boden entstehen. Die Redox-Potentiale sind meist größer (20 –> 100 mV) als die Fließpotentiale (1–10 mV).

Eigenpotentialmessungen sind technisch einfach. Man benötigt zwei nicht polarisierbare Sonden und ein Voltmeter. Sie können zur Erfassung oxidierender Metalleinlagerungen oder von Fließvorgängen im Untergrund eingesetzt werden. Die ineinandergreifenden elektrochemischen und elektrokinetischen Wechselwirkungen sowie die nicht bestimmbare Lage der Plus- und Minuspole einer Eigenpotentialquelle erschweren jedoch die Interpretation (Bild J.2-17).

Die gleichzeitige wiederholte Registrierung vieler Sonden (Scannermethode) führt zur Eliminierung kurzzeitiger Störspannungen. Aber auch damit ist es z. B. nicht möglich, Teeröle oder andere Kohlenwasserstoffe, die keine elektrischen Eigenschaften besitzen, aufzuspüren.

Die Methode der *Induzierten Polarisation (IP)* beruht auf der Anlagerung von Ionen und Elektronen an Mineraloberflächen oder an Grenzflächen des Porensystems der Gesteine. Die dabei entstehende Auflagerung M und ihre transiente Entladung sind die Meßparameter des Verfahrens (Bild J.2-18). Man unterscheidet:

1. Metallische Polarisation an Mineralen oder Gegenständen mit metallischer Stromleitung und hohem Glanz. Sie erzeugt starke IP-Anomalien.
2. Grenzschichtpolarisation als Auflagerung der Gesteine zwischen innerer Porenoberfläche und Porenwasser. Sie ruft nur schwache IP-Anomalien hervor. Bei salinaren Wässern geht jede Auflagerung verloren.

IP-Messungen sind z. B. einzusetzen, wenn zwischen der Schadstoffkonzentration und dem Nebengestein keine Widerstandsunterschiede bestehen. Es können ggf. Tone von salzwassererfüllten Sanden unterschieden werden. Außerdem können galvanische Schlämme, glasierte Tonscherben oder größere Mengen bedrucktes Papier (Makulatur) lokalisiert werden.

Die Resultate der *Elektromagnetik* (Wechselstromverfahren) entsprechen denen der Gleichstrommessungen. Ihr Vorteil liegt in der größeren Schnelligkeit der induktiven Anregung und der besseren Erkennung steil stehender Strukturen, insbesondere im Festgestein. Zwischen koplanaren Sender- und Empfängerspulen, die jeweils von einer Person getragen werden, induziert das elektromagnetische Feld in gut leitenden Altlasten sekundäre elektrische Ströme.

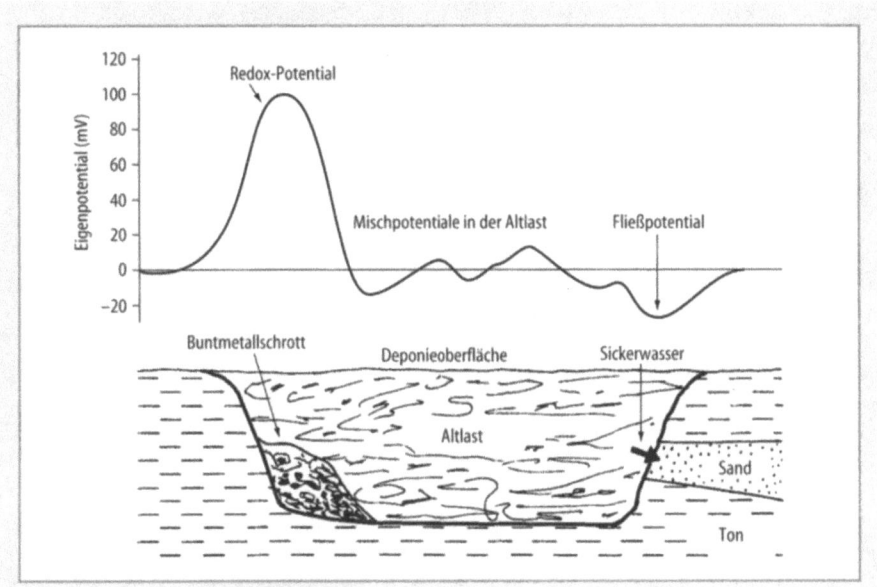

Bild J.2-17 Verschiedene Eigenpotentialquellen

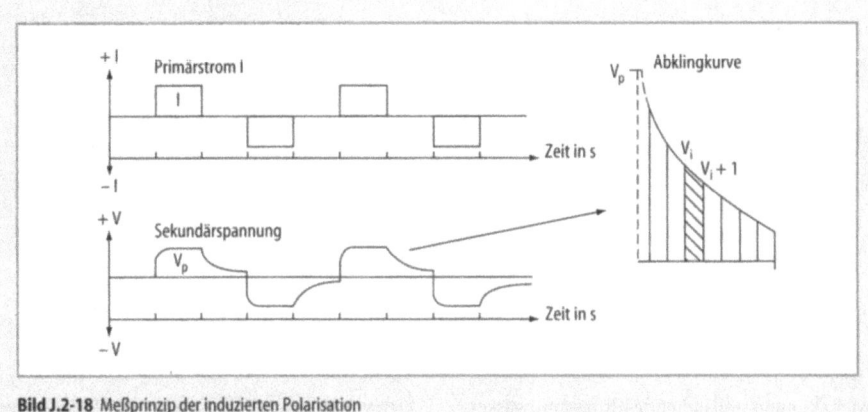

Bild J.2-18 Meßprinzip der induzierten Polarisation

Das resultierende Feld wird vom Empfänger aufgenommen. Aus dem Vergleich mit dem Primärfeld kann Lage und Form leitfähigen Materials abgeleitet werden. Je höher die Frequenz gewählt wird, um so geringer ist die Eindringtiefe. Das Nomogramm (Bild J.2-19) verdeutlicht diese Beziehung.

Durch die Abstrahlung vieler Frequenzen können auch mit der Elektromagnetik Tiefensondierungen vorgenommen werden. Allerdings steigt der Energiebedarf bei Abnahme der Frequenz. Mit tragbaren Akkumulatoren sollten deshalb 200 Hz nicht unterschritten werden. Ab 10.000 Hz wird die Eindringtiefe zu klein. Je nach Frequenz liegt die maximale Erkundungstiefe zwischen 40 und 80 % des Abstands der Sende- und Empfangsspule.

Das Verfahren hat sich bei der Flächenkartierung von Industriebrachen bewährt. Hervorzuheben ist die große Genauigkeit bei der Erfassung von Strukturen in geringer Tiefe. In Bild J.2-20 zeichnen die Isolinien die Umrisse der verdeckten Fundamente eines ehemaligen Walzwerks mit der Präzision einer Bauzeichnung nach. Aus-

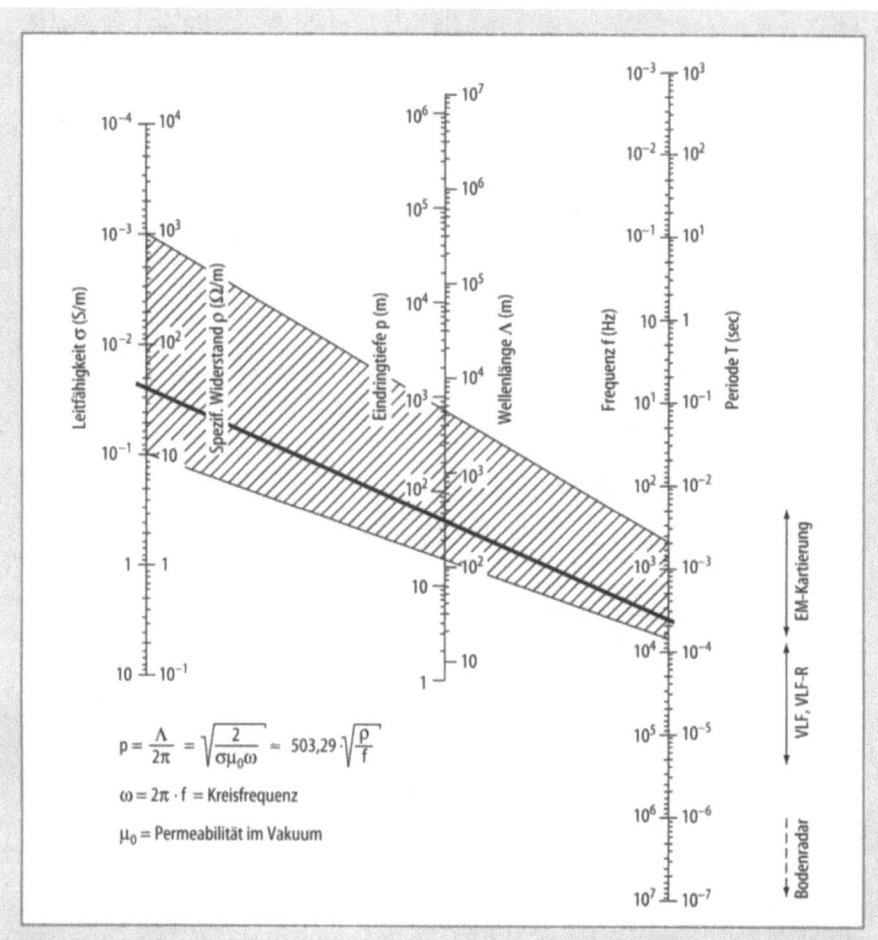

Bild J.2-19 Nomogramm: Beziehungen spez. Widerstand, Eindringtiefe und Frequenz elektromagnetischer Wellen. Der für die Elektromagnetik optimale Frequenzbereich ist schraffiert

serdem können steilstehende Kluftgrundwasserleiter, Verwerfungen oder Spalten als Sickerwege von Schadstoffimmissionen im Festgestein lokalisiert werden.

Bei der *VLF*-Methode (VLF steht für „Very Low Frequency"), sind die Frequenzen von 12–24 kHz für die Telekommunikation sehr niedrig; für die elektromagnetische Erkundung jedoch schon zu hoch. Ihre geringe Eindringtiefe von 10–15 m nimmt man indessen gern in Kauf, da kein Sender benötigt wird. Von Vorteil ist außerdem, daß die Meßgeräte klein und tragbar sind. Extrem starke, weit entfernte und fest installierte Sender strahlen das VLF-Feld rund um die Erde aus. Es dient der U-Boot-Navigation. Nachteilig ist, daß dieses, nahezu homogene Feld, kleine Strukturen nicht mehr erfaßt. Außerdem können geologische Strukturen, die sich in Richtung der Feldlinien erstrecken, nicht nachgewiesen werden.

Das *Bodenradar* oder das *Elektromagnetische Reflexionsverfahren (EMR)* wird bei Flacherkundungen angewendet. Dabei wird die Reflexion hochfrequenter elektromagnetischer Wellen von 80 MHz bis 1 GHz an Materialgrenzen genutzt, an denen sich die Dielektrizitätskonstante und/oder die elektrische Leitfähigkeit ändern. Bei den Messungen werden Sender und Empfänger über den Untergrund gezogen und ein kontinuierliches Reflexionsprofil aufgenommen. Die Laufzeit der reflektierten Signale ist vom durchstrahlten Material abhängig. Wie bei der Reflexionsseismik kann daraus die Tiefenlage des Reflektors bestimmt werden.

Ziele des Bodenradars sind vorwiegend kleine Objekte. Es können sowohl metallische als auch nichtmetallische Rohrleitungen, Kabel, Fundamente und Hohlräume geortet werden.

Die Methode eignet sich auch für Altlasten mit geringer Überdeckung. Die meisten Radarreflexionen weisen auf kleinräumige Bodenstrukturen hin. Aber auch organische Schadstoffkonzentrationen können erfaßt werden (Bild J.2-21). Dies beruht auf den sehr unterschiedlichen Dielektrizitätskonstanten (e) von 80 für Wasser und < 8 für organische Stoffe und Flüssigkeiten. Obwohl Kohlenwasserstoffe sich deutlich im Radarbild von feuchten Lockergesteinen abzeichnen, können ähnliche Reflexionen auch durch Zunahme des Sandgehaltes bzw. des Widerstands entstehen. Wegen der hohen Dielektrizitätskonstante des Wassers ist bei der Auswertung und Beurteilung besondere Sorgfalt und Vorsicht geboten. Jeder Regen verändert den Bodenwassergehalt und damit auch die Radargramme. Radarmessungen, die vor und nach einem Schauer aufgenommen wurden, liefern deshalb unterschiedliche Resultate.

J.2.5.3.3 Seismik

Die seismischen Methoden beruhen auf den unterschiedlichen elastischen Eigenschaften der Gesteine. Eine künstlich durch Hammerschlag, Fallgewicht, Vibratoren oder Sprengung erzeugte Wellenfront pflanzt sich vom Anregungszentrum nach allen Seiten im Gestein fort. Es entstehen Kompressions- oder Longitudinalwellen, die P-Wellen genannt werden, und Scher- oder Transversalwellen, die als S-Wellen bezeichnet werden. Beide werden an Schichten reflektiert, an denen sich die Elastizität und die Fortpflanzungsgeschwindigkeit ändern. Nach unterschiedlichen Laufwegen werden sie an der Erdoberfläche von Geophonen registriert. Aus der Laufzeit zur Schichtgrenze und zurück wird die seismi-

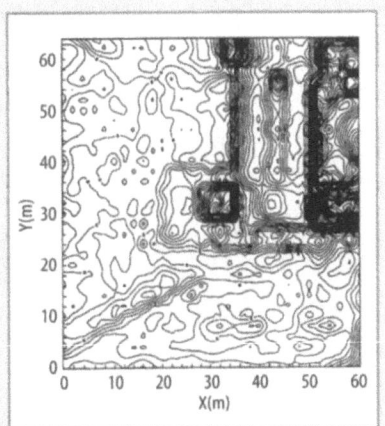

Bild J.2-20 Elektromagnetische Kartierung von Walzwerksfundamenten. Inphase-Isolinien der Frequenz 7040 Hz (Thor)

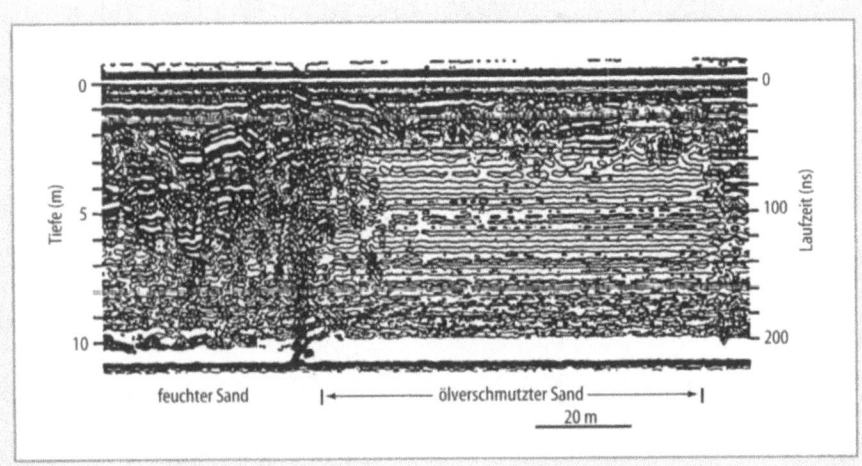

Bild J.2-21 Radargramm einer KW-Kontamination (Olhoeft, Denver)

sche Geschwindigkeit und die Tiefenlage der Grenzflächen abgeleitet.

P-Wellen sind schneller als S-Wellen. Dagegen geben S-Wellen Detailstrukturen besser wieder. In Lockergesteinen und Flüssigkeiten entwickeln sie sich jedoch nur schwach. Die Anregung der S-Wellen erfordert viel Energie und ihre Registrierung einen hohen Aufwand. Deshalb werden bei flachgründigen Untersuchungen häufig nur die P-Wellen ausgewertet.

Seismische Wellen durchlaufen nicht nur den Untergrund, sondern breiten sich auch als Oberflächenwellen an der Erdoberfläche aus und stören flachgründige Untersuchungen. Die seismischen Geschwindigkeiten steigen meist zur Tiefe an, je älter und verfestigter die Schichten sind.

Die *Refraktionsseismik* nutzt die Brechung an Schichtgrenzen mit höheren seismischen Geschwindigkeiten im Liegenden. Die refraktierten Wellen laufen an der Grenzfläche zweier Schichten entlang und geben dabei ständig Energie nach oben ab. Voraussetzung ist, daß ein kritischer Einfallwinkel zur Grenzfläche eingehalten wird.

Auf der Erdoberfläche registrieren Geophone die refraktierte und eine direkte Welle, die innerhalb der obersten Schicht läuft. Da die refraktierte Welle sich mit der größeren Geschwindigkeit der unteren Schicht ausbreitet, überholt sie ab ei-

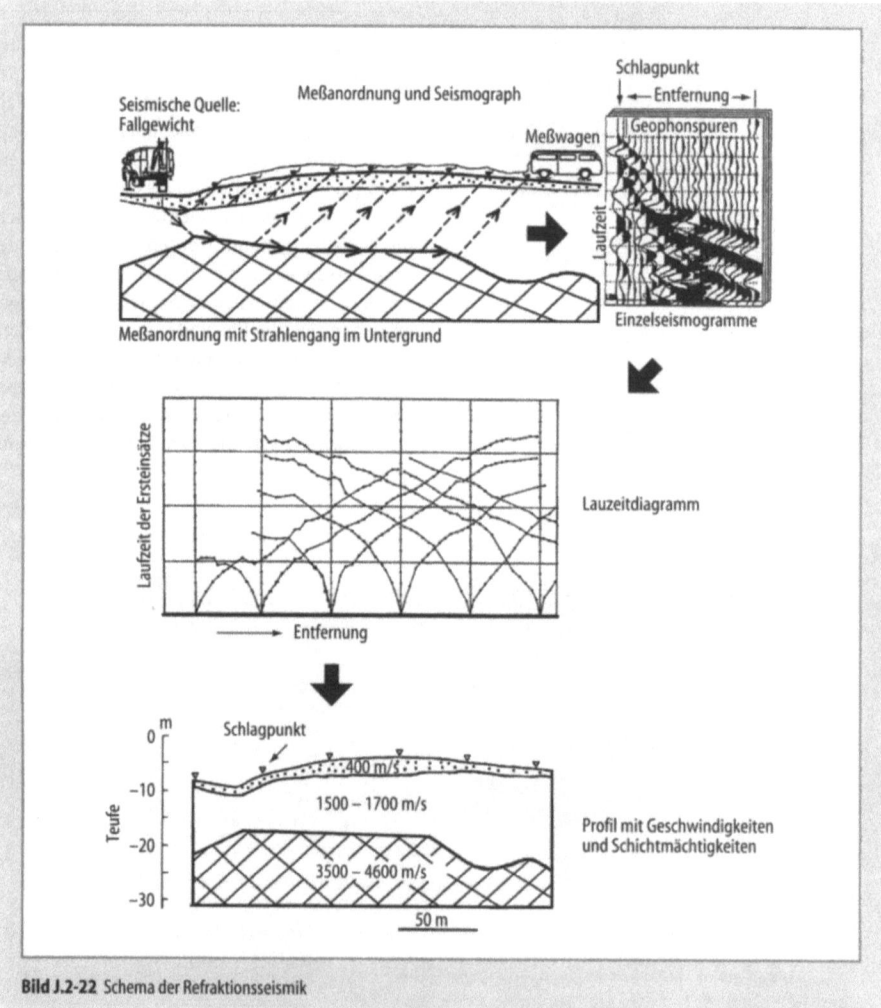

Bild J.2-22 Schema der Refraktionsseismik

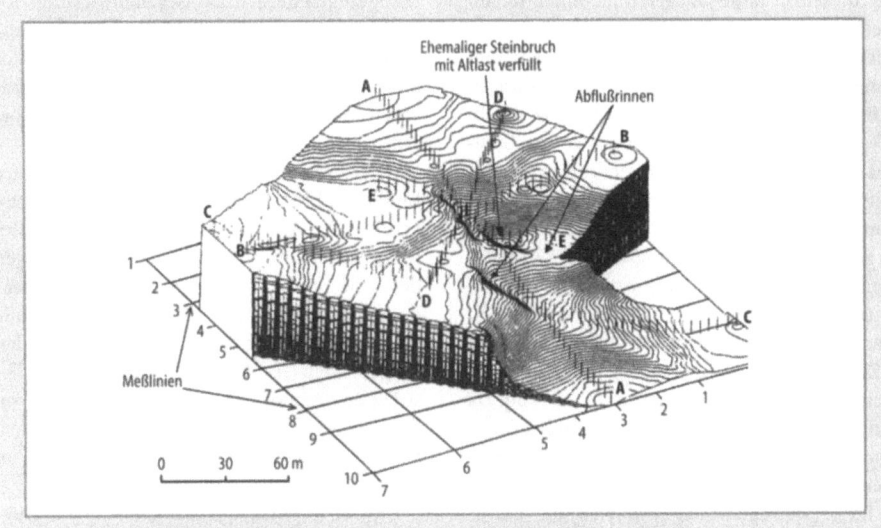

Bild J.2-23 Refraktionsseismische Darstellung des Untergrunds einer Altlast

ner bestimmten Entfernung die direkte Welle. Aus dieser Entfernung können die Tiefenlage der Grenzfläche und die Werte für die seismischen Geschwindigkeiten beider Schichten abgeleitet werden (Bild J.2-22).

Die seismische Refraktion dient vorwiegend der Erkundung der Strukturen unterhalb von Altlasten. Vor allem die Oberflächen grundwasserstauender Schichten (Bild J.2-23) sind ihr Ziel. Die Abgrenzung von Deponien ist leider nicht immer möglich, da die seismischen Geschwindigkeiten von deponiertem Material und Lockergesteinen gleich sein können.

Die *Reflexionsseismik* registriert die an Schichtgrenzen *direkt reflektierten Wellen* auf der Erdoberfläche. Für die seismische Reflexion ist eine Zunahme der Wellengeschwindigkeit zum Liegenden nicht erforderlich. Da bisher Reflexionen bis 100 m Tiefe nicht ausgewertet werden konnten, wurde diese Methode an Altlasten selten angewendet. Nun sind jedoch hochfrequente Sender und Geophone verfügbar, die Reflexionen aus Tiefen < 20 m erfassen können.

Reflexionsseismische Messungen sind mit hohem Aufwand verbunden. Gleichwohl lohnt sich ihr Einsatz, wenn die Tiefen und der geologische Aufbau vieler, untereinander liegender Schichten bestimmt werden müssen. Sie können auch dort angewendet werden, wo tiefliegende Strukturen mit Kontaminationen des Grundwassers zu erkunden sind.

J.2.5.3.4 Weitere Verfahren der Umweltgeophysik

In der *geothermischen Erkundung* von Altlasten wird die Temperatur an der Erdoberfläche oder in der Tiefe gemessen. Bei Infrarot-Messungen (IR) wird die Erdbodentemperatur als Strahlungstemperatur berührungslos mit Thermalscannern, meist vom Flugzeug oder Hubschrauber aus, aufgenommen. Diese Methode ist wegen ihrer hohen Kosten, ihrer Abhängigkeit von Sonneneinstrahlung und Verdunstung und wegen der geringen Wärmestromdichte über Deponien, nur in Ausnahmefällen geeignet. In jedem Fall ist zu fordern, daß die *Befliegung bei trockenem Wetter* und zwischen 2 und 5 Uhr in der Nacht erfolgen sollte. Sogar über Altlasten, in denen Kadaver durch Zersetzung die Temperatur stark erhöhen, zeichnet sich am Tage hauptsächlich die Sonneneinstrahlung ab.

Für direkte Temperaturmessungen im Boden können spezielle Rammsondierungen vorgenommen werden. Über periodische Messungen an einem Basispunkt müssen die Tagesvariationen bestimmt und die Meßwerte entsprechend korrigiert werden. Alle Temperaturmessungen sollten in einem regelmäßigen Meßraster mit Meßpunktabständen von nur wenigen Metern und *nur nachts* durchgeführt werden.

Radioaktive Altlasten sind Folgen des Uranabbaus, der Nuklearmedizin oder des Betriebs von Kernkraftwerken. Ihr Nachweis ist schwierig, da selbst starke Quellen unter einer Tonabdeckung > 2 m nicht mehr zu entdecken sind. Meist wird nur die energiereichste Gammastrahlung gemessen. Alpha- und Betastrahlungen sind energiearm und haben nur geringe Reichweite. Als Meßgerät sollte möglichst ein Gammastrahlenspektrometer verwendet werden. Dieser Scintillationszähler mißt nicht nur die gesamte Gammastrahlung, sondern auch das Energiespektrum der Strahlungsanteile ^{40}K (das in Tonen, Ziegeln usw. vorkommt), U und Th.

Die Einheit radiometrischer Messungen ist das Becquerel (Bq). Einem Becquerel entspricht 1 Zerfall pro Sekunde. Früher galt die Maßeinheit Curie (Ci): 1 Ci entspricht $3,7 \cdot 10^{10}$ Bq. Da Angaben in Bq immer sehr große Zahlen erreichen, hüte man sich davor, die in dieser Maßeinheit erfaßte Radioaktivität überzubewerten!

Im § 5 der deutschen Strahlenschutzverordnung sind die allgemeinen Dosisgrenzwerte für den menschlichen Körper in Millisievert (mSv) festgelegt.

- Keimdrüsen, Gebärmutter, rotes Knochemark
  0,3 mSV
- Knochenoberfläche, Haut
  1,8 mSV
- alle anderen Organe und Gewebe
  0,9 mSV

Die alte Einheit *rem* wird wie folgt umgerechnet:

$$1 Sv = 1 \frac{J}{kg} = 100 \text{ rem} \quad J \text{ (Joule)}$$

Die *Gravimetrie* nutzt die Veränderungen des Schwerefelds der Erde durch Inhomogenitäten der Dichte aus. Zur genauen Erfassung müssen von den registrierten, relativen Schwerewerten bekannte orts- und zeitabhängige Referenzwerte abgezogen werden: z. B. Gezeitenwirkung, Höhe des Meßpunkts zum Bezugsniveau (Freiluftkorrektur), Geländerelief in der Umgebung (topographische Korrektur), Gesteinsschicht zwischen Meß- und Bezugsniveau (Bouguer-Korrektur).

Die Schweremessungen werden mit hochempfindlichen Federwaagen, den Gravimetern, ausgeführt. Die Änderungen der Federlängen stehen im direktem Verhältnis zu den Änderungen des Schwerefelds. Voraussetzung für die Anwendung im Umweltbereich sind hinreichend große Dichteunterschiede zwischen Altlasten und den umgebenden Gesteinen. In vielen Fällen ist diese Differenz jedoch zu gering, um die Altlast von ihrer geologischen Umgebung zu unterscheiden. Deshalb werden Schweremessungen nur selten in der Umwelterkundung verwendet.

Die *aerogeophysikalische Erkundung* vom Flugzeug oder Hubschrauber aus lohnt sich insbesondere bei der Erkundung großer, altlastverdächtiger Flächen. Dabei hat sich eine Kombination von Magnetik, Radiometrie und Elektromagnetik bewährt. Bei der Elektromagnetik sollten Frequenzen zwischen 3000 und 10.000 Hz verwendet werden. VLF-Signale mit höheren Frequenzen haben eine geringere Eindringtiefe und verminderte Auflösung. Sie sind deshalb nur bedingt für die Altlastenerkundung aus der Luft geeignet.

Die Einsatzmöglichkeiten geophysikalischer Methoden in Bohrlöchern werden in Tabelle J.2-1 beschrieben. Fast alle geophysikalischen Verfahren können in Bohrlöchern mit Durchmessern > 80 mm „gefahren" werden. Für detaillierte Angaben steht umfangreiche Literatur zu Verfügung.

J.2.5.4 Tabellen und Daten

Tabelle J.2-1 Bohrlochmessungen (umfangreiches Spezialgebiet)

Bohrlochverrohrung / Methode ↓ Füllung →	ohne Wasser/Spülung	Stahl Wasser/Spülung	Kunststoff Wasser/Spülung	ohne	Bemerkungen geeignet für/Besonderheiten
Gammalog: Natürliche Breitbandstrahlung [SL]	●	●	●	●	Tonige Gesteine, Bauschutt; Scintillometermessung
Gamma-Spektrallog: Nat. Strahlg: ^{40}K, U, Th- [SL]	●	●	●	●	Festgesteine z.B. Granit, Gneis; auch bei Stahlverrohrung
Dichtelog [D]	●	✷	✷	–	Porosität, Verdichtungsgrad; eigene Gammastrahlenquelle
Neutronlog [N]	●	✷	✷	●	Porosität, Wassergehalt; eigene starke Neutronenquelle
Elektriklog: Große, Kleine, Normale [ES]	●	–	–	–	Grundwasser, Deponieaufbau; Gleichstromverfahren
Mikrilog: spez. Widerstand, detailliert: [ML]	●	–	–	–	Feinablagerung, Mikrostrukturen; Elektrodenabstand < 10 cm
Laterolog: fokussiertes Elektriklog [FEL, LL]	●	–	✷	–	Ablagerungsgrenzen, Feinschichtung; fokussiertes Gleichstromverfahren horizontal ausgerichtet
Induktionslog (fokussiert): Leitfähigkeit: [IEL]	●	–	✷	–	Genaue Ablagerungsgrenzen; hochfrequenter Wechselstrom
Eigenpotentiallog: [EP]	●	–	–	–	Sickerwassersalzgehalt; elektrisches Potential zur Erdoberfläche
Salinometerlog: Spülungswiderstand: [SAL]	●	●	●	–	Wasserzufluß, Korrektur elektr. Meßdaten; kleiner Elektrodenabstand
Temperaturlog: [T]	●	●	●	–	Wasserzufluß, Deponietemperatur
Akustiklog oder Soniclog: Schallgeschwindigkeit [SV]	●	–	–	–	Geschwindigkeit elastischer Wellen, Verdichtungsgrad; Ultraschallsender u. -empfänger
Drucklog: [P]	●	●	●	–	Grundwasserstand
Kaliberlog: Bohrlochdurchmesser [CAL]	●	●	●	●	Bohrloch ø, Rohrflansche; Andruck an Bohrlochwand
Abweichungslog: Abweichung vom Lot [DV]	●	✷	✷	●	Neigung und Richtung der Bohrlochabweichung; Pendel u. Kreisel- oder Magnetkompaß
Probenahme/Wasser, Spülung [SAMP]	●	●	●	–	Beprobung des Wassers, der Spülung im Bohrloch; Standmessung
Flowmeterlog [FLOW]	✷	✷	✷	–	Vertikale Wasserströmung, Zuflüsse; Meßflügeldrehzahl
Fernsehlog [TV]	●	●	●	●	Sichtkontrolle der Verrohrung bzw. der Bohrlochwand

● anwendbar   ✷ bedingt anwendbar   – nicht anwendbar

Tabelle J.2-2 Geophysikalische Verfahren für die Altlastenerkundung

Methode	Hausmüll	Industrieabfall	Schadstoffahne	Untergrund
Geomagnetik	+	+	–	–
Geoelektrische Kartierung	+	+	+	–
Geoelektrische Tiefensondierung	++	+	+	+
Elektromagnetische Kartierung	++	+	++	*
Georadar	+	*	*	–
Refraktionsseismik	*	*	–	++
Reflexionsseismik	*	*	–	++

++ gut geeignet   + geeignet   * bedingt geeignet   – nicht geeignet

Tabelle J.2-3 Spezifische Widerstände

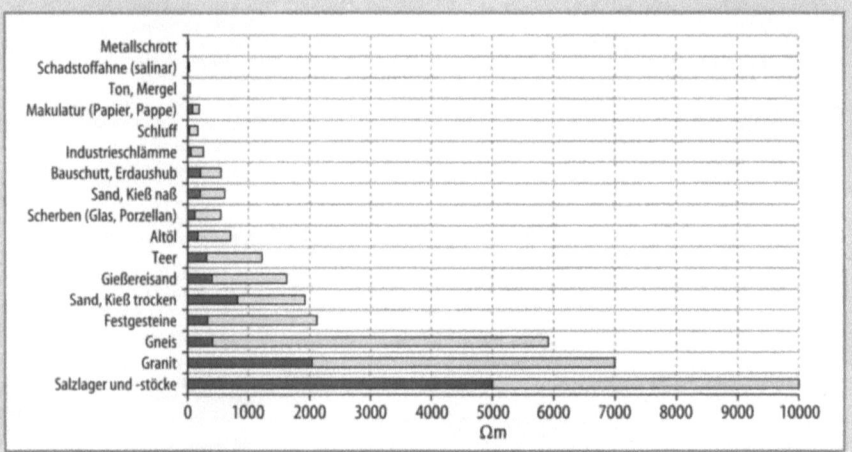

Tabelle J.2-4 Parameter der Georadar-Messungen

Stoff/Gestein	K	σ (ms/m)	v (m/ns)	a (dB/m)
Luft	1	0	0,3	0
Grundwasser	80	0,01	0,33	$2 \cdot 10^{-1}$
Meerwasser	80	$3,0 \cdot 10^4$	0,01	0,1
Sand, trocken	44	0,01	0,15	0,01
Sand, naß	25	$0,1^{-1}$	0,06	0,03
Ton, fett	5 – 35	0,05	0,06	1,0 – 300
Tonschiefer	5 – 15	0,03	0,09	1,0 – 100
Kalkstein	6	$0,5^{-2}$	0,12	0,04
Granit	5	0,1 – 1	0,13	0,01
Steinsalz	6	0,1 – 1	0,13	0,01

K   Dielektrizitätskonstante
σ Elektrische Leitfähigkeit
v   Elektrische Geschwindigkeit
a   Dämpfung

Tabelle J.2-5 Seismische Geschwindigkeiten

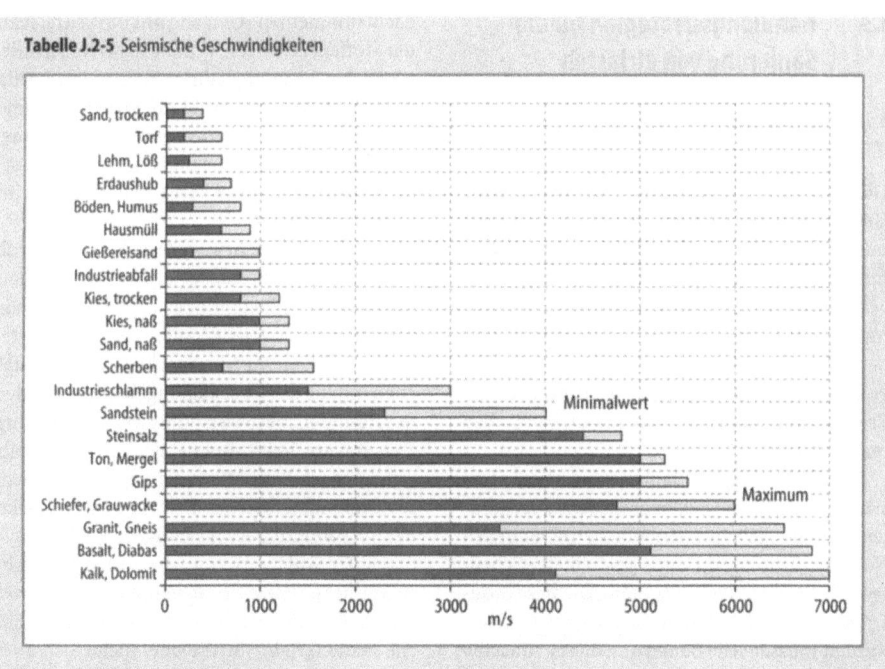

Tabelle J.2-6 Kalkulation geophysikalischer Methoden, verglichen mit Bohrkosten

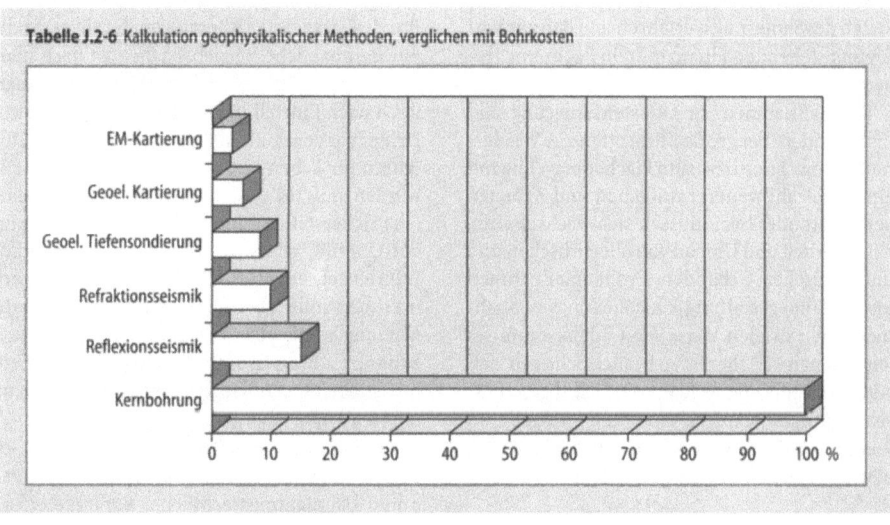

J.3 Handlungsstrategien für die Sanierung von Altlasten

J.3.1 Einleitung

Die Sanierung von Altlasten wird, sofern keine Gefahr für die öffentliche Sicherheit und Ordnung besteht, im Zeichen knapper Haushaltsmittel der öffentlichen Hand und reduzierter Investitionsbereitschaft bzw. hoher Renditeerwartungen der Grundstückseigentümer nur dann betrieben, wenn eine möglichst anspruchsvolle Folge- oder Wiedernutzung mit entsprechenden Erlösen (Verkauf, Pacht) der sanierten Flächen realisierbar ist.

Dabei führt der seit Jahren große Bedarf an städtebaulichen Entwicklungsflächen zu verstärkten Bemühungen, Industriebrachen einer neuen Nutzung zuzuführen. Dem angestrebten Flächenrecycling steht jedoch entgegen, daß diese Industriebrachen oft Altlasten aufweisen, die saniert werden müssen. Die Sanierung dieser Altlasten soll dem bestehenden Gefährdungspotential, der zukünftigen Nutzung, den technischen Möglichkeiten der Sanierungsverfahren und den zur Verfügung stehenden Finanzmitteln Rechnung tragen.

Die Maßnahmen zur Altlastensanierung sind insbesondere bei großen Projekten zur Wiedernutzbarmachung bzw. zum Flächenrecycling mit einer Vielzahl weiterer Aufgaben und Arbeiten verknüpft oder beeinflussen sich wechselseitig, z.B. Abbruch und Umbau von oberirdischen und unterirdischen Gebäuden, Erdbaumaßnahmen und Geländegestaltung, Erschließungsmaßnahmen durch Straßen, Wege, Ver- und Entsorgungsleitungen usw. Daher ist zu berücksichtigen, daß Altlastensanierung nicht eine in sich abgeschlossene Aktivität sondern eine (Teil-)Aufgabe im komplexen Gefüge der Wiedernutzbarmachung bzw. des Flächenrecyclings darstellt.

J.3.2 Relevante Umweltbelange

Untersuchungen und Maßnahmen zur Altlastensanierung sind in Abhängigkeit der aktuell bestehenden bzw. zukünftig geplanten Nutzung nach folgenden Gesichtspunkten unterschiedlich zu begründen.

Bei aktuell bestehender bzw. zukünftig unveränderter Nutzung ergibt sich eine Überprüfung der Altlastensituation nur aus spezifischen Verdachtsmomenten (Umgang mit umweltrelevanten Stoffen, Leckagen, Unfälle usw.) hinsichtlich möglicher Umweltgefahren. Sofern dabei Altlasten nachgewiesen werden, die zu beheben sind, werden primär Gefahrenabwehrmaßnahmen durchgeführt. Möglicherweise ist zunächst auch eine Überwachung der festgestellten Verunreinigung ausreichend.

Umfangreichere bzw. weitergehende Anforderungen zur Altlastensanierung ergeben sich häufig durch die Stillegung bzw. die Wiedernutzbarmachung von Betriebs- und Produktionsstätten sowie die Wiedernutzbarmachung von Brachflächen infolge der Überplanung für eine geänderte und möglicherweise höherwertige Nutzung. Dementsprechend sind neben der Gefahrenabwehr je nach Sensibilität der geplanten bzw. zu realisierenden (Wieder-)Nutzung auch Aspekte der Vorsorge zu berücksichtigen.

Bei der Stillegung von Betriebsflächen ist im wesentlichen darauf zu achten, daß nach Einstellung bzw. Verlassen des Betriebs von dieser Fläche keine Gefahr für die öffentliche Sicherheit und Ordnung ausgeht. Dies ist beispielsweise für Anlagen und Betriebsflächen des Bergbaus im Bundesberggesetz (BBergG) eindeutig geregelt. Für bergbauliche Betriebsflächen ist nach dem Ende der Bergaufsicht sicherzustellen, daß „auch noch nach Einstellung des Betriebes der Schutz Dritter vor den von dem Betrieb verursachten Gefahren für Leben und Gesundheit sichergestellt werden muß" (§ 55 Abs. 2 Nr. 1 BBergG), und daß „die Sicherstellung der Wiedernutzbarmachung der Oberfläche" (§ 55 Abs. 2 Nr. 2 BBergG) gewährleistet sein muß. Für diese Wiedernutzbarmachung muß allerdings nicht jede denkbare Nutzung, wenigstens jedoch eine geordnete Nutzungsart, z.B. als Grünfläche, möglich sein. Hierbei ist auch das öffentliche Interesse zu beachten (§ 4 Abs. 4 BBergG).

Die Ermittlung und Beurteilung möglicher Gefahren und Umweltbelange unter dem Gesichtspunkt bauplanungsrechtlicher Vorsorge erfordert nach dem Baugesetzbuch (BauGB) [J.3.1], daß die Bauleitpläne eine menschenwürdige Umwelt sichern und die natürliche Lebensgrundlagen schützen und entwickeln. Hierbei sind nach § 1 Abs. 5 BauGB hinsichtlich der Belange der menschlichen Gesundheit und der Gefahrenvorbeugung die allgemeinen Anforderungen an gesunde Wohn- und Arbeitsverhältnisse sowie die Sicherheit der Wohn- und Arbeitsbevölkerung bzw. hinsichtlich weiterer Umweltschutzbelange und des vorsorgenden Umweltschutzes unterschiedlichen Fragestellungen des Gewässerschutzes, der Luftreinhaltung und der Abfallwirtschaft zu berücksichtigen.

Im Zuge des Baugenehmigungsverfahrens (Bauantrag) sind gemäß der Landesbauordnungen (z. B. BauO NW [J.3.2]) weitere Prüfungen und Betrachtungen vorzunehmen, die im einzelnen detaillierter und kleinräumiger die Altlastensituation erfassen und bewerten.

Hinsichtlich der Altlastensituation erfolgen z. B. in Nordrhein-Westfalen unter Berücksichtigung des Baugesetzbuches (BauGB) § 5, Abs. 1 und der Landesbauordnung NRW (BauO NW) § 3, Abs. 1 zunächst gröbere und dann detailliertere Prüfungen zu folgenden Punkten, die die allgemeinen Anforderungen der Bereiche „Gesundheitsschutz", „Abfallwirtschaft" und „Grundwasserschutz" berücksichtigen:
- Migration verunreinigter Bodenluft,
- unmittelbarer Kontakt mit dem Boden,
- Aufnahme über die Nahrungskette,
- grundsätzliche Nutzbarkeit des Grundwassers,
- grundsätzliche Verwertung/Behandlung/Entsorgung von belastetem Bodenaushub und sonstigen Abfällen.

Dabei sind allgemein die grundsätzliche Sanierbarkeit unter technischen, rechtlichen und finanziellen Aspekten sowie die Konsequenzen einer Bebauung hinsichtlich möglicher Erschwernisse, Unverhältnismäßigkeiten und technischer Behinderungen für eine ggf. später erforderliche Sanierungsmaßnahme zu bewerten.

Sowohl die Anforderungen des BBergG bei der Entlassung von Anlagen und Betriebsflächen aus der Bergaufsicht als auch die im Zuge der bauplanungsrechtlichen Vorsorge gemäß Baugesetzbuch und der Landesbauordnungen zu berücksichtigenden möglichen Gefahren und Umweltbelange erfordern eine detaillierte, schrittweise Untersuchung mit historischer Recherche, Gefährdungsabschätzung, Sanierungsuntersuchung sowie Sanierungsplanung zur Vorbereitung der Sanierungsmaßnahme.

Die Notwendigkeit für die Durchführung einer Sanierung ergibt sich direkt mit der Feststellung einer akuten Gefährdung für die derzeitige Nutzung und die diesbezüglich zu berücksichtigenden Schutzgüter der betrachteten Fläche. Bei einer latenten Gefährdung muß nicht unmittelbar ein Handlungsbedarf bestehen. In diesen Fällen ergibt sich meistens erst durch die Änderung der Nutzung bzw. eine höherwertige Folgenutzung ein Handlungs- bzw. Sanierungsbedarf.

J.3.3 Zielsetzungen und Handlungsfelder

Alle Verfahren und Maßnahmen zur Altlastensanierung sowohl hinsichtlich der Gefahrenabwehr als auch der Vorsorge gehen von den Wirkungszusammenhängen des Wirkungssystems Altlasten aus (Bild J.3-1) [J.3.3]:

Emission – Transmission – Immission

Eine Gefährdung ist dann gegeben, wenn ein zu schützendes Objekt unzulässigen Einwirkungen (Immission) von Schadstoffen ausgesetzt ist, die an einer Schadstoffquelle frei werden (Emission) und über einen oder mehrere Gefährdungspfade zum Schutzgut gelangen (Transmission).

Die Schadstoffquelle ist eine Altlast an der umweltgefährdende Stoffe freigesetzt werden. Die Migration von Schadstoffen auf den Transmissionspfaden kann in flüssiger, gasförmiger und fester Phase erfolgen. In flüssiger Phase können Schadstoffe durch Fließvorgänge (Konvektion, Dispersion) und Konzentrationsunterschiede (Diffusion) über Grund-, Sicker- und Oberflächenwasser transportiert werden. Schadstoffe in fester Phase können durch Bodenumlagerungen (Baumaßnahmen), durch Bodenbearbeitung (Garten- und Feldbau, Bodenlebewesen) und Staubverwehungen (Winderosion) weiter in der Umwelt verteilt werden. In der Gasphase verbreiten sich Schadstoffe in der Umwelt über Diffusion in der Bodenluft sowie mittels Konvektion und Diffusion in der atmosphärischen Luft.

Eine Beseitigung der Gefährdung erfordert die Ausschaltung eines der drei Elemente Quelle, Weg oder Objekt (Bild J.3-1). Diese Maßnahmen sind hinsichtlich ihrer Wirkung unterschiedlich zu bewerten:
- Schutz des Objekts
  Dies bedeutet, das Schutzgut der Schadstoffimmission zu entziehen, d. h. auszuweichen. Das kann durch Nutzungseinschränkungen

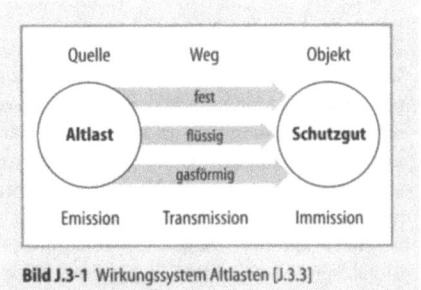

Bild J.3-1 Wirkungssystem Altlasten [J.3.3]

oder Evakuierung erreicht werden. Dabei bleibt der Schadstoff jedoch vorhanden und kann sich weiter ausbreiten. Ein solches Vorgehen in Form von Schutz- und Beschränkungsmaßnahmen ist deshalb nur zur Verminderung einer akuten Gefährdung sinnvoll, weitere Maßnahmen müssen folgen, da der Schadstofftransport aus der Altlast in Richtung des Schutzguts nicht verhindert wird.

- Unterbrechung des (Schadstofftransport-) Wegs
Der Transport und die Ausbreitung von Schadstoffen bzw. die Schadstofftransmission kann durch bautechnische Maßnahmen unterbunden werden. In der Regel kann die Schadstofftransmission weitgehend vermindert, aber nie vollständig verhindert werden. Zur Verminderung der Schadstofftransmission lassen sich folgende Verfahren bzw. Maßnahmen einsetzen: Einkapselung, Immobilisierung, passive pneumatische und passive hydraulische Maßnahmen. Der Schadstoff an sich bleibt an der Quelle vorhanden, d. h., zur Gefahrenabwehr wird eine Sicherung durchgeführt.

- Beseitigung der Quelle
In ihrer Wirkung am weitesten geht die Beseitigung der Quelle weiterer Schadstoffemissionen durch Dekontamination. Dieses Ziel ist durch aktive pneumatische und aktive hydraulische Maßnahmen, mikrobiologische, thermische sowie Wasch- und Extraktionsverfahren zu erreichen. Dabei gilt einschränkend, daß i. allg. eine vollständige Dekontamination, d. h. eine vollständige Beseitigung aller Schadstoffe, nicht erreicht werden kann und eine Restbelastung bestehen bleibt. Auch der Rat von Sachverständigen für Umweltfragen hat hierzu festgestellt, „daß es in den meisten Fällen nicht mehr möglich ist, die absolute Nullbelastung für die Schutzgüter an Altlastenstandorten wiederherzustellen, die künftig jede Art von Nutzung ermöglichen würde" [J.3.4].

Zur Sanierung von Altlasten werden aus den vorstehenden Zusammenhängen vier Handlungsfelder (Art der Maßnahme) definiert, denen verschiedene Maßnahmen und Verfahren, deren Einsatzmöglichkeiten (Ort der Durchführung) sowie Überwachungs- und Nachsorgeprogramme zugeordnet sind (Bild J.3-2) [J.3.4]:

- Schutz- und Beschränkungsmaßnahmen, um das Schutzgut vor schädlichen Immissionen zu bewahren,

- Sicherungsmaßnahmen zur Unterbrechung der Schadstofftransportwege bzw. der Transmission von Schadstoffen,
- Dekontaminationsmaßnahmen zur Beseitigung der Kontaminationsquelle und Verhinderung zukünftiger Emissionen aus Altlasten in die Umwelt,
- Umlagerung des unbehandelten Materials aus der Kontaminationsquelle vom Altstandort auf eine Deponie.

Schutz- und Beschränkungsmaßnahmen werden i. d. R. entweder als Sofortmaßnahme durch die zuständige Behörde angeordnet oder nach Abschluß und Auswertung von Gefährdungsabschätzung und Sanierungsuntersuchung durch den Gutachter empfohlen und nachfolgend als Zwischenlösung umgesetzt, bis weitere Sanierungsmaßnahmen eingeleitet werden [J.3.4]. Hierzu zählen beispielsweise Nutzungseinschränkungen, Evakuierung, Betretungsverbote, Zwischenlagerung in geeigneten und gesicherten Behältern usw. Nur in seltenen Fällen, bei geringfügigen Kontaminationen können Schutz- und Beschränkungsmaßnahmen eine endgültige Lösung des Altlastenproblems ohne weitere Maßnahmen bewirken, beispielsweise bei tolerierbaren Belastungen der Schutzgüter für zukünftig weniger sensibler Flächennutzung.

Sicherungsverfahren und -maßnahmen haben zum Ziel, im Boden oder Grundwasser enthaltene Schadstoffe an ihrer weiteren Ausbreitung (Emission) über die Grenzen der Altlast hinaus zu hindern bzw. eine Gefährdung relevanter Schutzgüter (Immission) zukünftig auszuschließen, also einen Schadstofftransport über die Gefährdungspfade (Transmission) zu unterbinden. Die Ursache der Gefährdung, nämlich die Altlast selbst, wird jedoch nicht beseitigt. Sicherungsmaßnahmen müssen langfristig wirksam sein, um eine wirksame Gefahrenabwehr zu gewährleisten, und i. d. R. auf unbeschränkte Zeit betrieben werden. Daher müssen sich Sicherungsverfahren durch Langzeitstabilität und Reparaturmöglichkeit auszeichnen. Sicherungsmaßnahmen kommen immer dann zur Anwendung, wenn unter Abwägung der technischen und ökonomischen Rahmenbedingungen eine Dekontamination (noch) nicht möglich ist, z. B. bei großräumigen und heterogenen Altablagerungen. Wenn eine dauerhafte Gefahrenabwehr von Altlasten durch Sicherungsmaßnahmen gewährleistet ist, sind sie neben den Dekontaminationsmaßnahmen als gleichwertige Sanierungs-

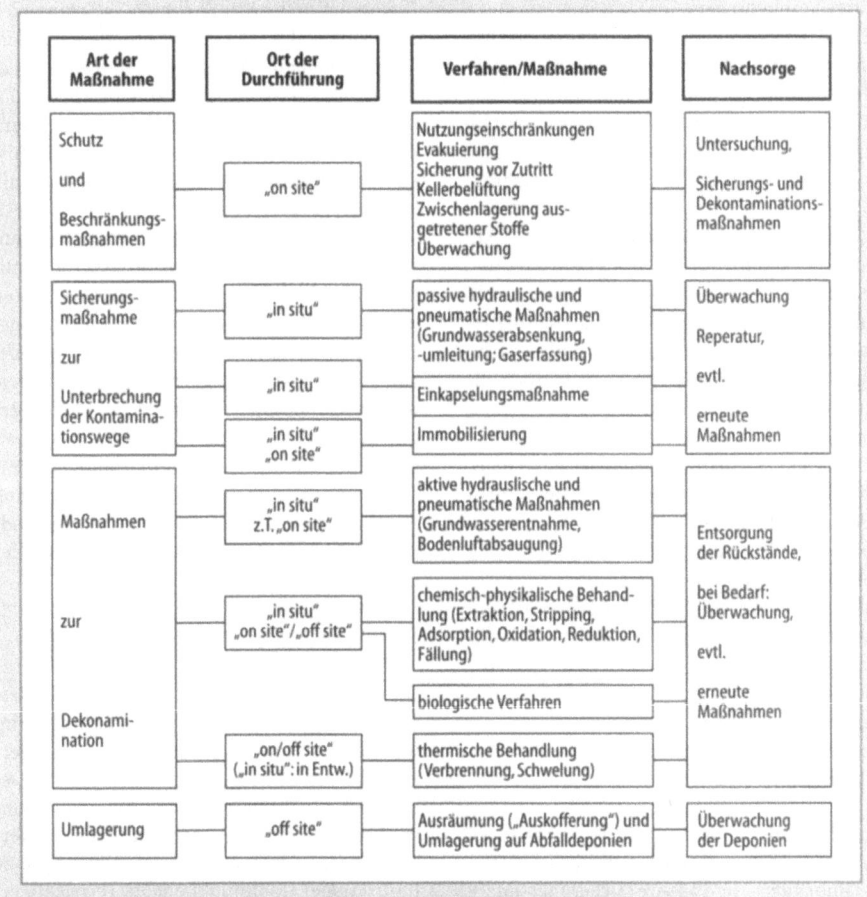

Bild J.3-2 Maßnahmen zur Abwehr und Beherrschung von Umweltauswirkungen aus Altlasten [J.3.4]

maßnahmen anzusehen [J.3.4, J.3.5]. Sicherungsmaßnahmen werden auch als primär wirkungsorientierte Maßnahmen [J.3.5] bezeichnet, „die die Ursache der Umweltbelastungen nicht beheben, deren Wirkung aber eingrenzen und dauerhaft beherrschbar machen, indem eine Nachsorge eingeplant ist [J.3.4, J.3.5].

Zur Sicherung von Altlasten sind folgende Verfahren und Maßnahmen anwendbar:
- Einkapselungsmaßnahmen (Oberflächen-, Vertikal- und Sohlabdichtungen),
- Immobilisierungsverfahren,
- passive pneumatische Maßnahmen,
- passive hydraulische Maßnahmen.

Dekontaminationsverfahren und -maßnahmen bewirken eine weitgehende und möglichst endgültige Lösung des Altlastenproblems. Je nach Konzeption und Wirkungsweise lassen sie sich in schadstoffseparierende (bzw. Trenn-) und schadstoffzerstörende (bzw. Umwandlungs-) Verfahren und Maßnahmen unterteilen. Durch schadstoffseparierende (bzw. Trenn-)Verfahren und Maßnahmen werden die Kontaminanten aus den Umweltmedien Boden, Wasser oder Luft extrahiert und konzentriert. Das Schadstoffkonzentrat wird dann in nachgeschalteten Behandlungsanlagen mittels Umwandlungsverfahren weiter behandelt oder nach einer Konditionierung auf einer Sonderabfalldeponie abgelagert. Die schadstoffzerstörenden (bzw. Umwandlungs-)Verfahren und Maßnahmen bewirken eine direkte Dekontamination der schadstoffbelasteten Umweltmedien durch physiko-chemische

Prozesse in weniger oder nicht toxikologisch relevante Verbindungen.

Die Maßnahmen zur Dekontamination von Altlasten werden auch als quellenorientierte Maßnahmen [J.3.5] bezeichnet. „Dekontaminationsmaßnahmen sind per se nicht immer die optimale Lösung..., ihre potentiellen Vorteile, vor allen ihr tendenziell endgültiger („finaler") Charakter, sind aber nur unter bestimmten Umständen gegeben. Die bei der Dekontamination zur Anwendung kommenden Umwandlungs- und Trennoperationen sind naturgemäß stets unvollständig. Daraus ergeben sich Restkontaminationen, die im voraus einzukalkulieren, mit der Hintergrundbelastung zu vergleichen und für die Folgenutzung zu berücksichtigen sind" [J.3.4, J.3.5].

Die Dekontaminationsverfahren und -maßnahmen lassen sich folgendermaßen zusammenfassen und zuordnen:
Schadstoffseparierung
– aktive pneumatische Maßnahmen,
– aktive hydraulische Maßnahmen,
– chemisch-physikalische Extraktions-, Wasch- und Trennverfahren, u.a. Bodenwäsche, Elektrokinetisches Verfahren.
Schadstoffzerstörung
– mikrobiologische Verfahren,
– thermische Verfahren.

Hinsichtlich der Zuordnung der pneumatischen und hydraulischen Maßnahmen in aktive (Dekontaminations-) und passive (Sicherungs-)Maßnahmen gilt einschränkend, daß dies nicht in allen Fällen eindeutig möglich ist, da über eine entsprechend lange Betriebszeit einer Sicherung auch eine Dekontamination erreicht werden kann. Die Einteilung in aktive und passive Maßnahmen und damit die Zuordnung zu den Handlungsfeldern „Dekontamination" und „Sicherung" beruht auf der Zielrichtung der Maßnahmen. Aktive pneumatische und hydraulische Maßnahmen zielen auf eine Beseitigung der Kontaminationsquelle direkt in der Altlast. Passive pneumatische und hydraulische Maßnahmen verhindern die weitere Ausbreitung der Schadstoffe und dienen der Unterbrechung der Transmissionswege in der Peripherie der Altlast.

Umlagerung kontaminierter Bodenmassen ohne vorherige Behandlungsschritte sind aus abfallwirtschaftlicher und abfallrechtlicher Sicht bedenklich und zu vermeiden, da das Altlastenproblem nicht gelöst wird. Eine Umlagerung der Altlast von Altstandort/Altablagerung A zur (Sonderabfall-)Deponie B ohne entsprechende Dekontaminationsmaßnahmen ist prinzipiell abzulehnen [J.3.4, J.3.5]. In besonderen Fällen, z.B. bei akuten Leckagen usw., kann eine Umlagerung aus technischen und ökonomischen Gründen sinnvoll sein, da durch kurzfristiges Handeln eine ansonsten unvermeidliche Transmission von Schadstoffen verhindert werden kann. Unter dem Begriff Umlagerung ist nicht die Reststoffentsorgung für die thermischen (Verbrennung, Versinterung, Verglasung usw.) und mikrobiologischen Dekontaminationsverfahren oder spezieller Sicherungsverfahren (On-Site-Immobilisierung) mit nachfolgender Deponierung der behandelten bzw. mengenmäßig verminderten Rückstände zu verstehen. In der Regel sind diese Reststoffe oder Rückstände in einer Deponieklasse geringerer Ordnung zu entsorgen als die unbehandelten, kontaminierten Ausgangsstoffe bzw. erfüllen durch die Behandlung überhaupt erst die Annahmekriterien der Deponie.

J.3.4 Sanierungskonzepte

Die Entscheidung zur Sanierung einer Altlast mittels Dekontamination oder Sicherung ist im Rahmen des Sanierungskonzepts detailliert herzuleiten und zu begründen. Umfangreiche Dekontaminationsmaßnahmen sind nur dann sinnvoll, wenn für diesen Bereich eine deutliche Verbesserung erreicht wird und eine Nutzung ohne Restriktionen (Multifunktionalität) erreicht werden kann. Sicherungsmaßnahmen können dann sinnvoll sein, wenn eine eingeschränkte Nutzung, insbesondere im oberflächennahen Bereich, ausreichend ist. Hierzu sind Umlagerungen bzw. Konzentrierungen verunreinigter Bodenchargen und deren gesicherter Einbau in einem Landschaftsbauwerk denkbar, z.B. in stark verunreinigten Flächenbereichen, die ohnehin gesichert werden müssen. In manchen Bundesländern sind die rechtlichen Rahmenbedingungen für Umlagerungen im Bereich einer Altlast durch Landesabfallgesetze (z.B. LAbfG NW) [J.3.6] geschaffen. Ab 01.03.1999 gelten durch das Bundesbodenschutzgesetz (BBodenSchG) [J.3.7] bundeseinheitlich diese Voraussetzungen. Diesbezüglich werden die konkurierenden abfallrechtlichen Limitierungen des Kreislaufwirtschafts-/Abfallgesetzes (KrW-/AbfG) [J.3.8] aufgehoben.

Zur erfolgreichen Durchführung der Sanierungsmaßnahme sind die nach dem Stand der

Technik zur Verfügung stehenden Sanierungsverfahren auf ihre Anwendung und Eignung zu prüfen. Hierzu stehen verschiedene methodische Ansätze zur Bewertung zur Verfügung (u. a. [J.3.3]).

Die Prüfung der Sanierungsverfahren geht von den standortspezifischen Gegebenheiten sowie von den vorgegebenen Sanierungszielen aus, die bei der Festlegung der Sanierungszonen berücksichtigt wurden. Bereits aus der Verfahrensbewertung in bezug auf die örtlichen Bodenverhältnisse und die vorhandenen Schadstoffe ergibt sich eine Vorauswahl prinzipiell geeigneter Sanierungsverfahren. Anschließend erfolgt eine Detailbewertung mit dem Ziel, eine Reihung der unter den standortspezifischen Gegebenheiten am besten geeigneten Sanierungsverfahren aufzustellen.

Die Entwicklung differenzierter Sanierungskonzepte zur Altlastensanierung erfordert umfassende Untersuchungen zu folgenden Arbeitsschritten, die hier nur zusammenfassend aufgelistet jedoch nicht im einzelnen erläutert werden können[J.3.9]:
- Erfassung der Ausgangssituation und Prüfung des Sanierungsbedarfs der Altlast anhand von Gefährdungsabschätzungen,
- Durchführung detaillierter Sanierungsuntersuchungen im Hinblick auf mögliche Sanierungsmaßnahmen,
- Festlegung der Handlungswerte und Sanierungsziele in Abhängigkeit der naturwissenschaftlich-technischen, juristischen, ökologischen und ökonomischen Rahmenbedingungen sowie der vorhandenen oder geplanten Nutzung,
- Festlegung von Sanierungszonen mit gleichem Kontaminationsmuster, geologischen, hydrogeologischen und ingenieurgeologischen Verhältnissen, Nutzungsabsichten und Sanierungszielen,
- Auswahl geeigneter Sanierungsverfahren für die Sanierungszonen,
- Bewertung des Kosten-Nutzen-Verhältnisses geeigneter Sanierungsverfahren bzw. Maßnahmenkombinationen,
- Zusammenfassung des Ist-Zustandes und Ausführung eines Sanierungsvorschlags (möglichst mit Alternativen) in einem Sanierungskonzept,
- Entscheidung für einen geeigneten Sanierungsvorschlag (Sicherung oder Dekontamination oder Kombination verschiedener Maßnahmen) aus dem Sanierungskonzept,
- Einholung notwendiger Genehmigungen zur Durchführung bzw. zum Betrieb der geplanten Sanierungsmaßnahmen,
- Schaffung ausreichender Finanzmittel zur kompletten Abwicklung der Maßnahme.

J.3.5 Kostenbewußte Sanierungsstrategien

Zur Sanierung von Altlasten, speziell zur Wiedernutzung bzw. zum Flächenrecycling von ehemals gewerblich oder industriell genutzten (Brach-)Flächen, sind häufig aufwendige Sanierungsmaßnahmen notwendig. Für die Entscheidungsfindung zur Durchführung dieser Sanierungsmaßnahmen sind differenzierte Sanierungskonzepte [J.3.9] erforderlich, die dem vorhandenen Gefährdungspotential der Altlast, der zukünftigen Nutzung, den technischen Möglichkeiten der Sanierungsverfahren sowie den zur Verfügung stehenden Finanzmitteln Rechnung tragen.

Das Ziel eines differenzierten Sanierungskonzepts besteht in der optimalen Lösung zur Auswahl geeigneter Maßnahmen zur Gefahrenabwehr, teils auch zur Vorsorge, und führt zur Beherrschung der Umweltauswirkungen aus Altlasten. Die vorgeschlagenen Sanierungsmaßnahmen sollen dem Grundsatz der Verhältnismäßigkeit der Mittel entsprechen, da die Wiederherstellung des Ursprungszustands nur in seltenen Fällen mit vertretbaren Kosten zu erreichen ist. Daraus ergeben sich im konkreten Einzelfall „Abwägungen zwischen nutzungsbezogener Altlastensanierung und altlastenbezogener Nutzung" [J.3.9].

In Abhängigkeit des zur Verfügung stehenden Finanzrahmens lassen sich in den meisten Fällen verschiedene Alternativen zur Sanierung einer Altlast aufzeigen. Unter Berücksichtigung knapper Finanzmittel enthält der Sanierungsvorschlag die unbedingt notwendigen Maßnahmen zur Gefahrenabwehr und strebt eine gleichwertige Nutzung an, also eine kostenoptimierte Lösung in Verbindung mit einer „altlastenbezogenen Nutzung" mit tolerierbaren Restbelastungen. Bei ausreichenden Finanzmitteln enthält der Sanierungsvorschlag weitergehende Sanierungsmaßnahmen im Sinne der Vorsorge und strebt eine höherwertige Nutzung oder Multifunktionalität an, also eine nutzungsoptimierte Lösung in Form einer „nutzungsbezogenen Altlastensanierung" zur weitergehenden Wiederherstellung des status quo ante der kontaminierten Fläche. Dazwischen gibt es zahlreiche Alternativen und Übergänge [J.3.9].

J.3.6 Altlasten – Planungsrandbedingung oder Investitionshemmnis

Unter Berücksichtigung des Spielraums zwischen „altlastenbezogener Nutzung" und „nutzungsbezogener Altlastensanierung" [J.3.9] muß man sich für die Wiedernutzung bzw. das Flächenrecycling und die damit verbundene Überplanung von Altlasten vergegenwärtigen, daß es intelligenter und differenzierter Konzeptionen und Planungen bedarf, die die Altlastensanierung vom Image des Investitionshemnis befreien. Dabei kann man z. B. davon ausgehen, daß nach Selektion geeigneter bzw. preiswert zu sanierender, zu erschließender und damit wiedernutzbarer Flächen hieraus Erträge zu erzielen sind, die eine nachfolgende (Teil-)Sanierung der stärker belasteten Flächen erlauben, z. B. mit einer einfachen Form der Wiedernutzung entsprechend der Philosophie des BBergG. Unter diesen Zielsetzungen muß eine ökologische, aber vor allem auch ökonomische Lösung gefunden werden. Die Altlastensanierung kann und darf kein dauerhaftes Zuschußgeschäft sein.

Unter Beachtung dieser Limitierungen ist es unabdingbar, daß im Zuge der meist vorlaufenden Überplanung von Altlasten bei der Landschafts- und Städteplanung von idealisierten Gesamtgestaltungen solcher Flächen abgelassen wird. Das setzt voraus, daß sich die Folge- bzw. Wiedernutzung primär an der örtlichen Situation der Altlasten orientieren muß. In der Planung sind die Nutzungsformen so zu konzipieren bzw. gegenüber der ersten idealisierten Vorstellung so zu modifizieren, zu rotieren oder selektiv den geeigneten Flächen anzupassen, daß zur Realisierung einerseits soviel wie nötig (entsprechend der Nutzungssensibilität und der relevanten Expositions- und Gefährdungspfade), aber andererseits so wenig wie möglich Sanierungsaufwand betrieben werden muß. Hierdurch können Kosten entscheidend minimiert werden. Das bedeutet, daß z. B. keine sensiblen Nutzungen auf stark belasteten Flächen vorzusehen sind, wie es leider immer wieder vorkommt. Hinsichtlich der planerischen Konzeption ist zu berücksichtigen, daß die i. allg. besonders positiv zu bewertenden planungsrelevanten Details (kleinräumige Lage, Blickwinkel, Klima usw.) der Altlastensituation als ernstzunehmender Planungsrandbedingung unterzuordnen sind.

Das Gesamtkonzept zur Sanierung und Wiedernutzung einer Altlast muß durch die Einfachheit bestehen. Dies soll nicht bedeuten, daß aus der Altlast ein vollständig versiegelter Gewerbepark werden muß. Im Gegenteil: Wohnen auf Altstandorten ist durchaus realisierbar mit Spielbereichen, Nutzgärten usw. Dabei sollten die naturwissenschaftlich, ingenieurtechnisch geeigneten Flächen erst nach entsprechender Altlasten- und Baugrundbewertung dem Planer an die Hand gegeben werden. Durch diesen Ablauf wird vermieden, daß der Planer durch die willkürliche Festlegung der Nutzung den Aufbereitungsgrad und damit den Sanierungsaufwand vorgibt und bestimmt. Die manchen Landschafts- und Städteplanern eigene Gestaltungsoptimierung ohne Kostengrenzen führt sonst u. U. zu exorbitanten Gesamtkosten. In der Regel wird dieser Entwurf bzw. Gestaltungsvorschlag dann auf das naturwissenschaftlich-ingenieurtechnisch Machbare und Sinnvolle reduziert, mit der Folge, daß massive Beschwerden hinsichtlich der Altlasten- und Baugrundsituation bzw. der entsprechenden gutachterlichen Bewertung geführt werden. Die Wiedernutzung bzw. das Flächenrecycling von Altlasten kann nicht dadurch bestimmt werden, daß ein Gesamtentwurf unter altlastenspezifischen Limitierungen nicht realisierbar ist, oder daß essentielle Elemente für die optimierte Gestaltung unverzichtbar sind.

Abschließend ist nochmals festzustellen, daß die Altlasten ernstzunehmende Planungsrandbedingungen darstellen, die es in einer intelligenten und differenzierten Konzeption zur Sanierung und Wiedernutzung zu berücksichtigen gilt. Diese Konzeption sollte so einfach wie möglich und vom Investitionsaufwand in Teilschritten realisierbar sein, um dem Maßnahmenträger bzw. Bauherrn eine schrittweise Realisierung zu ermöglichen.

J.4 Techniken zur Sicherung von Altlasten

J.4.1 Überblick der Sicherungsverfahren

Sicherungsverfahren sind
- bautechnische Verfahren zur Verwahrung
  • Einkapselung
  • Immobilisierung
- passive hydraulische und pneumatische Maßnahmen.

Eine Einkapselung beinhaltet eines oder mehrere der folgenden Sicherungselemente:

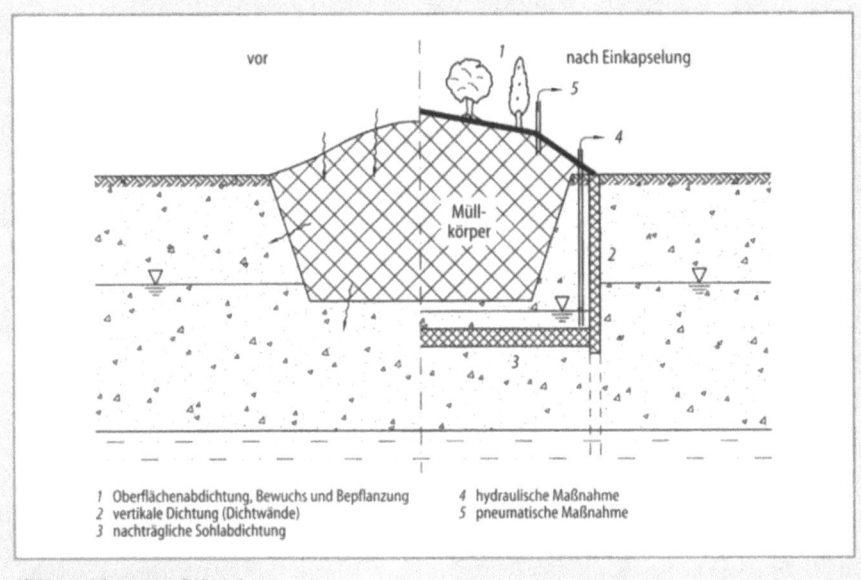

Bild J.4-1 Schema einer Einkapselung

1 Oberflächenabdichtung, Bewuchs und Bepflanzung
2 vertikale Dichtung (Dichtwände)
3 nachträgliche Sohlabdichtung
4 hydraulische Maßnahme
5 pneumatische Maßnahme

- Oberflächensicherungssystem
- vertikale Abdichtung
- nachträgliche Sohlabdichtung.

Das Schema einer Einkapselung mit begleitenden pneumatischen und hydraulischen Maßnahmen zeigt Bild J.4-1.

Passive hydraulische und pneumatische Maßnahmen dienen der Abwehr von Gefahren, bei ausreichend langer Betriebsdauer bewirken sie eine Entfernung der Schadstoffe aus dem Untergrund. Die eigentliche hydraulische oder pneumatische Maßnahme muß dann mit der Reinigung des geförderten Mediums gekoppelt werden, und kann dann als Dekontaminationsmaßnahme eingestuft werden. Man spricht dann von aktiven hydraulischen und pneumatischen Maßnahmen.

Eine Umlagerung auf dem Standort gehört ebenfalls zu den Sicherungsverfahren, wenn der umgelagerte Boden gesichert wieder eingebaut wird.

J.4.2 Hydraulische Verfahren

J.4.2.1 Grundprinzip

Hydraulische Verfahren wirken durch Förderung, Ableitung oder Infiltration von Wasser auf den Grundwasserhaushalt, um eine im Untergrund vorhandene Verunreinigung zu beseitigen, deren Ausbreitung zu verhindern oder zu minimieren oder um eine vorhandene Grundwassernutzung gegen eine Verunreinigung abzuschirmen. Kurzfristig bewirkt das hydraulische Verfahren eine Sicherung, eine Dekontamination ist dann möglich, wenn sich die Verunreinigung in situ beseitigen läßt.

Die Anwendbarkeit hydraulischer Maßnahmen ist in Tabelle J.4-1 dargestellt.

Hydraulische Maßnahmen werden i.d.R. mit anderen Sanierungsverfahren kombiniert: Reinigung des geförderten Wassers oder bautechnische Eingriffe ins Grundwasser. Wasserreinigungsverfahren sind in Abschn. G.3 beschrieben, bautechnische Eingriffe ins Grundwasser werden in Abschn. J.4.5 erläutert.

Hydraulische Maßnahmen sind nur so lange wirksam, wie sie betrieben werden. Bei Außerbetriebnahme stellen sich nach einer gewissen Zeit die ursprünglichen Grundwasserverhältnisse wieder ein.

Die Fassung des Grundwassers ist möglich über
- Vertikalbrunnen,
- Horizontalbrunnen,
- Dränagegräben oder
- Horizontaldränagen

Tabelle J.4-1 Anwendbarkeit hydraulischer Maßnahmen

Kontamination	Hydraulische Maßnahme
Reinigungsmaßnahmen	
Gut mobilisierbare Verunreinigung, gut bis mittel durchlässiger Aquifer	Förderung und Reinigung des Grundwassers
Schwer mobilisierbare Verunreinigung	Zusätzlich unterstützende Maßnahme durch:
Gut abbaubare Verunreinigung, gering durchlässiger Aquifer	• Thermische Mobilisierung • Ultraschall • Zugabe von Lösungsmittel • Unterstützung des mikrobiellen Abbaus • Hydraulische Frakturierung
Freie Phase (aufschwimmend oder am Gewässergrund)	• Förderung der freien Phase • Förderung von Grundwasser und freier Phase
Leichtflüchtige Schadstoffe	In-Situ-Stripping, Unterdruckverdampferbrunnen
Abwehrmaßnahmen	
	Absenkung des GW-Spiegels zur Trockenlegung des Kontaminationskörpers, Infiltration mit Abwehrfunktion, Kombination von Leitwänden mit hydraulischen Maßnahmen

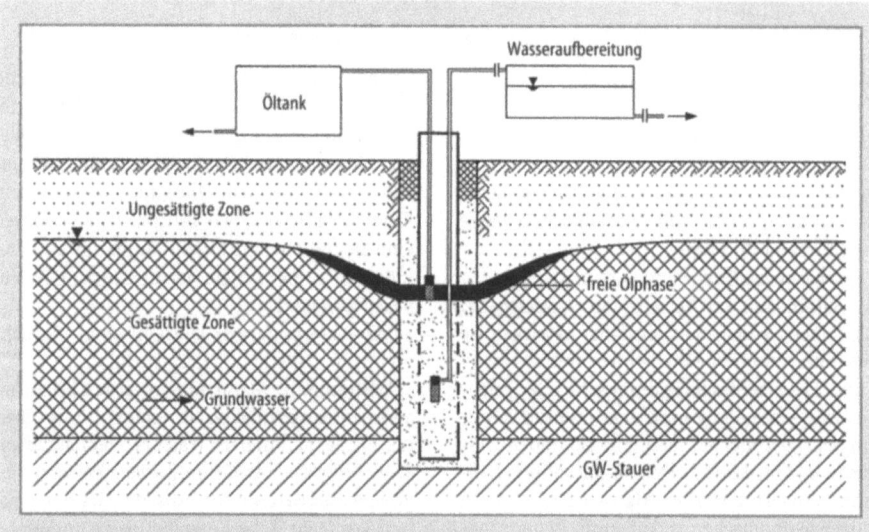

Bild J.4-2 Einfache Anordnung zur getrennten Entnahme von Grundwasser und freier Ölphase [J.4.1]

Die Entnahme von auf dem Grundwasser aufschwimmender oder auf der Sohle des Grundwasserleiters liegender Schadstoffphase ist gesondert zu betrachten.

Eine einfache Anordnung zur getrennten Entnahme von Grundwasser und freier Ölphase ist beispielhaft in Bild J.4-2 dargestellt.

J.4.2.2 Anwendungsbereiche

Für die Prüfung der Wirksamkeit sowie zur Konzeption hydraulischer Maßnahmen sind folgende Faktoren von Bedeutung:
– Art, Verteilung und Mobilität der Schadstoffe,
– Geologische Situation (Schichtaufbau, Schichtwechsel, Kornzusammensetzung),

- Hydrogeologische Situation (Grundwasserfließgeschwindigkeit und -richtung, Flurabstand, Grundwasserspiegelschwankungen, Aquifer-Mächtigkeit, Wasserdurchlässigkeit usw.),
- Phasengleichgewichte (Schadstoffe in wäßriger Phase gelöst, Schadstoffe als eigenständige flüssige Phase bei nichtwassermischbaren Kohlenwasserstoffen oder feste Phase bei einem ins Grundwasser reichenden Deponiekörper),
- Sorptions- und Rückhaltevermögen des Bodens, abhängig vom Anteil natürlicher organischer Substanzen und vom Tongehalt.

Typische Grundwasserverunreinigungen, die sich durch hydraulische Verfahren sanieren lassen, sind beispielsweise:
- aliphatische und aromatische Kohlenwasserstoffe (Otto-, Dieselkraftstoffe, Kerosin, Heizöl, Benzol, Toluol, Xylole usw.) in Produktphase auf dem Grundwasserspiegel aufschwimmend oder gelöst im Grundwasser,
- Halogenierte Kohlenwasserstoffe (LCKW, FCKW, PCB, PCP usw.) als Produktphase, teils auf dem Aquifer aufschwimmend, teils im Aquifer dispergiert, teils im Aquifer eingesunken (selten) oder gelöst im Aquifer über die gesamte Mächtigkeit des Aquifers verteilt,
- Polycyclische aromatische Kohlenwasserstoffe (PAK) gelöst im Grundwasser, selten als Produktphase (Teeröle) im Aquifer eingesunken, teils auch auf dem Aquifer aufschwimmend,
- Cyanide gelöst im Grundwasser,
- Ammonium, Nitrat, Nitrit, Sulfat, Sulfid, Phosphat, Borat, Chlorid, Bromid, Fluorid sowie weitere Kationen und Anionen gelöst im Grundwasser,
- Pestizide, Herbizide, Fungizide gelöst im Grundwasser.

J.4.3 Pneumatische Verfahren

J.4.3.1 Grundprinzip

Bei den pneumatischen Verfahren wird mit Hilfe geeigneter Aggregate Bodenluft aus den Porenräumen der ungesättigten Bodenzone abgesaugt (Bodenluftabsaugung), um leichtflüchtige Schadstoffe in der ungesättigten Bodenzone zu entfernen oder deren Ausbreitung im Untergrund zu verhindern. Die abgesaugte Bodenluft muß i. d. R. gereinigt werden. Reinigungstechniken sind in Teil F beschrieben.

Pneumatische Maßnahmen werden so lange durchgeführt, bis die Schadstoffkonzentration in der abgesaugten Bodenluft oder in der ungesättigten Bodenzone ausreichend niedrig ist. Eine vollständige Entfernung der Schadstoffe wird i. d. R. nicht erreicht.

J.4.3.2 Anwendungsbereiche

Der Einsatz pneumatischer Verfahren setzt einen ausreichend durchlässigen Untergrund voraus. Bei guter Durchlässigkeit des Untergrunds ($k_f < 10^{-3}$ m/s) kann eine Reichweite eines Absaugpegels von ca. 50 m erreicht werden, bei schlechter Durchlässigkeit ($k_f < 10^{-6}$ m/s) beträgt sie < 10 m. Auch bei klüftigem Festgestein sind pneumatische Verfahren einsetzbar.

Zur Planung einer Sanierungsmaßnahme mittels pneumatischer Verfahren sind folgende Stoffeigenschaften wichtig:
- Dampfdruck,
- Siedepunkt,
- Gasdichte,
- Sättigungskonzentration in Luft,
- untere und obere Explosionsgrenze,
- toxikologische Stoffdaten und
- arbeitsschutzrechtliche Grenzwerte.

Ein vereinfachtes Schema einer Bodenluftsanierungsanlage ist in Bild J.4-3 dargestellt.

J.4.4 Oberflächensicherung

J.4.4.1 Grundprinzip

Durch die Oberflächensicherung soll die Ausbreitung von Schadstoffen verhindert oder verringert bzw. ein unmittelbarer Kontakt mit den Schadstoffen unterbunden werden.

Technische Maßnahmen der Oberflächensicherung sind die Oberflächenabdichtung und die Oberflächenabdeckung. Zu den technischen Maßnahmen ist auch eine Überbauung zu zählen, die die Flächennutzung in die Oberflächensicherung integriert und damit eine besonders wirtschaftliche Maßnahme sein kann.

Oberflächenabdichtung und Oberflächenabdeckungen lassen sich von ihrem Aufbau her dadurch unterscheiden, daß die Oberflächenabdichtung ein mehrschichtiges System ist, deren Schichten jeweils spezifische Funktionen übernehmen, während die Oberflächenabdeckung i. allg. einschichtig ausgeführt wird. Die vorrangige Funktion der Oberflächenabdichtung ist

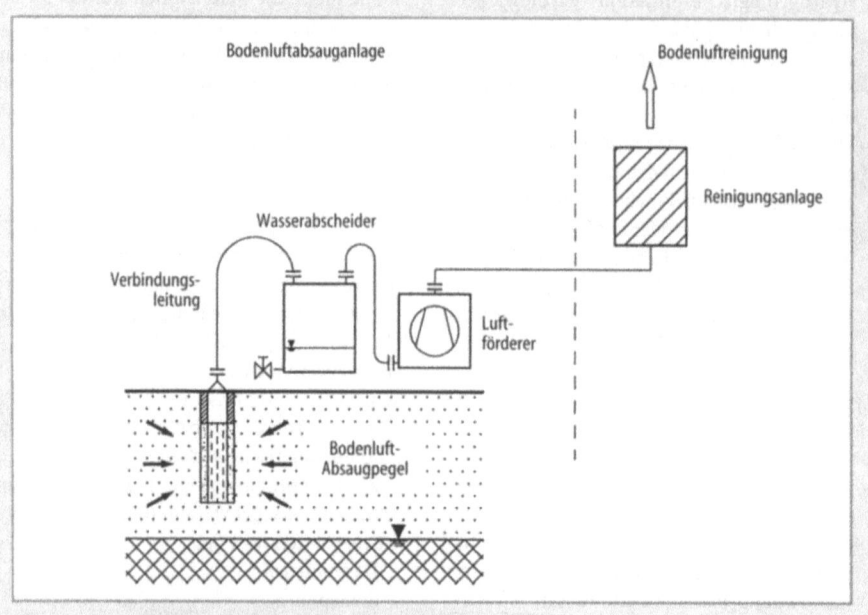

Bild J.4-3 Vereinfachtes Schema einer Bodenluftsanierungsanlage [J.4.2]

das Verhindern des Eintrags von Niederschlagswasser in die Altlast, die von der Oberflächenabdeckung nur bedingt erfüllt werden kann.

In Abhängigkeit von der Ausführungsart lassen sich mit einer Oberflächensicherung folgende Wirkungen erzielen [J.4.3]:

a) Das Niederschlagswasser soll am Eintreten in die Altlast gehindert werden, so daß die Sickerwasserneubildungsrate und der Sickerwasseraustritt aus der Altlast reduziert werden.
b) Die Emission flüchtige Schadstoffe oder Deponiegas und die Geruchsemission sollen vermindert werden.
c) Die Möglichkeit eines direkten Kontakts mit den Schadstoffen soll unterbunden werden.
d) Die Staub- und Abfallverwehung sowie der Austrag von Schadstoffen durch Wassererosion sollen unterbunden werden.
e) Der Schadstofftransport in der Wasser- oder Gasphase an die Geländeoberkante soll erschwert werden, wodurch eine Rekultivierung der Fläche möglich gemacht und das Pflanzenwachstum unterstützt werden kann.
f) Bei Betreiben einer Bodenluftabsaugung oder einer aktiven Entgasung sollen unbeabsichtigte Luftzutritte in die Altlast verhindert und damit die Wirksamkeit der Absaugung bzw. Entgasung verbessert werden.
g) Die Gefahr von Bränden, insbesondere in Altablagerungen, soll durch die Einschränkung möglicher Luftzutritte herabgesetzt werden.
h) Die Zugänglichkeit zur Altlast für Vögel und Nagetiere soll unterbunden werden, um eine Verschleppung von Schadstoffen in die Umgebung zu vermeiden.
i) Der optische Eindruck, insbesondere die Einbindung von Altablagerungen in die Landschaft, soll verbessert werden.

J.4.4.2 Anwendungsbereiche

Die Oberflächensicherung kann sowohl auf Altdeponien als auch auf Altstandorten eingesetzt werden. Der Aufbau muß auf die geplante Folgenutzung abgestimmt werden. Der Untergrund muß eine ausreichende Tragfähigkeit aufweisen und eine Oberflächenneigung, die für eine Entwässerung ausreichend ist und im Hinblick auf die Standsicherheit nicht zu steil ist.

Die Oberflächenabdichtung läßt eine Gasmigration direkt an die Atmosphäre nicht mehr zu. Dadurch kann es zu einer Zunahme der Gasmigration in den Untergrund kommen. Die Oberflächenabdichtung muß dann mit weiteren Maßnahmen wie z. B. aktiven oder passiven pneumatischen Maßnahmen kombiniert werden.

Die Art der Oberflächensicherung und des Abdichtungssystems ist im wesentlichen von folgenden Kriterien abhängig [J.4.3]:
- Tragfähigkeit und Setzungsverhalten des Untergrunds,
- Inhalt und Oberflächengestalt der Altlast,
- vorhandene und vorgesehene Flächennutzung,
- Möglichkeiten zur Sicherstellung der Nachsorge,
- erforderliche anfängliche und langfristige Dichtigkeit des Systems,
- erforderliche Standsicherheit des Systems,
- erforderliche Kontrollierbarkeit und Reparierbarkeit des Systems,
- erforderliche Realisierungsdauer,
- Materialverfügbarkeit,
- Wirtschaftlichkeit.

Es liegen Erfahrungen mit verschiedenen Abdichtungssystemen vor (nach [J.4.3] erweitert):
a) Mineralische Abdichtung (zweilagige mineralische Dichtungsschicht)
b) Kunststoffabdichtung (Dichtungselement aus Kunststoffdichtungsbahnen)
c) Kombinationsabdichtung (mineralische Dichtungsschicht oder Bentonitmatte im Verbund mit darüberliegenden, miteinander verschweißten Kunststoffdichtungsbahnen oder mit Asphaltbeton)
d) Asphaltbetondichtung (zweilagige Asphaltbetonschicht mit Tragschicht)
e) Abdichtung mit erweiterter Kapillarsperre (Kapillarsperre mit darüberliegender Dichtungsschicht)
f) Abdichtung mit integriertem Kontrollelement (zwei Dichtungselemente mit dazwischenliegender Kontrolldränage oder flächendeckendes Leckortungssystem).

Die einzelnen Schichten der Oberflächenabdichtungssysteme nach a) bis c) sind von oben nach unten:
- *Rekultivierungsschicht oder Oberbelag*
Sofern eine Rekultivierung der Flächen erfolgen soll, wird eine Rekultivierungsschicht als Wurzelraum für die Begrünung benötigt. Anderenfalls wird der Oberbelag je nach vorgesehener Nutzung gewählt.
Funktion: Witterungsschicht für die Dichtungsschicht (Schutz vor Frost, Austrocknung, Wasser- und Winderosion, Sonneneinwirkung), Vergleichmäßigung und Verminderung des Wasserzuflusses in die Entwässerungsschicht, ggf. Schutz vor mechanischen Einwirkungen aus der Befahrung, Wurzelraum bei vorgesehener Rekultivierung.
Material: lehmige Sande bis sandige Lehme oder Oberbelag nach vorgesehener Nutzung.
- *Entwässerungsschicht bzw. Dränrohre*
Funktion: Aufnahme und Abführung des durch die Rekultivierungsschicht bzw. den Oberbelag gesickerten Niederschlagswassers (Vermeidung von Staunässe), ggf. zusätzlicher Witterungsschutz der Dichtungsschicht, ggf. Schutz vor Wurzelwachstum bei vorgesehener Rekultivierung.
Material: grobkörnig mineralisch (Kiese, Sande), langzeitbeständige geotextile Dränmatten und/oder Dränrohre.
- *Dichtungsschicht*
Funktion: Sperre gegen Niederschlagswasser, Kondensat, gasförmige Schadstoffe, Deponiegas und Luft. Bei der Kombinationsabdichtung dient die Kunststoffdichtungsbahn zusätzlich als Wasserdampf- und Durchwurzelungssperre, die mineralische Dichtungsschicht stellt die Stützschicht für die Kunststoffdichtungsbahn und begrenzt die Wasserdurchlässigkeit der gesamten Dichtungsschicht bei evtl. örtlichen Leckstellen in der Kunststoffdichtungsbahn; die Kombination zweier im direkten Verbund zueinander liegender Dichtungselemente ermöglicht einen Fehlerausgleich.
Material: fein- oder gemischtkörnig mineralisch (z. B. Tone, Schluffe, ggf. Sande oder Kiese mit schluffigem oder tonigem Feinkornanteil mit oder ohne Vergütung mittels Tonmehl, Bentonit, Wasserglas o. ä.), ggf. Bentonitmatte, Kunststoffdichtungsbahnen (KDB), Asphaltbeton.
- *Ausgleichsschicht, ggf. Gasdränschicht*
Funktion: Tragschicht für den weiteren Aufbau, Feinplanum für die Dichtungsschicht, Schicht zur Druck- und Konzentrationsverteilung des Deponiegases (sofern vorhanden) unter der Dichtungsschicht.
Material: nicht bindig mineralisch (Kiese, Sande) oder langzeitbeständige geotextile Dränmatten.
- *Filter-, Trenn- und Schutzschichten*
Funktion: Filterung und Trennung verschiedener Bodenmaterialien, Schutz der Kunststoffdichtungsbahn.
Material: mineralisch (filterstabiler Aufbau) oder Geotextilien.
Lage an folgenden Grenzflächen:
- Rekultivierungsschicht/Oberbelag – Entwässerungsschicht (Trenn- und Filterschicht),

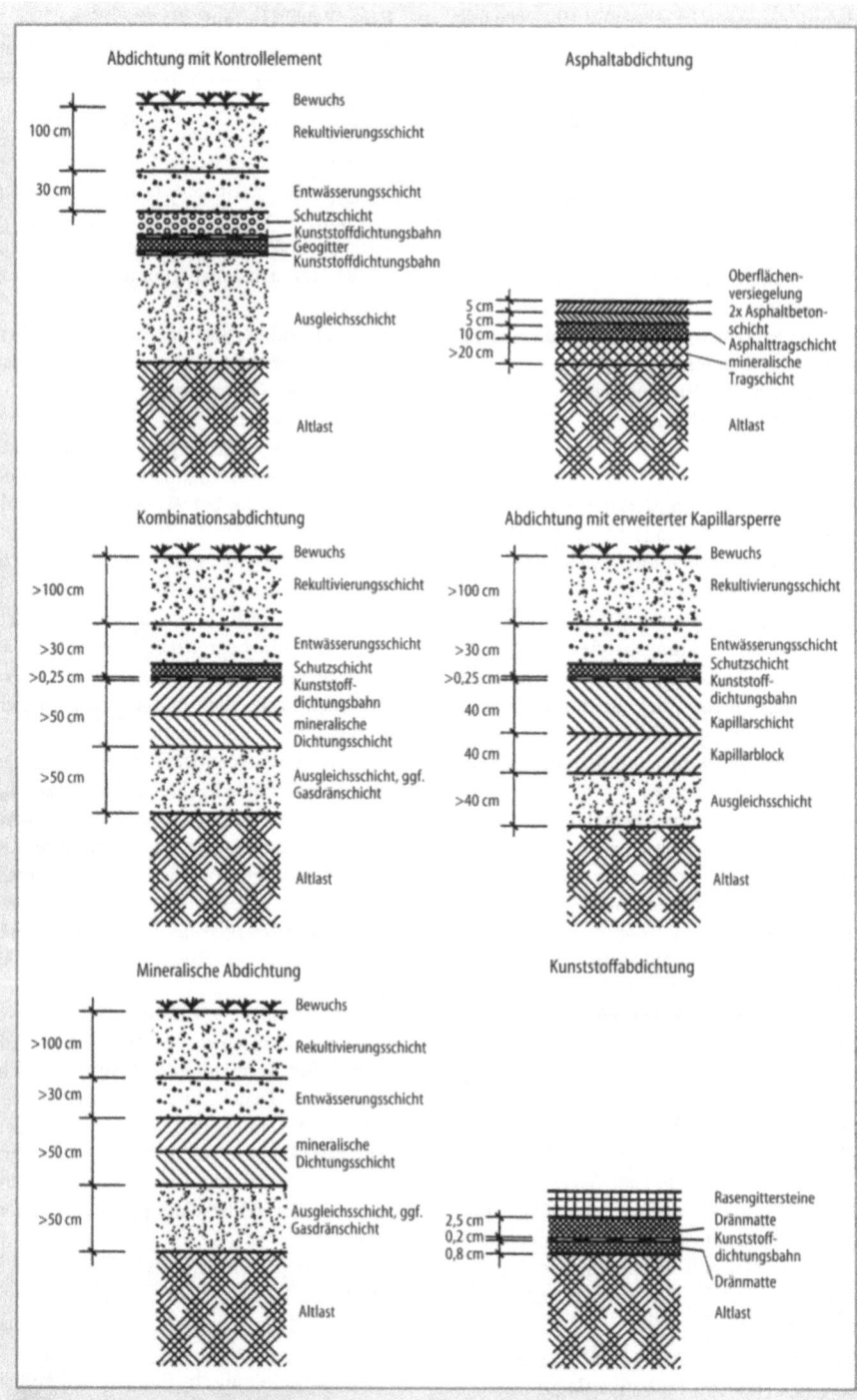

Bild J.4-4 Ausgewählte Abdichtungssysteme [J.4.3]

- Entwässerungsschicht – Dichtungsschicht (Schutzschicht),
- Dichtungsschicht – Dichtungsschicht (Schutzschicht),
- Dichtungsschicht – Ausgleichs- ggf. Gasdränschicht (Trenn- und Filterschicht, ggf. Stützschicht),
- ggf. Ausgleichsschicht – Grobplanum (Trenn- und Filterschicht).

Eine Asphaltbetondichtung kann in dem vorbeschriebenen Mehrschichtensystem als Dichtungsschicht integriert werden, sie kann aber auch als Teil der Überbauung auf Verkehrsflächen nach den Regeln des Asphaltstraßenbaus zur Ausführung kommen.

Die Kapillarsperre nutzt die Oberflächenspannung an der Grenzfläche zwischen den luftgefüllten Poren der feinkörnigen Kapillarschicht mit den luftgefüllten Poren des darunter liegenden grobkörnigen Kapillarblocks. Infolge des Gefälles der Kapillarschicht kann das versickernde Niederschlagswasser in der Kapillarschicht horizontal abfließen. Solange die versickernde Niederschlagsmenge geringer ist als die horizontal abfließende Wassermenge, kann kein Wasser in den Kapillarblock einsickern. Um die versickernde Wassermenge zu verringern, wird bei der erweiterten Kapillarsperre innerhalb der Kapillarschicht eine zusätzliche Dichtungsschicht eingebracht.

Bei der Abdichtung mit integriertem Kontrollelement wird zwischen zwei Dichtungselementen eine Kontrollschicht eingebaut. Diese Kontrollschicht soll die Detektion von Gas und Wasser in dieser Schicht oder die Veränderung von physikalischen Kenngrößen durch ein Leckortungssystem anzeigen. Bild J.4-4 zeigt ausgewählte Abdichtungssysteme [J.4.3].

Dagegen weist die Oberflächenabdeckung einen einfachen Aufbau auf. Für einen temporären Einsatz können Planen, Folien oder Schaum verwendet werden. Für einen langfristigen Einsatz ist an eine Bodenschicht mit gezielter Begrünung und Oberflächenprofilierung zu denken.

Bei einer Überbauung kommt der Tragfähigkeit des Untergrunds insofern besondere Bedeutung zu, da bei zu geringer Tragfähigkeit eine Tiefgründung im kontaminierten Bereich erfolgen müßte. Im Hinblick auf die Folgenutzung des Standorts ist die Möglichkeit einer Gasmigration zu prüfen. Es muß zunächst sicher gestellt sein, daß diese Gasmigration nur im geringen Umfang auftreten kann und darüber hinaus Sicherungsmaßnahmen in Gebäude wie eine gasdichte Sohle oder pneumatische Maßnahmen integriert werden.

Bei der Herstellung der Oberflächensicherung ist eine Qualitätssicherung notwendig, deren Art und Umfang [J.4.4] entnommen werden kann. Oberflächensicherungen müssen so geplant werden, daß eine einfache Kontrolle und Reparatur möglich ist.

J.4.5 Vertikale Abdichtungen

J.4.5.1 Grundprinzip

Vertikale Abdichtungen werden als seitliche Barrieren, Dichtwände, hergestellt. Sie sollen eine horizontale Schadstoffausbreitung im Untergrund verhindern, z. B. bei
- einer Grundwasserströmung durch den Kontaminationskörper,
- Vorliegen mobilisierbarer Schadstoffe oberhalb des Grundwasserspiegels,
- einer Migration gasförmiger Schadstoffe in der ungesättigten Bodenzone oder
- Schichtwasserzutritt zum Kontaminationskörper.

Darüber hinaus können sie zur räumlichen Begrenzung von hydraulischen Maßnahmen oder von in situ-Dekontaminationsmaßnahmen eingesetzt werden.

Vertikale Abdichtungen werden i. allg. in Kombination mit einer Oberflächenabdichtung zur Einkapselung der Altlast und/oder hydraulischen Maßnahmen ausgeführt. Durch hydraulische Maßnahmen innerhalb der Dichtwandumschliessung kann ein niedrigerer Grundwasserspiegel erzeugt werden als außerhalb, so daß ein hydraulisches Gefälle von außen nach innen entsteht. Damit wird eine Durchsickerung nach aussen vermieden und eine Beanspruchung der Dichtwand durch Schadstoffe minimiert. In ihrer Funktion als Gassperre wird die Dichtwand häufig mit pneumatischen Maßnahmen kombiniert.

Dichtwände können mit verschiedenen Verfahren hergestellt werden. Das jeweilige Verfahrensprinzip besteht darin, entweder Boden entlang der Dichtwandtrasse auszuheben oder zu verdrängen und statt dessen ein Dichtungsmaterial einzubringen oder die Durchlässigkeit des anstehenden Bodens durch unterschiedliche Verfahren zu verringern.

Tabelle J.4-2 Dichtwandsysteme und Erfahrungswerte (Stand Mai 1993 [J.4.6])

[a] im wesentlichen begrenzt durch den vertretbaren technischen Aufwand

Prinzip	Dichtwandsystem	Grundriß	Böden	Material	Tiefe (m)	Dicke (m)	k-Wert (m/s) mineral. Material
Aushub des anstehenden Bodens und Einbau eines Abdichtungsmaterials	Schlitzwand-Einphasen-Verfahren		bei Torf/Huminsäuren begrenzt anwendbar	Bentonit-Zement-Suspensionen mit/ohne Füllstoff	ca. 35	0,5 – 1,5	$\leq 5 \times 10^{-10}$
	Schlitzwand-Zweiphasen-Verfahren		wie vor	Bentonit-Zement-Suspensionen Erdbeton	> 50	0,4 – 1,5	$\leq 1 \times 10^{-10}$
	Schlitzwand-Kombinationsdichtung		wie vor	Bentonit-Zement-Suspensionen, Kunststoff-Dichtungsbahnen (z.B. PEHD)	ca. 35	> 0,6	wie oben
	überschnittene Bohrpfahlwand		keine Einschränkungen bei verrohrtem Boden	Erdbeton	ca. 20	0,6 – 0,8	$\leq 1 \times 10^{-10}$
	Schmalwand			Bentonit-Zement Suspensionen mit Füllstoff	ca. 25	0,07 – 0,20	$\leq 1 \times 10^{-10}$
Verdrängung des anstehenden Bodens und Einbau eines Abdichtungsmaterials	Spundwand		rammfähige bzw. rüttelfähige	Stahl	ca. 25	0,01 – 0,02	–
	gerammte Schlitzwand			Erdbeton	15 – 20	0,4	$\leq 1 \times 10^{-9}$
Verringerung der Durchlässigkeit des anstehenden Bodens	Injektionswand		in injizierbaren	Zement-, Ton-Zement-Suspensionen, Silikat-Gele	> 100[a]	einstellbar	$\leq 1 \times 10^{-8}$
	Hochdruck-Injektionswand		auch in sehr feinkörnigen	Bentonit-Zement-Suspensionen mit/ohne Füllstoff	> 100[a]	0,2 – 0,8	$\leq 1 \times 10^{-10}$
	Gefrierwand			flüssiger Stickstoff, Gefrieranlage	> 100[a]	> 0,8 – 0,1	–

Tabelle J.4-3 Kurzbeschreibung der Dichtwandsysteme

Dichtwandsystem	Kurzbeschreibung
Schlitzwand-Einphasenverfahren	Aushub von Schlitzen unter der Stützwirkung einer Dichtwandsuspension, die nach Aushubende erhärtet
Schlitzwand-Zweiphasenverfahren	Aushub von Schlitzen unter der Stützwirkung einer Bentonitsuspension und Austausch der Suspension gegen die Dichtwandmasse im Kontraktorverfahren
Schlitzwand-Kombinationsdichtung	In einen hergestellten Schlitz wird ein flächiges dünnes Dichtungselement aus Kunststoff, Stahl oder Glas eingestellt, danach erhärtet die Dichtwandmasse bzw. die Stützsuspension wird ausgetauscht
Überschnittene Bohrpfahlwand	Überschnittenes Bohren ø 0,6 – 1,2 m und Füllen des Bohrlochs mit Dichtmasse
Schmalwand	Aneinandergereihtes überlagerndes Einrütteln oder Rammen und Ziehen eines I-Stahlprofils bei gleichzeitiger Verpressung der durch die Bohle entstehenden Hohlräume mit Dichtmaterial
Gerammte Schlitzwand	Aneinandergereihtes Einrammen eines geschlossenen Hohlkastens mit lösbarer Sohlplatte, Füllen des Kastens mit Dichtmasse und Ziehen des Kastens
Injektionswand	Einpressen eines Injektionsmittels in die Poren des Untergrunds mit Hilfe vertikaler oder geneigter Injektionsrohre
Hochdruck-Injektionswand	Herstellen von flächigen oder säulenartigen Dichtungselementen mit dem Hochdruck-Injektionsverfahren durch Auflösen der Bodenstruktur und Vermischen des Bodens mit dem Injektionsmittel unter hohem Druck
Gefrierwand	Gefrieren des Bodenwassers über in vertikale oder geneigte Bohrungen in geringen Abständen eingebrachte doppelwandige Gefrierrohre, so daß ein geschlossener Frostkörper entsteht

Zu jedem Verfahrensprinzip existieren wiederum mehrere Dichtwandsysteme, die sich durch das Herstellungsverfahren unterscheiden lassen, i. d. R. auch unterschiedliche Eigenschaften aufweisen.

Die Herstellungsverfahren sind im Spezialtiefbau sowie im Talsperren- und Wasserbau entwickelt worden und sind dort seit Jahren Stand der Technik. Dichtwände werden auch bei der Sanierung von Altlasten eingesetzt. Das Dichtungsmaterial für Dichtwände zur Einkapselung von Altlasten muß aber auf die spezifischen chemischen Beanspruchungen abgestimmt werden. Dies erfordert gezielte Untersuchungen in jedem Anwendungsfall.

Die Dichtwandsysteme, erreichbare Tiefen und die üblichen Dicken der Wände sind in Tabelle J.4-2 aufgeführt, dazu die i. allg. erzielbaren Materialdurchlässigkeiten. Eine Kurzbeschreibung der Herstellverfahren enthält Tabelle J.4-3.

J.4.5.2 Anwendungsbereiche

Dichtwände lassen sich in allen Lockergesteinen herstellen, in denen sich entweder ein ggf. mit Stützhilfe standfester Raum zur Einbringung der Dichtmasse herstellen läßt bzw. die rammbar oder injizierbar sind. Im Festgestein sind nur Verfahren mit bohrender oder fräsender Hohlraumerstellung und das Injektionsverfahren einsetzbar.

Die erreichbare Dichtwandtiefe ist überwiegend vom Herstellverfahren und vom Baugrund abhängig, kann aber auch durch die rheologischen Eigenschaften und das Erstarrungsverhalten der Dichtwandmasse limitiert sein. Für nahezu alle Schadstoffinhalte einer Altlast kann eine Dichtwand hergestellt werden.

Eine vollständige Einkapselung wird erzielt, wenn die Dichtwand die Altlast vollständig umschließt (geschlossene Wand) und in eine wasserstauende Bodenschicht (Stauer) einbindet. Wo diese in erreichbarer Tiefe nicht vorhanden ist, besteht grundsätzlich die Möglichkeit einer nachträglichen Sohlabdichtung.

Im Einzelfall kann auch eine nicht in den Stauer einbindende „schwebende" Dichtwand ausreichend wirksam sein, z. B. bei der Gefahr der Migration gasförmiger Schadstoffe oder der Mobilisierung von Flüssigkeiten, die leichter als Wasser sind und sich mit Wasser nicht mischen. Ebenso kann in anderen Fällen eine in einen Stauer einbindende, aber nicht geschlossene Dichtwand ausreichend sein.

Durch den Eingriff in den Grundwasserstrom werden die hydraulischen Verhältnisse durch Anstau auf der Anstromseite und Absenkung im Grundwasserabstrom verändert. Die Auswirkungen müssen im Einzelfall beurteilt werden.

Die Auswahl des geeigneten Dichtwandsystems und des zweckmäßigen Herstellungsverfahrens wird durch bodenphysikalische und geochemische Parameter sowie die Art der Altlast bestimmt.

In erster Linie sind folgende Kriterien maßgebend [J.4.5]:
- erforderliche Tiefe der Wand,
- Festigkeit des Untergrunds und des Grundwasserstauers, in den die Dichtwand ggf. einbindet,
- Beständigkeit gegenüber Schadstoffangriff bzw. zu erwartende Lebensdauer (Langzeitverhalten),
- Wirksamkeit,
- Verformbarkeit bei zu erwartenden Untergrundverformungen z.B. in Bergsenkungsgebieten
- Kontrollierbarkeit und Reparierbarkeit,
- Einbindung in den Grundwasserstauer,
- Schnelligkeit der Herstellung in akuten Fällen,
- Platzbedarf für die Durchführung der Baumaßnahme,
- Emissionen (Erschütterungen, Lärm),
- Entsorgungsbedarf für kontaminierten Aushub und Abwasser der Suspensionsaufbereitung,
- Arbeitsschutzmaßnahmen,
- Verwendungs- bzw. Entsorgungsmöglichkeit von mit Suspensionen vermischtem Aushub,
- Wirtschaftlichkeit.

Je nach Dichtwandsystem und Herstellungsverfahren werden unterschiedliche Dichtungsmaterialien eingesetzt, die entweder systembedingt oder in Abhängigkeit von Untergrundeigenschaften und Schadstoffen zu wählen sind.

Membranartige Dichtungselemente bestehen aus Stahl oder Kunststoff (i. allg. PEHD). Stahlbohlen können als alleiniges Dichtungselement eingebaut werden und zur Verbesserung der Beständigkeit beschichtet werden, Kunststoffdichtungsbahnen, die in vorbereitete Schlitze eingehängt werden, können zur Verhinderung einer Diffusion mit einer Einlage z.B. aus Aluminium versehen werden.

Mineralische Dichtungsmassen sind auf das Herstellungsverfahren und die Abdichtungsfunktion einzustellen. Für die Dauer des Herstellvorgangs müssen die rheologischen Eigenschaften den Anforderungen des Herstellverfahrens und des Untergrunds entsprechen, nach Fertigstellung der Wand müssen ausreichend niedrige Durchlässigkeit und hohe Beständigkeit erreicht werden.

In Dichtwänden können je nach Herstellungsverfahren verschiedene Dichtungsmassen eingesetzt werden. Vor Beginn der Abdichtungsmaßnahmen muß die Eignung durch Eignungsprüfungen nachgewiesen werden. Diese sind in E 3-2 der GDA-Empfehlungen [J.4.4] aufgeführt. Darin finden sich ebenfalls die Anforderungen an die Qualitätssicherung während der Bauausführung.

Schlitzwände können mit zementhaltigen und zementfreien Dichtwandmassen hergestellt werden. Alle Mischungen enthalten Bentonit. Zur Erhöhung des Feststoffanteils können innerhalb der Grenzen der Verarbeitbarkeit Füllstoffe wie z.B. Steinmehl zugegeben werden. In der Mischung mit Wasser weisen diese Dichtungsmassen eine ausreichende Fließfähigkeit in frischem Zustand auf. Nach dem Einbau erhärtet die Mischung und muß eine Mindestdruckfestigkeit erreichen, die höher ist als die umgebende Erddruckspannung. Die Festigkeitsentwicklung ist bei der Planung des Bauablaufs und bei längeren Arbeitsunterbrechungen zu berücksichtigen.

Wenn keine ausgeprägte Fließfähigkeit erforderlich ist, z.B. bei einer Bohrpfahlwand, kann Erdbeton verwendet werden. Dieser hat eine ähnliche Zusammensetzung wie Beton, d.h. Kiessand mit Porenfüller, allerdings sind die Zementanteile geringer oder nicht vorhanden.

Die wesentlichen Porenfüllstoffe sind Bentonit und/oder wenig aktives Tonmehl, ggf. durch Kunststoffbeimischungen ergänzt.

Arbeitsschutzmaßnahmen sind nach Art der Dichtungsmaterialien und des Herstellungsverfahrens erforderlich.

J.4.6   Nachträgliche Sohlabdichtung

J.4.6.1   Grundprinzip

Die nachträgliche Sohlabdichtung kann sinnvoll werden, wenn Oberflächensicherung und Dichtwände nicht ausreichen.

Nachträgliche Sohlabdichtungen werden durch zwei grundsätzlich verschiedene Verfahren hergestellt:

- durch die Vergütung des vorhandenen Bodenmaterials mittels Injektions- oder Düsenstrahlverfahren *oder*
- durch das Einbringen von Dichtungsschichten in dafür geschaffene flächige Hohlräume unter der Altlast mittels bergmännischer Verfahren.

Durch eine nachträgliche Sohlabdichtung in Verbindung mit der seitlichen Abdichtung wird eine Einkapselung gebildet, deren Umschließungsflächen sehr gering wasser- und schadstoffdurchlässig sind. Aber auch bei Einsatz einer Oberflächenabdichtung muß davon ausgegangen werden, daß aus der Einkapselung kontaminiertes Wasser in geringen Mengen abzupumpen und zu behandeln ist. Hierfür müssen Entnahmemöglichkeiten vorgesehen werden.

J.4.6.2   Anwendungsbereiche

Nachträgliche Sohlabdichtungen können insbesondere erforderlich werden, wenn
- eine Umlagerung aufgrund der Menge des kontaminierten Abfalls oder Bodens bzw. wegen dabei auftretender Gefährdungen nicht infrage kommt und
- wenn der Kontaminationskörper sich bis in den Grundwasserbereich erstreckt und
- wasserstauende Horizonte in technisch erreichbarer Tiefe zur Einbindung vertikaler Abdichtungen nicht anstehen und eine schwebende Dichtwand keine ausreichende Wirkung erzielt oder
- die natürlich anstehenden grundwasserstauenden Schichten unzulässig hohe Schadstoffdurchlässigkeiten aufweisen oder geologische Störungen vorhanden sind.

In Abhängigkeit von den eingesetzten Herstellverfahren sind nachträgliche Sohlabdichtungen in allen Bodenarten möglich (Lockergestein und Festgestein). Die Art der einzukapselnden Schadstoffe kann bestimmend sein für die Auswahl der Abdichtungsmaterialien.

Bergmännische Verfahren zur Herstellung nachträglicher Sohlabdichtungen sind bisher nicht ausgeführt worden und aufgrund der enormen Kosten nur in Ausnahmefällen denkbar.

Die Herstellung der nachträglichen Sohlabdichtungen mittels Injektionsverfahren erfordert Bohrungen, über die das Injektionsgut in die Poren und Klüfte des Untergrunds eingepreßt wird, wobei es die bevorzugten Wasserwege verschließt. Die Bohrungen sind folgendermaßen ausführbar:
- vertikal, durch den Schadstoffkörper hindurch,
- horizontal oder geneigt, zwischen parallelen Stollen oder Schächten neben der Altlast oder
- wannenförmig, mittels verlaufsgesteuerter Horizontalbohrung.

Die Dichtungsfläche wird durch die Überlappung der kugelförmigen Injektionskörper gebildet. Mit dem Düsenstrahlverfahren können säulenförmige oder lamellenartige Dichtungskörper hergestellt werden.

J.4.7   Immobilisierung

J.4.7.1   Grundprinzip

Verfahren zur *Immobilisierung* sind Sicherungsverfahren, mit denen kontaminierte Haufwerke derart behandelt werden, daß ein Austrag von Schadstoffen unterbunden bzw. minimiert wird. Dies wird über die Bildung stofflicher Barrieren durch Verziegeln, Verglasen, Verdichten, Stabilisieren oder Fixieren erreicht, in der Altlastensanierung jedoch überwiegend mit *Schadstoffeinbindung durch Verfestigung*. Eine Definition dieser Begriffe läßt sich aus [J.4.6, J.4.7] und [J.4.8] zusammenfassen:
- *Konditionieren*: Einbringen von Zuschlagstoffen zur Verbesserung der bodenphysikalischen Eigenschaften im Hinblick auf Transport und Ablagerung („Stichfestigkeit")
- *Verfestigung*: Verfahren der Einmischung von Bindemitteln und Herstellung eines mechanisch festen Produkts mit dem Ziel, die Handhabung bzw. die physikalischen Eigenschaften zu verbessern und die freie Oberfläche zu verringern
- *Stabilisierung*: Umwandlung des Reststoffs in eine stabilere chemische Form und Begrenzung der Löslichkeit der Inhaltsstoffe, z.B. durch Sorption, pH-Einstellung oder Veränderung chemischer Bindungsformen, als Ziel der Verfestigung
- *Fixierung*: Chemischer Einbau oder Chemiesorption durch Reaktionen zwischen Reststoff und Bindemittel
- *Einbindung*: Wirkungsmechanismus, mit dem o. g. Ziele erreicht werden.

Bei den Verfahren zur *Schadstoffeinbindung durch Verfestigung*, auf die sich die folgenden Ausführungen beziehen, erfolgt die Immobilisierung sowohl mittels chemischer und chemisch-physikalischer Mechanismen – Fällung, Oxidation/Reduktion, Sorption, pH-Verschiebung, Speichermineralbildung – als auch durch physikalische Einschließung – Makroeinkapselung, Mikroverfestigung.

Die jeweils wirksamen Einbindemechanismen können nach [J.4.8] wie folgt ermittelt werden:
- physikalische Verfahren: elektronenoptisch, röntgenographisch
- chemische Verfahren: phasenspezifische sequentielle Extraktionen
- konsekutive Desorptionsversuche
- physikalisch-chemische Verfahren: Bestimmung der Bindungsenthalpien

Während die Effekte der chemischen Einbindung versuchstechnisch nur schwer zu erfassen und reproduzierbar nachzuweisen sind, lassen sich physikalische Ziele wie Minimierung der Wasserdurchlässigkeit und langfristige mechanische Beständigkeit in standardisierten Testverfahren ermitteln. Daher wird diesem Aspekt der Schadstoffeinbindung eine erhebliche Bedeutung eingeräumt und diese Untersuchung oft vorrangig betrachtet. Insbesondere bei reaktiven, toxikologisch bedenklichen Kontaminationen reicht dies nicht aus [J.4.9]. Der Umweltrat betont [J.4.9], daß für die Anwendung von Immobilisierungsverfahren Mindestanforderungen an Bindungsmechanismen aufgestellt und diese, ebenso wie Freisetzungsmechanismen, bei den Prüfverfahren berücksichtigt werden müssen. Darüber hinaus sollte das Verhalten der Immobilisate im Zusammenhang mit Infiltration, Elution und Emission wissenschaftlich nachprüfbar ausgearbeitet werden, wie es bisher nur in wenigen Fällen, z. B. in [J.4.10], dokumentiert worden ist [J.4.9].

J.4.7.2 Anwendungsbereiche

Stehen Dekontaminationsverfahren nicht zur Verfügung oder können sie aus technischen oder wirtschaftlichen Gründen nicht eingesetzt werden, befürwortet der Umweltrat den Einsatz von Immobilisierungsverfahren, sofern Güteanforderungen aufgestellt und kontrolliert werden [J.4.9]. Die Schadstoffeinbindung durch Verfestigung wird zur Sanierung von Altablagerungen, Altstandorten und verunreinigten Betriebsgeländen eingesetzt. Behandelt werden:

- durch Schadstoffeintrag verunreinigter Boden
- Auffüllungen aus Schlacken, Stäuben, Bauschutt
- Reststoffe, Nebenprodukte aus Produktionsverfahren
- kontaminiertes Feinbruchmaterial aus dem Rückbau von Industrieanlagen
- kontaminierte Abbruchmassen – Beton, Mauerwerk – nach vorheriger Aufbereitung (Zerkleinerung, Klassierung)

Verfestigungsverfahren sind insbesondere auch für Böden mit hohem Feinkornanteil geeignet (Schluffanteil > 20 %) und relativ unempfindlich bzgl. der Korngrößenverteilung des Ausgangsmaterials. Schlämme können aufgrund ihrer geringen Eigenfestigkeiten nur durch Zugabe von Stützkorn oder sehr hoher Bindemittelanteile (50 – 100 Gew.%) die angestrebten Festigkeiten (1 MN/m^2) erreichen. Grobkörniges Material (gebrochener Bauschutt) erfordert die Zugabe feinkörniger Füllstoffe.

Mit der Schadstoffeinbindung durch Verfestigung können anorganische Schadstoffe, insbesondere Schwermetalle, sowie bei Zugabe spezieller Additive bzw. Bindemittel auch organische Schadstoffe immobilisiert werden. Der Hauptanwendungsbereich liegt bei organischen und anorganischen Mischkontaminationen bei geringer bis mittlerer Konzentration. Leichtflüchtige Inhaltsstoffe können nicht eingebunden, aber bei Einsatz spezieller Mischanlagen vor der Verfestigung gezielt ausgetrieben und in Filteranlagen gefaßt werden. Hohe Gehalte an organischen Verunreinigungen erfordern hohe Bindemittelanteile und können sinnvoller mit thermischen Verfahren behandelt werden.

Je nach Ausgangsmaterial und Projektrandbedingungen – Material, Schadstoffkonzentration, Mengen, Sanierungszielwerte, räumliche Verhältnisse, künftige Nutzung – können die Verfestigungsprodukte am Standort wieder eingebaut, anderweitig als Baustoff verwendet oder müssen auf Deponien abgelagert werden. Material, das wieder eingebaut wird, kann als lastausgleichende Schicht oder zur Versiegelung tieferreichender Untergrundkontaminationen herangezogen werden. Neben dem Einsatz zur Geländemodellierung können manche Verfestigungsprodukte als Stützmaterial in Dämmen oder als Tragschicht eingesetzt werden. Darüberhinaus wurden bereits ölkontaminierte Böden bei der Herstellung von Asphaltmischgut verwendet. Ist weder eine freie noch eine eingeschränkte Verwertung möglich, d.h. muß das

Material aufgrund der Schadstoffgehalte auf Deponien verbracht werden, so kann es dort i. d. R. als Baustoff innerhalb des Ablagerungsbereichs eingesetzt werden. Darüberhinaus ist eine Verwendung unter Tage, z. B. als Bergbaumörtel, grundsätzlich möglich.

J.4.7.3 Verfahrensprinzip

Der Verfahrensablauf (Bild J.4-5) ist grundsätzlich für On-site- und Off-Site-Behandlungen gleich. In-Situ-Verfahren wurden bisher kaum eingesetzt, vorrangig aufgrund der schwierigen Nachweisführung für den Einbindeerfolg (Qualitätssicherung).

Nach dem Aushub des Bodens und dem Transport bzw. nach der Bereitstellung des Ausgangsmaterials an der Behandlungsanlage werden im ersten Verfahrensschritt Fremd- und Störstoffe separiert. Aussortiertes Holz und Kunststoffe werden entsorgt, über Magnetabscheider abgetrennte Metalle der Schrottverwertung zugeführt. Grobes Ausgangsmaterial wie Beton- oder Mauerwerksreste werden anschließend in einer Brechanlage den Erfordernissen der Mischanlage entsprechend zerkleinert. Vorgeschaltete Siebanlagen erzielen eine abgestufte Kornverteilung und damit eine Erhöhung der Dichtigkeit des Verfestigungsprodukts.

Die Beschickung der Mischanlage erfolgt in Abhängigkeit vom Material über Schneckenförderer (Staub), Dickstoffpumpen (Schlamm) oder Förderbänder (Boden, Bauschutt), die aus Emissionsschutzgründen abgedeckt bzw. geschlossen sein sollten.

In der zentralen Einheit, der Mischanlage, werden die Ausgangsstoffe mit Bindemitteln und Wasser intensiv vermengt. Je nach Verfahren werden hierzu Durchlaufmischer mit hoher Durchsatzleistung, jedoch geringerem Homogenisierungseffekt eingesetzt, oder chargenweise arbeitende Zwangsmischer, die durch intensive Verwirbelung sowohl einen Bindemittelaufschluß als auch eine gute Homogenisierung des Mischguts erreichen. Sie weisen jedoch geringere Durchsatzleistungen auf. Die eingebrachte Mischenergie wirkt sich entscheidend auf den Einbindeerfolg aus. Je heterogener das Ausgangsmaterial und komplexer die Schadstoffe, desto höher die Anforderungen an die Mischintensität (Mischzeit zwischen 90 s und 4 min, Wirbler).

Bei den meisten Verfahren wird erdfeuchtes Mischgut hergestellt, mit einem möglichst geringen Wassergehalt, der ausreicht, die Hydratation mineralischer Bindemittel zu bewirken, so daß sich das Mischgut mit üblichen Erdbaugeräten transportieren und einbauen läßt.

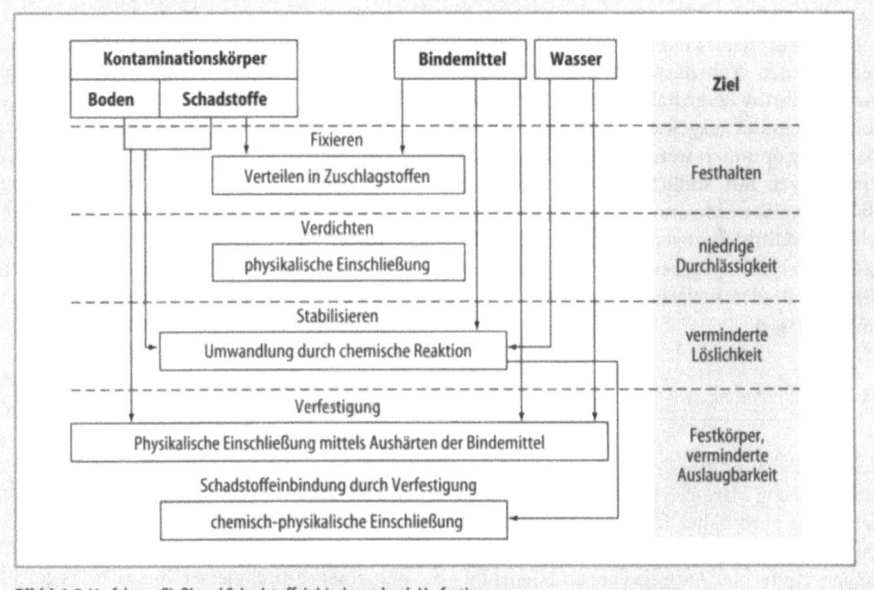

Bild J.4-5 Verfahrensfließband Schadstoffeinbindung durch Verfestigung

Die angestrebte hohe Dichtigkeit des verfestigten Materials wird durch einen lagenweisen Einbau mit sorgfältiger Verdichtung erreicht. Dabei wird das Porenvolumen soweit minimiert, daß i.d.R. trotz Zugabe von Bindemitteln zwar eine Massen-, jedoch keine oder nur eine geringe Volumenerhöhung zu verzeichnen ist. Nach dem Abbinden entsteht ein monolithisches, homogenes, betonähnliches Produkt mit geringer Durchlässigkeit. Alternativ können Formkörper, z.B. Blöcke von 0,5 – 1 m³, hergestellt werden, die nach dem Aushärten transportiert und abgelagert werden.

J.4.7.4 Übersicht Verfahrenstechniken

Eine klare Abgrenzung verschiedener Verfahrenstechniken ist bei der Schadstoffeinbindung durch Verfestigung nicht möglich. Die Verfahren unterscheiden sich vorwiegend durch die verwendeten Bindemittel, aber auch durch die eingesetzten Mischanlagen. Einen umfassenden Überblick über Verfahrensanbieter und Referenzen enthält [J.4.7]. Fast alle Verfahren beruhen auf dem Einsatz mineralischer Bindemittel, in erster Linie Zement oder Spezialbindemittel auf Zementbasis, aber auch Flugasche, Wasserglas, Kalk oder Gips. Zusätzlich werden Adsorbentien und Fällungsmittel, teilweise auch organische Bindemittel – Polymere und Thermoplaste – verwendet.

Für jede einzelne Sanierungsmaßnahme werden von den Anbietern Eignungsprüfungen durchgeführt, in deren Rahmen die einzusetzenden Bindemittel ausgewählt und nach Art und Dosierung optimiert werden, basierend auf den Erfahrungen mit ähnlichen Ausgangsstoffen. Üblicherweise werden 10 – 30 Gew.% Bindemittel und Additive, bezogen auf das feuchte Ausgangsmaterial, zugegeben. In Einzelfällen werden auch Bindemittelgehalte bis zu 100 Gew.% vorgeschlagen.

J.4.7.5 Anforderungen

Bisher fehlen für die Bodensanierung durch Immobilisierung klare gesetzliche Regelungen. In der Praxis wird daher für jeden Einzelfall ein Qualitätssicherungssystem zwischen Verfahrensanbieter, Gutachter, Auftraggeber und Genehmigungsbehörde abgestimmt und von dieser festgeschrieben. Basis hierfür bilden häufig die Güteanforderungen aus [J.4.6, J.4.11-J.4.13] oder [J.4.14].

Ziel der Immobilisierung ist die langfristig sichere Einbindung von Schadstoffen, d.h. die dauerhafte Minimierung des Schadstoffaustrags. Dazu ist in erster Linie das Auslaugverhalten im Elutionsversuch zu überprüfen. Zur Gewährleistung einer langfristig wirksamen Schadstoffeinbindung sind auch die mechanischen Eigenschaften zu untersuchen und ihre Beständigkeit nachzuweisen. Da Untersuchungen gezeigt haben, daß Produkte geringer Festigkeit mit der Zeit einen Anstieg des Schadstoffaustrags aufweisen können [J.4.14], und es derzeit kein standardisiertes Elutionsverfahren gibt, mit dem das Auslaugverhalten der eingebauten Verfestigungsprodukte wirklichkeitsgetreu und reproduzierbar simuliert werden kann, tritt die Ermittlung der mechanischen Eigenschaften oft in den Vordergrund.

Derzeit werden an Verfestigungsprodukte folgende Anforderungen gestellt [J.4.11, J.4.13]:
– die Prüfung der mechanischen Eigenschaften
  - Einaxiale Druckfestigkeit in Anlehnung an DIN 18136
    $q_u \geq 1$ MN/m2
  - Durchlässigkeitsbeiwert in Anlehnung an DIN 18130 in der Triaxialzelle ermittelt
    $k_f \leq 1 \cdot 10^{-9}$ m/s
    (Empfehlung des LWA: $k_f \leq 1 \cdot 10^{-10}$ m/s)
– Zerfallsbeständigkeit nach ENDELL, Zerfallsziffer $\leq 2\%$
– Untersuchung des Auslaugverhaltens.

In der Altlastensanierung wird häufig die Vorgabe der TA-Abfall, Teil 1, Anhang H, eingesetzt, auch wenn es sich nicht um Abfälle handelt. Danach ist die Prüfung in Anlehnung an DIN 38 414, Teil 4, am unzerstörten Probekörper durchzuführen. Das LWA empfiehlt, bei großen Abfallmengen (> 10.000 t/a), ergänzend das Langzeitverhalten im Durchströmungsversuch in der Triaxialzelle (vgl. [J.4.15]) zu simulieren.

Für die Prüfung der Druckfestigkeit und der Durchlässigkeit werden zylindrische Probekörper mit einer Höhe und einem Durchmesser von 10 cm hergestellt. Der Zerfallsversuch wird an Bruchstücken aus der Festigkeitsprüfung durchgeführt. In der TA Abfall werden für den Auslaugtest zylindrische Probekörper mit einer Höhe und einem Durchmesser von 7 cm vorgeschlagen, die mit der 10fachen Wassermenge schonend zu eluieren sind (Magnetrührer). Die Beurteilung des Einbindeerfolgs sollte auf Basis der Schadstofffrachten, nicht der Konzentrationen erfolgen [J.4.9].

Da bei den meisten Verfestigungsverfahren hydraulische Bindemittel verwendet werden, wurde als Prüfzeitpunkt analog der Betontechnologie ein Probenalter von 28 Tagen festgelegt. Die Druckfestigkeit ist zusätzlich nach 14 und nach 56 Tagen zu ermitteln (LWA: nach 14 und nach 28 Tagen).

In Abhängigkeit von der geplanten Verwendung sind weitere Untersuchungen, z. B. zur Frostbeständigkeit, erforderlich. Liegen detaillierte Informationen zu den Einbaurandbedingungen vor, können modifi-zierte Elutionsversuche, z. B. mit simulierten In-Situ-Medien (Sickerwasser, kontaminiertes Grundwasser), durchgeführt werden. Insbesondere zur Beurteilung der Langzeitbeständigkeit sind Untersuchungen zur Ermittlung der Einbindemechanismen sinnvoll (s. Abschn. J.4.7.1).

J.4.7.6 Qualitätssicherung

Das Qualitätssicherungssystem besteht aus 3 Komponenten:
1. Eignungsprüfung
   - Beschreibung der Einzelkomponenten: Abfall, Bindemittel, Zusatzstoffe
   - Mechanische Eigenschaften der Verfestigungsprodukte: Durchlässigkeitsbeiwert, Druckfestigkeit, Zerfallsziffer
   - Auslaugverhalten der Verfestigungsprodukte: Elution in Anlehnung an DIN 38 414 Teil 4, ggf. zusätzlich Triaxialversuch
2. Güteüberwachung (Eigen- und Fremdüberwachung)
   - Prüfung der Einzelkomponenten
   - Kontrolle der Rezeptur
   - Betriebstagebuch: Protokolle der Mischanlage bzgl. Mischen, Transport, Einbau
   - Prüfung der Verfestigungsprodukte: Auslaugverhalten, mechanische Eigenschaften
3. Langzeitüberwachung (Kontrollprüfung)
   - Beständigkeitsprüfung Grundwasserkontrolle bzgl. Qualität
   - ggf. Sickerwasserkontrolle bzgl. Menge und Qualität

Der Umfang der Überwachungsprüfungen ist einzelfallspezifisch festzulegen. Als Anhaltspunkt für die Güteüberwachung dient die Herstellung und Untersuchung von verdichteten Rückstellproben des Mischguts je 500 m³ verfestigten Ausgangsmaterials. Die Prüfungen analog der Eignungtests sind für eine Teilmenge oder für alle Probekörper von einem Fremdgutachter durchzuführen.

J.5 Dekontamination

J.5.1 Überblick über Dekontaminationsmaßnahmen

Als Dekontaminationsmaßnahmen werden alle technischen Maßnahmen zusammengefaßt, die an der Schadstoffquelle ansetzen bzw. eine Separierung oder Zerstörung der Schadstoffe bewirken. Dekontaminationsmaßnahmen zielen auf eine weitgehende und möglichst endgültige Lösung des Altlastenproblems.

Je nach Konzeption und Wirkungsweise lassen sie sich in schadstoffzerstörende und schadstoffseparierende Maßnahmen unterteilen. Schadstoffzerstörende Maßnahmen bewirken eine direkte Dekontamination der schadstoffbelasteten Umweltmedien. Schadstoffseparierende Maßnahmen extrahieren und konzentrieren die Schadstoffe aus den Umweltmedien Boden, Wasser oder Luft. In nachgeschalteten Behandlungsanlagen muß das Schadstoffkonzentrat entsorgt werden. Die Dekontaminationsmaßnahmen lassen sich folgendermaßen zusammenfassen und zuordnen (Bild J.5-1)[J.5.1, J.5.2]:

Schadstoffzerstörung
- thermische Verfahren (Abschn. J.5.2)
- mikrobiologische Verfahren (Abschn. J.5.3)

Schadstoffseparierung
- aktive hydraulische Maßnahmen (Abschn. J.4.2)
- aktive pneumatische Maßnahmen (Abschn. J.4.3)
- chemisch-physikalische Extraktions-, Wasch- und Trennverfahren, u.a. Bodenwäsche (Abschn. J.5.4), Elektrokinetisches Verfahren (Abschn. J.5.5)

Für pneumatische und hydraulische Maßnahmen gilt einschränkend, daß eine eindeutige Zuordnung nicht in allen Fällen möglich ist, da über eine entsprechend lange Betriebszeit von Sicherungen auch eine allmähliche Dekontamination erreicht werden kann. Die Einteilung in aktive und passive Maßnahmen und damit die Zuordnung zu den Handlungsfeldern „Dekontamination" und „Sicherung" beruht auf der

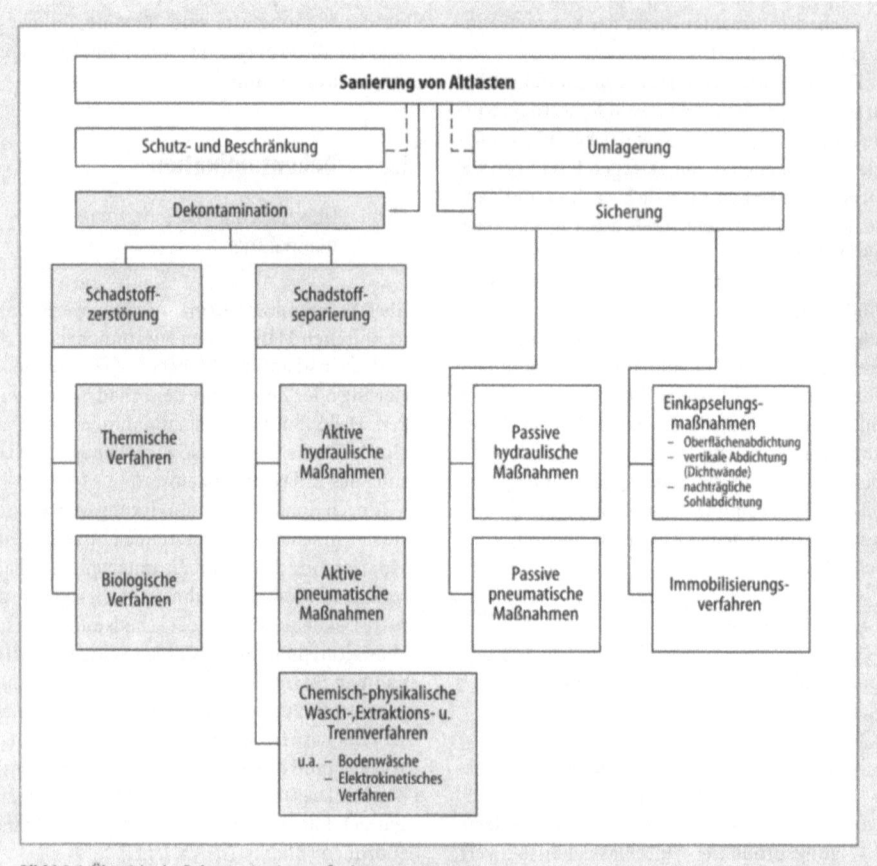

Bild J.5-1 Übersicht der Dekontaminationsmaßnahmen

Zielrichtung der Maßnahmen. Aktive pneumatische und hydraulische Maßnahmen zielen auf eine Beseitigung der Kontaminationsquelle direkt in der Altlast. Passive pneumatische und hydraulische Maßnahmen verhin- dern die weitere Ausbreitung der Schadstoffe und dienen der Unterbrechung der Transmissionswege in der Peripherie der Altlast. Um Wiederholungen zu vermeiden und eine übersichtliche Darstellung zu gewährleisten, werden die hydraulischen und die pneumatischen Maßnahmen zusammengefaßt in Abschn. J.4 „Techniken zur Sicherung von Altlasten" dargestellt.

J.5.2 Thermische Verfahren

Verfahren zur thermischen Altlastensanierung werden vor allem bei persistenten organischen Bodenverunreinigungen (wie z. B. polyaromatische oder polyhalogenierte Kohlenwasserstoffe) sowie in speziellen Fällen bei Schwermetallbelastungen eingesetzt. Ziele der thermischen Verfahren sind:
- Destabilisierung von adsorptiven und chemischen Bindungskräften durch thermische Einwirkung,
- pyrolytische und/oder oxidative Zerstörung freigesetzter Verbindungen (insbesondere organische Verbindungen),
- thermisch iniziierte Aufkonzentrierung oder Einbindung anorganischer Schadstoffe wie z. B. Schwermetalle.

Die thermische Dekontamination kann im Kontaminationskörper (in situ), nach Bodenaushub vor Ort (on site) oder nach Bodenaushub in einer zentralen Aufbereitungsanlage (off site) durchgeführt werden, wobei die Wahl der Sanierungsmethoden oft weniger aufgrund verfahrenstechnischer als vielmehr verwaltungsrechtlicher Vorgaben erfolgt. Der Sanierungsumfang wird zumeist durch humantoxikologische Untersuchungen festgelegt, wobei immer mehr eine nutzungsorientierte Schadstoffabreicherung und nicht eine Multifunktionalität der sanierten Flächen als Aufbereitungsziel angestrebt wird.

J.5.2.1 Grundlagen der thermischen Altlastensanierung

Die thermische Schadstoffabreicherung kann durch *Verdampfen, Vergasung, pyrolytische* oder *oxidative Zersetzung (Verbrennung)* sowie deren Kombinationen erfolgen. Tabelle J.5-1 zeigt eine Übersicht der verschiedenen thermischen Dekontaminationsverfahren [J.5.2]. Verfahrenstechnische Grundlagen dieser Techniken sind u. a. in Abschn. H.3.3 „Thermische Abfallbehandlung" beschrieben. Anders als bei den dort aufgeführten Behandlungsmethoden müssen jedoch bei der thermischen Dekontamination boden- und nutzungsspezifische Faktoren sowie die Bindungsform der Kontamination Berücksichtigung finden. Eine besondere Bedeutung kommt dabei der auf den belasteten Boden einwirkenden Temperatur zu.

Tabelle J.5-1 Prozesse bei der thermischen Dekontamination von Erdreich

Verfahrensbezeichnung Temperaturbereich °C (Feststoff)		Zweck	Zielprodukt(e) 1) Feststoffe 2) Gase	Beheizung/ Wärmeübergang: Ofentyp
Entgasung				
Niedertemperatur-Entgasung	bis 500	Austreiben flüchtiger Ausgangsstoffe oder Zersetzungsprodukte (Ver-/Ausdampfen Gasdestillation)	1) abgereinigtes Material: Gemisch aus anorganischen Bodenbestandteilen und Pyrolysekoks; biologisch inaktiv, aber mit Zusätzen revitalisierbar (nur bei Niedertemperatur-Verfahren) 2) Nachverbrennung	indirekt; in Drehrohr oder Schweltrommel
Mitteltemperatur-Entgasung	500 – 800			
Schwelung, Hochtemperatur-Entgasung	> 800 – 900			
Verglasung	bis 2000	Einschluß in Glas; Austreiben flüchtiger Stoffe	1) „In-Situ"-Glaskörper 2) ausgetriebene Stoffe zur Nachverbrennung	Lichtbogeneffekt („in situ")
Spülgasdestillation	300 – 800	Austreiben durch Spülung; behutsamere Bodenbehandlung; durch Reduktion weniger PAH-Reste	1) belebbarer Boden 2) ausgetriebene Stoffe zur Nachverbrennung in Stützflamme	direkt; in Schacht- oder Drehrohrofen
Vergasung				
Mitteltemperatur-Vergasung	600	Austreiben flüchtiger Stoffe (s.o.)	1) abgereinigtes Material (s.o.) 2) Brenngas (mit geringem Heizwert) bei ca. 1000 – 1200 °C verbrannt und anschließend gereinigt	indirekt; in Drehrohrofen
Hochtemperatur-Entgasung	1100 – 1600	Umsetzung von 20 – 30 % Ölkontamination zu Brenngas	1) deponiefähige Schlacke 2) Brenngas bis > 100 °C verbrannt	direkt; in Vergasungsreaktorschacht
Verbrennung				
Mitteltemperatur-Verbrennung	300 – 900	Ausdampfung, Verbrennung	1) belebbarer Boden bzw. Bettasche (je nach Temperatur) 2) Rauchgas (zur Reinigung)	indirekt oder direkt; in Drehrohr- oder Wirbelschichtofen
	500 – 1000	Ausbrennen von flüchtigen oder zersetzbaren Schadstoffen; Fixieren von Schwermetallen in gesinterten Matrizen	1) „totgebrannter" Boden (Schlacke, „Backstein"), nicht belebbar; deponiefähig 2) Rauchgas (zur Reinigung)	indirekt; durch Strahlung in Infrarot-Durchlaufofen; oder mittels „In-Situ"-Wärmestrahlrohr
Hochtemperatur-Verbrennung	bis 1200 evtl. 1500			direkt; in Drehrohr- oder Wirbelschichtofen

Bei *Off-Site-* und *On-Site-Aufbereitungsverfahren* sind neben der Höhe der Temperatur weitere zu beachtende Parameter:
- Temperaturverteilung in Gasphase und Feststoff,
- Gasphasenzusammensetzung,
- Partikelgröße und -verteilung des Bodenmaterials,
- Strömungsführung,
- Form und Geometrie des Reaktionsraums.

Die thermischen Altlastenaufbereitung mit *In-Situ-Verfahren* beinhalten keine reaktor- und partikelspezifische Optimierungsmöglichkeiten, und werden im nachfolgenden Grundlagenkapitel nicht eingehender betrachtet.

Ablauf und Geschwindigkeit der thermischen Dekontamination bei Off-Site- oder On-Site-Verfahren lassen sich prinzipiell mit Ansätzen beschreiben, wie sie aus der Umsetzung von Kohle oder hochenergetischen Abfällen (z.B. thermisch vorgetrockneter Klärschlamm) bekannt sind [J.5.3, J.5.4]. Der kontaminierte Boden kann in diesen Modellansätzen als ballastreicher fester Energieträger angesehen werden.

Bei niedrigen bodenschonenden Prozeßtemperaturen werden gegenüber hohen Behandlungstemperaturen allerdings deutlich längere Feststoff-Verweilzeiten notwendig und zwar unabhängig davon, ob es sich um Pyrolyse, Vergasung oder Verbrennung handelt. Die Verweilzeit setzt sich aus verschiedenen Teilschritten zusammen und zwar:
- Aufheizen des Bodens,
- Entgasung leichtflüchtiger Bestandteile,
- teilweise chemische Umsetzung durch Verbrennung, Entgasung oder Vergasung von Bestandteilen
- Abbau der nichtflüchtigen Bestandteile wie z.B. Restkoks (je nach Temperatur auch Verglasung des Bodenmaterials),
- An- und Abtransport der Edukte und Produkte zwischen Gasphase und Feststoff.

Die für die thermische Dekontamination notwendige Verweilzeit wird somit durch das Zusammenwirken der Geschwindigkeiten chemischer Reaktionen und physikalischer Transportvorgänge bestimmt, als Grenzfall kann dabei der eine oder der andere Vorgang geschwindigkeitsbestimmend sein.

Aufheizvorgänge laufen bei kleineren in der Gasphase homogen verteilten Partikeln und hohen Temperaturen im Millisekundenbereich ab, so daß dieser Anteil an der Gesamtverweilzeit vernachlässigt werden kann [J.5.5]. Bei Verwendung von z.B. Drehrohr- oder Muffelreaktoren ist eine homogene Vermischung von Feststoff und Gas nicht gegeben und die Aufheizzeiten müssen ggf. mit berücksichtigt werden.

Unabhängig von der Prozeßtemperatur ist der langsamste und damit verweilzeitbestimmende Teilschritt bei der Abreicherung organischer Schadstoffe der Abbau nichtflüchtiger kohlenstoffhaltiger Bestandteile und die damit verbundenen Transportvorgänge. Quantitativ überschläglich läßt sich dieser Vorgang mit dem Modell des „schrumpfenden Feststoffkerns" (shrinking core model) beschreiben [J.5.6]. Dabei erfolgt die Reaktion an der äußeren Bodenschicht und wandert mit fortschreitender Reaktionszeit in den Feststoff hinein, wobei eine Schicht aus umgesetztem Material und vorhandenem inertem Feststoff verbleiben.

Unter den o.g. temperaturbezogenen Abhängigkeiten der Dekontamination und den modellspezifischen Annahmen des *shrinking core models* kann man für die *Verbrennung* folgende Verweilzeit-Berechnungsansätze verwenden [J.5.7]:

a) Chemische Reaktion als verweilzeitbestimmende Größe:
(Verbrennung Reaktion 1. Ordnung in bezug auf den O_2-Gehalt)
gilt mit folgenden Rahmenbedingungen $k_S \ll \beta$ und $k_S R_S \ll D_e$

$$t = \frac{\rho_B \, R_S}{|v_C| \, M_C \, k_S \, c_{O2}} \left(1 - (1-U_C)^{1/3}\right)$$

b) Diffusion des Sauerstoffs durch das poröse Bodenkorn:
Gilt mit folgenden Rahmenbedingungen $k_S \ll \beta$ und $k_S R_S \gg D_e$

$$t = \frac{\rho_B \, R_S^2}{6 \, |v_C| \, M_C \, D_e \, c_{O2}} \left(3 - 3(1-U_C)^{2/3} - 2 U_C\right)$$

c) Stoffübergang als verweilzeitbestimmende Größe: (Diffusion durch die Gasgrenzschicht)
d) Gilt mit folgenden Rahmenbedingungen $k_S \gg \beta$ und $k_S R_S \ll D_e$

$$t = \frac{\rho_B \, R_S}{3 \, |v_C| \, M_C \, \beta \, c_{O2}} U_C$$

mit

$U_C = 1 - (R_K/R_S)^3$

ρ_B Dichte des festen Reaktionspartners (kg/m^3)

c_{O_2} O_2-Konzentration in der Gasphase (mol/m³)
M_C Molare Masse (g/mol)
R_S Radius des kugelförmigen Bodenpartikel (m)
R_K variabler Radius der Reaktionsfläche (m)
U_C Umsatzgrad der Schadstoffe
ν_C stöchiometrische Zahl des festen Reaktionspartners
β Stoffübergangskoeffizient (m/s)
k_S Reaktionsgeschwindigkeitskonstante (m/s)
D_e effektiver Diffusionskoeffizient von O_2 (m²/s)

Der Einfluß der Temperatur auf die Wahl der zu verwendenden Berechnungsansätze läßt sich wie folgt interpretieren:
Im Nieder- bis Mitteltemperaturbereich (etwa 500 – 700 °C) bestimmt die chemische Reaktion, bei höheren Temperaturen die Reaktionskinetik einschl. der Porendiffusion und bei hohen Temperaturen (oberhalb von 1000 – 1200 °C) die Grenzfilmdiffusion gasförmiger Edukte und Produkte die Geschwindigkeit der Dekontamination (s. Bild J.5-2).

Neben der Temperatur ist ein weiterer wesentlicher Verfahrensparameter der Partikeldurchmesser. Bild J.5-3 zeigt den Einfluß von Temperatur und Partikeldurchmesser auf die Reaktionsgeschwindigkeitskonstante k_S und auf den Stoffaustauschkoeffizient β bei der Verbrennung kohlenstoffhaltiger, nichtflüchtiger Partikel. Mit wachsendem Korndurchmesser wird danach der Stoffaustausch gegenüber der chemischen Reaktion für die Verweilzeit immer maßgebender.

Während bei der Verbrennung fossiler Energieträger Partikelgrößen < 100 µm bedeutsam sind, hat man bei der Dekontamination i.d.R. gröbere Partikel zu berücksichtigen, die zumeist auch über einen weiten Größenbereich verteilt sind. In Tabelle J.5-2 ist eine typische Partikelgrössenverteilung einer der Dekontamination zuzuführenden Altlast dargestellt [J.5.8]. Wie Tabelle J.5-2 zeigt, liegt ein weites Kornspektrum vor. Der Schluffanteil mit einer Größe unter 63 µm ist mit 12 % noch relativ gering, während der Grobanteil (> 4000 µm) mit 37,6 % sehr hoch ist, insbesondere da der ausgekofferte Boden bereits in einem Brecher vorzerkleinert wurde. Bei gleichmäßiger Verteilung der Schadstoffe in allen Kornfraktionen müssen als verweilzeitbestimmende Größe die Grobfraktionen Berücksichtigung finden. In der Praxis treten jedoch häufig Schadstoffe deutlich überproportional in den Feinfraktionen auf, und können somit verweilzeitbestimmenden Einfluß erhalten.

In den zuvor dargestellten Berechnungsansätzen ist ein verweilzeitentscheidender Faktor enthalten, der über den idealen Modellansatz hinaus bereits reales Reaktorverhalten in Grenzen mitberücksichtigt. Dies ist die mittlere Sauerstoffkonzentration im Reaktionsraum, die primär von der Art der gewählten Verbrennungseinrichtung und dem damit verbundenen Luftüberschuß λ bestimmt wird (s. Abschn. H.3.3).

In Analogie zur Verbrennung können bei der Vergasung oder der Pyrolyse Apparatedimen-

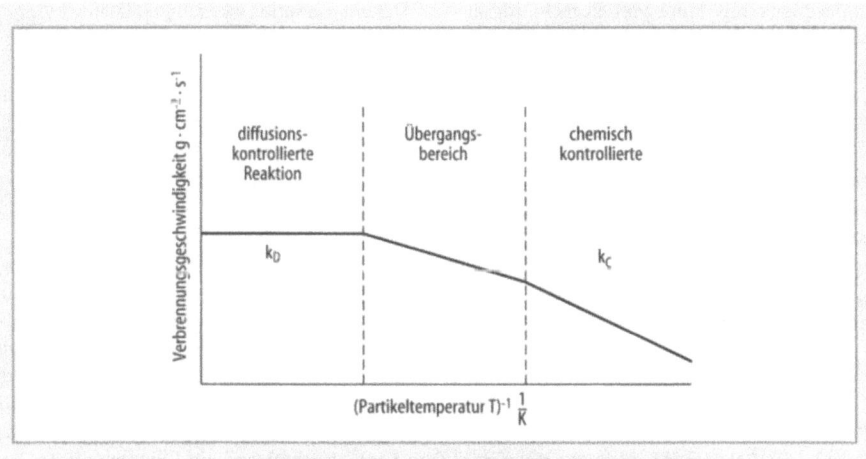

Bild J.5-2 Arrhenius-Diagramm zur Einteilung geschwindigkeitsbestimmender Einflußgrößen auf die Verbrennung

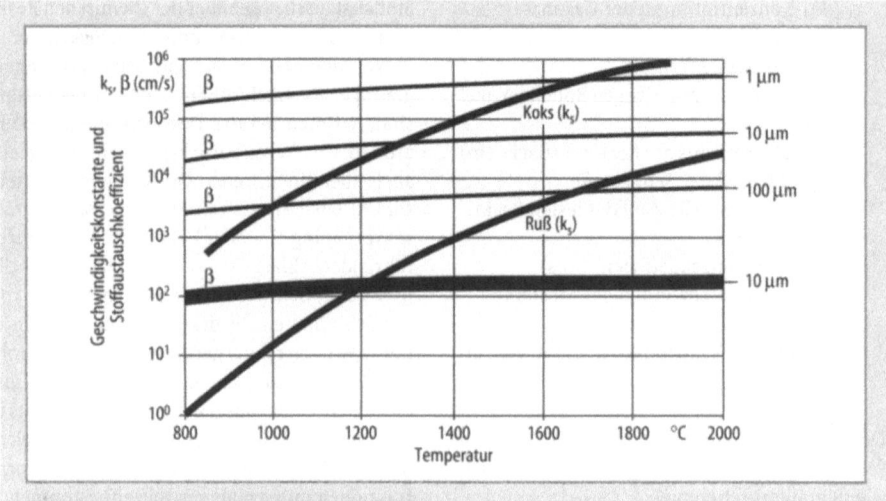

Bild J.5-3 Heterogene Verbrennung nichtflüchtiger Partikel

Tabelle J.5-2 Korngrößenverteilung einer mit Zink verunreinigten Altlast

µm	%
< 63	12,0
63 – 90	3,3
90 – 200	6,9
200 – 500	11,7
500 – 1000	11,0
1000 – 2000	8,3
2000 – 4000	9,2
> 4000	37,6

sionierungen mit Hilfe von Berechnungsansätzen überschlägig vorgenommen werden, die im Bereich der energetischen Nutzung fester Brennstoffe Anwendung finden [J.5.9]. Verfahrenstechnisch optimaler sowohl hinsichtlich des Dekontaminationserfolgs als auch in bezug auf die Unterdrückung von Schadstoff-Neubildungen lassen sich die Aufbereitungsprozesse gestalten, wenn hersteller- und anbieterunabhängige Technikumserprobungen mit spezifischen aufbereitungsrelevanten Bodenproben durchgeführt werden.

J.5.2.2 Voruntersuchung und Vorbehandlung der Altlast

Über die im Rahmen der Sicherungsmaßnahmen durchzuführenden Untersuchungen und Analysen hinaus können bei der thermischen Dekontamination weitere Voruntersuchungen erforderlich werden, die folgende Parameter erfassen sollen:
- Heizwert der Altlast,
- Schmelzverhalten des veraschten Bodens (DIN 51 730) [J.5.10],
- Partikelverteilung und partikelgrößenbezogene Schadstoffgehalte,
- Bindung der Schadstoffe im Boden und Porenstruktur des Bodens.

Die letztgenannte Voruntersuchung in Kombination mit der Schadstoffart ist von besonderer Bedeutung für die Auswahl eines thermischen Dekontaminationsverfahrens. Tabelle J.5-3 zeigt mögliche Bindungsformen der Schadstoffe in der Altlast [J.5.2].

Liegen die Schadstoffe vor allem im gasförmigen Aggregatzustand vor, so werden „In-Situ"-Verfahren bevorzugt eingesetzt; liegen feste oder flüssige Schadstoffe mit hohen Dampfdrücken und schwachen Boden-Bindungskräften vor, so eignen sich vor allem Verdampfungsverfahren (in situ oder on site); liegen hohe Bindungskräfte vor, so werden Vergasungs-, Pyrolyse- und vor allem Verbrennungsverfahren notwendig. Der Einfluß der Kombinationswirkung Schadstoff und Boden zeigt sich z. B. deutlich bei der thermischen Dekontamination von mit chlororganischen Verbindungen belastete Böden [J.5.11]. Nachfolgend sind die benötigten Mindesttemperaturen aufgeführt, um die Konzen-

Tabelle J.5-3 Mögliche Bindungsformen von Schadstoffen in kontaminiertem Untergrund

Fester Aggregatzustand	Flüssiger Aggregatzustand	Gasförmiger Aggregatzustand
– lockere Einlagerung, Einschlüsse – Agglomerate untereinander mit dem Untergrundmaterial durch • Adhäsion zwischen Partikel • Kapillarkräfte bei niedrigviskoser Flüssigphase • Adhäsion mit hochviskoser Flüssigkeitsphase (Verklebung mit plastischen Schadstoffen) • kristalline Brücken zwischen den Feststoffen • Gitterübergänge zwischen kristallinem Schadstoff und Bodenmineralien • verschiedene Arten der chemischen Bindung	– lockere Einlagerung, Einschlüsse – Agglomerate untereinander mit dem Untergrundmaterial durch • adsorptive Bindung auf den Partikeloberflächen (Verklebung mit plastischen Schadstoffen) und in Porenstrukturen in Abhängigkeit von der Benetzbarkeit • kapillare Bindung in den Zwickeln zwischen Partikeln • Lösung oder Adsorption in Bodenpartikeln • chemische Bindungsformen	– in Abhängigkeit vom Dampfdruck (hauptsächlich der Flüssigkeiten) und beim Vorhandensein von Hohlräumen – im Gleichgewicht mit A) und B) (adsorptierten bzw. gelösten Phasen der normalerweise gasförmigen Schadstoffe

tration der Insektizide Aldrin oder Dieldrin auf < 0,1 mg/kg Boden abzusenken:

	Dünensand	humöser Sand	Torf-Ton
Aldrin/Dieldrin	350 °C	400 °C	> 450 °C

Eine sanierungsorientierte Vorbehandlungen der Altlast kann bei On-Site- und Off-Site-Verfahren von Bedeutung sein und zwar besonders dann, wenn große Inhomogenitäten im Boden auftreten (z. B. in Form von Fundamentresten oder Steinen), oder ein weites Kornspektrum vorliegt. Als Vorbehandlung reichen zumeist mechanische Klassier- und Zerkleinerungstechniken aus. Abhängig von der Beschaffenheit der Altlast kann auch der Einsatz von Magnetscheidern für die Abtrennung eisenhaltiger Materialien eine sinnvolle Erweiterung der Vorbehandlung sein. Bei In-Situ-Verfahren fehlen diese prozeßoptimierenden Möglichkeiten der Altlasten-Vorbehandlung weitgehend.

J.5.2.3 Verfahrensprinzipien zur thermischen Behandlung

Neben den Vorbehandlungsstufen (bei On-Site- und Off-Site-Verfahren) beinhalten die Anlagen folgende weitere Elemente:
– thermische Reaktoren zur Bodenaufbereitung,
– thermische Abgasnachverbrennung,
– Abgas- und Abwasserreinigung,
– Boden- und Reststoff-Nachbehandlung.

Die Durchsatzleistungen thermischer Behandlungsanlagen liegen bei mobilen On-Site-Verfahren zumeist < 10 t/h und können bei stationären Off-Site-Verfahren > 50 t/h erreichen. Technisch ausgeführte und erprobte Vergasungsverfahren fehlen aufgrund der zumeist kleinen Gehalte an wirtschaftlich verfügbaren Kohlenwasserstoffen weitgehend.

Bei den meisten marktfähig angebotenen thermischen Verfahren zur Dekontamination handelt es sich um Verschaltungen von Verdampfungs-, Pyrolyse- und/oder Verbrennungsverfahren, die als wesentliches Unterscheidungsmerkmal die auf den Boden einwirkende Temperatur besitzen. Nachfolgend werden daher die thermischen Sanierungsverfahren in Hochtemperatur- und Mitteltemperaturverfahren unterteilt sowie in Sonderverfahren abgehandelt.

J.5.2.3.1 Hochtemperaturverfahren

Bei den Hochtemperaturverfahren wird der voraufbereitete kontaminierte Boden Temperaturen > 600 °C (bei Verbrennungs- oder bei Pyrolysebedingungen) ausgesetzt. Als thermischer Reaktor werden in der Hauptsache Drehrohre oder Wirbelschichtapparate verwendet. Vorteile der Hochtemperaturverfahren sind der sehr hohe Inertisierungsgrad durch:
– weitgehende Zerstörung persistenter und/oder schwerflüchtiger organischer Verbindungen,
– Zersetzung anorganischer Verbindungen (wie z. B. halogen- oder schwefelhaltiger Substanzen),

- Ausdampfung und Aufkonzenrierung leichtflüchtiger Schwermetalle (wie Blei und Quecksilber),
- Einbindung schwerflüchtiger Schwermetalle in die Bodenmatrix (bei Temperaturen oberhalb von 1000 – 1200 °C).

Die Zerstörung der organischen Schadstoffe findet bei Hochtemperaturverfahren – anders als bei Niedertemperaturverfahren – weitgehend parallel mit der Schadstofffreisetzung aus dem Boden statt, wobei auch temperaturresistente mit großen Bindungskräften am Boden haftende Verbindungen erfaßt werden. Eine Reduzierung der Abgasmenge und damit verbunden eine Verringerung des apparativen Aufwands zur Abgasreinigung kann bei Verbrennungstechniken durch den Einsatz sauerstoffangereicherter Luft oder durch reine Sauerstoffanwendung erreicht werden.

Prinzipielle Nachteile der Hochtemperaturtechnik sind der höhere Energiebedarf, die aufwendigeren Maßnahmen zur Rekultivierung des inertisierten Bodens und evtl. höhere Schadstoffgehalte (wie z.B. für NO_x, HCl und SO_2) im zu reinigenden Abgas.

Anbieter für Hochtemperaturverfahren zur thermischen Altlastensanierung sind u.a.:
- Boran, Berlin
- Thyssen Still Otto, Bochum
- Züblin, Stuttgart

Nachfolgend werden beispielhafte Verfahrenstechniken vorgestellt:

Boran-Verbrennungsverfahren
Bei diesem Verfahren handelt es sich um eine rotierende Wirbelschicht-Verbrennungsanlage, bei der die mechanisch aufbereitete Altlast (Partikeldurchmesser < 20 mm) über Auftragsschnecken und über Verdrängerpumpen (Feinfraktion) in den Reaktor aufgegeben wird. Die notwendige Energie wird über Direktbeheizung (Heizölfeuerung) dem Reaktor zugeführt. Bild J.5-4 zeigt den schematischen Aufbau der Boran-Anlage [J.5.12].

Die Dekontamination des Bodens (ca. 10 t/h) erfolgt bei Temperaturen von etwa 900 °C und mittleren Verweilzeiten von 45 – 60 min. Grobe und spezifisch schwere Bodenbestandteile werden bei deutlich kürzeren Verweilzeiten aus der Wirbelschicht als sog. Bettasche (zumeist unter

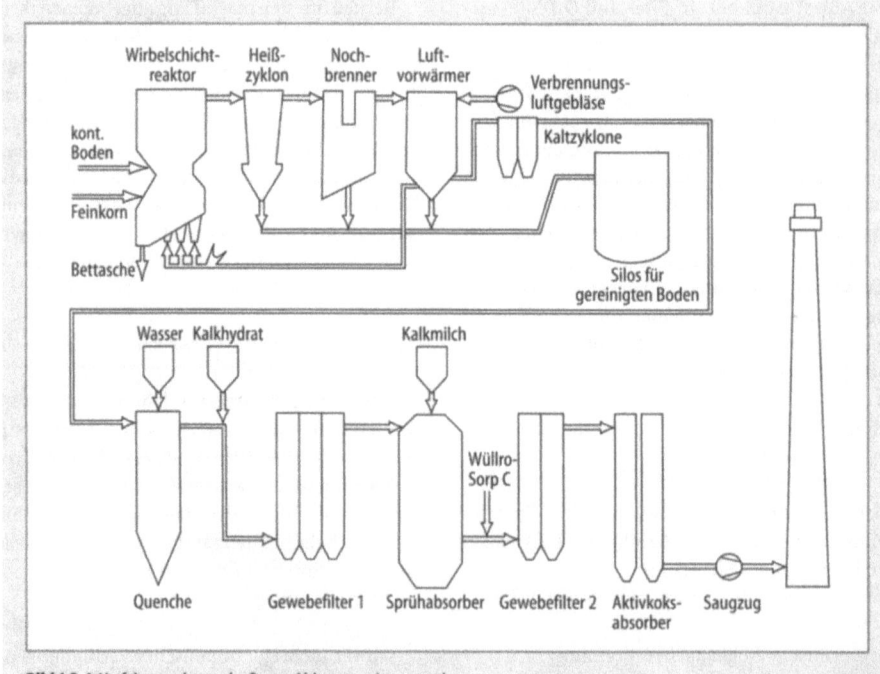

Bild J.5-4 Verfahrensschema der Boran-Altlastensanierungsanlage

10–15 Ma.%) ausgetragen. Der größte Bodenanteil verläßt die Wirbelschicht als Feinfraktion mit dem Rauchgas, und wird im wesentlichen in einem Heißgaszyklon abgeschieden (bis zu 85 % der Feinfraktion). Diese Hochtemperaturentstaubung reduziert ganz entscheidend die Neubildung von Schadstoffen (z. B. polychlorierte Dioxine und Furane) in den Rauchgasen. Die staubarmen Rauchgase werden anschließend einer Nachbrennkammer zugeführt, wobei organische Spurenstoffe bei 1200 °C weitgehend zersetzt werden sollen.

Wie Bild J.5-4 zeigt, gelangt das Rauchgas aus der Nachbrennkammer über einen Wärmeaustauscher in einen weiteren Staubabscheider (sog. Kaltzyklon) und danach in die Rauchgasreinigung zur Abscheidung saurer Schadgase (HCl, HF und SO_2) und Spurenstoffe. Diese Rauchgasreinigung ist wie folgt zusammengesetzt:
- Quenche mit nachgeschalteter trockener Kalkhydrataufgabe,
- Gewebefilter 1,
- Sprühabsorber mit Kalkmilchzugabe,
- Rohrreaktorstrecke mit Aufgabe für Wülfra-Sorp C,
- Gewebefilter 2,
- Aktivkoksadsorber.

In der Quenche werden die Rauchgase von ca. 350 auf 250 °C abgekühlt, nach Bedarf anschliessend mit Kalkhydrat versetzt und dadurch eine HF- und HCl-Vorabscheidung erreicht. Feste Reaktionsprodukte, unreagiertes Kalkhydrat und feine Bodenfraktionen werden durch ein Gewebefilter aus dem Gasstrom entfernt. Die hauptsächliche Abscheidung der sauren Schadgase erfolgt bei ca. 140 °C durch den Sprühabsorber (Kalkmilch-Zugabe) und die Zugabe von Kalkhydrat/Aktivkohlegemischen (Wülfrasorp C). Im Gewebefilter 2 werden die Reaktionsprodukte und das unreagierte Material vom Gasstrom abgetrennt. Leichtflüchtige Schwermetalle und evtl. noch vorhandene organische Spurenstoffe sollen bis zur analytischen Nachweisgrenze durch einen zweistufigen Aktivkoksadsorber reduziert werden. Durch die aufwendige Rauchgasreinigung können laut Herstellerangabe die strengen Emissionsgrenzwerte der 17. BImSchV eingehalten werden.

Thebora-Verbrennungsanlage
(Thyssen Still Otto)
Hierbei handelt es sich um ein als stationäre Wirbelschicht ausgebildetes Verbrennungsverfahren mit einem Massendurchsatz von etwa 4–5 t kontaminiertem Boden pro h, wobei die maximale Partikelgröße 50 mm nicht überschreiten soll. Der über Einschubschnecken in die Wirbelschicht eingebrachte Boden wird bei Temperaturen zwischen 850 und 900 °C dekontaminiert. Die prozeßnotwendige Energiezufuhr erfolgt über Direktbeheizung in Form von Stützfeuerungen, die wahlweise mit Gas, Heizöl oder festen Brennstoffen betrieben werden können. Bild J.5-5 zeigt den schematischen Aufbau der Anlage [J.5.13].

Aus der Wirbelschicht wird dekontaminierter Boden als Bettabzug und rauchgasgetragen über einen Heißgaszyklon ausgeschleust. Der Boden wird gekühlt und angefeuchtet (ca. 5–10 % Wasser) und auf ein Freilager gegeben. Optional kann das Rauchgas in einer Nachverbrennungskammer auf Temperaturen von mind. 1200 °C angehoben werden, um besonders toxische Komponenten entsprechend der 17. BImSchV zu zerstören.

Die Rauchgase werden, wie Bild J.5-5 zeigt, aus der Nachbrennkammer oder dem Zyklon kommend einem Dampferzeuger und danach einer Stickoxidminderung (nur bei Verwendung einer Nachbrennkammer erforderlich) zugeführt. Anschließend erfolgt eine Reduzierung reaktiver saurer Schadgaskomponenten in einem Sprühabsorber. Die Reaktionsprodukte, unreagiertes Material sowie der Feinstaubanteil (ca. 3 % der Bodenfraktion) werden in einem nachgeschalteten Gewebefilter abgeschieden.

Nach Passieren eines Kreuzstrom-Wärmetauschers gelangt das Rauchgas in einen zweistufigen Schadgasabsorber, der eine basische (NaOH) und eine saure (HCl) Reinigungsstufe enthält. Nach Wiederaufheizung wird das vorgereinigte Rauchgas zur Spurenstoffentfernung (z. B. Quecksilber oder polychlorierte Dioxine und Furane) einem Aktivkoksadsorber zugeführt.

Reststoffe bei der Thebora-Anlage sind neben dem dekontaminierten Boden der aus dem Gewebefilter und der Kesselanlage anfallende Feststoffanteil. Nach Angaben des Herstellers wird ein Austausch der Aktivkoksschüttung (ca. 17 t) diskontinuierlich in einem Zyklus von ca. 3 Jahren notwendig.

Züblin-Verbrennungsverfahren
Die thermische Hochtemperaturdekontamination nach dem Züblin-Verbrennungsverfahren arbeitet mit einem direkt befeuerten Drehrohr-

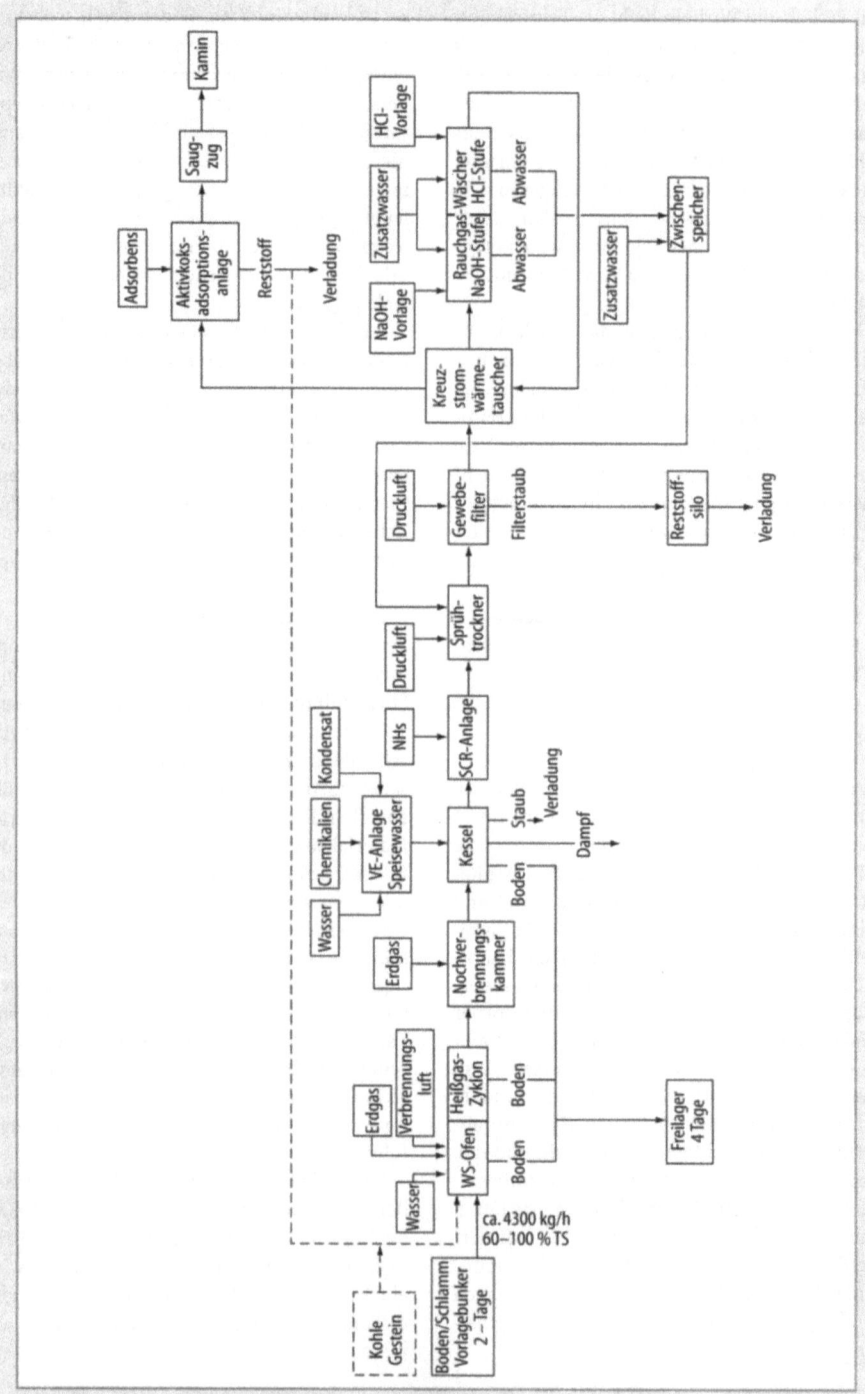

Bild J.5-5 Verfahrensschema der Thebora-Altlastensanierungsanlage

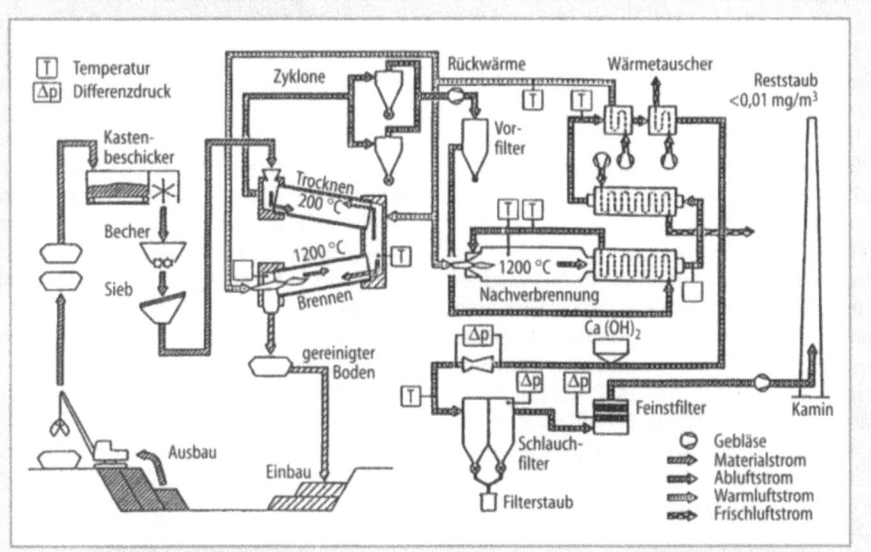

Bild J.5-6 Verfahrensschema der Züblin-Altlastensanierungsanlage

ofen bei Temperaturen – abhängig von der Altlast – von ca. 1000 – 1200 °C. Der kontaminierte Boden (ca. 5 t/h) wird mechanisch aufbereitet (maximale Partikelgrößen von 30 – 60 mm) und einer zweistufigen Drehrohrofenanlage zugeführt. Bild J.5-6 zeigt das Verfahrensschema der Anlage einschließlich Aufbereitung und Rauchgasreinigung [J.5.14]. In der ersten Drehtrommel wird der belastete Boden bei Temperaturen zwischen 200 – 400 °C durch Rauchgase getrocknet und in der zweiten bei Verweilzeiten von 30 – 60 min. und Temperaturen bis 1200 °C dekontaminiert. Der gereinigte Boden wird einem Bodenkühler mit Wärmerückgewinnung zugeleitet.

Die aus der Ofenanlage austretenden Rauchgase werden in einem Zyklon und einem nachgeschalteten Schlauchfilter vorentstaubt und danach einer Nachverbrennung zugeführt. Hier werden die noch im Rauchgas befindlichen organischen Spurenstoffe zerstört. Saure Schadgaskomponenten wie HCl, HF und SO_2 werden unter Verwendung eines Trockensorptionsverfahren abgeschieden, wobei Calciumhydroxid oder Calciumhydroxid/Aktivkoksgemische zum Einsatz kommen. Letztere sind vor allem bei simultaner Schwermetallabscheidung geeignet.

Die Abscheidung der festen Reaktionsprodukte und Feinstäuben erfolgt in einem Gewebe- und einem Kassetten-Feinstfilter. Nach Passieren des Kassettenfilters soll der Staubgehalt unter 0,01 m/mg/gm³ i. N. liegen. Das Rauchgas kann bei Bedarf wiederaufgeheizt und einer $DeNO_x$-Anlage zugeführt werden. Diese Verfahrenserweiterung ist allerdings im dargestellten Anlagenschema (Bild J.5-6) nicht enthalten.

J.5.2.3.2 Mitteltemperaturverfahren

Der kontaminierte Boden wird bei dieser Verfahrensvariante auf Temperaturen zwischen 300 und 600 °C erhitzt, so daß die gebundenen Schadstoffe freigesetzt und in den Gasstrom überführt werden. Die Gasphase wird anschließend in einer Nachbrennkammer bei Temperaturen über 1000 – 1200 °C oxidativ behandelt. Die organischen Bestandteile im Abgas werden dabei zerstört.

Bei Mitteltemperaturverfahren stellt die Nachbrennkammer die eigentliche Dekontamination dar, während bei Hochtemperaturverfahren die Schadstoffzerstörung schon weitgehend mit der Schadstofffreisetzung erfolgt. Dadurch bedingt ist die Reinigungsleistung und Schadstofffreisetzung der Mitteltemperaturverfahren insbesondere bei schwerflüchtigen Verbindungen geringer als bei Hochtemperaturverfahren. Vorteile des Verfahrens sind ein zumeist niedrigerer Energiebedarf sowie geringere apparative Ausgestaltung der Anlage. Außerdem kann der so bearbeitete Boden ohne große Nachbehandlung wiederverwendet werden.

Thermische Mitteltemperatur-Dekontaminationsverfahren werden u.a. von folgenden Firmen angeboten:
- Hochtief Umwelt, Essen,
- Ruhrkohle Umwelttechnik, Essen,
- Thyssen Still Otto, Bochum.

Hochtief-Dekontaminationsanlage
Mechanisch aufbereitete Altlasten (Partikelgrössen < 20 mm) werden nach diesem Verfahren zunächst in einem indirekt mit Dampf beheizten Trommeltrockner behandelt. Bei Temperaturen zwischen 100 und 120 °C werden dabei Wasser und leichtflüchtige organische Komponenten ausgetrieben. In einer zweiten Drehtrommel wird unter pyrolytischen Bedingungen (also unter Sauerstoffabschluß) bei 600 °C der Boden dekontaminiert und die Schadstoffe in die Gasphase überführt (s. Bild J.5-7) [J.5.15]. In einer an die Pyrolyse anschließenden Entgasungsstufe werden noch evtl. anhaftende Schadgase durch Stickstoffspülung vom Boden getrennt.

Der gereinigte Boden wird in einer Kühltrommel gekühlt, befeuchtet und zwischengelagert. Die in den verschiedenen Prozeßstufen anfallenden Gase werden einer zentralen Verbrennungsstufe zugeführt, in der bei 1200 °C entsprechend der 17. BImSchV die Zerstörung der organischen Komponenten erfolgt. Die im Rauchgas befindliche Energie wird als direktes Heizgas (für die Pyrolyse) und über eine Dampferzeugerstufe teilweise genutzt. Die weitere Reinigung der Rauchgase findet in Form folgender Behandlungsstufen statt:
- Sprühtrocknung mit nachgeschalteter Adorbenszuführung,
- Gewebefilter zur gemeinsamen Staub- und Reaktionsgemischabscheidung,
- Venturi-Absorber mit saurer Waschlösung,
- Gegenstromwäscher mit alkalischer Waschlösung.

Nicht verwertbare feste Rückstände, die als Sonderabfall zu deponieren sind, fallen im Sprühtrockner und im Gewebefilter an.

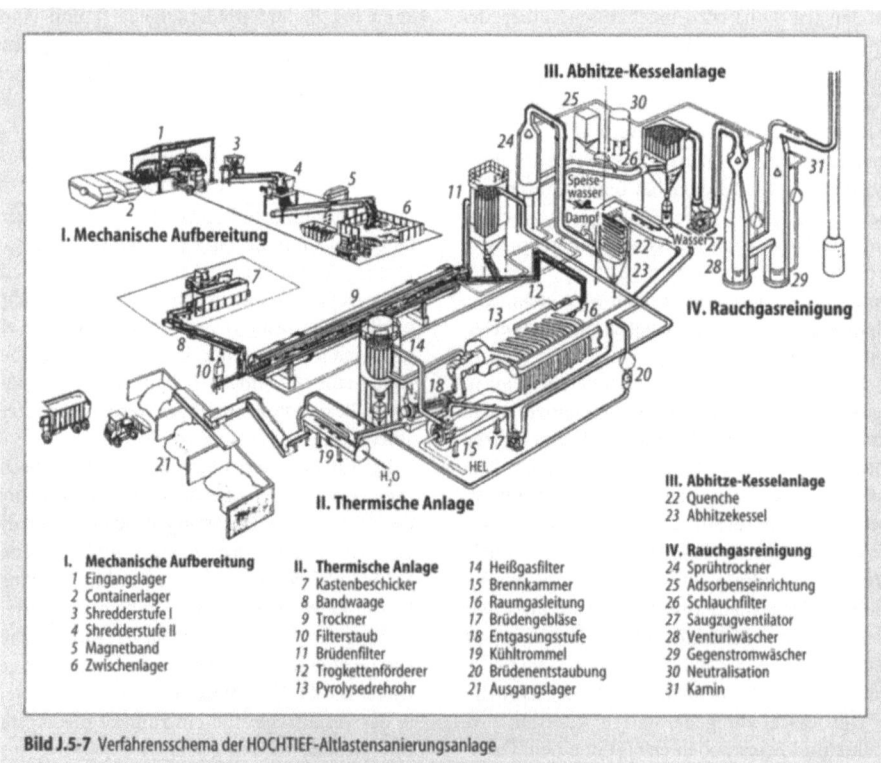

Bild J.5-7 Verfahrensschema der HOCHTIEF-Altlastensanierungsanlage

Ecotechniek-Verfahren
(Ruhrkohle Umwelttechnik)
Die mechanisch aufbereitete Altlast wird mit einer Partikelgröße < 80 mm einem Drehrohrofen zugeführt. Das Drehrohr enthält zwei Aufbereitungzonen und zwar eine indirekt über Rauchgase beheizte und eine mit Heizöl direkt beheizte Zone. Bei Temperaturen zwischen 350 und 600 °C werden die Böden bei Verweilzeiten von ca. 12–15 min. dekontaminiert. Der behandelte Boden wird anschließend mit 7–10 % Wasser vermischt, dadurch auch abgekühlt und dann zwischengelagert [J.5.16].

Bei der Abgasreinigung wird zwischen der Brüden- und der Rauchgasbehandlung unterschieden. Die Brüden – entstehender staubbeladener Wasserdampf bei der Bodenbefeuchtung – werden durch eine Beruhigungskammer geleitet und damit vorentstaubt. Der abgeschiedene Staub wird zumeist dem gereinigten Boden zugeführt. Eine weitergehende Staubabscheidung findet anschließend in einem Brüdenwäscher statt. Eine Minderung unerwünschte Brüdeninhaltsstoffe erfolgt abschließend in einem Herdofenkoksfilter.

Die aus dem Drehrohrofen kommenden Rauchgase werden vor Eintritt in eine Nachbrennkammer mit Hilfe eines Multizyklons vorentstaubt. Der Staub wird zur Nachbehandlung in die direktbeheizte Zone des Drehrohrs zurückgeführt. Das vorentstaubte Rauchgas wird durch rückgeführtes Rauchgas (in einem Wärmetauscher) aus der Nachbrennkammer erwärmt und danach in die Nachbrennkammer eingeleitet. Zusätzlich kann bei Bedarf das Rauchgas mit reinem Sauerstoff auf O_2-Gehalte von bis zu 25 % angereichert werden. Je nach Kontamination des Bodens werden Temperaturen in der Nachbrennkammer von 950–1200 °C eingestellt, wobei die Gasverweilzeiten über 2 s betragen. Nach Passieren des o.g. Wärmetauschers und eines Rekuperators (indirekte Vorwärmstufe des Drehrohrofens) wird das etwa 250 °C heiße Rauchgas einem Sprühabsorber und danach einem Elektrofilter zugeführt. Bis zu etwa 40 % des im Rauchgas enthaltenen Feststoffs wird im Sprühabsorber und der Rest im Elektrofilter abgeschieden.

Nach dem Elektrofilter ist ein zweistufiger Adsorber für die weitere Reinigung der Rauchgase zuständig. In der ersten Stufe (Herdofenkoks auf Braunkohlenbasis) werden im Gegenstromverfahren noch enthaltene saure Abgasbestandteile (HCl, HF und vor allem SO_2) sowie organische und anorganische Spurenstoffe gemindert. Die zweite Adsorberstufe (Aktivkohle auf Steinkohlenbasis) dient der Reduzierung der Stickoxide, wobei als Reduktionsmittel adsorptiv auf dem Aktivkoks gebundenes Ammoniak verwendet wird.

Rückstände aus dieser Verfahrenstechnik sind feste Sonderabfälle aus der Sprühabsorption, dem Elektrofilter und den Koksadsorbern, die deponiert oder thermisch aufbereiten werden.

Thyssen-Pyrolysetechnik
Kernstück dieses Verfahrens ist ein Pyrolyse-Drehrohrreaktor, der bei Temperaturen von ca. 550 °C in Abwesenheit von Sauerstoff mit organischen Schadstoffen belastete Böden dekontaminiert. Der Durchsatz der Anlage liegt bei etwa 5 t/h, wobei die Aufheizung des Bodens indirekt erfolgt. Der dekontamierte Boden soll nach Angaben des Herstellers frei von organischen Schadstoffen und damit direkt ablagerfähig sein.

Die entstehende Gasphase kann optional (abhängig insbesondere von der Altlast) einer Hochtemperaturverbrennung oder einer Kondensationsstufe zur Produktausschleusung (Pyrolyseöle) zugeführt werden. Die Aufbereitung der Abgase erfolgt anschließend in der Form, wie sie bereits im Thebora-Verfahren aufgezeigt wurde. Der Unterschied zur Hochtemperaturverbrennungstechnik soll eine kleinere zu behandelnde Abgasmenge sein.

J.5.2.3.3 Thermische Sonderverfahren

Die als thermische Sonderverfahren eingestuften Sanierungstechniken unterscheiden sich von den bislang dargestellten Verfahren zumeist nur durch spezielle auf einen Schadstoff hin optimierte Inertisierungsmethoden. Insbesondere die Zerstörung hochtoxischer Verbindungen wie polychlorierte Dioxine und Furane stand dabei im Vordergrund der Verfahrensentwicklungen, die schon zwischen 1980 und 1986 vor allem in den USA und den Niederlanden eingehender betrachtet und weiterentwickelt wurden [J.5.11, J.5.17].

Zwei interessante Techniken sollen an dieser Stelle kurz vorgestellt werden: Ein von der Fa. IT Corporation und ein von der Fa. Shirco Infrared Systems entwickeltes Verfahren.

Das IT-Corporations-Verfahren besteht aus folgenden Hauptschritten [J.5.17]:
– Desorption der Schadstoffe durch indirekte Beheizung in einem Drehrohrofen,

- Kondensation der in die Gasphase überführten Schadstoffe,
- photochemische Zersetzung der Schadstoffe durch Ultraviolettstrahlung.

Von Besonderheit gegenüber konventionellen Pyrolyseverfahren ist die Zerstörung chlororganischer Verbindungen durch photochemische Prozeßstufen. Die übrigen Verfahrensstufen wie Aufbereitung und Abgasreinigung sind weitgehend vergleichbar mit denen der Hochtemperatur- oder Mitteltemperaturverfahren.

Das Shirco-Infrared-System beinhaltet einen Infrarot-Ofen, der Verdampfung und Verbrennung der Schadstoffe bei Temperaturen bis zu 1000 °C ermöglicht [J.5.11]. Der kontaminierte Boden muß vor dem Eintritt in den Ofen mit einer Ölfraktion beaufschlagt werden, um die notwendige Prozeßenergie zu liefern. Dem Infrarot-Ofen wird eine konventionelle Nachbrennkammer zur Anhebung der Abgastemperatur auf bis zu 1250 °C nachgeschaltet. Zur Einhaltung der 17. BImSchV müssen die bereits mehrfach vorgestellten Techniken zur Rauchgasreinigung und Reststoffaufbereitung eingesetzt werden.

J.5.2.4 Nachbehandlung des gereinigten Bodens

Die Nachbehandlung thermisch gereinigter Böden wird beeinflußt durch die Verfahrenstechnik der Dekontamination (maßgebend ist die auf den Boden einwirkende Temperatur) und durch die geplante Nutzungsart des Bodens. Anders als bei extraktiven oder chemischen Dekontaminationsverfahren müssen bei thermischen Behandlungsmethoden keine zusätzlichen prozeßbezogenen Reagenzien aus dem gereinigten Boden entfernt werden. Vielmehr wird bei thermisch gereinigten Böden – vor allem bei Einsatz von Hochtemperaturverfahren – der hohe erzielte Inertisierungsgrad durch Zugabe von Nährstoffen und wasserhaltenden Substanzen dahingehend verändert, daß die Bodenmikroflora und die Bodenfauna in möglichst kurzer Zeit rekolonisiert werden kann. Bei niedertemperaturbehandelten Böden kann man davon ausgehen, daß zumindest Teile der organischen Bodenfraktion erhalten bleiben, und deutlich kürzere Rekolonisierungszeiten zu erwarten sind.

Untersuchungen in den Niederlanden haben gezeigt, daß thermisch behandelte Böden nach einem Zeitraum von etwa 1 Jahr ein volles Wachstum der Mikroflora aufweisen [J.5.18]. Der Vorgang kann beschleunigt werden, wenn dem inertisierten Boden vor einer Verfüllung naturbelassener Boden zugemischt wird. Diese Maßnahmen sind jedoch nur dann erforderlich, wenn eine direkte Bepflanzung der dekontaminierten Böden angestrebt wird. Erfolgt dagegen z. B. ein Einsatz im Baugewerbe als Zuschlagstoff in Baustoffen oder als Füllmaterial im Tiefbau, so werden zumeist keine weiteren Nachbehandlungen notwendig. Vielmehr zeigt sich bei hochtemperaturbehandelten Böden eine positive Eigenschaft und zwar die auslaugsichere Gestaltung der Partikel im Hinblick auf die Freisetzung noch verbliebener Schwermetallgehalte.

J.5.2.5 Kosten der Verfahren

Die Kosten der thermischen Altlastensanierung sind allgemein schwer abschätzbar und können zumeist nur für den speziellen Einsatzfall, und auch hier nicht immer untereinander vergleichbar angegeben werden. Wesentlich für die Höhe der Kosten sind folgende Parameter:
- Menge, Lage und Homogenität der Altlast,
- Art der Kontamination (z.B. Notwendigkeit einer Abgas-Nachverbrennung),
- geforderter, erreichbarer Abreicherungsgrad,
- Heizwert, Wasser- und Inertanteil der Altlast
- Art und Umfang der Staub- und Schadgasabscheidung,
- Durchsatzleistung und Rückstandsgestaltung.

Da In-Situ-, On-Site- und Off-Site-Verfahren zur thermischen Altlastenbehandlung nicht unbedingt und in allen Fällen konkurrierend anzusehen sind, müssen auch nachfolgende Kostenangaben als grober Rahmenwert angesehen werden [J.5.10, J.5.19]:

in situ	on site	off site
200-500 DM/t	200-800 DM/t	300-1000 DM/t

Bei den dargestellten Kosten ist zu berücksichtigen, daß der Dekontaminationsgrad bei In-Situ-Verfahren am geringsten ist und solche Techniken vor allem bei relativ einfach handhabbaren Kontaminationen Anwendung finden. Die höchste Durchsatzleistung und damit die schnellstmögliche Aufbereitung von Altlasten liefert prinzipiell die Off-Site-Variante, wobei jedoch oft ein erheblicher zusätzlicher Zeitfaktor im Vergleich zu On-Site-Verfahren durch die aufwendigeren Genehmigungsverfahren hinzukommt.

J.5.2.6 Anwendungsbereiche und Reinigungsleistung

Thermische Bodensanierungsverfahren können über einen weiten Anwendungsbereich eingesetzt werden, wobei der wesentliche Einsatz bei mit organischen Schadstoffen und leichtflüchtigen Schwermetallen verunreinigten Böden zu sehen ist. Die Eignung dieser Verfahren kann an folgenden Beispielen gezeigt werden:
- belastete Standorte mit petrochemischen oder lösemittelhaltigen Substanzen (z. B. Toluol, Benzol, Tri- und Perchlorethylen),
- Kokerei- und Gaswerksgelände (hochsiedende Steinkohlenteerderivate, Quecksilber, Arsen, Blei, Cadmium, Cyanide),
- Gelände der metallbearbeitenden und -verarbeitenden Industrie (z. B. mit Schwermetallen und organischen Schadstoffen angereicherte Galvanik-, Fett- und Lackschlämme),
- Rüstungsaltlasten und Gelände von Sprengstoffwerken,
- Lager- und Umschlagplätze (z. B. Heiz- und Altöle, Chemikalien),
- Erdreich mit polychlorierten organischen Verunreinigungen (z. B. Pestizide, polychlorierte Biphenyle oder Pentachlorphenole).

Bei Hochtemperaturverfahren kann man außerdem schwerflüchtige anorganische Spurenelemente eluierfest einbinden, wenn der Boden über den Schmelzpunkt seiner Bestandteile hinaus

Tabelle J.5-4 Thermische Reinigung kontaminierter Böden am Beispiel eines Kokereigeländes (Gehalte vor und nach der Reinigung, Reinigungsleistung)

Verunreinigung	Gehalt im Boden (mg/kg)		Reinigungsleistung (%)
	ungereinigt	gereinigt	
Phenol	200,0	< 0,80	> 99,60
Aliphatische kW	3546,0	< 11,00	> 99,70
BTX-Aromate			
– Benzol	120,0	< 0,10	> 99,90
– Toluol	140,0	< 0,10	> 99,90
– Xylol	250,0	< 0,10	> 99,90
PAKs			
– Dicyclopendatien	13,0	< 0,10	> 99,20
– Naphtalin	960,0	< 0,02	> 99,99
– Summe PAK (TVO)	3150,0	< 0,10	> 99,99
Quecksilber	15,3	< 0,10	> 99,40
Cyanic	564,0	< 0,50	> 99,90

Tabelle J.5-5 Thermische Reinigung kontaminierter Böden am Beispiel eines Kokereigeländes (Abluftwerte)

Schadstoff	Schadstoffgehalte in der Abluft (mg/Nm^3)[a]	Grenzwerte (mg/Nm^3)	
		TA Luft	17. BImSchV
Staub	< 3,000	30,0	10,00
Chloride, HCl	< 0,710	50,0	10,00
Fluoride, HF	< 0,020	2,0	1,00
SO2	< 39,200	100,0	50,00
NOx	< 193,000	500,0	200,00
CO	< 3,000	100,0	50,00
Org. Kohlenstoffverbindungen	< 2,000	20,0	10,00
Arsen	0,001	1,0	0,50
Blei	0,004	1,0	0,50
Cadmium	< 0,001	0,2	0,05
Quecksilber	< 0,001	0,2	0,05
Cyanid	< 0,010	1,0	–

[a] bezogen auf 273 K, 1013 h Pa und 11 % O_2

erwärmt und dadurch verglast wird. Der Einsatz als Kulturboden und die Rekolonisierung der Bodenflora und -fauna wird aber durch diese Behandlung deutlich erschwert.

Die Reinigungsleistung thermische Bodensanierungsverfahren soll abschließend am Beispiel des Züblin-Hochtemperaturverfahrens (Dekontamination eines Kokereigeländes) aufgezeigt werden [J.5.14]. In Tabelle J.5-4 sind die Gehalte verschiedener Bodenschadstoffe vor und nach der thermischen Behandlung sowie die Reinigungsleistung des Verfahrens aufgeführt. Neben der hohen Reinigungsleistung, die bei allen dargestellten Schadstoffen über 99 % beträgt, muß außerdem positiv aus der Sicht des Umweltschutzes die Verwendung hocheffektiver Rauchgasreinigungskomponenten erwähnt werden, die geringe Schadstoffgehalte in den Abgasen thermischer Sanierungsverfahren gewährleisten. Tabelle J.5-5 zeigt zum o.g. Sanierungsbeispiel die gemessenen Abgaswerte im Vergleich zu den strengen vom Gesetzgeber vorgegebenen aktuellen Grenzwerten.

J.5.3 Biologische Verfahren

J.5.3.1 Grundprinzip

Biologische Verfahren nutzen die Fähigkeiten von Mikroorganismen, organische Substanzen als Nährstoffe (Substrate) verwerten und sie in unschädliche Naturstoffe wie CO_2, Wasser und Biomasse umwandeln zu können. Die Mikroorganismen nutzen dabei die zu entfernenden Substanzen als Energiequelle und zum Aufbau ihrer Zellen, wobei sowohl aerobe als auch anaerobe biochemische Prozesse möglich sind. Unter Mikroorganismen versteht man meist einzellige Organismen, die in Eukaryonten (Algen, Pilze, Protozoen) und Prokaryonten (Bakterien) unterschieden werden. Für den Abbau von Schadstoffen im Boden sind vorrangig Bakterien und Pilze von Bedeutung.

Der Angriff von Mikroorganismen auf organische Stoffe im Boden führt entweder zum vollständigen Abbau (Mineralisierung) oder zu einem Teilabbau, bei dem Stoffwechselprodukte (Metabolite) entstehen, die entweder von anderen Mitgliedern der Biozönose verwertet werden können oder aber im Boden verbleiben. Weiterhin können Ausgangssubstanz und Stoffwechselprodukte dem Kohlenstoffdepot des Bodens zugeführt werden, was man mit Humifizierung bezeichnet. Dabei spielt eine entscheidende Rolle, daß der Schadstoff oder das entstehende Stoffwechselprodukt in die Bodenmatrix inkorporiert werden kann, wodurch die Verfügbarkeit der Schadstoffe oder des Metaboliten für die biochemische Reaktion rapide sinkt. Dieses Phänomen benutzt man derzeit in umfangreichen Entwicklungen, insbesondere für die Behandlung von PAK- und TNT- kontaminierten Böden, um gezielt durch einen mikrobiologischen Angriff die Schadstoffe so zu verändern, daß sie in Naturstoffe, wie z.B. Huminstoffe umgewandelt werden, von denen keine weitere Gefährdung ausgeht.

J.5.3.2 Voruntersuchungen

Die Entscheidung für ein biologisches Dekontaminationsverfahren ist von der Erfüllung folgender Voraussetzungen abhängig:
- die Schadstoffe im Boden sind mikrobiell abbaubar,
- die Schadstoffe sind im Boden bioverfügbar,
- es lassen sich im Boden die für den biologischen Abbau erforderlichen biologischen und physikalisch-chemischen (Milieu-)Bedingungen einstellen.

J.5.3.2.1 Abbaubarkeit der Schadstoffe

Tabelle J.5-6 enthält die Auflistung der Substanzgruppen, die als altlastenrelevant gelten, sowie die Beurteilung ihrer mikrobiellen Abbaubarkeit. Dabei ist ein Konzentrationsbereich, innerhalb dessen ein mikrobieller Abbau möglich ist, nicht allgemein zu definieren, sondern je nach Substanzklasse unterschiedlich. Ebenso läßt sich ein Wert für eine erreichbare Restkonzentration nicht allgemein festlegen, da diese von Art und Ausgangskonzentration der Schadstoffe und der einstellbaren Milieubedingungen abhängt.

Bisher wurden am häufigsten mit Mineralöl verunreinigte Böden biologisch gereinigt. Die Abbaubarkeit aliphatischer Kohlenwasserstoffe wie Benzin, Diesel und andere Mineralölderivate sind als gut zu bezeichnen.

Die Persistenz nimmt mit der Kettenlänge und dem Verzweigungsgrad zu, so daß für Verbindungen mit mehr als 25 Kohlenstoffatomen der Abbau sich verlangsamt, wenn nicht ganz zum Erliegen kommt.

Schwieriger ist die Reinigung von Böden aus dem Kohlenwertstoffbereich (Gaswerke, Kokereien), wo vor allem Kontaminationen von BTX-Aromaten (Benzol, Toluol, Xylole) und polyzy-

Tabelle J.5-6 Mikrobielle Abbaubarkeit altlastenrelevanter Stoffe

Substanzklasse	Prinzipiell gut abbaubar	Prinzipiell schwer abbaubar
Aliphatische Kohlenwasserstoffe (KW), Mineralöl-KW und deren Derivate	+	
Monozyklische aromatische (z.B. BTX-Aromaten) und heterozyklische (z.B. Pyridin, Chinolin) KW	+	
Polyzyklische aromatische KW (PAK)	+[a]	+[b]
Leichtflüchtige halogenierte, insbesondere chlorierte Kohlenwasserstoffe (LHKW)	+	
Polychlorierte Biphenyle (PCB)		+[c]
Polychlorierte Dibenzodioxine und Dibenzofurane (PCDD bzw. PCDF)		+[c]
Pestizide und deren Derivate		+[c]
Schwermetalle	nicht abbaubar	

[a] bis 4-Ring-PAK [b] 5- und 6-Ring-PAK
[c] Einige niedrigchlorierte Congenere sind prinzipiell abbaubar/dehalogenierbar. Für hochchlorierte ist ein Abbau derzeit nicht nachweisbar.

klischen-aromatischen Kohlenwasserstoffen (PAK) vorliegen.

Während 4-Ring-PAK mittlerweile als gut abbaubar bezeichnet werden können, gelingt der Abbau von PAK mit 5 und mehr aromatischen Ringen nicht immer. Wenn hier ein Abbau gefunden wird, so ist dies begründet in dem sog. Cometabolismus, was bedeutet, daß die Mikroorganismen diese Aromaten nicht als alleinige Kohlenstoff- und Energiequelle benutzen, sondern sie nur in Gegenwart anderer Kohlenwasserstoffe (Cosubstrate) mitverwerten können.

In vielen Fällen erfolgreich ist die biologische Behandlung von Böden, die mit leichtflüchtigen, halogenierten Kohlenwasserstoffen (LCKW) kontaminiert waren.

Demgegenüber ist der Abbau polychlorierter Biphenyle (PCB) und polychlorierter Dibenzodioxine und Dibenzofurane (PCDD/PCDF) prinzipiell als sehr schwierig anzusehen. Bis heute ist ein wissenschaftlicher Nachweis der vollständigen Dehalogenierung polychlorierte Dioxine nicht gelungen.

Schwermetalle sind prinzipiell mikrobiell nicht abbaubar. Unter gewissen Bedingungen können sie durch Biosorption an Biomasse adsorbiert oder von Pflanzen aus dem Boden aufgenommen werden.

Durch Laborversuche läßt sich die prinzipielle mikrobielle Abbaubarkeit von Schadstoffen feststellen. Dabei ist zu beachten, daß die Beurteilung der Abbaubarkeit der Schadstoffe im Boden des kontaminierten Geländes Untersuchungen am originären Boden in Suspension oder mit naturfeuchtem Probenmaterial erfordern.

J.5.3.2.2 Bioverfügbarkeit der Schadstoffe im Boden

In vielen Fällen ist nicht die eigentliche mikrobiologische Abbaubarkeit, sondern sind physikalisch-chemische Parameter wie Adsorption, Desorption, Diffusion sowie das Lösungsverhalten der im Boden oft in fester Phase vorliegenden Schadstoffe entscheidend für ihren Abbau bzw. ihre Abbaurate. Die Verfügbarkeit der Schadstoffe im Boden für die Mikroorganismen, die Bioverfügbarkeit, wird entscheidend beeinflußt von der Art der Bodenmatrix, d.h. ihrer stofflichen Zusammensetzung und Kornverteilung, aber auch von der Vorgeschichte der Kontamination. Hier stehen geeignete Methoden zur Beurteilung der Bioverfügbarkeit zur Verfügung.

Ein Ablaufschema für praxisnahe Voruntersuchungen zum Schadstoffabbau ist in Bild J.5-8 dargestellt. Geht man nach diesem Schema vor, so erhält man mit relativ geringem Aufwand zunächst die wichtige Entscheidung, ob eine mikrobiologische Sanierung möglich ist oder nicht. Ist die Bioverfügbarkeit der Schadstoffe im Boden nicht gegeben oder ist eine für Mikroorganismen toxische Kontamination nicht eliminierbar, so folgt daraus, daß dieser Boden nicht mikrobiologisch zu behandeln ist.

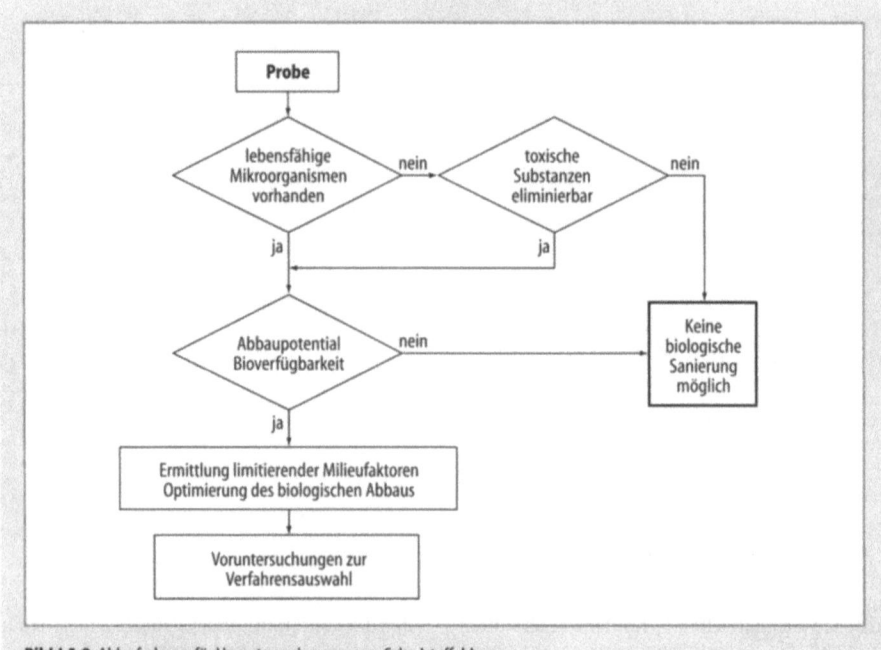

Bild J.5-8 Ablaufschema für Voruntersuchungen zum Schadstoffabbau

J.5.3.2.3 Einstellbarkeit der für den biologischen Abbau im Boden erforderlichen Bedingungen

Die physikalisch-chemischen und natürlich auch die geologischen Eigenschaften des Bodens entscheiden darüber, mit welcher Verfahrenstechnik der Boden mikrobiologisch dekontaminiert werden kann.

In Bild J.5-9 ist ein Ablaufschema für Untersuchungen zur Verfahrensauswahl dargestellt. Die Entscheidung für ein In-Situ- oder ein Ex-Situ-Verfahren ist u. a. abhängig von den hydrogeologischen Gegebenheiten des Untergrunds, dem Durchlässigkeitsbeiwert k_f, der Homogenität des Bodens sowie dessen Schluff- bzw. Feinkornanteil. Als Orientierungsgröße gilt der k_f-Wert. Die Praxis zeigt, daß bei k_f-Werten < 10^{-5} m/s eine In-Situ-Behandlung nicht infrage kommt.

J.5.3.3 Verfahrensprinzipien der biologischen Bodenbehandlung

Welche Verfahrensmöglichkeiten prinzipiell bestehen, zeigt Bild J.5-10. Nach Durchführung der erforderlichen Voruntersuchungen mit möglichst weitgehender Bilanzierung der mikrobiologischen Abbauvorgänge erfolgt die Entscheidung für die Anwendung eines Ex-Situ- oder In-Situ-Verfahrens.

J.5.3.3.1 Ex-Situ-Verfahren

Diese Verfahren erfordern das Auskoffern des belasteten Bodens und dessen Behandlung entweder in Mieten oder in Reaktoren, was auf dem Gelände selbst (on site) oder nach einem zusätzlichen Transport in einer Bodenreinigungsanlage (off site) erfolgen kann.

Mietenverfahren

Die Mietenverfahren werden unterschieden in statische und dynamische Verfahren. Bei den statischen Mietenverfahren werden zur Realisierung der erforderlichen Milieubedingungen Versorgungsleitungen zur Bewässerung und Belüftung installiert. Ein Beispiel für den Aufbau einer statischen Miete ist in Bild J.5-11 gegeben.

Bei den dynamischen Mietenverfahren wird der aufgeschüttete Boden mit speziellen Wendeeinrichtungen in bestimmten Zeitspannen aufgenommen, homogenisiert und erneut aufgeschüttet. Bei diesem Wendevorgang werden, falls erforderlich, Wasser und Nährstoffe erneut zugesetzt.

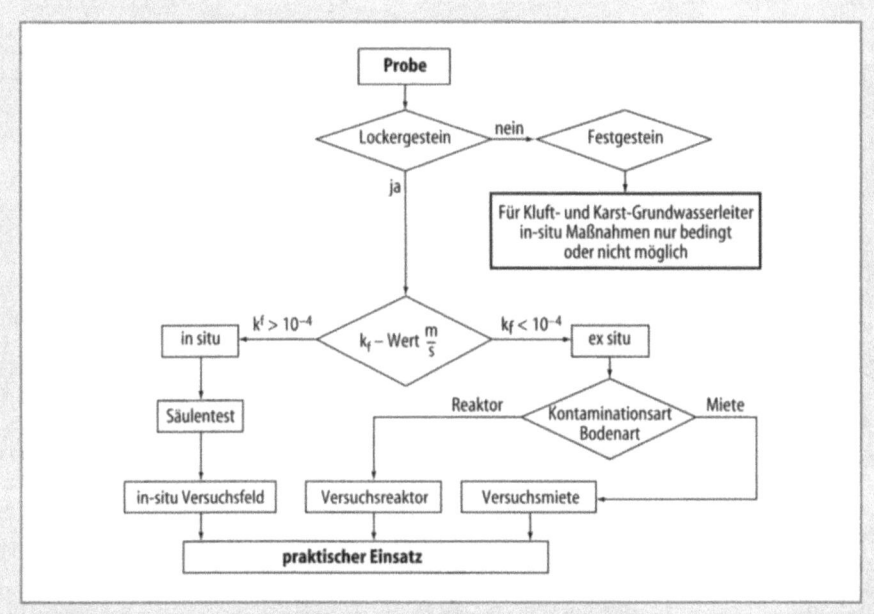

Bild J.5-9 Ablaufschema für Voruntersuchungen zur Verfahrensauswahl

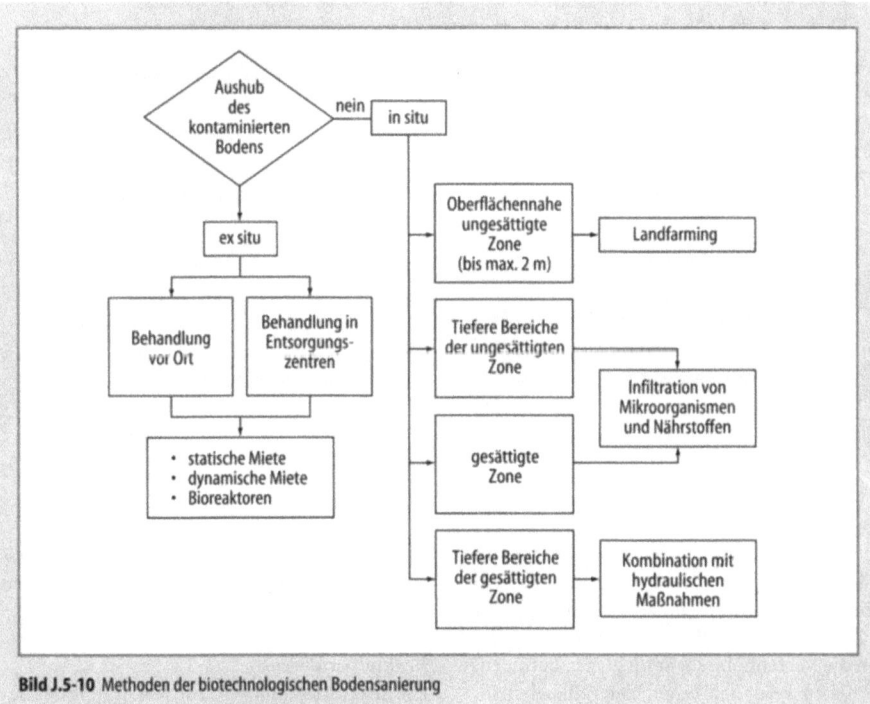

Bild J.5-10 Methoden der biotechnologischen Bodensanierung

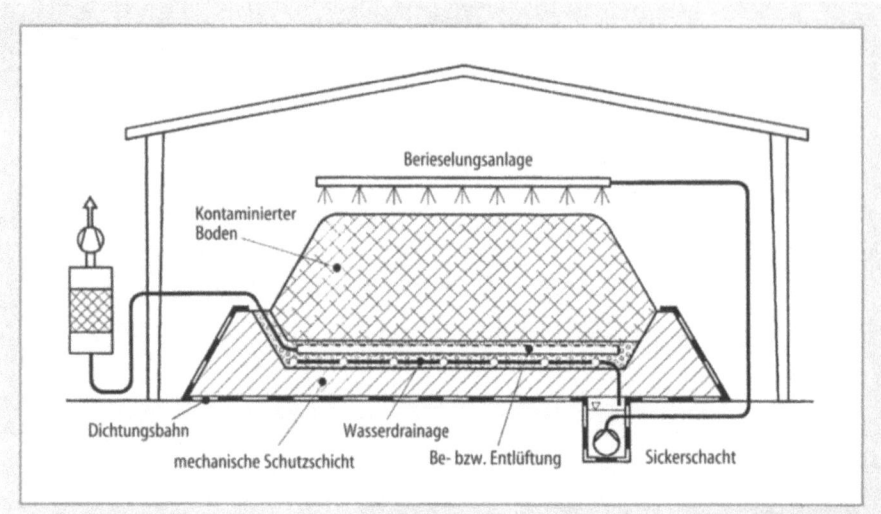

Bild J.5-11 Vereinfachtes Schema für Aufbau einer statischen Miete

Bild J.5-12 Ansicht einer Anlage nach dem Trockenreaktorverfahren

Je nach Bodenart und Behandlungsweise kann die Schichthöhe der Mieten zwischen 1 und 3 m variieren. In bestimmten Fällen, in denen man ein Zusatzmittel zur Bodenstruktur hinzugibt, kann die Mietenhöhe sogar bis zu 5 m betragen. Die Mieten werden in Zelten bzw. Hallen betrieben. Durch die Einhausung werden die Milieubedingungen wie Feuchtigkeit, Temperatur usw. besser steuerbar und die Emission durch Prozeßwasser, flüchtige Stoffe und Staub vermieden bzw. gefaßt und falls erforderlich behandelt.

Reaktorverfahren
Die Reaktortechnik wird zur Verkürzung der Behandlungszeit, zur Behandlung von Böden mit hohem Feinstkornanteil und hohen Schadstoff-

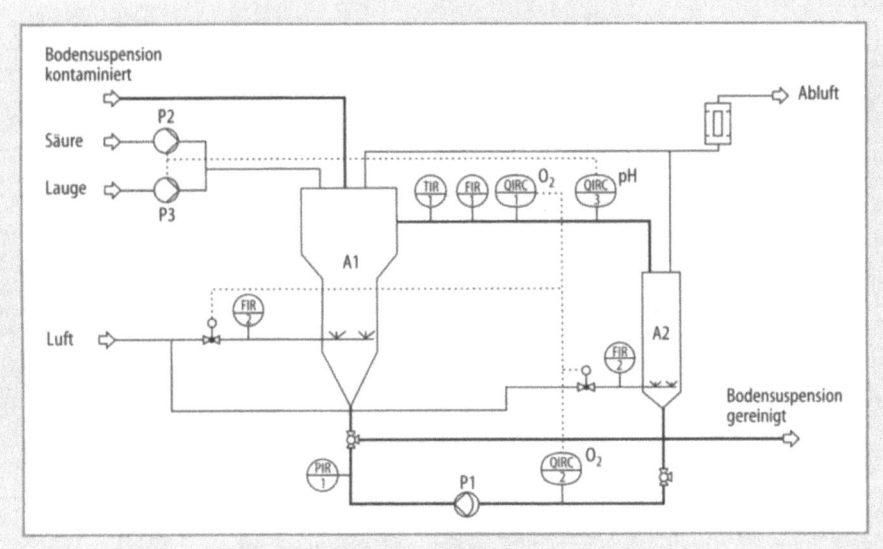

Bild J.5-13 Fließbild des DMT-BIODYN-Verfahrens (Suspensionsreaktorverfahren)

konzentrationen sowie für eine bessere Prozeßführung auch im Hinblick auf die Abluft- und Abwasserbehandlung eingesetzt.

Eine Einteilung der Verfahren läßt sich nach dem Wassergehalt des behandelten Bodens sowie nach der Konstruktionsart des Reaktors vornehmen. Nach dem Wassergehalt des Bodens kann zwischen Trocken- und Suspensionsverfahren unterschieden werden. Bei der Anwendung von Trockenverfahren (Bild J.5-12) wird der Boden bei einer Feuchte behandelt, die etwa 50 – 70 % seiner maximalen Wasserkapazität entsprechen. Die Behandlung erfolgt in Drehtrommelreaktoren oder in statischen Reaktoren, die in einem Gehäuse eine Mischeinrichtung besitzen. Das Prinzip dieser Verfahren entspricht weitgehend dem Prinzip des dynamischen Mietenverfahrens. In beiden Fällen wird der biologische Schadstoffabbau in dem Boden mit „natürlicher Feuchte" durch Bewegung und Belüftung des Bodens unterstützt. Auch die Behandlung von Boden-Kompost-Gemischen ist dem Trockenverfahren zuzuordnen. Diese Trockenverfahren haben den Vorteil, daß der behandelte Boden nicht entwässert werden muß.

Sehr feinkörnige, bindige Böden oder Schlämme, z.B. aus einem Vorbehandlungsschritt wie der Bodenwäsche, sind mit einer solchen Technik nicht zu reinigen. Deshalb werden für die Behandlung feinkörniger und bindiger Böden Suspensionsverfahren (Bild J.5-13) eingesetzt. Der Gewichtsanteil des Bodens in der Suspension beträgt zwischen 30 und 50 Gew.%. Verwendet werden hierfür Rührkessel-, Airlift- und Wirbelschichtreaktoren. Da in Suspensionsreaktoren eine ideale Vermischung und eine Vereinzelung des Bodenkorns erzielt wird, wodurch die Oberfläche, an der die Mikroorganismen angreifen können, maximiert wird, lassen sich mit ihnen besonders hohe Umsatzraten erzielen.

J.5.3.3.2 In-Situ-Verfahren

Der In-Situ-Behandlung liegt die Vorstellung zugrunde, den Boden nicht auskoffern zu müssen und die gesättigte bzw. ungesättigte Bodenzone eines kontaminierten Geländes als integralen Reaktor für den mikrobiologischen Abbau der Schadstoffe einzusetzen. Die Durchlässigkeit des Bodens sowohl in der grundwassergesättigten als auch in der ungesättigten Zone ist eines der wesentlichsten Kriterien für die Auswahl des biologischen In-Situ-Verfahrens. Im Kluftgestein ist die Wasserwegsamkeit maßgebend. Je nach kontaminierter Zone kommen unterschiedliche Varianten in Frage. Für die oberflächennahe ungesättigte Zone ist die Methode des Landfarmings möglich, um die Zugabe von Nährstoffen bzw. Einstellungen der Millieubedingungen realisieren zu können. In tieferen Bereichen der ungesättig-

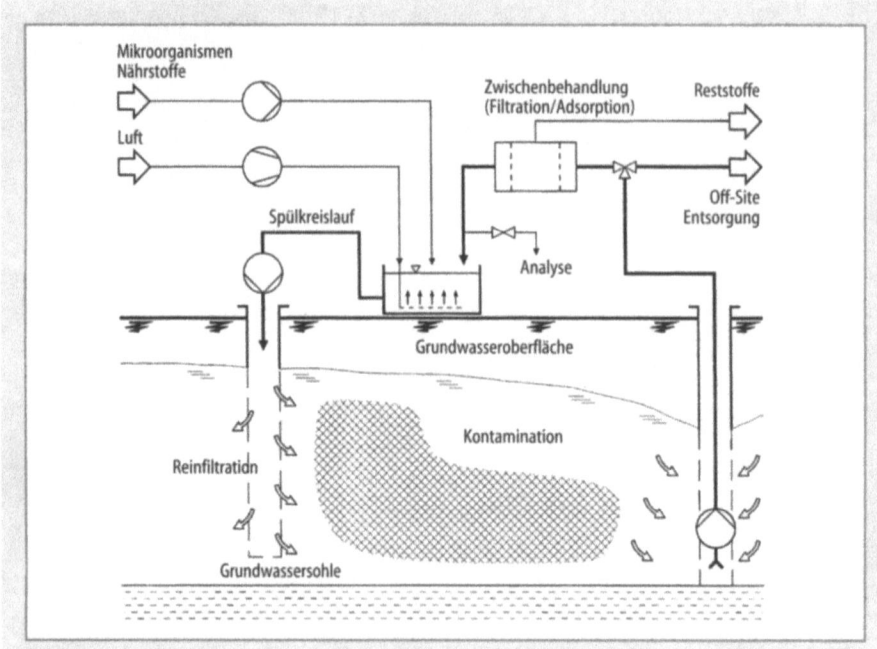

Bild J.5-14 Schema einer In-Situ-Sanierung in gesättigter Zone

ten Zone sowie in Bereichen der gesättigten Zone kommt die Infiltration von Mikroorganismen und Nährstoffen durch einen Spülkreislauf sowie die Kombination mit hydraulischen Maßnahmen zur Anwendung. Ein Beispiel für das Prinzip einer In-Situ-Behandlung mit Zwischenbehandlung und Infiltration des Grundwassers, alternativ Off-Site Entsorgung des kontaminierten Grundwassers, ist in Bild J.5-14 gegeben.

Für die Planung einer In-Situ-Maßnahme sind unter Verwendung der Daten der Sanierungsuntersuchungen zusätzliche mikrobiologische, geologisch-hydrogeologische und verfahrenstechnische Voruntersuchungen erforderlich (s. Abschn. J.5.3.2).

Entscheidend für den raschen aeroben Abbau der Schadstoffe ist die Verfügbarkeit von molekularem Sauerstoff, der im Wasser gelöst herangeführt werden muß. Hier kann die Zugabe eines Sauerstofflieferanten/Elektronenakzeptors (z. B. Wasserstoffperoxyd oder technischer Sauerstoff) Vorteile bringen.

Für die Sanierung unter anoxischen oder anaeroben Bedingungen (z. B. in der ungesättigten Zone) ist anstelle des Sauerstoffs die Zugabe eines anderen Elektronenakzeptors (z. B. Nitrat) für den mikrobiologischen Stoffwechsel erforderlich.

Bei den mit dem Wasser transportierten Elektronenakzeptoren ist ein an die Rahmenbedingungen (Hydrologie, Schadstoffe) angepaßter Einsatz notwendig.

Wegen der Komplexität der meisten Schadensfälle ist i. d. R. die Kombination verschiedener Elektronenakzeptoren erforderlich, um einen möglichst vollständigen Abbau der Schadstoffe zu erreichen.

J.5.3.4 Sanierungsüberwachung

Bei jeder Verfahrensvariante ist eine regelmäßige Überwachung des Abbauprozesses erforderlich, um den mikrobiellen Reaktionsfortschritt zu verfolgen und bei instabilem Verlauf sofort eingreifen zu können. Für die Qualitätskontrolle bei Ex-Situ-Dekontaminationen müssen die Bodenproben so entnommen werden, daß ihre Analyse repräsentativ ist und vergleichbare Ergebnisse ermöglicht.

Bei In-Situ-Maßnahmen muß im Zu- und Abstrom des Grundwassers eine Anordnung von Meßstellen vorhanden sein, um durch regelmässige Probennahmen und Analysen eine Emission von Schadstoffen über den Wasserpfad zu erkennen und entsprechend eingreifen zu können.

J.5.3.5 Verwertung des Bodens

Ein wichtiger Aspekt, nicht nur für die biologische Bodensanierung ist die Verwertung des gereinigten Bodens. Es ist sowohl eine bautechnische als auch eine vegetationstechnische Nutzung möglich. Die bautechnische Verwertung beinhaltet die Verfüllung z. B. in Lärmschutzwällen oder Straßenrandbefestigungen bzw. Gräben oder für deponietechnische Maßnahmen. Die vegetationstechnische Verwendung ist sehr weit zu sehen, von Dachbegrünungen und Parkbepflanzungen bis hin zu einer landwirtschaftlichen Nutzung. Die Verwendung des behandelten Bodens für eine landwirtschaftliche Nutzung erfordert die vorherige Erprobung auf großen Flächen mit Gräsern als Testsaat. Hier gibt es schon mehrere positive Beispiele, die belegen, daß der Anbau von Getreide als auch von Kartoffeln auf biologisch gereinigtem Boden nach einer solchen Erprobung zugelassen werden kann.

Entscheidend bei der Wiederverwendung der Böden ist eine toxikologisch-ökotoxikologische Bewertung, wofür Biotests eingesetzt werden, mit deren Hilfe die Wirkung gemessen wird, die von kontaminierten und behandelten Böden ausgeht. Biologische Tests haben sich als besonders vorteilhaft erwiesen, wenn Chemikalien oder Umweltproben komplexer Zusammensetzungen auf ihr Gefährdungspotential zu prüfen sind. Sie integrieren die Effekte aller wirksamen Stoffe, auch derjenigen, die bei der chemischen Analyse nicht berücksichtigt bzw. erfaßt werden.

Die zur Verfügung stehenden biologischen Testmethoden ermöglichen eine ökotoxikologische Bewertung für drei unterschiedliche Anwendungszwecke:
- Ergänzung der chemisch-stofflichen Charakterisierung von Böden durch eine summarische Wirkungserfassung im Rahmen der Erstbewertung eines Altstandorts,
- eine orientierende Verlaufskontrolle der mikrobiologischen Bodensanierung, wofür besonders sensitive Tests mit hinreichend kurzer Ansprechzeit erforderlich sind,
- eine Überprüfung des toxischen-ökotoxischen Potentials von Böden nach Abschluß einer Bodenreinigung.

Dabei sollen die Methoden eine Beurteilung ermöglichen, ob unter Berücksichtigung des Nutzungsbezugs noch eine Beeinträchtigung der Schutzgüter über die verschiedenen Transferpfade möglich ist.

J.5.3.6 Perspektiven

Die Erfahrungen in den ersten Jahren der biologischen Bodenreinigung waren sowohl von Erfolgen als auch von Mißerfolgen, u. a. von unseriösen Anbietern gekennzeichnet, so daß zunächst nur eine beschränkte Akzeptanz der biologischen Bodensanierung festzustellen war. Mittlerweile sind jedoch durch intensives und interdisziplinäres Arbeiten beachtliche Erfolge zu verzeichnen, so daß eine breite Akzeptanz für biologische Bodensanierungsmaßnahmen festzustellen ist.

Diese Akzeptanz ist u.a. daran zu erkennen, daß in den 1995 verfügbaren 70 stationären Anlagen zur Bodenreinigung mit einer Behand-

Tabelle J.5-7 Merkmale der biologischen Bodenreinigung

Merkmale	Anwendung ex situ	Anwendung in situ
Beseitigung bioverfügbarer Schadstoffe durch Mineralisation zu CO_2 und H_2O	+	+
Einsatz natürlich-vorhandener Mikroorganismen	+	+
Voruntersuchungen erforderlich für Sanierbarkeitstest und Abbauoptimierung	+	+
Behandlungsdauer abhängig von Art und Konzentration der Schadstoffe	+	+
Schwierige Prognose des Sanierungserfolgs		+
Flexible Anpassung an Standortgegebenheiten z.B. bei überbautem Gelände		+
Geringer Energieaufwand	+	+
Aufrechterhaltung bestimmter Milieubedingungen über die gesamte Behandlungszeit erforderlich	+	+
Eignung als Sofortmaßnahme bei Unfällen		+

lungskapazität von ca. 2,0 Mio t/a ca. 0,9 Mio t/a biologisch gereinigt wurden. Das bedeutet, daß 45 % der gesamten Bodenreinigungskapazität in stationären Anlagen auf biologische Verfahren fällt. Für die On-Site-Behandlung ist eine Kapazität von etwa 0,4 Mio t/Jahr in der Bundesrepublik verfügbar.

In Tabelle J.5-7 ist ein Überblick über die Merkmale der biologischen Bodenreinigung und ihrer Anwendbarkeit gegeben.

Biologische Verfahren zur Bodendekontamination sind soweit entwickelt, daß sie sinnvolle Sanierungsziele erreichen und dies zu vertretbaren Kosten. Trotzdem bedarf es noch einer Weiterentwicklung von Verfahren und Verbesserungen der Milieubedingungen, insbesondere für Böden, die mit PAK, polychlorierten Biphenylen und Dioxinen als auch mit Nitroverbindungen belastet sind.

Die ursprüngliche Zielsetzung einer multifunktionellen Nutzung durch Wiederherstellung eines „natürlichen" Bodens ist in den meisten Fällen technisch und finanziell nicht realisierbar. Insofern muß die Verbesserung und Optimierung biologischer Bodensanierungsverfahren weiterbetrieben werden, um kostengünstige, technisch einfache und naturnahe Verfahren zur Verfügung zu haben.

J.5.4 Wasch- und Extraktionsverfahren

Grundsätzlich sollte man keinen Unterschied zwischen Wasch- und Extraktionsverfahren machen.

Aus technologischer Sicht ist es viel sinnvoller, diese beiden Verfahren unter dem Oberbegriff chemisch-physikalische Bodenreinigungsverfahren zusammenzufassen, denn der Unterschied besteht nur im Mechanismus des Schadstofftransports bzw. in der Wechselwirkung der beteiligten Phasen.

Die in diesem Abschnitt beschriebenen chemisch-physikalischen Reinigungsverfahren für kontaminierten Boden sind im Gegensatz zu den anderen Reinigungsverfahren, wie z. B. die thermische und die mikrobiologische Behandlung, keine „Schadstoffvernichtungsanlagen". In ihnen bleibt die Schadstoffmenge,-art und -zusammensetzung über den gesamten Prozeß konstant, d.h. die Schadstoffeintragsfracht entspricht immer der Schadstoffaustragsfracht, wobei eine gezielte Aufkonzentrierung in den Schadstoffaustragsströmen erreicht werden soll und muß.

Wegen seiner Ungefährlichkeit, seiner Verfügbarkeit und seines Preises wird bei den Waschanlagen sehr gerne Wasser als Extraktionsmittel eingesetzt. Ein Vorteil des Wassers ist weiter, daß Techniken zur Verfügung stehen, die es erlauben, die vom Boden abgelösten Schadstoffe aus dem Wasser zu entfernen. Da Wasser außerdem ein „natürlicher" Bodenbegleitstoff ist, kann auf seine vollständige Entfernung aus dem behandelten Boden verzichtet werden.

Das zum Einsatz kommende Wasser wird dabei als Dispersions-, Lösungs- und Transportmittel benutzt, wobei die Wirksamkeit ggf. durch Zusätze von Lösungsvermittlern, z. B. waschaktiven Substanzen, verstärkt werden kann. Dabei hängt die Auswahl natürlich von den zu entfernenden Schadstoffen ab.

Darüber hinaus können bei diesen Verfahren aber auch anorganische und organische Lösungsmittel zur Anwendung kommen.

Alle Bodenwaschverfahren besitzen eine grundsätzliche Gemeinsamkeit: Sie lösen mit Hilfe mechanischer Energie die Schadstoffe vom Bodenkorn ab und überführen sie in die flüssige und gasförmige Phase bzw. werden auf die Bodenfeinkornfraktionen und/oder auf einen anderen Adsorbator übertragen und mit diesen dann ausgeschleust.

J.5.4.1 Grundprinzip

Im allgemeinen sind in Bodenwaschanlagen folgende Verfahrensschritte, die im einzelnen weiter hinten näher beschrieben werden, notwendig:
- Vorbereitung des Aufgabeguts,
- Naß-/Dampfaufschluß,
- Abtrennung von Leicht-/Schwerstoffen,
- Feinstkornabtrennung,
- Prozeßwasserabtrennung und -behandlung,
- Spülung des gereinigten Bodens,
- Abwasserreinigung,
- Abluftreinigung.

Die Verknüpfung der Verfahrensschritte ist in Bild J.5-15 schematisch dargestellt.

J.5.4.2 Anwendungsbereiche für Bodenwaschverfahren sowie Voraussetzungen für deren Anwendung

Einen groben Überblick über boden- und schadstoffspezifische Eignung von Bodenwaschverfahren geben die Tabellen J.5-8 und J.5-9. Im konkreten Sanierungsfall können die Einsatzbedin-

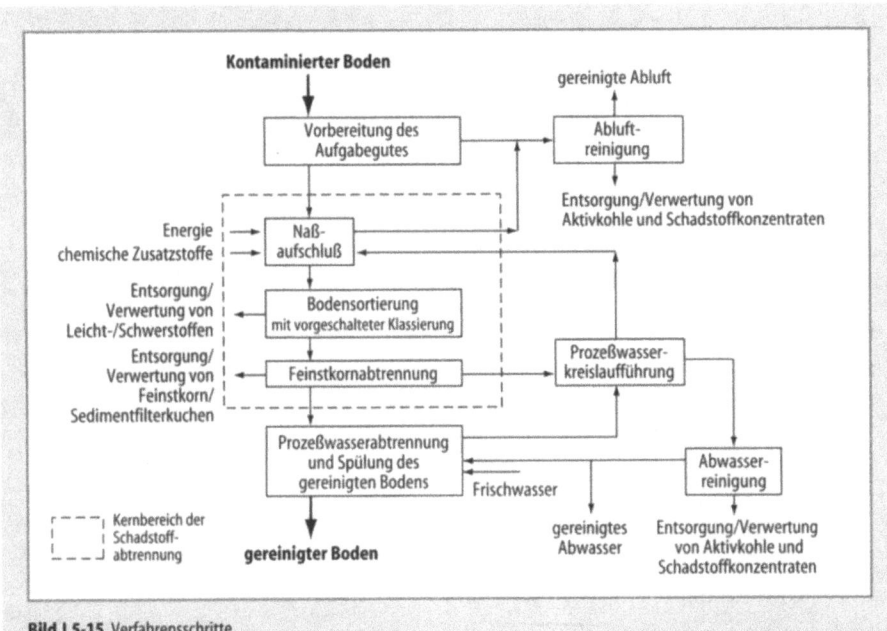

Bild J.5-15 Verfahrensschritte

Tabelle J.5-8 Bodenspezifische Eignung von Bodenwaschverfahren

Bodenart	Nicht geeignet	Mit Einschränkung	Geeignet
Kies[a]			x
Mittelsand[a]			x
Feinsand[a]			x
schluffiger Sand[a]			x
Lehm		x	
Ton[a]	x		
Bauschutt		x	
Schlamm		x	
Asche	x		

[a] Gemäß DIN 18196

gungen von den gemachten Angaben abweichen.

Wie aus Tabelle J.5-9 zu entnehmen ist, hat der Anteil an Bodenfeinstpartikeln einen großen Einfluß auf die Waschbarkeit von Böden. Als obere Grenze wird ein Anteil von 25 – 30 Gew.-% an Bestandteilen < 0,02 mm von den Anlagenbetreibern angegeben.

Generell kann gesagt werden, daß feinkörnige Bodenarten, u. a. Lehm, Ton, Löß, nur mit Einschränkungen hinreichend gereinigt werden können.

So müssen grundsätzlich die Schadstoffe für die Waschflüssigkeit und/oder den Wasserdampf zugänglich sein. Dies ist bei Stoffen, die in festen, blasigen Gesteinspartikeln (z.B. Schlacken) inkorporiert sind, normalerweise nicht der Fall. Hier stellt sich allerdings die grundsätzliche Frage, ob diese „Schadstoffe" unter normalen Umständen überhaupt Schäden anrichten können. Probleme wirft aber auch die Haftung der Schadstoffe an den Bodenkörnern auf. Dies gilt auch für die Bodenfeinstkörner. Verharzte Öle oder

Tabelle J.5-9 Schadstoffspezifische Eignung von Bodenwaschverfahren

Schadstoffart	Nicht geeignet	Mit Einschränkung	Geeignet
Mineralölkohlenwasserstoffe (MKW)			x
Polycyclische aromatischeKohlenwasserstoffe (PAK)		x	
Leichtflüchtige chlorierteKohlenwasserstoffe (LCKW)			x
Aromatische Kohlenwasserstoffe (AKW)			x
Polychlorierte Biphenyle (PCB)			x
Dioxine und Furane		x	
Cyanide			x
Schwermetalle		x	

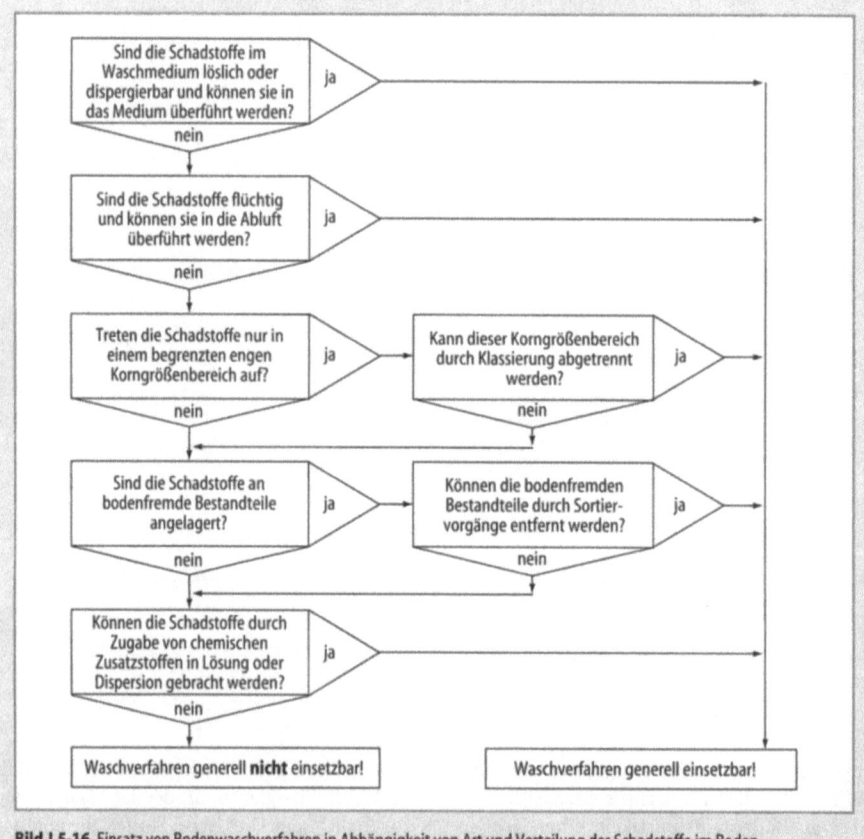

Bild J.5-16 Einsatz von Bodenwaschverfahren in Abhängigkeit von Art und Verteilung der Schadstoffe im Boden

auch gewisse Schwermetallverbindungen können z. B. mit porösen Mineralstoffen derart verkeilt sein, daß eine Trennung der beiden Komponenten mit Wasser auch unter hohem Energieeintrag nicht oder nur unvollkommen gelingt.

Ebenso können Schadstoffe, die die gleiche Dichte und Größe wie die Bodenkörner haben, nicht aus dem Boden herausgewaschen bzw. vom

Boden abgetrennt werden. Auch hier gilt wiederum, daß Ausnahmen nur die Regeln bestätigen. So können Schadstoffpartikel mit einer Korngröße < 1 mm dann abgetrennt werden, wenn sie Oberflächeneigenschaften haben, die sie vom Rest eindeutig unterscheidbar machen, so daß sie z. B. flottierbar sind.

Den Bodenwaschverfahren sind also Grenzen gesetzt, die durch die Art und Verteilung der Schadstoffe im Boden gegeben sind.

Die Beurteilung für die Einsatzmöglichkeiten von Bodenwaschverfahren kann nach Bild J.5-16 erfolgen.

J.5.4.3 Allgemeines Verfahrensprinzip

Die Schadstoffabtrennungsart vom Bodenkorn hängt im wesentlichen von der Bindungsart der Schadstoffe an den Bodenbestandteilen ab. Grundvoraussetzung für den Reinigungsprozeß ist, daß zuerst der Bodenverbund durch Wasser- und Energieeintrag soweit aufgeschlossen wird, daß möglichst alle Kornoberflächen frei zugänglich sind.

In Abhängigkeit von der Art der Schadstoffe und deren Löslichkeit im Waschmedium wird durch den Energieeintrag während des Naßaufschlusses eine Ablösung der Schadstoffe von der Kornoberfläche und eine Überführung in das Prozeßwasser und die Prozeßluft erreicht. Hierbei können unterstützend chemische Hilfsstoffe eingesetzt werden. Im allgemeinen Fall liegen die Schadstoffe dann folgendermaßen vor:

a) im Waschmedium
 - gelöst (z. B. Salze nach Säurezugabe),
 - niedermolekular dispers,
 - kolloid dispers (Sol, Emulsion),
 - grob dispers (Suspension),

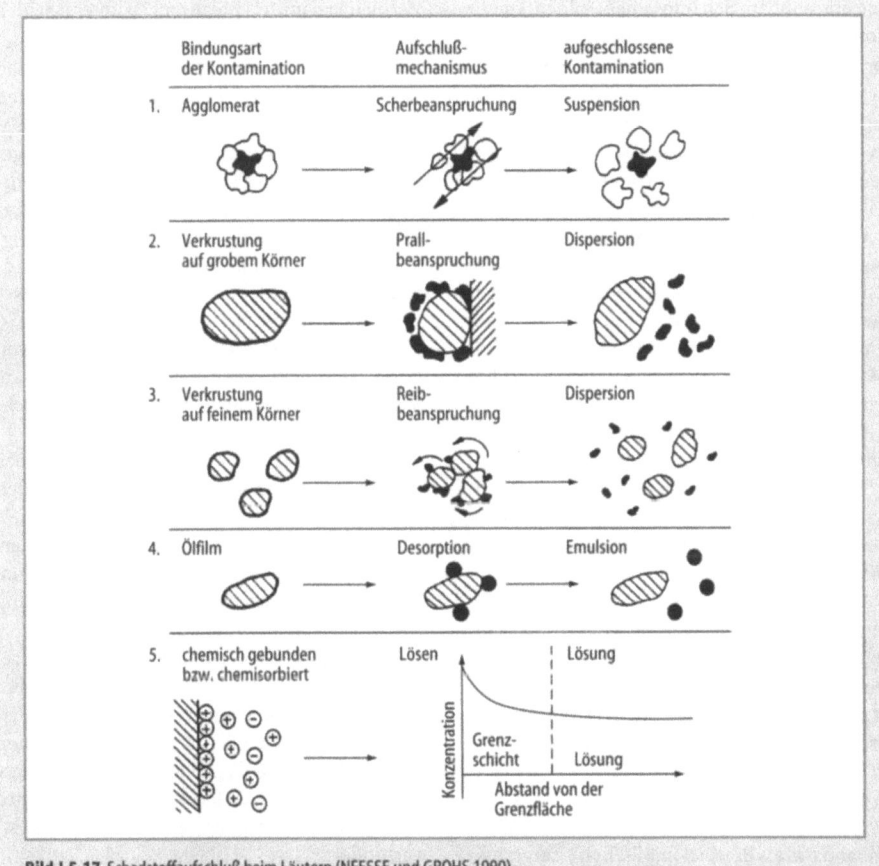

Bild J.5-17 Schadstoffaufschluß beim Läutern (NEESSE und GROHS 1990)

b) gebunden an Feinstbestandteile oder andere Adsorbatoren,
c) gebunden an Leicht-/Schwerstoffe,
d) als separate Phase,
e) in der Prozeßluft.

Einen guten Überblick des Schadstoffaufschlusses beim Waschprozeß gibt Bild J.5-17.
Weitere Schadstoffabtrennungsmechanismen sind Sortiervorgänge. Hierbei können aufgrund unterschiedlicher Dichten schadstoffhaltige Leicht-/Schwerststoffe aus dem Boden entfernt werden. Auf die Sortiertechnik wird in Abschn. J.5.4.4.4 noch näher eingegangen. Ebenso gehören hierzu Vorgänge, die unterschiedliche Grenzflächeneigenschaften besitzen, und mit Hilfe von Gasblasen in der Flüssigphase dispergierten Partikel (Feststoffteilchen, Tropfen, Moleküle, Ionen) Aggregate bilden, die aufgrund der geringen Dichte gegenüber dem umgebenden Medium zur Oberfläche der Flüssigkeit aufsteigen und eine abtrennbare Schaumschicht bilden. Dieser Flotationsvorgang kann sowohl zur Trennung von festen Feinstpartikeln in einem gering oder nicht belasteten Feststoffanteil und einem Schadstoffkonzentrat im eigentlichen Waschprozeß, als auch in der Prozeßwasserreinigung zur Abtrennung von dispergierten oder suspendierten Teilchen eingesetzt werden.

Aber auch die Klassierung wird im Bodenwaschprozeß eingesetzt. Mit diesem Verfahren können ebenfalls schadstoffhaltige, feste Feinstpartikel aus Böden abgetrennt werden. Zum Einsatz kommen hierbei insbesondere Hydrozyklone, aber auch Aufstromklassierer und Bogensiebe.

Auf die Feinstkornabtrennung wird in Abschn. J.5.4.4.5 näher eingegangen.

Die Naßmagnetfeldscheidung, die beim Bodenwaschprozeß zur Schadstoffabtrennung ebenfalls zur Anwendung kommen kann, wird in Abschn. J.5.4.4.1 abgehandelt.

An dieser Stelle dürfen die Schadstoffabtrennungsmethoden im Prozeßwasser und in der Prozeßabluft nicht unerwähnt bleiben. Sie gehören ebenso zum gesamten Waschprozeß und tragen zu der in der Einleitung bereits erwähnten, geforderten Schadstoffkonzentrierung bei.

J.5.4.4 Verfahrensschritte im einzelnen

Anhand des als Beispiel in Bild J.5-18 dargestellten Fließschemas der „Klöckner Oecotec Hochdruck-Bodenwaschanlage 2000" kann man sehr gut erkennen, daß Waschverfahren aus sehr vielen Verfahrensschritten bestehen und mit vielen Verfahrenskomponenten bestückt sind. Derart ausgerüstete Anlagen sind generell für alle waschbaren Böden und Schadstoffe einsetzbar. Die wesentlichen Behandlungsstufen werden im folgenden näher beschrieben. Auf die Behandlung der Emissionsstoffströme wird dazu in Abschn. J.5.4.5 eingegangen.

J.5.4.4.1 Vorbereitung des Aufgabeguts

Sofern der zu reinigende Boden gröberen Bauschutt, beispielsweise Mauerwerksreste, Betonbrocken, Buntsandstein (mit Kieselsäure verkittete Quarzkörper) o. ä. enthält, muß dieses Material einer Vorbehandlung unterzogen werden. Die Abtrennung dieser Bestandteile ist erforderlich, denn sie würden den weiteren Aufbereitungsprozeß stören und negativ beeinflussen.

Dabei erfolgt der Eintrag von Energie zum Zerkleinern mittels Brechern. Zu unterscheiden sind solche Geräte, die das Gestein derart auf Druck und Abscherung überbeanspruchen, daß das Material in kleine Fraktionen zerbricht, und solche, die das Material zerschlagen. Prall-/Schlagbrecher werden z. B. eingesetzt, wenn ein ausgeprägt inhomogenes Gefüge vorliegt. Der bevorzugte Brechverlauf längs der Korngrenzen fördert den Aufschluß. Bei unterschiedlichen Festigkeitseigenschaften der verwachsenen Bestandteile ist die Zerkleinerung selektiv, wobei weniger feste Gefüge fast völlig zerstört werden.

Auf diese Weise ist es möglich, im Inneren von Grobfraktionen befindliche, mobilisierbare Schadstoffe anschließend mit einer Bodenwaschanlage zu reinigen.

Backenbrecher finden Verwendung, wenn das Aufgabegut zu groß für den anschließenden Waschprozeß ist.

Die Abtrennung der o. g. Grobfraktionen erfolgt durch Siebung im Bereich von 30 – 100 mm, je nach Verfahrenstechnik des der Vorbereitung folgenden Naßaufschlusses.

Falls im Bereich der Absiebung und des Brechens kontaminierte Prozeßluft und/oder Staub oberhalb gültiger Grenzwerte entstehen, müssen die entsprechenden Anlagenkomponenten gekapselt sein und die Abluft einer Reinigungsanlage zugeführt werden. Auf diese Weise wird ein Schadstofftransport in die Umgebungsluft verhindert.

Eisenteile werden im Vorfeld mittels Magnetscheidung aus dem zu waschenden Material ent-

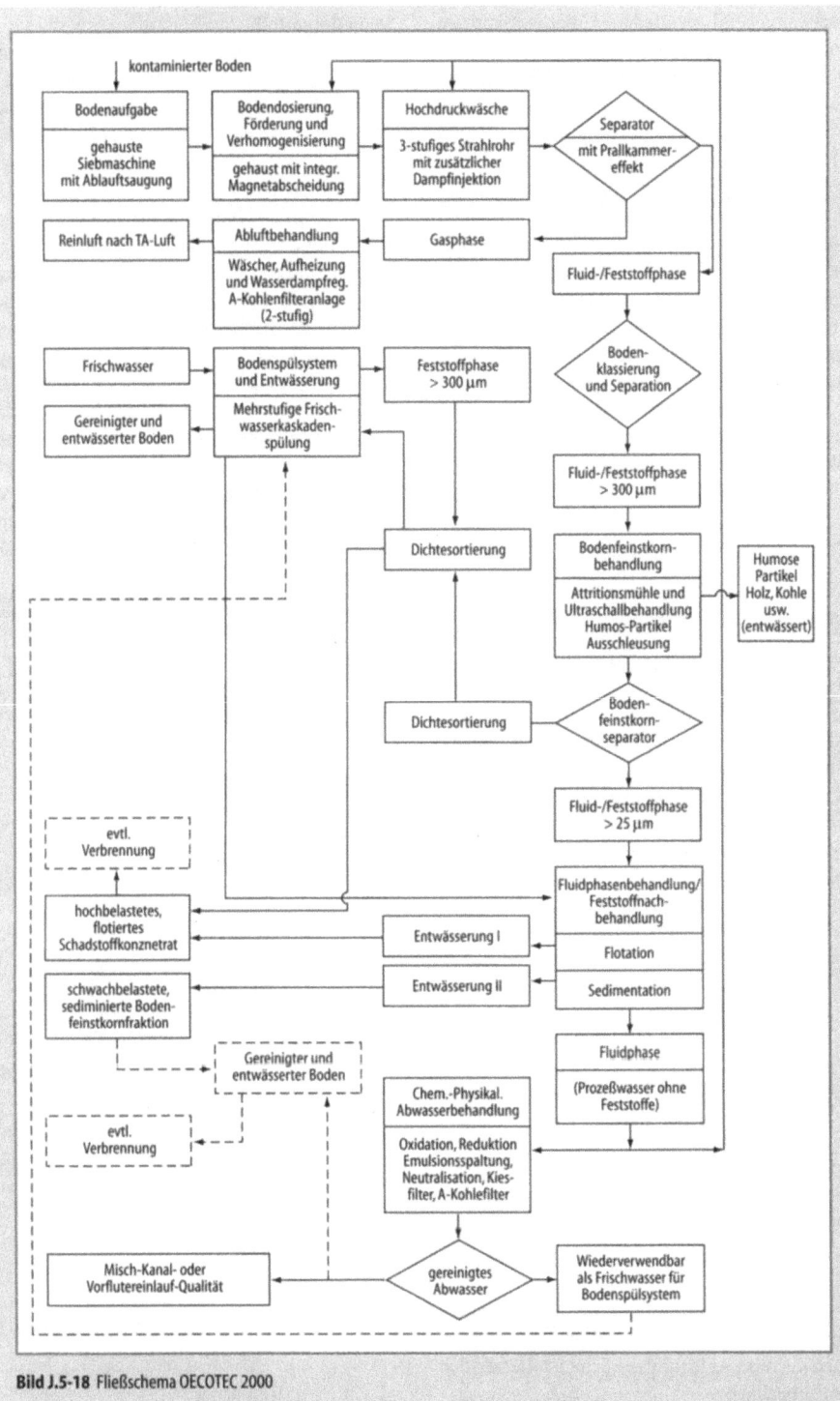

Bild J.5-18 Fließschema OECOTEC 2000

fernt. Auf diese Weise werden Anlagenzerstörungen weitgehend vermieden. Außerdem können auch schwermetallhaltige Verunreinigungen aus Böden zur Verminderung des Metallgehalts aussortiert werden. Die Magnetscheidung kann sowohl mit Trockenabscheidung bei trockenem Material, als auch mit Naßabscheidern bei feinkörnigen, suspendierten Materialien durchgeführt werden. Mit sog. Schwachfeldscheidungen können alle ferromagnetischen Stoffe abgeschieden werden. Stoffe, die eine geringere Suszeptibilität besitzen, müssen einer Starkfeldscheidung unterzogen werden. Dabei sollte eine Starkfeldscheidung generell einer Schwachfeldscheidung vorgeschaltet sein.

Folien, Pappen, Bauholz u. ä. sollten im Vorfeld durch Handsichtung entfernt werden. Auf diese Weise werden unnötige Anlagenstillstände vermieden.

J.5.4.4.2 Naßaufschluß und Schadstoffablösung mittels kinetischer Energie

In allen Waschverfahren wird zunächst einmal angestrebt, den Bodenverbund aufzuheben und eine Dispersion der Feststoffe zu erreichen. Hierzu ist der Einsatz kinetischer Energie unbedingt erforderlich. Die kinetische Energie kann auf vielfältige Weise zum Zweck der Reduzierung oder der vollständigen Aufhebung von Adhäsionskräften in eine Aufschlämmung eingetragen werden. In der Praxis haben sich Verfahren bewährt, die mit überwiegender Prall- oder Reibungsbeanspruchung arbeiten.

Apparate, die mit Prallbeanspruchung arbeiten, sind:
- Hochdruckwasserstrahlrohre,
- Zentrifugalapparate,
- Läutertrommeln (Kataraktwirkung).

Apparate, die mit Scher- und Reibungsbeanspruchung arbeiten, sind:
- Vibrationsschnecken,
- Attritionszellen,
- Schwerterwäscher,
- Läutertrommeln (Kaskadenwirkung),
- Wirbelbettreaktoren.

Aber nicht nur die Aufhebung des Bodenverbunds wird mit o. g. Apparaten erreicht, sondern auch die reine Ablösung der Schadstoffe von der Kornoberfläche.

So wird beim Klöckner Oecotec-Hochdruck-Bodenwaschverfahren auch sehr viel Luft mit eingesetzt. Das eigentliche Strahlrohr ist in Bild J.5-19 dargestellt.

Das Strahlrohr selbst ist innen mit einem umlaufenden Düsenkranz bestückt. Eine Hochdruckpumpe fördert das zum Waschen benötigte Wasser mit etwa 350 bar Düsenvordruck in die Ringleitung. Damit stellt sich eine Düsenaustrittsgeschwindigkeit von etwa $V = 250$ mm/s ein. Die Wasserstrahlen bilden einen kegelförmigen Schleier und erzeugen nach dem Prinzip der Wasserstrahlpumpe eine Erniedrigung des Luftdrucks innerhalb des Strahlkegels auf etwa 0,8 bar. Damit wird der zudosierte Boden zusammen mit erheblichen Luftmengen in den Strahlkegel gefördert. Die dann einsetzende Verwirbelung der Bodenkörner, verbunden mit den hohen, in den Boden eingetragenen Schwerkräften, zusammen mit dem vorhandenen Unterdruck und der abrupten Abbremsung an einer Prallplatte führen nicht nur zur Homogenisierung des Bodenmaterials, sondern auch zur Absprengung der Schadstoffe von der Kornoberfläche.

Bei den Apparaten, die mit Scher-/Reibungskräften arbeiten, erfolgt deren Absprengung durch Dampfblasen. Diese Dampfblasenbildung, die auch als Kavitation bezeichnet wird, entsteht bei diesen Apparaten in der Flüssigkeitsströmung.

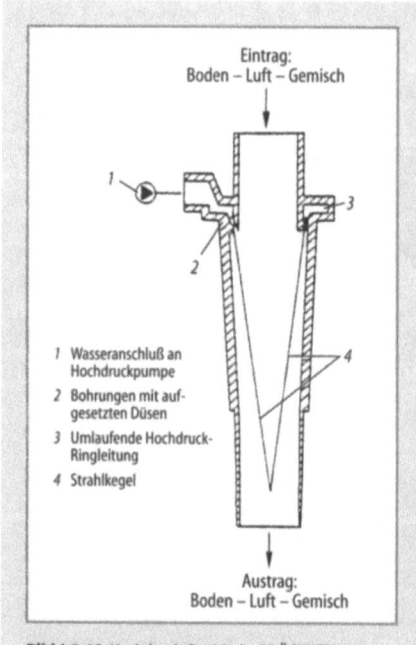

Bild J.5-19 Hochdruck-Strahlrohr (KLÖCKNER)

1 Wasseranschluß an Hochdruckpumpe
2 Bohrungen mit aufgesetzten Düsen
3 Umlaufende Hochdruck-Ringleitung
4 Strahlkegel

Nach der Bernoullischen Gleichung der Hydrodynamik kann der statische Druck in einer Flüssigkeit den Dampfdruck p der Flüssigkeit unterschreiten. Dann entstehen Dampfblasen, die nach Verlangsamung der Strömung wieder kondensieren. Die Dampfblasen fallen hierbei plötzlich zusammen, so daß Volumenelemente verschiedener Geschwindigkeit aufeinander, auf Feststoffe bzw. Wände aufprallen und dabei an diesen Zerstörungen oder Anfressungen und somit Ablösung von Schadstoffen hervorrufen. Bei Wasser mit der Temperatur = 20 °C tritt die Blasenbildung bei einer Strömungsgeschwindigkeit ab etwa 14 m/s ein. Derartige Geschwindigkeiten erreicht man bei intensivem Rühren. Es entstehen aufgrund der inneren Reibung der fluiden Phase Geschwindigkeitsgefälle quer zur Strömungsrichtung (Schergeschwindigkeit), die Zugspannungen, scherende und reibende Kräfte hervorrufen.

J.5.4.4.3 Schadstoffablösung mit Hilfsmitteln

Die Schadstoffablösung kann mit chemischen Hilfsmitteln und/oder Einsatz thermischer Energie noch erhöht werden.

Sattdampfinjektion
Bei der Sattdampfinjektion wird Wasserdampf mit Überdruck in die schon durchmischte Bodenaufschlämmung eingeblasen. Dabei kondensiert ein Teil des Dampfes. Dies führt zu einer kräftigen Durchwirbelung und einer Temperatursteigerung.

Bei 20 % Bodenfeuchte und einer Zugabe von 1 % Dampf bezogen auf die feuchte Bodenmasse erhält man z. B. eine Temperatursteigerung von etwa 16 K. Der Übergang der anhaftenden Schadstoffe auf fluide Trägermedien wird dadurch beschleunigt.

Erwärmung des Waschmediums und des Bodens
Durch eine Erhöhung der Temperatur des Boden-Wasser-Gemisches läßt sich zumeist die Effizienz des Waschvorgangs erheblich verbessern. Dieser Effekt beruht u.a. auf der Zunahme der Löslichkeit von Salzen in Wasser (Bild J.5-20) sowie durch die Abnahme der dynamischen Viskosität von Flüssigkeiten bei steigender Temperatur (Bild J.5-21).

Hinzu kommt, daß mit steigender Temperatur vorhandene Bindekräfte insbesondere von polaren Stoffen reduziert bzw. aufgehoben werden.

In Bild J.5-22 ist die Mischtemperatur in Abhängigkeit der Bodenfeuchte und der Menge des erwärmten Zugabewassers für eine Ausgangstemperatur des Bodens von $T_p = 10$ °C und eine Temperatur des Waschwassers von $T_z = 95$ °C dargestellt.

Anorganische Verbindungen (Säuren/Basen)
Die in einem Dispersionsmittel verteilten Feststoffpartikel einer Suspension werden durch die Absorption bestimmter in ihr gelöster Ionen elektrisch aufgeladen. Auch im Kontakt mit reinem Wasser bildet sich eine elektrische Doppelschicht aus.

Die Stärke und teilweise auch das Vorzeichen der Ladung ist vom pH-Wert abhängig.

Durch Zugabe von gebranntem Kalk oder Kalkmilch kann der pH-Wert erhöht oder durch Zugabe von Säuren gesenkt werden.

Die elektrostatische Auflading spielt eine erhebliche Rolle für die Stabilität von Suspensionen. Nur wenn die Auflading von Boden- und Schadstoffpartikeln gleichnamig ist, erfolgt kein gegenseitiges Wiederanlagern von Feststoffteilchen, die bereits separiert worden sind.

Ein Maß für die Auflading ist gegeben durch das sog. elektrokinetische oder Zeta-Potential, daß nach Smoluchowsky bestimmt wird aus der Beziehung

$$\zeta = \eta \cdot v / (\varepsilon_r \cdot \varepsilon_o \cdot \Sigma).$$

Hierin ist η die Viskosität des Dispersionsmittels, v die Wanderungsgeschwindigkeit des dispergierten Teilchens im elektrischen Feld, Σ die elektrische Feldstärke, ε_r die Dielektrizitätszahl (relative Dielektrizitätskonstante) des Dispersionsmittels und ε_o die elektrische Feldkonstante. Der Betrag des Zeta-Potentials liegt im Bereich 0 – 100 mV.

Kohlenwasserstoffe, Ruß, Fette und Tonmineralien laden sich bei der Dispersion in Wasser negativ auf. Die Auflading verstärkt sich mit steigendem pH-Wert. Säuren und saure Salze verringern in niedriger Konzentration die negative Ladung der dispergierten Teilchen.

Organische Lösungsvermittler
(oberflächenaktive Substanzen/Komplexbildner)
Oberflächenaktive Substanzen, Tenside, haben die Eigenschaft, sich an der Oberfläche von Lösungen anzureichern und deren Oberflächenspannung zu mindern.

Die Ursache für diese Grenzflächenaktivität liegt im asymmetrischen Bau der Moleküle, die

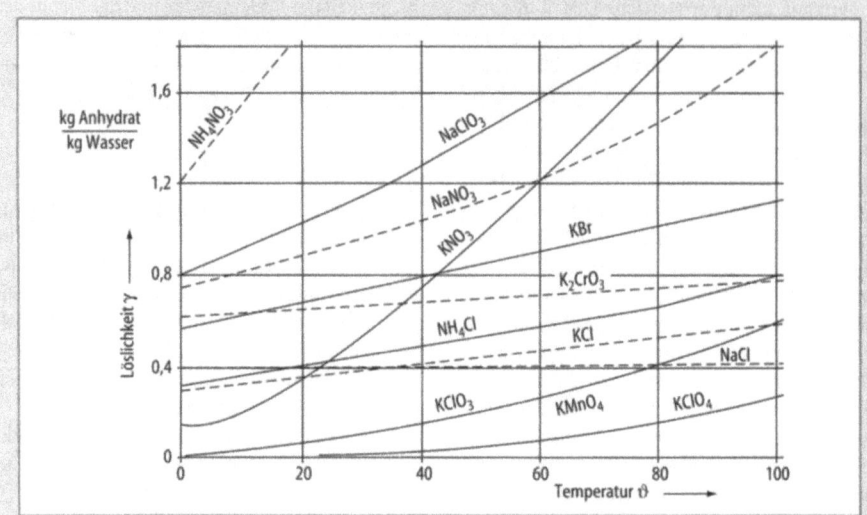

Bild J.5-20 Löslichkeitskurve für verschiedene anorganische Salze

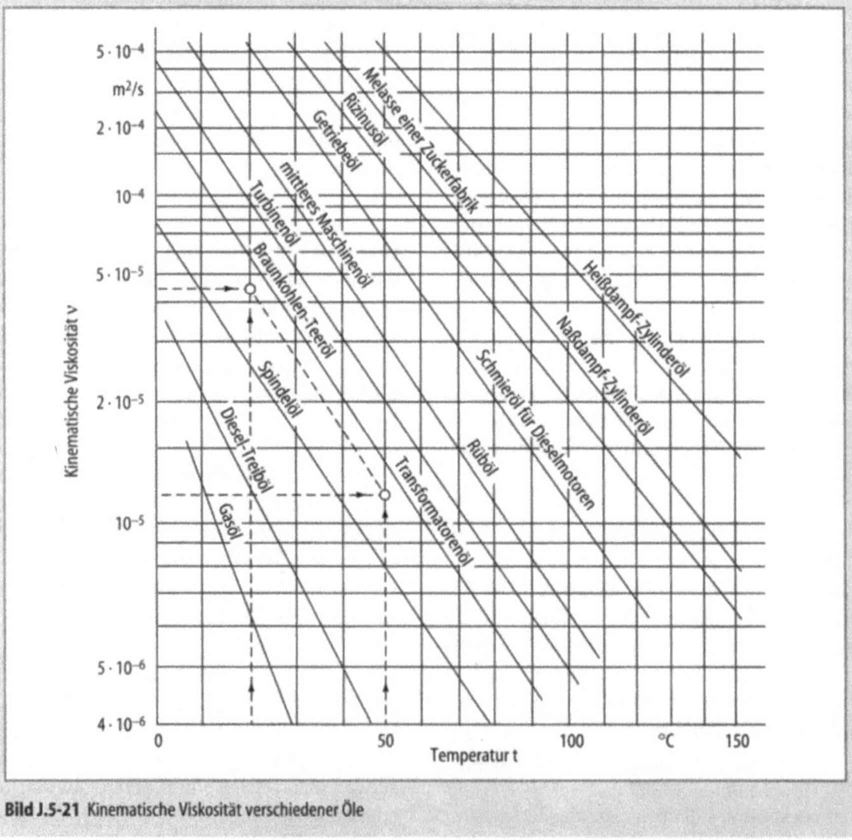

Bild J.5-21 Kinematische Viskosität verschiedener Öle

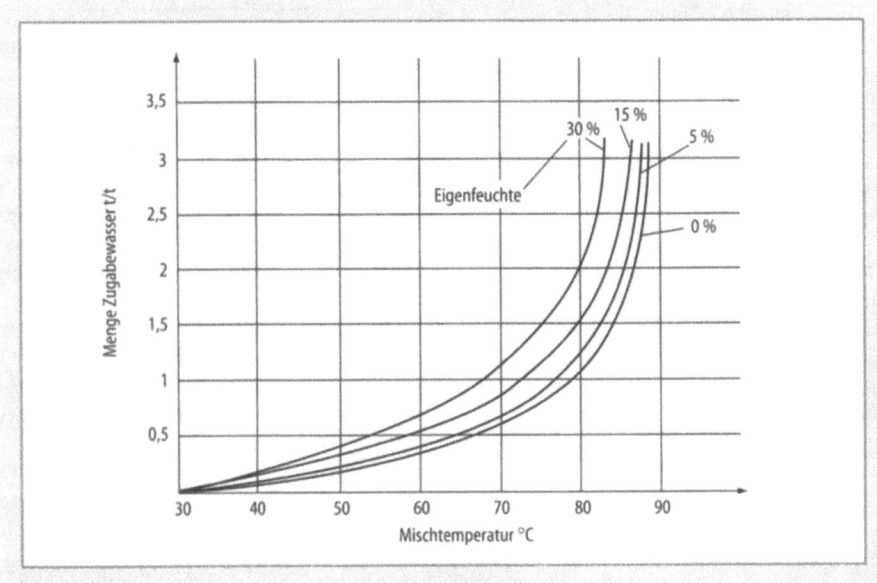

Bild J.5-22 Mischtemperatur des Boden-Wasser-Gemisches $T_z = 95\,°C$; $T_0 = 10\,°C$

aus einem wasserabweisenden (hydrophoben) und einem wasserfreundlichen (hydrophilen) Teil bestehen.

Mit steigender Tensidkonzentration sinkt zuerst die Ober- bzw. Grenzflächenspannung, bleibt aber dann bei einer für jedes Tensid charakteristischen Konzentration annähernd konstant.

Bei der Adsorption von Tensiden an festen Oberflächen ist die hydrophile Gruppe zur wäßrigen Phase hin orientiert. Sie bildet eine Hydratschicht. Diese verhindert das Entstehen von Haftflächen zwischen zwei einander genäherten Festkörperoberflächen. Weiterhin bewirken Tenside eine Umnetzung, d.h. die Verdrängung einer nicht-wasserlöslichen, die Oberflächen eines Feststoffteilchens bedeckenden Substanz.

Zu unterscheiden sind anionische, kationische und nichtionogene Tenside. Die Adsorption von anionischen Tensiden verstärkt die negative Aufladung der Partikel oder in Wasser nicht löslichen Flüssigkeitströpfchen. Kationische Tenside setzen die negative Ladung herab und können bei genügend hoher Konzentration zu einer Ladungsumkehr der suspendierten Partikel führen.

Nichtionogene, grenzflächenaktive Substanzen können nur durch die Änderung der Grenzflächenspannung ihre Wirkung entfalten.

Neben den grenzflächenaktiven Substanzen haben die Komplexbildner zur Lösungsvermittlung Bedeutung erlangt. Komplexbildner sind befähigt, mehrwertige Metallionen in wäßriger Lösung so zu binden, daß die Ionenkonzentrationen herabgesetzt werden. Dadurch können schwerlösliche Salze in Lösung gebracht werden. Vielfach wird Ethylen-Diamin-Tetraessigsäure (EDTA) als Komplexbildner eingesetzt.

J.5.4.4.4 Sortierprozesse

Wenn sich Schadstoffe in oder an Leichtstoffen (wie z. B. Holzkohle, Schlacke, Holz o. ä.) angelagert haben oder aber diese selbst bilden, ist eine Überführung dieser Schadstoffe in das Waschwasser nicht möglich. Wie bereits in Abschn. J.5.4.3 erwähnt, können derartige Bestandteile aus dem Boden durch Sortiervorgänge abgetrennt werden.

Die Leichtstoffe haben im Normalfall eine Feststoffdichte von 1,2–1,9 g/cm³ und sind „leichter" als Sand (Feststoffdichte von 2,65 g/cm³). In geeigneten Sortierapparaten werden die spezifisch leichten Stoffe abgetrennt. In Abhängigkeit von der Korngröße werden folgende Apparate angewandt:

- Setzmaschinen (> 2 mm),
- Aufstromsortierer (0,3–2 mm),
- Wendelscheider (Sortierspiralen (0,3–2 mm)),

- Flotationsapparate (z.B. Rührwerk, pneumatische Flotation (< 1 mm)).

In den Bildern J.5-23 bis J.5-26 sind die Prozeßmechanismen der o. g. verfahrenstechnischen Apparate dargestellt.

Für die Abtrennung von spezifisch schwereren Stoffen als Sand (Dichte > 4 g/cm³) sind diese Apparate natürlich auch geeignet.

Für optimale Betriebsbedingungen dieser Maschinen – dies gilt insbesondere für den Körnungsbereich – hat sich gezeigt, daß eine vorhergehende Klassierung erforderlich ist. Ebenso ist eine Zwischenbunkerung der anfallenden Stoff- bzw. Materialströme sehr sinnvoll – so können diese Apparate immer mit bestem Wirkungsgrad betrieben werden.

J.5.4.4.5 Feinstkornabtrennung

Die Summe der Oberfläche aller Einzelkörper eines Bodens wird als dessen spezifische Gesamtoberfläche (m²/g TS) bezeichnet. Diese steigt exponentiell mit abnehmender Größe der Einzelkörner. Man unterscheidet Makro- und Mikrooberflächen. Die Makrooberfläche stellt die idealisierende Oberfläche dar, die Mikrooberfläche dagegen die tatsächliche Oberfläche des Einzelkorns einschließl. der Oberflächen aller zugänglichen Poren und Klüfte.

Wegen der großen Oberfläche ist i. allg. die Restschadstoffbeladung des Bodens vornehmlich in den feinkörnigen Fraktionen zu suchen, wobei der Reinigungsaufwand mit abnehmendem Korndurchmesser überproportional zunimmt.

Unterhalb einer Korngröße von 0,01 – 0,02 mm können die zur Schadstoffablösung benötigten

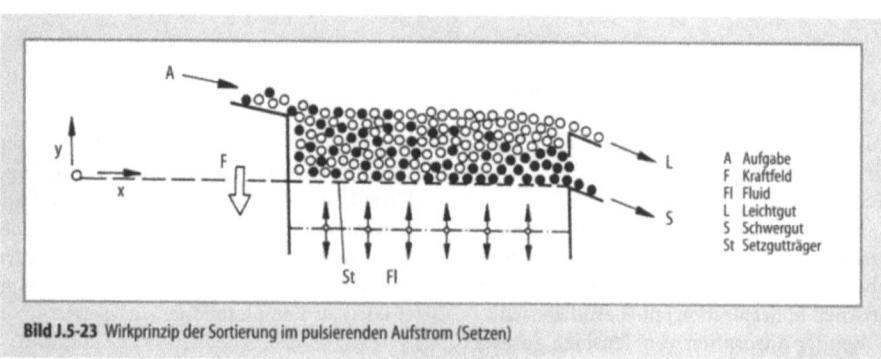

Bild J.5-23 Wirkprinzip der Sortierung im pulsierenden Aufstrom (Setzen)

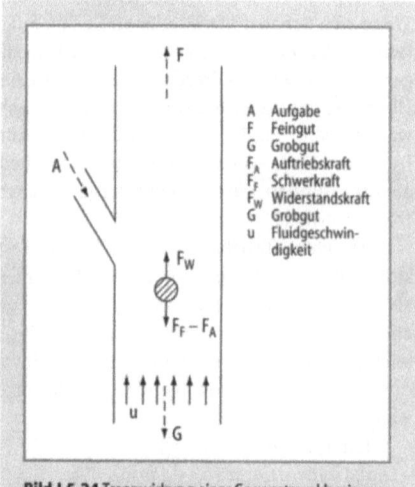

Bild J.5-24 Trennwirkung einer Gegenstromklassierung

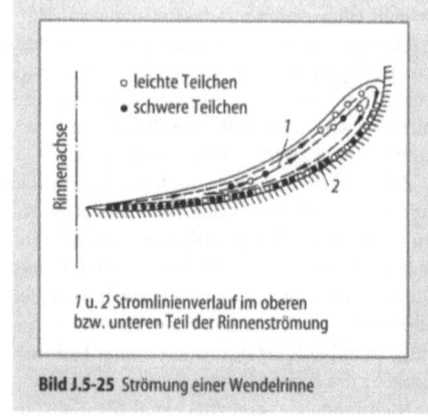

Bild J.5-25 Strömung einer Wendelrinne

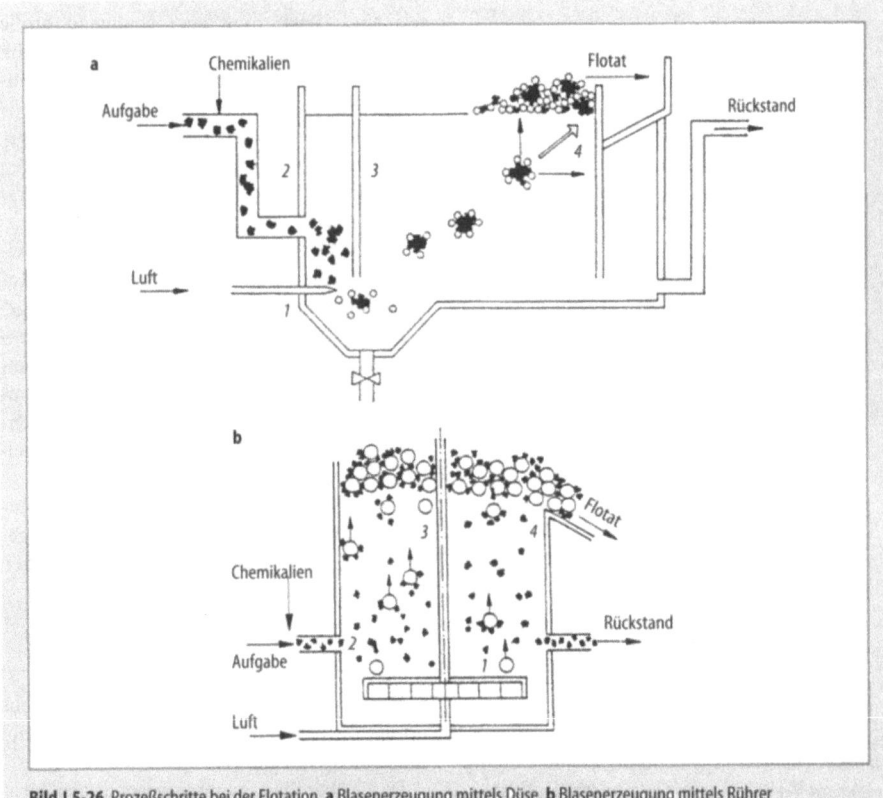

Bild J.5-26 Prozeßschritte bei der Flotation. **a** Blasenerzeugung mittels Düse, **b** Blasenerzeugung mittels Rührer

Kräfte gar nicht mehr wirtschaftlich aufgebracht werden. Aus diesem Grund werden die Feinstpartikel aus dem Bodenverbund ausgeschleust und entsorgt oder mit anderen Verfahren weiterbehandelt bzw. dekontaminiert.

Diese Feinstkornabtrennung erfolgt in drei aufeinanderfolgenden Schritten:
- Trennung des Feinstkorns von den schadstoffarmen, gröberen Bodenpartikeln (Klassierung),
- Abtrennung des Feinstkorns aus dem Prozeßwasser (Sedimentation),
- Entwässerung des Feinstkorns (Schlammentwässerung).

Hierbei werden für den ersten Verfahrensschritt i. d. R. Hydrozyklone eingesetzt. Die Klassierung erfolgt dabei in Zentrifugalkraftfeldern. Diese werden dadurch aufgebaut, indem man in ein rotationssymmetrisches Gehäuse die Suspension tangential einströmen läßt. Durch den entstehenden Wirbel rotiert die Flüssigkeit im ruhenden Gehäuse. Bild J.5-27 zeigt einen Hydrozyklon normaler Bauart.

Der Trennungsschnitt der beim Bodenwaschen eingesetzten Hydrozyklone liegt heute bei 0,01 – 0,02 mm.

Die Abtrennung des feinstkörnigen Bodenmaterials aus dem Prozeßwasserüberlauf des Hydrozyklons (Stoffstrom K_2 in Bild J.5-27) erfolgt durch Sedimentation und/oder Flotation.

Voraussetzung für die Sedimentation ist ein Dichteunterschied zwischen disperser Phase und Dispersionsmittel. Die durch Sedimentation abtrennbare, untere Teilchengröße liegt bei ca. 0,5 µm. Diese Größe ergibt sich aus der Brownschen Molekularbewegung, die Teilchen < 0,05 µm in Schwebe hält.

Zur Beschleunigung des Absetzvorgangs werden i. allg. Flockungsmittel zugesetzt. Sie bewirken eine Zusammenballung zu größeren Konglomeraten. Großtechnisch werden zur Sedimentation Absetzbehälter ohne oder mit Einbauten (z. B. Lamellenklärer) eingesetzt. Allen Absetzbek-

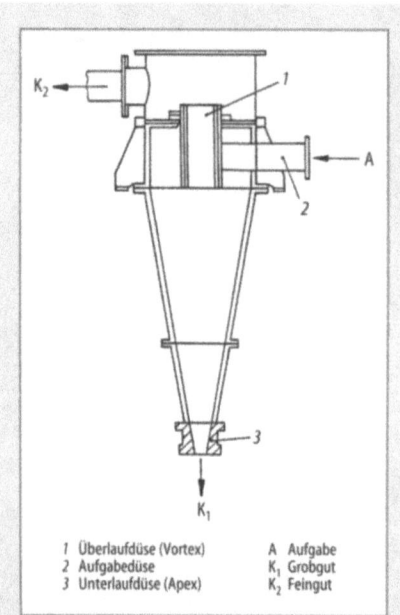

1 Überlaufdüse (Vortex)   A Aufgabe
2 Aufgabedüse K_1 Grobgut
3 Unterlaufdüse (Apex) K_2 Feingut

Bild J.5-27 Hydrozyklon normaler Bauart
(Schauenburg Maschinen- und Anlagen-Bau 1991/1)

ken bzw. Behältern ist gemeinsam, daß ihr Durchmesser im Verhältnis zur Tiefe relativ groß ist.

Die Abtrennung von Feinstpartikeln durch Flotation wurde in Abschn. J.5.4.4.4 bei der Beschreibung von Sortierprozessen bereits näher erläutert. Durch eine der Sedimentation vorgeschaltete Flotation kann in einigen Fällen eine erhebliche Minimierung des Schadstoffgehalts im Sedimentationsgut erzielt werden. Dies ist im Hinblick auf die beim Bodenwaschen immer angestrebte Schadstoffaufkonzentrierung von grosser Bedeutung.

Die Entwässerung des Sediments bzw. des Flotats erfolgt i.d.R. durch Filtrieren und Auspressen.

Filtrieren ist Abscheiden von Feststoffteilchen aus Suspensionen mit Hilfe eines porösen Filtermittels, das die feststofffreie Flüssigkeit, das Filtrat, durchläßt und den Feststoff als Filterkuchen zurückhält. Hierbei wird ein Druckgefälle zwischen Suspensions- und Filtratseite eingesetzt. Die Feststoffabscheidung kann an der Oberfläche des Filtermittels erfolgen (Oberflächenfiltration) oder durch Abscheiden von Feststoffteilchen im Inneren des Filtermittels durch molekulare Kräfte (Tiefenfiltration). Im letzten Fall können Teilchen abgeschieden werden, die kleiner als der Porendurchmesser des Filtermittels sind. Dazu muß eine genügend große Schichtdicke des Filtermittels vorhanden sein, die auch durch den abgeschiedenen Filterkuchen selbst aufgebaut werden kann.

Als Filtermittel werden Metall- oder Textilgewebe, verfilzte Faserschichten, lose Schüttungen kompakter oder poröser Körner und Membrane eingesetzt.

Von Auspressen spricht man, wenn aus breiartigen Massen der Flüssigkeitsanteil durch Anwendung hoher Druckgefälle möglichst weitgehend entfernt werden soll. Es ist vorteilhaft, kontinuierlich wirkende Filtermethoden einzusetzen. Zu dem kontinuierlich arbeitenden Vakuum- oder Druckfilter mit selbsttätigem Kuchenaustrag gehören die Vakuum-, Drucktrommelfilter-, die Bandfilter und Bandfilterpressen.

Neuerdings werden auch gerne diskontinuierlich arbeitende Kammerfilterpressen eingesetzt. Mit ihnen erreicht man einen sehr hohen Entwässerungsgrad.

J.5.4.4.6 Nachbehandlung des gereinigten Bodens

In der Nachbehandlung des gereinigten Bodens erfolgt die Abtrennung des Prozeßwassers und die Spülung des gewaschenen Bodens.

Da die über Klassierung ausgesonderten Kornfraktionen noch mit der Waschsuspension bedeckt sind und in den Zwickeln zwischen den Partikeln Flüssigkeitslamellen aufgrund der Oberflächenspannung anhaften, werden in diesem Volumen auch gelöste und dispergierte Stoffe mitgeschleppt.

Die eigentliche Entwässerung erfolgt mit Entwässerungssieben oder Vakuumbandfiltern. Durch Zugabe von nicht oder gering belasteter Waschflüssigkeit werden die Lösungen, Dispersionen verdünnt (gespült).

Der Massenanteil der Schadstoffe nimmt mit steigender Zahl der Spülstufen λ und mit wachsendem Spülverhältnis $n\lambda$ ab. Diese Abhängigkeit ist für eine Kaskadenspülung in Bild J.5-28a, für die Mehrfachspülung mit Frischwasser in Bild J.5-28b wiedergegeben. Das Spülverhältnis kann entweder durch Vergrößerung des Volumens der zugegebenen Spülflüssigkeit oder durch Verkleinerung des Restvolumens (größerer Entwässerungsgrad) angehoben werden.

Da der gereinigte Boden bestimmte, durch Gesetz oder Vorschrift gegebene Grenzwerte unterschreiten muß, ergeben sich Konsequenzen für das Spülverhältnis und die Anzahl der Spül-

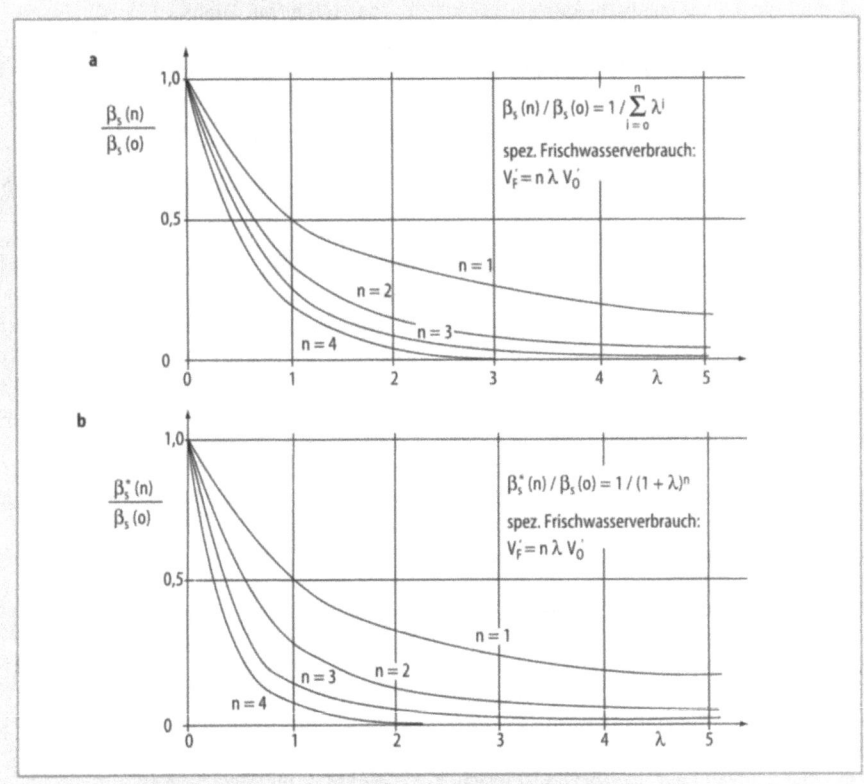

Bild J.5-28 a Kaskadenspülung mit Frischwasser, b Mehrfachspülung mit Frischwasser

stufen. Eine Erhöhung der Kaskadenstufenzahl ist mit einem entsprechenden Investitionsaufwand verbunden. Die Vergrößerung des Spülverhältnisses führt zu einem Mehrverbrauch von Frischwasser, der eine damit verbundene größere Wasseraufbereitung zur Folge hat.

J.5.4.4.7 Prozeßwasserführung und -aufbereitung

Da die Menge des Wassers, die mit dem verunreinigten Boden vermengt wird, ein Mehrfaches der Menge beträgt, die zur Benetzung der Bodenkornoberfläche und Füllung der kapillaren Zwischenräume benötigt wird, ist es sinnvoll, das Prozeßwasser im Kreislauf zu führen.

Hierzu muß es jedoch vorher gereinigt werden. Es müssen nicht nur die feinen Feststoffe entfernt werden, sondern auch flüssige, organische Schadstoffe, die im Wasser nicht oder nur wenig lösbar als kleine Tröpfchen verteilt sind und somit eine eigene Phase darstellen (Emulsion). Durch Zugabe von Spaltmitteln, Oxidationsmitteln und/oder pulverisierter Aktivkohle können Emulsionen aus dem Prozeßwasser entfernt werden.

Das gilt auch für kolloide Lösungen. Dies sind Lösungen von Makromolekülen oder Zusammenballungen von Molekülen in einem Teilchengrößenbereich von 1 - 10 µm. Hier haben sich Adsorptionsspaltmittel bestens bewährt. Auch diese Stoffe werden dann über die bereits beschriebenen Verfahrensschritte Sedimentation und/oder Flotation zusammen mit der Bodenfeinfraktion dem Prozeßwasser entzogen.

Gespaltene Emulsionen können aber auch in freier, flüssiger Phase aus dem Prozeßwasser entfernt werden. Hierzu werden Abscheideapparate eingesetzt, die eine mechanische Trennung der sich aufgrund unterschiedlicher Dichte bildenden Phasen ermöglichen. Dabei kann die Dichte der dispergierten Flüssigkeit größer oder kleiner als die des Waschmediums sein.

Treten beide Dichtedifferenzen gleichzeitig auf, muß ein 3-Phasen-Abscheider eingesetzt werden.

Da die wäßrige Phase auch als Lösungsmittel für die echt löslichen Substanzen dient, muß, um einer Aufkonzentrierung bzw. einer Aufsalzung entgegenzuwirken, ein Teilstrom entnommen und einer chemisch-physikalischen Abwasserbehandlung unterzogen werden. Dabei ist die Menge des Teilstroms abhängig von der Schadstoffeintragsmenge – sie beträgt i. d. R. 10 %.

Das in der o. g. C-P-Abwasserbehandlung gereinigte Wasser kann je nach Reinigungsgrad wieder als Spülwasser für den gereinigten Boden eingesetzt werden.

Auf diese Weise kommt man einem komplett geschlossenen Wasserkreislauf sehr nahe. Es darf aber nicht verschwiegen werden, daß es viele Fälle gibt, wo das nicht möglich ist, und somit das gereinigte Abwasser über einen Indirekteinleiter entsorgt werden muß.

J.5.4.5 Emissionsstoffströmebehandlung

Die Behandlung der Emissionsstoffströme bei Bodenwaschanlagen ist ein zwingend erforderlicher Tatbestand. Nur so kann vermieden werden, daß über sog. Verdünnungseffekte erneute Umweltbelastungen entstehen. Bei Bodenwaschverfahren sind die Emissionspfade Abwasser und Abluft am wichtigsten. Diese beiden werden in den Abschn. J.5.4.5.1 und J.5.4.5.2 einzeln beschrieben.

Dem Schadstoffkonzentrataustrag und dessen Nachbehandlung, ein im weitesten Sinn ebensolcher Emissionsstoffstrom, ist ein eigener Abschnitt (Abschn. J.5.4.6) gewidmet.

J.5.4.5.1 Abwasserreinigung

Ziel der Abwasserreinigung ist es, die im Prozeßwasser enthaltenen Schadstoffe so weit zu entfernen, daß die Wiederverwendung als Spülwasser, anstelle von Frischwasser, möglich ist.

Die in der wäßrigen Waschlösung echt gelösten Substanzen sind durch eine mechanische Behandlung nicht zu entfernen. Hier müssen chemisch-physikalische Methoden angewendet werden.

Die Einwirkmöglichkeiten chemischer Verfahren bestehen darin, daß
a) nichtlösliche Verbindungen gebildet und abgeschieden werden (z. B. schwerlösliche Salze von Schwermetallen wie Sulfide),
b) die schädliche Belastung beseitigt wird (z. B. durch Neutralisation),
c) Stoffe mit festen Phasen Verbindungen eingehen, mit diesen entfernt und später durch Regenerieren der festen Phase wieder freigesetzt werden (Ionenaustauscher).

Zwischen chemischen und physikalischen Methoden ist die Adsorption einzuordnen, eine Anreicherung von Stoffen an einer Phasengrenzfläche. Bei erhöhter Temperatur tritt Desorption ein (Methode zur Rückgewinnung des Stoffs).

Die Adsorption organischer Verbindungen aus wäßriger Lösung erfolgt an einem Feststoff, der eine geringe Neigung zeigt, das Lösungsmittel (Wasser) aufzunehmen, also lipophile Eigenschaften (z. B. Aktivkohle) hat.

Je nach Schadstoffart kommt der Einsatz folgender Verfahren allein oder in Kombination in Betracht:

- Flotation*,
- Oxidation*,
- Reduktion*,
- Neutralisation*,
- Emulsionsspaltung*,
- Schwermetallfällung*,
- Adsorptionsverfahren* (Aktivkohle, Molekularsiebe),
- Kiesfiltrierung*,
- Feinstfiltrierung (Ultrafiltration, Umkehrosmose),
- Ionenaustauschverfahren,
- Desorptionsverfahren,
- elektrolytische Verfahren,
- Verdampfungsverfahren (Salzabscheidung),
- biologische Behandlungsverfahren.

Der Einsatz derartiger Techniken ermöglicht das Optimieren in der Abwasserreinigung. Ob ein derartiger Aufwand aber betrieben werden muß, hängt im Einzelfall immer von den Schadstoffen selbst und deren Mengen ab. Für Bodenwaschanlagen haben sich die mit * gekennzeichneten Verfahren bisher bestens bewährt. Mit ihnen lassen sich die Grenzwerte für Örtliche Einleitbedingungen sowohl in die Kanalisation als auch in einen Vorfluter sicher erreichen.

J.5.4.5.2 Abluftaufbereitung

Viele Schadstoffe, insbesondere organische Substanzen, haben bei den in Bodenwaschanlagen üblichen Temperaturen bereits einen so hohen Dampfdruck, daß, wenn man sie nicht fassen würde, erhebliche neue Umweltbelastungen entstünden, und obendrein ein Arbeiten an diesen Anlagen unmöglich gemacht würde. Zusätzlich können bei den Apparaten, die in den Bodenwaschanlagen eingesetzt sind, leicht Aerosole entstehen. Über sie könnten in Wasser gelöste und dispergierte Schadstoffe ebenso ungehindert entweichen.

Aus diesem Grund müssen alle Anlagenbereiche, in den Schadstoffe entweichen können, gekapselt sein, und die Abluft über Zwangsförderung einer Reinigungsanlage zugeführt werden. Dies gilt insbesondere beim Einsatz von Dampf, ein in der letzten Zeit erfolgreich angewandtes Verfahren, um bessere Reinigungsleistungen in Waschanlagen zu erzielen.

Als Reinigungsverfahren für mitgeschleppte Substanzen können bei Bodenwaschanlagen folgende Verfahren eingesetzt werden:
a) mechanische Abtrennung (Staub, Tropfen),
b) Kondensation (Aerosole),
c) Absorption,
d) Absorption mit nachfolgender Fällungsreaktion im Absorptionsmedium,
e) Adsorption (Aktivkohle, Kieselgel oder Alumosilikate).

Bei der Adsorption mit Aktivkohle kann Einwegaktivkohle und/oder regenerierbare Aktivkohle eingesetzt werden. Falls regenerierbare Kohle zur Anwendung kommt, sollte eine Lösemittelrückgewinnungsanlage inkl. Stripper für das Kondensatwasser mit zum Anlageumfang gehören.

Auf diese Weise wird man der geforderten bestmöglichen Schadstoffaufkonzentrierung und somit einer Abfallmengenminimierung auf elegante Art gerecht.

Ebenso muß die Abluftmenge bei Bodenwaschanlagen durch technische Maßnahmen (z. B. Kapselung) so weit reduziert werden, daß die Gefahr, Grenzkonzentrationen durch Verdünnung zu unterschreiten, vermieden wird. Die Anforderungen an die gereinigte Abluft müssen die Grenzwerte der TA Luft weit unterschreiten. Eine kontinuierlich arbeitende Abluftmessung und -analyse sollte bei Bodenwaschanlagen obligatorisch sein.

J.5.4.6 Nachbehandlung der belasteten Restbodenfraktionen (Schadstoffkonzentratbehandlung)

Der Restbodenfraktion können die Schadstoffe durch Extraktion mit entsprechenden Lösemitteln entzogen werden. Das Extraktionsmittel muß selektiv Bestandteile des Stoffgemischs herauslösen und beladen abgetrennt werden. Aus der beladenen Extraktionsphase muß das Extraktionsmittel, z. B. durch Destillation, zurückgewonnen, der Destillationsrückstand verbrannt werden.

Ebenso kann man durch indirekte Beheizung unter Zuhilfenahme eines angelegten Vakuums die Schadstoffe aus diesen Restbodenfraktionen austreiben. Die Nachbehandlung der ausgetriebenen Gasphase ist hier unerläßlich.

Eine biologische Nachbehandlung der feinen Restbodenfraktionen ist aber auch möglich. Aufgrund der besseren Bioverfügbarkeit in Abhängigkeit von den Schadstoffen sollte der Abbau der Schadstoffe aber in geschlossenen Schlammreaktoren erfolgen. Feststoffgehalte von 30 % sollten hier wegen einer effizienten Abbauleistung nicht überschritten werden.

Kann eine weitere Reinigung der Restbodenfraktion nicht oder nur mit sehr großen Kosten durchgeführt werden, muß die Nachbehandlung darauf gerichtet sein, die Mobilität der Schadstoffe aufzuheben.

Durch Einlagerung der Restbodenanteile in Deponien ist eine Entsorgung möglich, wenn deren Aufbau gewährleistet, daß kein Übergang von belasteten Trägermedien ins Grund- und Oberflächenwasser oder in die Atmosphäre erfolgen kann.

Eine starke Immobilisierung der Schadstoffe kann dadurch erreicht werden, daß das Schadstoffkonzentrat in Kalk, Zement, Gips, Silikaten oder Beton verfestigt wird. Auch organische Bindemittel werden benutzt oder stehen in Erprobung.

J.5.4.7 Kosten der chemisch-physikalischen Bodenbehandlung

Kosten für das Bodenwaschen können nicht pauschal genannt werden.

Sie hängen nicht nur von den Schadstoffen, der Bodenstruktur, der Bodenmenge und der Bodenzusammensetzung, sondern auch von den für den Anlagenstandort gemachten Auflagen ab.

Unterscheiden muß man auch, ob es sich um eine Off-Site- oder On-site-Sanierung handelt. Ebenso muß berücksichtigt werden, ob die Schadstoffkonzentratentsorgung mit zum Entsorgungspreis/Waschpreis gehört oder nicht. Ein evtl. erforderlicher Arbeitsschutz beeinflußt den Waschpreis nicht unerheblich. Auch der geforderte Reinigungsgrad und damit die Wiederverwertbarkeit des gewaschenen Bodens ist ein die Kosten beeinflussender Faktor.

Von den Anlagenbetreibern werden für das Waschen nur Richtgrößen genannt. Diese bewegen sich zwischen 200 und 300 DM/t.

Ausnahmen bestätigen jedoch auch hier die Regel. Beim Kostenvergleich zwischen den einzelnen Anlagenbetreibern ist der Bewertung von im Boden versteckten Mängeln = Risiken (Änderung der Schadstoffe, Menge und Zusammensetzung) höchste Aufmerksamkeit zu schenken. Hierbei können die genannten Behandlungspreise sehr verzerrt werden und lassen somit einen direkten Preisvergleich nicht zu.

J.5.5 Elektrokinetisches Verfahren

J.5.5.1 Grundprinzip

Das elektrokinetische Verfahren, das auch als Elektrosanierung bekannt ist, basiert auf den elektrokinetischen Prozessen Elektroosmose, Elektrophorese und Elektrolyse, die durch die Erzeugung eines permanenten elektrischen Feldes hervorgerufen werden [J.5.20] Unter *Elektroosmose* ist die Bewegung der Bodenflüssigkeit oder des Grundwassers von der Anode zur Kathode zu verstehen. Für den elektroosmotischen Transport sind die Beweglichkeit, Hydratation sowie Ladung der Ionen und geladenen Teilchen, die Ionenkonzentration, die Viskosität der Porenlösung und die Dielektrizitätskonstante sowie die Temperatur von Bedeutung. Mit *Elektrophorese* wird die Bewegung aller elektrisch geladenen Teilchen, wie z. B. Kolloiden, Tonteilchen, die in der Porenlösung schwimmen, organischen Teilchen, Tröpfchen usw. in der Bodenflüssigkeit oder im Grundwasser bezeichnet. *Elektrolyse* wird die Bewegung von Ionen oder Ionenkomplexen in der Bodenflüssigkeit oder im Grundwasser genannt.

Neben dem erprobten elektrokinetischen Verfahren wird derzeit an weiteren Verfahren zum elektrochemisch induzierten Stoffumsatz gearbeitet [J.5.21] Beide Verfahrensgruppen werden auch als elektrochemische Verfahren zusammengefaßt. Da der Entwicklungsstand zum elektrochemisch induzierten Stoffumsatz noch relativ gering ist und eine Reihe von Fragen in weiteren Forschungsprojekten zu klären sind, wird im folgenden das elektrokinetische Verfahren beschrieben [J.5.20].

Bei der Elektrokinese wird im Boden ein elektrisches Feld mit Hilfe von Elektroden erzeugt. Die Elektroden werden in einer oder mehreren Reihen als Kathoden und Anoden angelegt und mit Strom beaufschlagt. Infolge des zugeführten Stroms wandern die geladenen Teilchen zu den Elektroden. Die positiv geladenen Metall- oder Schwermetallteilchen bewegen sich zur entgegengesetzt geladenen Kathode und werden von dieser über einen Spülkreislauf entfernt. Das gleiche gilt für negativ geladene Teilchen, die zur entgegengesetzt geladenen Anode wandern. An der Anode entstehen durch Elektrolyse H^+-Ionen, die über das Grund- oder Bodenwasser zur Kathode gelangen. Da die H^+-Ionen eine gute Austauschkapazität gegenüber den Metallen und Schwermetallen besitzen, erhöhen sie die Gesamtaustauschkapazität des Systems.

Der Sanierungserfolg ist bei der Elektrokinese hauptsächlich von der Zusammensetzung des Bodens sowie vom Wassergehalt und pH-Wert in der ungesättigten Bodenzone abhängig. Von besonderem Interesse sind dabei die Tonmineralien und die Mineralien, die Calcium (z. B. Kalk, Gips), Magnesium oder Eisen enthalten.

Folgenden Gleichgewichten kommt bei der Elektrokinese eine besondere Bedeutung zu [J.5.20]

$$Me\,(Tonmineral) \leftrightarrow Me^{n+} + Tonmineral^{n-}$$
$$Me\,(OH)_n \leftrightarrow Me^{n+} + n(OH)^-$$
$$Me_x(CO_3)_m \leftrightarrow x(Me)^{n+} + m(CO_3)^{2-}$$
$$HCO_3^- \leftrightarrow H^+ + CO_3^{2-}$$

Für das Symbol Me kann jedes Metallion, wie z. B. Natrium, Kalium, Calcium, Magnesium, Eisen usw. sowie die Schwermetalle Kupfer, Nickel, Blei, Chrom usw. eingesetzt werden.

Im Grundwasser wird die Metallionenkonzentration von den Löslichkeitsprodukten der Carbonate und Hydroxide der einzelnen Metallionen und vom pH-Wert der Lösung bestimmt. Mit abnehmendem pH-Wert nimmt die Metallionenkonzentration zu.

J.5.5.2 Anwendungsbereiche

Das elektrokinetische Verfahren weist gute Anwendungsmöglichkeiten bei bindigen Böden (Tone, Schluffe und Feinsande) auf, die aufgrund ihrer Struktur einen hohen Wassergehalt aufweisen. Das Verfahren ist bei Verunreinigungen durch Schadstoffe, die eine elektrische Ladung besitzen bzw. ionisiert vorliegen, insbesondere für Schwermetalle, theoretisch aber auch z. B. für

Cyanide, Phosphate, Nitrate, polare organische Substanzen (z. B. Chlorphenole), unpolare PAK und PCB geeignet. Die Elektrokinese läßt sich sowohl in situ, on site als auch off site einsetzen. Weiterhin können die elektrokinetischen Prozesse für eine unterirdische Abschirmung von kontaminierten Standorten und Altablagerungen eingesetzt werden. Dabei wird die Kontamination durch einen elektrokinetischen Schirm in einem bestimmten Bereich abgesichert und das Grundwasser dekontaminiert [J.5.22].

Die Effektivität des Verfahrens wird durch die chemische Zusammensetzung des zu behandelnden Bodens, den Feuchtegehalt des Bodens sowie seine Durchlässigkeit bestimmt. So ist die Wirksamkeit in Böden mit einer hohen Metallionenaustauschkapazität geringer als in einem Boden mit geringer Austauschkapazität. Durch Veränderung des Säuregehaltes des Bodens kann die Wirksamkeit der elektrokinetischen Reinigung verbessert werden.

Bei der elektrokinetischen Sanierung sollten Laborexperimente anhand repräsentativer Bodenproben durchgeführt werden, um Angaben zur Sanierungsdauer und zum Energieverbrauch zu erhalten. Je höher der Kontaminationsgrad ist, desto größer ist der Zeitraum und der Energieverbrauch für die Dekontamination [J.5.23]. Für die Anwendung elektrokinetischer Verfahren zur Altlastensanierung sind Zeiträume zwischen einem und mehreren Monaten, aber auch bis zu mehreren Jahren zu veranschlagen.

Die Kosten der elektrokinetischen Bodensanierung hängen desweiteren vom Kontaminationsgrad und der Kationenaustauschkapazität ab. Die Kosten resultieren hauptsächlich aus dem Energieverbrauch. Für die Behandlung von 1 t Bodenmaterial sind Kosten zwischen 100 und 350 DM anzusetzen. Der Durchschnittswert liegt nach [J.5.23] bei 130 DM/t Bodenmaterial; dabei ist das angestrebte Reinigungsergebnis zu berücksichtigen.

Bei einer elektrokinetischen Abschirmung sind für eine Kostenschätzung vor allem die Geschwindigkeit der Grundwasserströmung und der Verunreinigungsgrad von Bedeutung, d. h. bei einer geringen Grundwasserströmung oder einer geringen Kontamination sind die jährlichen Energiekosten gering. Jedoch mit der Zunahme der Grundwasserströmung oder der Erhöhung des Verunreinigungsgrads steigen die Kosten stark an.

Bisher sind eine Reihe erfolgreicher Labor- und Technikumsversuche, In-Situ-Feldexperimente sowie Sanierungsprojekte in der Literatur beschrieben (u.a. [J.5.23, J.5.21, J.5.24, J.5.25]).

Die Elektrokinese ist ein vorwiegend für feinkörnige (tonige, schluffige, feinsandige) Böden und hohe Grundwasserstände bzw. hohen Wassergehalt des Bodens entwickeltes Sanierungsverfahren. Da diese geologisch-hydrologische Situation in Deutschland nicht vorherrschend ist, hat die Elektrokinese hier keine große praktische Bedeutung erlangt.

J.5.5.3 Konzeption und Anlagentechnik

Die wesentlichsten Bauteile einer elektrokinetischen Anlage sind die Elektroden und ihre Ummantelung (Bild J.5-29). Die Elektroden können sowohl waagerecht als auch senkrecht eingesetzt werden. In der Regel werden bei Kontaminationen bis 1,5 m Tiefe die Elektroden waagerecht, bei größeren Tiefen senkrecht installiert. Anoden und Kathoden sind in spezielle Zirkulationssysteme eingebunden, in denen z.B. Wasser mit seinen chemischen Additiven zirkuliert, um das Reaktionsmilieu und die Elektroden zu beherrschen. Die Schadstoffionen werden unterirdisch

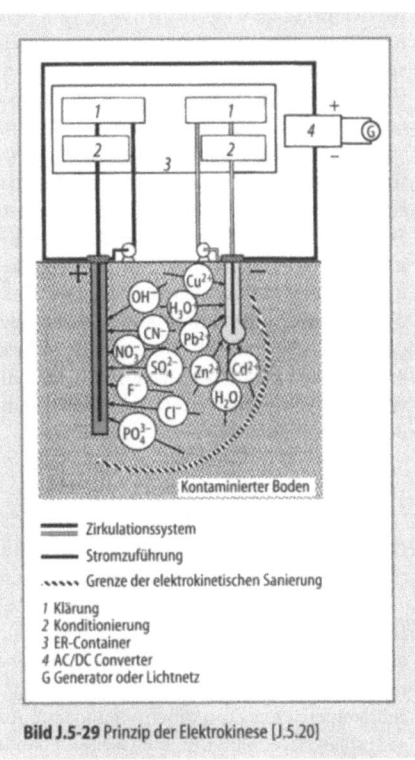

Bild J.5-29 Prinzip der Elektrokinese [J.5.20]

in der Flüssigkeit aufgefangen und oberirdisch einer Abwasserreinigungsanlage zugeführt, in der ihre Elimination stattfindet. Dazu sind Flüssigkeitsbehälter, Pumpen, Meß- und Regelinstrumente usw. notwendig, die genauso wie die Abwasserreinigungsanlage selbst in mobilen Containern untergebracht sind.

Bei der Abwasserreinigung fällt entweder ein Filtrat mit sämtlichen Metallhydroxiden oder eine sehr stark konzentrierte Metallösung an. Erfahrungen haben ergeben, daß sich die Menge der zu entsorgenden Reststoffe i. d. R. auf maximal 0,5 % der gesamten Menge des kontaminierten Bodenmaterials beschränken.

J.5.6 Behandlung und Entsorgung der Reststoffe aus Dekontaminationsverfahren

Die bei der Dekontamination von Altlasten angewendeten Techniken – thermische, biologische und Wasch- und Extraktionsverfahren – erzeugen gereinigten Boden, der sofort oder nach entsprechender Konditionierung einer Wiederverwendung oder einer Verwertung zugeführt werden kann. Dabei entstehen eine oder mehrere Schadstoffphasen, in denen die unerwünschten Beimengungen und Anhaftungen des zu reinigenden Materials konzentriert vorliegen. Diese Reststoffe benötigen nun eine weitergehende Behandlung, um sie verwerten oder entsorgen zu können.

Die Zielsetzung der Reststoffminimierung führt i. d. R. zu einer Aufkonzentration von Schadstoffen, bei der eine stoffliche Verwertung zur Schließung von Stoffkreisläufen selten möglich ist. Der Umweltrat empfiehlt daher die Auftrennung der Reststoffe in deponiefähige Rückstände (Schadstoffkonzentrate z. B. für die Untertagedeponie) und in schwachkontaminierte, verwertbare Fraktionen [J.5.1], wobei physikalische Trennverfahren gegenüber chemischen Schlammbildungsreaktionen der Vorzug zu geben ist.

J.5.6.1 Übersicht Reststoffe

Prozeßbedingt fällt bei den Wasch- und Extraktionsverfahren, die eine Reinigung nur durch Trennung erreichen, die gesamte Schadstofffracht des aufgegebenen Materials als Reststoff in Form organischer und/oder schwermetallhaltiger Schlämme an. Diese hochkontaminierten Schlämme, deren Zusammensetzung vom Ausgangsmaterial abhängt, müssen weiterbehandelt oder abgelagert werden.

Thermische Dekontaminationsverfahren, die eine Reinigung durch hitzevermittelte Desorption und anschließende Oxidation der organischen Schadstoffe erreichen, produzieren in der erforderlichen Entstaubung und Rauchgasreinigung Reststoffe in Form von Filterstäuben, die mit anorganischen Verbindungen wie z. B. Schwefeloxiden, Chlor- und Fluorwasserstoffen oder Schwermetallen belastet sind.

Bei biologischen Verfahren, die unter Ausnutzung der natürlichen Abbaukompetenz der mikrobiologischen Flora eine Degradierung der Schadstoffe zu niedermolekularen Verbindungen ermöglichen, kann mit Schadstoffen belastetes oder mit zugesetzten Nährstoffen befrachtetes Abwasser auftreten, das behandelt werden muß.

J.5.6.2 Thermische Verfahren

J.5.6.2.1 Verbrennung, Verschwelung

Die Behandlung von Reststoffen kann durch Verbrennung oder Verschwelung erfolgen, wenn es sich bei den Kontaminationen der Schadstoffphase um austreibbare organische, anorganische und/oder chlorierte Verbindungen sowie flüchtige Schwermetalle handelt (Verfahrensbeschreibung s. Abschn. J.5.2). Eine Behandlung der bei den thermischen Verfahren selbst anfallenden Reststoffe aus der Rauchgasreinigung erfolgt meist in der erzeugenden Anlage selbst, sofern keine Deponierung erforderlich ist.

Durch die thermische Behandlung können die bei der Sanierung von Altlasten durch Bodenwäsche häufig anfallenden Restschlämme mit organischen Belastungen so behandelt werden, daß die Schadstoffphase drastisch verringert wird. Bei geeigneter Prozeßführung und passendem Schadstoffspektrum können Reststoffe rückstandsfrei behandelt und entsorgt werden.

J.5.6.2.2 Verglasung

Das Einschmelzen von Verbrennungsrückständen, auch Verglasen genannt, führt zu einer zuverlässigen Inertisierung und stellt damit ein Behandlungsprinzip dar, das zu einem deponiefähigen Produkt führt, das auch im Straßen- und Wegebau wiederverwendet werden kann. Von verschiedenen Herstellern werden unterschiedliche Verfahren angeboten [J.5.26-J.5.30]. Allen gemeinsam ist das Einschmelzen der aufgegebenen Schlacken und Flugstäube bei Temperaturen zwischen 1200 und 2000 °C und die beim Wiederabkühlen erzielte Einbindung der toxischen Verbindungen und Elemente. Neben diesem Schmelzgranulat fallen bei diesen Verfahren Salze aus der erforderlichen Abgasreinigung an, die abgelagert werden müssen.

Der Verbrauch fossiler Brennstoffe, der bei allen Verfahren zur Erzielung der hohen Ofentemperaturen nötig ist (z. B. 120 – 170 l/t beim Flammenkammerschmelzverfahren), stellt einen Nachteil dar.

J.5.6.3 Biologische Verfahren

Ein biologisches Verfahren für die Behandlung von Reststoffen aus einem Dekontaminationsverfahren ist die mikrobiologische Behandlung von Restschlämmen, die bei der Bodenwäsche

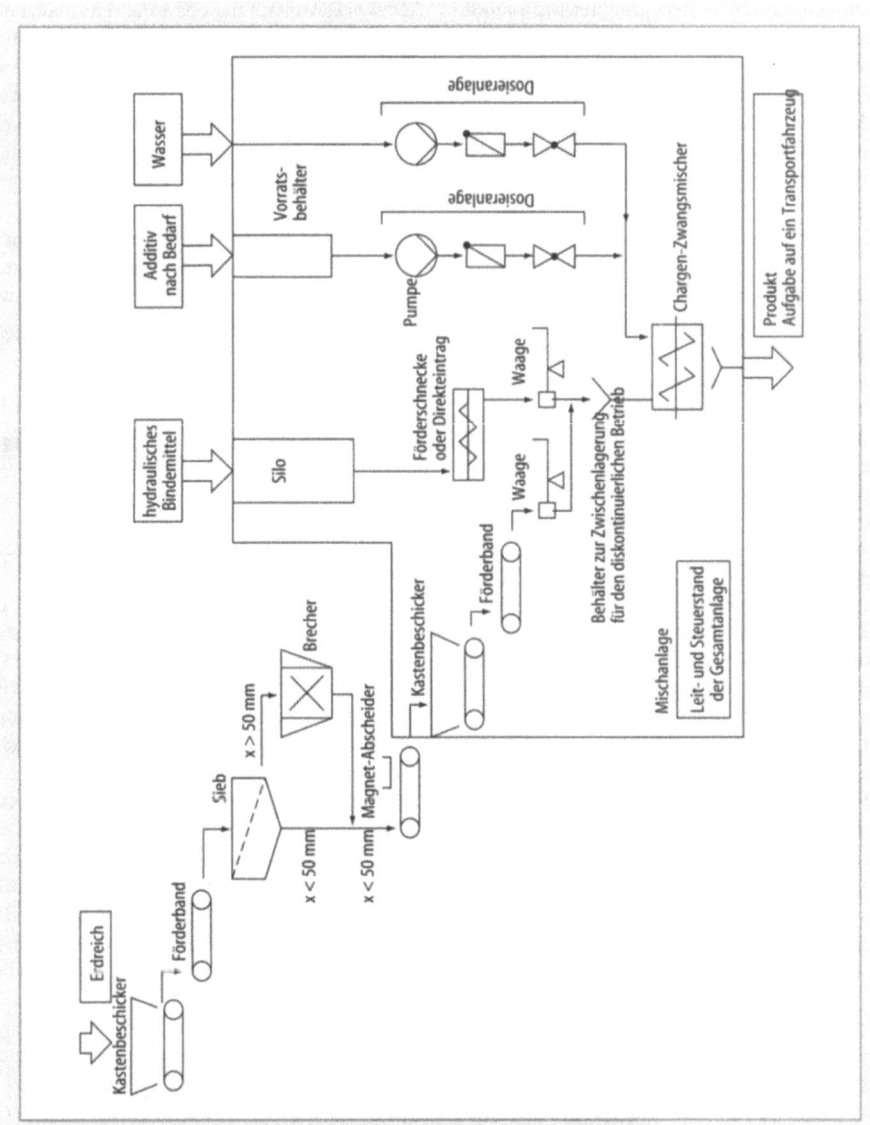

Bild J.5-30 Verfahrensfließbild Schadstoffeinbindung durch Verfestigung [s. Abschn. J.5.6.4]

anfallen. Diese Behandlung war Bestandteil eines Sanierungskonzepts für einen kontaminierten Gaswerkstandort [J.5.31]. In diesem Einzelfall konnte durch eine Off-Site-Behandlung in Mieten die standorttypische Kontamination mit polyzyklischen aromatischen Kohlenwasserstoffen innerhalb von sechs Monaten weitgehend abgebaut werden.

Trotz dieser erfolgreichen Anwendung sind biologische Verfahren für die Behandlung der hochkontaminierten Reststoffe aus Dekontaminationsverfahren weniger geeignet. Insbesondere durch die starke Anreicherung von Schwermetallen, wie sie typischerweise bei Filterstäuben aus Rauchgasreinigungen und in Abwasserschlämmen auftreten, erweisen sich diese Schadstoffphasen als zu toxisch, um in vertretbaren Zeiträumen abgebaut zu werden.

J.5.6.4 Verfestigung

Schadstoffeinbindung durch Verfestigung (Verfahrensbeschreibung s. Abschn. J.4.7) stellt ein Behandlungs- und Entsorgungsverfahren dar, das einen langfristigen Entzug der toxischen Stoffe aus der Bioverfügbarkeit zum Ziel hat.

Neben der Sanierung von Altlasten kann dieses Verfahren auch für die Immobilisierung von Reststoffen aus der Rauchgasreinigung angewendet werden. Die Einbindung der toxischen Stoffe erfolgt auf chemischem und physikalischem Wege. Die Herstellung eines schwer auslaugbaren Verfestigungskörpers kann teilweise sogar ohne, teilweise mit hydraulischen und organischen Bindemitteln und anderen Additiven erfolgen. Die Zugabe dieser Stoffe ist in erster Linie vom Schadstoffspektrum und der Konsistenz des Inputmaterials sowie den Güteanforderungen für den jeweiligen Verwendungszweck abhängig. Grundsätzlich gibt es für dieses Verfahren keine Einschränkungen für das zu behandelnde Material, jedoch lassen Wirtschaftlichkeitserwägungen bei zu hohen Bindemittel- und Additivanteilen eine direkte Deponierung von Reststoffen günstiger erscheinen (Bild J.5-30).

Der Einbindeerfolg ist jeweils unter Berücksichtigung der Bindungs- und Freisetzungsmechanismen durch Ermittlung möglicher Schadstofffrachten zu beurteilen. Trotz der Zugabe von Bindemitteln und Wasser (Massenmehrung) wird bei der Verfestigung von Filterstäuben und Salzen eine Volumenreduzierung erzielt. Für den Einsatz des Immobilisierungsverfahrens sind Güteanforderungen aufzustellen und zu kontrollieren; bundeseinheitliche Vorschriften liegen hierzu nicht vor (vgl. hierzu Abschn. J.4.7). Die Anforderungen, die an Deponiegüter zu stellen sind, werden i. allg. durch die unter Zugrundelegung eines auf den Einzelfall abgestimmten Qualitätssicherungssystems hergestellten Immobilisate erfüllt.

J.5.6.5 Deponierung

Die bei Dekontaminationsverfahren anfallenden Reststoffe sind wegen der hohen Konzentration an toxischen Stoffen ohne weitere Behandlung i. allg. nur für eine Ablagerung auf Sonderabfalldeponien geeignet. Filterstäube aus der Rauchgasreinigung müssen aufgrund der hohen Gehalte an Schwermetallsalzen unter Tage abgelagert werden.

Derzeit ist die Deponierung der Reststoffe mangels verfügbarer bzw. finanzierbarer Anlagentechnik bei fast allen stationären Bodenbehandlungsanlagen der Regelfall.

J.6 Bewertungsmodell zur Auswahl geeigneter Sanierungsverfahren (BESAL)

J.6.1 Einführung

Wird in einer Gefährdungsabschätzung für einen kontaminierten Standort ein Sanierungsbedarf aufgezeigt, so erfolgt anschließend die Sanierungsuntersuchung. Hier muß für jeden Einzelfall unter Beachtung der jeweiligen Standortrandbedingungen eine geeignete Sanierungslösung ermittelt werden.

Angesichts der hohen Zahl von bisher 140.000 erfaßten Verdachtsflächen in Deutschland ist dabei eine einheitliche und effektive Vorgehensweise in allen Phasen unbedingt erforderlich. Es besteht dringender Bedarf an strukturellen Hilfen, anhand derer ökologisch und ökonomisch sinnvolle Entscheidungen getroffen werden können.

Das in Abschn. J.6.2 dargestellte Bewertungsmodell soll für die Phase der Sanierungsuntersuchung eine strukturierte Vorgehensweise bei der Verfahrensauswahl ermöglichen. Es wurde im Rahmen eines an der Ruhr-Universität Bochum durchgeführten interdisziplinären Forschungsvorhabens im Auftrag des Ministers für

Umwelt, Raumordnung und Landwirtschaft NRW erarbeitet. Der vorliegende Beitrag gibt einen Überblick über die dem Bewertungsmodell zugrundeliegende Struktur, die die Bearbeiter zu einer systematischen und nachvollziehbaren Vorgehensweise bei der Verfahrensauswahl führen. Nach Abschluß des z. Zt. durchgeführten Praxistests wird das Bewertungsmodell in Form eines Leitfadens veröffentlicht; zusätzlich ist eine EDV-Version in Bearbeitung.

J.6.2 Anforderungen an ein Bewertungsmodell

Die Auswahl des geeignetsten Sanierungskonzepts erfordert zahlreiche individuelle Entscheidungsschritte, die z. T. durch die Motive, die der Sanierungsuntersuchung zugrunde liegen, begründet sind, z. T. aber auch durch die örtlichen Randbedingungen beeinflußt werden:
- Entscheidung zwischen verschiedenen Nutzungsvarianten,
- räumliche Eingrenzung der zu sanierenden Standortbereiche,
- Entscheidung zwischen Schutz- und Beschränkungsmaßnahmen, Dekontamination, Sicherung und Umlagerung,
- Entscheidung zwischen möglichen Sanierungsverfahren (vergl. Tabelle J.6-1),
- Auswahl von Zusatzmaßnahmen, Zwischenlagerungsflächen, Anlagenstandort usw.

Angesichts der zahlreichen, zum Großteil standortabhängigen Einflußfaktoren bzgl. der Vor- und Nachteile der jeweiligen Handlungsalternativen und der vom Einzelfall abhängigen Bedeutung der einzelnen Beurteilungskriterien liegt eine komplexe Entscheidungssituation vor.

Mit wachsender Anzahl möglicher Handlungsalternativen und der Auswahl zugrunde liegender Zielsetzungen steigt der Bedarf nach geeigneten methodischen Hilfsmitteln zur Unterstützung des Auswahlvorgangs. Ein Bewertungsmodell, das den Entscheidungsprozeß in der Sanierungsuntersuchung abbildet und in geeigneter Weise strukturiert, kann zu einer erheblichen Vereinfachung der individuellen Entscheidung und darüber hinaus zur Vereinheitlichung der Vorgehensweise beitragen.

Die Entwicklung eines solchen Bewertungsmodells unterliegt stets dem Spannungsbogen zwischen akademischem Anspruch und praktischer Anwendbarkeit. In jedem Fall ist allerdings die Frage zu stellen, wie weit sich im Hinblick auf die praktische Anwendbarkeit etwas vereinfachen läßt, ohne daß wesentliche Aspekte vernachlässigt werden, da eine Vereinfachung stets Informationsverlust mit sich bringt [J.6.1].

Neben der Handhabbarkeit und Nachvollziehbarkeit sind von einem Bewertungsmodell folgende Eigenschaften zu fordern (vergl. z. B.: [J.6.2]):
- weitgehende Objektivität, d.h. Unabhängigkeit der Ergebnisse von der Person des Anwenders
- hohe Zuverlässigkeit, d.h. Eindeutigkeit bei wiederholter Anwendung
- hohe Validität, d.h. gute Übereinstimmung „zwischen dem, was ein Verfahren mißt, und dem, was es messen soll"

Unter Berücksichtigung der vielfältigen Ausgangssituationen bei der Sanierung von Altlasten ergeben sich darüber hinaus weitere Anforderungen:

Breite Anwendungsmöglichkeiten

Ein zu verallgemeinerndes Bewertungsmodell soll auf kleine Schadensfälle (z. B. Lösemittel-

Tabelle J.6-1 Mögliche Sanierungsverfahren und üblicher Einsatzort

Sanierungsverfahren	Üblicher Einsatzort
Dekontamination	
1. Thermische Verfahren	off site
2. Mikrobiologische Verfahren	
– In-Situ-Verfahren	in situ
– Mieten und Beete	on/off site
– Bioreaktoren	off site
3. Wasch- und Extraktionsverfahren	
– Waschverfahren	on/off site
– Extraktionsverfahren	on/off site
4. Elektrokinetische Verfahren	in situ
5. Aktive pneumatische Verfahren (Bodenluftabsaugung)	in situ
6. Aktive hydraulische Verfahren	in situ
Sicherung	
7. Einkapselungsverfahren	
– Oberflächenabdichtung	in situ
– vertikale Dichtwände	
– nachträgliche Basisabdichtung	
8. Immobilisierungsverfahren	
9. Passive pneumatische Vefahren	on/off site
10. Passive hydraulische Verfahren	in situ
	in situ

schäden kleinen Ausmaßes) und auch auf komplexe Altlasten (z. B. Wohnbebauung auf einem ehemaligen Industriestandort) anwendbar sein.

Unterstützung bei der Entwicklung von Handlungsalternativen

Bevor eine Rangfolge der Handlungsalternativen unter Berücksichtigung der mit Präferenzen zu belegenden Vor- und Nachteile festgelegt werden kann, sind die wesentlichen Grundgedanken der einzelnen Sanierungslösungen zu erfassen, da ein Vergleich von nur unzulänglich durchdachten Lösungsalternativen das Ergebnis wertlos macht.

Nachvollziehbarer Umgang mit Informationsrisiken

Aufgrund der relativ „jungen" Problematik der Altlasten einerseits und der ständig fortschreitenden Entwicklung der Technologien andererseits liegen bisweilen erhebliche Informationsdefizite bezügl. Leistungsfähigkeit und Einsatzgrenzen der Sanierungsverfahren vor (vergl. z. B. [J.6.3]). Weiterere Unsicherheitsfaktoren stellen z. B. die räumliche Ausdehnung der kontaminierten Bereiche und auch die Angaben über Schadstoffinventar und -verteilung dar. Im Rahmen eines strukturierten Bewertungsmodells ist ein nachvollziehbarer Umgang mit diesen Informationsdefiziten vorzusehen.

Die o. g. Anforderungen sind als Grundlage für die Konstruktion eines geeigneten Bewertungsmodells zu sehen; im Sinne der praktischen Handhabbarkeit mußten bei der Entwicklung des Bewertungsmodells im Hinblick auf den Detailliertheitsgrad an einigen Stellen geeignete Kompromisse gefunden werden.

J.6.3 Zielsetzungen der Altlastensanierung

Wichtigste Zielsetzung einer Altlastensanierung ist die Verringerung des vorhandenen Gefährdungspotentials. Sanierungszielwerte für Dekontaminationsmaßnahmen und adäquate Vorgaben bei Sicherungsmaßnahmen sind im Einzelfall unter Berücksichtigung der Standortrandbedingungen schutzziel- und nutzungsbezogen festzulegen. Zur Bewertung des Erfolgs einer Sanierungsmaßnahme müssen weitere Zielsetzungen berücksichtigt werden, wie z. B.:
- möglichst geringer Einsatz von Energie und umweltrelevanten Stoffen,
- zeitliche Randbedingungen,
- Nutzungsbeschränkungen,
- möglichst hohe Sicherheit des Gesamtkonzepts.

Die systematisch (i. d. R. hierarchisch) geordnete Menge aller für eine Bewertungs- bzw. Auswahlsituation relevanten Ziele wird als Zielsystem bezeichnet (vergl. z. B. [J.6.4]). Bild J.6-1 stellt ein zu verallgemeinerndes Zielsystem für die Sanierung von Altlasten dar, in dem vier Hauptzielsetzungen durch drei bis fünf Nebenziele konkretisiert werden. Das als Grundlage für das Bewertungsmodell entwickelte Zielsystem kann bei der Mehrheit der Sanierungsfälle für die erforderliche Auswahlentscheidung angewendet werden, und erfaßt dabei alle wesentlichen Vor- und Nachteile möglicher Handlungsalternativen. Es ist so aufgebaut, daß sich die Erfüllung der Ziele der untersten Zielebene durch eine konkret beschreibbare Handlung bzw. Eigenschaft festlegen läßt. Die Haupt- und Nebenziele sind im Leitfaden ausführlich erläutert und begründet.

Monetär bewertbare Vor- bzw. Nachteile sind im Zielsystem nicht erfaßt, da das entwickelte Bewertungsmodell eine getrennte Betrachtung monetärer und nichtmonetärer Aspekte vorsieht.

J.6.4 Das Bewertungsmodell zur Auswahl geeigneter Sanierungsverfahren (BESAL)

Mit dem Bewertungsmodell für Altlastensanierungsverfahren soll erreicht werden, daß im Anwendungsfall ein möglichst objektiver Vergleich der verfügbaren Dekontaminations- und Sicherungsverfahren unter den standortspezifischen Bedingungen stattfindet. Der Aufbau des entwickelten Bewertungsmodells sieht mehrere Stufen und Teilschritte (s. Bild J.6-2) vor. Nachfolgend werden die einzelnen Stufen zur Bewertung und Auswahl geeigneter Sanierungsverfahren kurz vorgestellt.

J.6.4.1 Konkretisierung der Ausgangssituation für die Auswahl geeigneter Sanierungsverfahren

Als Voraussetzung für den Bewertungsprozeß werden im Einzelfall zahlreiche Eingangsinformationen benötigt, um die vorhandene Standortsituation konkretisieren zu können. Diese Eingangsinformationen ergeben sich in erster Linie

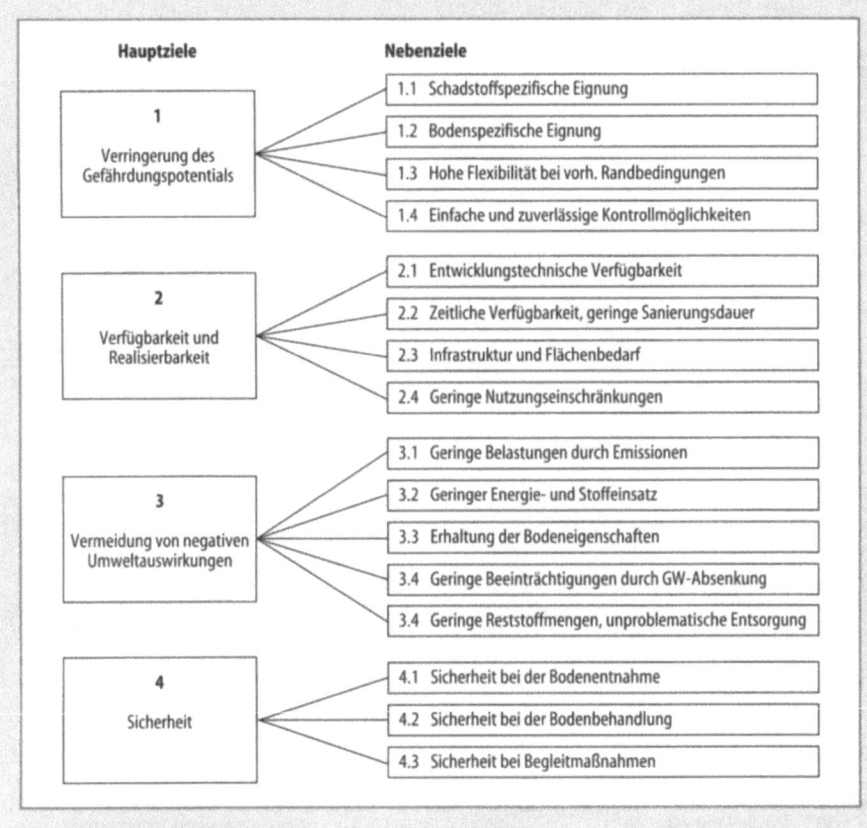

Bild J.6-1 Zielsystem „Standortbezogene Auswahl eines Sanierungskonzepts"

aus der Gefährdungsabschätzung, ggf. sind weiterführende Voruntersuchungen durchzuführen. Der Umfang und die Qualität der erforderlichen Informationen sind abhängig von der erreichten Stufe innerhalb des Auswahlverfahrens.

Große räumliche Ausdehnungen des zu untersuchenden Standortes, aber auch weitere Aspekte (z. B. Belastungsschwerpunkte und Muster) können eine Einteilung in Teilflächen erfordern. Sanierungsschwellenwerte dienen dabei der räumlichen Eingrenzung des Kontaminationsbereichs, der durch die Sanierungsmaßnahme erfaßt werden soll [J.6.5].

J.6.4.2 Vorauswahl

Die Gesamtzahl der Verfahren, die in der Bewertung für den Einzelfall zu betrachten sind, wird in einer sog. Vorauswahl reduziert. Die nachfolgenden differenzierten Bewertungsschritte (Detailbewertung) werden daher nur auf solche Verfahren angewendet, die unter den angetroffenen Standortbedingungen technisch geeignet sind. Die Vorauswahl sieht folgende Schritte vor:

- Vorauswahl geeigneter Dekontaminationsverfahren
  Als zu verallgemeinernde Ausschlußkriterien für die z. Zt. verfügbaren Dekontaminationsverfahren werden die Einsetzbarkeit der Technologien bei vorhandenen Bodenverhältnissen und bei dem jeweils gefährdungsrelevanten Schadstoffinventar zugrundegelegt.
- Vorauswahl geeigneter Sicherungsmaßnahmen
  Für jedes der Sicherungsverfahren liegen eigenständige Ausschlußkriterien (im Sinne einer Eingrenzung der jeweiligen Einsatzbereiche) vor, anhand derer im Einzelfall bezüglich der grundsätzlichen Einsetzbarkeit entschieden werden muß. So können z. B. passive pneuma-

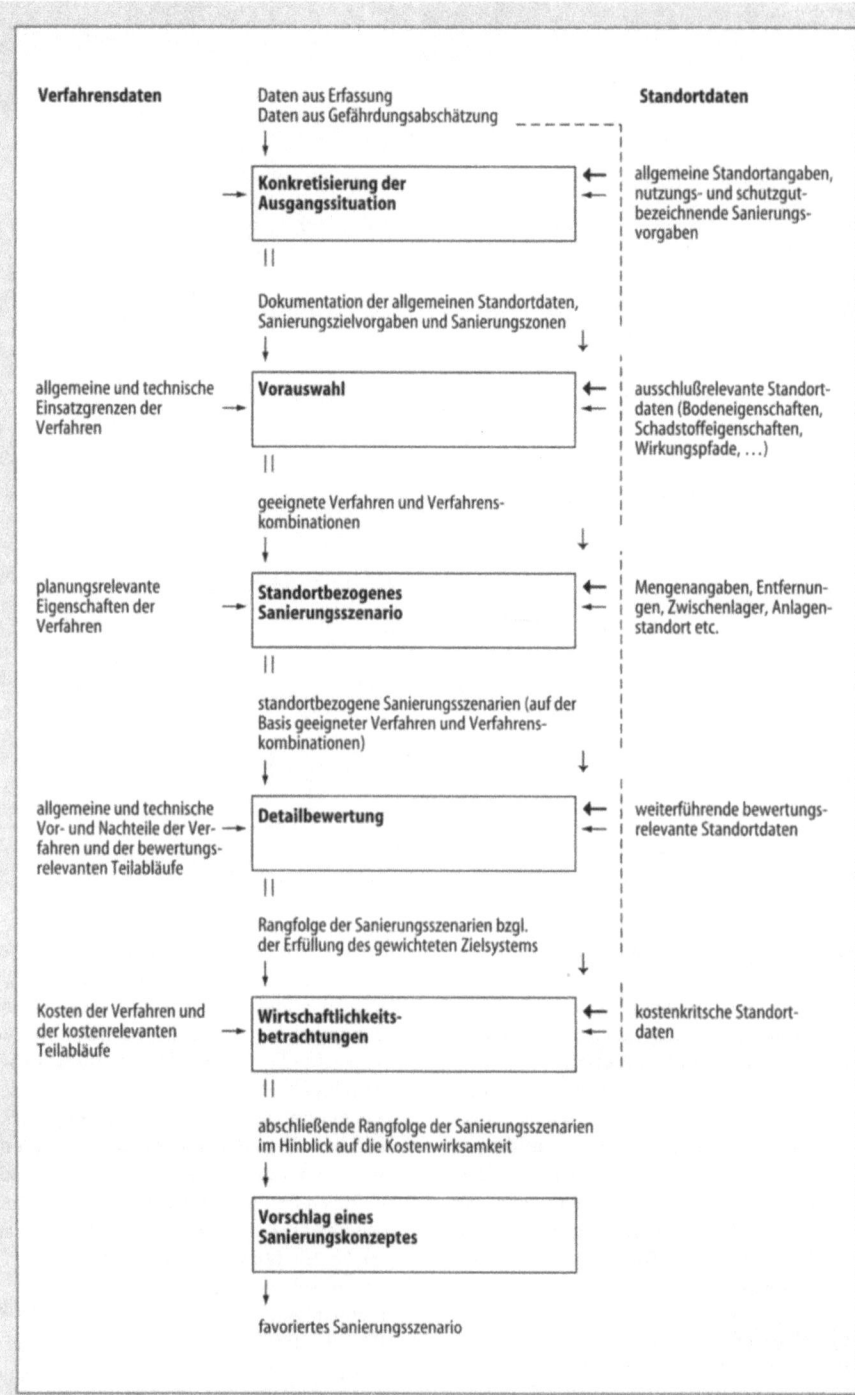

Bild J.6-2 Methodisches Vorgehen bei der Auswahl einer geeigneten Sanierungsmaßnahme

tische Verfahren nur für den Gefährdungspfad „Ausgasung" wirkungsvoll eingesetzt werden. Eine weitergehende Eingrenzung der Sicherungsverfahren, insbesondere der Einkapselungselemente, z. B. durch Festlegung auf bestimmte zu verwendende Materialien für ein Dichtwandsystem, erscheint in dieser Entscheidungsphase nicht sinnvoll.
- Vorauswahl von Verfahrenskombinationen
Es besteht die Möglichkeit, in einem weiteren Vorauswahlschritt Verfahrenskombinationen auf ihre Einsetzbarkeit zu überprüfen. Dabei ist eine mehrstufige Behandlung (wie z.B. die Reinigung durch Waschverfahren mit anschließender mikrobiologischer Behandlung) ebenso denkbar wie die weitergehende Differenzierung in Einsatzbereiche für mehrere parallel durchzuführende Maßnahmen (z.B. Dekontamination der Konzentrationsschwerpunkte, Einkapselung der verbleibenden, geringer belasteten Bereiche).
- Plausibilitätsprüfung
Als Plausibilitätskriterien werden solche Bewertungskriterien herangezogen, für die sich aus Erfahrung gezeigt hat, daß ein Ausschluß einzelner Verfahren bzw. Kombinationen bei Vorhandensein entsprechender Randbedingungen möglich und sinnvoll ist (z. B. Entwicklungsstand, zeitliche Aspekte).

Insgesamt wird dabei durch die Vorauswahl das Erreichen vorhandener Mindestzielerfüllungsgrenzen bzgl. des Zielsystems überprüft.

J.6.4.3 Entwicklung standortbezogener Sanierungsszenarien

Im Sinne einer standortbezogenen Sanierungsvorplanung sind durch die Bearbeiter anhand der gemäß Vorauswahl zur Verfügung stehenden Sanierungsverfahren standortbezogene Sanierungsszenarien zu entwickeln. Im Anwendungsfall ist zunächst eine stichwortartige Beschreibung des technologiespezifischen Sanierungsprinzips vorzunehmen. Anschließend erfolgt eine formalisierte Darstellung der jeweils bewertungsrelevanten Teilabläufe. Die Bearbeiter bekommen z. B. aus der Vorauswahl den Hinweis, daß thermische Verfahren grundsätzlich eingesetzt werden können. Bei der weiteren Vorgehensweise muß z. B. berücksichtigt werden, daß:
- der Boden ausgekoffert und transportiert werden muß,
- ggf. ein Zwischenlager erforderlich ist,
- ein Standort für die Anlage erforderlich ist,
- der behandelte Boden einer Wiederverwertung zugeführt werden muß.

J.6.4.4 Detailbewertung der Sanierungsszenarien

Das entwickelte Bewertungsmodell fordert in der Detailbewertung eine einzelfallbezogene, nutzwertanalytische Bewertung der alternativen Sanierungsszenarien. Dabei sind zwei alternative Vorgehensweisen vorgesehen:
- nutzwertanalytische Bewertung (quantitativ)
- modifizierte nutzwertanalytische Bewertung (qualitativ)

Die Bewertung erfolgt im Rahmen der nutzwertanalytischen Variante durch Bestimmung der Eignung (Teilnutzer) der alternativen Szenarien für sämtliche Nebenziele mit entsprechend begründeter Punktbewertung. Hierzu ist der einheitlich vorgegebene Bewertungsmaßstab heranzuziehen. Die Wertsynthese durch Aggregation der gewichteten Teilnutzen (Summen der Produkte aus Punktzahl und Gewichtungsfaktoren) führt zu einer Rangfolge der Sanierungsszenarien.

Die modifizierte nutzwertanalytische Variante sieht eine qualitative Beurteilung (hohe Zielerfüllung, geringe Zielerfüllung usw.) und zusätzlich eine vergleichende Reihung der Alternativen bzgl. der Nebenzielerfüllung vor. Die qualitativen Einzelbeurteilungen führen zu einem Verzicht der in der Nutzwertanalyse vorgesehenen additiven Wertsynthese. Die Rangfolge ist argumentativ unter Berücksichtigung der Einzelbeurteilungen zu bilden. Diese Vorgehensweise ist insbesondere bei vorhandener Unsicherheit der Einzelbeurteilungen sinnvoller, da kein mathematisch eindeutiges Ergebnis vorgespiegelt wird.

In beiden Fällen hat eine sorgfältige Begründung der vorgenommenen Beurteilungen, der Gewichtungen und der ermittelten Rangfolge durch die Bearbeiter zu erfolgen.

Die standortbezogene Konkretisierung der Zielvorgaben zur Sanierung einer Altlast wird einerseits unter Berücksichtigung der vorhandenen Einflußgrößen (z. B. Angabe der vorhandenen Bodenart, Bebauungssituation usw.) realisiert. Andererseits legen die Bearbeiter die Bedeutung der Zielvorgaben einzelfallorientiert und unter Berücksichtigung sämtlicher verfügbarer Standortdaten durch entsprechende Gewichtung jeweils neu fest.

J.6.4.5 Wirtschaftlichkeitsbetrachtungen

Das vorliegende Bewertungsmodell sieht im weiteren Verlauf eine qualifizierte Voranfrage zur Kostenschätzung der Alternativen vor. Aufgrund der großen Spannweiten der in der Literatur angegebenen Kosten von Sanierungsverfahren und der starken Einzelfallabhängigkeit der Kosteneinflußfaktoren erscheint eine Einbeziehung der Verfahrensanbieter in dieser Phase sinnvoll. Insbesondere bei einem Vergleich von Dekontaminations- und Sicherungsmaßnahmen kann die Durchführung von Kostenvergleichsrechnungen den Einfluß unterschiedlicher Kostenarten (Investitionskosten, Betriebskosten usw.) verdeutlichen (s. z. B. [J.6.6]).

Das Ergebnis der qualitativen Detailbewertung wird mit den ermittelten Kosten für die jeweiligen Sanierungsszenarien im Sinne von Kostenwirksamkeitsbetrachtungen zusammengeführt. Die „Wirksamkeit" einer Sanierungsmaßnahme wird dabei als Grad der Zielerfüllung bzgl. des gewichteten Zielsystems definiert. Durch Festlegung von Restriktionen (Kostenobergrenze, Wirksamkeitsuntergrenze) und weiteren Handlungsvorgaben (Kostenminimierung, ggf. unter Berücksichtigung unterschiedlicher Nutzenbeiträge) erfolgt eine weitere Eingrenzung der Entscheidungsalternativen. Die verbleibenden Maßnahmen gelten als optimal im Sinne des Bewertungsmodells.

J.6.4.6 Vorschlag eines Sanierungskonzepts

Durch abschließende Grundsatzüberlegungen wird ein Sanierungskonzeptvorschlag festgelegt und dem Entscheidungsträger unterbreitet. Bestandteil des Vorschlags ist stets die ausführliche Dokumentation des Bewertungsablaufs.

J.6.4.7 Strukturierte Informationsbasis

Wichtiger Bestandteil des Bewertungsmodells ist eine strukturierte Informationsbasis als Unterstützung für den Anwender. Aktuelle Veröffentlichungen und der Auswertung von Praxisfällen entnommenes Fachwissen wurden hierfür methodisch aufbereitet und den Stufen und Teilschritten des Bewertungsmodells zugeordnet. Dies sind insbesondere:
- strukturierte Hinweise auf im Einzelfall zu beschaffende Standortdaten,
- die Darstellung und Begründung typischer Anwendungsgrenzen der Dekontaminations- und Sicherungsverfahren,
- Beurteilungsregeln für Dekontaminations- und Sicherungsverfahren unter Berücksichtigung möglicher Standortrandbedingungen.

Durch die gut strukturierte Form dieser Informationen ist eine ständige Aktualisierung der Informationsbasis bei Vorliegen neuerer Erkenntnisse möglich, wobei die Struktur des Bewertungsmodells beibehalten werden kann.

J.6.5 Möglichkeiten und Grenzen der Anwendung

Das vorgestellte Bewertungsmodell geht von der Entscheidungssituation aus, daß in der Sanierungsuntersuchung unter Vorgabe einer konkreten Nutzung eine geeignete Sanierungslösung zu entwickeln ist. Es unterstützt die Anwender bei der Entscheidung und ermöglicht eine einheitliche und intersubjektivierbare Vorgehensweise. Bei einer vergleichenden Gegenüberstellung nutzungsbezogener Sanierungslösungen sind monetäre und nichtmonetäre Aspekte zu berücksichtigen. Das entwickelte Bewertungsmodell wird dieser Problemstellung aufgrund der Kombination von Nutzwertanalyse und Kostenwirksamkeitsbetrachtungen gerecht. Durch das Bewertungsmodell wird die Entscheidungssituation im Rahmen der Sanierungsuntersuchung mit hinreichender Genauigkeit abgebildet.

Das Bewertungsmodell sieht nach einer mehrstufigen Vorauswahl geeigneter Technologien die systematische Heranführung des Anwenders an standortbezogene Handlungsalternativen (Sanierungsszenarien) vor. Somit ist im Einzelfall gewährleistet, daß auch die aus dem Verfahrensablauf bzw. aus erforderlichen Begleitmaßnahmen resultierenden bewertungsrelevanten Aspekte behandelt werden

Da im Rahmen einer konkreten Sanierungsuntersuchung nicht alle fehlenden Informationen für alle möglichen Handlungsalternativen ermittelt werden können, basiert das Ergebnis einer konkreten Anwendung in vielen Fällen auf plausiblen Abschätzungen bzgl. der Einzelbeurteilungen. Dies ist jedoch kein Argument, das gegen ein formalisiertes Bewertungsverfahren spricht. Vielmehr werden die im Einzelfall vorhandenen Informationsdefizite ja gerade durch ein formalisiertes Bewertungsverfahren aufgedeckt. Somit wird der Bedarf an weiterführenden Untersuchungen zur Bestätigung der getroffenen Annahmen mit dem Ergebnis des Bewertungsablaufs direkt aufgezeigt; in Machbarkeitsstudien können diese Annahmen bestätigt (bzw. im ungünstigen Fall) widerlegt werden.

Die vorgeschlagene Modifikation der zum Ergebnis der Detailbewertung führenden Wertsynthese sieht abweichend vom ursprünglichen Ansatz der Nutzwertanalyse den Verzicht auf ein quantitatives Ergebnis vor. Dabei wird die Wertsynthese der Einzelbeurteilungen argumentativ unter Berücksichtigung von Syntheseregeln vorgenommen und führt zu einer begründeten Rangfolge der Handlungsalternativen. Diese Vorgehensweise ist z. B. dann angemessen, wenn keine differenzierten Informationen bzgl. existentieller Fragen der verfahrensspezifischen Einsatzgrenzen verfügbar sind. Da die Rangfolge und die auf den Einzelbeurteilungen basierende Begründung gemeinsam das Ergebnis der Detailbewertung bilden, ist insgesamt die geforderte Transparenz und Nachvollziehbarkeit des Ergebnisses bei beiden Vorgehensweisen gewährleistet.

Die Qualität des Bewertungsmodells erweist sich erst durch die in NRW vorgesehene Anwendung in der Praxis. Dabei sollte in jedem Fall nach einem angemessenen Zeitraum eine Auswertung der Anwendungen stattfinden mit dem Ziel, die Erkenntnisse für eine Optimierung des Bewertungsmodells zu verwerten.

In jedem Fall ist durch die Einführung des Bewertungsmodells in die Praxis mit einer Effizienzsteigerung der Entscheidungsprozesse zu rechnen. Angesichts der auf bis zu 925 Mrd. DM geschätzten Gesamtkosten für die Altlastensanierung kann dies insb. auch zu einer deutlichen Kosteneinsparung führen (vergl. [J.6.7]).

Literatur

[J.1.1] Weber, H.H., Neumaier, H. (Hrsg.) (1993): Altlasten, Berlin: Springer, S. 6
[J.1.2] Weber, H.H., Neumaier, H. (Hrsg.) (1993): Altlasten, Berlin: Springer, S. 7
[J.1.3] Umweltbundesamt (Franzius) (1993)
[J.1.4] Kunze, H. (1993): Boden. In: Bretschneider, H., Lecher, C., Schmidt, M. (Hrsg.): Taschenbuch der Wasserwirtschaft, 1. Aufl. Parey
[J.1.5] Coldewey, G., Krahn, L. (1991): Leitfaden zur Grundwasseruntersuchung in Festgesteinen bei Altablagerungen und Altstandorten, Minister für Umwelt, Raumordnung und Landwirtschaft, NRW
[J.1.6] Krapp, L. (1979): Gebirgsdurchlässigkeit im Linksrheinischen Schiefergebirge – Bestimmungen und verschiedene Methoden. Mitt.-Ing. und Hydrogeol., Aachen
[J.1.7] Kölbel-Boelke, J. (1988): Diversität heterotropher Bakteriengemeinschaften in einem pleistozänen, sandig kiesigen Grundwasserleiter bei Bocholt/Westfalen. Z. Dtsch. Geol. Ges.
[J.1.8] Ministerium für Erziehung, Landwirtschaft, Umwelt und Forsten (MELUF), Baden-Württemberg (1985). Leitfaden für die Beurteilung und Behandlung von Grundwasserverunreinigungen durch leichtflüchtige Chlorkohlenwasserstoffe, Heft 3
[J.1.9] Mull, R. Battermann, G., Boochs, G. (1979): Ausbreitung von Schadstoffen im Boden. DVWK Bonn
[J.1.10] Mull, R. (1969): Modellmäßige Beschreibung der Ausbreitung von Mineralölprodukten im Boden. Mitt. Inst. f. Wasserwirtschaft, Hydrologie und landwirtschaftl. Wasserbau, TU Hannover, Heft 15
[J.1.11] US-amerikanische Richtwerte bei der Bodensanierung: Rosenkranz, Einsele, Harreß (Hrsg.): Bodenschutz, Erich Schmidt
[J.1.12] Aurand, K., Hässelbarth, K., Lange-Asschenfeld, H., Steuer, W. (1991): Die Trinkwasserverordnung, 3. Aufl. Erich Schmidt
[J.1.13] DVWK-Schriften (1991): Sanierungsverfahren für Grundwasserschadensfälle und Altlasten – Anwendbarkeit und Beurteilung, Heft 98, Parey
[J.1.14] van Lidth de Jeude, J.W. (1988): Leidvaad Bodensanering, 4. Aufl. Staatuitgeverig, S Gravenhage, Niederlande
[J.1.15] Kloke, A. (1991): Vorschlag für ein „Drei-Bereiche-System" zur Bewertung der Schadstoffbelastung im Boden. In: Rosenkranz, Einsele, Harreß (Hrsg.): Bodenschutz, Erich Schmidt
[J.1.16] Schleyer, R., Kerndorff, H. (1992): Die Grundwasserqualität westdeutscher Trinkwasserressourcen. Weinheim: VCH Verlagsgesell.
[J.1.17] Mull, R. und Schröder, W. (1992): Contaminated Sites in the Ownership of Federal Defense Forces. In: Braun, A., Boehr, L., Karpe, A.-J. (Eds.): Conversion – Opportunities for Development and Environment. Berlin: Springer
[J.1.18] Lühr, H.-P. (1993): Schwellenwerte und Gefahrenpotentiale. In: Weber, Neumann

(Hrsg.): Altlasten, 2. Aufl. Berlin: Springer, S. 133-151

[J.1.19] Popper, K.R., Lorenz, K. (1988): Die Zukunft ist offen, Piper

[J.1.20] Fehlau K.-P. (1989): Aspekte der Altlastenbeurteilung aus behördlicher Sicht. Gas - Erdagas gwf. 130, H8, 428-433

[J.1.21] Mull, R., Härig, F., Pielke, M. (1992): Groundwater Management in the Urban Area of Hannover, Germany. Inst. of Water- and Environmental Management

[J.1.22] Mull, R. und Mull, F. (1994): Improvement of Groundwater Quality - Cost effectiveness considerations. Intern. Colloq. Hydrotop 94, Marseille

[J.2.1] anonym: Sondergutachten Altlasten des Rates von Sachverständigen für Umweltfragen Bonn: Bundesministerium für Umwelt, Naturschutz und Rechtssicherheit, 1989

[J.2.2] anonym: Handbuch zur Altastenbehandlung in Sachsen, Teile 1-10; Dresden: Sächsisches Staatsministerium für Umwelt und Landesentwicklung (Hrsg.), 1994

[J.2.3] Bender, F. (Hrsg).: Methoden der angewandten Geophysik und mathematische Verfahren in den Geowissenschaften. - Angewandte Geowissenschaften Bd. 2; 1-766, Stuttgart: Enke 1985

[J.2.4] Berktold, A.; Schleicher, F.; Strobl, P.; Mathes, P.; Durlesser, H.P.: Möglichkeiten und Grenzen des VLF-R Verfahrens im Ingenieur/Umweltbereich. - Münchener Geophys. Mitt. 1, 65-86 1992

[J.2.5] Bredewout, J.W.: Detection of iron objects with magnetic and EM methods. - 52 EAEG Meeting. Copenhagen: 1990

[J.2.6] Bundesminister für Forschung und Technologie (Hrsg).: Buchveröffentlichungen des Verbundvorhabens „Methoden zur Erkundung und Beschreibung des Untergrundes von Deponien und Altlasten", Förderkennzeichen 146060 5 A0 1996

[J.2.7] Förstner, U.: Umweltschutztechnik - 1-462, Berlin, Springer 1990

[J.2.8] Fraser, D.: Resistivity mapping with an airborne multi-coil electromagnetic system. Geophysics 43 (1978) 144-172

[J.2.9] Hering, E., Schulz, W.: Kernkraftwerke, Radioaktivität und Strahlenwirkung. - Düsseldorf: VDI-Verlag 1987

[J.2.10] Homilius, J.; Flathe, H., Mundry, E, Vogelsang, D.: Geophysik in der Wassererschliessung. In: Schneider, H. (Hrsg.): Die Wassererschließung, 3. Aufl. Essen: Vulkan 1-876, 1988

[J.2.11] Meyer, C. de Stadelhofen: Anwendung geophysikalischer Verfahren in der Hydrogeologie, - Springer Berlin, Heidelberg 1995

[J.2.12] Militzer, H.; Weber, F. (Hrsg.): Angewandte Geophysik, Band 1 und 2. Wien, New York: Springer 1984/85

[J.2.13] Mundry, E., Homilius, J.: Dreischichtmodellkurven für geoelektrische Widerstandsmessungen - Schlumberger Anordnung. - Schweizerbart, Stuttgart 1979

[J.2.14] Repsold, H.; Schneider, E.: Bohrlochmessungen bei der Wassererschließung in Schneider, H. (Hrsg.): Die Wassererschliessung, 3. Aufl. Essen: Vulkan 1988

[J.2.15] Rüter, H.; Elsen, R.: Geophysikalische Methoden bei der Altlastenerkundung. In Thome'-Kozmiensky, K. J. (Hrsg.) Altlasten 3, 89-115. Berlin, EF-Verlag, 1989

[J.2.16] Thierbach, R., Mayhofer, H.: Elektromagnetische Reflexionsmessungen in Salzlagerstätten. - Fifth international symposium on salt, 393-403, Hamburg 1978

[J.2.17] Vogelsang, D.; Schimer, W.; Strassburger, A.: Materialien zur Altlastenbearbeitung, Band 2 (Leitlinien zur Geophysik an Altlasten). Karlsruhe: Landesanstalt für Umweltschutz Baden Württemberg 1990

[J.2.18] Vogelsang, D.: Geophysik an Altlasten, Leitfaden für Ingenieure, Naturwissenschaftler und Juristen,. - Springer 2. Auflage: 1-179; Berlin, Heidelberg 1993

[J.2.19] Vogelsang, D.: Environmental Geophysics.-Springer 1-173; New York, Heidelberg, Berlin 1995

[J.2.20] Vogelsang, D.: Grundwasser. - Springer 1-264; New York, Heidelberg, Berlin 1998

[J.2.21] Wallach, G.: Erkundungsmethodische Grundlagen der Risikobewertung von Altlastverdachtsflächen. - Radex-Rdsch 3/4, 583-597, Leoben 1991

[J.2.22] Ward, S. H. (Hrsg.): Geotechnical and Environmental Geophysics, Publ. 1-248; Tulsa

[J.3.1] Baugesetzbuch (BauGB) vom 08.12.1986, zuletzt geändert BGBl I, S. 2253

[J.3.2] Landesbauordnung Nordrhein-Westfalen (BauO NW) vom 07.03.1995, GV. NW., S. 218

[J.3.3] Laßl, M., Beine, R. A., Egenolf, B., Grieseler, G., Krakau, u., Overmann, L. (1995): Leitfaden zur Auswahl von Sanierungsverfahren für Altlasten; in Selke / Hoffmann (Hrsg): Wiedernutzung von Industriebrachen, Economica, Bonn 1995, S. 1-126

[J.3.4] Rat von Sachverständigen für Umweltfragen: Sondergutachten Altlasten; Deutscher

Bundestag, 11. Wahlperiode, Drucksache 11/ 6191, Bonn 1989; (Metzler-Poeschel, Stuttgart 1990)

[J.3.5] Rat von Sachverständigen für Umweltfragen: Sondergutachten Altlasten; Deutscher Bundestag, 13. Wahlperiode, Drucksache 13/ 318, Bonn 1995; (Metzler-Poeschel, Stuttgart 1995)

[J.3.6] Abfallgesetz für das Land Nordrhein-Westfalen (Landesabfallgesetz LAbfG) vom 21.06.1988, zuletzt geändert durch Gesetz vom 07.02.1995 GV. NW. S.134 – SGV. NW. 74

[J.3.7] Gesetz zum Schutz des Bodens – Artikel 1 Gesetz zum Schutz vor schädlichen Bodenveränderungen und zur Sanierung von Altlasten (Bundes-Bodenschutzgesetz – BBodenSchG); BT-Drucksache 13/9637 vom 14.01.1998 und BT-Drucksache 13/6701 vom 14.01.1997

[J.3.8] Gesetz zur Förderung der Kreislaufwirtschaft und Sicherung der umweltverträglichen Beseitigung von Abfällen (Kreislaufwirtschafts- und Abfallgesetz – KrW-/AbfG) vom 27.09.1994 (BGBl. I S. 2705), zuletzt geändert am 17.03.1998 (BGBl. I S. 502)

[J.3.9] Laßl, M. (1992): Grundsätzliche Entwicklung von Sanierungskonzepten; in Jessberger, H.-L. (Hrsg): 8. Bochumer Altlastenseminar 1992 – Erkundung und Sanierung von Altlasten; Balkema, Rotterdam 1992, S. 167-180

[J.4.1] ITVA-Fachausschuß H1: Arbeitshilfe „Hydraulische Maßnahmen", Entwurf Januar 1998

[J.4.2] ITVA-Fachausschuß H1: Entwurf der Arbeitshilfe „Bodenluftsanierung". altlasten spektrum 1/96 (1996), S. 43-49

[J.4.3] ITVA-Fachausschuß H1: Arbeitshilfe „Oberflächensicherung", (*Veröffentlichung in Vorbereitung*)

[J.4.4] DGGT – Arbeitskreis: Empfehlungen des Arbeitskreises „Geotechnik der Deponien und Altlasten", 2. Auf. Berlin: Ernst & Sohn 1993

[J.4.5] ITVA-Fachausschuß H1: Entwurf der Arbeitshilfe „Sicherung durch vertikale Abdichtung". altlasten spektrum 3/94 (1994) S. 164-171

[J.4.6] Gütegemeinschaft Recycling-Baustoffe : Ergänzung der RAL-RG 501/2, Anforderungen und Eluatwerte für die Aufbereitung zur Wiederverwendung von kontaminierten Böden und Bauteilen durch Immobilisierung/Verfestigung. Entwurf 1995

[J.4.7] Landesanstalt für Umweltschutz Baden-Württemberg: Handbuch Altlasten und Grundwasserschadensfälle, Immobilisierung von Schadstoffen in Altlasten. Materialien zur Altlastenbearbeitung (1994) [15]

[J.4.8] Wienberg, R., Förstner, U., Hirschmann, G.: Zur Verfestigung von Abfällen und den Prüfverfahren für verfestigte Abfälle. Vortrag der Fachtagung: Behandlung von Sonderabfall vor dem Hintergrund der TA Abfall, 08 - 11.05.1990 Berlin

[J.4.9] SRU (Der Rat der Sachverständigen für Umweltfragen): Altlasten II, Sondergutachten. Stuttgart: Metzler-Pöschel 1995

[J.4.10] Beckefeld, P.: Grundlagen und Einsatzmöglichkeiten der Schadstoffeinbindung durch Verfestigung. In: Jessberger, H.L. [Hrsg.]: Sicherung von Altlasten. A.A.Balkema, Rotterdam, Brookfield 1993

[J.4.11] ITVA-Fachausschuß „Technologien und Verfahren": Arbeitshilfe Schadstoffeinbindung durch Verfestigung als Möglichkeit der Immobilisierung. Ingenieurtechnischer Verband Altlasten e.V. [Hrsg.] 1994

[J.4.12] Länderarbeitsgemeinschaft Abfall (LAGA): Anforderungen an die stoffliche Verwertung von mineralischen Reststoffen/Abfällen, Technische Regeln 1994

[J.4.13] Landesamt für Wasser und Abfall Nordrhein-Westfalen: Beurteilung von Verfahren zur Verminderung der Mobilität von Schadstoffen in abzulagernden Abfällen. LWA-Materialien (1994) [1]

[J.4.14] N.N.: Entwicklung von Untersuchungsverfahren zur Beurteilung des Verhaltens von verfestigten Abfällen bei der Ablagerung auf Deponien und zur Festlegung von Güteanforderungen. Institut für Siedlungswasserwirtschaft und Institut für Grundbau und Bodenmechanik der TU Braunschweig, Forschungsbericht im Auftrag des RP Münster, Braunschweig 1986

[J.4.15] Beckefeld, P.: Schadstoffaustrag aus abgebundenen Reststoffen der Rauchgasreinigung von Kraftwerken – Entwicklung eines Testverfahrens. Mitteilung des Instituts für Grundbau und Bodenmechanik der TU Braunschweig 33 1991

[J.5.1] Rat von Sachverständigen für Umweltfragen: Sondergutachten Altlasten II; Deutscher Bundestag, 13. Wahlperiode, Drucksache 13/318, Bonn 1995; (Metzler-Poeschel, Stuttgart 1995)

[J.5.2] Rat von Sachverständigen für Umweltfragen: Sondergutachten Altlasten; Deutscher Bundestag, 11. Wahlperiode, Drucksache 11/6191, Bonn 1989; (Metzler-Poeschel, Stuttgart 1990)

[J.5.3] Field, M.A. et al. Combustion of Pulverized Coal The British Coal Utilisation Research Association, Leatherland 1967

[J.5.4] Zelkowski, J. Kohleverbrennung Band 8 der Fachreihe „Kraftwerkstechnik" 1986 VGB Kraftwerkstechnik GmbH, Essen

[J.5.5] Schröder, U., Gwosdz, A., Bartz, F.W. Berechenbarkeit von Kohlenstaubfeuerungen von Großdampferzeugern Babcock Mitteilungen Nr. 220, 1987

[J.5.6] Yagi, S., Kuni, I. Chem. Engng. Sci. 41, 1962

[J.5.7] Fitzer, Fritz, Technische Chemie Springer Verlag Berlin, Heidelberg 1989

[J.5.8] Titze, M. Gefährdungsabschätzung und Sanierungsmöglichkeiten einer Altlast am Beispiel eines ehemaligen Zinkhüttengeländes Diplomarbeit am Institut für Umweltverfahrenstechnik der Universität GH Essen, Dezember 1993

[J.5.9] Jüntgen, H., Heek, K.W. van Kohlevergasung – Grundlagen und technische Anwendung Bergbau Forschung GmbH, Essen Thiemig-Taschenbücher Band 94 1981

[J.5.10] DIN 51730, 1984 Bestimmung des Asche-Schmelzverhaltens

[J.5.11] De Leer, E.W.B., Fortschritte in der Behandlung von Böden, die mit chlor-organischen Verbindungen kontaminiert sind. Ein Vergleich zwischen den Niederlanden und den USA Zweiter internationaler TNO-BMFT Kongreß über Altlastensanierung, 1988 Kluwer Academic Publishers Dordrecht/Bosten/London

[J.5.12] Thermische Bodenreinigung in der Wirbelschicht Terra Tech 4/1994

[J.5.13] Thyssen Still Otto Firmenmitteilung 1994

[J.5.14] Nußbaumer, M., Gläser, E. Kritische Betrachtung der verfügbaren Technologien zur Reinigung kontaminierter Böden und deren Grenzen Vortrag Baugrundtagung 1990 in Karlsruhe, Sonderdruck

[J.5.15] Hochtief Nachricht Thermische Bodenreinigungsanlage Sonderdruck 10/1992

[J.5.16] Fischer, Kochling Praxisratgeber Altlastensanierung WEKA-Fachverlag Augsburg Mai 1994

[J.5.17] Hesel, R. et al. Technology demonstration of a thermal desorption-UV photolysis-process for decontaminating soils containing herbicide orange solving hazardous waste problems, Learning from Dioxins, J.H. Exner, Ed., ACS Symposium Series 338, 1987

[J.5.18] Kappers, F.I., Van Esbroek, M.L.P. Ökologische Gesundung dekontaminierter Böden. Zweiter internationaler TNO-BMFT Kongreß über Altlastensanierung, 1988 Kluwer Academic Publishers Dordrecht/Bosten/London

[J.5.19] Jessberger, H.L. Überblick über die Sanierungsmöglichkeiten von Altablagerungen und kontaminierten Standorten Seminar über Altlasten und kontaminierte Standorte, 2. April 1986

[J.5.20] Lagemann, R., Pool, W., Seffinga, G.A. 1991: Elektrosanierung: Sachverhalt und zukünftige Entwicklung; in: Jessberger, H.L. (Hrsg.): Erkundung und Sanierung von Altlasten; A.A. Balkema, Rotterdam, 1991, S. 173-182

[J.5.21] Rahner, D., Grünzig, H., Ludwig, G. 1995 Studie zur elektrochemischen Sanierung von Böden; in: TerraTech, Vereinigte Fachverlage, Mainz, 06/1995, S. 57-61

[J.5.22] Lagemann, R., Pool, W., Seffinga, G.A.: In situ-Bodensanierung durch elektrokinetischen Schadstofftransport; Firmeninformationen der Fa. Geokinetics, Delft, NL

[J.5.23] Lagemann, R., 1991: Elektrosanierung: Neue Technik für in situ- und On/Off-Site-Bodensanierung; in: Wasser, Luft und Boden; Vereinigte Fachverlage, Mainz, 7-8/1991, S. 83/84

[J.5.24] Goldmann, TH., Schlösinger, F, Rauner, ST. 1996: Versuche zur elektrokinetischen Sanierung eines mit Kupfer und Arsen Belasteten Bodens; in: TerraTech, Vereinigte Fachverlage, Mainz, 02/1996, S. 55-60

[J.5.25] Stichnothe, H., Czediwoda, A., Schönbucher, A. 1996: Fortschritte bei der elektrokinetischen Bodensanierung; in: TerraTech, Vereinigte Fachverlage, Mainz, 05/1996, S. 57-60

[J.5.26] Beinhoff, C.: Schmelzzyklonverfahren der KHD Humboldt Wedag AG (CORMIN). In: Reimann, D.O. (Hrsg.): Reststoffe aus der Rauchgasreinigung von Abfall- und Sonderabfallverbrennungsanlagen sowie von Kohlekraftwerken. Beihefte zu Müll und Abfall (1990), 29, 105-106

[J.5.27] Fujimoto, T.; Shin, K.; Shioyama, M.: Aufbereitung von Verbrennungsrückständen mit dem Hochtemperaturschmelzverfahren. Müll und Abfall, 21 (1989) (Nr. 2) 64-70

[J.5.28] Jochum, J.; Jodeit, H.; Wieckert, C.: Elektroschmelzverfahren der ABB. In: Reimann, D.O. (Hrsg.): Reststoffe aus der Rauchgasreinigung von Abfall- und Sonderabfallverbrennungsanlagen sowie von Kohlekraftwerken. Beihefte zu Müll und Abfall (1990), 29, 112-115

[J.5.29] Neubert, W.; Engelhardt, R.: Schmelzbehandlung beim KWU-Schwelbrennverfahren. In: Reimann, D.O. (Hrsg.): Reststoffe aus der Rauchgasreinigung von Abfall- und Sonderabfallverbrennungsanlagen sowie von Kohlekraftwerken. Beihefte zu Müll und Abfall (1990), 29, 107-111

[J.5.30] Pieper, H.; Zschocher, H.; Mayer-Schwinning, G.; Merlet, H.: SOLUR-Glasschmelzverfahren. In: Reimann, D.O. (Hrsg.): Reststoffe aus der Rauchgasreinigung von Abfall- und Sonderabfallverbrennungsanlagen sowie von Kohlekraftwerken. Beihefte zu Müll und Abfall (1990), 29, 116-118

[J.5.31] Balthaus, H.: In-Situ-Hochdruckbodenwäsche kontaminierter Böden nach dem System Holzmann. In: Franzius, Stegmann (Hrsg.): Handbuch der Altlastensanierung

[J.6.1] Schemel, H.-J. (1989): Methodische Hinweise zur Durchführung der UVP in Kommunen. In: Hübler, K.-H./ Otto-Zimmermann, H. (Hrsg.): Bewertung der Umweltverträglichkeit, Eberhard Blottner Verlag, Taunusstein

[J.6.2] Clauss, G., Ebner, H. (1967): Grundlagen der Statistik, Verlag Volk und Wissen, Frankfurt

[J.6.3] Stiezel, H.-J., Schött, W. (1993): Der Förderschwerpunkt „Modellhafte Sanierung von Altlasten" des Bundesministeriums für Forschung und Technologie; in: altlasten-spektrum 11 93, Erich Schmidt Verlag, Berlin

[J.6.4] Bechmann, A. (1988): Grundlagen der Bewertung von Umweltauswirkungen. In Handbuch der UVP, Erich Schmidt Verlag, Berlin

[J.6.5] MURL, Minister für Umwelt, Raumordnung und Landwirtschaft des Landes NRW (1991): Altlasten-ABC, Landwirtschaftsverlag, Münster

[J.6.6] Länderarbeitsgemeinschaft Wasser LAWA l 9901: Leitlinien zur Durchführung von Kostenvergleichsrechnungen, Gebr. Parkus KG, München

[J.6.7] Jessberger, H.L. (1993): Sicherung von Altlasten (Vorwort); 9. Bochumer Altlastenseminar, Balkema Verlag, Rotterdam

Ergänzende Literatur

Alef, K.: Biologische Bodensanierung, Methodenbuch VCH Verlagsgesellschaft mbH, Weinheim, 1994

Bartholome, E.: Ullmann Enzyklopädie der technischen Chemie, 4. Auflage Weinheim, Verlag Chemie, 1972

Beckefeld, P.; Knüpfer, J.: Untersuchungen verfestigter Reststoffe aus der Rauchgasreinigung. In: Reimann, D.O. (Hrsg.): Reststoffe aus der Rauchgasreinigung von Abfall- und Sonderabfallverbrennungsanlagen sowie von Kohlekraftwerken. Beihefte zu Müll und Abfall (1990), 29, 49-51

Brdicka, R./Dvorak, J.: Grundlagen der physikalischen Chemie Berlin, Deutscher Verlag der Wissenschaften, 1984

Busch, K. F., Luckner, L., Thiemer, K.: Lehrbuch der Hydrogeologie Gebrüder Bornträger, Stuttgart, 1993

Cook, A.M., Scholtz, R. und Leisinger, Th.: Mikrobieller Abbau von halogenierten aliphatischen Verbindungen. GWF-Wasser/Abwasser 129, 1988, S. 61-69.

DECHEMA: Mikrobiologische Reinigung von Böden; Beiträge des 9. DECHEMA-Fachgesprächs Umweltschutz 1991 und 1. Bericht des Interdisziplinären Arbeitskreises der DECHEMA „Umweltbiotechnologie - Boden" DECHEMA, Frankfurt/M., 1991

DECHEMA: Bewertung und Sanierung mineralöl-kontaminierter Böden; Resümee und Beiträge des 10. DECHEMA-Fachgesprächs Umweltschutz 1992 DECHEMA, Frankfurt/M., 1992

DECHEMA: Labormethoden zur Beurteilung der biologischen Bodensanierung; 2. Bericht des Interdisziplinären Arbeitskreises „Umweltbiotechnologie - Boden" DECHEMA, Frankfurt/M., 1992

DECHEMA: Biologische Testmethoden für Böden; 4. Bericht des Interdisziplinären Arbeitskreises „Umweltbiotechnologie - Boden", DECHEMA, Frankfurt/M., 1995

DECHEMA: In-Situ-Sanierung von Böden; Resümee und Beiträge des 11. DECHEMA-Fachgesprächs Umweltschutz 1996 DECHEMA, Frankfurt/M:, 1996

Deutscher Bundestag: Drucksache 11/6191, 1990 Sondergutachten „Altlasten" des Rates von Sachverständigen für Umweltfragen Verlag Dr. H. Heger, Bonn

Deutscher Bundestag: Drucksache 13/380, 1995 Sondergutachten „Altlasten II" des Rates von Sachverständigen für Umweltfragen Verlag Metzler u. Poeschel, Stuttgart 1995

DIN 4021, 1990. Aufschluß durch Schürfe und Bohrungen sowie Entnahme von Proben

Dott, W., Kämpfer, P.: Systematisierung der mikrobiologischen Untersuchung von Boden und Wasser, in Karl-J. Thome-Kozmiensky: Altlasten, EF-Verlag für Energie und Umwelttechnik GmbH, 1987

Doetsch, P., Dreschmann, P. (1992/1993): Verfahrensdokumente zur mikrobiologischen Bodenbehandlung. In Franzius, V.; Stegmann, R.; Wolf, K.; Brandt, E.: Handbuch der Altlastensanierung, Ordner 2, Kap. 5.4.1.1.0.0, Deckers-Verlag, G. Schenk, Heidelberg

Gesellschaft für Umweltverfahrenstechnik und Recycling/Ingenieurbüro für Altlastensanierung Dr. Sonnen/Trischler & Partner GmbH – Beratende Ingenieure Geotechnik, Umweltschutz: Handbuch Bodenwäsche, Handbuch Altlasten Bd. II Karlsruhe, Landesanstalt für Umweltschutz Baden-Württemberg, 1993

Hartinger, Dr., L.: Taschenbuch der Abwasserbehandlung, Bd. 1+2 Wien, Carl Hanser Verlag München 1988

Hennig, R.: Physikalisch-chemische Bodenreinigung nach dem Harbauer-Verfahren. In: Gossow, V. (Hrsg.): Altlastensanierung. Wiesbaden, Berlin: Bauverlag 1992

Ingenieurtechnischer Verband Altlasten (ITVA): Mikrobiologische Verfahren zur Bodendekontamination, ITVA-Arbeitshilfe, Berlin 1995

ITVA-Fachausschuß „Technologien und Verfahren": Arbeitshilfe Dekontamination durch Thermische Bodenreinigungsverfahren. Ingenieurtechnischer Verband Altlasten e.V. (Hrsg.), 1994

ITVA-Fachausschuß „Technologien und Verfahren": Arbeitshilfe Mikrobiologische Verfahren zur Bodendekontamination Ingenieurtechnischer Verband Altlasten e.V. (Hrsg.), 1994

Kästner, M., Mahro, B. u. Wienberg, R.: Biologischer Schadstoffabbau in Böden, Hamburger Berichte 5, Economica Verlag Bonn, 1993

Kleijntjents, R.H., 1991, Biotechnological slurry process for the decontamination of excavated polluted soil, Thesis TU Delft, The Netherlands

Klein, J.: Möglichkeiten und Grenzen der biologischen Reinigung PAK-kontaminierter Böden. altlasten-spektrum, Heft 1, 1993

Klein, J., Pfeifer, F., Sinder, Ch. and Mann, V.: Reinigung PAK kontaminierter Böden mit dem DMT-BIODYN-Verfahren, in: Sanierung kontaminierter Standorte, Erich Schmidt Verlag, Berlin 1995

Landesamt für Umweltschutz Baden-Württemberg: Handbuch „Mikrobiologische Bodenreinigung", Karlsruhe, 1991

Landesamt für Umweltschutz Baden-Württemberg: Hydraulische und pneumatische In-Situ Verfahren, Materialien zur Altlastenbearbeitung Band 16, Karlsruhe 1995

Länderarbeitsgemeinschaft Abfall LAGA [1991]: Informationsschrifft Altlablagerungen und Altlasten; in: Abfallwirtschaft in Forschung und Praxis Band 37, zugleich: LAGAMitteilungen 15. Erich Schmidt Verlag, Berlin

Langguth, H.-R., Voigt, R.: Hydrogeologische Methoden. Springer Verlag, Berlin, Heidelberg, New York, 1980

Luyben, K., 1991, Engineering aspects of bioconversion processes, Plenary paper presented at the ACHEMA'91, Frankfurt a.M.

Mann, V., Klein, J., Pfeifer, F., Sinder, Ch. and Hempel, D.C.: Bioreaktorverfahren zur Reinigung feinkörniger, mit PAH kontaminierter Böden TerraTech 1995, 69-72.1995

Matthess, G.: Lehrbuch der Hydrogeologie Gebrüder Bornträger, Stuttgart, 1983

Ministerium für Umwelt, Raumordnung und Landwirtschaft des Landes Nordrhein-Westfalen: Grundwasseruntersuchung in Festgesteinen bei Altablagerungen und Altstandorten, Düsseldorf 1991

Neumaier, H., Weber, H.H.: Altlasten, Erkennen, Bewerten, Sanieren. Springer Verlag 1996

Oostenbrink, I.M., Kleijntjens, R.H., Mijnbeek, G., Kerkhof, L., Vetter, P., Luyben, K. Ch. A. M.: Biotechnological Decontamination of Oil and PAH polluted Soils and Sediments using the $4m^3$ Pilot Plant of the „Slurry Decontamination Process" in W.J. van den Brink et al. (eds.), Contaminated Soil'95, 863-872 Kluwer Academic Publishers, 1995

Salzwedel, J. [1986]: Wasserrechtliche Instrumente zur Durchführung einer Sanierung und zur Begrenzung des Sanierungsaufwandes; in: VDG (Hrsg,): Altlastensanierung aus der Sicht des Gewässerschutzes: Schriftenreihe der VDG 52, Bonn

Schlegel, H.G.: Allgemeine Mikrobiologie, Georg-Thieme Verlag, Stuttgart, 1985

Schubert, H.: Aufbereitung fester mineralischer Rohstoffe, Bd. 1-3 Leipzig, VEB Deutscher Verlag für Grundstoffindustrie, 1989

Sinder, Ch., Fuisting, J. and Klein, J.: Feinkörnige Böden sanieren Umwelt, Nr.5 (1994), 232-234

SRU, Rat von Sachverständigen für Umweltfragen [1989]: Sondergutachten „Altlasten"; Deutscher Bundestag, 11. Wahlperiode, Drucksache 11/6191

SRU (Der Rat der Sachverständigen für Umweltfragen): Sondergutachten „Altlasten", Sondergutachten Dezember 1989. Stuttgart: Metzler-Pöschel 1990

Stadtmüller, J. Thermische Behandlung organischer und schwermetallverunreinigter Böden.

Umwelt Technologie Aktuell, GIT Verlag Darmstadt, UTA 5/1994

van Afferden, M., Beyer, M. and Klein, J.: Significance of bioavailability for the removal of PAH-contaminated soils, DECHEMA Biotechnology Conferences Vol.5, Part B, 1009-1012, 1992

Weber, Dr., H.H.: Altlasten Erkennen, Bewerten, Sanieren Berlin/Heidelberg, Springer-Verlag, 1990

Meß- und Analysetechnik

M.1 Luft

Unter den Begriffen Emission, Transmission und Immission sollen hier charakteristische Phänomene aus dem Bereich der Luftreinhaltung verstanden werden. Genau genommen gelten diese Begriffe für alle Bestandteile der Luft, des Wassers, des Bodens und alle Energiephänomene, wie z. B. Strahlung, Wärme, Schall und Erschütterung.

Emission. Übertritt luftverunreinigender Stoffe in die offene Atmosphäre. Der Ort des Übertritts ist die Emissionsquelle. Die Gesamtheit technischer Einrichtungen und Quellen wird als Emittent bezeichnet.

Transmission. Vorgänge, denen luftverunreinigende Stoffe in der offenen Atmosphäre unter dem Einfluß von Bewegungsphänomenen oder weiteren physikalischen und chemischen Reaktionen ausgesetzt sind.

Immission. Übertritt luftverunreinigender Stoffe von der offenen Atmosphäre in einen Akzeptor. Akzeptoren können Mensch, Tier, Pflanze, Boden, Materialien sein. Der Akzeptor kann am Übertritt aktiv oder passiv beteiligt sein, z. B. aktiv durch Adsorption und Deposition.

M.1.1 Emissionsmessungen

Die Notwendigkeit, Anlagen auf Einhaltung von Emissionsbegrenzungen zu überprüfen, ergibt sich aus den Vorschriften zum Immissionsschutz, z. B. dem Bundesimmissionsschutzgesetz, der technischen Anleitung zur Reinhaltung der Luft – TA Luft, der 13. BImSchV, der 17. BImSchV und der 2. BImSchV [M.1.1 – M.1.5]. Die in den einzelnen Vorschriften enthaltenen Anforderungen werden im Genehmigungsverfahren Bestandteil der jeweiligen Auflagen und Nebenbestimmungen, unter denen eine Anlage betrieben werden darf. Dagegen handelt es sich bei der Festlegung zur Überprüfung von Leistungsmerkmalen (Garantienachweis) von Anlagenteilen und Abgasreinigungsanlagen um privatrechtliche Vereinbarungen. Es kann auch die kontinuierliche Messung bestimmter Emissionen unter Verwendung aufzeichnender Meßgeräte gefordert sein.

M.1.1.1 Aufgabenstellung und Meßplanung

Typische Aufgabenstellungen sind Messungen zur Überprüfung der Einhaltung von Emissionsbegrenzungen, der Nachweis vereinbarter Garantien für Produktions- und Abgasreinigungsanlagen (sog. Abnahmemessungen), Messung zur Kalibrierung kontinuierlicher Emissionsmeßeinrichtungen, Messungen zur Ermittlung des Emissionsverhaltens der Anlage nach Verfahrensumstellung, Betriebsstörungen, Umbau usw.

Bei der Durchführung von Messungen kommt der Meßplanung große Bedeutung zu. Vor der Meßplanung ist sicherzustellen, daß die Aufgabenstellung der Messungen genau definiert ist. Dadurch wird vorgegeben, welche Meßgrößen bei bestimmten Randbedingungen mit welcher Genauigkeit des Ergebnisses ermittelt werden müssen. Notwendige Komponenten des Meßplans sind das Vorwissen über die zu untersuchende Anlage, z. B. technische Daten der Anlage, Angaben über Betriebsverhalten, Einsatzstoff, Lage der Meßstellen usw. Dazu kommen die Kenntnisse über die auszuwählenden Meßverfahren, die Personaleinsatzplanung und den Zeitablauf hinzu. Hilfestellung bei der Erstellung von Meßplänen gibt die VDI-Richtlinie 2448 [M.1.6]. Bereits bei der Anlagenplanung sind

Festlegungen über die Art der durchzuführenden Messung, die Anordnung der Meßstutzen und die Einrichtung der Meßstellen erforderlich. Dabei sind die Zugänglichkeit der Meßstelle und die an die Abgasführungen gestellten Mindestanforderungen zu beachten. Die Richtlinie VDI 2066, Blatt 1 enthält u. a. Hinweise auf die an der Meßstelle notwendige Mindestlänge der Ein- und Auslaufstrecke der Abgasführung [M.1.7]. In der TA Luft wird gefordert: „Die Meßplätze sollen ausreichend groß, leicht begehbar, so beschaffen sein und ausgewählt werden, daß eine für die Emission der Anlage repräsentative und meßtechnisch einwandfreie Emissionsmessung ermöglicht wird". Weitere Anforderungen werden an Meßverfahren und -einrichtungen gestellt. Die TA Luft legt fest, daß Emissionsmessungen unter Beachtung bestimmter Richtlinien und Normen der Kommission Reinhaltung der Luft im VDI und DIN durchgeführt werden. Diese Richtlinien beschreiben den jeweilig gesicherten Stand der Meßtechnik. Die Qualität der eingesetzten Meßverfahren muß den Anforderungen der Meßaufgabe angemessen sein. Zur Leistungsbeschreibung werden Kenngrößen für Meßverfahren verwendet, wie sie in der Richtlinie VDI 2449, Blatt 1 und 2 definiert sind, z. B. Nachweisgrenze und Bestimmungsgrenze [M.1.8, M.1.9].

Im allgemeinen soll die Nachweisgrenze kleiner als ein Zehntel der Emissionsbegrenzung sein. Die Reproduzierbarkeit eines Meßverfahrens wird aus einer Meßreihe zeitgleicher Doppelbestimmungen mit zwei vollständigen Meßverfahren bestimmt. Damit kann die Standardabweichung des Meßverfahrens in Abhängigkeit von der Anzahl der Meßwertepaare und der Stoffkonzentration abgeschätzt werden. Soweit registrierende Meßverfahren eingesetzt werden, sind z. B. Linearität des Meßsignals, Totzeit, Anstiegszeit, Nullpunkt- und Empfindlichkeitsdriften von Bedeutung. Selbstverständlich ist dabei, daß das Meßverfahren den Bereich der zu erwartenden Meßwerte abdeckt. Entsprechende Auswahlüberlegungen gelten auch für die Messung von Bezugsgrößen, z. B. O_2-Gehalt und die Zustandsgrößen Temperatur, Feuchte, Druck.

M.1.1.2 Meßverfahren und Probenahme

Für eine Reihe genehmigungsbedürftiger Anlagen werden vom Gesetzgeber Meßsysteme zur kontinuierlichen Überwachung von Emissionen gefordert. So schreibt z. B. die Verordnung über Großfeuerungsanlagen vor, daß Meßeinrichtungen zur kontinuierlichen Überwachung der Emissionen an Staub, Kohlenmonoxid, Stickstoffoxiden und Schwefeloxiden zu installieren sind [M.1.3]. In der 17. BImSchV wird die kontinuierliche Ermittlung, Registrierung und Auswertung von Kohlenmonoxid, Gesamt-Staub, organischen Stoffen (angegeben als Gesamt-Kohlenstoff), gasförmigen anorganischen Fluor- und Chlorverbindungen, Schwefeldioxid- und -trioxid und Stickstoffmonoxid und Stickstoffdioxid gefordert [M.1.4]. Daneben sind weitere Abgasparameter, z. B. Sauerstoffgehalt, Abgasvolumenstrom und Temperatur registrierend zu erfassen. Weitere Festlegungen werden in der TA Luft getroffen [M.1.2]. In allen Fällen wird darauf hingewiesen, daß die Anlage mit geeigneten Meßeinrichtungen und Meßwertrechnern auszurüsten sind. Geeignete Meßeinrichtungen, die sog. Mindestanforderungen erfüllen, werden vom Bundesumweltministerium veröffentlicht.

M.1.1.2.1 Stäube

Für die Messung partikelförmiger Stäube stehen sowohl manuelle Meßverfahren als auch kontinuierlich registrierende Verfahren zur Verfügung. Die manuellen Meßverfahren und ein Teil der registrierenden Verfahren werden in der Richtlinienreihe VDI 2066 beschrieben. Bei der Messung mit registrierenden Verfahren sind die gesetzlichen Mindestanforderungen [M.1.10] und die Eignungsbekanntgaben zu beachten.

Die Verfahren zur manuellen Staubmessung haben sich bewährt. Jedoch können bei sehr geringen Staubgehalten < 1 mg/m³ und in feuchtem übersättigten Abgas, z.B. nach Wascher, Meßprobleme auftreten. Ebenso stehen für die kontinuierliche Messung geeignete Verfahren zur Verfügung; jedoch sind nicht alle Meßverfahren gleichermaßen für die verschiedenen Aufgabenstellungen geeignet. Zum Beispiel ist es nicht möglich, bei übersättigten Abgasen mit optischen Transmissionsmeßgeräten zu arbeiten. Gleiches gilt für geringe Staubgehalte bei Abgasführungen mit kleinen optischen Meßweglängen. Bei wasserdampfgesättigtem Abgas wird zur Lösung der Meßaufgabe mit einer extraktive Probe entnommen und wieder aufgeheizt. Die Meßprinzipien sind Streulichtmessung, radiometrische Messung und Transmissionmessung (bei genügend langer Meßstrecke). Bei geringen Staubgehalten kommen die empfindlicheren Streulichtmeßgeräte zum Einsatz.

Manuelle Methoden – Konventionsverfahren

Die Probenahme des die Partikeln enthaltenen Abgases muß weitgehend geschwindigkeitsgleich erfolgen, damit es wegen der Trägheit der Teilchen bei der Probenahme nicht zu einer Entmischung bzw. Verschiebung oder Größenverteilung der Partikeln und damit zu einer Veränderung des Massengehalts kommt. Ist die Absauggeschwindigkeit zu groß gewählt, wird ein zu geringer Staubgehalt gemessen oder umgekehrt. Dieser Effekt ist von der Größenverteilung der Partikeln abhängig. Bei Partikeln mit einem aerodynamischen Durchmesser < 0,7 μm ist dieser Trägheitseinfluß vernachlässigbar. Eine schematische Darstellung der geschwindigkeitsgleichen Absaugung zeigt Bild M.1-1. In der Regel ist eine Teilstromprobenahme im Meßnetz erforderlich. Dabei wird vorausgesetzt, daß in dem jeweiligen Netzpunkt die mittlere Geschwindigkeit und Massenstromdichte für den Teilquerschnitt vorliegen (s. VDI 2066, Blatt 1).

Die erforderliche Anzahl der Meßpunkte richtet sich nach der Strömungsverteilung und nach der Fläche des Meßquerschnitts. Je ungleichmäßiger die Gas- und Staubverteilung ist, umso mehr Meßpunkte sind vorzusehen. Weiterhin ist zu beachten, daß an der Meßstelle eine möglichst störungsfreie Strömung vorliegt. Es ist eine ungestörte Ein- und Auslaufstrecke von insgesamt dem 6fachen des hydraulischen Durchmessers erforderlich. Zur Sicherstellung einer möglichst störungsfreien Strömung soll der Meß-/Probenahmeplatz in einer geraden Strecke des Abgaskanals mit gleichbleibender Größe und Form angeordnet werden. Störungen durch einmündende Gasströme, Umlenkungen, Querschnittsveränderungen, Einbauten, Ventilatoren usw. sind nicht zulässig. Bei der gravimetrischen Staubmessung wird aus dem Hauptvolumenstrom über eine Entnahmesonde geschwindigkeitsgleich ein staubbeladener Teilgasvolumenstrom entnommen.

Dabei werden die im Teilgasvolumen enthaltenen Partikeln in einem Rückhaltesystem, z. B. Filter aus Glasfaser, Quarzfaser oder -watte, abgeschieden. Der Staubgehalt ergibt sich aus der durch Differenzwägung ermittelten Staubmasse und dem zeitgleich bestimmten Teilgasvolumen. Die gravimetrische Staubmessung wird in der Richtlinienreihe VDI 2066 in den Blättern 1, 2, 3 und 7 beschrieben [M.1.7, M.1.11 – M.1.13]. Die Partikelabscheidung erfolgt bei diesen Verfahren direkt im Abgaskanal (in-situ) unter den dort herrschenden Abgasbedingungen. Die Einsatzmöglichkeiten dieser In-Situ-Verfahren sind begrenzt, falls die Messung in wasserdampfübersättigtem Abgas erfolgt.

Beispiel. In VDI 2066, Blatt 3 wird für feuchte, gesättigte Abgase eine Probenahmeanordnung beschrieben, bei der das Filter außerhalb des Abgaskanals angeordnet wird. Dabei werden die Probenahmesonde und das Filter beheizt, damit die Abscheidung der Partikeln bei Temperaturen oberhalb der Abgastemperatur quasi trocken erfolgt. In diesem Zusammenhang wird darauf hingewiesen, daß in der Arbeitsgruppe zur Zeit ein Meßverfahren behandelt wird, das mit erwärmter Verdünnungsluft arbeitet, wodurch Kondensation vermieden wird und die Probenahme in-situ im Abgaskanal erfolgen kann.

Zur Ermittlung der Staubbeladung im Rohgas vor Staubfiltern kann das in Blatt 3 beschriebene Verfahren bei Staubbeladungen bis 200 g/m³ herangezogen werden. Dabei wird der Teilvolumenstrom auf ca. 4 m³/h verringert und eine Zweifachhülse mit entsprechend großer Staubspeicherkapazität eingesetzt.

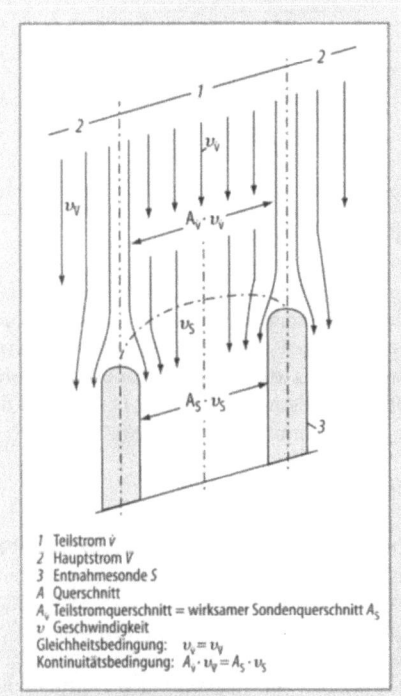

1 Teilstrom $\dot{v}$
2 Hauptstrom V
3 Entnahmesonde S
A Querschnitt
A_v Teilstromquerschnitt = wirksamer Sondenquerschnitt A_s
v Geschwindigkeit
Gleichheitsbedingung: $v_v = v_y$
Kontinuitätsbedingung: $A_v \cdot v_v = A_s \cdot v_s$

Bild M.1-1 Schema der geschwindigkeitsgleichen Teilstromentnahme

Das Meßverfahren nach VDI 2066, Blatt 2 ist in der Praxis für Staubgehalte im Bereich von ca. 1 – 1000 mg/ m³ erprobt. Zur Anwendung kommt in der Regel eine gestopfte Filterhülse. Für den Bereich < 20 mg/m³ wird das Filterkopfgerät mit einer Kombination von gestopfter Filterhülse und Planfilter eingesetzt. Bild M.1-2 zeigt die Meßanordnung nach Blatt 2. Das Meßverfahren nach Blatt 7 mit Planfilter ist zur Messung geringer Staubgehalte geeignet und in der Praxis im Konzentrationsbereich von 0,1 – 20 mg/m³ erprobt. Für den Konzentrationsbereich von 0,1 – 5 mg/m³ werden insbesondere an die Wägung erhöhte Anforderungen gestellt. Das System ist für Probegasvolumenströme bis 4 m³/h ausgelegt. Ein Beispiel für die konstruktive Ausführung des Planfilterkopfs zeigt Bild M.1-3.

Die relativen Nachweisgrenzen der einzelnen Staubmeßverfahren liegen bei einer Einsatzzeit von 0,5 h ca. bei

1 – 2 mg/m³   beim 12 bzw. 4 m³/h-Filterkopfgerät.
0,3 – 0,5 mg/m³   beim 40 m³/h-Filterkopfgerät
0,1 – 0,2 mg/m³   beim Planfilterkopfgerät

Bei höheren Probegasvolumenströmen oder längerer Meßdauer lassen sich auch günstigere Nachweisgrenzen erzielen. Bezogen auf den niedri-

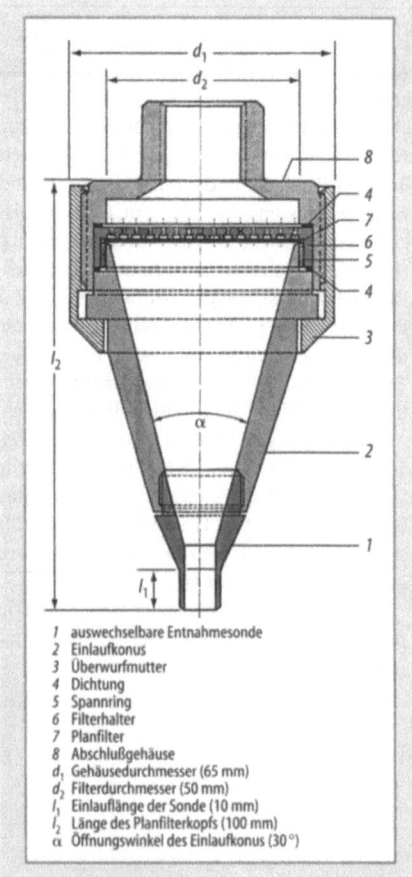

1 auswechselbare Entnahmesonde
2 Einlaufkonus
3 Überwurfmutter
4 Dichtung
5 Spannring
6 Filterhalter
7 Planfilter
8 Abschlußgehäuse
d_1 Gehäusedurchmesser (65 mm)
d_2 Filterdurchmesser (50 mm)
l_1 Einlauflänge der Sonde (10 mm)
l_2 Länge des Planfilterkopfs (100 mm)
α Öffnungswinkel des Einlaufkonus (30°)

Bild M.1-3 Ausführungsbeispiel eines Planfilterkopfs

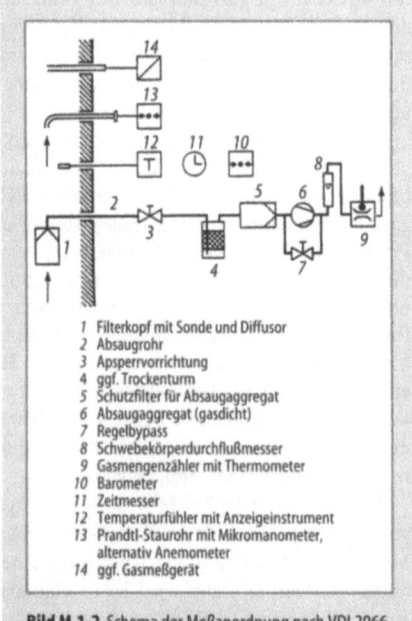

1 Filterkopf mit Sonde und Diffusor
2 Absaugrohr
3 Apsperrvorrichtung
4 ggf. Trockenturm
5 Schutzfilter für Absauggaggregat
6 Absauggaggregat (gasdicht)
7 Regelbypass
8 Schwebekörperdurchflußmesser
9 Gasmengenzähler mit Thermometer
10 Barometer
11 Zeitmesser
12 Temperaturfühler mit Anzeigeinstrument
13 Prandtl-Staurohr mit Mikromanometer, alternativ Anemometer
14 ggf. Gasmeßgerät

Bild M.1-2 Schema der Meßanordnung nach VDI 2066 Blatt 2 und 7

gen Emissionswert von 10 mg/m³ liegen die aus Doppelbestimmungen ermittelten Meßunsicherheiten bei den 4 bis 40 m³/h-Geräten etwa zwischen ± 5 bis 10 % und beim Planfilterkopfgerät (Blatt 7) zwischen ± 4 bis 8 %, bezogen auf die Staubkonzentration von 10 mg/m³.

Partikelgröße

Zur Bestimmung der Partikelgröße von Stäuben in heißen und chemisch agressiven Abgasen sind nach dem heutigen Stand der Meßtechnik Kaskadenimpaktoren geeignet, die im Abgaskanal eine geschwindigkeitsgleiche Probenahme im Sinne der VDI 2066 mit gleichzeitiger Auftrennung in Partikelfraktionen vornehmen. Bei Messungen mit Kaskadenimpaktoren in Verbindung mit gravimetrischer Auswertung ergeben sich Massenverteilungen hinsichtlich des aerodynamischen Durchmessers der Partikeln. Dieses Verfahren ersetzt jedoch nicht die Messung des Gesamtstaubgehalts. Die Messung mit dem Kaskadenimpaktor wird in der Richtlinie VDI 2066, Blatt 5 ausführlich beschrieben [M.1.14].

Das Impaktorprinzip nutzt zur Abscheidung in Fraktionen die unterschiedliche Trägheit von Partikeln. Eine Impaktorstufe besteht prinzipiell aus den Elementen Düse und Prallplatte. Partikeln mit ausreichender Trägheit des in die Düse beschleunigten Partikelkollektivs treffen auf die Prallplatte und werden dort gesammelt. Bild M.1-4 zeigt im Schema das Prinzip der Impaktion von Partikeln. Die wichtigsten Abmessungen des Systems, von denen die Fraktionierung der Partikeln abhängig ist, sind die Düsenweite D, die Düsenlänge L und der Abstand S zwischen Prallplatte und Düse. Kaskadenimpaktoren bestehen aus hintereinandergeschalteten Impaktorstufen, die so ausgelegt sind, daß in den nachfolgenden Stufen Partikeln geringerer Trägheit abgeschieden und somit Fraktionen unterschiedlicher Partikelgröße erhalten werden. Die nicht abgeschiedenen Partikeln werden auf einem hinter den Stufen angeordneten Endfilter gesammelt.

Ohne Vorabscheider ist der in der VDI Richtlinie 2066, Blatt 5 beschriebene Impaktortyp mit Runddüsenkaskaden bei einem Staubgehalt zwischen 1 mg/m³ und 2 g/m³ einsetzbar. Es ist darauf zu achten, daß der Impaktor nicht überladen wird. Die maximal zulässige Gesamtbeladung wird bei ca. 100 mg erreicht. Mit Vorabscheider kann je nach Grobanteil des Staubs der Staubgehalt zwischen 5 mg/m³ und 25 g/m³ betragen.

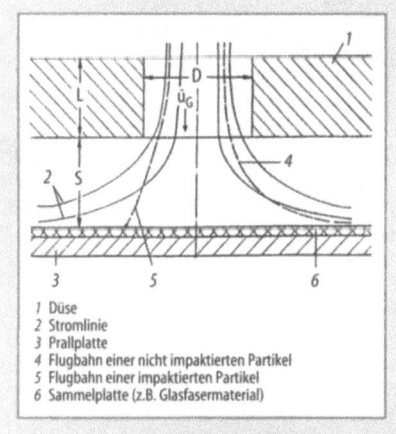

Bild M.1-4 Prinzip der Impaktion von Partikeln

1 Düse
2 Stromlinie
3 Prallplatte
4 Flugbahn einer nicht impaktierten Partikel
5 Flugbahn einer impaktierten Partikel
6 Sammelplatte (z.B. Glasfasermaterial)

Registrierende Meßverfahren

Zur kontinuierlichen Messung von Stäuben werden überwiegend optische Verfahren, aber auch radiometrische Methoden eingesetzt. Soweit kontinuierlich arbeitende Meßeinrichtungen aufgrund behördlicher Anforderungen zur Emissionsmessung eingesetzt werden, sind die an diese Geräte gestellten Mindestanforderungen [M.1.10] zu beachten. Betriebliche Messungen sind davon nicht betroffen.

Optische Geräte

Bei optischen Verfahren ist zu unterscheiden zwischen Transmission/Opazität, Extinktion und Streulicht. Bei der photometrischen Staubmessung (in-situ) durchläuft ein Meßlichtstrahl den Abgaskanal, wobei er infolge von Absorption und Strahlung an den Partikeln einer Intensitätsschwächung unterliegt.

Das Verhältnis von empfangenem zu ausgesandtem Lichtstrom ist die optische Transmission T. Die Größe $(1-T)$ wird als Opazität bezeichnet. Der Logarithmus des Kehrwerts der Transmission T ist die Extinktion E. Zwischen der Länge des Lichtwegs L und der Transmission T gilt bei konstanten Staubeigenschaften im Abgas das Lambertsche Gesetz:

$$T = e^{-E} = e^{-\epsilon L}$$

Der Extinktionskoeffizient ϵ hängt u.a. von den Eigenschaften des verwendeten Lichts, des zu messenden Staubs (Form, Farbe und Größenverteilung der Partikeln) sowie vom Staubgehalt c ab. Zwischen Staubgehalt c und Extinktionskoeffizient ϵ besteht innerhalb gewisser Grenzen ein linearer Zusammenhang, sofern andere Einflußgrößen konstant sind. Daraus ergibt sich mit ϵ' als Proportionalitätskonstante:

$$T = e^{-\epsilon' \cdot c \cdot L} \text{ bzw. } E = \epsilon' \cdot c \cdot L$$

Je nach Anwendungsfall ist zwischen Rauchdichtemeßgeräten und Staubgehaltsmeßgeräten zu unterscheiden. Bei den sog. Rauchdichtemeßgeräten wird nur die Transmission gemessen. Das Ziel dieser qualitativen Messung ist dabei die Ermittlung der Abgastrübung, z.B. als Sichtbarkeitsschwelle oder nach der Skala nach Ringelmann. Mehrere Geräte eignen sich für derartige Messungen, Hersteller sind z.B. Durag und Sick.

Bei Staubgehaltsmeßgeräten wird die Extinktion gemessen. Der Extinktion wird bei einer individuellen Kalibrierung mit Hilfe eines Staubmeßverfahrens (s. M.1.1.2.8) der Staubgehalt zugeordnet. Die Abhängigkeit des Meßsignals von den Partikeleigenschaften wird dabei mit einkalibriert. Bereits über viele Jahre hat sich bei der Anwendung dieses Meßprinzips gezeigt, daß sich die Größenverteilungen der Partikeln, die Dichte, die Farbe, der Lichtbrechungsindex der Stäube bei den verschiedenen Anlagen unterscheiden, jedoch bei derselben Ablage vergleichsweise konstant sind.

Bild M.1-5 zeigt die übliche Meßanordnung für ein photometrisches In-Situ-Staubgehaltsmeßgerät. Auf einer Seite des Abgaskanals ist der Meßkopf, auf der anderen Seite der Reflektor angebracht. Im Meßkopf sind die Lichtquelle, der photoelektrische Detektor fest zueinander justiert. Der Meßstrahl durchläuft die Meßstrecke zum Reflektor und zurück. Der Vergleichsstrahl durchläuft eine Referenzstrecke innerhalb des Meßkopfs. Durch Einsatz einer abwechselnd in die Meß- und Referenzstrecke eingeschobenen Blende erreichen beide Lichtstrahlen den photoelektrischen Detektor phasenverschoben. Das vom Detektor gelieferte elektrische Signal wird so weiterverarbeitet, daß das Ausgangssignal der Extinktion proportional wird.

Eine Reihe von geeigneten Meßgeräten ist vom Bundesumweltministerium veröffentlicht worden, dazu zählen u. a. Geräte der Hersteller Durag, Mannesmann/H & B und Sick.

Das Prinzip der Streulichtmessung beruht darauf, daß bei Durchtritt eines parallel gerichteten Lichtstrahls durch ein staubbeladenes Meßvolumen ein Teil des Lichts in abweichende Richtungen gestreut wird. Die Intensität des gestreuten Lichts hängt von den Eigenschaften des einfallenden Lichts, vom Winkel selbst und von den Eigenschaften der Partikeln ab. Auch hier gilt wie bei der Extinktionsmessung, daß in bestimmten Grenzen eine lineare Beziehung zu dem Staubgehalts- und Streulichtmeßsignal besteht. Die Streulichtmeßgeräte zeichnen sich gegenüber Extinktionsmeßgeräten durch eine deutlich höhere Empfindlichkeit aus. Die Nachweisgrenze liegt je nach Verfahren bei 0,1 mg/m³. Im praktischen Einsatz wurden Staubmassenkonzentrationen bis 100 mg/m³ bestimmt. Streulichtmeßgeräte werden sowohl als In-Situ-Geräte und mit extraktiver Probenahme eingesetzt. In beiden Fällen muß auf die Repräsentativität der Probenahme geachtet werden.

Das in der VDI-Richtlinie 2066, Blatt 6 beschriebene Streulichtmeßverfahren der KTN-KTNR der Firma Sigrist arbeitet z. B. nach dem Zweistrahlverfahren mit Vorwärtsstreuung unter einem Winkel von 15°. Bild M.1-6 zeigt das

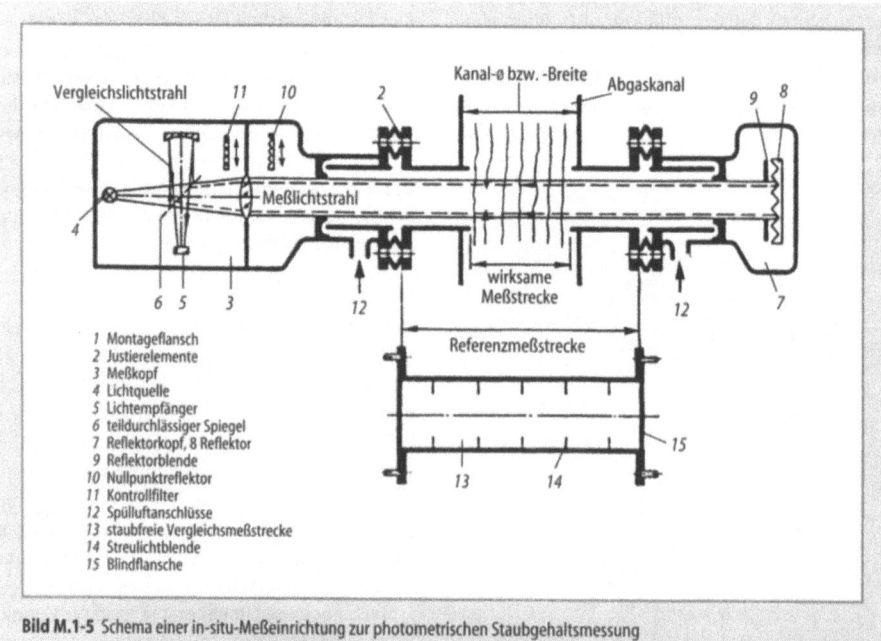

Bild M.1-5 Schema einer in-situ-Meßeinrichtung zur photometrischen Staubgehaltsmessung

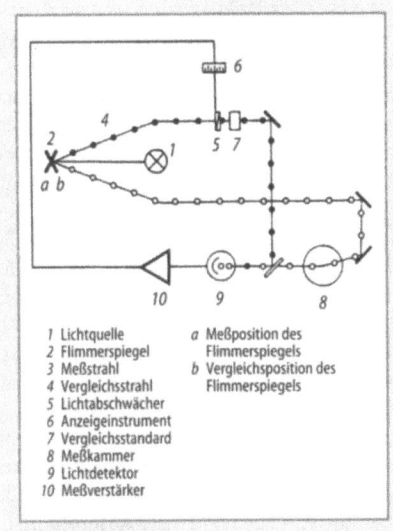

Bild M.1-6 Funktionsschema des Streulichtphotometers KTN/KTNR

1 Lichtquelle
2 Flimmerspiegel
3 Meßstrahl
4 Vergleichsstrahl
5 Lichtabschwächer
6 Anzeigeinstrument
7 Vergleichsstandard
8 Meßkammer
9 Lichtdetektor
10 Meßverstärker

a Meßposition des Flimmerspiegels
b Vergleichsposition des Flimmerspiegels

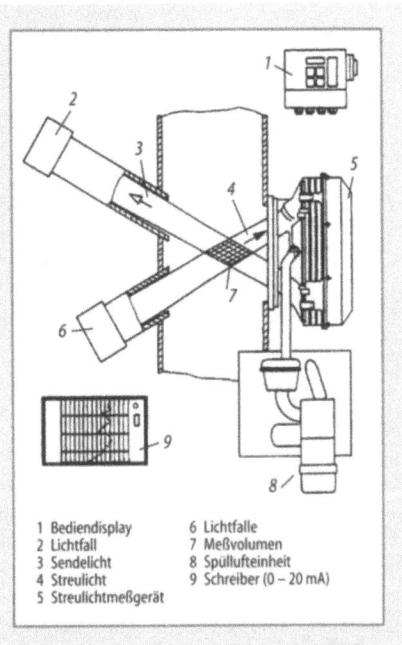

1 Bediendisplay
2 Lichtfall
3 Sendelicht
4 Streulicht
5 Streulichtmeßgerät
6 Lichtfalle
7 Meßvolumen
8 Spüllufteinheit
9 Schreiber (0 – 20 mA)

Bild M.1-7 In-situ-Streulichtmeßgerät (schematisch)

Schema, wie der von einer Lichtquelle (1) ausgehenden Lichtstrahl, über eine optische Strecke zum Flimmerspiegel (2) gelangt. Dieser lenkt das ankommende Licht in der Stellung (a) als Meßstrahl (3) über eine optische Strecke in die Meßkammer (8). Ein Teil des von der Probe erzeugten Streulichts wird in Vorwärtsrichtung unter einem Winkel von 15° von einem Lichtdetektor (9) empfangen und gemessen. In Position b wird das ankommende Licht als Vergleichsstrahl (4) durch einen Lichtabschwächer (5) und einen Vergleichsstandard (7) auf den Lichtdetektor geleitet. Die vom Lichtdetektor erzeugten Signalströme werden in einem Meßverstärker (10) verglichen und in ein Regelsignal umgewandelt, das über einen Lichtschwächer den Vergleichsstrahl verändert, und zwar so lange bis dessen Intensität des auf den Lichtdetektor gelangenden Streulichts der Probe entspricht. Das hier beschriebene Gerät wird mit einer extraktiven Probenahmeeinrichtung betrieben. Das Probenahmesystem ist bis 180 °C aufheizbar, wodurch auch nasse (wasserdampfgesättigte) Abgase kontinuierlich gemessen werden können. In einer weiteren Variante ist dieses Gerät auch als Rußzahlmeßgerät vom Bundesumweltministerium als geeignet eingestuft.

In-Situ-Streulichtphotometer werden von den Firmen Durag und Sick für die Messung geringer Staubgehalte und der Rußzahl angeboten.

Diese In-Situ-Streulichtmeßgeräte senden das Licht direkt in den Abgaskanal, das an der Kanalrückseite in einer Lichtfalle aufgefangen und absorbiert wird. Aus einem definierten Meßvolumen im Abgaskanal wird das Streulicht unter einem definierten Winkel empfangen und gemessen, z. B. im Bereich der 90°-Streuung bzw. der Rückwärtsstreuung. Bild M.1-7 zeigt die schematische Darstellung eines In-Situ-Streulichtmeßgerätes. Die Geometrie der Meßanordnung bedingt, daß das ausgemessene Streuvolumen nahe an der Wand liegt. Insofern können sich Schwierigkeiten bei der Installation dieser Gerätegeneration in dickwandigen Kanälen (z. B. gemauerte Kamine) ergeben.

In-Situ-Streulichtmeßgeräte sind für geringe Staubgehalte und Rußzahlen besonders geeignet und können auch bei kleinen Kanaldurchmessern eingesetzt werden.

Radiometrische Geräte
Bei der Staubmessung durch Beta-Strahlen-Absorption wird ein Teilgasstrom möglichst geschwindigkeitsgleich über eine Sonde aus dem Abgaskanal entnommen und auf ein schrittweise bewegtes Filterband gesaugt. Dabei werden die Staubpartikeln auf dem Filterpapier abgeschie-

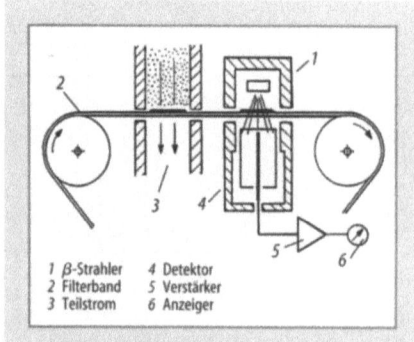

Bild M.1-8 Meßprinzip der radiometrischen Staubmessung (β-Strahlenabsorption)

1 β-Strahler 4 Detektor
2 Filterband 5 Verstärker
3 Teilstrom   6 Anzeiger

M.1.1.2.2 Staubinhaltsstoffe

Für Metalle und Metalloide sind Emissionsbegrenzungen im Konzentrationsbereich von 0,05 – 5 mg/m³ zu beachten. Die Grenzwerte sind dabei als Summenwert der Konzentration aus den staub- und gas- bzw. dampfförmigen Anteilen definiert. Vorrangig handelt es sich um die Stoffe: Antimon, Arsen, Beryllium, Blei, Cadmium, Chrom, Kobalt, Kupfer, Mangan, Nickel, Palladium, Platin, Quecksilber, Rodium, Selen, Tellur, Thallium, Vanadium, Zink und Zinn. Ein erprobtes Meßverfahren wird in der Richtlinie VDI 3868, Blatt 1 und 2 beschrieben [M.1.15, M.1.16]. Die beschriebene Meßanordnung setzt sich aus bewährten Instrumentarien der Emissionsmeßtechnik zusammen. Sie ist zweistufig aufgebaut und besteht aus einem System zur Partikelabscheidung in Anlehnung an das Verfahren der Richtlinie VDI 2066 und einer Absorptionsstufe in Form einer Waschflaschenbatterie in Anlehnung an die Emissionsmessung gasförmiger Stoffe, wie z. B. SO_2 und HCl.

Bild M.1-9 zeigt den Aufbau der Meßeinrichtung. Dem mit partikelgebundenen und filtergängigen Stoffen beladenen Abgasstrom wird isokinetisch ein Teilvolumenstrom entnommen. Die Partikeln werden mit einem Rückhaltesystem gemäß VDI 2066, Blatt 2 oder 7 abgeschieden. Die filtergängigen Stoffe werden durch ein beheiztes Entnahmerohr gesaugt. Ein Bypassvolumenstrom wird strömungsproportional einem oder mehreren parallelgeschalteten Absorptionssystemen zugeführt. Die Absorptionssysteme bestehen aus mindestens drei hintereinandergeschalteten, mit geeigneten Absorptionslösungen beschickten Gaswaschflaschen.

Die Absorptionslösung A basiert auf Salz- und Salpetersäure, die Absorptionslösung B auf Salpetersäure und Wasserstoffperoxid. Bei der Quecksilberbestimmung nach VDI 3868, Blatt 2 wird mit Kaliumpermanganat und verdünnter Schwefelsäure gearbeitet.

Bei den üblichen Bedingungen für eine Probenahme liegt die Nachweisgrenze des Verfahrens für die zu messenden Metalle überwiegend unterhalb von 0,01 mg/m³. Das Verfahren zur Quecksilberbestimmung ist für Konzentrationen > 5 µg/m³ geeignet.

Die wichtigsten Analysenmethoden sind Fluoreszenzanalyse (RFA), optische Emissionsspektrometrie mit induktiv gekoppelter Plasmaquelle (ICP-OES), Atomabsorptionsspektrometrie (AAS), instrumentelle Neutronenaktivierungsanalyse

den. Die auf dem Filterpapier abgeschiedene Staubmenge wird über die Schwächung gemessen, die eine Beta-Strahlung beim Durchtritt durch das bestaubte Filter erfährt. Als Strahlungsquelle wird eine radioaktive Probe geeigneter Aktivität, z. B. C 14 oder Kr 85 verwendet. Die durchgelassene Strahlung wird über einen Geiger-Müller-Zähler erfaßt. Ein Schema (Bild M.1-8) zeigt das Meßprinzip, wobei Filtration und Detektion in zwei Schritten erfolgen. Die Schwächung der Strahlungsintensität ist ein Maß für die abgeschiedene Staubmasse.

Radiometrische Meßgeräte werden von den Firmen Verewa (Staubgehalt, Rußzahl) und Fag Kugelfischer (Staubgehalt) angeboten. Das Rußzahlmeßgerät arbeitet dabei statt des Beta-Strahlers mit einem Reflektionsphotometer. Die Meßgeräte sind ebenso wie die optischen Meßverfahren mit einem Konventionsmeßverfahren im Meßnetz zu kalibrieren.

Beim β-Staubmeter F 904 (Verewa) wird aus dem Hauptgasvolumenstrom geschwindigkeitsgleich ein Teilvolumenstrom entnommen, vorgewärmte Verdünnungsluft zur Taupunktabsenkung feuchtigkeitsgesättigter Gase zugefügt und dann filtriert. Das Meßergebnis ist der Mittelwert des Staubgehalts, bezogen auf die eingestellte Zykluszeit.

Das Staubmeßgerät FH 62 E-NA mißt radiometrisch den aktuellen Staubgehalt. Nach einem automatischen Nullabgleich wird aus dem Kamin ein Teilstrom geregelt isokinetisch entnommen, der aufgeheizt und mit Frischluft verdünnt durch ein Meßfilter gesaugt wird. Durch die zunehmende Bestaubung des Filters wird ein zeitlich zunehmendes integrales Signal gewonnen. Aus dem Signal für die Massenzunahme und die Durchflußrate wird die Momentananzeige abgeleitet.

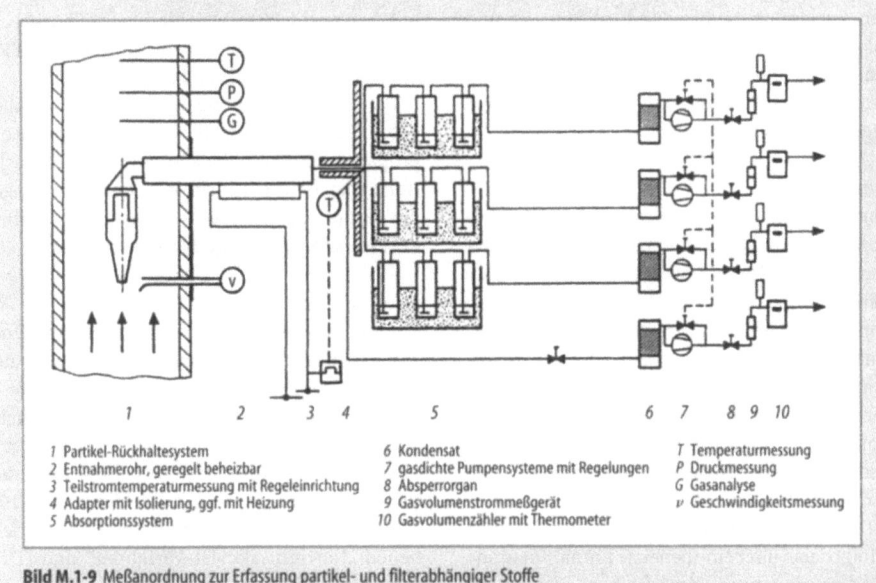

Bild M.1-9 Meßanordnung zur Erfassung partikel- und filterabhängiger Stoffe

1 Partikel-Rückhaltesystem
2 Entnahmerohr, geregelt beheizbar
3 Teilstromtemperaturmessung mit Regeleinrichtung
4 Adapter mit Isolierung, ggf. mit Heizung
5 Absorptionssystem
6 Kondensat
7 gasdichte Pumpensysteme mit Regelungen
8 Absperrorgan
9 Gasvolumenstrommeßgerät
10 Gasvolumenzähler mit Thermometer
T Temperaturmessung
P Druckmessung
G Gasanalyse
v Geschwindigkeitsmessung

(INAA). Die analytische Bestimmung der Elemente wird in der Richtlinienreihe VDI 2268 [M.1.17 – M.1.20] beschrieben. Dabei wird wegen der notwendigen Nachweisempfindlichkeit für viele Komponenten vorrangig die Atomabsorption eingesetzt.

M.1.1.2.3 Anorganische Gase

Für die Messung gasförmiger anorganischer Emissionen stehen bewährte Meßverfahren zur Verfügung. Die diskontinuierlichen Verfahren benutzen i.d.R. eine extraktive Probenahme, während bei den kontinuierlichen Meßverfahren entweder eine extraktive oder In-Situ-Probenahme durchgeführt wird.

Manuelle Methoden – Konventionsverfahren

Bei der Messung gasförmiger Emissionen ist ebenso wie bei der Staubmessung eine Probenahme im Meßnetz erforderlich, wenn die Konzentration nicht gleichmäßig über den Meßquerschnitt vorliegt. Es bestehen bei der Probenahme prinzipiell zwei Möglichkeiten, die mittlere Konzentration über den Abgasquerschnitt zu bestimmen.

An den einzelnen Meßpunkten wird entweder jeweils die örtliche Gaskonzentration und Geschwindigkeit bestimmt oder eine Teilmasse mit Hilfe einer Sammelphase entnommen. In diesem Fall ist die Probenahme proportional zur Geschwindigkeit im Abgaskanal durchzuführen. Entscheidend ist, daß der Sammelphase proportional zum Massenstrom in der jeweiligen Kontrollfläche eine bestimmte Masse zugeführt wird. Wenn in der Kontrollfläche im Netz wegen einer höheren Abgasgeschwindigkeit ein höherer Teilmassenstrom vorliegt, ist der Absaugevolumenstrom der extraktiv arbeitenden Sammelphase auf die höhere Geschwindigkeit anzupassen. Das bedeutet jedoch nicht zwangsläufig eine isokinetische Probenahme wie bei der Staubmessung, sondern eine geschwindigkeits- oder massenproportionale Entnahme.

In der Regel erfolgt die Absaugung bei gasförmigen Emissionen mit deutlich unter der Strömungsgeschwindigkeit des im Abgas liegender Absaugegeschwindigkeit. Dabei beträgt der Teilvolumenstrom häufig 30 – 120 l/h und nicht 1 – 4 m³/h wie bei der Staubmessung. Bei der Probenahme sind geeignete Materialien, wie z.B. Glas, Quarz, Titan, Edelstahl, Polytetrafluorethylen, PTFE, zu verwenden. Im allgemeinen müssen die Sonden und Leitungen zur Vermeidung von Kondensation während der Messung beheizt werden.

Bei registrierenden Meßverfahren mit extraktiver Probenahme sind die Funktion und das Meßergebnis wesentlich von der Probegasaufbereitung abhängig. Das Probegas soll vor Eintritt in den Analysator staubfrei und trocken sein und möglichst keine korrosiven Gasanteile enthalten. Dabei müssen Volumenstrom, Druck und Temperatur in den durch das Meßverfahren vorgegebenen Grenzen liegen.

Schwefeloxide
Zur diskontinuierlichen Bestimmung der SO_2-Konzentration stehen zur Zeit vier handanalytische Verfahren zur Verfügung. Die Methoden werden in der Richtlinie VDI 2462, Blatt 1, 2, 3 und 8 beschrieben [M.1.21-M.1.24]. Das Verfahren nach Blatt 8 (H_2O_2-Thorin-Methode) wird wegen der geringen Nachweisgrenze und der nicht vorhandenen Querempfindlichkeit gegen Stickstoffoxide sehr häufig zur Emissionsmessung und als Referenzmeßverfahren zur Kalibrierung der kontinuierlichen Meßgeräte eingesetzt.

Die Entnahme des Abgasteilvolumenstroms erfolgt dabei über eine beheizte Entnahmesonde mit Quarzinnenrohr, dem ein beheiztes Quarzwollefilter zur Staubabscheidung nachgeschaltet ist. Danach durchströmt das Probegas zwei hintereinandergeschaltete, mit 3 %iger Wasserstoffperoxidlösung gefüllte Waschflaschen. Die Temperatur der beheizten Entnahmesonde und des Quarzwollefilters sind so zu wählen, daß mit Sicherheit Kondensatbildung verhindert wird. Eine Temperatur von 200 – 220 °C ist dabei ausreichend. Das im Abgas enthaltene SO_2 wird quantitativ zu H_2SO_4 oxidiert. Bei der Messung wird auch das SO_3 miterfaßt, so daß die Methode als Summenverfahren im Sinne der Definition „Schwefeloxide ($SO_2 + SO_3$), angegeben als SO_2" arbeitet. Den schematischen Aufbau der Probenahmeeinrichtung nach VDI 2462, Blatt 8 zeigt Bild M.1-10. Die analytische Bestimmung erfolgt unter Zuhilfenahme einer Bariumperchlorat-Maßlösung, die mit dem zugesetzten Metallindikator Thorin bei Überschreiten des Löslichkeitsprodukts von Bariumsulfat einen Farbwechsel erzeugt.

Die Einzelbestimmung von SO_3 kann mit Hilfe des in Blatt 7 dieser Richtlinie beschriebenen Isopropanol-Verfahrens bestimmt werden [M.1.25]. Auch hier ist die Thorin-Reaktion Grundlage des Verfahrens. Statt der Oxidation in H_2O_2 findet eine Absorption mit Isopropanol statt.

Stickstoffoxide
Zur handanalytischen Messung von Stickstoffoxiden stehen vier Verfahren zur Verfügung, die in der Richtlinienreihe VDI 2456 beschrieben werden. Die in den Blättern 1 und 2 beschriebenen Verfahren „Phenoldisulfonsäure-Verfahren" und „Titrations-Verfahren" sind für hohe Konzentrationen im Bereich von g/m^3 geeignet [M.1.26, M.1.27]. Die in den Blättern 8 und 10 beschriebenen „Natriumsalicylat-Verfahren" und „Dimethylphenol-Verfahren" [M.1.28, M.1.29] werden wegen ihrer guten Nachweisgrenzen häufig als Referenzverfahren zur Kalibrierung kontinuierlicher Meßgeräte eingesetzt. Beim Dimethylphenol-Verfahren erfolgt die Probenahme über ein evakuiertes Gas-Sammelgefäß mit Hilfe einer kritischen Düse. Den schematischen Aufbau von Probenahme und Oxidationseinrichtung zeigen die Bilder M.1-11 und M.1-12.

Im Bypass wird das evakuierte Gas-Sammelgefäß mit dem Probengut auf etwa 500 mbar gefüllt und nach dem Druckausgleich (ca. 5 min) mit Ozon bis zum Druckausgleich aufgefüllt. Die Oxidation ist nach ca. 5 min beendet.

Beim Dimethylphenol-Verfahren werden NO und NO_2 in der Gasphase mit Ozon zu Di-Stickstoffpentoxid oxidiert. Die Absorption des Salpe-

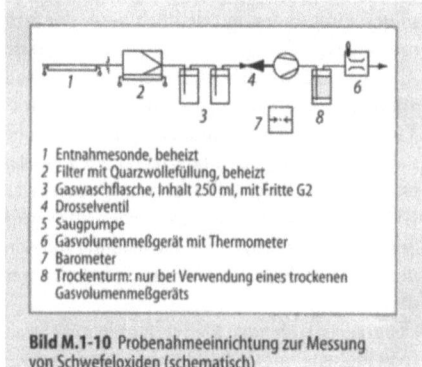

Bild M.1-10 Probenahmeeinrichtung zur Messung von Schwefeloxiden (schematisch)

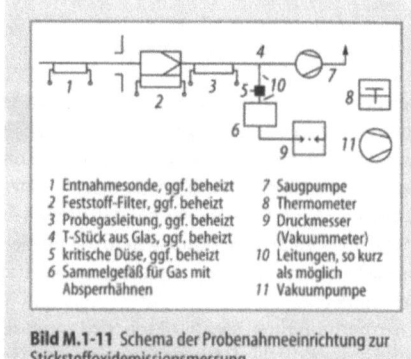

Bild M.1-11 Schema der Probenahmeeinrichtung zur Stickstoffoxidemissionsmessung

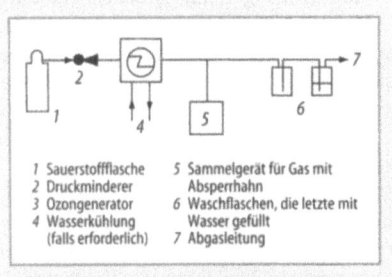

1 Sauerstoffflasche
2 Druckminderer
3 Ozongenerator
4 Wasserkühlung (falls erforderlich)
5 Sammelgerät für Gas mit Absperrhahn
6 Waschflaschen, die letzte mit Wasser gefüllt
7 Abgasleitung

Bild M.1-12 Beispiel für den Aufbau der Oxidationseinrichtung

tersäureanhydrids N_2O_5 erfolgt in Wasser unter Bildung der Salpetersäure. 2,6-Dimethylphenol (DMP) reagiert mit Salpetersäure in schwefel- und phosphorsaurer Lösung zu 4-Nitro-2,6-Dimethylphenol. In alkalischer Lösung wird das sich bildende 4-Nitro-2,6-Dimethylphenolat-Anion bei etwa 430 nm photometrisch vermessen. Die Nachweisgrenze beträgt etwa 15 mg/m³ (berechnet als NO_2).

Die Anwesenheit von Ammoniak bis zu 150 ppm führt zu keinen Störungen. Sollten sich größere Anteile an SO_2 im Abgas befinden, besteht die Gefahr der Bildung anderer stickstoffhaltiger Produkte, z. B. N_2O. Dann wird das evakuierte Sammelgefäß für Gas nach der Druckmessung zuerst mit Ozon auf ca. 250 – 300 mbar gefüllt, danach erfolgt die Zugabe des Meßguts bis auf ca. 700 mbar und anschließend das Auffüllen mit Ozon bis zum Druckausgleich.

Wegen der kurzen Zeit bis zum Analysenergebnis wird dieses Verfahren vorrangig zur Kalibrierung kontinuierlicher Meßgeräte vor Ort eingesetzt. Das Verfahren hat sich in der Praxis bewährt.

Kohlenmonoxid
Zur handanalytischen Bestimmung der Kohlenmonoxidkonzentration steht als Referenzmeßverfahren das in der Richtlinie VDI 2459, Blatt 7 beschriebene Jod-Pentoxid-Verfahren zur Verfügung [M.1.30]. Grundlage des Verfahrens ist die Oxidation des im Probegas enthaltenen CO zu CO_2, wobei die Probe in einem Ofen bei hoher Temperatur über Jod-Pentoxid (J_2O_5) geleitet und eine äquivalente Menge Jod freigesetzt wird. Bei der Probenahme kann das Abgas nach Durchlaufen der Probenahmeeinrichtung direkt in den CO-Verbrennungsofen geleitet werden, oder die Probenahme erfolgt über Gassammelrohr mit anschließender Analyse im Labor. Häufig wird die Variante der Probenahme mit Gassammelrohr und Analyse im Labor gewählt. Zur Abtrennung von Störkomponenten (H_2O, SO_2, HCl, NO, Kohlenwasserstoffe) sind bei der Probenahme verschiedene Absorptionsvorlagen vorgeschaltet: Natronkalk zur Abscheidung saurer Gase (SO_2, CO_2, HCl) ggf. durch eine Waschflasche mit KOH-Lösung, IBr-Aktivkohle zur Abtrennung von Kohlenwasserstoffen, NO-Oxidationsmasse zur Oxidation von NO, Blaugel zur Trocknung.

Der Arbeitsbereich des Verfahrens reicht von 10 mg/m³ – 1,25 kg/m³ CO. Die relative Nachweisgrenze beträgt 2,5 mg/m³ CO bei einem Probegasvolumen von 4 dm³.

Fluorverbindungen
Gasförmige anorganische Fluorverbindungen lassen sich in Natronlauge absorbieren und entweder mit einer fluorsensitiver Elektrode oder photometrischer Methode quantifizieren. Ein handanalytisches Verfahren wird in der Richtlinie VDI 2470, Blatt 1 beschrieben [M.1.31]. Dabei erfolgt die Probenahme des Abgases über eine beheizte Quarzrohrentnahmesonde sowie zur Staubabscheidung über ein beheiztes Quarzwollefilter und falls erforderlich über ein beheiztes Feinfilter/Membranfilter in zwei oder drei mit Natronlauge gefüllten Absorptionsgefäßen.

Nach einer Wasserdampfdestillation wird die Lösung photometrisch nach der Alizarin-Komplexan-Methode oder potentiometrisch mit einer für Fluorionen-sensitiven Elektrode bestimmt. Bei der photometrischen Auswertung sind Querempfindlichkeiten praktisch nicht vorhanden, weil die sehr spezifische Nachweisreaktion erst nach der Abtrennung der Störsubstanzen erfolgt. Bei der Auswertung mit Elektrodenkette ist eine hohe Selektivität gegeben, jedoch ist zu beachten, daß Fluoridkomplexbildner wie Fe^{3+} oder Al^{3+} nicht in größeren Mengen in die Probelösung gelangen.

Die Nachweisgrenze beträgt 0,05 mg/F⁻m³.

Chlorverbindungen
Zur handanalytischen Bestimmung gasförmig anorganischer Chlorverbindungen bietet sich das in der VDI-Richtlinie 3480, Blatt 1 beschriebene Konventionsverfahren an [M.1.32]. Zur Probenahme wird das Abgas über eine beheizte Quarzglas-/ oder Borosilikatentnahmesonde, ein beheiztes Quarzwollefilter und die mit destilliertem Wasser gefüllten Absorptionsgefäße geführt.

Bei der analytischen Bestimmung kann zwischen drei verschiedenen Varianten der Chloridbestimmung gewählt werden: A: Titration nach Mohr, B: potentiometrische Titration, C: photometrische Bestimmung mit Quecksilberthiocyanat. Bei der Bestimmung von HCl-Gehalten bis 100 mg/m³ sind die Methoden B und C geeignet. Bei höheren Konzentrationen finden die Methoden A und B Anwendung.

Die relativen Nachweisgrenzen liegen bei Methode A bei 20 mg/m³, Methode B bei 2 mg/m³, Methode C bei 2,5 mg/m³.

Schwefelwasserstoff
Zur diskontinuierlichen Messung von Schwefelwasserstoff wird in der Regel das in der VDI-Richtlinie 3886, Blatt 2 beschriebene Verfahren der jodometrischen Titration eingesetzt [M.1.33]. Bei der jodometrischen Titration wird Schwefelwasserstoff in Cadmiumacetat-Lösung als Cadmiumsulfid gebunden, das nach der Trennung von der flüssigen Phase und Auflösung mit Salzsäure jodometrisch bestimmt wird. Die relative Nachweisgrenze beträgt 1 mg H_2S/m³.

Das Verfahren ist allgemein anwendbar und besonders für die Untersuchung von Gasen mit höheren Schwefelwasserstoffkonzentrationen geeignet. Wird bei der analytischen Bestimmung der Cadmiumsulfid-Niederschlag durch Filtration abgetrennt und der weitere Analysengang mit dem Filterrückstand durchgeführt, so sind keine Querempfindlichkeiten zu erwarten.

Ammoniak
Für die diskontinuierliche Emissionsmessung von NH_3 stehen z. Zt. keine ganzheitlichen Richtlinien mit Beschreibung der Verfahrenskenngrößen zur Verfügung. Bei der Emissionsmessung von NH_3 verfährt man derzeit in Anlehnung an die in den Richtlinien zur Immissionsmessung beschriebenen Methoden. Zum Beispiel werden zur Probenahme beheizte Quarzrohre mit Verbindung bis zu den Absorptionsgefäßen in Quarz bzw. Glas verwendet. Die Temperatur des Probenahmesystems wird an die Abgastemperatur angepaßt, dabei darf eine Temperatur von 330 °C nicht überschritten werden. Der Staub wird über ein nachgeschaltetes, beheiztes Filter abgeschieden. Bei Verwendung von zwei hintereinandergeschalteten Impingern können ca. 2 m³/h durchgesaugt werden. Bei Waschflaschen ist der Durchsatz geringer.

Als Sorptionsmittel findet 0,1 N Schwefelsäure Anwendung. Danach erfolgt die Destillation des Ammoniaks aus alkalischer Lösung [M.1.34]. Dabei werden die Störkomponenten SO_2, NO, NO_2 und HCl abgetrennt. Anschließend erfolgt die Umsetzung mit Nesslers Reagenz. Die Auswertung erfolgt photometrisch bei 450 nm. Ebenso ist eine Bestimmung mit einer geeigneten sensitiven Elektrode möglich.

Registrierende Meßverfahren

Für die registrierende Messung gasförmiger anorganischer Emissionen steht eine Vielzahl eignungsgeprüfter Meßgeräte zur Verfügung. Die Meßprinzipien sind teilweise sehr unterschiedlich und reichen von der Photometrie über Konduktometrie, Chemilumineszenz, elektrochemische Zelle bis zur potentiometrischen Messung mit Hilfe ionensensitiver Elektrode. Die Probenahme erfolgt dabei entweder extraktiv oder in-situ.

Schwefeldioxid
Zur kontinuierlichen Messung der SO_2-Emission stehen mehrere photometrische Meßprinzipien mit extraktiver Probenahme und In-Situ-Probenahme zur Verfügung. Außerdem wird die Leitfähigkeitsmessung in Verbindung mit extraktiver Probenahme eingesetzt.

Zur Messung der Komponenten CO, SO_2 und NO werden häufig Absorptionsphotometer mit charakteristischen Absorptionsspektren im infraroten und ultravioletten Bereich eingesetzt.

Bei der einfachsten Meßanordnung für ein Absorptionsphotometer wird das Licht einer Strahlungsquelle zur Selektivierung auf die Meßkomponente durch ein optisches Filter spektral eingeengt, tritt durch eine vom Meßgas durchströmte Küvette und trifft auf einen Photodetektor, dem eine elektronische Signalverarbeitung nachgeschaltet ist. Ein Teil des Lichts wird von den Schadstoffmolekülen absorbiert. Die Lichtschwächung ist dabei ein Maß für die Schadstoffkonzentration. Eine schematische Darstellung des Prinzips zeigt Bild M.1-13. Bei dieser einfachen Anordnung ist mit Fehlern zu rechnen, daher verwendet man entweder eine periodische Nullpunktkorrektur oder einen Vergleichsstandard in Form eines zweiten Vergleichsfilters oder -gases. Dieser Vergleichsstandard kann entweder zeitlich verschoben – gegenphasig – in den Strahlengang (Einstrahlphotometer) gebracht werden, oder er befindet sich in einem parallel geführten Vergleichsstrahlengang (Zweistrahlphotometer).

Zur Sensibilisierung photometrischer Analysengräte auf eine ausgewählte Meßkomponente werden dispersive oder nicht dispersive Verfahren

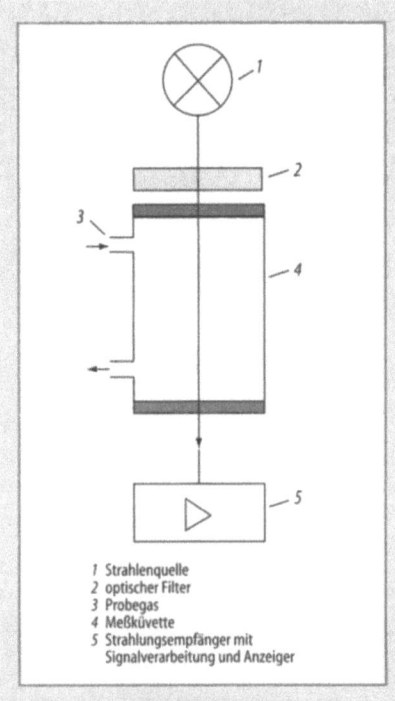

Bild M.1-13 Schema eines einfachen Absorptionsphotometers

1 Strahlenquelle
2 optischer Filter
3 Probegas
4 Meßküvette
5 Strahlungsempfänger mit Signalverarbeitung und Anzeiger

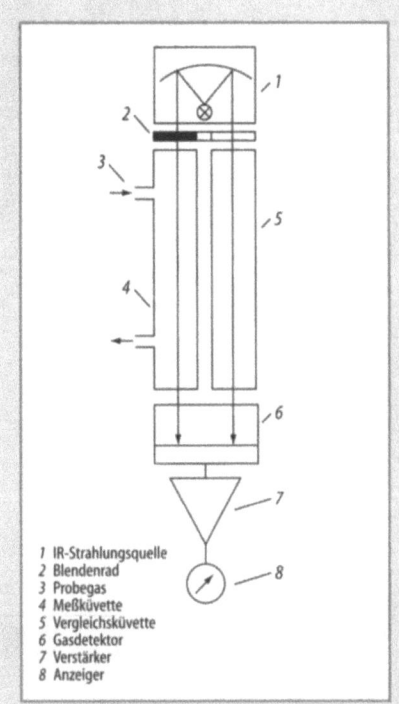

Bild M.1-14 NDIR-Photometer (schematisch)

1 IR-Strahlungsquelle
2 Blendenrad
3 Probegas
4 Meßküvette
5 Vergleichsküvette
6 Gasdetektor
7 Verstärker
8 Anzeiger

verwendet. Bei den *dispersiven* Verfahren wird das Licht einer spektralbreitbandigen Strahlungsquelle vor der eigentlichen Messung mit Hilfe eines Spektrometers in seine spektralen Anteile zerlegt. Dazu können Prismengitter oder Interferenzfilter eingesetzt werden. Die *nichtdispersiven* Verfahren verzichten auf eine spektrale Zerlegung und benutzen zur Selektivierung die im Gerät gespeicherte Meßkomponente selbst. Nach Art der Speicherung unterscheidet man drei Verfahren.

Beim nichtdispersiven Infrarot (*NDIR*)-Verfahren wird der Strahlungsempfänger als Speicher verwendet. Die vom Strahler ausgehende Strahlung wird durch ein umlaufendes Blendenrad moduliert und erzeugt in den Empfängerkammern periodische Druckschwankungen, die entweder durch Membrankondensator oder Mikroströmungsdetektor erfaßt und in ein elektrisches Signal umgewandelt werden. Das Schema zeigt Bild M.1-14.

Beim Gasfilterkorrelations (*GFC*)-Verfahren dient als Speicher eine gasgefüllte Filterkammer, die auf einem Filterrad befestigt ist. Diese Filterkammer wird periodisch abwechselnd mit einem mit N_2 gefüllten Gasfilter in den Strahlengang gebracht. Das Schema zeigt Bild M.1-15. Beim nichtdispersiven Ultraviolett(*NDUV*)-Verfahren ist die Meßkomponente in der Strahlungsquelle gespeichert. Verwendet werden gasgefüllte Entladungslampen, die für die Meßkomponente charakteristische Spektrallinien emittieren. UV-Photometer arbeiten mit einem oder zwei Strahlengängen sowie mit einem oder zwei photoelektrischen Detektoren. Bei den *In-Situ*-Photometern befindet sich die Absorptionsmeßstrecke direkt im Abgaskanal, so daß das Probegas nicht mehr über ein Probenahmesystem der Meßküvette zugeführt werden muß. Das Photometer, bestehend aus photometrischem Detektor, Selektivierungseinrichtung und Auswerteelektronik, ist außerhalb des Abgaskanals angebracht. Je nach Meßkomponente arbeiten diese Photometer im IR- und im UV-Bereich. Es sind zwei Meßanordnungen möglich. In beiden Fällen befindet sich das eigentliche Photometer auf einer Seite des Abgaskanals. Auf der gegenüberliegenden Seite ist entweder die Strahlungsquelle oder ein Reflektor

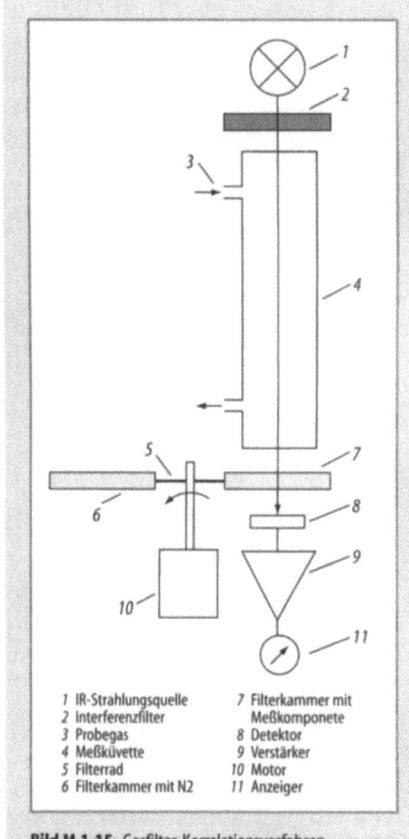

Bild M.1-15 Gasfilter-Korrelationsverfahren (schematisch)

1 IR-Strahlungsquelle
2 Interferenzfilter
3 Probegas
4 Meßküvette
5 Filterrad
6 Filterkammer mit N2
7 Filterkammer mit Meßkomponete
8 Detektor
9 Verstärker
10 Motor
11 Anzeiger

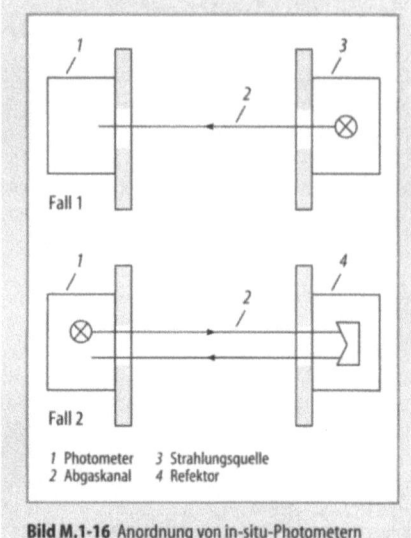

Bild M.1-16 Anordnung von in-situ-Photometern (schematisch) Einstrahl-/Zweistrahlverfahren

1 Photometer
2 Abgaskanal
3 Strahlungsquelle
4 Refektor

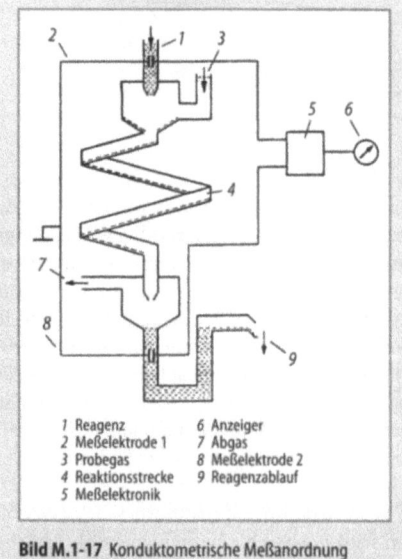

Bild M.1-17 Konduktometrische Meßanordnung (schematisch)

1 Reagenz
2 Meßelektrode 1
3 Probegas
4 Reaktionsstrecke
5 Meßelektronik
6 Anzeiger
7 Abgas
8 Meßelektrode 2
9 Reagenzablauf

angebracht. In diesem Fall durchläuft der Lichtstrahl die Meßstrecke zweimal (s. Bild M.1-16).

Bei der *Konduktometrie* wird das Probegas in ein geeignetes flüssiges Reagenz eingeleitet und die Leitfähigkeitsänderung nach erfolgter Reaktion der Flüssigkeit mit dem Gas gemessen. Bei der kontinuierlichen Konduktometrie werden Probegas und Reagenzflüssigkeit der Reaktionsstrecke kontinuierlich zugeführt (Bild M.1-17). Auf Konstanz der entsprechenden Massenströme und Kompensation des Temperatureinflusses ist bei den Meßverfahren zu achten.

Für die Meßkomponente SO_2 wurden bisher vom Bundesminister für Umwelt diverse Geräte als geeignet bekanntgegeben [M.1.10, M.1.35 – M.1.37].

Meßgeräte, die nach dem NDIR-Meßprinzip arbeiten, werden von den Firmen Maihak (Typreihe Unor), Mannesmann/H. u. B. (Typreihe Uras), Perkin-Elmer (Typreihe MCS 100 HW), Siemens (Typreihe Ultramat) angeboten. Das Meßprinzip der Typreihe Unor ist das der Zweistrahl-Differenzmessung mit einem Strahler und Doppelschichtdetektor. Bei der Meßgerätereihe Ultramat kommt je nach Typ entweder das Zweistrahl-Differenzmeßverfahren mit einem Strahler und Doppelschichtdetektor oder der Einstrahlanalysator mit Doppelschichtdetektor zur Anwendung. Bei dem Gerät der Firma Perkin-Elmer handelt es sich um ein Einstrahl-Photometer, das nach dem Bifrequenz-Verfahren arbeitet. Es handelt sich dabei um ein Mehrkomponentenmeßgerät mit sequentieller Messung. Bei der Typreihe Uras wird das Zweistrahl-Differenzmeßverfahren mit einem Strahler und Doppelschichtdetektor eingesetzt. Auf der Basis des NDUV-Meßprinzips werden Geräte von Maihak (Gerätetyp Defor 3) und von Rosemount (Gerätetyp SO_2-UV-BINOS) angeboten. Beide Geräte arbeiten nach dem Zweistrahl-Differenz-Meßverfahren mit einem Strahler. Auf der Basis der Messung der elektrischen Leitfähigkeit wird von Wösthoff (Mikrogas-SO_2) ein Gerät angeboten, das mit Absorption in H_2O_2 arbeitet.

In-Situ-Meßgeräte für die Meßkomponente SO_2 werden von Opsis (Gerätetyp OPSIS AR 600) und von Sick (Gerätetyp GM 21, GM 30) angeboten. Das Gerät der Firma Opsis ist ein Einstrahlphotometer mit Messung des Absorptionsspektrums in einem bestimmten UV-Wellenlängenbereich. Die Geräte der Firma Sick sind Einstrahlphotometer mit Reflektoren. Dabei wird der Restlichtstrahl spektral zerlegt und das Absorptionsspektrum in einem bestimmten UV-Wellenlängenbereich bestimmt.

Stickstoffoxide
Zur kontinuierlichen Messung stehen mehrere Verfahren mit extraktiver und In-Situ-Probenahmetechnik zur Verfügung. Die Meßprinzipien sind Infrarot- und Ultraviolett-Absorption, Chemilumineszenzreaktion und amperometrische Messung mit elektrochemischer Meßzelle. In der Regel wird nur die Komponente NO selektiv gemessen. Allerdings befinden sich auch Meßgeräte zur selektiven Messung von NO_2 auf dem Markt. Die behördlichen Auflagen beziehen sich auf die Ermittlung der Summe Stickstoffoxide (NO+NO_2). Bei der Kalibrierung (Abschn. M.1.1.2.8) wird der NO_2-Anteil der Abgase mit einkalibriert, wenn NO-selektive Meßgeräte zur kontinuierlichen Messung eingesetzt werden und der NO_2-Anteil 5 bzw. 10 % nicht überschreitet. Die mit IR- und UV-Absorption arbeitenden Meßprinzipien wurden bereits im Abschnitt Schwefeloxide beschrieben. Beim Chemilumineszenz-Verfahren liegt die Reaktion von Stickstoffmonoxid mit Ozon zugrunde. Ein Teil der entstehenden Stickstoffdioxidmoleküle gelangt dabei in einen angeregten Zustand, wobei die Anregungsenergie zum Teil in einer Chemilumineszenzstrahlung wieder abgegeben wird. Durch Intensitätsmessung der Strahlung im Wellenlängenbereich zwischen 600 und 660 nm läßt sich bei konstantem Druck, konstantem Volumenstrom und ausreichendem Ozonüberschuß die Stickstoffmonoxidkonzentration selektiv messen.

Geeignet für die NO/NO_2-Messung entsprechend den behördlichen Anforderungen sind z. B. folgende Meßgeräte:

Auf der Basis des NDIR-Meßprinzips werden von Maihak (Typreihe Unor), Mannesmann/H. u. B. (Typreihe Uras), Perkin-Elmer (Typ Spectran 647 IR, Typreihe MCS 100; Meßprinzip Einstrahlphotometer, Gasfilterkorrelationsverfahren mit zwei Miniaturküvetten je Meßkomponente, sequentielle Messung), Rosemount (Typ NO-iR Binos; Meßprinzip Zweistrahl-Differenzmeßverfahren mit einem Strahler mit Meß- und Ausgleichskammer), Siemens (Typreihe Ultramat) (s. Abschnitt Schwefeloxide), Meßgeräte angeboten.

Auf der Basis des NDUV-Meßprinzips arbeitet der Radas 1 G von Mannesmann H. u. B. (Gasfilterkorrelation mit umlaufender Filterküvette).

Auf der Basis der Chemilumineszenz arbeiten die Geräte von Ecophysics (Typ CLD 700, als Zweikanalgerät für NO und NO_2) und Rosemount (Typ 951). Geräte mit elektrochemischer Zelle werden von AEG Sensorsystem (Typ NO_x-Monitor 4000; Meßprinzip Dreigasdiffusionszellen) und MSI/Elektronik (Typ MSI/ 5600; Meßprinzip Dreielektrodenmikrozellen) angeboten.

Meßgeräte mit In-Situ-Probenahme werden von OPSIS (Typ OPSIS AR 602 Z, Meßprinzip – s. Abschnitt Schwefeldioxid) und Sick (Meßgerätetyp GM 30, Meßprinzip – s. Abschnitt Schwefeldioxid) angeboten.

Zur selektiven Messung von NO_2 stehen das Mehrkomponentensystem MCS 100 CD von Perkin-Elmer, das Mehrkomponentensystem AR 602 Z von OPSIS, der NO_2-UV-Binos von Rosemount und als Kombigerät der BINOS 1004 (NO + NO_2) zur Verfügung. Bei den Chemilumineszenz-Geräten besteht die Möglichkeit NO_2 aus der Differenzsumme NO + NO_2 zu bestimmen.

Kohlenmonoxid
Zur kontinuierlichen Messung von CO ist ebenfalls eine Reihe von Meßgeräten von den Behörden bekanntgegeben worden.

Auf der Basis des NDIR-Meßprinzips werden von Maihak (Typreihe Unor), Mannesmann/H. u. B. (Typreihe Uras), Perkin-Elmer (Typreihe Spectran und MCS 100), Rosemount (Typreihe

CO/IR Binos) und Siemens (Typreihe Ultramat) Meßgeräte angeboten. Die Meßprinzipien wurden bereits im Abschnitt Schwefeldioxid bzw. Stickstoffoxide behandelt.

Das von MSI-Electronic angebotene Gerät MSI 5600 arbeitet mit einer Dreielektrodenmikrobrennstoffzelle.

Als In-Situ-CO-Meßgerät steht das Einstrahlphotometer GM 900/Modell 9200 von Sick zur Verfügung. Es arbeitet mit Gasfilterkorrelation und einem Küvettenrad mit vier Küvetten im Sender.

Fluorverbindungen
Zur kontinuierliche Messung von Fluor bzw. anorganisch gasförmigen Fluorverbindungen wurden insgesamt zwei Meßgeräte von den Behörden bekanntgegeben, die nach dem potentiometrischen Meßprinzip arbeiten. Dabei wird das Probegas in eine gepufferte Elektrolytlösung eingeleitet und die durch die Meßkomponente veränderte Ionenkonzentration mit Hilfe einer fluorsensitiven Elektrodenkette gemessen.

Beim Sensimeter G von Bran u. Lübbe wird das Abgas kontinuierlich abgesaugt und durchströmt das im Sechsminutenrhythmus zyklisch das vorgelegte Pufferlösungsvolumen. Danach wird die angereicherte Pufferlösung der ionensensitiven Meßkette in der Meßzelle zugeführt. Die Messung ist daher nur quasi kontinuierlich.

Das Ionotox HF von Compur/Bayer mißt die Konzentration von Fluorwasserstoff und die anderen anorganischen gasförmigen, hydrolisierbaren Fluorverbindungen kontinuierlich. Das Meßgas wird kontinuierlich auf einen Verdüser gefördert, wobei das Meßgas mit der Absorptionslösung vermischt wird, die zur Potentialmessung kontinuierlich in den zwischen den Elektroden befindlichen Spalt geleitet wird. Verschiedene Stoffe führen zu Querempfindlichkeiten, so daß die Höhe der Konzentration dieser Stoffe begrenzt ist.

Chlorverbindungen
Für die kontinuierliche Messung gasförmiger anorganischer Chlorverbindungen werden verschiedene eignungsgeprüfte Meßgeräte angeboten, die nach den Meßprinzipien Potentiometrie, Leitfähigkeit und NDIR-Gasfilterkorrelation arbeiten. Alle Meßgeräte haben eine extraktive Probenahme und messen bis auf das Sensimeter G kontinuierlich.

Von Bran u. Lübbe werden das Sensimeter G und Ecometer angeboten. Meßprinzip ist die Potentiometrie mit ionensensitiver Elektrode. Das Sensimeter G arbeitet wie das gleichnamige HF-Gerät mit einer zeitlichen Sammelphase im Meßzyklus. Das Ecometer mit ionensensitiver Elektrode und einer Absorptionsstrecke mißt kontinuierlich. Von Perkin-Elmer werden das Spectran 677 IR und das MCS 100 HW als NDIR-Einstrahlphotometer mit Gasfilterkorrelation und von Wösthoff das Mikrogas HCL bzw. das Kombigerät Mikrogas HCl/SO$_2$ auf der Basis der Leitfähigkeitsmessung mit Absorption in H_2O_2 angeboten. (Differenzmessung mit zwei Leitfähigkeitszellen). Die Meßgeräte Ecometer und Spectran 677 IR werden in den VDI-Richtlinien 3480, Blatt 2 und 3 ausführlich im Prinzip, Geräteaufbau und Funktion, Kalibrierung, Auswertung und Verfahrenskenngrößen behandelt [M.1.38, M.1.39]. Das Leitfähigkeitsmeßgerät (Wösthoff) wird in der Richtlinie VDI 2462, Blatt 5 für die Meßkomponente SO_2 beschrieben.

Ammoniak
Zur Zeit werden auf dem Markt zur kontinuierlichen Messung von Ammoniak zwei Meßgeräte angeboten, welche die behördlichen Mindestanforderungen erfüllen.

Das In-Situ-Meßgerät OPSIS AR 602 Z für NH_3 arbeitet als NDUV-Einstrahlphotometer mit Sender und Empfänger. Dabei wird in einem bestimmten UV-Wellenlängenbereich das Absorptionsspektrum bestimmt. Der kleinste geprüfte Meßbereich war 0 – 20 mg/m^3. Die Nachweisgrenze liegt bei etwa 0,5 mg/m^3.

Das Gerät Mipan der Siemens AG arbeitet mit extraktiver Probenahme auf der Basis der Absorption elektromagnetischer Strahlung im Mikrowellenbereich. Der kleinste geprüfte Meßbereich beträgt 0 – 15 mg/m^3. Die Nachweisgrenze liegt bei 0,2 mg/m^3. Die Einstellzeit (90 %-Zeit) beträgt etwa 400 s.

M.1.1.2.4 Gasförmige organische Verbindungen

Die unter M.1.1.2.3 aufgeführten Hinweise, wie z. B. geschwindigkeitsproportionale Entnahme, Beheizung der Sonde, geeignete Materialien usw., gelten auch für die organischen Verbindungen. Zusätzlich ist zu beachten, daß organische Verbindungen möglichst nicht bei der Probenahme durch thermische Einwirkung oder Oxidation, Nitrierung, Chlorierung usw. verändert werden dürfen. In der Regel muß die Sammlung dieser Stoffe bei niedriger Temperatur erfolgen. Bei der Probenahme wird daher häufig das Abgas gekühlt oder nach dem Verdünnungsprinzip durch Zuführung eines geeigneten Mediums in der Temperatur abgesenkt. Je nach Stoff eignen sich als Sammelelemente für das Probegas Gassammelrohre (Gasmäuse); in Sorptionsapparaturen können Frittenflaschen oder Impinger mit flüssigen Absorptionsmitteln gefüllt, verwendet werden. Ebenso werden feste Sorbentien, wie z. B. Aktivkohle, Kieselgel, Florisil, Absorberharze oder verschiedene gaschromatographische Materialien eingesetzt.

Manuelle Methoden – Konventionsverfahren

Gesamt-organischer Kohlenstoff
Zur Charakterisierung des gesamten organischen Potentials eines Abgases wird häufig die Messung des Gesamt-C-Gehalts an flüchtigen organischen Verbindungen gefordert. Als handanalytisches Meßverfahren steht das in der Richtlinie VDI 3481, Blatt 2 beschriebene Kieselgel-Verfahren zur Verfügung [M.1.40].

Dabei wird das Probegas über eine ggf. beheizte Entnahmesonde durch zwei hintereinandergeschaltete mit Kieselgel gefüllte Sorptionsrohre geleitet. Jedoch werden einige der leichterflüchtigen Stoffe bis C_4/C_5 nicht quantitativ adsorbiert. Die Desorption erfolgt im Sauerstoffstrom bei erhöhter Temperatur mit nachfolgender Verbrennung zu CO_2, das entweder maßanalytisch durch acidimetrische Titration von nicht durch Bariumcarbonatfüllung verbrauchtes Bariumhydroxid oder coulometrisch durch Neutralisation einer Bariumhydroxidlösung bestimmt wird. Da mit dem Verfahren niedrigsiedende Substanzen nicht oder nur teilweise erfaßt werden, können sich je nach Gaszusammensetzung im Vergleich zu anderen Verfahren Unterschiede ergeben.

Die relative Nachweisgrenze beträgt bei titrimetrischem Nachweis 17 mg C/m³ und bei coulometrischem Nachweis 2 mg C/m³.

Zur Anwendung des Kieselgel-Verfahrens auch bei höheren Temperaturen und Feuchten als z. B. 20 °C Taupunkttemperatur und 25 °C vor der ersten Sorptionsstufe werden den Sorptionsrohren entweder Kondensatgefäße oder Kondensatgefäße mit Kühler vorgeschaltet. Dabei ist auch das Kondensat aufzuarbeiten, da es einen Anteil an organischen Verbindungen enthalten kann. Es ist dabei zu prüfen, inwieweit das im Abgas enthaltene CO_2, das im Kondensat zum Teil gelöst wird, zu Meßwertverfälschungen führen kann [M.1.41].

Chlorbenzole und Chlorphenole
Zur Probenahme chlorierter Benzole und Phenole können im Prinzip die gleichen Probenahmemethoden wie zur Probenahme von PCDD und PCDF bzw. PCB (s. M.1.1.2.6) eingesetzt werden. Eine Richtlinie mit abgesicherten Verfahrenskenngrößen ist zur Zeit nicht verfügbar. Im einzelnen ist auch zu prüfen, inwieweit die leichterflüchtigen Mono- und Dichlorverbindungen quantitativ gesammelt werden. Als geeignete Sammelphasen können Feststofffilter in Verbindung mit PU-Schaum oder Methoxyethanol oder Absorberharzen angesehen werden. Auch die Absorption in tiefkaltem Lösemittel, z. B. Methyldiglycol, wie sie im Vorentwurf der VDI-Richtlinie 2457, Blatt 2 [M.1.42] beschrieben wird, bietet sich an.

Leichtflüchtige Chorkohlenwasserstoffe
Leichtflüchtige Chlorkohlenwasserstoffe, wie Trichlorethan, Trichlorethen, Tetrachlorethan und Tetrachlorethen, werden z. B. in Anlagen zur Oberflächenbehandlung, zur Chemischreinigung und zur Extraktion eingesetzt. Die 2. BImSchV begrenzt die Emissionen der genannten leichtflüchtigen Halogenkohlenwasserstoffe, sowie von Trichlormethan.

Die Messung der Emissionen wird in der Richtlinie VDI 2457, Blatt 2 – 4, Ausgabe 1974 – 1976 für 1.1.1-Trichlorethan, Trichlorethen und Tetrachlorethen beschrieben. Dabei erfolgt die Absorption in einem flüssigen Sorbens und der Nachweis gaschromatographisch. Die Nachweisgrenze ist jedoch teilweise relativ hoch.

Die Probenahme und Analytik wird daher in letzter Zeit in Anlehnung an Immissionsmeßverfahren durchgeführt [M.1.43, M.1.44]. Zur Probensammlung werden Aktivkohleröhrchen eingesetzt, die mit Lösemitteln oder thermisch desorbiert werden. Die Probenahme selbst erfolgt mit ggf. auf Abgastemperatur beheizten Quarzsonden und nachgeschaltetem Staubfilter. Bei höherem Wasserdampfgehalt wird dem Staubfilter eine Kondensatflasche, ggf. gekühlt, nachgeschaltet. Das Kondensat wird ebenfalls gaschromatographisch auf die entsprechenden Komponenten hin untersucht. Ein weiteres Verfahren ist die in [M.1.42] beschriebene Methode mit Absorption in tiefkaltem Lösemittel.

Fluor-Chlor-Kohlenwasserstoffe
In der 2. BImSchV [M.1.5] werden ebenso die Emissionen von FCKW begrenzt, soweit es den dort genannten Geltungsbereich betrifft. Danach dürfen nur 1.1.2.2-Tetrachlor-1.2-Difluorethan

(R-112), 1.1.2-Trichlor-1.2.2-Trifluorethan (R-113) und Trichlorfluormethan (R-11) eingesetzt werden. Die Probenahme wird wie bei LCKW beschrieben durchgeführt. Der Stoff wird z.B. an Aktivkohle adsorbiert. Bei Komponenten mit niedrigem Siedepunkt können Gassammelrohre Anwendung finden. Die Quantifizierung erfolgt über GC/ECD.

Aromatische Kohlenwasserstoffe
Die Probenahme von aromatischen Kohlenwasserstoffen (Benzol, Toluol, Xylol und Ethylbenzol) kann in Anlehnung an Immissionsmeßverfahren mit den vorgenannten Probenahmetechniken erfolgen. Vorrangig werden als Sammelphase Aktivkohle, Tenax und tiefkaltes Lösemittel eingesetzt. Die Desorption der Aktivkohle erfolgt mit Lösemittel [M.1.45] oder thermisch, die Identifizierung über GC/FID oder ggf. GC/MS. Das bei der Probenahme evtl. anfallende Kondensat ist ebenfalls zu analysieren. Es wird dabei bei einem Probenahmevolumen von 20 dm^3 eine Nachweisgrenze von 5 µg/m^3 je Komponente erreicht.

Amine
Aliphatische Amine, z.B. Methylamin, Dimetylamin, Ethylamin, Propylamin, Butylamin, Hexylamin können in Anlehnung an die in der Richtlinie VDI 2467 für Immissionen beschriebene Methode quantifiziert werden, insbesondere in Abluft [M.1.46]. Die Sammlung erfolgt dabei in verdünnter Salzsäure. Amine werden als Alkylammoniumchloride absorbiert. Bei der Probenaufbereitung erfolgt die Umsetzung zu Dinitrophenylaminen. Die Bestimmung erfolgt mit Hilfe der HPLC mit UV-Absorptionsdetektion.

Bei aromatischen Aminen besteht die Möglichkeit der Anreicherung auf Silikagel-Röhrchen. Der Nachweis erfolgt über HPLC/UV.

Aldehyde
In der Richtlinie VDI 3862, Blatt 1 wird ein Emissionsmeßverfahren für kurzkettige Aldehyde beschrieben [M.1.47]. Dabei werden aliphatische Aldehyde $C_1 - C_3$ nach der MBTH-Methode in Absoptionslösung gesammelt und photometrisch ausgewertet. Das Verfahren ist nur bis zu einem SO_2-Gehalt im Abgas von 30 mg/m^3 verwendbar. Es handelt sich dabei um eine Summenmessung. In Blatt 2 dieser Richtlinie wird die Messung längerkettiger aromatischer Aldehyde sowie Ketone beschrieben [M.1.48]. Die Substanzen werden mit 2,4-Dinitrophenylhydrazin (DNPH-Verfahren) zu entsprechenden Hydrazonen umgesetzt und als Einzelkomponente quantifiziert. Die Probenahme erfolgt über Waschflaschen mit Acetonitril, in dem das Hydrazin gelöst ist. Die Absorptionslösung wird ohne Aufarbeitung direkt chromatographiert. Die Detektion erfolgt mit HPLC und UV-Detektor. In Blatt 3 der Richtlinie VDI 3862 wird die Probenahme mit DNPH in salzsaurer Lösung beschrieben [M.1.49]. Die Hydrazone werden mit Tetrachlorkohlenstoff ausgeschüttelt. Die organische Phase wird mit HPLC chromatographiert und mit UV-Detektor bestimmt. Je nach Stoff werden Nachweisgrenzen bei einem Probenahmevolumen von 50 l zwischen 2 und 100 µg/m^3 erreicht. Von Nachteil ist, daß die Proben nur kurzfristig zwischengelagert werden können.

Acrylnitril
In der Richtlinienreihe VDI 3863, Blatt 1 – 3 werden drei Methoden zur Emissionsmessung von Acrylnitril beschrieben [M.1.50 – M.1.52].

In Blatt 1 erfolgt die Probenahme mit Gas-Sammelgefäß. Die Nachweisgrenze, die mit Flammenionisationsdetektor (FID) erreicht wird, beträgt 0,5 mg/m^3. Die mit Phosphor-Stickstoffdetektor (PND) erreichte Nachweisgrenze 0,05 mg/m^3. Bei höheren Wasserdampfgehalten ist das Verfahren nach Blatt 1 nicht einsetzbar. In Blatt 2 wird die Probenahme in tiefkaltem Lösemittel beschrieben. Die Nachweisgrenze beträgt bei 15 l Probegasvolumen mit FID 0,2 mg/m^3 und mit PND 0,05 mg/m^3. In Blatt 3 wird die Probenahme an Aktivkohle mit nachfolgender Desorption mit Dimethylformamid (DMF) beschrieben. Die Nachweisgrenze ist hier 12 µg/m^3 bei einem Probegasvolumen von 50 l. Der Nachweis erfolgt über GC mit Trennsäulenschaltung und zwei FID.

Alle drei Probenahmeeinrichtungen werden mit Probenahmesonde und Feststoffilter, die ggf. beheizt sein müssen, betrieben. Bei allen drei Verfahren ist darauf hinzuweisen, daß die Proben nur begrenzt lagerbar sind.

1,3-Butadien
In der Richtlinie VDI 3953 wird ein Emissionsmeßverfahren mit Absorption an Aktivkohle und Desorption mit Schwefelkohlenstoff beschrieben [M.1.53]. Die gaschromatographische Analyse erfolgt mit GC-FID-Headspace-Technik (Dampfraumanalyse). Die Nachweisgrenze liegt bei 0,2 mg/m^3 bei einem Probenahmevolumen von 30 l. Auf die begrenzte Lagerfähigkeit der Proben ist zu achten.

Vinylchlorid

Zur Bestimmung von Vinylchlorid wird in der Richtlinie VDI 3493, Blatt 1 eine gaschromatographische Bestimmungsmethode mit Probenahme in Gassammelgefäßen beschrieben [M.1.54]. Die Quantifizierung erfolgt dabei mit GC-FID. Die Nachweisgrenze wird mit $0,3$ mg/m^3 angegeben. In Ziffer 2.3 TA Luft wird die Emission auf 5 mg/m^3 begrenzt. In Anlehnung an die in Richtlinie VDI 3494, Blatt 1 – 2 beschriebenen VC-Immissionsmeßverfahren [M.1.55-M.1.56], die mit Adsorption an Aktivkohle arbeiten, sollte es möglich sein, die Empfindlichkeit des Verfahrens zu erhöhen.

Registrierende Meßverfahren

Zur kontinuierlichen Emissionsmessung von Gesamt-C-konzentrationen werden überwiegend FID-Detektoren verwendet. Es gibt eine Reihe eignungsgeprüfter Meßgeräte, von denen ein Meßgerät nach dem Prinzip der Wärmetönung arbeitet. Der Flammenionisationsdetektor (FID) wird in der Richtlinie VDI 3481, Blatt 1 beschrieben [M.1.57]. Blatt 3 dieser Richtlinie aus dem Jahr 1992 geht insbesondere auf Lösemittel ein [M.1.58]. Die Grenzen der Anwendbarkeit des FID-Verfahrens und ein Vergleich mit anderen Methoden zur Bestimmung des Gesamt-Kohlenstoffgehalts in Abgasen werden in der gleichen Richtlinienreihe Blatt 6 behandelt [M.1.59].

Der Flammenisonisationsdetektor FID benutzt als Meßeffekt die Ionisation organisch gebundenen Kohlenstoffs in einer Wasserstoff-Flamme. Der dabei in einem elektrischen Feld auftretende Ionenstrom wird elektrisch verstärkt und gemessen. Er ist in einem weiten Bereich proportional der Anzahl der pro Zeiteinheit in die Flamme gebrachten Kohlenstoffatome. Der Molekülaufbau beeinflußt wesentlich die Oxidationseigenschaft des Kohlenstoffs und damit die Größe des Detektorsignals. Organische Verbindungen mit Heteroatomen, z. B. N, O, S oder Cl, werden i. allg. mit deutlich geringerer Empfindlichkeit angezeigt als die reinen Kohlenwasserstoffe mit der gleichen Anzahl von Kohlenstoffatomen pro Molekül.

Die unterschiedliche Anzeigeempfindlichkeit gegenüber verschiedenen organischen Verbindungen werden in „Responsefaktoren" ausgedrückt. Diese sind gerätespezifisch und dürfen nicht auf andere Gerätetypen übertragen werden. Je nach Empfindlichkeit (Meßbereich) und Gerätetyp ergeben sich im Einzelfall verschiedene Anforderungen an die Qualität von Brenngas, Brennluft, Prüfgas und die Zusammensetzung des Probegases. Ein eignungsgeprüftes Gerät arbeitet nach dem Prinzip der Wärmetönung (Typ KM 2-CNHM-EM-ADOS). Dabei wird durch katalytische Oxidation der brennbaren Gaskomponenten exotherme Wärme erzeugt, die durch Temperaturmessung nachgewiesen wird. Hier besteht eine Querempfindlichkeit gegenüber CO. Katalysatoren werden durch Halogen-, Blei- und Siliziumverbindungen vergiftet.

Eignungsgeprüfte FID werden z. B. von Bayer-Diagnostics (Typreihe Compur), Bernath-Atomic (Typreihe BA 3000), JUM-Engineering (Typ FID VE 7), Mannesmann/H. u. B. (Typreihe Fidas), Siemens (Typreihe Fidamat), Testa (Testa Fid 123) angeboten.

Alle Geräte arbeiten mit extraktiver Probenahme.

M.1.1.2.5 Gerüche

Geruchsemissionen können von einer Vielzahl von gewerblichen und industriellen Anlagen ausgehen. Aufgaben der Meßtechnik sind z. B. die Bestimmung der Geruchsintensität auf der Basis der Bestimmung der Geruchsschwelle, die Abschätzung des Belästigungspotentials, Wirkungsgradbestimmungen von Verfahren zur Geruchsemissionsminderung (Rohgas/Reingas).

Zur Ermittlung von Gerüchen verwendet man als Sensor die menschliche Nase (Olfaktometrie). Die Olfaktometrie ist die kontrollierte Darbietung von Geruchsträgern und die Erfassung der dadurch beim Menschen hervorgerufenen Sinnesempfindungen. Geruchsempfindungen können auch dann hervorgerufen werden, wenn die Geruchskonzentration unterhalb derzeit erreichbarer Nachweisgrenzen von chemisch-physikalischen Meßverfahren liegen. Die Geruchsstoffkonzentration der zu messenden Gasprobe (Einzelstoff oder Stoffgemisch) wird durch Verdünnung mit Neutralluft bis zur Geruchsschwelle bestimmt. Dabei gilt: 1 Geruchseinheit (GE) ist diejenige Menge (Teilchenzahl) Geruchsträger, die – verteilt in 1 m^3 Neutralluft – entsprechend der Definition der Geruchsschwelle gerade eine Geruchsempfindung auslöst. Die Einheit der Größe „Geruchsstoffkonzentration" ist die Geruchseinheit durch Volumeneinheit GE/m^3. Unter Geruchsschwelle versteht man die Konzentration eines Stoffs oder Stoffgemischs, die bei 50 % eines Kollektivs von Probanden mit dem Geruchssinn wahrgenommen wird.

Die Grundlagen der Geruchsschwellenbestimmung werden in der Richtlinie VDI 3881, Blatt behandelt [M.1.60].

Zur Messung werden „Olfaktometer" eingesetzt; d. h. Apparaturen, in denen eine Gasprobe (Geruchsstoffprobe) mit Neutralluft definiert verdünnt wird, und anschließend Testpersonen (Probanden) als Riechprobe angeboten wird. Den Probanden werden mehrere Verdünnungsstufen angeboten. Die Probenahme kann dynamisch oder statisch sein. Bei der *dynamischen* Probenahme wird ein Teilstrom kontinuierlich aus dem Abgas-/Abluft-Strom entnommen. Das Olfaktometer ist mit einer T-Verbindung an der Probenahmeleitung angeschlossen, so daß dem Olfaktometer bei Bedarf ein ausreichendes Probenvolumen zugeführt wird. Bild M.1-18 zeigt das Schema.

Bei der *statischen* Probenahme wird die Geruchsstoffprobe in einen geeigneten Behälter gefüllt, der die Probe zum Olfaktometer transportiert und dort zur Untersuchung angeschlossen wird. Bild M.1-19 zeigt schematisch die Möglichkeiten bei der statischen Probenahme [M.1.61]. Die dynamische Probenahme bietet Vorteile bei konstanten Emissionsverhältnissen wegen der kurzen Zeit zwischen Probenahme und Analyse. Bei schnell wechselnden Konzentrationen ist das Verfahren nicht sinnvoll, weil sich im Verlauf der Einzelmessung das Probengut ändert und dadurch die Meßwerte größere Streuungen aufweisen. Mit der statischen Probenahme wird bei wechselnden Konzentrationen ein repräsentativer Mittelwert über die Probenahmezeit erreicht. Die Auswertung der Ergebnisse wird in [M.1.60, M.1.62] beschrieben. Verschiedene Olfaktometer werden in [M.1.63] vorgestellt. Die Verfahrenskenngrößen sind [M.1.64] zu entnehmen.

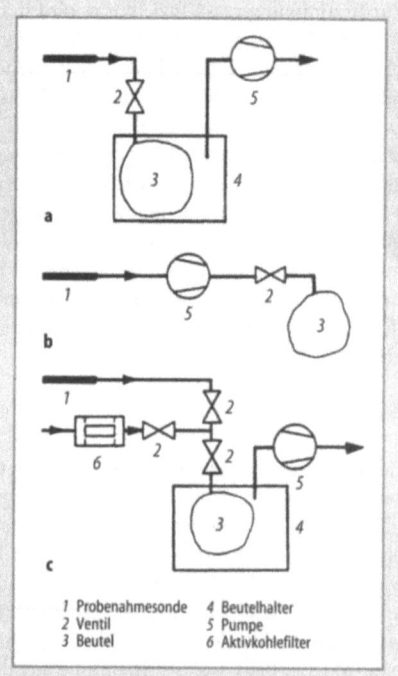

1 Probenahmesonde
2 Ventil
3 Beutel
4 Beutelhalter
5 Pumpe
6 Aktivkohlefilter

Bild M.1-19 Möglichkeiten statischer Probenahme (Gerüche). Füllung der Beutel durch Pumpensog (a), Pumpendruck (b), Pumpensog bei zusätzlicher Vorverdünnung mit gefilterter Luft (c).

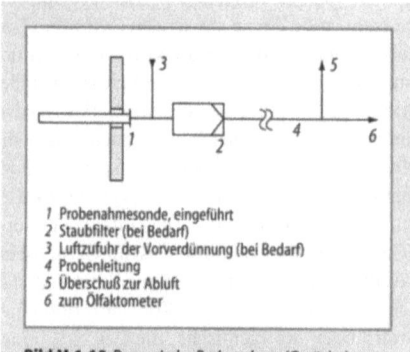

1 Probenahmesonde, eingeführt
2 Staubfilter (bei Bedarf)
3 Luftzufuhr der Vorverdünnung (bei Bedarf)
4 Probenleitung
5 Überschuß zur Abluft
6 zum Olfaktometer

Bild M.1-18 Dynamische Probenahme (Gerüche)

Ebenso enthält diese Richtlinie Muster eines Meßprotokolls.

M.1.1.2.6 Organische Verbindungen im Spurenbereich

Zu den hochtoxischen, teilweise cancerogenen und mutagenen Umweltgiften gehören polychlorierte Biphenyle (PCB), polyzyklische aromatische Kohlenwasserstoffe (PAK) und polychlorierte Dibenzo-p-Dioxine (PCDD) und -Furane (PCDF). Die Abgaskonzentrationen dieser Verbindungen können je nach emittierender Anlage und Schadstoffkomponente in einem Bereich zwischen 0,001 und 1000 ng/m^3 (ng = 10^{-9} g) liegen. Bei Abgastemperaturen zwischen 50 und 400 °C werden die Verbindungen je nach Siedelage gasförmig, als Feststoff, an Feststoffe sorbiert oder als Gemisch emittiert. Wegen der hohen Abgasvolumenströme industrieller Anlagen können i. d. R. nur teilstromentnehmende Verfahren eingesetzt werden. Wegen der Partikelphase hat die Probenahme isokinetisch zu erfolgen und sollte aus Gründen der Repräsentativität als Netzmessung durchgeführt werden. Entscheidend für die schonende Erfassung organischer Verbindungen ist eine Sammlung bei niedriger Temperatur (möglichst < 50 °C). Bei höheren Temperaturen muß der Probegasstrom durch Zumischung von Verdünnungsluft oder Wärmeentzug (Kühler) gekühlt werden.

Damit stehen auf der Basis der Verdünnungsmethode und der Kondensationsmethode zwei sich im Prinzip unterscheidende Probenahmemöglichkeiten zur Verfügung. Die Verdünnungsmethode wird in der Richtlinie VDI 3499, Blatt 1 [M.1.65] zur Bestimmung der PCDD und PCDF-Emissionen und in der Richtlinie VDI 3873, Blatt 1 [M.1.66] zur Bestimmung der PAK-Emissionen beschrieben. Diese Probenahmemethode wird gleichermaßen für die PCB-Emissionsmessung eingesetzt. Unterschiede bestehen lediglich bei der Probenaufbereitung bzw. Analytik. Zur Abkühlung wird dem Teilvolumenstrom getrocknete und gereinigte Luft zugemischt. Eine Taupunktunterschreitung von Wasser und damit anfallendes Kondensat wird dadurch vermieden. Bild M.1-20 zeigt das Schema der Probenahmeeinrichtung.

Mit Hilfe einer auf Abgastemperatur beheizten Entnahmesonde wird ein Teilvolumenstrom isokinetisch entnommen. In einem Mischrohr wird der Teilvolumenstrom durch Zufuhr getrockneter und gefilterter Luft unter 50 °C gekühlt. Anschließend wird das verdünnte Abgas über ein Feststofffilter geleitet, in welchem die Feststoffe sowie die kondensierten und auf Partikeln sorbierten Anteile der organischen Verbindungen abgeschieden werden. Die Abscheidung der Stoffgruppen erfolgt bei der niedrigen Temperatur von etwa 40 °C praktisch quantitativ auf dem Feststofffilter. Zur Kontrolle kann ein festes Sorbens, z. B. Florisil, XAD-Adsorberharze, Porapak, PU-Schaum nachgeschaltet werden. Eine Verfahrensvariante besteht darin, daß statt dessen ein Planfilter und ein PU-Schaum als Sammelphase benutzt werden, so wie es bei Immissionsmessungen üblich ist. Diese Variante wurde in Ringversuchen zur CEN-Richtlinie für PCDD/F erprobt.

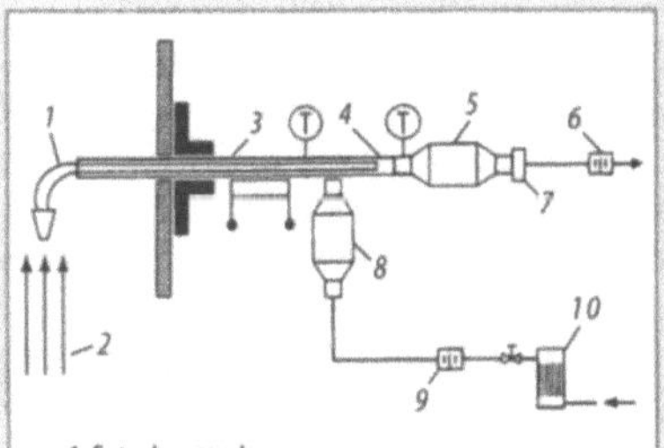

Kondensationsmethoden mit direkter Kühlung zur Bestimmung der PCDD und PCDF werden in der Richtlinie VDI 3499, Blatt 2 – 4 beschrieben [M.1.67-M.1.69]. Bild M.1-21 zeigt das Schema der Probenahmeapparatur nach Blatt 3 – Kondensatmethode/Gekühltes Absaugrohr – wahlweise mit Impinger oder Feststoffsorbens. Bei der Kondensationsmethode nach Blatt 3 z. B. wird das entnommene heiße Abgas in einem wassergekühlten Absaugrohr gekühlt, wobei das entstehende wäßrige Kondensat in einem ebenfalls gekühlten Kondensatabscheider gesammelt wird. Auf eine Feststoff-Filtration wird dabei derzeit verzichtet.

Anschließend wird das abgesaugte Teilvolumen zur Absorption entweder über zwei parallelgeschaltete mit organischem Lösemittel gefüllte Impinger-Straßen oder ein Feststoffadsorbens geleitet. Bei der Methode nach Blatt 4 wird als zusätzliches Sorbens PU-Schaum verwendet.

Zur Probenahme von PCB können die gleichen Probenahmetechniken wie bei PCDD/F angewandt werden. Allerdings gibt es derzeit keine verbindliche Richtlinie mit abgesicherten Verfahrenskenngrößen. Zur Bestimmung werden ähnliche Analysenschritte wie in der Dioxinanalytik benutzt, wobei bei der Auswahl der Trennmaterialien und Extraktionsmittel die spezifischen Stoffeigenschaften (Polarität, Lösungseigenschaften) der PCB zu berücksichtigen sind. In der TA Luft werden die beiden PAK Benzo(a)pyren und Dibenz(a,h)anthracen auf 0,1 mg/m^3 begrenzt. Ein Meßverfahren ist in der Richtlinie VDI 3873, Blatt 1 beschrieben, das für die Messung an industriellen und gewerblichen Anlagen erprobt ist, und dessen Verfahrenskenngrößen bekannt sind [M.1.66]. Zur Probenahme wird dabei das in Bild M.1.20 dargestellte Verdünnungsverfahren eingesetzt. Die 4- bis 7-Ring-

1 Entnahmesonde
2 Abgas
3 beheiztes Absaugrohr (Temperatur geregelt)
4 Mischrohr
5 Probenahmefilter
6 Mengenmeßeinrichtung zur Absaugung
7 festes Sorbens
8 Kühlluftfilter
9 Mengenmeßeinrichtung
10 Trockenturm

Bild M.1-20 Schematische Darstellung einer Probenahme nach der Verdünnungsmethode

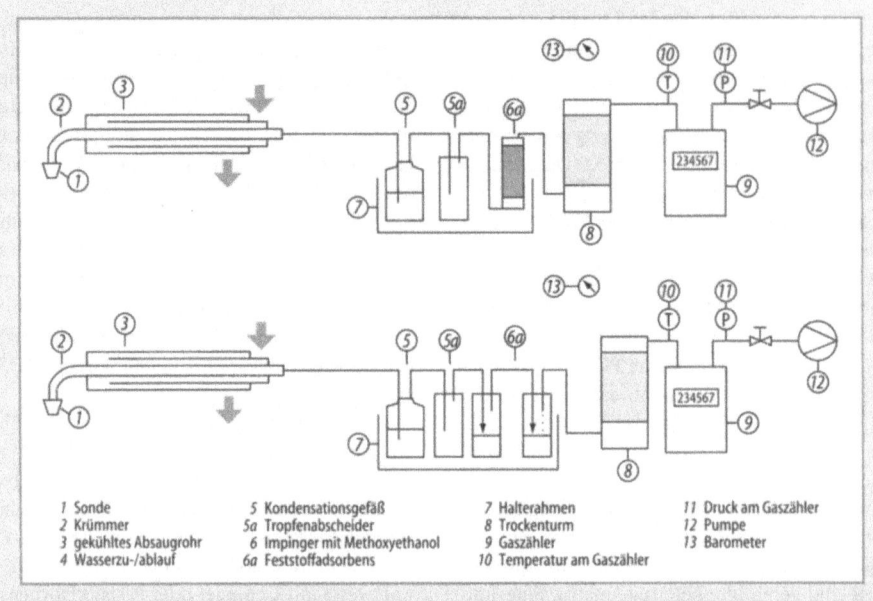

Bild M.1-21 Schematische Darstellung einer Probenahme nach der Kondensatmethode mittels gekühltem Absaugrohr

1 Sonde
2 Krümmer
3 gekühltes Absaugrohr
4 Wasserzu-/ablauf
5 Kondensationsgefäß
5a Tropfenabscheider
6 Impinger mit Methoxyethanol
6a Feststoffadsorbens
7 Halterahmen
8 Trockenturm
9 Gaszähler
10 Temperatur am Gaszähler
11 Druck am Gaszähler
12 Pumpe
13 Barometer

PAK haben etwa die gleiche Siedelage wie PCDD/F. Sie treten daher im Abgas als Gas, Feststoff, an Partikeln sorbiert und als Gemisch auf. Die 4- bis 7-Ring-Verbindungen werden quantitativ auf einem Filter abgeschieden. Zur Erfassung der leichterflüchtigen PAH mit 2 und 3 Ringen kann ein Feststoffsorbens, z. B. Porapak PS, nachgeschaltet werden. Auf die Möglichkeit der gleichzeitigen Sammlung von PAH, PCDD/F und PCB wird verwiesen. Die Probenahmezeiten (Sammelzeiten) für PAK sollten nicht länger als ca. 2 h dauern, damit die Invarianz der PAK-Profile erhalten bleibt. Verschiedene PAK sind sehr reaktiv.

M.1.1.2.7 Auswerterechner

Für eine Reihe genehmigungsbedürftiger Anlagen werden vom Gesetzgeber Meßsysteme zur kontinuierlichen Überwachung von Emissionen gefordert. Die Meßergebnisse sind fortlaufend automatisch auszuwerten und zu dokumentieren [M.1.67 – M.1.69]. Die Meßwerte der registrierenden Meßeinrichtung (Staub, SO_2, CO, NO usw.) werden unter Zugrundelegung der bei der Kalibrierung ermittelten Regressionskurven in die jeweiligen physikalischen Meßgrößen umgerechnet und über die Bezugszeit (i.d.R. 30 min) gemittelt. Nach Umrechnung auf den Normzustand (1013 mbar, 273 K) und Bezugssauerstoffgehalt (z. B. 11 % O_2 bei Müllverbrennungsanlagen) werden die Konzentrationswerte in 20 Klassen einheitlicher Breite klassiert (Bild M.1-22). Diese Werte werden im eigentlichen Sinne nicht klassiert, sondern in Speicher gezählt. Der Emissionsgrenzwert liegt am Ende der Klasse 10. Werte, die das 2fache des Grenzwerts überschreiten, werden in die Klassen 21 und 22 gezählt.

Anmerkung. Zu beachten ist dabei, welche Auswertung durch den Gesetzgeber vorgeschrieben ist. Nach TA Luft und 13. BImSchV gilt z. B.: Emissionswerte gelten als eingehalten, wenn

– sämtliche Tagesmittelwerte den Emissionsgrenzwert
– 97 vH aller Halbstundenmittelwerte 6/5 des Emissionsgrenzwerts und
– sämtliche Halbstundenmittelwerte das 2fache des Emissionsgrenzwerts

nicht überschreiten.

Für Müllverbrennungsanlagen gelten davon abweichende Festlegungen und erfordern eine andere Art der Auswertung [M.1.4, M.1.68].

Die Klassengrenze dieser beiden Klassen entspricht dem bei der Kalibrierung festgestellten Toleranzbereich. In Klasse 23 wird die Anzahl der

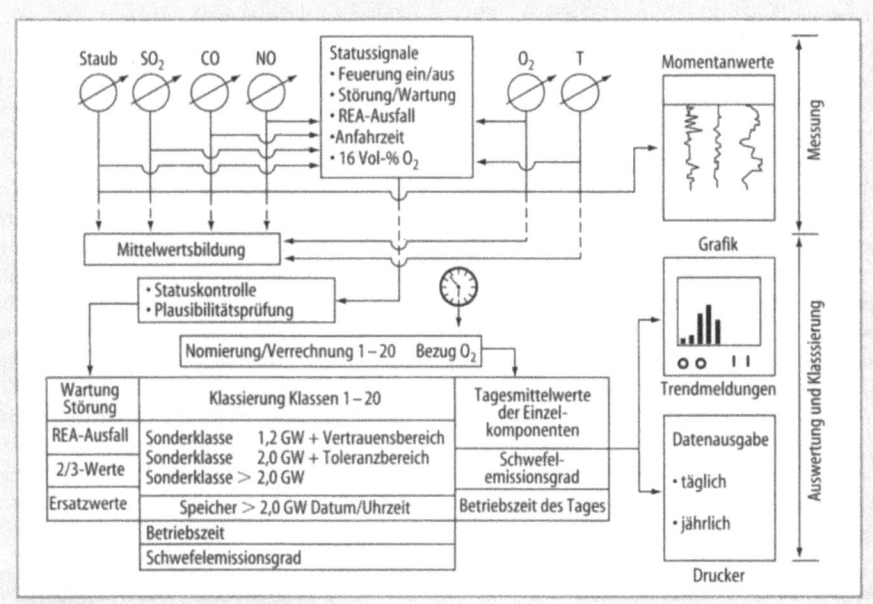

Bild M.1-22 Meßwerterfassung und -verarbeitung

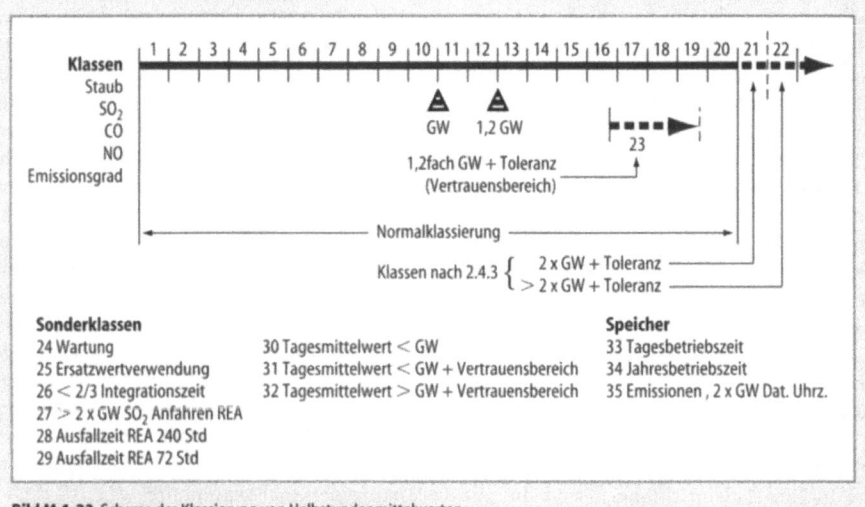

Bild M.1-23 Schema der Klassierung von Halbstundenmittelwerten

Halbstundenmittelwerte gespeichert, die das 1,2fache bis zur Grenze des Vertrauensbereichs überschreiten. Die Sonderklassen dienen zur Erfassung der Halbstundenmittelwerte, die durch Störungen oder Wartungsarbeiten an den Analysatoren mehr als 1/3 der Meßzeit mit keinen gültigen Meßwerten belegt waren.

Die Gesamtzahl dieser Werte einschl. der Werte, die beim An- oder Abfahren der Anlage weniger als 2/3 des Meßintervalls anstanden, werden zusätzlich in Klasse 26 gezählt. Bei Ausfall der Bezugsgröße Sauerstoff durch eine Störung der Meßeinrichtung verwendet der Auswerterechner einen Ersatzwert für O_2, welcher bei der Kalibrierung festgelegt wird. Alle Halbstundenmittelwerte, welche mit einem Ersatzwert gebildet wurden, werden normal klassiert, aber zusätzlich in der Klasse 25 gezählt. Neben der Verteilung der Tagesmittelwerte in drei Klassen (30, 31 und 32) werden die Betriebszeiten der Anlage für den Tag und das Jahr gespeichert und ausgewiesen. Die Klasse 35 dient zur Speicherung aller Grenzwertüberschreitungen des 2fachen Grenzwerts (Bild M.1-23).

Dabei wird die Uhrzeit und das Datum des Ereignisses miterfaßt. Die Datenausgabe der gespeicherten Werte aus den 20 Normalklassen, den Sonderklassen und den Speichern erfolgt täglich automatisch zu einer einmal gewählten Zeit. Ausserdem erfolgt die Ausgabe aller Daten nach Ablauf eines Kalenderjahrs. Die Tagesausdrucke dienen zur laufenden Dokumentation der Emissionsverhältnisse. Der Jahresausdruck dient zum Nachweis gegenüber der Aufsichtsbehörde.

M.1.1.2.8 Kalibrierung registrierender Meßgeräte

Zur Qualitätssicherung der Meßergebnisse registrierender Meßverfahren sind verschiedene Prüfungen in unterschiedlichen zeitlichen Abständen mit teilweise unterschiedlichem Prüfinhalt notwendig. Es ist hier zu unterscheiden zwischen geräteinterner Funktionsprüfung, Wartung, jährlicher Funktionskontrolle, Kalibrierung.

Die *geräteinterne* Funktionsprüfung besteht z. B. darin, daß in den Strahlengang bestimmte Prüfnormale eingeschwenkt werden, der elektrische Abgleich in bestimmten zeitlichen Abständen automatisch erfolgt oder permanent die Funktion bestimmter Bauteile, z. B. Pumpe, Strömungsmesser, überwacht wird.

In der Regel sind die Geräte in bestimmten zeitlichen Abständen vom Betreiber zu warten und zu überprüfen.

Dabei erfolgt eine Funktionsprüfung mit Hilfe von Justierhilfen, z. B. Gitterfiltern, Prüfgasen. Bei In-Situ-Meßeinrichtungen sind die optischen Grenzflächen zu reinigen. Luftfilter sind zu reinigen oder auszutauschen. Nullpunkt und Empfindlichkeit sowie Meßwertaufzeichnung sind zu kontrollieren. Bei Verfahren mit extraktiver Probenahme sind die Probenahmeheizung, Dichtigkeit der Leitungen, Probenahmefluß, Kondensatabfluß zu prüfen. Nullpunkt und Empfindlichkeit sind mit Justierhilfen (Prüfgas) zu prüfen bzw. einzustellen.

Für registrierende Meßgeräte wird eine jährliche Überprüfung auf *Funktion* der Meßwertanzeige der vollständigen Meßeinrichtung einschließlich Probenahme gefordert. Nach einer allgemeinen Überprüfung des Wartungszustands und bei extraktiven Probenahmesystemen einer Dichtheitsprüfung des Meßsystems sind je nach Meßsystem verschiedene Prüftätigkeiten erforderlich.

Hier sind z. B. zu nennen: Prüfung der Verschmutzung der optischen Bauteile oder des Probenahmesystems, Feststellung der zeitlichen Änderung von Null- und Referenzpunkt, Ermittlung der Querempfindlichkeit gegen CO_2, CO, NO, NO_2, SO_2, Wasserdampf; Überprüfung der Gerätefunktion durch Justierhilfen (Prüfgas, Prüflösungen, Prüffilter) oder andere gerätespezifische Vergleichsgrößen mit 3 – 4 Werten über den Meßbereich; spezifische Gerätefunktionen, z. B. Konstanz der Teilstromentnahme, Meßzyklusdauer, Reagenzdosierung und -zusammensetzung; Kontrolle der Meßwertübertragung zum Datenerfassungssystem [M.1.37, M.1.70].

Die registrierenden Meßeinrichtungen sind nach Inbetriebnahme einer neuen Anlage, nach wesentlichen Änderungen und in zeitlichen Abständen von drei bzw. fünf Jahren zu kalibrieren. Unter *Kalibrierung* versteht man die Ermittlung des Zusammenhangs zwischen der Geräteanzeige der vollständigen Meßeinrichtung und dem Meßobjekt in der Matrix des Abgases mit Hilfe von Vergleichsmessungen mit einem Konventionsverfahren [M.1.71, M.1.72]. Dazu sind vorher die wesentlichen Untersuchungspunkte gemäß Wartung und Funktionskontrolle durchzuführen. Die mit beiden Meßverfahren (registrierende Messung – Konventionsverfahren) zeitgleich ermittelten Meßgrößen werden gegenübergestellt und statistisch ausgewertet. Zur Kalibrierung von Staubmeßeinrichtungen sind im Regelfall mind. 12 – 15 Vergleichsmessungen mit dem Konventionsverfahren [M.1.7, M.1.73] – durchgeführt im Meßnetz über den Kanalquerschnitt – erforderlich. Daraus ergibt sich bereits die „netzbezogene" Analysenfunktion.

Bei Gasemissionsmeßgeräten gibt es prinzipiell zwei Möglichkeiten zur Ermittlung der Analysenfunktion. Vergleichbar zur Vorgehensweise bei der Staubmessung werden Vergleichsmessungen mit einem Konventionsverfahren, z. B. H_2O_2-Thorin-Methode zur SO_2-Bestimmung, VDI 2462, Blatt 8, als Netzmessung durchgeführt. Die Entnahme an den einzelnen Meßpunkten im Netz muß dabei geschwindigkeitsproportional durchgeführt werden. Dieser Vergleich ist möglichst bei wechselnden Quantitäten des Meßob-

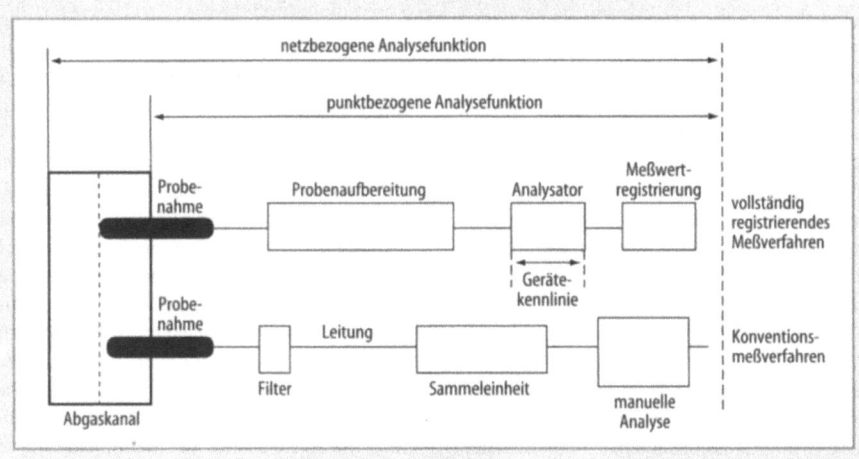

Bild M.1-24 Schema der Kalibrierung registrierender Emissionsmeßgeräte

jekts durchzuführen. Man erhält dann die netzbezogene Analysefunktion.

Alternativ kann auch erst die „punktbezogene" Analysenfunktion ermittelt werden. Bei registrierenden Meßverfahren mit extraktiver Probenahme werden in einem ersten Schritt ca. 20 Vergleichsmessungen mit dem Konventionsverfahren an unmittelbar örtlich benachbarten Probenahmepunkten ausgeführt. Die statistische Auswertung liefert die punktbezogene Analysenfunktion für die Entnahme mit beiden Verfahren am gleichen Ort [M.1.71, M.1.72]. Bild M.1-24 zeigt im Schema den Unterschied zwischen Gerätekennlinie, punkt- und netzbezogener Analysenfunktion. Für viele Anwendungsfälle mit annähernd gleicher Konzentrationsverteilung über den Querschnitt ist diese punktbezogene Analysenform ausreichend. Sie erfaßt die gesamte Abgasmatrix und die zeitliche Änderung der Konzentration. Sinngemäß gilt diese Vorgehensweise auch für die linienförmige Probenahme von In-Situ-Meßgeräten. Auch wenn die punktbezogene Analysenfunktion zur Auswertung herangezogen wird, sind zusätzliche Netzmessungen zur Überprüfung der annähernden Gleichverteilung notwendig. Für alle Fälle mit ungleicher Verteilung der Konzentration ist diese punktbezogene Analysenfunktion durch zusätzliche Informationen (Messung) zur netzbezogenen Analysenfunktion zu erweitern. Im zweiten Schritt wird durch orientierende Netzmessung ein Korrekturfaktor ermittelt, der dazu führt, daß im Ergebnis die Repräsentativität des Meßpunkts verbessert wird. Die schrittweise Vorgehensweise wird für die Kalibrierung mit punktförmiger Probenahme empfohlen. Sie hat den Vorteil, daß der Aufwand für die Netzmessungen reduziert werden kann, indem zur Ermittlung der Korrekturfaktoren anstelle eines Konventionsverfahrens ein zweites kontinuierliches Emissionsmeßgerät eingesetzt wird, dessen Anzeige vorher mit der Anzeige des zu kalibrierenden ebenfalls extraktiv arbeitenden Geräts verglichen wurde. Bild M.1-25 zeigt schematisch die Sondenanordnung zur Bestimmung des Gerätefaktors eines zweiten registrierenden Verfahrens und die Vorgehensweise zur Erweiterung der punktbezogenen zur netzbezogenen Analysenfunktion.

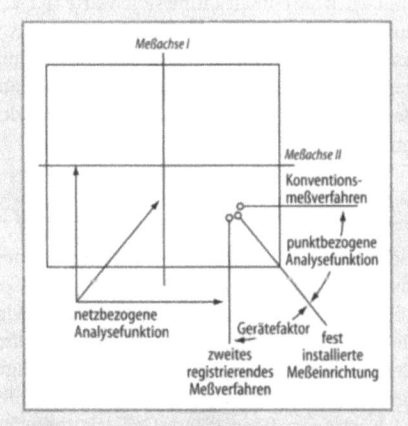

Bild M.1-25 Zusammenhang zwischen punkt- und netzbezogener Analysenfunktion, Bestimmung des Gerätefaktors, Sondenanordnung

Wird eine Meßeinrichtung mit linienförmiger Probenahme kalibriert, kann für die Netzmessung ebenfalls ein zweites kontinuierlich und extraktiv arbeitendes Meßgerät benutzt werden. Für das zweite Meßgerät wird durch Vergleichsmessungen mit dem Konventionsverfahren eine punktbezogene Analysenfunktion aufgestellt. Damit werden dann Netzmessungen durchgeführt. Die Mittelwerte aus den Netzmessungen werden der Anzeige des zu kalibrierenden Geräts zugeordnet.

M.1.2 Immissionsmessungen

Das Bundes-Immissionsschutzgesetz und seine nachgeschalteten Vorschriften sind die rechtliche Basis für Immissionsuntersuchungen auf dem Gebiet der Luftreinhaltung. Nach § 26 BImSchG kann die Behörde die Durchführung von Immissionsmessungen im Einwirkungsbereich einer Anlage anordnen, wenn schädliche Umwelteinwirkungen durch die Anlage zu befürchten sind. Nach § 28 BImSchG können bei genehmigungsbedürftigen Anlagen nach Inbetriebnahme oder einer wesentlichen Änderung sowie nach Ablauf von jeweils drei Jahren Immissionsuntersuchungen angeordnet werden. Nach § 29 BImSchG können auch kontinuierliche Immissionsmessungen unter Verwendung aufzeichnender Meßgeräte gefordert werden. Weitere Meßaufgaben ergeben sich aus § 40 „Verkehrsbeschränkung", §§ 44, 45 „Untersuchungsgebiete, Meßverfahren und Auswertung" sowie § 47 „Luftreinhaltepläne". Einzelheiten regelt z. B. die TA Luft als Erste Verwaltungsvorschrift des BImSchG. Sie enthält Immissionswerte (Nr. 2.5) zum Schutz vor Gesundheitsgefahren (M.2.5.1) und vor erheblichen Nachteilen und Belästigungen (M.2.5.2) sowie Vorschriften zur Ermittlung der Immissionskenngrößen (M.2.2.6), die mit den Immissionswerten verglichen werden.

M.1.2.1 Meßplanung

Grundsätzliche Aufgaben bei Immissionsmessungen sind gebiets- und anlagenbezogene Messungen. Bei „gebietsbezogenen" Messungen wird die Immissionsbelastung von Gebieten und damit der Bevölkerung, der Vegetation und von Sachgütern ermittelt. Die Lage der Probenahmestellen ist durch das zu beurteilende Gebiet vorgegeben. Bei „anlagenbezogenen" Messungen sollen die von einer oder mehreren Quellen verursachten Luftverunreinigungen ermittelt werden. Bei mobilen Messungen werden bevorzugt Meßorte in Luv und Lee der zu beurteilenden Emissionsquelle gewählt. Bei stationären Meßorten wird eine windrichtungsabhängige Auswertung der Meßdaten vorgenommen, um die Auswirkung der Quelle auf den Meßort zu ermitteln.

Durch die Meßplanung werden die räumliche Anordnung der Meßstellen und die zeitliche Abfolge der Messungen festgelegt. Dabei ist es das Ziel, die Immissionssituation in einem Gebiet oder an bestimmten Orten repräsentativ zu ermitteln, d. h., die Ergebnisse können mit Grenzwerten, Wirkungskriterien und mit Meßwerten aus anderen Gebieten und auch mit anderen Zeiten verglichen werden. Neben der jeweiligen Aufgabenstellung sind ausreichende Informationen über die Eigenschaften der Meßobjekte, die verwendeten Meßsysteme (kontinuierlich, diskontinuierlich), Auswerteverfahren, Definition von Immissionskenngrößen, zur Verfügung stehende Zeit, personelle Kapazitäten usw. für eine Meßplanung erforderlich.

Konkrete Vorgaben für die Meßplanung von Immissionsmessungen sind in der Bundesrepublik Deutschland in der Technischen Anleitung zur Reinhaltung der Luft, Vierte Allgemeine Verwaltungsvorschrift, Smog-Verordnung der Länder, Richtlinien der EG beschrieben. Die TA Luft macht unter Ziffer 2.6.2 „Kenngrößen für die Vorbelastung – Meßplan" Vorgaben zum Beurteilungsgebiet, Beurteilungsfläche, Meßhöhe, -zeitraum, -stellen, -verfahren, -häufigkeit, -werte. Anforderung an die Auswertung werden unter Ziffer 2.6.3 behandelt. Sogenannte Immissionswerte werden unter Ziffer 2.5 festgelegt. Es gilt: Der Immissionswert IW_1 ist mit der Immissionskenngröße I_1 zu vergleichen. Dabei ist I_1 der arithmetische Mittelwert aller Meßwerte. Der Immissionswert IW_2 ist mit der Immissionskenngröße I_2 zu vergleichen. Dabei ist I_2 der 98 %-Wert der Summenhäufigkeitsverteilung aller Meßwerte. (Bei Staubniederschlag ist I_2 der höchste im Meßzeitraum ermittelte Monatsmittelwert). Die TA Luft gilt für genehmigungsbedürftige Anlagen. Die Meßvorschriften sind grundsätzlich für die Ermittlung der Immissionen im Einwirkungsbereich dieser Anlagen vorgesehen. Es handelt sich um „Flächen"-Belastungen.

Das Meßschema der TA Luft wird in der Bundesrepublik Deutschland auch sehr häufig für die Messung der Immissionsbelastung von Gebieten (Flächen) angewendet. Ergebnisse solcher Messungen sind in zahlreichen Veröffentlichungen über Luftreinhaltepläne und „Untersuchungsgebiete/Belastungsgebiete" enthalten. Regelmäßige Stichproben-Messungen nach dem TA Luft-Schema haben für die Luftüberwachung von Gebieten gegenüber automatisch betriebenen Meßnetzen an Bedeutung verloren. Die Überwachung der Luftqualität wird in der Bundesrepublik Deutschland von den Bundesländern wahrgenommen. Kontinuierliche Immissionsmessungen werden in jedem Bundesland – teilweise bereits seit Jahrzehnten – durchgeführt. Die Meßnetze wurden im Lauf der Jahre an neu hinzukommende Fragestellungen angepaßt, z. B. Smog-Verordnung, kraftverkehrsbezogene Messungen zur Durchführung von § 40,2 BImSchG und wachsende Bedeutung von Ozon im Sommer.

Die 4. Allgemeine Verwaltungsvorschrift (Ermittlung von Immissionen in Untersuchungsgebieten) wird zur Zeit überarbeitet. Die Regelung erfaßt die kontinuierlich meßbaren Komponenten, wie z. B. SO_2, NO, NO_2, O_3, Schwebstaub und ausgewählte organische Verbindungen, wie Benzol, Toluol, Xylol sowie ausgewählte Staubinhaltsstoffe (Schwermetalle und Benzo(a)pyren). In Erfüllung der Richtlinien der Kommission der Europäischen Gemeinschaft in deutsches Recht wurde im Entwurf die 22. BImSchV (Verordnung über Immissionswerte) erstellt. Angesprochen sind Immissionsgrenzwerte für SO_2, Schwebstaub, NO_2, O_3 und Blei. Die Meßstellen sollen dort eingerichtet werden, wo Personen einer Gefährdung ausgesetzt sein können, Grenzwerte möglicherweise erreicht oder überschritten werden oder sonstige schädliche Umwelteinwirkungen durch Luftschadstoffe auftreten können. Diese Aufgabenstellung geht über das ursprüngliche Ziel – flächendeckende Messung – hinaus. Eine Teilumgestaltung der telemetrischen Meßnetze wird erforderlich sein.

M.1.2.2 Meßverfahren

Zur Messung von Immissionen stehen sowohl diskontinuierliche als auch kontinuierliche Verfahren zur Verfügung. Bei diskontinuierlichen Verfahren handelt es sich meist um manuelle Meßmethoden mit Probenahme im Gelände und Analyse im Laboratorium.

Kontinuierlich arbeitende Geräte führen Probenahme und Analyse automatisch aus. Sie werden häufig in stationären Meßstationen mit telemetrischer Datenübertragung eingesetzt; werden aber auch im Rahmen von Stichprobenmessungen als mobile Meßstationen in Meßfahrzeugen verwendet. Kontinuierliche Messungen gestatten die zeitlich lückenlose Überwachung der Immissionen. Bei Immissionskomponenten mit höheren zeitlichen als räumlichen Schwankungen, z. B. in Stadtgebieten, ist die kontinuierliche Immissionsmessung von Vorteil. Für die Durchführung von Messungen im Rahmen der Smog-Verordnung sind kontinuierliche Methoden unerläßlich. Bisher stehen nur für eine begrenzte Anzahl von Substanzen, z. B. Staub, Schwefeldioxid, Stickstoffoxide, Kohlenmonoxid, Ozon, gasförmige organische Verbindungen als Summe, kontinuierlich arbeitende Geräte zur Verfügung.

Diskontinuierliche Verfahren haben Vorteile bei Stichprobenmessungen und bei einer Vielzahl gleichzeitiger Probenahmestellen im Gelände. Diskontinuierlich werden außerdem die Substanzen, für die bisher keine automatischen Geräte zur Verfügung stehen, gemessen. Meßgeräte zur

Tabelle M.1-1 Immissions-Referenzmeßverfahren

Komponente	Verfahren	Beschreibung
SO_2	TCM-Verfahren	VDI 2451, Bl. 3
NO_2	Saltzmann-Verfahren	VDI 2453, Bl. 1
O_3	KJ-Verfahren UV-Photometrie	VDI 2468, Bl. 1 VDI 2468, Bl. 6
CO	NDIR-Gerät	Eignungsgeprüftes NDIR-Gerät
Schwebstaub	Gravimetrisches Filterverfahren	VDI 2463, Bl.8

Tabelle M.1-2 Immissionsmeßverfahren gemäß TA Luft

Schwebstaub und Probenahme von Blei- und Cadmium-Verbindungen	VDI 2463, Bl. 1,4,7,8
Blei und anorganische Bleiverbindungen im Schwebstaub	VDI 2267, Bl. 2,3
Chlor	VDI 24 58, Bl. 1
Fluor und anorganische gasförmige Fluorverbindungen	VDI 2452, Bl. 2
Kohlenmonoxid	VDI 2455, Bl. 1,2
Schwefeldioxid	VDI 2451, Bl. 1, 2, 3, 4
Stickstoffdioxid	VDI 2453, Bl. 1, 3, 4, 5, 6
Staubniederschlag	VDI 2119, Bl. 2

kontinuierlichen Immissionsmessung müssen ebenso wie Emissionsmeßgeräte bestimmte gerätetechnische Verfahrenskenngrößen und Mindestanforderungen erfüllen.

Die Bekanntgabe geeigneter Geräte durch das Umweltministerium setzt den erfolgreichen Abschluß einer Eignungsprüfung voraus. Zur Qualitätssicherung von Immissionsmessungen wurden mit Rundschreiben des BMU vom 9.2.1988 verschiedene Meßverfahren als Referenzverfahren festgelegt (Tabelle M.1-1).

Die Referenzverfahren dienen insbesondere zur Absicherung von Kalibrierungen und der Überprüfung von Prüfgasen. Weitere Meßverfahren werden in der TA Luft verbindlich festgelegt (Tabelle M.1-2).

M.1.2.2.1 Stäube

Für die Messung von Schwebstaub stehen sowohl manuelle Meßverfahren als auch kontinuierlich registrierende Verfahren zur Verfügung. Die auf der Basis der Differenzwägung arbeitenden gravimetrischen Verfahren (diskontinuierlich) werden in der Richtlinienreihe VDI 2463 beschrieben. Kontinuierliche Meßgeräte auf der Basis der Radiometrie und der Resonanzfrequenzmessung sind eignungsgeprüft. Staubniederschlag wird in der Regel mit der in Richtlinie VDI 2119 beschriebenen Bergerhoff-Methode ermittelt.

Schwebstaub

Manuelle Methoden – Konventionsverfahren
Zu manuellen Schwebstaub-Immissionsmessungen werden vorrangig filtrierende Meßverfahren eingesetzt. Grundlage des Verfahrens ist die Sammlung der in der Außenluft dispergierten Partikeln auf geeigneten Filtern (z.B. Glasfaser-, Quarzfaser-, Membranfilter). Die auf dem Filter abgeschiedene Partikelmasse wird durch Differenzwägung des Filters vor und nach der Probenahme unter definierten Bedingungen bestimmt.

Beim LIB-Gerät (VDI 2463, Blatt 4) beträgt der Probeluftvolumenstrom ca. 15 m³/h [M.1.74]. Das Probegasvolumen wird mit einem Gasvolumenzähler gemessen. Das Meßergebnis wird als Massenkonzentration angegeben. Bild M.1-26 zeigt den schematischen Aufbau der Probenahmeeinrichtung. Das in Blatt 9 beschriebene LIS/P-Filtergerät unterscheidet sich durch eine zusätzliche Anströmplatte unter dem Absaugtubus [M.1.75]. Das LIB-Gerät wurde für den stationären Einsatz entwickelt. Von Vorteil ist die genaue Messung des Probegasvolumens mit Hilfe einer Gasuhr und die relativ große sammelbare Staubmasse (bei ca. 370 m³/24h) für eine ggf. nachfolgende Staubinhaltsstoffbestimmung. Bei einer Probenahmedauer von drei Tagen und einem Probegasvolumen von ca. 1000 m³ wird die Apparatur mit bestimmten Modifikationen am Probenahmekopf auch zur Messung von PCDD/F eingesetzt.

Das in Richtlinie VDI 2463, Blatt 7 beschriebene Kleinfiltergerät eignet sich besser für einen mobilen Einsatz [M.1.76]. Der Volumendurchsatz beträgt ca. 3 m³/h. Die Messung des Volumenstroms bzw. des Volumens erfolgt mit Hilfe eines Flügelrad-Anemometers.

Im Rundschreiben des BMU vom 9.2.1988 [M.1.77] wird als Referenzverfahren für den Vergleich von nichtfraktionierenden Schwebstaub-Meßverfahren das in Richtlinie VDI 2463,

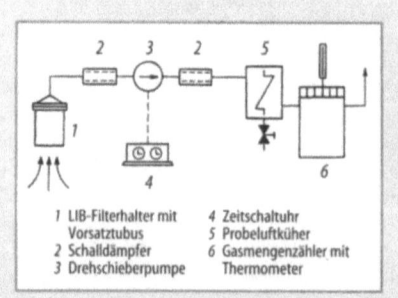

Bild M.1-26 Beispiel für den Aufbau der Probenahmeeinrichtung nach dem LIB-Filter-Verfahren

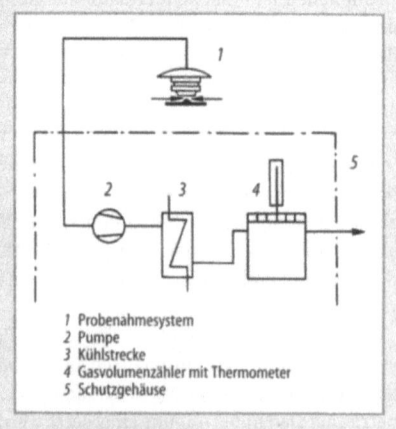

Bild M.1-27 Aufbauschema der Probenahmeeinrichtung nach VDI 2463, Blatt 8

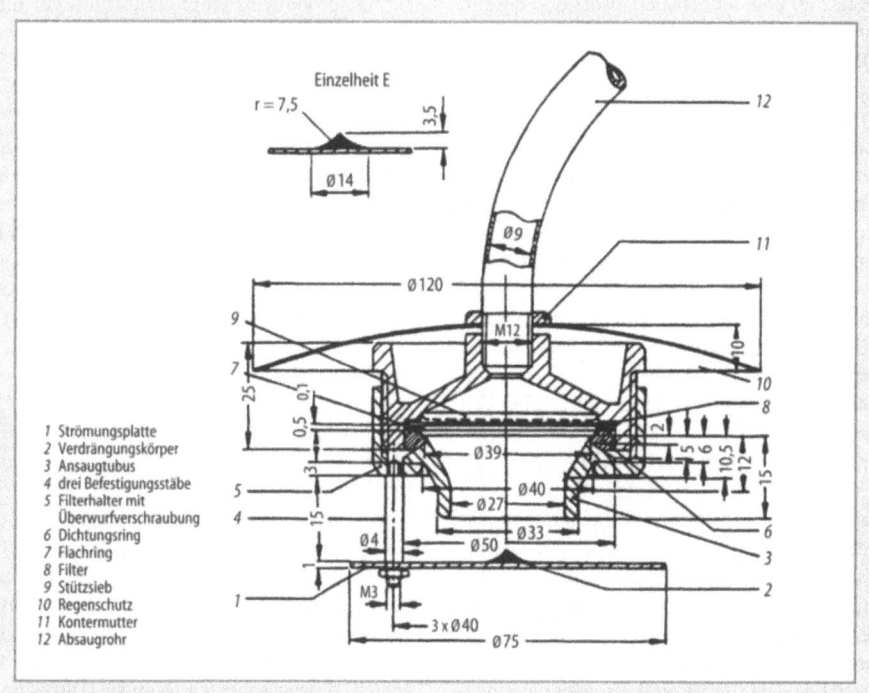

Bild M.1-28 Probenahmekopf der Probenahmeeinrichtung nach VDI 2463, Blatt 8 (Maße innen)

1 Strömungsplatte
2 Verdrängungskörper
3 Ansaugtubus
4 drei Befestigungsstäbe
5 Filterhalter mit Überwurfverschraubung
6 Dichtungsring
7 Flachring
8 Filter
9 Stützsieb
10 Regenschutz
11 Kontermutter
12 Absaugrohr

Blatt 8 beschriebene „Basisverfahren" benannt [M.1.78]. Bild M.1-27 zeigt das Aufbauschema der Probenahmeeinrichtung. Besondere Bedeutung kommt dem genau definierten Probenahmekopf zu, der aus einem sich erweiternden Absaugtubus (Eintritts-$\varnothing$ 27 mm, End-$\varnothing$ 39 mm, Filteraussen-$\varnothing$ 50 mm) und einer vorgeschalteten Strömungsplatte besteht. Bild M.1-28 zeigt den Probenahmekopf. Die Spaltweite zwischen Absaugtubus und der Strömungsplatte beträgt 9 – 10 mm. Die Strömungsgeschwindigkeit in dem durch Absaugtubus und Platte gebildeten Ringspalt beträgt bei dem vorgeschriebenen Probeluftvolumen von 2,7 – 2,8 m^3/h etwa 0,8 – 0,9 m/s. Im Bereich des Absaugtubus beträgt die Absauggeschwindigkeit etwa 1,3 – 1,4 m/s. Die Anströmgeschwindigkeit am Filter beträgt etwa 0,6 m/s.

Fraktionierende Staubmessungen sind derzeit in der Bundesrepublik nicht üblich. In anderen Ländern, z. B. USA, sind fraktionierende Messungen bis zu einem oberen Partikeldurchmesser von 10 µm („PM 10") mit Hinweis auf die Lungengängigkeit des Feinstaubs üblich. Eine PM 10-Messung ist mit entsprechenden Filterköpfen mit den hier gebräuchlichen Staubmeßgeräten möglich. Bei der EG-Kommission wird zur Zeit eine EG-Richtlinie novelliert, die einen Grenzwert für PM 10 enthalten soll. Eine europäische Norm zur Messung von PM 10 ist beim Europäischen Komitee für Normung (CEN) in Vorbereitung.

Registrierende Meßverfahren

Zur registrierenden Schwebstaub-Immissionsmessung werden überwiegend radiometrische Meßsysteme auf der Basis Beta-Strahlen-Absorption eingesetzt (s. a. M 1.1.2.1). Ein Gerät arbeitet mit Messung der Änderung der Resonanzfrequenz eines staubbeaufschlagten Filtersystems. Bei der Staubimmissionsmessung mit Hilfe der Beta-Strahlenabsorption wird die Probeluft nach Passieren einer Ansaugeinheit durch ein schrittweise fortbewegtes Filterband gesaugt. Die abgeschiedene Staubmenge wird über die Schwächung der β-Strahlung bei Durchtritt durch den belegten Filter bestimmt (Strahlenquelle: C14 oder Kr85).

Beim Filtergerät BETA-Staubmeter F 703 (Verewa) wird die β-Strahlenabsorption des noch nicht mit Partikeln beladenen Filterbands (Nullmeßstelle) und der Strahlenabsorption des mit Partikeln beladenen Filterbands (Massenmeßstelle) ermittelt. Aus der Differenz der beiden Meßsignale ergibt sich ein massenabhängiges Signal für die auf dem Filterband abgeschiedenen Partikeln. Beim Filtergerät FH 62 I (FAG-Kugelfischer) wird die Masse der auf dem Filter abgeschiedenen Partikeln durch Messung der Änderung der β-Strahlenabsorption während der Probenahme bestimmt. Das Gerät arbeitet nach dem Zwei-Strahlprinzip mit einer Meßionisation und einer Vergleichsionisationskammer. Die Kompensations-Meßsignaldifferenz ist proportional zur abgeschiedenen Partikelmasse.

Die Meßverfahren werden in der Richtlinie VDI 2463, Blatt 5 und 6 einschl. der erzielten Verfahrenskenngrößen ausführlich beschrieben [M.1.79, M.1.80]. In beiden Fällen wird das Gerät mit konstantem Probeluftvolumenstrom betrieben. Das Meßergebnis ist die Massenkonzentration. Die eingesetzten Probenahmesysteme entsprechen den bundeseinheitlichen Anforderungen [M.1.81]. Die Geräte wurden mit dem Basisverfahren [M.1.78] verglichen. Die Prüfkriterien zeigen die Gleichwertigkeit. Die Geräte sind als geeignet eingestuft, und die Liste ist veröffentlicht.

Ein weiteres eignungsgeprüftes Schwebstaub-Immissionsmeßgerät ist das Teom 100 (Monitor Technologies) [M.1.36].

Die staubhaltige Probeluft wird mit einem Volumenstrom von ca. 3 l/min durch ein Filter geleitet, das Teil eines in Eigenresonanz schwingenden Systems ist. Der im Filter zurückgehaltene Staub vergrößert die schwingende Masse und verringert die Resonanzfrequenz. Die Frequenzänderung ist proportional der vom Filter aufgenommenen Staubmasse. Die zwischen Frequenz und Masse bestehende Beziehung ist durch Kalibrierung zu ermitteln. Die Datenausgabe erfolgt als Momentanwert und als Mittelwert über verschiedene Mittelungszeiten.

Staubniederschlag

Durch die in der TA Luft getroffene Festlegung ist das in der VDI-Richtlinie 2119, Blatt 2 beschriebene Bergerhoff-Gerät mit dem in der Bundesrepublik Deutschland am häufigsten eingesetzten Standard-Verfahren zur Bestimmung des Staubniederschlags [M.1.82]. Der Staubniederschlag wird in einem Haushaltskonservenglas (DIN 5071) mit einem Nenndurchmesser von 9,5 cm und einem Glasinhalt von 1,5 l, lichte Weite 8,9 cm, Auffangfläche 62,2 cm² gesammelt. Die Sammelprobe wird eingedampft und der Eindampfrückstand gravimetrisch bestimmt.

M.1.2.2.2 Anorganische Gase

Für die Messung gasförmiger anorganischer Immissionen stehen bewährte Geräte, die diskontinuierlich oder kontinuierlich arbeiten, zur Verfügung. Die Verfahren werden überwiegend in Richtlinien der Kommission Reinhaltung der Luft im VDI und DIN beschrieben. Behördliche Vorschriften nehmen darauf Bezug [M.1.2, M.1.83].

Manuelle Methoden / Konventionsverfahren

Bei diskontinuierlichen Meßmethoden werden zur Probenahme und zur Abscheidung der Luftinhaltsstoffe aus der Probeluft verschiedene Medien eingesetzt. Zur Abtrennung der gasförmigen von den partikelförmigen Luftverunreinigungen werden Feststoff-Filter eingesetzt. Auf die Fehlermöglichkeit, daß auch Gase durch den Filter, auf dem Filter gesammelten Staub oder durch Kondensat abgeschieden werden können, ist zu achten. Teilweise werden Denuder (Diffusionsabscheider) zur Abtrennung von Gasen und Partikeln eingesetzt, z. B. bei der Bestimmung von Aerosol-Schwefelsäure (VDI 3869, Blatt 1).

Schwefeldioxide
Als Referenzverfahren für SO_2-Immissionsmessungen wurde das in Richtlinie VDI 2451, Blatt 3 beschriebene Tetrachloromercurat-TCM-Verfahren festgelegt [M.1.84]. Beim TCM-Verfahren wird die Probeluft durch eine wäßrige Natriumtetrachloromercurat-Lösung (modifizierte Muenke-Waschflasche) geführt, in der Schwefeldioxid zum Disulfitomercurat- bzw. Dichlorosulfitomercurat-Komplex reagiert. Der Komplex bildet mit Formaldehyd und Pararosanilin eine rotviolette Sulfonsäure, deren Farbintensität photophotometrisch bei einer Wellenlänge zwischen 540 und 550 nm gegen eine Blindlösung aus den Reagentien gemessen wird (Standardabweichung der Analysenfunktion $\pm$ 0,03 mg SO_2/m^3 im Konzentrationsbereich um 0,5 mg SO_2/m^3, Nachweisgrenze 0,2 µg).

Das von Stratmann entwickelte und in der Richtlinie VDI 2451, Blatt 1 beschriebene Verfahren mit Sorption von SO_2 an Silikagel zeigt etwa vergleichbare Verfahrenskenngrößen [M.1.85]. Dabei wird der Umgang mit der Quecksilber enthaltenden Absorptionslösung (nach Blatt 3) vermieden.

Zur Probenahme wird die Luft zur Konditionierung unter Abscheidung von Staub, Schwefeltrioxid und Sulfaten durch eine mit 5 – 10 ml gefüllte Frittenflasche geführt. In dem nachgeschalteten konzentrierten Phosphorsäure-Absorptionsrohr wird das SO_2 an präpariertem Silikagel sorbiert. Die analytische Bestimmung erfolgt photometrisch bei 570 nm nach Bildung zu H_2S und Reaktion mit schwefelsaurer Ammoniummolybdat-Lösung unter Ausnutzung der Bildung von Molybdänblau.

Stickstoffoxide
Als Referenzverfahren für NO_2-Immissionsmessungen wurde das in VDI-richtlinie 2453, Blatt 1 beschriebene Saltzman-Verfahren bestimmt [M.1.86]. Beim Saltzman-Verfahren wird die Probe durch eine essigsaure Reaktionslösung geleitet, die N-Naphthyl-äthylen-diammoniumdichlorid und Sulfanilsäure enthält. Stickstoffdioxid setzt sich mit dieser Lösung zu einem roten Azofarbstoff um. Die Farbintensität ist ein Maß für die NO_2-Masse. Der Nachweis erfolgt photometrisch bei 550 nm. Zur Volumenbestimmung kann entweder mit kritischer Düse oder Gasmengenzähler gearbeitet werden. Der Volumenstrom liegt zwischen 30 und 50 l/h. Den beiden Frittenwaschflaschen ist zur Abscheidung von Essigsäuredämpfen ein Behälter mit Natron-Kalk und A-Kohle nachgeschaltet. Bild M.1-29 zeigt den Aufbau der Probenahmevorrichtungen. Die gleichzeitig in der Atmosphäre auftretenden Konzentrationen von Stickstoffmonoxid, Schwefelwasserstoff, Chlorwasserstoff und Fluorverbindungen haben keinen Einfluß auf das Meßergebnis, ebenso SO_2-Konzentrationen bis zu 500 µg/m³. Ozon-Konzentrationen bis ca. 200 µg/m³ stören die NO_2-Bestimmung nicht. Der Störeinfluß höherer O_3-Konzentrationen kann durch Vorschalten eines Baumwollegewebefilters ausgeschaltet werden. Die Nachweisgrenze des Verfahrens beträgt ca. 3 µg NO^2/m³.

Die Bestimmung der Stickstoffmonoxid(NO)-Konzentration wird in der Richtlinie VDI 2453, Blatt 2 beschrieben [M.1.87]. NO kann mit festen Oxidationsmitteln im Bereich der Immissionskonzentrationen zu NO_2 oxidiert und anschließend nach dem oben beschriebenen Verfahren bestimmt werden. Die Bestimmung von NO und NO_2 kann auch getrennt erfolgen. Dazu wird in einer Probe NO_2 nach Blatt 1 bestimmt. In einer zweiten Probe die Summe NO + NO_2 als Gesamt-Stickstoffdioxid. Beide Proben müssen gleichzeitig über die gleiche Ansaugleitung entnommen und parallel in zwei Probenahmeeinrichtungen verarbeitet werden. Die Verfahrenskenngrößen entsprechen den in Blatt 1 genannten Werten.

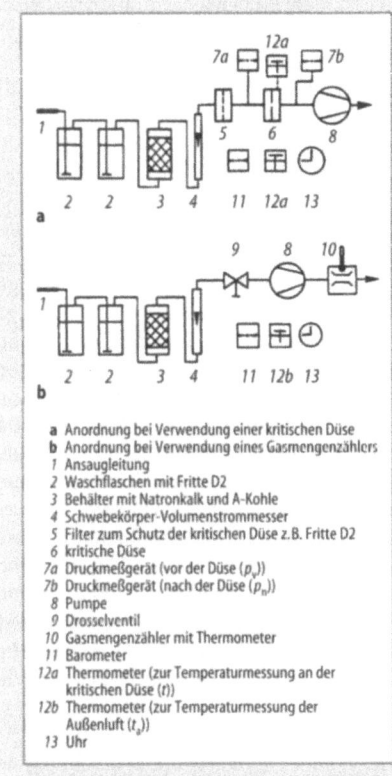

Bild M.1-29 Aufbau der Probenahmeeinrichtung zur NO_2-Immissionsmessung nach Saltzman

a Anordnung bei Verwendung einer kritischen Düse
b Anordnung bei Verwendung eines Gasmengenzählers
1 Ansaugleitung
2 Waschflaschen mit Fritte D2
3 Behälter mit Natronkalk und A-Kohle
4 Schwebekörper-Volumenstrommesser
5 Filter zum Schutz der kritischen Düse z.B. Fritte D2
6 kritische Düse
7a Druckmeßgerät (vor der Düse (p_v))
7b Druckmeßgerät (nach der Düse (p_n))
8 Pumpe
9 Drosselventil
10 Gasmengenzähler mit Thermometer
11 Barometer
12a Thermometer (zur Temperaturmessung an der kritischen Düse)
12b Thermometer (zur Temperaturmessung der Außenluft (t_a))
13 Uhr

Kohlenmonoxid
Als Referenzverfahren zur Bestimmung der CO-Immissionen sind eignungsgeprüfte NDIR-Geräte zu verwenden.

Die in der TA Luft genannten VDI-Richtlinien 2455, Blatt 1 und 2 beschreiben die Geräte URAS 1 und 2 sowie UNOR 2, die nach dem Prinzip der nichtdispersiven Infrarotabsorption arbeiten [M.1.88, M.1.89]. Es handelt sich dabei um Geräte, die auch vom Prinzip her zur automatischen Messung eingesetzt werden (s. Kohlenmonoxid/Registrierende Meßverfahren).

Ozon
Als Referenzverfahren zur O_3-Immissionsmessung wurden die in den VDI-Richtlinien 2468, Blatt 1 und 6 beschriebenen Verfahren benannt

[M.1.90, M.1.91]. Beim *Kaliumjodid-Verfahren* erfolgt die Probenahme über zwei hintereinandergeschaltete Muenke-Waschflaschen, die eine wäßrige Lösung mit KJ, KBr, $Na_2HPO_4 \cdot 12 H_2O$ und KH_2PO_4 bei einem pH-Wert von 6,8 enthält.

Grundlage des Verfahrens ist die Reaktion von Ozon in wäßriger Lösung mit Kaliumjodid. Der Reaktionsverlauf bzw. die Stöchiometrie ist vom pH-Wert der Lösung abhängig. Es wird von einem Ozon/Jod-Verhältnis von 1:1 ausgegangen. Die Extinktion der jodhaltigen Lösung ist dann ein Maß für die Ozon-Konzentration. Es handelt sich nicht um ein selektives Ozon-Meßverfahren, sondern um ein Summenmeßverfahren, das andere oxidierbare Stoffe miterfaßt. Wegen der starken Beeinflussung der Grundreaktion durch oxidierende und reduzierende Substanzen ist das Verfahren nur bei Verwendung eines reinen Ozon-Prüfgases zur Kalibrierung anderer Meßverfahren einzusetzen. Unter dieser Voraussetzung ist das Verfahren als Basismethode zur Kalibrierung von Meßverfahren sowohl für Ozon als auch für die Summe der oxidierenden Substanzen in gleicher Weise anwendbar. Die Nachweisgrenze beträgt 20 $\mu g\ O_3/m^3$.

Das *direkte UV-photometrische Verfahren* nach VDI-Richtlinie 2468, Blatt 6 ist ebenfalls als Referenzverfahren benannt. Es dient zur Ermittlung der Volumenverhältnisse von Ozon-Prüfgasen, die in Ozongeneratoren hergestellt werden. Es kann zur Kalibrierung von Ozon-Analysatoren im Bereich von 20 – 2000 $\mu g/m^3$ verwendet werden.

Die Bestimmung erfolgt durch Messung der UV-Absorption von Ozon in der Nähe der Quecksilber-Resonanzlinie bei 253,7 nm. Als Lichtquelle dient eine Hg-Niederdrucklampe. Die Hg-Resonanzlinie wird durch ein UV-Interferenzfilter bei 253,7 nm selektiert. Die Nachweisgrenze beträgt 20 $\mu g/m^3$.

Ein weiteres manuelles photometrisches Verfahren wird in der VDI-Richtlinie 2468, Blatt 5 beschrieben [M.1.92].

Das *Indigosulfonsäure-Verfahren* basiert auf der Reaktion von Ozon in schwachsaurer, wäßriger Lösung mit 5,5′-Indigosulfonsäure. Die dadurch hervorgerufene Schwächung der Farbintensität der blauen Reaktionslösung wird im Wellenlängenbereich 600 – 630 nm photometrisch bestimmt. Die Probenahme erfolgt über zwei hintereinandergeschaltete Frittenwaschflaschen mit je 25 ml Lösung. Die Nachweisgrenze bei einem Probeluftvolumen von 20 l beträgt 10 $\mu g\ O_3/m_3$.

Fluorverbindungen

Die TA Luft benennt als Immissionsmeßverfahren für gasförmige anorganische Fluorverbindungen die in VDI-Richtlinie 2452, Blatt 2 beschriebene Methode [M.1.93]. Neben gasförmigen Fluorverbindungen treten in der Immission auch partikelförmige Fluorverbindungen auf. Entweder wird die Gesamt-Fluoridkonzentration oder nach Vorabtrennung der groben fluoridhaltigen Stäube die feinteiligen und gasförmigen Fluoride bestimmt. Das in VDI-Richtlinie 2452, Blatt 2 beschriebene Verfahren soll im wesentlichen die gasförmigen Fluor-Immissionen erfassen. Die Probenahmeluft wird über einen mechanisch wirkenden, einfachen Vorabscheider geführt. Die von der Hauptmenge der Partikeln befreite Probeluft wird durch ein mit Natriumcarbonat beschichteten Silberkugeln gefülltes Sorptionsrohr gesaugt. Die in dieser Sammelphase angereicherten Fluorionen werden mit einer fluoridhaltigen, sauren Pufferlösung eluiert und potentiometrisch mit Hilfe einer Lanthanfluorid-Elektrode analysiert. Die kleinste, mit ausreichender Sicherheit erfaßbare Probenkonzentration beträgt etwa 0,07 $\mu g/m^3$.

In Blatt 3 der Richtlinie VDI 2452 [M.1.94] wird eine Variante des Silberkugelverfahrens mit vorgeschaltetem beheizten Membranfilter beschrieben. Als gasförmige Fluorverbindungen im Sinne dieser Richtlinie gelten alle fluorhaltigen anorganischen Substanzen, die nach Passieren eines beheizten Membranfilters mit 3 μm Porengröße in einer Sorptionsphase fixiert werden und im wäßrigen Milieu Fluoridionen bilden. Die Probenluft wird zur Abscheidung partikelförmiger Substanzen durch ein Membranfilter und anschließend zur Abtrennung der Meßkomponenten durch zwei Sorptionsrohre gesaugt, die mit sodabeschichteten Silberkugeln gefüllt sind. Das zweite Sorptionsrohr dient zur Kontrolle der quantitativen Fluorid-Absorption. Die in dieser Sammelphase angereicherten Fluoridionen werden je nach analytischen Verfahren mit Wasser oder Pufferlösung eluiert. Die Fluoridbestimmung wird wahlweise photometrisch oder mit einer ionenselektiven Lanthanfluorid-Elektrode vorgenommen. Die relative Nachweisgrenze beträgt 0,5 $\mu g/m^3$ (photometrisch) oder 0,1 $\mu g/m^3$ (Elektrode).

Das in Blatt 1 der Richtlinie VDI 2452 beschriebene Impinger-Verfahren erfaßt die Summe der gas- und partikelförmigen anorganischen Fluor-Verbindungen [M.1.95].

Zur Absorption wird eine Natriumhydroxid-

Lösung verwendet. Aus der Absorptionslösung werden die Fluoridionen durch Schwefelsäure als Fluorwasserstoff freigesetzt, durch Destillation abgetrennt und im Destillat nach der Alizarin-Komplexan-Methode photometrisch oder mit der Elektrode bestimmt. Die Nachweisgrenze liegt von 0,5 – 1,0 μg/m³.

Chlor / Chlorwasserstoff
Elementares Chlor tritt wegen des starken Reaktionsvermögens nur lokal und zeitlich begrenzt auf. In der TA Luft wird als Meßverfahren auf die VDI-Richtlinie 2458, Blatt 1 verwiesen [M.1.96]. Beim Methylorange-Verfahren wird die Luft durch eine schwefelsaure Methylorange-Lösung (Frittenwaschflasche) geleitet. Die Schwächung der Farbintensität ist ein Maß für die in der Probe enthaltene Chlormenge. Die Bestimmung erfolgt photometrisch bei einer Wellenlänge von 510 nm gegen die Absorptionslösung im Vergleich. Die relative Nachweisgrenze beträgt etwa 0,015 mg/m³. Für die Komponente Chlorwasserstoff gibt es derzeit kein abgesichertes Verfahren. Die selektive Messung von Chlorwasserstoff, einwandfrei getrennt von Chloriden, ist derzeit nicht möglich.

Schwefelwasserstoff
In den VDI-Richtlinien 2454, Blatt 1 und 2 werden zwei erprobte Verfahren zur H$_2$S-Immissionsmessung beschrieben [M.1.97, M.1.98]. Beim *Molybdänblau Sorptionsverfahren* (Blatt 1) wird die Luftprobe (2 m³/h) durch ein Sorptionsrohr geleitet, das mit Silbersulfat und Kaliumhydrogensulfat präparierte Glasperlen enthält. Der Schwefelwasserstoff wird dabei als Silbersulfid gebunden.

Bei der analytischen Bestimmung wird aus dem Silbersulfid mit Zinn(II)-chloridhaltiger Salzsäure Schwefelwasserstoff freigesetzt, der mit Ammoniummolybdat in schwefelsaurer Lösung zu Molybdänblau reagiert. Die Farbintensität der Lösung wird bei einer Wellenlänge von 570 nm photometrisch bestimmt. Das Meßverfahren zeigt keine oder nur geringe Querempfindlichkeit. Eine ausreichende Sorption des Schwefelwasserstoffs im Sorptionsrohr ist nur bei einer relativen Feuchte > 40 % sichergestellt. Die relative Nachweisgrenze beträgt 0,4 μg/m³ bei einem Probevolumen von 1 m³.

Eine vergleichbare Nachweisgrenze von 0,3 μg/m³ zeigt das in Blatt 2 beschriebene *Methylenblau-Impingerverfahren*.

Bei der Probenahme wird die Luft (2 m³/h) durch einen mit Cadmiumhydroxid-Suspension beschickten Impinger gesaugt. Schwefelwasserstoff wird zu schwerlöslichem Cadmiumsulfid umgesetzt. Nach Zentrifugieren und Dekantieren wird das im Niederschlag enthaltene Cadmiumsulfid mit Reagenzlösungen zu Methylenblau umgesetzt. Die Farbintensität der entstehenden Lösung wird photometrisch bei 660 nm gemessen.

Ammoniak
In der VDI-Richtlinie 2461, Blatt 1 und 2 werden das *Indophenol-Verfahren* und das *Nessler-Verfahren* beschrieben [M.1.99, M.1.100]. Beide Verfahren arbeiten mit Waschflaschen oder Impinger. Als Absorptionslösung wird verdünnte Schwefelsäure eingesetzt, wobei das Ammoniak als Ammoniumsulfat gebunden wird. Dieses wird mit Reagenzlösungen zu einem blauen Indophenolfarbstoff umgesetzt. Der Nachweis erfolgt photometrisch bei 630 nm. Beim Nessler-Verfahren wird das Ammoniak ggf. durch Destillation aus alkalischer Lösung von Störsubstanzen abgetrennt und dann mit Nesslers Reagenz umgesetzt. Der Nachweis erfolgt photometrisch bei 450 nm. Auf verschiedene Querempfindlichkeiten ist bei beiden Verfahren zu achten. Bei Einsatz von Impingern werden wegen des hohen Volumenstromes die geringsten Nachweisgrenzen erreicht:

Blatt 1: 3 μg NH$_3$/m³ , Blatt 2: 2,5 μg NH$_3$/m³

Registrierende Meßverfahren

Für anorganische Gase stehen eignungsgeprüfte, kontinuierlich arbeitende Immissionsmeßgeräte für die Komponenten Schwefeldioxid, Stickstoffoxide, Kohlenmonoxid und Ozon zur Verfügung. Die Meßprinzipien sind Konduktometrie, nichtdispersive IR-Absorption, UV-Absorption, UV-Fluoreszenz, Chemilumineszenz, Gasfilter-Korrelation. Die Meßprinzipien werden teilweise in Abschn. M.1.1 beschrieben.

Schwefeldioxid
Zur Messung der SO$_2$-Immission werden eignungsgeprüfte Geräte auf der Basis der Konduktometrie, UV-Absorption und UV-Fluoreszenz eingesetzt. Die beiden erstgenannten Meßprinzipien werden im Abschnitt Emission beschrieben.

Bei der UV-Fluoreszenzmessung wird die Probeluft durch eine UV-Lampe bestrahlt, wodurch die zu messenden Gasmoleküle zu einer Fluoreszenzstrahlung angeregt werden. Ein Photomultiplier dient als Empfänger, dessen Ausgangssig-

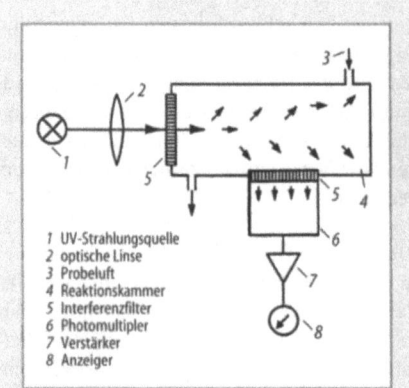

1 UV-Strahlungsquelle
2 optische Linse
3 Probeluft
4 Reaktionskammer
5 Interferenzfilter
6 Photomultipler
7 Verstärker
8 Anzeiger

Bild M.1-30 Prinzip der UV-Fluoreszenz-Messung

Tabelle M.1-3 Eignungsgeprüfte SO_2-Immissionsmeßgeräte

Hersteller	Gerät	Meßprinzip
Environment S.A. (Ansyco)	AF 21 M	UV-Fluoreszenz
Horiba Europe	APSA 350 E	UV-Fluoreszenz
Monitor Labs	ML 8850 ML 8850 S	UV-Fluoreszenz UV-Fluoreszenz
Thermo Instrument Systems	TI 43 TI 43 a	UV-Fluoreszenz UV-Fluoreszenz
Opsis	AR 500	UV-Absorption (Fernmessung)
Wösthoff	Ultragas U 3 EK	Leitfähigkeit

Tabelle M.1-4 Eignungsgeprüfte NO_x-Immissionsmeßgeräte

Hersteller	Gerät
Columbia Scientific Ind. Corp. (Bestobell Mobrey)	CSI 1600
Eco Physics	CLD 700 AL
Environment S.A. (Ansyco)	AC 30 M
Horiba Europe	APNA 300 E APNA 350 E
Monitor Labs	ML 8440 ML 8840
UPK	8101 CTM

Tabelle M.1-5 Eignungsgeprüfte CO-Immissionsmeßgeräte

Hersteller	Gerät	Meßprinzip
Environment S.A. (Ansyco)	CO 10 M	Gasfilter-Korrelation
Horiba Europe	APMA 300 E APMA 350 E	NDIR
Monitor Labs	ML 8830	NDIR
Thermo Instrument Systems	TI 48	Gasfilter-Korrelation
Wösthoff	Ultragas U 3 D-CO Ultragas U 3 ED-CO	Leitfähigkeit

nal nach Verstärkung einem Anzeige- oder Registriergerät zugeführt wird. Ein vor den Empfänger geschalteter Interferenzfilter läßt nur die spezifische Fluoreszenzstrahlung des zu messenden Gases passieren. Die Intensität der Fluoreszenzstrahlung ist abhängig von der Konzentration der Meßkomponente und der Intensität der UV-Lichtquelle. Bild M.1-30 zeigt das Prinzip der UV-Fluoreszenz-Messung. Eignungsgeprüft sind z.B. die in Tabelle M.1-3 aufgeführten Geräte.

Das Meßgerät Ultragas U 3 EK wird in der Richtlinie VDI 2451, Blatt 6 beschrieben [M.1.101].

Stickstoffoxide
Zur Messung der Stickstoffoxid-Immission werden eignungsgeprüfte Geräte (s. Tabelle M.1-4) eingesetzt, die ausschl. nach dem Chemilumineszenz-Prinzip arbeiten.

Bei den Geräten handelt es sich um Ein- oder Zweikanalgeräte. Die Messung erfolgt als NO und NO_x. NO_2 wird aus der Differenz ermittelt.

Der Analysator Monitor Labs 8440 wird in VDI-Richtlinie 2453, Blatt 5 und der Analysator Bendix 8101 C in der 2453, Blatt 6 beschrieben [M.1.102, M.1.103].

Kohlenmonoxid
Zur Messung der Kohlenstoffmonoxid-Immission werden Meßgeräte eingesetzt, deren Meßprinzip die Leitfähigkeitmessung, die nichtdispersive-IR-Absorption (NDIR) und die Gasfilter-Korrelation ist (Tabelle M.1-5).

Ozon
Die OZON-Immissionsmeßgeräte arbeiten überwiegend mit UV-Absorption, ein Gerät mit Chemiluminiszenz. Der Meßeffekt dieses Bendix-Ozon-Monitors beruht auf der Chemiluminis-

Tabelle M.1-6 Eignungsgeprüfte OZON-Immissionsmeßgeräte

Hersteller	Gerät	Meßprinzip
Columbia Scientific Ind. Corp. (Bestobell Morbey)	CSI 3100	UV-Absorption
Dasibi (Antechnica)	1008 AH	UV-Absorption
Horiba Europe	APOA 300 E APOA 350 E	UV-Absorption
Monitor Technologies	ML 8810	UV-Absorption
Thermo Instument Systems	TI 49	UV-Absorption
UPK	Bendix 8002	Chemielumineszenz

zenzreaktion in der Gasphase zwischen O_3 und C_2H_4. Das Gerät wird in der Richtlinie VDI 2468, Blatt 4 beschrieben [M.1.104]. Eignungsgeprüft sind z. B. Geräte gemäß Tabelle M.1-6.

M.1.2.2.3 Gasförmige organische Verbindungen

Zur diskontinuierlichen Immissionsmessung gasförmiger organischer Verbindungen steht eine Reihe von geprüften Verfahren zur Verfügung. Kontinuierlich kann zur Zeit die Summe organischer Verbindungen gemessen werden. Eignungsgeprüfte Geräte arbeiten nach dem Prinzip der Flammenionisation.

Manuelle Methoden – Konventionsverfahren

Bei der Probenahme gasförmiger organischer Verbindungen werden „Momentanprobenahmen" mit Gassammelgefäßen und über eine bestimmte Zeit „integrierte Probenahmen" mit Sammelphase eingesetzt. Es finden flüssige Sorbentien (gefüllt in Waschflaschen oder Impinger) und feste Sorbentien (z. B. Aktivkohle, Silikagel, Absorberharze, gaschromatographische Materialien, Aluminiumoxid) Anwendung. Der Nachweis erfolgt photometrisch und chromatographisch (Dünnschicht-, Hochleistungsflüssigkeits-, Kapillargas-Chromatographie).

Gesamt-organischer Kohlenstoff (Gesamt-C)
Zur Ermittlung des gesamten organischen Potentials, definiert als organisch gebundener Gesamt-Kohlenstoffgehalt, kann das in VDI-Richtlinie 3495, Blatt 1 beschriebene Verfahren eingesetzt werden [M.1.105]. Das Probegas wird durch ein mit Kieselgel gefülltes Rohr geleitet. Die organischen Substanzen werden am Kieselgel adsorbiert, dabei werden Kohlenwasserstoffe bis C_4 einschl. nicht oder nicht quantitativ erfaßt. Nach der Probenahme wird das Sorptionsrohr zur Entfernung von ebenfalls sorbiertem CO_2 mit einem kohlendioxid- und kohlenwasserstofffreien Gas gespült. Die Desorption erfolgt im Sauerstoffstrom bei erhöhter Temperatur. Nachfolgend wird katalytisch zu CO_2 verbrannt. Die Mengenbestimmung erfolgt coulometrisch. Gegebenenfalls vorhandene Halogene und Schwefelverbindungen stören die Analyse und werden an Silberwolle sorbiert. Gegenüber Stickstoffverbindungen besteht im Bereich der Immissionskonzentration keine Querempfindlichkeit. Die Nachweisgrenze beträgt 0,3 mg C/m^3.

Aldehyde
Formaldehyd-Immissionen können mit dem in VDI-Richtlinie 3484, Blatt 1 beschriebenen Sulfit-Pararosalinin-Verfahren bestimmt werden [M.1.106]. Die Probenahme erfolgt mit Hilfe einer Frittenwaschflasche, die mit 25 ml Absorptionslösung gefüllt wird. Grundsätzlich ist bidestilliertes Wasser zur Absorption geeignet. Bei gleichzeitiger Anwesenheit von Schwefeldioxid (Konzentration > 0,4 mg/m^3) wird in einer Tetrachloromercurat (TCM)-Lösung absorbiert. Zur Analyse werden Reagenzlösungen (Pararosanilin- und Natriumsulfit-Lösung) zugegeben. Die Intensität des sich bildenden rotvioletten Farbstoffs wird photometrisch (570 nm) gemessen. Die Formaldehyd-Bestimmung wird durch die in atmosphärischer Luft normalerweise zu beachtenden Gehalte an Acetaldehyd, Acrolein, Amine, Ammoniak, Chlorwasserstoff, Stickstoffdioxid und Schwefelwasserstoff nicht gestört. Die Nachweisgrenze beträgt 4 µg/m^3.

Amine
In der VDI-Richtlinie 2467, Blatt 1 und 2 wird für primäre und sekundäre alphatische Amine auf der Basis der Dünnschichtchromatographie (Blatt 1) und der Hochleistungs-Flüssigkeits-Chromatographie (HPLC) beschrieben [M.1.107, M.1.108]. Zur Probenahme werden mit verdünnter Salzsäure gefüllte Impinger oder Waschflaschen verwendet. Die relativen Nachweisgrenzen der Amine liegen bei Bestimmung mit HPLC und UV-Detektor zwischen 9 und 27 µg/m^3 bei einem Probenahmevolumen von 50 l.

Phenole
Das in VDI-Richtlinie 3485, Blatt 1 beschriebene Verfahren ist nicht spezifisch für das Phenol, sondern stellt eine Summenbestimmungsmethode für die Verbindungsklasse der Phenole dar [M.1.109]. Die Probeluft wird über einen Standard-Impinger oder eine Muencke-Waschflasche mit verdünnter Natronlauge als Absorbens gesaugt. Das absorbierte Phenol wird nach Zugabe von p-Nitroanilin-Reagenz photometrisch bei einer Wellenlänge von etwa 490 nm bestimmt.

Die Farbreaktion des Reagenz ist nicht spezifisch für Phenol. Das Verfahren erfaßt auch andere gasförmige phenolische Verbindungen mit unterschiedlicher Empfindlichkeit. Störungen durch aromatische Amine und Schwefelwasserstoff können beim Muencke-Waschflaschen-Verfahren durch eine vorgeschaltete Filterpatrone verhindert werden. Eine eventuelle SO_2-Querempfindlichkeit kann durch Zugabe von Formaldehyd ausgeschlossen werden. Die relative Nachweisgrenze beträgt mit Impingern 0,8 μg Phenol/m³, bei Muencke-Waschflaschen 12 μg/m³.

Aliphatische Kohlenwasserstoffe
Eine Momentanprobenahme mit Gassammelgefäßen und gaschromatographischer Bestimmung niedrig siedender Kohlenwasserstoffe bis max. C_9 beschreibt VDI-Richtlinie 3482, Blatt 2 [M.1.110]. Dem Gaschromatographen ist eine zur Anreicherung dienende Vorsäule vorgeschaltet. Die Detektion erfolgt mit FID. Die Nachweisgrenzen liegen für Methan bei 2 μg/m³ und für $\geq C_6$-Aliphaten bei 10 μg/m³. Die obere Grenze des Verfahrens liegt bei 50 mg/m³.

Aromatische Kohlenwasserstoffe
Für aromatische Kohlenwasserstoffe ($C_6 - C_8$) in Luft mit Momentanprobenahme wird in VDI-Richtlinie 3482, Blatt 3 ein Verfahren bschrieben, das methodisch dem für aliphatische Kohlenwasserstoffe entspricht [M.1.111].

Substanz	Nachweisgrenze μg/m³
Benzol	2
Toluol	3
Ethylbenzol	5
Xylol	5

Das Verfahren wurde bis zu einer oberen Grenze von 50 mg/m³ erprobt. Im Hinblick auf die geforderten halbstündlichen Mittelwerte bietet sich die Probenahme durch Anreicherung an ein Sorbens an. In der VDI-Richtlinie 3482, Blatt 5 wird für Immissionsmessungen aromatischer Kohlenwasserstoffe bis C_9 die Anreicherung an Aktivkohle mit nachfolgender Desorption mit Schwefelkohlenstoff und gaschromatographischer Bestimmung über eine Säule mit polarer Trennphase beschrieben [M.1.112]. Bei 15 dm³ Probeluftvolumen liegt die relative Nachweisgrenze des Gesamtverfahrens bei etwa 2 μg/m³ für jede Komponente.

Organische Verbindungen
Mit Probenahme durch Anreicherung an Aktivkohle – wie vorab beschrieben – lassen sich prinzipiell Stoffe in einem Siedebereich von etwa 60 – 350 °C erfassen. In der Richtlinie VDI 3482, Blatt 4 wird das Verfahren auch für andere Komponenten als Aromaten beschrieben [M.1.113]. Die Adsorptionskapazität der A-Kohle im Sorptionsrohr bestimmt das Durchbruchvolumen und begrenzt damit das Probeluftvolumen. Das Verfahren erfaßt auch leichtflüchtige Chlor-Kohlenwasserstoffe, wie z. B. Tri- und Perchlorethylen, Chlorbenzol. Bei einem Durchbruchvolumen von etwa 120 dm³ Probeluft für Benzol ergibt sich bis 25 mg Aktivkohle eine relative Nachweisgrenze von etwa 0,2 μg/m³.

In Blatt 6 der VDI-Richtlinie 3482 wird ein Verfahren beschrieben, das mit anreichernder Probenahme und thermischer Desorption arbeitet [M.1.114]. Das Verfahren kann mit Vorteil für solche Meßaufgaben eingesetzt werden, bei denen eine Vielzahl von Substanzen im Konzentrationsbereich bis unter 1 μg/m³ gemessen werden soll. Die thermische Desorption hat gegenüber der Fest-Flüssig-Extraktion den Vorteil, daß die gesamte Probe auf einmal injiziert wird, wodurch eine sehr niedrige Nachweisgrenze ermöglicht wird. Es können Substanzen in einem Siedebereich von ca. – 120 bis ca. 300 °C zusammen erfaßt werden.

Zur Probenahme können verschiedene Substanzen, Kombinationen von Substanzen und die Thermogradientenrohrtechnik Anwendung finden. Wichtig ist die Beachtung der jeweiligen Durchbruchvolumina. Die Sorptionsmittel verhalten sich i. d. R. im Hinblick auf ihr Absorptions-/Desorptionsverhalten unterschiedlich. Adsorptionsmittel, die niedrigsiedende Substanzen quantitativ anreichern, sind in Bezug auf höhersiedende Substanzen nur schwer vollständig zu desorbieren. Andererseits haben Sorptionsmittel mit guten Desorptionseigenschaften für höhersiedende Substanzen geringe Durch-

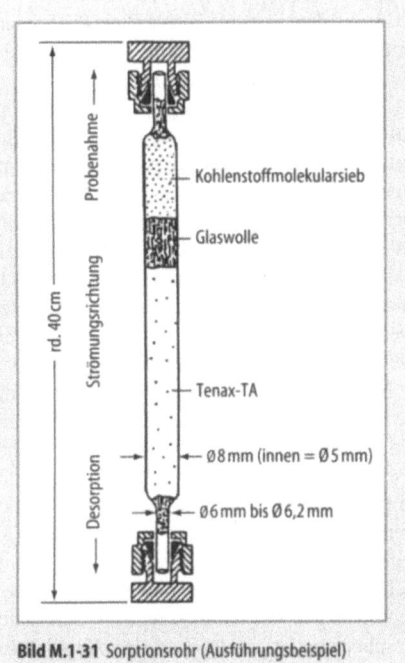

Bild M.1-31 Sorptionsrohr (Ausführungsbeispiel)

zwischen 0,01 – 2 µg/m³ (Ausnahme; cis-1,2-Dichlorethan 10 µg/m³) bei einem Probenvolumen von 30 dm³.

Vinylchlorid
In der Richtlinie VDI 3494, Blatt 1 [M.1.116] wird die Bestimmung von Vinylchlorid (VC, Chlorethan) mit Probenahme durch Adsorption an Aktivkohle, Desorption mit einem Gemisch von Dimethylacetamid (DMA) und Wasser im Volumenverhältnis 3:1 und anschließender gaschromatographischer Dampfraumanalyse (FID) beschrieben. Die Nachweisgrenze beträgt 5 µg VC/m³.

Blatt 2, VDI 3494 behandelt ebenfalls die Probenahme durch Adsorption an Aktivkohle [M.1.117]. Desorbiert wird mit Schwefelkohlenstoff, anschließend wird gaschromatographisch (FID) über eine Trennsäulenschalteinrichtung (Live-Chromatographie) analysiert. Die Nachweisgrenze beträgt ebenfalls 5 µg VC/m³.

Hinweis: In Blatt 3, VDI 3494 wird die quasikontinuierliche Messung von VC mit einer Taktzeit von etwa 4 min mit einem Gaschromatographen Model 755 GC, A.I.R. Instruments, beschrieben. Detektion mit FID oder PID.

bruchvolumina. In [M.1.114] wird ein sog. Kombirohr beschrieben, das als erste Stufe ein Sorptionsmittel (z. B. Tenax) für höhersiedende Substanzen enthält, wobei die durchbrechenden leichterflüchtigen Substanzen dann auf der Kohlenstoffphase (Kohlenstoffmolekularsiebe, Aktivkohle) sorbiert werden. Bild M.1-31 zeigt ein Ausführungsbeispiel. Es lassen sich Nachweisgrenzen von etwa 0,1 ng je Einzelkomponente und Probe erreichen. Bei einem Probenahmevolumen von 1 dm³ beträgt die relative Nachweisgrenze 0,1 µg/m³.

Leichtflüchtige Chlor-Kohlenwasserstoffe
Zur Bestimmung leichtflüchtiger halogenierter Kohlenwasserstoffe in Luft im Bereich der Immissionskonzentration wird in VDI-Richtlinie 3864, Blatt 1 ein Verfahren mit Sorption an Aktivkohle und Desorption mit n-Pentan oder Schwefelkohlenstoff beschrieben [M.1.115]. Zur Trennung werden Kapillarsäulen verwendet. Eingesetzt werden ECD-Detektoren bzw. parallel FID- und ECD-Detektoren oder zwei ECD mit zwei Trennsäulen unterschiedlicher Polarität. Die substanzspezifischen Durchbruchvolumina sind bei der Probenahme zu beachten. Die relativen Nachweisgrenzen sind sehr substanzspezifisch und liegen

Registrierende Meßverfahren

Zur kontinuierlichen Immissionsmessung organischer Verbindungen stehen zur Zeit nur Verfahren zur Messung der Summe organischer Verbindungen (Gesamt-C) auf der Basis der Flammenionisation zur Verfügung. Das Meßprinzip wurde bereits im Kapitel Emission behandelt. Auf die VDI-Richtlinie 3483, Blatt 1, in der die Grundlagen der I-Messungen mit FID behandelt werden, wird verwiesen [M.1.118]. Ebenso auf die Blätter 2 und 4, worin bestimmte Geräte beschrieben werden [M.1.119, M.1.120]. Eignungsgeprüft sind die Geräte APHA 300 E und APHA 350 E von Horiba Europe. Das Gerät U 100 von Siemens ist nicht mehr im Lieferprogramm.

M.1.2.2.4 Gerüche

Die Messung von Gerüchen ist auch eine Fragestellung im Bereich der Immission. In Abschn. M.1.1.2.5 wurde bereits in das Thema Gerüche (Definition, Meßmethoden, Olfaktometer) eingeführt [M.1.60, M.1.62-M.1.64]. In der Richtlinie VDI 3490 wird die Bestimmung der Geruchstoffimmission durch Begehung beschrieben [M.1.121]. Das Verfahren basiert auf der Bestimmung des Geruchszeitanteils an definierten Ortspunkten. Dabei begeben sich Probanden an dem Meßpunkt und prüfen die Umgebungsluft während eines definierten Meßzeitintervalls auf Geruch (Einzelmessung). Das Verfahren beschreibt einen Ist-Zustand. Die Einzelmessungen werden im Rahmen einer Rastermessung durchgeführt, soweit eine flächenbezogene Aussage über die vorhandene Geruchsstoffimmission erforderlich ist. Für die Bestimmung der Kenngröße der Geruchsstoffimmission werden in Anlehnung an die TA Luft Einzelmessungen an den Meßpunkten eines Meßpunktrasters innerhalb eines Beurteilungsgebiets über die Beurteilungszeit von einem Jahr durchgeführt.

M.1.2.2.5 Organische Verbindungen im Spurenbereich

Zu den hochtoxischen, teilweise cancerogenen und mutagenen Umweltgiften gehören PCB, PAK und PCDD/PCDF (s. M.1.1.2.6). Im Bereich der Immission liegen die PAK-Konzentrationen im ng-Bereich, die PCB-Konzentration im pg-Bereich und die PCDD/PCDF (gerechnet mit Toxizitätsäquivalenten) im fg-Bereich (fg = 10^{-15}g). In der Außenluft liegen die PCDD/PCDF zum Teil partikelgebunden und zum Teil gasförmig bzw. filtergängig vor. Dies gilt gleichermaßen für höhersiedende PCB. Niedrigsiedende PCB werden in der Gasphase angetroffen. Bei den PAK liegen die Verbindungen mit mehr als vier Ringen als Feststoffe vor und können quantitativ auf geeigneten Filtern abgeschieden werden. Vierring-Verbindungen (z. B. Pyren, Fluoranthen) sind teilweise gasförmig bzw. filtergängig. Die Probenahme der interessierenden Verbindungen, z. B. Benzo(a)pyren, Dibenz(a, h)anthracen, erfolgt daher über Filter. Bei niedrigsiedenden PAK muß gegebenenfalls ein festes Sorbens (z. B. PU-Schaum, Adsorberharze) nachgeschaltet werden. Bei der Probenahme von PCDD/PCDF und PCB wird dem Feststoff-Filter z. B. ein PU-Schaum zur Abscheidung der nicht im Filter abgeschiedenen Substanzen nachgeschaltet.

Für Immissionsmessungen und Innenraumluftmessungen von PAK wird in der VDI-Richtlinie 3875, Blatt 1 ein Verfahren mit Probenahme und Analytik beschrieben [M.1.122]. Für die Probenahme wird das in der Richtlinienreihe 2463 in Blatt 9 beschriebene LIS/P-Filterverfahren, das LIB-Filterverfahren nach Blatt 4 oder das in Blatt 7 vorgestellte Kleinfiltergerät eingesetzt. Der Schwebstaub, an dem die PAK adsorbiert sind, wird auf Glasfaserfilter abgeschieden.

In einem mehrstufigen Verfahren werden die PAH extrahiert und in den Extrakten angereichert. Anschließend werden die polaren, nichtaromatischen Komponenten mittels Säulen-Chromatographie abgetrennt und die PAH in zwei Fraktionen geteilt, von denen die eine die PAH mit 2 – 3 Ringen, die andere die PAH mit 4 – 7 Ringen enthält. Aliquote der so gereinigten und angereicherten Lösungen werden in einen Gas-Chromatographen injiziert, die PAH auf einer Kapillarsäule getrennt und mit einem Flammenionisationsdetektot (FID) nachgewiesen werden. Die Auswertung erfolgt durch Vergleich der FID-Signale (Peaks) der Komponenten mit dem Signal eines inneren Standards, der dem Probenmaterial bereits vor der Extraktion in definierter Menge zugefügt wurde. Bei einer Probenahmezeit von 24 h und einem Luftvolumen von 350 m³ (LIS/P-Filtergerät) läßt sich eine Nachweisgrenze von 5 – 10 pg/m³ je Komponente erreichen. Voraussetzung ist dabei, daß die zu bestimmenden Einzelkomponenten im Meßbereich des Integrationssystems liegen. Anderenfalls kann für einige PAK die Nachweisgrenze bei 0,1 ng/m³ liegen.

Bei PCDD/PCDF-Immissionsmessungen wird zur Probenahme das LIB-Filterverfahren (VDI 2463, Blatt 4) mit einem Glasfaserfilter und nach-

Tabelle M.1-7 Nachweisgrenzen mit hochauflösender GCMS

Substanz	Nachweisgrenze fg/m³	Substanz fg/m³	Nachweisgrenze fg/m³
2,3,7,8-TCDD	0,5	2,3,7,8-TCDF	0,3
1,2,3,7,8-PeCDD	1,6	1,2,3,7,8-PeCDF	1,2
1,2,3,6,7,8-HxCDD	3,4	1,2,3,4,7,8-HxCDF	1,1
1,2,3,4,6,7,8-HpCDD	1,8	1,2,3,4,6,7,8-HpCDF	1,3
OCDD	3,0	OCDF	2,4

geschaltetem Polyurethan-Schaum eingesetzt. Das Verfahren wird in der VDI-Richtlinie 3498, Blatt 1 beschrieben [M.1.123]. Die Probenahmedauer beträgt i.d.R. 24 h und das Probeluftvolumen 350 – 380 m³. Das Volumen kann auf 1000 m³ erhöht werden. Der Probenahmefilter wird vor der Messung mit ^{13}C-markierten Standards präpariert. Der belegte Filter und der PU-Schaum werden im Labor in mehreren Schritten behandelt, wobei die PCDD/PCDF separiert werden. Es folgt die gaschromatographische Trennung mit massenspektrometrischer Bestimmung. Für ein Probenahmevolumen von 1000 m³, einem Endvolumen der Analysenlösung von ca. 20 µl und einem Injektionsvolumen von 1 µl sind mit hochauflösender GCMS z. B. folgende Nachweisgrenzen (in fg/m³) erreichbar (Tabelle M.1-7).

Zur PCB-Immissionsmessung kann die gleiche Probenahme verwendet werden. Allerdings existiert z. Zt. keine Richtlinie mit abgesicherten Verfahrenskenngrößen. Die PCB-Fraktion kann aus der gleichen Probe neben der PCDD/ PCDF-Fraktion separiert werden.

M.1.3 Untersuchungen im Laboratorium

Ein Teil der analytischen Arbeit wird im Laboratorium durchgeführt. Je nach Fragestellung werden auch mobile Laboratorien eingesetzt, wenn das Ergebnis auf den Fortgang der Untersuchungen Einfluß hat, z. B. akuter Schadensfall, Gefahrenabwehr, Optimierungsuntersuchungen. Bei der Bestimmung von Schwermetallen, anorganischen Gasen (HCl/HF, H_2S, NH_3), organischen Verbindungen (chloriert/nichtchloriert, PAK, PCDD/PCDF) werden in der Regel vor Ort die Proben genommen und dann im Laboratorium analysiert.

M.1.3.1 Schwermetalle im Feststoff und in der Gasphase

Messungen von Staubinhaltsstoffen (Schwermetalle) werden an Emissions- und Immissionsproben durchgeführt. Die TA Luft verweist in bezug auf die Komponente Blei als Bestandteil des Schwebstaubs auf die Richtlinie VDI 2267, Blatt 2 und 3 [M.1.124, M.1.125]. Darin wird die Messung der Blei-Massenkonzentration von Schwebstaub-Immissionen mit Hilfe der Röntgenfluoreszenzanalyse und der Atomabsorptionsspektrometrie beschrieben. Die Schwebstaubproben werden, wie in Abschn. M.1.2.2.1 beschrieben, genommen.

Bei der wellenlängendispersiven Röntgenfluoreszenzanalyse nach Blatt 2 wird durch die Primärstrahlung einer Röntgenröhre zur Röntgenfluoreszenz angeregt. Aus der Fluoreszenzstrahlung wird durch einen Analysatorkristall die für Blei charakteristische Strahlung isoliert und durch einen Szintillationszähler (Detektor) in Spannungsimpulse umgewandelt. Durch elektronische Meß- und Registriereinrichtungen werden die Impulse verstärkt, von Fremd- und Störimpulsen getrennt und je nach Meßwertausgabe registriert oder in einem Rechner verarbeitet. Durch Vergleich mit künstlich hergestellten Eichfiltern wird aus den Impulsraten der Bleilinie die Flächenmasse (µg Pb pro cm² Filterfläche) des Bleis auf dem Filter bestimmt. Unter Berücksichtigung der gesamten belegten Filterfläche und des durchgesetzten Luftvolumens wird daraus die Bleimassenkonzentration in der Außenluft berechnet.

Je nach Probenahmeverfahren liegt die Nachweisgrenze bei 0,03 µg Pb/m³ oder 0,2 µg Pb/m³. Der Meßbereich beträgt etwa 0,1 – 30 µg/m³. Praktisch gleiche Verfahrenskenngrößen werden mit der in Blatt 11 der Richtlinie VDI 2267 beschriebenen energiedispersiven Röntgenfluoreszenzanalyse (ED-RFA) erreicht [M.1.126]. Die Probenahme und der Vergleich mit Standards ist gleich wie im Blatt 2 beschrieben. Die Verfahren unterscheiden sich nur im Röntgenspektrometer.

Bei Bestimmung mit Hilfe der Atomabsorptionsspektrometrie werden die belegten Glasfaserfilter nach thermischer Vorbehandlung mit Salpetersäure und ggf. unter Zugabe von Perchlorsäure vollständig aufgeschlossen. Membranfilter werden direkt mit einem Salpetersäure/Perchlorsäure-Gemisch aufgeschlossen; stark silikathaltige Proben im PTFE-Gefäß. Die vom Rückstand getrennte klare Lösung wird dem Atomabsorptionsspektrometer zugeführt.

Die Atomabsorptionsspektromie (AAS) nutzt die Resonanzabsorption von freien Atomen bei Bestrahlung mit monochromatischem Licht. Zur Umwandlung der in der Probelösung vorliegenden Ionen durch Zufuhr von Wärmeenergie in eine Atomwolke bedient man sich einer Flamme (F-AAS) oder eines elektrisch geheizten Ofens (Graphitrohr; G-AAS). Die Intensitätsabnahme der Strahlung einer Blei-Strahlungsquelle infolge Resonanzabsorption in der Atomwolke ist ein Maß für die Bleikonzentration in der Aufschlußlösung. Die Kalibrierung des Spektrometers wird mit Hilfe von bleihaltigen Eichlösungen durchgeführt. Unbelegte Filter werden zur Blindwertermittlung verwendet.

Mit dem Graphitrohr läßt sich eine Nachweisgrenze von 0,05 µg/m³ mit der Flamme 0,2 µg/m³ erreichen (30 m³ Probeluftvolumen). Das Verfahren ist für einen Bereich von 0,05 – 2 µg Pb/m³ geeignet.

Die im Schwebstaub enthaltene Komponente Cadmium läßt sich gleichermaßen mit der AAS (i. d. R. Graphitrohrtechnik) bestimmen. Das Verfahren wird in VDI 2267, Blatt 6 beschrieben [M.1.127]. Die Nachweisgrenze beträgt dabei 0,4 ng Cd/m³ bei 60 m³ Probeluftvolumen.

Die im Schwebstaub enthaltenen Massenkonzentrationen von Chrom, Eisen, Kupfer, Mangan, Nickel und Zink lassen sich mit Hilfe der energiedispersiven Röntgenfluoreszenzanalyse bestimmen [M.1.128].

Inhaltsstoffe von Staubniederschlag, ermittelt mit dem Bergerhoff-Verfahren (VDI 2119, Blatt 2), können mit der AAS bestimmt werden. Für Blei und Cadmium wird das Verfahren in der Richtlinie VDI 2267, Blatt 4 und für Thallium in Blatt 7 beschrieben [M.1.129, M.1.130]. Beim Einsatz der Graphitrohrtechnik liegen die Nachweisgrenzen bei:

Substanz	Nachweisgrenze µg/(m²·d)
Blei	2
Cadmium	0,1
Thallium	0,1

Die Analyse von Emissionsstäuben wird in der Richtlinienreihe 2268 behandelt. Die Probenahme der emittierten Stäube kann dabei nach VDI 2066, Blatt 2, 3 und 7 durchgeführt werden. In VDI 2268, Blatt 1 wird die Bestimmung der Elemente Ba, Be, Cd, Co, Cr, Cu, Ni, Pb, Sr, V, Zn mittels atomspektrometrischer Methoden beschrieben [M.1.131]. Nach gravimetrischer Bestimmung des Staubanteils wird vor dem eigentlichen Aufschluß die Quarzwatte und die Silikatmatrix in Flußsäure gelöst und als Siliciumtetrafluorid ausgetrieben. Der Rückstand wird anschließend entweder offen mit einem Gemisch von Salpetersäure und Wasserstoffperoxid oder unter Druck (Druckaufschluß) mit Salpetersäure-Flußsäure-Gemisch in eine lösliche Form überführt. Nach dem Druckaufschluß wird die überschüssige Flußsäure durch Behandlung mit Borsäure gebunden. Die so enthaltenen Probenlösungen werden verdünnt und mit Hilfe der Atomabsorptionsspektrometrie (F-AAS oder G-AAS) oder der optischen Emissionsspektrometrie (ICP-AES) analysiert.

Bei der induktivgekoppelten Argonplasma-Atomemissionsspektrometrie (ICP-AES) wird die Probenlösung über eine möglichst pulsationsfrei arbeitende Pumpe bzw. durch Unterdruck in ein Zerstäubungssystem befördert. Das dort entstehende Aerosol wird dann mit einem Argonstrom in ein induktiv gekoppeltes Hochfrequenzplasma (ICP) eingeführt, das duch Ionisierung und Anregung des Edelgases Argon gebildet wird. Bei den im Plasma herrschenden Temperaturen bis 10.000 K werden die zu bestimmenden Elemente im Probenaerosol angeregt. Die emittierte elementspezifische Strahlung wird mit Hilfe eines Emissionsspektrometers gemessen und zur quantitativen Elementbestimmung herangezogen Das Emissionsspektrometer ist ebenso wie bei der AAS-Methode zu kalibrieren.

Die analytischen Nachweisgrenzen der einzelnen Stoffe sind unterschiedlich und unterscheiden sich auch in Abhängigkeit von den Analysenverfahren (AAS oder ICP). Sie liegen in der Regel im unteren µg-Bereich (bezogen auf 2 g Quarzwatte).

In Blatt 2 wird die Bestimmung der Elemente As, Sb und Se mittels Atomabsorptionsspektrometrie nach Abtrennung über ihre flüchtigen Hydride beschrieben [M.1.132]. Der Aufschluß erfolgt wie in Blatt 1 beschrieben.

Zur anschließenden Analyse müssen die zu untersuchenden Elemente in einer definierten Oxidationsstufe vorliegen. Arsen und Antimon werden mit Kaliumjodid zur Oxidationsstufe +3 und Selen mit Salpetersäure zur Oxidationsstufe +4 reduziert. Die so erhaltenen Lösungen werden mit Natriumborhydrid ($NaBH_4$) versetzt. Dabei entstehen die flüchtigen Hydride der drei Elemente, die mit AAS vermessen werden. Die analytischen Nachweisgrenzen liegen bei As und Sb = 50 ng pro Probe, Se = 110 ng pro Probe (2 g Quarzwatte).

Mit der in Blatt 4 beschriebenen Graphitrohr-AAS [M.1.133] werden für die gleichen Elemente As, Sb, Se die nachfolgenden analytischen Nachweisgrenzen erreicht:

Substanz	Nachweisgrenze ng/Probe	Blindwerte ng/g Watte
Arsen	20	5
Antimon	50	20
Selen	20	5

In Blatt 3 wird die Bestimmung von Thallium mit G-AAS beschrieben. Bei 2 g Quarzwatte beträgt die analytische Nachweisgrenze 0,03 µg Tl pro Probe [M.1.134].

Bei Anwendung des in VDI-Richtlinie 3868, Blatt 1 beschriebenen Verfahrens sind neben den partikelgebundenen auch die filtergängigen Stoffe zu bestimmen (s. M.1.1.2.2). Die partikelgebundenen Inhaltsstoffe werden wie in VDI 2268, Blatt 1–4 beschrieben aufgeschlossen und analysiert. Die filtergängigen Stoffe können in der Regel unmittelbar aus der Absorptionslösung analysiert werden. Zur Bestimmung der Komponente Quecksilber eignet sich als Analysenverfahren die Kaltdampftechnik. Eine entsprechende VDI Richtlinie 3868, Blatt 2 ist in Vorbereitung.

M.1.3.2 Anorganische Gase

Zur Messung anorganischer Emissionen und Immissionen werden – soweit vorhanden – vorrangig kontinuierliche Meßverfahren eingesetzt. Zur Kalibrierung von registrierenden Emissionsmeßgeräten sind Vergleichsmessungen mit manuellen Konventionsmeßverfahren erforderlich, z. B. $SO_2 + SO_3$, $NO + NO_2$. Diese manuellen Verfahren werden in der Regel vor Ort eingesetzt und durchgeführt. Bei der Komponente CO erfolgt die analytische Bestimmung häufig im Labor.

Die vollständige Analyse vor Ort erfordert einen entsprechenden Meßplatz, der an geeigneter Stelle aufgebaut werden muß – ggf. unter Einbeziehung von dort vorhandenen Labormöglichkeiten – oder der in einem mobilen Labor-/Meßwagen zur Verfügung steht.

Viele manuelle Konventionsverfahren (Emission, Immission) für anorganische Komponenten verwenden die Photometrie zur Quantifizierung. Gleiches gilt auch für einige organische Komponenten. Daneben werden auch ionensensitive Elektroden eingesetzt. Photometrie und Potentiometrie lassen sich wegen ihres relativ einfachen Aufbaus prinzipiell vor Ort einsetzen. Falls es die Aufgabenstellung (Dringlichkeit der Ergebnisse, Haltbarkeit der Proben, Entfernung vom festeingerichteten Labor des Meßinstituts) erlaubt, wird in der Regel aus Gründen der Qualitätssicherung und ökonomischer Überlegungen so verfahren, daß die Probenahme vor Ort ausgeführt wird und die chemische Analyse im Stammlabor mit entsprechend eingerichteten Meßplätzen erfolgt. Diese Vorgehensweise bietet sich umso mehr an, wenn in den Analysengang zwischengeschaltete Schritte, z. B. Destillation, Zentrifugieren usw., notwendig sind. Die Ergebnisse können dabei je nach Laborausstattung auch zusätzlich durch andere, im Labor zur Verfügung stehende Methoden, überprüft werden.

Die bei den einzelnen Komponenten durchzuführenden Analysenschritte wurden bereits in den Abschnittten Emission und Immission kurz beschrieben. Auf die im Detail zu beachtenden Richtlinien wurde verwiesen.

M.1.3.3 Organische Verbindungen

Einige organische Verbindungen, z. B. Formaldehyd, Phenole, lassen sich photometrisch bestimmen. Daneben werden infrarotspektrometrische Verfahren eingesetzt. Die Grundlagen werden in VDI-Richtlinie 2460, Blatt 1 behandelt [M.1.135].

Für die Bestimmung organischer Einzelkomponenten wird vorrangig die Gaschromatographie (GC) in Verbindung mit verschiedenen Detektoren eingesetzt. Dabei kann in der Regel eine Reihe von Meßkomponenten in einem Analysengang bestimmt werden. Daneben wird die Hochleistungsflüssigkeitschromatographie (HPLC) eingesetzt.

Die Gaschromatographie beschreibt eine Methode, bei der eine Probe in der Dampf- oder Gasphase einem Trägergasstrom (Stickstoff, Helium) dosiert zugegeben wird und in einer Trennsäule durch Absorptions- und Desorptionsvorgänge an der Beschickung der Säulen in ihre Komponenten zerlegt wird. Eingesetzt werden gepackte Säulen und Kapillarsäulen. Gepackte Säulen sind

Tabelle M.1-8 Nachweisstärke von Detektionssystemen

Typ-(Detektoren)	Substanzen	Erfaßbare Absolutmenge
Wärmeleitfähigkeit (WLD)	anorganisch und organisch	μg
Flammenionisation (FID)	Kohlenwasserstoffe	ng
Elektroeinfang (ECD)	halogenierte Kohlenwasserstoffe	pg
Thermoionisation (PND, TID)	P- und N-haltige Substanzen	ng
Flammenphotometrie	P- und S-haltige	ng
Photoionisation (PID)	organische und einige anorganische Substanzen	pg – ng
Massenspektrometrie	anorganische und organische Substanzen	pg – ng

mit einem trennwirksamen Material gefüllt. Die Füllung kann aus einem festen Adsorptionsmaterial (Gas Solidchromatographie: GSC) oder aus einem Material bestehen, bei dem auf einen festen Träger eine flüssige Trennphase (Gas Liquidchromatographie: GLC) aufgebracht ist. Bei Kapillarsäulen wird die trennwirksame Schicht (flüssig oder fest) an der Innenwandung der Kapillare so aufgebracht, daß ein gasdurchgängiger Mittelkanal frei bleibt. Die Bestimmung der einzelnen Komponenten erfolgt in einem nachgeschalteten Detektionssystem. Kriterium für die Identität einer Verbindung sind Retentionszeit, -index. Es ist zu unterscheiden zwischen gruppen-, stoff- und unspezifischen Detektoren (Tabelle M.1-8).

M.1.3.4   Polyzyklische aromatische Kohlenwasserstoffe

Der Analyse von PAK mittels Kapillargaschromatographie in Verbindung mit FID ist eine umfangreiche Probenaufbereitung vorgeschaltet.

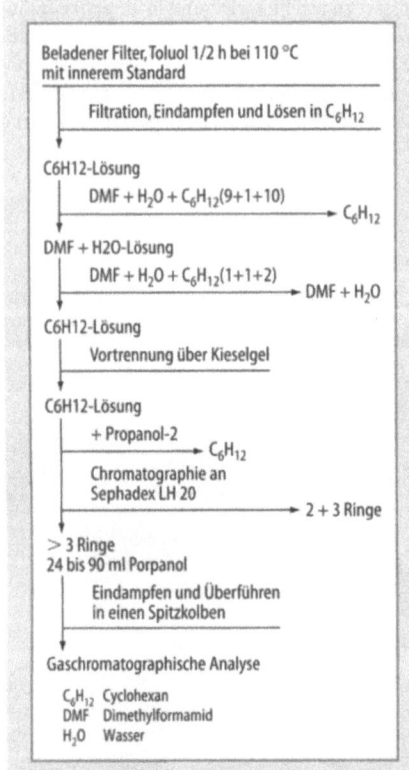

Bild M.1-32 Schema der Probenaufbereitung PAK

Das Schema der Probenaufbereitung zeigt Bild M.1-32 am Beispiel der Emissionsmessung. Die detaillierte Beschreibung des Analysengangs ist der Richtlinie VDI 3873, Blatt 1 zu entnehmen [M.1.66]. Die Aufarbeitung von Immissionsproben ist ähnlich. In diesem Zusammhang wird auf die VDI-Richtlinie 3875, Blatt 1 verwiesen [M.1.122].

M.1.3.5   Polychlorierte Dibenzodioxine und Furane

Die Analyse von Emissions- und Immissionsproben von PCDD und PCDF wird in den Richtlinien VDI 3499 und VDI 3498 beschrieben [M.1.65, M.1.123]. Vor Durchführung der Analyse mittels GC-MS ist eine Probenaufbereitung in mehreren Schritten erforderlich. Bild M.1-33 zeigt das Schema der Probenaufbereitung am Beispiel Emissionsmessungen. Nach Extraktion der Proben folgt eine mehrstufige Säulenchromatographie zur Abtrennung anderer organischer Fraktionen. Bei den Immissionsproben wird nach der ersten Aluminiumoxid-Säule statt der Reinigung durch eine Kombination gemischter Reinigungssäulen mittels einer HPLC-Säule durchgeführt. Bild M.1-34 zeigt das Schema. Wegen der umfangreichen Analysenvorschriften können die Verfahren hier nicht im Detail beschrieben werden. Auf die entsprechenden VDI-Richtlinien wird verwiesen.

M.1.3.6   Polychlorierte Biphenyle (PCB)

Bei der Analyse der PCB werden ähnliche Analysenschritte wie bei der Dioxinanalytik benutzt. So wird z. B. in einem VDI-Vorentwurf zur Messung von PCB in der Außenluft- und der Innenraumluft ein Verfahren beschrieben, das zur gleichzeitigen Analyse von PCDD/F verwendet werden kann. Emissionsproben auf der Basis der Probenahme mit Glasfaserfiltern und PU-Schaum können in gleicher Weise analysiert werden. Bild 1-35 zeigt das Schema der Probenaufbereitung. Bei kombinierter Analyse werden vor der Extraktion (Planfilter/PU-Schaum) ^{13}C-markierte PCDD/F- und PCB-Standards zugegeben. Der Probenextrakt wird nach Zugabe von 6 ml Dekan eingeengt und der „gemischten Säule" zugeführt. Eluiert wird mit 250 ml Hexan. Danach wird die Probe eingeengt, bis diese in Dekan vorliegt (6 ml) und auf die „Aluminiumoxidsäule" aufgegeben. Eluiert wird mit 60 ml n-Hexan (Vorlauf), 90 ml Toluol (PCB-Fraktion), 250 ml n-Hexan/Dichlormethan 1:1 (PCDD/F-Fraktion).

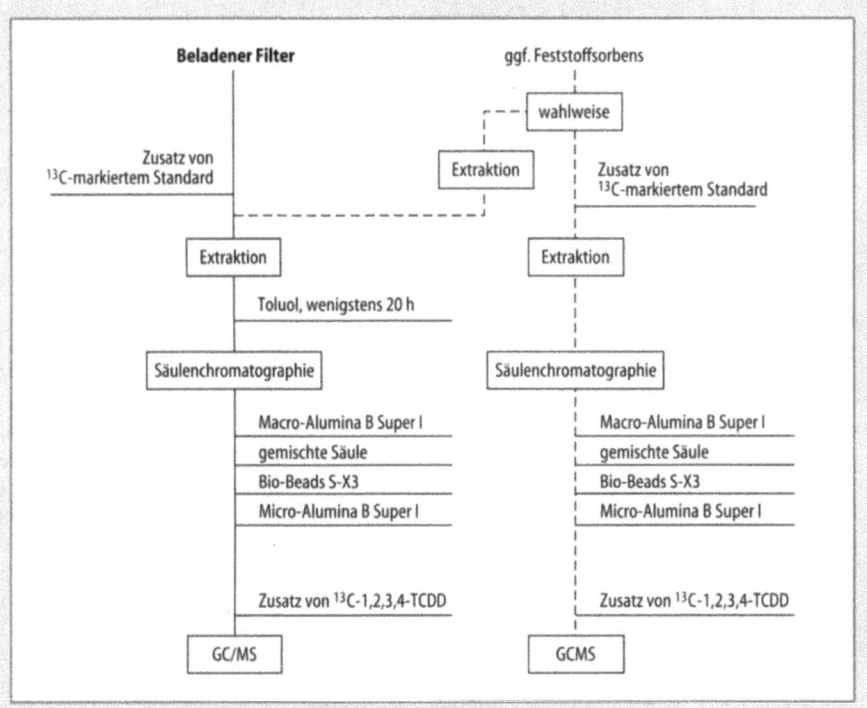

Bild M.1-33 Schema der Probenaufbereitung von Emissions-PCDD/F-Proben

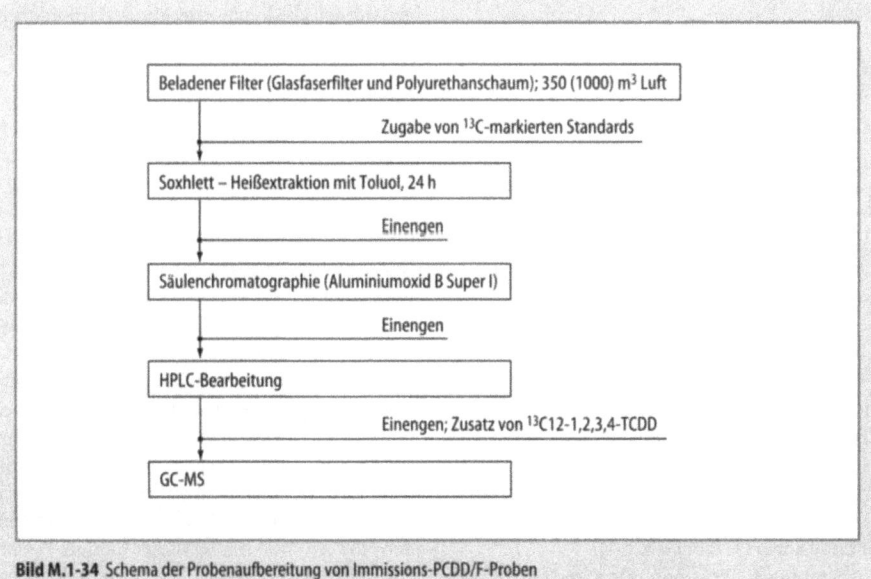

Bild M.1-34 Schema der Probenaufbereitung von Immissions-PCDD/F-Proben

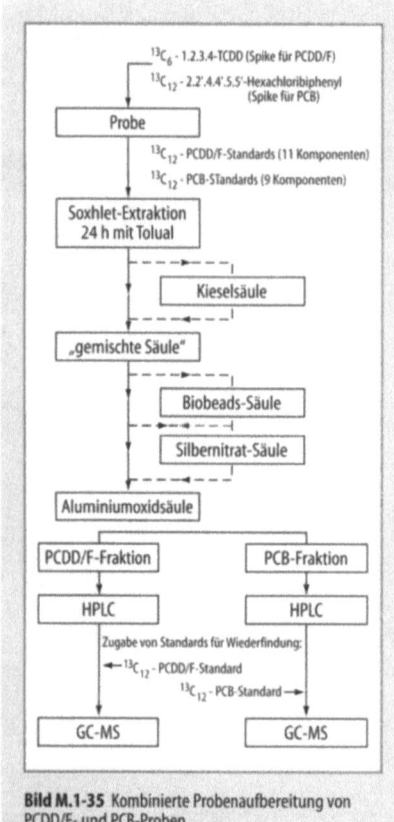

Bild M.1-35 Kombinierte Probenaufbereitung von PCDD/F- und PCB-Proben

Tabelle M.2-1 Wasserarten

Grundwasser	Brauchwasser
Oberflächenwasser	Kühlwasser
Niederschlagswasser	Kesselspeisewasser
Flußwasser	andere industrielle
Seewasser	Brauchwasser
Meerwasser	Abwasser
Trinkwasser	kommunales
Rohwasser zur Trink-	Abwasser
wasseraufbereitung	gewerbliches
Badewasser	Abwasser
Mineral- und Heil-	Sickerwasser
quellenwasser	(Regenwasser)

Ein weiterer Reinigungsschritt erfolgt dabei mit Hilfe einer HPLC- Säule (s. VDI 3498).

M.2 Wasser/Abwasser

M.2.1 Untersuchungsschwerpunkte

M.2.1.1 Wassermatrices

M.2.1.1.1 Wasserarten

Die Bezeichnung bzw. Unterscheidung von Wasserarten erfolgt im wesentlichen nach drei verschiedenen Gesichtspunkten, nach dem Ort bzw. Art des Orts, wo es sich befindet, nach dem Verwendungszweck und nach seiner Zustands- bzw. Bindungsform (s. Tabelle M.2-1).

Wasser findet Verwendung u. a. als Nahrungsmittel, Lösungsmittel, zur Wärmeübertragung, als Transportmittel und Reaktionsmittel. Nach seinem Gebrauch wird es i.d.R. zunächst Abwasser, welches unter geordneten wasserwirtschaftlichen Verhältnissen gereinigt und in den natürlichen bzw. Produktionskreislauf zurückgegeben wird. Für die unterschiedlichen Verwendungen, für die Einleitung in öffentliche Kanäle oder in Oberflächenwässer bestehen gesetzliche Regelungen über den Zustand (= Qualität). Die wichtigsten für den Bereich der Bundesrepublik Deutschland sind im nächsten Abschnitt zusammengefaßt.

Gesetzliche Vorgaben

Qualitätsziele in Gesetzen und Rechtsverordnungen werden als Grenzwerte, Mindestanforderungen oder Schwellenwerte formuliert, deren ökologische oder toxikologische Relevanz in der Regel durch wissenschaftliche Forschung nachgewiesen wurde. In manchen Fällen sind insbesondere kumulative oder synergistische Wirkungen mehrerer Komponenten nebeneinander experimentell nur sehr schwer oder gar nicht meßbar; diesem Problem wird bzw. muß dann durch weitere Herabsetzung der entsprechenden Werte Rechnung getragen werden [M.2.1].

Bei der Einhaltung der Gesetze stellen die meist sehr niedrigen Grenzwerte die zur Überwachung eingesetzte Analytik vor diffizile Probleme hinsichtlich der Bestimmung dieser Stoffe. Des weiteren ist die sehr komplexe Matrix von Einfluß auf diese Bestimmungsgrenzen als auch auf die Meßergebnispräzision bzw. Richtigkeit, und zwar je niedriger die Konzentration des zu bestimmenden Stoffes, um so stärker dieser Einfluß. Weitere Quellen der Meßergebnisunschärfe stellen Probenahme, Probenvorbereitung und das analytische Meßverfahren selbst dar.

Tabelle M.2-2 Grenz- und Richtwerte für Trinkwasser – Chemische Stoffe (Auszug)

Parameter (Berechnungsform)		Grenzwert mg/l	Parameter (Berechnungsform)		Grenzwert mg/l
Arsen	(As)	0,01	PAK (Σ 6)	(C)	0,0002
Blei	(Pb)	0,04	Org. Chlor-Verbindungen, Σ 4	(–)	0,01
Cadmium	(Cd)	0,005	Tetrachlorkohlenstoff	(CCl_4)	0,003
Chrom	(Cr)	0,05	PBM (Einzel-Substanzen)	(–)	0,0001
Nickel	(Ni)	0,05	PBM, Σ	(–)	0,0005
Antimon	(Sb)	0,002	oberflächenaktive Substanzen:		
Selen	(Se)	0,01	Methylen blau aktive Substanzen		0,2
Quecksilber	(Hg)	0,001			
Cyanid	(CN^-)	0,05	Dragendorf-Reag akt. Substanzen		
Fluorid	(F^-)	1,5			
Nitrat	(NO_3^-)	50,0			
Nitrit	(NO_2^-)	0,1	Phenole (C_6H_5–OH)		0,0005
			Chloroformextrahierbare Stoffe	(–)	1
			Kohlenwasserstoffe	(Kw)	0,01

Das Gesetz zur Ordnung des Wasserhaushaltes (WHG) [M.2.2] behandelt den Schutz für die stehenden und fließenden oberirdischen Gewässer, für das Grundwasser und für das Meer. Insbesondere regelt es die Benutzungen der Gewässer u. a. Entnahme und Einleitung von Wasser, Stau und Absenkung, Entnahme fester Stoffe aus Gewässern, Einbringen und Einleiten von Stoffen in Gewässer, Entnehmen, Fördern und Ableiten von Grundwasser und alle Maßnahmen, die nachhaltige schädliche Veränderungen an den Gewässern verursachen.

Das Wasserhaushaltsgesetz stellt das Basisrecht für die meisten anderen Rechtsvorschriften im Bereich Wasser dar.

Die *Richtlinie der Europäischen Gemeinschaft über die Qualitätsanforderungen an Oberflächenwässer für die Trinkwasserversorgung in den Mitgliedsstaaten* [M.2.3] ist auch in Deutschland Rechtsnorm. Sie enthält sog. Leitwerte „G" als Vergleichs- und Anhaltswerte und Grenzwerte „I" als Werte, die nicht überschritten werden dürfen.

Die *Guidelines for drinking water quality* (WHO) [M.2.4] enthalten Richtwerte und Grenzwerte, die bei der Erstellung von Richt- und Grenzwerten in der nationalen Gesetzgebung beachtet werden sollen.

Die *Richtlinie des Rates über die Qualität von Wasser für den menschlichen Gebrauch (EG-TW)* [M.2.5] enthält u. a. eine Aufzählung von organoleptischen und physikalisch-chemischen Parametern, unerwünschten Stoffen bzw. Stoffgruppen, toxischen Stoffen und mikrobiologischen Parametern mit entsprechenden Richtzahlen und zulässigen Höchstkonzentrationen, die in den Ländern der Europäischen Gemeinschaft beachtet werden müssen. Darüber hinaus sind dort Hinweise zur Häufigkeit der Untersuchungen gegeben.

Die *Verordnung über Trinkwasser und über Wasser für Lebensmittelbetriebe* (Trinkwasser VO, TVO) [M.2.6] enthält Vorschriften über die Beschaffenheit des Trinkwassers in der Bundesrepublik Deutschland, wobei die Verordnung zwischen zwingenden Grenzwerten und nach Möglichkeit einzuhaltenden Richtwerten unterscheidet. Insbesondere ist der einwandfreie hygienische Zustand nachzuweisen und Vorsorge zu treffen, daß dieser im Verteilungsnetz beibehalten bleibt (s. Tabelle M.2-2).

Die Grenzwerte der Trinkwasser-Verordnung stellen oft den Hintergrund dar für Qualitätsforderungen z. B. der Oberflächenwasserbeschaffenheit oder auch der gewerblichen und kommunalen Abwasserreinigung. Es muß jedoch darauf hingewiesen werden, daß z.B. die in der Anlage 7 genannten Richtwerte für Kupfer und Zink von 3 bzw. 5 mg/l in einer Größenordnung liegen, die im Zulauf zu einer Kläranlage die biologische Abwasserreinigung beeinträchtigen und die landwirtschaftliche Schlammverwertung unmöglich machen würden.

Oberflächenwasser zur Trinkwassergewinnung und Trinkwasser

Das Arbeitsblatt W 151 des Deutschen Vereins des Gas- und Wasserfaches e.V. (DVGW) [M.2.7] enthält Hinweise über Belastungsgrenzen für natürliche Wasseraufbereitung sowie für chemisch-physikalische Verfahren zur Aufbereitung von Oberflächenwasser für die Trinkwasserversorgung. Die darin genannten Werte gelten als Richt- bzw. Vergleichswerte ohne gesetzlichen Charakter.

Grundwasser

Das Grundwasser stellt ein besonders schützenswürdiges Gut dar, u. a. wegen seiner Bedeutung für die Trinkwassergewinnung (s. § 1 und § 34 WHG) [M.2.2]. Insbesondere durch Bodenbelastungen können lang anhaltende Schäden im Grundwasser verursacht werden. Hier üben dann auch eine Reihe von Gesetzen in anderen Bereichen des Umweltrechts Schutzwirkungen auf das Grundwasser aus, u. a. das Abfallgesetz mit der TA Sonderabfall [M.2.8], der TA Siedlungsabfall [M.2.9], das Düngemittelrecht [M.2.10], die Pflanzenschutzanwendungsverordnung [M.2.11], die Gülleverordnung [M.2.12] und die Klärschlammverordnung [M.2.13].

Grundwasserschutz erfordert die gemeinsame Betrachtung dieses Wassers und des Bodens, in dem bzw. unter dem es sich befindet. Da die Erneuerung des Grundwassers davon abhängig ist, daß Niederschlagswasser in den Boden eindringt, ist auch die Qualität des Niederschlagswassers von Bedeutung. Somit hat auch die Belastung der vom Niederschlag durchströmten Luftschicht Auswirkungen darauf. So wird sich z. B. im Regenwasser ein niedriger pH-Wert bei Anwesenheit von Schwefeldioxid oder Stickoxiden in der Atmosphäre einstellen. Deshalb muß hier auch die TA Luft [M.2.14] berücksichtigt werden. Zur Beurteilung einer Situation müssen die sehr komplexen Vorgänge im Boden wie Löslichkeit von Metallen, mikrobieller Um- bzw. Abbau organischer Stoffe, Adsorption von Substanzen usw. mit einbezogen werden. Abgesehen von dem Gebot, jegliches Einbringen von Fremdstoffen zu verhindern, sind Qualitätsziele für die Beschaffenheit der jeweiligen Nutzung definiert z.B. durch die TVO [M.2.6]. Untersuchungsprogramme für die Grundwasserbeschaffenheit sind dementsprechend meist nutzungsorientiert, entweder zur Aufklärung einer Bodenbelastung oder zur Prüfung der Eignung des Wasser für einen bestimmten Zweck. Vorrangig dienen hierzu Orientierungswerte wie sie in folgenden Listen aufgeführt sind.

Die Holländische Liste, *Leidrad bodemsaniering* [M.2.15], wurde vom Niederländischen Ministerium für Wohnungswesen, Raumordnung und Umwelt aufgestellt. Diese Liste enthält Richtwerte für Boden- und Grundwasserkontaminationen zur Gefährdungsabschätzung von Altlasten. Genannt sind 57 Einzelstoffe oder Stoffgruppen sowie Referenzwerte für sieben weitere Ionen. Es sind drei Gruppen genannt:
– Referenzwert,
– Prüfwert für nähere Untersuchungen und
– Prüfwert für Sanierungsmaßnahmen.

Diese Daten werden vielfach zur Beurteilung benutzt, ohne daß sie rechtsverbindlichen Charakter besitzen.

Ähnlich orientiert sind die *Bewertungsverfahren zur Bestimmung des Gefährdungspotentials für das Grundwasser bei Altlasten und aktuellen Schadensfällen als Entwurf der Baubehörde Hamburg* [M.2.16] sowie die *Berliner Liste* [M.2.17]. Diese Liste enthält Richtwerte für Grundwasser unterteilt nach Wasserschutzgebiet, Urstromtal und Hoffläche. Enthalten sind 38 einzelne Parameter sowie Stoffe der Gefährdungsklassen 1, 2 und 3.

Die *Richtlinie für das Vorgehen bei physikalischen und chemischen Untersuchungen im Zusammenhang mit der Beseitigung von Abfällen* [M.2.18] enthält in der Anlage 6 ein Untersuchungsprogramm zur Überwachung von Grund-, Oberflächen- und Sickerwässer im Bereich von Abfallbeseitigungsanlagen mit insgesamt 41 Parametern.

Abwasser

Hinsichtlich der Be- und Entlastung der öffentlichen Gewässer stellen die um Abwasserableitung und -reinigung orientierten Gesetze und Rechtsverordnungen den wichtigsten Bereich dar. Diese Gesetze beschreiben u. a. die Zielvorstellung des Gesetzgebers über die Qualität der in öffentliche Gewässer einzuleitenden Abwässer, die sich daraus ergebenden Konsequenzen für die Reinigungsleistung von Abwasseranlagen in gewerblichen wie kommunalen Bereichen und üben auch wirtschaftlichen Druck auf Einleiter aus zur Verbesserung der Leistung solcher Anlagen. Durch Fortschritte in der wissenschaftlichen Forschung ist der Katalog der zu überwachenden Stoffe und Stoffgruppen in einer ständigen Weiterentwicklung begriffen. Dies hat zur Folge, daß Umweltschutzgesetze in bestimmten Abständen novelliert werden müssen, um neuen Erkenntnissen gerecht zu werden.

Das Gesetz für das Einleiten von Abwasser in Gewässer (AbwAG) [M.2.19] stellt durch Feststellung der Belastungsfracht aus einer Einleitung in Form von Schadeinheiten und Festlegung von Gebühren dafür die wichtigste Regelung dar. In diesem Gesetz werden Konzentrations- und Frachtschwellen festgelegt und damit eine untere Veranlagungsschwelle gegeben, die überschritten sein muß, damit Veranlagung erfolgt (s. Tabelle M.2-3). Um welche Gewässer es sich hier handelt ist in § 1 des WHG [M.2.2] beschrieben.

Wenn Frachten über Messungen errechnet werden, ist die Wassermengenmessung möglichst genau durchzuführen (s. hierzu DIN 19559, Teil 1 u. 2 [M.2.20]).

Die Ermittlung der Zahl der Schadeinheiten erfolgt normalerweise aufgrund von Festlegungen im Abgabenbescheid (§ 4). Hierfür sind vom Abgabepflichtigen entsprechende Angaben erforderlich. Das Gesetz gibt ebenfalls Auskunft über Voraussetzung der Ermäßigung des Abgabesatzes bzw. auch über Erhöhungen der entsprechenden Gebühren. Die Gebühreneinheiten wurden zeitlich gestaffelt festgelegt, beginnend 1981 mit 12 DM je Schadeinheit, 1999 wird ein Satz von 90 DM je Schadeinheit erreicht.

Die Überwachung der Einhaltung der Angaben im Bescheid erfolgt durch staatliche oder staatlich anerkannte Institutionen. Diese Überwachungsanalysen bzw. auch die Festlegungsanalysen sind aus der homogenisierten, in bestimmter Weise dem Abwasser entnommenen Originalprobe auszuführen.

Die *Allgemeine Rahmen-Verwaltungsvorschrift über Mindestanforderungen an das Einleiten von Abwässer in Gewässer* (RahmenVwV) (DirekteinleiterVO) [M.2.21] basiert auf § 7a des WHG [M.2.2], der Abwasserherkunftsverordnung [M.2.22] sowie für die abfallrechtlichen Belange auch auf dem Abfallgesetz. Sie enthält Angaben u.a. für die zulässigen Meß- und Analysenverfahren, in der Regel in DIN-DEV genormte Verfahren.

Zu dieser Verordnung gehören 52 Anhänge (Stand 1992), die branchenspezifische Mindestanforderungen formulieren. Im Anhang 48 dieser Verordnung werden abweichend von dieser Systematik Anforderungen an das Abwasser hinsichtlich bestimmter Einzelstoffe wie Cadmium, Hexachlorethylen, Hexachlorbenzol, Aldrin, Dieldrin, Endrin, Isodrin, DDT, PCP und Endosulfan genannt.

Die einzelnen Bundesländer haben *Verordnungen über die Genehmigungspflicht für die Einleitung von wassergefährdenden Stoffen in öffentliche Abwasseranlagen erlassen* [M.2.23], die sog. Indirekteinleiterverordnung. Insbesondere die Verordnung des Bundeslands Hessen nennt einen umfangreichen Katalog bestimmter Schwellenwerte und Schwellenfrachten.

In der *Allgemeinen Verwaltungsvorschrift über die nähere Bestimmung wassergefährdender Stoffe und ihrer Einstufung entsprechend ihrer Ge-*

Tabelle M.2-3 Schadeinheiten und Schwellenwerte des AbwAG

Parameter[a]	Schadeinheit kg	Schwellenwerte mg/l	Schwellenwerte kg/a	Bestimmungsmethode DIN-DEV
CSB	50	20	250	38409, H 41
Gesamt Phosphat (P)	3	0,1	15	38405, D 11 – 4
N anorg (als Σ NH$_4$-N NO$_2$-N NO$_3$-N)	25	5	125	38406, E 5 – 2 38405, D 10 38405, D19
AOX	2	0,1	10	38409, H 14[b]
Hg	0,02	0,001	0,1	38406, E 12 – 3
Cd	0,1	0,005	0,5	38406, E 19 – 3
Cr	0,5	0,05	2,5	38406, E 22
Ni	0,5	0,05	2,5	30406, E 22
Pb	0,5	0,05	2,5	38406, E 6 – 3
Cu	1,0	0,1	5	38406, E 22
Giftigkeit gegen Fische	$\frac{3000 \text{ m}^3}{GF}$	GF = 2		38412, L 31

[a] aus der nicht abgesetzten nach DIN 38402, A 30 homogenisierten Probe
[b] besondere Hinweise, s. Rahmen VwV Nr. 501

fährlichkeit [M.2.24] sind ca. 700 Stoffe bzw. Stoffgruppen genannt. Im Katalog wassergefährdender Stoffe [M.2.25] wurden 443 Stoffe und Stoffgruppen aufgeführt.

Die *Richtlinie des Rates der Europäischen Gemeinschaft über die Behandlung von kommunalem Abwasser* [M.2.26] enthält Grenzwerte und Forderungen für die Verringerungsrate im Klärprozeß, gestaffelt nach Anlagengröße, und nennt auch eine zulässige Zahl von Überschreitungen dieser Werte in Abhängigkeit von der Häufigkeit der Untersuchungen innerhalb eines Jahres.

Die Wasch- und Reinigungsmittel stellen Chemikalien mit einer sehr weiten Verbreitung dar. Sie müssen bestimmten Anforderungen hinsichtlich der Zusammensetzung und ihrer biologischen Abbaubarkeit genügen. Diese sind im *Wasch- und Reinigungsmittelgesetz* [M.2.27] sowie in der *Verordnung über die Abbaubarkeit anionischer und nichtionischer grenzflächenaktiver Stoffe* [M.2.28] angegeben.

Die *Rechtsverordnung über Art und Häufigkeit der Selbstüberwachung von Abwasserbehandlungsanlagen und Abwassereinleitungen* [M.2.29] enthält Anordnungen über die Kontrolle des Zustands und des Betriebs der Anlagen sowie einen Mindestumfang an Untersuchungsmerkmalen für das Abwasser. Ferner sind in der Verordnung alternative Verfahren und die dazugehörenden Bezugsverfahren genannt. Die alternativen Verfahren dienen der Vereinfachung der Untersuchungen. Ihre Anwendbarkeit muß mittels gelegentlicher Kontrolle durch Vergleich mit Bezugsverfahren geprüft werden.

In den *Landeswassergesetzen*, die weitere detailliertere Vorschriften u. a. auch für die Kontrollen enthalten, sind Kriterien der personellen und apparativen Mindestausstattung für die Zulassung von Labors für derartige Untersuchungen definiert. Zum Beispiel sind für Nordrhein-Westfalen diese Kriterien im *Runderlaß des Ministeriums für Umwelt, Raumordnung und Landwirtschaft für die Zulassung von Stellen zur Untersuchung von Abwasser bei genehmigungspflichtigen Indirekteinleitungen nach § 60a des Landeswassergesetzes Nordrhein-Westfalen* [M.2.30] zu finden.

M.2.1.2 Feststoffmatrices

Im Zusammenhang mit Umweltschutzfragen werden eine Reihe von unterschiedlichen Feststoffmatrices behandelt (s. Tabelle M.2-4). Untersuchungsschwerpunkte bilden die Bereiche Abfall, Altlasten und Klärschlamm. Da der

Tabelle M.2-4

Boden
– nutzungsorientiert
– belastungsorientiert

Abfall, darin enthalten
– Siedlungsabfälle, darin enthalten
 – Klärschlamm
  – herkunftsorientiert
  – verwendungsorientiert
 – andere bei der Abwasserreinigung anfallenden Feststoffe (Sand, Rechengut)
– Sedimente/Ablagerungen in Gewässer

Verwertung, falls möglich, immer der Vorrang vor jeder anderen Beseitigungsart zu geben ist, muß die Untersuchung dieser Stoffe auch hierauf ausgerichtet werden.

Von den bei der Abwasserreinigung anfallenden Feststoffen im Klärschlamm, Rechengut, Sandfanggut und Rückständen aus der Kanalreinigung bzw. Sedimenten aus Gewässern, stellt der Klärschlamm die mengenmäßig bedeutenste Masse dar. Von den bislang genutzten Verfahren der Deponie, der landwirtschaftlichen Nutzung oder Verbrennung, scheidet in Zukunft wegen des Verbots der oberirdischen Deponierung von Abfällen mit mehr als 3 % organischen Stoffen, gemessen als TOC des Trockenrückstands [M.2.9], die Deponie für Klärschlamm aus. Ausnahmeregelungen sind in der TA Abfall angegeben [M.2.8].

Die landwirtschaftliche Nutzung von Klärschlamm wird im Abfallrecht durch die *Klärschlammverordnung* (AbfKlärV) [M.2.13] geregelt. Diese ist in einer novellierten Fassung seit dem 01. Juli 1992 in Kraft. Sie sieht Begrenzungen in der aufzubringenden Klärschlammenge vor und nennt Grenzwerte für bestimmte Schadstoffe im Klärschlamm und im Boden. Diese sind auch unter Beachtung der Europäischen Klärschlammverordnung aufgestellt worden. Die AbfKlärV verlangt die Bestimmung der wichtigsten Nährstoffgehalte im Klärschlamm und mit Ausnahme des Stickstoffs auch im Boden. In Tabelle M.2-5 sind die Grenzwerte zusammengefaßt.

Die zulässigen Analysenmethoden und Untersuchungshäufigkeiten sind ebenfalls angegeben. Für die Untersuchungsstelle gilt die Verpflichtung, erfolgreich an Ringversuchen teilzuneh-

Tabelle M.2-5 Grenzwerte Boden und Klärschlamm nach AbfKlärV und EG Klärschlamm

Parameter	AbfKlärV				EG-Richtlinie	
	Boden		Klärschlamm		Klärschlamm	
	pH > 6 mg/kg TR	pH 5-6 mg/kg TR	Boden pH > 6 mg/kg TR	Boden pH 5-6 mg/kg TR	mg/kg TR	Fracht in 10 Jahren kg/ha
Pb	100	100	900	900	750–1200	150
Cd	1,5	1	10	5	20–40	1,5
Cr	100	100	900	900	500–1200	20
Cu	60	60	800	800	1000–1750	120
Ni	50	50	200	200	300–400	30
Hg	1	1	8	8	16–25	1
Zn	200	150	2500	2000	2500–4000	300
PCB, Einzelsubstanzen, je			0,2			
AOX			500			
PCDD/F/TE[a]			0,0001			

[a] TCDD – Toxizitätsäquivalente

men, die von den einschlägigen Institutionen der Bundesländer durchgeführt werden. Die Bundesländer erlassen Durchführungsverordnungen zur AbfKlärV, die zusätzlich beachtet werden müssen. Allgemeine Hinweise hierzu enthält ein *Entwurf des Bundesministeriums für Umwelt* [M.2-31].

Die Verbrennung von Klärschlamm oder Klärschlamm im Gemisch mit anderen Stoffen ist durch den Gesetzgeber nur indirekt geregelt. Welches Recht angewandt werden muß, hängt davon ab, ob es sich um Beseitigung eines Abfalls oder die Nutzung eines Wirtschaftsguts wie z. B. bei Klärschlamm-Kohle-Gemischen handelt. In einem Runderlaß des Ministers für Umwelt, Raumordnung und Landwirtschaft des Landes Nordrhein-Westfalen erfolgt eine Zuordnung zur Klärschlammentwässerung und Verbrennung zum Wasser-, Immissionsschutz- und Abfallrecht.

Hier sind das Abfallgesetz, der § 18 a des WHG, der § 51 des LWG-NW, das BImSchG und die TA Luft angesprochen. Insofern sind solche Produkte sowohl auf ihre Brennstoffeigenschaften als auch auf ihre Schadstoffgehalte zu untersuchen. Tabelle M.2-6 enthält die brennstofftypischen Parameter und die im Zusammenhang mit den Begrenzungen der TA Luft interessierenden Elemente, ergänzt durch einige organische Schadstoffe.

Die aus der Verbrennung zurückbleibenden Aschen und Stäube sollen nach Möglichkeit weiterverwendet werden [M.2.32, M.2.33]. In der Regel ist dafür ihre Zusammensetzung zu prüfen. Sowohl für Weiterverwendung als auch für eine notwendige Deponie ist das Auslaugverhalten zu

Tabelle M.2-6 Klärschlamm als Brennstoffe. *Untersuchungsprogramm* zur orientierenden Beurteilung von Klärschlamm und Klärschlamm-Kohle-Gemischen bei Verbrennung

Brennstoff-parameter	Spurenstoffe anorganisch	Spurenstoffe organisch
Trockenrückstand	Kadminium	PCB (6 n.
Aschegehalt 815 °C	Quecksilber	KlärschlVO)
Flüchtige Bestandteile	Thallium	EOX
Kohlenstoff, brennbar	Arsen	PAK (10 n. Loba)[c]
Kohlenstoff, (CO$_3$)	Kobalt	
Wasserstoff	Nickel	Naphathaline
Sauerstoff	Selen	Phenole
Stickstoff	Tellur	
Phosphor	Antimon	
Schwefel	Blei	
Chlor	Chrom	
Fluor	Mangan	
Brennwert	Vanadium	
Heizwert	Zinn	
Cyanid lfs[a]	Barium	
Cyanid ges[b]	Beryllium	
	Eisen	
	Kupfer	
	Molybdän	
	Zink	

[a] leicht freisetzbar
[b] gesamt
[c] Landesoberbergamt NRW

Tabelle M.2-7 Zuordnungskriterien für Deponien. Bei der Zuordnung von Abfällen zu Deponien sind die o.g. Zuordnungswerte, denen die im Anhang A genannten oder gleichwertige Analyseverfahren zugrunde liegen, einzuhalten

Nr.	Parameter		TA Siedlungsabfall Anhang B		TA Abfall Anhang D	
			Zuordnungswerte		Zuordnungswerte	
			Dep. Klasse I	Dep. Klasse II	Nr.	
1	Festigkeit					
1.01	Flügelscherfestigkeit	kN/m2	≥ 25	≥ 25	D 1.01	≥ 25
1.02	Axiale Verformung	%	≥ 20	≥ 20	D 1.02	4 20
1.03	Einaxiale Druckfestigkeit	N/m2	≥ 50	≥ 50	D 1.03	1 50
2.	Organischer Anteil des Trockenrückstands der Originalsubstanz[b]					
2.01	als Glühverlust	Masse %	≤ 3	≤ 5	D 2.01	≤ 10
2.02	als TOC	Masse %	≤ 1	≤ 3		
3	Extrahierbare lipophile Stoffe der Originalsubstanz[c]					
		Masse %	$\leq 0,4$	$\leq 0,8$	D 3.01	≤ 4
4	Eluatkriterien					
4.01	pH-Wert		5,5 – 13,0	5,5 – 13,0	D 4.01	4 – 13
4.02	Leitfähigkeit	µS/cm	≤ 1000	≤ 50000	D 4.02	≤ 100000
4.03	TOC	mg/l	≤ 20	≤ 100	D 4.03	≤ 200
4.04	Phenole	mg/l	$\leq 0,2$	≤ 50	D 4.04	≤ 100
4.05	Arsen	mg/l	$\leq 0,2$	$\leq 0,5$	D 4.05	≤ 1
4.06	Blei	mg/l	$\leq 0,2$	≤ 1	D 4.06	≤ 2
4.07	Cadmium	mg/l	$\leq 0,05$	$\leq 0,1$	D 4.07	$\leq 0,5$
4.08	Chrom-VI	mg/l	$\leq 0,05$	$\leq 0,1$	D 4.08	$\leq 0,5$
4.09	Kupfer	mg/l	≤ 1	≤ 5	D 4.09	≤ 10
4.10	Nickel	mg/l	$\leq 0,2$	≤ 1	D 4.10	≤ 2
4.11	Quecksilber	mg/l	$\leq 0,005$	$\leq 0,02$	D 4.11	$\leq 0,1$
4.12	Zink	mg/l	≤ 2	≤ 5	D 4.12	≤ 10
4.13	Fluorid	mg/l	≤ 5	≤ 25	D 4.13	≤ 50
4.14	Ammonium-N	mg/l	≤ 4	≤ 200	D 4.14	≤ 1000
	Chlorid	mg/l			D 4.15	≤ 10000
4.15	Cyanide, leicht freisetzbar	mg/l	$\leq 0,1$	$\leq 0,5$	D 4.16	≤ 1
	Sulfat	mg/l			D 4.17	≤ 5000
	Nitrit	mg/l	$\leq 0,3$	$\leq 1,5$	D 4.18	≤ 30
4.16	AOX	mg/l			D 4.19	≤ 3
4.17	Wasserlöslicher Anteil (Abdampfrückstand)	Masse %	≤ 3	≤ 6	D 4.20	≤ 10

[a] 1.02 kann gemeinsam mit 1.03 gleichwertig zu 1.01 angewandt werden. Die Festigkeit ist entsprechend den statischen Erfordernissen für die Deponiestabilität jeweils gesondert festzulegen. 1.02 in Verbindung mit 1.03 darf dabei insbesondere bei kohäsiven, feinkörnigen Abfällen nicht unterschritten werden.
[b] 2.01 kann gleichwertig zu 2.02 angewandt werden; Anforderung gilt nicht für verunreinigten Bodenaushub, der auf einer Monodeponie abgelagert wird.
[c] Gilt nicht für Aschen und Stäube aus nichtgenehmigungsbedürftigen Kohlefeuerungsanlagen nach dem BImSchG.

testen, i.d.R. nach DIN 38414, Teil 4 [M.2.34]. Die Beurteilung zur Zuordnung zu einer Deponieklasse erfolgt nach Anhang B der TA Siedlungsabfall bzw. Anhang D der TA Abfall nach der Beschaffenheit des Eluats (s. Tabelle M.2-7).

Zum Teil haben die Bundesländer eigene Deponierichtlinien festgelegt, ggf. als Entwurf wie z.B. Nordrhein-Westfalen [M.2.35]. Dieser Entwurf wird von den Behörden zur Beurteilung und Zuordnung zu einer Deponieklasse ebenfalls häufig herangezogen.

M.2.2 Probenahme und -vorbereitung

M.2.2.1 Allgemeines

Zu Beginn des praktischen Teils einer Untersuchung steht in der Regel die Probenahme. Diese hat so zu erfolgen, daß das Ergebnis der Untersuchung die tatsächlichen Verhältnisse vor Ort wiedergibt; sie muß repräsentativ sein. Dies bedeutet, daß die Probe derart beschaffen ist, daß sie den zur Beurteilung des anstehenden Problems notwendigen Ausschnitt der Grundgesamtheit repräsentiert. Von gravierender Bedeutung sind die Qualitäts- und Mengenschwankungen der zu untersuchenden Grundgesamtheit, die beispielsweise wiederum in Zusammenhang mit dem Produktionsprozeß zu sehen sind. Weiterhin bedeutsam ist die Tatsache, daß aufgrund der zu erfassenden Konzentrationsniveaus vieler Parameter im µg/l-, ja sogar ng/l-Bereich, eine Vielfalt von Querkontaminationen zu beachten sind, so daß eine Probenahme parameterspezifisch gestaltet werden muß.

M.2.2.2 Probenahme in Wasser und Abwasser [M.2.36, M.2.37]

Probenkonservierung [M.2.38]

Veränderungen von Proben können durch den Eintrag störender Stoffe in die Probe, den Austrag von Stoffen aus der Probe und durch physikalische, chemische und biologische Vorgänge in der Probe verursacht werden. Der Eintrag von störenden Stoffen in die Probe wird beispielsweise verursacht durch Verschleppung infolge unsachgemäß gereinigter Gefäße und Geräte, den Abrieb von Probenahmegeräten, Zugabe von verunreinigten Konservierungsmitteln und anderem mehr. Der Austrag flüchtiger Stoffe kann erfolgen durch Entweichen bei Entnahme der Probe durch Füllen oder Umfüllen, Diffusion in oder durch das Gefäßmaterial und Verschlüsse bzw. nicht vollständig gefüllter Probegefäße. Physikalische Einflüsse können bspw. zu einer Änderung der Sink- und Schwebstoffkonstellation (Koalugationsvorgänge) führen, wie dies bei Abwasserproben stets der Fall ist.

Chemische und biologische Veränderungen werden verursacht durch beispielsweise Oxidations- und Reduktionsmittel wie freies Chlor oder Nitrit- und Sulfidionen oder aber infolge bakterieller Tätigkeit. Diesen fehlerbildenden Einflüssen läßt sich entsprechend den Ursachen dadurch entgegenwirken, indem durch fachgerechte parameterspezifische Säuberung der Gefäße und Probenahmegeräte der Eintrag an störenden Stoffen minimiert wird. Um ein Vertauschen von Flaschen und -verschlüssen aus unterschiedlichen Untersuchungsprogrammen, d. h. für beispielsweise Oberflächen- und Industrieabwässer zu verhindern, sollten für einzelne Matrices- und Parametergruppierungen bzw. Konservierungsverfahren und Konzentrationsniveaus die Gefäße und Geräte getrennt gehalten und aufbewahrt werden.

Der Austrag von flüchtigen Stoffen wird weitestgehend unterbunden, indem Probenahmeflaschen turbulenz- und luftblasenfrei gefüllt werden und eine geeignete Materialwahl – sei es Glas, Metall oder Kunststoff – für die Analyse der entsprechenden Parameter getroffen wird. Chemischen und biologischen Veränderungen kann durch Konservierungsmaßnahmen entgegengewirkt werden. Die Konservierung kann nach physikalischen, chemischen und biochemischen Methoden erfolgen.

Zu den physikalischen Methoden gehört das Kühlen bei 2–5 °C und das Tiefgefrieren bei −18 °C.

Eine chemische Konservierung erfolgt durch Säurezugabe auf pH-Werte von < 2 und Laugezugabe auf pH-Werte von > 12.

Eine biochemische Konservierung kann durch Zugabe von $HgCl_2$ und $CHCl_3$ vorgenommen werden.

Für bestimmte Inhaltsstoffe (z. B. Quecksilber) werden bestimmte umfangreichere Konservierungsmaßnahmen vorgeschrieben, wie Tabelle M.2-8 zu entnehmen ist. Wird auf lichtempfindliche Parameter untersucht, ist die Verwendung von dunklen Aufbewahrungsgefäßen vorgeschrieben.

Reinigung von Probenahmegefäßen und -geräten

Der Aufwand für die sorgfältige Reinigung richtet sich nach Art und Konzentration der zu bestimmenden Parameter. Zur Bestimmung der sog. Basisparameter, wie z. B. CSB, BSB, Ammonium, orgN-Verbindungen im mg/l-Bereich, reicht in der Regel eine Reinigung der Glas- und Kunststoffgefäße mit phosphatfreien Laborspülmitteln bei 95 °C und das Nachspülen mit vollentsalztem Wasser aus. Fest anhaftende Bestandteile sollten vorab mechanisch oder unter zur Hilfenahme von Säuren entfernt werden. Für die Bestimmung im Spurenbereich bei organischen Parametern ist nachfolgend eine Reinigung mit dem Lösemittel wie z. B. Hexan und nachge-

Tabelle M.2-8 Konservierungsmaßnahmen

Parameter	Analyse-Verfahren	Material	Konservierung[a]				
			Mittel	Menge[b] ml/l	pH-Wert	Temp. °C	Dauer
CSB	DIN 38409 H 41	G, PE[c]	ohne			4, -18	24 h 14 d
BSB_5	DIN 38409 H 51	G ME	ohne		2–5	2 bis 5 -15 bis -20	3 d –
NH_4-N	DIN 38406 E 5–2	G, PE	ohne			4	36 h
NO_2-N[d,e]	DIN 38406 D 10	G	ohne			2–5	6 h
NO_3-N[d,e]	DIN 38406 D 9	G	ohne			2–5	6 h
Gesamt-Phosphor	DIN 38406 E 22	G, KG, Kunststoff	HNO_3[f]	1	<2		1 Monat
Kadmium, Chrom Nickel, Kupfer	DIN 38406 E 22	G, KG, Kunststoff	HNO_3[f]	1	<2		1 Monat
Quecksilber	DIN 38406 E 12–3	G, PTFE, HDPE	5g $K_2Cr_2O_7$ + 500 ml HNO_3[f] pro Liter	2	<1		mehrere Monate
Blei	DIN 38406 E 6–3	G	HNO_3[f,g]	1	<2		1 Monat
AOX[h]	DIN 38409 H 14	G	HNO_3 10 mol/l		2	4	sobald als möglich

[a] Weitere Konservierungsmethoden sind in der DIN EN ISO 5667-3, 4.96, beschrieben
[b] Mindestzugabe, pH-Wert hat Priorität
[c] LAWA Merkblatt P1, Entwurf 12.06.1989
[d] So darf nur verfahren werden, wenn an der zu untersuchenden Matrix die Haltbarkeit überprüft worden ist, ansonsten ist die Bestimmung vor Ort notwendig
[e] Die Zugabe von 2N $NaOH/Na_2CO_3$ (15ml/l) ermöglicht in vielen Matrices die Konservierung bis zu einer Woche
[f] HNO_3 ρ = 1,4 g/ml
[g] Keine Schwefelsäurezugabe/Soll zwischen partikulären und gelösten Metallanteil unterschieden werden, so muß vor Ort vor dem Ansäuern durch 0,45 μm filtriert werden
[h] Oxidierende Chlorverbindungen müssen sofort nach dem Ansäuern durch Zusatz von Natriumsulfit reduziert werden. Flaschen blasenfrei-randvoll füllen und Metallkontakte vermeiden

schaltetem Ausheizen bei 160°C im Trockenschrank notwendig.

Stark verunreinigte Gefäße dürfen für die Probenahme nicht mehr verwendet werden (Memory-Effekt), sie sind sofort zu entsorgen.

Probenform

Ein wichtiges Kriterium, welches bei der Probenahme berücksichtigt werden muß, ist die Form der Probe, in welcher analysiert werden soll. In der Praxis wird im wesentlichen zwischen der Originalprobe, der sedimentierten, filtrierten und zentrifugierten Probe unterschieden.

Als *Originalprobe* bezeichnet man eine Wasserprobe ohne weitere Aufbereitungsschritte. Die Aufteilung einer solcher Probe ist nur nach Homogenisieren möglich, welches durch Rühren bei 700 – 900 U/min in einem geeigneten Gefäß vorgenommen wird [M.2.39].

Unter einer *sedimentierten Probe* versteht man ein unter definierten Bedingungen hergestelltes Sedimat (DIN 38409, Teil 9).

Unter einer *filtrierten Probe* versteht man das durch Filtration der Originalprobe gewonnene Filtrat. Je nach Problemstellung werden Filter entsprechender Porengröße verwendet, wie z. B. für die Bestimmung des DOC ein Membranfilter mit 0,45 μm oder für die Bestimmung des Filtrattrockenrückstandgehalts ein Filter mit der Durchflußdauer von 6 – 12 s, ermittelt nach DIN 53137.

Die Herstellung von Sedimat und Filtrat muß unmittelbar nach der Probenahme erfolgen, da durch Koagulationsvorgänge bedingt stets Veränderungen stattfinden.

Probenahmearten [M.2.40]

Bei den Probenahmearten unterscheidet man im wesentlichen zwischen *Stichprobe* und *Durch-*

schnittsprobe. Während eine Stichprobe durch einen einmaligen Zugriff gewonnen wird, umfaßt die „qualifizierte Stichprobe" [M.2.41] mindestens fünf Stichproben, die, in einem Zeitraum von höchstens 2 h im Abstand von nicht weniger als 2 min entnommen, gemischt werden. Eine qualifizierte Stichprobe dauert somit mindestens 8 min. bzw. längstens 2 h.

Eine *Durchschnittsprobe* ist eine Mischprobe, die von Hand oder von automatischen Probenahmegeräten gesammelt wird. Beim Einsatz der Probenahmegeräte unterscheidet man zwischen der diskontinuierlichen bzw. Intervall-Probenahme und der kontinuierlichen Probenahme mit ihren jeweiligen Sonderfällen. Bei beiden Hauptarten unterscheidet man die gleichen Spezialfälle, die zeit-, durchfluß- und volumenproportionale bzw. kontinuierliche Probenahmen.

Bei *zeitproportionalen* Probenahmen werden in gleichen Zeitabständen gleich große Probenvolumina entnommen bzw. bei zeitkontinuierlichen Probenahmen ohne Unterbrechung in gleichen Zeitabschnitten gleiche Mengen entnommen.

Eine *durchflußproportionale* Probenahme ist so gestaltet, daß in gleichen Zeitabständen variable, dem jeweiligen Durchfluß proportionale Volumina entnommen werden.

Bei der durchflußkontinuierlichen Entnahme wird der entnommene Teilstrom proportional zum Durchfluß geregelt.

Die *volumenproportionale* Probenahme ist eine Entnahmetechnik, bei der nach einem Durchfluß eines konstanten Volumens eines Wasserkörpers gleich große Volumina entnommen werden.

Die *Intervall-*Probenahme kann sowohl von Hand als auch apparativ durchgeführt werden. Die Probenahme von Hand wird in der Regel mit einem Schöpfbecher durchgeführt. Die geschöpften Proben werden bei der Stich- und Durchschnittsprobe in einem geeigneten Gefäß gesammelt. Aus diesen Gefäßen werden dann nach gutem Durchmischen die Proben in die Probenbehältnisse gefüllt. Bei der Bestimmung von leichtflüchtigen Verbindungen wird das Probengefäß direkt in den Volumenstrom eingetaucht und gefüllt. Da die Probenahme von Hand sehr personalintensiv ist, werden an Dauerprobenahmestellen automatische Probenahmegeräte eingesetzt.

Automatische Probenahmegeräte [M.2.43] bestehen im wesentlichen aus einer Entnahmevorrichtung, dem Steuerteil, der Dosiereinrichtung, dem Probenverteiler und einer Probenaufbewahrungseinrichtung. Die Geräte sollten sowohl zeit- als auch durchflußabhängige Proben entnehmen können. Daher sollte das Durchflußmeßgerät einen elektrischen Ausgang besitzen (Analogströme von 0 – 20 mA, besser 4 – 20 mA).

Bei den Probenahmegeräten wird im Prinzip zwischen zwei Geräten unterschieden. Das System der „frei fallenden Wasserweiche" und der „Vakuumprobenahme mit konstantem Volumen".

Bei den Systemen der frei fallenden Weiche wird mit einem konstanten Volumenstrom gefördert und in geregelten Zeitabständen durch Umlegen der Weiche der Wasserstrom als Probe in das Sammelgefäß gefüllt. Bei der Vakuumprobenahme mit konstantem Volumen wird mit Vakuum in das Dosiergefäß angesaugt und durch Heberwirkung ein konstantes Probevolumen herbeigeführt. Beide Systeme haben ihre Vor- und Nachteile. Beim ersteren System ist auf die verstopfungsanfälligen Pumpen hinzuweisen, während beim zweiten System durch Strippeffekte leicht flüchtige Inhaltsstoffe nicht mehr bestimmt werden können. Je nach Problemstellung ist eine entsprechende Auswahl zu treffen.

Organisation und Durchführung

Eine Probenahme, bei der die o. a. geführten Aspekte berücksichtigt werden, erfordert den Einsatz von fachlich qualifiziertem Personal, welches über die fehlerbildenden Einflüsse informiert und dementsprechend ausgebildet ist. Die Festlegung der Probenahmestellen erfolgt unter Beachtung der anstehenden Problematik und des Sicherheitsaspekts. Probenart und -form werden unter zusätzlicher Berücksichtigung parameterspezifischer Probleme festgelegt. Probenahmegefäße und Gerätschaften sowie Konservierungsmittel müssen gemäß der oben beschriebenen Hinweise bereitgestellt werden. Um die Zeitspanne zwischen der Probenahme vor Ort und der Aufarbeitung im Labor möglichst kurz zu halten, ist eine terminliche Abstimmung mit den in Frage kommenden Laboratoriumsbereichen notwendig. Der Probenehmer sollte über das Ziel der Untersuchung informiert werden und über die Örtlichkeiten genau Bescheid wissen. Ein *Probenahmeprotokoll*, das in Anlehnung an das Musterprotokoll in DIN/38402, Teil 11 auf die spezielle Problematik zugeschnitten ist, muß dem Probennehmer mitgegeben werden. Als Anlage können nach Bedarf Hinweise auf Besonderheiten bzlg. Sicherheit, Vorgehensweise und Transport mitgegeben werden. Protokoll und Probe müssen *gemeinsam* im Labor eintreffen!

M.2.2.3 Probenahme von Feststoffen aus dem Bereich Abwassertechnik

M.2.2.3.1 Allgemeines

Abwasser führt eine umfangreiche Palette von Verunreinigungen mit sich, welche sich einmal als feste Stoffe in Form von Sink-, Schweb- und Schwimmstoffen und zum anderen als gelöste und koloidale Stoffe darstellen.

Zu ihrer Entfernung wird gezielt auf ganz bestimmte Stoffgruppen die geeignete Verfahrenstechnik eingesetzt [M.2.42].

Grobe, sperrige, schwimmende Stoffe werden mit Rechen aus dem Wasser entfernt und als *Rechengut* entsorgt. Sinkstoffe werden in der Regel ihrer Dichte entsprechend im Sandfang bzw. einem nachgeschalteten Absetzbecken (Vorklärung) entfernt. Hier fallen *Sandfanggut* und *Vorklärschlamm* an. Die gelösten und koloidalen Stoffe sowie Feinstschwebstoffe werden in biologischen Reinigungsstufen entfernt. Hier fällt der sog. *Überschußschlamm* an. Überschuß- und Vorklärschlamm werden in der Regel nach einer Zwischeneindickung einem Faulbehälter zwecks anaerober Behandlung zur Stabilisierung zugeführt. Als Produkt fällt hier der *Faulschlamm* an. Der anfallende Faulschlamm kann über Trockenbeete oder maschinell entwässert werden bzw. direkt in Sammelbehältern aufgefangen werden. Sowohl feste als auch flüssige Faulschlämme werden ihrer Qualität und den gegebenen Möglichkeiten entsprechend als Wirtschaftsgut zur Nutzung in der Landwirtschaft und auf Rekultivierungsflächen verwendet, mit Kohle gemischt als Füllstoff der Zementindustrie zugeführt oder in geeigneten Kraftwerken bzw. speziellen Wirbelschichtöfen verbrannt. Als Rückstand fällt bei letzterem *Asche* an, die einer Entsorgung zugeführt werden muß. Alle diese Feststoffe müssen je nach Entsorgungsweg umfangreich auf die unterschiedlichsten Inhaltsstoffe untersucht werden. Darüber hinaus ist bei einer landwirtschaftlichen Nutzung gemäß AbfKlärV auch der *Boden*, auf dem der Schlamm aufgebracht wird, zu untersuchen.

Desweiteren fallen im Einzugsgebiet einer Abwasserbehandlungsanlage bei gestörter Wasserführung *Bachsedimente* und evtl. Kanalablagerungen an. Durch Hochwasser bedingt lagern sich auf Bermen der Bachbette Sinkstoffe als sog. *Anlandungen* oder Wülste ab.

M.2.2.3.2 Probenahme

Wie schon bei der Abwasserprobenahme angesprochen, muß bei der Probenahme von Feststoffen eine repräsentative Probe entnommen werden. Dies gestaltet sich je nach Konsistenz unterschiedlich schwierig. Bei den flüssigen oder dünnbreiigen Klärschlämmen ist die Problematik ähnlich der des Abwassers und in der Praxis gut beherrschbar. Aufwendiger wird indes die Probenahme von wasserärmeren Feststoffen, da hier je nach Heterogenität oder Inhomogenität für eine

Tabelle M.2-9 Probenahmegeräte (Auswahl)

Geräte	Art des Probeguts				
	Abwasser	Schlamm		Sedimente	Boden
		flüssig	stichfest	fest	schlammig	
Schneckenbohrer						●
Pürckheimer Bohrer			●			●
Spaten/Schaufel			●	●		●
Sedimentbagger				●		
Sedimentbohrer				●	●	
Schöpfer	●	●				
Eimer mit Seil	●					
Tauchbombe	●	●				
Probenahmegeräte (automatisch)	●					
Wasserfalle	●					

halbwegs zufriedenstellende Lösung des Problems größere Mengen Probegut mit entsprechender Misch- und Teiltechnik ggf. unter Zuhilfenahme von Großgeräten unter Erhalt der Repräsentation auf bei der chemischen Analyse eingesetzten Mengen reduziert werden muß. Eine Maßnahme, die vor allem bei nicht mahlfähigen Bestandteilen wie beispielsweise feinste Teerpartikel auf seine Grenzen stößt. Für die richtige Wahl der Geräte je nach Art des Probeguts s. Tabelle M.2-9.

Probenahme von Rechengut

Aufgrund der heterogenen Zusammensetzung des Rechenguts, welche mit der des Hausmülls vergleichbar ist, ist die Entnahme einer repräsentativen Probe nur mit großem Aufwand möglich. Ist ein Rechengutzerkleinerer installiert, empfiehlt es sich, über den Tag hinweg Rechengut in einer Menge von ca. 20 l Volumen zu sammeln und in dem Probenvorbereitungslabor mit Hilfe dort vorhandener Einrichtungen weiter zu verkleinern, um eine Probenreduzierung vornehmen zu können. Fehlt ein Rechenzerkleinerer, dann muß eine ausreichende Menge Rechengut mit anderem geeigneten Schneidwerk vorzerkleinert werden, um wie oben beschrieben bearbeitet zu werden.

Probenahme von Sandfanggut

Im Vergleich zum Rechengut hat das gewaschene, also von organischen Fäkalstoffen gereinigte Sandfanggut eine homogenere Zusammensetzung, so daß beispielsweise durch Beprobung aus dem Sammelcontainer mit Hilfe von Rillenbohrern etwa 5 l Probe entnommen und dem Labor zur Bearbeitung zur Verfügung gestellt werden können.

Probenahme von Faulschlamm/ Vorklärschlamm/Überschußschlamm

Je nach Problemstellung werden Proben während einer Pumpperiode mittels eines eigens dafür geschaffenen Abfüllstutzens aus der Schlammleitung und zwar zeitlich verteilt über die gesamte Pumpperiode entnommen. Es wird so mit der Entnahme von mindestens drei Stichproben eine Menge von etwa 20 l in einem Sammelbehälter aus geeignetem Material wie z. B. Aluminium gesammelt. Bei der Entnahme von Proben aus einer Schlammleitung ist auf eine ausreichende Vorlaufmenge zu achten, die sowohl ein Sauberspülen der Hauptleitung als auch der Abfülleinrichtung ermöglicht.

Wird der Schlamm in einem Silo gesammelt, von dem aus er der landwirtschaftlichen Nutzung zugeführt wird, ist eine Probenahme nach dem Mischen mit Rührwerken oder Umwälzeinrichtungen gegen Ende des Mischungsvorgangs durch Entnahme von Stichproben mittels eines Schöpfers an verschiedenen Stellen des Silos möglich, um etwa 20 l Probegut in einem Aluminiumgefäß zu sammeln.

Die Entnahme von entwässertem oder teilentwässertem Schlamm aus Schlammbeeten oder gar größeren Schlammteichen erweist sich als sehr schwierig. Aus flachen und flächenkleinen Schlammtrockenbeeten kann eine Mischprobe durch Entnahme von mind. 30 gleichmäßig verteilten Stichproben entlang der Umrandung in Schöpferreichweite entnommen werden. Läßt der abgelagerte Schlamm das Auflegen und Begehen von Brettern zu, so kann mit Hilfe dieser Technik eine über die Fläche besser verteilte Probenahme erfolgen.

Müssen Proben aus Flächen größeren, d. h. dann auch tieferen Schlammteichen entnommen werden, so ist das über die Fläche gleichmäßig verteilte Aufsetzen von Pontons sinnvoll. Von diesen aus können mit Hilfe von Bohrern oder speziellen Sedimentprobenahmegeräten Proben entnommen werden. Das Aufsetzen solcher Pontons und der Material- sowie der Personaltransport erfolgt zweckmäßigerweise mit einem Hubschrauber (Bild M.2-1).

Erfolgt die Entwässerung eines Schlamms maschinell, so kann durch die Entnahme von Filterkuchenstücken vom Förderband eine Durchschnittsprobe in einem Behälter von etwa 5 l über den gewünschten Zeitraum gesammelt werden. Das Probenahmeintervall richtet sich nach dem Probenahmezeitraum und sollte beispielsweise etwa 7 Eingriffe pro Zeitraum betragen.

Probenahme von Boden

Zur Entnahme von Bodenproben werden spezielle Bodenprobenstecher verwendet, wie beispielsweise der Pürckhauer Bohrer. Bei Flächen bis zu 1 ha kann bei einheitlicher Beschaffenheit eine Durchschnittsprobe aus mindestens 20 Stichproben, gleichmäßig über die Fläche verteilt, welche über eine Bearbeitungstiefe von etwa 30 cm entnommen werden, gemischt werden [M.2.43].

Bild M.2-1 Klärschlammprobenahme

Probenahme von Asche

Die Probenahme von Aschen erweist sich als sehr schwierig, da zur Vermeidung eines unkontrollierten Austritts von der Anfallstelle bis hin zur Sammelstelle (Silo), in einem geschlossenen System gearbeitet wird. Unter Berücksichtigung der Repräsentanz und der technischen Möglichkeiten (Temperaturprobleme, Förderart) müssen an geeigneten Stellen des Transportsystems Bypässe in Form von Abfüllstützen angebracht weren, an denen die Entnahme von Proben möglich wird. Es sollten hier mehrere Stichproben über einen vorgegebenen Zeitraum verteilt entnommen zu einer Durchschnittsprobe vereinigt werden.

Probenahme von Sedimenten

Bei der Entnahme von festeren Sedimenten kann der Sedimentbagger, bei lockeren Sedimenten der Sedimentbohrer eingesetzt werden. Letzterer ermöglicht bei fester Konsistenz eine ungestörte Probenahme, so daß der Schlamm auch schichtenweise untersucht werden kann. Will man keine Differenzierung vornehmen und nur Auskunft über die insgesamt im Bachbett liegende Masse haben, so kann man mit Hilfe von Schaufeln Proben über den zu untersuchenden Streckenabschnitt entnehmen. Von dem am Ufer gesammelten und abgetropften kleinen Haufwerken entnimmt man dann Teilproben und mischt diese zu einer Mischprobe.

Probenahme von Kanalablagerungen

Diese Art Ablagerungen können je nach Art und Anhaftung mit Hilfe von entsprechendem Werkzeug, angefangen von der Schaufel bis hin zu Hammer und Meißel entfernt werden. Die so entnommenen Proben haben in der Regel keinen repräsentativen Charakter, sie dienen nur zur Vororientierung. Eine repräsentative Probe kann erst aus dem Haufwerk der Gesamtablagerung nach der Kanalsanierung entnommen werden.

Probenahme von Anlandungen

Auf den Bermen von Bachläufen angelandetes Sediment wird schon bei Schichtdicken unter 30 cm entfernt. Hier kann die Probenahme ähnlich erfolgen wie bei der Bodenprobenahme. Mit einem Rillenbohrer kann man beliebig oft bis zur Schichtdicke der Anlandungen einstechen und so über eine vorgegebene Strecke eine Durchschnittsprobe sammeln. Bei der Wahl des Abschnitts für den man eine Durchschnittsprobe sammeln möchte, sind seitliche Zuflüsse zu berücksichtigen, die sich auf die Sedimentzusammensetzung auswirken können.

Probenahmepersonal und -protokoll

Die Probenahme darf nur von geschultem Personal vorgenommen werden. Zu jeder entnommenen Probe gehören ein Probenahmeprotokoll, welches das Musterprotokoll nach DIN 38402 Teil 11 zur Grundlage hat und mindestens folgende Angaben enthalten muß: Datum und Zeitpunkt der Entnahme, Ort der Entnahme, Art der Probenahme, Besonderheiten, Name des Probenehmers und dessen Unterschrift.

Probenvorbereitung [Tabelle M.2-10]

In das Vorbereitungslabor gelangen eine Repräsentation garantierend, ausreichend große Mengen, welche durch die nachfolgend beschriebenen Techniken auf handhabbare Mengen reduziert werden müssen.

Je nach Umfang der Untersuchung werden bis zu 2 kg Trockenmasse Probengut benötigt. Das Probegut wird bei flüssigem Klärschlamm in dunkelbraunen Weithalsglasflaschen von 5 l Inhalt oder bei festen Klärschlämmen wie auch Anlandungen in 1 l-Glasflaschen angeliefert, falls schon am Ort der Probenahme eine sinnvolle Reduzierung des Volumens möglich war. Ist dies nicht zweifelsfrei möglich, wird dem Labor eine größere Menge (10 – 20 l Probegut) überstellt. Die Anlieferung erfolgt dann i. d. R. in Eimern oder speziellen Gefäßen aus Metall.

Soll auf leichtflüchtige Inhaltsstoffe untersucht werden, muß schon am Ort der Probenahme eine sog. Head-Space-Flasche gefüllt und luftdicht verschlossen werden. Die Abstimmung mit dem Labor ist hier ebenso notwendig, wie bei der Entnahme von Wasserproben.

Flüssiger Klärschlamm wird mit der Hilfe eines Rührwerks gemischt und in zwei Teilproben aufgeteilt, welche gemäß AbfKlärV wie zwei von einander unabhängige Einzelproben zu untersuchen sind. Jede dieser Teilproben wird entsprechend der weiteren Aufarbeitung wiederum aufgeteilt und nach dem Trocknen im Trockenschrank bei 105°C bzw. nach dem Trocknen mit der Tiefgefriertechnik in einer *Planetenkugelmühle* mit einem Mahlgeschirr aus Zirkonoxid auf die Korngröße von < 0,1 mm gemahlen. Bei einer Testsiebung müssen 95 % des Mahlguts ein Sieb dieser Feinheit passieren. Hat das Material einen etwas faserigen Charakter, wird es mit einer *Zentrifugalmühle* gemahlen.

Böden, Anlandungen und entwässerte Klärschlämme werden mit Hilfe einer *Teigknetmaschine* homogenisiert. Aus dieser Mischprobe werden Teilproben hergestellt, welche wie oben angeführt weiter verarbeitet werden.

In der Regel werden diese Proben mit der Planetenkugelmühle gemahlen. Heterogenes Material wie Rechengut wird erst in der *Schneidemühle* auf etwa < 5 – 8 mm vorzerkleinert, bevor es mit der Planetenkugelmühle gemahlen wird. Das Mahlgut wird im Labor durch spezielle Vorbereitungs-

Tabelle M.2-10 Probenvorbereitung, Geräteausstattung

Gerät	Material	Einsatz
Backenbrecher	Wolframcarbid	Zerkleinerung auf 10 – 0,1 mm
Schneidemühle	Edelstahl	Vorzerkleinerung von heterogenem Material (Rechengut, Hausmüll)
Teigknetmaschine	Aluminium (Rührwerk) Cr, Ni, Mo-Stahl (Gefäß)	Homogenisieren von pastösen Feststoffen
Tiefkühlschrank	Edelstahlauskleidung	Vorkühlen für die Gefriertrocknung
Gefriertrockner	Aluminiumschalen	Trocknen von Feststoffen und Schlämmen; zur Bestimmung organischer Inhaltsstoffe
Planetenkugelmühle	Zirkoniumoxid (Mahlgarnitur)	Feinmahlen von nichtfaserigen Feststoffen
Ultrazentrifugalmühle	Titan (Rotor, Sieb)	Feinmahlen von faserigen Feststoffen
Rollenstand		Homogenisieren von vorzerkleinertem und gemahlenem Material
Probenteiler	Edelstahl	Teilen von Mahlgut

schritte weiter aufbereitet und somit der analytischen Bestimmung zugänglich gemacht.

M.2.3 Ausblick

Rechtliche Regelungen im Umweltbereich unterliegen häufigen Wandlungen bzw. Ergänzungen, bedingt z. B. durch neue Erkenntnise über Schadstoffwirkungen und daraus folgend Umsetzungen durch den Gesetzgeber.

Ergänzend zu den im Text erwähnten Literaturzitaten möchten wir insbesondere auf folgende Veröffentlichungen hinweisen, die für das behandelte Thema größere Bedeutung haben: Für die Abfallentsorgung das Kreislaufwirtschaftsgesetzes [M.2.44], für die Beurteilung von Schadstoffkonzentration eine Sammlung von Richt- und Grenzwerten [M.2.45].

M.3 Abfall

Die Ergebnisse der Analysen von Abfallproben dienen meist als Grundlage für die Zuordnung zu einem bestimmten Entsorgungs- oder Verwertungspfad, z. B. der Beurteilung der Ablagerungsfähigkeit eines Materials, der Überprüfung der Eignung als Brennstoff einer Müllverbrennungsanlage oder der Kompostierbarkeit. Wird der zu entsorgende Abfall in einer technischen Anlage behandelt, so fallen je nach Art der gewählten Behandlungstechnik zur Überwachung des Prozesses und zur Qualitätskontrolle der Produkte weitere Messungen an. Die hier vorgestellten Untersuchungen beschränken sich auf die Reststoffe selbst. Auf die Darstellung von Messungen zur Emissionsüberwachung an gasförmigen Proben (z. B. Prozeßabgasen) oder flüssigen Proben (z. B. Sickerwasser) wird nicht eingegangen.

Zur Untersuchung fallen in erster Linie feste Abfälle, insbesondere Restmüll, und zur Ablagerung vorgesehene Stoffe wie Filterstäube an. Daneben gibt es für einige Abfallsorten, bei denen je nach Belastungsgrad des Materials die Entscheidung zwischen Entsorgung und Verwertung zu treffen ist, einen erhöhten Untersuchungsbedarf. Hierzu zählen Klärschlämme, Bauschutt, Schlacken, Erdaushub oder Shredderrückstände.

Diese zum Teil sortenreinen Fraktionen machen einen erheblichen Anteil am Gesamtmüllaufkommen aus. So übersteigt beispielsweise die Bauschutt- und Bodenaushubmenge das Hausmüllaufkommen etwa um das Fünffache. Neben der Entsorgung oder Behandlung gibt es gerade für diese beiden Fraktionen eine Reihe von Verwertungswegen (Straßenbau, Lärmschutzwälle, Bodenverfestigung u. a.), die bei ausreichend geringen Belastungen eingeschlagen werden können.

Die Kompostierung von Abfallstoffen nimmt hierzulande derzeit nur einen geringen Stellenwert ein. Zur Zeit werden nur etwa 2-3 Gew.-% der anfallenden Abfälle kompostiert.

Eine wesentlich größere Bedeutung kommt der Grün- und Biomüllkompostierung zu, die in einigen Bundesländern flächendeckend gefordert wird.

M.3.1 Gesetzliche Vorgaben

Die „Technische Anleitung zur Lagerung, chemisch/physikalischen, biologischen Behandlung, Verbrennung und Ablagerung von besonders überwachungsbedürftigen Abfällen", kurz „TA Sonderabfall", hat das Ziel, eine umweltverträgliche Abfallentsorgung (§ 4 Abs. 5 AbfG) zu gewährleisten. Die TA Sonderabfall in der Gesamtfassung der 2. Allgemeinen Verwaltungsvorschrift zum Abfallgesetz wurde am 12.3.1991 erlassen (BMU, Gemeinsames Ministerialblatt Nr. 8, S. 139, 1991). Der Anwendungsbereich der TA Sonderabfall beschränkt sich auf die besonders überwachungsbedürftigen Abfälle im Sinne von § 2 Abs. 2 AbfG. Geregelt werden die Verwertung und sonstige Entsorgung von Abfällen, nicht die Vermeidung, die nach § 14 Abs. 1 Nr. 3 und 4 AbfG geregelt wird.

Mit der TA Siedlungsabfall (TASi) sollen die Gebote zur Vermeidung und Verwertung der kommunalen Massenabfälle bundeseinheitlich konkretisiert und eine umweltverträgliche Abfallentsorgung sichergestellt werden. Sie ergänzt damit gleichermaßen die TA Sonderabfall wie die Verordnungen aufgrund des § 14 AbfG.

Die TASi gibt Mindestanforderungen für die Vorbereitung und die Planung integrierter Abfallwirtschaftskonzepte, die Planung, Errichtung und den Betrieb von Abfallbehandlungs- und -verwertungsanlagen und die Ablagerung von Abfällen vor. Sie unterscheidet im wesentlichen zwei Deponieklassen. Die TA Abfall ergänzt diese Systematik, indem sie entsprechende Regelungen für Sonderabfalldeponien trifft.

– Deponieklasse I nach TASi
– Deponieklasse II nach TASi
– Sonderabfalldeponien nach TA Abfall

In den jeweiligen Anhängen (für Deponieklasse I und II Anhang C der TA Siedlungsabfall, für Sonderabfalldeponien Anhang D der TA Abfall) sind die Zuordnungswerte, die für die Verbringung von Materialien auf die dort unterschiedenen Deponien einzuhalten sind, aufgeführt. Für die Untersuchung sind Bestimmungen aus der Originalsubstanz (organischer Anteil des Trockenrückstands der Originalsubstanz, Festigkeit und extrahierbare lipophile Stoffe) und aus dem wäßrigen Eluat unter Angabe des anzuwendenden Analyseverfahrens vorgegeben. Es fehlen jedoch i. d. R. Hinweise auf die Notwendigkeit der Modifikation der für die Eluatparameter vorgeschriebenen Methoden, die ursprünglich für die Analyse von Wasser und Abwasser entwickelt wurden.

Am 1. Juli 1992 ist die neue Verwaltungsvorschrift zum Vollzug der Klärschlammverordnung (AbfKlärV) als Bestandteil des Abfallrechts in Kraft getreten (BGBl. I S. 1410, 1501). Mit dieser Verordnung soll nach Ansicht der Bundesregierung einerseits die landwirtschaftliche Verwertung geeigneter Klärschlämme aus abfallwirtschaftlichen und ökologischen Gründen gesichert werden und andererseits sollen aber aus Vorsorgegründen nur solche Schlämme zum Einsatz kommen, deren Gehalt an Schwermetallen, organischen Schadstoffen und Düngestoffen negative Auswirkungen auf Mensch und Umwelt nicht erwarten lassen.

Im Anhang I der AbfKlärV sind sowohl eindeutige Vorschriften für die Probenahme als auch für die eigentlichen Untersuchungsmethoden festgelegt worden. Damit wird hier wie auch in anderen Verordnungen des Abfallrechts der Forderung entsprochen, daß gesetzlich fixierte Werte oder Bewertungen, die mit Hilfe von Messungen geprüft werden müssen, nur dann eindeutig und damit rechtsmittelfest bestimmt sind, wenn das Untersuchungsverfahren zur Ermittlung dieser Meßwerte ebenfalls festgelegt ist.

Auf europäischer Ebene wird dies in der EG-Richtlinie 86/276/EWG (Richtlinie des Rates über den Schutz der Umwelt und insbesondere der Böden bei der Verwendung von Klärschlamm in der Landwirtschaft) vom 12. Juni 1986 umgesetzt.

Im hessischen Abfallrecht wird seit 1990 die Entsorgung von Erdaushub und belasteten Böden geregelt (Erste VwV Erdaushub/Bauschutt; Verwaltungsvorschrift für die Entsorgung von unbelastetem Erdaushub und unbelastetem Bauschutt) [M.3.1]. Der Ergänzungserlaß von 1992 [M.3.2] beinhaltet Orientierungswerte für 18 im Eluat mit destilliertem Wasser und direkt aus dem Feststoff zu ermittelnde Parameter zur Abgrenzung von unbelastetem, belastetem und verunreinigtem Boden oder Bauschutt. In der Anlage ist eine Liste der für die untersuchenden Parameter anzuwendenden Analyseverfahren beigefügt, in die jedoch nur Verfahren aus der Wasser- und Abwasseranalytik aufgenommen wurden, obwohl für einige Parameter zumindest eine für Schlamm und Sedimente genormte Methode vorliegt. Für die Metalle wird der Königswasseraufschluß nach DIN 38414, Teil 7 vorgeschrieben; für die organischen Parameter heißt es lediglich „Analyse aus Originalsubstanz", jedoch fehlt jeglicher Hinweis auf notwendige Clean-up-Schritte, die in den für die Wasseranalytik entwickelten Verfahren nicht enthalten sind.

Die Verwertung bzw. Entsorgung von Shredderrückständen ist in der 3. Allgemeinen Verwaltungsvorschrift zum Abfallgesetz im Entwurf vom 6.7.1990 (TA Shredderrückstände) geregelt. Die analytische Untersuchung dieser Rückstände wird dort in Anlehnung an die TA Abfall vorgegeben. Für die Bestimmung der PCB und Kohlenwasserstoffe werden im Anhang Probenahme und Analysenverfahren detailliert beschrieben. Die Frage der Qualitätskontrolle von Restmüll-Komposten und deren Ausgangsmaterialien wird unter anderem im 1994 überarbeiteten Entwurf des Merkblatts LAGA M 10 (Qualitätskriterien und Anwendungsempfehlungen für Kompost) [M.3.3] der Länderarbeitsgemeinschaft Abfall LAGA aufgegriffen. Es werden dort Sollbereiche und Grenzwerte für verschiedene Parameter festgelegt, und im Anhang 2 Angaben über einzusetzende Verfahren zur Analyse von Schadstoffen gemacht.

Zur Bewertung der Qualität von Grün- und Biomüllkomposten wird von der Bundesgütegemeinschaft Kompost e.V. das RAL-Gütesiegel Kompost vergeben. In dem in Zusammenarbeit mit dem Verband Deutscher Landwirtschaftlicher Untersuchungs- und Forschungsanstalten VDLUFA entwickelten Methodenbuch [M.3.4] werden die zur Untersuchung einzusetzenden analytischen Verfahren ausführlich beschrieben.

M.3.2 Probenahme

Bei der Planung und Durchführung der Probenahme von Abfall- oder Reststoffen sind in erster Linie die Fragestellung und der Anlaß der Untersuchung (Deklarationsanalyse, Identifikationsanalyse oder Prozeß bzw. Produktüberwachung bei der Abfallbehandlung) zu berücksichtigen, und anhand dessen über Beginn und Dauer der Probenahme sowie die Art der Messung (Einzelmessung oder Mittelwert über längere Zeiträume) zu entscheiden.

Die Grundregeln für die Probenahme aus Abfällen wurden von der LAGA in der Richtlinie PN 2/78 K (Grundregeln für die Entnahme von Proben aus Abfällen und abgelagerten Stoffen) [M.3.5] formuliert und sind in der Richtlinie PN 2/78 (Entnahme und Vorbereitung von Proben aus festen und schlammigen Abfällen) [M.3.6] konkretisiert.

Für einige spezielle Anwendungsfälle gibt es zwischenzeitlich eigens erstellte Vorschriften. So ist z. B. die Probenahme aus Shredderabfällen gemäß 3. Allgemeiner Verwaltungsvorschrift zum Abfallgesetz, Entwurf vom 6.7.1990 (TA Shredderrückstände) geregelt, die Entnahme von Proben aus Altöl ist in DIN 51 750 Teil 1 genormt.

In jedem Fall ist der zu untersuchende Abfall genau zu beschreiben, auch bzgl. seiner Eigenschaften, einschl. evtl. Veränderungen in der Beschaffenheit; ggf. ist auf Konservierungsmaßnahmen hinzuweisen. Die Probenahme ist zu erläutern (Art, Ort, Zeit, Grund, Veranlasser). Vom ggf. vorgegebenen Verfahren abweichende Vorgehensweisen, evtl. Störungen und Beobachtungen, die auf das Analysenergebnis von wesentlichem Einfluß sein können, sind festzuhalten.

M.3.3   Vor-Ort-Analytik/Schnellanalytik

In einigen Fällen besteht ein hoher Bedarf an raschen (Vorab-)Informationen über den aktuellen Belastungszustand eines Materials. Die für rasche Aussagen erforderlichen Meßinstrumentarien werden durch die sog. Schnellanalytik bereitgestellt, bei deren Einsatz u.a. folgende Aspekte zu berücksichtigen sind.

- Sollen vor Ort Ergebnisse erzielt werden, die unmittelbar das weitere Fortgehen anderer Tätigkeiten beeinflussen sollen, so spricht dies für den Einsatz der Schnellanalytik. Die Schnellanalytik kann in einem solchen Fall die Laboranalytik jedoch auf keinen Fall ersetzen, sondern lediglich sinnvoll ergänzen.
- Ist eine halbquantitative Aussage (Screening) ausreichend, so kann Schnellanalytik sinnvoll eingesetzt werden.
- Bezüglich der Kosten ist anzumerken, daß in den meisten Fällen bei regelmäßig zu messenden Parametern in großen Serien i. d. R. automatisierte Laboranalytik wirtschaftlicher ist als Schnellanalytik.

Elementare Voraussetzung für den Einsatz der Schnellanalytik in der Feststoffmatrix ist ein geeignetes Schnellelutions- oder Extraktionsverfahren. Die Elution bzw. Extraktion bestimmt daher auch die erzielbare Aussagequalität. Im Eluat oder Extrakt ist mit Hilfe der für den Bereich der wäßrigen Analysen entwickelten Verfahren nahezu jeder relevante Parameter bestimmbar. Zur Zeit sind Schnellmethoden für etwa 250 verschiedene Parameter auf dem Markt verfügbar.

Vom Landesumweltamt Nordrhein-Westfalen LUA-NRW wurde eine umfangreiche Datenbank mit einer „Übersicht kurzfristig verfügbarer Methoden der Schnellanalytik" [M.3.7] zusammengestellt. Darin sind für eine Vielzahl anorganischer, organischer und biologischer Parameter die derzeit kommerziell erhältlichen Schnellanalytik-Methoden inkl. ihrer Anwendungsbereiche zusammengestellt.

Im Bereich der anorganischen Analytik sind quasi alle relevanten Parameter quantitativ bestimmbar. Organische Parameter können häufig nur halbquantitativ ermittelt werden. Verfügbar sind hier photometrische Verfahren für Stoffe und Stoffgruppen wie Phenole, Alkohole, Tannin, Polyacrylsäure und Formaldehyd. Ausblasbare flüchtige Stoffe sind mittels Gasprüfröhrchen erfaßbar. Die wichtigste Rolle spielen jedoch Stoffgruppen, die mittels Immunoassays halbquantitativ analysiert werden können. Zu den hier in Frage kommenden Stoffen und Stoffgruppen zählen u.a. PCP, PCB, PAK, BTEX, KW, Nitroaromaten, TNT und Pestizide.

Letztlich entscheidendes Kriterium ist immer die Frage, welche Aussagen mit den zu erzielenden Ergebnissen in ihrer individuellen Qualität getroffen werden sollen. Danach können Art, Aufwand und Umfang der erforderlichen Analytik bemessen werden.

M.3.4   Probenaufbereitung

M.3.4.1   Probenvorbehandlung

Zur weiteren Analyse werden die Proben meist luft- oder gefriergetrocknet. Nach AbfKlärV kann für Klärschlämme alternativ eine Gefriertrocknung, Lufttrocknung oder Trocknung bei 40 °C vorgenommen werden. Je nachdem, welche analytische Untersuchung sich anschließt kann auch eine chemische Trocknung (z. B. Natriumsulfat) gewählt werden. Die Bestimmung der Trockenmasse erfolgt meist parallel mit einer separaten der Probe bei 105 °C.

Die Zerkleinerung des Probenguts ist die Voraussetzung für eine anschließende Einengung durch Teilung. Bei grobkörnigem Gut eignen sich am besten langsam laufende, eingekapselte Zerkleinerungsaggregate, die nicht an eine Absaugung angeschlossen sind. Eingesetzt werden hierzu Schneidmühlen, Schlagkreuzmühlen, Kugel- und Mörsermühlen.

Häufig müssen die Proben dennoch händisch vorsortiert werden, da unterschiedliche Härtegrade auch verschiedene Mühlentypen verlangen. Insbesondere größere Metallteile oder Edelstahl führen zu Problemen bei der Probenzerkleinerung.

Bei der Auswahl der Zerkleinerungsaggregate und bei allen folgenden Arbeitsvorgängen ist auf eine möglichst zu minimierende Kontamination der Proben zu achten. Hierzu zählen der Abrieb an den Mahlwerkzeugen, durch den ein unerwünschter Materialeintrag erfolgen kann.

M.3.4.2 Extraktion

Für medienübergreifende Betrachtungen von Stoffströmen sind Untersuchungen der Gesamtgehalte in Feststoffproben die Methode der Wahl. Solche Untersuchungen sind zur Bewertung von Produktionsanlagen, von Abfallbehandlungsanlagen, aber auch als Grundlage für Ökobilanzen von Produkten und Produktionsprozessen immer erforderlich.

Bei der Wahl der Extraktionsmethode zur Bestimmung der Gesamtgehalte aus Feststoffen muß grundsätzlich zwischen zwei Kategorien unterschieden werden. Zum einen in Extraktionen zur anschließenden Schwermetallbestimmung (bzw. Elementspurenanalytik), und zum anderen in Extraktionen mit organischen Lösemitteln zur anschließenden Bestimmung organischer Verunreinigungen.

M.3.4.2.1 Extraktion zur anschließenden Schwermetallbestimmung

Die Königswasseraufschlüsse zählen zu den zur Bestimmung anorganischer Verbindungen am häufigsten eingesetzten Verfahren und lassen sich für nahezu jede bei der Untersuchung fester Abfallstoffe relevante Matrix einsetzen. Vergleichbare Methoden wurden mit DIN 38414, Teil 7 (Aufschluß mit Königswasser zur nachfolgenden Bestimmung des säurelöslichen Anteils), E DIN ISO 11 466 (Extraktion von in Königswasser löslichen Spurenmetallen) und VDLUFA A 2.4.3.1 (Bestimmung von Schwermetallen im Aufschluß mit Königswasser) veröffentlicht.

Diese Methoden werden zwar als Verfahren zur Bestimmung von Gesamtgehalten bezeichnet, tatsächlich können jedoch die Anteile der extrahierten Gehalte am Gesamtgehalt je nach Element und Matrix zwischen 50 und 100 % schwanken, da bestimmte Silikate und Oxide nicht aufgeschlossen werden.

Daneben werden in einigen Fällen auch Extraktionen mit siedender Salpetersäure HNO_3 in unterschiedlichen Konzentrationen vorgenommen, die analog dem Königswasseraufschluß durchgeführt werden.

Zur Ermittlung des Gesamtgehalts in Proben mit hohem Silikatanteil findet häufig die Druckaufschlußmethode mit einer Mischung aus Flußsäure, Perchlorsäure und Salpetersäure oder ein Mikrowellendruckaufschluß unter Zusatz von Flußsäure Anwendung.

M.3.4.2.2 Extraktion zur anschließenden Bestimmung organischer Verunreinigungen

Die für die Extraktion organischer Verbindungen aus Abfallproben, Klärschlämmen, Komposten oder Bauschutt geeigneten organischen Lösemittel sind je nach der zu untersuchenden Verbindungsklasse vor allem in Abhängigkeit von der sich anschließenden Detektionsmethode auszuwählen. Kriterien sind dabei neben den erwünschten möglichst hohen Extraktionsausbeuten und Selektivität vor allem minimale Störungen bei der gewählten Detektionsmethode.

M.3.4.3 Elutionsverhalten

Bei der Beurteilung der Ablagerungsmöglichkeiten für Abfälle sind Fragen des Gefährdungspotentials bzgl. verschiedener Schutzgüter (z. B. Sickerwasserbelastung mit daraus folgender Gewässergefährdung) von entscheidender Bedeutung. Die Anforderungen an das Eluat der Abfälle stellen ein wichtiges Kriterium dafür dar, ob ein Abfallstoff bzw. -stoffgemisch zur Ablagerung gelangen darf oder bei Überschreiten der zulässigen Grenzwerte einer Vorbehandlung unterzogen werden muß. Beim Elutionsverfahren soll das Auslaugverhalten der Abfälle oder Reststoffe gegenüber wäßrigen Systemen getestet werden, um eine Abschätzung z. B. der Transferwahrscheinlichkeit vom Feststoff in das Deponiesickerwasser zu ermöglichen.

Die Eluierbarkeit hängt im wesentlichen von der chemischen und physikalischen Beschaffenheit der Probe (Oberfläche, Lagerungsdichte, Durchlässigkeit etc.), der Beschaffenheit des eindringenden Wassers (pH-Wert, Temperatur usw.) und von Dauer und Art der Berührung zwischen Probe und Elutionsflüssigkeit ab. Die Vielzahl denkbarer Randbedinungen bei der Ablagerung und die Vielzahl möglicher Wechselwirkungen mit der natürlichen Umgebung bedingen die Schwierigkeiten bei der Entwicklung geeigneter Analyseverfahren für die Umweltüberwachung.

In den für die Abfalluntersuchung vorliegenden Regelwerken wird in den zugehörigen Anhängen die Eluatherstellung nach DIN 38414, Teil 4 mit destilliertem Wasser gefordert.

Im Eluat werden Art und Konzentration der gelösten Stoffe nach dem Verfahren der Wasseranalytik bestimmt. Gemessen werden beispielsweise Schwermetalle. Es erfolgt aber auch die Bestimmung des pH-Werts, der Leitfähigkeit des TOC, des Phenolindex, von Fluorid, NH_4-N, Chlorid, Cyanid, Sulfat, Nitrit, Nitrat, AOX und des wasserlöslichen Anteils.

Schwierigkeiten mit der Beurteilung der aus solchen Eluaten erhaltenen Ergebnissen ergeben sich immer dann, wenn es sich um in Wasser schwerlösliche Verbindungen handelt.

In der oben bezeichneten DIN-Vorschrift wird darauf hingewiesen, daß es zur Beantwortung besonderer Fragen (z. B. zur Klärung möglicher Wechselwirkungen innerhalb des Umgebungsbereichs) zweckmäßig sein kann, andere Elutionsflüssigkeiten als Wasser zu verwenden.

Die Beurteilung des Gefährdungspotentials durch die Mobilisierung von Schwermetallen im Zuge der Ablagerung von Abfällen läßt sich teilweise zweckmäßiger durch einen Auslaugtest ermitteln, der die Änderungen des chemischen Milieus während der zeitlichen Entwicklung des Feststoffes berücksichtigt.

Für leichtflüchtige Substanzen sind alle derzeit vorhandenen Elutionsverfahren nicht geeignet, da diese durch Schütteln bzw. den Gasraum ausgetragen werden.

M.3.4.3.1 Elution mit destilliertem Wasser nach DIN 38414 Teil 4 (DEV S4-Methode)

Dieses Verfahren ist in allen einschlägigen Verwaltungsvorschriften zur Überwachung von Reststoffen (z.B. TA Abfall, TASi; Erste VwV Erdaushub/Bauschutt, TA Shredderrückstände) die vorgeschriebene Methode.

Es ist wie auch bei anderen Analysen darauf zu achten, daß dem zu untersuchenden Material eine repräsentative Teilprobe entnommen wird. In der Regel ist das Material in dem Zustand zu untersuchen, in dem es einer weiteren Behandlung (z.B. Deponierung) zugeführt wird, jedoch sind grobstückige Anteile (Korngrößen über 10 mm) zu zerkleinern. Zu dieser Vorzerkleinerung existiert keine allgemeingültige Vorschrift.

Die Elution ist bei Raumtemperatur in einer Weithalsflasche (Ø 100 mm, Volumen 2000 ml) durchzuführen. Die Elutionsdauer beträgt 24 h. Dabei werden 100 g der Trockenmasse mit einem Liter destilliertem Wasser versetzt. Die Flasche wird verschlossen und 1 x/min über Kopf geschüttelt. Dabei soll aber eine weitere Zerkleinerung der Probe, z. B. durch Abrieb, vermieden werden. Nach Ablauf der Elutionsdauer wird das Eluat abgezogen. Dazu wird ein Filter mit einer Porenweite von 0,45 μm verwendet. Alternativ erfolgt die Abtrennung von Feststoff und Flüssigkeit über Zentrifugation oder einfaches Absitzenlassen.

Die Tatsache, daß die hohe Mobilisierbarkeit der Schwermetalle im sauren und teilweise auch alkalischen Milieu sowie die Pufferkapazität des Feststoffs unberücksichtigt bleiben, wird seit der Einführung der Methode kritisiert.

Die unbestrittene Stärke dieses Verfahrens ist die einfache Handhabung und die große Zahl an verfügbarem Datenmaterial sowie Richt-, Orientierungs- und Grenzwerten.

Die Reproduzierbarkeit der Ergebnisse ist in der Praxis jedoch häufig zweifelhaft. Ein nach DIN 38414, Teil 4 ermitteltes Analysenergebnis ist nur dann interpretierbar, wenn die Methode mit der die Trennung zwischen Feststoff und wäßriger Lösung erfolgt (Filter, Zentrifugation, Absitzenlassen), genau dokumentiert ist.

Eine Variation dieser Methode ist die sog. Kaskadenelution, bei der die insgesamt maximal eluierbare Fracht durch mehrfache Wiederholung des Elutionsvorgangs an derselben Probe abgeschätzt werden soll. Dabei wird die Elution so oft wiederholt, bis die im Filtrat festgestellten Konzentrationen konstant sind (z.B. NEN 7343).

M.3.4.3.2 Sonstige Elutionsverfahren

Alternativ zur etablierten DIN 38414, Teil 4 (DEV S4-Methode) bieten sich eine Reihe weiterer, teilweise für spezielle Anwendungszwecke entwickelte Elutionsmethoden (z.B. Trogverfahren für Straßenaufbruch, Methode zur Bestimmung der Humanverfügbarkeit über den Magen-Darm-Trakt) an, die sich durch die Art der Durchmischung oder die Variation des Elutionsmittels unterscheiden.

Eine Zusammenstellung verschiedener Elutionsverfahren für unterschiedliche Anwendungsbereiche, insbesondere für Abfälle, Reststoffe, verunreinigte Böden und Altlasten, liegt mit dem Entwurf der Länderarbeitsgemeinschaft Aball LAGA EA 94 vor.

pH-stat-Elutionsverfahren
Die von Obermann entwickelte Elution bei konstantem pH-Wert und/oder Redoxpotential, die in Verbindung mit einer Bestimmung der Säure- bzw. Basenkapazität vorgenommen wird, ermöglicht eine Abschätzung des Stoffverhaltens unter dem Einfluß vom vorbelastetem Grund- oder Regenwasser [M.3.8].

Bei pH-stat-Versuchen wird der pH-Wert der im Kreislauf befindlichen Elutionsflüssigkeit konstant gehalten. Je nach Milieu kann dabei im sauren oder im basischen Milieu eluiert werden. Dies kann insbesondere bei der Analyse von Schwermetallen, deren Löslichkeit stark vom pH-Wert der Lösung abhängt, für einige Elemente zu signifikant höheren Analyseergebnissen führen.

Schweizer Eluattest
In einem Schweizer Verfahren, das ausschl. zur anschließenden Schwermetallanalytik eingesetzt wird, wird durch das kontinuierliche Einleiten von CO_2 ein konstant niedriger pH-Wert erreicht. Das ständige Sättigen des Elutionsmittels mit Kohlendioxid während zweimal 24 h bewirkt einen erwünschten Zeitraffer-Effekt für die in die Abfallmatrix eingebundenen metallischen Inhaltsstoffe. Durch die Entnahme von Eluatproben nach 24 und 48 h erfolgt die Messung der Elutionsdynamik.

EPA-Methode
Die amerikanische Umweltbehörde US-EPA schlägt zur Untersuchung von festen, flüssigen und mehrphasigen Abfällen auf anorganische und organische Stoffe eine Elution der ($<$ 9,5 mm) vorzerkleinerten Fraktion über 30 min mit Essigsäure bei einem Feststoff-Flüssigkeitsverhältnis von 1:20 vor. Dabei können verschiedene pH-Werte des Elutionsmittels gewählt werden. Am Ende des Extraktionsvorgangs werden Feststoff und Flüssigkeit über einem Glasfaserfilter getrennt und der pH-Wert des erhaltenen Fitrates ermittelt. Die Methode ist als EPA-Method 1311 erschienen.

M.3.5 Analytik

Eine ausführliche Methodensammlung wie sie z. B. für den Bereich der Wasser- und Abwasseranalytik mit den über das Deutsche Institut für Normung DIN, Deutschen Einheitsverfahren zur Wasser-, Abwasser- und Schlammuntersuchung" (DEV-Methoden) vorliegt, existiert für die Untersuchung von Abfällen nicht. Zu einzelnen Untersuchungsparametern wurden durch die Länderarbeitsgemeinschaft Abfall-LAGA auf nationaler Ebene, durch DIN/ISO oder die amerikanische Umweltbehörde US-EPA auf internationaler Ebene standardisierte Verfahren veröffentlicht.

In den meisten Fällen wird auf die wenigen für die Untersuchung von Böden oder Sedimenten vorliegenden Methoden verwiesen oder eine Untersuchung aus dem Eluat verlangt, die relativ einfach mit den Verfahren aus der oben genannten DEV-Sammlung durchgeführt werden kann. Viele Untersuchungsstellen haben für derartige Analysen Hausmethoden entwickelt, deren Vergleichbarkeit mit anderen Laboratorien jedoch kaum überprüft wurde.

Lediglich für die Untersuchung von Klärschlämmen nach AbfKlärV werden regelmäßig Ringversuche durchgeführt.

Untersuchungen an Restmüll oder anderen Abfallstoffen werden u. a. durchgeführt, um deren Einsatzfähigkeit als Brennstoff in der Müllverbrennung zu prüfen oder deren Ablagerungsfähigkeit oder Verwertbarkeit mit oder ohne entsprechende Vorbehandlung zu charakterisieren. Dazu werden meist folgende Parameter untersucht:

Neben den allgemeinen Angaben über Art, Herkunft, Menge, Art der Lagerung u. a. auch die Beschreibung des Aussehens (z. B. Farbe oder Homogenität), visuell erkennbarer Einzelkomponenten, der Konsistenz (z. B. fest, hygroskopisch, stichfest, pastös, flüssig, rieselfähig, staubförmig, stückig). Ferner können die Bestimmung von Dichte, Volumen, Restwassergehalt (freies Wasser, z. B. durch Zentrifugieren), Wasser- und Trockensubstanzgehalt (z. B. bei Schlämmen), Abdampf- und Glührückstand, Glühverlust und Heizwert, vor allem bei vorgesehener Verbrennung, von Bedeutung sein. Für die Deponierung kann es wichtig sein, die Löslichkeit des Abfalls in Wasser und seine Entflammbarkeit (z. B. durch genaue Bestimmung der Flammtemperatur) zu kennen.

M.3.5.1   Bestimmung der allgemeinen Parameter

Wassergehalt
Dieser relative simple Parameter erhält seine Bedeutung dadurch, daß nahezu alle nachfolgenden Bestimmungen auf die Trockenmasse bezogen werden und die Umrechnung auf die feuchte Probe das Ergebnis extrem beeinflußt.

Die Bestimmung der Trockenmasse erfolgt meist mit einer separaten der Probe bei 105 °C nach ISO 11 465 (Bestimmung der Trockensubstanz und des Wassergehalts) oder nach DIN 38414, Teil 2 (Bestimmung des Wassergehaltes und des Trockenrückstandes bzw. der Trockensubstanz). Vergleichbar ist die Methode nach VDLUFA A 2.1.1 (Bestimmung des Wassergehalts bzw. der Trockenmasse).

Es wird eine repräsentative Probe zusammengestellt, gewogen, bis zur Gewichtskonstanz (jedoch mind. 2 h) auf 105 °C gehalten und anschließend wieder gewogen. Der erhaltene Gewichtsverlust wird in Gew.-% als Wassergehalt angegeben.

Bei mineralischen Substanzen erfordert das Abtrennen des Kristallwassers jedoch oft höhere Temperaturen (180 °C).

Durch die relativen und absoluten Schwankungen der Abfallzusammensetzung verändert sich auch der Wassergehalt des Abfalls. Der Feuchtigkeitsgehalt hängt von der Jahreszeit und der herrschenden Witterung ab.

Glühverlust oder oTS
(organische Trockensubstanz)
Der organische Anteil eines Abfalls wird nach der TA Siedlungsabfall u. a. durch die Bestimmung des Glühverlusts festgestellt. Diesem Zuordnungswert kommt derzeit überragende Bedeutung zu, da ohne wirkungsvolle thermische Vorbehandlung (Müllverbrennung) die Grenzwerte kaum eingehalten werden können. Der Glühverlust darf für Deponieklasse I (Mineralstoffdeponie) nicht über 3 Massen-%, bei Deponieklasse II (Reststoffdeponie) nicht über 5 Massen-% liegen.

Als Glühverlust wird der nach dem Glühen der Trockenmasse des Abfalls unter bestimmten Bedingungen als Gas entweichende Materialanteil bezeichnet. Er wird auf die Trockenmasse bezogen und in Massen-% angegeben.

Der nach Bestimmung des Glühverlusts verbleibende Massenanteil der Probe wird als Glührückstand bezeichnet. Darunter wird der Gehalt einer Probe an nicht flüchtigen (anorganischen Verbindungen) verstanden. Dies ist der Anteil der Probe, der nach der Veraschung übrig bleibt. Nach der ursprünglich für Sedimente erstellten DIN 38414, Teil 3 wird dazu die entwässerte Probe bei 550 °C zum Glühen gebracht und verascht. Andere Vorschriften z. B. zur „Bestimmung der Zusammensetzung fester Abfälle" [M.3.9] lassen auch andere Temperaturen oder Temperaturbereiche (500 – 800 °C) zu. Der hierbei eintretende Gewichtsverlust wird der organischen Substanz gleichgesetzt. Dieser Anteil liegt im Durchschnitt bei unbehandeltem Hausmüll bei 40 – 60 %. Bei gutem Ausbrand werden bei der Müllverbrennung Glühverluste unter 3 % erreicht.

Alternativ zum Glühverlust kann man die gesamte organische Substanz auch direkt bestimmt werden. Der gesamte organisch gebundene Kohlenstoff TOC (Total Organic Carbon) analog DIN 38409, Teil 3 wird gemessen, indem man eine durch Ansäuern und Ausstrippen von Carbonaten befreite Probe getrocknet und in einem elektrischen Ofen im Sauerstoffstrom verbrannt wird. Das dabei aus den organischen Inhaltsstoffen gebildete CO_2 wird absorptionsspektrometrisch bestimmt. Der Zuordnungswert für Deponien in der TASi liegt bei 1 Massen-% für Deponieklasse I und bei 3 Massen-% für Deponieklasse II. Er liegt niedriger als der Zuordnungswert des Glühverlusts, da bei der Festlegung der Zuordnungswerte davon ausgegangen wurde, daß die Bestimmungsmethode des TOC eine bessere Näherung der organisch wirksamen Substanz liefert.

Brenn- bzw. Heizwert (H_o bzw. H_u)
Der obere Heizwert (H_o, auch Brennwert genannt) bezeichnet den Energiegehalt der Probe inkl. des Anteils, der zur Verdampfung des in der Probe enthaltenen Wassers notwendig ist. Für die Praxis von Verbrennungsanlagen ist diese Größe relativ uninteressant. Bei der Verbrennung von Müll ist der untere Heizwert H_u maßgebend. Darunter wird der nutzbare Energiebetrag verstanden, der nach dem Austreiben des Wasseranteils noch zur Verfügung steht. Da experimentell nur der Brennwert H_o bestimmt werden kann, muß der Wert für H_u rechnerisch unter Berücksichtigung des Wasseranteils am Probengewicht sowie durch Abzug der Verdampfungswärme des Wassers ermittelt werden.

Die Verbrennungswärme H_o erfolgt nach den für feste Brennstoffe geltenden Vorschriften der DIN 51708 mittels Kalorimeter, einem wärmeisolierten, verschließbaren Gefäß, in dem eine genau eingewogene Menge des zu untersuchenden Stoffs verbrannt wird, und die bei der Verbrennung abgegebene Wärmemenge von Wasser aufgenommen wird. Aus der Temperaturerhöhung des Wassers läßt sich der Heizwert berechnen. Speziell für Abfall geltende Vereinfachungen sind im Merkblatt 6 Ziffer 4 aufgeführt.

Beide Größen werden als Quotienten von der bei der Verbrennung freiwerdenden Energie und der Masse des verbrannten Stoffs ermittelt. Die Einheit ist dementsprechend z. B. kJ/kg.

pH-Wert
Der pH-Wert eines Materials ist vor allem dann von Interesse, wenn der Abfall oder Grünmüll einer Kompostierung zugeführt werden soll. Er beschreibt die Reaktion des Substrats und beeinflußt u. a. die Verfügbarkeit von Haupt- und Spurennährstoffen. Im Kompost sollte der pH-Wert im neutralen bis schwach alkalischen Bereich liegen. Dieser Bereich wird mit fortgeschrittener Rotte erreicht.

Die Bestimmung erfolgt beispielsweise entsprechend der im Methodenhandbuch zur Untersuchung von Kompost der Bundesgütegemeinschaft Kompost aufgeführten Methode oder gemäß Ö-Norm S 2023 (Kompost Untersuchungsmethoden) mittels pH-Glaselektrode in einer Aufschlämmung von lufttrockenen Material in 0,01 molarer $CaCl_2$-Lösung im Verhältnis 1:2,5 bis 1:10. Das Mischungsverhältnis ist unbedingt im Meßbericht anzugeben.

M.3.5.2 Bestimmung anorganischer Parameter

Bestimmung von Schwermetallen
Die Untersuchung von bei Verbrennungsprozessen anfallenden Schmelzschlacken, Sinterschlakken, Asche und Flugasche erfolgt meist aus dem Eluat, wobei die Schlacken i. d. R. Zuordnungskriterien zur Deponieklasse I nach TASi problemlos einhalten, die Flugaschen dagegen nur eine Ablagerung in Sonderabfalldeponien zulassen. Zur Bestimmung werden die für die Analytik von Wasser entwickelten atomspektrometrischen Untersuchungen (DIN-Normenreihe 38405 und 38406) eingesetzt. Als vergleichbares Verfahren ist die Bestimmung mit dem Induktiv-gekoppelten-Plasma ICP zugelassen. Diese Methoden wurden jedoch i. allg. nur für die Untersuchungen von Wasser und Abwasser überprüft. Störungen oder Interferenzen durch die teilweise beträchtlichen Salzgehalte aus der Matrix lassen sich häufig durch entsprechende Verdünnungen zufriedenstellend minimieren.

Inzwischen sind für eine Reihe von Metallen Methoden veröffentlicht oder im Entwurf, die speziell für die Untersuchung von Böden entwickelt wurden (z. B. Normenreihe E ISO/CD 11 047 Bodenbeschaffenheit; Bestimmung einzelner Schwermetalle; E VDI 3796 Teil 2 und 3; Bestimmung von Thallium in Böden), deren Übertragung auf Abfallproben in vielen Fällen gut gelingt.

Bei der Anwendung von Müllkomposten im Landbau ist meist weniger die Frage nach dem pflanzenverfügbaren Anteil bedeutsam, als vielmehr die Fragestellung, ob die Gesamtkonzentration nicht möglicherweise toxische Wirkung hat. Vor diesem Hintergrund ist der Übergang von den allgemein als Spurennährstoffen bezeichneten Elementen Kupfer, Zink, Bor, Mangan, Eisen, Molybdän und Kobalt zu den ausgesprochenen Schwermetallen wie z. B. Nickel, Blei und Cadmium fließend. Bei der Bestimmung dieser Bestandteile ist daher darauf zu achten, daß ein Aufschluß gewählt wird, der eine Aussage über den Gesamtgehalt ermöglicht.

Die Bestimmung von Schwermetallen in festen und schlammigen Abfällen erfolgt z. B. nach LAGA SM 2/79 (Bestimmung von Schwermetallen in festen und schlammigen Abfällen) als Gesamtgehaltsbestimmung. Dazu werden zwei Naßaufschlußverfahren und ein Schmelzaufschluß detailliert beschrieben. Es schließt sich eine atomabsorptionsspektrometrische Bestimmung an, die nach LAGA SM 1/78 (Bestimmung von Schwermetallen in Wasserproben und Eluaten mittels Atomabsorptionsspektrometrie) vorzunehmen ist.

Bestimmung von Cyanid
Die Bestimmung des bereits in kleinen Konzentrationen wirksamen Cyanids in Abfällen erfolgt nach LAGA CN 2/79 oder E DIN/ISO 11 262 als leicht freisetzbares Cyanid photometrisch. Dabei werden durch Zusatz von Salzsäure die leicht freisetzbaren Cyanide als Cyanwasserstoff ausgetrieben und in Natronlauge absorbiert. Die anschließende Bestimmung erfolgt nach Bildung eines Farbkomplexes photometrisch.

Bestimmung des Gesamtschwefel- und Chlorgehalts
Der Gesamtgehalt an Schwefel und Chlor einer

Abfallprobe, die als Brennstoff in der Müllverbrennung eingesetzt werden soll, ist zur Abschätzung des Emissionsverhalten von Interesse. Diese Elemente führen zu einer stark erhöhten Korrosivität des erhaltenen Abgases.

Die Bestimmung erfolgt entsprechend DIN 51 724, Teil 1 nach Aufschluß mittels Ionenchromatographischer Analyse.

Bestimmung des Gesamtstickstoffgehalts
Der Bestimmung des Stickstoffs kommt vor allem bei der Klärschlamm- und Kompostuntersuchung erhebliche Bedeutung zu, da Stickstoffverbindungen zu den Hauptnährstoffen gezählt werden. Dabei sind prinzipiell alle Verbindungen des Stickstoffs pflanzenwirksam, wobei der organisch gebundene Stickstoff mehr Langzeitwirkung besitzt. Vom anorganisch gebundenen Stickstoff sind insbesondere die Anteile an Nitrat- und Ammoniumstickstoff bedeutsam.

Die Bestimmung des Gesamtstickstoffgehalts erfolgt z. B. nach VDLUFA A 2.2.1 zum einen über die Kjeldahl-Bestimmung, mit der der Anteil des organisch gebundenen Stickstoffes sowie des Ammoniumstickstoffs erfaßt wird, und zum anderen über die photometrische oder ionenchromatographische Bestimmung des sehr gut wasserlöslichen Nitrats. Eine Methode zur Bestimmung des Gesamt-Stickstoffs einschl. Nitrat und Nitrit wird in dem Methodenhandbuch der VDLUFA unter A 2.2.3 beschrieben. Die Summe der dabei erhaltenen Gehalte entspricht für Kompostproben näherungsweise dem Gesamtgehalt. Angaben über den leicht verfügbaren Stickstoffanteil sind bei der landwirtschaftlichen Verwertung eines Kompostes wichtig. Die Bestimmung erfolgt nach VDLUFA nach Vorbehandlung mit normaler Schwefelsäure.

Zur Abschätzung des Emissionsverhaltens von als Brennstoff eingesetztem Abfall ist der Gesamtstickstoffgehalt bei der Müllverbrennung von Interesse. Die Bestimmung aus dem festen Brennmaterial erfolgt analog den oben beschriebenen Methoden zur Bestimmung des Kjeldahl- und Ammoniumstickstoffs aus Kompost und Bioabfall.

M.3.5.3 Bestimmung organischer Summenparameter

Mineralölkohlenwasserstoffe
Die Untersuchung von Abfällen auf Mineralölkohlenwasserstoffe erfolgt nach TASI oder TA Abfall entweder entsprechend DIN 38409, Teil 17 (Bestimmung von schwerflüchtigen lipophilen Stoffen) gravimetrisch oder entsprechend LAGA KW/85 (Bestimmung des Gehalts an Kohlenwasserstoffen in Abfällen) infrarotspektrometrisch. In beiden Fällen geht der Bestimmung die (umstrittene) Extraktion des Feststoffs mit 1,1,2-Trichlortrifluormethan voraus.

Extrahierbare organische Halogene (EOX)
Die extrahierbaren organischen Halogene (EOX) können nach Extraktion mit Hexan und anschließender Verbrennung in einer Wasserstoff-Sauerstoff-Flamme entsprechend DIN 38414, Teil 17 (Bestimmung von ausblasbaren und extrahierbaren organisch gebundenen Halogenen) z. B. argentometrisch als mineralisierte Halogene bestimmt werden.

M.3.5.4 Bestimmung organischer Einzel- und Gruppenparameter

Bestimmung der polychlorierten Biphenyle (PCB)
Nach AbfKlärV ist der PCB-Gehalt für Klärschlämme aus gefriergetrockneten Proben zu ermitteln. Nach Zugabe eines internen Standards (PCB 209) wird die Probe mit n-Hexan im Soxhlet extrahiert und die ggf. enthaltenen PCB-Kongeneren von störenden Begleitstoffen mit zwei alternativen säulenchromatographischen Reinigungsverfahren weitgehend befreit, durch Kapillargaschromatographie GC aufgetrennt und mit Elektroneneinfangdetektor ECD bestimmt.

Diese Methode wurde weitgehend für die Bestimmung in Schlamm und Sedimenten nach DIN 38414, Teil 20 (Schlamm und Sedimente: Bestimmung von polychlorierten Biphenylen) übernommen.

Die Bestimmung ausgewählter PCB-Einzelkomponenten und chlorierter Kohlenwasserstoffe in Böden, Klärschlämmen und Komposten nach VDLUFA erfolgt nach Extraktion der Probe mit einem Gemisch aus Wasser, Aceton und Petrolether mittels Gaschromatograhie und Elektroneneinfangdetektor GC-ECD.

Bestimmung der polychlorierten Dibenzo-p-dioxine (PCDD) und polychlorierten Dibenzofurane (PCDF)
Nach AbfKlärV ist der PCDD/F-Gehalt für Klärschlämme aus gefriergetrockneten Proben zu ermitteln. Nach Zugabe ^{13}C-markierter Standardsubstanzen wird die Probe mit Toluol extrahiert und einer anschließenden mehrstufigen Säulenchromatographie zur Abtrennung stören-

der Begleitsubstanzen unterzogen. Die Auftrennung der PCDD/F-Kongenere erfolgt Gaschromatographisch mit Massenselektiver Detektion GC-MS. Die Quantifizierung erfolgt dabei nach der Isotopenverdünnungsmethode. Zur Überprüfung des Grenzwerts werden die internationalen Toxizitätsäquivalente I-TEQ herangezogen.

Ein vergleichbares Verfahren wird zur Bestimmung der PCDD/F aus Komposten nach den Methoden der Bundesgütegemeinschaft Kompost vorgeschlagen.

Bestimmung der Polycyclischen Aromatischen Kohlenwasserstoffe (PAH)
Für die Untersuchung von Abfällen auf Polycyclische Aromatische Kohlenwasserstoffe schlägt die amerikanische Umweltbehörde mit US-EPA Method 610 eine Soxhletextraktion über 3 h mit Cyclohexan und anschließender Gaschromatographischer Detektion (Flammenionisationsdetektor FID) vor.

In den meisten Hausmethoden wird jedoch, nach unterschiedlichen, matrixangepaßten Extraktions- und Aufreinigungsschritten, die Flüssigchromatographische Trennung mit anschließender UV- und Fluoreszenzspektrometrischer Detektion (HPLC-UV/Fluoreszenzdetektion) bevorzugt.

M.3.5.5 Bestimmungen zur Charakterisierung der organischen Substanz

Es zeichnet sich seit längerer Zeit ab, daß der im Anhang B der TA Siedlungsabfall (TASi) vorgegebene Zuordnungswert von 100 mg/l TOC aus dem Eluat für die Deponieklasse II für Restabfälle (selbst wenn diese intensiv vorbehandelt werden) nur in Ausnahmefällen eingehalten werden kann. Darüber hinaus ist dieser Zuordnungswert nicht wissenschaftlich begründet, da die Höhe des TOC-Werts keine Aussage über das Gefährdungspotential bzw. die Toxizität der im Abfall enthaltenen organischen Verbindungen zuläßt.

Es gibt daher in jüngerer Zeit Bestrebungen, Untersuchungen zur Charakterisierung der biologisch abbaubaren Substanz und der Toxizität von Abfallproben zu entwickeln, um diese als Ersatz- bzw. Ergängzungsparameter im Anhang B der TASi einzufügen.

Zur Bestimmung der Toxizität von Abfällen werden routinemäßig Leuchtbakterien-, Algen- und Daphnientests eingesetzt.

Bei der Charakterisierung der biologisch abbaubaren Substanz werden zwei grundsätzlich verschiedene Ansätze verfolgt. Zum einen die Betrachtung der spontan einsetzenden mikrobielle Aktivität über biologische Testverfahren und zum anderen die Charakterisierung des organisch abbaubaren Anteils über chemische Parameter wie z. B. Oxidierbarkeit oder Löslichkeit in bestimmten Reagenzien.

M.3.5.5.1 Tests zur Beurteilung des biologisch-abbaubaren Anteils mittels biologischer Verfahren

Eine gewisse Bedeutung besitzt die Kenntnis der biologischen Stabilität. Sie ist mit ein ausschlaggebendes Kriterium für die Ablagerungsfähigkeit eines Abfalls. Der Einsatz biologischer Testverfahren zur Charakterisierung der organischen Substanz erlaubt eine Abbildung der tatsächlichen biologischen Aktivität.

Die biologischen Verfahren bewerten die spontan einsetzende mikrobielle Aktivität, deren Auswirkung (z. B. Sauerstoffzehrung, Wärmefreisetzung oder Methanbildung) im jeweiligen Test beobachtet und bewertet wird. Es ist jedoch eine starke Abhängigkeit von Aufbereitungszustand und Feuchtegehalt der Probe zu beobachten, die die Interpretation der erhaltenen Ergebnisse erschwert und eine Vergleichbarkeit der von verschiedenen Laboratorien erhaltenen Ergebnisse in den meisten Fällen nicht zuläßt.

Gasbildungsaktivität und -potential
Bei der Messung der Gasbildung wird eine Abschätzung des Gasbildungspotentials (d.h. Gasbildung in sehr langen Zeiträumen) angestrebt. Aus Praktibilitätsgründen muß jedoch die Untersuchung auf einen möglichst kurzen Zeitraum begrenzt werden, so daß letztendlich nur eine Gasbildungsaktivität für einen begrenzten Zeitraum ermittelt werden kann.

Vielfach werden zur Durchführung Hausmethoden angewendet, die sich zumeist an DIN 38414, Teil 8 (Bestimmung des Faulverhaltens) anlehnen. Dabei wird die Freisetzung von gasförmigen Verbindungen (insbesondere Methan) aus der Probe nach Zugabe anaerober Mikroorganismen im wäßrigen Milieu bestimmt.

Atmungsaktivität und -potential
Die Atmungsaktivität, d.h. die Bestimmung der durch aeroben, mikrobiologischen Abbau einer definierten Materialmenge in einer bestimmten

Zeiteinheit verbrauchten Menge Sauerstoff, wird zur Beurteilung des biologisch abbaubaren Anteils der organischen Abfallbestandteile herangezogen. Die Bestimmung der Aktmungsaktivität stellt eine reaktionskinetische Untersuchung der aeroben mikrobiologischen Umsetzung dar und wird, z. B. unter definierten Bedingungen, bei einer Versuchszeit von 2 oder 4 Tagen im Sapromaten gemessen.

Prüfung auf Kompostierbarkeit;
Selbsterhitzungsversuch
Der Selbsterhitzungsversuch gilt als wichtigster und aussagekräftigster Test für die Beurteilung der Kompostierbarkeit von Restmüll.

In DEWAR-Gefäßen wird eine vorzerkleinerte und angefeuchtete Probe thermisch isoliert belüftet. Setzt eine aerobe mikrobielle Tätigkeit ein, so ist dies mit einem Temperaturanstieg verbunden. Betrachtet werden die folgenden Meßgrößen: maximale Steigung der Temperatur, maximale Temperatur, Flächeninhalt unter der Temperaturkurve (72-h-Integral).

Aus dem Verlauf der Wärmeentwicklung kann auf den zeitlichen Fortschritt der Umsetzungsvorgänge und damit indirekt auf die Kompostierbarkeit der Probe geschlossen werden. Eine Probe kann als kompostierbar gelten, wenn innerhalb von 3 Tagen 40 °C erreicht werden. Über die Qualität einer tatsächlichen Kompostierung ist damit jedoch nichts ausgesagt.

M.3.5.5.2 Tests zur Beurteilung des biologischabbaubaren Anteils mittels chemischer Verfahren

In gewissen Grenzen folgt die biologische Abbaubarkeit der vorgenannten Stoffgruppen deren naßchemischer Oxidierbarkeit bzw. Löslichkeit in unterschiedlichen Löse- oder Aufschlußreagenzien. Die Verfahren hierzu wurden insbesondere zur Beurteilung der Rottefähigkeit von Abfällen entwickelt.

Gegenüber den biologischen Verfahren bieten diese Methoden vielfach den Vorteil, daß nahezu die gesamten deponieseits langfristig verfügbaren Stoffe auch in der Analyse erfaßt werden und darüber hinaus, eine Standardisierung und Mechanisierung der Verfahrensweisen relativ einfach zu leisten ist.

Korrigierter Glühverlust /
Van-Soest-Untersuchung
Die modifizierte Stoffgruppenanalyse [M.3.10] erlaubt es, die als Glühverlust gemessene organische Substanz in einen mikrobiell abbaubaren und einen biologisch nicht oder nur sehr schwer abbaubaren Anteil zu differenzieren. Dabei wird von der Konvention ausgegangen, daß diejenige organische Substanz, die sich weder durch Behandlung mit saurer Detergenzienlösung noch durch Hydrolyse mit Schwefelsäure in Lösung bringen läßt, als mikrobiologisch weitestgehend inert einzustufen ist. Insbesondere werden Kunststoffe, Gummi, schwer bzw. nicht abbaubare Biopolymere wie Lignine und Humine, Kohle-, Koks- und Rußpartikel nicht als abbaubare organische Substanz erfaßt.

Der Wert für diesen sog. „korrigierten Glühverlust" GV_{korr} ist jedoch mit einem nicht unerheblichen Fehler durch die Gegenwart anorganischer, leicht löslicher Salze behaftet, der zu beträchtlichen Überbefunden führen kann. Durch eine parallele TOC-Bestimmung an den erstellten Eluaten/Extrakten oder die Durchführung der Bestimmung anhand von getrockneter als auch geglühter Originalsubstanz läßt sich der Fehler jedoch beseitigen.

Wirksame Organische Substanz WOS
Bei der Bestimmung der Wirksamen Organischen Substanz WOS wird die Löslichkeit der Probe in verschiedenen Detergentien als Beurteilungskriterium herangezogen [M.3.9]. Als Detergentien werden Heißwasser, Salzsäure (niedrig konzentriert), Salzsäure (hoch konzentriert), Natronlauge und konzentrierte Schwefelsäure eingesetzt. Die gewogene Probe wird den einzelnen Lösungsschritten unterzogen, abfiltriert und der Gewichtsverlust des jeweiligen Filterrückstands nach der Trocknung gegenüber der vorausgegangenen Probe gravimetrisch bestimmt. Abschließend erfolgt eine Glühverlustbestimmung der Originalprobe und des Filterrückstands, um aus der Differenz von Gesamt Organischer Substanz GOS (Glühverlust der Originalprobe) und nicht abbaubarer organischer Substanz (Glühverlust des Filterrückstands) den Anteil an Wirksamer Organischer Substanz WOS an der GOS zu ermitteln.

Diese arbeitsintensive Methode führt, genau wie bei der ähnlich strukturierten Methode zum korrigierten Glühverlust, über die Miterfassung anorganischer Salze in den Lösungsschritten häufig zu Überbefunden für die WOS.

Chromatmethode
Bei dieser indirekten Methode wird die Probe

analysenfein aufgemahlen und anschließend mit Kaliumdichromat in saurem Milieu gekocht, wobei die organischen Bestandteile durch das eingesetzte Dichromat oxidiert werden. Das nicht verbrauchte Oxidationsmittel wird über eine Rücktitration ermittelt.

Aufgrund der hohen Oxidationskraft des Dichromats handelt es sich hierbei um eine Methode, die eine Überbewertung des tatsächlich abbaubaren Anteils erwarten läßt.

M.4 Boden

Während im Bereich der Wasseranalytik bereits seit Jahrzehnten die eingesetzten Verfahren standardisiert, gesammelt und als „Deutsche Einheitsverfahren zur Wasser-, Abwasser- und Schlammuntersuchung" [M.4.1] durch das Deutsche Institut für Normung e.V. DIN veröffentlicht wurden, existiert eine vergleichbare Sammlung standardisierter und genormter Methoden für Bodenproben nicht.

Derzeit werden von den Untersuchungslaboratorien meist Hausmethoden oder modifizierte Methoden aus dem Bereich der Wasseranalytik zur Untersuchung von Bodenproben eingesetzt. So existieren für einige Parameter teilweise mehrere, sich in relevanten Arbeitsschritten grundsätzlich unterscheidende Methoden. Ihre Vergleichbarkeit ist insbesondere für den probenaufbereitenden Schritt häufig nicht gesichert. Werden z. B. unterschiedliche Aufschlußverfahren gewählt (Königswasser-, Mikrowellen-, Druck- oder Schmelzaufschluß als alternative Verfahren zur anschließenden Schwermetalluntersuchung) so führt dies i. d. R. aufgrund unterschiedlicher Mobilisierung der zu untersuchenden Schadstoffe zu abweichenden Ergebnissen. Viele der Hausmethoden sind darüber hinaus nicht ausreichend validiert, da ein Vergleich mit den von anderen Laboratorien erhaltenen Ergebnissen nicht stattgefunden hat, und die Ermittlung der Verfahrenskenndaten mit einem hohen zeitlichen und damit auch finanziellen Aufwand für die Laboratorien verbunden ist.

Um vergleichbare Ergebnisse zu erhalten, ist die Festlegung der Aufschluß-, Extraktions- oder Elutionsmethoden in den zur Bewertung herangezogenen Richtlinien unbedingt erforderlich.

Mit der Standardisierung von Verfahren im Bereich der Bodenanalytik sind derzeit auf nationaler und auf Länderebene verschiedene Gremien tätig.

Methodensammlungen wurden z. B. durch das Deutsche Institut für Normung e.V. DIN (Handbuch Bodenschutz) [M.4.2], den Verband Deutscher Landwirtschaftlicher Untersuchungs- und Forschungsanstalten VDLUFA (Methodenbuch Band I; Die Untersuchung von Böden) [M.4.3]; der Hessischen Landesanstalt für Umwelt HLFU (Stoffsammlung Laboranalytik bei Altlasten) [M.4.4] oder in Kooperation der Bundesanstalt für Materialprüfung und der Oberfinanzdirektion Hannover BAM-OFD (Anforderungen an Untersuchungsmethoden zur Erkundung und Bewertung kontaminationsverdächtiger/kontaminierter Flächen auf Bundesliegenschaften) [M.4.5] zusammengestellt.

International werden diese Aktivitäten durch das Arbeitsgremium ISO TC 190 der International Organization for Standardization ISO (Genf) gebündelt, um zukünftig für den Bodenbereich verbindliche Methoden festzuschreiben.

M.4.1 Methodensammlungen zur Bodenuntersuchung

Im Auftrag des Umweltbundesamtes UBA wurde 1994 vom Normenausschuß Wasserwesen NAW des Deutschen Instituts für Normung DIN erstmals der Entwurf für ein Methodenhandbuch Bodenschutz [M.4.2] vorgelegt, das eine Übersicht über die Verfahren zur Probenahme und Untersuchung von Böden auf chemische, physikalische und biologische Parameter liefert, die derzeit in Anwendung sind bzw. deren Fertigstellung als Normen oder Richtlinien u. ä. bevorsteht. Die einzelnen Verfahren sind dort in Form von Datenblättern angelegt, denen sich ein Kommentar und Vergleich mit ähnlichen Methoden anschließt.

Der Verband deutscher landwirtschaftlicher Untersuchungs- und Forschungsanstalten VDLUFA hält für die Untersuchung von landwirtschaftlich nutzbaren Bodenflächen eine ausführliche Methodensammlung (Methodenbuch Band I; Die Untersuchung von Böden; 1991) [M.4.3] bereit. Neben allgemeinen Hinweisen bzgl. Probenahme, Transport und Konservierung sowie Probenaufbereitung sind dort Verfahren für chemische, biologische, physikalische und mineralogische Untersuchungen sowie Feldmethoden zusammengestellt. Es werden insbesondere Methoden berücksichtigt, die eine Unterscheidung zwischen Gesamtgehalten und pflanzlich verfügbaren Anteilen zulassen. Viele der aufgeführten Verfahren werden in der Routineanalytik landwirtschaftlicher Böden angewendet. Verfahrenskenndaten sind jedoch nicht aufgeführt.

Die Verwaltungsvereinbarung der Oberfinanzdirektion OFD Hannover und der Bundesanstalt für Materialprüfung BAM vom 15.9.1995 formuliert „Anforderungen an Untersuchungsmethoden zur Erkundung und Bewertung kontaminationsverdächtiger/kontaminierter Flächen und Standorte auf Bundesliegenschaften" [M.4.5], in denen u. a. die derzeit eingesetzten analytisch-chemischen Verfahren zur Untersuchung von Böden aufgelistet sind. Eine Bewertung der Verfahren oder Hinweise auf mögliche Störungen werden nur in sehr beschränktem Umfang gegeben.

In den für unterschiedliche Untersuchungsanforderungen formulierten Richtlinien, Verwaltungsvorschriften u. ä. werden für die als relevant angesehenen Parameter Orientierungs- Grenz- oder Zuordnungswerte angegeben, wobei in vielen Fällen jedoch keine Angaben über die zur Bestimmung einzusetzenden Methoden gemacht werden.

Dies gilt z. B. für den 1993 erstmals vorgelegten Diskussionsentwurf für die „Verwaltungsvorschrift für die Feststellung und Sanierung von Altlasten" (Altlasten-VwV). Auch der inzwischen aktualisierte Entwurf vom August 1996 [M.4.6] enthält zwar einen ausführlichen Anhang mit Orientierungswerten für unterschiedliche Nutzungskategorien und schlüsselt Gruppenparameter wie leichtflüchtige halogenierte Kohlenwasserstoffe LHKW in die zu bestimmenden Einzelsubstanzen auf, macht aber nur wenige und allgemein gehaltene Aussagen zur Durchführung der zur Gehaltsbestimmung notwendigen Analytik.

Im hessischen Abfallrecht wird seit 1990 die Entsorgung von Erdaushub und belasteten Böden geregelt (Erste VwV Erdaushub/Bauschutt; Verwaltungsvorschrift für die Entsorgung von unbelastetem Erdaushub und unbelastetem Bauschutt) [M.4.7]. Der Ergänzungserlaß von 1992 [M.4.8] beinhaltet Orientierungswerte für 18 im Eluat mit destilliertem Wasser und direkt aus dem Feststoff zu ermittelnde Parameter zur Abgrenzung von unbelastetem, belastetem und verunreinigtem Boden. In der Anlage ist eine Liste der für die zu untersuchenden Parameter anzuwendenden Analyseverfahren beigefügt, in die jedoch nur Verfahren aus der Wasser- und Abwasseranalytik aufgenommen wurden, obwohl für einige Parameter zumindest eine für Schlamm und Sedimente genormte Methode vorliegt. Für die Metalle wird der Königswasseraufschluß nach DIN 38414, Teil 7 vorgeschrieben; für die organischen Parameter heißt es lediglich „Analyse aus Originalsubstanz", jedoch fehlt jeglicher Hinweis auf notwendige Clean-up-Schritte, die in den für die Wasseranalytik entwickelten Verfahren nicht enthalten sind.

M.4.2 Untersuchungsmethoden

M.4.2.1 Probenahme

Zu Beginn einer Bodenuntersuchung ist zunächst die Frage zu beantworten, welchem Zweck die Untersuchung dienen soll. So wird sich die Probenahme bei einem altlastenverdächtigen Areal wesentlich anders gestalten als das Probengewinnungsverfahren zur Feststellung des Nährstoffgehalts, bzw. -bedarfs einer Ackerfläche oder einer besonders sensiblen Nutzung der Bodenoberfläche, z. B. als Kinderspielplatz. Die Entscheidung über die Anzahl der zu entnehmenden Einzelproben, die Art der Probenahme (Einstichtiefe, gestörte oder ungestörte Probenahme) sind in Abhängigkeit von der vorgegebenen Aufgabenstellung zu treffen.

Werden Bodenproben so entnommen, daß das ursprüngliche Gefüge erhalten bleibt, wird von ungestörten Proben gesprochen. Diese volumenproportionale Gewinnungsmethode wird angewendet, um Aussagen über z. B. Porenvolumen, Porengrößenverteilung, Leitfähigkeit für Wasser, Luft und Wärme und ähnliche Eigenschaften treffen zu können. Solche Proben werden beispielsweise entsprechend DIN 19 681 mit einem Stechzylinder (Mindestinhalt von 100 $cm^{3)}$ schonend aus dem Bodenverband entfernt, um das Gefüge zu erhalten.

Zur Untersuchung von Bodenprofilen ist besonders vorsichtig vorzugehen. Der Stechzylinder sollte hier möglichst gleichmäßig horizontal bzw. vertikal eingeschlagen werden, um Stauchungen zu vermeiden.

Für chemisch-analytische Untersuchungen werden i. d. R. Bodenproben aus gestörter Lagerung entnommen. Gestörte Proben werden massenproportional z. B. entsprechend DIN 19 671 mit einem Kammerbohrer gewonnen.

Die Anzahl der zu entnehmenden Proben soll die zu untersuchende Fläche repräsentieren, d. h., es ist vorher festzulegen mit welcher Genauigkeit die Parameter bzw. ihre räumliche Verteilung bestimmt werden sollen. Um den horizontalen Unregelmäßigkeiten der Bodenzusammensetzung zu begegnen, gewinnt man die Einzelproben von einer über die zu untersuchende Fläche zufallsverteilten Anzahl von Meßpunkten. Wird eine (Teil-)Fläche als annähernd homogen angesehen, kann durchaus eine Mischprobe ausreichend sein. Benötigt werden bei relativ homogen erscheinenden Ackerböden 10-20 Einzelproben pro 10000 m², die zu einer Mischprobe vereinigt werden. Die Einstichtiefe geht dabei je nach Durchwurzelung von 10-20 cm bis zu 1 m für besondere Untersuchungen (z. B. Nährstoffeinwaschungen).

Bei der Untersuchung altlastenverdächtiger Böden muß individuell nach Verdacht und Augenschein vorgegangen werden. Hier ist eine genaue Kartographierung bzw. Protokollierung der Probeentnahmeorte und -tiefe nötig. Selbstverständlich verbietet sich hier in aller Regel die Anfertigung von Mischproben.

Da die Zusammensetzung des Bodens nicht nur in räumlicher Hinsicht, sondern auch zeitlich gesehen starken Schwankungen ausgesetzt ist, sind die Probenahmeprogramme je nach Fragestellung auch hinsichtlich der zeitlichen Verläufe zu planen. So ist beispielsweise der Gehalt des disponiblen Stickstoffs von der Jahreszeit, vom Temperaturverlauf der letzten Tage, von der Niederschlagsmenge und nicht zuletzt auch vom Pflanzenwuchs abhängig.

Da sich die Zusammensetzung der Proben aufgrund mikrobiologischer Aktivitäten fortlaufend ändern kann, ist eine rasche Analyse zumindest der zeitlich stark schwankenden Parameter anzustreben.

Die Dokumentation der Probenahme und die Erstellung ausführlicher Probenahmeprotokolle sind wesentliche Voraussetzungen für die Aussagekraft der erhaltenen Ergebnisse. Die Protokolle sollten mindestens die nachfolgend aufgeführten Punkte enthalten:
- Durchführende Institution / Probenehmer
- Zeitpunkt der Probenahme / Meteorologische Bedingungen
- Ort und genaue Lage der Probenahmepunkte bzw. flächen einschl. Lageskizze
- Probenahmeart (Einzelprobe, Mischprobe)
- Aufschlußart und Probenahmegerät (Material)
- Probenansprache
- Probengefäße und Konservierung
- Probenkennzeichnung
- Vor-Ort-Untersuchungen

Eine ausführliche Anleitung hinsichtlich der Erstellung von Probenahmeprogrammen und Probenahmeverfahren bieten die Entwürfe E DIN/ISO 10 381 (Bodenbeschaffenheit - Probenahme) bzw. ISO/CD 10 381 (Soil quality - sampling) sowie VDLUFA A 1.0.

M.4.2.2 Probenaufbereitung

Nach dem Transport ins Labor umfaßt die Probenvorbehandlung das Wägen, Auftrennen der Fraktionen, Teilen, Trocknen und Zerkleinern des Materials.

Üblicherweise wird die Fraktion > 2 mm abgesiebt und der Probenanteil < 2 mm zur Analyse herangezogen.

Es ist unbedingt zu vermeiden, aus einer Probe mit einem Spatel oder ähnlichem eine Teilmenge zu entnehmen, da durch die Erschütterungen beim Transport unweigerlich eine Korngrößenfraktionierung stattfindet, so daß eine so gewonnene Teilmenge keinesfalls repräsentativen Charakter aufweisen würde.

Eine optimale Verjüngung des Probenmaterials erreicht man für kleinere Probenmengen durch Aufschütten der sorgfältig durchmischten Probe auf eine glatte Fläche und anschließende Einteilung des Probenkegels in Sektoren. Die Hälfte der entstandenen Segmente wird verworfen, die andere Hälfte (jeweils aus gegenüberliegenden Sektoren) wird vereinigt und erneut aufgeschüttet. So wird verfahren, bis die gewünschte Probenmenge erreicht ist.

Zur Aufteilung sehr großer Probenmengen bietet sich der Einsatz einer Verteilerrutsche oder eines rotierenden Verteilers (Riffler) an, der die Proben automatisch unterteilt und abfüllt.

Für die meisten Analysen (z. B. Bestimmung der Metalle) ist es erforderlich, die Probe mit einer geeigneten Mühle (Scheibenschwingmühle, Kugelmühle) staubfein zu mahlen. Bei allen Arbeitsvorgängen ist auf eine möglichst zu minimierende Kontamination der Proben zu achten. Hierzu zählen der Abrieb von Probeentnahmegeräten und Probebearbeitungswerkzeugen, Verschleppung von Schadstoffen durch schlecht gereinigte Gerätschaften, Verflüchtigung von Inhaltsstoffen bei zu langer, unsachgemäßer Lagerung, Oxidationsprozesse und photolytische Zersetzungen.

Zur Probenvorbehandlung für Bodenproben liegen DIN-Normentwürfe vor, die gesonderte Vorgehensweisen für sich anschließende physikalisch-chemische Untersuchungen (E DIN/ISO 11 464; Bodenbeschaffenheit: Probenvorbehandlung für physikalisch-chemische Untersuchungen) und die Bestimmung von organischen Verunreinigungen (E DIN/ISO 14 507; Bodenbeschaffenheit: Probenvorbehandlung für die Bestimmung von organischen Verunreinigungen in Böden) vorsehen.

M.4.2.3 Vor-Ort-Analytik

Für orientierende Untersuchungen oder die routinemäßige Kontrolle kann der Einsatz von Schnellanalytik-Verfahren im Rahmen einer Vor-Ort-Analyse als Ergänzung zu ausführlichen Laboruntersuchungen sinnvoll sein. Mit diesen Schnellmethoden läßt sich in akuten Fällen, in denen die Laboranalytik erst nach einigen Tagen ein Ergebnis liefern kann, häufig ein akzeptabler Näherungswert ermitteln. Dabei ist jedoch unbedingt die Eignung der gewählten Vor-Ort-Analytik für die gegebene Matrix zu prüfen. So sind vor allem die zahlreichen Meßverfahren nach photometrischem Prinzip besonders anfällig gegenüber Matrixstörungen. Immer häufiger werden Immunoassays zur Schnellanalytik angeboten, die bei Vergleichsuntersuchungen mit der herkömmlichen Laboranalytik teilweise sehr gute Ergebnisse liefern. Diese Verfahren sind jedoch verhältnismäßig teuer und decken i. d. R. nur einen relativ kleinen Konzentrationsbereich ab. Darüber hinaus erfordert die Handhabung der Test-kits zunächst einige Übung und Erfahrung.

Vom Landesumweltamt Nordrhein-Westfalen LUA-NRW wurde eine umfangreiche Datenbank mit einer „Übersicht kurzfristig verfügbarer Methoden der Schnellanalytik" [M.4.9] zusammengestellt. Darin sind für eine Vielzahl anorganischer, organischer und biologischer Parameter die derzeit kommerziell erhältlichen Schnellanalytik-Methoden inkl. ihrer Anwendungsbereiche zusammengestellt. Eine Kommentierung wurde bisher nicht vorgenommen, ist jedoch für die Aspekte „Anwendbarkeit für eine bestimmte Matrix" und „Vorliegende Erfahrungsberichte" geplant.

M.4.2.4 Aufschluß-, Extraktions- und Elutionsverfahren

In Abhängigkeit von den zu bestimmenden Inhaltsstoffen und der für die spezielle Fragestellung erwünschten Erfassung bestimmter Erscheinungsformen der Analyten ist ein geeignetes Aufschluß-, Extraktions- oder Elutionsverfahren zu wählen.

Zur Bestimmung der Gesamtgehalte der Analyten ist ein Totalaufschluß unumgänglich. Unpolare Verunreinigungen (z. B. Kohlenwasserstoffe) werden durch Extraktion mit organischen Lösemitteln aus den Bodenproben gewonnen. Sollen die pflanzlich verfügbaren Anteile oder die durch Regenwasser mobilisierbaren Anteile ermittelt werden, so bieten sich verschiedene Elutionsverfahren an.

Zu den Methoden zur Bestimmung der sogenannten Gesamtgehalte zählen die Königswasseraufschlüsse. Vergleichbare Methoden wurden mit DIN 38414, Teil 7 (Aufschluß mit Königswasser zur nachfolgenden Bestimmung des säurelöslichen Anteils), E DIN ISO 11 466 (Extraktion von in Königswasser löslichen Spurenmetallen) und VDLUFA A 2.4.3.1 (Bestimmung von Schwermetallen im Aufschluß mit Königswasser) veröffentlicht. Es existieren Grenzwerte und umfangreiche Datensätze mit diesen Methoden. Zertifizierte Referenzproben sind im Handel erhältlich. Das Vergleichen von Ergebnissen verschiedener Laboratorien ist inzwischen über zahlreiche Ringversuche sehr gut abgesichert. Tatsächlich können jedoch die Anteile der extrahierten Gehalte am Gesamtgehalt je nach Element und Mineralbestand des Bodens zwischen 50 und 100 % schwanken, da bestimmte Silikate und Oxide nicht aufgeschlossen werden. Die extrahierten Gehalte können zur Abschätzung der Mengen dienen, die bei ungünstiger Bodenentwicklung (z. B. extreme Versauerung) langfristig mobilisiert werden können. Die Verfahren sind nicht geeignet, um biologisch wirksame oder mobile Gehalte vorauszusagen.

Daneben werden in einigen Fällen auch Extraktionen mit siedender Salpetersäure HNO_3 in unterschiedlichen Konzentrationen vorgenommen, die analog dem Königswasseraufschluß durchgeführt werden. Die Durchführung ist vergleichsweise einfach. Richt- oder Grenzwerte liegen jedoch nicht vor.

Zur Ermittlung des Gesamtgehalts in Proben mit hohem Silikatanteil findet häufig die Druckaufschlußmethode des Bayrischen Geologischen Landesamtes mit einer Mischung aus Flußsäure, Perchlorsäure und Salpetersäure oder ein Mikrowellendruckaufschluß unter Zusatz von Flußsäure Anwendung.

Seltener werden die relativ arbeitsintensiven Schmelzaufschlüsse, wie z. B. Soda-Pottasche-Aufschluß o. ä. eingesetzt.

Die für die Extraktion organischer Verbindungen aus Bodenproben geeigneten organischen Lösemittel sind je nach der zu untersuchenden Verbindungsklasse vor allem in Abhängigkeit von der sich anschließenden Detektionsmethode auszuwählen. Kriterien sind neben den erwünschten möglichst hohen Extraktionsausbeuten und Selektivität vor allem minimale Störungen bei der gewählten Detektionsmethode.

Zur Bestimmung der pflanzlich verfügbaren Anteile eines Stoffs bieten sich verschiedene Elutionsverfahren an. Hierzu werden Bodenproben mit verschiedenen Elutionsmitteln behandelt, wie z. B. Essigsäure, Ammoniumacetatlösung, EDTA Lösung sowie Lösungen von Salzen. Diese Methoden sind geeignet, um die Pflanzenaufnahme und Wirkungen auf Bodenorganismen abzuschätzen. Für die nach diesen Methoden ermittelten Gehalte liegen Grenz- und Prüfwerte sowie eine Reihe von Datensätzen vor, die als Richtwerte herangezogen werden können. Für die Zusammensetzung der Elutionsmittel gibt es allerdings keine einheitliche Auffassung.

So kann z.B. durch eine Kaliumchloridlösung der pflanzlich verfügbare Stickstoff eluiert werden. Der größte Teil des im Boden vorkommenden Stickstoffs ist in organischen Verbindungen fixiert und so für die Pflanze nicht verfügbar. Die Pflanze ist auf Nitrat-, Nitrit- und Ammoniumionen angewiesen. Die beiden erstgenannten lassen sich ohne weiteres mit Wasser eluieren, das Ammoniumion liegt allerdings an kolloidales Material (Ton) gebunden vor. Durch den großen Überschuß des Kaliumions wird das Ammoniumion verdrängt und kann eluiert werden.

Die Bestimmung von Phosphor und Kalium erfolgt nach VDLUFA A 6.2.1.1 aus gepuffertem Calcium-Acetat-Lactat-Auszug CAL, die Bestimmung der pflanzenverfügbaren Magnesium-Anteile im Calciumchlorid-Auszug nach VDLUFA A 6.2.4.1. Mobile und austauschbare Spurenelemente werden in Ammoniumnitrat- (DIN 19 730) oder Natriumnitrat-Extrakten erfaßt.

Kurzfristig mobilisierbare Anteile können mit Hilfe der in vielen gesetzlichen und untergesetzlichen Regelwerken vorgeschriebenen Elutionsmethode mit destilliertem Wasser (DIN 38 414 Teil 4) abgeschätzt werden. Bei diesem Verfahren wird eine Probe im Verhältnis 1:10 mit destilliertem Wasser 24 h über Kopf geschüttelt und nach Filtration oder Zentrifugation analysiert. Eine Aussage über das Langzeitverhalten eines Materials ist mit dieser Methode nicht möglich. Sie ist jedoch sehr einfach durchzuführen, und es existiert inzwischen umfangreiches Datenmaterial für verschiedenste Bodennutzungen, die eine vergleichende Bewertung der Ergebnisse erlauben.

M.4.2.5 Analytische Methoden

M.4.2.5.1 Allgemeine Parameter

Die Bestimmung der Trockenmasse erfolgt meist mit einer separaten Probe bei 105 °C nach ISO 11 465 (Bestimmung der Trockensubstanz und des Wassergehalts) oder nach DIN 38414, Teil 2 (Bestimmung des Wassergehalts und des Trockenrückstands bzw. der Trockensubstanz). Vergleichbar ist die Methode nach VDLUFA A 2.1.1 (Bestimmung des Wassergehalts bzw. der Trockenmasse).

Ist der Verdacht auf Anteile an flüchtige organischen Substanzen gegeben, so wird die zur Analyse verwendete Probe entweder gefrier- oder luftgetrocknet oder mit geeigneten Substanzen (z. B. Natriumsulfat Na_2SO_4) chemisch getrocknet. Für die Gefriertrocknung von Schlämmen wurde E DIN 38414, Teil 22 (Bestimmung des Gefriertrockenrückstands und Herstellung der Gefriertrockenmasse eines Schlamms) erarbeitet. Der Glühverlust einer Bodenprobe wird gemäß DIN 19684, Teil 3 (Bestimmung des Glühverlustes und des Glührückstands) normalerweise bei 450 °C bestimmt. In Ausnahmefällen werden abweichende Temperaturen eingesetzt.

Die Bestimmung des pH-Werts eines Kulturbodens z. B. nach VDLUFA A 5.1.1 (Bestimmung des pH-Werts) bereitet wegen der erforderlichen Gleichgewichtseinstellung häufig Schwierigkeiten. Dies gilt in gleichem Maße für DIN 19684, Teil 1 (Bestimmung des pH-Werts des Bodens und Ermittlung des Kalkbedarfs) sowie den Entwurf E DIN/ISO 10390 (Bodenbeschaffenheit; Bestimmung des pH-Werts).

M.4.2.5.2 Anorganische Parameter

Zur Bestimmung von Schwermetallen aus Aufschlüssen und Extrakten werden häufig die für die Analytik von Wasser entwickelten Verfahren (DIN-Normenreihe 38 405 und 38 406) eingesetzt. Diese Methoden wurden jedoch i. allg. nur für die Untersuchungen von Wasser und Abwasser überprüft. Störungen oder Interferenzen durch die für den jeweiligen Aufschluß verwendeten Säuren lassen sich häufig zufriedenstellend durch entsprechende Verdünnungen minimieren.

Inzwischen sind für eine Reihe von Metallen Methoden veröffentlicht oder im Entwurf, die speziell für die Untersuchung von Böden entwickelt wurden (z.B. Normenreihe E ISO/CD

11 047 Bodenbeschaffenheit; Bestimmung einzelner Schwermetalle; E VDI 3796, Teil 2 und 3; Bestimmung von Thallium in Böden).

Die Bestimmung der Anionen erfolgt üblicherweise nach einer Elution des Bodens mit Wasser oder wäßrigen Salz- oder Pufferlösungen mit den in der Wasseranalytik erprobten DEV-Verfahren. Eine eindeutige Festlegung des Elutionsverfahrens fehlt häufig. Für die Bereiche, in denen ein Elutionsverfahren eindeutig festgeschrieben wurde (z. B. Altlasten VwV oder Ergänzungserlaß zur Ersten VwV Erdaushub/Bauschutt) werden in verschiedenen Laboratorien gleichwertige Analysenergebnisse erhalten.

Inzwischen gibt es eine Reihe von Methoden oder Methoden im Entwurf, die speziell für die Untersuchung von Böden entwickelt wurden. Für die Parameter Cyanid (E DIN ISO 11 262; Bodenbeschaffenheit; Bestimmung von Cyanid), Sulfid (DIN 19684, Teil 9; Bestimmung des Gehalts an pflanzenschädlichen Sulfiden und Polysulfiden im Boden), Phosphat (E DIN ISO 11 263, Teil 1; Bodenbeschaffenheit; Bestimmung von Phosphor), Nitratstickstoff (VDLUFA A 6.1.4.1; Bestimmung von mineralischem Stickstoff in Bodenprofilen) und Sulfat (E DIN ISO 11 048; Bodenbeschaffenheit; Bestimmung von wasser- und säurelöslichem Sulfat).

M.4.2.5.3 Organische Summenparameter

Zur Bestimmung der organischen Summenparameter werden in der Praxis häufig die für die Wasser-, Schlamm- und Sedimentuntersuchung entwickelten Verfahren eingesetzt. Die Übertragung dieser Verfahren für Bodenproben gelingt z.B. für die Parameter Adsorbierbare Organische Halogene AOX (DIN 38414, Teil 18), Extrahierbare Organische EOX (DIN 38414, Teil 17) und Gesamter Gebundener Organischer Kohlenstoff TOC (DIN 38409, Teil 3) recht gut.

Zur Bestimmung der Mineralölkohlenwasserstoffe kommen derzeit verschiedene Methoden zur Anwendung. Etabliert ist noch immer die umstrittene, analog zur DIN 38409, Teil 18 entwickelte IR-Bestimmung nach Kaltextraktion mit Freon, die inzwischen als ISO-Methode (ISO TR 11 046; Soil quality; Determination of oil content) vorliegt. Diese internationale Norm läßt neben der Infrarot-Bestimmung auch die Detektion mittels Gaschromatographie GC und Flammenionisationsdetektor FID als vergleichbare Methode zu, bei der zur Extraktion auf das klimarelevante Freon verzichtet werden kann. Das als EPA-Norm erschienene Verfahren (EPA 3560; Supercritical Fluid Extraction of Mineral Oil), bei dem der GC-FID-Bestimmung eine Extraktion mit überkritischem Kohlenstoffdioxid vorangeht, hat sich in der Vergangenheit für die Routineanalytik nicht durchsetzen können.

M.4.2.5.4 Organische Gruppen- und Einzelparameter

Während sich bei der Untersuchung von Bodenproben auf organische Verbindungen die Detektionsmethoden meist direkt aus den existierenden Normen für die Wasser-, Abwasser- und Schlammuntersuchung übertragen lassen, besteht für die Extraktion und anschließende Extraktreinigung für viele Methoden noch erheblicher Untersuchungs- und Standardisierungsbedarf. Dies gilt insbesondere, da sowohl einige Parameter der Probenvorbereitungsschritte, die die höchsten Extraktionsausbeuten liefern, als auch die Detektion erhebliche Probleme bereiten können. Darüber hinaus führen Variationen in der Probenvorbereitung, die in den Analysenberichten häufig keine Erwähnung finden, wie z. B. die Filtration oder alternativ die Zentrifugation des Eluates bei der Bestimmung der Polycyclischen Aromatischen Kohlenwasserstoffe PAK teilweise zu signifikant anderen Ergebnissen.

So liefert z.B. für die Bestimmung der PAK die Soxhlet-Extraktion mit Toluol gute Wiederfindungsraten, bereitet jedoch bei der anschließenden Hochleistungsflüssigkeitschromatographie HLPC mit Fluoreszenzdetektion Schwierigkeiten. Neben der für die Bestimmung einer Auswahl von sechs PAK vorgelegten DIN-Methode (E DIN 38414, Teil 21; Schlamm und Sedimente: Bestimmung von 6 Polycyclischen Aromatischen Kohlenwasserstoffen (PAK) mittels Hochleistungsflüssigkeitschromatographie (HPLC) und Fluoreszenzdetektion) gibt es inzwischen auch einen internationalen Entwurf, der sich zur Bestimmung der 16 EPA-PAK eignet und für Böden geprüft wurde (ISO/CD 13877; Bodenbeschaffenheit; Bestimmung von polycyclischen aromatischen Kohlenwasserstoffen (PAK) – Hochleistungs-Flüssigkeitschromatographie (HPLC)-Methode). Daneben werden verschiedene Hausmethoden sowie Methoden der VDLUFA, der Landesanstalt für Umwelt LfU, Baden-Württemberg oder des Landesumweltamtes Nordrhein-Westfalen LUA, NRW eingesetzt, die neben der HPLC-Methode auch die Gaschomatographie mit unterschiedlichen Detektoren (Massenspektrometer MS oder Flammenionisationsdetektor FID) verwenden.

Für die Bestimmung der Polychlorierten Biphenyle PCB liegen neben der gut auf Bodenproben übertragbaren Methode aus dem Bereich der Schlamm- und Sedimentuntersuchungen (E DIN 38414, Teil 20; Schlamm und Sedimente; Bestimmung von polychlorierten Biphenylen) inzwischen auch eigens für die Matrix Boden entwickelte Verfahren vor (E ISO TC 190/SC 3/WG 7; Gaschromatographische Bestimmung des Gehalts an Polychlorierten Biphenylen (PCB) und Organochlorpestiziden (OCP); EPA 8080 A; Organochlorine Pesticides and Polychorinated Biphenyls by Gas Chromatography). Bei diesen Methoden wird der für die Bestimmung der PCB gängigen Detektion mittels Gaschromatographie und Elektroneneinfangdetektor GC-ECD eine speziell auf Bodenproben angepaßte Extraktion und Aufreinigung vorangestellt.

Leichtflüchtige aromatische Kohlenwasserstoffe werden nach Extraktion mit Pentan oder direkt mittels Dampfraumanalyse analog DIN 37407, Teil 9 (Bestimmung von Benzol und einigen Derivaten mittels Gaschromatographie) und anschließender GC-FID Detektion, oder gemäß ISO/CD 15009, die eine Purge-and-Trap-Methode beinhaltet und neben der FID- auch die MS-Detektion zuläßt, bestimmt. Von der amerikanischen Umweltbehörde US-EPA (Environmental Protection Agency) liegt ebenfalls eine Purge-and-Trap-Methode vor (EPA 8260). Das u. a. vorgeschlagene direkte Verfahren ohne vorherige Extraktion ist jedoch stark umstritten.

Die Bestimmung der Polychlorierten Dibenzo-p-Dioxine (PCDD) und Polychlorierten Dibenzofurane (PCDF) bereitet aufgrund der Verfügbarkeit von ^{13}C-markierten Standardsubstanzen bei anschließender GC-MS-Detektion wenig Probleme. Ein Arbeitspapier des DIN (DIN 38 414 Teil 24; Bestimmung von polychlorierten Dibenzo-p-dioxinen (PCDD) und polychlorierten Dibenzofuranen (PCDF)) sowie zwei EPA-Methoden (EPA 1613; Tetra-through Octa Chlorinated Dioxins and Furans by Isotope Dilution HRGC-HRMS und EPA 8280; The Analysis of Polychlorinated Dibenzo-p-dioxins and Polychlorinated Dibenzofurans) liegen vor.

Die in einigen Listen (z. B. Erste VwV Erdaushub/Bauschutt) vorgeschriebene Bestimmung des Phenolindexes führt insbesondere für Bodenproben aufgrund der natürlichen organischen Matrix häufig zu Überbefunden, die zu einer Grenzwertüberschreitung führen können. Dies ist insbesondere auf die Tatsache zurückzuführen, daß bei der Angabe des Analysenverfahrens lediglich die Angabe der allgemeinen DIN-Nummerierung DIN 38409, Teil 16 erfolgt und keine Unterscheidung bzgl. der dort aufgeführten Verfahren zur Bestimmung des Gesamt-Phenolindexes Teil 16–1 und zur Bestimmung der Wasserdampfflüchtigen Phenole Teil 16–3 bzw. 16–3 vorgenommen wird. Häufig wird demzufolge der weniger aufwendig zu ermittelnde Gesamtphenolindex bestimmt, der für Bodenproben wegen der Miterfassung u. a. der Huminstoffe nicht zu sinnvollen Ergebnissen führt. Alternativ bietet sich die Einzelbestimmung ausgewählter Phenole nach der EPA-Methode (EPA 8040; Phenols) mittels GC-FID oder nach Derivatisierung mittels GC-ECD an.

Generell finden derzeit Überlegungen statt, speziell für die Bestimmung der organischen Substanzen getrennte Bausteine für die Extraktionsverfahren, die Clean-up-Methoden und die Detektion zu definieren, um der Vielzahl der vergleichbaren Methoden, die sich aus der unterschiedlichen Kombination der einzelnen Schritte ergeben, gerecht zu werden und gleichzeitig eine genaue Vorgabe des anzuwendenden analytischen Verfahrens in den zur Bewertung der Ergebnisse herangezogenen Richtlinien und Merkblättern zu ermöglichen.

M.5 Lärmmeßverfahren und Anlagebeurteilung

M.5.1 Grundbegriffe

M.5.1.1 „Lärm" im BImSchG

Das Bundes-Immissionsschutzgesetz (BImSchG) [M.5.1] stellt den Begriff „Lärm" unter die „schädlichen Umwelteinwirkungen" durch Geräusche. Als solche gelten Immissionen, „die nach Art, Ausmaß oder Dauer geeignet sind, Gefahren, erhebliche Nachteile oder erhebliche Belästigungen für die Allgemeinheit oder die Nachwelt herbeizuführen". Unter „Gefahren" werden im Sinne des BImSchG Gesundheitsgefahren im engeren medizinischen Sinn verstanden.

M.5.1.2 Emission

Bei Energieumwandlungen wird ein Teil der umgesetzten Energie als Schall an das umgebende

Medium weitergegeben. Die in der Zeiteinheit an die Umgebung abgegebene Schallenergie ist die Schallleistung. Diese ist im freien Schallfeld proportional dem dort meßbaren Quadrat des Schalldrucks. Aus einer Messung des Schalldrucks auf einer Hüllfläche um die Schallquelle kann die Schallleistung und damit die Emission der Quelle bestimmt werden. Die Angabe der Schallleistung dient als charakteristisches Merkmal einer Schallquelle für weiterführende Planungen und Berechnungen.

M.5.1.3 Immission

Für die Wirkung von Geräuschen sind die Stärke und der Verlauf der Schallimmission am jeweiligen Immissionsort (Aufenthaltsort) maßgebend.

M.5.1.4 Pegel

Der große Bereich des auftretenden Schalldrucks wird übersichtlich erfaßt durch den Schalldruckpegel oder Schallleistungspegel. So entspricht z. B. eine Schallintensität von 1 W/m² einem Schallpegel von 120 dB.

M.5.1.5 A-bewerteter Schalldruckpegel (dB(A))

Bei der Einwirkung von Schall auf den Menschen wird zur näherungsweisen, gehörrichtigen Ermittlung ein Bewertungsfilter A in einen Meßverstärker eingeschaltet. Die so ermittelten Werte (Bild M.5-1) werden dann als A-bewertete Schallpegel in dB oder kurz als dB(A) angegeben. Dies gilt sowohl für Immissionen als auch für Emissionen von Geräuschen (DIN 45 645 [M.5.2]).

Unter Einbeziehung von Mittelungsvorschriften, Zeitbewertungen und Gewichtungsfaktoren wird z. B. als „Lärmbetrieb" nach der Arbeitsstättenverordnung ein Betrieb angesprochen, in welchem der Schallpegel L_{AFTm} = 85 dB beträgt (vgl. hierzu auch E VDI 3723, E VDI 2058/1 sowie DIN 1320 [M.5.5 – M. 5.7]).

M.5.2 Die Aussagekraft gängiger Meßverfahren

M.5.2.1 Messung

Die Schalldruckmessung erfolgt durch Schallpegelmesser. Integrierende Schallpegelmesser zeigen als Ergebnis bereits einen zeitlichen Mittelwert je nach Zeitbewertungsart (Zeitkonstanten *Fast, Slow, Impulse*) an.

Soll ein Mittelwert über längere Zeit (Minuten, Stunden, Tage, Monate usw.) gebildet werden, so kann dieser als Mittelwert der Schallintensität in der gewünschten Zeit gebildet und als mittlerer Schallpegel angegeben werden (E DIN 45641 [M.5.8]). Werden außer dem Mittelwert über die Meßzeit zusätzliche Aussagen über die Verteilung der Schallpegel gewünscht, so ist die Angabe der Zeitbewertung erforderlich. Diese Erfassung der Meßwerte wird normalerweise mit der Einstellung FAST vorgenommen. Die hiermit erhaltene Häufigkeitsverteilung der Meßwerte kann auch als Summenhäufigkeit dargestellt werden. Außer dem Mittelungspegel für die Meßzeit kann sowohl die Häufigkeit des Auftretens von Schallpegeln als auch die Überschreitungshäufigkeit bestimmter Schallpegel angegeben werden (VDI 3723, Blatt 1 [M.5.5]). Wird die Meßzeit in kleinere Zeitabschnitte eingeteilt, so läßt sich für die einzelnen statistischen Werte (z. B. Mittelungspegel L_{AFm} oder Hintergrundpegel L_{AF95}) eine Tages-, Monats oder Jahresverteilung oder die Summenhäufigkeit der ermittelten Kurzzeitwerte angeben.

Das Mittelungsverfahren (Ermittlung des äquivalenten Dauerschallpegels) erfolgt auf der Grundlage der Wirkung von Dauerlärm auf das Innenohr und auf die Entstehung von Lästigkeit. Die Erfahrung zeigt, daß sowohl die Lärmschwerhörigkeit als auch die Lästigkeit proportional zur Energie (Pegel) und zur zeitlichen Einwirkung (Dauer) auftraten. Ein Lärmschwerhörigkeitsrisiko gleicher Größenordung ergab sich bei Zeithalbierung und gleichzeitiger Pegelerhöhung um 3 dB(A).

Eine Lärmschwerhörigkeit tritt bei 5 % der Belasteten nach zehn Jahren täglich 8stündiger Belastung mit 90 dB(A) auf; das gleiche Risiko ergibt sich nach zehn Jahren, wenn statt 8 h 90 dB(A) nunmehr 4 h mit 93 dB(A) vorhanden sind; 2 h mit 96 dB(A) ergeben ebenfalls 5 % Risiko usw. Gleiche Beziehungen gelten für die Lästigkeit. Der Zusammenhang ist in Bild M.5-2 in einem Pegel-Zeit-Diagramm dargestellt.

Wenn die Geräuschemissionen eines Betriebs in der Nachbarschaft bestimmt werden, so sind die Schallpegelmessungen nur sinnvoll, wenn die geräuschverursachenden Anlagen voll betrieben werden. Falls unterschiedliche Betriebsweisen eine unterschiedliche Schallemission aufweisen, so ist den einzelnen Betriebsweisen auch der jeweilige Immissionswert zuzuordnen. Wird darüber hinaus bei größerer Entfernung von der zu messenden Anlage der emietierte Schallpegel durch

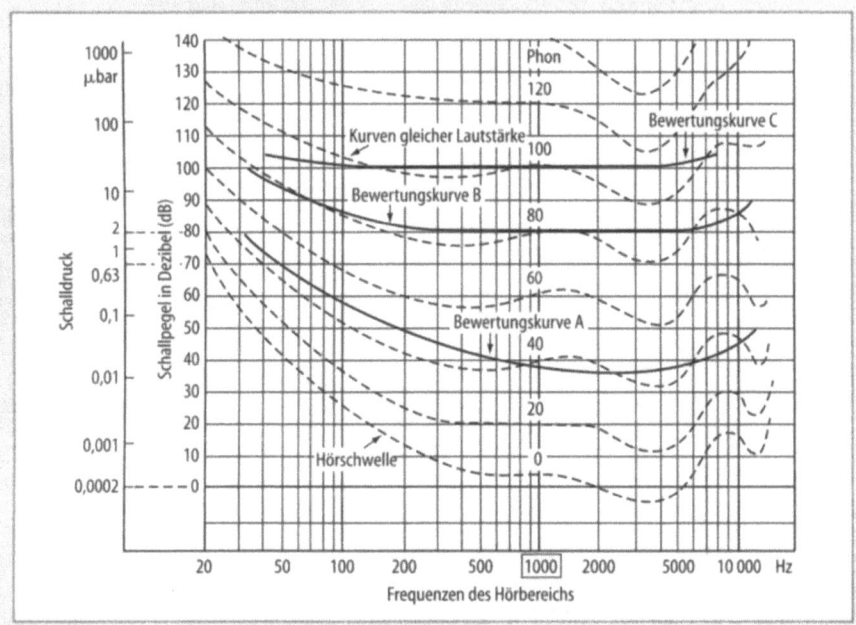

Bild M.5-1 Kurven gleicher Lautstärke. Die Hörschwelle für 1000 Hz liegt bei +4 dB [M.5.3], während sie früher bei 0 dB festgelegt wurde [M.5.4].

wechselnde Ausbreitungsbedingungen beeinflußt, so muß der Schallpegel am Immissionsort in Abhängigkeit vom Betriebszustand der Anlage und von der Witterungsbedingung erfaßt werden.

M.5.2.2 Wettereinfluß

Messungen in der Nachbarschaft von zeitlich nahezu konstant abstrahlenden großflächigen Anlagen ergeben oft Abweichungen aufgrund der Bezugswettersituation, die als mittlere Mitwindsituation gekennzeichnet ist.

Die höchsten Schallpegel treten bei leichtem Mitwind und bei Inversionswetterlagen (sehr gute Schallausbreitung), die niedrigsten bei Gegenwind auf. Die Tiefe des Schallschattens wird hierbei durch die seitliche Streuung an Inhomogenitäten des Ausbreitungsmediums (Luft) begrenzt.

M.5.3 Untersuchungen und Beurteilungen von Anlagen und Bauwerken

M.5.3.1 Schalleistung

Die schalltechnische Kennzeichnung einer Maschine oder Anlage wird heute allgemein über die abgestrahlte Schalleistung P angegeben. Üblich ist die Angabe des Schalleistungspegels L_W; näherungsweise läßt sich die Schalleistung einer Geräuschquelle auch aus Schalldruckmessungen im Freifeld bestimmen.

Die Verfahren zur Bestimmung der Schalleistung, die auf Schalldruckmessungen beruhen, wurden national (DIN 45635 [M.5.9]) und international (ISO 3740-3746 [M.5.10-M.5.16]) festgelegt. Die Genauigkeit dieser standardisierten Meßverfahren hängt stark von den Umgebungsbedingungen (Aufstellungsort der Quelle, Fremdgeräusche) ab. Häufig werden bei Messungen in der Praxis so hohe Fremdgeräuschpegel oder so große Raumrückwirkungen festgestellt, daß – wenn überhaupt – nur noch Messungen der Genauigkeitsklasse 3 (Übersichtsmethode) möglich sind.

M.5.3.2 Auffälligkeiten und Informationshaltigkeit

Die negativen Wirkungen von Geräuschen können oft nicht aus den mittleren Schalldruckpegeln (Mittelungspegel) erfaßt werden. Eine bessere Beurteilung kann durch Berücksichtigung zusätzlicher Faktoren erreicht werden, wie z. B. Dauer, Zeitpunkt und Häufigkeit des Auftretens,

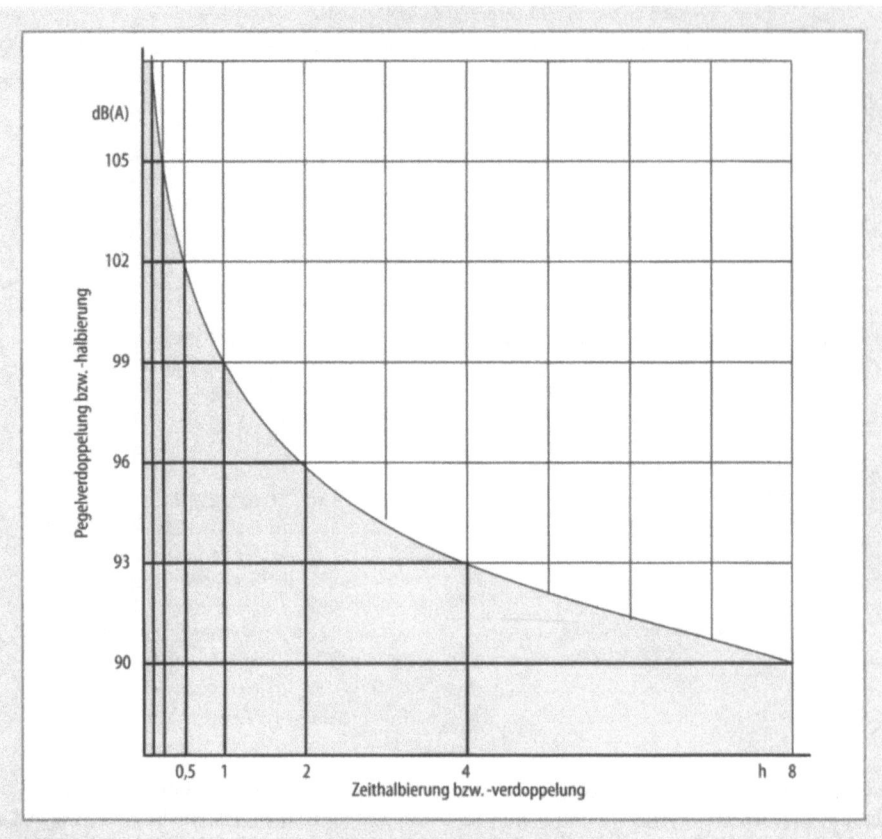

Bild M.5-2 Pegel-Zeit-Diagramm (äquivalenter Dauerschallpegel q = 3)

Frequenzzusammensetzung und ggf. auch Auffälligkeit des Geräuschs (Impulshaltigkeit, Tonhaltigkeit, Ortsüblichkeit sowie Art und Betriebsweise der Geräuschquelle).

In der VDI-Richtlinie 2058, Blatt 1 [M.5.6] wird die Tatsache, daß eine weniger wichtige, vielleicht auch bereits bekannte Information bewußt wahrgenommen wird, als Auffälligkeit bezeichnet. Hiernach ist ein Geräusch auffällig, wenn es z. B.

- das Hintergrundgeräusch insgesamt oder in einzelnen Frequenzbereichen um 10 dB(A) oder mehr überschreitet,
- in Zeiten der Ruhe und Erholung (z. B. nachts, abends, am frühen Morgen oder am Wochenende) auftritt,
- sich durch besondere Ton- oder Impulshaltigkeit (Frequenz- und Zeitstruktur) aus dem Hintergrundgeräusch oder einem gleichmäßigen Grundgeräusch einer Anlage heraushebt,
- in seiner Art in der betroffenen Umgebung fremd oder neu ist.

M.5.3.3 Hintergrundgeräusch

Das Hintergrundgeräusch ist das am Meßort vorhandene schwächste Fremdgeräusch, das nicht einer einzelnen erkennbaren Geräuschquelle zugeordnet werden kann. Bei Pegelklassierungen entspricht der Hintergrundpegel dem Pegel des Fremdgeräuschs, der in 95 % der Beobachtungsdauer überschritten wird. Fremdgeräusche sind hierbei Geräusche am Immissionsort, die unabhängig von dem zu beurteilenden Geräusch auftreten, z. B. Verkehrsgeräusche, Geräusche anderer Betriebe und Anlagen. In der ISO-1996 (1971) [M.5.17 – M.5.19] wird ausgeführt, daß zur Beurteilung einer Geräuscheinwirkung der Hintergrundpegel als Beurteilungskriterium dienen kann, wenn er in angemessener Weise die Einflüsse der Art des Wohnbereichs, der Jahreszeit und der Tageszeit mittelt; hierzu sind keine Korrekturen erforderlich.

M.5.3.4 Auffälligkeiten und Hintergrundgeräusche

Die Auffälligkeit eines Geräuschs ist mittelungsweise direkt mit dem zur gleichen Zeit am gleichen Ort vorhandenen Hintergrundpegel verknüpft, der direkt als Bezugswert im Vergleich mit dem Beurteilungspegel dienen kann. (Im Beurteilungspegel ist außer dem Mittelungspegel für die Beurteilungszeit nach ISO-1996 ein Zuschlag je nach Geräuschart für Ton- und Impulshaltigkeit enthalten.)

Wenn der Beurteilungspegel das Beurteilungskriterium (Hintergrundpegel) um 0 dB(A) überschreitet, wird keine Reaktion der beobachtet.
- 5 dB(A) Überschreitung:
  Geringe Reaktion mit gelegentlichen Beschwerden;
- 10 dB(A) Überschreitung:
  mittlere Reaktion mit weit verbreiteten Beschwerden;
- 15 dB(A) Überschreitung:
  starke Reaktion mit Androhung öffentlichen Einschreitens;
- 20 dB(A) Überschreitung:
  sehr starke Reaktion mit energischem öffentlichen Einschreiten.

M.5.3.5 Tonzuschlag

Ein Tonzuschlag zum Mittelungspegel wird bei der Geräuschbeurteilung dann durch Zuschläge berücksichtigt, wenn ein dominant auftretender Einzelton die Lästigkeit eines Geräuschs erhöht.

M.5.3.6 Impulszuschlag

Wie die Tonhaltigkeit wird auch die Impulshaltigkeit durch Zuschläge zum Mittelungspegel berücksichtigt. Nach E DIN 45645 „Einheitliche Ermittlung des Beurteilungspegels für Geräuschemissionen" (Teil 1 und Teil 2) [M.5.2, M.5.20] ist der Impulszuschlag K_I die Differenz zwischen dem in der Einstellung *Impulse* gemessenen A-bewerteten Mittelungspegel L_{AIm} und dem in der Einstellung *Fast* gemessenen A-bewerteten Mittelungspegel L_{AFm} : $K_I = L_{AIm} - L_{AFm}$. Je nach Höhe und Dauer der Impulse kann K_I Werte von mehr als 10 dB(A) annehmen.

Bei Geräuschen mit K_I = 2 dB(A) kann auf den Impulszuschlag verzichtet werden. Falls die Mittelungspegel in der Einstellung *Impulse* oder im Taktmaximalpegelverfahren ermittelt werden, so ist kein Zuschlag erforderlich. Liegen jedoch nur in FAST gemessene Mittelungspegel vor, so kann je nach Auffälligkeit der Impulse ein Impulszuschlag von je 3 oder 6 dB(A) (nach VDI-Richtlinie 2058, Blatt 1 [M.5.6]) auf den Meßwert addiert werden. Nach ISO-1996 (1971) „Assessement of noise with respect to Community Response" [M.5.17 - M.5.19] ist einheitlich ein Impulszuschlag von 5 dB(A) vorgesehen.

Außer der Überschreitung eines vorhandenen Pegels ist die Anstiegzeit des Schallimpulses bis zum Erreichen des maximalen Pegels, die Höhe des Pegels selbst sowie die Vorhersehbarkeit des Schallereignisses für die Lästigkeit bedeutsam. Impulsschalle (Explosionen, Überschallknall, militärische Tiefflüge, Hammerwerke) können Anstiegzeiten von 1 ms und kürzer haben.

Hiermit verbunden sind auch meist Frequenzanteile im Frequenzbereich über 1000 Hz, in dem der Umgebungspegel bereits absinkt. Unvorsehbare Schallereignisse (Impulse) mit starker (40 dB(A) und mehr) Überschreitung des vorhandenen Schallpegels können darüber hinaus Schreckreaktionen auslösen. Beispiele hierfür sind der Überschallknall von fast mit Schallgeschwindigkeit tieffliegenden Flugzeugen.

M.5.4 Nachbarschaftsprüfungen und Geräuschspitzen

Bei einwirkendem Gewerbe- und Industrielärm sollen nach VDI-Richtlinie 2058, Blatt 1 [M.5.6] kurzzeitige Geräuschspitzen den geltenden Richtwert außen tags um nicht mehr als 30 dB(A) und nachts um nicht mehr als 20 dB(A) überschreiten. Innerhalb von Wohnräumen sollte die Überschreitung durch einzelne Spitzen nicht mehr als 10 dB(A) tags und nachts betragen. Hiermit werden „normale" vorhersehbare Immissionen in ausreichendem Maße begrenzt, vorausgesetzt, man wählt entsprechend der Ansprechzeit des Orts am Schallpegelmesser die Zeitbewertung *Fast*.

M.5.4.1 Lästigkeitszuschlag

Für die Beurteilung einer vorhandenen Situation bietet sich eine meßtechnische, objektive Bestimmung eines Lästigkeitszuschlags wegen Impulshaltigkeit an. Statistische Verfahren sind hierzu weniger geeignet, da hiermit weder die Anstiegszeiten noch die absolute Höhe der Impulse angegeben werden können. Hinweise auf die veränderliche Höhe eines Zuschlags können durch Messungen mit unterschiedlichen Zeitkonstanten des Schallpegelmessers erhalten werden, wie er bereits als K_I in E DIN 45645 [M.5.2, M.5.20] enthalten ist. Hierbei sollte allerdings eine Korrekturgröße angebracht werden, die verhindert, daß bereits ausbreitungsbedingte Schwankungen des Schallpegels zu einem Impulszuschlag führen. Ob diese Größe die erhöhte Lästigkeit richtig beschreibt, und ob ein zusätzlicher Zuschlag für nicht vorhersehbare Impulsgeräusche notwendig ist, sollte durch die Ergebnisse der Wirkungforschung und durch die Auswertung von Erfahrungen – z. B. bei der Beurteilung von Schießlärm – überprüft werden.

M.5.4.2 Tonhaltigkeit

In der E VDI-Richtlinie 3723, Blatt 1 [M.5.5] wird vorgeschlagen, mit Hilfe statistischer Auswertung von Meßgrößen eine Aussage zur Auffälligkeit eines Geräuschs einschl. der Störung durch Ton- und Impulshaltigkeit zu treffen; hierbei soll zur Bestimmung der Tonhaltigkeit über die A-bewertete Messung des Gesamtpegels hinaus eine Frequenzanalyse des Gesamt- und Fremdgeräuschs erfolgen.

M.5.5 Verkehrslärm

Unter den Begriff Verkehrslärm fallen alle Arten des Verkehrs, d. h. Straßen-, Schienen-, Wasser- und Luftverkehr.

Die Verfahren zur Beurteilung von Verkehrslärm berücksichtigen die mittlere Verkehrsbelastung über einen längeren Zeitraum. Im Fluglärmgesetz sind dies die sechs Monate mit dem stärksten Verkehrsaufkommen. Beim Straßenverkehr wird die durchschnittliche tägliche Verkehrsstärke (DTV) ermittelt, also der Mittelwert über alle Tage eines Jahres der einen Straßenabschnitt täglich passierenden Kraftfahrzeuge. Bei der Bundesbahn werden eine durchschnittliche Verkehrsdichte und eine durchschnittliche Zusammensetzung der Zugarten – ein guter Schienenzustand vorausgesetzt – angenommen, um eine Aussage über zu erwartenden Geräuschbelastungen treffen zu können.

Messungen an bestehenden Anlagen können den augenblicklichen Zustand (Verkehrsaufkommen, Ausbreitungsbedingungen) erfassen und müssen auf die „Normalbedingungen" umgerechnet werden. Zusätzlich gilt auch hier, daß einwirkende Fremdgeräusche und meteorologische Einflüsse die Auswertung der durch die betrachtete Quelle verursachten Pegel erschweren oder gelegentlich unmöglich machen können.

Die Kenntnis der mittleren Emission der Verkehrsgeräuschquellen erlaubt in der Nähe der Verkehrswege die Berechnung von *Mittelungspegeln*, die in einem vertretbaren Streubereich mit den tatsächlich gemessenen Werten übereinstimmen.

M.5.6 Immissionsbeurteilungen aus technischer Sicht

M.5.6.1 TA Lärm

Grundlage der Bestimmungen in diesem Bereich ist die TA Lärm [M.5.21], die festlegt, daß die Schallpegelmessung für eine zu beurteilende Anlage oder einen Betrieb am vorgeschriebenen Meßort (0,5 m) vor dem am stärksten betroffenen, geöffneten Fenster durchzuführen ist. Schwierigkeiten könne sich dabei ergeben, wenn die dauernde Einwirkung von Fremdgeräuschen eine genaue Bestimmung des Anteils der zu beurteilenden Anlage verhindert. Wenn z. B. Geräuschquelle und Immissionsort weiter als ca. 100 m voneinander entfernt sind und gleichzeitig andere Quellen (Kfz-Verkehr, Gewerbe und Industrie) auf den Immissionsort einwirken, ergeben sich Unsicherheiten in der exakten Berechnung.

M.5.6.2 Messung und Berechnung

In ca. 80 % der zur Bestimmung des Immissionspegels durchzuführenden Untersuchungen ist die Einhaltung aller Bedingungen der TA Lärm meist wegen einwirkender Fremdgeräusche am Immissionsort nicht möglich. Die Ermittlung der Emission von Anlagen, Betrieben, Einzelquellen ist jedoch in einschlägigen Richtlinien und Normen festgelegt und in praktisch interessierenden Fällen (relativ hohe Schalleistung) fast immer unabhängig von der Wetterlage durchzuführen. Erfahrungen mit der Anwendung der VDI-Richtlinie 2714 [M.5.22] ergaben beim Vergleich von gemessenen Emissionswerten, berechneten und gemessenen Immissionspegeln für Mitwindwetterlagen Übereinstimmungen innerhalb von ± 2 dB (A). Hierbei wurden jeweils die Mittelwerte nach E DIN 45641 [M.5.8] verglichen.

Der überwiegende Teil aller Meßaufgaben bezieht sich auf die Kontrolle der Einhaltung eines Immissionswerts durch einzelne Anlagen oder Betriebsteile. Die Messung der Emission und Berechnung der Immission ist oft die einzige Möglichkeit, die Einhaltung eines Immissionsrichtwerts nachzuprüfen. Von den Genehmigungsbehörden werden diese Untersuchungen als Nachweis der Einhaltung eines Immissionsrichtwerts anerkannt, wenn Betriebszustände und Einwirkzeiten den Genehmigungsbedingungen entsprechen.

Aus den Ergebnissen der Immissionsberechnungen können erforderliche Minderungsmaßnahmen abgeleitet werden. Merhfachmessungen zur Berücksichtigung statistischer Forderungen entfallen. Unter der Voraussetzung, daß von verschiedenen Meßinstituten gleicher Qualifikation gleiche Berechnungsverfahren angewendet werden, ist zu erwarten, daß die Ergebnisse aus Emissionsmessung und Immissionsberechnung im resultierenden Immissionspegel (L_{Am}) für größere Anlagen weniger als 1 dB(A) voneinander abweichen. Bei Prognosen von Immissionspegeln im Rahmen eines Genehmigungsverfahrens ist die Berechnung der Immission aus der zu erwartenden Emission erforderlich.

M.5.6.3 Berechnungsverfahren

Die genannten Berechnungsverfahren ermöglichen lediglich eine Ermittlung des statistischen Mittelwerts (LA_{Fm} oder L_{ASm}). Bei konstant abstrahlenden Geräuschquellen liegt jedoch der Mittelungspegel nach dem Taktmaximalverfahren (L_{AFTm} = Wirkpegel) je nach Entfernung der Quelle und Fluktuation der Ausbreitungsbedingungen 0,5 - 2 dB(A) höher. Man erhält grundsätzlich höhere Wirkpegel als Mittelungspegel. (Dies könnte z. T. durch Wegfall der 3 dB-Meßunsicherheit ausgeglichen werden.) Die Messung, Auswertung und Berechnung müssen normalerweise in mindestens Oktavbandbreite erfolgen und erfordern entsprechende Erfahrung. Außerdem können Zuschläge für Ton- oder Impulshaltigkeit erst nach einer Analyse der Geräuschsituation am Immissinsort begründet werden.

Eine Überarbeitung der TA Lärm ist schon seit längerer Zeit vorgesehen und dringend geboten, um die zutage getretenen Nachteile und die Schwachstellen zu revidieren. Bisher konnten die Arbeiten jedoch noch zu keinem Abschluß gebracht werden.

M.5.6.4 Eichung

Schallpegelmesser, die für akustische Messungen eingesetzt werden, müssen geeicht sein. Dies gilt auch für Schallpegelmesser, die im Immissions- und Arbeitsschutz benutzt werden. Lediglich Schallpegelmesser, die der unverbindlichen orientierenden Information dienen, sind von der Eichpflicht befreit. Voraussetzung für die Eichung ist eine Zulassung, die von der Physikalisch-Technischen Bundesanstalt nach Zulassungsprüfung erteilt wird.

Außer der direkten Ablesung von Meßwerten sind auch analoge oder digitale Speicherungen von Meßwerten und die Auswertung im Labor übliche Verfahren. Im Sinne der entsprechenden Verordnungen müssen Einzelprüfungen der speziellen Meßketten einschl. der zur Auswertung gehörenden Rechner und Rechnerprogramme vorgenommen werden. In der Praxis werden jedoch nur einzelne Glieder einer solchen Meßkette zugelassen und geeicht, wie z. B. der Mikrophonteil oder der Schallkalibrator.

Durch diese Vorgehensweise kann es zu Fehlern kommen. Wenn der Gesamtfehler in einer Meßeinrichtung nicht größer sein soll als der eines gebräuchlichen Schallpegelmessers, bleibt für das einzelne Glied der Meßkette nur eine sehr geringe Fehlergrenze übrig. Die Anwender sind verpflichtet, durch ständige Kontrolle ihrer Meßeinrichtungen mit Hilfe akustischer Kalibratoren die Zuverlässigkeit der Meßergebnisse zu gewährleisten.

M.6 Messung der Dosis ionisierender Strahlen

M.6.1 Einleitung

Beim Durchgang energiereicher (ionisierender) Strahlen durch Materie kommt es „portionsweise" (quantenhaft) zur Absorption der Strahlenenergie durch Wechselwirkung der Partikel oder Photonen mit der Materie. Es treten Anregungszustände oder, durch direkte Wechselwirkungen, Ionisationen auf.

Bei der Dosismessung ionisierender Strahlen ging man daher zunächst von der Meßgröße Ionendosis aus. Allerdings ergab sich das Problem, daß sich diese Dosisgröße auf die Messung der Ionisation in einem mit Luft gefüllten Raum und nicht auf die stärker interessierenden flüssigen oder festen Medien bezieht. Ionisierende Photonen-Strahlung (Röntgen- bzw. γ-Strahlung) verursacht beim Durchgang durch Materie Wechselwirkungen, die direkt oder indirekt über ausgelöste Elektronen (Sekundärelektronen) zu Ionisation in der durchstrahlten Materie führen. Die Ionendosis ergibt sich zu

$$J = dQ/dm_a = 1/\rho \times dQ/dV,$$

wenn sich in einem Volumen dV eine Luftmasse dm_a der Dichte ρ befindet, so gibt diese Ionendosis die elektrische Ladung dQ der Ionen eines Vorzeichens an. Als Maßeinheit wird heute Coulomb pro Masse (C/kg) verwendet.

Es hat sich jedoch sehr bald gezeigt, daß die wichtigere und universeller anwendbare Meßgröße die Energiedosis ist, die durch die absorbierte Strahlenenergie in einem bestimmten Massenelement M definiert ist. Als Maßeinheit wird heute das Gray (Gy) verwendet, das der absorbierten Strahlungsenergie von 1 J/kg bestrahlter Masse gleichgesetzt wird. Für die unmittelbare Messung der absorbierten Strahlenenergie und damit der zu bestimmenden Energiedosis in dem zu untersuchenden Phantommaterial oder im lebenden Gewebe, etwa des menschlichen Organismus, stehen allgemein keine Meßverfahren zur Verfügung. Die Bestimmung der durch Strahlenabsorption erzeugten Wärme ist aufgrund der geringen Größe außerordentlich aufwendig und u. a. wegen des Problems der Wärmeleitung nur in Spezialfällen durchführbar. In der Praxis werden daher durchweg leichter handbare, indirekte Meßverfahren verwendet und dann aus diesen Ergebnissen die Energiedosis errechnet. Es werden eine Reihe von Strahleneffekten bzw. Meßverfahren genutzt, von denen einige in Tabelle M.6-1 zusammengestellt sind. Aufgrund der unterschiedlichen Dosishöhen, Dosisleistungen, Strahlenarten (Neutronen, α-, β-, γ- und Röntgenstrahlen) sowie Strahlenenergie müssen diese verschiedenartigen Meßverfahren eingesetzt werden.

Um die Gefährdung des Menschen durch ionisierende Strahlung abschätzen zu können, muß die Strahlendosis an dem Ort (Ortdosis), an dem der Mensch sich befindet, oder an der Oberfläche des Menschen (Personendosis) bzw. im Menschen selbst (Körperdosis) bestimmt werden. Der Mensch kann durch externe Strahlung (Bestrahlung von außen) exponiert werden oder er nimmt radioaktive Stoffe durch Inhalation bzw. Ingestion auf, so daß diese radioaktiven Stoffe im Menschen dann zerfallen. Die Strahlenenergie wird in den Geweben freigesetzt und absorbiert (Bestrahlung von innen). Im Fall der Inkorporation von radioaktiven Stoffen kann die Strahlendosis nicht unmittelbar physikalisch gemessen werden. Es werden über biokinetische Messungen und Modelle zur Aufenthaltsdauer der Radioaktivität in einzelnen Organen und Geweben unter Berücksichtigung der physikalischen Parameter des radioaktiven Zerfalls (Halbwertszeit, Art und Energie der Strahlung) die Dosen abgeschätzt [M.6.1].

Bei der Dosisüberwachung in und außerhalb von technischen Anlagen können die Strahlendosis bzw. die Radioaktivitätskonzentrationen innerhalb der Anlagen unmittelbar gemessen werden, während bei der Umgebungsüberwa-

Tabelle 6-1 Übersicht über Strahlungseffekte und darauf beruhender Verfahren zur Dosisbestimmung

Strahlungseffekt	Meßeinrichtung/Meßverfahren	Anwendung in			
		ST	RD	SS	VT
Ionisation im Gas	Ionisationskammer	1	1	1	1
	Proportionalzählrohr			1	
	Auslösezählrohr	1		1	
Ionisation im Festkörper	Halbleiterkristall	2		2	2
	Leitfähigkeitsdetektor	2		2	
Scintillation, Lumineszenz	Scintillation		1		
	Thermolumineszens	1	1	1	2
	Photographische Filme	2	1	1	
Chemische Effekte	Chemische Dosimeter	1			1

ST Strahlentherapie   SS Strahlenschutz   1 häufig verwendetes, empfehlenswertes Verfahren
RD Röntgenstrahlendiagnostik   VT Verfahrenstechnik   2 in bestimmten Fällen vorteilhaft anwendbar

chung häufig nur die Abgaben von radioaktiven Stoffen aus den technischen Anlagen erfaßt werden und die Dosis für den Menschen in der Umgebung solcher Anlagen über Modellsysteme ermittelt werden muß [M.6.2].

Für die unmittelbaren Strahlenmeßverfahren werden verschiedene Dosimetersysteme eingesetzt, die selbst oder deren zugrundeliegende Meßverfahren in Tabelle M.6-1 angegeben sind. Diese Strahlenmeßverfahren ermöglichen i. allg. keine direkte Dosismessung, sondern ihnen liegt häufig das Prinzip der Zählung ionisierneder Partikel zugrunde. Dieses gilt vor allem für die Dosismessung beim Zerfall radioaktiver Stoffe. Die Dosisbestimmung erfolgt dann über Kalibrierungsfaktoren, für die das Radionuklid mit seinem Zerfallsschema und den dabei entstehenden ionisierenden Teilchen bekannt sein muß. Eine Ausnahme machen hier nur die Ionisationskammern und Filmdosimeter (Tabelle M.6-1), bei denen eine direkte Dosismessung durchgeführt werden kann.

M.6.2   Ionisation in Gasen

M.6.2.1   Ionisationskammern

Gasgefüllte Ionisationskammern werden in einer großen Breite für die Dosimetrie eingesetzt. Dieses liegt vor allem an dem hohen Ansprechvermögen und an der Anwendbarkeit für alle Strahlenarten. Der relativ geringe Aufwand zur Strom- oder Ladungsmessung sowie die gute Langzeitstabilität sind die Grundvoraussetzungen für diese breite Anwendung. Durch die Wahl des Ionisationsvolumens, die Variation der Gasdichte und des Ladungs- bzw. Strommeßbereichs können Ionisationskammern für einen sehr breiten Meßbereich der Dosis und Dosisleistungen (Dosis pro Zeiteinheit) eingesetzt werden.

Die Ionisationskammern bestehen im Prinzip aus einer gasgefüllten Kammer mit zwei Elektroden. Bestrahlt man dieses Gas mit ionisierender Strahlung, so fließt beim Anlegen einer Spannung ein elektronischer Strom, der durch Wanderung der gebildeten Gasionen im elektrischen Feld erzeugt wird. Wenn keine Rekombination der Ionen bzw. eine Verstärkung der Ionenzahl im Gas stattfindet, so ist der gemessene Strom der Strahlungsleistung, die durch Absorption im Gas induziert worden ist, direkt proportional. Im Strahlenschutz werden i. allg. Ionisationskammern mit einem Kammervolumen von $10^2 - 10^4$ cm^3 eingesetzt. Damit sind Messungen von Dosisleistungen im Bereich von ca. 1 – 1000 m Sv/h möglich. Bei entsprechend kleinen Kammervolumina, wie sie in der Strahlentherapie verwendet werden, können aber auch Dosisleistungen bis zu 10 Gy/min gemessen werden. Aus diesen Gründen gibt es eine Vielzahl von unterschiedlichen Bauformen von Ionisationskammern, die für die verschiedenartigen Verwendungszwecke eingesetzt werden.

Für die Absolutbestimmung der Energiedosen an der Oberfläche und im Inneren von Phantomen sind in verschiedenen Ausführungen Extrapolationskammern für verschiedene Strahlenarten entwickelt worden. Im Strahlenschutz werden Ionisationskammern häufig aufgrund ihrer Zuverlässigkeit, der geringen Energieabhängigkeit des Ansprechvermögens und der Verwendbarkeit bei niedrigen Strahlenenergien bevorzugt.

Als Personendosimeter werden Kondensatorkammern häufig in der Form von Stabdosimetern eingesetzt. Bei diesen Stabdosimetern wird ein aufgeladenes Elektrometer in einer Ionisationskammer verwendet. Beim Durchgang ionisierender Strahlung führen die auftretenden Ionisationen zu einer schrittweisen Entladung, die proportional der Strahlendosis ist. Es ergibt sich damit die Möglichkeit, die Strahlendosis direkt mit Hilfe eines solchen Dosimeters abzulesen.

Durch Interaktion der durch Strahlung entstandenen Ionen in dem Gas der Ionisationskammer mit anderen Ladungsträgern, kann es zu Rekombinationen bzw. „Löschung" der Ionen kommen. Wird die angelegte Kammerspannung und damit die Feldstärke erhöht, so nimmt die Wahrscheinlichkeit solcher Interaktionen (Rekombination) ab. Bei entsprechender Zunahme der Spannung wird schließlich ein Zustand erreicht, in dem die Rekombinationsverluste vernachlässigbar sind. Damit nähert sich der Strom in der Kammer einem Sättigungsstrom. Der gemessene Ionisationsstrom (bzw. die Dosisleistungsanzeige) ist mit einem Korrekturfaktor zu multiplizieren, um den Wert bei Sättigung leichter zu erreichen als in elektronegativen Gasen, bei denen die Rekombination zwischen Elektronen und den entsprechenden Gasmolekülen sehr viel höher ist. Daher wird als Füllgas häufig reiner Stickstoff gewählt.

M.6.2.2   Zählrohre

Zählrohre unterscheiden sich von Ionisationskammern durch die Verstärkung der im Gasraum erzeugten Ladungen. Für die Anwendung im Strahlenschutz sind sie besonders geeignet, da sie mit einer einfachen Nachweiselektronik in Meßbereiche bis zu sehr niedrigen Dosisleistungen kommen. Diese Geräte sind häufig auch tragbar, so daß sie einfach bedienbar im Gelände eingesetzt werden können. Zählrohre bestehen meist aus einem Hohlzylinder mit einem dünnen Zähldraht in der Mitte des Zylinders längs der Achse, der als Anode ausgeführt ist. Sie sind mit Gas gefüllt, die keine Elektronen anlagern, z. B. Argon. Die gemessene Impulshöhe beim Durchgang eines geladenen Teilchens durch ein Zählrohr ist in starkem Maß von der angelegten Spannung abhängig und kann entsprechend der Spannung in verschiedenen Bereichen angewendet werden. Für die Strahlungsbemessung werden i. allg. der sog. Proportionalbereich (mit Spannungen von ca. 200 – 550 V) sowie der Auslösebereich (Geiger-Müller-Bereich) mit Spannungen von ca. 750 – 950 V eingesetzt.

Im Proportionalbereich wird die Verstärkung der Primärladungen durch Stoßmultiplikation erreicht. In der Nähe der Anode werden die Elektronen so stark beschleunigt, daß sie selbst wieder zu ionisieren vermögen. Die Elektronenlawine, die von einer primären Ionisation herrührt, ist auf einen sehr kleinen Abschnitt des Anodendrahts beschränkt. Daher bestehen zwischen Elektronenlawinen verschiedener Primärionisationen keine Wechselwirkungen, und der Ladungsimpuls ist somit proportional der durch das Primärteilchen erzeugten Ionenpaare. Der Zähldraht muß kreisrund sein und über die gesamte Länge einen gleichmäßigen Querschnitt haben, um für alle Stellen des Zähldrahts eine gleiche Gasverstärkung zu erhalten. Die Gasfüllungen solcher Proportionalzählrohre bestehen z. B. aus Argon mit einem Zusatz von Methan oder aus Helium mit einem Zusatz von Isobutan. Die Zusatzgase bewirken eine Herabsetzung der mittleren Geschwindigkeit der Elektronen und lassen daher eine höhere Gasverstärkung zu.

Bei diesen Zählrohren kann durch Impulshöhendiskriminierung die Teilchenart bestimmt werden, da die gesammelte Ladung von der Anzahl der primär gebildeten Ionisationen bei etwa gleicher Bahnlänge abhängt, und damit Teilchen mit verschiedener Ionisationsdichte zu unterschiedlichen Reaktionen führen. Auch die Bestimmung der Teilchenenergie ist möglich, wenn das empfindliche Volumen die gesamte Bahn des ionisierenden Teilchens enthält. Proportionalzählrohre sind daher auch zur Spektrumbestimmung von α-Teilchen und energiearmer β- bzw. γ-Strahlung geeignet. Allerdings muß die Spannung für die Energiebestimmungen gut stabilisiert sein. Bei diesem Zählrohr können unmittelbar aufeinander folgende Impulse registriert werden, Auflösungszeiten bis herab zu $0,2 \cdot 10^{-6}$ s sind möglich.

Mit der weiteren Steigerung der Spannung am Zählrohr wird der Auslösebereich erreicht. In diesem Bereich können stark und schwach ionisierende Teilchen nicht mehr voneinander unterschieden werden, da die Impulsamplituden sich in immer stärkerem Maße angleichen. Die Gasverstärkung hängt nicht mehr von der Primärionisation ab, alle Impulse sind gleich hoch. Schon ein einziges im Gasvolumen erzeugtes Ionenpaar löst die Zündung aus, die sich entlang des Zähldrahts ausbreitet. Daher kommt es nach der Auslösung eines Impulses zu einer Totzeit, die entsprechend den Charakteristika des Zählrohrs unterschiedlich dauern kann, und innerhalb derer das Zählrohr nicht auf den Durchgang weiterer ionisierender Teilchen anspricht. Bevor ein weiterer Impuls ausgelöst werden kann, müssen alle Ionen an den Elektroden eingesammelt sein. Daher werden heute überwiegend selbstlöschende Zählrohre mit kürzeren Totzeiten verwendet.

Als Zählgas wird häufig Argon mit Ethylalkohol bei Partialdrucken von 10 und 1 kPa eingesetzt. Die Auflösungszeit eines Zählrohrs hängt entscheidend von der jeweiligen Schaltung des Nachweisgeräts ab.

Für die Verwendung eines Geiger-Müller-Zählrohrs ist ferner von Bedeutung, die Zählrohrcharakteristik (die Zahl der abgegebenen Impulse in einer vorgegebenen Zeit T in Abhängigkeit von der Spannung) zu kennen. In dieser Charakteristik wird ein Plateau erreicht. Die Betriebsspannung sollte i. allg. in diesem Plateau liegen. Der Vorteil der Geiger-Müller-Zählrohre liegt in der geringen erforderlichen Nachverstärkung und damit einfachen Elektronik, da bereits innerhalb des Zählrohrs ein hoher Verstärkungseffekt eintritt. Der Nachteil besteht darin, daß weder die Teilchenenergie noch die Teilchenart durch das Zählrohr charakterisiert werden kann. Schließlich muß eine Totzeit i. allg. von einigen Mikrosekunden in Kauf genommen werden, während der das Zählrohr wegen der vollständigen Ionisation des Volumens um den Zähldraht keine weiteren Impulse registrieren kann. Für Messungen bei hohen Dosisleistungen sind Geiger-Müller-Zählrohre daher ungeeignet.

M.6.3 Ionisation in Festkörpern, Halbleiterdetektoren

Auch in festen Stoffen entstehen durch Bestrahlung Ionisationen mit Ionenpaaren. Diese können jedoch i. allg. nicht zur Dosimetrie genutzt werden, weil sie entweder in nichtleitenden Stoffen unbeweglich oder in leitenden Stoffen neben den bereits vorhandenen Ladungsträgern nicht nachweisbar sind. Dies gilt allerdings nicht für einige Halbleiter. Zu diesen Stoffen gehören Silizium und Germanium. Bei ihnen kann die Zahl der vorhandenen, beweglichen Ladungsträger herabgesetzt werden, so daß die durch Strahlung erzeugten Ionenpaare gemessen werden können. Ferner gehören zu diesen Stoffen die sog. Leitfähigkeitsdetektoren (z. B. Cadmiumsulfid), bei denen die Zahl der Ladungsträger im unbestrahlten Zustand von Natur aus genügend klein ist.

Die Leitfähigkeitseigenschaften der Halbleiter können durch das sog. Bändermodell beschrieben werden. In „Valenzband" sind die Ladungsträger unbeweglich. Durch Energiezufuhr, z. B. durch Absorption ionisierender Strahlung, können sie in das höher liegende Leitungsband gehoben werden, in welchem die Ladungsträger beweglich werden. Die „verbotene Lücke" zwischen den Bändern beträgt 1,12 eV bei Silizium und 0,67 eV bei Germanium. Der Ladungstransport im Leitungsband wird durch Elektronen oder „Defektelektronen" durchgeführt, letztere werden auch „Löcher" genannt. Es wird daher von n-leitendem oder p-leitendem Material gesprochen, wobei die Zahl der Elektronen oder die der Löcher überwiegt. Wenn die Silizium- und Germanium-Kristalle, die vierwertig und durch kovalente Bindungen im Kristall gebunden sind, mit Fremdatomen dotieren, so kann das Material n-leitend werden, wenn die zur Dotierung verwendeten Fremdatome, z. B. Phosphor, Arsen und Antimon, die Tendenz haben, im Kristall ein Elektron abzugeben. Dagegen bewirkt die Dotierung mit 3wertigen Atomen wie Bor, Aluminium, Gallium und Indium, daß das Material p-leitend wird.

Die p-n-Verbindung stellt einen Gleichrichter als elektrisches Leitungselement dar. Durch Anlegen einer Spannung mit dem Pluspol an die p-Seite wird den Elektronen der n-Seite die Überwindung des vor der p-Seite liegenden negativen Potentials ermöglicht. Das Umgekehrte gilt für die Löcher. Hier wird die Diode leitend. Bei umgekehrter Polung wirkt die Verarmungszone wie ein Isolator. Die n- bzw. p-leitenden Seitenteile des Kristalls verhalten sich daher wie die Elektroden einer gasgefüllten Ionisationskammer. Die Verarmungszone stellt das empfindliche Volumen dar; die in ihm durch Strahlung erzeugten Ionenpaare können als Stromsignale registriert werden. Gewöhnliche Halbleiterdioden haben Verarmungszonen mit Dicken bis zu einigen 100 μm und erlauben in Sperrichtung das Anlegen von Spannungen bis zu 100 V.

Bei Halbleitern beträgt der W-Wert, der mittlere Energieaufwand zur Bildung eines Ionenpaars, ca. 1/10 des Werts in Gasen (3,0 eV in Germanium, 3,8 eV in Silizium). Die Dichte der Halbleiter ist dagegen rund 2000 mal so groß. Bei gleicher Energieabsorption werden daher in gleich großen Volumina 20000 mal mehr Ladungsträgerpaare erzeugt als in Gasen. Es sind heute Halbleiterreinstkristalle mit Dicken der Verarmungszonen bis zu 10 mm und Meßvolumina von ca. 100 cm^3 erhältlich.

P-leitende Siliziumdioden werden für Dosis- und Dosisleistungsmessungen vor allem dort eingesetzt, wo im Vergleich zu Ionisationskammern durch kräftige Detektorsignale kurze Meßzeiten und eine hohe räumliche Auflösung erreicht werden sollen. Die Nachweiswahrscheinlichkeit für die Zählung geladener Teilchen beträgt für Oberflächensperrschichtdetektoren 100 % für alle Teilchen, die das Strahleneintrittsfenster durchdringen. Infolge der dünnen Schichten besteht eine hohe Zeitauflösung (bis herab zu 10^{-9} s). Zur Spektrometrie von Röntgen- und γ-Strahlen eignen sich bei Photonenenergieen bis ca. 300 keV Reinst-Germaniumdetektoren, bei höheren Energien aufgrund der größeren empfindlichen Volumina Germanium/Lithiumdetektoren.

Zur Gruppe der Leitfähigkeitsdetektoren gehören normalerweise nichtleitende Kristalle wie Cadmiumsulfid und Cadmiumselinid. Bei diesen stellt sich bei konstanter Dosisleistung der einfallenden Strahlung und konstant angelegter Spannung ein stationärer Strom erst einige Sekunden oder Minuten nach Bestrahlungsbeginn ein. Nachteilig für die allgemeine Anwendung der Dosimetrie von Photonenstrahlung ist die starke Energieabhängigkeit des Ansprechvermögens für Cadmiumsulfidkristalle. Das Ansprechvermögen bei 0,1 MeV ist ca. 50 mal größer als das bei 2 MeV.

M.6.4 Scintillation und Lumineszenz

In geeigneten Scintallatoren kann ionisierende Strahlung Lichtblitze (Scintallationen) auslösen, die im sichtbaren Spektralbereich liegen. Die Umwandlung der Lichtblitze in Stromimpulse mit Hilfe von Photomultipliern führt zum Scintillationszähler, einem der empfindlichsten Nachweisgeräte für ionisierende Strahlung. Besondere Vorteile der Scintillationszähler gegenüber Zählrohren und Ionisationskammern sind hohes Anssprechvermögen für γ- und harte Röntgenstrahlung, hohes zeitliches Auflösungsvermögen mit Koinzidenzen auf 10^{-10} s, hohe Zählgeschwindigkeit und Proportionalität zwischen Teilchen und Quantenenergie sowie der Amplitude der abgegebenen Stromimpulse. Dabei ist es notwendig, daß die bei den Absorptionsprozessen ionisierender Strahlung erzeugte sekundäre Photonenstrahlung ebenfalls im Scintillator absorbiert wird. Beim quantitativen Nachweis von Elektronen und bei der Messung von Elektronenspektren ist ferner die Rückstreuung zu beachten.

Als Scintillationsmaterialien eignen sich eine Reihe von anorganischen Stoffen wie z. B. Zinksulfid (Ag), Zinkoxid (Ga), Natriumjodid (Tl) und Caesiumjodid (Tl) sowie verschiedene organische Substanzen wie z. B. Anthrazen, Stilben und Lösungen von fluoreszierenden Verbindungen in flüssigen und festen organischen Lösungsmitteln. Das Ansprechvermögen eines Scintillators für Photonenstrahlung hängt von seinen Dimensionen und von der Dichte des Scintillatormaterials ab sowie vom Energieumwandlungskoeffizienten für die Strahlung und damit von deren Energie. Bei höheren Quantenenergien sind aufgrund der o. g. Phänomene große Kristalle aus einem Material mit hoher mittlerer Ordnungszahl erforderlich. Die untere Grenze der Energie von ionisierenden Partikeln oder Quanten, die mit einem Scintillationszähler nachgewiesen werden können, hängt außer vom Scintillator vom Rauschen des Photomultipliers ab. Ein typischer Wert der Schwellenenergie für die Meßanordnung liegt bei ca. 3 keV. Es können jedoch auch niedere Energien wie z. B. die β-Partikel, die beim Zerfall des Tritiums entstehen, quantitativ erfaßt werden. Für Messungen im Strahlenschutz haben Scintillationsdetektoren aufgrund ihres hohen Ansprechvermögens für γ-Strahlung und β-Strahlung bei geringen Abmessungen an Bedeutung gewonnen. Mit Natriumjodid (Tl)-Scintillationszählern werden z. B. kleinste Mengen an Radioaktivität im Urin oder im menschlichen Körper nachgewiesen und durch Energiebestimmung der Radionuklide identifiziert.

M.6.5 Thermolumineszenz

Thermolumineszensdosimeter stellen weitverbreitete Festkörperdosimeter in der Strahlentherapie, Strahlenbiologie und bei technischen Anwendungen ionisierender Strahlen sowie im Strahlenschutz dar. Es werden überwiegend Ionenkristalle wie Lithiumfluorid oder Calciumfluorid, die mit Fremdatomen (Aktivatoren z. B. Magnesium, Titan, Mangan) dotiert werden, verwendet. Die Detektoren können als Pulver, Einkristalle oder auch in anderer Form verwendet werden. Wird ein Ionenkristall dieser Art von Strahlung getroffen, so entstehen „Elektronen-Loch-Paare". Elektronen gelangen aus dem Grundzustand (Valenzband) in einen höheren Energiezustand (Leitungsband), in dem sie frei beweglich sind. Bei der Diffusion durch den Kristall können die Elektronen an sog. Haftstellen eingefangen werden, die sich auf einem Energieniveau in der „verbotenen Zone" unterhalb des Leitungsbands befinden. Die Löcher können in Haftstellen in Energieniveaus dicht über dem Valenzband festgehalten werden. Die Verweilzeiten der Elektronen in den Haftstellen hängen vom Abstand der Energieniveaus, vom Leitungsband und von der Temperatur der Probe ab. Sie müssen groß sein gegenüber der Zeitspanne zwischen Bestrahlung und Auswertung. Durch Erhitzen der Probe gelangen sie wieder in das Leitungsband und können bei ihren Diffusionsbewegungen von Lumineszenzzentren eingefangen werden, wo sie mit Löchern rekombinieren. Dabei emittieren die Elektronen Lichtphotonen, deren Gesamtzahl der bei der Bestrahlung absorbierten Energie proportional ist. Ein Teil der emittierten Photonen wird in einer optischen Anordnung mit einem Photomultipler gemessen. Hierzu wird das Thermolumineszenzdosimeter stufenweise auf bestimmte Temperaturen erhitzt und für eine gewisse Zeit bei diesen Temperaturen gehalten. Man erhält eine sog. „Glow-Kurve".

Der Dosismeßbereich durch Thermolumineszenz ist mit $10^{-7} - 10^4$ Gy außerordentlich breit. Die Dosismessung ist unabhängig von der Dosisleistung. Bei Photonenstrahlung besteht eine Abhängigkeit von der Energie der Strahlung unterhalb von 300 keV. Oberhalb von 300 keV ist sie gering. Lithiumfluorid hat sich als ein sehr günstiges Material für Thermolumineszenzdosimeter erwiesen. Für die absolute Dosismessung müssen entsprechende Kalibrierungen vorgenommen werden.

M.6.6 Photographische und chemische Effekte

M.6.6.1 Filme

Durch die Einwirkung nur eines Photoelektrons können in Photoemulsionen $10^8 - 10^{11}$ Silberionen zu Silberatomen reduziert und durch Entwicklung ausgeschieden werden, es tritt eine Schwärzung auf. Das Ansprechvermögen der Filme hängt nicht von der Dosisleistung ab. Derartige Filmdosimeter werden vor allem im Strahlenschutz zur Bestimmung der Personendosis bei einer äußeren Strahlenexposition verwendet. In den Filmdosimetern für Photonen- und β-Strahlung liegen i. allg. zwei in Polyethylen eingeschlossene Filme der Größe 3 x 4 cm vor. Einer dieser Filme ist für hohe Dosen, der andere für niedrige vorgesehen. Im Plakettengehäuse sind an der Vorder- und Rückwand kleine Bleche aus Kupfer verschiedener Dicke und aus Blei angebracht. Damit ist eine Möglichkeit gegeben, aus der Schwärzung der Filme hinter diesen Blechen eine Aussage über die Strahlenqualität zu machen. Die Filmplaketten sind zur Messung von Photonenstrahlung mit Energien zwischen 20 keV und 3 MeV eingerichtet. Die Empfindlichkeit der Filme liegt bei ca. 0,2 mSv. β-Strahlen können erst bei mittleren Elektronenenergien von (> 300 keV) gemessen werden. Bei einer energieärmeren β-Strahlung (z. B. beim Zerfall von Tritium) besteht die Gefahr einer erheblichen Unterschätzung der Dosis. Die Filmdosimeter werden in den zuständigen zentralen Meßstellen ausgewertet, damit wird die amtliche Personendosis bestimmt.

M.6.6.2 Chemische Dosimeter

Chemische Dosimeter werden zur Bestimmung der Energiedosis in wässriger Lösung eingesetzt. Sie können zur Kalibrierung von anderen Dosimetern verwendet werden. Diese Dosimeter beruhen auf dem Prinzip, daß Metallionen in wässriger Lösung durch ionisierende Strahlung in eine andere Oxidationsstufe überführt werden. Am häufigsten benutzt wird eine Eisensulfat-Lösung in einer luftgesättigten 0,4 M H_2SO_4-Lösung. Durch Bestrahlung werden die Fe^{2+}-Ionen zu Fe^{3+}-Ionen oxidiert. Die Konzentration der Fe^{3+}-Eisenionen kann spektrophotometrisch bestimmt und daraus die Energiedosis errechnet werden. Der Ausbeutefaktor dieses Oxidationsprozesses hängt von der Strahlenqualität ab. Für Photonen- und Elektronen-Strahlung mit Energien (> 1 MeV wird angenommen, daß der Ausbeutefaktor energieunabhängig ist und 1,61 μMol/J beträgt. Im allgemeinen ist dieses Dosimeter unabhängig von der Dosisleistung. Erst bei sehr hohen Dosisleistungen reicht die Sauerstoffkonzentration der luftgesättigen Eisenfulfat-Lösung nicht mehr aus, um den normalen Reaktionsablauf zu gewährleisten. Mit diesen Eisensulfat-Lösungen lassen sich Energiedosen in wässrigen Lösungen von 10 - 400 Gy sehr genau bestimmen, so daß eine Kalibrierung durch diese Dosimeter gewährleistet ist.

M.6.7 Schlußbemerkungen

Diese kurzen Darlegungen zeigen, daß eine Vielzahl von Dosimetern für die unterschiedlichsten Meßbereiche, Strahlenqualitäten und Strahlenenergien zur Verfügung stehen, um sowohl externe Strahlenquellen hinsichtlich ihrer Dosis oder Dosisleistung als auch Radioaktivitätsmengen quantitativ erfassen zu können. Die Auswahl der Dosimeter hat entsprechend den jeweils auftretenden Bedingungen zu erfolgen. Detailliertere Darstellungen zur Dosismessung sind in [M.6.3] beschrieben.

Literatur

[M.1.1] Gesetz zum Schutz vor schädlichen Umwelteinwirkungen durch Luftverunreinigungen, Geräusche, Erschütterungen und ähnlichen Vorgängen (Bundes-Immissionsschutzgesetz – BImSchG) vom 15. März 1974, Bundesgesetzblatt Teil 1, Nr. 27, Jahrgang 1974, S. 721 f., zuletzt geändert am 11. Mai 1990 BGBl. I. S. 881f.

[M.1.2] 1. Allgemeine Verwaltungsvorschrift zum Bundes-Immissionsschutzgesetz (Technische Anleitung zur Reinhaltung der Luft – TA Luft) vom 27.2.1986, Gemeinsames Ministerialblatt, Ausgabe A, 37. Jahrgang, 28. Februar 1986, S. 95f.

[M.1.3] 13. Verordnung zur Durchführung des Bundes-Immissionsschutzgesetzes über Großfeuerungsanlagen – 13. BImSchV vom 22. Juni 1983, Bundesgesetzblatt I. S. 719f.

[M.1.4] 17. Verordnung zur Durchführung des Bundes-Immissionsschutzgesetzes über Verbrennungsanlagen für Abfälle und ähnliche brennbare Stoffe – 17. BIm-SchV vom 23.11. 1990, Bundesgesetzblatt 1990, Nr. 64, S. 2545f.

[M.1.5] 2. Verordnung zur Durchführung des

Bundes-Immissionsschutzgesetzes (Verordnung zur Emissionsbegrenzung von leichtflüchtigen Halogenkohlenwasserstoffen - 2. BImSchV) vom 10. Dezember 1990 BGBl. I. S. 2694f.

[M.1.6] VDI 2448, Bl. 1, Planung von stichprobenartigen Emissionsmessungen an geführten Quellen (04.92)

[M.1.7] VDI 2066, Bl. 1, Messen von Partikeln, Staubmessungen in strömenden Gasen, Gravimetrische Bestimmung der Staubbeladung – Übersicht (10.75)

[M.1.8] VDI 2449, Bl. 1, Entwurf, Prüfkriterien von Meßverfahren, Ermittlung von Verfahrenskenngrößen für die Messung gasförmiger Schadstoffe (Immissionen) (12.91)

[M.1.9] VDI 2449, Bl. 2, Grundlagen zur Kennzeichnung vollständiger Meßverfahren, Begriffsbestimmungen (01.87)

[M.1.10] RdSchr. vom 1.3.90, Bundeseinheitliche Praxis bei der Überwachung der Emissionen – Richtlinien über die Eignungsprüfung, den Einbau, die Kalibrierung und die Wartung von Meßeinrichtungen für kontinuierliche Emissionsmessungen, Gemeinsames Ministerialblatt, 41. Jahrgang 1990, S. 226f.

[M.1.11] VDI 2066, Bl. 2, Messen von Partikeln, Manuelle Staubmessung in strömenden Gasen, Gravimetrische Bestimmung der Staubbeladung, Filterkopfgeräte (4 m³/h, 12 m³/h) (08.93)

[M.1.12] VDI 2066, Bl. 3, Messen von Partikeln, Manuelle Staubmessung in strömenden Gasen, Gravimetrische Bestimmung der Staubbeladung, Filterkopfgerät (40 m³/h) (1993)

[M.1.13] VDI 2066, Bl. 7, Messen von Partikeln, Manuelle Staubmessung in strömenden Gasen, Gravimetrische Bestimmung der Staubbeladung, Planfilterkopfgeräte (08.93)

[M.1.14] VDI 2066, Bl. 5, Staubmessung in strömenden Gasen, Fraktionierende Staubmessung nach dem Impaktionsverfahren – Kaskadenimpaktor (1993)

[M.1.15] VDI 3868, Bl. 1, Entwurf, Messen der Gesamtemission von Metallen, Halbmetallen und ihren Verbindungen. Manuelle Messung in strömenden, emittierten Gasen, Probenahmesystem für partikelgebundene und filtergängige Stoffe (10.92)

[M.1.16] VDI 3868, Bl. 2, Vorentwurf, Bestimmung der Gesamtemission von Metallen, Halbmetallen und ihren Verbindungen, Messen von Quecksilber, Atomabsorptionsspektrometrie mit Kaltdampftechnik (02.93)

[M.1.17] VDI 2268, Bl. 1, Stoffbestimmung an Partikeln: Bestimmung der Elemente Ba, Ca, Cd, Co, Cr, Cu, Ni, Pb, Sr, Zn in emittierten Stäuben mittels atomspektrometrischer Methoden

[M.1.18] VDI 2268, Bl. 2, Stoffbestimmung an Partikeln; Bestimmung der Elemente Arsen, Antimon und Selen in emittierten Stäuben mittels Atomabsorptionsspektrometrie nach Abtrennung über ihre flüchtigen Hydride

[M.1.19] VDI 2268, Bl. 3, Stoffbestimmung an Partikeln; Bestimmung des Thalliums in emittierten Stäuben mittels Atomabsorptionsspektrometrie

[M.1.20] VDI 2268, Bl. 4, Stoffbestimmung an Partikeln: Bestimmung der Elemente Arsen, Antimon und Selen in emittierten Stäuben mittels Graphitrohr-Atomabsorptionsspektrometrie

[M.1.21] VDI 2462, Bl. 1, Messen gasförmiger Emissionen, Messen der Schwefeldioxid-Konzentration, Jod-Thiosulfat-Verfahren (02.74)

[M.1.22] VDI 2462, Bl. 2, Messung gasförmiger Emissionen, Messen der Schwefeldioxid-Konzentration, Wasserstoffperoxid-Verfahren, Titrimetrische Bestimmung (02.74)

[M.1.23] VDI 2462, Bl. 3, Messung gasförmiger Emissionen, Messen der Schwefeldioxid-Konzentration, Wasserstoffperoxid-Verfahren, Gravimetrische Bestimmung (02.74)

[M.1.24] VDI 2462, Bl. 8, Messen gasförmiger Emissionen, Messen der Schwefeldioxid-Konzentration, H_2O_2-Thorin-Methode (03.85)

[M.1.25] VDI 2462, Bl. 7, Messen gasförmiger Emissionen, Messen der Schwefeltrioxid-Konzentration, 2-Propanol-Verfahren (03.85)

[M.1.26] VDI 2456, Bl. 1, Messen gasförmiger Emissionen, Messen der Summe von Stickstoffmonoxid und Stickstoffdioxid, Phenoldisulfonsäure-Verfahren (12.73)

[M.1.27] VDI 2456, Bl. 2, Messen gasförmiger Emissionen, Messen der Summe von Stickstoffmonoxid und Stickstoffdioxid, Titrations-verfahren (12.73)

[M.1.28] VDI 2456, Bl. 8, Messen gasförmiger Emissionen, Analytische Bestimmung der Summe von Stickstoffmonoxid und Stickstoffdioxid, Natriumsalicylat-Verfahren (01.86)

[M.1.29] VDI 2456, Bl. 10, Messen gasförmiger Emissionen, Analytische Bestimmung der Summe von Stickstoffmonoxid und Stickstoffdioxid, Dimethylphenol-Verfahren (11.90)

[M.1.30] VDI 2459, Bl. 7, Entwurf, Messen gasförmiger Emissionen, Messen der Kohlenmonoxid-Konzentration, Jodpentoxid-Verfahren (01.90)

[M.1.31] VDI 2470, Bl. 1, Messen gasförmiger Emissionen, Messen gasförmiger Fluor-Verbindungen, Absorptionsverfahren (10.75)

[M.1.32] VDI 3480, Bl. 1, Messen gasförmiger Emissionen, Messen von Chlorwasserstoff, Messen der Chlorwasserstoff-Konzentration von Abgas mit geringem Gehalt an chloridhaltigen Partikeln (07.84)

[M.1.33] VDI 3486, Bl. 2, Messen gasförmiger Emissionen, Messen der Schwefelwasserstoff-Konzentration, Jodometrisches Titrationsverfahren (04.79)

[M.1.34] VDI 2461, Bl. 2, Messung gasförmiger Immissionen, Messen der Ammoniak-Konzentration, Nessler-Verfahren (05.76)

[M.1.35] RdSchr. d. BMU vom 26.3.1991, Bundeseinheitliche Praxis bei der Überwachung der Emissionen, Eignung von Meßeinrichtungen zur kontinuierlichen Überwachung von Emissionen, GMBl. 1991, S. 470f.

[M.1.36] RdSchr. d. BMU vom 1.7.1992 – IGI 3 – 51134/2, Bundeseinheitliche Praxis bei der Überwachung der Emissionen und der Immissionen, Eignung von Meßeinrichtungen zur kontinuierlichen Überwachung von Emissionen, Bezugsgrößen (Abgasvolumenstrom, Sauerstoff), Eignung von elektronischen Systemen zur Auswertung kontinuierlicher Emissionsmessungen GMBl. 1992, S. 794f.

[M.1.37] Luftreinhaltung. Leitfaden zur kontinuierlichen Emissionsüberwachung, Vorschriften und Verfahren der Emissionsmeßtechnik unter Berücksichtigung der TA Luft 86 und Datenblätter eignungsgeprüfter Meßgeräte, 4. überarbeitete Auflage, Umweltbundesamt Berichte 11/90. Berlin: Erich Schmidt Verlag

[M.1.38] VDI 3480, Bl. 2, Messen gasförmiger Emissionen, Messen von Chlorwasserstoff, kontinuierliches selektives Messen von Chlorwasserstoff mit dem Spectran 677 IR (01.92)

[M.1.39] VDI 3480, Bl. 3, Messen gasförmiger Emissionen, kontinuierliches Messen von gasförmigen anorganischen Chlorverbindungen mit dem Ecometer (01.92)

[M.1.40] VDI 3481, Bl. 2, Messen gasförmiger Emissionen; Bestimmung des durch Asorption am Kieselgel erfaßbaren organisch gebundenen Kohlenstoffs (04.80)

[M.1.41] VDI 3481, Bl. 4, Vorentwurf (Arbeitspapier), Bestimmung des durch Adsorption an Kieselgel erfaßbaren organisch gebundenen Kohlenstoffs in Abgasen mit höherem Wassergehalt

[M.1.42] VDI 2457, Bl. 2, Vorentwurf, Messen gasförmiger Emissionen, Gas-chromatographische Bestimmung organischer Verbindungen, Probenahme durch Absorption in tiefkaltem Lösemittel (2-(2-Methoxylethoxy)ethanol, Methyldiglykol)

[M.1.43] VDI 3482, Bl. 4, Messen gasförmiger Immissionen, Gaschromatographische Bestimmung organischer Verbindungen mit Kapillarsäulen, Probenahme durch Anreicherung an Aktivkohle – Desorption mit Lösemittel (11.84)

[M.1.44] VDI 3482, Bl. 6, Messen gasförmiger Immissionen, Gaschromatographische Bestimmung organischer Verbindungen – Probenahme durch Anreicherung – Thermische Desorption (07.88)

[M.1.45] VDI 3482, Bl. 5, Messen gasförmiger Immissionen, Gaschromatographische Bestimmung von aromatischen Kohlenwasserstoffen, Probenahme durch Anreicherung an Aktivkohle – Desorption mit Lösemittel (11.84)

[M.1.46] VDI 2467, Bl. 2, Messen gasförmiger Immissionen, Messen der Konzentration primärer und sekundärer aliphatischer Amine mit der Hochleistungs-Flüssigkeits-Chromatographie (HPLC) (08.91)

[M.1.47] VDI 3862, Bl. 1, Messen gasförmiger Emissionen, Messen aliphatischer Aldehyde (C_1 bis C_3) nach dem MBTH-Verfahren (12.90)

[M.1.48] VDI 3862, Bl. 2, Entwurf, Messen gasförmiger Emissionen, Messen aliphatischer und aromatischer Aldehyde und Ketone nach dem DNPH-Verfahren, Acetonitril-Verfahren

[M.1.49] VDI 3862, Bl. 3, Entwurf, Messen gasförmiger Emissionen, Messen aliphatischer und aromatischer Aldehyde und Ketone nach dem DNPH-Verfahren, Tetrachlorkohlenstoff-Methode

[M.1.50] VDI 3863, Bl. 1, Messen gasförmiger Emissionen, Messen von Acrylnitril, Gas-Chromatographisches Verfahren, Probenahme mit Gassammelgefäßen (04.87)

[M.1.51] VDI 3863, Bl. 2, Messen gasförmiger Emissionen, Messen von Acrylnitril, Gas-Chromatographisches Verfahren, Probenahme durch Absorption in tiefkalten Lösemitteln (02.91)

[M.1.52] VDI 3863, Bl. 3, Entwurf, Messen gasförmiger Emissionen, Messen von Acrylnitril, Adsorption an Aktivkohle, Desorption durch Dimethylformamid (DMF) (10.88)

[M.1.53] VDI 3953, Bl. 1, Entwurf, Messen gasförmiger Emissionen, Messen von 1,3-Butadien, Gas-Chromatographisches Verfahren, Probenahme durch Adsorption an Aktivkohle, Dampfraumanalyse (04.91)

[M.1.54] VDI 3493, Bl. 1, Messen gasförmiger Emissionen, Messen von Vinylchlorid, Gas-Chromatographisches Verfahren, Probenahme mit Gassammelgefäßen (11.82)

[M.1.55] VDI 3494, Bl. 1, Entwurf, Messen gasförmiger Immissionen, Messen von Vinylchlorid-Konzentrationen, Gas-chromatographische Bestimmung, Manuelle und automatische Dampfraumanalyse (05.88)

[M.1.56] VDI 3494, Bl. 2, Messen gasförmiger Emissionen, Messen von Vinylchlorid-Konzentrationen, Gas-chromatographische Bestimmung mit der Trennsäulenschalteinrichtung für Live-Chromatographie (04.86)

[M.1.57] VDI 3481, Bl. 1, Messen gasförmiger Emissionen, Messen der Kohlenwasserstoff-Konzentration, Flammen-Ionisations-Detektor (FID) (08.75)

[M.1.58] VDI 3481, Bl. 3, Entwurf, Messen gasförmiger organischer Verbindungen, insbesondere von Lösemitteln, mit dem Flammen-Ionisations-Detektor (FID) (09.92)

[M.1.59] VDI 3481, Bl. 6, Entwurf, Messen gasförmiger Emissionen, Auswahl und Anwendung von C-Summenverfahren (09.92)

[M.1.60] VDI 3881, Bl. 1, Olfaktometrie, Geruchsschwellenbestimmung – Grundlagen (05.86)

[M.1.61] VDI 3881, Bl. 2, Olfaktometrie, Geruchsschwellenbestimmung – Probenahme (01.87)

[M.1.62] VDI 3882, Bl. 1, Olfaktometrie, Bestimmung der Geruchsintensität (10.92)

[M.1.63] VDI 3881, Bl. 3, Olfaktometrie, Geruchsschwellenbestimmung, Olfaktometer mit Verdünnung nach dem Gasstrahlprinzip (11.86)

[M.1.64] VDI 3881, Bl. 4, Entwurf, Olfaktometrie, Geruchsschwellenbestimmung, Anwendungsvorschriften und Verfahrenskenngrößen (12.89)

[M.1.65] VDI 3499, Bl. 1, Messen von Emissionen – Messen von Reststoffen, Messen von polychlorierten Dibenzodioxinen und -furanen im Rein- und Rohgas von Feuerungsanlagen mit der Verdünnungsmethode, Bestimmung in Filterstaub, Kesselasche und in Schlacken (1993)

[M.1.66] VDI 3873, Bl. 1, Messen von Emissionen, Messen von polycyclischen aromatischen Kohlenwasserstoffen (PAH) an stationären industriellen Anlagen – Verdünnungsmethode (RW TÜV-Verfahren) – Gaschromatographische Bestimmung (11.92)

[M.1.67] VDI 3499, Bl. 2, Entwurf, Messen von Emissionen, Messen von polychlorierten Dibenzo-p-dioxinen und Dibenzofuranen, Filter/Kühler-Methode (1993)

[M.1.68] VDI 3499, Bl. 3, Entwurf, Messen von Emissionen, Messen von polychlorierten Dibenzo-p-dioxinen und Dibenzofuranen an industriellen und gewerblichen Anlagen, Kondensationsmethode – Gekühltes Absaugrohr (1993)

[M.1.69] VDI 3499, Bl. 4, Entwurf, Messen von Emissionen, Messen von polychlorierten Dibenzodioxinen und Dibenzofuranen in Emissionen von Verbrennungsanlagen und bei anderen Verbrennungsprozessen, Polyurethan-Adsorptions-Methode (1993)

[M.1.70] K. Lützke: Leitlinien zur Messung und Bewertung von Emissionen, VDI-Berichte 608, Aktuelle Aufgaben der Meßtechnik in der Luftreinhaltung, Kolloquium Heidelberg, 17.–19. September 1986, VDI-Kommission Reinhaltung der Luft. Düsseldorf: VDI-Verlag 1987

[M.1.71] VDI 3950, Bl. 1, Entwurf, Kalibrierung automatischer Emissionsmeßeinrichtungen (01.91)

[M.1.72] K. Lützke, H.-D. Burk: Kalibrierung automatischer Emissions-Meßeinrichtungen – Das Konzept der Richtlinie VDI 3950, VDI-Berichte 1059, Aktuelle Aufgaben der Meßtechnik in der Luftreinhaltung, Tagung Heidelberg, 2.–4. Juni 1993, Kommission Reinhaltung der Luft im VDI und DIM. Düsseldorf: VDI-Verlag 1993

[M.1.73] VDI 2066, Bl. 4, Staubmessung in strömenden Gasen, Bestimmung der Staubbeladung durch kontinuierliches Messen der optischen Transmission (01.89)

[M.1.74] VDI 2463, Bl. 4, Messen von Partikeln, Messen der Massenkonzentration von Partikeln in der Außenluft, LIB-Filterverfahren (12.76)

[M.1.75] VDI 2463, Bl. 9, Messen von Partikeln, Messen der Massenkonzentration (Immission), Filterverfahren, LIS/P-Filtergerät (02.87)

[M.1.76] VDI 2463, Bl. 7, Messen von Partikeln, Messen der Massenkonzentration (Immission), Filterverfahren, Kleinfiltergerät GS 050 (08.82)

[M.1.77] RdSchr. d. BMU vom 9.2.1988 – IGI 2-556134/4 – Bundeseinheitliche Praxis bei der Überwachung der Immissionen, Richtlinien über die Festlegung von Referenzverfahren, die

Auswahl von Äquivalenzmeßverfahren und die Anwendung von Kalibrierverfahren, GMBl. 1988, S. 191f.

[M.1.78] VDI 2463, Bl. 8, Messen von Partikeln, Messen der Massenkonzentration (Immission), Basisverfahren für den Vergleich von nichtfraktionierenden Verfahren (08.82)

[M.1.79] VDI 2463, Bl. 5, Messen von Partikeln, Messen der Massenkonzentration (Immission), Filterverfahren, Automatisiertes Filtergerät FH 62 I (12.87)

[M.1.80] VDI 2463, Bl. 6, Messen von Partikeln, Messen der Massenkonzentration (Immission), Filterverfahren, Automatisiertes Filtergerät BETA-Staubmeter F 703 (11.82)

[M.1.81] RdSchr. d. BMI v. 2.2.1983 – U/8-556134/4, Bundeseinheitliche Praxis bei der Überwachung der Emissionen und Immissionen, II. Richtlinien über die Wahl der Standorte und die Bauausführung automatisierter Meßstationen in telemetrischen Immissionsmeßnetzen, GMBl. S. 76/78

[M.1.82] VDI 2119, Bl. 2, Messung partikelförmiger Niederschläge, Bestimmung des partikelförmigen Niederschlags mit dem Bergerhoff-Gerät (Standardverfahren) (06.72)

[M.1.83] Vierte Allgemeine Verwaltungsvorschrift zum Bundes-Immissionsschutzgesetz (Ermittlung von Immissionen in Belastungsgebieten) vom 8.4.1975, GMBl. 26 (1975), 358/365

[M.1.84] VDI 2451, Bl. 3, Messung gasförmiger Immissionen, Messung der Schwefeldioxid-Konzentration, Photometrisches Verfahren (TCM-Verfahren) (08.68)

[M.1.85] VDI 2451, Bl. 1, Messung gasförmiger Immissionen, Messung der Schwefeldioxid-Konzentration, Adsorptionsverfahren (Silikagel) (08.68)

[M.1.86] VDI 2453, Bl. 1, Messung gasförmiger Immissionen, Messen der Stickstoffdioxid-Konzentration, Manuelles photometrisches Basis-Verfahren (Saltzman) (10.90)

[M.1.87] VDI 2453, Bl. 2, Messung gasförmiger Immissionen, Bestimmen von Stickstoffmonoxid, Oxydation zu Stickstoffdioxid und Messung nach dem photometrischen Verfahren (Saltzman) (01.74)

[M.1.88] VDI 2455, Bl. 1, Messung gasförmiger Immissionen, Messung der Kohlenmonoxid-Konzentration, Ultrarot-Absorptionsverfahren (URAS 1 und 2) (08.70)

[M.1.89] VDI 2455, Bl. 2, Messung gasförmiger Immissionen, Messung der Kohlenmonoxid-Konzentration, Ultrarot-Absorptionsverfahren (UNOR 2) (10.70)

[M.1.90] VDI 2468, Bl. 1, Messung gasförmiger Immissionen, Messen der Ozon- und Peroxid-Konzentration, Manuelles photometrisches Verfahren, Kaliumjodid-Methode (Basisverfahren) (05.78)

[M.1.91] VDI 2468, Bl. 6, Messung gasförmiger Immissionen, Messen der Ozon-Konzentration, Direktes UV-photometrisches Verfahren (Basisverfahren) (07.79)

[M.1.92] VDI 2468, Bl. 5, Messung gasförmiger Immissionen, Messen der Ozon-Konzentration, Manuelles photometrisches Verfahren, Indigosulfonsäure-Verfahren (10.78)

[M.1.93] VDI 2452, Bl. 2, Messung gasförmiger Immissionen, Messen der Fluor-Ionen-Konzentration, Silberkugel-Sorptionsverfahren mit Vorabscheidung und elektrometrischem Nachweis (02.75)

[M.1.94] VDI 2452, Bl. 3, Messung gasförmiger Immissionen, Messen der Fluoridionen-Konzentration, Silberkugel-Sorptionsverfahren mit beheiztem Membranfilter (07.87)

[M.1.95] VDI 2452, Bl. 1, Messen von Immissionen, Messen der Gesamt-Fluoridionen-Konzentration, Impinger-Verfahren (03.78)

[M.1.96] VDI 2458, Bl. 1, Messung gasförmiger Immissionen, Messen der Chlorkonzentration, Methylorange-Verfahren (12.73)

[M.1.97] VDI 2454, Bl. 1, Messung gasförmiger Immissionen, Messen der Schwefelwasserstoff-Konzentration, Molybdänblau-Sorptionsverfahren (03.82)

[M.1.98] VDI 2458, Bl. 2, Messung gasförmiger Immissionen, Messen der Schwefelwasserstoff-Konzentration, Methylenblau-Impinger-Verfahren (03.82)

[M.1.99] VDI 2461, Bl. 1, Messung gasförmiger Immissionen, Messen der Ammoniak-Konzentration, Indophenol-Verfahren (03.74)

[M.1.100] VDI 2461, Bl. 2, Messung gasförmiger Immissionen, Messen der Ammoniak-Konzentration, NESSLER-Verfahren (05.76)

[M.1.101] VDI 2451, Bl. 6, Entwurf, Messung gasförmiger Immissionen, Messen der Schwefeldioxid-Konzentration, Leitfähigkeitsmeßverfahren (Ultragas U3EK) (07.87)

[M.1.102] VDI 2453, Bl. 5, Messung gasförmiger Immissionen, Messen von Stickstoffmonoxid-Gehalten, Messen von Stickstoffdioxid-Gehalten unter Verwendung eines Konverters, Chemiluminiszenz-Analysator Monitor Labs 8440 (12.79)

[M.1.103] VDI 2453, Bl. 6, Messung gasförmiger Immissionen, Messen von Stickstoffmonoxid-Gehalten, Messen von Stickstoffdioxid-Gehalten unter Verwendung eines Konverters, Chemiluminiszenz-Analysator Bendix 8101 C (11.80)

[M.1.104] VDI 2468, Bl. 4, Messung gasförmiger Immissionen, Messen der Ozon-Konzentration, Chemiluminiszenz-Verfahren, Bendix Ozon Monitor 8002 (05.78)

[M.1.105] VDI 3495, Bl. 1, Messung gasförmiger Immissionen, Bestimmung des durch Adsorption an Kieselgel erfaßbaren organisch gebundenen Kohlenstoffs in Luft (09.80)

[M.1.106] VDI 3484, Bl. 1, Messung gasförmiger Immissionen, Messen von Aldehyden, Bestimmung der Formaldehyd-Konzentration nach dem Sulfit-Pararosanilin-Verfahren (01.79)

[M.1.107] VDI 2467, Bl. 1, Messung gasförmiger Immissionen, Messen der Konzentration von primären und sekundären Aminen mit der Dünnschicht-Chromatographie, Visuelles und densitometrisches Verfahren (08.91)

[M.1.108] VDI 2467, Bl. 2, Messung gasförmiger Immissionen, Messen der Konzentration primärer und sekundärer aliphatischer Amine mit der Hochleistungs-Flüssigkeits-Chromatographie (HPLC) (08.91)

[M.1.109] VDI 3485, Bl. 1, Messung gasförmiger Immissionen, Messen von Phenolen, p-Nitroanilin-Verfahren (12.88)

[M.1.110] VDI 3482, Bl. 2, Messung gasförmiger Immissionen, Gas-chromatographische Bestimmung von aliphatischen Kohlenwasserstoffen – Momentanprobenahme (02.79)

[M.1.111] VDI 3482, Bl. 3, Februar 1979, Messung gasförmiger Immissionen, Gas-chromatographische Bestimmung von aromatischen Kohlenwasserstoffen – Momentanprobenahme (02.79)

[M.1.112] VDI 3482, Bl. 5, Messung gasförmiger Immissionen, Gas-chromatographische Bestimmung von aromatischen Kohlenwasserstoffen, Probenahme durch Anreicherung an Aktivkohle – Desorption mit Lösemittel (11.84)

[M.1.113] VDI 3482, Bl. 4, Messung gasförmiger Immissionen, Gas-chromatographische Bestimmung organischer Verbindungen mit Kapillarsäulen, Probenahme durch Anreicherung an Aktivkohle – Desorption mit Lösemittel (11.84)

[M.1.114] VDI 3482, Bl. 6, Messung gasförmiger Immissionen, Gas-chromatographische Bestimmung organischer Verbindungen, Probenahme durch Anreicherung, Thermische Desorption (07.88)

[M.1.115] VDI 3864, Bl. 1, Entwurf, Messung gasförmiger Immissionen, Gas-chromatographische Bestimmung von leichtflüchtigen halogenierten Kohlenwasserstoffen, Probenahme durch Adsorption an Aktivkohle, Desorption mit Lösemittel (04.93)

[M.1.116] VDI 3494, Bl. 1, Entwurf, Messung gasförmiger Immissionen, Messen von Vinylchlorid-Konzentrationen, Gas-chromatographische Bestimmung, Manuelle und automatische Dampfraumanalyse (1988)

[M.1.117] VDI 3494, Bl. 4, Messung gasförmiger Immissionen, Messen von Vinylchlorid-Konzentrationen, Gas-chromatographische Bestimmung mit der Trennsäulenschalteinrichtung für Live-Chromatographie (04.86)

[M.1.118] VDI 3483, Bl. 1, Messung gasförmiger Immissionen, Messen der Summe organischer Stoffe mit einem Flammen-Ionisations-Detektor (FID), Grundlagen (12.79)

[M.1.119] VDI 3483, Bl. 2, Messung gasförmiger Immissionen, Messen der Summe organischer Stoffe ohne Methan mit dem Flammen-Ionisations-Detektor (FID), Siemens U 100 (11.81)

[M.1.120] VDI 3483, Bl. 4, Messung gasförmiger Immissionen, Messen der Summe organischer Stoffe und von Methan mit dem Flammen-Ionisations-Detektor (FID), Bendix 8202 (11.81)

[M.1.121] VDI 3940, Bestimmung der Geruchsstoffimmission durch Begehung (10.93)

[M.1.122] VDI 3875, Bl. 1, Entwurf, Messung von Immissionen, Messen von Innenraumluftverunreinigungen, Messen von polycyclischen aromatischen Kohlenwasserstoffen (PAH), Gas-chromatographische Analyse (08.91)

[M.1.123] VDI 3498, Bl. 1, Entwurf, Messung von Immissionen, Messen von Innenraumluft, Messen von polychlorierten Dibenzo-p-dioxinen und Dibenzofuranen – LIB Filterverfahren (01.93)

[M.1.124] VDI 2267, Bl. 2, Stoffbestimmung an Partikeln in der Außenluft, Messen der Blei-Massen-Konzentration mit Hilfe der Röntgenfluoreszenzanalyse (02.83)

[M.1.125] VDI 2267, Bl. 3, Stoffbestimmung an Partikeln in der Außenluft, Messen der Blei-Massen-Konzentration mit Hilfe der Atomabsorptionsspektrometrie (02.83)

[M.1.126] VDI 2267, Bl. 11, Stoffbestimmung an Partikeln in der Außenluft, Messen der Blei-Massen-Konzentration mit Hilfe der energiedispersiven Röntgenfluoreszenzanalyse (01.86)

[M.1.127] VDI 2267, Bl. 6, Stoffbestimmung an Partikeln in der Außenluft, Messen der Cadmium-Massen-Konzentration mit Hilfe der Atomabsorptionsspektrometrie (03.87)

[M.1.128] VDI 2267, Bl. 12, Entwurf, Stoffbestimmung an Partikeln in der Außenluft, Messen der Massenkonzentration von Chrom, Eisen, Kupfer, Mangan, Nickel und Zink mit Hilfe der energiedispersiven Röntgenfluoreszenzanalyse (11.89)

[M.1.129] VDI 2267, Bl. 4, Stoffbestimmung an Partikeln in der Außenluft, Messen von Blei, Cadmium und deren anorganischen Verbindungen als Bestandteile des Staubniederschlags mit der Atomabsorptionsspektrometrie (03. 87)

[M.1.130] VDI 2267, Bl. 7, Stoffbestimmung an Partikeln in der Außenluft, Messen von Thallium und seinen anorganischen Verbindungen als Bestandteile des Staubniederschlags mit der Atomabsorptionsspektrometrie (11.88)

[M.1.131] VDI 2268, Bl. 1, Stoffbestimmung der Elemente Ba, Be, Cd, Co, Cr, Cu, Ni, Pb, Sr, V, Zn in emittierten Stäuben mittels atomspektrometrischer Methoden (04.87)

[M.1.132] VDI 2268, Bl. 2, Stoffbestimmung an Partikeln, Bestimmung der Elemente Arsen, Antimon und Selen in emittierten Stäuben mittels Atomabsorptionsspektrometrie nach Abtrennung über ihre flüchtigen Hydride (02.90)

[M.1.133] VDI 2268, Bl. 4, Stoffbestimmung an Partikeln, Bestimmmung der Elemente Arsen, Antimon und Selen in emittierten Stäuben mittels Graphitrohr-Atomabsorptionsspektrometrie (05.90)

[M.1.134] VDI 2268, Bl. 3, Stoffbestimmung an Partikeln, Bestimmung des Thalliums in emittierten Stäuben mittels Atomabsorptionsspektrometrie (12.88)

[M.1.135] VDI 2460, Bl. 1, Entwurf, Messung gasförmiger Emissionen, Infrarotspektrometrische Bestimmung organischer Verbindungen – Grundlage (04.92)

[M.2.1] Eickmann, Th. Umweltgrenzwerte, Toxikologie und Physiologie Vortrag 26. Essener Tagung 17.–19. März 1993 Aachen, GWA-Schriftenreihe Bd. 139, S.44/1 – 44/6

[M.2.2] Gesetz zur Ordnung des Wasserhaushaltes (WHG) v.23.09.1986 BGBl I S. 1529 ff, berichtigt in BGBl I, 1986 S 1654 ff, geändert am 12.02.1990 mit Artikel 5 UVPG I, 1990 S. 205 ff

[M.2.3] Richtlinie über die Qualitätsanforderungen an Oberflächenwasser für die Trinkwasserversorgung in den Mitgliedsstaaaten v. 16.06.1975 (75/440/EWG) Amtsblatt der EG Nr. L 194 v. 25.07.1992

[M.2.4] Guidelines for drinking water quality World Health Organization (WHO), 1984

[M.2.5] Richtlinie des Rates über die Qualität von Wasser für den menschlichen Gebrauch (EG-TW) vom 15.07.1980 Amtsblatt der EG Nr. L 229/11 – 29, v. 30.08.1980

[M.2.6] Verordnung über Trinkwasser und über Wasser für Lebensmittelbetriebe (TVO) v. 05.12.1990 BGBl, I, 1990 Nr. 66 S. 2612-2629 v. 12.12.1990

[M.2.7] DVGW Eignung von Oberflächenwasser als Rohstoff für die Trinkwasserversorgung, Arbeitsblatt W 151, DVGW-Regelwerk

[M.2.8] Zweite Allgemeine Verwaltungsvorschrift zum Abfallgesetz (TA Abfall) Teil 1, Technische Anleitung zur Lagerung, chemisch, physikalisch und biologischen Behandlung und Verbrennung besonders überwachungsbedürftiger Abfälle Bundesanzeiger Jg 42, Nr. 89a v. 12.05.1990

[M.2.9] Dritte Allgemeine Verwaltungsvorschrift zum Abfallgesetz (TA Siedlungsabfall) v.14.05. 1993 Bundesanzeiger Jg. 45, Nr. 99a v. 29.05.1993

[M.2.10] Düngemittelverordnung v. 19.12.1977 BGBl I Nr. 90 v. 28.12.1977 S 2845 – 2881

[M.2.11] Verordnung über Anwendungsverbote für Pflanzenschutzmittel (Pflanzenschutz AnwendungVO) v. 27.07.1988, BMELF

[M.2.12] Verordnung über das Aufbringen von Gülle und Jauche (GülleVO) v. 13.03.1984 Gesetz und Verordnungsblatt NW Nr. 15 v. 30.03. 1984

[M.2.13] Klärschlammverordnung (AbfKlärV) v. 14.04.1992 BGBl Teil I, 1992 S. 912 – 934

[M.2.14] Gesetz zum Schutz vor schädlichen Umwelteinwirkung durch Luftverunreinigungen, Geräusche, Erschütterungen und ähnliche Vorgänge (BImSchG) v.14.05.1990 BGBl I S. 880 ff. u. BGBl II S. 885 ff v. 23.09.1990, darin enthalten 19 Verordnungen u.a. Erste Allgemeine Verwaltungsvorschrift zum Bundesimmissionsschutzgesetz (TA Luft) v 27.02. 1986 GMBl 1986, S. 95 ff. 1. BImSchVwV

[M.2.15] Leidrad Bodensanierung v. 04.11.1988 Niederländisches Ministerium f. Wohnungswesen, Raumordnung und Umwelt

[M.2.16] Bewertungsverfahren zur Bestimmung des Gefährdungspotentials für das Grundwasser bei Altlasten und aktuellen Schadensfällen v. 31.12.1985, Baubehörde Hamburg

[M.2.17] Berliner Liste, Richtwerte für Grundwasser und Böden Senatsverwaltung Berlin

[M.2.18] Physikalisch-chemische Untersuchung im Zusammenhang mit der Beseitigung von Abfällen, v. 05.04.1976 u. 21.07.1977 III C 8 - 902/4 - 25459 Ministerialblatt NW Nr. 76 v. 05.07.1977

[M.2.19] Gesetz für das Einleiten von Abwasser in Gewässer (Abwasserabgabengesetz, AbWaG) v. 13.09.1976, geändert am 14.12.1984 geändert am 19.12.1986 Novelliert am 02.11.1990 BGBl I Nr. 69 v. 30.12.1986 BGBl I Nr. 61 v. 02.11.1990. Neufassung v. 3.11.94 BG Bl I 1994 Nr. 80 S. 3370 - 3376

[M.2.20] Durchflußmessungen von Abwasser in offenen Gerinnen und Freispiegelleitungen DIN 19559, Juli 1983 Normenausschuß Wasserwesen in DIN, Beuth-Verlag, Berlin

[M.2.21] Allg. Rahmen-Verwaltungsvorschrift über Mindestanforderungen an das Einleiten von Abwässern in Gewässer (RahmenAbwVwV) v. 08.09.1990 Gem. Ministerialblatt Nr. 25 v. 22.09.1989 S. 518 - 520, novelliert durch Änderung der VO v. 04.03.1992, Gem. Ministerialblatt Nr. 10 v. 20.03.1992 S. 178 - 184. Weitere Änderungen dieser Vorschrift erfolgen u. a. in der Fassung v. 25.11.92 (Bundes-Anz. 2336 v. 11.12.92) und hinsichtlich der Analyse und Meßverfahren vom 15.4.96)

[M.2.22] Verordnung über die Herkunftsbereiche von Wasser (AbwHerkV) v. 03.07.1987 BGBl I, 1987, S. 1578 ff

[M.2.23] Verordnung über die Genehmigungspflicht für die Einleitung von wassergefährdenden Stoffen und Stoffgruppen in öffentliche Abwasseranlagen (IndirekteinleiterVO) z.B. VGS Hessen v. 06.03.1987, GVBl I Hessen, S. 54 ff z. B. VGS-NW v. 21.0.1986, GVBl NW Nr. 49 v. 15.10.1986

[M.2.24] Allgemeine Verwaltungsvorschrift über die nähere Bestimmung wassergefährdender Stoffe und ihre Einstufung entsprechend ihrer Gefährlichkeit (VwVWS) GMBl 1990 S. 114 - 128

[M.2.25] Katalog wassergefährdender Stoffe v. 01.03.1985 (geändert am 26.04.1987) GMBl 1985 S. 175 und GMBl 1987 S. 294

[M.2.26] Richtlinie des Rates der Europ. Gem. über die Behandlung von kommunalem Abwasser (91/271/EWG) v. 21.05.1991 Amtsblatt der EG, Nr. L 135/40 v. 30.05.1991

[M.2.27] Gesetz über die Umweltverträglichkeit von Wasch- und Reinigungsmitteln (WRMG) v. 5.03.1987 BGBl I 1987 S. 875 ff.

[M.2.28] Verordnung über die Abbaubarkeit anionischer und nicht-ionischer grenzflächenaktiver Stoffe in Wasch- und Reinigungsmitteln (TensidVO) v. 13.01.1977, geändert am 04.06.1986 BGBl I 1977 S. 244 ff und BGBl I 1986 S. 851 ff

[M.2.29] Rechtsverordnung über Art und Häufigkeit der Selbstüberwachung von Abwasserbehandlungsanlagen und Abwassereinleitungen (SüwV) v. 18.08.1989 Gesetz und Verordnungsblatt NW, Nr. 44, S 494 - 505. Ergänzung! SelbstüberwachungsVO von Kanalisation und Einleitungen von Abwasser aus Kanalisation in Misch- und Trennsysteme. Gesetz- und Verordnungsblatt NRW, 10 v. 10.2.95. S. auch ATV Arbeitsblatt H 704, Regelwerk Abwasser-Abfall, Sept. 1991

[M.2.30] Landeswassergesetze, hier Runderlaß des Ministers für Umwelt, Raumordnung und Landwirtschaft NW, Zulassung von Stellen zur Untersuchung von Abwasser bei genehmigungspflichtigen Indirekteinleitungen nach § 60 a LWG. Neufassung: Wassergesetz LWG. Gesetz- und Verordnungsblatt für das Land NRW Nr. 59 v. 18.8.95

[M.2.31] Hinweise zum Vollzug der AbfKlärV v. 15.04.1992 Entwurf des Bundesministerium für Umwelt, WA II 6, Stand v. 30.04.1993. Jetzt Verwaltungsvorschrift zum Vollzug gemäß RdErl d. MURL v. 27.04.1995

[M.2.32] Anforderungen an die Verwendung von aufbereiteten Altbaustoffen und industriellen Nebenprodukten im Erd- und Straßenbau aus wasserwirtschaftlicher Sicht Gemeinsamer Runderlaß des Ministeriums für Umwelt, Raumordnung und Landwirtschaft IV A 3-953-26308 v. 25.04.1991 und Ministerium für Stadtentwicklung und Verkehr III B 6-32-15/102 v. 30.04.1991 Ministerialblatt NW Nr. 45 v. 18.07.1991 und Nr. 46 v. 04.07.1991

[M.2.33] Merkblatt über Analysenverfahren der im Rahmen der Güteüberwachung zu untersuchenden Parameter Minister, für Stadtentwicklung und Verkehr NW III B 6-32-40/45

[M.2.34] Schlamm und Sedimente, Bestimmung der Eluierbarkeit mit Wasser, DIN 38414, S 4 Deutsche Einheitsverfahren zur Wasser-, Abwasser- und Schlammuntersuchung, Normenausschuß Wasserwesen Okt. 1984, Beuth-Verlag Berlin

[M.2.35] Untersuchung und Beurteilung von Abfällen, Entwurf einer Richtlinie Teil 1 1978, Teil 2 1987 Landesamt für Wasser und Abfall NW

[M.2.36] Hesse, H.-P.: Organisations und Durchführung der parameterspezifische Probenahme. GWA Bd. 111 (1989), S. 155 - 188

[M.2.37] Malz, F., und Hesse, H.-P.: Die parameterspezifische Probenahme in der chemischen Abwasseranalytik, Zeitschrift Abwassertechnik, 2 (1991)
[M.2.38] DIN 38402 Teil 21, Entwurf 1.90
[M.2.39] LWA-Merkblatt Nr. 10, Amtliche Probenahme in NRW. Essen: Woeste 1992
[M.2.40] DIN 38402 Teil 11
[M.2.41] Rahmen-Abwasser VwV v. 09.09.1989
[M.2.42] Handbuch für Ver- und Entsorger Bd. 3, München: F. Hirthammer 1989
[M.2.43] Ott, M.: Probenahme und Durchflußmessung bei der Indirekteinleiterüberwachung und Eigenkontrollen, GWA Bd. 111 (1989), S. 213 – 244
[M.2.44] Kreislaufwirtschafts- und Abfallgesetz in der betrieblichen Praxis, 1996 WEKA Fachverlag
[M.2.45] Hein, H., Schwedt, G.: Richt- und Grenzwerte. Umweltmagazin, 4. Aufl. 1996
[M.3.1] Verwaltungsvorschrift für die Entsorgung von unbelastetem Erdaushub und unbelastetem Bauschutt (Erste VwV Erdaushub/Bauschutt). Verwaltungsvorschrift vom 11.10.1990. Staatanzeiger des Landes Hessen 1990; S. 2170
[M.3.2] Entsorgung von belasteten Böden, Erlaß vom 21.12.1992. Staatanzeiger des Landes Hessen 1993, S. 331
[M.3.3] Merkblatt LAGA M 10, Qualitätskriterien und Anwendungsempfehlungen für Kompost, Entwurf 1994
[M.3.4] Methoden zur Untersuchung von Kompost nach Bundesgütegemeinschaft Kompost e.V., 2. Aufl. Bundesgütegemeinschaft Kompost e.V., Köln 1994
[M.3.5] LAGA PN 2/78 K Grundregeln für die Entnahme von Proben aus Abfällen und abgelagerten Stoffen 1983
[M.3.6] LAGA PN 2/78 Entnahme und Vorbereitung von Proben aus festen und schlammigen Abfällen 1983
[M.3.7] Landesumweltamt Nordrhein-Westfalen Dezernat 332.2. Übersicht kurzfristig verfügbarer Methoden der Schnellanalytik 2. Aufl. 1996
[M.3.8] Obermann, P.; Entwicklung eines Routinetests von Schwermetallen aus Abfällen und belasteten Böden. LUA-NRW, 1991
[M.3.9] Bestimmung der Zusammensetzung fester Abfälle. In: Müll- und Abfallbeseitigung Ziffer 1720. E. Schmidt-Verlag, Berlin, 1964
[M.3.10] Lepom, P.; Henschel, P.; Müll und Abfall, 7 (1993) 530 – 537
[M.4.1] Deutsche Einheitsverfahren zur Wasser-, Abwasser- und Schlamm-Untersuchung, Loseblattsammlung 1960 3. Aufl., Hrsg.: Fachgruppe Wasserchemie in der Gesellschaft Deutscher Chemiker. Verlag Chemie, Weinheim 37. Lieferung 1997
[M.4.2] Dominik, P.; Paetz A.: Methodenhandbuch Bodenschutz; Entwurf 1994; Umweltbundesamt UBA
[M.4.3] Methodenbuch Band I, 4. Aufl. 1991. Verband Deutscher Landwirtschaftlicher Untersuchungs- und Forschungsanstalten. VDLUFA-Verlag, Darmstadt
[M.4.4] Erarbeitung und Bewertung einer Stoffsammlung Laboranalytik bei Altlasten. LAGA-Altlastenausschuß, Hessische Landesanstalt für Umwelt HLFU 1996
[M.4.5] Anforderungen an Untersuchungsmethoden zu Erkundung und Bewertung kontaminationsverdächtiger/kontaminierter Flächen und Standorte auf Bundesliegenschaften. Verwaltungsvereinbarung der Oberfinanzdirektion OFD Hannover – BAM vom 15.09.1995;
[M.4.6] Vorläufige Verwaltungsvorschrift (Altlasten VwV) für die Feststellung und Sanierung von Altlasten auf der Grundlage des Hessischen Altlastengesetzes (HAltlastG) (Autorin: bitte Jahreszahl angeben)
[M.4.7] Verwaltungsvorschrift für die Entsorgung von unbelastetem Erdaushub und unbelastetem Bauschutt (Erste VwV Erdaushub/Bauschutt). Verwaltungsvorschrift vom 11.10.1990, Staatanzeiger des Landes Hessen 1990, S. 2170
[M.4.8] Entsorgung von belasteten Böden, Erlaß vom 21.12.1992. Staatanzeiger des Landes Hessen 1993, S. 331
[M.4.9] Übersicht kurzfristig verfügbarer Methoden der Schnellanalytik, 2. Aufl. Landesumweltamt Nordrhein-Westfalen Dezernat 332.2, 1996
[M.5.1] BI (BImSchG): Gesetz zum Schutz vor schädlichen Umwelteinwirkungen durch Luftverunreinigungen, Geräusche, Erschütterungen und ähnliche Vorgänge vom 15.03.1974, BGB. 1:721; Novellierung vom 14.05.1990, BGB. 1:880 1990
[M.5.2] E DIN 45 645 Teil 1; 1/1994: Ermittlung von Beuerteilungspegeln aus Messungen – Geräuschimmissionen – in der Nachbarschaft
[M.5.3] Robinson, D.W. und Dason, R.S.: A redetermination of the equal-loudness relations for the pure tones. British Journal of Applied Physics, Vol. 7, May 1956, S. 166 – 181
[M.5.4] Flechter, H. und Munson, W.A.; 1933: Loudness definition measurement and calcu-

lation, J. Acout. sec. Amer. 5: 82–108. Gesetz zum Schutz gegen Fluglärm vom 30.03.1971. Bundesgesetzblatt 1, 28, 282–287 (1971)

[M.5.5] E VDI 3723 Blatt 1; 5/1993: Anwendung statistischer Methoden bei der Kennzeichnung schwankender Geräuschimmisssionen

[M.5.6] VDI 2058 Blatt 1; 9/1985: Beurteilung von Arbeitslärm in der Nachbarschaft

[M.5.7] DIN 1320; 6/1992: Akustik; Grundbegriffe

[M.5.8] E DIN 45 641; 6/1990: Mittelung von Schallpegeln; Mittelungspegel, Einzelereignispegel

[M.5.9] DIN 45 635 Beiblatt 1; 4/1984: Geräuschmessung an Maschinen; Luftschallmessung, Hüllflächenverfahren, Rahmenverfahren für 3 Genauigkeitsklassen

[M.5.10] ISO 3740; 4/1980: Akustik – Bestimmung des Schalleistungspegels von Schallquellen – Leitlinien für die Anwendung von Grundnormen und für die Erarbeitung von Schallprüfvorschriften

[M.5.11] ISO 3741; 12/1988: Akustik – Bestimmung des Schalleistungspegels von Schallquellen – Präzisionsverfahren für Breitbandquellen in Hallräumen

[M.5.12] ISO 3742; 12/1988: Akustik – Bestimmung des Schalleistungspegels von Schallquellen – Technische Verfahren für spezielle Prüfhallräume.

[M.5.13] ISO 3743; 12/1988: Akustik – Bestimmung des Schalleistungspegels von Schallquellen – Technische Verfahren für spezielle Prüfhallräume

[M.5.14] ISO 3744; 5/1981: Akustik – Bestimmung des Schalleistungspegels von Schallquellen – Technische Verfahren für Freifeldbedingungen über einer reflektierenden Ebene

[M.5.15] ISO 3745; 5/1977: Akustik – Bestimmung des Schalleistungspegels von Schallquellen – Präzisionsverfahren für Reflektionsarme und halbreflektionsarme Räume

[M.5.16] ISO 3746; 4/1979: Akustik – Bestimmung des Schalleistungspegels von Schallquellen – Übersichtsverfahren

[M.5.17] ISO 1996-1; 9/1982: Akustik; Beschreibung und Messung von Umweltlärm; Teil 1: Grundeinheiten und Verfahren

[M.5.18] ISO 1996-2; 4/1987: Akustik; Beschreibung und Messung von Umgebungsgräuschen; Teil 2: Datenerfassung zur Flächennutzung

[M.5.19] ISO 1996-3; 12/1987: Akustik; Beschreibung und Messung von Umgebungsgeräuschen; Teil 3: Anwendung auf Geräuschgrenzwerte

[M.5.20] E DIN 45 645 Teil2; 9/1991: Einheitliche Ermittlung des Beurteilungspegels für Geräuschimmissionen; Geräuschimmissionen am Arbeitsplatz

[M.5.21] Ta Lärm: Technische Anleitung zum Schutz gegen Lärm, allgemeine Verwaltungsvorschriften über genehmigungsbedürftige Anlagen nach §16 der Gewerbeordnung – GewO. Bundesanzeiger Nr. 137 vom 16. Juli 1968

[M.5.22] VDI 2714; 1/1988: Schallausbreitung im Freien

[M.6.1] ICRP Publication 68, Annals of the ICRP: Dose Coefficients for Intakes of Radionuclides by Workers, Vol. 24, No. 4, Pergamon (1994): Oxford

[M.6.2] Strahlenschutzverordnung SSVO 1989. Bundesanzeiger Köln (1989)

[M.6.3] Reich, H.: Dosimetrie ionisierender Strahlung. Teubner: Stuttgart (1990)

Weiterführende Literatur

ISO/DIS 3743-1; 9/1990: Akustik; Ermittlung der Schalleistungspegel von Geräuschquellen; Verfahren der Genauigkeitsklasse 2 für kleine, bewegbare Quellen in Hallfeldern; Teil 1: Vergleichsverfahren in schallharten Räumen.

ISO/DIS 3744; 9/1990: Akustik; Ermittlung der Schalleistungspegel von Geräuschquellen; Hüllflächen-Verfahren der Genauigkeitsklasse 2 in einem im wesentlichen akustischen Freifeld über einer reflektierenden Ebene (Überarbeitung von ISO 3744:1981)

Rat von Sachverständigen für Umweltfragen: Umweltgutachten 1987. Stuttgart und Mainz: W. Kohlhammer Verlag 1987

Stoffquellen

Ein Hauptziel des Umweltschutzes ist es, die Emission schädlicher Stoffe zu vermeiden oder zumindest so zu begrenzen, daß die Auswirkungen dieser Emissionen in der Umwelt keine irreversiblen oder für den Menschen und die Tier- und Pflanzenwelt gefährliche Auswirkungen oder Änderungen hervorrufen.

Die stofflichen Emissionen haben vielfältige Quellen. In diesem Kapitel werden ausschl. Quellen dargestellt, die sich aus industriellen und gewerblichen Tätigkeiten, aber auch aus sonstigen Aktivitäten im öffentlichen und privaten Bereich des Menschen ergeben. Natürliche Quellen der Schadstoffemission bleiben außer Betracht.

Bei den Schadstoffen ist zu unterscheiden zwischen einer Gruppe von wenigen Schadstoffen, die in großen Mengen vor allem bei Verbrennungsvorgängen emittiert werden – Schwefeldioxid (SO_2), Stickstoffoxide (NO_x), Kohlenmonoxid (CO), flüchtige organische Verbindungen (VOC) und Feststoffe (Stäube) – und einer zweiten Gruppe von allen sonstigen anorganischen und organischen Schadstoffen, die durch chemische, physikalische oder biologische Umwandlungsvorgänge rohstoff- und prozeßspezifisch entstehen und in kleineren Mengen bei dem betreffenden Prozeß freiwerden. Hierunter fallen auch die zum Teil hochtoxischen polychlorierten Dibenzodioxine (PCDD) und Dibenzofurane (PCDF), im weiteren auch kurz als Dioxine und Furane bezeichnet.

Für die erstgenannte Schadstoffegruppe weist Tabelle N.1-0 für die Jahre 1989 und 1994 die insgesamt in den alten und neuen Bundesländern emittierten Schadstoffmengen und die Aufteilung der Emissionsmengen auf die Emittentengruppen Kraft- und Fernheizwerke, Industrie, Haushalte und Kleinverbraucher und Verkehr aus. Die ebenfalls in Tabelle N.1-0 dargestellten Zahlenwerte für die Gesamtemissionen im Jahr 2005 repräsentieren die aktuelle Strategie für die weitere Verwirklichung von Emissionsminderungsmaßnahmen bei allen Emittentengruppen in der Bundesrepublik Deutschland.

In Tabelle N.1-0 sind auch die Emissionsmengen von Kohlendioxid (CO_2) wiedergegeben, da dieses Gas aufgrund seines Beitrags zum Treibhauseffekt eine erhebliche Umweltrelevanz besitzt. Da CO_2 jedoch abgesehen von dieser globalen Auswirkung nicht als Schadstoff mit direkter Gefahr für den Menschen anzusehen ist, werden in diesem Kapitel Verbrennungsprozesse zwar als potentielle Quellen der Emission von Schadstoffen, jedoch nicht hinsichtlich ihrer Emission von CO_2 dargestellt.

Bei der Darstellung der Schadstoffquellen finden nur Zustände des bestimmungsgemäßen Betriebs von Anlagen oder Vorgängen Berücksichtigung. Quellen für die Emission von Schadstoffen außerhalb des bestimmungsgemäßen Betriebs, insbesondere bei Störfällen (z. B. Bränden), bleiben außer Betracht.

Tabelle N.1-0 Stoffemissionen nach Sektoren (alte und neue Bundesländer)

Stoff	Jahr	Gesamt [kt/a]	[%]	Kraft- und Fernheizkraftwerke [kt/a]	[%]	Industrie [kt/a]	[%]	Haushalte und Kleinverbraucher [kt/a]	[%]	Verkehr [kt/a]	[%]
NO_x	1989	3355	100	780	23,2	335	10,0	120	3,6	2120	63,2
	1994	2211	100	488	22,1	277	12,6	162	7,3	1283	58,0
	2005	2130	–	–	–	–	–	–	–	–	–
VOC	1989	2338 [a]	100	33	1,4	240	10,3	185	7,9	1880	80,4
	1994	1046 [b]	100	9	0,9	147	14,1	148	14,1	742	70,9
	2005	1750	–	–	–	–	–	–	–	–	–
CO	1989	12015	100	845	7,0	2020	16,8	2000	16,7	7150	59,5
	1994	6738	100	104	1,5	1311	19,5	1186	17,6	4136	61,4
	2005	4900	–	–	–	–	–	–	–	–	–
SO_2	1989	6205	100	4430	71,4	1060	17,1	590	9,5	125	2,0
	1994	2995	100	1875	62,6	657	22,0	399	13,3	63	2,1
	2005	740	–	–	–	–	–	–	–	–	–
Staub	1989	2375 [c]	100	1175	49,5	870	36,6	230	9,7	100	4,2
	1994	562 [d]	100	173	30,8	211	37,5	114	20,3	64	11,4
	2005	260	–	–	–	–	–	–	–	–	–
CO_2	1989	1023000	100	403000	39,4	238000	23,3	198000	19,3	184000	18,0
	1994	901000	100	358000	39,7	183000	20,3	183000	20,3	177000	19,7
	2005	740000	–	–	–	–	–	–	–	–	–

[a] zusätzlich 1210 kt/a für Lösemittelverwendung (Industrie, Gewerbe, Haushalte)
[b] zusätzlich 1090 kt/a für Lösemittelverwendung
[c] zusätzlich 180 kt/a für Schüttgutumschlag
[d] zusätzlich 193 kt/a für Schüttgutumschlag

Quellen: 5. Immissionsschutzbericht der Bundesregierung Drucksache 12/4006 vom 15.12.1992 (für 1989)
6. Immissionsschutzbericht der Bundesregierung Drucksache 13/4825 vom 11.06.1996 (für 1994 vorläufige Angaben; für 2005 Minderungsziele)

N.1 Gewerblicher und industrieller Bereich

N.1.1 Steine und Erden

Unter diesem Begriff sind Industriebranchen zusammengefaßt, die aus mineralischen Bodenschätzen, die weder Brennstoffe noch Erze oder Salze sind, Roh- und Hilfsstoffe erzeugen, die in vielen Bereichen der Industrie und Wirtschaft zum Einsatz kommen. Beispielhaft steht die breite Palette der Bindemittel für das Baugewerbe.

Allen Produktionsstätten dieser Art ist gemeinsam:
– zur Erzeugung der Zwischen- bzw. Endprodukte sind thermische Prozesse erforderlich,
– sie emittieren neben Lärm staub- und gasförmige anorganische Luftverunreinigungen in Größenordnungen, die Minderungsmaßnahmen notwendig machen.

Anlagen aus diesen Bereichen sind im Sinne des Bundesimmissionsschutzgesetzes genehmigungsbedürftig (förmliches Genehmigungsverfahren 4. BImSchV) und unterliegen nach der „Technischen Anleitung zur Reinhaltung der Luft" (TA Luft) besonderen Regelungen (TA Luft: ab Nr. 3.3 usw.). Nach der Verordnung über den Immissionsschutzbeauftragten (5. BImSchV) bedarf es der Bestellung eines betriebsangehörigen Immissionsschutzbeauftragten, der nach 6. BImSchV qualifiziert ist.

Im einzelnen werden näher betrachtet:
a) Anlagen zur Herstellung von Zementklinkern oder Zementen (TA Luft: Nr. 3.3.2.3.1)
b) Anlagen zum Brennen von Bauxit, Dolomit, Gips, Kalkstein, Magnesit usw. (TA Luft: Nr. 3.3.2.4.1)
c) Anlagen zur Herstellung und Bearbeitung von Glas (TA Luft: Nr. 3.3.2.8.1)

N.1.1.1 Anlagen zur Herstellung von Zementklinkern und Zement

Zement ist ein unter Wasser erhärtendes, hydraulisches Bindemittel, das im Prinzip auf dem Dreistoffsystem $CaO \cdot SiO_2 \cdot Al_2O_3$ basiert. Es gibt eine Reihe von Zementtypen, darunter Portlandzement, der die größte Bedeutung hat. Mindestanforderungen an Zemente sind u. a. durch DIN 1164 festgelegt.

Portlandzement entsteht durch Feinmahlung von Portlandzementklinker und Zugabe von Gips ($CaSO_4 \cdot 2H_2O$) als Abbinderegler. Portlandzementklinker selbst wird durch Sinterung zwischen 1400 und 1450 °C von basischen Ausgangsstoffen (Kalkstein) und kieselsäure-aluminiumoxid- und eisenhaltigen Rohstoffen – wie sie in Mergel, Tonen und Sanden vorliegen – hergestellt.

Zur Herstellung von Zementklinker werden Naß- und Trockenverfahren angeboten.

Fast 95 % des Klinkers wird aus wärmetechnischen Gründen nach dem Trockenverfahren produziert. Als Ofensystem hat sich für beide Produktionsvarianten der Einsatz von Drehrohröfen mit Rost- und Zyklonvorwärmung durchgesetzt.

Die Beheizung der Öfen erfolgt mit Kohlenstaub, Öl, Gas und Ersatzbrennstoffen verschiedenster Provenienz. Eine bekannte Substitution ist die dosierte Zugabe von Altreifen. Bild N.1-1 zeigt schematisch das Verfahrensfließbild zur Herstellung von Zement nach dem Trockenverfahren.

Emissionen und Begrenzung

1. Hauptemission ist Staub, Emissionsquellen betreffen alle Anlagenteile. Wesentlich sind die Staubquellen von Öfen, Kühlern, Mahl- und Förderanlagen, Silos und Verladeeinrichtungen (Tabelle N.1-1).

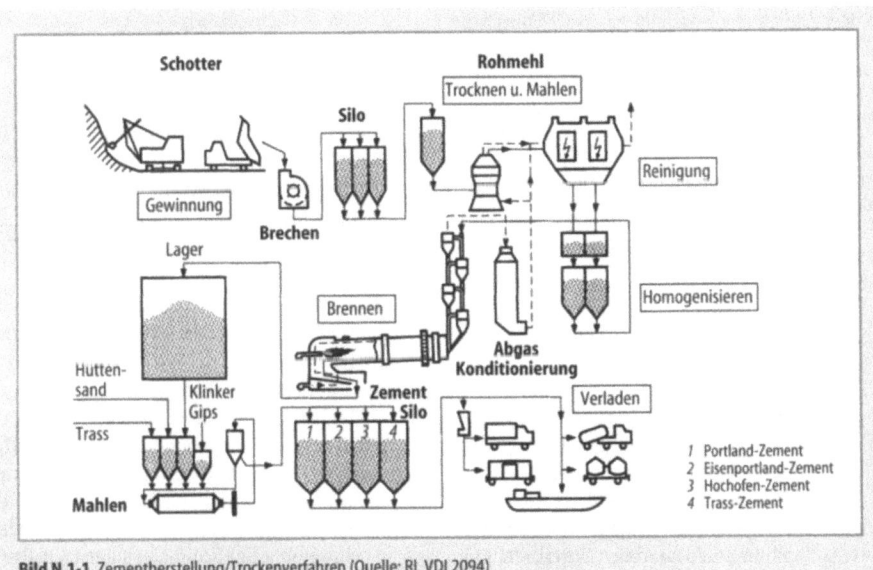

Bild N.1-1 Zementherstellung/Trockenverfahren (Quelle: RL VDI 2094)

Tabelle N.1-1 Staubemissionsquellen

Anlagen-teile	Drehofen mit Zyklon-vorwärmer	Drehofen mit Rost-vorwärmer	Rostkühler	Trommel-trockner	Schnell-trockner	Mahltrockner	Rohmühle
Aufgabengut	Rohmehl	Pellets (Granalien)	Klinker	Rohmaterial Hüttensand	Rohmaterial Hüttensand	Rohmaterial Hüttensand Kohle	Rohmehl Zement
Anwendung	Trocknen Calcinieren Sintern	Trocknen Calcinieren Sintern	Kühlen	Trocknen	Trocknen	Mahlen Trocknen	Mahlen
Brennstoff	Kohle Öl Gas	Kohle Öl Gas		Kohle Öl Gas	Kohle Öl Gas	Kohle Öl Gas	
Geeignete Staubabscheidung	elektrische Abscheider	elektrische Abscheider	filternde Abscheider (Schüttschichtfilter, Gewebefilter), elektrische Abscheider	elektrische Abscheider, filternde Abscheider (Gewebefilter)	elektrische Abscheider, filternde Abscheider (Gewebefilter)	elektrische Abscheider, filternde Abscheider (Gewebefilter)	elektrische Abscheider, filternde Abscheider (Gewebefilter)

Nach der TA Luft ist der Eimissionsgrenzwert für Staub auf 50 mg/m^3 festgelegt, der – wie die Praxis zeigt – mit den vorhandenen Abscheidevorrichtungen eingehalten wird. Eine Reduzierung auf 20 mg/m^3 ist nach den neuesten Untersuchungen nicht auszuschließen.
Die Zementindustrie ist ein Beispiel, an dem die Anstrengungen zur Emissionsminderung von Staub demonstrativ aufgezeigt werden kann (Tabelle N.1-2).

2. Der Zementstaub enthält, verursacht durch die eingesetzten Rohmaterialien, die Kreislaufführung in den Ofensystemen, aber auch durch Brennstoffsubstitution Schwermetallspuren. Emissionsgrenzwerte für solche Schwermetalle sind nach TA Luft (Nr. 3.1.4)
Klasse I
Cadmium
Thallium   0,02 mg/m^3 (als Summenwert)
Klasse II
Cobalt
Nickel   1 mg/m^3 (als Summenwert)
Klasse III
Blei
Chrom   5 mg/m^3 (als Summenwert)
Sie können weitgehend eingehalten werden. Die literaturmäßig bekannte erhöhte Thalliumemission wurde durch Ersatz der Rohmehlkorrekturstoffe (Kiesabbrand mit erhöhtem Thalliumanteil) und der Unterbrechung, der bis dato praktizierten Rückführung der

Tabelle N.1-2 Entwicklung der Emissionswerte für Staub

Ausgabe	1958	1,6 g/m^3
	1961	0,4 g/m^3
	1967	0,2 g/m^3
	1978	0,12 g/m^3
	1981	0,10 g/m^3
	1983	0,075 g/m^3
	1985	0,050 g/m^3
	1992	0,02 g/m^3

(0 °C; 1013 mbar; trocken)

Filterstäube in den Brennprozeß, praktisch unterbunden.
Ein Hinweis, schon bei der Auswahl der Rohstoffe vorsorgend auf die Produktion und die evtl. notwendige Emissionsminderung Einfluß zu nehmen.

3. Abgas von Zementöfen enthält Schwefeldioxid. Emissionsgrenzwert laut TA Luft: 400 mg/m^3. Quellen sind:
a) schwefelhaltige Brennstoffe
   Der beim Verbrennen entstehende SO_2-Anteil reagiert weitgehend unter den im Ofen herrschenden Bedingungen mit den alkalischen Bestandteilen zu Alkalisulfaten, die in den Zementklinker eingebunden werden.
b) schwefelhaltige Rohmaterialien (z.B. Pyrit) ergeben höhere SO_2-Emissionswerte und

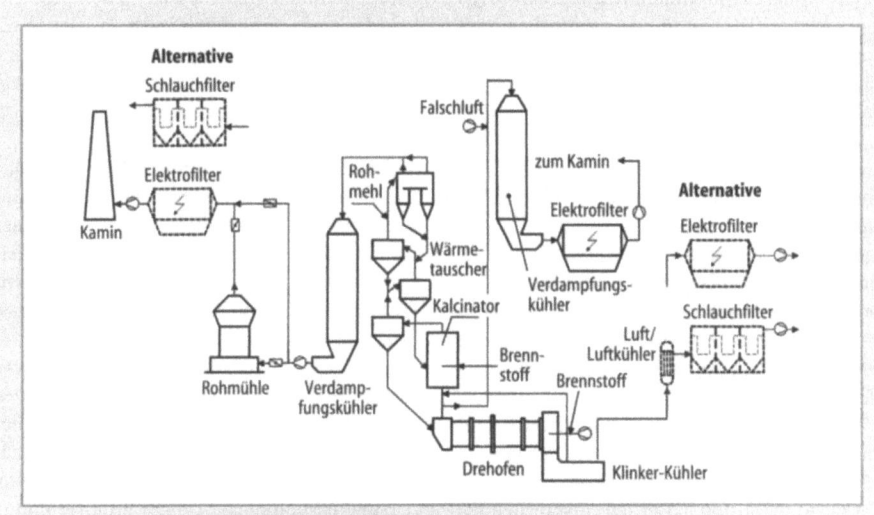

Bild N.1-2 Alternativen zur Zementofenentstaubung

erfordern eine Rauchgasentschwefelungsanlage.

Bei hohen SO_2-Gehalten im Rohgas hat sich der Einsatz der trockenen Rauchgasentschwefelung nach dem Verfahren der Zirkulierenden Wirbelschicht bewährt. Als Absorbens kommen Kalkhydrat oder ein Rohmehlkalkhydratgemisch zur Anwendung.

4. Stickoxide

Ursache für die NO_x-Emission sind die hohen Temperaturen im Zementofen. In der Praxis werden Werte zwischen 500 und 2100 mg/m³ mit Spitzenwerten bis 3000 mg/m³ gemessen. Nach der TA Luft (Nr. 3.3.2.3.1) gelten als Maximalwerte für Abgas von Zementöfen (gerechnet als NO_2) mit:

a) Rostvorwärmer 1,5 g/m³
b) Zyklonvorwärmer mit
  Abgaswärmenutzung 1,3 g/m³
c) Zyklonvorwärmer ohne
  Abgaswärmenutzung 1,5 g/m3

Diese Grenzwerte müssen in Zukunft vermindert werden. Entsprechend der Dynamisierungsklausel der TA Luft sind für Zementwerke als Grenzwert 0,50 g/m³ (Bezugszahl O_2 = 10) anzustreben. Untersuchungen zeigen, daß die Reduzierung durch bloße feuerungstechnische Maßnahmen nicht sichergestellt ist. Die Minderung der NO_x-Emission ist nach den heutigen Erfahrungen durch Einsatz der katalytischen oder nichtkatalytischen Entstickung (mit Ammoniak, Ammoniakwasser oder Harnstoff) möglich.

5. Fluoride und Chloride

Gasförmige Fluor- und Chlorverbindungen sind im Rauchgas nicht beobachtet worden. Fluoride sind in den Zementrohstoffen mit max. 0,05 Gew.%, Chloride mit 0,01-0,1 Gew.% vorhanden. Die Reaktionsprodukte CaF_2 oder Alkalichloride reagieren mit dem Zementklinker oder dem Ofenstaub.

Emissionsminderungsmaßnahmen

Zur Staubabscheidung geeignete Systeme sind Bild N.1-2 zu entnehmen. Es handelt sich ausschließlich um elektrostatische und filternde Abscheider. Massenkraftabscheider haben praktisch keine Bedeutung mehr. Am Beispiel der Ofenentstaubung werden die möglichen Alternativen aufgezeigt (Bild N.1-2).

N.1.1.2 Anlagen zum Brennen von Bauxit, Dolomit, Gips, Kalkstein, Magnesit usw.
(TA Luft Nr. 3.3.2.4.1)

– *Bauxit*, ein natürlich vorhandenes Gemenge verschiedener Aluminiumoxidhydrate bzw. -hydroxide, verunreinigt mit Aluminiumsilikaten, Eisenoxiden u. a. wird weit über 90 % zu Aluminiumoxid (Al_2O_3) verarbeitet. Bauxit wird durch alkalischen Aufschluß (Bayer-Verfahren) über das Aluminat zu Aluminiumhydroxid (Al(OH)$_3$) umgesetzt. Al(OH)$_3$ wird heute weitgehend mit der energetisch günstigen Wirbelschichttechnik (Bild N.1-3) zwischen 900 und 1100 °C zu Al$_2$O$_3$ kalziniert.

Die Staubabscheidung erfolgt mittels eines Elektrofilters mit integrierter mechanischer Vorabscheidung. Andere Emissionen (SO$_2$, NO$_x$) haben keine Bedeutung.

– *Kalkstein, Magnesit und Dolomit*. Rohstoffe sind Kalkstein (CaCO$_3$), Magnesit (MgCO$_3$) und Dolomit, eine Mischung aus beiden Komponenten (MgCO$_3$ · CaCO$_3$). Anlagentechnisch bestehen ähnliche Verhältnisse wie bei der Zementherstellung.

Kalkstein wird zwischen 900 und 1100 °C, Magnesit zwischen 400 und 480 °C und Dolomit in 2 Stufen (MgCO$_3$-Anteil zwischen 650 und 750 °C, CaCO$_3$-Anteil ab 900 °C) zu den entsprechenden Oxiden zersetzt.

Kalziumoxid (in Form von gelöschtem Kalk) wird in der Bauindustrie (Mindestanforderungen nach DIN 1060) in letzter Zeit als Sorptionsmittel im Umweltschutz (Abgas, Abwasser) eingesetzt.

Magnesiumoxid hat große Bedeutung bei der Herstellung von hoch feuerfesten Steinen und in geringem Maße als Bindemittel im Baugewerbe. Die Palette der Brennsysteme ist vielfältig: modifizierte Schachtöfen, Drehrohr-, Ringofen, Brennroste und Wirbelschichttechnik. Alle fossilen, festen, flüssigen und gasförmigen Brennstoffe kommen zum Einsatz. Umweltprobleme werden vorranging durch Staubemissionen verursacht. Bewährte Minderungstechniken sind Elektrofilter, filternde Abscheider (Gewebefilter). Die TA Luft-Vorgabe von 50 mg/m^3 wird problemlos eingehalten.

Hohe Brenntemperaturen bedeuten auch hier relativ hohe NO$_x$-Emissionen. Bei Drehrohröfen werden nach TA Luft max. 1,8 g/m^3 zugelassen. Im Sinne der Konkretisierung der Dynamisierungsklausel ist basierend auf ersten positiven Testergebnissen die Reduzierung auf 0,50 g/m^3 nicht unrealistisch.

Abhängig von den Ausgangsstoffen (Verwendung von quarz- und chromhaltigem Rohstein) ist die Anwesenheit von Schadstoffen, z. B. Fluorwasserstoff oder Chromverbindungen, nicht auszuschließen. Grenzwerte für Fluorwasserstoff (10 mg/m^3) und staubförmige Chromverbindungen (10 mg/m^3) sind vorgegeben. Chrom und seine Verbindungen können zur Abwasserbelastung führen.

– *Gips* kommt in der Natur in Form des Dihydrates CaSO$_4$ · 2H$_2$O und des Anhydrits CaSO$_4$ vor. Große Mengen Gips werden bei der Rauchgasentschwefelung (REA) erzeugt. Hauptanwendungsgebiet von Gips ist die Bauindustrie (Putzgipse, Gipskartonplatten, Gipsbauteile und Zementherstellung).

Diese Einsatzmöglichkeit basiert auf der leichten Dehydratisierung des Dihydrats zum Halb-

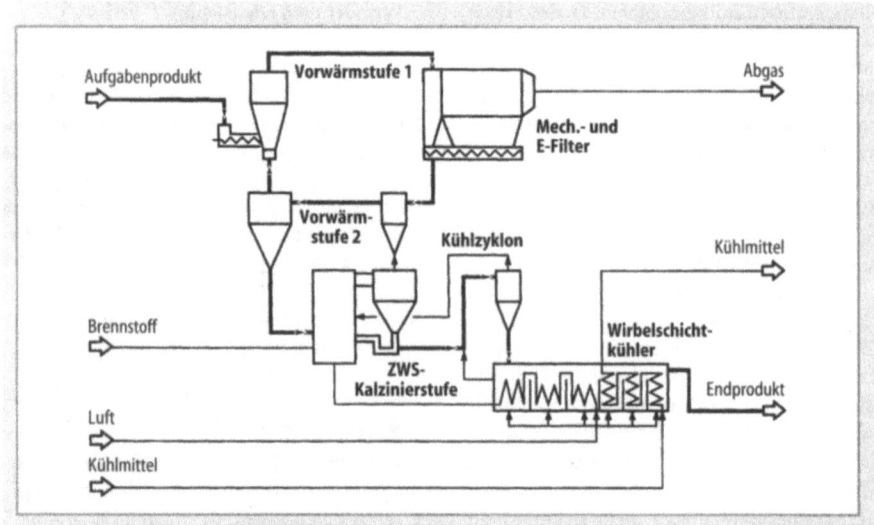

Bild N.1-3 Fließbild: ZWS-Kalzinieranlage (Verfahren VAW/Lurgi)

hydrat ($CaSO_4 \cdot 1/2\ H_2O$) und dessen Umwandlung zum ursprünglichen Dihydrat bei Zugabe von Wasser.

In der Praxis werden verschiedene Gipsarten produziert: ß-Gips (Stuckgips), Mehrphasengips (Putzgips, Formengips), die nach DIN 1168 genormt sind. Zur Herstellung der verschiedenen Gipsarten stehen in Abhängigkeit von der zur Verarbeitung notwendigen Eigenschaften eine Reihe von Brenntechniken zur Verfügung: Direkt befeuerte Drehöfen bzw. außenbeheizte Großkocher sind die am häufigsten eingesetzten Aggregate. Für Spezialgipse haben Rostbandöfen (Maschinenputzgips), Mahlbrennöfen bzw. Autoklavenverfahren (z. B. für REA-Gipse) Bedeutung.

Staub ist die Hauptemission. Die niedrigen Brenntemperaturen verursachen keine Probleme mit Schwefeldioxid, Stickoxiden usw. Zur Emissionsminderung werden Elektrofilter und neuerdings auch Gewebefilter eingesetzt.

N.1.1.3 Anlagen zur Herstellung und Bearbeitung von Glas (TA Luft Nr. 3.3.2.8.1)

Glas ist ein amorphes technisches Silkat, d. h. ein nichtkristallin erstarrtes Produkt ohne definierten Schmelzpunkt. Im wesentlichen entspricht Glas der Zusammensetzung $Na_2O \cdot CaO \cdot 6SiO_2$. Das Variieren der Gemenge-Zusammensetzung ergibt Gläser mit verschiedenen Eigenschaften. Zur Herstellung kommen zum Einsatz: die Glasbildner Sand (als SiO_2-Quelle), Kalk, Dolomit, Soda, Feldspäte (als Alkali/Erdalkaliquelle) und Aluminiumsilikate (als Aluminiumoxidquelle). Sie werden mit Zusatzstoffen, die als Flußmittel oder Stabilisatoren dienen, vermengt (gemischt) und nach Feinaufbereitung in Glaswannen (Schmelzofen) in Abhängigkeit von der Glasqualität bei Temperaturen zwischen 1300 und 1550 °C geschmolzen. Zusätzliche Zugaben von Läuterungs- und Entfärbungsmitteln sind weitere die Qualität beeinflussende Schritte.

Als Rohstoffsubstitut hat durch Recycling gewonnenes Altglas große Bedeutung. Die Beheizung erfolgt direkt durch Gas/Luft- bzw. Öl/Luft-Gemische.

Emission
(hier von flammenbeheizten Schmelzöfen)
a) Staubemissionen

Abhängig von der Glasart und den Rohstoffen schwanken sie im Bereich von 50 – 400 mg/m³ bei Massenglas und können bei Spezialgläsern Spitzenwerte bis 1500 mg/m³ erreichen. Ein Großteil der Stäube besteht aus feinkristallinen Salzpartikeln. Bild N.1-4 zeigt die Häufigkeitsverteilung von Stäuben aus der Hohlglasherstellung. Stäube enthalten je nach Glasart (bedingt durch die hierfür eingesetzen Rohstoffe) auch Schwermetalle (Blei, Selen u. a.).

b) Abgase aus den Schmelzwannen enthalten aufgrund der eingesetzten Roh- und Brennstoffe und den bei hohen Schmelztemperaturen möglichen chemischen Reaktionen eine Reihe von Schadstoffen, wie HCl, HF, SO_2, SO_3 und Schwermetalle. Tabelle N.1-3 zeigt Schadstoff-Emissionen von Glaswannen, einschl. der durch die TA Luft vorgegebenen Emissionsgrenzwerte. Emissionen sind abhängig von den Endprodukten. Die Produktion von Glas ist eines jener Verfahren mit großen NO_x-Emissionen.

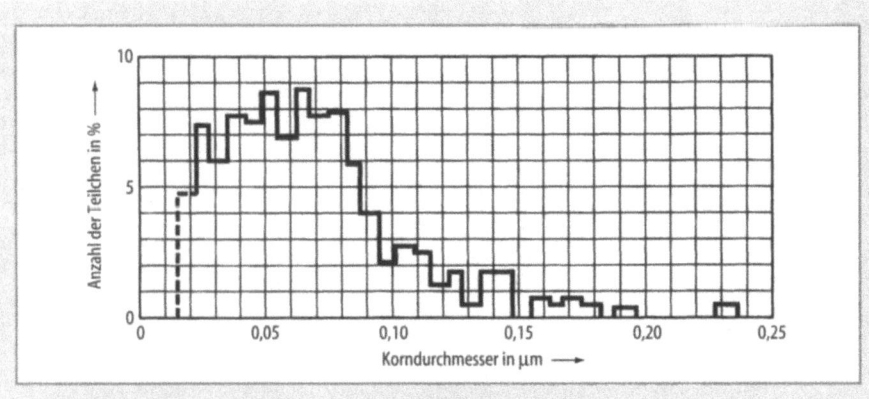

Bild N.1-4 Verteilung der Korndurchmesser von Staub aus Glasschmelzen

Konzentrationen zwischen 0,5 und 5 g/m³ (als NO_2 gerechnet) werden genannt.

Ihre Entstehung ist auf die sehr hohe Prozeßtemperatur (z. B. bei Massenglas) und teilweise auf stickstoffhaltige Gemengezusätze zurückzuführen. In der TA Luft schwanken die zulässigen Emissionsgrenzwerte je nach Beheizungs- und Ofenart zwischen 1,2 und 3,5 g/m³. Basierend auf ersten Ergebnissen von primären und sekundären Minderungsmaßnahmen wird zukünftig ein Grenzwert von 0,5 g/m³ angestrebt.

Minderungsmaßnahmen

Mit Primärmaßnahmen: Änderung der Ofenbauart und Fahrweise, Änderung der Feuerungstemperaturen, Auswahl der Rohstoffe, Sauerstoffanreicherung sind die durch TA Luft vorgegebenen Emissionsgrenzwerte nicht einzuhalten (Bild N.1-5).

Bewährt haben sich folgende Sekundärmaßnahmen:

a) zur Entstaubung kommen elektrostatische oder filternde Abscheider (Gewebefilter).
b) zur Abscheidung gasförmiger, anorganischer Schadstoffe (HCl, HF, SO_2 und Schwermetallen) werden quasitrockene oder trocken arbeitende Sorptionsverfahren (Absorbentien sind $Ca(OH)_2$, Soda und Natronlauge) eingesetzt.
c) zur NO_x-Minderung sind die Entstickungsverfahren Direktreduktion (nicht katalytische Reduktion (SNR-Verfahren)) und die selektive katalytische Reduktion (SCR) in Erprobung.

Die bei der absorptiven Abgasreinigung anfallenden trockenen Reaktionsprodukte werden weitgehend über das Rohstoffgemenge dem Produktionsprozeß wieder zugeführt.

Tabelle N.1-3 Emissionen von Glaswannen

	mg/m³ [a,b]	Grenzwerte [a] TA Luft 1986
Gesamtstaub	50 – 1500	50
Schwermetalle		
Blei		5
Arsen		1
Selen		1
Fluorwasserstoff	5 – 30	5
Chlorwasserstoff	40 – 250	30
Schwefeldioxid	2000 – 3000	1800
Schwefeltrioxid	200 – 300	–
Stickoxide	1000 – 4000	s. Text

[a] bezogen auf Normzustand und 8 Vol. % O_2
[b] abhängig von Ofenanlage, Fahrweise und Rohstoffen

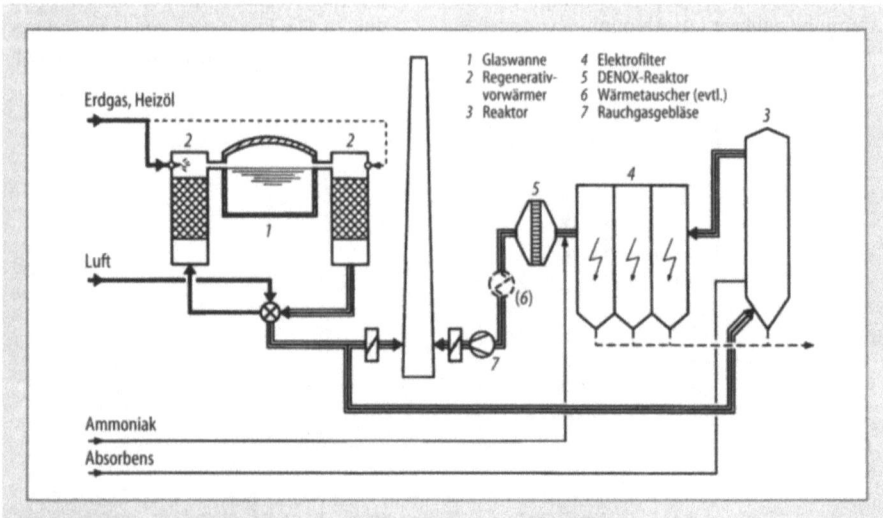

Bild N.1-5 Schema eines Glasschmelzofens mit Abgasreinigung

N.1.2 Metalle

Emissionsquellen können bei Anlagen auf dem metallurgischen Gebiet in 3 Gruppen eingeteilt werden:
- Prozeßabgase
Abgase aus metallurgischen Prozessen enthalten neben Stäuben auch Schadgasbestandteile wie beispielsweise Schwefeloxid, Stickstoffoxid, Kohlenmonoxid, Fluor oder Chlor. Bei vielen metallurgischen Verfahren kann die Abgasbehandlung auf eine reine Staubabscheidung beschränkt werden, da zulässige Grenzwerte für Schadgase nicht überschritten werden. Enthält das Abgas durch Einsatz stark schwefelhaltiger Rohmaterialien hohe Anteile an SO_2 oder werden verfahrensbedingt sehr hohe Kohlenmonoxidmengen produziert, wird eine Verwertung dieser Bestandteile interessant. Ein typisches Beispiel hierfür ist Hochofengichtgas oder Konverterabgas (Stahl) mit seinem hohen Kohlenmonoxidgehalt. Nach Abscheidung der staubförmigen Bestandteile erfolgt eine Einspeisung in das Gasnetz zur Nutzung als Brenngas in anderen Werksteilen. Bei Prozessen der NE-Metallurgie wird SO_2-reiches Gas einer nachgeschalteten Anlage zur Gewinnung von Schwefelsäure zugeleitet.
Verfahren, bei denen Abgas vor Ableitung in die Atmosphäre in Anlagen zur Schadgasabscheidung behandelt werden müssen, sind nur vereinzelt in Betrieb. Hier handelt es sich i.d.R. um Sonderfälle, bei denen besondere Einsatzstoffe verarbeitet oder länderspezifische Auflagen zu beachten sind.
- Sekundäre Quellen
Bei Chargier-, Umfüll- oder Abstichvorgängen ist eine Erfassung der dabei austretenden Abgase oder der entstehenden Staubluft über das Primärabgassystem oft nicht möglich. Systeme, die Luft aus großvolumigen Einhausungen, aus halboffenen Hauben oder aus Hallendächern absaugen, sind geeignet, diese Emissionen zu erfassen. Ihr prinzipieller Nachteil ist dabei, daß sehr große Umgebungsluftmengen mit angesaugt werden müssen, um eine befriedigende Wirksamkeit zu erreichen. Große Abgasvolumenströme sind deshalb kennzeichnend für diese Anwendung. Ein Wert von ca. 1.000.000 m³/h ist bei einer Sekundärentstaubung eines Stahlwerks eine durchaus übliche Größenordnung. Da Schadgasgehalte bei fast allen Anwendungen vernachlässigbar gering sind, ist eine Abscheidung staubförmiger Bestandteile meist ausreichend, um die Forderungen der TA Luft zu erfüllen.
- Anlagenentstaubung
Dem eigentlichen metallurgischen Prozeß sind bei fast allen Verfahren Apparate und Einrichtungen vor- und nachgeschaltet, um Rohmaterialien, Zuschlagstoffe oder auch das Produkt selbst in Bunkern zwischenzuspeichern, zu zerkleinern, zu sieben und über Bandförderanlagen zu transportieren. Da es sich hierbei oft um staubende Materialien handelt, müssen Absaugesysteme installiert werden, um das Betriebspersonal vor belästigender Staubentwicklung zu schützen und um gewerbehygienische Anforderungen einzuhalten. Mehrere Einzelabsaugestellen (bis zu 200) werden dabei zu einem System zusammengefaßt. Wie auch bei den Sekundärabgasen, handelt es sich bei der Abluft im wesentlichen um staubhaltige Umgebungsluft, die in elektrostatischen Filtern, Schlauchfiltern oder Wäschern gereinigt wird.

Gemäß TA Luft vom 27.2.1986, berichtigt am 4.4.1986 sind für metallurgische Anlagen im wesentlichen die nachfolgend aufgeführten Grenzwerte relevant:
- Gesamtstaub   50 mg/m³
- Blei   5 mg/m³
- Fluor und Fluorverbindungen   5 mg/m³
- Chlorverbindungen   30 mg/m³
- Schwefeloxide   500 mg/m³
- Stickstoffoxide   500 mg/m³

Bei kleinen Massenströmen gelten höhere Grenzwerte. Zusätzlich zu diesen grundsätzlichen Anforderungen wurden besondere Regelungen für bestimmte Anlagenarten getroffen. Sofern wesentlich, sind diese Grenzwerte unter der Beschreibung der einzelnen Verfahren angegeben.

Im folgenden Abschnitt werden die wichtigen, emissionsträchtigen metallurgischen Verfahren beschrieben.

N.1.2.1 Eisen und Stahl

N.1.2.1.1 Erzvorbereitung

Eisenerzsintern (Bild N.1-6)
Verfahren zur Stückigmachung von feinkörnigen Erzen. Eisenerze, Stäube, Zuschläge, Brennstoff und Rückgut werden in einer Trommel gemischt und granuliert. Auf der Sintermaschine (Wander-

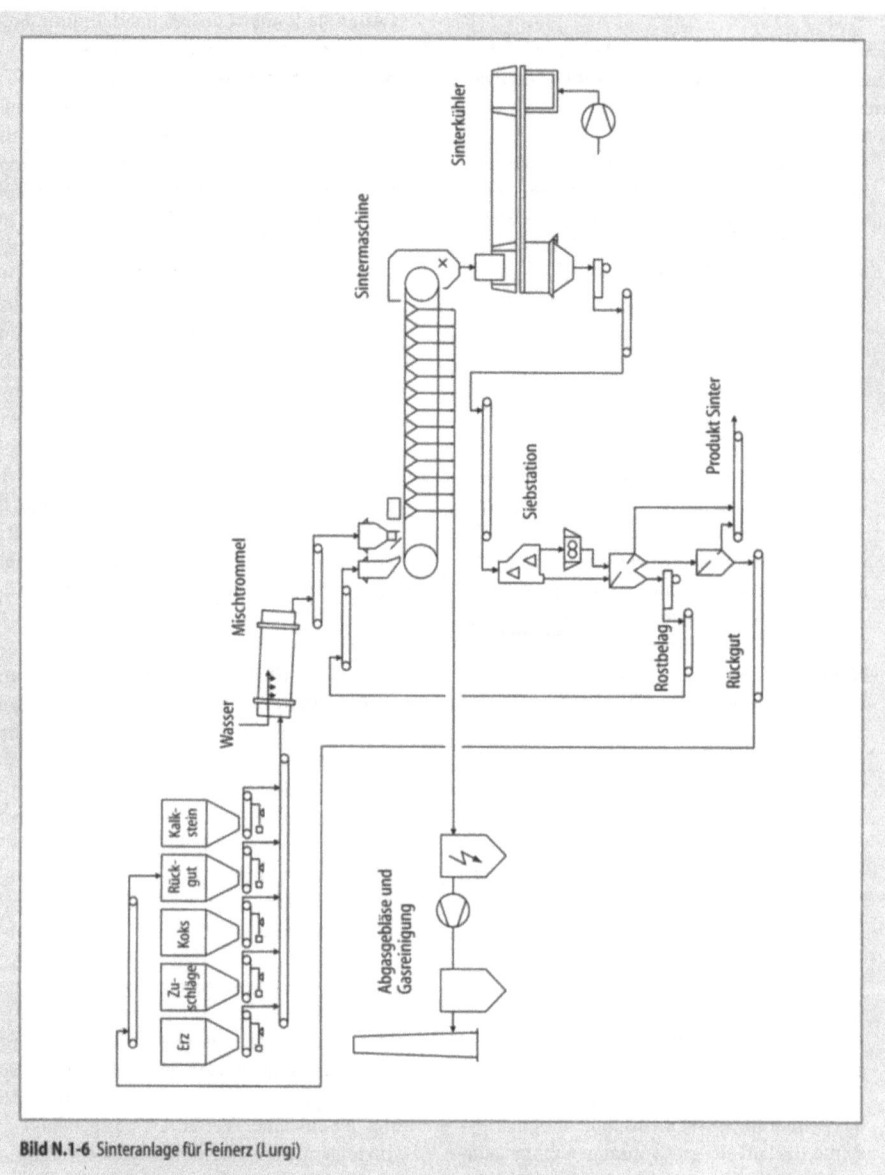

Bild N.1-6 Sinteranlage für Feinerz (Lurgi)

rost) wird diese Sintermischung an der Oberfläche gezündet. Durch die gezündete Schicht wird Luft gesaugt, wodurch der Sintervorgang, eine Kombination aus lokal begrenztem Schmelzen, Korngrenzdiffusion und Rekristallisation, in vertikaler Richtung abläuft. Anschließend wird der Sinter durch Luft gekühlt, gesiebt und über Fördereinrichtungen zur Möllerbunkeranlage des Hochofens transportiert.

Abgasvolumenströme für eine 200 m²-Sintermaschine:
- Sinterabgas   600.000 m³/h
- Anlagenentstaubung   400.000 m³/h

– Sinterabgas
Das Abgas aus dem Sinterprozeß besteht aus dem Rauchgas der Kohlenstoffverbrennung, CO_2 durch Kalzinierung und Stoffen wie z. B.

Wasser, SO_2, SO_3, Alkalichloride und Kohlenwasserstoffe, die durch den Sintervorgang aus der Einsatzmischung ausgetrieben werden. Die Staubabscheidung erfolgt in modernen Anlagen in elektrostatischen Filtern.

Die prozeßbedingten Eigenschaften des Abgases lassen in vielen Fällen eine Entstaubung auf Werte < 50 mg/m^3 nicht zu. Schlauchfilteranlagen und weiterentwickelte elektrostatische Filter sind in der Erprobung bzw. teilweise bereits im großtechnischen Einsatz. Es ist zu erwarten, daß sich daraus neue Standardlösungen entwickeln. Zunehmende Bedeutung wird voraussichtlich auch die Schadgasabscheidung gewinnen. Einige Anlagen sind bereits mit Teilentschwefelungsanlagen ausgerüstet.

Sonderregelung der TA Luft: Der Grenzwert für Stickstoffoxide liegt bei 400 mg/m^3
- Sinterkühler
  Die Abluft des Sinterkühlers ist staubarm. In Sonderfällen, z. B. bei Nutzung der heißen Abluft zu Vorwärm- oder Heizzwecken, erfolgt eine Grobstaubabscheidung durch Multiklonanlagen zum Schutz vor Verschleiß nachgeschalteter Einrichtungen.
- Anlagenentstaubung
  Moderne Anlagen sind mit einer Absauganlage zur Erfassung von Staubluft aus der Siebstation und den Materialfördereinrichtungen ausgerüstet. Zur Entstaubung der Absaugeluft werden elektrostatische Filter eingesetzt. Für kleine Sinteranlagen kann ein Schlauchfilter eine wirtschaftliche Alternative sein.
- Misch- und Rolliertrommel
  In der Trommel entstehen durch die Wassereindüsung Wrasen. Bei der Mehrzahl der Anlagen gelingt es, durch günstige konstruktive Ausführung der Trommel den Staubgehalt zu begrenzen. In Sonderfällen erfolgt die Entstaubung in Wäscheranlagen einfacher Bauart.

Pelletierung (Bild N.1-7)
Verfahren zur Stückigmachung von sehr feinkörnigen Erzen. Erze und Zuschlagstoffe werden auf rotierenden Tellern oder in Trommeln pelletiert und anschließend auf einem Wanderrost getrocknet und gebrannt. Die erforderliche Wärme für den Brennvorgang wird durch Gas- oder Ölbrenner zugeführt.

Abgasvolumen für eine 400m^2-Pelletbrennmaschine:

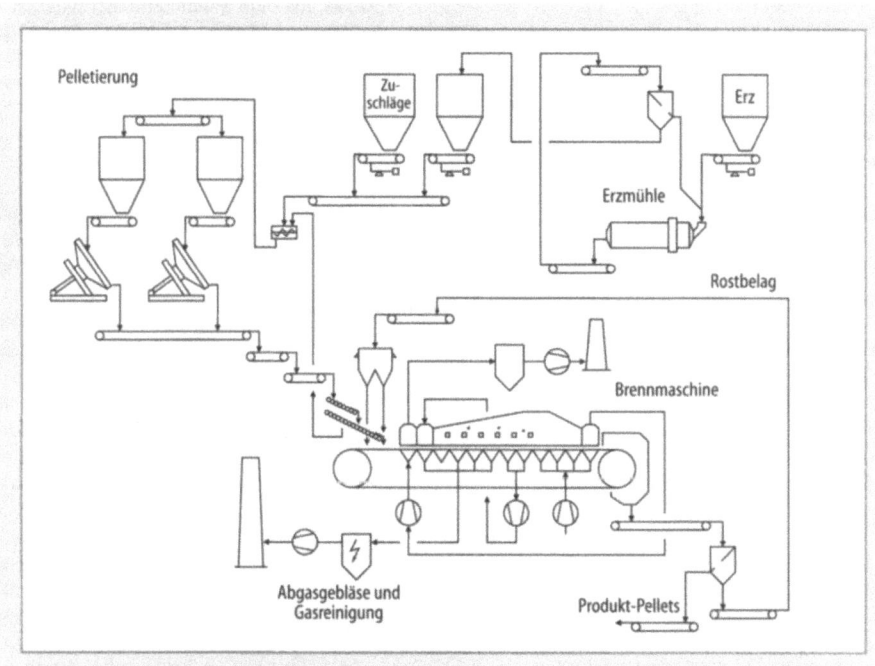

Bild N.1-7 Pelletieranlage für Feinerz (Lurgi)

- Abgas 600.000 m³/h
- Abluft 300.000 m³/h
- Anlagenentstaubung 150.000 m³/h

– Abgas
Der Wärmeinhalt des Abgases aus der Brennzone wird zur Trocknung und Vorwärmung der Pellets genutzt und anschließend über eine Entstaubungsanlage in die Atmosphäre geleitet. Multizyklone oder Zyklone wurden bisher bei geringen Anforderungen an die Abscheideleistung eingesetzt. Bei höheren Anforderungen, wie sie z.B. die TA Luft stellt, sind elektrostatische Filter geeignet. In Einzelfällen werden auch Wäscher eingesetzt.

– Abluft
Abluft aus der Pelletkühlzone wird – wie das Abgas – in Multizyklonen oder Zyklonen, bei höheren Anforderungen in elektrostatischen Filtern entstaubt.

– Anlagenentstaubung
Erforderlich sind Absaugeanlagen zur Erfassung von Staubluft aus der Siebstation und den Einrichtungen zur Förderung der gebrannten Pellets. Zur Entstaubung der Absaugeluft sind elektrostatische Filter, Wäscher und Schlauchfilteranlagen geeignet.

N.1.2.1.2 Reduktion

Hochofen (Bild N.1-8)
Im Hochofen wird aus den Rohstoffen wie Stückerz, Sinter, Pellets, Zuschlagstoffe (Kalk und Dolomit) und Koks (Brennstoff und Reduktionsmittel) Roheisen erzeugt. Dazu werden die Rohstoffe in der Möllerung gemischt und über einen Schrägaufzug oder ein Förderbandsystem in den Hochofen (Schachtofen) gefördert. Im Hochofen erfolgt neben dem Reduktionsvorgang eine Erschmelzung der Rohstoffe und Trennung des Eisens von den mineralischen Bestandteilen (Schlacke). Flüssiges Roheisen und Schlacke werden in der Gießhalle periodisch abgestochen und über Rinnen zu den Schlackenpfannen oder einer Schlackengranulation bzw. den Roheisenpfannen geleitet. Über die Pfannen erfolgt der Weitertransport des Roheisens zur direkten Weiterverarbeitung im Stahlwerk.

Abgasvolumenströme für einen Hochofen mit einer Produktion von 4000 t/d:
- Möllerung 100.000 m³/h
- Gichtgas 180.000 m³/h
- Gießhallenentstaubung 500.000 m³/h

– Möllerung
Staubluft, die beim Transport der Rohstoffe durch Bandförderer und Einrichtungen wie Siebe und Wuchtrinnen entsteht, wird in vielen Anlagen über Absaugesysteme erfaßt und einer Schlauchfilteranlage zur Entstaubung zugeleitet.

– Gichtgas
Abgas aus dem Hochofen (Gichtgas) ist ein heizwertreiches (CO-haltiges) und staubhaltiges Gas, das in das Gasnetz des Hüttenwerks eingespeist wird.
Die Grobstaubabscheidung erfolgt in einem mechanischen Abscheider (Staubsack). Bei

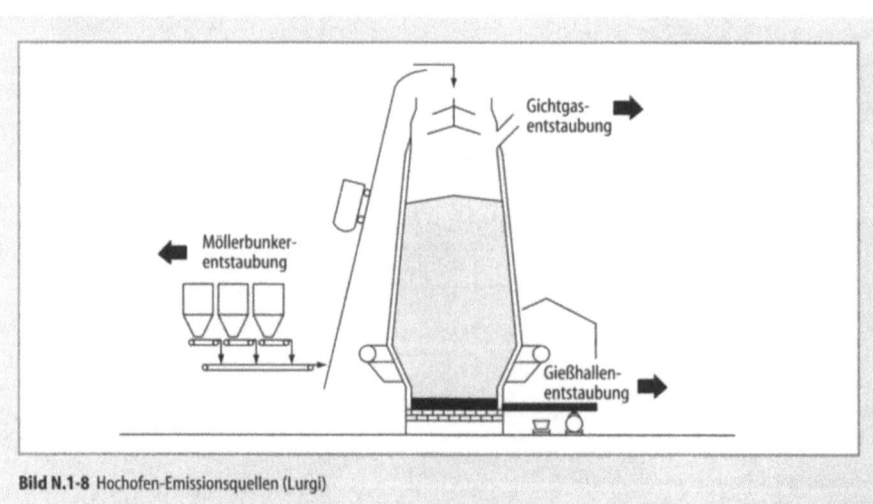

Bild N.1-8 Hochofen-Emissionsquellen (Lurgi)

Hochöfen mit Niederdruckfahrweise erfolgt die Feinreinigung in Naß- oder Trockenelektrofiltern, bei Hochdrucköfen in Wäscheranlagen. Die Druckdifferenz zwischen Gicht und Gasnetz kann genutzt werden, um über eine Entspannungsturbine elektrische Energie zu gewinnen. Trockenelektrofilter in Rundbauweise haben bei dieser Betriebsweise Vorteile gegenüber Wäscheranlagen, da ein größerer Wärmeinhalt und ein höheres Druckgefälle genutzt werden kann.

- Gießhalle

In der Gießhalle entstehen beim Abstich am Abstichloch, über den Rinnen und an Stellen, an denen Roheisen bzw. Schlacke in Pfannen gefüllt wird, durch Oxidationsvorgänge erhebliche Staubemissionen. Durch Verwendung von Rinnenabdeckungen, Einhausungen der Übergabestellen und Erfassung der Rauche über ein Absaugesystem werden in modernen Gießhallen Emissionen nahezu vollständig erfaßt. Zur Entstaubung der Absaugeluft werden elektrostatische Filter eingesetzt. Bei kleineren Abluftmengen kommen auch Schlauchfilter in Frage.

Bei einem Alternativverfahren wird Inertgas in den Raum über den Rinnen eingedüst. Eine Staubentwicklung durch Oxidationsvorgänge wird dadurch unterbunden.

Direktreduktion – Feststoffreduktion (Bild N.1-9)

Die Reduktion des Eisenoxids erfolgt in einem ausgemauerten Drehrohrofen. Erz und Pellets werden mit Zuschlagstoffen (Dolomit oder Kalkstein) und Kohle als Reduktionsmittel in einem vorgegebenen Verhältnis am Ofeneinlauf aufgegeben, getrocknet, aufgewärmt und schließlich reduziert. Dem Drehrohrofen ist ein weiteres Drehrohr zur Kühlung des Materials nachgeschaltet. Die Trennung von reduziertem Material (Eisenschwamm) und Restkohle erfolgt durch Siebung und Magnetscheidung.

Abgasvolumenströme für eine Anlage mit einer Produktion von 500 t/d:
- Abgas 100.000 m³/h
- Anlagenentstaubung 140.000 m³/h

- Abgas

Das Abgas aus dem Drehrohrofen passiert eine Staubabsetzkammer zur Abscheidung von

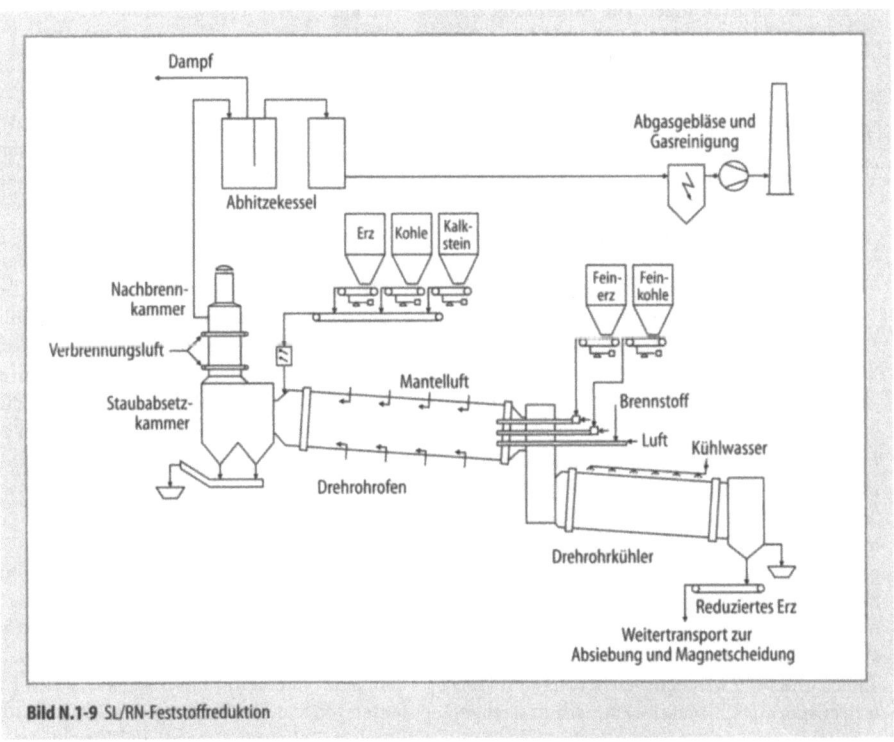

Bild N.1-9 SL/RN-Feststoffreduktion

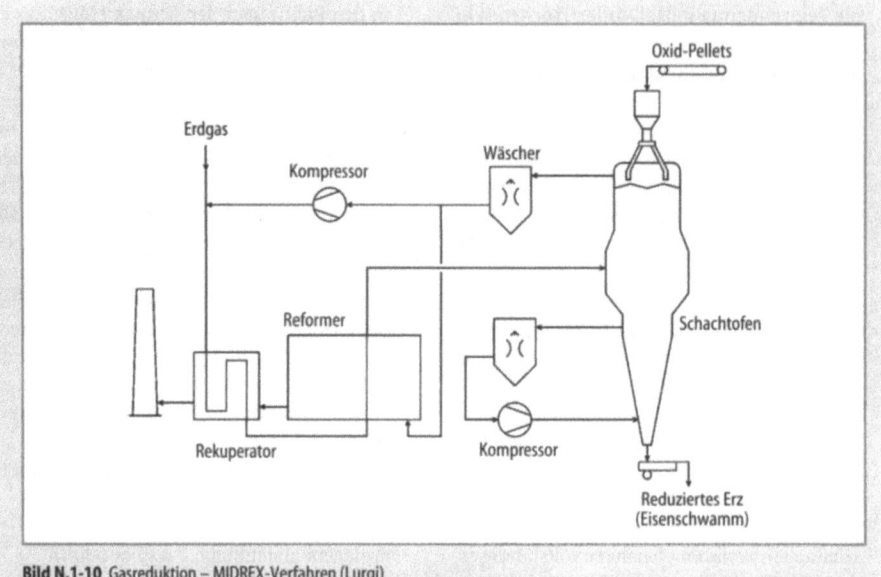

Bild N.1-10 Gasreduktion – MIDREX-Verfahren (Lurgi)

Grobstaub. Eine Nachbrennkammer zur Verbrennung von Kohlestaubpartikeln und Gasen und Einrichtungen zur Abkühlung des Gases (Abhitzekessel und Röhrenkühler oder Verdampfungskühler) schließen sich an. Die Abscheidung der Staubpartikel erfolgt in einem elektrostatischen Filter. Wäscheranlagen kommen in Sonderfällen zum Einsatz.
- Anlagenentstaubung
An Einrichtungen zur Vorbereitung der Einsatzstoffe, wie Siebe, Brecher, Bunker und Fördereinrichtungen und Nachbehandlung und Förderung des Eisenschwammes, entsteht durch Abrieb Staub, der über ein Absaugesystem erfaßt wird. Geeignete Entstaubungsanlagen sind elektrostatische Filter oder Schlauchfilter.

Direktreduktion – Gasreduktion (Bild N.1-10)
Die Reduktion des Eisenoxides erfolgt in einem Schachtofen. Eisenoxid wird über Förderbänder in den Schachtofen gefördert und mit gasförmigen Reduktionsmitteln zu Eisenschwamm reduziert. Im unteren Bereich des Ofens erfolgen Materialkühlung und -austrag über ein Schleusensystem. Einrichtungen zur Absiebung des Feinanteils und für Zwischenspeicherung und Weitertransport des Eisenschwamms sind nachgeschaltet.

Abgasvolumenströme für eine Anlage mit einer Produktion von 2400 t/d:
- Abgas $240.000 \ m^3/h$
- Anlagenentstaubung $120.000 \ m^3/h$

- Abgas
Bei den verbreiteten Verfahren werden Wäscheranlagen zur Abgasreinigung eingesetzt, die in die anlageninternen Gaskreisläufe eingebunden sind.
- Anlagenentstaubung
Bandförderanlagen, Siebe und Bunker für Oxid und Eisenschwamm sind Staubquellen, für die eine Anlagenentstaubung zu installieren ist. Kleine Absaugeluftmengen, kritische Staubeigenschaften und das Vorhandensein einer Wasseraufbereitungsanlage sind Gründe für den Einsatz von Wäscheranlagen zur Absaugeluftentstaubung.

N.1.2.1.3 Stahlerzeugung

Blasstahlverfahren (Konverter) (Bild N.1-11 und N.1-12)
Das mengenmäßig bedeutendste Verfahren zur Stahlherstellung ist das Blasstahlverfahren, bei dem Stahl in einem Konvertergefäß durch Einblasen von Sauerstoff erzeugt wird. Dazu werden flüssiges Roheisen, Schrott und Zuschlagstoffe

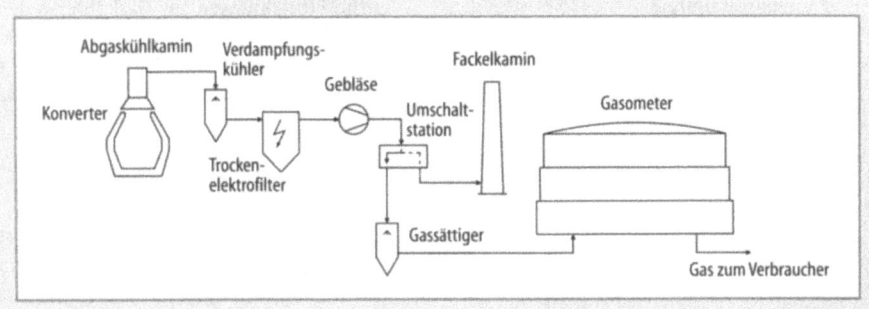

Bild N.1-11 Konverter-Primärgasentstaubung mit CO-Gasgewinnung (Lurgi/Thyssen Stahlgasverfahren)

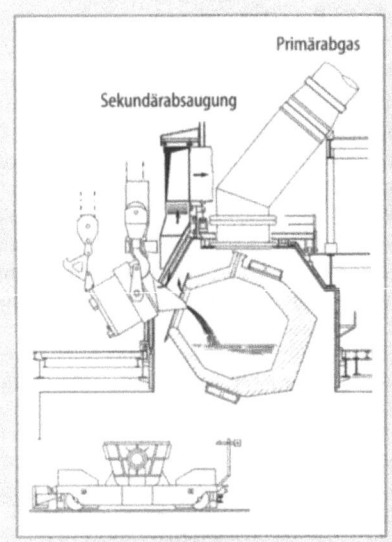

Bild N.1-12 Konverterentstaubung (Lurgi)

(Erz, Kalk, Dolomit, Ferrolegierungen) eingesetzt. Technisch reiner Sauerstoff, der über eine wassergekühlte Lanze auf das flüssige Roheisen aufgeblasen wird, reagiert mit dem Kohlenstoff und anderen Elementen (Mn, Si und P) im Roheisen und entfernt diese bis auf Restgehalte, abhängig von der geforderten Stahlqualität. Dieser Vorgang verläuft exotherm ohne Zufuhr zusätzlicher Energie. Der Abstich des flüssigen Stahls und der Schlacke erfolgt periodisch. Durch Kippen des Konvertergefäßes wird der Stahl in Pfannen gefüllt und zur Weiterverarbeitung, beispielsweise in einer Stranggußanlage, abtransportiert.

Abgasvolumenströme für eine Anlage mit einer Produktion von 200 t pro Charge bei unterdrückter CO-Verbrennung:
- Abgas 110.000 m³/h
- Sekundärentstaubung 800.000 m³/h

– Primärabgas
Beim Vorgang des Sauerstoffblasens entsteht ein heizwertreiches, CO-haltiges Abgas. Die hohe Staubbeladung (der sog. braune Rauch) erfordert die Behandlung des Abgases. Dazu wird durch Lufteinsaugung an der Konvertermündung CO nachverbrannt und die Wärme in einem Abhitzekessel weitestgehend genutzt. Zur Staubabscheidung können Wäscher, Naßelektrofilter oder – wie in modernen Werken üblich – trockene elektrostatische Filter mit vorgeschaltetem Verdampfungskühler eingesetzt werden.
An Bedeutung gewinnen zunehmend Anlagen, die durch Einsatz eines Schließrings an der Konvertermündung, die Nachverbrennung unterdrücken. Das Abgas kann dann nach Staubabscheidung durch einen elektrostatischen Filter, Kühlung und Sättigung als Brenngas in das Gasnetz des Stahlwerks eingespeist werden.

– Sekundärentstaubung
Vorgänge rund um den Konverter führen zusätzlich zu Staubemissionen. Insbesondere sind dies:
- Umfüllen des Roheisens von Transport- in Chargierpfannen
- Chargieren von Roheisen und Schrott in den Konverter
- Abstechen des Stahls
- Abziehen der auf der Stahl- bzw. Roheisenoberfläche aufschwimmenden Schlacke (Abschlacken)

- Entschwefelung von Roheisen bzw. Stahl
- Pfannenmetallurgie
  Erfaßt werden diese Emissionen entweder direkt durch Absaugung aus Einhausungen und halboffenen Einkleidungen oder indirekt über großvolumige Hauben im Hallendach. Zur Abscheidung der feinen Staubpartikel sind elektrostatische Filter und Schlauchfilter geeignet und deshalb vielfach verbreitet.
- Zuschlagstoffe - Anlagenentstaubung
  Fördereinrichtungen für Zuschlagstoffe führen zu Staubemissionen. Die Installation von Absaugesystemen mit nachgeschaltetem Schlauchfilter als Staubabscheider sind geeignete Gegenmaßnahmen.

Elektrolichtbogenöfen
Verfahren zur Stahlherstellung unter Einsatz von Schrott, ggf. auch Eisenschwamm und Legierungsbestandteilen. Ein Lichtbogenofen besteht aus einem runden Ofengefäß mit einem exzentrischen Bodenabstich. Die Energiezufuhr erfolgt über den Lichtbogen, der zwischen den 3 Graphitelektroden und dem Schrott aufgebaut wird. Der Ofendeckel verhindert die unkontrollierte Sauerstoffzufuhr in den Ofenraum. Zum Chargieren des Schrotts wird der Deckel abgeschwenkt.

Abgasvolumenströme für eine Anlage mit einer Produktion von 100 t pro Charge:
- Abgas   100.000 m³/h
- Sekundärentstaubung   600.000 m³/h

- Abgas
  Das Abgas verläßt über ein viertes Loch im Deckel den Ofen. Luft mischt sich dem Abgas zu und liefert den erforderlichen Sauerstoff zur Nachverbrennung von CO. Wassergekühlte Abgasleitungen und Röhrenkühler sind übliche Einrichtungen zur Gaskühlung, denen ein Schlauchfilter zur Staubabscheidung nachgeschaltet wird. Dieser Filter wird auch mit der Abluft der Sekundärentstaubung beaufschlagt.
  Sonderregelung der TA Luft:
  Grenzwert für Gesamtstaub 20 mg/m³
- Sekundärentstaubung
  Emissionen bei abgeschwenktem Deckel (zum Schrottchargieren) und beim Abstich können nicht über das Abgassystem abgesaugt werden. Diese Staubluft wird über eine großvolumige Haube im Hallendach oder eine Einhausung erfaßt und dem Schlauchfilter zugeleitet.

N.1.2.1.4 Kupolofen

Der Kupolofen ist der wichtigste Umschmelzofen für Gußeisen. Einsatzstoffe sind Roheisen, Gußbruch, Stahlschrott. Dazu kommmen Zuschlagstoffe wie z. B. Kalkstein und Koks als Brennstoff. Der Ofen selbst ist ein kontinuierlich schmelzender Schachtofen. Unterschieden werden zwei Bauarten. Beim Kaltwindkupolofen werden die Abgase an der Gicht verbrannt. Der Heißwindkupolofen nutzt das Gichtgas zur Vorwärmung des Hochofenwinds.

Abgasvolumenstrom für einen Heißwindkupolofen mit einer Schmelzleistung von 22 t/h: 26.000 m³/h

Sonderregelung der TA Luft:
- Grenzwert für Gesamtstaub   50 mg/m³
  (Kupolofen mit Untergichtabsaugung)
- Grenzwert für Kohlenmonoxid   1 g/m³
  (Heißwindkupolöfen mit nachgeschaltetem eingebeiztem Rekuperator)

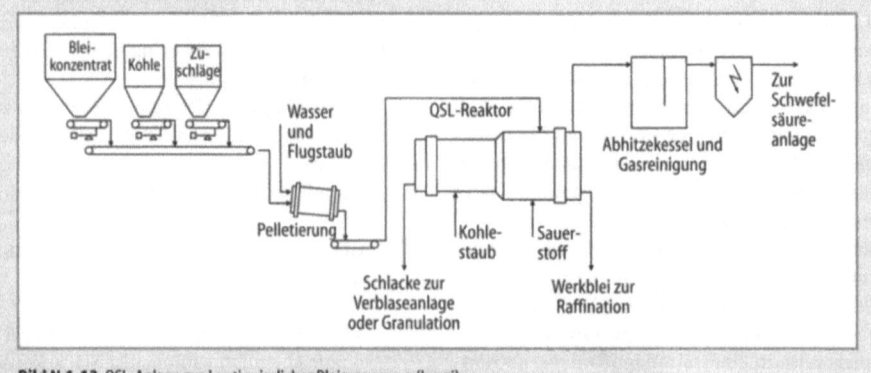

Bild N.1-13 QSL-Anlage zur kontinuierlichen Bleierzeugung (Lurgi)

N.1.2.2 NE-Metallurgie

N.1.2.2.1 Anlagen zur Herstellung von Aluminium

Aluminiumoxid ist Ausgangsmaterial für die Gewinnung von Aluminium. Die Reduktion erfolgt elektrolytisch unter Verwendung von Fluor als Flußmittel. Das Abgas wird aus der gekapselten Elektrolysezelle abgesaugt und einer Gasreinigungsanlage zugeleitet. In größeren Anlagen sind bis zu 100 Elektrolysezellen in einer Absauge- und Reinigungsanlage zusammengefaßt. In modernen Anlagen erfolgt die Gasreinigung in trockenen Systemen. Reaktoren nach dem Prinzip der

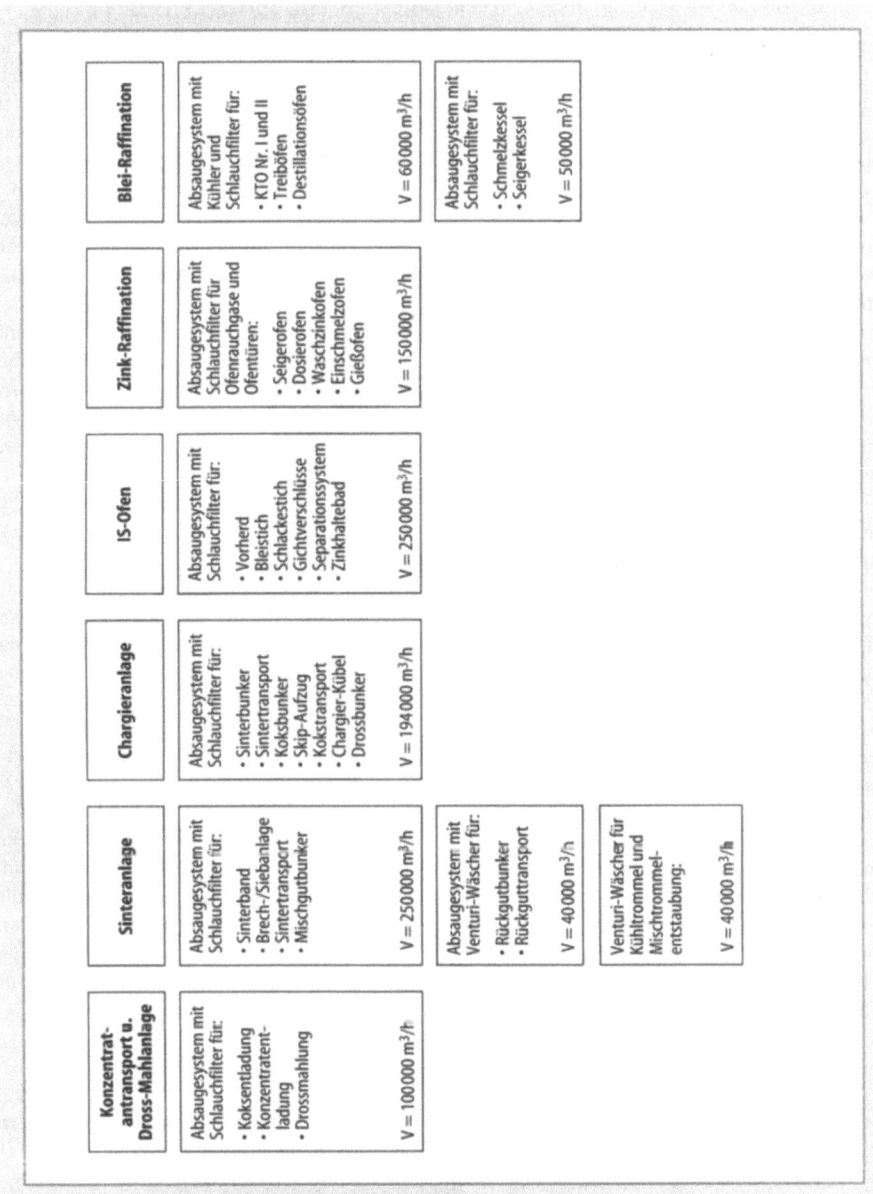

Bild N.1-14 Sekundärentstaubungssystem einer Blei-Zink-Hütte

zirkulierenden Wirbelschicht zur Absorption von Fluor unter Verwendung von Aluminiumoxid und elektrostatische Filter oder Schlauchfilter zur Abscheidung des Staubs und des zudosierten Aluminiumoxids sind geeignete Apparate.

Abgasvolumenstrom für eine Anlage mit 100 Elektrolysezellen:
600.000 m³/h

Sonderregelung der TA Luft:
- Gesamtstaub   30 mg/m³
- Fluorverbindungen   5 mg/m³

N.1.2.2.2 Anlagen zur Gewinnung von Nichteisenrohmetallen (Bild N.1-13)

Für die große Zahl von Nichteisenmetallen und die verschiedenen Verfahren ihrer Verhüttung gibt es eine entsprechende Vielzahl von Varianten zur Reinigung der anfallenden Abgase. Wesentlicher Ausgangsstoff für die Gewinnung von Blei, Kupfer oder Zink aus Primärrohstoffen ist jeweils ein sulfidisches Erz. In modernen Hütten fällt bei der Röstung und Reduktion ein Abgas mit hohem SO_2-Gehalt an, das nach entsprechender Vorbehandlung durch Filter direkt einer Anlage zur Gewinnung von Schwefelsäure zugeleitet wird. Als Emissionsquelle verbleiben bei allen Prozessen diffuse Quellen, die über eine Sekundärentstaubung zu erfassen sind. Dies gilt auch für Metallraffinations- und Sekundärhütten. Primäre Aufgabe dieser Entstaubung ist, die bei Umfüll- oder Beschickungsvorgängen austretenden Gase oder die beim Transport staubender Materialien entstehende Staubluft zu erfassen. Kriterium für die Auslegung sind dabei arbeitsplatzhygienische Aspekte. Zur Staubabscheidung werden wegen der hohen Anforderung an die Entstaubungsleistung fast ausschl. Schlauchfilter eingesetzt.

Abgasvolumenströme der Sekundärentstaubung:
Kupferhütte   500.000 m3/h
Bleihütte, Zinkhütte s. Bild N.1-14

Sonderregelung der TA Luft:
- Gesamtstaub   20 mg/m³
- Gesamtstaub   10 mg/m³ (in Bleihütten)
- Schwefeloxide   800 mg/m³

N.1.3 Stoffquellen der Kernenergie und der Kerntechnik

N.1.3.1 Grundlagen

N.1.3.1.1 Einleitung

Charakteristisch und umweltrelevant für die Kerntechnik und die Kernenergienutzung ist die Radioaktivität von Atomkernen, d. h. die Emission von Kernpartikeln oder Gammastrahlung. Im Mittelpunkt der Kernenergienutzung steht das Uran, das schwerste in der Natur vorkommende chemische Element. Natururan setzt sich aus den Isotopen 234 Uran (0,00548 %), 235 Uran (0,711 %) und 238 Uran (99,29 %) zusammen.

Die umweltrelevanten primären Stoffquellen der Kernenergienutzung sind Uran und die bei Kernspaltungen entstehenden Spaltprodukte und ihre Zerfallsprodukte. Sekundäre Quellen sind die durch Einfang von Spaltneutronen entstehenden radioaktiven Substanzen. Gegenüber den radioaktiven Stoffen spielen in der Kernenergietechnik unter Umweltgesichtspunkten die Stoffquellen aus chemischen Reaktionen eine untergeordnete Rolle.

N.1.3.1.2 Radioaktivität

Als Aktivität einer radioaktiven Substanz ist die Zahl der pro Sekunde zerfallenden Atomkerne definiert. Die Maßeinheit für die Aktivität ist das Becquerel (Bq); sie entspricht dem Zerfall eines Atomkerns pro Sekunde.

Der radioaktive Zerfall ist ein statistischer Prozeß, der sich in einem Exponentialgesetz der Form $N(t) = N_0 e^{-\lambda t}$ beschreiben läßt, wobei N_0 die Anzahl der anfänglich vorhandenen radioaktiven Atome bedeutet, N die zur Zeit t davon noch vorhandenen nicht zerfallenen Atome und λ die Zerfallskonstante ist. Anstelle der Zerfallskonstanten λ wird oft die Halbwertszeit (T) angegeben, die Zeit, nach der jeweils die Hälfte der anfänglich vorhandenen radioaktiven Atome zerfallen sind.

N.1.3.1.3 Kernreaktionen mit Neutronen

Neutroneneinfänge können im Prinzip zu folgenden Reaktionen führen:
Aussendung von 2 Neutronen nach Einfang von einem Neutron, z. B.

$$^{1}_{0}n + ^{9}_{4}Be \rightarrow 2\,^{1}_{0}n + ^{8}_{4}Be$$

Aussendung eines Gammaquants nach Einfang eines Neutrons, z. B.

$${}_0^1 n + {}_1^1 H \rightarrow {}_1^2 D + \gamma$$

Aussendung eines Protrons nach Einfang eines Neutrons, z. B.

$${}_0^1 n + {}_{26}^{54} Fe \rightarrow {}_{25}^{54} Mn + {}_1^1 p$$

Aussendung eines Alphateilchens $\left({}_2^4 He\right)$ nach Einfang eines Neutrons, z. B.

$${}_0^1 n + {}_5^{10} B \rightarrow {}_3^7 Li + {}_2^4 He$$

Aussendung eines Elektrons oder Positrons nach Neutroneneinfang, z. B.

$${}_0^1 n + {}_{92}^{238} U \rightarrow {}_{92}^{239} U \xrightarrow{\beta^-} {}_{93}^{239} Np$$

Kernspaltung nach Neutroneneinfang, z. B.

$${}_0^1 n + {}_{92}^{235} U \rightarrow {}_{57}^{147} La + {}_{35}^{87} Br + 2\, {}_0^1 n$$

Der Kernspaltungsprozeß führt jeweils zur Bildung von zwei Spaltproduktisotopen in einem weiten Bereich möglicher Massenzahlen zwischen 72 und 156. Die experimentell ermittelte Häufigkeitsverteilung der Spaltprodukte bei Spaltung von 235 Uran durch schnelle (14 MeV) und langsame (thermische) Neutronen ist in Bild N.1-15 dargestellt.

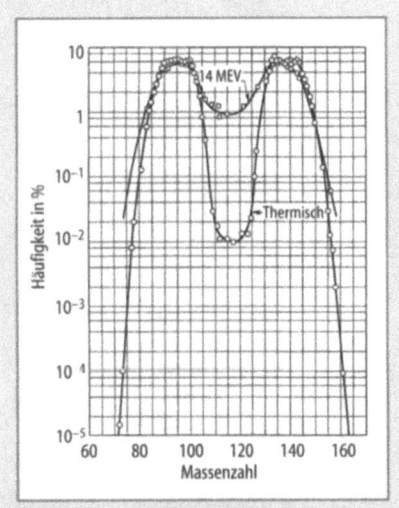

Bild N.1-15 Häufigkeitsverteilung der Spaltprodukte aus Spaltungen von $_{235}U$ durch schnelle (14 MEV) und thermische Neutronen [N.1.1]

N.1.3.1.4 Umweltrelevante Spaltprodukte

Bei den Spaltprodukten sind hier besonders die Gammastrahlung aussendenden Isotope, die in Tabelle N.1-4 zusammengestellt sind, zu betrachten:
- Spaltprodukte pauschal als eine Mischung unterschiedlichster radioaktiver Isotope in ihrer Gesamtheit.
- Spaltprodukte individuell bei Betrachtung von Mobilität oder ihrer Sonderstellung in der Biosphäre.

Das Isotopengemisch von Spaltprodukten bildet eine Gammastrahlungsquelle, deren Intensität nach der Entstehung der Spaltprodukte zeitlich rasch abklingt (Bild N.1-16).

Die gasförmigen Spaltprodukte sind als umweltrelevant besonders zu beachten. Das Spaltproduktgemisch enthält Isotope der Edelgase Xenon und Krypton, von denen vor allem 135 Xe (T = 9,2 h) und 85 Kr (T = 10,8a) wichtig sind.

Besondere Aufmerksamkeit unter den flüchtigen Spaltprodukten verdient das Jod, hier das Isotop 131 J (T = 8,05 d). Es kann über die Abluft kerntechnischer Anlagen in den Nahrungskreislauf des Menschen (Ingestionspfad) und in die Schilddrüse gelangen. Daneben sind aufgrund ihrer Halbwertzeiten von rd. 30a $_{90}Sr$ und $_{137}Cs$ wichtig.

In Bild N.1-17 sind die Expositionspfade radioaktiver Emissionen aus Kernkraftwerken schematisch dargestellt.

N.1.3.1.5 Aktivierungsprodukte

Mit den bei Kernspaltungsprozessen frei werdenden Neutronen können stabile Atomkerne in radioaktive Isotope umgewandelt werden. Zu umweltrelevanten Schadstoffquellen können sie in Verbindung mit der Freisetzung von Flüssigkeiten aus kerntechnischen Anlagen werden, sie können jedoch auch in fester Form, beispielsweise als Abfall, in Stoffkreisläufe gelangen.

In Tabelle N.1-5 sind die wichtigsten in der Kerntechnik und bei der Kernenergienutzung nach Neutroneneinfang entstehenden Gammastrahler aufgeführt.

Aktivierungsprodukte in wässrigen Lösungen
Dazu gehören:
- Radioaktive Stoffe, die als Verunreinigung von Wässern in Anlagen auftreten, soweit sie als Restaktivität in Abwässern in die Biosphäre ab-

Tabelle N.1-4 Charakteristika wichtiger gammastrahlender Spaltprodukte

Isotop	Halbwertszeit	Eltern-Nuklid	Eltern-Halbwertszeit	Spaltprodukt-anteil %	Anteil der Gamma-strahlen mit der Energie E	E, MeV
Br^{84}	31,8 m			0,0065	0,35	1,89
					0,76	0,89
Kr^{85m}	4,36 h			0,01	0,15	0,3
					0,85	0,15
Kr^{55}	2,77 h			0,031	0,80	1,8
						2,18
Rb^{53}	17,7 m	Kr 88	2,77 h	0,031	0,68..	0,38
					0,01	2,8
					0,08	0,9
					0,21	1,86
Sr^{91}	9,7 h			0,05	0,07	1,41
					0,33	1,025
					0,15	0,66
					0,14	0,747
					0,26	0,64
Y^{91m}	31,0 m	Sr 91	9,70 h	0,00235	1,00	0,551
Y^{91}	38,0 d	Sr 91	9,70 h	0,059	0,001	0,2
					0,001	1,2
Y^{93}	10,0 h	Sr 93	7,00 m	0,06	0,1 (U)	0,7
Y^{94}	16,5 m			0,05	0,1 (U)	1,4
Zr^{95}	63,0 d	Y 95	10,50 m	0,06	0,49	0,725
					0,49	0,758
					0,02	0,235
Nb^{95m}	90,0 h			0,006	1,00	0,231
Nb^{95}	35,0 d	Zr 95	63,00 d	0,06	1,00	0,745
Nb^{97m}	60,0 s	Zr 95	63,00 d	0,062	1,00	0,75
Nb^{97}	72,1 m	Zr 97	17,00 h	0,062	1,00	0,67
Mo^{99}	67,0 h	Zr 97	17,00 h	0,062	0,13	0,728
Ru^{103}	40,0 d			0,037	0,94	0,494
Ru^{105}	4,5 h			0,009	0,00	0,726
Rh^{105}	30,0 s	Ru 106	1,00 a	0,0052	0,24	0,513
					0,12	0,624
					0,01	0,87
					0,02	1,045
					0,01	1,55
					0,002	2,41
Te^{129m}	33,0 d	Sb 129	4,20 h	0,0019	1,00	0,106
Te^{129}	72,0 m	Sb 129	4,20 h	0,0019	0,1 (...	0,3
Te^{131m}	30,0 h			0,0044	1,00	0,17
Te^{131}	24,8 m			0,028	0,45	0,7
					1,00	0,16
I^{131}	8,05 d	Te 131	24,80 m	0,028	0,028	0,722
					0,093	0,637
					0,85	0,364
					0,022	0,284
					0,007	0,163
Te^{132}	77,0 h			0,034	0,01	0,231
I^{132}	2,4 h	Te 132	77,00 h	0,044	0,88	0,69
					0,10	1,41
					0,02	2,0
I^{133}	20,8 h			0,046	0,94	0,53
					0,05	0,85
					0,01	1,4
I^{134}	32,5 m	Te 134	44,00 m	0,057	0,01	2,2
					0,30	1,2

Tabelle N.1-4 Fortsetzung

Isotop	Halbwertszeit	Eltern-Nuklid	Eltern-Halbwertszeit	Spaltprodukt-anteil %	Anteil der Gamma-strahlen mit der Energie E	E, MeV
I^{135}	6,7 h			0,059	0,02	2,4
					0,04	1,8
					0,9 (...	1,3
Xe^{135}	9,2 h	I 135	6,7 h	0,059	1,00	0,25
Cs^{136}	13,7 g			0,000062	0,1 (...	1,2
Cs^{136}	32,0 m	Ye 138	17,0 m	0,06	1,00	1,44
					0,43	0,98
					0,33	0,463
Ba^{139}	84,0 m	Cs 139	9,5 m	0,063	0,26	0,16
Ba^{140}	12,8 d			0,0617	0,70	0,162
					0,30	0,54
					0,10	0,304
La^{140}	40,2 h	Ba 140	12,8 d	0,0617	0,05	2,5
					0,94	1,6
					0,26	0,82
					0,36	0,49
					0,05	0,33
Ce^{141}	33,0 d	La 141	3,7 h	0,057	0,67	0,145
Ce^{143}	33,0 h	La 143	19,0 m	0,054	0,30	0,70
Pr^{144}	17,5 m	Ce 144	275,0 d	0,0464	0,005	2,18
					0,005	0,695
					0,002	1,48
Nd^{147}	11,6 d			0,026	0,25	0,52
					0,05	0,30
					0,10	0,39
Sm^{153}	47,0 h			0,0015	0,33	0,104
					0,0007	0,53
					0,0003	0,60
Eu^{135}	15,4 d	Sm 156	10,0 h	0,00013	0,60	2,0

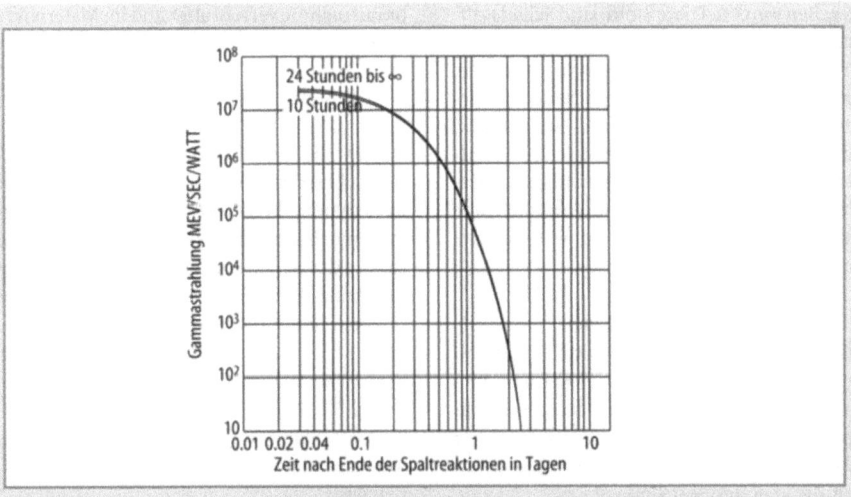

Bild N.1-16 Zeitliches Abklingen der 2,8 MEV-Gammastrahlung der Spaltprodukte aus der Spaltung von $^{235}_{92}$-Uran (Bestrahlungsdauer als Parameter) [N.1.1]

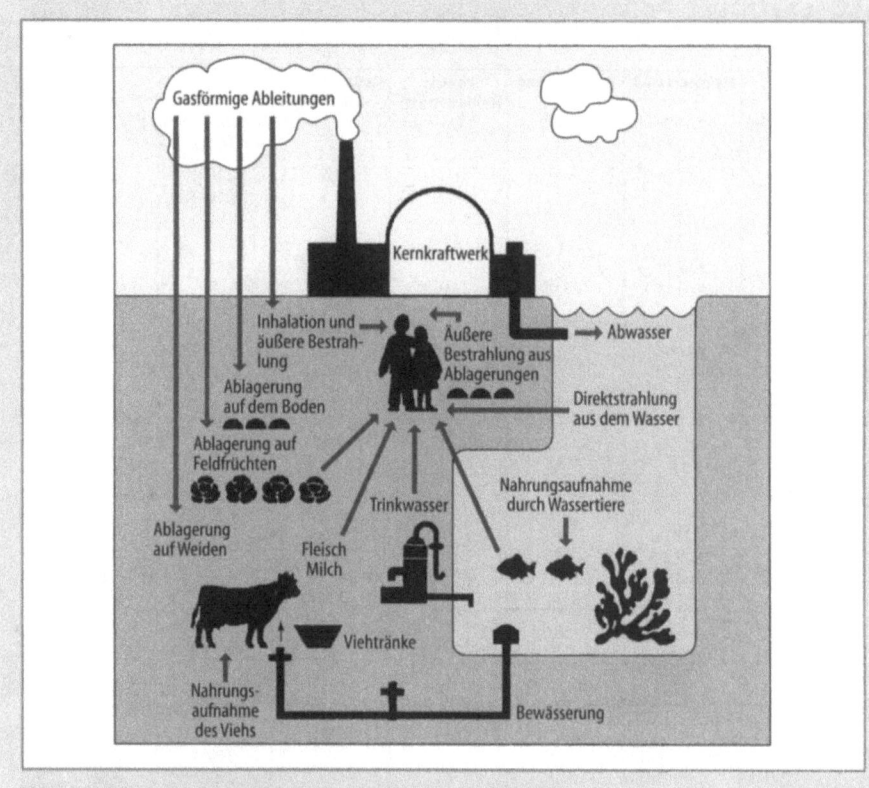

Bild N.1-17 Expositionspfade radioaktiver Emissionen aus Kernkraftwerken [N.1.2]

gegeben werden. Diese Stoffe sind Schadstoffquellen für Mensch und Tier, soweit sie in den Trinkwasser- oder Nahrungskreislauf gelangen.
– Tritium (T = 12,3 a), das durch Neutronenbestrahlung von Wasserstoff und Bor entsteht, nimmt eine Sonderstellung ein, weil seine Entfernung aus dem Wasser mit den üblichen Methoden nicht möglich ist. Die Tritiumabgabe ist daher die bedeutendste umweltrelevante Stoffquelle in Abwässern.

Aktivierungsprodukte in Feststoffen
Quellen umweltrelevanter radioaktiver Feststoffe in der Kerntechnik und bei der Kernenergienutzung sind beispielsweise verbrauchte Ionentauscherharze, Verdampferkonzentrate, Filter und ähnliche Betriebsabfälle aus Reinigungsanlagen, die kontaminiert sind.

Eine weitere umweltrelevante Quelle radioaktiver Feststoffe sind durch Neutroneneinfang aktivierte Isotope im Konstruktionsmaterial kerntechnischer Anlagen, soweit es nach Außergebrauchnahme verschrottet und im Materialkreis wiederverwendet werden soll.

N.1.3.2 Kerntechnische Anlagen

Die Darstellung beschränkt sich auf die in Deutschland im Einsatz befindlichen Kernkraftwerkstypen, die deutschen Forschungszentren mit Forschungs- und Versuchsreaktoren sowie auf die deutschen Anlagen des Kernbrennstoffkreislaufs. Die Freisetzungsangaben beziehen sich jeweils auf den Normalbetrieb.

N.1.3.2.1 Kernkraftwerke mit Leichtwasserreaktoren

In Deutschland sind in Kernkraftwerken gegenwärtig nur Druck- und Siedewasserreaktoren in Betrieb.

Die Betriebserfahrungen mit deutschen Leichtwasserreaktoren belegen, daß sie sehr geringe Mengen radioaktiver Substanzen abgeben und die Genehmigungswerte deutlich unterschreiten.

Tabelle N.1-5 Gammastrahler, durch Einfang thermischer Neutronen aktiviert

Chemisches Element	Wirkungs-querschnitt (E-24 cm²)	Photonen in bestimmten Energiebereichen in MeV pro 100 Einfänge				Höchstenergie der γ-Strahlung in MeV
		1 – 3	3 – 5	5 – 7	7	
Aluminium	0,215	> 13	77	21	35	7,724
Antimon	6,4	~ 80	36	12		6,80
Arsen	4,1	~ 80	47	22	1	7,30
Barium	1,17	~ 80	75	14	1	9,23
Beryllium	0,009	0	50	75	0	6,814
Wismuth	0,016	0	100	0	0	4,17
Cadmium	3.500	20	73	17	1	9,046
Calcium	0,406	50	60	101	2,4	7,83
Kohlenstoff	0,045	< 30	100	0	0	4,95
Chlor	32	20	13	18	21	8,56
Chrom	2,9	16	12	18	69	9,716
Cobalt	34,8		36	49	8	7,486
Kupfer	3,59		> 23	22	42	7,914
Fluor	0,009			35	0	6,63
Gadolinium	36.300	80	23	4	2	7,78
Gold	94		66	38	0	6,494
Wasserstoff	0,33	100	0	0	0	2,230
Indium	190		36	4	0	5,86
Eisen	2,43	< 10	24	22	50	10,16
Blei	0,17	0	0	7	93	7,38
Magnesium	0,059	> 59	110	25	11	9,216
Mangan	12,6		> 27	30	27	7,261
Quecksilber	380		86	41	0	6,446
Molybdän	2,4		84	26	3	9,15
Nickel	4,8		> 14	30	72	8,997
Niob	1,1		54	14	0	7,19
Stickstoff	0,1	< 5	< 35	90	39	10,8
Phosphor	0,193		115	43	11	7,94
Platin	8,1	~ 120	45	15	1	7,920
Kalium	1,89	36	36	32	12	9,28
Präsodym	11,2	~ 80	34	8	0	5,83
Rhodium	150	~ 70	38	10	0	6,792
Samarium	10.600	~ 150	45	5	1	7,89
Scandium	22		63	29	14	8,85
Selen	11,8		65	27	11	10,483
Silizium	0,16	> 100	229	41	16	10,55
Silber	60	~ 90	70	17	0,5	7,27
Natrium	0,47	> 50	61	29	0	6,41
Strontium	1,16	~ 140	62	49	13	9,22
Schwefel	0,49	> 19	80	91	9	8,64
Tantal	21,3	~ 50	26	2	0	6,07
Thallium	3,3	~ 100	76	62	0	6,54
Zinn	0,65		139	33	4	9,35
Titan	5,8	100	33	99	10	9,39
Wolfram	19,2		53	14,5	0,5	7,42
Vanadium-51	4,7		24	54	18	7,305
Zink	1,06		48	29	17	9,51
Zircon	0,18		113	35	4	8,66

Druckwasserreaktoren
Durchschnittliche jährliche Emissionen radioaktiver Substanzen, gemessen in Bq/a, aus einem deutschen 1300MWe-Druckwasserreaktor:
- Freisetzung gasförmiger Schadstoffe:
  Edelgase (133 Xe, 41 Ar, 85 Kr)   4 x E 12
  Aerosole   1 x E 07
  131 Jod   5 x E 06
- Schadstoffe in Abwässern:
  Spaltprodukte und Aktivierungsprodukte ohne Tritium 2,2 x E 09 und Tritium 1 x E 13

Siedewasserreaktoren
Durchschnittliche jährliche Aktivitätsfreisetzung in Bq/a aus einem deutschen 1300MWe-Siedewasserreaktor:
- Freisetzung gasförmiger Schadstoffe:
  Edelgase, hauptsächlich 133 Xenon, 4 x E 12
  Aerosole   1 x E 07
  131 Jod   1 x E 08
- Schadstoffe in Abwässern:
  Spaltprodukte und Aktivierungsprodukte   5 x E 08
  Tritium   1 x E 12

Die Emissionswerte der deutschen Kernkraftwerke mit Abluft und Abwasser sind in Tabelle N.1-6 [N.1.3], die Angaben von Alphastrahlern und Tritium im Abwasser in Tabelle N.1-7 für das Jahr 1996 dargestellt. [N.1.4].

N.1.3.2.2 Forschungszentren

Kerntechnische Forschungszentren betreiben vielfältige kerntechnische Einrichtungen, insbesondere Forschungsreaktoren, Versuchsreaktoren, Heiße Zellen, Verbrennungsanlagen für radioaktive Stoffe, Anlagen zur chemischen Behandlung radioaktiver Substanzen, nuklearmedizinische Einrichtungen und Teilchenbeschleuniger.

Die Emissionen aller Anlagen der Zentren werden sowohl im Abluftstrom als auch bei den Abwässern ganzheitlich betrachtet, genehmigt und überwacht.

Die Ableitung radioaktiver Stoffe mit der Abluft und dem Abwasser aus den Forschungszentren Karlsruhe, Jülich, Geesthacht und Rossendorf für das Jahr 1996 sind in den Tabellen N.1-8 und N.1-9 zusammengefaßt [N.1.4].

Tabelle N.1-6 Radioaktive Abgaben der Kernkraftwerksblöcke in Deutschland 1996 [N.1.3]

Kernkraftwerksblock	Edelgase		Abluft* Langlebige Aerosole		Jod-131		Abwasser* Spalt- und Aktivierungsprodukte	
	10^9 Bq	Ci	10^9 Bq	Ci	10^9 Bq	Ci	10^9 Bq	Ci
KWK A Biblis	$0,008 \cdot 10^5$	2	0,001	< 0,001	0,014	< 0,001	0,022	< 0,001
KWK B Biblis	$0,025 \cdot 10^5$	67	< 0,001	< 0,001	0,016	< 0,001	0,491	0,013
KBR Brokdorf	$0,008 \cdot 10^5$	22	a	a	< 0,001	< 0,001	0,001	< 0,001
KKB Brunsbüttel	$0,072 \cdot 10^5$	195	0,034	< 0,001	0,012	< 0,001	0,109	0,003
KKE Emsland	$0,001 \cdot 10^5$	3	< 0,001	< 0,001	a	a	< 0,001	< 0,001
KKG Grafenrheinfeld	$0,016 \cdot 10^5$	4	0,003	< 0,001	< 0,001	< 0,001	0,011	< 0,001
KWG Grohnde	$0,253 \cdot 10^5$	684	< 0,001	< 0,001	0,008	< 0,001	0,110	0,003
KRB B Gundremmingen / KRB C Gundremmingen	$0,003 \cdot 10^5$	7	< 0,001	< 0,001	a	a	0,389	0,011
KKI-1 Isar	$0,001 \cdot 10^5$	4	0,015	< 0,001	0,023	< 0,001	0,150	0,004
KKI-2 Isar	$0,002 \cdot 10^5$	5	< 0,002	< 0,001	a	a	< 0,001	< 0,001
KKK Krümmel	$0,014 \cdot 10^5$	378	0,082	0,002	0,210	0,006	0,012	< 0,001
KMK Mühlheim-Kärlich	a	a	a	a	a	a	0,009	< 0,001
GKN-1 Neckar	$0,007 \cdot 10^5$	19	0,003	< 0,001	< 0,001	< 0,001	< 0,001	< 0,001
GKN-2 Neckar	$0,039 \cdot 10^5$	105	< 0,001	< 0,001	< 0,001	< 0,001	0,012	< 0,001
KWO Obrigheim	$0,003 \cdot 10^5$	9	0,009	< 0,001	< 0,001	< 0,001	0,370	0,010
KKP-1 Philippsburg	$0,005 \cdot 10^5$	14	0,020	< 0,001	0,049	0,001	0,770	0,021
KKP-2 Philippsburg	$0,005 \cdot 10^5$	13	< 0,001	< 0,001	< 0,001	< 0,001	0,290	0,008
KKS Stade	b 0,22		b 0,010		b 0,050		b 0,080	
KKU Unterweser	$0,008 \cdot 10^5$	95	0,002	< 0,001	< 0,001	< 0,001	0,200	0,005

a Unter der Nachweisgrenze
b Angabe in % der genehmigten Jahresgrenzwerte
* ohne Tritium
Quelle [N.1.3]

Tabelle N.1-7 Ableitung radioaktiver Stoffe mit dem Abwasser aus Kernkraftwerken 1996 (Alphastrahler, Summenwerte und Tritium) [N.1.4]

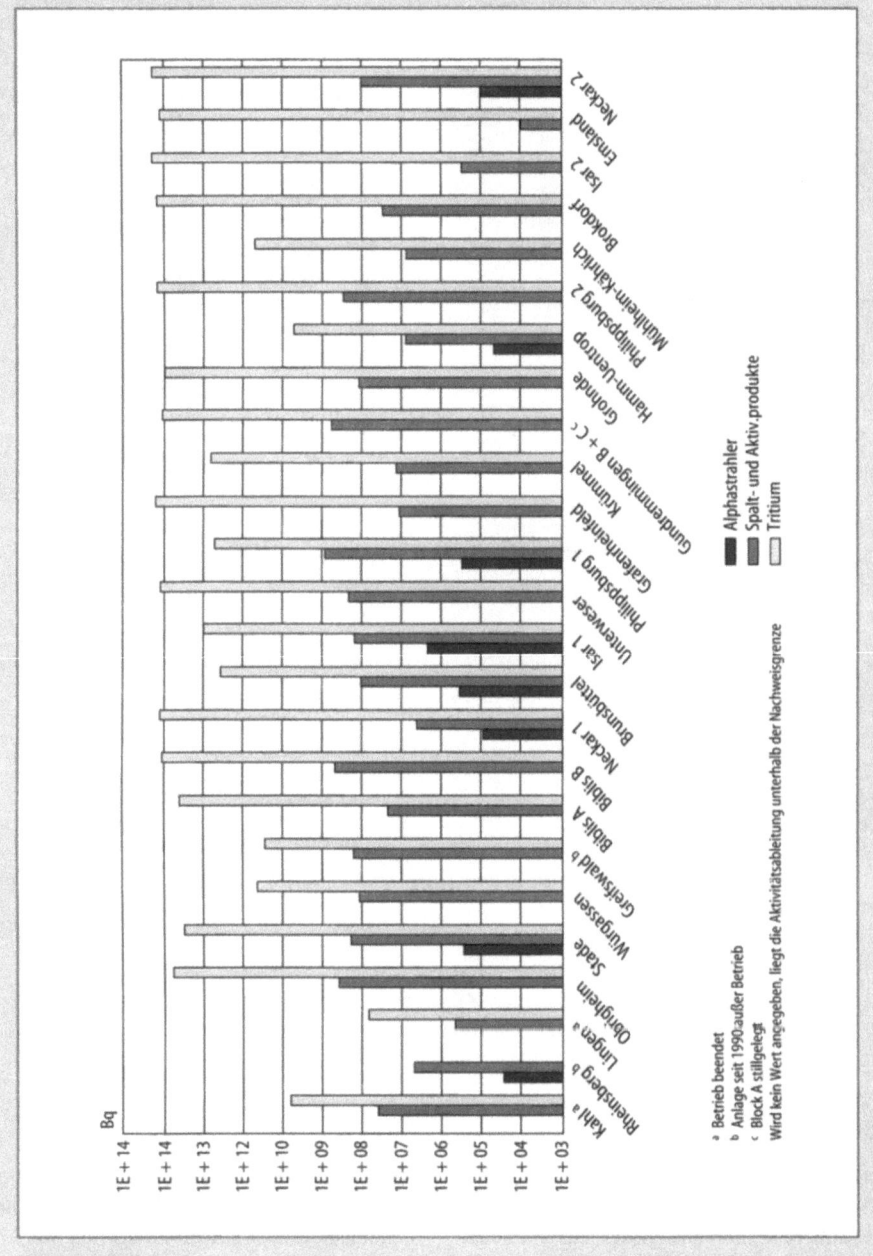

[a] Betrieb beendet
[b] Anlage seit 1990 außer Betrieb
[c] Block A stillgelegt
Wird kein Wert angegeben, liegt die Aktivitätsableitung unterhalb der Nachweisgrenze

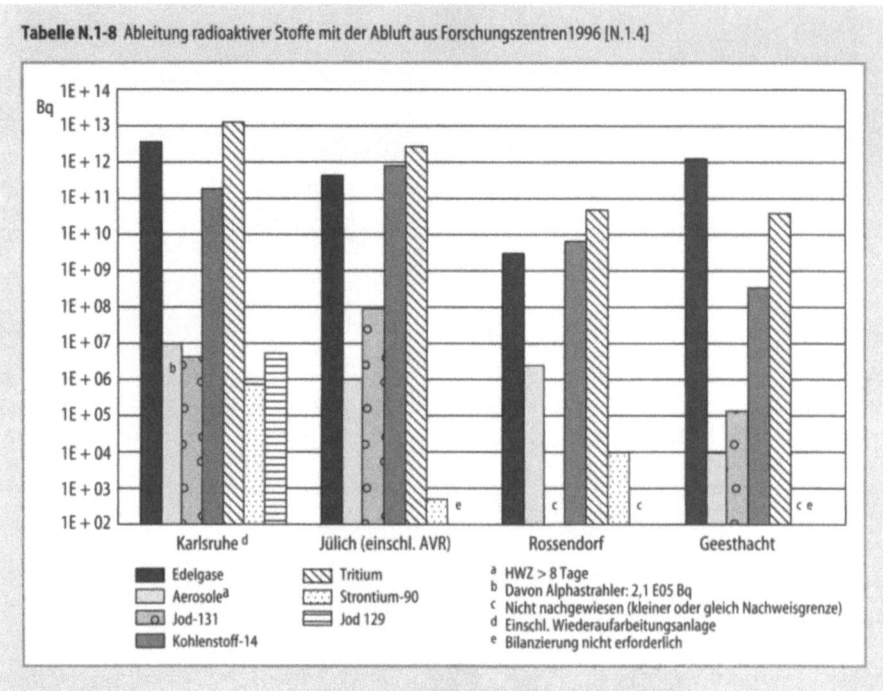

Tabelle N.1-8 Ableitung radioaktiver Stoffe mit der Abluft aus Forschungszentren 1996 [N.1.4]

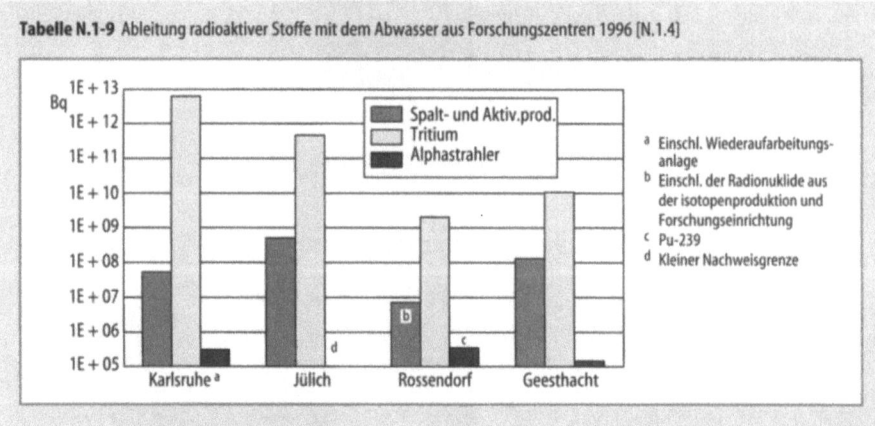

Tabelle N.1-9 Ableitung radioaktiver Stoffe mit dem Abwasser aus Forschungszentren 1996 [N.1.4]

N.1.3.3 Brennstoffkreislauf

Der äußere Kernbrennstoffkreislauf ist in dem schematischen Bild N.1-18 für Leichtwasserreaktoren dargestellt.

N.1.3.3.1 Urangewinnung

Bei der Urangewinnung ergeben sich mehrere Freisetzungspfade von radioaktiven Stoffen und chemischen Schadstoffen. Sie sind auf die offene Handhabung von Uranerzen, die chemische Behandlung der Erze und die Ablagerung von Abfallströmen aus den Grubenbetrieben und der Aufbereitung zurückzuführen. Die Stoffströme belasten die Atmosphäre durch Gas- und Staubfreisetzung und über Abwässer die Oberflächengewässer.

Besondere Aufmerksamkeit verdienen die langlebigen Alphastrahler (238 U (T = 4,5 × E 09 a),

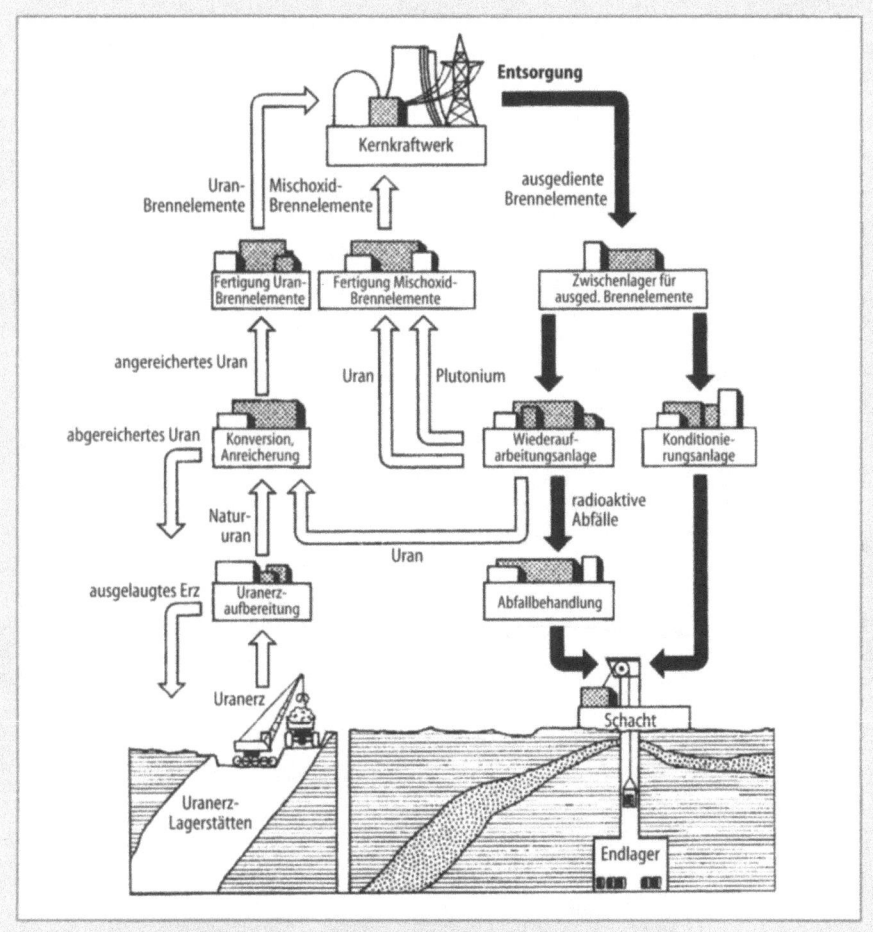

Bild N.1-18 Äußerer Kernbrennstoffkreislauf für Leichtwasserreaktoren mit Abfallentsorgung [N.1.5]

230 Th (T = 7,7 × E 04 a), 226 Ra (T = 1,6 × E 03 a)) im Staub und in den Abwässern sowie das aus dem Uranzerfall stammende Edelgas 222 Radon (T = 3,8 d). Daneben sind die Gehalte an umweltrelevanten Chemikalien in den Abwässern zu beachten.

Bei der Urangewinnung ergeben sich 3 umweltrelevante Stoffquellen:
- die Grubenbetriebe
- die Aufbereitungsbetriebe und deren Abraumhalden
- die industriellen Absetzbecken für die Schlammabgänge der Uranextraktion

Gegenwärtig wird in Deutschland keine Urangewinnung mehr betrieben. Insbesondere in Sachsen und Thüringen wurden jedoch von 1946 – 1990 durch die sowjetische Aktiengesellschaft, ab 1954 durch die sowjetisch-deutsche Aktiengesellschaft Wismut, Chemnitz, große Mengen Uranerz abgebaut und rd. 220.000 t Uran extrahiert.

Tabelle N.1-10 enthält die Ableitung radioaktiver Stoffe mit der Abluft aus den Wismut-Betrieben im Jahr 1996. In Tabelle N.1-11 sind die entsprechenden Werte für die Abwässer derselben Betriebe zusammengefaßt. Eine Detaildarstellung umweltrelevanter Emissionen der Wismut-Betriebe findet sich im Bericht des Deutschen Bundestages zu den „Auswirkungen aus dem Uranbergbau und Umgang mit Altlasten der Wismut in Ostdeutschland" [N.1.6].

Tabelle N.1-10 Ableitung radioaktiver Stoffe mit den Abwettern bzw. der Abluft der Wismut in die Atmosphäre 1996 [N.1.4]

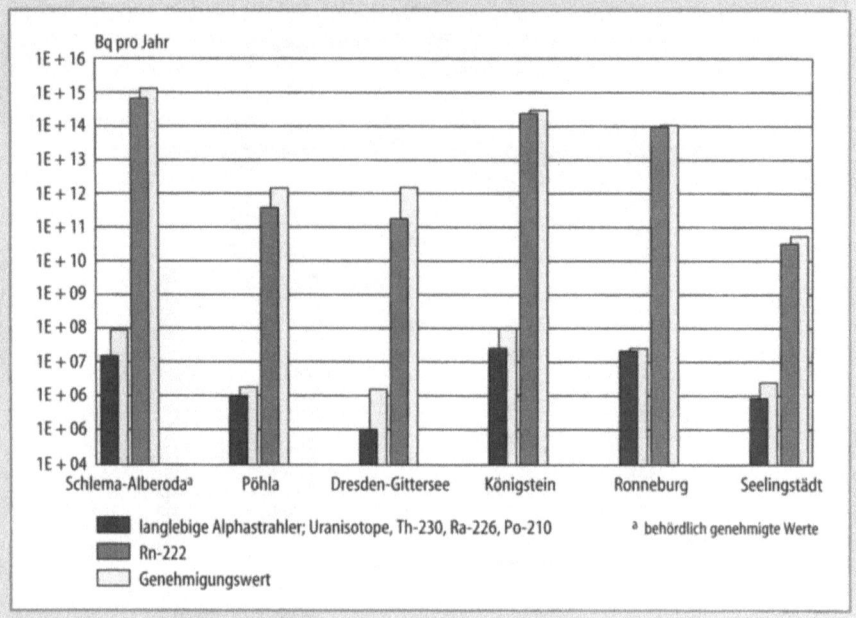

Tabelle N.1-11 Ableitung radioaktiver Stoffe mit den Schacht- bzw. Abwässern der Wismut in die Oberflächengewässer 1996 [N.1.4]

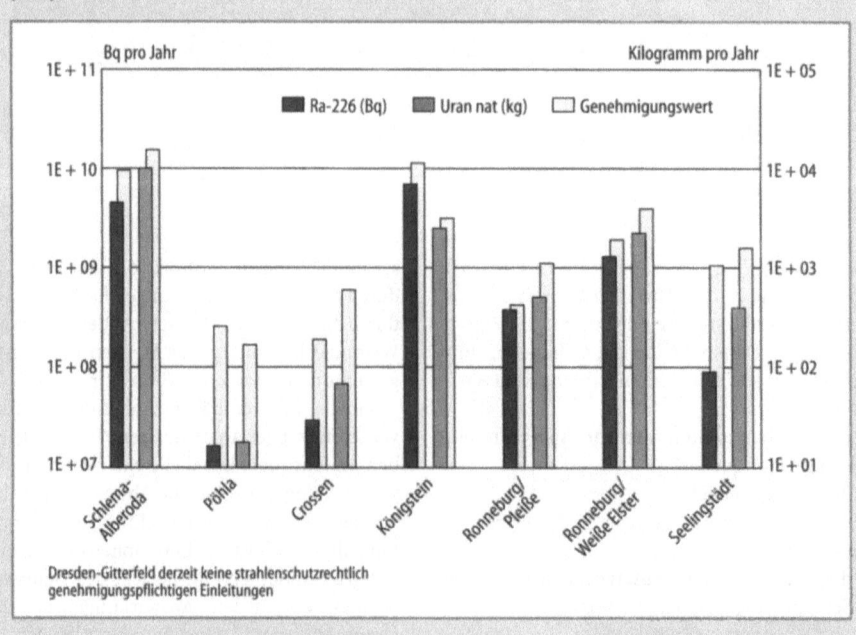

N.1.3.3.2 Urananreicherung

Die heute industriell eingesetzten Urananreicherungsverfahren verarbeiten das zu trennende Isotopengemisch in der Gasphase als Uranhexafluorid (UF_6).

In Deutschland wird einzig am Standort Gronau Urananreicherung in einer Ultrazentrifugenanlage (UAG) betrieben. Ihre Kapazität betrug Anfang 1993 520 t Urantrennarbeit (UTA/a). Eine Kapazitätsausweitung auf 1000 t UTA/a ist vorgesehen. Für diesen erweiterten Betrieb sind die Genehmigungswerte für die Abgabe von umweltrelevanten Stoffen und die 1993 gemessenen Abgaben in Fortluft und Abwasser sowie der Anfall radioaktiver Abfälle und Reststoffe in Tabelle N.1-12 zusammengefaßt.

Tabelle N.1-12 Emissionswerte der Urananreicherungsanlage Gronau für eine Kapazität von 1000 t UTA/a (Angaben der Uranit GmbH, Jülich)

	Genehmigungswert	Gemessene Abgaben	Bemerkungen
Abgaben über Fortluft			
α-Aktivität pro Jahr	$5{,}2 \cdot 10^6$ Bq	< 1 % vom Genehmigungswert	Die gemessenen Abgaben schließen das luftgetragene Uran der Umgebung (ca. 10^5 Bq/m³ bzw. 10^4 Bq/a) ein
β-Aktivität pro Jahr	$5{,}2 \cdot 10^6$ Bq	< 10 % vom Genehmigungswert	Die gemessenen Abgaben beinhalten die meßtechnisch nicht eliminierbaren natürlichen b-Aktivitäten (^{40}K, Zerfallsprodukt Rn)
α-Aktivität pro Woche	$2{,}6 \cdot 10^5$ Bq		
β-Aktivität pro Woche	$2{,}6 \cdot 10^5$ Bq		
^{220}Rn-α-Aktivität pro Jahr	$2{,}0 \cdot 10^{13}$ Bq		Beantragt im Hinblick auf langjährigen Betrieb mit rezykliertem Uran
^{222}Rn-α-Aktivität pro Jahr	$1{,}0 \cdot 10^8$ Bq		Dieser beantragte Wert beträgt weniger als 1% der natürlichen Rn-Aktivität bei einem Durchsatz von 10^9 m³/a Luft
Abgaben über Wasser			
α-Aktivität pro Jahr	$7{,}4 \cdot 10^5$ Bq bzw. 1,3 Bq/l	< 10 % vom Genehmigungswert	
β-Aktivität pro Jahr	$2{,}8 \cdot 10^6$ Bq bzw. 4,9 Bq/l	< 10 % vom Genehmigungswert	
Radioaktive Abfälle und Reststoffe pro Jahr		voraussichtlich ca. 50 200 l RR-Fässer/a mit insgesamt ca. 3 kg Uran/a	Diese konditionierten, nicht wärmeerzeugenden Abfälle genügen den vorläufigen Endlagerungsbedingungen für Konrad. Die Konditionierungsart (zur Zeit Zementierung) wird zwecks Abfallminimierung dem jeweiligen Stand der Technik angepaßt.
Altöl	10^5fache der Freigrenzen der StrlSchV alte Fassung	bisher keine Angaben, bei Endausbau ca. 25 kg/a	Der Genehmigungswert entspricht beispielsweise für Natururan einer Aktivität von 50 Bq/g Öl
γ-Direktstrahlung	1,5 mSv/a	< 10 %	Der Genehmigungswert nach StrlSchV § 44 außerbetrieblicher Überwachungsbereich, Meßpunkt am Außenzaun der UAG

N.1.3.3.3 Brennelementfertigung

Uranhaltige Brennelemente für Leichtwasserreaktoren

Die radioaktiven Emissionen bei der Uranbrennelementfertigung für Leichtwasserreaktoren beschränken sich auf die Freisetzung von Uranspuren. Hinzu kommen aufgrund der chemischen Umsetzungsprozesse die nichtaktiven Emissionen von HF und von NO_X.

Die umweltrelevanten Emissionen über Anlagenabluft und Abwässer für die Brennelementfabrik Lingen sind in Tabelle N.1-13 aufgeführt.

In Hanau wird ein Brennelementewerk betrieben, das in einem Betriebsteil Uran verarbeitet und in einem weiteren Betriebsteil Mischbrennstoffe, bestehend aus Uranoxid und Plutoniumoxid, (MOX-Verarbeitung). Ein weiterer Betriebsteil dient der Sonderfertigung (Karlstein).

Im Betriebsteil Uranverarbeitung liegen vergleichbare Verhältnisse vor wie für die Anlage Lingen. Die Abgabe von Uran (wegen der Aussendung von Alphalteilchen beim Zerfall von Uran auch Alpha-Aktivität genannt) über Fortluft beträgt aus diesem Betriebsteil $3{,}6 \times E\ 07$ Bq/a, über Abwasser werden $8{,}6 \times E\ 08$ Bq/a abgegeben.

Plutoniumhaltige und Sonderbrennstoffe

Die Aktivitätsfreisetzungsraten aus dem Betriebsteil MOX-Verarbeitung lagen um mehrere Grössenordnungen niedriger als bei der Verarbeitung von Uran. Aus diesem Betriebsteil wurden mit der Fortluft weniger als $1{,}8 \times E\ 04$ Bq/a und mit dem Abwasser $4{,}9 \times E\ 05$ Bq/a an Alphaaktivität freigesetzt. Die entsprechenden Werte für den Werksteil Sonderfertigung sind weniger als $1{,}4 \times E\ 05$ Bq/a mit der Fortluft und $1{,}4 \times E\ 08$ Bq/a mit dem Abwasser. Diese Betriebe wurden inzwischen stillgelegt.

In der Übersichtstabelle N.1-14 sind die Ableitungswerte für radioaktive Stoffe (Alpha-Aktivität) in Abluft und Abwasser im Jahr 1996 auch für die 1988 außer Betrieb genommenen Brennelementewerke der Nukem für Forschungsreaktorbrennelemente und der Hobeg für Hochtemperaturreaktor-Brennelemente mit aufgeführt.

N.1.3.3.4 Wiederaufarbeitung

Bei der chemischen Wiederaufarbeitung ausgedienter Brennelemente fallen radioaktive Spaltprodukte und chemische Schadstoffe in Gasform sowie flüssige und feste radioaktive Abfälle als umweltrelevante Stoffquellen an. Während die flüssigen und festen Abfälle zwischengelagert werden können, müssen die gasförmigen Schadstoffe sofort behandelt werden.

Die Schadstoffe im Abgasstrom der Wiederaufarbeitung stammen aus 3 Quellen:
- Gasförmige und hochflüchtige Spaltprodukte werden bei der mechanischen Zerkleinerung und Auflösung der Brennelemente freigesetzt. Das störendste Element ist das radioaktive Jod mit den Isotopen 129 J ($T = 1{,}7 \times E\ 07$ a) und 131 J ($T = 8{,}05$ d), wobei das letztere Isotop nur

Tabelle N.1-13 Abgabewerte der Brennelementefabrik Lingen (Angaben der Advanced Nuclear Fuels, Lingen)

Medium	Kontrolle auf	Kontrollintervall	Kontrollstelle	Genehmigungswerte	Tatsächliche Abgabewerte
Abluft	Uran	monatlich	Abluftkamin	ca. $5{,}55 \times 10^5$ Bq/a	$< 11 \times 10^3$ Bq/Jahr
Abluft	Fluorwasserstoff	wöchentlich	Abluftkamin	0,1 mg HF/m^3	$< 0{,}1$ mg HF/m^3
Abluft	Fluorwasserstoff	halbjährlich	Beizraum	0,1 mg HF/m^3	$< 0{,}1$ mg HF/m^3
Abluft	NOx	halbjährlich	Beizraum	25 mg/m^3	< 1 mg/m^3
Abwasser	Uran	vor jeder Abgabe	Verweilbecken	50 µg/l	< 1 µg/l
Sanitärabwasser	pH, Uran	14tägig	Sanitärschacht	pH = 6,5 bis 10 U = 50 µg/l	zwischen 7 und 8 < 1 µg/l
Regenwasser	Uran	14tägig	Probeschacht UF$_6$-Lager	50 µg/l	< 1 µg/l
Regenwasser	Fluor	14tägig	Probeschacht UF$_6$-Lager	Nachweisgrenze	< 1 µg/l

– genehmigte max. jährl. Uranverarbeitung: 400 t/a
– tatsächliche Verarbeitung: 335 t/a

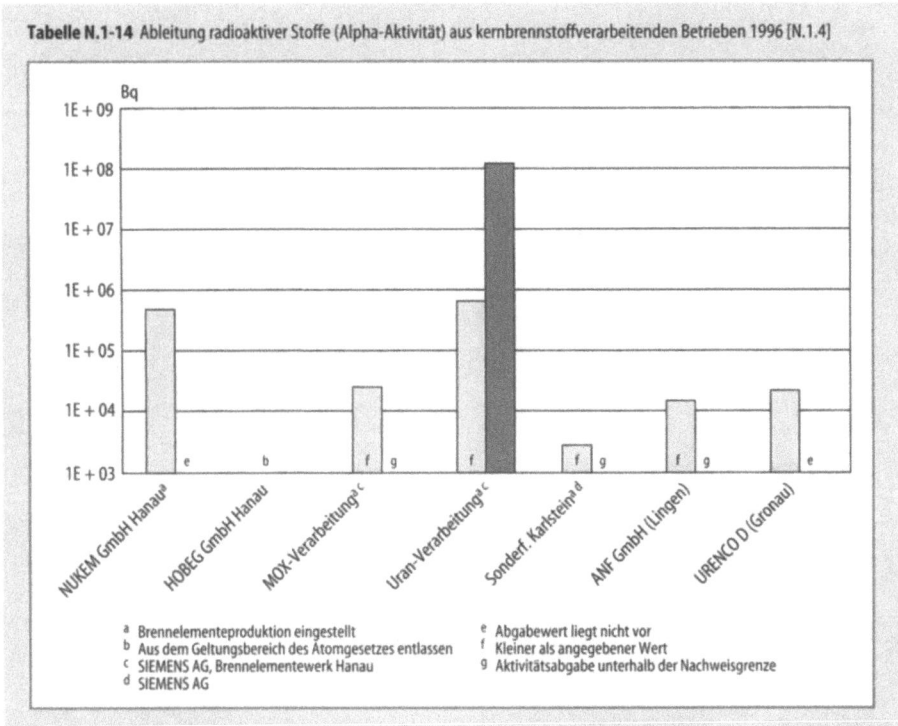

Tabelle N.1-14 Ableitung radioaktiver Stoffe (Alpha-Aktivität) aus kernbrennstoffverarbeitenden Betrieben 1996 [N.1.4]

[a] Brennelementeproduktion eingestellt
[b] Aus dem Geltungsbereich des Atomgesetzes entlassen
[c] SIEMENS AG, Brennelementewerk Hanau
[d] SIEMENS AG
[e] Abgabewert liegt nicht vor
[f] Kleiner als angegebener Wert
[g] Aktivitätsabgabe unterhalb der Nachweisgrenze

bei kurzzeitig zwischengelagertem Brennstoff von Bedeutung ist und bereits 6 Monate nach der Entladung aus dem Reaktor weitestgehend abgeklungen ist.

Die Prozeßführung in Wiederaufarbeitungsanlagen stellt sicher, daß das radioaktive Jod im Auflöserabgasstrom konzentriert ist.

Das in den Brennstäben eingeschlossene Krypton mit dem radioaktiven Isotop 85 Kr gelangt zu 100 % in den Auflöserabgasstrom. Es ist nach mehrjähriger Zwischenlagerung der ausgedienten Brennelemente vor der Wiederaufarbeitung eine der wesentlichen Strahlenquellen, wird jedoch wegen seiner geringen biologischen Wirksamkeit vollständig aus den Wiederaufarbeitungsanlagen in die Atmosphäre abgegeben.

Tritium fällt als HTO und gebunden ans Zirkon des Hüllmaterials der Brennelemente als Zirkonhydrid an. Ein geringer Teil des HTO tritt als Wasserdampf in den Abgasstrom, wird aber aufgrund seiner niedrigen Konzentration nicht zurückgehalten. Gleiches gilt für 14 CO_2 (14 C, T = $5{,}73 \times E\ 03$ a), das durch Neutroneneinfang von Stickstoff und Sauerstoff entsteht.

- Radioaktiver Staub entsteht bei der mechanischen Zerkleinerung der Brennelemente. Ausserdem entstehen bei der Handhabung von Flüssigkeiten in der Wiederaufarbeitungsanlage radioaktive Aerosole.
- Gasförmige chemische Verunreinigungen sind Stickoxide, die bei der Auflösung der Brennelemente in Salpetersäure entstehen.

In Deutschland ist keine Wiederaufarbeitungsanlage in Betrieb oder in Planung. Die in Karlsruhe errichtete Versuchsanlage mit einer Jahreskapazität von 34 t abgebranntem Brennstoff wurde 1991 stillgelegt. Für die umweltrelevanten radioaktiven Emissionen mit der Fortluft der Wiederaufarbeitungsanlage sind für die Jahre 1990 und 1991 die Genehmigungsgrenzwerte und die tatsächlich freigesetzten Aktivitäten in Bq/a in Tabelle N.1-15 zusammengestellt.

Die mit dem Abwasser in den Vorfluter freigesetzte Aktivität ist dem Abwasser der Kernforschungsanlage Karlsruhe zugerechnet und in Tabelle N.1-9 enthalten.

Tabelle N.1-15 Ableitung radioaktiver Stoffe der WAK in die Atmosphäre in 1990 (Durchsatz 9,45 t Uran, 43 kg Pu) und 1991 (kein Durchsatz, Betrieb eingestellt) [N.1.7]

Nuklid/ Nuklid-Gruppe	Fortluft		
	Genehm.-Wert Bq/a	Eff. Wert 1990	1991
A_{AL}	3,7 × E08	2,8 × E05	9,7 × E05
A_{BL}	7,4 × E10	1,8 × E07	9,3 × E07
P_u 241	1,5 × E10	9,6 × E06	2,0 × E07
Sr 90	3,7 × E09	1,3 × E06	3,6 × E07
Edelgase, vorw. Kr 85	1,3 × E16	9,4 × E14	4,4 × E08
H-3	3,7 × E13	2,2 × E12	2,5 × E11
C-14	6,1 × E11	3,7 × E10	–
J-129	2,4 × E08	9,0 × E07	3,7 × E06
J-131	1,5 × E09	1,2 × E07	6,6 × E08

A_{AL} Aerosole mit α-Aktivität mit HWZ > 8 Tage
A_{BL} Aerosole mit β-Aktivität mit HWZ > 8 Tage, die Pu 241 und Sr 90 einschließen

Tabelle N.1-16 Beantragte Höchstwerte für Aktivitätsfreisetzung in Abluft und Abwasser in Bq/a aus der Pilotkonditionierungsanlage Gorleben (PKA) mit einer Jahreskapazität von 35 t Kernbrennstoffdurchsatz [N.1.8]

	Fortluft	Abwasser
Tritium	7,4 E11	3,7 E08
Krypton 85	1,5 E15	
Jod 129	8,1 E07	
Übrige β/γ-Strahler	4,4 E09	1,9 E09
α-Strahler	6,7 E07	7,4 E07

Tabelle N.1-17 Leitnuklide der radioaktiven Ableitungen mit der Fortluft aus der PKA (Antragswerte für die Genehmigung) [N.1.8]

Nuklid	Ableitung mit dem Wasser	
	(Bq/a)	(Ci/a)
H-3	7,4 E11	(2,0 E1)
Kr-85	1,5 E15	(4,1 E4)
J-129	8,1 E7	(2,2 E-3)
Co-60	3,0 E5	(8,1 E-7)
Sr-90	1,2 E8	(3,2 E-4)
Ru-106	2,4 E8	(6,5 E-6)
Cs-134	1,9 E9	(5,1 E-3)
Cs-137	4,8 E8	(1,3 E-2)
Beta-Gamma-Aerosole ohne H-3 und J-129 (Leitnuklide)	2,74 E9	(7,4 E-2)
Pu-238	1,3 E7	(3,5 E-4)
Pu-239	4,5 E5	(1,2 E-5)
Pu-240	1,3 E6	(3,5 E-5)
Am-241	5,4 E6	(1,5 E-4)
Cm-244	4,7 E7	(1,3 E-3)
Alpha-Aerosole (Leitnuklide)	6,7 E7	1,8 E-3

Tabelle N.1-18 Leitnuklide der radioaktiven Ableitungen mit Abwasser aus der PKA (Antragswerte für die Genehmigung) [N.1.8]

Nuklid	Ableitung mit dem Wasser	
	(Bq/a)	(Ci/a)
H-3	3,7 E8	(1,0 E-2)
Co-60	1,6 E4	(4,3 E-7)
Sr-90	6,4 E6	(1,7 E-4)
Ru-106	8,8 E4	(2,4 E-6)
Cs-134	1,2 E8	(3,2 E-3)
Cs-137	9,1 E8	(2,5 E-2)
Beta-Gamma-Leitnuklide ohne H-3	1,04 E9	(2,8 E-2)
Pu-238	1,4 E7	(3,8 E-4)
Pu-239	5,0 E5	(1,4 E-5)
Pu-240	1,4 E6	(3,8 E-5)
Am-241	5,9 E6	(1,6 E-4)
Cm-244	5,2 E7	(1,4 E-3)
Alpha-Leitnuklide	7,4 E7	2,0 E-3

N.1.3.3.5 Konditionierung ausgedienter Brennelemente

Der zur Wiederaufarbeitung alternative Entsorgungsweg ausgedienter Brennelemente ist deren Konditionierung und anschließende direkte Endlagerung. Dies setzt voraus:

- Behandlung der Brennelemente und Verpakken zu endlagerfähigen Gebinden in langfristig standfesten gasdichten Behältern.
- Bereitstellung eines geeigneten Endlagers für die langfristige sichere Aufbewahrung der Endlagerbehälter.

In Gorleben wurde 1990 mit der Errichtung einer Pilotkonditionierungsanlage (PKA) für eine Kapazität von 35 t/a Kernbrennstoffdurchsatz begonnen, die 1998 fertiggestellt wurde. Für die umweltrelevanten Aktivitätsfreisetzungen über Fortluft in die Atmosphäre und Abwasserabgabe in Vorfluter wurden für die PKA zu genehmigende Höchstwerte gemäß Tabelle N.1-16 beantragt.

Die Leitnuklide für die Abluft der PKA und die Höchstwerte ihrer Freisetzung sind in Tabelle N.1-17 zusammengefaßt.

Die beantragten Höchstwerte der Leitnuklide im Abwasser ergeben sich aus Tabelle N.1-18.

N.1.3.4 Radioaktive Abfälle

N.1.3.4.1 Abfallquellen

In der kerntechnischen Abfallwirtschaft sind nur die Emissionen der Abfallbehandlungsanlagen sowie der Zwischen- und Endlager umweltrelevant.

Unter den Gesichtspunkten der Behandlung und der sicheren Zwischen- und Endlagerung ist eine Einteilung in folgende Abfallklassen zweckmäßig:
I. wärmeerzeugende Abfälle
II. nichtwärmeerzeugende alphastrahlende Abfälle
III. nichtwärmeerzeugende sonstige radioaktive Abfälle

Die Klassen I und II erfordern eine Einlagerung in tiefen geologischen Formationen, während die Klasse III im flachen Untergrund gelagert werden darf.

Quellen fester Abfälle sind:
- Kernkraftwerke durch Betriebsabfälle einschließlich nicht wiederaufzuarbeitende ausgediente Brennelemente
- Wiederaufarbeitungsanlagen für bestrahlte Brennelemente
- Forschungseinrichtungen, die mit radioaktiven Substanzen arbeiten einschl. Forschungs- und Versuchsreaktoren
- Urangewinnung, Urananreicherung und Herstellung von Brennelementen
- Stillegung und Beseitigung von nuklearen Anlagen
- andere Abfallproduzenten wie z. B. medizinische Einrichtungen, pharmazeutische Industrie und andere industrielle Anwender radioaktiver Substanzen.

Die wärmeerzeugenden Abfälle umfassen alle Substanzen mit hoher Konzentration von Radionukliden, insbesondere ausgediente Brennelemente, die nicht wiederaufgearbeitet werden sollen, hochaktive flüssige Abfälle, Auflösungsrückstände von Hüll- und Strukturmaterial aus der Wiederaufarbeitung und hochaktivierte Reaktorkernkomponenten.

In den Tabellen N.1-19 und N.1-20 sind für die Bundesrepublik Deutschland die bis Ende 1995 angefallenen und erwarteten konditionierten Abfälle mit und mit vernachlässigbarer Wärmeentwicklung aus den verschiedenen Quellen zusammengefaßt. Die Bilder N.1-19 und N.1-20 zeigen den erwarteten Anfall von Abfällen mit und mit vernachlässigbarer Wärmeentwicklung bis zum Jahr 2080 aus den Quellen Wiederaufarbeitung, Kernkraftwerke, Forschungszentren, Industrie und sonstiges Aufkommen in Sammelstellen [N.1.9].

Tabelle N.1-19 Bestände an konditionierten wärmeentwickelnden Abfällen in Deutschland am 31.12.94 und 31.12.95 sowie Anfall im Jahr 1995 [N.1.9]

Konditionierter Abfall / Herkunft	Bestand am 31.12.94	Anfall 1995	Bestand am 31.12.95
Wiederaufarbeitung	395	−79	316
Kernkraftwerke	1041	218	1259
Landessammelstellen	38	4	42
Forschungseinrichtungen	149	7	156
Kerntechnische Industrie	–	155	155
Sonstige Ablieferungspflichtige	–	–	–
Summe	1623	305	1928

Angaben in m³

Tabelle N.1-20 Bestände an konditionierten Abfällen mit vernachlässigbarer Wärmeentwicklung in Deutschland am 31.12.94 und 31.12.95 sowie Anfall im Jahr 1995 [N.1.9]

Konditionierter Abfall / Herkunft	Bestand am 31.12.94	Anfall 1995	Bestand am 31.12.95
Wiederaufarbeitung	10 820	162	10 982
Kernkraftwerke	20 558	2 125	17 336
Landessammelstellen	2 083	192	2 017
Forschungseinrichtungen	27 364	857	28 086
Kerntechnische Industrie	2 263	22	2 285
Stillegung	–	–	–
Sonstige Ablieferungspflichtige	92	18	92
Summe	63 180	3 376	60 798

Angaben in m³

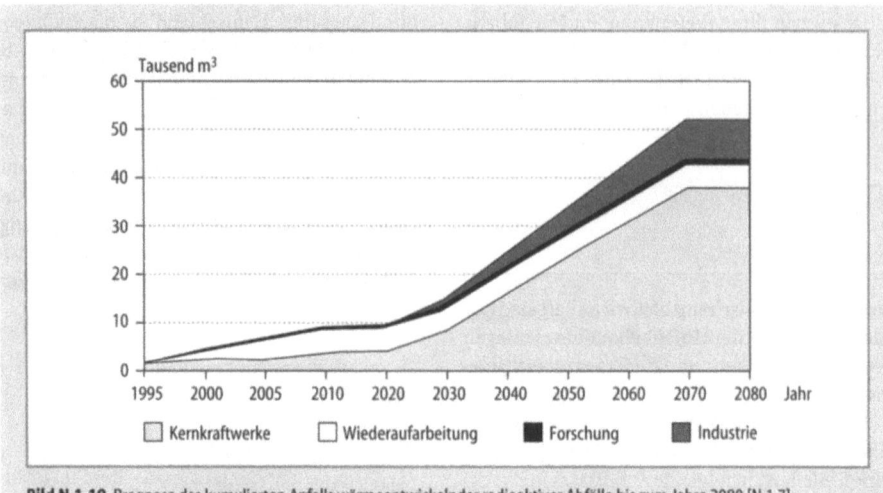

Bild N.1-19 Prognose des kumulierten Anfalls wärmeentwickelnder radioaktiver Abfälle bis zum Jahre 2080 [N.1.7]

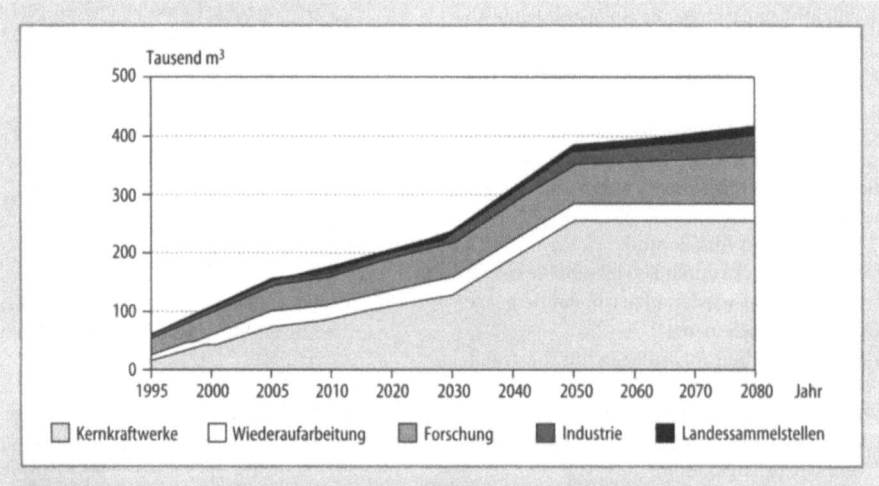

Bild N.1-20 Prognose des kumulierten Anfalls radioaktiver Abfälle mit vernachlässigbarer Wärmeentwicklung bis zum Jahre 2080 [N.1.7]

N.1.3.4.2 Abfallhandhabungs- und Konditionierungsanlagen

Einschmelzanlage CARLA

Bei der Beseitigung kerntechnischer Komponenten und Anlagen fällt radioaktiv kontaminierter Schrott an, der bei maximaler spezifischer Aktivität unter 200 Bq/g und Aktivität der Isotope 233 Uran, 235 Uran, 239 Plutonium, 241 Plutonium unter 100 Bq/g, wobei die Masse des Anteils dieser Isotope < 1 % der Gesamtmasse sein muß, eingeschmolzen und für den Einsatz in der Kerntechnik weiterverarbeitet werden darf. In Krefeld wird dafür die zentrale Anlage zum Recyclieren leicht aktivierter Abfälle CARLA betrieben. Der maximale Schmelzdurchsatz der Anlage beträgt 4000 t/a. Die Aktivitätsfreisetzung mit der Abluft ist auf unter 5000 Bq/a bei einem maximalen Staubaustrag von 1 mg/m³ begrenzt.

Für Schrott aus stillgelegten Kernkraftwerken zeigt Tabelle N.1-21 den Transfer der Radionuklide vom Schrott in die Schmelze, in die Schlacke, in den Filterstaub und die Abluft der Anlage CARLA.

Wartungs- und Handhabungsanlage Duisburg
Eine Anlage zur Wartung entladener, kontaminierter Brennelementtransport- und Lagerbehälter, zur Handhabung und Sortierung von schwach kontaminiertem Schrott, zur Wartung von kontaminierten Maschinenteilen, Werkzeugen und mobilen Konditionierungsanlagen für schwach aktive, nicht wärmeerzeugende Abfälle sowie für deren Konditionierung wird in Duisburg betrieben. Das zugelassene Aktivitätsinventar dieser Halle ist auf $5{,}65 \times E\,09$ Bq begrenzt, wovon über $5 \times E\,09$ Bq auf die zu dekontaminierenden Behälter entfallen. Die Emission umweltrelevanter Stoffe aus der Anlage beschränkt sich auf die Abgabe von ca. 20 m³/a Abwässer mit einer spezifischen Aktivität von etwa $5 \times E\,06$ Bq/m³, so daß eine Gesamtaktivitätsfreisetzung von maximal ca. $1 \times E\,08$ Bq/a erfolgt.

N.1.3.4.3 Zwischen- und Endlager

Zwischenlager
Für die Zwischenlagerung von ausgedienten Brennelementen stehen in Deutschland die Behälterlager Ahaus und Gorleben mit einer Kapazität von je 1500 t Kernbrennstoff zur Verfügung. Aus den gasdichten Behältern werden keine radioaktiven Stoffe freigesetzt. Die Behälter und die Betonwände des Lagergebäudes schirmen die Strahlung der eingelagerten Brennelemente so weit ab, daß am Zaun des Lagers nur eine zusätzliche Dosisleistung von max. 0,01 μSv/h auftritt.

Endlager
In Deutschland wurden in den Jahren 1965–1978 in dem inaktiven Salzbergwerk Asse versuchsweise 124.500 Fässer mit schwachaktivem Abfall und 1300 Fässer mit mittelaktivem Abfall ohne Wärmeerzeugung eingelagert. Dieses Lager setzt keine radioaktiven Stoffe frei.

Zukünftig sind für die Einlagerung deutscher Nuklearabfälle 3 Lager vorgesehen:
- das stillgelegte Eisenerzbergwerk Konrad bei Salzgitter für Nuklearabfälle mit vernachlässigbarer Wärmeerzeugung
- das stillgelegte Salzbergwerk Morsleben bei Helmstedt (ERAM), das als Endlager seit 1981 für die Einlagerung von nichtwärmeerzeugenden radioaktiven Abfällen aus dem Betrieb der Kernkraftwerke Rheinsberg und Greifswald sowie sonstigen radioaktiven Abfällen im Gebiet der Bundesländer Brandenburg, Mecklenburg-Vorpommern, Sachsen-Anhalt, Freistaat Sachsen und Thüringen genutzt wird. Die Einlagerung von radioaktiven Abfällen soll in Morsleben im Jahr 2000 beendet werden.

Tabelle N.1-21 Übergang von Radionukliden in die Schmelze, die Schlacke, den Staub und die Abluft der Anlage CARLA [N.1.10]

Radionuklide	Anteil der spez. Aktivität in			
	Schmelze	Schlacke	Staub	Abluft
α-Strahler				
U 235, U 238	T[a]	98	T	–
Pu 241	T	98	T	–
β-Strahler				
H3	–	–	–	100
Ni 63	90	10	–	–
Sr 90	3	95	2	–
γ-Strahler				
Co 60	90	10	T	–
Cs 134, Cs 137	T	45	55	–
Ag 110 m	95	5	T	–
Eu 154	5	95	T	–
Ce 144	50	50	T	–
Mn 54	95	5	T	–
Zn 65	T	10	90	–
Elektronen-einfang				
Fe 55	100	T	–	–

[a] Spuren Angaben in %

Tabelle N.1-22 Ableitung radioaktiver Stoffe mit der Abluft aus dem Endlager Morsleben im Zeitraum 1994–95 in Bq [N.1.11]

Nuklid bzw. Nuklidgruppe	1994	1995	1996	Zulässige Maximalwerte gemäß DBG
Tritium (H$_2$O)	$1{,}1 \cdot 10^{11}$	$4{,}0 \cdot 10^{11}$	$3{,}3 \cdot 10^{11}$	$4{,}0 \cdot 10^{12}$
Kohlenstoff (CO$_2$)	$2{,}9 \cdot 10^{9}$	$3{,}2 \cdot 10^{9}$	$1{,}9 \cdot 10^{9}$	$5{,}0 \cdot 10^{11}$
Langlebige Aerosole	$3{,}7 \cdot 10^{6}$	$3{,}5 \cdot 10^{6}$	$3{,}5 \cdot 10^{6}$	$1{,}5 \cdot 10^{10}$
Radon-Folgeprodukte	$3{,}3 \cdot 10^{10}$	$2{,}8 \cdot 10^{10}$	$1{,}6 \cdot 10^{10}$	$1{,}2 \cdot 10^{11}$

DBG Dauerbetriebsgenehmigung

Die Abgabe radioaktiver Stoffe mit der Abluft aus dem Endlager ERAM ist in Tabelle N.1-22 aufgeführt. Neben den 1994-1996 tatsächlich beobachteten Emissionen enthält die Zusammenstellung auch die für das Endlager festgeschriebenen Grenzwerte [N.1.11]. Mit dem Abwasser wurden 1996 von der ERAM 9,8 E 5 Bq Tritium und 8,6 E 3 Bq sonstiges Nuklidgemisch an Aktivität abgegeben [N.1.4].
- Die Salzlagerstätte Gorleben, die für die Einlagerung von festen und verfestigten radioaktiven Abfällen aller Art einschl. wärmeerzeugender Abfälle aus der Wiederaufarbeitung und bestrahlter Brennelemente vorgesehen ist und nach derzeitiger Planung 2008 in Betrieb gehen soll. Während der geplanten Betriebszeit von ca. 70 Jahren soll ein Aktivitätsinventar von etwa E 21 Bq dort sicher eingelagert werden.

N.1.4 Chemie und Pharmazie

N.1.4.1 Grundlagen

N.1.4.1.1 Pharmazeutische Wirk- und Hilfsstoffe und Arzneimittel: unterschiedliche Herstellverfahren, Nebenprodukte, Schadstoffe

Die *Synthese oder Biosynthese chemischer Verbindungen* erfordert die Handhabung vorgeprüfter Rohstoffe, die Verfahrensdurchführung (oft in einer Reihe von Einzelprozessen) und die Reindarstellung von Zwischen- und Endprodukten; letztere müssen gemischt, abgefüllt, gelagert, geprüft und transportiert werden. Hier sind u.a. das deutsche Chemikaliengesetz und seine Novellierungen und zugehörigen Verordnungen zu beachten [N.1.12, N.1.13].

Wie weiter unten detailliert besprochen wird, sind die chemische und die biochemische Synthese praktisch immer mit der Bildung von prozeßbedingten Stoffen und Stoffgemischen sowie nicht umgesetzten Ausgangssubstanzen verbunden, die nur zum Teil umweltrelevant sind. Insofern unterscheidet sich die technische, chemische oder biochemische Synthese für pharmazeutische Wirk- und Hilfsstoffe nicht grundsätzlich von den gängigen technischen oder biotechnischen Prozessen für Produkte anderer Verwendung.

Jede *chemische Synthese* ist von der Bildung von Nebenprodukten in unterschiedlichen Mengen begleitet. Dies bedeutet, daß das entstehende Reaktionsprodukt durch Reinigungsoperationen im technischen Maßstab von Vor-, Neben- und Abbauprodukten sowie Lösungsmitteln, Salzen, Katalysatoren, Reagenzien u.ä. befreit werden muß. Die Reinheitsforderungen sind für pharmazeutische Wirkstoffe sehr hoch. Als Folge der Hochreinigungen können in unterschiedlichster Art und Menge Abfälle und Emissionen auftreten, die heute weitgehend durch Recycling der Produktion wieder zugeführt werden, z.T. aber auch entsorgt werden müssen. Als gängigste Lösungsmittel sind dabei Methanol, Ethanol, Isopropanol, Aceton, Butylacetat, Ethylacetat und insbesondere natürlich Wasser zu nennen; letzterem sollte, soweit der Prozeß oder das Reinigungsverfahren dies zuläßt, der Vorrang gegeben werden. Relativ kleinere Mengen an Wasser, Dampf, Kohlendioxid, Stickstoff, Natriumchlorid und -sulfat o.ä. sind dabei für die Entsorgung unproblematisch. Dies gilt auch für anfallende Filter, Aktivkohle, Filterhilfmittel u.ä.

Die *Biosynthese* ist im Grunde ebenfalls eine chemische Synthese; sie findet in Mensch, Tier, Pflanze oder Mikroorganismus, aber auch in isolierten Organen, Zellkulturen und an freien oder gebundenen Enzymen statt. Technisch zu unterscheiden sind die Naturstoff-Isolierungen aus pflanzlichen, tierischen oder menschlichen Produkten (Pflanzenextrakte, Fette, Drüsen, Blut) und die gezielte Durchführung der Biosynthese (Impfstoffbildung, Fermentation, Gärungsprozesse, enzymatische Spaltungen, Blutplasmafraktionierung). In weit größerem Umfang als die „normale" Synthese ist die Biosynthese mit umgebender, komplex zusammengesetzter Gewebe- oder Kulturflüssigkeit, Zellgewebe, Nährstoffen u.a. verbunden. Dies gilt auch für die gentechnologisch veränderten (Mikro-)Organismen. Dementsprechend ist bei der Biosynthese die gewünschte Verbindung aus einer qualitativ und quantitativ wesentlich größeren Menge anderer Produkte zu isolieren und oft auch von chemisch ähnlich strukturierten Verbindungen abzutrennen: Verfahren, die naturgemäß größere Mengen an anorganischen und organischen Abfallprodukten ergeben, die jedoch zumeist harmlos und umweltverträglich sind. Die anfallenden komplexen Stoffgemische in Lösung sind in der biologischen Kläranlage (vgl. Abschn. N.1.4.8) ohne Probleme abbaubar.

Chemische Synthese und Biosynthese werden für einen Syntheseweg evtl. kombiniert. Sie sind auch wichtige Schritte zur Herstellung pharmazeutischer Hilfsstoffe.

Die *Herstellung von Fertigarzneimitteln* ist dagegen grundsätzlich nur mit physikalischen Verfahren ohne chemische Veränderungen oder Produkt-Reinigungsschritte verbunden: Wägen, Mischen, Lösen, Anreiben, Formulieren, Verpakken. Der Abfallanfall beschränkt sich hier auf relativ geringe Mengen an Abluft, Reinigungswässern, Packungs- und Packmittelresten und Ausschuß.

N.1.4.1.2 Rechtsgrundlagen und GMP in der pharmazeutischen Produktion

Arzneimittel spielen bzgl. ihrer „Qualität, Wirksamkeit und Unbedenklichkeit" aufgrund ihrer unmittelbaren „Anwendung an oder in Mensch oder Tier" eine über die sonst üblichen Qualitätsforderungen herausragende Rolle. Sie müssen in präklinischen und klinischen Untersuchungen geprüft und dann zugelassen (in bestimmten Fällen: registriert) sein. Sie werden am kranken, oft schwerkranken Patienten mit verringerter Widerstandskraft angewendet; Verunreinigungen mit anderen Wirkstoffen („Kreuzkontaminationen"), Fremdsubstanzen, Partikeln und Mikroorganismen müssen dem Weg der Applikation entsprechend möglichst weitgehend ausgeschlossen werden. Entsprechend komplex sind die Herstellungsprozesse, aufgeteilt in zahlreiche Einzelschritte, wobei Emissionen und Abfall zwar minimiert werden, aber nicht vermeidbar sind.

Rechtliche Grundlage für die Herstellung von Fertigarzneimitteln und pharmazeutischen Wirkstoffen ist in Deutschland das *Arzneimittelgesetz* (AMG 1976/1998 und das Medizinproduktegesetz 1994) [N.1.14], durch die auch die entsprechenden EU-Direktiven in deutsches Recht überführt wurden. Ergänzt wird das AMG durch eine Reihe von Betriebsverordnungen, insbesondere die für pharmazeutische Unternehmer (PharmBetrV 1985/1994) [N.1.15], durch die EU-Regelung der Wirkstoffproduktion, die Apotheken- und die GroßhandelsBetrV sowie die Arzneibücher (Deutsches Arzneibuch, DAB 10; Europäische Pharmakopöe, Ph.Eur. 3). Das AMG (und bei Exporten die entsprechenden Gesetze im Ausland) verpflichten den Hersteller zu einer „ordnungsgemäßen Arzneimittelversorgung von Mensch und Tier" unter Einhaltung genau festgelegter Qualitätsstandards. Für lebensrettende Arzneimittel wie Insulin, Impfstoffe, Antibiotika, Blutkonserven und Plasmaexpander erscheint dies besonders eindrucksvoll. Ergänzend von größter praktischer Bedeutung, national wie international, sind die *Leitfäden zur Good Manufacturing Practice*, kurz *GMPs* genannt. Sie wurden insbesondere von der Weltgesundheitsorganisation (WHO) ausgearbeitet [N.1.16]. Es folgten FDA/USA [N.1.17], EU [N.1.18], PIC [N.1.18], ASEAN und zahlreiche Einzelstaaten. Ergänzt werden sie durch Verordnungen, Leitfäden, Richtlinien, Guidelines u. v. a., die sich auf Einzelgebiete der Arzneimittel- oder Wirkstoffentwicklung, -herstellung oder -prüfung beziehen. Auch die pharmazeutischen Hilfsstoffe werden derzeit, u. a. durch eigene GMPs, einbezogen. Sie alle bilden heute den einzuhaltenden „Stand von Wissenschaft und Technik".

Für den internationalen Handel mit Arzneimitteln und Wirkstoffen erstellt die zuständige Gesundheitsbehörde nach erfolgreicher Inspektion ein *GMP-Zertifikat* auf Basis der WHO-GMPs (1992/98) für Fertigarzneimittel und neuerdings auch für Wirkstoffe.

Oberstes Ziel sind weitgehend einheitliche, allen Qualitätsmerkmalen entsprechende Wirkstoff- und Arzneimittelchargen; die FDA/USA bezieht auch die Hilfsstoffe definitiv ein.

Mit der Einführung sehr strikter Produktions- und Prüfbedingungen sind jedoch auch erhebliche Verbesserungen im Schutz der Umwelt und der Mitarbeiter erreicht worden.

N.1.4.1.3 Die Internationalen Normen (Modelle) zur Qualitätssicherung (DIN EN ISO 9000-9004, QS 9000 u. a.)

Sie sind ganz generell für die Herstellung aller Produkte für den Handel und für Dienstleistungen anwendbar, geben aber keine Anweisungen und Lösungen, sondern stellen praktisch einen Katalog für die Erstellung eines Qualitätssicherungssystems in einer Firma oder einem Teil derselben dar. Die konsequente Beantwortung der Katalogfragen (die oft wertvolle Hinweise auf fehlende Qualitäts-sichernde Maßnahmen geben!) führt zur Erstellung des Firmen-Qualitätssicherungs-Handbuches. Nach erfolgreicher Inspektion durch ein authorisiertes Institut (TÜV, DQS o. a.) erteilt dieses ein *Zertifikat, z.B. nach DIN EN ISO 9001*, das u. a. (im Gegensatz zu dem obengenannten GMP-Zertifikat!) auch in der Öffentlichkeit zu Werbezwecken verwendet werden kann.

Es fällt auf, daß die DIN-EN-ISO-9000er-Reihe keinerlei Fragen bzgl. Schutz der Umwelt oder des Personals stellt und sich strikt auf die Sicherung der Produkt- bzw. Dienstleistungs-Qualität beschränkt.

Für Fertigarzneimittel und Wirkstoffe liegt ein festgefügter, oben beschriebener Rechtsrahmen vor; hier erscheinen die DIN-EN-ISO-9000er-Modelle überflüssig, zumal sie nur auf grundsätzlich freiwilliger Basis beruhen, nicht dagegen bei Hilfs- und Rohstoffen, Apparaturen, Meßgeräten, Dienstleistungen u. ä. im Pharmabereich.

N.1.4.1.4 Pharmazeutische Forschung und Entwicklung

Auch für die präklinische Untersuchung und Prüfung von Arzneimitteln (Screening, galenische Entwicklung, Toxikologie, *Good Laboratory Practice GLP*) und ihre klinische Prüfung (*Good Clinical Practice GCP*) gelten strenge Richtlinien und Regeln. Insbesondere bei der Wirkstoffentwicklung (Synthese, Biosynthese, Reindarstellung) und der galenischen Entwicklung der Zubereitungen sind die Gesichtspunkte der richtigen Auswahl der Roh- und Hilfsstoffe und der optimalen Verfahrensparameter im Hinblick auf die späteren technischen Produktionsprozesse einschl. Ex-Schutz, Emissionen und Abfallentsorgung von entscheidender Bedeutung. Hier ist vor allem die Entstehung folgender Gruppen umweltrelevanter Stoffe zu beachten: Durch Filtration abtrennbarer Feststoffe, die als solche z.B. durch Verbrennen oder Deponieren entsorgt werden können: Beladene Filter, Filterhilfsmittel, organische Ausfällungen, Rückstände an biologischem Material. Anorganische Salze (minimierte Menge; abwasserverträglich); zahlreiche organisch-chemische Verbindungen (unbedingt bioabbaubar!); bestimmte verbrauchte Lösungsmittel und Destillationsrückstände vom Lösungsmittel-Recycling (verbrennbar, möglichst ohne organisch gebundene Halogene); verbrennbare Abfälle wie Aktivkohle oder Packmittel; geringe Emission von Dämpfen organischer Lösungsmittel (apparative Konstruktionen beachten). Die Gesamtentwicklung mündet schließlich in 2 getrennte Zulassungsverfahren:
- den Konzessionierungsantrag für die technische Anlage, das Verfahren und alle Personalschutz- und Umweltschutz-Maßnahmen; ohne eine Genehmigung kann nicht mit dem Bau der Anlage begonnen werden;
- den Antrag auf Zulassung (evtl. Registrierung) des Arzneimittels oder Medizinproduktes zunächst zur klinischen Prüfung und nach deren erfolgreicher Beendigung zum Handel.

N.1.4.1.5 Sonderbereiche der pharmazeutischen Produktion

- Veterinärarzneimittel (zur Anwendung bei Tieren) gelten international seit längerem als Arzneimittel und sind ebenfalls streng GMP-gerecht zu produzieren. Auch hier werden, wie in Abschn. N.1.4.1.4 beschrieben, umweltrelevante Stoffe gebildet und entsorgt.
- Auch Radiopharmaka und Radiodiagnostika sind Arzneimittel. Rohstoffanlieferung, Herstellung und Versand erfordern zusätzliche Maßnahmen zum Schutz der Umwelt und Mitarbeiter vor radioaktiver Kontamination. Wegen der zumeist sehr kurzlebigen radioaktiven Isotope ist ein exaktes Timing erforderlich. Die Entsorgung radioaktiv kontaminierter Produkte (Arzneimittelreste, Ausscheidungen von Mensch oder Versuchstier, Körper von toten Versuchstieren, Abwässer, beladene Luftfilter) erfolgt unter besonderen Vorsichtsmaßnahmen, ggf. als Sondermüll.
- Gentechnologisch gewonnene Wirkstoffe und daraus hergestellte Arzneimittel unterliegen neben dem AMG und den Betriebsverordnungen dem Gentechnik-Recht [N.1.19].
- Sera, Impfstoffe, Spenderblut, Blutplasma und Produkte daraus sind eindeutig Arzneimittel. Hier müssen durch spezielle Tests an Spendern und Produkten (z. B. auf Viruskontaminationen wie Gelbfieber oder HIV) Virusinfektionen beim Patienten, aber auch bei den Mitarbeitern in der Verarbeitung gesichert vermieden werden. Die Entsorgung von Produkten, die sich als viruspositiv erweisen, unterliegt besonderen Vorsichtsmaßnahmen.
- Medizinprodukte (medical devices) sind nach deutschem Recht Arzneimittel; hier ist eine Herausnahme aus dem AMG und die Einführung einer einheitlichen EG-Rechtsnorm erfolgt (Medizinproduktegesetz [N.1.15]). Bei der Produktion von Medical Devices treten praktisch nur technische Abfälle auf (Metalle, Kunststoffe, Stoffreste, Papier), die dem Recycling zugeführt oder ohne Probleme deponiert werden können.
- Fluor-Chlor-Kohlenwasserstoffe (FCKWs) bilden ein stark diskutiertes Problem für Ozon in höheren Luftschichten. Die Gesamtmenge der in Arzneimitteln eingesetzten FCKWs als Wirkstoff, Treibgas oder Synthese-Ausgangsmaterial ist schon jetzt außerordentlich klein. In Zukunft werden sie nach Einstellung der

technischen FCKW-Produktion nicht mehr zur Verfügung stehen, ihre Vermeidung ist in jedem Fall vorgesehen und neue Produkte als Ersatz (und für die Ozonschicht unschädlich) in Entwicklung; als Beispiele seien R227 und R134a (Hoechst AG/Solvay) genannt. Die Produktion erfolgt praktisch ohne Emission umweltrelevanter Stoffe; sie sind als speziell umweltverträglich und untoxisch entwickelt. Ein weiteres Beispiel sind die (z.T. noch in Entwicklung befindlichen) Trockenpulver-Inhalatoren, die ganz ohne Lösungsmittel auskommen.

N.1.4.2 Die chemische Synthese

Wie bereits ausgeführt, ist die chemische Synthese ein wesentlicher Bestandteil der Arzneimittelherstellung. Weit über die Hälfte der gebräuchlichen Wirkstoffe (fest, flüssig oder gasförmig) werden heute rein chemisch-synthetisch hergestellt [N.1.20]. Für die Produktionsprozesse, die zumeist über eine größere bis sehr große Zahl einzelner Schritte verlaufen, hat sich eine Unterteilung als notwendig, rechtlich gefordert und praktikabel erwiesen:
- chemisch-technische Vorstufen: qualitätsgesichert, aber ohne (oder mit sehr geringem) GMP-Einfluß,
- pharmazeutisch/pharmakologisch relevante Hauptstufen mit streng GMP-gerechter Produktion.

Die Maßnahmen zum Schutz von Umwelt und Mitarbeitern sind in gleicher Weise die der chemischen industriellen Produktion. Die Bildung verschiedenartigster Abfälle ist eng mit den Produktionsverfahren verbunden; die Einschränkung auf möglichst umweltverträgliche Produkte und die Minimierung durch Produktauswahl, geschlossene Apparaturen und Verfahrensentwicklungen wurde bereits in Abschn. N.1.4.1.4 besprochen. Die zulässigen Maximalmengen, i. allg. für jeden Betrieb (Gebäude) getrennt, sind durch Immissions- und Einleitebescheide begrenzt. Zusätzlich ist deutlich die Tendenz zu beobachten, diese Grenzwerte für Abluft und Abwasser (z. B. den „chemischen und biologischen Sauerstoffbedarf", CSB, BSB) laufend zu verringern. Dies entspricht der Entwicklung des Standes der Technik. Um damit Schritt zu halten, sind, zumeist gleichzeitig, mehrere Wege erforderlich:
- Verfahrensverbesserungen,
- vermehrtes und verbessertes Recycling und
- verbesserte Abfallentsorgung (fest, flüssig, Gase und Dämpfe).

Weitaus die wichtigsten Entwicklungen sind apparativer Art, sie haben sich aus dem Prinzip der möglichst weitgehend geschlossenen Apparatur ergeben.

Für die chemische Wirkstoffsynthese müssen bereits in der Entwicklung intensive Untersuchungen stattfinden, um den Einsatz hochtoxischer Verbindungen und ihren spurenweisen Übergang aus Vorstufen in analytisch kaum mehr erfaßbare Mengen in das Endprodukt, den Wirkstoff, zu vermeiden.

Auch pharmazeutische Hilfsstoffe, obwohl selbst nicht biologisch aktiv (Wasser, Stärke, Silikagel, Farbstoffe, Gelatinekapseln usw.), können unerwünschte Verunreinigungen in das Fertigarzneimittel einschleppen, und ebenso die „primären Packmittel" (produktberührt). Ihre Herstellung ist mit der ihrer Art entsprechenden Bildung umweltrelevanter Produkte verbunden: gut abbaubare organische Produkte bei Naturstoffen (Stärke, Zucker, Ethanol, Gelatine, Aromastoffe); chemische Produkte und Lösungsmittel (Farbstoffe, Konservierungsmittel, Wachse, Lakke, Fließmitttel); Packmittel (Papier, einschl. Bedrucken und Kennzeichen, Pappe, Glas, Gummi, Kunststoffe).

N.1.4.3 Die Biosynthese

Wie bereits ausgeführt, ist auch die Biosynthese von Stoffen und Substanzen in Mensch, Tier, Pflanze, isoliertem Organ, Zellkultur oder Mikroorganismus (Pilz, Hefe, Bakterium u. ä.) oder an Enzymen letztlich eine chemische Synthese, die entweder in der Natur ablief (Naturstoffbildung und -isolierung), oder die vom Menschen initiiert wird (Fermentation, alkoholische Gärung, Impfstoffherstellung, großtechnische Herstellung und Umwandlung von Antibiotika und Steroiden, Bildung von Essig- und Milchsäure sind nur einige bekannte Beispiele dafür).

Biosynthesen sind immer mit der Bildung größerer Mengen von i. allg. harmlosen Abfallprodukten verbunden. Hierzu zählen vor allem die zwar mengenmäßig bedeutenden, aber biologisch sehr gut abbaubaren Abwasserprodukte, ebenso die Hefen aus der Gärung, die verfüttert werden können. Die nach der Fermentation und Filtration anfallende Kulturlösung wird durch Extraktion mit organischem Lösungsmittel vom gebildeten Wirkstoff getrennt (und dieser isoliert), dann wird durch Strippen das gelöste Lösungsmittel weitgehend entfernt. Die verbleibende wäßrige Lösung enthält dann den Haushaltsabwässern ähnliche, biologisch durchweg gut abbaubare Produkte. Auch die entstehenden Festprodukte aus Fermentation (s. unten!), tierischem Gewebe oder Pflanzenteilen können ohne Bedenken deponiert oder kompostiert, oft auch verfüttert werden. Für Biosynthesen seien 2 Beispiele angeführt:

Insulin [N.1.17, N.1.18] wird heute noch überwiegend als Schweineinsulin aus Schweine-Pankreasdrüsen gewonnen und dann halbsynthetisch in Humaninsulin umgewandelt; Rinderinsulin ist stark rückläufig.

Der insulinabhängige Diabetiker benötigt ca. 30–40 IE/Tag. (eine Internationale Einheit IE = ca. 27 mg Insulin). Der Welt-Insulin-Verbrauch wurde bereits 1977 (ohne den damaligen Ostblock) auf ca. 50 Mega Einheiten ($5 \cdot 10^7$ IE) geschätzt [N.1.21]. Mehr als 20.000 t Schweine-Pankreasdrüsen, isoliert aus ca. 300 Mio Schweinen (und das nur aus seuchensicheren Ländern!) waren hierfür notwendig. Der internationale Bedarf stieg seither und steigt auch weiterhin ständig. Wegen der Gefahr des raschen Insulinabbaus in der Drüse ist eine sofortige Tiefkühlung im Schlachthaus und ein ununterbrochener Tiefkühltransport bis zum Einsatz in der Extraktion erforderlich: ein sehr aufwendiges und umweltbelastendes, aber notwendiges Verfahren. Hinzu kommt eine zusätzliche Bedarfserhöhung durch die Umwandlung in Humaninsulin und die chromatographische Hochreinigung, beide mit erheblichen Ausbeuteverlusten. Dies erfordert chemisch- bzw. enzymatisch-synthetische Schritte, begleitet von den mit solchen Verfahren verbundenen Nebenprodukten und Emissionen.

Das bereits großtechnisch eingesetzte und erprobte Verfahren der Insulin-Vorstufenbildung durch gentechnologisch veränderte Mikroorganismen (E. coli, Hefen u. ä.) mit nachfolgenden Teilabbau- und Reinigungsschritten ist ganz offensichtlich sicherer und umweltschonender: Die arbeits- und energieaufwendige Tiefkühlung nach der Schlachtung und bei Transport, Lagerung und Aufarbeitungsbeginn entfällt, desgleichen die Bildung erheblicher Mengen stark organisch belasteter Abwässer und der Anfall von Geweberesten sowie das notwendige Recycling der Extraktions-Lösungsmittel (insbesondere Ethanol).

Der gentechnologische Bildungsprozeß, eine Fermentation unter bestimmten Sicherheitsvorkehrungen, ist dagegen von den Mengen der Pankreasdrüsen aus Schlachtungen unabhängig, die Versorgung auch mit weiter steigenden Insulinmengen ist gesichert. Es besteht nicht mehr die Gefahr von Virus-Kontaminationen (Epidemien in Schweinebeständen!); das Abwasservolumen ist drastisch gesenkt. Erst ab der Hochreinigung münden die beiden generell üblichen Produktionsstraßen zusammen und führen bei relativ kleinen Mengen zu den gleichen umweltrelevanten Produkten, im wesentlichen biologisch zu behandelnde Abwässer und Lösungsmittel für das Recycling.

Penicilline werden durch Anzüchten bestimmter Fadenpilze (penicillium chrysogenum o. a.) in großen, mit Rührer, Belüftung, Kühlung und Nährstoffnachgabe versehenen Kesseln, den Fermentern, streng *steril* (d. h. unter Ausschluß von Fremdorganismen) hergestellt [N.1.20]. Neben einigen mg oder g an Impfmaterial (Stamm) werden ca. 2 t Rohstoffe für je ca. 100 kg Penicillin benötigt. Von diesen wird etwa 5 % bis zum Ende der Fermentation in das Antibiotikum eingebaut. 1/3 findet sich im abgetrennten Pilzmycel (vgl. Abschn. N.1.4.8), 1/3 ist im Kulturfiltrat gelöst und 1/3 wird als „Atmungs-CO_2" zusammen mit Wasserdampf in die Atmosphäre abgegeben.

Bei der Herstellung von Naturstoffen (durch Biosynthese) treten generell allgemein umweltverträgliche Abfallstoffe in größeren Mengen auf. Die weitere Verarbeitung der isolierten Rohprodukte durch Reinigungsoperationen, oft auch „Halbsynthese", ist der Reinigung synthetischer Produkte sehr ähnlich. Es fallen Stoffe an, die bereits in Abschn. N.1.4.1.4. beschrieben wurden.

N.1.4.4 Die Herstellung von Zubereitungen (Fertigarzneimitteln)

Dieser Produktionszweig arbeitet ausschl. mit physikalischen Verfahren, weitgehend abgeschlossen, mit hoher Reinheit und Sauberheit und umfangreicher Prozeßüberwachung. Das Fehlen aller Isolierungs- und Reinigungsschritte am Produkt bedeutet, daß im Herstellungsgang oder von den Wirk- und Hilfsstoffen und Packmaterialien sowie von Menschen, Räumen und Apparaturen aufgenommene Verunreinigungen nicht mehr entfernt werden können und im Fertigarzneimittel verbleiben; dies muß durch sehr weitgehenden Schutz des Produkts durch Räume mit hoher Luftreinheit (Zuluftfilter, Laminar Flow-Umluft) und geschlossene Apparaturen (auch wenn Zugriff erforderlich ist: Laminar-

Flow-(LF-)Einheiten; Boxen) verhindert werden. Hinzu kommt für fast alle Wirkstoffe und Arzneimittel das Problem der begrenzten Haltbarkeit. Es können sich neben dem Verlust an Wirksamkeit Abbauprodukte erst während der Lagerung bilden. Dies wird in langen Versuchsreihen geprüft, gefolgt von der Laufzeitfestlegung (Verfalldatum) und evtl. speziellen Lagerbedingungen. Während zahlreiche Produkte praktisch unbegrenzt haltbar sind, und dies gilt auch für zahlreiche Chemikalien, sind Arzneimittel und Wirkstoffe zumeist zeitlich begrenzt haltbar, sie fallen danach als umweltrelevante Produkte an; Details vgl. Abschn. N.1.4.7 und N.1.4.8.

Besonders kritisch sind alle sterilen Arzneimittel (zur Injektion oder Infusion, Augentropfen u. ä.). Sie werden in hochreinen Bereichen produziert und müssen steril und weitestgehend fremdteilchen- und pyrogenfrei sein.

Produkte zur Entsorgung fallen in der Herstellung von Arzneimitteln in bestimmten Mengen, aber weit unter denen der Wirkstoffproduktion an: Ausschuß (defekte Zwischenprodukte, beschädigte Packungen), die leere Verpackung eingehender Rohstoffe, feste Produktionsabfälle z. B. bei Durchdrückpackungen sowie produktbelastete Luftfilter werden verbrannt. Papierabfälle (z.B. aus Büros, Überschußmengen an bedruckten Packmitteln, nicht mehr benötigte Etiketten, Faltschachteln, Gebrauchsinformationen und Informationsmaterial für Ärzte, Apotheker u.a., nicht weiter zu lagernde Chargen – u. a. Dokumentation) werden dem Recycling zugeführt. Dasselbe gilt für Glasbruch und Schrott. Reinigungswasser mit verhältnismäßig geringem Wirkstoff- und Staubgehalt und Abwässer aus Wasch- und Duschräumen sowie Toiletten werden der biologischen Kläranlage zugeleitet. Organische Lösungsmittel werden dort heute nur noch in seltenen Ausnahmefällen (einzelne Dragee-Lackierung) angewendet; sie werden im Trocknungsvorgang verdampft, durch Kühlung aus der Abluft wiedergewonnen und redestilliert.

N.1.4.5 Die begleitende Analytik

Die Aufgabe der Substanz- und Packmaterialprüfungen und ihre Freigabe obliegt der grundsätzlich unabhängig von Produktion und Verkauf operierenden pharmazeutischen Qualitätskontrolle. Produkte in diesem Sinne sind: Rohstoffe und Zwischenprodukte der Synthese/Biosynthese; Wirk- und Hilfsstoffe für die Fertigung, Zwischenprodukte derselben (Bulk); primäre und bedruckte Packmittel; Fertigarzneimittel. Von wenigen Ausnahmen abgesehen dürfen alle diese Produkte erst nach Prüfung und schriftlicher Freigabe eingesetzt oder in den Verkehr gebracht (Lager, Verkauf) werden.

Abgesehen von der Entsorgung relativ geringer Mengen an Abwässern, die analytische Reagentien, Salze und Spuren von Wirk- und Hilfsstoffen enthalten, und kleinen Mengen an Resten der Proben zur Analyse (zur Verbrennung) bringt die Qualitätskontrolle keine Umweltprobleme. Zur Tierhaltung vgl. Abschn. N.1.4.8.

N.1.4.6 Präventive Maßnahmen des Umweltschutzes speziell in Chemie und Pharmazie

Der Grundgedanke der Prävention, d.h. der Durchführung aller Maßnahmen zur weitgehenden Minimierung des Risikos eines Schadensfalls, hier eines Arzneimittel-Zwischenfalls, ist im Grunde die GMP-Regel schlechthin. Sie läßt sich sinngemäß auch auf den Schutz von Umwelt und Mitarbeitern anwenden. Hierzu einige Beispiele:

- Der Übergang offener Apparaturen (Kessel, Zentrifuge, Trockner, Abluft über Dach) zu hermetisch geschlossenen Apparaturen (geschlossener Kessel, gekapselte Schleuder, geschlossener Mischer/Trockner, Lösungsmittel-Rückgewinnung durch Abkühlen oder Adsorption, Titus-Schälpneumatik und Titus-Zentrifugen-Trockner [N.1.22] u. a.);
- Vermeidung toxikologisch bedenklicher Lösungsmittel wie Benzol;
- Verwendung unbedenklicher Salzbildner (keine nitrosaminbildenden Amine);
- Sprühtrocknung (auch steril) statt Fällung z. B. in Methanol;
- Dragieren und Lackieren von Kernen ohne organische Lösungsmittel;
- Einsatz gekapselter Tablettierung mit Intensivabsaugung und Abluftfiltern, um ein Austreten von Produktstäuben in die Raum- und Umgebungsluft zu verhindern;
- Durchdrückpackungen für Tabletten, Dragees, Kapseln wenn möglich statt Glasflaschen und -röhrchen;
- gestraffte, therapiegerechte Packungsgrößen-Sortimente;
- forcierter Übergang von Prüfungen am Tier in der Forschung und zur Chargen-Freigabe auf ein isoliertes Organ oder im „Reagenzglas-

test". Ein wichtiges Beispiel: fast überall läßt sich heute die geforderte Prüfung von Parenteralia auf Pyrogene (fiebererregende Verunreinigungen) im Reagenzglas durch den Limulus-(LAL-)Test statt am Kaninchen durchführen.

Ergänzt werden solche präventiven Maßnahmen durch weitere Schritte. Hier ist zunächst der Mensch zu nennen, der eine Kontaminationsquelle darstellt, und bei dem die Gefahr des menschlichen Versagens im Einzelfall eine wichtige Rolle spielt. Die systematische Personalausbildung und -auswahl, verbunden mit Aus- und Fortbildung in den Spezialgebieten auf allen Hierarchieebenen, ist daher eine der wichtigsten GMP-Forderungen. Eingeschlossen sind auch Betriebssicherheit, Umweltschutz, Betriebshygiene und arbeitsmedizinische Begleitung (Beispiele: Salmonellen-Kontaminations-Gefahr; Virus-Infektionen wie HIV bei Blut und Blutprodukten).

Die Räume in Produktion, Lagerung und Qualitätskontrolle haben in ihrer Ausgestaltung Einfluß auf die Prozesse und Prüfungen. Durch Einführung von Reinheitsklassen in Abhängigkeit von der Produktart sind sie in den Umweltschutz integriert. Beispiele: „Tassen" unter den Tanks; Absetzgruben für die Betriebsabwässer.

Schließlich ist die technische Ausrüstung von entscheidendem Einfluß auf die Umwelt- und Produktsicherheit. Typische Beispiele sind:
– Das Prinzip der geschlossenen Apparatur (wurde bereits erläutert).
– Damit verbunden ist das Bestreben zur Automation, evtl. unter Computereinsatz bis hin zum Roboter. Daran ist jedoch immer die Bedingung geknüpft, daß die gesamte Apparatur (als Komplex, bei Computern Hard- und Software) validiert sein muß, um die notwendige Betriebssicherheit und Verfahrens-Reproduzierbarkeit zu erreichen.
– Die vorbeugende Instandhaltung soll, bevor es zu Störungen, Emissionen und Reparaturen kommt, die Betriebssicherheit und den ungestörten Prozeßablauf gewährleisten. Dazu gehört auch die routinemäßige amtliche Eichung und die betriebsinterne Kalibrierung der Meßgeräte.
– Die Druckbehälter-Verordnung regelt die Konstruktion, Überprüfung, Befüllung und Handhabung der bei Störungen auch für die Umwelt besonders gefährdenden Druckbehälter und Druckgas-Transport-Stahlflaschen und -Tankfahrzeuge, und die Absicherung gegen Zerplatzen bei Überdruck (doppelte Wägung bei Befüllen von Gasstahlflaschen; Sicherheitsventile bei Kesseln; Berstscheiben bei Bunkern, Mischern u. ä.).
– Die Verringerung des Lärmpegels spielt in der Chemie nur eine begrenzte Rolle (Fermenter, Mikrofeinmahlung), in der Fertigarzneimittelproduktion fast gar keine.
– Der Schutz von Produkt, Mitarbeitern und Umwelt vor Substanz-Kontaminationen aller Art ist durch die Einführung geschlossener Arbeitsboxen, die sich zuerst bei der Handhabung radioaktiver Produkte bewährt haben, und von horizontalen oder vertikalen Laminar-Flow-(LF-)Einheiten mit gezielter Luftströmung wesentlich verbessert worden, insbesondere in der gesamten Steriltechnik, aber auch in der Handhabung und Abfüllung pulverförmiger Stoffe und im Umgang mit lebenden Mikroorganismen.

N.1.4.7 Recycling

Wo immer möglich, hat das Recycling in den Verfahren der Chemie und Pharmazie die Deponie, die Verbrennung oder die Entsorgung über das Abwasser ersetzt. Hier wurden oft erhebliche Eingriffe in die bisher üblichen Produktionsverfahren vorgenommen. Ein nur scheinbar einfaches Beispiel: Prozeßbedingt müssen größere Mengen NaOH neutralisiert werden. Bisher wurde dazu HCl verwendet. Es bildete sich (außer H_2O) in entsprechenden Mengen NaCl, das quantitativ ins Abwasser geriet und auch die Kläranlagen passierte. Verwendet man nun zum Neutralisieren H_2SO_4, so kristallisiert aus genügend konzentrierter wässriger Lösung Na_2SO_4 zum größten Teil aus, es kann nach Abtrennen und Trocknen als Rohstoff verwendet werden; die Salzfracht des Abwassers wird erheblich verringert.

Organische Lösungsmittel werden in großem Umfang zum Lösen, Extrahieren, Umkristallisieren eingesetzt (vgl. auch Abschn. N.1.4.1.1.). Sie werden heute aus wirtschaftlichen und Umweltschutz-Gründen fast ausnahmslos redestilliert. Daher wird der Einsatz nicht oft gebrauchter Lösungsmittel und Gemische weitgehend auf Einzelfälle beschränkt. Aufgrund ihres Dampfdrucks tendieren Lösungsmittel außerdem zum Verflüchtigen. Angestrebt werden daher höhermolekulare Lösungsmittel (mit niedrigem Dampfdruck), beispielsweise höhere Essigsäureester statt Ethylacetat. Wegen gelöster flüchtiger, störender Nebenprodukte oder als Gemische nicht redestillierbare Produkte werden gemeinsam mit Destillationsrückständen in speziellen Anlagen verbrannt, die, wenn nötig, eine nachgeschaltete Säureabsorption enthalten.

Für Metallkatalysatoren, z.B. Raney-Ni, Pt oder Pd, bietet sich nach Abtrennung die Wiederverwendung an, oder, wenn inaktiviert, die Regenerierung im Betrieb oder bei Auftragsfirmen.

Auch Aktivkohle, Adsorptions- und Chromatographie-Gele sowie Ionenaustauscher (Wasser- und Lösungs-Entsalzung, Umsalzung) werden zumeist vor Ort regeneriert.

Ein spezielles Problem der pharmazeutischen Industrie (und daher durch besondere GMP-Regeln und Verordnungen erfaßt) ist das weitere Vorgehen bei Produkten, die betriebsintern oder durch die Qualitätskontrolle *wegen Qualitätsmängeln abgelehnt* werden:
- Für Arzneimittel-Chargen ist eine Umarbeitung, z.B. eine Extraktion des Wirkstoffs, nur in Ausnahmefällen wirtschaftlich und qualitätsgesichert möglich. Hier erfolgt i. allg. eine Entsorgung durch Verbrennen (vgl. Abschn. N.1.4.4).
- Für Wirkstoffe und bestimmte Hilfsstoffe (beanstandete Chargen, Retouren, Transportschäden, beendete Laufzeit) ist generell eine Umarbeitung möglich und üblich. Wenn irgend möglich, werden dabei die Standardverfahren aus der Betriebsvorschrift (z.B. Umkristallisieren) angewendet. Dies führt dann nur zur gleichen, validierten Bildung umweltrelevanter Stoffe. Danach ist eine erneute Chargenprüfung und -freigabe erforderlich.

N.1.4.8 Entsorgung von Abfällen speziell aus Chemie und Pharmazie

Trotz aller Bestrebungen, in der chemischen und pharmazeutischen Industrie die Abfallmengen durch Verfahrensverbesserungen und Recycling möglichst gering zu halten, stößt dies an technische Grenzen. Gewisse verbleibende Abfallmengen sind daher zu entsorgen.

Gasförmige Emissionen beschränken sich auf Wasserdampf, CO_2 aus Verbrennungen und Biosynthesen (Tierhaltung, Fermentationen), Wasserstoff, Stickstoff (zur Überlagerung als Ex-Schutz) sowie verdunstende geringe Mengen an organischen Lösungsmitteln.

Die Abluft wird (wie die Zuluft) durch Hochleistungsfilter gereinigt, um Stäube an Rohstoffen, Zwischenprodukten und Wirk- und Hilfsstoffen zurückzuhalten. Diese Filter werden dann entweder verbrannt oder durch Wäsche regeneriert, wobei die Waschlösung der biologischen Kläranlage zugeführt wird.

Wäßrige Lösungen, die organische Substanzen, oft auch Lösungsmittelreste und zumeist Salze enthalten, fallen bei chemischen Synthesen und in der gesamten pharmazeutischen Produktion an; hinzu kommen Abwässer der intensiven Apparatur-Reinigungsverfahren (wenn immer möglich mit Wasser). Besonders groß sind die Volumina bei den Biosynthese-Prozessen, z.B. bei der Naturstoff-Extraktion, der Tierhaltung (s.u.) und der Fermentation oder Gärung. Bei der Fermentation wird das vom Wirkstoff durch Extraktion befreite, gestrippte Kulturfiltrat, das in der Qualität Haushaltsabwässern ähnlich ist, der biologischen Kläranlage zugeleitet.

Vereinzelt werden spezielle Abwässer, beispielsweise Methylenblau-Lösungen von der Blaubad-Dichtigkeitsprüfung für Arzneimittelampullen, getrennt gehalten und chemisch weiterverarbeitet.

Die Abfallentsorgung von Festprodukten ist naturgemäß komplexer und produktabhängig:
- Papier, Schrott (Eisen/Nichteisen), Glasbruch werden getrennt gesammelt und dem Recycling in Spezialfirmen zugeführt.
- Unproblematische Feststoffe können deponiert werden. Enthalten sie chemische Substanzen aus Reinigungsprozessen von Lösungen oder Gasströmen, werden sie verbrannt (verbrauchte Aktivkohle, Filter). Dies gilt auch für Arzneimittel-Produktionsausschuß (soweit nicht umzuarbeiten) und für retournierte oder überalterte Arzneimittelpackungen. Gerade für die Verpackung von Arzneimitteln laufen deutsche und EG-Bestrebungen, ein möglichst weitgehendes Recycling zu erreichen.
- In bestimmtem Umfang ist die Haltung von Tieren für die wissenschaftlich und gesetzlich geforderten Prüfungen in der Forschung (Präklinik) und in der Arzneimittel-Chargenprüfung notwendig. Die hier anfallenden Abfälle werden als Festprodukte (Streu, Futterreste) deponiert bzw. als flüssige Produkte (Fäkalien, Wasser zum Reinigen der Käfige und Räume) der biologischen Kläranlage zugeführt. Falls Infektionen vorliegen, wird eine Desinfektion vorausgeschickt. Die anfallenden toten Tiere werden in speziell zugelassenen Einrichtungen verbrannt.
- Das bei der bereits weiter oben behandelten Fermentation anfallende Pilzmycel wird deponiert oder nach Trocknung als Dünger oder

Futtermittel verwendet; heute sind zwei verbesserte Verfahren erprobt: die Düngung mit Feuchtmycel z. B. auf Almwiesen und der Teilabbau in Silagen unter Zerstörung von Antibiotikaspuren mit nachfolgender Verfütterung.

N.1.4.9 Die Produktionsüberwachung

Für alle Firmen mit chemischer und pharmazeutischer Produktion sind zumindest folgende generelle Ansätze zur Verwirklichung und Weiterentwicklung des Umweltschutzes, der Produktqualität und der Produktionssicherheit erprobt:

- In *Prozeß-Kontrollen (IPC)* zur möglichst weitgehenden Prozeßüberwachung und -steuerung in-line oder anhand gezogener Proben. Ihre Dokumentation hilft mit, den Gesamtablauf auch noch nach längerer Zeit nachvollziehbar zu machen.
- Störungen müssen unverzüglich automatisch gemeldet werden, um den Schadensumfang und die Emissionen zu begrenzen, korrigierende Maßnahmen zu ergreifen und evtl. Produkte aus bestimmten Abschnitten als nicht mehr einwandfrei zu entfernen (Ausschuß!). Beispiele: Kontinuierliche Überdruckmessung mit Alarm im aseptischen Bereich und unter der Laminar-Flow-Einheit; Raumluftüberwachung auf bestimmte Gase wie Lösungsmittel (Methanol, Butylacetat o. a.), Formaldehyd, Halothan, Wasserstoff o. a.; kontinuierliches Schreiben von Temperatur, Druck, pH u. ä.; Einsatz von Dräger-Prüfröhrchen.
- Es gilt die Regel: „Man kann nicht Qualität in ein Produkt hineinprüfen", indem man am Schluß (repräsentative?) Proben zieht, prüft und danach die Charge freigibt, sondern man muß „Qualität produzieren", indem man durch IPCs den gesamten Prozeßablauf „fest im Griff" hat. Diese Regel dient natürlich in gleichem Maße der Vermeidung von Emissionen und Abfällen, soweit dies vermeidbar ist. IPCs sind daher, auch aus Gründen der Motivation, eindeutig durch das Personal der Produktion durchzuführen. Die komplexeren IPCs sollten grundsätzlich gemeinsam mit der Qualitätskontrolle erarbeitet und verabschiedet sein.
- Die *Abteilungen für Umweltschutz* und (zumeist getrennt) *für technische Sicherheit* und *für Konzessionierungen* veranlassen und koordinieren Maßnahmen firmenintern und in Zusammenarbeit mit den Behörden. Sie überprüfen auch vor Ort die Durchführung des geltenden Rechts und der in den Anmeldungen, insbesondere der Konzessionierung, beschriebenen Maßnahmen.
- Zahlreiche Firmen haben „Leitlinien für Umweltschutz und Sicherheit" (oder unter ähnlichem Titel) herausgebracht, die der Information und Motivation der Mitarbeiter dienen [N.1.23].
- Zusätzlich haben speziell im Bereich der Chemie und Pharmazie die Abteilungen der Forschung und Entwicklung, der Produktion, der Qualitätskontrolle und des Ingenieurwesens die Aufgabe, in der Praxis neben der Produktsicherheit (im weitesten Sinn) auch den Umweltschutz in der Entwicklung zu sichern und auf dem „Lebensweg des Produkts" begleitend zu verbessern, dem Stand von Wissenschaft und Technik anzupassen und die Mitarbeiter entsprechend zu motivieren.
- Unter verschiedenartigen Bezeichnungen wie *„GMP-Beauftragter"* [N.1.24] oder *„Abteilung Qualitätssicherung/Qualitätsmanagement und GMP"* haben heute praktisch alle Pharma-Firmen eine Stabsabteilung eingerichtet, die für GMP-Schulungen, für die Durchführung von Eigen-/Selbstinspektionen und für die Begleitung von behördlichen Inspektoren sowie Firmen-Auditoren verantwortlich ist. Insbesondere die Eigeninspektionen haben große Bedeutung gewonnen. Sie sind gesetzlich vorgeschrieben und schließen die Überprüfung von Umweltschutzmaßnahmen ein.
- Dieselbe Abteilung hat i. allg. die Aufgabe, „Audits", d. h. Inspektionen bei zuliefernden Herstellern von Substanzen, Packmitteln, Dienstleistungen (Läger, Speditionen, Wartung) sowie bei Auftragsherstellern und -prüfern und Joint Venture-Partnern durchzuführen. Auch dort soll damit ein bestimmter, einheitlich hoher Qualitäts-, Sicherheits- und Umweltschutzstandard gewährleistet werden.
- Die behördliche Überwachung der pharmazeutischen Produktion ist in Deutschland durch das AMG und seine Betriebsverordnungen gesetzlich geregelt, sie wird für Fertigarzneimittel und seit dem 1.1.1994 auch für alle Wirkstoffe durchgeführt. Hauptaufgaben sind die Überprüfung der Erfüllung der in den Zulassungsanträgen gemachten Angaben, der GMPs und der weiteren gesetzlichen Anforderungen. Die deutschen Behörden inspizieren in Amtshilfe auch bei Anfragen aus bestimmten anderen Ländern auf der Basis von bi- oder multilateralen Abkommen.

Praktische Bedeutung haben Inspektionen für den deutschen Export von Wirkstoffen und Fertigarzneimitteln nach USA: Die Inspektoren der US-Gesundheitsbehörde (FDA) inspizieren in großem Umfang auch in Deutschland [N.1.25]. Die FDA verlangt in allen Arzneimittel- und Wirkstoff-Anträgen ein „Environmental Impact Assessment", d. h. eine Darlegung der nationalen rechtlichen Umweltschutzgrundlagen und deren praktische Durchführung für das angemeldete Produkt. Die Erfüllung wird bei FDA-Inspektionen routinemäßig detailliert überprüft.

Abschließend sei festgestellt, daß es für das gesamte Rechtswesen der pharmazeutischen Produktion und Prüfung in Chemie und Pharma weit fortgeschrittene Bestrebungen gibt, die Anforderungen an Produkt- und Produktionsqualität, -Sicherheit und Umweltschutz international zu harmonisieren. Eine zentrale Rolle mit erfreulichem Erfolg spielt hier seit 1992 die International Conference on Harmonization (ICH), der die USA, Japan und die EU angehören. Sie strebt, bereits mit erkennbarem Erfolg, neben der Vereinheitlichung der Vorschriften auch die gegenseitige Anerkennung von Prüfungsergebnissen (z. B. aus klinischen Untersuchungen) und die Einschränkung des Umfangs von Prüfungen, z. B. an Tieren, auf einen einheitlichen, international anerkannten und wissenschaftlich begründbaren Umfang an. Dies hat u. a. bereits jetzt zu einer merklichen Verringerung des Anfalls umweltrelevanter Stoffe aus der pharmazeutischen Forschung und Entwicklung, insbesondere der Tierhaltung, geführt.

N.1.5 Holz

N.1.5.1 Erzeugung und Lagerung

In Mitteleuropa wird Holz nahezu ausschl. in forstlich bewirtschafteten Wäldern erzeugt. Der Anbau erfolgt nachhaltig, d. h. es wird nicht mehr Holz eingeschlagen als nachwächst. Anbau, Pflege und Ernte des Baums erfolgen mit Hilfe von Maschinen. Bezogen auf Umtriebszeiten zwischen 50 und 200 Jahren sind die Perioden des Maschineneinsatzes gering, eine nennenswerte Umweltbelastung durch deren Abgase ist nicht gegeben. Beim Einschlag fallen als Reststoffe lediglich Sägespäne und Rinden an. Bei der Lagerung des Holzes in Land- oder Wasseranlagen sind, insbesondere bei längerfristiger Holzeinlagerung nach Forstkamalitäten, verschiedene rechtliche Vorschriften, z. B. zum Schutz von Wasser und Natur, zu beachten [N.1.26].

Vorteilhafte Eigenschaften des Walds sind der Schutz des Bodens und der Landschaft, die umweltfreundliche Erzeugung eines nachwachsenden Rohstoffs sowie gesellschaftliche Schutz- und Erholungsfunktionen. Daneben sind Bäume Emittenten organischer Stoffe. Vornehmlich durch die Nadelholzbäume werden flüchtige ätherische Öle (Terpene) abgegeben. Global ist der Wald aber nicht als Emissionsquelle, sondern als Emissionssenke anzusehen. Der Wald nimmt Staub und zahlreiche gasförmige Schadstoffe aus der Luft auf, keineswegs immer zu seinem eigenen Nutzen, wie die Waldschäden neuer Art („Waldsterben") zeigen.

Unter ökologischen Gesichtspunkten ist die Speicherung des Kohlendioxids hervorzuheben. Bei der Photosynthese wird das Kohlendioxid unter Freisetzung von Sauerstoff als Biomasse gebunden. Bei der Verrottung oder Verbrennung des Holzes wird der gebundene Kohlenstoff wieder in Kohlendioxid überführt. Damit entsteht ein geschlossener Kohlenstoffkreislauf. Im Gegensatz zu fossilen Energieträgern ist Holz somit CO_2-neutral. Bemerkenswert ist, daß die CO_2-Speicherleistung des Wirtschaftswalds deutlich höher ist als die des Naturwalds [N.1.27].

N.1.5.2 Trocknung

Bei der natürlichen Trocknung des Holzes werden die flüchtigen Holzinhaltsstoffe zusammen mit der Holzfeuchte langsam an die Luft abgegeben. Nennenswerte Belastungen der Umwelt sind durch diese Emissionen nicht gegeben. Bei der künstlichen Trocknung, d. h. einer Trocknung mit erhöhter Temperatur in maschinellen Anlagen erfolgt die Abgabe in erheblich kürzerer Zeit und in konzentrierter Form. Infolge der erhöhten Trocknungstemperatur werden aus den Holzbestandteilen durch Hydrolysereaktionen auch niedermolekulare Aldehyde, Alkohole und Carbonsäuren freigesetzt. Die Abluft der Schnittholztrockner weist zumeist ein erhebliches Potential an geruchsintensiven Stoffen auf [N.1.28]. Bei Kondensation der Abluftfeuchte, z. B. bei Vakuumtrocknern, werden die wasserlöslichen Stoffe, insbesondere die Carbonsäuren im Abwasser angereichert.

Eine besondere Bedeutung als Emissionsquellen in der Holzindustrie haben die Furnier-, Späne- und Fasertrockner [N.1.29]. Aufgrund ihrer Größe und Trocknungsleistungen sind dabei die Holzspänetrockner herauszuheben. Die mit der Holzspänetrocknung verbundenen Emissionen wurden eingehend untersucht [N.1.30, N.1.31].

Waldfrisches Holz hat einen Feuchtegehalt zwischen 50 und 150 %. Vor der Beleimung und Verpressung zu Spanplatten müssen die Späne aus technologischen Gründen auf eine Restfeuchte zwischen 2 und 10 % getrocknet werden. Diese Trocknung erfolgt in direkt oder indirekt beheizten Anlagen. Direkt mit den Abgasen einer Feuerung beheizte Trockner haben Materialdurchsätze bis 40 t Trockenspan/h und Wasserverdampfungsleistungen bis 40 t/h. Die Abluftmenge derartiger Trockner liegt bei etwa 400.000 m³/h (Betriebsvolumen trocken). Die Befeuerung der Trockner erfolgt mit Erdgas oder Heizöl sowie Holzresten aus der Produktion. Die indirekt beheizten Trockner haben geringere Leistungen als die direkt beheizten Anlagen (derzeit bis ca. 18 t Holz/h). Die Verdampfungsenergie für die Holzfeuchte wird im wesentlichen über Kontakt zugeführt. Zur Erhöhung der Trocknungsleistung werden auch heiße Rauchgase durch die Trocknungsanlage geleitet. In Bild N.1-21 ist der Aufbau einer direkt beheizten Trocknungsanlage dargestellt.

Die Abluft der Trockner enthält sowohl partikel- als auch gasförmige organische und anorganische Stoffe. Die Geruchsstoffkonzentration in den Trocknerbrüden ist hoch. Im Mittel treten Geruchsstoffkonzentrationen zwischen 3000 und 6000 GE/m³ auf, es wurden aber Werte über 10.000 GE/m³ gemessen.

Die partikelförmigen Emissionen der Trockner bestehen nur zu einem Teil aus Holzstäuben. Ein wesentlicher Bestandteil dieser Emissionen sind feine Aerosole, bestehend aus Harzsäuren, Wachsen und Fetten. Bei direkt beheizten Trocknern mit Holzstaubbefeuerung kommt die Asche hinzu. Derartige Anlagen haben Emissionen, bestehend zu etwa 20 – 30 % aus Holzstaub, 30 – 50 % Harzaerosolen und 20 – 40 % Holzasche [N.1.32].

Den wesentlichen Anteil an den gasförmigen organischen Stoffen (VOC) in der Abluft der Trockner haben die Monoterpene [N.1.33]. Die Konzentrationen liegen je nach Zusammensetzung des Spanguts und Trocknungsbedingungen zwischen 50 und 500 mg/m³. Weiterhin sind die durch Hydrolyse des Holzes freigesetzten Stoffe zu nennen: Methanol, Formaldehyd, Ameisensäure und Essigsäure. Die Konzentrationen dieser Stoffe werden durch die Holzart und durch die Trocknungsbedingungen beeinflußt. Die Konzentrationswerte liegen i. allg. etwa zwischen 5 und 20 mg/m³.

Bei den anorganischen gasförmigen Stoffen handelt es sich vornehmlich um die Oxide des Kohlenstoffs und des Stickstoffs. Sie stammen aus den Rauchgasen der Feuerungsanlage. Bei schwefelhaltigen Brennstoffen (Heizöl, Kohle) sind auch

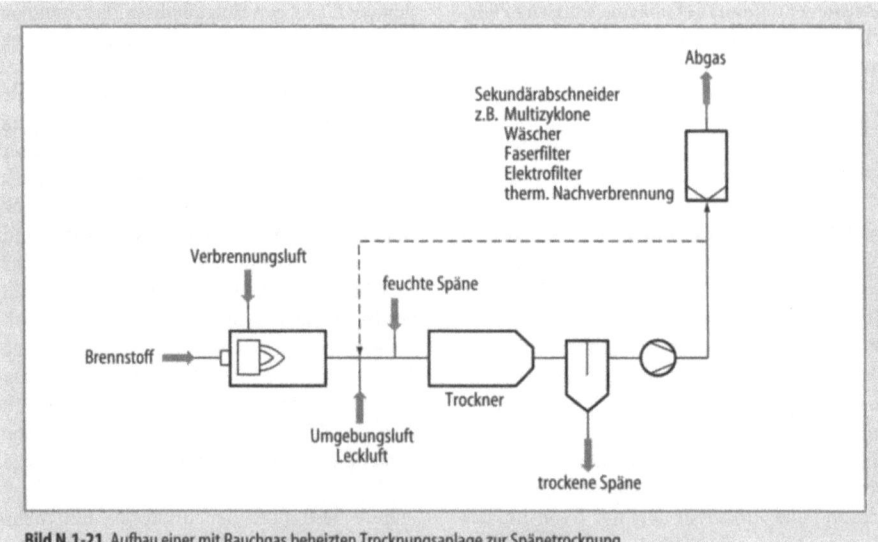

Bild N.1-21 Aufbau einer mit Rauchgas beheizten Trocknungsanlage zur Spänetrocknung

Schwefeloxidemissionen möglich. Da Holz aber eine hohe Affinität zum Schwefeldioxid hat, werden erhebliche Anteile bei direkt beheizten Systemen durch das Spangut adsorbiert.

Die TA Luft von 1986 begrenzt den Feststoffauswurf von Holzspänetrocknungsanlagen auf 50 mg/m³ (Normvolumen feucht). Die Emissionen an organischen und anorganischen Stoffen und an Geruchsstoffen werden nicht explizit limitiert. Es bestehen allerdings Grenzwerte, die allgemein gültig sind. Für Geruchsstoffe besteht jedoch ein Minimierungsgebot. Mit der 1987 erfolgten Einstufung von Eichen- und Buchenholzstaub als krebserregende Arbeitsstoffe wurde durch die Bundesländer eine Verminderung des Feststoffauswurfs von Spänetrocknern bewirkt:
- Holzstaubemissionen auf 20 mg/m³ Abluft (Normvolumen trocken) und
- Buchen- und Eichenholzstaub auf 5 mg/m³ Abluft (Normvolumen trocken).

Als Folge dieser Einstufung konzentrierten sich die Technologien zur Abgasreinigung bei Holzspänetrocknungsanlagen vornehmlich auf die Entstaubung. Es wurden verschiedene Anlagen (elektrische Filter, Gewebefilter) adaptiert und erprobt, die allein die staubförmigen Emissionen reduzieren. Die Minderung der VOC- und Geruchsstoffemissionen ist weniger fortgeschritten. Da es sich bei den organischen Emissionen überwiegend um flüchtige Holzinhaltsstoffe handelt, ist eine primäre Vermeidung dieser Emissionen nicht möglich. Für die Geruchsstoffe gilt Vergleichbares wie für die VOC. Eine primäre Minderung ist nur teilweise über die Festlegung einiger Betriebsparameter möglich. Da hier effektive sekundäre Minderungsmaßnahmen bisher nicht zur Verfügung standen, wurde bei Neuanlagen i. allg. durch eine entsprechende Auslegung der Schornsteinhöhe der Geruchswert soweit verdünnt, daß die jeweiligen Vorgaben erfüllt werden.

Schichtfilter mit Kiesbett ohne elektrostatische Aufladung sind nicht in der Lage, den Grenzwert für partikelförmige Emissionen von 20 mg/m³ einzuhalten. Mit Elektrofiltern, Elektrokiesbettfiltern (auch EFB-Filter genannt) und Gewebefiltern sind, wie durch die verschiedenen Meßberichte nachgewiesen wurde, Konzentrationen an staubförmigen Emissionen im Abgas < 20 mg/m³ erreichbar.

Es gibt aber betriebliche Nachteile dieser Anlagen. Beim Elektrofilter zeigt sich, daß eine gesicherte Einhaltung des Emissionsgrenzwerts nur mit erheblichem Aufwand und bei sehr großen Dimensionen der Anlage möglich ist [N.1.34]. Zudem kommt es in den Anlagen häufig zu organischen Ablagerungen, die bei Funkenüberschlag zu Bränden führen können. Der Elektrokiesbettfilter weist eine geringere Brandgefahr auf als der E-Filter. Trotz erster, guter Erfahrungen mit einer Demonstrationsanlage mußten Nachfolgeanlagen mit hohem Aufwand nachgerüstet werden. Nach Inbetriebnahme der Elekrokiesbettfilter wurden teilweise erheblich erhöhte VOC- und Geruchstoffemissionen beobachtet.

Schwierig zu beurteilen ist die Eignung von Gewebefiltern. Grundsätzlich sind mit Gewebefiltern Emissionswerte < 5 mg/m³ erreichbar. Bei direkt beheizten Holzspänetrocknern war ihre Eignung jedoch zweifelhaft, da die Partikelemissionen zu wesentlichen Teilen aus klebrigen Harzaerosolen bestehen. Diese sollten ein Filtergewebe nach kurzer Betriebszeit unbrauchbar machen. Es wurde daher ein Gewebefilter mit einem speziellen Material eingesetzt [N.1.35]. Die Filteranlage wurde nur kurze Zeit betrieben. Da der Gewebefilter nur im Teilstrom betrieben wurde, ist die Übertragbarkeit der Ergebnisse auf Anlagen im Dauerbetrieb schwierig. Weitere Anlagen dieses Abscheider-Typs haben sich jedoch bei indirekt beheizten Trocknungsanlagen bewährt.

Ein Nachteil der trocken arbeitenden Entstaubungssyteme ist, daß sie VOC und Geruchsstoffe nicht oder nur in unbedeutenden Mengen abscheiden, und daher nur unzulängliche Teillösungen darstellen. Dieser grundsätzliche Mangel aller trocken arbeitenden Systeme ist nur behebbar, wenn die elektrostatischen oder filternden Verfahren mit absorptiven oder adsorptiven Verfahren kombiniert werden oder wenn der Anlage eine thermische oder katalytische Nachverbrennung nachgeschaltet wird.

Mit den naß arbeitenden Systemen ist eine ausreichende Minderung der staubförmige Emissionen möglich, wenn die nasse Abscheidung mit einem elektrischen Verfahren kombiniert wird. Nasse Entstaubungstechniken wie Venturi-Wäscher oder Sprühturm allein sind unzulänglich und i. d. R. nicht in der Lage, den Grenzwert von 20 mg/m³ zu erreichen [N.1.36]. Die naß arbeitenden Systeme scheiden außer Feststoffen auch VOC und Geruchsstoffe ab [N.1.37– N.1.40]. Der Abscheidegrad für gasförmige VOC liegt bei etwa 15 – 30 %, für einzelne Stoffe u. U. auch höher. Von Hellenschmidt [N.1.39] berichtete, höhere Abscheidegrade (bis 70 %) sind darauf zurückzuführen, daß der Autor einen Teil der abgeschiedenen Partikelemissionen (Aerosole) den VOC zugerechnet hat. Bei den Geruchsstoffen ist mit einer Minderung der Konzentrationen um etwa 40–60 % zu rechnen. Gelegentlich berichtete höhere Minderungswerte sind zumindest im Dauerbetrieb unwahrscheinlich. Vorteilhaft ist, daß der Geruch der Trocknerbrüden zumeist seinen stechenden Charakter verliert und der Holzcharakter deutlicher hervortritt.

Die Wirkungsgrade der Kombinationsanlagen sind dennoch in Anbetracht des erheblichen technischen Aufwands für die Anlagen (hoher bis extrem hoher Investitionsaufwand, hohe Folgekosten für Betrieb und Wartung) unbefriedigend. Weiterhin fallen Abfälle (Dekanterauswurf, Schlämme) und Abwässer an. Zusätzliche Energie zum Betrieb und Chemikalien zur Verbesserung der Abscheidung sind weitere Nachteile.

Von verschiedenen Experten werden daher auf Dauer nur thermische, adsorptive Minderungstechniken oder geschlossene Systeme für sinnvoll erachtet [N.1.41-N.1.44]. Ein entscheidener Durchbruch wird insbesondere von thermischen und geschlossenen Systemen erwartet. Die vorgeschlagenen thermischen Abluftreinigungssysteme (CA-System, thermische Nachverbrennung) wurden bisher nur in wenigen Anlagen realisiert [N.1.41, N.1.42]. Weitere Abscheidertypen basieren auf adsorptiven und biologischen Prinzipien. Der Bio- oder Biobettfilter wurde zunächst bei einem Fasertrockner, später auch bei Holzspänetrocknern eingesetzt [N.1.45]. Die Abluftreinigung in Schlauchfiltern mit Additivzugabe (Aktivkohle, Kalkhydrat) wurde als halbtechnische Versuchsanlage erprobt [N.1.45].

Diese Aktivitäten zeigen die Bedeutung, die einer Minderung der Emissionen von Trocknungsanlagen durch Betreiber und Genehmigungsbehörden beigemessen wird [N.1.46]. Der Stand der Technik der Emissionsminderung bei Spänetrocknungsanlagen wird in VDI 3462 Blatt 2 dargestellt [N.1.29].

N.1.5.3 Be- und Verarbeitung

Bei der Lagerung, der Umlagerung sowie beim Transport von Holz, insbesondere von Spänen und Stäuben, sind Staubemissionen möglich. Maßnahmen gegen Staub sind Windschutz, geschlossene Silos und Lagerhallen sowie Feuchthaltung der Spänehaufen durch Beregnung. Bei der Bearbeitung von waldfrischem Holz im Säge- und Hobelwerk fallen feuchte Hobel- und Sägespäne an. Nennenswerte Emissionen an Stäuben treten jedoch erst bei der Bearbeitung (Sägen, Fräsen, Schleifen) von trockenem Holz auf. Mit der Einführung industrieller Bearbeitungsverfahren wuchs die Staubbelastung an den Arbeitsplätzen. Die Holzstäube sind störend und können allergische Reaktionen auslösen. Im Zusammenhang mit gehäuften Nasenkrebserkrankungen in holzverarbeitenden Betrieben sind Holzstäube seit 1982 in der MAK-Werte-Liste als krebsverdächtige Arbeitsstoffe eingestuft (Kategorie IIIB). Eichen- und Buchenholzstäube sind seit 1985 als Stoffe eingestuft, die beim Menschen Krebs erzeugen können (Kategorie IIIA1). Die Ursache für die krebserzeugende Wirkung ist unbekannt, es gibt daher auch Vorbehalte gegen diese Einstufung [N.1.47].

Bei der zerspanenden Holzbearbeitung (Sägen, Fräsen, Schleifen) entstehen unvermeidlich feine Stäube. Da der natürliche Werkstoff Holz eine inhomogene, gewachsene Struktur aufweist, erhält man in Abhängigkeit von Holzart, Faserrichtung und Bearbeitungsverfahren Spänekollektive unterschiedlicher Form und Partikelgrössenverteilung. Für die Holzbetriebe mit Staubanfall gelten seit dieser Einstufung von Holzstäuben in der MAK-Werteliste besondere Anforderungen an die Arbeitssicherheit und an den Emissionsschutz [N.1.48].

Entstehung, Erfassung und Messung von Holzstäuben sind so zu einem beherrschenden Thema in der Holzwirtschaft geworden [N.1.49, N.1.50]. Das Problem bei der Staubminderung am Arbeitsplatz ist dabei weniger die Filtertechnik, als vielmehr die Art und Weise der Erfassung und Absaugeluftführung. Primäre Maßnahmen zur Staubreduzierung betreffen den Maschinenbereich. Für eine gute Erfassung ist eine möglichst komplette Einhausung der Emissionsstelle verbunden mit einer guten Absaugung anzustreben. Gezielte Werkstoffauswahl sowie Veränderungen der Bearbeitungsprozesse helfen Holzstaub am Arbeitsplatz und in der Abluft weiter zu verringern. Lüftungstechnische Maßnahmen und Entstaubungsmaßnahmen machen gebildeten Holzstaub unwirksam (Tabelle N.1-23). Zu den Sekundärmaßnahmen gehört eine effektive Entstaubung der an den Bearbeitungsmaschienen abgesaugten und z.T. rückgeführten Luft. Die niedrigen Emissionsgrenzwerte von 2 mg/m^3 für Neuanlagen und 5 mg/m^3 für Altanlagen erfordern bei der Entstaubung der Luft i.d.R. den Einsatz von Gewebefiltern. In der rückgeführten Luft dürfen sogar nur 0,5 mg/m^3 Holzstaub enthalten sein. Auch hier werden Gewebefilter verwendet. Da Filteranlagen wegen des latenten

Tabelle N.1-23 Maßnahmen zur Holzstaubminderung am Arbeitsplatz

Primärmaßnahmen unmittelbar	Sekundärmaßnahmen mittelbar	Tertiärmaßnahmen hinweisend
Betriebstechnik – Werkstoffauswahl – Verfahrensänderung – staubarmer Bearbeitungsprozeß – Anlagenbau – Automatisierung	– Lüftungstechnische Maßnahmen – Enstaubungstechnische Maßnahmen: Anlagen zum Erfassen, Transportieren und Abscheiden der Staub-/Spänefraktion – Atemschutz	– Organisatorische Maßnahmen: Gefahrenkennzeichnung, Ablaufplan und Betriebsanweisungen – Personalschulung: Maschineneinweisung, Anweisung für Wartungs- und Instandhaltungsarbeiten

Brand- und Explosionsrisikos ständig ein Gefahrenpotential in sich bergen, müssen sie im Freien oder in speziellen Aggregaträumen aufgestellt werden.

N.1.5.4 Holzwerkstoffherstellung

Holzwerkstoff ist der Oberbegriff für Materialien wie Span- und Faserplatten sowie Sperrholz. Diese Werkstoffe werden aus Holzfasern, -furnieren und -spänen unter Verwendung eines synthetischen Bindemittels unter Druck- und Temperatureinwirkung hergestellt. Auf die dabei erforderliche Trocknung der Späne, Fasern und Furniere wurde bereits in Abschn. N.1.5.2 eingegangen worden. Bei der Holzwerkstoffherstellung kommt als weitere wichtige Emissionsquelle die Pressenanlage hinzu [N.1.29]. Die abgesaugte Luft enthält verschiedene organische Stoffe, die überwiegend aus dem Bindemittel stammen.

Zumeist handelt es sich bei den Bindemitteln um Phenol- oder Harnstoff-Formaldehyd-Leimharze. Bei der Heißverpressung der Werkstoffe wird Formaldehyd aus dem Leimharz freigesetzt [N.1.51]. Für die Spanplattenherstellung ist durch die TA Luft '86 die Formaldehydabgabe auf 120 g/m³ produzierter Platte begrenzt. Durch die Verminderung der Formaldehydabgabe von Spanplatten wurden auch die Emissionen an der Presse erheblich verringert [N.1.52]. Phenole werden bei der Verpressung von phenolharzgebundenen Holzwerkstoffen nur in Spuren freigesetzt.

Ein weiteres Bindemittel ist polymeres Methyldiphenyldiisocyanat (PMDI). Bei der Herstellung von PMDI-gebundenen Spanplatten können geringe Mengen an MDI emittiert werden. Auch geringe Mengen von Holzinhaltsstoffen und Hydrolyseprodukten werden über die Pressenabluft abgegeben (s.a. Abschn. N.1.5.2). Bei kontinuierlichen Pressen sind zusätzliche Aerosolemissionen von Gleit- und Schmiermitteln möglich. Die Abgase der Pressen werden abgesaugt und teilweise in Gas- oder Staubabscheidern gereinigt bzw. der Feuerungsanlage als Brennluft zugeführt.

N.1.5.5 Oberflächenbeschichtung

Holz und Holzwerkstoffe werden je nach Verwendungszweck durch Anstrich oder Beschichtung der Oberflächen geschützt und veredelt. Diese Veredelung erfolgt mit Lacken oder Folien. Eine große Bedeutung haben im Bereich der Holz- und Möbelwirtschaft noch die Lackbeschichtungen. Der mittlere Lösemittelanteil der Holzlacksysteme beträgt ca. 65 % [N.1.53]. Es treten an Lackieranlagen somit erhebliche Lösemittelemissionen auf. Erfolgt der Auftrag nach dem Spritzlackierverfahren, so erfolgen Lackverluste (Overspray) verbunden mit der Emission feiner Lackpartikel und -aerosole. Beim Auftrag von Kunststoffbeschichtungen können deren Monomere abgegeben werden bzw. flüchtige Stoffe aus dem Klebstoff. Bei Schutzmittelbehandlungen sind Emissionen biozider Wirkstoffe möglich. Bei Anlagen zur Imprägnierung mit Teerölen treten geruchsintensive Abgase auf.

Die wichtigsten Emissionsquellen sind dabei die Lackieranlagen. Für die Holz- und Holzwerkstoffoberflächen werden spezielle Lacke verwendet [N.1.54, N.1.55]. Früher dominierten Lacke mit hohem Lösemittelgehalt, z.B. Nitrolacke. Auch auf Basis von modifizierten Formaldehydharzen aufgebaute Lacktypen (SH-Lacke) waren verbreitet. Heute werden zunehmend lösemittelarme Lacke („High solids") unterschiedlicher Zusammensetzung sowie Anstrichsysteme auf Wasserbasis verwendet. Auch Pulverlacksysteme für Holz befinden sich in der Entwicklung. Die Bereiche der Beschichtung von Holzprodukten lassen sich grob in Auftrag, Härtung und Trocknung trennen.

Unterschieden wird bei den Auftragsverfahren in Spacheln, Drucken, Walzen, Giessen, Tauchen und Spritzen. Besondere Bedeutung hat nach wie vor der Spritzauftrag. Der Spritzauftrag wird manuell oder mit Automaten durchgeführt. Hohe Lackverluste treten auf, wenn noch konventionell mit Druckluft versprizt wird. Diese Verluste lassen sich beim elektrostatischen Sprühauftrag mit druckluftlosen Systemen deutlich vermindern (Bild N.1-22). Durch Auftragen im Tauchverfahren sowie durch Gießen oder Walzen sind Lackverluste verfahrensbedingt geringer als beim Spritzverfahren.

Die Härtung der Lacke erfolgt durch Trocknung, chemische Reaktion oder über Bestrahlungstechnologien. Die Trocknungstemperaturen für Holzlacke liegen i.d.R. bei 30–60 °C. Bei der Lackierung und Trocknung werden Lösemittel, Monomere und Hilfsstoffe emittiert. Die TA Luft begrenzt die Staubemissionen der Anlagen auf < 3 mg/m³ Abluft, die Lösemittelemissionen in Abhängigkeit von Anlagetyp und Betriebsweise auf Werte zwischen 50 und 150 mg/m³.

Sofern lösemittelfreie Lacksysteme nicht einsetzbar sind, muß die Abluft der Lackier- und Trocknungsanlagen besonders gereinigt werden. Es existieren absorptive und adsorptive Abscheideverfahren. Auch die Kondensation, biologische Reinigungsstufen sowie thermische und katalytische Verbrennung werden zur Abluftreinigung eingesetzt [N.1.56].

Bei der Kaschierung von Holz und Holzwerkstoffen wird auf die Oberfläche eine imprägnierte Papierfolie oder eine Kunststoffolie aufgebracht. Hierzu ist i.d.R. ein Klebstoff erforderlich. Bei der Furnierung der Holz- und Holzwerkstoffplatten ist der Klebstoffeinsatz unvermeidlich. Bei der Kaschierung und Furnierung werden Restlösemittel und Monomere der Imprägnierharze, Finishlacke und Klebstoffe emittiert. Die Massenströme sind jedoch zumeist niedrig.

N.1.5.6 Verbrennung

Holz ist der älteste Brennstoff der Menschheit. Seine Bedeutung hat in den westlichen Industrieländern stark abgenommen. Die energetische Verwertung von Produktionsresten hat dagegen eine ungebrochene Tradition in der Holzindustrie. Eingesetzt werden z.T. naturbelassene Resthölzer (Säge- und Hobelspäne, Schleifstäube), z.T. mit Klebstoffen, Beschichtungsmitteln, Kunststoffen oder Holzschutzmitteln behaftete Holzabfälle.

Seit einigen Jahren werden zunehmend auch Althölzer in Holzfeuerungsanlagen genutzt. Ein Teil dieser Holzsortimente enthält Holzschutzmittel. Zum Teil handelt es sich um relativ homogen zusammengesetzte Gruppen wie Bahnschwellen oder E-Masten, z.T. aber auch um inhomogene Materialien wie Dachstühle, Zäune oder Spielplatzgeräte. Während bei unbehandelten Althölzern eine stoffliche Verwertung angestrebt werden sollte, ist dies bei imprägnierten Materialien vornehmlich aus hygienischen Gründen abzulehnen.

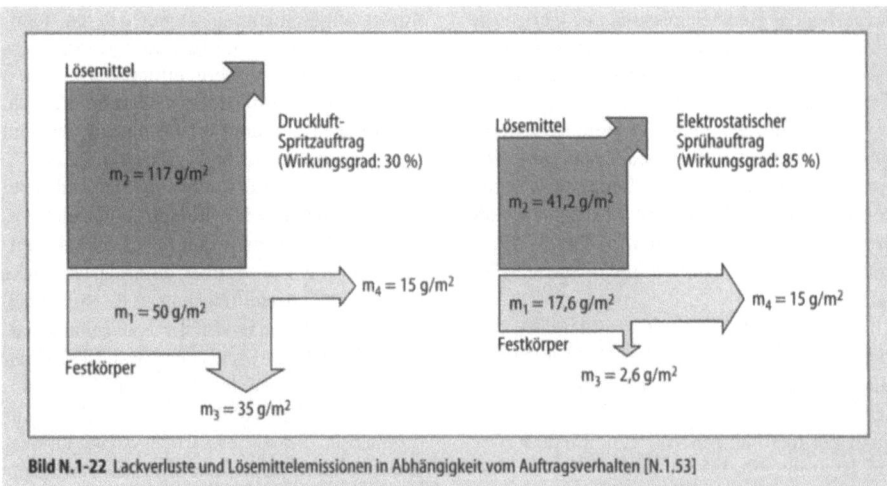

Bild N.1-22 Lackverluste und Lösemittelemissionen in Abhängigkeit vom Auftragsverhalten [N.1.53]

Hier bietet sich die energetische Verwertung als sinnvolle Lösung an.

Die Verbrennung naturbelassener Hölzer ist in allen Feststoffeuerungen zulässig. Holzwerkstoffreste sowie lackierte und beschichtete Hölzer und Holzwerkstoffreste, die keine halogenorganischen Verbindungen enthalten, dürfen nur in gewerblichen Feuerungen von holzbe- oder -verarbeitenden Betrieben mit einer Feuerungswärmeleistung von mindestens 50 kW verbrannt werden. Zumeist handelt es sich dabei um nach der 4. Bundes-Immissionsschutzverordnung (4. BImSchV) genehmigungsbedürftige Feuerungsanlagen.

Mit Holzschutzmitteln behandelte Hölzer dürfen nur gemäß den Anforderungen der 17. BImSchV verbrannt werden. Das Gebot gilt pauschal für alle Holzschutzmittel und umfaßt auch Brandschutzmittel. Für genehmigungsbedürftige Feuerungsanlagen, die in den Bereich der 4. BImSchV fallen, sind schutzmittelhaltige Hölzer ebenfalls zugelassene Brennstoffe, sofern der auf Wärmeleistung bezogene Anteil 25 % nicht übersteigt. Diese Feuerungsanlagen werden nach der sog. Mischfeuerungsregelung der 17. BImSchV beurteilt und unterliegen verschärften Auflagen.

Organische Kunststoffe, Klebstoffe oder Holzschutzmittel werden bei der Verbrennung ebenso wie die organischen Bestandteile des Holzes thermisch zerstört und weitestgehend zu einfachen Verbindungen oxidiert: Kohlendioxid und Wasser. Grundlegende Voraussetzung jeder Feuerungsanlage für einen umweltfreundlichen Betrieb ist ein guter Ausbrand. Wegen ihrer größeren thermischen Stabilität benötigen aromatische Verbindungen im Wald-, Rest- und Altholz (Lignin, Polystyrol, Phenolharz, Steinkohlenteeröl u. a. m.) günstigere Ausbrandbedingungen als die nichtaromatischen Verbindungen (Cellulose, Hemicellulose, Aminoplastharze).

Die umweltfreundliche, d. h. vollständige Verbrennung von Holz ist schwierig, da Holz ein gasreicher Festbrennstoff ist und in mehreren Stufen zersetzt und oxidiert wird. Gute Holzfeuerungsanlagen erfordern eine aufwendige Technik. Schwachlastbetrieb ist nur in Grenzen möglich, wenn außer der Brennluft die Brennstoffzufuhr verringert wird. Unvollständiger Ausbrand führt bei Holz zu geruchsintensiven Rauchgasen, die zahlreiche aliphatische und aromatische Kohlenwasserstoffverbindungen enthalten. Bei stickstoffhaltigen Bestandteilen im Brennstoff (Beschichtungsstoffe, Klebstoffe) kommen stickstofforganische Verbindungen hinzu [N.1.57].

Als Nebenprodukte werden auch bei guter Verbrennung in Abhängigkeit von der Zusammensetzung des Brennstoffs Stickstoffoxide sowie Halogenwasserstoffe gebildet werden. Naturbelassenes Holz ist i. allg. chlor- und schwefelarm [N.1.58]. Chlorwasserstoff wird vornehmlich gebildet, wenn die Holzreste Kunststoffbestandteile auf PVC-Basis enthalten [N.1.59]. Nennenswerte Schwefeloxidemissionen sind bei Holzfeuerungen nicht gegeben. Wesentlich bedeutsamer sind die Stickstoffoxide. Nussbaumer [N.1.60] wies nach, daß die Bildung von Stickstoffoxiden bei Holzfeuerungen nahezu ausschl. auf die Bildung aus gebundenem Stickstoff zurückzuführen ist. Die thermische Stickstoffoxidbildung hat wegen der relativ niedrigen Verbrennungstemperaturen (< 1300 °C) praktisch keine Bedeutung. Da naturbelassenes Holz bereits bis etwa 0,5 % gebundenen Stickstoff enthält, emittieren damit betriebene Feuerungen bereits eine Grundlast von etwa 100–200 mg/m^3. Bei Holzresten mit stickstoffhaltigen Bestandteilen steigen diese Werte auf 500–800 mg/m^3 an. Relative hohe Stickstoffgehalte (bis 5 %) haben dabei insbesondere mit Aminoplastharzen verleimte und/oder beschichtete Holzwerkstoffe.

Stickstoffoxidmindernde Technologien sind bei Holzfeuerungen grundsätzlich empfehlenswert, begründet aber mehr durch das Holz selbst oder durch stickstoffhaltige Klebstoffe und Beschichtungsmaterialien als durch Holzschutzmittelwirkstoffe. Die Stickstoffoxidbildung kann primär durch gestufte Luftführung deutlich vermindert werden [N.1.42, N.1.61]. Sekundärmaßnahmen sind die Reduktion der Stickstoffoxide mit Ammoniak oder Harnstoff in katalytischen oder nichtkatalytischen Prozeßen. Eine Übersicht der möglichen Technologien gibt Nussbaumer [N.1.62].

Chlorhaltige Bestandteile im Brennstoff können außer zur Chlorwasserstoffemission über verschiedene Nebenreaktionen auch zu Dioxinemissionen führen [N.1.63, N.1.64]. Holzfeuerungen sind damit potentielle Dioxinquellen [N.1.65, N.1.66]. Die Dioxinbildung ist bei Holzfeuerungen außer vom Chlorgehalt des Brennstoffs auch von der Ausbrandqualität und anderen Faktoren abhängig [N.1.67, N.1.68].

Die anorganischen Elementarbestandteile des Holzes, der Lacke und Beschichtungen sowie der Holzschutzmittel werden bei der Verbrennung nicht zerstört. Sie bilden die Rostasche und den Flugstaub. Besondere Bedeutung haben dabei die Stoffe, die aufgrund ihrer Flüchtigkeit in das

Tabelle N.1-24 Maßnahmen zur Emissionsminderung bei der Holzverbrennung

Primärmaßnahmen unmittelbar	Sekundärmaßnahmen mittelbar	Tertiärmaßnahmen hinweisend
– Verbesserung der Konstruktion – Optimierung der Luftzahl – Einsatz trockenen Holzes – hohe Ausbrandtemperatur – lange Ausbrandzeit – gute Durchmischung	– Rauchgasentstaubung – Rauchgasentstickung – Rauchgaswäsche – Optimierung der Ableitbedingungen – Additivzugabe	– Einweisung und Schulung des Betriebspersonals – Betriebsanweisungen – Wartung und Instandhaltung

Rauchgas überführt werden und daher erheblich schwieriger abscheidbar sind als die Stoffe, die in der Asche und im Filterstaub verbleiben. Während Quecksilber, das heute in Holzschutzmitteln verboten ist und auch früher von eher geringer Bedeutung war, damit praktisch ohne Relevanz ist, sollten bei Althölzern Arsen- und bei neueren Wirkstoffformulierungen Fluorwasserstoffemissionen beachtet werden. Eine Besonderheit ist Bor, welches in Bortrioxid übergeht und als solches praktisch unflüchtig ist (Siedepunkt: 2300 °C), über eine Nebenreaktion in der Flamme aber in die Rauchgase übergeht und dort sehr feine Partikel bilden kann.

Wesentliche Voraussetzungen bei einer umweltfreundlichen Feuerung für Holz- und Holzwerkstoffreste sind ein guter Ausbrand und eine wirkungsvolle Entstaubung der Rauchgase [N.1.69]. Die Voraussetzungen für einen guten Ausbrand sind in der Fachliteratur vielfältig beschrieben und in Tabelle N.1-24 zusammengefaßt.

Durch die Entstaubung der Rauchgase verbleiben die meisten anorganischen Holzschutzmittel in der Asche und im Filterstaub. Die Frage der Entsorgung beschränkt sich somit auf diese Feuerungsreststoffe. Zusätzliche emissionsmindernde Maßnahmen sind vornehmlich bei halogenhaltigen Reststoffen erforderlich. Die reaktiven Halogenwasserstoffe lassen sich mit alkalischen Additiven noch in der Gasphase einbinden und als Feststoffe abscheiden.

N.1.5.7 Entsorgung von Rest- und Altholz

Bei der Be- und Verarbeitung von Holz fallen Resthölzer an. Säge- und Hobelspäne sowie Schwarten aus dem Sägewerk werden zumeist stofflich in der Span- und Faserplattenindustrie verwertet [N.1.70]. Rinden werden kompostiert oder verbrannt. Andere Produktionsreste wie Sieb- und Schleifstäube werden i. d. R. energetisch genutzt.

Nach meist langjährigem Gebrauch werden Holzprodukte zu Altholz. Die stoffliche Verwertung dieser Materialien ist schwierig, da sie oft mit Stoffen behaftet sind, z. B. Holzschutzmitteln, deren Eintrag in andere Produkte unerwünscht ist [N.1.71]. Bei diesen Hölzern ist daher die energetische Verwertung anzustreben. Derzeit fehlen dazu aber Feuerungskapazitäten. Auch die gesetzlichen Bestimmungen sind restriktiv, da bei der Verbrennung schädliche Emissionen möglich sind [N.1.72, N.1.73]. Eine Übersicht der Problematik mit Hinweisen auf Entsorgungswege geben Marutzky, Peek und Willeitner [N.1.74]. Auch Konzepte zur stofflichen Verwertung von Altmöbeln wurden erarbeitet [N.1.75].

Bei Lackieranlagen fallen Lackschlämme, Altlacke sowie gebrauchte Lösemittel und Verpackungsgebinde an. Weitere Reststoffe aus der Holz- und Möbelindustrie sind die Aschen und Filterstäube der Feuerungsanlagen. Die Zusammensetzung von Holzaschen wird von Pohlandt und Marutzky [N.1.76] beschrieben. Die Entsorgungswege für Holzaschen sind vornehmlich die Verwertung als Zusätze zu Baustoffen und als Düngemittel im Forstbereich [N.1.77].

N.1.6 Leder

N.1.6.1 Allgemeines zur Lederherstellung

N.1.6.1.1 Die Lage der Lederindustrie

Die Lederherstellung zählt zu den sehr alten Gewerben. Sie verarbeitet einen Naturstoff. In Deutschland ist die Produktion in den letzten 25 Jahren stark zurückgegangen, weil sie in die Ursprungsländer der Rohware verlagert wurde. Sie ist als ein Grenzfall zwischen Industrie- und Handwerksbetrieb einzuordnen. Da unsere Vorfahren nur natürliche Rohstoffe hatten, sind sie sehr sparsam damit umgegangen; sie haben alles verwertet – restlos.

In der gesamten Bundesrepublik gab es 1993 52 Betriebe mit 20 und mehr Beschäftigten. Hinzu kamen 25 handwerkliche Kleinbetriebe. Die Lederproduktion geht etwa zu 48 % in den Polsterbereich, zu etwa 45 % in die Schuhindustrie, der Rest in Lederwaren, Bekleidung u.a. (1992).

Die in Deutschland anfallende Rohware (ca. $5{,}5 \times 10^6$ Rindshäute, $0{,}55 \times 10^6$ Kalbfelle) wird nur zur Hälfte im Inland eingearbeitet. Eine Folge des Abbaus der Gerberei-Kapazität. Andererseits wird auch importiert.

Die meisten Gerbereien sind Indirekteinleiter mit speziellen Vorbehandlungen von Teilabwasser. Größere Betriebe mit eigenem Klärwerk haben meist auch Teilabwässer aus anderen Fertigungen.

Die *Abwassermenge* pro Tonne Einarbeitung schwankt in weiten Grenzen. Sie ist abhängig von der Art der Rohware und dem herzustellenden Leder. Ständig wechselnde modische Anforderungen können tief in die Verfahren eingreifen.

Die *Gerbung* ist der entscheidende Verfahrensschritt. Sie muß die tierische Haut so verändern, daß diese im feuchten Zustand nicht fault, in der Kälte nicht bricht und in der Hitze nicht verleimt. Die angelieferte Rohware ist immer Haut mit Haaren. Beide sind im wesentlichen Eiweiß, hier Kollagen und Keratin. Die Häute ihrerseits bestehen aus 3 Schichten: Oberhaut (Epidermis), Lederhaut (Korium) und Unterhautbindegewebe (Subkutis). Nur das Korium ist zur Lederherstellung geeignet. Bei Leder sind die Haare entfernt; bei Pelz sind sie bestimmend für den Aspekt und Verkaufswert des Produkts.

N.1.6.1.2 Rohware

Die Rohware der Lederherstellung sind tierische Häute und Felle, die beim Schlachten zwangsläufig anfallen. Der Gerber veredelt also ein Nebenprodukt der Nahrungsmittelerzeugung, in modernen Begriffen heißt das Recycling.

Die Rohware wird fallweise frisch angeliefert. Dann muß sie unmittelbar eingearbeitet werden. Auch gut gekühlt bleibt sie nur wenige Tage unbeschädigt. Aus Gründen des Umweltschutzes wurde dieses Vorgehen eingeführt. Für längere Lagerzeiten, größere Transportwege sowie bei Ex- und Import muß konserviert werden. Das geschieht meist mit Kochsalz. Seine wasserentziehende Wirkung schont das Kollagen weitestgehend. Allem voran sind Schäden durch Fäulnis und Eiweißfresser wertmindernd.

N.1.6.2 Verfahren zur Lederherstellung und ihre Auswirkungen auf die Umwelt

Für die Herstellung von Leder aus den angelieferten Rohwaren kann es kein allgemein gültiges Verfahren geben. Bild N.1-23 zeigt die gebräuchlichen Verfahrensschritte der chemischen Prozesse und mechanischen Bearbeitungen. Ihre Reihenfolge kann sich ändern, einige können wegfallen.

Grundsätzlich sind 2 Bereiche zu trennen: Wasserwerkstatt und Zurichtung. Gefäße und Maschinen werden hier nicht beschrieben. Ihre Art und Bauweise haben praktisch keine Auswirkungen auf die Umwelt.

In der *Wasserwerkstatt* werden die Häute gereinigt, vom Kochsalz befreit, enthaart und das Kollagen für die weiteren Prozesse aufgeschlossen. Das Korium wird von allen Resten, die nicht lederbildend sind, unter Erhaltung des dreidimensionalen Fasergeflechts, getrennt. Die Blöße wird stufenweise sauer gestellt und gegerbt. Es entsteht „wet blue" und getrocknet „crust". Diese sind lager- und transportfähig, und seit einigen Jahren sind sie weltweit Handelsware. Auch das gehört zu den Folgen der Spezialisierung der Betriebe. Die Rezepturen sind so vielfältig wie die hergestellten Leder.

Im Gerbereiwasser dominieren folgende Schritte nach Art und Menge der Inhaltsstoffe:
- Die *Weiche* enthält gelöste und suspendierte organische Sauerstoffzehrer, Kochsalz, Netzmittel und Alkali sowie Enzyme können entsprechend ihrem Einsatz vorkommen.
- Der *Äscher* arbeitet meist alkalisch mit Sulfid, zuweilen auch enzymatisch. In Einzelfällen werden die Haare zurückgewonnen. Es ist das erste typische Teilabwasser.
- Zur *Entkälkung* wurden früher Ammoniumsalze verwendet. In jüngster Zeit sind sie durch CO_2 abgelöst.
- Die *Gerbung* erfolgt überwiegend mit basischem Cr-III-Sulfat (seit ca. 100 Jahren) im schwach sauren Milieu. Andere mineralische, vegetabile oder synthetische (u.a.) Gerbstoffe werden meist nur in Kombinationen eingesetzt; Spezialitäten sind Ausnahmen. Hochauszehrende Rezepturen und Chromfällung in den Restbrühen sind übliche Verfahren für

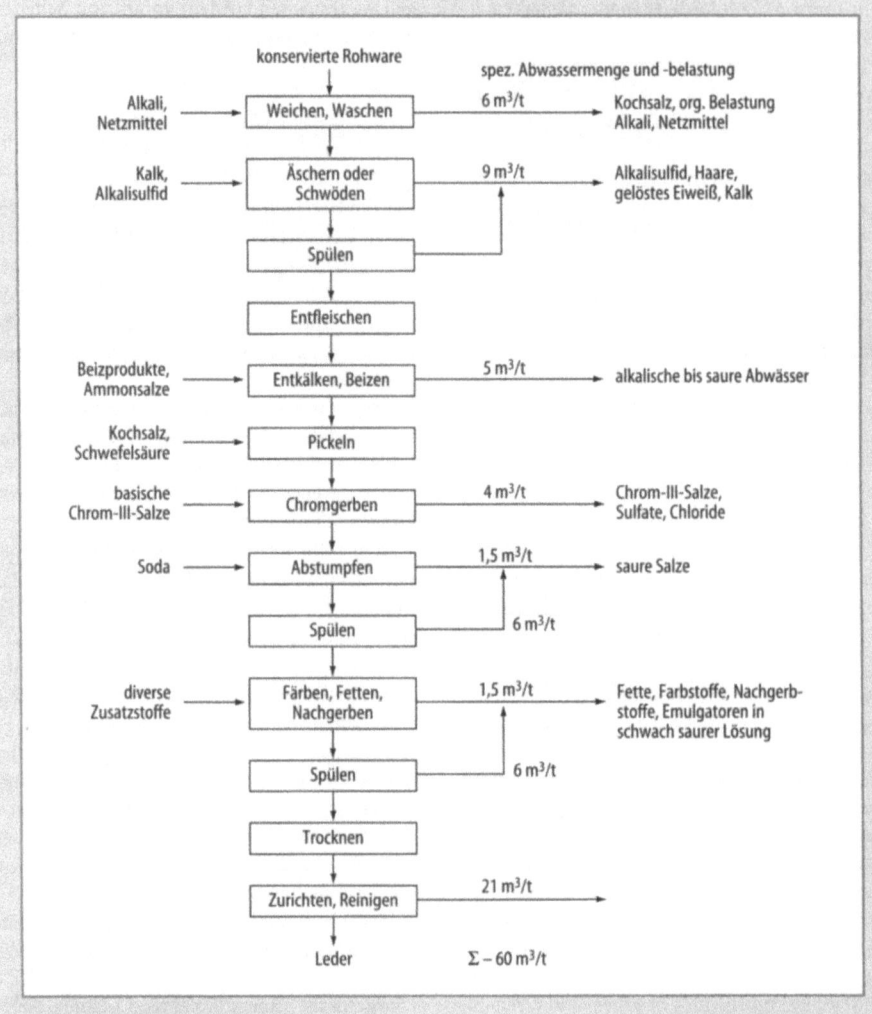

Bild N.1-23 Spezifische Abwassermengen und -belastungen bei der Gerbung

dieses zweite typische Teilabwasser (Bild N.1-23). Gerbend wirken Stoffe, die von Kollagen echt gebunden werden und das Fasergeflecht vernetzen.

Zuweilen werden Brühen mehrmals verwendet. Da das nur begrenzt möglich ist, resultiert daraus eine graduelle, keine prinzipielle Entlastung des Abwassers.

Die *Naßzurichtung* erfolgt in wässrigen Bädern, schwach sauer bis neutral. Es wird gefärbt, gefettet, gefüllt u.a., um die vom Verkaufsprodukt geforderten Eigenschaften zu erzielen. Die Brühen enthalten die Überschüsse der eingesetzten Hilfsstoffe und mögliche Reaktionsprodukte, überwiegend Salze und organische Sauerstoffverbraucher. Hohe Auszehrung ist das ökonomische Ziel.

Zurichtung im engen Sinn ist eine Oberflächenbehandlung der getrockneten Leder. Auf die Narbenschicht werden Zubereitungen zur Filmbildung aufgetragen.

Sie bringen ebenfalls Effekte für den zweckmäßigen Gebrauch und die Schönheit des Leders. Hier ist weniger das Abwasser, sondern vielmehr die Abluft zu beachten.

N.1.6.3 Reinhaltung – Verfahren und Anlagen

N.1.6.3.1 Abwasser

Abwasserreinigung ist für deutsche Gerber selbstverständlich. Folgende Vorgänge haben sich in der Praxis bewährt:

Sulfid-Oxidation: Die Äscherbrühen werden vor Ort mit (oder ohne Zusatz) von Mn-II-Salz belüftet (4–10 h). Fällung erfolgt mit Fe-Salzen. Diese chemische Reaktion erfolgt momentan.

Chrom wird mit Alkali als Hydroxid ausgefällt und filtriert. Durch Auflösen in Säure kommt man zu einem Regenerat, das in der Gerbung wieder eingesetzt wird. An diesen Weg werden besondere Anforderungen gestellt, wenn die Cr-Endbrühe noch andere Reste (z. B. Fette) enthält (Bild N.1-24).

Die *Vollreinigung* wird in konventionellen Kläranlagen und in Mischung mit anderen Abwässern problemlos durchgeführt, sofern die Einleitungskriterien eingehalten wurden. Die Betriebe versuchen in den letzten Jahren, (vermehrt) auf Rezepturen umzuschalten, um die schwierigen Komponenten ganz zu vermeiden oder wenigstens zu verringern. Spezialisierung auf „wet blue" oder „crust" sind ebenfalls ein Ausweg.

Die *Indirekteinleiter* behandeln Teilströme. Bekanntlich wird weniger Sulfid verlangt, als z. B. im häuslichen Abwasser gefunden wird. Auch bei Cr-III lassen die geforderten Niedrigwerte die Unkenntnis der Eigenschaften der verschiedenen Cr-Oxidationsstufen vermuten. So etwas verlangt unverhältnismäßig hohen Aufwand am falschen Ort. Die suspendierten Stoffe setzen sich gut ab. Die organische Verschmutzung ist biologisch voll abbaubar, da es sich überwiegend um Naturstoffe handelt.

Für *Direkteinleiter* wird als Beispiel ein spezielles Industrieklärwerk beschrieben, dessen (300 m³/h)-Zulauf zur Hälfte aus einer Kalbfellgerberei und einer Kollagenaufbereitung (für Wursthaut), zur anderen Hälfte aus diversen Produktionen stammt. Die Anlage arbeitet vierstufig. Die Direkteinleitung in einen sehr kleinen Vorfluter erfüllt alle Auflagen sicher.

Die Entwicklung zeigt sich am einfachsten in den Ausbaustufen: Vorklärung 1966, chemische Stufe 1967, biologische Stufe 1975, Stickstoffbehandlung (weitergehende biologische Stufe) 1993 (Bild N.1-25).

Erstes Kennzeichen des „Kalk-Eisensulfat-Luft-Verfahrens" ist das *Misch- und Speicherbecken,* in dem alle Teilströme homogenisiert werden. Ein praktisch konstanter Abwasserstrom wird über eine Druckleitung dem Klärwerk zugeführt. Mit Kalk wird der pH-Wert auf einen definierten Wert eingestellt. Das kann aufgrund der konstanten Zulaufmenge die einzige Regelgröße im ganzen System sein.

In der *Vorklärung* setzen sich die Feststoffe ab. Der Schlamm wird eingedickt und in Filterpressen entwässert. Vorgeklärtes Abwasser wird in der *chemischen Stufe* mit Fe-II-SO$_4$ gefällt, geflockt und belüftet.

Sulfid wird oxidiert, und an die entstehende (Fe(OH)$_3$-)Flockung lagern sich organische Sauerstoffzehrer (Farbstoffe u. a.) an.

Das Wasser mit der Flockung gelangt in die *Stickstoffbehandlung.* Es wird mit Kreislaufwasser aus dem Ablauf der aeroben biologischen Stufe und mit Rückführschlamm aus der Nachklä-

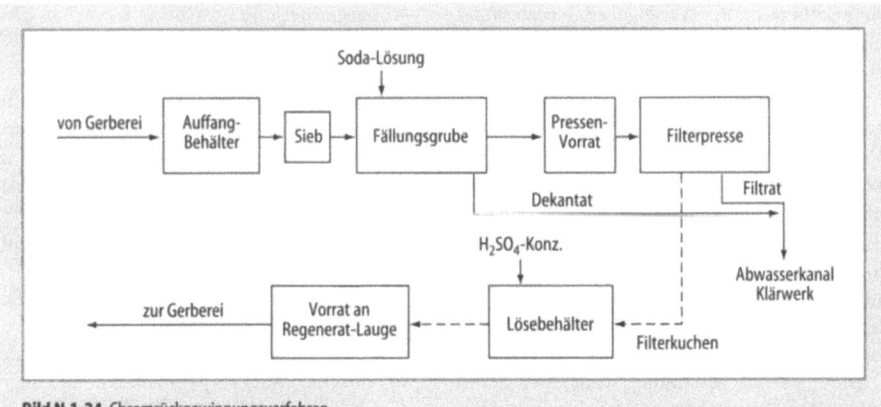

Bild N.1-24 Chromrückgewinnungsverfahren

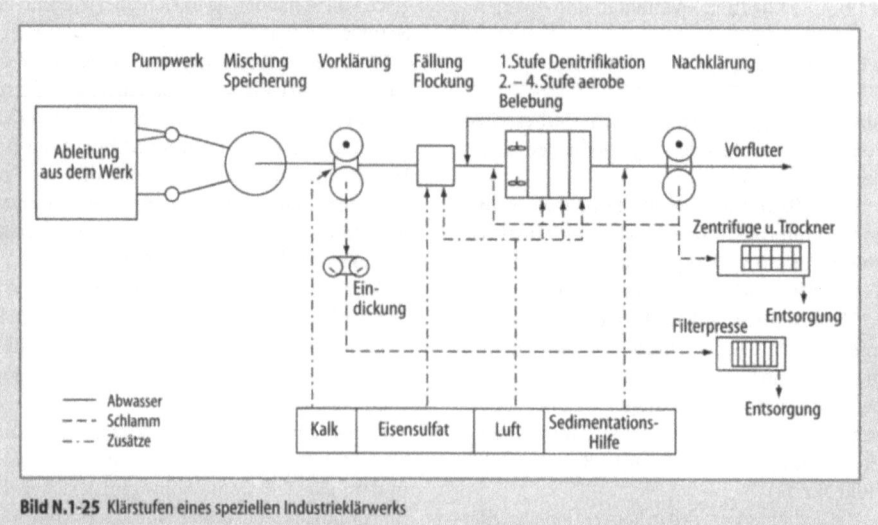

Bild N.1-25 Klärstufen eines speziellen Industrieklärwerks

rung vermischt. Durch intensives, schonendes Bewegen wird Nitrat zu gasförmigem N_2 unter teilweisem Abbau organischer Verbindungen reduziert. Das Gemisch fließt in die biologische Stufe, wo bei Luftzufuhr organische Inhaltsstoffe abgebaut und Ammonium zu Nitrat oxidiert werden. Der Ablauf wird nachgeklärt, sein abgesetzter Schlamm eingedickt und entwässert. Dies ist das zweite Kennzeichen: die chemische Flockung macht alle weiteren Behandlungsstufen mit.

Aus dem Ausland wird von Oxidationsgräben berichtet, die Gerbereiabwasser erfolgreich reinigen.

N.1.6.3.2 Abluft

Eine Gerberei hat einen arteigenen Geruch. Wenn es jedoch stinkt, dann ist etwas faul – im wahrsten Sinne.

Geführte Abluftströme gibt es in der Zurichtung. Viele Präparationen enthalten Lösemittel. Diese sind aus der üblichen Palette und stellen kein lederspezifisches Problem dar. Das gleiche gilt für die eingesetzten Auftragsaggregate und Trockner. Die derzeitige Entwicklung führt zu lösungsmittelfreien oder -armen Kombinationen, so daß Luftreinhalteanlagen nicht erforderlich sind, insbesondere bei größeren Durchsatzmengen.

Leder werden geschliffen, wobei sich Staub bildet. Wirksame Entstaubungsanlagen sind seit langem üblich. Auch sie sind nicht spezifisch für Leder, ebensowenig wie das Reinigen von Maschinen mit Lösemitteln; dasselbe gilt für Lärm.

N.1.6.3.3 Abfälle

Feste Reststoffe

Der Gerber kauft in Gewicht (kg) ein und verkauft in Fläche, früher Quadratfuß, jetzt m^2. Um aus der Rohhaut eine gleichmäßig dicke ebene Lederfläche zu machen, sind mehrere mechanische Arbeitsgänge nötig. Für alle Reste, die dabei anfallen, bestimmt – nach den Verschiebungen der letzten 40 Jahre – der Markt, ob sie weiterverarbeitet werden oder als Abfall zu entsorgen sind. Sie sind zu unterteilen in

– ungegerbtes und
– gegerbtes Material.

Ohne auf Einzelheiten einzugehen, sollen einige Produkte aufgezählt werden. Aus ungegerbten Resten werden Leim, Gelatine, Wurstdärme, Stoffe für kosmetische und medizinische Anwendungen gemacht. Gegerbte Reste werden zu Lederfaserwerkstoffen verarbeitet, die im Schuhinnenbau Verwendung finden.

Haare dienen als Stickstoffquelle u. a. in Düngemitteln.

Bei der Entsorgung bringen die durch den Standort der Gerberei gegebenen Bedingungen die größeren Probleme, nicht die Stoffart und Menge.

N.1.6.4 Anforderungen und Ziele

Die Lederherstellung in Deutschland hat – wie alle anderen Fertigungen – die im Umweltschutz geltenden Gesetze und behördlichen Auflagen zu erfüllen. Für sie gilt der Anhang 25 der allgemeinen Abwasser VwV. Die Verfahren müssen mit den laufenden Gesetzesnovellierungen stets in Einklang gehalten werden. Großes Gewicht haben Ortssatzungen.

Lebensnotwendig sind mehrere Ziele:
1. Die Qualität des hergestellten Produkts „Leder" muß so gut sein, daß der gegenüber anderen Produktionsländern sehr hohe Preis am Markt akzeptiert wird.
2. Im Umweltschutz hat Vermeiden die höchste Priorität. Forschungsinstitute und die Entwickler der Hilfsmittellieferanten arbeiten an Verfahren mit höchster Auszehrung der Brühen und an effektiven Präparationen für die wäßrige Zurichtung.
3. Alternativen zur Chromgerbung werden gesucht. Bisher hat keine die erforderliche Lederqualität gebracht.
4. Für die nicht lederbildenden Anteile der Rohhaut müssen neue Verwertungsmöglichkeiten gefunden werden. Für die Einstufung als unbrauchbarer Abfall ist natürliches Eiweiß zu kostbar.

N.2 Stoffquellen-Verkehr

N.2.1 Einleitung

In den letzten Jahrzehnten ist infolge wirtschaftlicher, gesellschaftlicher und siedlungsstruktureller Veränderungen ein stetiger Anstieg der Verkehrsnachfrage festzustellen. Die Entwicklung verlief dabei in den Verkehrsarten Personen- und Güterverkehr sowie bzgl. der Verkehrsträger Schiene, Straße, Wasser und Luft sehr unterschiedlich (Bild N.2-1 und N.2-2).

Die Vollendung des Binnenmarkts in der Europäischen Union und die sich der Marktwirtschaft öffnenden osteuropäischen Staaten lassen auch für die Zukunft eine Zunahme der Verkehrsleistungen erwarten. Das Deutsche Institut für Wirtschaftsforschung (DIW) hat 1990 eine Prognose für die Entwicklung des Pkw-Verkehrs bis zum Jahre 2010 [N.2.2] vorgelegt (Bild N.2-3).

Der motorisierte Straßenverkehr ist demnach für die Mobilität der Menschen und den Transport von Gütern von überragender Bedeutung. Auf der anderen Seite werden die mit dem Verkehr einhergehenden Umweltprobleme
- Emissionen von Luftschadstoffen
- Geräuschemissionen
- Energie- und Rohstoffverbrauch

unter regionalen wie auch zunehmend unter globalen Aspekten deutlich. Der motorisierte Straßenverkehr ist bei einigen Schadstoffen Hauptemittent geworden. Die Dimension der Luftverunreinigung durch den motorisierten Verkehr zeigt Bild N.2-4.

Tabelle N.2-1 gibt die Ergebnisse der Emissionsberechnungen für die Jahre 1985–1989, sowie eine Prognose für 1998 und 2005 für die Abgaskomponenten CO, HC, NO_x, Partikel, Blei, SO_2 und CO_2 wieder.

Bei den Kohlenwasserstoffen des Otto-Pkw wird unterschieden zwischen Abgasemissionen aus dem Motor, Verdunstung aus dem Tank und der Kraftstoffanlage (durch den Tagesgang der Temperatur sowie nach dem Abstellen des warmen Motors) sowie Emissionen bei der Verteilung von Ottokraftstoffen (Tanklager, Tankstellen, Betankung der Fahrzeuge). Die um mehr als eine Größenordnung geringeren Partikelmengen aus Ottomotoren sind, aufgrund fehlender Meßergebnisse, nicht aufgeführt. Die Bleiemissionen aus den mit verbleitem Benzin betriebenen Ottomotoren sind hier als metallisches Blei angegeben.

Der übrige Verkehr umfaßt:
- zivilen und militärischen Flugverkehr,
- Binnenschiffahrt,
- Schienenverkehr mit Dieseltraktoren,
- Land- und Forstwirtschaft,
- Militärverkehr (ohne Flugverkehr).

Die einzelnen Schadstoffe können sowohl direkt wirken als auch in Folge atmosphärischer Reaktionen, wie z.B. die Bildung von Photooxidantien unter Mitwirkung der Sonneneinstrahlung [N.2.4].

Zu unterscheiden ist zwischen den lokal wirkenden Schadstoffemissionen (CO, VOC (Volatile Organic Compounds – flüchtige organische Verbindungen), NO_x, SO_2 und Partikel), die in Großstädten und Ballungsräumen kritische Konzentrationswerte erreichen können, und den überwiegend durch den Verkehrsbereich (hauptsächlich NO_x und VOC) hervorgerufenen sekundären Schadstoffen (Photooxidantien, Leitsubstanz Ozon), die sich aufgrund komplexer Wirkungszusammenhänge aus den genann-

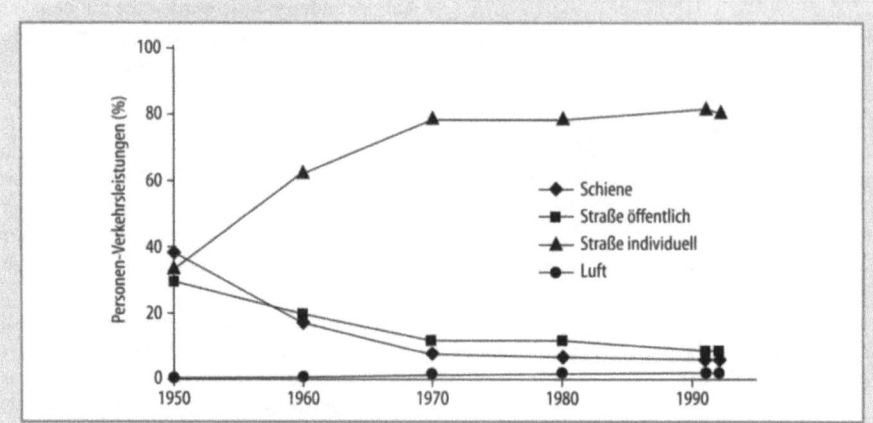

Bild N.2-1 Entwicklung der Personen-Verkehrsleistungen bis 1991 (alte Bundesländer) [N.2.1]

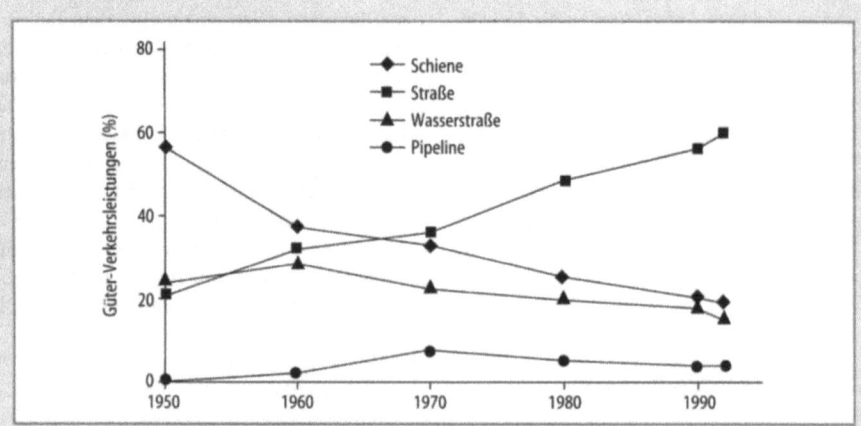

Bild N.2-2 Entwicklung der Güter-Verkehrsleistungen bis 1990 (alte Bundesländer) [N.2.1]

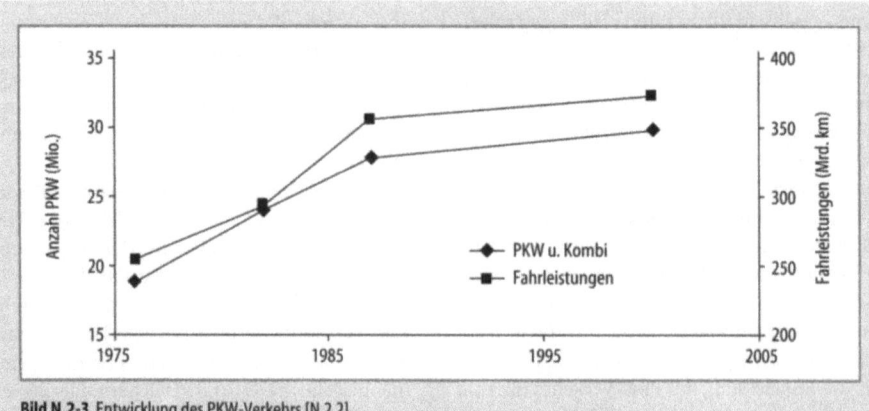

Bild N.2-3 Entwicklung des PKW-Verkehrs [N.2.2]

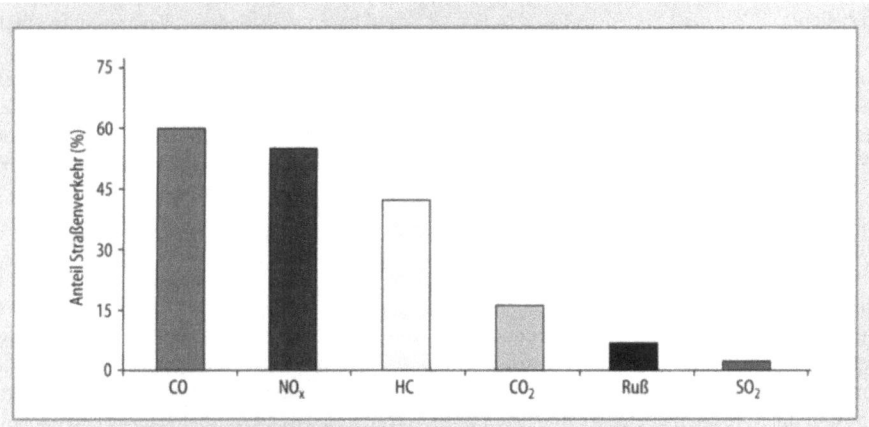

Bild N.2-4 Verkehrsbedingter Anteil an den Gesamtemisssionen, Bezugsjahr 1990 (alte Bundesländer) [N.2.1]

Tabelle N.2-1 Emissionsberechnungen und -prognosen [N.2.3]

		1985	1987	1989	1998	2005
CO	gesamt	8838	8770	8440	5110	3430
	statistische Quellen	2520	2330	2260	2050	1800
	Verkehr					
	PKW	5842	6060	5680	2620	1320
	NFZ	123	130	140	150	140
	übriger Verkehr	353	350	360	290	170
HC	gesamt	2418	2470	2420	1380	960
	statistische Quellen	1180	1160	1150	700	550
	Verkehr					
	PKW	1028	1090	1030	440	210
	NFZ	99	110	120	130	130
	übriger Verkehr	111	110	120	110	70
NOx	gesamt	2934	2900	2680	1990	1620
	statistische Quellen	1230	1100	840	590	590
	Verkehr					
	PKW	1008	1070	1050	560	290
	NFZ	476	520	570	630	540
	übriger Verkehr	220	210	220	210	200
Ruß	gesamt	232	220	217	180	141
	statistische Quellen	169	153	148	116	90
	Verkehr					
	PKW	13	15	13	11	8
	NFZ	35	38	42	41	32
	übriger Verkehr	15	14	14	12	11
Blei	gesamt	3,5	2,9	1,7	0,1	0,1
SO_2	gesamt	2418	1984	1039	834	685
	statistische Quellen	2340	1900	980	810	660
	Verkehr	78	84	59	24	25
CO_2	gesamt	719,8	719,3	712,3	720	713
	statistische Quellen	590	579	565	558	547
	Verkehr					
	PKW	82,2	91,1	93,5	104	105
	NFZ	25,9	27,5	30,8	35	38
	übriger Verkehr	21,7	21,7	23	23	23

ten Vorläufersubstanzen bilden und sich global verteilen.

Effektive Minderungsmaßnahmen an der Emissionsquelle wirken sich wegen der komplexen nichtlinearen chemischen Reaktionen bei der Photooxidantienbildung nicht in gleicher Weise auf die Immissionskonzentration aus.

Während für den stratospärischen Ozonabbau der Verkehr nicht verantwortlich ist, sind für den „Treibhauseffekt" nach herrschender wissenschaftlicher Meinung überwiegend die CO_2-Emissionen relevant [N.2.5]. Das Klima der Erde wird durch eine Vielzahl komplexer und untereinander gekoppelter Regelkreise kontrolliert, an denen die Atmosphäre, die Biosphäre, die Ozeane und die Kryosphäre beteiligt sind. Die Existenz klimarelevanter Spurengase ist für eine Durchschnittstemperatur von ca. 15 °C verantwortlich. Ohne diese Spurengase würde auf der Erde eine Durchschnittstemperatur von –18 °C herrschen. Zu diesem natürlichen Treibhauseffekt von ca. 33 K tragen
- der Wasserdampf mit 20,6 K
- das CO_2 mit 7,2 K
- das Ozon mit 2,4 K
- das Distickstoffoxid mit 1,4 K
- und das Methan mit 0,8 K
bei.

Der Verkehr ist in Deutschland zwar nicht der größte, aber ein wesentlicher CO_2-Emittent (s. Tabelle N.2-1).

N.2.2 Kraftfahrzeugverkehr

N.2.2.1 Kraftfahrzeugabgase

Die Kraftfahrzeugabgase entstehen bei der motorischen Verbrennung eines aus Kohlenwasserstoffen zusammengesetzten Brennstoffs, bei der die gespeicherte chemische Energie als Oxidationswärme freigesetzt wird. Bei einer theoretisch denkbaren vollständigen Verbrennung entstehen Kohlendioxid und Wasser.

Dabei wird vorausgesetzt, daß ausreichend Sauerstoff zur Verfügung steht, um alle Kohlenwasserstoffmoleküle bis zur höchstmöglichen Oxidationsstufe, also bis zum Kohlendioxid bzw. zum Wasser, zu oxidieren.

$$C_n H_{2n+2} + (3n+1)/2\, O_2 \to n\, CO_2 + (n+1)\, H_2O + \text{Wärme}$$
$$n = 1, 2, 3 \ldots$$

Aus der Zusammensetzung der Verbrennungsluft und der Kraftstoffe läßt sich ermitteln, daß zur vollständigen Verbrennung von 1 kg Ottokraftstoff durchschnittlich 14,9 kg Luft (stöchiometrisches Kraftstoff-Luft-Verhältnis), von 1 kg Dieselkraftstoff 14,6 kg Luft benötigt werden (Tabelle N.2-2 und N.2-3).

Das Verhältnis von tatsächlicher Luftmenge zu diesem stöchiometrischen Bedarf wird als Luftzahl λ bezeichnet.

$$\lambda = \frac{\text{zugeführte Luftmenge}}{\text{stöchiometrische Luftmenge}}$$

Bei Luftmangel ($\lambda < 1$) erhält man ein „fettes", bei Luftüberschuß ($\lambda > 1$) ein „mageres" Gemisch.

Ein Ottomotor, der mit $\lambda = 1$ betrieben wird, emittiert pro kg Kraftstoffstoff etwa 3,1 kg CO_2 und 1,3 kg Wasserdampf. Der Stickstoff der zugeführten Luft durchläuft den Motor nahezu unverändert.

Ottomotor mit $\lambda = 1$:
1 kg Kraftstoff + 14,9 kg Luft (3,4 kg O_2 | 11,5 kg N_2) →
3,1 kg CO_2 + 1,3 kg H_2O + 11,5 kg N_2

Der Dieselmotor arbeitet immer mit einem relativ hohen Luftüberschuß, so daß im Abgas neben den Oxidationsprodukten entsprechende

Tabelle N.2-2 Hauptbestandteile der Luft

Bestandteil	Trocken		Gewicht (22 °C, 50 % rel. Feuchte)	
	Vol. %	Gew. %	Vol. %	Gew. %
N_2	78,08	75,46	77,06	74,88
O_2	20,95	23,19	22,68	22,97
Edelgase	0,94	1,30	0,93	1,29
CO_2	0,03	0,05	0,03	0,05
H_2O	–	–	1,30	0,81

Tabelle N.2-3 Daten handelsüblicher Kraftstoffe [N.2.6, N.2.7]

Kraftstoff	Dichte (kg/l)	C (Gew. %)	H2 (Gew. %)
Super-Plus	0,755 – 0,780	86,5	12,0
Super	0,750 – 0,770	87,0	12,5
Normal	0,735 – 0755	86,0	14,0
Super verbleit	0,740 – 0,775	87,0	12,5
Diesel	0,83	86,4	13,1

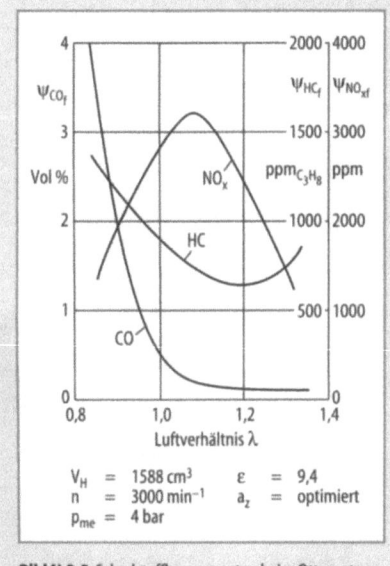

$V_H = 1588\ cm^3 \quad \varepsilon = 9{,}4$
$n = 3000\ min^{-1} \quad a_z = $ optimiert
$p_{me} = 4\ bar$

Bild N.2-5 Schadstoffkomponenten beim Ottomotor

Anteile an den Reaktionen nicht beteiligten Sauerstoffs sowie ein höherer Stickstoffanteil vorhanden sind.
Dieselmotor mit $\lambda = 3$:
1 kg Kraftstoff + 43,7 kg Luft (10,0 kg O_2 + 33,7 kg N_2) $\rightarrow$
3,1 kg CO_2 + 1,3 kg H_2O + 6,6 kg O_2 + 33,7 kg N_2

Im realen Motorabgas sind jedoch zusätzlich als Produkte unvollständiger Oxidation Kohlenmonoxid CO, Wasserstoff H_2 sowie teil- oder unverbrannte Kohlenwasserstoffe HC enthalten. Ausserdem enthält das Abgas Oxidationsprodukte des Stickstoffs NO und NO_2 (zusammengefaßt: NO_x).
Auch im Kraftstoff enthaltene Komponenten, z. B. Blei, Schwefel, sind im Abgas oxidiert oder auch elementar zu finden. Bei Dieselmotoren kommt als weitere Komponente Ruß hinzu.

Das Entstehen dieser Abgaskomponenten liegt daran, daß in der Verbrennungsphase des motorischen Arbeitsprozesses keine Gleichgewichtsbedingungen erreicht werden, sondern inhomogene Gasgemische mit teilweise dissoziierten Komponenten auftreten, wodurch Sekundärreaktionen ermöglicht werden.

Die Konzentrationen der Abgaskomponenten werden in erster Linie vom Verbrennungsluftverhältnis beeinflußt.

Die Abhängigkeit der Mengenanteile vom Luftverhältnis λ ist in Bild N.2-5 für einen Ottomotor dargestellt.

Neben dem Motor selbst übt der verwendete Kraftstoff einen wesentlichen Einfluß auf die Verbrennung und damit auf die Abgaszusammensetzung aus.

N.2.2.1.1 Ottokraftstoffe

Zur Erfüllung der vielfältigen Anforderungen müssen die Kraftstoffe bestimmte, in Normen festgelegte Kennwerte einhalten. Die wesentlichen Eigenschaften der Ottokraftstoffe sind Klopffestigkeit, Siedeverlauf und die Dichte. Hinsichtlich der Klopffestigkeit wird zwischen Normal-, Super- und Super-Plus-Qualitäten unterschieden.

Kennwerte sind Tabelle N.2-4 zu entnehmen. Seit Einführung der Katalysatortechnik müssen unverbleite Kraftstoffe verfügbar sein, da das Blei den Katalysator „vergiftet".

Die bekannteste Eigenschaft des Ottokraftstoffs ist dessen Klopffestigkeit. Mit Klopffestigkeit ist das Verhalten des Ottokraftstoffs gemeint, nicht unkontrolliert durch Selbstzündung, sondern ausschl. durch den Zündfunken eingeleitet präzise durchzubrennen. Kritisch bei einer unkontrollierten Verbrennung ist die dadurch verursachte thermische und mechanische Überlastung des Motors. Ein Maß für die Klopffestigkeit ist die Octanzahl. Um die Octanzahl für einen Ottokraftstoff zu ermitteln, wird die Probe mit einem Isooctan- (Octanzahl: 100) und n-Heptan-(Octanzahl: 0) Gemisch in einem „Einzylinder-CFR-Prüfmotor" verglichen. Zunächst wird durch Verstellung des Verdichtungsverhältnisses ermittelt, mit welchem Verdichtungsverhältnis der Prüfmotor mit der Kraftstoffprobe zu klopfen beginnt. Anschließend wird die dazugehörige Octanzahl ermittelt, indem das Verdichtungsverhältnis beibehalten, dafür das Isooctan/n-

Tabelle N.2-4 DIN-Kennwerte von Ottokraftstoffen und ihre Bedeutung [N.2.6]

Kennwert	Normal DIN EN 228	Super DIN EN 228	SuperPlus DIN EN 228	Super verbl. DIN 51600	Einfluß auf Fahrzeugbetrieb
Klopffestigkeit (Octanzahlen)	min. 91,0 ROZ	min. 95,0 ROZ	min. 98,0 ROZ	min. 98,0 ROZ	Klopfen bei niedriger und mittlerer Drehzahl
	min. 82,5 ROZ	min. 85,0 ROZ	min. 88,0 ROZ	min. 88,0 ROZ	Klopfen bei hoher Drehzahl und hoher Last
Dichte bei 15 °C von bis	725 kg/m^3 780 kg/m^3	725 kg/m^3 780 kg/m^3	725 kg/m^3 780 kg/m^3	730 kg/m^3 780 kg/m^3	Kraftstoffverbrauch, Abgasemission
Bleigehalt	max. 0,013 g/l	max. 0,013 g/l	max. 0,013 g/l	max. 0,013 g/l	Ablagerungen, Katalysator
Dampfdruck nach Reid (= VP) Sommer Winter	36 – 70 k Pa 55 – 90 k Pa	36 – 70 k Pa 55 – 90 k Pa	36 – 70 k Pa 55 – 90 k Pa	36 – 70 k Pa 55 – 90 k Pa	Kaltstart, Heißstart, Verdampfungsemission
Siedeverlauf Übergang bis 70 °C (= E70) Sommer Winter	15 – 45 Vol.-% 15 – 47 Vol.-%	15 – 45 Vol.-% 15 – 47 Vol.-%	15 – 45 Vol.-% 15 – 47 Vol.-%	15 – 40 Vol.-% 20 – 45 Vol.-%	Kaltstart, Heißstart, Fahrverhalten bei heißem und kaltem Motor
Siedeverlauf Übergang bis 70 °C (= E70) Sommer Winter	40 – 65 Vol.-% 43 – 70 Vol.-%	40 – 65 Vol.-% 43 – 70 Vol.-%	40 – 65 Vol.-% 43 – 70 Vol.-%	42 – 65 Vol.-% 45 – 70 Vol.-%	
Siedeende	max. 215 °C	max. 215 °C	max. 215 °C	max. 215 °C	Rückstandsbildung, Abgas, Verschleiß im Kaltbetrieb
Flüchtigkeitskennziffer VLI = 10 · VP + 7 · E70 Sommer Winter	max. 950 max. 1150	max. 950 max. 1150	max. 950 max. 1150	–	Start und Fahrverhalten bei heißem Motor
Abdampfrückstand	max. 5 mg/100 ml	max. 5 mg/100 ml	max. 5 mg/100 ml	max. 5 mg/100 ml	Rückstandsbildung
Schwefel	max. 0,10 %[a]	max. 0,10 %[a]	max. 0,10 %[a]	max. 0,10 %	Korrosion, Katalysator
Korrosionswirkung auf Kupfer	max. 1 (Kor.-Grad)	max. 1 (Kor.-Grad)	max. 1 (Kor.-Grad)	max. 1 (Kor.-Grad)	Korrosion
Benzol	max. 5 Vol.-%	max. 5 Vol.-%	max. 5 Vol.-%	max. 5 Vol.-%	Abgasemission
Gesamtsauerstoffgehalt	max. 2,8 Gew.-%	max. 2,8 Gew.-%	max. 2,8 Gew.-%	max. 2,8 Gew.-%	Fahrverhalten, Kraftstoffverbrauch, Abgasemission

[a] Ab 1995 max. 0,05 %

Heptan-Gemisch in seinem Verhältnis verändert wird, und zwar so, bis der Prüfmotor erneut zu Klopfen anfängt. Enthält die Isooctan/n-Heptan-Mischung dann 95 % Isooctan, beträgt die Octanzahl des zu untersuchenden Kraftstoffs 95.

Ermittelt wird in diesem Laborverfahren mit dem CFR-Prüfmotor nicht nur eine Octanzahl, sondern zwei: die „Research-Octanzahl" (ROZ) sowie die „Motor-Octanzahl" (MOZ). Der Unterschied liegt in den Bedingungen, unter denen diese Werte bestimmt werden. Während für die ROZ eine konstante Drehzahl von 600 U/min, eine konstante Zündeinstellung und eine Luftvorwärmung von 52 °C vorgegeben sind, wird die MOZ bei einer Drehzahl von 900 U/min, automatisch verstellbarer Zündeinstellung sowie einer Gemischvorwärmung von 149 °C ermittelt.

Die Neigung des Benzins zur Verdampfung – d.h. seine Flüchtigkeit – ist die wesentliche Voraussetzung zum Einsatz als Ottokraftstoff. Da Benzin ein Gemisch aus vielen Kohlenwasserstoffen ist, hat es keinen definierten Siedepunkt, sondern einen Siedebereich, der etwa zwischen 30 und 200 °C liegt.

Die Abhängigkeit „Verdampfte Benzinanteile/Temperatur" ergibt die sog. Siedekurve. Lage und Charakteristik der Siedekurve (Bild N.2-6) erlauben Rückschlüsse über das Verhalten des Kraftstoffs im Motor.

Prinzipiell muß die Flüchtigkeit des Ottokraftstoffs so beschaffen sein, daß in allen Situationen ein zündfähiges Kraftstoff/Luft-Gemisch

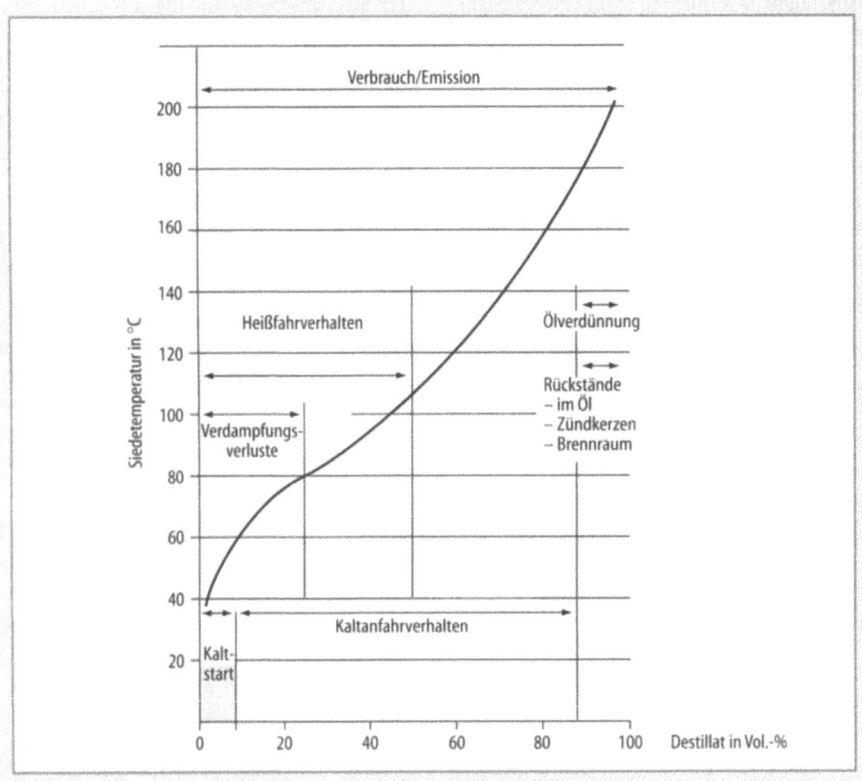

Bild N.2-6 Siedeverlauf und dessen Einfluß auf das motorische Verhalten [N.2.8]

dem Brennraum zur Verfügung steht. Unter bestimmten Betriebsbedingungen – etwa bei besonders kaltem oder besonders heißem Motor – ist diese Voraussetzung schwer zu erfüllen.

Für einen sicheren Kaltstart muß der Kraftstoff möglichst leichtflüchtig sein. Die Siedetemperatur um den 10-Vol.%-Punkt sollte dafür niedrig, der Dampfdruck dagegen hoch sein. Die spontane Gasannahme („Übergangsverhalten") im kalten Zustand wird durch eine niedrige Siedelage im mittleren Bereich der Siedekurve erleichtert.

Beim heißen Motor sind die Anforderungen an das Benzin genau umgekehrt. Unter ungünstigen Bedingungen können Bauteile des Kraftstoffsystems so heiß werden, daß ein zu großer Teil Kraftstoff verdampft („Dampfblasenbildung") und sich in Einspritzsystemen Dampfpolster bilden. Dadurch wird die Kraftstoffzufuhr unterbrochen bzw. das Gemisch überfettet, was sich negativ auf das Fahrverhalten auswirkt.

N.2.2.1.2 Dieselkraftstoffe

Im Unterschied zum Ottokraftstoff enthält der Dieselkraftstoff höhermolekulare Kohlenwasserstoffe (mit etwa 8 – 30 Kohlenstoffatomen) und hat daher eine höhere Dichte. Weitere wichtige Qualitätskriterien, die auch Auswirkungen auf das Emissionsverhalten der Dieselmotorfahrzeuge haben, sind die Zündwilligkeit, der Siedeverlauf, die Viskosität und der Flammpunkt (Tabelle N.2-5).

N.2.2.1.3 Hauptkomponenten der Automobilabgase

In Tabelle N.2-6 sind Meßwerte für die Abgaskomponenten eines typischen Ottomotorfahrzeuges zusammengestellt. Über 98 Gew.% des Abgases (Spalte 4) bestehen aus den Substanzen Kohlendioxid, Wasser, Sauerstoff, Stickstoff und Wasserstoff. Als charakteristische Produkte einer unvollständigen Verbrennung folgen mit insgesamt etwa 1,64 Gew.% die limitierten Abgasbestandteile Kohlenmonoxid (Zwischenstufe der Kohlendioxid-Bildung), Kohlenwasserstoffe (unverbrannte und gekrackte Kraftstoffkomponenten sowie daraus neu entstandene Verbindungen) und Stickoxide (Oxidationsprodukte des Luftstickstoffs).

Den mengenmäßig sehr kleinen Rest von < 0,05 Gew.% stellen die nicht limitierten Abgaskomponenten, deren Hauptvertreter der Wasserstoff (Pyrolyseprodukt der Kohlenwasserstoffe), die Schwefelverbindungen (Oxidationsprodukte des im Kraftstoff enthaltenen Schwefels), die Aldehyde (teiloxidierte Kohlenwasserstoffe) und der Ammoniak (Reduktionsprodukt der Stickoxide) sind. Die Konzentrationen (Gew.%) sind um bis zu 5 Zehnerpotenzen geringer als die der limitierten Substanzen. Es handelt sich hier also um Spurenkomponenten.

Alle genannten Substanzen werden auch im Dieselmotorabgas – wegen des größeren Luftüberschusses mit noch niedrigeren Konzentrationen – wiedergefunden (Tabelle N.2-7). Aufgrund des höheren Schwefelgehaltes im Dieselkraftstoff werden jedoch verstärkt Schwefelverbindungen emittiert. Zusätzlich zu den Komponenten des Ottomotorabgases gewinnt im Dieselmotorabgas mit den Partikeln eine weitere Komponente an Bedeutung.

N.2.2.1.4 Maßnahmen zur Reduzierung der Abgasemissionen

Grundsätzlich gehen die Bestrebungen dahin, daß Maßnahmen zur Emissionsminderung der Abgaskomponenten die Fahrtauglichkeit und

Tabelle N.2-5 Wichtige Kenndaten von Dieselkraftstoff nach DIN EN 590 [N.2.7]

Kenngröße		
Zündwilligkeit (Cetanzahl)	CZ	51,8 / 46 – 49
Dichte bei 15 °C	g/ml	0,843 / 0,820 – 0,860
Siedeverlauf 250 °C	Vol.-%	max. 65
350 °C	Vol.-%	max. 85
Viskosität bei 20 °C	mm^2/s	2 – 4,5
Flammpunkt	°C	max. 55
Schwefel	Gew.-%	max. 0,20[a]

[a] Ab 1.10.96 max. 0,05.

Tabelle N.2-6 Typische Zusammensetzung des Ottomotorabgases

Komponente		kg/kg Kraftstoff	kg/l Kraftstoff	Gew. %		Vol. %	
Kohlendioxid	CO_2	2,710	2,019		17,0		10,9
Wasserdampf	H_2O	1,330	0,990		8,3		13,1
Sauerstoff	O_2	0,175	0,130	98,4	1,1	97,8	1,0
Stickstoff	N_2	11,500	8,568		72,0		72,8
Wasserstoff	H_2	$5,6 \cdot 10^{-3}$	$4,2 \cdot 10^{-3}$		$3,5 \cdot 10^{-2}$		0,5
Kohlenmonoxid	CO	0,224	0,167		1,4		1,4
Kohlenwasserstoffe	HC	$2,0 \cdot 10^{-2}$	$1,5 \cdot 10^{-2}$	1,64	0,13	1,77	0,27
Stickoxide	NO_x	$1,7 \cdot 10^{-2}$	$1,3 \cdot 10^{-2}$		0,11		0,1

Tabelle N.2-7 Typische Zusammensetzung des Dieselmotorabgases

Komponente		kg/kg Kraftstoff	kg/l Kraftstoff	Gew. %		Vol. %	
Kohlendioxid	CO_2	3,147	2,612		7,1		4,6
Wasserdampf	H_2O	1,170	0,971		2,6		4,2
Sauerstoff	O_2	6,680	5,554	99,9	15,0	99,9	13,5
Stickstoff	N_2	33,540	27,838		75,2		77,6
Wasserstoff	H_2	$9,0 \cdot 10^{-4}$	$7,0 \cdot 10^{-4}$		$2 \cdot 10^{-3}$		$3 \cdot 10^{-2}$
Kohlenmonoxid	CO	$1,3 \cdot 10^{-2}$	$1,1 \cdot 10^{-2}$		$3 \cdot 10^{-2}$		$3 \cdot 10^{-2}$
Kohlenwasserstoffe	HC	$3,1 \cdot 10^{-2}$	$2,5 \cdot 10^{-3}$	0,067	$7 \cdot 10^{-3}$	0,074	$1,4 \cdot 10^{-2}$
Stickoxide	NO_x	$1,3 \cdot 10^{-2}$	$1,1 \cdot 10^{-2}$		$3 \cdot 10^{-2}$		$3 \cdot 10^{-2}$

den Benzinverbrauch nicht negativ beeinflussen. Dabei ist auch zu beachten, daß eine Maßnahme zur Verringerung der Emission einer bestimmten Komponente u. U. ungünstige Auswirkungen auf die Emissionswerte der anderen Komponenten nach sich ziehen kann. Die prinzipiell einsetzbaren Verfahren zur Emissionsminderung lassen sich wie folgt einteilen in:
- primäre oder motorische Maßnahmen und
- sekundäre oder Abgasnachbehandlungsverfahren.

Motorische Maßnahmen
Bild N.2-7 veranschaulicht beispielhaft die Fülle der Parameter, die einen Einfluß auf die Abgaszusammensetzung haben können. Auf Details soll hier nicht näher eingegangen werden. Es sei nur soviel gesagt, daß sich die gegenwärtigen Arbeiten an der Optimierung des Motors auf die 3 Hauptgebiete Brennraum, Gemischbildung und Zündung konzentrieren.

Abgasnachbehandlung
Zu den wichtigsten Techniken der Abgasnachbehandlung gehören heute der Katalysator beim Ottomotor und das Partikelfilter beim Dieselmotor.

Mit dem Dreiwegkatalysator werden beim Ottomotor unter der katalytischen Wirkung von Edelmetallen simultan die Stickoxide (hauptsächlich aus Stickstoffmonoxid NO bestehend) reduziert sowie das Kohlenmonoxid und die Kohlenwasserstoffe oxidiert.

Reduktion von NO zu Stickstoff:
$2 NO + 2 CO \rightarrow N_2 + 2 CO_2$

Oxidation von CO und C_mH_n zu CO_2:
$2 CO + O_2 \rightarrow 2 CO_2$
$C_mH_n + (m + n/4) O_2 \rightarrow m CO_2 + n/2 H_2O$

Als Reduktions- bzw. Oxidationsmittel fungieren dabei das Kohlenmonoxid selbst bzw. der Sauerstoff. Die Schwierigkeit besteht darin, praktisch gleichzeitig reduzierende und oxidierende Bedingungen im Abgas zu schaffen.

Technisch löst man dieses Problem dadurch, daß man das Luftverhältnis in einem sehr engen Bereich um den Wert $\lambda = 1$ („Lambda-Fenster") regelt und so kurzzeitig abwechselnd Luftmangel (Reduktion) bzw. Luftüberschuß (Oxidation) erzeugt. Dazu ist eine sehr genaue Sauerstoffmessung im Abgas mit Hilfe der sog. Lambda-Sonde erforderlich. Über das Ausgangssignal dieses Meßfühlers wird die der Ansaugluft zugemischte Kraftstoffmenge und damit das Luftverhältnis gesteuert.

Bild N.2-8 zeigt den mit einem Dreiwegkatalysator erzielbaren Konvertierungsgrad für Kohlenmonoxid, die Kohlenwasserstoffe und die Stickoxide in Prozenten des Idealzustands (d. h.

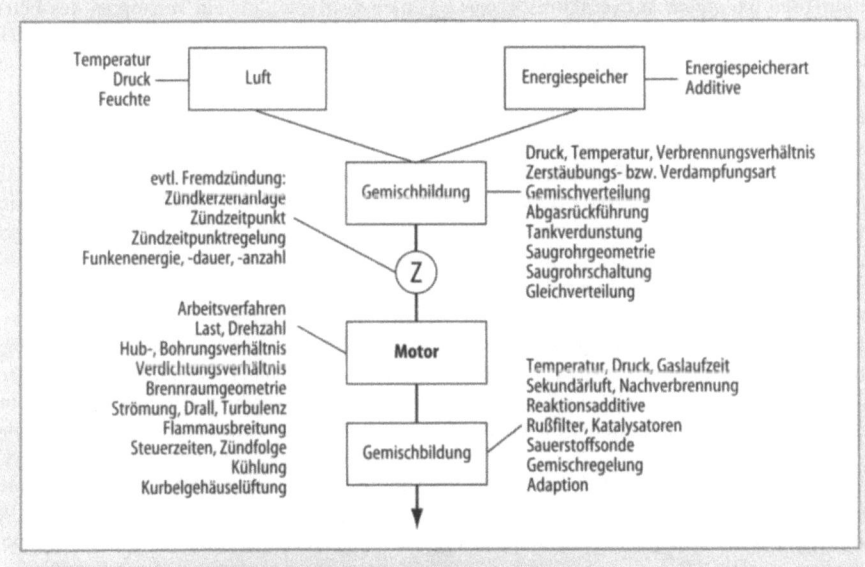

Bild N.2-7 Zusammenstellung der die Abgaszusammensetzung beeinflussenden Parameter

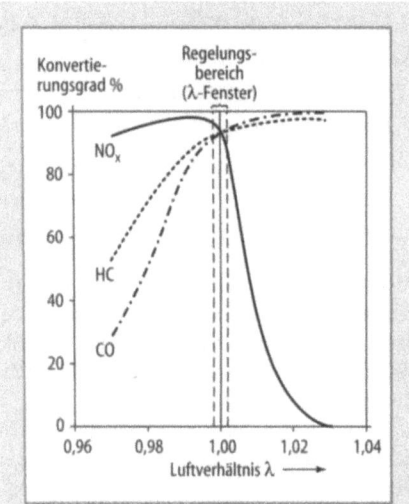

Bild N.2-8 Katalysator-Konvertierungsgrad als Funktion des Luftverhältnisses (der Konvertierungsgrad dient als Maß für die Wirksamkeit des Katalysators)

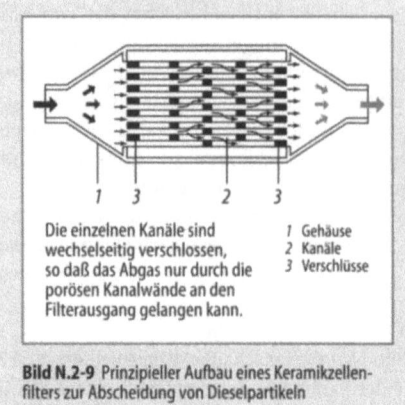

Bild N.2-9 Prinzipieller Aufbau eines Keramikzellenfilters zur Abscheidung von Dieselpartikeln

100 % = völlige Umwandlung) als Funktion des Luftverhältnisses. Daraus geht hervor, daß eine gleichzeitige Absenkung aller 3 Komponenten nur innerhalb eines sehr engen Regelungsbereichs zu erreichen ist. Bei λ-Werten > 1 nimmt die Stickoxid-Konvertierung stark ab, weil das reduzierende Agens Kohlenmonoxid zunehmend zu Kohlendioxid oxidiert wird. Andererseits werden bei einem Luftverhältnis < 0,99 aufgrund sinkender Sauerstoffkonzentrationen die Kohlenwasserstoffe und das Kohlenmonoxid weniger effektiv umgesetzt (oxidiert). Anzumerken ist, daß die dargestellten Konvertierungsraten von 90 % und mehr nur für einen betriebswarmen (T > 300 °C) Katalysator gelten. Insbesondere bei einem Kaltstart des Motors vergeht daher einige Zeit (ca. 1 min), bis Katalysator und Lambda-Sonde durch die Abgase soweit aufgeheizt sind, daß die chemischen Reaktionen verstärkt einsetzen.

Der Katalysator kann allerdings auch unerwünschte chemische Umsetzungen begünstigen, z. B. die Bildung von Ammoniak aus Stickstoffmonoxid und Wasserstoff nach der Gleichung

$$2\,NO + 5\,H_2 \rightarrow 2\,NH_3 + 2\,H_2O.$$

Für die Reduzierung der Partikelemissionen beim Dieselmotor werden z. Z. hauptsächlich 3 Techniken erprobt:
– motorische Maßnahmen,
– Filterung des Hauptstroms mit Partikelfiltern,
– kontinuierliche Nachverbrennung mit Hilfe von Oxidationskatalysatoren.

Das Prinzip der Partikelabscheidung mit einem Filter ist in Bild N.2-9 dargestellt. Das hierbei auftretende Problem ist die Regenerierung des sich beim Fahrzeugbetrieb allmählich mit den abgeschiedenen Partikeln zusetzenden Filters. Ursache dafür ist, daß die zur Verbrennung des Rußes auf dem Filter erforderliche Temperatur von mind. 550–600 °C unter normalen Lastbedingungen des Dieselmotors nicht erreicht wird. Deshalb wird gegenwärtig intensiv an Maßnahmen gearbeitet, die ein Verstopfen des Filters verhindern sollen (thermische bzw. katalytische Regenerierung des Filters).

N.2.2.1.5 Emissionsmessungen

Emissionsmessungen zur Beurteilung des Abgasemissionsverhaltens von Kraftfahrzeugen sind für die Mitgliedstaaten der EU einheitlich geregelt.

Pkw und Pkw-Kombi
Das Fahrzeug wird auf einem Fahrleistungsprüfstand (Rollenprüfstand, Bild N.2-10) nach einem Zyklus gefahren, der eine Stadtfahrt mit einem Außerortsanteil repräsentiert. Das dabei emittierte Abgas wird mit gefilterter Luft verdünnt und der Volumenstrom des verdünnten Abgases konstant gehalten (CVS: Constant Volume Sampling). Ein zum Gesamtstrom proportionaler Anteil verdünnten Abgases wird in Beuteln gesammelt und nach Abschluß der Testfahrt

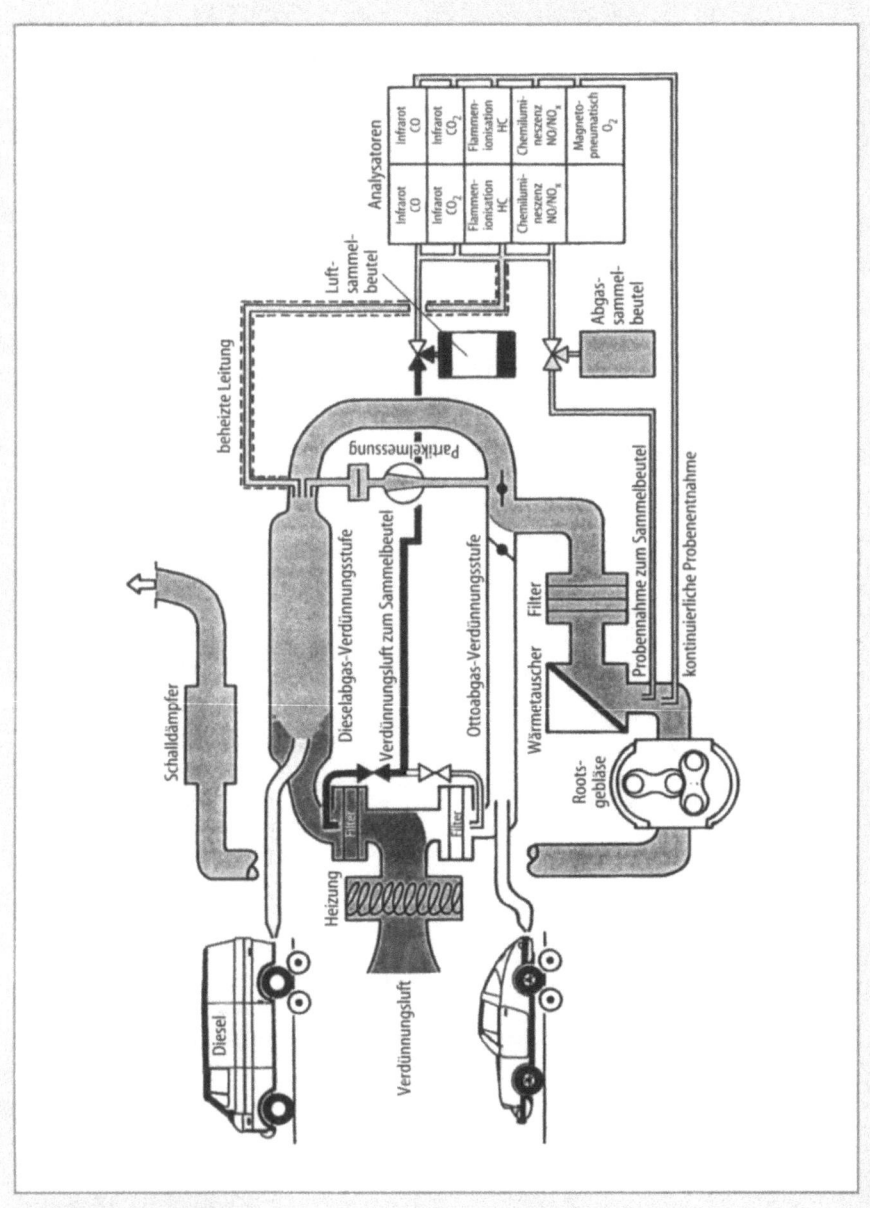

Bild N.2-10 Meßanlage für Abgastests [N.2.8]

analysiert. Für jede der limitierten Abgaskomponenten ist ein Analysator vorhanden.

Aus den Konzentrationen der einzelnen Komponenten und aus dem Volumenstrom werden die Massenemissionen über die gefahrene Strecke oder pro Test ermittelt.

Die Abgasvorschriften für Pkw sehen Grenzwerte für CO, HC, NO_x und Partikel (nur für Dieselmotoren) vor. Die Höhe der Grenzwerte und die weitere Entwicklung sind Bild N.2-11 zu entnehmen.

Die USA, Japan, Schweiz und andere Länder

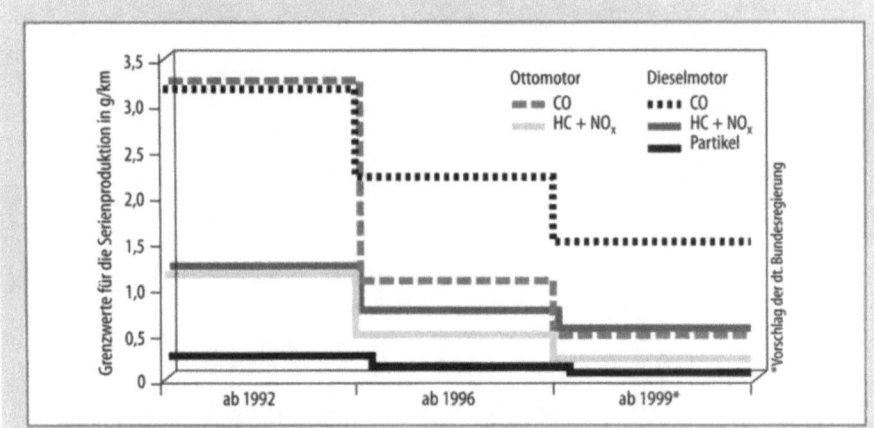

Bild N.2-11 Abgasgrenzwerte Pkw [N.2.9]

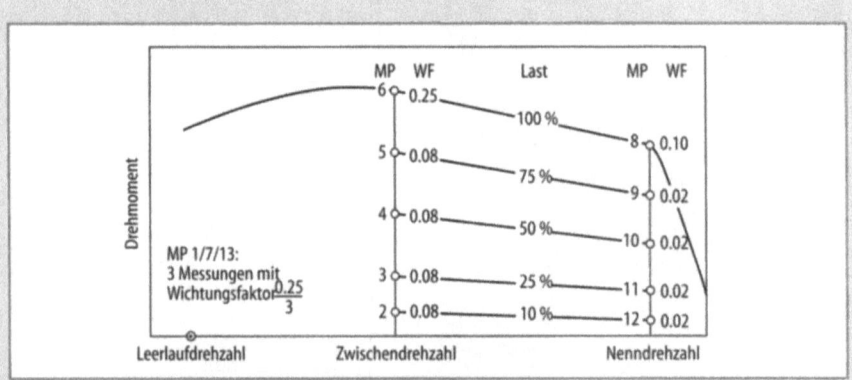

Bild N.2-12 13-Punkte-Test für ECE-R 49 und 88/77/EWG

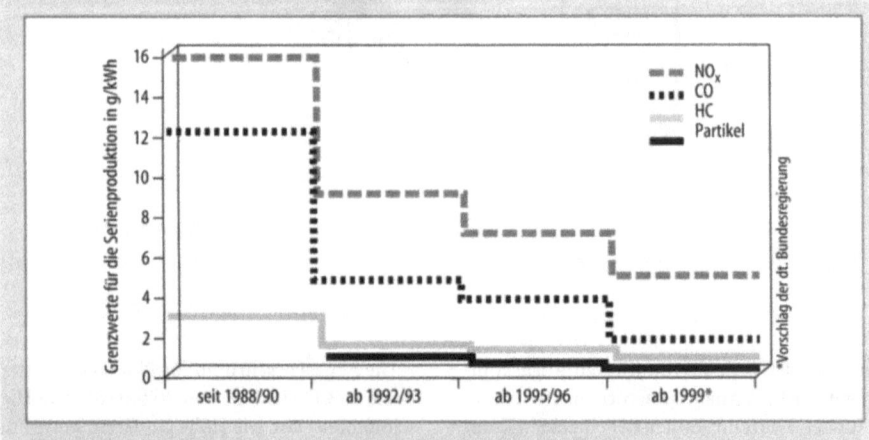

Bild N.2-13 Dreistufenplan für europäische Abgasgrenzwerte für Lkw und Busse

verwenden von den EU-Vorschriften abweichende Fahrzyklen, die jeweiligen Abgaswerte sind nicht direkt vergleichbar.

Nutzfahrzeuge
Die Abgasemissionen von Nutzfahrzeugen werden in der EU auf einem Motorprüfstand im europäischen Prüfmodus, dem sog. 13-Stufentest ermittelt.

Die 13 Motorbetriebspunkte sind Leerlauf, der dreimal anzufahren ist, sowie 10, 25, 50, 75 und 100 % der Höchstleistung bei der Nenndrehzahl und bei der Drehzahl des max. Drehmoments. In jedem der Motorbetriebspunkte werden die Schadstoffkonzentrationen von Kohlenmonoxid, Kohlenwasserstoff und Stickoxid gemessen. Aus den ebenfalls zu messenden Größen für die angesaugte Luftmenge und den Kraftstoffverbrauch wird die Abgasmenge errechnet, so daß über die Schadstoffkonzentrationen und die entsprechende Dichte die Schadgasmassenströme (Menge je Zeit) ermittelt werden können. Diese für die einzelnen Motorbelastungen errechneten Massenströme werden mit unterschiedlichen Bewertungsfaktoren gewichtet, um der Tatsache Rechnung zu tragen, daß die unterschiedlichen Belastungen bei einer angenommenen repräsentativen Stadtfahrt mit verschiedenen Häufigkeiten auftreten. Man versucht auf diese Weise auch für schwere Fahrzeuge praxisbezogene Emissionen zu erhalten. Die Bewertung (WF) der einzelnen Belastungen zeigt auch Bild N.2-12.

Die so bewerteten Massenströme werden aufaddiert und zu der in den einzelnen Lastpunkten ermittelten und entsprechend bewerteten und addierten Motorleistung in Beziehung gesetzt. Auf diese Weise erhält man für jeden Schadstoff eine leistungsbezogene Menge, die mit dem Grenzwert verglichen wird.

In der Europäischen Union gilt seit Oktober 1993 die Grenzwertkombination EURO 1 für alle Serienfahrzeuge (Bild N.2-13). Für die folgenden, ab 1995/6 geltenden, Grenzwerte EURO 2 ist die Festlegung der Partikellimits noch offen. Für kleine Motoren kann der ursprünglich vorgesehene Partikelgrenzwert von 0,15 g/kWh nicht festgelegt werden, wenn diese i. d. R. von Pkw-Motoren abgeleitete Antriebsquelle für leichte Nutzfahrzeuge im Verteilerverkehr bestehen bleiben soll.

Die nächste europäische Grenzwertfestlegung EURO 3 ist bzgl. des Zyklus und der Grenzwerte noch nicht definiert.

N.2.2.1.6 Reduktion von Abgasemissionen und Kraftstoffverbrauch

Die durch den Verkehr, insbesondere den Strassenverkehr, verursachten Belastungen der Umwelt zeigen deutlich, daß sich diesbezüglich die Vergangenheit nicht einfach fortschreiben läßt. Innovationen in Form fahrzeugtechnischer Fortschritte zur Minderung der Emissionen an der Quelle allein werden nicht ausreichen, um die Situation grundlegend zu verbessern. Die Schaffung eines Verkehrssystems der Zukunft erfordert eine gemeinsame Strategie der Fahrzeugindustrie, der Verkehrsträger und des Staates.

Mit dem Ziel, im Konflikt zwischen Auto, Verkehr und Umwelt Lösungen zu finden, müssen folgende Problemfelder bearbeitet werden:
- Technische Verbesserung der Verkehrsmittel zur Minderung der Emissionen an der Quelle durch innovative Fahrzeugtechnik, Verbesserung der Kraftstoffe, Verwendung alternativer Kraftstoffe und Reduktion des Kraftstoffverbrauchs
- Verkehrsverlagerung auf umweltschonende Verkehrsmittel
- Verlagerung im Personennahverkehr vom Auto auf attraktive Bahn- und Busverbindungen
- Im Güterverkehr Verlagerung von der Straße auf die Schiene durch günstigen Verkehrsverbund
- Reduktion des Verkehrsaufkommens

Die heutigen Mobilitätsbedürfnisse müssen analysiert und ungewollte oder weniger notwendige Mobilität abgebaut werden.

N.2.2.2 Maßnahmen

Eine Entlastung der Umwelt kann kurzfristig nur durch eine Verbesserung der konventionellen Kraftfahrzeuge am Motor (Antrieb) und Aufbau erreicht werden.

Änderungen an Fahrzeugen wie Reduktion der Fahrzeugmasse und des Fahr- und Rollwiderstands, sowie alle Maßnahmen zur Verkehrsregulierung wirken prinzipiell auf den Kraftstoffverbrauch und die Abgasemissionen aller Fahrzeugen aus. Die Fahrzeugmasse trägt entscheidend zur Höhe des Kraftstoffverbrauchs bei. Eine Reduktion der Fahrzeugmasse um 100 kg senkt bei ansonsten unverändertem Fahrzeug den Kraftstoffverbrauch um ca. 0,4 l/100 km. Die relative Einsparung ist bei instationärer Betriebsweise des Motors (Nahverkehr) größer als bei quasi stationärer Betriebsweise (Autobahn). Von der heute üblichen Fahrzeugbauweise ausgehend, können neue Fahrzeuge durch leichtere Materialien in den nächsten 10 Jahren etwa 10 % leichter werden. Dem stehen allerdings Kosten und energetische Aufwendungen (z.B. Aluminiumherstellung) entgegen, die sich jedoch durch Fortschritte beim Recycling verringern werden. Als weitere Kraftstoffverbrauchs-Reduktionsmaßnahme kann eine Verbesserung der Aerodynamik einbezogen werden. Dabei auftretende Zielkonflikte zwischen Luftwiderstandswert und Komfort (Innenraumaufheizung, verringerte Kopffreiheit, Ausstattung des Fahrzeugs) müssen durch Priorisierung der Kriterien gelöst werden.

Mit der Abstimmung des Getriebes ist ein weiteres Potential zur Kraftstoffeinsparung gegeben. Je größer die Gangwahlmöglichkeit, desto besser kann der Motor im Bereich des relativ günstigen Kraftstoffverbrauchs betrieben werden. Neue automatisierte 5- und 6-Gang-Getriebe mit elektronischer Kopplung zur Motorelektronik ermöglichen ein kennfeldoptimiertes Fahren.

Aufgrund seiner Leistungsdichte, seines Bauvolumens und Gewichts hat der Zweitaktmotor im otto- bzw. dieselmotorischen Betrieb bei entsprechender Weiterentwicklung Zukunftschancen als Pkw-Antrieb. Besonders bei Zweitaktmotoren mit Spülschlitzen im Zylinder muß für den Problemkreis Schmierung/Dauerhaltbarkeit noch eine Lösung gefunden werden. Der Kraftstoffverbrauch kann besonders im Teillastbereich mit Hilfe innerer Gemischaufbereitung abgesenkt werden.

Bei Umsetzung aller technischen Möglichkeiten zur Verbesserung des Abgasemissionsverhaltens und des Kraftstoffverbrauchs ist beim Pkw mit Ottomotor langfristig ein Einsparungspotential in Höhe von 35 %, beim Pkw mit Dieselmotor von 30 % auszuschöpfen. Ist weiterhin eine Akzeptanz für eine gewissen Reduktion der Pkw-Fahrleistungen gegeben, und ist der Fahrzeugnutzer bereit, durch umweltbewußten Umgang mit seinem Fahrzeug einen Beitrag zu liefern, so sind Kraftstoffverbräuche von 5–3 l/100 km zu erreichen. Diese möglichen Kraftstoffverbräuche entlasten die Umwelt jedoch nur dann, wenn im Rahmen eines Gesamtkonzepts auch eine umweltgerechte Verkehrstechnik und Verkehrsbeeinflussung einbezogen wird.

N.2.2.3 Alternative Kraftstoffe

Der Einsatz alternativer Kraftstoffe war ursprünglich von der Sorge um die Verknappung

Tabelle N.2-8 Energieumwandlungs-Prozeßketten (EUK) im Vergleich

EUK	Pkw-Testgewicht	Reichweite	Energiebedarf Pkw am Rad	Energieverbrauch Pkw/EUK	Wirkungsgrad Pwk/EUK	CO_2-Emission Pkw/EUK
	kg	km	MJ/100 km	MJ/100 km	%	kg/100 km
Benzin-Verbr.-Motor	1060	697	31,2	254/272	12,3/11,5	18,4//19,6
Diesel-Verbr.-Motor	1130	886	33,0	219/226	15,1/14,6	16,2/16,7
M100-Verbr.-Motor	1250	417	36,2	205/312	17,8/11,6	14,5/18,4
CNG-Verbr.-Motor	1120	274	32,8	240/269	13,6/12,2	14,0/16,3
LNG-Verbr.-Motor	1110	932	32,5	239/284	13,6/11,4	13,9/18,1
LH_2-Verbr.-Motor	1050	372	30,9	229/563	13,5/5,50	0,0/35,4
GH_2-Verbr.-Motor	1200	155	34,9	251/376	13,9/10,1	0,0/22,7
HH_2-Verbr.-Motor	1190	156	34,7	250/375	13,9/9,20	0,0/22,7
Methanol Brennstoffzelle Blei/Gel-Batterie-E-Antrieb	1707	442	48,4	260/396	18,6/12,2	18,3/23,4
Methanol Brennstoffzelle Na/S-Batterie-E-Antrieb	1544	485	44,1	237/361	18,6/12,2	16,7/21,3
Strom E-Antrieb	1400	38	40,3	111/293	36,3/13,7	0,7/19,9

LNG Liquified Natural Gas/Flüssiges Erdgas für Verbrennungsmotor
CNG Compressed Natural Gas/Erdgas bei erhöhtem Druck für Verbrennungsmotor
MeOH Methanol/Methanol für Verbrennungsmotor
LH_2 Liquified Hydrogen/Flüssiger Wasserstoff für Verbrennungsmotor
GH_2 Gaseous Hydrogen/Wasserstoffgas bei erhöhtem Druck für Verbrennungsmotor
HH_2 Wasserstoff-Metellhydridspeicher (Mg/TiCrMn) für Verbrennungsmotor
BZ Methanol/Wasser (1,3 Mol H_2O/1 Mol CH_3OH) für Brennstoffzelle (BZ) und E-Antrieb
EA Batterie für E-Antrieb

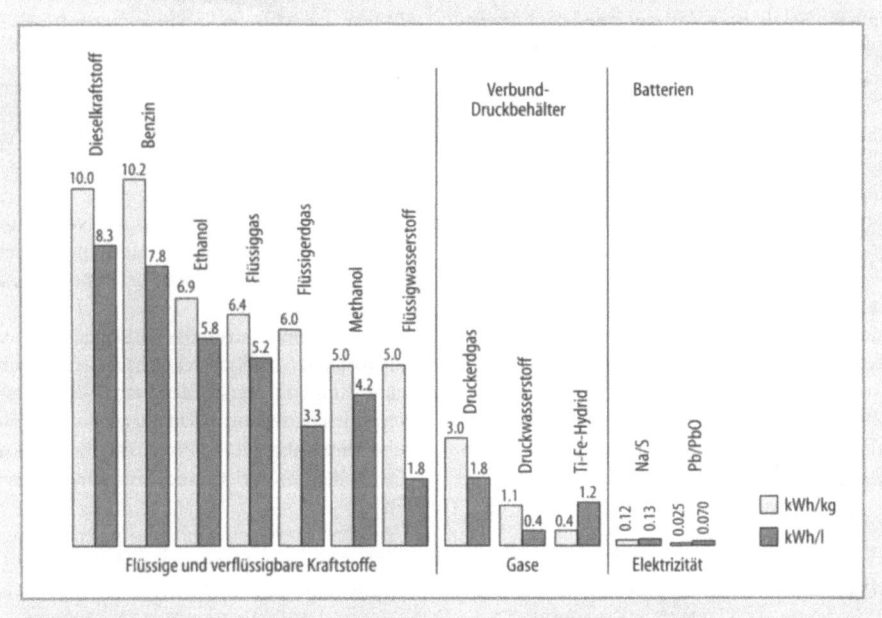

Bild N.2-14 Energiedichten von Kraftstoffspeichersystemen

der Erdölvorräte geprägt. Die Umweltsituation hat das Interesse an alternativen bzw. erneuerbaren Kraftstoffen neu geweckt. Als alternative Kraftstoffe für die Verwendung bei Straßenfahrzeugen sind zu nennen: Methanol, Ethanol, Pflanzenöle, Flüssiggas, Erdgas und Wasserstoff.

Der Einsatz von Methanol, Ethanol, Pflanzenölen, Flüssiggas und Erdgas ist praktisch Stand der Technik. Schwierigkeiten treten durch die i. d. R. nicht vorhandenen Infrastrukturen auf, und die Kosten, die auch aufgrund der kleinen Stückzahlen sehr hoch sind. Ohne flankierende Maßnahmen des Staats ist eine Substitution eines merklichen Anteils konventioneller Kraftstoffe zur Entlastung der Umwelt kaum möglich. Bei einem Vergleich bzgl. der Umweltvorteile alternativer Kraftstoffe muß die gesamte jeweils erforderliche Energieumwandlungs-Prozeßkette einbezogen werden.

Diese Bilanzen sind schwer zu erstellen und hängen von vielen Randbedingungen ab. Ein Beispiel für Bilanzen aus dem Pkw-Bereich zeigt Tabelle N.2-8, die [N.2.10] entnommen ist.

Die alternativen flüssigen und gasförmigen Schadstoffe weisen hinsichtlich Masse, Volumen, Heizwert und Speichersystem Unterschiede auf. Für die Verwendung im Fahrzeug spielt die Energiedichte bzgl. der Reichweite des Fahrzeugs eine wichtige Rolle. Die Speicherverhältnisse sind im Bild N.2-14 dargestellt. In der Darstellung ist der Wirkungsgrad für die Umwandlung von Kraftstoff in mechanische Energie nicht berücksichtigt.

Der technische Aufwand für den Kraftstoffspeicher nimmt zu, wenn gasförmige Kraftstoffe zum Einsatz kommen.

N.2.2.3.1 Methanol und Ethanol

Beide Alkoholkraftstoffe können in Otto- oder Dieselmotoren verbrannt werden, wobei im Dieselmotor Zündhilfen erforderlich sind. Die Herstellung von Methanol erfolgt heute fast ausschl. durch katalytische Umsetzung von Synthesegas, das aus der Erdgasspaltung stammt. Synthesegas auf Basis nachwachsender Rohstoffe könnte aus Biogas und der Holz- oder Strohvergasung produziert werden. Bei der Methanolherstellung treten Energieverluste von 40–60 % auf, je nach Anzahl der notwendigen Verfahrensschritte, die sowohl die Energie- als auch die Emissionsbilanz belasten. Der Heizwert von Methanol erfordert eine Abstimmung des Gemischbildungssystems, bei vollständigem Einsatz des konventionellen Kraftstoffs muß das doppelte Kraftstoffvolumen eingespritzt werden. Entzündungs- und Verbrennungseigenschaften sowie das Kaltstartverhalten müssen beachtet werden. Aufgrund der höheren Oktanzahlen kann ein höheres Verdichtungsverhältnis gewählt werden.

Ethanol hat ähnliche Eigenschaften wie Methanol. Der Vorteil von Ethanol wäre ein theoretisch geschlossener CO_2-Kreislauf, da es aus Biomasse hergestellt wird. In der Praxis wird der Kohlenstoffkreislauf nicht geschlossen. Ein weiterer Nachteil ist der notwendige Düngereinsatz.

Mit Alkoholkraftstoffen emittieren mit Katalysator ausgerüstete Fahrzeuge höhere NO_x-Emissionen. Dieselmotoren emittieren weniger NO_x-Emissionen bei Reinmethanolbetrieb als bei Verwendung von Diesel. Zusätzlich werden sauerstoffhaltige Komponenten wie Methanol, Formaldehyd usw. emittiert. Der Hauptvorteil liegt in der partikelarmen Verbrennung.

N.2.2.3.2 Pflanzenöle

Umfangreiche Untersuchungen haben gezeigt, daß reine Pflanzenöle bei der Verbrennung Rückstände bilden. Derzeit wird hauptsächlich Rapsöl in veresterter Form als Rapsölmethylester (RME) eingesetzt. Die Verwendung ist auf Dieselmotoren beschränkt und erfordert keine aufwendigen Anpassungsarbeiten am Motor. Zur Aufstellung der CO_2-Bilanz von Motoren mit RME-Betrieb müssen die energetischen Verbräuche des Landwirtschaftszweigs und der Produktionsprozesse berücksichtigt werden. Ein Vergleich von Energie-Input und -Output verdeutlicht, daß für die RME-Produktion ca. 85 % des RME-Energieinhalts für die Herstellung benötigt wird.

N.2.2.3.3 Erdgas/Flüssiggas

Für den Einsatz bei Fahrzeugen werden heute im wesentlichen 2 Gasarten benutzt. Einmal Erdgas (CNG Compressed Natural Gas), das hochverdichtet in Druckbehältern mitgeführt wird, und zum anderen Flüssiggas (LPG Liquified Petroleum Gas), das bei Raumtemperatur und geringem Druck in der Flüssigphase vorliegt.

Eigenschaften von Flüssiggas
Unter Flüssiggas wird ein Gasgemisch aus niedrigsiedenden C_3- und C_4-Kohlenwasserstoffen verstanden. Hauptkomponenten sind Propan (C_3H_8) und Butan (C_4H_{10}). Geringe Beimischungen an Äthan (C_2H_6) und Pentan (C_5H_{12}) sind ebenfalls möglich.

Darüber hinaus können in Flüssiggas kleine Mengen ungesättigter Kohlenwasserstoffverbindungen vorliegen.

Da es neben der DIN 51622 (Anforderungen an die Qualität der Flüssiggase, jedoch nicht gültig für „Autogas") keine international gültige Vereinbarung über die Zusammensetzung von Flüssiggas gibt, variiert diese weltweit.

Tabelle N.2-9 listet die Mischungsverhältnisse für einige Länder auf, Sommer- und Winterbetrieb stellen sich bzgl. der Zusammensetzung z.T. unterschiedlich dar.

Die Zusammensetzung des Flüssiggases ist wegen der unterschiedlichen Eigenschaften der einzelnen Komponenten für den Betrieb des Motors von großer Bedeutung. Nicht nur die unterschiedliche Klopffestigkeit von Propan und Butan setzt einer beliebigen Variation des Butananteils Grenzen.

Bei geregelter Gemischbildung muß das System in der Lage sein, Luftzahlveränderungen (z.B. Schwankungen in der Flüssiggaszusammensetzung) innerhalb des Regelbereichs des Systems auszugleichen.

Weiterhin ist die Siedetemperatur (bzw. Siedeendtemperatur) insbesondere beim Kaltstart von Bedeutung. Erst beim Überschreiten der Siedepunkttemperaturen findet ein sprunghafter Übergang von der Flüssig- in die Gasphase statt. Der Druck in einem geschlossenen System ist ausschl. von der Temperatur der Flüssigphase und nicht vom Anteil der Flüssigphase abhängig. Er bleibt konstant, bis die Flüssigphase verdampft ist. Erst dann kann bei weiterer Energiezufuhr der Druck zunehmen.

Tabelle N.2-9 Flüssiggaszusammensetzung in verschiedenen Ländern [N.2.12]

Land	Propan/Butan-Verhältnis %	
	Sommer	Winter
Belgien	30/70	50/50
Bundesrepublik	überwiegend Propan	
Dänemark	50/50	70/30
England	Propan	
Finnland	Propan	
Holland	30/70	70/30
Norwegen	Propan	
Österreich	20/80	80/20
Schweden	Propan	
Schweiz	Propan	

Die Kraftstoffentnahme für den Betrieb des Motors aus den Flüssiggasbehältern kann aus der Flüssigphase sowie aus der Gasphase erfolgen. Der Vorteil bei der Entnahme aus der Flüssigphase besteht darin, daß nur das gasförmige Volumen der Entnahmemenge ersetzt bzw. verdampft werden muß. Die dafür erforderliche Verdampfungswärme, die über die Behälterwandungen zuzuführen ist, ist deutlich kleiner als bei einer Entnahme aus der Gasphase.

Die Gemischbildung, d.h. das Mischen der Stoffströme Verbrennungsluft und Flüssiggas im entsprechenden Verhältnis, ist einfacher zu bewerkstelligen, wenn sich auch das Flüssiggas im gasförmigen Zustand befindet. Dies wird durch einen dem Mischer vorgeschalteten Verdampfer erreicht, der in der Lage ist, auch bei hohem Kraftstoffbedarf, eine entsprechende Menge Flüssiggas zu verdampfen bzw. zu überhitzen. Um den im Flüssiggasbehälter und im Leitungssystem vorherrschenden Dampfdruck abzubauen, ist i.d.R im Verdampfer ein Druckminderer integriert.

Eigenschaften von Erdgas
Der Hauptbestandteil von Erdgas ist Methan mit einem Anteil von 80–98 % je nach Herkunft. Die Restbestandteile sind Kohlendioxid, Stickstoff, Helium und niedrigsiedende Kohlenwasserstoffe sowie Spuren von Schwefelwasserstoff und Wasser. Erdgas hat unter den Kohlenwasserstoffen den höchsten Wasserstoffanteil und damit günstige spezifische CO_2-Emissionen. Wird der auf den Energieeinsatz bezogene CO_2-Faktor des Dieselmotors zu 1,00 gesetzt, so ergibt sich für den Erdgasmotor der CO_2-Faktor zu 0,98. Bezogen auf den Kraftstoff entstehen zwar 23 % weniger CO_2, dieser Vorteil wird jedoch durch den höheren Energieverbrauch des ottomotorischen Prozesses teilweise kompensiert. Weitere wesentliche Eigenschaften von Ergas sind:
- hohe Klopffestigkeit,
- im Fahrbetrieb und während der Betankung können aufgrund des druckgasdichten Systems keine Verluste an Kohlenwasserstoffen entstehen,
- Abgase geruchs- und nahezu frei von Ruß,
- niedrige Geräuschemissionen,
- höheres Fahrzeugleergewicht durch Gasspeicherung in Druckbehältern.

Da sich die Speicher- und die Betankungstechnik bei flüssigem Erdgas (LNG) sehr schwierig gestaltet, finden heutige Bemühungen nahezu ausschl. mit Erdgas in komprimierter Form statt.

N.2.2.3.4 Vergleich einzelner Stoffwerte

Tabelle N.2-10 nennt einige Stoffwerte alternativer Kraftstoffe im Vergleich zu den Werten von Benzin und Dieselkraftstoff.

N.2.2.3.5 Wirtschaftlichkeit verschiedener Alternativkraftstoffe

Die erforderliche Infrastruktur für Herstellung, Transport und Verteilung ist derzeit für keinen Alternativkraftstoff flächendeckend vorhanden. Damit sich die mit alternativen Kraftstoffen betriebenen Motoren durchsetzen können, muß deren Wirtschaftlichkeit und Zuverlässigkeit gegenüber den mit herkömmlichen Kraftstoffen betriebenen Motoren sichergestellt sein.

Tabelle N.2-10 Stoffwerte alternativer Kraftstoffe [N.2.8]

Kraftstoff	Dichte[a] [kg/m³]	Dichte flüssig [kg/l]	Siedetemperatur [°C]	spez. Heizwert [kWh/kg]	Zündtemperatur [°C]	Klopffestigkeit ROZ
Normal-Benzin	715 – 765	0,72 – 0,77	25 – 215	11,9	ca. 300	91 – 98
Diesel	815 – 855	0,82 – 0,86	180 – 360	11,8	ca. 250	–
Methan	0,72	n.v.	– 162	13,3	650	104
Propan	2,0	0,51	– 42	12,9	470	110
Butan	2,7	0,58	– 9	12,7	360	94
Methanol	790	0,79	65	5,5	450	140
Ethanol	790	0,79	78	7,4	420	n.v.

[a] bei 1.013 mbar, 0 °C   n.v. nicht verfügbar

Ein niedriger Erdölpreis und ausreichende Vorräte bieten nur geringe wirtschaftliche Anreize für die Einführung alternativer Kraftstoffe.

Ein Vergleich zeigt, daß Erdgas in wirtschaftlicher Hinsicht mit Dieselkraftstoff verglichen werden kann und gegenüber Benzin im Nachteil liegt, während Pflanzenöl und Pflanzenölester zumindest in der Bundesrepublik nicht empfohlen werden können.

N.2.2.3.6 Abgasemissionsverhalten von Gasmotoren

Beim Abgasemissionsverhalten wurde zunächst die Unterschreitung der EURO-2-Grenzwerte um mind. 50% angestrebt. Eine Bewertung der beiden Motorkonzepte
- Magerbetrieb mit relativ hohem Luftüberschuß im Bereich Luftverhältnis $\lambda > 1,5$ in Verbindung mit Oxidationskatalysator und
- stöchiometrischer Betrieb mit $\lambda = 1$ sowie geregeltem Dreiwegekatalysator

führte zu dem Ergebnis, daß zumindest für den ersten Schritt die aus dem Pkw-Bereich bekannte Entwicklung mit geregelter Gemischbildung vorzuziehen ist.

Das Magerkonzept bietet zwar den Vorteil des geringeren Energieverbrauchs, für sehr niedrige Stickoxidemissionen ist jedoch ein Motorbetrieb bei λ-Werten $> 1,6$ und damit an oder jenseits der heute noch gültigen Grenze der Lauffähigkeit notwendig.

N.2.2.3.7 Wasserstoff

Im Gegensatz zu Erdgas liegt Wasserstoff als Gas in ungebundener Form nicht vor. Der Rohstoff für die Produktion von Wasserstoff ist Wasser. Zwei Möglichkeiten zur Wasserstoffherstellung sind denkbar:
- Zerlegung von Wasser und fossilen Energieträgern
- Zerlegung von Wasser mittels Elektrizität.

Zukünftig sind auch folgende Techniken weiter zu entwickeln:
- Weiterentwicklung der fossilen Umwandlungstechniken,
- Einsatz der Wasserelektrolyse mittels Elektrizität aus Solarkraftwerken,
- Vergasung von Biomasse.

Ökologisch und ökonomisch verträgliche Verfahren für ausreichende Mengen Wasserstoff sind demnach kurzfristig noch nicht verfügbar. Im Forschungs- und Entwicklungsbereich haben mit Wasserstoff betriebene Verbrennungsmotoren, vor allem durch die Einspritzung flüssigen Wasserstoffs in den Brennraum, ein niedriges NO_x-Niveau bei einer CO_2-freien Verbrennung.

Auch hier ist das Speicherproblem zunächst noch zu lösen. Flüssigwasserstoff-Speicherung ist mit hohem Energieaufwand für die Verflüssigung und mit einer komplizierten Handhabung verbunden.

Heute sind für Wasserstoff neuartige Druckgasbehälter aus faserverstärktem Verbundmaterial verfügbar. Bei 100 kg Speichergewicht können etwa 3 kg Wasserstoff gespeichert werden.

Aufgrund der Speicherdichte der Wasserstoffdruckspeicher bleibt diese Möglichkeit auf Fahrzeuge im Nahverkehr beschränkt. Es kommen wohl zunächst fuhrparkgestützte Fahrzeuge in Betracht.

N.2.2.4 Alternative Antriebe

N.2.2.4.1 Elektroantrieb

Elektrisch betriebene Fahrzeuge sind am Einsatzort Nullemissionsfahrzeuge, sieht man von dem evtl. notwendigen Einsatz fossiler Energie zur Heizung des Fahrgastraums ab. Die Schlüsselkomponente für Elektrofahrzeuge ist bekanntlich die Batterie, die für eine Fahrzeuganwendung derzeit noch relativ viele ungünstige Eigenschaft besitzt. Der größte Nachteil ist die geringe Energiedichte und das dadurch erforderliche hohe Batteriegewicht. In Tabelle N.2-11 sind Daten für einen Batteriesystemvergleich [N.2.13] aufgeführt. Außer der Bleibatterie sind die anderen Systeme noch entwicklungsfähig. Dies muß Berücksichtigung finden, wenn die in Tabelle N.2-11 aufgeführten Parameter verglichen werden.

Eine Aussage zur Umweltverträglichkeit von Elektrofahrzeugen ist schwierig, weil sie von vielen Randbedingungen abhängt, die nicht durch die Fahrzeugtechnik beeinflußt werden. Insbesondere spielt der Kraftwerkmix eine große Rolle (Bild N.2-15). Das Elektrofahrzeug bietet jedoch den Vorteil eines am Einsatzort emissionsfreien und geräuscharmen Fahrzeugs, eines sog. „Zero-Emission-Vehicles".

Die Standverluste der Hochleistungsbatterien führen bei kleinen täglichen Fahrstrecken zu einem äquivalenten Kraftstoffverbrauch, der von leistungsähnlichen Fahrzeugen mit Diesel- oder Ottomotor unterschritten werden kann.

Tabelle N.2-11 Batterie-Systemvergleich

	Blei-Säure	Ni/Cd	Nickel-Hydrid	Na/S; Na/NiCl2
Fahrzeugreichweite Δs	50 km	100 km	130 km	150 km
Kalendarische Lebensdauer	4 Jahre	10 Jahre	10 Jahre	5 Jahre
Zahl der möglichen Entladezyklen	700	> 2.000	> 2.000	1.000
Theoretische Laufleistung	35.000	200.000	200.000	150.000
Preis pro Kilowattstunde	300 DM	1.000 DM	1.000 DM	500 DM
Preis der Batterie bei Reichweite Δs	4.000 DM	15.000 DM	20.000 DM	12.000 DM
Bei 10jähriger Lebensdauer eines Autos benötigte Anzahl der Batterien	2 – 3	1	1	2

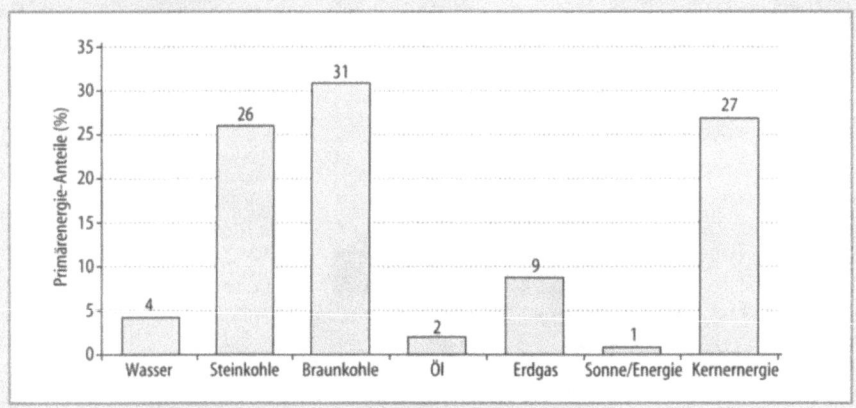

Bild N.2-15 Primärenergie-Anteile bei der Stromerzeugung

Ein weiteres Kriterium mit direkter Auswirkung auf die Akzeptanz der Elektrofahrzeuge ist die Sicherheit. Risiken bei Störfällen, ebenso wie Recyclingprobleme, müssen mit der Störfallanalyse bewertet werden.

Einen umweltentlastenden Effekt können Elektrofahrzeuge nur dann erzielen, wenn sie nicht zusätzlich, sondern statt konventioneller Fahrzeuge eingesetzt werden.

N.2.2.4.2 Brennstoffzelle

Verbrennungsmotoren werden auch in absehbarer Zeit eine wesentliche Rolle spielen. Sie besitzen aus heutiger Sicht nur ein begrenztes Potential bzgl. des Wirkungsgrads. Elektromotoren haben schon heute einen höheren Wirkungsgrad und können den Verbrennungsmotor verdrängen, wenn die Leistungsdaten ihrer Stromquellen wesentlich verbessert werden. Eine Möglichkeit besteht darin, die Batterie durch eine Brennstoffzelle zu ersetzen. Energieträger im Fahrzeug können dann neben Wasserstoff auch synthetische Gas- oder Flüssigtreibstoffe (z. B. Methanol) sein. Bild N.2-16 zeigt einen möglichen Aufbau des Antriebsystems. Bei Wasserstoffeinsatz entfällt der Reformer.

Unter den bekannten Brennstoffzellenarten eignet sich die PEM-(Polymer-Elektrolyt-Membran) Brennstoffzelle für den Einsatz in Fahrzeugen.

In der Brennstoffzelle verbindet sich der Wasserstoff – ähnlich wie bei der Verbrennung im Wasserstoffmotor – mit dem Sauerstoff der Luft zu Wasser. Die Bindungsenergie wird nicht in Form von Wärme freigesetzt, sondern direkt in elektrischen Strom gewandelt. Daraus resultieren die Vorteile der Brennstoffzelle:

- hohe elektrische Wirkungsgrade,
- lokal emissionsfrei (nur reiner Wasserdampf),
- Geräuscharmut,
- keine bewegten Teile,
- modularer Aufbau möglich,

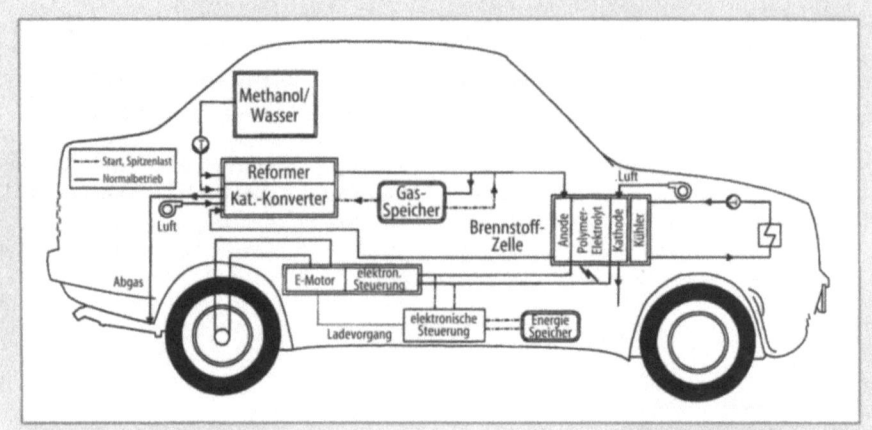

Bild N.2-16 Antriebssystem mit einer PEM-Brennstoffzelle [N.2.14]

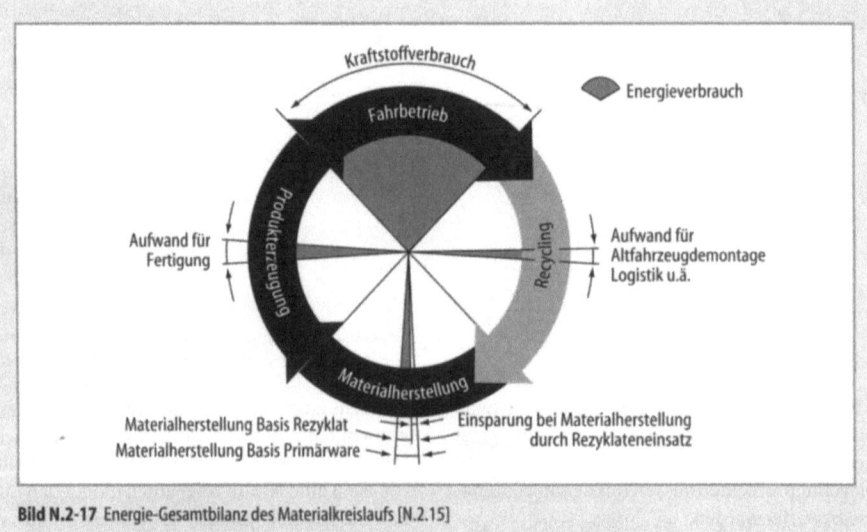

Bild N.2-17 Energie-Gesamtbilanz des Materialkreislaufs [N.2.15]

- kein Verbrauch für Leerlauf,
- Abgasreinigungsanlage, Anlasser, Lichtmaschine, Getriebe und Kupplung entfallen,
- regeneratives Bremsen möglich,
- höhere Lebensdauer.

Diese Vorzüge machen die Brennstoffzelle zu einem attraktiven Antrieb für ein Fahrzeug.

N.2.2.5 Produktionsverfahren/Altautoverwertung

Bei der Produktion, aber auch bei der Wartung und Instandsetzung von Kraftfahrzeugen fallen Schadstoffe an, die die Luft, das Wasser und den Boden belasten. Um die Umwelt so weit wie möglich zu entlasten, müssen ressourcenschonende Gestaltung von Produkten und Prozessen ständige Aufgaben sein. Für die Kraftfahrzeugindustrie bedeutet dies vor allem, eine ganzheitliche Betrachtungsweise von Ressourcenverbrauch und Umweltbelastung, beginnend mit der Materialherstellung über die Produktion und das Recycling bis hin zum neuen Produktzyklus (Bild N.2-17).

Anhand einiger Beispiele kann dieser Zusammenhang erläutert werden.

Ein wesentlicher Einflußfaktor für den Kraftstoffverbrauch eines Fahrzeugs ist sein Gewicht. Gewichtsreduzierende Maßnahmen wie der Einsatz von Leichtmetallen ist demnach anzustreben. Leichtmetalle wie Aluminium, Magnesium und Titan bedingen bei ihrer Herstellung einen hohen Energieaufwand. Eine für die Umwelt positive Bilanz ergibt sich nur dann, wenn der höhere Energieaufwand durch niedrigere Kraftstoffverbräuche kompensiert wird. Unter Einbeziehung eines aktiven Recyclings erhöht sich der Eintrag zum Umweltschutz.

Auch bei den Nutzfahrzeugen ist durch den Einsatz von Leichtmetallen aufgrund der dann möglichen Nutzlasterhöhung ein CO_2-Minderungspotential vorhanden.

Aufgrund der Komplexität und der Umweltrelevanz kommt der Lackiererei bei den Fahrzeugherstellern große Bedeutung zu. Hier sind insbesondere durch Primärmaßnahmen, schädliche Auswirkungen am Entstehungsort zu reduzieren oder zu vermeiden. Bei der Fahrzeuglackierung bedeutet das z. B.
- wasserlösliche Füllmittel und Pulverlacke verwenden, die ohne Lösungsmittel auskommen,
- integrierte Lösungen für Abluftreinigung und Wärmerückgewinnung.

Die Umstellung auf umweltschonende Anlagentechnik kann durchaus mit erhöhter Wirtschaftlichkeit verbunden sein.

N.2.3 Schienenverkehr

Bei der Betrachtung des Schienenverkehrs im internationalen Vergleich fällt zu anderen Verkehrsmitteln eine stärkere nationale Bindung auf.

In den Vereinigten Staaten z. B., wo das Bruttosozialprodukt sehr stark von den Kraftstoffpreisen abhängig ist und diese dadurch im Verhältnis zu anderen Nationen relativ niedrig sind, werden fast ausschließlich Dieseltraktionsmotoren in Schienenfahrzeugen verwendet. Schienennetze von Nahverkehrszügen bzw. S-Bahnen sind nur in großen Städten elektrifiziert.

Wie die Größe des Landes im Verhältnis zu europäischen Ländern, so hat auch der Schienenverkehr eine andere Dimension. Die Spurweiten sind breiter, die Zugmaschinen stärker, die Streckenentfernungen länger. Jedoch spielt auch hier der Schienenverkehr im Vergleich zum Straßenverkehr ebenfalls eine untergeordnete Rolle.

Da im Schienenverkehr der überwiegende Teil mit schweren Dieseltraktionsmotoren betrieben wird, sind in einer Studie [N.2.17] der amerikanischen Umweltschutzbehörde (EPA), die sich mit den Emissionen von allen im Verkehr befindlichen Transportmitteln beschäftigt, auch nur Emissionsfaktoren von Dieselmotoren für den Schienenverkehr veröffentlicht worden. Eine Betrachtung der Emissionsfaktoren zur Energieversorgung des elektrifizierten Schienennetzes wurde nicht durchgeführt.

In dieser Studie werden 5 Motorkategorien aufgeführt, die sich in 2 Hauptaufgaben, den Rangier- und Schienenzugbereich, unterteilen. Für den Rangierbereich werden grundsätzlich aufgeladene 2-Takt- bzw. nicht aufgeladene 4-Takt-Dieselaggregate verwendet. Für den Schienenzugbereich finden aufgeladene und turboaufgeladene 2-Takt-Dieselmotoren sowie 4-Takt-Saug-Diesel-Aggregate Verwendung.

Tabelle N.2-12 [N.2.16] zeigt die Emissionsfaktoren der Schadstoffe Kohlenmonoxid, Kohlenwasserstoff und Stickoxid in Abhängigkeit von Verbrauch bzw. Last.

Der Motorlastzyklus von Lokomotiven ist wesentlich einfacher als in vielen anderen Anwendungsbereichen der dieselmotorischen Verbrennung. Er wird in 8 Teillastbereiche, einen Leerlauf- und einen Schubbereich unterteilt. Aufgrund dieses einfachen Lastzykluses sind die in Tabelle N.2-12 aufgeführten Emissionsfaktoren sehr genau und leicht zu ermitteln.

Neuere Schadstoffkomponenten wie das treibhauseffekt-fördernde Kohlendioxid, die verschiedenen Schwefelverbindungen, spezielle Kohlenwasserstoffverbindungen oder Partikelmessungen fehlen gänzlich in dieser noch leider nicht für den Bereich des Schienenvekehrs aktualisierten Studie der EPA von 1985.

In Westeuropa oder beispielsweise in Japan ist der Elektrifizierungsgrad des Schienennetzes wesentlich höher als in den USA.

In den alten Bundesländern betrug er z. B. ca. 40 % [N.2.17]. Dieser Unterschied zu den USA wird um so deutlicher, wenn man den Endenergieverbrauch des Schienenverkehrs in Diesel bzw. Strom aufgeteilt betrachtet. In der unter [N.2.17] erwähnten Studie fielen im Jahr 1988 in den alten Bundesländern 412 kT Diesel bzw. 8000 GWh Strom auf die beiden unterschiedlichen Antriebsarten. In bezug auf den Primärenergieverbrauch wächst dieser Unterschied zu 20 PJ Diesel und 88 PJ Strom an, also ca. 20 % Dieselkraftstoff- zu gut 80 % Stromenergie. Hierin sind die Netz- und Umspannverluste des 15-kV – 16 2/3-Hz-Fahrleitungsnetzes zwischen

Tabelle N.2-12 Emissionsfaktoren der Schadstoffe Kohlenmonoxid, Kohlenwasserstoff und Stickoxid in Abhängigkeit von Verbrauch bzw. Last [N.2.16]

	2-Takt Dieselmotor aufgeladen Rangierbetrieb	4-Takt Dieselmotor Rangierbetrieb	2-Takt Dieselmotor aufgeladen Schienenzugbetrieb	2-Takt Dieselmotor Turboaufladung Schienenzugbetrieb	4-Takt Dieselmotor Schienenzugbetrieb
Kohlenmonoxid					
kg/10^3 l	10	46	7,9	19	22
kWh	2,93	9,75	1,35	3,0	3,08
Kohlenwasserstoff					
kg/10^3 l	23	17	18	3,4	12
kWh	6,68	3,75	3,0	0,53	1,65
Stickoxid (NO_x als NO_2)					
kg/10^3 l	30	59	42	40	56
kWh	8,25	12,75	7,05	6,15	7,5

Kraftwerk und Stromabnehmern der Triebfahrzeuge mit ca. 6 % und der gemittelte Energieverbrauch der Kraftwerke mit ca. 6,5 % enthalten, so daß sich ein primärenergetischer Wirkungsgrad von 32,4 % ergibt.

Bemerkenswert ist dabei, daß ca. 82 % der Energie aus eigenen Stromerzeugungsanlagen bezogen wurden. Die Bruttostromerzeugung erfolgte dabei zu 50 % auf Steinkohlebasis, zu ca. 17 % mit Kernenergie, ca. 16 % mit Gas und ebenfalls ca. 16 % mit regenerativer Energie aus Wasserkraft.

Die nationale sowie politische Bindung des Schienenverkehrs innerhalb der europäischen Staaten erkennt man an der Inkompatibilität der Schienennetze oder auch an der Entwicklung der Hochgeschwindigkeitszüge (HGZ). Aufgrund der Ölkrise entschieden 1975 die Französischen Eisenbahnen (SNCF) die Umstellung des Hochgeschwindigkeitszuges TGV von Gasturbinen- auf Elektroantrieb. Diese Entscheidung brachte der französischen Eisenbahntechnologie im Hochgeschwindigkeitsverkehr einen Vorsprung von ca. einem Jahrzehnt gegenüber anderen Nationen wie England, Italien oder Deutschland.

In der Bundesrepublik erkannte man letztendlich erst anfang der 80er Jahre mit Blick auf Frankreich den technischen und wirtschaftlichen Sinn von Hochgeschwindigkeitszügen. Der innerdeutsche Hochgeschwindigkeitszugverkehr wurde dann 1991 mit dem ICE aufgenommen.

Verläßt man die internationale Betrachtungsweise und beschränkt sich auf den nationalen Schienenverkehr, so fallen viele Berichte und Veröffentlichungen auf, die sich mit einem ökologischen Vergleich zwischen den verschiedenen Verkehrsmitteln oder den zukünftigen Verkehrsszenarien beschäftigen. In welche Richtung sich die Verkehrsträger entwickeln werden, wird sich zeigen. Daß allerdings der Schienenverkehr unter geeigneten Parametern ein sinnvolles Verkehrsmittel sein kann, ist schon seit längerem beweisbar. Ein Beispiel ist der Vergleich zwischen den Energieverbräuchen von ICE, PKW und Flugzeug bezogen auf die Personenkilometer. Unter Berücksichtigung der verschiedenen Energieträger Strom bzw. Kohle, Benzin und Kerosin muß ein geeignetes Äquivalent gewählt werden, das angefangen vom entsprechenden Heizwert auch die verschiedenen thermischen Umwandlungsprozesse berücksichtigt.

Auf die Bezugsgröße „Liter Benzin" für den Personenverkehr und „Liter Diesel" für den Güterverkehr können die Energieträger nach einer von Ilgmann [N.2.18] aufgestellten Tabelle umgerechnet werden (Tabelle N.2-13).

Zu berücksichtigen ist bei solchen Tabellen die Angabe der verschiedenen Wirkungsgrade und Verluste sowie der Punkt, bei dem die Energieäquivalentberechnung beginnt.

Bild N.2-18 zeigt mit Hilfe eines solchen Energieumrechnungsverfahrens den spezifischen Primärenergieverbrauch, umgerechnet in Liter Benzin je 100 Personenkilometer für ICE, PKW und Flugzeug bei realistischen Besetzungsgraden. Die unterschiedlichen Streckenverbräuche beim Flugzeug resultieren aus dem relativen hohen Verbrauchsanteil bei der Start- und Steigphase zur Streckenphase.

Die in Bild N.2-18 dargestellten Verbräuche sind nachvollziehbar. Jedoch kann mit einem ein-

Tabelle N.2-13 Energie-Äquivalent nach Ilgmann [N.2.18]

1 t Vergaserkraftstoff	=	1,486 tSKE	=	43,552 Megajoule	=	12,098 kWh	
1 t Vergaserkraftstoff	=	1,079 KgSKE	=	31,619 Kilojoule	=	8,78 kWh	Dichte: 0,726 Kg/l
1 t Dieselkraftstoff	=	1,457 tSKE	=	42,702 Megajoule	=	11,862 kWh	
1 t Dieselkraftstoff	=	1,224 KgSKE	=	35,869 Kilojoule	=	9,96 kWh	Dichte: 0,840 Kg/l
1 t Kerosin	=	1,461 tSKE	=	42,827 Megajoule	=	11,897 kWh	
1 t Kerosin	=	1,169 KgSKE	=	34,262 Kilojoule	=	9,52 kWh	Dichte: 0,800 Kg/l

1 l Kerosin = 1,084 l Benzin
1 l Dieselkraftstoff = 1,134 l Benzin

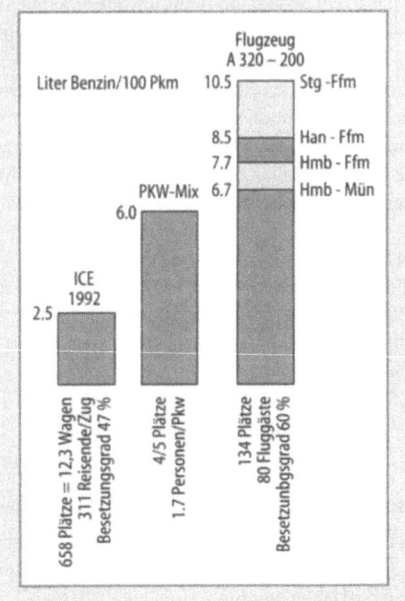

Bild N.2-18 Spezifischer Primärenergieverbrauch, umgerechnet in Liter Benzin je 100 Pkm, Stand 1992 [N.2.26]

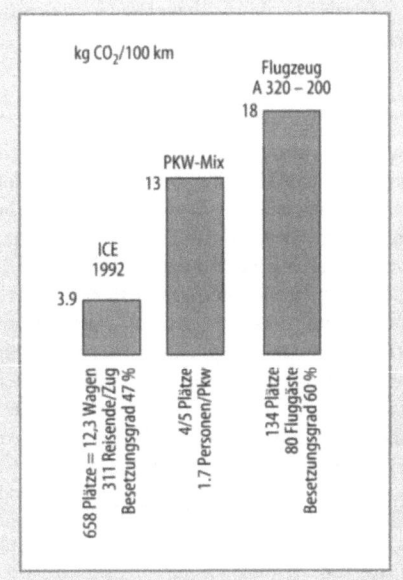

Bild N.2-19 Vergleich des Primärenergiebedarfs und der CO_2 Emission je 100 km Pkm, Beispiel Hamburg - Frankfurt (rund 500 km) Stand 1992 [N.2.26]

fachen Rechenbeispiel nachgewiesen werden, daß auch PKW-Diesel vergleichbare Verbrauchswerte erreichen können. Bei einem theoretischen Besetzungsgrad von 100 % würde der ICE 1,2 l auf 100 Pkm verbrauchen.

Ein heute schon käuflicher PKW mit direkteinspritzendem Dieselmotor kann durchaus bei vollem Besetzungsgrad (5 Personen) einen Verbrauch von 5 l/100km unterschreiten, umgerechnet nach [N.2.18] also 1,134 l Benzin auf 100 km.

Mit Hilfe der Kenntnis über den Schadstoffausstoß pro kWh der DB-Energieerzeugungsanlagen und einer realitätsnahen Transformation von Gramm-Schadstoffkomponente pro kg Treibstoff, kann auch in einzelne Emissionskomponenten umgerechnet werden.

Am Beispiel der klimarelevanten Schadstoffkomponente CO_2 ergibt sich nach den Randbedingungen von [N.2.19] folgendes Verhältnis (Bild N.2-19).

Die krassen Unterschiede zwischen der Bahn und dem PKW (Verhältnis CO_2 von PKW/ICE: ca. 3.3) einerseits sowie dem Flugzeug (Vehältnis CO_2 Flugzeug/ICE: ca. 4,6) andererseits reduzieren sich bezogen auf das einfache Rechenbeispiel mit einem direkteinspritzenden Dieselmotor zu einem Verhältnis von ca. 1,4 unter der obigen Vorraussetzung des 100 %igen Besetzungsgrads und einem Verbrauch des PKWs von 5 l Diesel auf 100 km.

Bei der Reglementierung des Schadstoffausstoßes der Bundesbahn gelten für die stromerzeugenden DB-Kraftwerke die Grenzwerte der TA Luft für stationäre Stromerzeugungsanlagen.

Für die Dieseltraktionsmotoren existiert ein UIC-Kodex des Internationalen Eisenbahnverbands. Dieses freiwillige Zertifizierungsverfahren für Dieseltraktionsmotoren der Triebfahrzeuge beinhaltet neben gängigen Motoreckdaten auch einen Abgasmesszyklus, eine Dauerleistungsprüfung und einen Betriebsversuch.

Gesetzlich festgeschriebene Grenzwerte existieren nicht.

N.2.4 Luftverkehr

Der Luftverkehr ist heutzutage in den Industrienationen zur alltäglichen Normalität geworden. Man geht davon aus, daß er auch in Zukunft besonders im Passagierluftverkehr noch einer starken Wachstumsrate unterliegen wird [N.2.20].

Nach einem Forschungsbericht des Umweltbundesamtes [N.2.21] besaß 1984 der militärische Luftverkehr bezogen auf den gesamten Flugverkehr in den alten Bundesländern einen nicht unerheblichen Anteil am Kraftstoffverbrauch und an der Abgasemission. Hier betrug der Anteil von HC und CO sogar über 50 % an der Gesamtemission. Alle Abgaskomponenten wurden hauptsächlich in Höhen unterhalb von 10.000 ft emittiert, da militärische Flugbewegungen über dieser Höhe sehr selten sind.

Ursache für den hohen Anteil unverbrannten Kohlenwasserstoffs und Kohlenmonoxids an der Gesamtemission war nach obigem Forschungsbericht das vermehrte Fliegen im Teillastbereich der Triebwerke sowie der Einsatz von Nachbrennern an Jet-Flugzeugen.

Der zivile Sichtflugverkehr, meist privat, bezieht sich fast ausschl. auf ein- bis zweimotorige Propeller- und Turboprop-Maschinen. Die einmotorigen Flugzeuge werden hauptsächlich für Platzrunden und kleinere Streckenflüge benutzt. Nach [N.2.21] ist der Anteil dieser Flugzeugkategorie am gesamten Flugverkehr in den alten Bundesländern bezogen auf Kraftstoffverbrauch und Emission bis auf die CO-Emission von 15,9 % vernachlässigbar.

Den größten Anteil bezogen auf Kraftstoffverbrauch und Abgasemission besitzt der zivile Instrumentenflug. Vor allem im Einzugsbereich großer Flughäfen hat der zivile Flugverkehr einen nicht zu vernachlässigenden Anteil an der Gesamtemission und in großen Höhen stellt er die wesentliche anthropogene Emissionsquelle dar.

Abgasemissionen verursacht durch den Luftverkehr spielen quantitativ im Vergleich zu anderen Verkehrsemissionen nur eine untergeordnete Rolle. Ein Vergleich nach dem Forschungsbericht [N.2.21] ergibt einen Anteil der Flugverkehrsemissionen je nach Schadstoffkomponente von 0,7 - 2,8 % an der gesamten Verkehrsemission.

Allerdings werden gerade im zivilen Instrumentenflug aus wirtschaftlichen Gründen Höhen von ca. 30.000 ft. und mehr für den Streckenflug angestrebt, wobei ein nicht unwesentlicher Anteil der Flugverkehrsemission dort emittiert wird.

Über die Auswirkungen von Flugzeugemissionen in solchen Höhen gibt es verschiedene Hinweise und Hypothesen zu einer evtl. globalen Klimaänderung, die stärker von der Emissionsquelle Flugzeug abhängen, als dies die oben erwähnten niedrigen Prozentsätze vermuten lassen.

N.2.4.1 Flugzeugantriebe und deren Abgasverhalten

Flugzeugantriebe können in 3 Gruppen unterteilt werden:
- Kolbenmotor
- Propeller-Turbinen-Luftstrahltriebwerk
- Turbinen-Luftstrahltriebwerk (im militärischen Einsatz zum Teil mit Nachbrenner)

Kolbenmotoren werden hauptsächlich im zivilen Sichtflugverkehr eingesetzt. Sie sind die einzigen Antriebsquellen im Flugverkehr, die mit Benzin betrieben werden.

Die Gemischkorrektur über der Höhe bzw. beim Startvorgang wird zum großen Teil noch manuell vom Piloten durchgeführt. Modernere Motoren besitzen eine automatische kennfeldbezogene Gemischkorrektur. Aufgrund ihres Einsatzzwecks besitzen sie ein relativ geringes Leistungsgewicht und im Vergleich zum Pkw-Motor kaum Reihen- oder V-Motoren. Das Abgasverhalten ist je nach Kraftstoffluftverhältnis und Leistungsausbeute vergleichbar mit der Rohemission von PKW-Hubkolbenmotoren. Eine Abgasnachbehandlung zur Emissionsreduktion ist bis dato aufgrund fehlender internationaler Richtlinien kaum bzw. gar nicht vorhanden. Emissionsfaktoren (wird im folgenden Abschnitt erklärt) für den bodennahen Bereich können z.B. der EPA-Veröffentlichung [N.2.16] entnommen werden.

Das Funktionsprinzip von Luftstrahltriebwerken kann grundsätzlich in 3 Bereiche unterteilt werden. Verdichten der angesaugten Luft, kontinuierliche Verbrennung der verdichteten Luft mit Kraftstoff in der Brennkammer und Umsetzung der Heißgasenergie in Wellenleistung bzw. Schubleistung. Wieviel Heißgasenergie von der Turbine in Wellenleistung bzw. Schubleistung umgesetzt wird, ist von der Triebwerksart abhängig.

Beim Propeller-Turbinen-Luftstrahltriebwerk (PTL-Triebwerk) dient der größte Teil der Heißgasenergie zum Antrieb des Propellers. Der Rest wird zum Antrieb des Verdichters bzw. in Schub umgesetzt.

Die Turbinen-Luftstrahltriebwerke benutzen den Schubstrahl als Vortriebsquelle. Unterschieden wird innerhalb dieser Antriebskategorie in Ein- (TL-Triebwerk) und Zweikreis-Turbinen-Luftstrahltriebwerke (ZTL-Triebwerk).

Beim TL-Triebwerk wird dem Heißgas nur soviel Energie durch Teilentspannung in der Turbine entzogen, wie zum Antrieb des Verdichters notwendig ist. Die verbleibende Energie wird in der Schubdüse in kinetische Energie umgewandelt.

Mit Hilfe des Luftmassenstroms und seiner Austrittsgeschwindigkeit kann der Triebstrahlschub mit folgender vereinfachter Gleichung berechnet werden:

Schub = $m_L/dt \, (v_A - v)$

m_L/dt Luftmassenstrom
v_A Gasaustrittsgeschwindigkeit
v Fluggeschwindigkeit

Das ZTL-Triebwerk ist wie das PTL-Triebwerk an der Turbine mit Leistungsüberschuß gegenüber dem Verdichter ausgelegt. Diese überschüssige Wellenleistung wird zum Antrieb eines Niederdruckverdichters verwendet, der in einem Bypass-Kanal um das eigentliche Triebwerk herum, einen zweiten Luftmassenstrom beschleunigt. Die gemeinsame Expansion beider Luftströme in der Schubdüse führt zu hohen Gasaustrittsgeschwindigkeiten und großem Schubvermögen.

Das Verhältnis der beiden Luftströme, das sog. Nebenstromverhältnis, liegt bei „Low-Bypass-Triebwerken" um 1 : 1 und beträgt bei modernen „High-Bypass-Triebwerken" momentan bis über 5 : 1. Diese moderneren Triebwerke besitzen als Niederdruckverdichter einen sehr großen einstufigen Bläser (Fan), der sich vor dem eigentlichen Triebwerk befindet. Der Vorteil solcher Triebwerke ist ein sehr guter Vortriebswirkungsgrad für den im Zivilflugverkehr so wichtigen Geschwindigkeitsbereich um ca. 900 km/h sowie die durch ihre konstruktive Veränderung der Luftführung geringe Geräuschemission.

Bild N.2-20 zeigt den Vortriebswirkungsgrad über der Flug-Machzahl für die oben beschriebenen Triebwerkstypen.

Im militärischen Bereich werden hauptsächlich PTL- und TL-Triebwerke eingesetzt, wobei Kampfflugzeuge ein weitaus niedrigeres Leistungsgewicht besitzen als Zivilflugzeuge. Daher werden diese Triebwerke im wesentlichen nur im Teillastbereich betrieben. Nach [N.2.21] beträgt der Vollastanteil nur ca. 15–30 % der Betriebszeit.

Um bei einem TL-Triebwerk die Leistung noch zu erhöhen, werden einige Kampfflugzeuge mit einem Nachbrenner (Afterburner) versehen.

Da der Abgasmassenstrom des Luftstrahltriebwerks durch den Nebenstrom mit unverbrannter Luft vermischt wird, kann er sich nach Verlassen der Turbine durch erneute Kraftstoffzufuhr nochmals entzünden. Aufgrund dieser zusätzlichen Verbrennung und nachfolgender Expansion des Abgasmassenstroms werden höhere Austrittsgeschwindigkeiten an der Schubdüse erreicht, womit Schubsteigerungen von bis zu 75 % möglich sind. Diese Leistungssteigerung muß allerdings mit einem extrem hohen Anstieg des Kraftstoffverbrauchs erkauft werden, und gerade die Verbrennungsprodukte HC und CO liegen um ein Vielfaches über den Werten der TL-Triebwerksemissionen ohne Nachbrenner. Die Stickoxidemission sinkt wie bei jedem Verbrennungsprozeß aufgrund der fetteren Verbrennung.

Grundsätzlich besteht ein Nachbrenner aus einem Rohr mit einem zusätzlichen Einspritzsy-

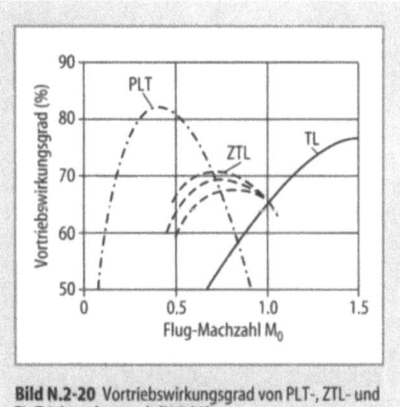

Bild N.2-20 Vortriebswirkungsgrad von PLT-, ZTL- und TL-Triebwerken nach [N.2.21]

stem, das sich hinter der Turbine des eigentlichen Triebwerks befindet.

Die gebräuchlichste Kraftstoffart bei Luftstrahltriebwerken ist Kerosin, ein flüssiger Kraftstoff aus Mineralölprodukten. Daher sind die Verbrennungsprodukte ähnlich den der Pkw-Motoren. Tabelle N.2-14 zeigt die Schadstoffemissionen pro kg Kerosin bei Reiseflughöhe.

Tabelle N.2-14 Reaktionsprodukte der Verbrennung [N.2.20]

Schadstoffemissionen	
Kerosin-Verbrennungs-produkte[a]	pro kg Kerosin
H_2O	1,24 kg
CO_2	3,15 kg
NO_x	6 – 20 g
SO_2	1 g
CO	0,7 – 2,5 g
UHC	0,1 – 0,7 g
Ruß	0,01 – 0,03 g

[a] abhängig von den Betriebsbedingungen in Reiseflughöhe
UHC   Kohlenwasserstoffe

Die quantitative Größe der Verbrennungsprodukte hängt im Wesentlichen vom Betriebspunkt des Triebwerks ab, also von Druck und Temperatur in der Brennkammer bzw. von den externen Parametern relativer Schub und Flughöhe. Bild N.2-21 verdeutlicht die Abhängigkeit der Emissionskomponenten vom prozentualen Schub bzw. vom Kraftstoff-Luftgemisch.

Maßgebend für das aus unterem Diagramm eindeutig zu erkennende typische Emissionsverhalten für Luftstrahltriebwerke (niedrige Last, hohe HC- und CO-Emissionen bei gleichzeitig geringen NO_x- und Rauchemissionen bzw. bei hoher Last vice versa) ist der Druck- und Temperaturverlauf der kontinuierlichen Verbrennung in Abhängigkeit von der Luft-Brennstoff-Mischung in der Hauptverbrennungszone selber.

Bei geringem Schub sind Druck und Temperatur in der Brennkammer niedrig, trotz des hohen Luftüberschußanteils ist die Verbrennung nicht vollständig und es kommt somit zu einem erhöhten Anteil unverbrannter Kraftstoffkomponenten (HC) sowie zu Reaktionsprodukten aus unvollständig abgelaufenen Reaktionen (CO). Bei maximalem Schub sind Druck und Temperatur in der Brennkammer sehr hoch und die Emissionen der Verbrennungsprodukte bis auf

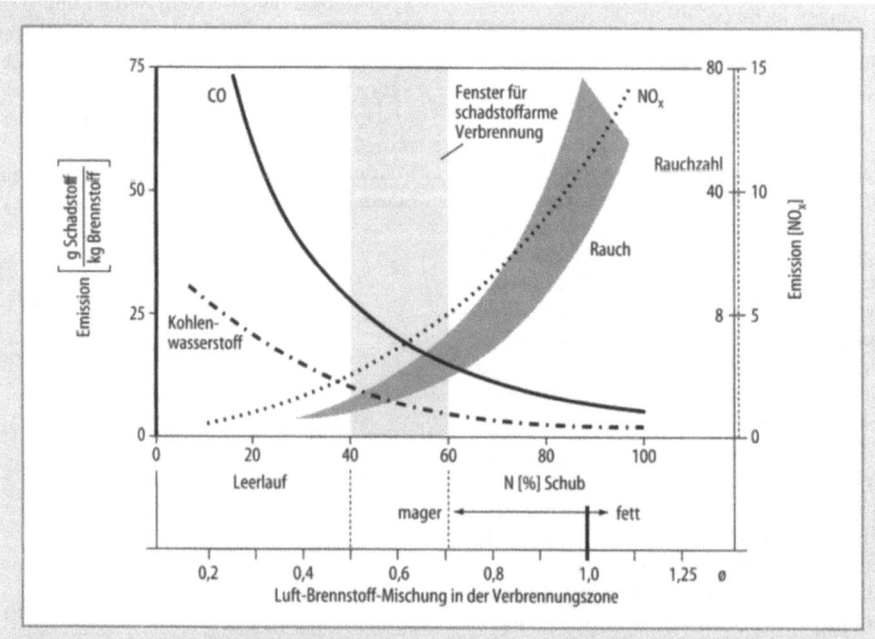

Bild N.2-21 Abhängigkeit der Schadstoffkomponenten HC, CO, NO_x und Rauch vom prozentualen Schub bzw. vom Kraftstoff-Luftgemisch nach [N.2.19]

NO_x niedrig. Allerdings steigt die Rauchemission mit abnehmendem Lambda.

Zur Ermittlung der Schadstoffemissionen von Luftstrahltriebwerken dienen, wie bei Lkw-Motoren, Prüfstandsmessungen, bei denen neben rein stationären Betriebspunkten auch bestimmte repräsentative Lastzyklen durchfahren werden. Da die Flughöhe verständlicherweise ebenfalls einen Einfluß auf die Abgasemissionen hat, verwendet man aufgrund der schwer darzustellenden Umgebungsbedingungen am Prüfstand zum großen Teil Emissionsrechenprogramme.

Bild N.2-22 zeigt die Schadstoffemission in Bodennähe unterschiedlich alter Triebwerkstypen nach dem ICAO-Zyklus.

Man erkennt über der Zeit eine Verringerung der Schadstoffkomponenten HC, CO und Rauch bezogen auf den Nennschub, wobei die NO_x-Emissionen nahezu konstant geblieben sind. Auch hier wird wieder, wie bei jedem Verbrennungsprozeß, der Konflikt zwischen hohem Wirkungsgrad gleichbedeutend mit einer optimalen Verbrennung bei hohen Prozeßtemperaturen und den Stickoxidemissionen deutlich. Ob und in welchem Maße eine mögliche NO_x-Reduktion durch eine Weiterentwicklung der Brennkammer z. B. in Richtung Magerverbrennung, Magerverbrennung mit Vormischung oder Fett-Mager-Verbrennung [N.2.23] möglich ist, wird sich zeigen.

Für die Betrachtung der Umweltbelastung ist es ebenfalls von Bedeutung, in welchen Höhen die vom Flugverkehr verursachten Abgase emittiert werden. Mit Kenntnis der Verweilzeiten des Flugverkehrs in verschiedenen Höhen sowie dem dazugehörigen Lastkollektiv und Abgasverhalten der Triebwerke sind solche Berechnungen möglich. Bild N.2-23 zeigt die Verteilung der verschiedenen Abgaskomponenten über der Höhe in den alten Bundesländern 1984.

Der größte Anteil der Schadstoffe wird im Bodenbereich, ein nicht unerheblicher Anteil an Stickoxiden in Flughöhen über 30.000 ft. emittiert.

Daß die Stickoxide eine wesentliche Abgaskomponente in großen Höhen ist, verdeutlicht auch Tabelle N.2-15, die zeigt, daß 84 % der NO_x-Emissionen auf einem Flug von Frankfurt nach New York in Reiseflughöhe anfallen. Das Flugzeug, eine Boeing 747-400 mit einem Abfluggewicht von ca. 300 t, einer Reisegeschwindigkeit von 900 km/h und einer Flughöhe von ca. 36.000 ft., verbrauchte dabei ca. 65 t Kraftstoff [N.2.20].

Der Kraftstoffverbrauch einer Boeing 747 erscheint sehr hoch, relativiert sich aber auf ca. 6 l auf 100 km pro Sitzplatz. Andere Flugzeuge im

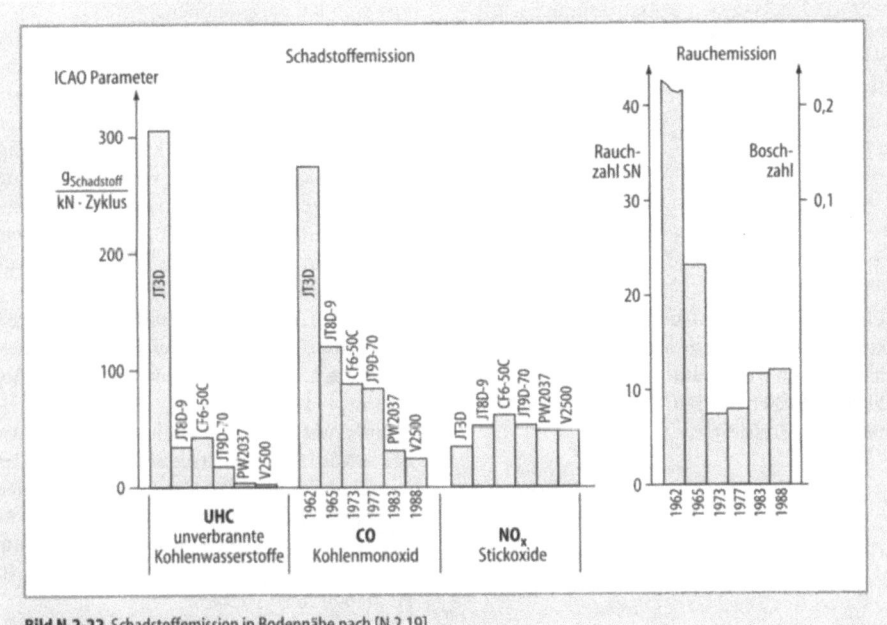

Bild N.2-22 Schadstoffemission in Bodennähe nach [N.2.19]

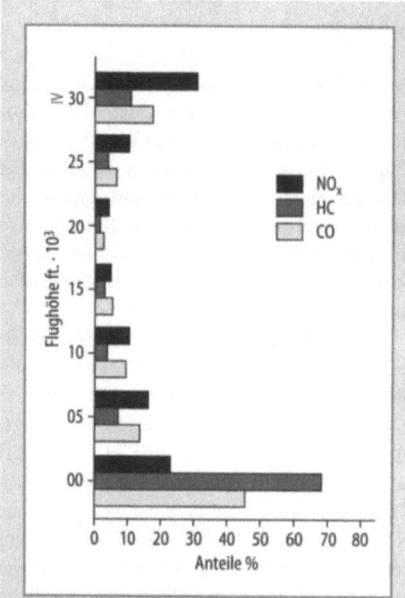

Bild N.2-23 Prozentuale Aufteilung der CO-, HC- und NOx-Emissionen auf die einzelnen Flughöhen, ziviler Instrumentenflug, 1984 nach [N.2.16]

Tabelle N.2-15 Stickoxidemissionen auf einem Flug von Frankfurt/Main nach New York (6200 km) mit einer Boeing 747-400 nach [N.2.20]

	NOx Emissionen	
	kg	%
Boden	9,5	1,0
Start	136,0	14,6
Flug	783,0	84,3
Landung	1,2	0,1
Summe	929,7	100,0

Charterverkehr (A 310) bringen es mit dichter Bestuhlung sogar auf 2,3 l auf 100 km [N.2.20]. Allein aus rein wirtschaftlichen Gründen sind die Fluggesellschaften an effizienten Luftstrahltriebwerken interessiert.

N.2.4.2 Richtlinien zur Abgaszertifikation im Flugverkehr

1972 fand in Stockholm eine „United Nation Conference on the Human Environment" statt, bei der die „International Civil Aviation Organization", kurz ICAO genannt, zugesagt hat, für eine maximale Kompatibilität zwischen der Sicherheit, der vernünftigen Entwicklung des zivilen Luftverkehrs und des menschlichen Lebensraums Sorge zu tragen. Daraufhin wurde das „ICAO Action Programme Regarding the Environment" etabliert. Eine Arbeitsgruppe als Teil dieses Programms beschäftigte sich mit Triebwerksemissionen von Flugzeugen.

1977 erschien von der ICAO die erste Ausarbeitung „Control of Aircraft Engine Emissions", die Richtlinien bzgl. eines Zertifizierungsverfahrens zur Reglementierung von Kraftstoffverdampfung, Rauch- und bestimmten Abgaskomponenten für neue Unterschall-Turbo-Jet und Turbo-Fan Triebwerke beinhaltete.

Im selben Jahr wurde beschlossen, das „Committee on Aircraft Engine Emissions", kurz CAEE genannt, zu bilden, das die einzelnen Standpunkte der verschiedenen ICAO Mitgliedsstaaten berücksichtigen sollte.

Im Mai 1980 wurden diese Änderungen bzw. Modifikationen von CAEE im ICAO Annex berücksichtigt und nach nochmaliger Durchsicht 1981 vom Rat angenommen.

Dieses Zertifizierungsverfahren für Unter- und Überschallstrahlantriebe, wiederzufinden im „Annex 16 Volume II" der ICAO-Richtlinien, beinhaltet neben einführenden Definitionen, Standardisierungen bzgl. Kraftstoffverdampfung, Abgasgrenzwerte für verschiedene Flugzeugtriebwerke abhängig von Leistung bzw. Schub wie Rauch-, HC-, CO-, NOx-Emissionen und einen Anhang über die Test- und Meßverfahrensmodi.

Volume I, der frühere Teil des Annex 16, bezieht sich auf die Reglementierung von Geräuschemissionen. Diese Richtlinien wurden schon 1972 angenommen.

Einen wesentlichen Anteil am Inhalt des Annex 16 Vol. II hatte auch die amerikanische Umweltschutzbehörde EPA (Environmental Protection Agency), die schon 1970 durch den Clean Air Act in die Lage versetzt wurde, ein Meß- und Testverfahren zur Abgasemissionslimitierung für Flugzeuge zu entwickeln.

Die gültigen Grenzwerte nach Annex 16 der Internationalen Zivilluftfahrt-Organisation gel-

Tabelle N.2-16 LTO-Cycle; Graphik von [N.2.20]

Phase	Leistung %	Dauer min.
Start	100	0,7
Steigflug	85	2,2
Landeanflug	30	4
Taxi	7	26

ICAO-Schadstoffemissions-Summe der vier Flugphasen/Nennschub

ten, wie bei der Abgaszulassung von schweren Nutzfahrzeugmotoren, nicht für Flugzeugtypen sondern für deren Antriebsaggregate.

Ab dem 18.2.1982 muß jeder Hersteller, der weltweit seine Luftstrahltriebwerke anbieten will, dieses Zertifizierungsverfahren durchlaufen.

Nachfolgend eine kurze Beschreibung der ICAO Annex 16 Vol. II Richtlinien [N.2.24]:

- Kraftstoffverdampfung

Zur Kraftstoffverdampfung sind keine ausführlichen Angaben festgelegt worden. Es soll lediglich nach einem normalen Flug- bzw. Bodenbetrieb sichergestellt sein, daß nach Abschalten (shut-down) der Triebwerke kein Kraftstoff in die Atmosphäre austritt.

- Schadstoffgrenzwerte

Festgesetzte Schadstoffgrenzwerte sind immer abhängig vom ausgewählten Testzyklus. Für Strahltriebwerke ist dies der „Landing-/Take Off-Cycle", kurz LTO-Cycle genannt. Dieser Zyklus ist für Unterschalltriebwerke in Tabelle N.2-16 dargestellt.

Der Zyklus bezieht sich auf die 4 prägnanten Phasen des Start- und Landevorgangs. Die Leistung des Triebwerks entspricht in etwa den im Zyklus zeitlich definierten Betriebszuständen.

Für Überschalltriebwerke besitzt der LTO-Cycle einen weiteren Testabschnitt. Hier wird der Sinkflug mit einbezogen. Ebenfalls sind die Schubeinstellungen sowie die Verweilzeiten im entsprechenden Testabschnitt leicht modifiziert.

Die Zeiten für Steig- und Landeanflug beziehen sich auf eine Höhe von ca. 3000 ft. (900 m), also auf den Bereich austauscharmer Luftschichten. Es werden daher eigentlich nur Imissionsverschlechterungen im bodennahen Bereich reglementiert. Allerdings bietet dadurch der Testzyklus die Möglichkeit einer Quantifizierung der Schadstoffemissionen im Flughafenbereich und seiner näheren Umgebung.

Die über der gesamten Zykluszeit von 32,9 min emittierte Gesamtmasse unverbrannter Kohlenwasserstoffe, Kohlenmonoxid, Stickoxide und Ruß (wird nur in der Startphase gemessen) wird erfaßt und durch den Nennschub des Triebwerks zwecks Vergleichbarkeit der Daten normiert. Die einzelnen Kraftstoffverbräuche des Triebwerks über den Zyklus werden integriert und neben weiteren meßtechnisch oder analytisch erfaßten Größen wie Gesamtdruckverhältnis, Schub, Treibstoffspezifikation und Umgebungsbedingungen im Zertifizierungsbericht festgehalten.

Als Grenzwerte für eine Zertifikation sind ab dem 1.1.86 folgende Emissionsprodukte festgehalten, sofern der Nennschub der Turbine 26,7 kN übersteigt:

Unverbrannte Kohlenwasserstoffe
D_p/F_{00} = 19,6 [g/kN]
Kohlenmonoxid
D_p/F_{00} = 118 [g/kN]
Stickoxide (NO +NO$_2$ = NO$_x$)
D_p/F_{00} = 40 + 2π_{00} [g/kN]
bzw. (gültig ab 1996)
D_p/F_{00} = 32 + 1.6π_{00} [g/kN]
Ruß (gültig ab 1983)
SN = 83.6 $(F_{00})^{-0.274}$ bis zu einem Maximalwert von 50

D_p = emittierte Gesamtmasse der jeweiligen Abgaskomponente im LTO-Bereich
F_{00} = max. Schub unter Normalbedingungen (Höhe = 0 m, Geschwindigkeit = 0 m/s)
π_{00} = Verdichterdruckverhältnis unter Normalbedingungen s. o.
SN = Rauchzahl

Für ein jeweils nach ICAO-Richtlinien zertiziertes Triebwerk ist in der „ICAO Engine Exhaust Emission Data Bank" ein Datenblatt abgelegt.

N.2.4.3 Auswirkungen der Abgasemissionen auf Tropopause und Stratosphäre

Wie schon erwähnt, ist der Flugverkehr die einzige anthropogene Emissionsquelle in Höhen oberhalb von 30.000 ft. Der Reiseflugbereich heutiger Verkehrsflugzeuge mit Unterschallgeschwindigkeit bewegt sich zwischen 30.000 und 36.000 ft. Der Überschallflugbereich bewegt sich knapp unterhalb von 65.000 ft. Gerade in diesen Bereichen der Tropopause und Stratosphäre ist der Ozongehalt der Luft sehr wichtig für den Schutz vor schädlichen Sonnenstrahlen.

Durch verschiedene von der Sonneneinstrahlung stark abhängige Reaktionsmechanismen ergibt sich der ungewünschte Effekt, daß in der Troposphäre die Ozonbildung durch NO_x-Emissionen begünstigt wird (Stichwort: Ozonalarm in Hessen, Beitrag zum Treibhauseffekt durch Absorption langwelliger Strahlung von der Erde) und oberhalb der Tropopause der Ozonabbau durch NO_x-Emissionen gefördert wird (Stichwort: Ozonloch).

Der Einfluß der Stickoxide auf den Ozongehalt der Lufthülle ist in Bild N.2-24 veranschaulicht.

Die globale Erwärmung der Erde hängt von zwei weiteren im Flugverkehr vorkommenden Verbrennungsprodukten ab, welche bis dato noch

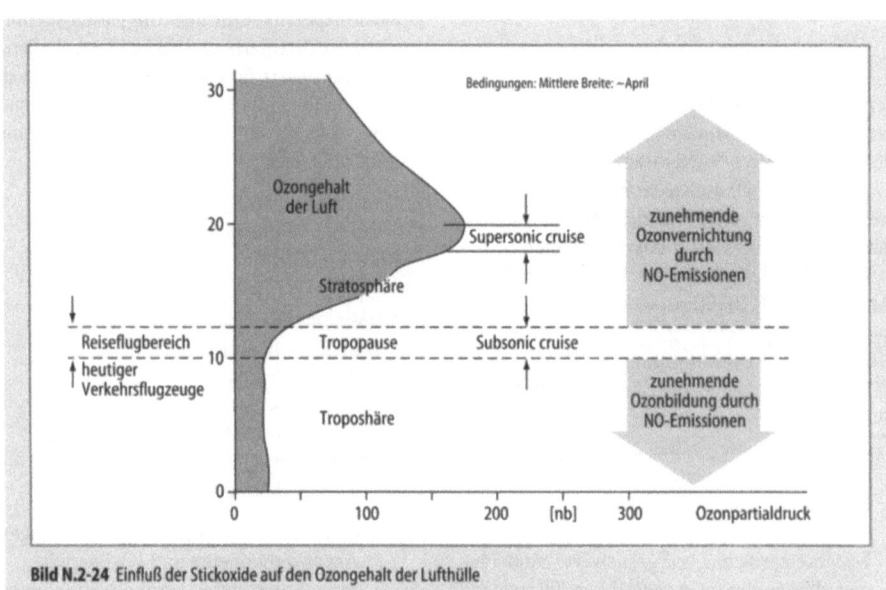

Bild N.2-24 Einfluß der Stickoxide auf den Ozongehalt der Lufthülle

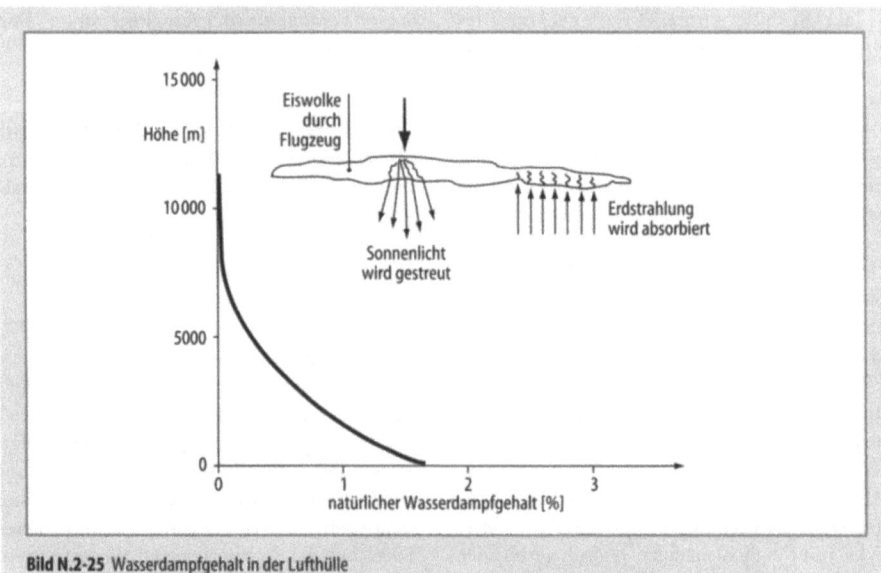

Bild N.2-25 Wasserdampfgehalt in der Lufthülle

nicht erwähnt wurden. Es sind die aus einer Verbrennung entstehenden Abgaskomponenten Wasser und Kohlendioxid. Wie schon in anderen Kapiteln beschrieben, ist die direkt zum Kraftstoffverbrauch proportionale Kohlendioxidemission als Treibhausgas vor allem durch die Verbrennung fossiler Brennstoffe in Haushalt, Industrie und Straßenverkehr seit einiger Zeit bekannt.

Der Wasserdampfgehalt ist in großen Höhen aufgrund der niedrigen Temperaturen sehr gering. Der dort aus Luftstrahltriebwerken emittierte Wasserdampf gefriert zu Eiswolken, die einfallendes Sonnenlicht streuen sowie die Erdstrahlungen absorbieren und somit, obwohl eigentlich absolut unschädlich, als eine zusätzliche Komponente zur Erwärmung der Erde beitragen. Bild N.2-25 zeigt den Wasserdampfgehalt über der Höhe und die Verstärkung des Treibhauseffekts durch Eiswolken.

Bei der Verbrennung von 1 kg Kerosin entsteht zwangsläufig ca. 1,24 kg Wasser, somit kann nur eine Verringerung des Kraftstoffverbrauchs von Flugzeugen in diesen Regionen zu einer Minimierung der Eiswolkenbildung führen. Auch ein anderer „sauberer" Kraftstoff wie z. B. Wasserstoff bietet bzgl. der Eiswolkenbildung keine Alternative, da hier bezogen auf Kerosin die 2,5fache Wassermenge entsteht.

N.2.5 Wasserverkehr

N.2.5.1 Technische Grundlagen

Der Wasserverkehr kann grundsätzlich in 5 Bereiche unterteilt werden:
- Sportschiffahrt,
- Gütertransport,
- Passagierschiffahrt,
- Fischereischiffahrt,
- militärischer Schiffsverkehr.

Klassifiziert man Schiffe unter dem Gesichtspunkt ihrer Verwendung, so ergeben sich 3 Kategorien:
- Freizeit,
- kommerziell,
- Militär.

Ein weiteres Unterscheidungsmerkmal ist die Antriebsart, die fast ausschl. bis auf einen kleinen Teil in der Sportschiffahrt innerhalb des Schiffs also „inboard-powered" plaziert ist.

Die gebräuchlichste Antriebsart ist der Dieselmotor, der abhängig von seiner Größe bzw. der Größe des Schiffs in langsam-, mittel-, oder schnellaufend unterteilt wird. 2- und 4-Takt-Ottomotoren werden meist nur in der Sportschiffahrt verwendet. Andere Antriebsarten wie mit Atomenergie angetriebene Schiffe, Dampfschiffe, Propeller-(Luftkissenboote), Turbinen-, oder Segelschiffe sollen hier nicht näher untersucht werden.

Das Emissionsverhalten von Turbinentriebwerken kann in Abschn. N.2.4 nachgelesen werden.

Der Wasserweg ist eine wesentliche Größe im Wasserverkehr bezogen auf die lokale Betrachtung von Emissions- und Immissionsfaktoren. Klassifiziert wird hier nach Seen (Bodensee), Flüssen (Binnenschiffahrt), Küstenbereichen (Küstenschiffahrt) und Meeren (internationale Schiffahrt).

Alle Schiffe verschmutzen das Wasser mit organischem und anorganischem Abfall, Reinigungsmitteln, Lacken, Emulsionen und Zivilisationsmüll usw. mehr oder weniger. Die verheerenden und z.T. auch strafbaren Wasserverschmutzungen wie die Öltankerreinigung auf hoher See nach der Entladung, illegale Abfallbeseitigung oder Tanker- und Chemietransportunglücke zeigen mit großer Deutlichkeit ihre schlimmen Auswirkungen auf Wasser und Umwelt nicht nur für einige Tage.

Der Wasserweg bewirkt auch unterschiedliche Grenzwerte bzgl. der Abgasgesetzgebung (z. B. Bodenseeverordnung) bzw. internationaler Richtlinien, auf die später noch eingegangen wird.

Bei der Betrachtung der Emissionsfaktoren im Schiffsverkehr war wiederum die amerikanische Umweltbehörde (EPA) eine der ersten, die sich mit der Ermittlung solcher breitgefächerten Daten beschäftigte [N.2.16].

Hier werden für die kommerzielle Schiffahrt zwei grundsätzliche Arbeitszustände zur Ermittlung der Luftverschmutzung benannt. Zum einen die Streckenemissionen (underway) und zum anderen die Emissionen, die entstehen, wenn das Schiff vor Anker liegt (dockside). Streckenemissionen werden von einer Vielfalt von Faktoren wie Energieträger, Motorgröße, Arbeitsverfahren, Geschwindigkeit und Last bestimmt.

Kommerziell verwendete Schiffe, die sich innerhalb der geographischen Grenzen der USA bewegen, fallen in die oben aufgeführten Kategorien (Seen, Flüsse, Küsten).

Tabelle N.2-17 [N.2.16] gibt Emissionsfaktoren solcher Schiffe an.

Tabelle N.2-17 Emissionsfaktoren kommerzieller Schiffe innerhalb der geographischen Grenzen der USA [N.2.16]

Emissionen	Fluß	Seen	Küste
Schwefeloxid (SO_x als SO_2) kg/10^3 l	3,2	3,2	3,2
Kohlenmonoxid kg/10^3 l	12	13	13
Kohlenwasserstoff kg/10^3 l	6,0	7,0	6,0
Stickoxid kg/10^3 l	33	31	32

Bemerkung: Die Angaben stammen aus Datensammlungen der 70er Jahre basierend auf einem Kraftstoff mit 0,20 % Schwefelgehalt und einer Dichte von 0,854 kg/l. Bis dato gibt es nach Angaben der EPA noch keine überarbeiteten Informationen.

Eine etwas detailliertere Information zeigt Tabelle N.2-18 [N.2.16]. Hier sind Emissionsfaktoren von Diesel-Marine-Motoren mit unterschiedlicher Nennleistung unter verschiedenen Lastzuständen bezogen auf den Kraftstoffverbrauch angegeben.

Die Daten – so EPA – sind allgemeingültig und können auf jedes Schiff mit gleicher Motorisierung übertragen werden.

Auch wenn ein Schiff im Hafen vor Anker liegt emittiert es Schadstoffe, da Energie für das Löschen und Laden der Fracht, Heizung, Pumpen, Kühlung, Ventilation usw. verbraucht wird. Hierfür werden zum Teil zusätzliche Dieselaggrega-

Tabelle N.2-18 Emissionsfaktoren von Diesel-Marine-Motoren mit unterschiedlicher Nennleistung unter verschiedenen Lastzuständen bezogen auf den Kraftstoffverbrauch [N.2.16]

PS	Modus	Kohlenmonoxid kg/10^3 l	Kohlenwasserstoff kg/10^3 l	Stickoxid (NO_x als NO_2) kg/10^3 l
200	Stillstand	25,2	46,9	0,8
	Langsam	17,4	12,4	25,0
	Kreuzen	15,1	20,4	50,7
	Volle Fahrt	17,0	7,2	30,6
300	Langsam	7,1	6,8	40,4
	Kreuzen	5,7	6,1	46,7
	Volle Fahrt	7,0	2,5	33,0
500	Stillstand	33,8	14,1	11,9
	Kreuzen	11,9	5,3	40,6
	Volle Fahrt	10,1	2,7	32,3
600	Stillstand	20,6	8,2	36,8
	Langsam	6,1	2,0	30,1
	Kreuzen	9,3	2,9	41,8
700	Stillstand	35,1	11,5	29,5
	Kreuzen	4,3	1,1	54,2
900	Stillstand	26,8	29,8	12,9
	2/3	7,5	2,0	20,0
	Kreuzen	9,7	2,1	43,1
1580	Langsam	14,7	–	44,5
	Kreuzen	5,3	–	74,6
	Volle Fahrt	28,5	2,0	5,7
2500	Langsam	7,2	2,7	50,3
	2/3	15,2	1,8	39,1
	Kreuzen	9,4	2,0	46,9
	Volle Fahrt	11,5	2,6	47,9
3600	Langsam	17,8	7,2	44,0
	2/3	3,4	3,0	43,0
	Kreuzen	5,0	4,0	40,7
	Volle Fahrt	7,5	3,5	36,8

Tabelle N.2-19 Emissionsfaktoren von dieselmotorisch angetriebenen Generatoren [N.2.16]

Leistung kW	Last %	Schwefeloxid (SO$_x$ wie SO$_2$) kg/10³ l	Kohlenmonoxid kg/10³ l	Kohlenwasserstoff kg/10³ l	Stickoxid kg/10³ l
20	0	3,2	18,00	31,50	52,0
	25	3,2	9,55	24,40	53,2
	50	3,2	6,40	17,30	57,2
	75	3,2	3,42	10,20	59,3
40	0	3,2	18,30	70,00	25,6
	25	3,2	10,70	44,30	26,2
	50	3,2	8,10	34,20	27,1
	75	3,2	7,68	27,70	27,9
200	0	3,2	16,10	16,20	17,0
	25	3,2	11,70	4,01	16,9
	50	3,2	7,47	2,13	16,8
	75	3,2	3,20	2,10	16,4
500	0	3,2	7,00	25,00	18,3
	25	3,2	6,40	13,00	26,6
	50	3,2	5,76	9,80	35,1
	75	3,2	5,24	7,08	43,6

te, die auch Generatoren antreiben, verwendet.

Die Emissionsfaktoren dieselmotorisch angetriebenere Generatoren zeigt Tabelle N.2-19 [N.2.16].

N.2.5.2 Abgasgesetzgebung im Wasserverkehr

Im Gegensatz zur Schadstofflimitierung an Straßenfahrzeugen ist die Abgasgesetzgebung bezogen auf den Schiffsverkehr noch sehr jung.

Erst ab 1993 trat die Bodensee-Schiffahrtsverordnung (BSO) in Kraft, die für den Schiffsverkehr auf dem Bodensee die Schadstoffkomponenten NO$_x$, CO, HC, und bei Dieselmotoren zusätzlich die Abgastrübung reglementiert.

Bei Ottomotoren wird anstelle der Abgastrübung eine Leerlaufreferenzmessung vorgeschrieben.

Zur Ermittlung der Schadstoffkomponenten dient ein 9-Punkte-Motorenprüfstandstestverfahren. Abhängig von einer festgesetzten Propellerleistungskurve werden in Abhängigkeit von Nennleistung und Nenndrehzahl 7 verschiedene Lastzustände, die einen typischen Betriebsbereich von Schiffsmotoren abdecken, angefahren. Zwei weitere Lastzustände beziehen sich auf den Leerlauf und den Vollastpunkt. Jeder Lastzustand besitzt einen Zeit-Wichtungsfaktor (Summe 1 h), so daß sowohl die Emissionen pro kWh als auch die Gesamtemissionen pro Teststunde ohne große Umrechnung ermittelt werden können.

Die Abgastrübung wird bei Vollast im Betriebspunkt der maximalen Leistung durchgeführt. Die Messung basiert auf dem Filterprinzip, wobei das Meßergebnis als Bosch-Schwärzungszahl (BSZ) ausgedrückt wird. Tabelle N.2-20 [N.2.25] zeigt die spezifischen Abgasgrenzwerte für die „Face-In-Stufen" I seit 1993 und II seit 1996.

Die Massenemissionsgrenzwerte in g/h der Stufen I und II gelten für alle Antriebsaggregate mit Ausnahme der Dieselmotoren, die nicht für Sport- und Vergnügungsschiffe bestimmt sind und gewerblichen Zwecken unterliegen.

Stufe I	Stufe II
4500 g/h CO	1500 g/h CO
290 g/h HC	95 g/h HC
1100 g/h NOx	360 g/h NOx

Die Abgastrübung von Dieselmotoren der Stufen I und II unterteilen sich noch in Saug- und Abgasturboladermotoren mit folgenden Grenzwerten:

Stufe I	Stufe II
Saugmotor	Saugmotor
BSZ 4,0	BSZ 3,5
Motoren mit Abgasturboladern	Motoren mit Abgasturboladern
BSZ 3,0	BSZ 2,5

Für internationale Gewässer gelten ab 1996 neue Stickoxidgrenzwerte. Ziel ist es, die Stickoxidemissionen bis zum Jahr 2000 um 30 % zu verringern.

Tabelle N.2-20 Spezielle Abgasgrenzwerte für die „Face-In-Stufen" I seit 1993 und II und III seit 1996

Stufe I: Otto- und Dieselmotor							
Leistung kW	Kohlenmonoxid $CO = A \cdot P_N^{-m}$ g/kWh		Kohlenwasserstoffe $HC = A \cdot P_N^{-m}$ g/kWh		Stickoxide $NO_x = A \cdot P_N^{-m}$ g/kWh	
	A	m	A	m	A	m
< 4	600	0,5	60,00	0,7747	15	0
4 – 100	600	0,5	39,39	0,4711	15	0
> 100	60	0,0	10,13	0,1761	15	0
Stufe II: Ottomotor						
< 4	400	0,6505	30	0,6505	10	0,1505
4 – 100	400	0,6505	30	0,6505	10	0,1505
> 100	20	0	3,375	0,1761	5	0
Stufe III: Dieselmotor						
< 4	400	0,6505	30	0,6505	10	0
4 – 100	400	0,6505	30	0,6505	10	0
> 100	20	0	3,375	0,1761	10	0

P_N Nennleistung

Die Abgasgesetzgebung für den Schiffsverkehr hebt zum jetzigen Zeitpunkt vor allem die Stickoxidlimitierung in den Vordergrund, da große Dieselmotoren aufgrund ihres hohen Wirkungsgrads sowieso wenig Kohlenmonoxid bzw. unverbrannte Kohlenwasserstoffverbindungen emittieren. Eine weitere Verschärfung der bestehenden Grenzwerte und die Einführung von Grenzwerten momentan nicht limitierter Schadstoffe wie Partikel, Schwefeldioxid, polyzyklische aromatische Kohlenwasserstoffe (PAH) und Kohlendioxid ist erst wieder über den Weg des Strassenverkehrs zu erwarten. Erste Vorstöße in diese Richtung sind in Kalifornien mit der Einführung von sog. „Low-Emission-Vehicles" bis zu „Ultra-Low-Emission-Vehicles" bereits vollzogen und fest in der Gesetzgebung verankert.

Das mittelfristige Ziel, die in Kalifornien geltenden 2 g/kWh NO_x für seegehende Schiffe zu erreichen, wird nicht nur durch innermotorische Maßnahmen wie z.B. Abgasrückführung und Wassereinspritzung möglich sein. Auch ein Umschwenken von den langsam- bzw. mittelschnell- zu den schnellaufenden Dieselmotoren, die prinzipbedingt geringere Stickoxidemissionen aufweisen, aber auch einen Verbrauchsnachteil von 5 – 10 % [N.2.26] besitzen, wird mittelfristig diese Hürde nicht schaffen. Erst eine außermotorische Abgasnachbehandlung der Dieselmotorabgase wie z.B. auf Basis des SCR-Prozesses (selektiver katalytischer Reduktionsprozeß) besitzt hier Lösungsmöglichkeiten. Erste Anlagen werden sogar schon für Schiffsantriebe angeboten und in der Praxis getestet. Beim SCR-Prozeß wird Ammoniak dem Dieselkraftstoff bzw. dem Dieselabgas zugeführt, so daß in einem nachgeschalteten Katalysator die Stickoxide in reinen Stickstoff und Wasser konvertierbar sind. In einem Bericht [N.2.27] wurden von einem dänischen Katalysatorherstellers, der solche Anlagen auch schon für stationäre Verbrennungsmotoren baute, Reduktionsraten von über 90 % angegeben.

N.3 Stoffquellen im öffentlichen und privaten Bereich

N.3.1 Privater Bereich

N.3.1.1 Feuerungsanlagen

Die Raumheizung im privaten Bereich, soweit sie nicht durch Fernwärmeversorgung sichergestellt ist, wird mit Kleinfeuerungsanlagen bewerkstelligt, die fast nur noch mit Öl oder Gas als Brennstoff betrieben werden, wobei etwa je die Hälfte der Anlagen mit Öl- bzw. Gasfeuerungen ausgerüstet ist [N.3.1]. Kleinfeuerungsanlagen für feste Brennstoffe (Kohle, Koks) machen im privaten Bereich nur einen sehr kleinen Anteil aus, der ständig weiter im Rückgang ist.

Die Feuerungswärmeleistung von Kleinfeuerungsanlagen im privaten Bereich liegt häufig in der Größenordnung bis 20 kW. In Wohnanlagen sind etwa 10 kW pro Wohneinheit zu veranschlagen. Feuerungsanlagen mit einer Feuerungswärmeleistung < 1 MW für feste Brennstoffe, < 5 MW für Heizöl EL bzw. < 10 MW für Gas sind nach der Verordnung über genehmigungsbedürftige Anlagen (4. BImSchV) nicht genehmigungspflichtig. Wegen der Emission von Schadstoffen mit den Verbrennungsabgasen sind derartige Kleinfeuerungsanlagen jedoch bestimmten betrieblichen Anforderungen unterworfen und unterliegen nach der Verordnung über Kleinfeuerungsanlagen (1. BImSchV) der Überwachung durch den Bezirksschornsteinfegermeister. Für Feuerungsanlagen mit einer Feuerungswärmeleistung > 4 kW sind erstmalige Abgasmessungen nach Inbetriebnahme, für solche mit mehr als 11 kW (bei Öl- oder Gasfeuerungen) bzw. mehr als 15 kW (bei Feuerungen für feste Brennstoffe) auch jährlich wiederkehrende Abgasmessungen vorgeschrieben. Bei Öl- und Gasfeuerungsanlagen sind Grenzwerte für die Abgasverluste in Abhängigkeit von der Nennwärmeleistung festgelegt.

Im Verbrennungsraum entstehen neben den Hauptverbrennungsprodukten (CO_2, H_2O) als wesentliche Schadstoffe *Staub, CO, NO_x* und *schwerflüchtige organische Stoffe* (Ölderivate) sowie *Asche*. Je nach den Inhaltsstoffen des Brennstoffs können die Verbrennungsabgase auch SO_2, *anorganische Chlor- und Fluorverbindungen, Schwermetalle* (meist an Staubpartikel gebunden) sowie in Spuren *Dioxine und Furane* enthalten [N.3.2–N.3.4]. Die Emission dieser Schadstoffe wird mengenmäßig begrenzt durch:
- Anforderungen an den Brennstoff (Begrenzung des Schwefelgehalts),
- Anforderungen an die Feuerungstechnik (Begrenzung der Abgasverluste, des Gehalts an Ölderivaten und des Feststoffgehalts im Abgas (Rußzahl als Kennziffer)).

An feuerungstechnischen Maßnahmen kommen bei Öl- und Gasfeuerungen außer der Brennereinstellung die Verwendung von Vormischbrennern, die partielle Abgasrückführung und bei höheren Feuerungswärmeleistungen (> 100 kW) auch die gestufte Verbrennungsluftzufuhr zur Anwendung [N.3.2].

Bei der Tankreinigung von Ölfeuerungsanlagen fallen Rückstände des Heizöls als besonders überwachungsbedürftige Abfälle an.

Offene Feuerstellen, d. h. auch Geräte mit offenen Flammen, sind im privaten Haushalt in Form von Öfen, Kaminen (Brennstoff: Kohle, Holz) und von Kochherden, Heißwasserbereitern (Brennstoff: Gas) zu finden. Insbesondere in Öfen und Kaminen entstehen außer NO_x prozeßbedingt durch unvollständige Verbrennung als Luftschadstoffe *CO, Aldehyde, Phenole* und weitere Kohlenwasserstoffe, aber auch karzinogene Verbindungen wie *Benzo(a)pyren* und *polyzyklische aromatische Kohlenwasserstoffe (PAK)* [N.3.5]. Bei Kohle als Brennstoff enthalten die Emissionen in wesentlichem Umfang auch SO_2 und *Staub*. Demgegenüber treten bei Gasgeräten aller Art weder SO_2- noch *Staubemissionen* auf. Gasgeräte emittieren mit den Verbrennungsgasen in erster Linie NO_x und *CO*, während weitere Schadstoffe infolge unvollständiger Verbrennung (insbesondere *Aldehyde*) nur bei Luftmangel oder zu niedriger Verbrennungstemperatur in nennenswertem Umfang entstehen [N.3.6, N.3.7].

N.3.1.2 Verwendung von Chemikalien

In privaten Haushalten werden als Bestandteile von Haushalts- und Gartenpflegemitteln sowie von Heimwerkermaterialien zahlreiche chemische Stoffe verwendet, die zur Belastung der Umwelt (Atmosphäre, Wasser, Boden) teils direkt, teils indirekt über den Hausmüll als Abfall beitragen.

N.3.1.2.1 Pflanzenschutzmittel

In Haus- und Kleingärten werden zur Unkraut- und Schädlingsbekämpfung Herbizide, Fungizide und Insektizide verwendet. Wenn auch die im privaten Bereich zur Anwendung kommenden Mengen im Vergleich zu den in der Landwirtschaft ausgebrachten Mengen äußerst gering sind, so haben sie dennoch eine nicht zu vernachlässigende regionale Bedeutung für die Belastung kleinerer Oberflächengewässer.

Insbesondere Totalherbizide *(Diuron, Simazin)* stehen hier im Vordergrund [N.3.8]. Durch das Pflanzenschutzgesetz und die Pflanzenschutzanwendungsverordnung werden ein vollständiges Anwendungsverbot für bestimmte Wirkstoffe sowie Anwendungsverbote für Pflanzenschutzmittel in bestimmten Schutzgebieten und in Gebieten unmittelbar an oberirdischen Gewässern und Küstengewässern ausgesprochen. Typische Wirkstoffe flüchtiger Insektizide, wie sie z. B. für Sprays, wirkstoffgetränkte Papierstreifen, Mottenkugeln oder Elektroverdampfer verwendet werden, sind *Lindan, p-Dichlorbenzol, Pyrethrine* und *Pyrethroide* [N.3.5].

N.3.1.2.2 Lösungsmittel

Farben, Lacke und Klebstoffe, in denen organische Lösungsmittel als Zusatzstoffe enthalten sind, werden im privaten Bereich in wesentlich geringeren Mengen als für gewerbliche und industrielle Zwecke verbraucht. Bisher gebräuchliche Kunstharzlacke basieren auf *Testbenzin, Toluol* und *Xylol* als Hauptkomponenten des Lösungsmittels, während neuere schadstoffarme Lacke *Glykole* und *Glykolether* in einer wäßrigen Dispersion enthalten [N.3.9]. Normale Klebstoffe enthalten als Lösungsmittel halogenfreie Kohlenwasserstoffe wie *Toluol*, aber auch *Formaldehyd* in Form von Reaktivharzen, während bei Schnellklebern *Cyanacrylat* zur Anwendung kommt [N.3.5].

N.3.1.2.3 Kältemittel und Dämmstoffe

In Haushaltskühl- und Gefriergeräten, in Autoklimaanlagen und in Wärmedämmstoffen in der Heizungs- und Kältetechnik sind noch voll- bzw. teilhalogenierte Kohlenwasserstoffe (*FCKW, HFCKW*) als Kältemittel bzw. Treibmittel für Schaumstoffe im Einsatz [N.3.10]. Inverkehrbringen und Verwendung vollhalogenierter Kohlenwasserstoffe sowie die Herstellung von Erzeugnissen, in denen sie zu einem Massengehalt von mehr als 1 % in den Kälte- oder Treibmitteln enthalten sind, wurden jedoch wegen ihrer zerstörenden Wirkung auf die Ozonschicht der Erdatmosphäre nach der FCKW-Halon-Verbots-Verordnung in Stufen bis 1995 verboten. Dieses Verbot findet auch auf vollhalogenierte Kohlenwasserstoffe in Reiniguns- und Lösungsmitteln sowie in Löschmitteln (Halone) Anwendung. Es besteht außerdem eine Rücknahmeverpflichtung für die gebrauchten Stoffe aus Altgeräten. Die gebrauchten Stoffe werden den Geräten vollständig entnommen und einer gesonderten Entsorgung zugeführt, in erster Linie der Zerstörung durch Spaltung in wiederverwendbare Stoffe ohne zerstörende Wirkung für die Ozonschicht. Als Ersatzstoffe der bisherigen Kältemittel bzw. Treibmittel für Schaumstoffe auf FCKW- bzw. HFCKW-Basis kommen mehr und mehr verschiedene halogenfreie Kohlenwasserstoffe (*Propan, Isobutan, Pentan*) zur Anwendung.

N.3.1.2.4 Holzschutzmittel

Über lange Zeit sind vor allem das Fungizid *Pentachlorphenol (PCP)* und das Insektizid *Lindan* in Mineralöl gelöst als Holzschutzmittel verwendet worden. Das PCP kommt aber auch heute noch bei der Konservierung von Lederwaren und Textilien in anderen Herstellerländern zum Einsatz. *PCP* ist herstellungsbedingt mit *Dioxinen* verunreinigt. Einmal mit *PCP* behandelte Gegenstände sind damit auf Dauer Emissionsquellen für *Dioxine*, die sich auf diesem Weg auch im normalen Hausstaub wiederfinden [N.3.11].

Das Inverkehrbringen von *PCP* ist inzwischen in der Bundesrepublik nach der Chemikalien-Verbots-Verordnung verboten.

N.3.1.3 Abfall und Abwasser

N.3.1.3.1 Häuslicher Abfall

In der Bundesrepublik ist die Bevölkerung praktisch vollständig an die öffentliche Müllabfuhr angeschlossen. Das Sammeln und Abholen des Mülls erfolgt in vielen Fällen auch durch private Unternehmen im öffentlichen Auftrag.

1993 fielen 43,5 Mio t Hausmüll, hausmüllähnliche Gewerbeabfälle, Straßenkehricht und Sperrmüll an, von denen 13,0 Mio t zur Verwertung und 30,5 Mio t zur Beseitigung eingesammelt wurden [N.3.12].

Der Hausmüll setzt sich überschlägig zu ca. 40 % aus vegetabilen Reststoffen, zu ca. 15 % aus Glas, zu ca. 10 % aus Kunststoffen und zu ca. 20 % aus Papier zusammen [N.3.13]. Mit dem Hausmüll anfallende Problemabfälle – Reste von Chemikalien, Farben und Lacken, Altmedikamente, Kleinbatterien, Autobatterien – werden in zunehmendem Maße systematisch u. a. in mobilen Sammelstellen getrennt erfaßt bzw. vom Hersteller über den Einzelhandel zurückgenommen (Batterien). Diese Problemabfälle werden einer gesonderten Verwertung (Wiederaufarbeitung) oder Entsorgung (chemisch/physikalische, thermische Behandlung) zugeführt. Besondere Schadstoffe in diesem Problemabfall sind Hg und Cd aus Batterien [N.3.14].

Wertstoffe im Hausmüll – Papier/Pappe, Glas, Metall, Kunststoffe – werden in zunehmendem Maße im Rahmen der öffentlichen Abfallentsorgung getrennt eingesammelt, die Fraktionen in Sortieranlagen weiter nach Sorten getrennt und einer umfassenden Wiederverwendung zugeführt. Für Kunststoffe aus Verkaufsverpackungen ist die Erfassung im DSD-System zwecks stofflicher Verwertung flächendeckend [N.3.15]. In diesen Wertstoffen haben chlorhaltige Kunststoffe (PVC), Kunststoffadditive oder Druckfarben mit toxischen Schwermetallverbindungen *(Hg, Cd, Pb)* und chlorgebleichte Papiersorten (wegen ihres Gehalts an adsorbierbaren organischen Halogenverbindungen, *AOX*) besondere Umweltrelevanz.

Mit der ebenfalls zunehmenden getrennten Erfassung und Sammlung der vegetabilen Reststoffe im Hausmüll (Biomüll) zwecks Kompostierung wird die Herstellung von Komposten aus Hausabfällen mit wesentlich geringerem Gehalt an Schwermetallen als bei der bisherigen Kompostierung von Mischabfällen ermöglicht.

N.3.1.3.2 Häusliches Abwasser

Nach [N.3.16] waren 1991 ca. 85 % der privaten Haushalte an kommunale Kläranlagen angeschlossen. Außer durch Fäkalien und Schmutzstoffe ist das häusliche Abwasser mit umweltrelevanten Stoffen durch den Gebrauch von Wasch- und Reinigungsmitteln, Geschirrspülmaschinenmitteln und auch Toilettenpapier belastet.

Mengenmäßig den größten Anteil haben daran die Inhaltsstoffe von Wasch- und Reinigungsmitteln, in erster Linie *Phosphate* (Pentanatriumtriphosphat $Na_5P_3O_{10}$), die bei Einleitung mit dem Abwasser in Oberflächengewässer bedeutsam zur Gefahr der Eutrophierung der Gewässer beitragen. Nach Erlaß der Phosphathöchstmengenverordnung wurde die Menge des Phosphoreintrags in Oberflächengewässer aus Wasch- und Reinigungsmitteln inzwischen stark verringert [N.3.17].

Als Phosphatersatzstoffe kommen *Natrium-Aluminium-Silikat* (Zeolith A), *Natriumcarbonat* (Soda), *Polycarboxylate* (PCO), *Phosphonate*, *Nitrilotriacetat* (NTA) und außerdem als Additive auch Stoffe wie *Ethylendiamintetraacetat* (EDTA) zur Anwendung [N.3.18].

Die umweltrelevanten Eigenschaften von Phosphaten, aber auch von Phosphatersatzstoffen, die beim Eintrag in Oberflächengewässer zum Tragen kommen, stellen besondere Anforderungen an die Reinigung des Abwassers in Kläranlagen (Phosphateliminierung).

Weiterhin enthalten Wasch- und Reinigungsmittel zur Herabsetzung der Oberflächenspannung in der Waschflüssigkeit i.d.R. *Tenside* (langkettige organische Verbindungen), die bei der Abwasserreinigung im Klärschlamm angereichert werden [N.3.19].

Wasch- und Reinigungsmittel, Geschirrspülmaschinenmittel, aber auch chlorgebleichtes Toilettenpapier enthalten in nicht unerheblichen Mengen adsorbierbare organische Halogenverbindungen (*AOX*) als stoffliche Bestandteile oder deren Verunreinigungen. Recyclingpapiere und Zellstoffprodukte, die einer Sauerstoffbleiche anstelle der traditionellen Chlorbleiche unterzogen wurden, enthalten wesentlich niedrigere Restkonzentrationen an *AOX* [N.3.20]. Die früher gebräuchlichen stark säurehaltigen Sanitärreinigungsmittel sind praktisch vollständig durch Reiniger auf der Basis von *Hypochlorit* abgelöst worden.

N.3.1.4 Sport und andere Freizeitaktivitäten

Die nach Art und Umfang ständig zunehmende Freizeitgestaltung in der freien Natur und sportliche Aktivitäten aller Art bringen in erster Linie wachsende Umweltbelastungen genereller Art mit sich, wie

- mehr Bebauung natürlicher Flächen, teils mit Flächenversiegelung durch Parkplätze, Freizeitparks, Sportanlagen,
- mehr Abfall und Abwasser außerhalb der kommunalen Entsorgung,
- mehr Verkehrslärm und -abgase außerhalb Ballungszentren,
- mehr naturfremde Belastungen (z.B. durch Skipisten, Sportboothäfen).

In einzelnen Sektoren von Sport- und Freizeitaktivitäten finden sich aber auch Stoffquellen, die für diesen Sektor spezifische Umweltgefahren oder -beeinträchtigungen verkörpern.

N.3.1.4.1 Sport

Sportschießen

Das Sportschießen wird in der Bundesrepublik in mehr als 8000 Freizeitschießanlagen betrieben [N.3.21]. Soweit in diesen Anlagen das Wurftaubenschießen ausgeübt wird, werden mit der dabei verwendeten Munition (Bleischrot) die umweltrelevanten Inhaltsstoffe *Blei*, *Antimon* und *Arsen* in den Boden innerhalb der Schießanlage eingetragen. Selbst bei gezieltem Einsammeln der verschossenen Schrotkörner gelangen die Schwermetalle Blei und Antimon wegen ihrer beträchtlichen Löslichkeit aus dem Bleischrot in die obersten Bodenschichten. Wegen der Möglichkeit des weiteren Transfers dieser Stoffe in Wasser oder Pflanzen besteht ein Gefährdungspotential für das Grundwasser oder für landwirtschaftliche Nutzung in der Umgebung der Schießanlage.

Wassersport (Segel-, Motorboote)
Die für den Wassersport benutzten Segel- und Motorboote werden mit Antifoulinganstrichen im Unterwasserbereich versehen, um das Festsetzen von Wasserlebewesen (Algen, Muscheln, Krebse) am Bootskörper zu verhindern [N.3.21]. Als biozider Wirkstoff in den Antifoulinganstrichen kommt *Tributylzinn (TBT)* zur Anwendung, das jedoch wachstumshemmende Wirkungen auf Wasserorganismen hat und sich im Sediment und in Fischen und Muscheln anreichert [N.3.22].

Der Wirkstoff TBT kann aus frischen Bootsanstrichen, aber auch beim Entfernen bzw. Abschleifen alter Bootsanstriche in das Gewässer gelangen. Anstrichabfälle wie auch Schlämme aus der Bootsreinigung müssen daher als Sonderabfall entsorgt werden. Durch eine freiwillige Selbstbeschränkung auf Herstellerseite ist der TBT-Anteil in Unterwasserfarben bereits reduziert worden. Außerdem kommen TBT-freie Unterwasseranstriche auf der Basis von Baumharz und Silikon mit $Cu(I)O$ als Wirkstoff zur Anwendung. Für Sportboote mit einer Gesamtlänge von < 25 m ist die Verwendung von TBT in Antifoulinganstrichen jetzt EG-weit verboten [N.3.22].

Motorsport, Flugsport, Motorbootsport
Die umweltrelevanten Stoffquellen, die bei der Ausübung dieser Sportarten durch die Verwendung eines Motorantriebs wirksam werden (Abgase, Altöl), sind in Abschn. N.2 dargestellt.

N.3.1.4.2 Freizeitaktivitäten

Ein besonderer umweltrelevanter Aspekt von Freizeitaktivitäten außerhalb sportlicher Betätigung liegt dort vor, wo Fäkalien über längere Zeit gesammelt werden müssen, ehe sie entsorgt werden können. Dies ist der Fall beim Aufenthalt an Orten ohne Anschluß an eine öffentliche Kanalisation oder auch bei Busreisen mit längerer Reisezeit. Diese Problematik betrifft vor allem die Benutzer von Wohnmobilen und Caravans (Wohnanhängern).

Zur Sammlung von Fäkalien unter diesen Umständen ist das Konzept der Chemietoiletten eingeführt worden, die nicht nur im größten Teil der in der Bundesrepublik Deutschland registrierten 900.000 Wohnmobile und Caravans [N.3.23], sondern auch in Reisebussen und Kleingartenanlagen sowie auf Campingplätzen, Rastplätzen und Baustellen verwendet werden.

Die Chemietoiletten enthalten als Sanitärflüssigkeit wäßrige Lösungen mikrobizider Wirkstoffe, die in erster Linie hygienisch-mikrobiologischen Zwecken, und zwar der Abtötung von Bakterien, Pilzen und Viren, und damit verbunden auch der Unterdrückung geruchsintensiver Fäulnisprozesse dienen. Die notwendige hohe Bakterientoxizität dieser Lösungen führt andererseits zu Problemen der Umweltverträglichkeit der so behandelten Fäkalien bei der Entsorgung [N.3.24].

Als mikrobizide Wirkstoffe werden überwiegend Aldehyde *(Formaldehyd, Glutardialdehyd)*, teils in Verbindung mit Alkoholen, aber auch kationische Tenside, z. B. *Benzalkoniumchloride* verwendet. Außerdem werden den Lösungen Korrosionsinhibitoren, Benetzungsmittel und Emulgatoren zur Unterstützung der mikrobiziden Wirksamkeit beigefügt. Es wird geschätzt, daß jährlich 10.000 – 15.000 t an Chemikalien für den Einsatz in Chemie-Toiletten verkauft werden [N.3.25].

Bei der Entsorgung des Chemietoiletten-Abwassers in eine Kläranlage mit biologischer Klärstufe – direkt oder über die öffentliche Kanalisation – muß das Abwasser vorher so stark verdünnt werden, daß die Schwellenkonzentration für bakterientoxische Reaktionen unterschritten wird. Andernfalls ist eine Störung der biologischen Stufe mit Verminderung der Reinigungsleistung zu befürchten. Die mikrobiziden Wirkstoffe mit Ausnahme der kationischen Tenside sind nach ausreichender Verdünnung biologisch gut abbaubar. Beim Einsatz kationischer Tenside ist daher eine vorherige Inaktivierung durch geeignete Dekontaminantien angezeigt, um Störungen des Kläranlagenbetriebs durch Anreicherung der Wirkstoffe im Klärschlamm zu vermeiden [N.3.26].

N.3.2 Öffentlicher Bereich

N.3.2.1 Gesundheits- und Veterinärwesen

Nach der Abfallstatistik 1993 [N.3.12] fielen in Krankenhäusern ca. 1 Mio t an Abfällen an, von denen nur ca. 7 % krankenhausspezifisch waren. Soweit die Abfälle in die Abfallkategorien infektiöse Abfälle, Körperteile und Organabfälle fielen, waren sie als Sonderabfall zu entsorgen und wurden in Sonderabfallverbrennungsanlagen verbrannt.

In Krankenhäusern des öffentlichen Gesundheitswesens finden sich außer in den hausmüllähnlichen Gewerbeabfällen (Verpackungsmaterial, Küchenabfälle) Quellen umweltrelevanter Stoffe vorrangig in den krankenhausspezifischen nichtinfektiösen und infektiösen Abfällen sowie in Abfällen aus dem Laborbereich. Für das Abwasser aus Krankenhäusern sind, abgesehen von den anfallenden Fäkalien, speziell Stoffquellen im Wäschereibereich und in Einrichtungen zur Desinfektion von Geräten maßgeblich. Darüber hinaus sind die betriebseigenen Feuerungsanlagen (Heizung, Brauchwasser- und Dampferzeugung) Quellen umweltrelevanter Schadstoffe, die mit dem Abgas emittiert werden.

N.3.2.1.1 Abfall

Je nach umwelthygienischer Relevanz und nach Infektionspotential der Abfallinhaltsstoffe werden die krankenhausspezifischen Abfälle in 4 Gruppen unterteilt, die unterschiedlichen Entsorgungsanforderungen unterworfen werden [N.3.27].

Den mengenmäßig größten Anteil daran haben nicht-infektiöse Wund- und Gipsverbände, Einwegwäsche, Stuhlwindeln und Einwegartikel (Spritzen, Kanülen, Skalpelle), die mit *Blut, Sekreten* oder *Exkreten* behaftet sein können. Diese müssen sorgfältig getrennt gesammelt und in geschlossenen Behältnissen zu Entsorgungsanlagen (normale Müllverbrennungsanlagen) transportiert werden, um Gesundheitsgefahren bei der Handhabung des Abfalls auszuschließen.

Infektiöse Abfälle, die mit Erregern meldepflichtiger übertragbarer Krankheiten behaftet sind, können in Infektions- und Dialysestationen von Krankenhäusern, aber auch in Arztpraxen und in veterinärmedizinischen Praxen und Kliniken anfallen. Unter die infektiösen Abfälle fallen auch mikrobiologische Kulturen, Versuchstiere sowie Streu und Exkremente aus Versuchstieranlagen, soweit sie entsprechenden medizinischen Untersuchungen mit *Krankheitskeimen* dienen. An die Stelle der früheren Verbrennung dieser Abfälle in krankenhauseigenen Verbrennungsanlagen, die jedoch wegen mangelnder Abgasreinigung den Anforderungen der Luftreinhaltung nicht mehr entsprachen, ist jetzt die Verbrennung in externen Sonderabfallverbrennungsanlagen [N.3.28] sowie zunehmend die Desinfektion der infektiösen Abfälle in mobilen Zerkleinerungs- und Desinfektionsanlagen getreten [N.3.29, N.3.30]. Die Abfälle können nach der Desinfektion mit gesättigtem Dampf bei ca. 140 °C wie hausmüllähnlicher Gewerbeabfall entsorgt werden. Alternativ käme sonst nur, wie bei der Abfallgruppe der Körperteile und Organabfälle, die außerbetriebliche Entsorgung in Sonderabfallverbrennungsanlagen in Betracht.

Aus dem Laborbereich kommen besonders überwachungsbedürftige Abfälle (*Säuren, Laugen,* Lösemittelgemische mit *CKW, Benzol, Toluol, Xylol), Methanol,* Laborchemikalienreste und Fixier- und Entwicklerbäder, für die bei getrennter Sammlung Verwertungsmöglichkeiten durch externe Entsorger bestehen. Alle Möglichkeiten zur Vermeidung und Verwertung von Rückständen werden systematisch mit Hilfe von Entsorgungsplänen ausgeschöpft [N.3.31].

Fixier- und Entwicklerbäder fallen in größerem Umfang auch in allen Arzt- und Zahnarztpraxen an, in denen Röntgendiagnostik praktiziert wird. Eine spezielle Stoffquelle stellen in Zahnarztpraxen die Zahnfüllungen auf der Basis von *Silberamalgam,* einer Legierung aus Hg, Ag, Sn und von Fall zu Fall auch Cu, dar. Die ausgebohrten Zahnfüllungen werden in Amalgamabscheidern aufgefangen und die darin enthaltenen Metalle durch physikalisch-chemische Behandlung einer Wiederverwendung zugeführt.

N.3.2.1.2 Abwasser

Aufgrund der Notwendigkeit, die Krankenhauswäsche regelmäßig reinigen und nach Gebrauch in Bereichen, die nicht keimfrei sind, auch desinfizieren zu müssen, fallen in den Zentralwäschereien der Krankenhäuser große Mengen an Abwasser an. Das Abwasser ist daher mit den üblichen Inhaltsstoffen von Waschmitteln *(Phosphate, Phosphatersatzstoffe, Tenside, AOX)* belastet (Abschn. N.3.1.3). Hinzu kommen die Inhaltsstoffe der angewendeten Reinigungs- und Pflegemittel ($HCl, HNO_3,$ Natriumhypochlorit, Ethylendamintetraacetat, NaOH) und die Wirkstoffe der zugelassenen Desinfektionsmittel *(Aldehyde, Alkohole, Phenolderivate),* deren nicht verbrauchte Überschußmengen sich zusammen mit dem gelösten Schmutz vollständig im Abwasser wiederfinden [N.3.31]. Kleinere Abwassermengen aus speziellen Bereichen, in denen Krankheitserreger ins Abwasser gelangen können (Pathologie, Infektionsabteilungen), werden am Entstehungsort desinfiziert, bevor sie mit dem sonstigen Abwasser des Krankenhauses in die öffentliche Kanalisation eingeleitet werden. Dies geschieht durch Zugabe von Desinfektionsmitteln oder auch *Chlor* sowie durch thermische Desinfektion (Erhitzen über längere Zeit auf mind. 100 °C) [N.3.32].

Desinfektionsmittel werden in größerem Umfang auch zur Flächendesinfektion in Operationssälen und Intensivstationen verwendet. Zur Instrumentendesinfektion werden dagegen, sofern sie nicht thermisch mit gesättigtem Dampf durchgeführt wird, *Formaldehyd* oder *Ethylenoxid* als Oxidationsmittel in geschlossenen Geräten verwendet. Bei der Belüftung der Sterilisationsgeräte auf der Basis von *Ethylenoxid* wird die aus dem Gerät abgesaugte und mit *Ethylenoxid* beladene Luft über einen Oxidationskatalysator geführt, bevor sie ins Freie geleitet wird.

Bioabfälle aus dem Küchenbereich (Lebensmittel- und Essensreste, Küchenabfälle) werden dem Abwasser fern gehalten und nach getrennter Sammlung der Kompostierung zugeführt oder an Mastbetriebe abgegeben. Darüber hinaus werden verschiedene Abscheiderarten eingesetzt (Küchenbereich: *Fette*; Physikalische Therapie: *Schlämme* von Packungen), um das Abwasser durch getrennte Entsorgung dieser Stoffe zu entlasten [N.3.32].

N.3.2.1.3 Kesselanlagen

In Krankenhäusern werden Kesselanlagen auf der Basis von Heizöl oder Erdgas als Brennstoff zur Erzeugung von Dampf (für Sterilisation, Desinfektion, Wäscherei, Dampfmangeln und Trockner) und von Warmwasser (für Raumheizung, Klima- und Lüftungsanlagen) sowie für die Brauchwassererwärmung betrieben. Die in dem Verbrennungsprozeß in den Kesselanlagen je nach Brennstoffart entstehenden Schadstoffe *(CO, NO_x, SO_2, Kohlenwasserstoffe, Staub)* entsprechen weitgehend denjenigen in Feuerungsanlagen für größere Wohnkomplexe im privaten Bereich (Abschn. N.3.1.1). Wenn eine Feuerungswärmeleistung von 5 MW bei Heizöl und von 10 MW bei gasförmigen Brennstoffen überschritten wird, sind diese Kesselanlagen nach dem Bundesimmissionsschutzgesetz genehmigungsbedürftig mit der Folge, daß für die Emissionen von *Staub, CO, NO_x und SO_2* die in der TA Luft festgelegten Grenzwerte eingehalten werden müssen.

Im Zuge der rationellen Energieverwendung werden in Krankenhäusern anstelle von Heizkesseln auch Blockheizkraftwerke (BHKW) zur gemeinsamen Erzeugung von Wärme und Strom eingesetzt [N.3.31]. Ein BHKW für diesen Anwendungszweck besteht aus einem Gasmotor-Generator-Aggregat in Kombination mit einem Abhitzekessel. Bei dem Verbrennungsvorgang im Gasmotor entstehen in erster Linie NO_x und CO als Luftschadstoffe, deren Konzentration im Abgas durch Primärmaßnahmen (Abmagerung des Brennstoff-Luft-Gemisches) und/oder Sekundärmaßnahmen (Oxidationskatalysator, selektive katalytische Reduktion SCR) minimiert wird (Abschn. N.3.2.4).

Bei Überschreitung einer Feuerungswärmeleistung von 1 MW sind BHKW mit Verbrennungsmotoranlagen genehmigungsbedürftig nach dem Bundesimmissionsschutzgesetz und unterliegen den in der TA Luft festgelegten Emissionsgrenzwerten für CO und NO_x.

N.3.2.2 Bildung, Wissenschaft und Kultur

Unter den öffentlichen Einrichtungen und Institutionen im Bereich von Bildung, Wissenschaft und Kultur finden sich in Hochschulen, öffentlichen Forschungseinrichtungen, Theatern und Schulen spezifische Tätigkeiten oder Installationen, die im Zusammenhang mit umweltrelevanten Stoffen stehen und bei denen die umweltgerechte Entsorgung dieser Stoffe im Vordergrund steht. Nach der Statistik [N.3.33] gibt es in der Bundesrepublik 318 Hochschulen (1992/93), 596 Theaterspielstätten (1990/91) und 50.298 Schulen (1991), davon allein 42.315 allgemeinbildende Schulen. Unter den Hochschulen sind alle Universitäten, Gesamthochschulen, fachlich speziell ausgerichtete Hochschulen und Fachhochschulen zusammengefaßt, während die Zahl der Theaterspielstätten sowohl öffentliche Theater als auch Privattheater beinhaltet.

N.3.2.2.1 Hochschulen, Forschungseinrichtungen

Soweit die Hochschulen und Forschungseinrichtungen naturwissenschaftlich bzw. ingenieurwissenschaftlich ausgerichtet sind, betreiben sie in den Bereichen Chemie, Pharmazie und Biologie chemische und biologische, in den Bereichen Maschinenbau und Hüttenwesen auch werkstofftechnische Laboratorien.

Insbesondere in den Laboratorien werden die verwendeten Materialien, die entstehenden Reaktionsprodukte und die unvermeidlichen Reststoffe entsprechend ihren umweltrelevanten Inhaltsstoffen im Hinblick auf ihre Entsorgung systematisch getrennt gehalten. *Halogenierte* und *nichthalogenierte organische Lösungsmittel,* die z. B. bei der Filterkonditionierung Anwendung finden, werden durch Redestillation zur Wiederverwendung zurückgewonnen oder einer chemisch-physikalischen Behandlungsanlage (CPB) zugeführt. Wäßrige Lösungen *anorganischer Stoffe* werden nach pH-Wert-Einstellung in einer Neutralisationsanlage mit Fällungsmitteln versetzt, so daß vor allem *Schwermetalle* als Hydroxide ausgefällt und die abfiltrierten Schlämme als Sonderabfall entsorgt werden können. Aktivkohlefilter, soweit sie mit besonders toxischen Luftschadstoffen *(polychlorierten Dibenzodioxinen* und *-furanen)* beladen sind, sowie *PCB*-haltige Altöle werden einer Sondermüllverbrennungsanlage (SMVA) zugeführt. Schließlich werden auch Hydraulikflüssigkeiten, Schmierstoffe mit Additiven und Bohr- und Schleifemulsionen (als Kühlflüssigkeiten bei der Werkstoffbearbeitung) getrennt gesammelt und in einer CPB oder SMVA entsorgt. Die Entsorgung der Laboratorien ist Teil eines Abfallentsorgungskonzepts der betreffenden Institutionen, in das auch die sonstigen Abfälle aus dem Verwaltungsbereich (Papier, Verpackungen, Schreibmaterialien) integriert sind. In die Abfallbilanzen gehen weiterhin Entwickler- und Fixierbäder, *Hg*-haltige Rückstände, Laborchemikalienreste, *Säuren-* und *Laugen*gemische sowie Kondensatoren und Leuchtstoffröhren ein.

N.3.2.2.2 Theater

Größere Theater verfügen über eigene Werkstätten, in denen die meisten Elemente jedes neuen Bühnenbildes (Kulissen, Versatzstücke) hergestellt werden. Dazu finden vor allem Stahl und Holz als Konstruktionswerkstoffe, Schaumstoffe (Styropor), Leinwand und Kleber (Kaltleim) zur Formgebung und Verkleidung sowie Dispersions- und Leuchtfarben zur Farbgebung Verwendung. Unverbrauchte Farbreste werden wie Lösungsmittel *(Aceton, Spiritus)* aus der Maskenbildnerei, Altöle und Batterien getrennt gesammelt und als Sonderabfall entsorgt. Umweltrelevante Inhaltsstoffe in den verwendeten Materialien sind *Farbpigmente* in den Farben und die zur Imprägnierung der Textilien aus Brandschutzgründen verwendeten Salze *(Ammoniumpolyphosphate).*

N.3.2.2.3 Schulen

In Schulgebäuden wie auch in anderen öffentlichen Gebäuden sind in der Vergangenheit Baumaterialien verwendet worden, die nach den Erkenntnissen aus vielen Erhebungen und Untersuchungen gesundheitsschädliche Inhaltsstoffe auch noch lange Zeit nach der Gebäudeerrichtung emittieren. Hierzu gehören

- *polychlorierte Biphenyle,* die als Weichmacher in dauerelastischen Fugendichtungsmaterialien vor allem bei Betonfertigteilbauten Anwendung fanden [N.3.34]
- *Asbest* als Werkstoff für Brand-, Schall- und Wärmeschutz vor allem in schwachgebundener From (Rohdichte < 1 g/cm3) für Spritz-, Stopf- und Fugenmassen [N.3.35]
- *Formaldehyd* als Bestandteil von Klebstoffen für Holzwerkstoffe (Spanplatten, Sperrholz) und zur Herstellung von Ortsschäumen *(Harnstoff/Formaldehydharze)* für die Gebäudeisolierung [N.3.36].

Ihre zusätzliche Umweltrelevanz haben diese Materialien dadurch, daß sie unter besonderen Vorkehrungen entsorgt werden müssen, wenn aus Gründen einer Gesundheitsgefahr oder auch nur vorsorglich derartige Baumaterialien aus einem Gebäude entfernt und durch unschädliche ersetzt werden.

Soweit die öffentlichen Einrichtungen und Institutionen des Bereichs Bildung, Wissenschaft und Kultur über eigene Großküchen oder Gaststättenbetriebe verfügen, fallen dort erhebliche Mengen an Bioabfällen (Küchenabfälle, Speisereste) an. Die früher übliche Abgabe dieser Bioabfälle an Schweinemastbetriebe oder Deponien ist erheblich erschwert oder scheidet sogar ganz aus, weil Essensreste nach dem Tierseuchengesetz nur nach vorheriger thermischer Behandlung verfüttert werden dürfen und weil die TA Siedlungsabfall die Deponierung von Siedlungsabfällen mit mehr als 5 % organischem Anteil (gemessen als Glühverlust des Trockenrückstands) nicht mehr zuläßt. Außer der verbleibenden Entsorgungsalternative für Bioabfälle, der Verbrennung in einer MVA, können jedoch zukünftig auch neuentwickelte Naßmüllentsorgungsverfahren eingesetzt werden. Diese Verfahren beruhen darauf, daß die Speisereste in geschlossenen Systemen zunächst gesammelt, grob zerkleinert und schließlich homogenisiert werden. Ihre pastöse Beschaffenheit ohne weitere Zusätze erlaubt die weitere pneumatische Beförderung und den

Transport mittels Tankfahrzeugen. Die organischen Bestandteile der Bioabfallmasse können dann entweder anaerob in einem Faulturm bei ca. 35 °C unter Bildung von Klärschlamm und Biogas (CH_4, CO_2) oder aerob in einem geschlossenen System kompostiert werden [N.3.37]. Die bei aerober Kompostierung freigesetzte Wärme hält die Temperatur einer Charge über ausreichend lange Zeit bei etwa 70 °C, so daß der entstehende Frischkompost als Endprodukt gleichzeitig pasteurisiert wird.

Zur Wärmeversorgung verfügen Hochschulen, öffentliche Forschungseinrichtungen, Theater und Schulen über eigene Heizwerke oder – bei kleineren Einheiten – Feuerungsanlagen, bei denen die gleichen Stoffquellen auftreten, wie in den Abschn. N.3.1.1 (Feuerungsanlagen) und N.3.2.4 (Strom- und Wärmeversorgung) dargelegt.

N.3.2.3 Sport- und Freizeiteinrichtungen

Feste Sport- und Freizeiteinrichtungen sowohl in Form von Freianlagen als auch von Hallenanlagen werden hier nur insofern aufgenommen, wie durch ihren Betrieb spezifische Quellen umweltrelevanter Stoffe zum Tragen kommen. Dies ist der Fall bei Sportplätzen, Sporthallen und Schwimmbädern sowie bei Campingplätzen.

N.3.2.3.1 Sportplätze

Im alten Bundesgebiet gibt es ca. 40.000 Sportplätze, die Spielfelder für 18 verschiedene Mannschaftssportarten, in den meisten Fällen in Verbindung mit Leichtathletikanlagen umfassen.

Die Flächen auf den Sportplätzen, auf denen die verschiedenen Sportarten ausgeübt werden (Spielfelder, Laufbahnen, Sprungbahnen), sind entweder als Rasenflächen oder als sog. Tennenflächen ausgeführt. Rasenflächen bestehen weit überwiegend aus Naturrasen, aber verbreitet auch aus Kunststoffrasen. Tennenflächen sind dagegen zwar ebenfalls wasserdurchlässige, aber mehrschichtig aufgebaute und verdichtete Aufschüttungen aus Baustoffen verschiedener Art und unterschiedlicher Körnung [N.3.21].

Als Materialien für Tennenböden werden neben Sand, Kies und Gesteinssplitt aus natürlichen Vorkommen auch Schlacken, Aschen und Haldenmaterial aus Industrie und Bergbau verwendet. Die letzteren können je nach ihrer Herkunft als schädliche Inhaltsstoffe vor allem toxische Schwermetalle *(As, Pb, Zn, Cd, Hg)* enthalten und unterliegen deshalb vor ihrer Anwendung als Tennenbeläge einer Güteüberwachung auf Einhaltung gültiger Vorsorge- und Richtwerte bzgl. der Konzentration dieser Schwermetalle. Die Umweltrelevanz dieser Materialien besteht darin, daß die schädlichen Inhaltsstoffe durch Abrieb beim Sportbetrieb in Form von Staubpartikeln aufgewirbelt und eingeatmet oder durch Regen ausgewaschen und ins Grundwasser transportiert werden können.

Für Kunststoffbeläge von Tennenböden ebenso wie für Kunststoffrasen kommen verschiedene Kunststoffarten (Polypropylen, Polyester, Polyamid) oder Kunststoffgemisch-Granulat sowie Polyurethan (PUR) als Bindemittel bzw. PUR-Schaum als Elastikmaterial zur Anwendung. Auch diese Kunststoffe enthalten in geringen Mengen Schwermetalle *(Cd, Pb)* in Form von Farbpigmenten sowie zusätzlich *organische Hg-* oder *Sn-Verbindungen* als Anti-Fouling-Wirkstoffe.

Die Düngung der Rasenflächen auf Sportplätzen und ihre Behandlung mit Pestiziden ist wie in der Landwirtschaft eine Quelle für den Transport überschüssiger Nähr- *(Nitrate)* und Schadstoffe *(Pestizide)* ins Grundwasser.

N.3.2.3.2 Sporthallen und Schwimmbäder

Im alten Bundesgebiet gibt es ca. 27.000 Sporthallen und ca. 4000 Hallenbäder [N.3.21]. Beiden Arten von Sporteinrichtungen ist gemeinsam, daß sie, sofern sie nicht mit Fernwärme versorgt werden, Heizungsanlagen großer Leistung benötigen, die bei den Sporthallen allerdings nur in der kalten Jahreszeit betrieben werden. Die Heizungsanlagen, die üblicherweise mit Heizöl oder Erdgas betrieben werden, sind wie bei den Feuerungsanlagen für größere Wohnkomplexe im privaten Bereich (Abschn. N.3.1.1) Quelle der umweltrelevanten Schadstoffe CO und NO_x aus den Verbrennungsprozessen. Zusätzlich zu den feuerungstechnischen Maßnahmen zur Minimierung von Bildung und Emission dieser gasförmigen Schadstoffe werden in Sporthallen und Schwimmbädern technische Maßnahmen zur Energieeinsparung in der jeweils optimalen Kombination angewendet. Damit findet eine noch weitergehende Emissionsminderung von CO und NO_x statt. Die Wärmerückgewinnung aus der Abluft ist inzwischen in Hallenbädern und Sporthallen die Regel, z.T. auch in Kombination mit dem Einsatz von Wärmepumpen. In Hallen- und Freibädern sowie in neuen Sporthallen finden zunehmend auch Solaranlagen Anwendung [N.3.21]. Zunehmende Verbreitung findet auch die Ausrüstung mit einem eigenen Blockheizkraftwerk (BHKW), von denen schon ca. 150 mit verbrennungsmotorischem Antrieb in Hallen- und Schwimmbädern in der Bundesrepublik betrieben werden [N.3.38].

Das Wasser in Schwimmbädern muß wegen des Eintrags *organischer Stoffe* sowie *Bakterien* und *Keimen* durch die Badegäste und luftgetragener Partikel *(Staub)* aus der Umgebung ständig umgewälzt und dabei gereinigt und entkeimt werden. Ungelöste und organische Stoffe werden dabei durch Flockung und anschließende Filterung meist in einem Sand- oder Kiesfilter abgeschieden.

Als Flockungsmittel sind vor allem *Al-Salze, Fe(III)-Salze* und *Na-Aluminat* zugelassen [N.3.39]. Sie bilden durch Hydrolyse flockige Hydroxide, die organische Stoffe sorptiv binden. Für eine noch effektivere Reinigung werden zusätzlich auch Aktivkohlefilter eingesetzt. Zur Einstellung optimaler Bedingungen für die Wasserchemie (Enthärtung, Entkeimung, Flockung) werden dem Beckenwasser auch zugelassene pH-Wert-Einstellungsmittel zugesetzt (z. B. $NaOH$, HCl, Na_2CO_3, $NaHCO_3$, CO_2). Die Rückspülwässer der Filter werden zusammen mit dem Abwasser in die öffentliche Kanalisation eingeleitet.

Zur Entkeimung des Wassers wird in erster Linie die oxidierende Wirkung von *Chlor* ausgenutzt. Je nach eingesetztem Oxidationsmittel ist zwischen dem *Chlorgas-*, dem *Chlor/Chlordioxid-*, dem *Natriumhypochlorit-* und dem *Calciumhypochlorit-*Verfahren zu unterscheiden [N.3.40]. Verbreitet ist die sog. indirekte Chlorung mit dem Chlorgas-Verfahren, bei dem in Druckflaschen gespeichertes *Chlorgas* mit einem Vakuum-Dosiergerät nach DIN 19 606 einem Nebenwasserstrom dosiert beigefügt wird. Die Desinfektion wird durch die hypochlorige Säure *(HClO)* bewirkt, die bei Reaktion von *Chlorgas* und Wasser gebildet wird. Die ebenfalls entstehende *Salzsäure (HCl)* wird durch Reaktion mit den *Hydrogenkarbonaten* des Wassers (Karbonathärte) neutralisiert. Bei zu niedriger Härte wird das gechlorte Wasser zur Neutralisation durch einen Marmorkies-Reaktionsturm geleitet.

Als Alternative zur Verwendung von *Chlor* aus Druckflaschen wird ein Verfahren genutzt, bei dem *Chlorgas* durch Elektrolyse von Kochsalzlösungen hergestellt und sofort in das zu behandelnde Wasser dosiert wird. Die hohen sicherheitstechnischen Anforderungen an die Lagerung und den Umgang mit Chlorgasflaschen entfallen hier. In einer weiteren Verfahrenskombination nach DIN 19 643, Teil 3 wird zunächst *Ozon* zur Oxidation von Wasserinhaltsstoffen, zur Abtötung von Mikroorganismen und zur Inaktivierung von Viren verwendet. Nach Abtrennung der hierbei entstehenden Reaktionsprodukte wird die übliche Chlorung des Reinwassers durchgeführt. Der bei ausschließlicher Chlorung auftretende typische Geruch durch *Chloramine* tritt bei der Kombination Ozonung/Chlorung nicht auf.

N.3.2.3.3 Campingplätze

Im alten Bundesgebiet gab es 1989 ca. 5000 Campingplätze, von denen etwa 15 % als kommunale Betriebe und die übrigen als private Einrichtungen betrieben wurden [N.3.23].

Auf den Campingplätzen fallen Abwässer aus dem Sanitär- und dem Küchenbereich von Restaurationsbetrieben an sowie Abfälle, die weitgehend hausmüllähnlichen Charakter haben. Daher findet man im Abwasser und Abfall viele der Stoffquellen, die auch im privaten Bereich im häuslichen Abwasser und Abfall auftreten (Abschn. N.3.1.3). Zusätzlich fallen dort aber auch Inhalte von Chemietoiletten, mit denen Campingfahrzeuge zunehmend ausgerüstet sind, zur Entsorgung an. Besondere Inhaltsstoffe in den Chemietoiletten sind Chemikalien mit *mikrobiziden Wirkstoffen*, die Probleme für eine Entsorgung über die öffentliche Kanalisation mit sich bringen (Abschn. N.3.1.4.2). Deshalb bietet schon jetzt etwa jeder dritte Campingplatz eine Entsorgungsmöglichkeit für Chemietoiletten getrennt von der normalen Abwasserentsorgung an, die zu 70 % über die öffentliche Kanalisation erfolgt [N.3.23]. Auch für die anfallenden Abfälle werden auf mehr als einem Drittel der Campingplätze bereits Behälter zur getrennten Sammlung von Rohstoffen (Altpapier, Glas, Metall) und von Problemmüll sowie in einzelnen Fällen auch Kompostierungsbehälter für Garten- und Küchenabfälle vorgehalten.

N.3.2.4 Lokale Strom- und Wärmeversorgung

Die öffentliche Strom- und Wärmeversorgung wird regional von Kraft- und Heizkraftwerken auf Basis von Kohle, Erdöl und Erdgas sowie von Kernkraftwerken getragen. Während der Strom aus regionalen Kraftwerken in überregionale Verbundnetze eingespeist wird, erfolgt der Wärmetransport zu den Verbrauchern über regionale und lokale Fernwärmenetze. Stoffquellen im Zusammenhang mit der Stromerzeugung in

Kernkraftwerken sind Gegenstand von Abschn. N.1.3.

Über die Strom- und Wärmeerzeugung in Kraftwerken mit Großfeuerungsanlagen hinaus basiert die öffentliche Strom- und Wärmeversorgung auf Blockheizkraftwerken (BHKW), die aus einer Antriebseinheit (Verbrennungsmotor oder Gasturbine), einem nachgeschalteten Abhitzekessel und einem mit der Antriebseinheit gekoppelten Generator bestehen. Bundesweit sind fast 1500 BHKW überwiegend mit Verbrennungsmotoren (Gasmotor, Dieselmotor) in Betrieb. Während der weitaus größte Teil der BHKW mit Verbrennungsmotor-Antrieb im Leistungsbereich zwischen 50 und 400 kW liegt, weisen die Gasturbinen in BHKW darüber hinausgehende Leistungen vorrangig im Bereich bis 10 MW auf [N.3.41].

Mehr als ein Drittel der in BHKW mit Verbrennungsmotoren erzeugten elektrischen Leistung stammt aus Anlagen der öffentlichen Hand. Mit der gleichzeitig erzeugten Wärmeenergie werden Hallen- und Schwimmbäder, Krankenhäuser und sonstige öffentliche Einrichtungen beheizt. Als Brennstoff werden dafür in erster Linie Klärgas und Erdgas, darüber hinaus aber auch Deponiegas und Heizöl eingesetzt [N.3.41, N.3.38].

Unabhängig von der Brennstoffart entstehen bei den Verbrennungsprozessen als Luftschadstoffe in erster Linie CO und NO_x, deren Bildungsraten jedoch in weiten Bereichen der Luftzahl λ einander gegenläufig sind. Bei Luftunterschuß ($\lambda < 1$) ebenso wie bei hohem Luftüberschuß entsteht durch ungünstige Verbrennungsbedingungen sehr viel CO, während gleichzeitig aufgrund relativ niedriger Verbrennungstemperatur die Bildung von NO_x vermindert ist. In einem mittleren Luftzahlbereich ($\lambda = 1{,}1 - 1{,}3$) sind dagegen der Ausbrand maximal und die Verbrennungstemperaturen hoch, so daß niedrige CO-Konzentrationen und hohe NO_x-Konzentrationen im Abgas auftreten. Außerdem entstehen bei unvollständiger Verbrennung vermehrt *Aldehyde*, aber auch weitere *Kohlenwasserstoffe*.

Zur gleichzeitigen Reduktion von CO und NO_x im Abgas sind verschiedene Methoden gebräuchlich [N.3.42 – N.3.44].

Der *3-Wege-Katalysator* (nur bei Viertakt-Otto-Motoren) arbeitet mit einer eng begrenzten, nahstöchiometrischen Einstellung der Luftzahl λ, die mit einer Lambda-Sonde zur Messung des Sauerstoffgehalts geregelt wird. Dabei reagieren NO_x, CO, der Luftsauerstoff und *Kohlenwasserstoffe* untereinander und werden katalytisch in N_2, CO_2 und H_2O umgewandelt.

Das *Magerkonzept* mit hohem Luftüberschuß ($\lambda > 1{,}6$) wird in Kombination mit einem Oxidationskatalysator angewendet, der bei genügend hoher Temperatur (> 350 °C) eine weitgehend katalytische Umwandlung von CO, CH_4 und weiteren *Kohlenwasserstoffen* in CO_2 bzw. H_2O bewirkt, während durch den hohen Luftüberschuß die Verbrennungstemperatur gesenkt und die Bildungsrate von NO_x stark vermindert wird. Der Betrieb von Gasmotoren nach dem Magerkonzept mit hohem Luftüberschuß nimmt gegenüber dem Betrieb mit 3-Wege-Katalysator ständig an Bedeutung zu, zumal durch weitere motorische Maßnahmen (Turbolader) spezifische Leistung und Wirkungsgrad verbessert werden können.

Dieselmotoren, insbesondere hoher Leistung, weisen erhebliche Konzentrationen an NO_x im Abgas auf, so daß nur mit Hilfe *selektiver katalytischer Reduktion (SCR)* eine ausreichende Minderung der NO_x-Emission erreichbar ist. Bei der SCR wird dem Abgas NH_4 oder *Harnstoff* ($CO(NH_2)_2$) zugegeben und das Abgas bei 300-400 °C über einen Katalysator (V-, Ti-Basis) geführt, so daß die *Stickoxyde* zu N_2 reduziert werden. Überschüssiges NH_3 kann dabei mit dem Abgas emittiert werden (NH_3-Schlupf). Alle katalytischen Reduktionsverfahren sind störanfällig gegen Verunreinigungen im Abgas, die als Katalysatorgifte wirken *(Schwermetalle, Phosphor oder Halogenverbindungen)*.

Außer den Standardluftschadstoffen CO und NO_x finden sich im Abgas der Antriebsmaschinen von BHKW noch brennstoffspezifisch weitere Schadstoffe. *Flüssige Brennstoffe* geben Anlaß zur Emission von *Ruß, Schwermetallen (Ni, V)* und *polyzyklischen aromatischen Kohlenwasserstoffen (PAK)* als Staubinhaltsstoffe sowie von SO_2. Deshalb kann es notwendig werden, Dieselmotoren von BHKW, die mit Schweröl (H-S, H-SA) betrieben werden, nicht nur mit einer SCR-Anlage, sondern zusätzlich auch noch mit einem Rußfilter und einem Naßwäscher unter Eindüsung von Kalkhydrat zur SO_2-Reduktion auszurüsten. Alternativ kommt auch die Abtrennung von *Ruß, Schwermetallen* und *Schwefelsäure* aus dem Abgas mit Hilfe von Aktivkoksfiltern zur Anwendung. Das Filtermaterial muß jedoch nach Beladung mit den Schadstoffen ausgetauscht und je nach der Beschaffenheit des Aktivkokses mit hohem Energieaufwand desorbiert oder als Sonderabfall entsorgt werden [N.3.45].

Beim Einsatz von *Erdgas* oder *Klärgas* als Brennstoff kann überschüssiges CH_4, auch *Ruß* (aus dem in den Verbrennungsraum gelangten Schmieröl), aber nur in geringen Mengen, im Abgas auftreten.

Im Gegensatz zu Erdgas enthält *Deponiegas* außer den Hauptbestandteilen CH_4, N_2 und CO_2 auch Luftschadstoffe, die in dem deponierten Abfall schon von vornherein als Verunreinigung enthalten waren oder durch chemische Reaktionen und Fäulnisprozesse aus den Inhaltsstoffen des Abfalls entstanden sind. In der Regel befinden sich darunter zahlreiche *halogenierte Kohlenwasserstoffe, Benzol, Toluol, Xylol, Vinylchlorid, H_2S* und sonstige Geruchsstoffe *(Mercaptane)*. Einige dieser Stoffe sind Vorläufer-Substanzen (Precursor) bei der Bildung von Dioxinen und Furanen *(PCDD, PCDF)* [N.3.46]. Deponiegas wird weit überwiegend in Gasmotoren nach dem Magermotorprinzip verbrannt. In dem Abgas sind daher außer den Standardluftschadstoffen CO und NO_x auch *HCl, HF, SO_2, Formaldehyd* (CH_2O) und höhere *Aldehyde*, in geringen Mengen auch *Dioxine* und *Furane* als Verbrennungs- und Reaktionsprodukte der Inhaltsstoffe des Rohgases enthalten. Charakteristisch für die Verbrennungsvorgänge in einem Gasmotor ist, daß beim Übergang von Voll- auf Teillast und Leerlauf der Gehalt an *CO* und häufig auch *Formaldehyd* im Abgas zunimmt, während der NO_x-Gehalt dabei abnimmt.

Wegen verschiedener Bestandteile des Deponiegases, die als Katalysatorgifte wirken, sind beim Betrieb von BHKW mit Deponiegas katalytische Reduktionsverfahren für die Luftschadstoffe im Abgas nicht anwendbar. Sofern wegen Überschreitung der Emissionsgrenzwerte bestimmter Schadstoffe im Abgas des BHKW *(Dioxine, Furane, Aldehyde)* die Notwendigkeit weiterer Reduktion der Konzentrationen dieser Stoffe vor der Emission in die Atmosphäre besteht, kommt eine Hochtemperaturnachverbrennung (HTNV) in Betracht. Diese wird durch einen Muffelofen realisiert, der zwischen BHKW-Motor und Abhitzekessel installiert wird. Der Muffelofen enthält einen Brenner, dem ein Teilstrom des Deponiegases vermischt mit dem Abgas des Motors zugeführt wird. Bei der hohen Temperatur von 1200 °C im Muffelofen werden zwar problematische Abgasinhaltsstoffe *(Dioxine, Furane)* vollständig zerstört, aber gleichzeitig muß mit erhöhter NO_x- und *CO*-Emission gerechnet werden [N.3.47].

N.3.2.5 Wasser- und Gasversorgung

N.3.2.5.1 Wasserversorgung

Von der öffentlichen Wasserversorgung, die 98% der Bevölkerung mit Trinkwasser versorgt, wurden 1991 in der gesamten Bundesrepublik rund 6,5 Mrd. m³ Wasser als Trinkwasser geliefert [N.3.16, N.3.48]. Hierfür waren ca. 20 000 Wassergewinnungsanlagen in Betrieb, die das benötigte Wasser zu knapp zwei Dritteln aus dem Grundwasser und zu je ca. 10 % aus Quellen, See- und Talsperrenwasser sowie angereichertem Grundwasser förderten. Regional, aber fast nur im Einzugsgebiet des Rheins, wird Trinkwasser auch aus Uferfiltrat gewonnen.

Um die Anforderungen an die Qualität des Trinkwassers aus hygienischer und toxikologischer Sicht zu erfüllen, die in der Trinkwasserverordnung quantitativ festgelegt sind, muß das geförderte Rohwasser je nach Art der Inhaltsstoffe in mehreren Prozeßstufen aufbereitet werden [N.3.72].

In der *Wasseraufbereitung* werden die im Rohwasser enthaltenen ungelösten oder kolloidalen Inhaltsstoffe zunächst durch Flockung oder Fällung in abtrennbare Flocken überführt und sodann durch Filtration und Sedimentation vom Wasser abgetrennt. Zur Flockung, d.h. zur Umwandlung von Kolloiden in grobdisperse Stoffe, werden dem Rohwasser Flockungsmittel ($FeCl_3$, $Al_2(SO_4)_3$, $NaAlO_2$) zugesetzt, aus denen sich durch Hydrolyse Hydroxide bilden, die ausflokken und vor allem organische Substanzen adsorptiv binden können. Durch Zugabe von Flockungshilfsmitteln in Form von hochmolekularen, wasserlöslichen und anionisch wirksamen Polymeren *(Polyacrylamide)* wird der Flockungsvorgang beschleunigt und damit die Sedimentationsfähigkeit der unlöslichen Inhaltsstoffe erhöht.

Bei zu hohen Eisen- oder Mangangehalten im Rohwasser durch gelöste Eisen- und Mangansalze werden diese in Belüftungsstufen oxidiert, so daß die wasserunlöslichen Oxidationsprodukte ($Fe(OH)_3$, MnO_2) abgetrennt werden können. Zu hohe Konzentrationen an Ca- oder Mg-Hydrogenkarbonaten (Karbonathärte) im Rohwasser, die nicht aus hygienisch/toxikologischen, sondern aus apparatetechnischen Gründen (Verkalkung von Systemen) im Reinwasser unerwünscht sind, werden durch Zugabe von Kalkhydrat ($Ca(OH)_2$) in unlösliches $CaCO_3$ umgewandelt, das ausfällt und abgetrennt werden kann.

Im Rohwasser möglicherweise vorhandene gesundheitsschädliche Keime werden ggf. durch dosierte Zugabe starker Oxydationsmittel abgetötet. Hierfür werden in erster Linie *Chlorgas*, Verbindungen der unterchlorigen Säure *(HClO)*, aber auch *Ozon* angewendet. Als weitere Zusatzstoffe kommen auch Aktivkornkohlepulver, Kieselsäure oder Aluminiumoxidpulver zur Abtrennung spezieller Inhaltsstoffe des Rohwassers *(Halogenkohlenwasserstoffe, PAK)* zur Anwendung.

In zunehmendem Maße wurden in den vergangenen Jahrzehnten Oberflächengewässer und das Grundwasser mit Nitraten vor allem durch Eintrag aus diffusen Quellen (landwirtschaftliche Düngung, Tierhaltung) belastet [N.3.16], so daß bei entsprechenden lokalen Gegebenheiten in dem geförderten Rohwasser Nitratkonzentrationen festgestellt werden, die den Vorsorgegrenzwert nach der Trinkwasserverordnung von 5 mg/l zeitweilig sogar überschreiten. Zur Denitrifikation sind neben physikalisch-chemischen Verfahren (Ionenaustausch, Umkehrosmose) auch biologische Verfahren erprobt worden [N.3.49], bei denen als Endprodukte nur CO_2 und N_2 entstehen, und außer der gebildeten Biomasse keine Abfallstoffe anfallen.

Die in der Wasseraufbereitung vom Rohwasser abgetrennten Feststoffe einschließlich der Reaktionsprodukte aus den Reaktionen zwischen den Zusatzstoffen und den ursprünglichen Wasserinhaltsstoffen fallen in Form von Schlämmen und schlammhaltigen Wässern an. Das Hauptziel der anschliessenden *Schlammbehandlung* ist es, diese Rückstände aus der Trinkwasseraufbereitung so zu entwässern und zu konditionieren, daß sie uneingeschränkt beseitigt, d. h. in erster Linie deponiert werden können. Es wird geschätzt, daß in der Bundesrepublik aus der Trinkwasseraufbereitung jährlich 100.000 t Feststoffe anfallen [N.3.50].

Die Entwässerung wird mit natürlichen Verfahren (Trockenbeete, Schlammbecken, Schlammteiche) oder mit maschinellen Verfahren (Kammerfilterpressen, Bandfilterpressen, Zentrifugen) durchgeführt. Die Wahl des jeweils am besten geeigneten Verfahrens richtet sich in erster Linie nach den Schlamminhaltsstoffen, die je nach ihrer Herkunft aus Grundwasser oder Oberflächenwasser stark variieren und die Sedimentationseigenschaften entscheidend bestimmen. So zeigen Grundwässer mit hohem Huminstoff- und geringem Salzgehalt sehr schlechte Sedimentation und sind demzufolge schwer zu entwässern [N.3.50].

Bei Anwendung maschineller Entwässerungsverfahren ist eine zusätzliche Konditionierung nötig, um eine hinreichende Festigkeit der Schlämme für die Deponierung herbeizuführen. Bei Kammerfilterpressen erfolgt die Konditionierung i. d. R. durch Zugabe von *Kalkhydrat*, bei Siebbandpressen und Zentrifugen von *Polyelektrolyten*. Eine weitere Möglichkeit zur Verfestigung der Schlämme durch Erhöhung des Anteils der Trockensubstanz (TS) steht in Form der Gefriertrocknung zur Verfügung. Diese physikalische Konditionierung erhöht im Gegensatz zu den anderen Verfahren die Feststoffmasse des Schlamms nicht, ist aber erheblich energieaufwendiger [N.3.51].

In den Schlämmen aus der Trinkwasseraufbereitung finden sich außer den Stoffen geogenen Ursprungs *(Fe, Mn, Al, Ca, Mg, As)* in Spuren auch zahlreiche Schadstoffe anthropogenen Ursprungs wie Schwermetalle *(Pb, Cd, Cr, Co, Cu, Ni, Hg, Zn)*, polyzyklische aromatische Kohlenwasserstoffe (PAK) sowie Pestizide (Lindan, DDT) [N.3.52, N.3.53]. In der Tendenz sind die Gehalte an Schadstoffen anthropogenen Ursprungs in den Schlämmen aus Oberflächenwasserwerken höher als in den Schlämmen aus Grundwasserwerken. Obwohl die Konzentrationen an Schwermetallen in den Wasserwerksschlämmen deutlich unter denen vergleichbarer Schlämme aus der Abwasserreinigung liegen, überschreiten sie in Einzelfällen (z. B. für Cd und Zn) die Grenzwerte der Klärschlammverordnung, so daß eine Verwertung in der Landwirtschaft dann ausscheidet. Eine Deponierung der Schlämme auf normalen Deponien steht jedoch i. d. R. nicht infrage, da die Schadstoffkonzentration in den Eluaten unterhalb der Grenzwerte für die Deponieklasse 1 liegen.

In der Vergangenheit wurden die Schlämme aus der Trinkwasseraufbereitung überwiegend auf öffentlichen, privaten oder betriebseigenen Deponien abgelagert. Die Abwässer aus der Schlammentwässerung können nach der Feststoffabtrennung direkt in den Vorfluter oder die Kanalisation abgeleitet werden.

N.3.2.5.2 Gasversorgung

Die öffentliche Gasversorgung in der Bundesrepublik beruht auf dem Import von Erdgas aus verschiedenen anderen Ländern, der inländischen Gewinnung von Naturgas (Erdgas, Grubengas), der Herstellung von Gas auf Kohle- (Kokerei-, Hochofengas) und auf Ölbasis (Raffineriegas,

Flüssiggas) und umfaßt außerdem deren Transport durch Ferngasunternehmen bzw. Verteilung durch Ortsgasunternehmen.

Die Gesamtabgabe an Endabnehmer betrug 1992 ca. 73 Mrd. m³ Naturgas und ca. 4,5 Mrd. m³ hergestelltes Gas. Die Belieferung der Endabnehmer in der Eisenindustrie, Chemischen Industrie und öffentlichen Elektrizitätsversorgung erfolgt sowohl durch Fern- als auch durch Ortsgasunternehmen, während private Haushalte und das übrige produzierende Gewerbe weit überwiegend durch die Ortsgasunternehmen mit Gas versorgt werden [N.3.54].

Während die Gasversorgung des privaten Sektors ursprünglich ausschl. auf niederkalorigem Stadtgas basierte, das künstlich durch Wasserdampfvergasung von Kohle erzeugt wurde [N.3.55], ist das Stadtgas inzwischen weitgehend durch Erdgas mit erheblich höherem Brenn- und Heizwert ersetzt worden, und hatte nur noch übergangsweise und lokal Bedeutung für die öffentliche Gasversorgung. Erdgas besteht weitestgehend aus CH_4 und unterschiedlichen Beimengungen von N_2 und CO_2 sowie geringen Anteilen höherer Kohlenwasserstoffe. Dagegen steht der Begriff Stadtgas für ein Gasgemisch aus CO, H_2 und CO_2 mit Beimengungen von N_2 (bei Vergasung mit Luft) sowie je nach Vergasungsdruck und -temperatur unterschiedlichen Anteilen an CH_4.

Die *Ferngasunternehmen* transportieren sowohl das im Inland produzierte als auch das importierte Erdgas in Gashochdruckleitungen (Betriebsdruck bis zu 100 bar) zu den Übergabestationen an die regionalen Verteilernetze der Ortsgasunternehmen oder direkt an die industriellen Verbraucher. Zum Transport des Gases werden in den Gasfernleitungen alle 100–150 km Verdichterstationen betrieben, um die Druckverluste in den Rohrleitungen zu kompensieren. Weiterhin benutzen die Ferngasunternehmen Untertagegasspeicher (Kavernen-, Aquifer-, Porenspeicher) als Puffervolumen zum Ausgleich saisonaler Absatzschwankungen.

In den Übernahmestationen der Gashochdruckleitungen für den Ferntransport zu den Mitteldruck- bzw. Niederdruckverteilernetzen der Ortsgasunternehmen sind Gasdruckregel- und Meßanlagen (GDR, GDRM) installiert, die das Gas auf den jeweils niedrigeren Gasdruck mit Hilfe von Drosselventilen entspannen. Seit 1988 werden in zunehmendem Maße im Bypass zu den GDR Entspannungsturbinen bzw. -motoren angewendet, um die im Hochdruckgas gespeicherte Druckenergie zur Gewinnung elektrischer Energie zu nutzen.

Die *Ortsgasunternehmen* in der Bundesrepublik, i.d.R. die kommunalen Stadtwerke, betreiben Verteilernetze mit einer Gesamtlänge von über 200 000 km, aus denen die Endverbraucher mit Gas von relativ niedrigem Druck (0,02–1 bar) versorgt werden [N.3.56]. Als Rohrleitungswerkstoff wird bei ca. zwei Dritteln aller Rohre Stahl verwendet. Das früher übliche Gußeisen wird zunehmend, vor allem bei Neuverlegungen, durch Kunststoff (PE-HD High Density Polyethylen) ersetzt. Vorhandene alte gußeiserne Rohrleitungen werden zum großen Teil auch durch Innenauskleidung mit Kunststoffolien nach verschiedenen erprobten Verfahren saniert [N.3.57].

Zum Ausgleich tageszeitlicher Abnahmeschwankungen betreiben Ortsgasunternehmen auch lokale Zwischenspeicher in Form von Scheiben- und Teleskopgasbehältern (Niederdruck, Fassungsvermögen über 100.000 m³) oder Kugelgasbehältern (Hochdruck; > 10 bar, Fassungsvermögen: > 1000 m³). Wenn das Erdgas in verflüssigter Form (-162 °C) zwischengespeichert wird, muß vor der Verflüssigung das im Erdgas enthaltene Wasser und CO_2 entfernt werden, da diese Stoffe bei der Verflüssigung in fester Form ausfallen und Störungen durch Verstopfung von Komponenten hervorrufen würden.

Untertagegasspeicher (UGS)
Von den Ferngasunternehmen sowie von 2 Stadtwerken wurden 1993 in der Bundesrepublik 35 Untertagegasspeicher mit Speichervolumina bis max. 3000 Mio m³, davon aber nur noch 2 zur Speicherung von Stadtgas betrieben, 23 weitere sind geplant oder im Bau [N.3.54].

In UGS entstehen durch chemische Reaktionen zwischen den Gasinhaltsstoffen, dem Speichergestein und dem Lagerstättenwasser um weltrelevante oder auch für die spätere Gasverwendung störende Schadstoffe [N.3.58]. Bei der Speicherung von Stadtgas entstehen durch Reaktion von CO mit Eisen- und Nickelspuren in dem Gestein *Nickeltetracarbonyl (Ni (CO)$_4$)* bzw. *Eisenpentacarbonyl (Fe (CO)$_5$)*. Diese Metallcarbonyle werden in Anlagen zur katalytischen Oxidation an Aktivkohle aus dem Gas entfernt, da sie sonst zu Betriebsstörungen durch Rußabscheidungen in Gasgeräten beitragen. Im Speichergas kann auch H_2S neu gebildet werden, vor allem durch Hydrolyse von Kohlenoxidsulfid (COS) aus dem Einspeisegas, aber auch aus Sulfiden im Speichergestein oder aus Sulfaten durch Bakterienaktivität unter anaeroben Bedingungen.

Das entnommene Speichergas muß vor dem Weitertransport getrocknet werden, um die Qualitätsanforderungen der Abnehmer zu erfüllen. Hierzu werden Trocknungsanlagen benutzt, in denen *Triethylenglykol (TEG)* als Trocknungsmittel in Sprühstrecken im Gegenstrom mit dem zu trocknenden Gas in Kontakt gebracht wird. In Regenerationskolonnen wird das aufgenommene Wasser durch Erhitzen des TEG wieder ausgetrieben. Während restliche *Metallcarbonyle* im Regenerationsprozeß zersetzt werden, enthalten die Brüdengase noch umwelttoxische Verbindungen, insbesondere geruchsintensive *Mercaptane* [N.3.59]. Die Umweltbelastung mit diesen Stoffen wird durch Einrichtungen zur Brüdenverbrennung, z. B. Installation einer Heißfackel, entsprechend verringert. In Fällen kleiner Durchsätze und extrem niedriger Taupunkte (< -20 °C) kommen für die Gastrocknung auch Tiefkühlung, Adsorption oder Molekularsiebe zur Anwendung.

Verdichterstationen

Zur Erdgasverdichtung in den Ferngasleitungen werden Turboverdichter mit Gasturbinenantrieb verwendet, die anstelle der früher üblichen Verdichtereinheiten mit Gas- oder Dieselmotor als Antriebsmaschine zum Einsatz kommen. Mit modernen Gasturbinen werden höhere Leistungen bis zu 25 MW pro Aggregat bei thermischen Wirkungsgraden von 35 % erreicht. Bei kombinierten Gas-/Dampfturbinen-Aggregaten sind sogar thermische Wirkungsgrade bis über 50 % erreichbar. Dadurch kann bei den Ferngasleitungen der prozentuale Verbrauch an Antriebsgas für die Aggregate, das aus der Ferngasleitung entnommen wird, gegenüber Motorantrieben erheblich verringert werden (beispielhaft ca. 10 % bei einem Transportweg von 6 000 km und heute üblichen Betriebsdrücken und Rohrleitungsdurchmessern [N.3.60]).

Mit den Abgasen aus den Antriebsaggregaten werden auch NO_x und CO emittiert. Während jedoch mit verbrennungstechnisch optimierten Gasturbinen (vollständige Vormischung, hoher Luftüberschuß, Einzelflammen, Wasser- oder Dampfeinspritzung) die Grenzwerte der TA Luft für diese Schadstoffe eingehalten werden, müssen bei Gasmotoren zusätzlich sekundäre Emissionsminderungsmaßnahmen ergriffen werden. Bei Anwendung des Clean-Burn-Verfahrens (Abmagerung des Brennstoff-Luft-Gemisches zur Reduktion der NO_x-Bildung im Verbrennungsraum) ist zur Oxidation des CO ein Oxidations-Katalysator im Abgasstrom erforderlich. Bei nahezu stöchiometrischer Verbrennung wird dagegen ein spezieller Katalysator zur selektiven katalytischen Reduktion (SCR) von NO und NO_2 zu N_2 und H_2O mit eingespeistem NH_3 oder *Harnstoff* als Reduktionsmittel benötigt.

Gasdruckregelanlagen, Entspannungsanlagen

Gasverteilernetze mit verschiedenen Druckstufen sind miteinander über Gasdruckregelanlagen (GDR) verbunden. Eine GDR enthält je nach den betrieblichen Anforderungen Feinfilter, Sicherheitsabsperrventile (SAV) zum Schutz des Netzes am Ausgang vor Überdruck, eine Gasvorwärmanlage, eine Odorierungsanlage und die Regelstrecke mit Drosselventil zur Entspannung des Gases auf den niedrigeren Betriebsdruck [N.3.61, N.3.62]. Als Odorierungsmittel wird *Tetrahydrothiophen (THT)* verwendet.

In den Übernahmestationen zwischen den Ferngasleitungen und den Gasverteilernetzen werden als Expansionsmaschinen – anstelle der Druckreduzierung durch Drosselentspannung – Hubkolbenmaschinen oder Expansionsturbinen mit angekoppeltem Generator benutzt [N.3.63, N.3.64]. Die Vorwärmung des Erdgases vor der Entspannung in der Expansionsmaschine erfolgt mit niederwertiger Wärmeenergie entweder aus einem BHKW oder aus einem Erdgasheizkessel mit niedriger Vorlauftemperatur und hohem feuerungstechnischen Wirkungsgrad. Bei Einsatz eines Heizkessels fallen zwar mit den Verbrennungsabgasen zusätzlich NO_x und CO als Schadstoffe an, jedoch bezogen auf die erzeugte elektrische Energie erheblich weniger als in einem normalen Kraftwerk. Ursache hierfür ist, daß die gesamte zugeführte Wärmeenergie nach Abzug der Wärmeenergie, die zur Kompensation des Joule-Thomson-Effektes benötigt wird (Abkühlung des Erdgases um ca. 0,4 – 0,5 K/bar bei Druckreduzierung), bzw. nach Abzug der maschinentechnisch bedingten Wärmeverluste in mechanische Energie umgewandelt wird. Hubkolbenmaschinen, die nach dem Dampfmaschinenprinzip arbeiten, erreichen im Vergleich zu Expansionsturbinen höhere Spitzenleistungen und ermöglichen eine Zwischenerhitzung zwischen Hoch- und Niederdruckzylindern, müssen jedoch mit Pulsationsdämpfern in den abgehenden Rohrleitungen ausgerüstet werden.

Stadtgaserzeugung

In der Bundesrepublik wird regional und nur noch für eine Übergangszeit von wenigen Jahren Stadtgas auf Basis von Braunkohle [N.3.65] bzw. von Leichtbenzin, Methanol und Erdgas [N.3.66] für die öffentliche Gasversorgung hergestellt.

Für die Erzeugung von Stadtgas aus Braunkohle werden Festbettdruckvergaser nach dem Prinzip der Lurgi-Druckvergasung verwendet [N.3.55]. Die Kohle wird in grober Körnung von oben dem Vergaser zugeführt und im Gegenstrom mit dem Vergasungsmittel, Wasserdampf und Sauerstoff, in Kontakt gebracht. Die Vergasung findet bei Temperaturen zwischen 800 und 1300 °C und einem Druck von 25 bar statt.

Das Rohgas enthält außer den Hauptbestandteilen (CO, H_2, CH_4, CO_2) auch Verunreinigungen in Form von *H_2S, Phenolen* und *weiteren Kohlenwasserstoffen*. Das Gas wird in einem Waschkühler gekühlt und in einer Rectisolwäsche gereinigt. Dadurch werden restliches Wasser und die kondensierbaren Kohlenwasserstoffe (Leichtöl) abgetrennt sowie *H_2S, NH_3* und *organische Schwefelverbindungen (Mercaptane)* mittels Methanol ausgewaschen. Schwerflüchtige Metalle *(Cr, V, Cu, Pb, Ni)* werden nichteluierbar in die Schlacke eingebunden. Leichtflüchtige Metalle *(Hg, Cd)* bilden im Vergaser schwerlösliche Sulfide und Hydroxide, die aus dem Prozeßwasser ausgefällt werden. *Cl* wird als *NaCl* ausgetragen. Der in der Gasreinigung anfallende Schwefelwasserstoff *(H_2S)* wird in einer Rückgewinnungsanlage zu elementarem Schwefel oxidiert. Nach der Abtrennung der Leichtöle vom Gaswasser durch Destillation wird das so vorgereinigte Gaswasser, das jetzt noch im wesentlichen mit *Phenolen* belastet ist, einer biologischen Abwasserreinigung unterworfen.

Die Leichtöle werden i. d. R. ebenfalls mit Wasserdampf, jedoch in einem Flugstromvergaser, aufgespalten und das gewonnene Spaltgas nach gleichartiger Reinigung ebenfalls der Stadtgasversorgung zugeführt. Dieses Vergasungsverfahren ist auch zur Verwertung von Reststoffen (Kunststoffe, Klarschlämme) geeignet, wobei der Braunkohle bis zu 50 % an Reststoffen nach entsprechender Aufbereitung beigefügt werden können [N.3.67].

Die Stadtgaserzeugung aus Leichtbenzin bzw. Erdgas beruht auf der thermischen Spaltung von Leichtbenzin in Verbindung mit Wasserdampf bzw. bei Erdgas in Verbindung mit Wasserdampf und Luft in einem Röhrenspaltofen [N.3.66]. Der Röhrenspaltofen wird mit Erdgas bzw. Heizöl EL beheizt und die überschüssige Wärme sowohl aus dem Abgas der Beheizung als auch aus dem erzeugten Stadtgas über Abhitzekessel zur Erzeugung des Prozeßdampfes benutzt. Vor Einspeisung in das Netz wird das CO_2 aus dem Stadtgas mittels einer Absorberkolonne abgetrennt. Da die Eingangssubstanzen für den Spaltprozeß frei von Stoffen (wie Schwefelverbindungen) sind, die im Spaltprozeß zur Bildung von Schadstoffen führen könnten, entfällt eine aufwendige Gasreinigung.

Die Emissionen von NO_x und *CO* aus den für den Spaltprozeß erforderlichen Feuerungen (Feuerung des Röhrenspaltofens mit Deckenbrennern, Zusatzfeuerung vor dem Abhitzekessel) können durch verbrennungstechnische Maßnahmen (Rauchgasrückführung, gestufte Verbrennungsluftzufuhr) so reduziert werden, daß die Grenzwerte der TA Luft eingehalten werden.

N.3.2.6 Abwasserbeseitigung

In der Bundesrepublik sind nach der letzten statistischen Erhebung nahezu 10.000 kommunale Kläranlagen, davon ca. 1400 in den neuen Bundesländern in Betrieb. Der Anschlußgrad der Wohnbevölkerung an die Kanalisation beträgt ca. 90 % und der an öffentliche Kläranlagen ca. 85 %. Von der in einem Jahr aus den öffentlichen Kläranlagen eingeleiteten Abwassermenge von ca. 8,5 Mrd. m³ sind im alten Bundesgebiet über 97 %, in den neuen Bundesländern ca. 5 % auch biologisch gereinigt worden [N.3.16].

Darüber hinaus werden vom verarbeitenden Gewerbe und vom Bergbau ca. 7400 betriebseigene Kläranlagen für produktionsspezifische Abwässer betrieben. In diesen wurden im alten Bundesgebiet 1991 vor der Einleitung in Oberflächengewässer oder in die öffentliche Kanalisation (Indirekteinleiter) ca. 2,3 Mrd. m³ Abwasser gereinigt, davon ca. 37 % auch biologisch.

N.3.2.6.1 Kläranlagen

Das in einer Kläranlage aus der öffentlichen Kanalisation ankommende Abwasser aus privaten Haushalten, von gewerblichen Indirekteinleitern und aus Regenabflüssen von bebauten Flächen wird in mehreren Reinigungsschritten von den mitgeführten gelösten, kolloidal suspendierten und festen Inhaltsstoffen befreit. Hauptziel ist es, die Schadstoffe abzutrennen, die die Güte von Oberflächengewässern bei Einleitung des ungereinigten Abwassers beeinträchtigen würden, insbesondere fäulnisfähige *organische Stoffe*, adsorbierbare halogenierte Kohlenwasserstoffe *(AOX)*, Schwermetalle, Stickstoffverbindungen *(Ammoniumstickstoff, Nitrit, Nitrat)* und *Phosphate*. Phosphate, aber auch die Stickstoffverbindungen sind besonders kritisch für Oberflächengewässer, da sie als Nährstoffe für Algen und Wasserpflanzen deren Wachstum beschleunigen und damit die Gefahr einer Eutrophierung der Gewässer mit sich bringen. Die Abtrennung der Schadstoffe aus dem Abwasser erfolgt mechanisch (Filtration, Absetzen, Flotation), chemisch (Fällung, Flockung) und biologisch (aerobe und anaerobe biochemische Umsetzungen).

Eine moderne Kläranlage mit 3 Reinigungsstufen enthält als wesentliche Komponenten Hebewerk, Rechenreinigung (Grob/Feinrechen), Absetzbecken (Vorklärung), Belebungsbecken mit Belüftung (Abbau organischer Stoffe, Nitrifikation, Denitrifikation), Absetzbecken (Nachklärung), Flockungsfiltration und im Nebenstrom zum Belebungsbecken eine Anlage zur Phosphat-Elimination als 3. Reinigungsstufe [N.3.68].

In der *Rechenanlage* und im *Sandfang* werden grobstückige Feststoffe, die den weiteren Reinigungsprozeß beeinträchtigen würden bzw. mechanische Schäden verursachen können, sowie mitgeführter Sand abgetrennt. Absetzbare Feststoffe setzen sich weitgehend in der *Vorklärung* als Frischschlamm ab. Da dieser Schlamm *fäulnisfähige organische Stoffe* enthält, wird er über Voreindicker geschlossenen *Faultürmen* zugeführt. In den Faultürmen werden organische Inhaltsstoffe bei erhöhter Temperatur und unter Luftabschluß durch die Aktivität von Mikroorganismen zersetzt und der Schlamm dadurch stabilisiert [N.3.69]. Das dabei entstehende Faulgas, überwiegend CH_4, wird entweder thermisch genutzt, z.B. zur Beheizung der Faultürme, oder in einer Fackel verbrannt.

Das vorgeklärte Abwasser mit den gelösten und nicht absetzbaren Inhaltsstoffen wird dann einer biologischen Behandlung in belüfteten *Belebungsanlagen* unterworfen. Bei Belebungsanlagen in Form von Umlaufbecken mit Druckbelüftung durchläuft das Abwasser nacheinander belüftete (aerobe) und nichtbelüftete (anoxische) Bereiche. Durch die Aktivität von Mikroorganismen findet in den aeroben Bereichen eine Nitrifikation (Oxidation von *Ammonium* zu *Nitrat*) und in den anoxischen, sauerstoffarmen Bereichen eine Denitrifikation (Reduktion von *Nitrat* zu molekularem *Stickstoff*) statt. Bei der Denitrifikation werden gleichzeitig leicht abbaubare organische Verbindungen *(BSB_5)* durch mikrobielle Umsetzung des Nitrat-Sauerstoffs abgebaut.

Der in der Belebungsanlage neu gebildete Schlamm setzt sich im Nachklärbecken ab. Sofern er noch nennenswerte Mengen an fäulnisfähigen organischen Stoffen enthält, wird er ebenfalls in Faultürmen anaerob behandelt.

Für die Phosphatelimination in der *3. Reinigungsstufe* kommen die chemische Fällung mit *Metallsalzen* (Fe, Al), mit *Kalkmilch* [N.3.70] oder biologische Verfahren [N.3.71] in Betracht. Bei der chemischen Fällung mit *Metallsalzen* wird nicht nur die anfallende Schlammenge erheblich vergrößert, sondern auch eine Erhöhung der Salzfracht in den Gewässern durch *Chloride* und *Sulfate* bewirkt. Bei chemischer Fällung mit *Kalkmilch* entfällt dagegen der zusätzliche Chlorid- und Sulfateintrag in die Gewässer. Der hierbei anfallende Klärschlamm wird mit den als Fällungsprodukte entstehenden *Kalziumphosphaten* angereichert und seine Düngewirksamkeit dadurch erhöht. Bei der biologischen Phosphatelimination wird die Eigenschaft bestimmter Bakterien genutzt, in anaerober Umgebung in den Zellen gespeicherte *Polyphosphate* abzubauen und nach einem Wechsel in ein aerobes Medium sich zu vermehren und verstärkt *Phosphate* wieder aufzunehmen. Dabei entstehen weder zusätzliche Einträge löslicher Salze in das gereinigte Abwasser noch zusätzliche Schlammmengen durch Fällungsmittel. Während die Phosphatelimination bisher vorrangig durch chemische Fällung bewirkt wurde, wird in zunehmendem Maße die biologische Phosphatfällung, allerdings aus technischen und Kostengründen in Kombination mit chemischer Fällung zur Ergänzung, eingesetzt.

Das biologisch gereinigte Abwasser wird schließlich einer Nachreinigung in einer Flockungsfiltration unterzogen, in der Reste gelöster oder kolloidaler organischer Verunreinigungen nach der Flockung mit Hilfe von Kiesfiltern abgetrennt werden. Für die Flockung werden Flockungsmittel *(Eisenchlorid, Aluminiumsulfat, Natriumaluminat)* zugesetzt. Die entstehenden Flocken aus *Eisen-* oder *Aluminium-Hydroxiden* haben die Eigenschaft, *organische Substanzen* sorptiv zu binden, so daß sie abfiltriert werden können [N.3.72].

Aufgrund der fäulnisfähigen organischen Stoffe im Abwasser und Schlamm entstehen im Einlaufbereich einer Kläranlage bis zur Vorklärung und im gesamten Schlammteil Geruchsstoffe (H_2S, NH_3). Da diese Stoffe meist biologisch gut abbaubar sind, wird die Luft aus diesen Bereichen zunehmend abgesaugt und zur Reinigung über Biofilter geleitet [N.3.73].

Klärschlamm
In den kommunalen Kläranlagen in der Bundesrepublik fallen jährlich ca. 3 Mio. t an Klärschlämmen (Trockensubstanz TS) an, von denen ca. 10 % in Klärschlammverbrennungsanlagen verbrannt werden [N.3.12]. Der übrige Teil wird landwirtschaftlich genutzt oder auf Deponien gelagert. Seit Erlaß der Neufassung der Klärschlammverordnung (1992) und der TA Siedlungsabfall (1993) wird jedoch die Möglichkeit der landwirtschaftlichen Nutzung und der Deponie von Klärschlamm in erster Linie von den Schlamminhaltsstoffen bestimmt.

Klärschlamm enthält an Inhaltsstoffen, die für die landwirtschaftliche Verwertung als Nährstoffe nützlich sind, insbesondere *Nitrate* und *Phosphate*, aber auch *CaO* und *MgO*. Der Phosphat-Gehalt wird mit Einführung der 3. Reinigungsstufe in Kläranlagen noch weiter zunehmen [N.3.75]. Im Klärschlamm sind andererseits als Schadstoffe Schwermetalle (*Pb, Cd, Cr, Cu, Ni, Hg, Zn*), die größtenteils als toxisch einzustufen sind, sowie *Dioxine und Furane*, polychlorierte Biphenyle *(PCB)*, adsorbierbare organisch gebundene Halogene *(AOX)* und polyzyklische aromatische Kohlenwasserstoffe *(PAK)* zu finden [N.3.76, N.3.77]. Die *Dioxine* und *Furane* stammen vor allem aus Abwasserverunreinigungen durch die früher verbreitete Nutzung von *PCP* und seiner Derivate, aus Abwässern der Textilindustrie (Indirekteinleiter) und der nassen und trockenen Deposition luftgetragener Schadstoffe und deren Abschwemmung und Transport in die Abwasserkanalisation [N.3.78]. Bei Überschreitung der in der Klärschlammverordnung festgelegten Grenzwerte für diese Schadstoffe scheidet eine landwirtschaftliche Nutzung des Klärschlamms aus.

Der Gehalt an organischen Stoffen im Klärschlamm ist trotz Reduktion durch biologische Stabilisierung (Faulung) so groß, daß der Grenzwert nach der TA Siedlungsabfall (definiert als Glühverlust) überschritten wird und eine Deponie von Klärschlamm erst nach geeigneter Vorbehandlung möglich ist. Von den verschiedenen Möglichkeiten zur Verwertung und Beseitigung von Klärschlamm [N.3.74] kommt jetzt zunehmend die thermische Behandlung (Verbrennung, Vergasung) nach vorheriger Trocknung bzw. Entwässerung zur Anwendung.

N.3.2.6.2 Kanalisation

Das öffentliche Abwasserkanalnetz hatte allein im alten Bundesgebiet bereits eine Länge von mehr als 290.000 km. Nach verschiedenen Schätzungen sind im alten Bundesgebiet 10 – 20 % und in den neuen Bundesländern 50 % des Kanalnetzes sanierungsbedürftig [N.3.79, N.3.80]. Aufgrund der offensichtlich vorhandenen alterungsbedingten Undichtigkeiten stellt die Abwasserkanalisation eine ständige Quelle von allen mit dem Abwasser transportierten Schadstoffen, nachweislich von chlorierten Kohlenwasserstoffen *(CKW)*, für den umgebenden Boden und das Grundwasser dar. Aus Schadensuntersuchungen wird die Erwartung bestätigt, daß schadstoffbefrachtetes Abwasser ausschließlich aus Undichtigkeiten in Kanalrohren austritt, die oberhalb des Grundwasserspiegels liegen, und sich die Schadstoffe mit der Grundwasserfließrichtung im Boden ausbreiten [N.3.80]. Bei Abwasserrohren, die ständig im Grundwasser liegen, dringt umgekehrt Grundwasser durch Undichtigkeiten in die Kanalrohre ein und erhöht dadurch die Abwassermenge.

Da der größte Teil der Kanäle nicht begehbar ist (Ø < 800 mm), hat sich eine Sanierung durch Einziehen von Kunststoffrohren (PE-HD) zur Abdichtung bewährt [N.3.79, N.3.81].

N.3.2.7 Straßenreinigung

In der Abfallstatistik werden Straßenkehricht und Marktabfälle unter dem Begriff Hausmüll erfaßt. 1987 betrug allein im alten Bundesgebiet die Menge an Straßenkehricht und Marktabfällen 1,3 Mio t, das waren 4,8 % des gesamten Hausmüllaufkommens [N.3.82].

Die mit der Straßenreinigung befaßten Betriebe der öffentlichen Hand und die privaten Unternehmen, die im Auftrag der öffentlichen Hand tätig werden, benutzen Kehrmaschinen, die nach einem modularen Aufbau konzipiert sind. Ein Zubringerwalzenbesen kehrt die Fahrbahnverschmutzungen in den Rinnsteinbereich, wo sie mit einem Tellerbesen abgelöst und mit einem direkt dahinter nachlaufenden Saugmund in den Kehrichtbehälter des Fahrzeugs abgesaugt werden. Durch eine vorlaufende Wasserberieselung kann im Bedarfsfall der Straßenstaub gebunden werden, um eine Aufwirbelung durch die rotierenden Besen zu unterbinden. Die einzelnen Elemente einer Kehrmaschine können je nach Aufgabenstellung getrennt benutzt oder auch durch Module für andere Zwecke (Mähen und Absaugen begrünter Seitenstreifen) oder für den Winterdienst (Schneepflug, Streuaufbau) ersetzt oder ergänzt werden [N.3.83].

Die von Kehrmaschinen aufgenommenen Fahrbahnverschmutzungen enthalten außer Sand und *Stäuben* verschiedenster Art vor allem Papier, Laub, Kunststoffe und Scherben. Diese Materialien sind insbesondere durch verkehrsbedingte Schadstoffe verunreinigt. Darunter finden sich *Blei* und *Kohlenwasserstoffe* (aus Kraftstoffen und Schmierstoffen), *Rußpartikel* (aus dem Reifenabrieb) und *Asbestpartikel* (aus dem Abrieb alter Bremsbeläge) [N.3.84]. Diese Verunreinigungen halten sich jedoch in so niedrigen Grenzen, daß Straßenkehricht ohne weiteres auf Hausmülldeponien abgelagert oder bei höherem Anteil an brennbaren Materialien auch einer Verbrennungsanlage für Hausmüll zugeführt werden kann.

Straßenverunreinigungen mit besonders hohem Anteil an *organischen Stoffen* (Laub) werden ebenso wie Marktabfälle (Gemüse-, Obst-, Blumenreste) und Pflanzenschnittabfälle aus Parkanlagen systematisch getrennt eingesammelt und der Kompostierung zugeführt.

Da die Verwendung von Auftausalzen auf Verkehrswegen im Winter zugunsten mineralischer abstumpfender Streustoffe rückläufig ist, fallen in jedem Frühjahr zunehmende Mengen an diesen Mineralgranulaten bei der Straßenreinigung an. Um das mineralische Streugut möglichst mehrfach wiederverwenden zu können, sind verschiedene Verfahren zur Abtrennung des Feinstaubs und zur Wäsche bzw. thermischen Behandlung des Splitts zwecks Abtrennung von anhaltenden Schadstoffen *(Schwermetalle, Kohlenwasserstoffe)* entwickelt worden [N.3.84-N.3.86].

N.3.2.8 Abfallentsorgung

Das abfallwirtschaftliche Gesamtkonzept der Bundesrepublik beruht auf den im Kreislaufwirtschafts- und Abfallgesetz verankerten Grundforderungen nach Vermeidung, Verwertung und ordnungsgemäßer Entsorgung von Abfällen aller Art. Allgemeine Verwaltungsvorschriften für besonders überwachungsbedürftige Abfälle (TA Abfall) und für Siedlungsabfälle (TA Siedlungsabfall) erhalten detaillierte Anforderungen an die Entsorgung der Abfälle und die Festlegung der Verfahren zu ihrer Sammlung, Behandlung, Lagerung und Ablagerung auf den verschiedenen Entsorgungspfaden (Bild N.3-1).

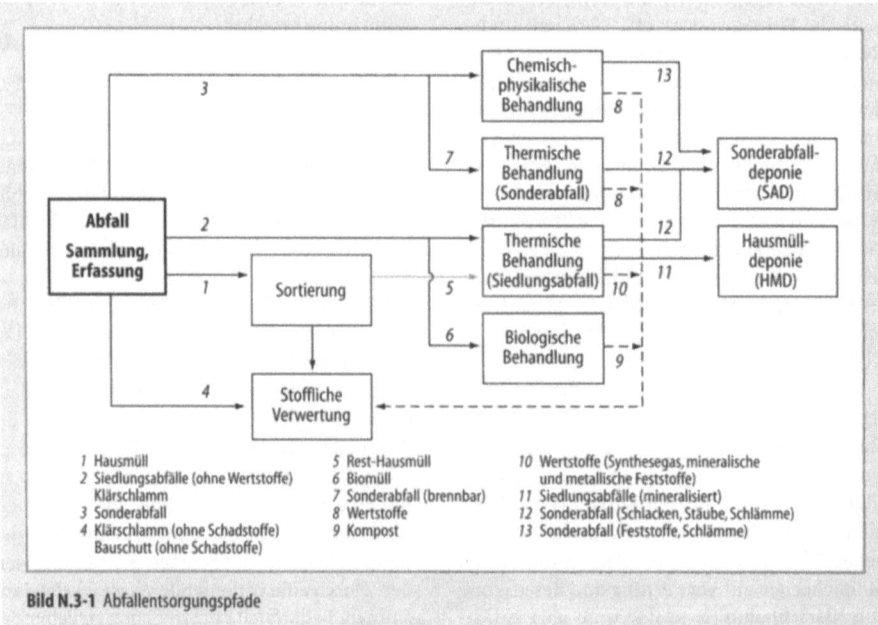

Bild N.3-1 Abfallentsorgungspfade

Die Entsorgung von Abfällen erfolgt sowohl in Anlagen der öffentlichen Hand als auch in gewerblichen Anlagen. Nach einer abfallwirtschaftlichen Bilanz für das Jahr 1987 [N.3.87] entfiel die nachweislich entsorgte Gesamtmenge an Abfällen von 205,7 Mio t etwa je zur Hälfte auf die Anlagen der öffentlichen Hand und auf die gewerblichen Anlagen. Spezifische Abfallarten fliessen jedoch schwerpunktmäßig jeweils nur einem dieser beiden Entsorgungszweige zu. In den Anlagen der öffentlichen Hand werden praktisch der gesamte Siedlungsabfall, nahezu alle Aschen und Schlacken aus Verbrennungsanlagen sowie der größte Teil von Bauschutt und Bodenaushub entsorgt. Zum Siedlungsabfall gehören insbesondere Hausmüll, hausmüllähnliche Gewerbeabfälle, Sperrmüll, Bioabfälle, Klärschlamm und Wasserreinigunsschlämme, aber auch Straßenkehricht und Bauabfälle. Der weitaus überwiegende Teil produktionsspezifischer Abfälle, insbesondere Sonderabfälle, und ein Teil des Bauschutts und Bodenaushubs wird dagegen in eigenen Anlagen des produzierenden Gewerbes bzw. in gewerblich betriebenen Entsorgungsanlagen entsorgt. Schadstofffreier Bauschutt wird aufbereitet und verwertet.

Die *öffentliche Hand* betreibt zur Erfüllung ihrer Entsorgungsaufgaben Einrichtungen zur Sammlung und Erfassung des Hausmülls, Anlagen zur thermischen und biologischen Behandlung von Siedlungsabfällen und Deponien zur Ablagerung vorbehandelter oder nicht vorbehandelter Abfälle [N.3.13]. Für die thermische Behandlung kommen bisher fast ausschl. Hausmüllverbrennungsanlagen (HMV), für die biologische Behandlung Kompostierungsanlagen zum Einsatz. Bei den oberirdischen Deponien wird zwischen Hausmülldeponien (HMD) und Deponien für besonders überwachungsbedürftige Abfälle (SAD) unterschieden. Unterirdische Deponien für besonders überwachungsbedürftige Abfälle (UTD) werden dagegen fast ausschl. in Bergwerken als gewerbliche Anlagen betrieben [N.3.88].

Vom *produzierenden Gewerbe* bzw. vom *Abfallentsorgungsgewerbe* werden vorwiegend Sortieranlagen, stoffliche Verwertungsanlagen, chemisch-physikalische und thermische Behandlungsanlagen sowie Einrichtungen zur Erfassung der Abfälle beim Erzeuger, zum Transport und zur Zwischenlagerung der Abfälle und Reststoffe zwischen den einzelnen Entsorgungsstufen betrieben (Bild N.3-1). Bei diesen thermischen Behandlungsanlagen handelt es sich ausschließlich um Sonderabfallverbrennungsanlagen (SAV).

Die Verwirklichung des abfallwirtschaftlichen Gesamtkonzepts mit der Prioritätenfolge Vermeidung – Verwertung – Deponie führt zum verstärkten Einsatz von Sortieranlagen, stofflichen Verwertungsanlagen und thermischen Behandlungsanlagen. Dies ist nötig, um trotz zunehmender Gesamtabfallmenge die unvermeidlich zu deponierende Restabfallmenge reduzieren und umweltverträglich deponieren zu können. Der jüngste Zwang zu dieser Entwicklung geht insbesondere von der Verpackungsverordnung und der TA Siedlungsabfall aus. Mit der Umsetzung der Verpackungsverordnung durch das Duale System [N.3.89] wird die getrennte Sammlung von Wertstoffen im Hausmüll (Kunststoffe, Glas, Papier) und ihre stoffliche Verwertung zeitlich und mengenmäßig forciert. Die TA Siedlungsabfall verbietet darüber hinaus die Ablagerung von Siedlungsabfällen mit einem Anteil von mehr als 3 % an organischer Substanz für Deponieklasse 1 bzw. 5 % für Deponieklasse 2. Dies macht i. d. R. eine vorhergehende thermische Behandlung der Siedlungsabfälle auch nach vorangegangener Abtrennung von Wertstoffen obligatorisch. Darunter fallen auch Klärschlämme, wenn deren Schadstoffgehalte zu hoch sind und deshalb eine direkte stoffliche Verwertung in der Landwirtschaft ausgeschlossen ist.

N.3.2.8.1 Thermische Behandlungsanlagen

Zur thermischen Behandlung von Siedlungsabfällen mit dem Ziel der weitgehenden Mineralisierung durch Reduktion des organischen Müllanteils und der Zerstörung der in den Abfällen enthaltenen Umweltschadstoffe kommen als Verfahren die Verbrennung, die Pyrolyse, die Vergasung oder Kombinationen dieser Verfahren in Betracht [N.3.90, N.3.91]. Bisher werden von der öffentlichen Hand Müllverbrennungsanlagen mit Rostfeuerung, Klärschlammverbrennungsanlagen mit Wirbelschichtfeuerung sowie eine Anlage zur thermischen Behandlung von Hausmüll unter Verwendung der Pyrolysetechnik betrieben. Die anderen Verfahren befinden sich in unterschiedlichen Stadien der Entwicklung und Erprobung in Pilotanlagen bzw. kurz vor dem kommerziellen Einsatz [N.3.108].

Verbrennung
Bei der Verbrennung von Siedlungsabfällen in herkömmlichen Müllverbrennungsanlagen bei

Temperaturen von 800 bis über 1000 °C werden alle organischen Bestandteile weitgehend durch Oxidation in CO_2 und H_2O umgewandelt. Andererseits entstehen aus den sonstigen anorganischen Inhaltsstoffen durch chemische Umwandlung in dem Verbrennungsprozeß neue Stoffe, die je nach ihrer Konsistenz den Verbrennungsraum mit dem Rauchgas verlassen (gas- oder dampfförmige Stoffe, Flugstaub) oder mit der Asche bzw. Schlacke abgezogen werden (mineralische Stoffe, Unverbranntes, Metalle). Da eine große Zahl dieser Stoffe in den Verbrennungsprodukten umweltschädlich oder sogar toxisch ist, werden sie in Reinigungsanlagen vom Rauchgas abgetrennt und soweit wie technisch möglich durch chemische Umwandlung neutralisiert. Für die Konzentration der Schadstoffe in der Abluft von Verbrennungsanlagen für Abfälle und ähnliche brennbare Stoffe (*Staub, organische Stoffe, gasförmige anorganische Cl- und F-Verbindungen, SO_2, NO_x, Schwermetalle* und ihre Verbindungen, *Dioxine und Furane*) sind Grenzwerte in der 17. Verordnung zum Bundesimmissionsschutzgesetz (17. BImSchV) festgelegt.

Die einzelnen Prozeßstufen einer Müllverbrennungsanlage (Bild N.3-2) stellen unterschiedliche Quellen umweltrelevanter Stoffe dar [N.3.92].

In dem geschlossenen *Müllbunker* entstehen durch Fäulnisprozesse im Müll *Geruchsstoffe*. Da die Verbrennungsluft grundsätzlich aus dem Müllbunker angesaugt wird, werden diese *Geruchsstoffe* vollständig dem Verbrennungsprozeß zugeführt, wo sie thermisch zerstört werden.

Im *Verbrennungsraum* werden je nach Müllzusammensetzung und Verbrennungsführung (Rostfeuerung, Wirbelschichtfeuerung) neben den Hauptverbrennungsprodukten *(CO_2, H_2O,)* gasförmige Schadstoffe *(CO, Stickoxide, SO_2, HCl, HF, H_2S)*, leichtflüchtige Schwermetalle *(Hg, Cd, Tl)*, mineralische *Stäube* sowie je nach Ausbrand organische Stoffe freigesetzt bzw. gebildet. Sonstige Schwermetalle (*Sb, As, Pb, Cr, Co, Cu, Mn, Ni, V, Sn*) und ihre Verbindungen werden zum größten Teil in Asche und Schlacke eingebunden oder angelagert an Staubpartikel mit dem Rauchgas ausgetragen. Zur Reduktion der Stickoxidkonzentration im Abgas mittels selektiver nichtkatalytischer Reaktion (SNCR-Verfahren) wird NH_3 in Form von Ammoniakwasser in den Verbrennungsraum eingedüst. Überschüssiges NH_3 wird in der Rauchgaswäsche wieder abgetrennt und erneut verwendet.

Im *Dampferzeuger* können darüber hinaus abstromseitig im Rauchgas bei Temperaturen zwischen 400 und 250 °C und bei Anwesenheit von Chlor in oxidierender Atmosphäre *Dioxine* und *Furane* neu gebildet werden (De-Novo-Synthese).

Im *Elektrofilter* der Rauchgasreinigung werden die *Stäube* aus dem Rauchgas abgetrennt. Aufgrund ihrer Beladung mit toxischen Schadstoffen (*Schwermetalle*, z.T. auch *Dioxine* und *Furane*) werden sie als Sonderabfall entsorgt.

In der *Rauchgaswäsche* wird mehrstufig unter Anwendung verschiedener trockener, halbtrockener und nasser Waschverfahren der größte Teil der gasförmigen Schadstoffe chemisch in umweltneutrale Stoffe umgesetzt. Diese werden ausgefällt oder durch Verdampfungsprozesse von der flüssigen Phase getrennt. Wenn zur Reduktion

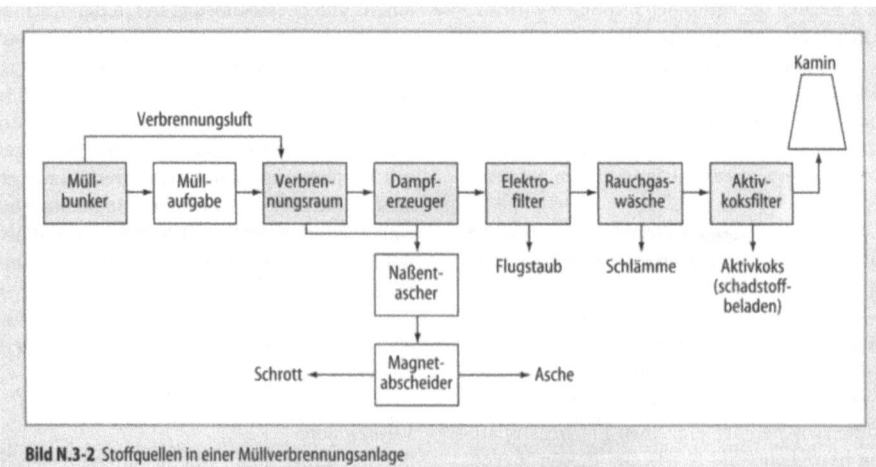

Bild N.3-2 Stoffquellen in einer Müllverbrennungsanlage

des SO_2 im Rauchgas dem Verbrennungsprozeß Kalkmilch oder Kalkstein zugeführt wird, so fällt in der Rauchgaswäsche auch Gips in mehr oder weniger reiner Form als Reststoff an. In der Rauchgaswäsche werden aber auch die *Schwermetalle*, überwiegend in Form von Hydroxiden, chemisch gebunden. Diese werden als Schlämme von der flüssigen Phase getrennt und als Sonderabfall entsorgt. In modernen MVA wird das in der Rauchgaswäsche benötigte Wasser nach Abtrennung der Schad- und Reststoffe im Kreislauf gefahren, so daß kein Abwasser anfällt.

Das Aktivkoksfilter, das zusätzlich am Ausgang der Rauchgasreinigungsanlage angeordnet wird, hat vor allem die Funktion, *Dioxine* und *Furane* zu adsorbieren. Das Aktivkoksfiltermaterial muß wegen der Beladung mit *Dioxinen* und *Furanen* sowie anderen restlichen Schadstoffen aus dem Rauchgas von Zeit zu Zeit, z. B. in einer Hochtemperaturverbrennungsanlage, entsorgt werden.

Vergasung
Die aus der Vergasung von Kohle und Raffinerierückständen bekannte und erprobte Technik der Umwandlung von Kohle oder Kohlenwasserstoff durch Reaktion mit Luft/Sauerstoff und Wasserdampf in nutzbare gasförmige Produkte (Synthesegas) ist je nach Anwendung in einem Festbett-, Wirbelschicht- oder Flugstromvergaser unter bestimmten Randbedingungen (Zerkleinerung und/oder Pelletierung des Aufgabematerials, Zusatzbrennstoff) für die thermische Behandlung von Siedlungsabfällen geeignet [N.3.67, N.3.93, N.3.94]. Der Einsatz dieser Technik ist sinnvoll für getrennt anfallende oder erfaßte Fraktionen von Siedlungsabfällen (Kunststoffe, Shredderleichtfraktionen, Klärschlamm). Diese Verfahren sind bisher nicht in thermischen Behandlungsanlagen für unsortierte Siedlungsabfälle der öffentlichen Hand eingesetzt worden und zielen auch in Zukunft von ihrer Leistungsfähigkeit her eher auf einen Einsatz als gewerblich betriebene Anlagen für bestimmte Abfallfraktionen mit dem Ziel der gleichzeitigen teils energetischen, teils stofflichen Verwertung dieser Abfallstoffe. Das Synthesegas findet als Brenngas oder nach weiterer Aufbereitung zur Herstellung von Kohlenwasserstoffen (Methanol) Verwendung.

Ein weiteres neuentwickeltes Mischbettvergasungsverfahren, das Thermoselect-Verfahren [N.3.95] mit vorgeschalteter Entgasung des Mülls unter Luftabschluß weicht hiervon insofern ab, als es den Einsatz unsortierten Hausmülls ohne besondere Vorbehandlung unter Beimischung auch anderer Siedlungsabfälle (Klärschlamm) ermöglicht.

Bei diesem Verfahren wird der größte Teil der organischen Inhaltsstoffe des Abfalls zunächst in einem von außen auf ca. 600 °C beheizten Entgasungskanal entgast und danach in einem direkt anschließenden Hochtemperaturvergasungsreaktor (1300 °C) unter Einsatz von Sauerstoff und Wasserdampf in ein weiter verwertbares Synthesegas umgewandelt (Bild N.3-3). Der zur Vergasung benötigte Wasserdampf entstammt dem Feuchtigkeitsgehalt des Mülls. In dem gleichen HT-Prozeß werden gleichzeitig alle mineralischen und metallischen Abfallbestandteile bei ca. 2000 °C aufgeschmolzen und als Schmelzgranulat aus dem Prozeß entfernt. Hierzu werden dem HT-Vergasungsprozeß je nach Anteil organischer Substanzen in dem Abfall Sauerstoff und Brenngas (z. B. Erdgas, Synthesegas) so zugeführt, daß eine optimale Ausbeute an Synthesegas und eine vollständige Aufschmelzung aller mineralischen bzw. metallischen Müllanteile erreicht wird.

Bei Vergasungsprozessen (Druckbereich zwischen 0,3 und 25 bar) treten im Prinzip gleichartige Schadstoffe wie bei der Verbrennung der gleichen Abfälle auf, nur variiert deren quantitative Zusammensetzung und damit die Verteilung der Stoffquellen im Prozeß nicht nur mit der Art des eingegebenen Abfalls, sondern auch mit der Art der Prozeßführung. Das Rohgas kann beim Verlassen des Vergasungsreaktors außer den Hauptkomponenten des Synthesegases (CO, H_2, CO_2, H_2O), auch N_2 als Nebenbestandteil, Spuren von CH_4 und als Schadstoffe SO_2, NO_x, HCL, HF, H_2S, COS, HCN, NH_3, Staub, Schwermetalle *(Cd, Hg, Pb, Zn)* enthalten. Für die Reinigung des erzeugten Synthesegases werden die aus der Synthesegasreinigung bekannten und erprobten Gasreinigungsverfahren angewendet. Vor dem Eintritt in die Gasreinigung wird jedoch das Synthesegas von der hohen Temperatur im Vergasungsreaktor schlagartig durch Kontakt mit einem Schwallwasserstrom (Quenche) je nach Vergasungsverfahren auf Temperaturen bis unter 100 °C abgekühlt, um die De-Novo-Synthese von *Dioxinen* und *Furanen* zu unterbinden. Im Quenchwasser finden sich außer löslichen Schadstoffen und Staubpartikeln auch Kohlenstoffanteile nach CO-Zerfall in C und CO_2 und bei zu geringer Vergasungstemperatur < 1000 °C auch *höhersiedende Kohlenwasserstoffe*.

In der Abwasserreinigung, die im Kreislauf gefahren wird, fallen außer verwertbaren Reststof-

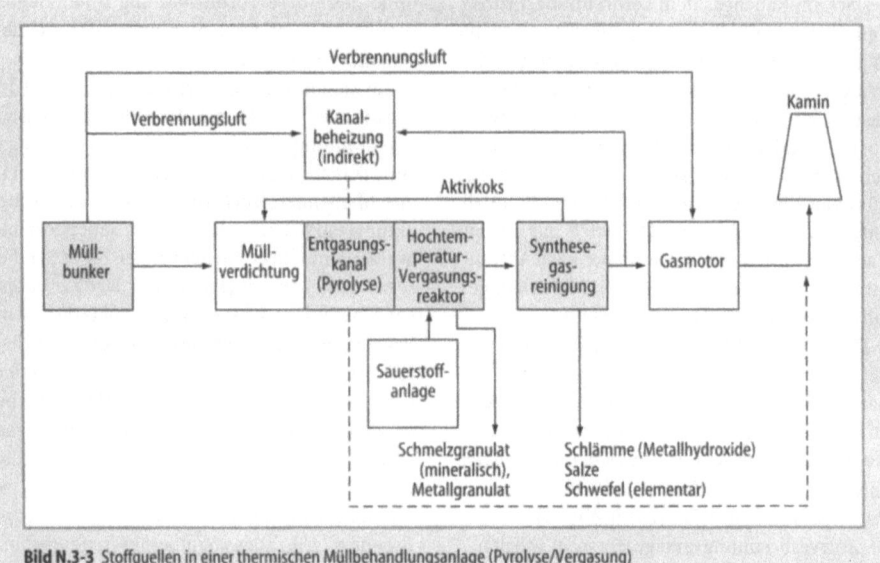

Bild N.3-3 Stoffquellen in einer thermischen Müllbehandlungsanlage (Pyrolyse/Vergasung)

fen (elementarer Schwefel, Salze) auch hochkonzentrierte Metallhydroxid-Sulfid-Schlämme an, die einer Sonderabfallentsorgung zugeführt werden müssen. Weitere Schwermetallanteile aus dem Hausmüll werden in oxidischer, praktisch nicht eluierbarer Form in dem weiter verwertbaren Schmelzgranulat eingeschlossen. Die Filtermasse aus dem Aktivkoksfilter, die mit restlichen gasgetragenen Schadstoffen hinter der Synthesegasreinigung (auch Spuren von *Dioxinen* und *Furanen*) beladen wird, braucht nicht als Sonderabfall entsorgt zu werden, sondern wird zusammen mit dem eingesetzten Hausmüll dem Prozeß wieder zugeführt.

Das Synthesegas wird zum Betrieb eines Gasmotors mit Generator zur Erzeugung elektrischer Energie verwendet. Das Abgas des Gasmotors enthält als wesentliche Schadstoffe NO_x und CO. Zur Emissionsminderung werden verbrennungstechnische Maßnahmen am Motor in Verbindung mit selektiver katalytischer Reduktion (SCR mit Harnstoffeinspeisung und Katalysator) ergriffen. Eine Synthesegasverwendung zur Herstellung von Methanol ist prinzipiell möglich.

Pyrolyse
Zur thermischen Behandlung von Hausmüll, aber auch von Abfallfraktionen wie Klärschlamm, Shredderleichtmüll, Kunststoffe und Leiterplatten unter Luftabschluß (Pyrolyse) sind verschiedene Verfahren unter Verwendung eines Drehrohres als Schweltrommel entwickelt worden [N.3.96], [N.3.97]. Das Drehrohr wird indirekt so beheizt, daß der Schwelvorgang bei Temperaturen zwischen 450 und 550 °C vonstatten geht. Aufgrund der Problematik der Gas- und Wasserreinigung von Pyrolysegasen wird bei den bisher entwickelten Projekten das erzeugte Gas direkt verbrannt oder einer mit der Pyrolyseanlage gekoppelten Flugstromvergasungsanlage zugeführt. Die Stoffquellen beim Pyrolyseprozeß werden am Beispiel einer Kombinationsanlage Pyrolyse/Verbrennung dargelegt.

Kombination Pyrolyse/Verbrennung
Das KWU-Schwelbrennverfahren [N.3.98] als Kombination von Pyrolyse und Verbrennung ist auf die energetische Verwertung der organischen Bestandteile von Hausmüll, die Separierung der inerten Wertstoffe (Steine, Glas, Metalle) und die Minimierung nicht verwertbarer Reststoffe hin konzipiert. Es umfaßt als Prozeßschritte (Bild N.3-4) die Pyrolyse in einem über Heizrohre indirekt beheizten Drehrohr, die Fraktionierung des Pyrolyserückstands, die Hochtemperaturverbrennung des Pyrolysegases und -kokses in einer Brennkammer und die Energierückgewinnung im anschließenden Abhitzekessel.

Im *Drehrohr* vollziehen sich unter Luftabschluß mit steigender Temperatur bis unter 600 °C an den organischen Substanzen nach thermischer Trocknung zunächst Depolymerisation, Reduk-

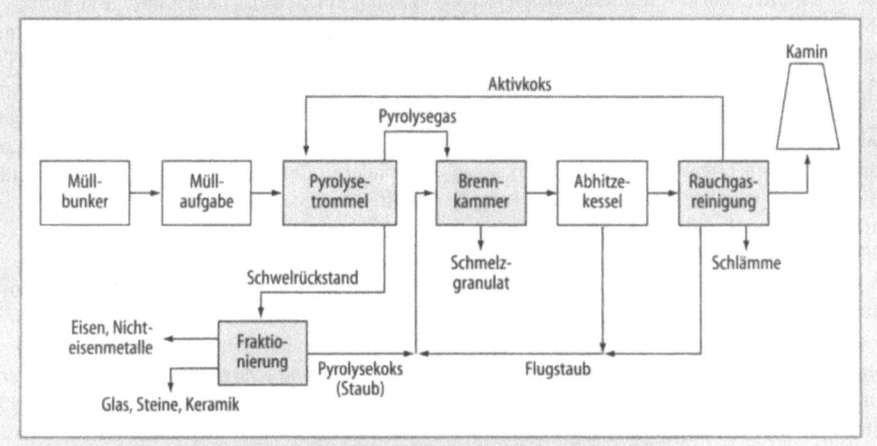

Bild N.3-4 Stoffquellen in einer thermischen Müllbehandlungsanlage (Pyrolyse/Verbrennung)

tion und Abspaltung von Reaktionswasser, CO, CO_2 und H_2S, dann Abspaltung von Cl unter HCl-Bildung, Bruch aliphatischer Bindungen, Beginn der Abspaltung von CH_4 und schließlich Bruch der C-O- und C-N-Bindungen [3.99]. Das Pyrolysegas besteht daher aus einer großen Zahl flüchtiger Kohlenwasserstoffe mit überwiegend niedriger Kohlenstoffzahl sowie aus gasförmigen Schadstoffen *(HCl, HCN, H_2S)* und leichtflüchtigen Schwermetallen *(Cd, Hg)*. Es wird unaufbereitet der Brennkammer zugeführt.

Der Schwelrückstand besteht aus einer trokkenen kohlenstofffreien Grobfraktion (Eisenschrott, Nichteisen-Metalle, Glas, Keramik, Steine) und einer Feinfraktion (< 5 mm), die einen großen Anteil an Kohlenstoff (ca. 30 %) enthält. Die Feinfraktion wird durch Absieben von der Grobfraktion getrennt, gemahlen und ebenfalls der Brennkammer zugeführt. Durch die gas- bzw. staubförmigen Brennstoffe und verbrennungstechnische Maßnahmen wird dort ein gleichmässig hoher Ausbrand bei Verbrennungstemperaturen > 1000 °C im Rauchgas nach der letzten Luftzufuhr und 1300 °C im Bereich des *Schlackeaustrags* erzielt. Das Schmelzgranulat aus der schmelzflüssig abgezogenen Schlacke enthält außer den Mineralstoffen in Form von Metalloxiden auch einen großen Teil der aus dem Abfall stammenden Schwermetalle *(Zn, Cu, Pb, Cr, Sb, Cd)* in oxidischer, praktisch nicht eluierbarer Form.

Das Rauchgas aus der Brennkammer ist bzgl. seiner Zusammensetzung dem aus einer MVA vergleichbar. Deshalb kommt auch bei diesem Kombinationsverfahren Pyrolyse/Verbrennung die erprobte Rauchgasreinigungstechnik für MVA zur Anwendung. Die Verteilung der Stoffquellen entspricht praktisch der im Abschnitt „Verbrennung" beschriebenen Verteilung. Durch die Rückführung der schadstoffbehafteten Kessel- und Filterstäube in die Brennkammer und des schadstoffbeladenen Aktivkokses in die Pyrolysetrommel entfällt jedoch eine Entsorgung dieser Materialien als Sonderabfall.

N.3.2.8.2 Biologische Behandlungsanlagen

Zur biologischen Behandlung von Abfällen werden von zahlreichen Gebietskörperschaften zentrale Kompostierungsanlagen für Bio- und Mischmüll betrieben. Darüber hinaus ist die Pflanzenabfallkompostierung in vielen kleinen dezentralen Anlagen und die Eigenkompostierung verbreitet. Dennoch wurden bis 1992 nur etwa 3 % des in der Bundesrepublik angefallenen Hausmülls kompostiert, obwohl ca. ein Drittel des Hausmülls aus biologisch-organischem Material besteht [N.3.100].

In der TA Siedlungsabfall ist vorgegeben, daß Bioabfälle getrennt von anderen Siedlungsabfällen zu erfassen und zu kompostieren sind. Damit ist der Weg eröffnet, eine noch größere Menge an organischer Substanz in Form von schadstoffarmem, qualitativ hochwertigem Kompost aus Siedlungsabfällen rückzugewinnen und in der Landwirtschaft oder generell zur Bodenverbesserung zu verwerten.

Kompostierungsanlagen werden aufgrund der Emission von *Geruchsstoffen* beim aeroben Rotteprozeß i. d. R. in Form von geschlossenen Hallen oder geschlossenen Systemen betrieben [N.3.101]. Auf eine Einhausung kann nach der TA Siedlungsabfall nur bei kleineren Anlagen unter bestimmten Bedingungen verzichtet werden. Der Rottevorgang läuft in zwei Stufen ab. In der *Vorrotte* (Mieten, offene Boxen oder geschlossene Trommeln) wird zur Optimierung des Rottevorgangs die Belüftung und die Feuchte des Bioabfalls optimal eingestellt (z. B. durch Zugabe von Wasser oder Strukturmaterial wie Gehölzschnitt aus Pflanzenabfall). Zur Belüftung der Vorrotte wird die Hallenabluft aus dem Bereich der *Nachrotte* benutzt. Die Abluft aus dem Bereich der Vorrotte muß dagegen über Kompostfilter geleitet werden, um *Geruchsstoffe* zurückzuhalten. Mieten im Rottebereich müssen regelmäßig umgesetzt werden.

Trotz der von anderem Hausmüll getrennten Erfassung von Biomüll kann je nach der Verunreinigung des Biomülls mit Fremdstoffen der daraus gewonnene Kompost meßbare Gehalte an *Schwermetallen (As, Pb, Cd, Cr, Cu, Ni, Hg, Zn)* enthalten [N.3.102]. Ein Merkblatt der Länderarbeitsgemeinschaft Abfall (LAGA) enthält Qualitätskriterien und Anwendungsempfehlungen für Kompost aus Müll und Müll-Klärschlamm sowie in Anlehnung an die Klärschlammverordnung Grenzwerte für die Konzentration bestimmter Schwermetalle im Boden, bei deren Überschreitung ein Aufbringen des Komposts unterbleiben soll [N.3.103].

N.3.2.8.3 Deponien

Von entsorgungspflichtigen Gebietskörperschaften werden in der Bundesrepublik flächendeckend Hausmülldeponien, Bodenaushub- und Bauschuttdeponien und Sonderabfalldeponien mit unterschiedlicher technischer Ausstattung (Basisabdichtung, Deponiegasbehandlung, Sikkerwasserbehandlung) und unterschiedlich begrenzter Restlaufzeit betrieben [N.3.12, N.3.104]. Auf den Hausmülldeponien wurden bisher Hausmüll, Sperrmüll und hausmüllähnliche Gewerbeabfälle ohne besondere Vorbehandlung abgelagert.

Die TA Abfall enthält im Anhang C einen Katalog der besonders überwachungsbedürftigen Abfälle (Sonderabfälle), die nicht verwertet werden können und einer Anlage zur Behandlung oder Ablagerung zuzuführen sind. In diesem Anhang sind Empfehlungen enthalten, welche Abfallentsorgungsanlagenart aufgrund der jeweils spezifischen Abfalleigenschaften infrage kommt.

Für die Ablagerung von Sonderabfällen sind bestimmte Zuordnungskriterien zu erfüllen (TA Abfall, Nr. 4.4.3 und Anhang D). Sie umfassen Anforderungen an die Festigkeit, den Glühverlust des Trockenrückstands, die Extrahierbarkeit lipophiler Stoffe und die Konzentration von Schadstoffen im Eluat des Abfalls.

Hausmülldeponien
In dem nicht vorbehandelt deponierten Hausmüll sind nicht nur die originären schädlichen Inhaltsstoffe aller Art, insbesondere *Schwermetalle, leicht und schwer flüchtige Kohlenwasserstoffe, chlororganische Stoffe (Dioxine, Furane)*, sondern auch durch mikrobiologische Abbauprozesse der organischen Müllbestandteile innerhalb des Deponiekörpers gebildete Schadstoffe *(CH_4, BTX, Chlorkohlenwasserstoffe)* und *Geruchsstoffe* enthalten [N.3.46]. Diese Stoffe können je nach Flüchtigkeit oder Löslichkeit mit dem Deponiegas oder Sickerwasser aus dem Deponiekörper entweichen. Gegen unkontrolliertes Entweichen von Deponiegas oder Sickerwasser werden passive und aktive Maßnahmen entsprechend den Festlegungen in der TA Siedlungsabfall getroffen. Als passive Maßnahmen sind *Basisabdichtungen* und *Oberflächenabdeckungen* vorgeschrieben. Die letzteren sollen gleichzeitig das Entweichen von Deponiegas und das Eindringen und die Kontamination von Niederschlagswasser mit löslichen Schadstoffen verhindern.

Für Inertdeponien, auf denen ausschließlich weitgehend mineralisierte Siedlungsabfälle mit einem auf 3 % begrenzten Anteil organischer Substanz (Deponieklasse 1 der TA Siedlungsabfall) deponiert werden, ist eine Basisabdichtung mit einem rein mineralischen Schichtenaufbau ausreichend. Für sonstige Hausmülldeponien mit weniger hohen Anforderungen an die Begrenzung des Schadstoffgehalts und des Gehalts an organischer Substanz im Deponiegut (Deponieklasse 2 der TA Siedlungsabfall) muß die Basisabdichtung außerdem eine geschlossene Kunststoffdichtungsbahn enthalten. Dies entspricht der Basisabdichtung bei einer Sonderabfalldeponie. In jedem Fall muß der Deponiekörper ein Drainagesystem zur Sammlung und kontrollierten Entnahme des Sickerwassers zwecks möglicher weiterer Behandlung und abschließender Entsorgung der darin enthaltenen Schadstoffe entsprechend den wasserrechtlichen Vorschriften aufweisen.

Das Sickerwasser enthält an Schadstoffen biologisch und chemisch oxidierbare Stoffe, Ammonium- und Nitrit-Stickstoffverbindungen und adsorbierbare organisch gebundene Halogene (Summenparameter: *BSB$_5$, CSB, NH$_4$-N, NO$_2$-N, AOX*) sowie toxische Schwermetalle *(Hg, Cd, Cr, Ni, Pb, Cu, Zn)* je nach den Inhaltsstoffen des deponierten Abfalls.

Das Deponiegas enthält zum überwiegenden Teil *CH$_4$* sowie *CO$_2$, N$_2$, gasförmige Halogen- und Schwefelverbindungen* als Spurenstoffe und Geruchsstoffe. Es wird mit Gasschächten bzw. Gasbrunnen aufgefangen, daraus abgepumpt und einer energetischen Nutzung in Gasmotoren eines BHKW zugeführt.

Sonderabfalldeponien

Die Anforderungen an die Gestaltung und den Betrieb von Sonderabfalldeponien (SAD) sowie an die Beschaffenheit des abzulagernden Sonderabfalls ist in der TA Abfall geregelt. Entsprechend der Vielgestaltigkeit der Arten von Sonderabfällen ist auch das Spektrum der in einer SAD eingeschlossenen Schadstoffe groß. Im Sickerwasser werden daher außer den Schadstoffarten, die im Sickerwasser einer Hausmülldeponie vorkommen, vor allem *leichtflüchtige CKW (Dichlormethan, Trichlorethen, Tetrachlorethen)* und *Schwermetalle*, aber auch *BTX, Aromaten, PCB, Dioxine* und *Furane* gefunden [N.3.105, N.3.106]. Die Aufbereitung der Sickerwässer erfordert jeweils speziell ausgewählte Verfahren (TA Abfall, Anhang F), da die Anwendbarkeit einzelner Verfahren von der Verunreinigung des Sickerwassers (Salzgehalt, Toxizität der Schadstoffe) abhängt [N.3.106, N.3.107].

N.4 Pflanzenbau und Viehhaltung[1]

Pflanzenbau und Viehhaltung sind die beiden Hauptzweige der Landwirtschaft als der geplanten und gelenkten Nutzung der biologischen Erzeugungsfähigkeit von Pflanzen- und Tierbeständen. Sie dienen der Versorgung der Menschen mit Nahrungsmitteln und Rohstoffen. Landwirtschaft gehört zur Ur- oder Primärproduktion und bleibt trotz zunehmender technischer und chemischer Steuerung an biologische Prozesse und den Naturhaushalt gebunden.

Die Erfindung der Landwirtschaft leitete den zweiten Schritt der kulturellen Evolution der Menschen nach der Sammler-Jäger-Kultur ein. Der Übergang zu Pflanzenbau und Tierhaltung mit der Auslese weniger Nutzpflanzen und Nutztiere veränderte die menschliche Gesellschaft grundlegend. Mit der Ansammlung und Aufbewahrung größerer Nahrungsmittelmengen konnten nicht nur mehr Menschen ernährt, sondern auch von der Notwendigkeit eigenständiger Nahrungsgewinnung gelöst werden, um sich anderen Tätigkeiten zu widmen. Schon wenige Jahrhunderte nach dem Aufkommen der Landwirtschaft entstanden im Vorderen Orient die ersten Dörfer und Städte, d. h. Siedlungsplätze mit hoher Bevölkerungsdichte, deren Versorgung von der Landwirtschaft gewährleistet wurde. Ihr fiel damit die Verantwortung für eine beständige und zuverlässige Nahrungsversorgung auch der nichtlandwirtschaftlichen Bevölkerung zu, die von ihr ökologisch abhängig wurde – während die Landwirte über ihre Selbstversorgung hinaus in ökonomische Abhängigkeit von den Märkten der Dörfer und Städte gerieten.

Landwirtschaft ist nicht ohne beständige, schwerwiegende Eingriffe in die Natur, insbesondere in Pflanzendecke und Böden möglich. Sie ist daher Anlaß und Quelle zahlreicher Belastungen, unter ihnen solche stofflicher Art. Andererseits hat die landwirtschaftliche Nutzung in der Weite des von ihr bearbeiteten Raums auch die Landschaft gestaltet und die agrarische Kulturlandschaft hervorgebracht. Landnutzung ist ein Prozeß, der wesentlich von ökonomischen Anreizen und biologischen und technischen Fortschritten angetrieben wird, mit dem Ziel, die Naturkräfte so weit wie möglich auszunutzen und teilweise sogar zu überwinden. Daher ist und bleibt die Kulturlandschaft in ständiger Veränderung.

Im Industriezeitalter und insbesondere in den technisch-industriell geprägten Ländern leidet die Landwirtschaft unter einem grundsätzlichen volkswirtschaftlichen Wettbewerbsnachteil. Im Vergleich zur gewerblich-industriellen Wirtschaft kann sie aufgrund ihrer Bindung an biologische Vorgänge und Rhythmen die Erzeugung nur bedingt steigern, rationalisieren und beschleunigen. Außerdem wird in allen Ländern und Gesellschaftssystemen Wert darauf gelegt, daß die Grundnahrungsmittel auch für Menschen der unteren sozialen Schichten erschwinglich blei-

---

[1] Die in diesem Beitrag genannten Zahlenangaben gelten, soweit nicht anders vermerkt, für die erste Hälfte der 90er Jahre. Viele Angaben sind wegen der Datenverfügbarkeit und aus Vergleichsgründen auf die Bundesrepublik Deutschland in den Grenzen von 1989 bezogen.

ben, so daß den ökonomischen Bemühungen der Landwirtschaft auch von der Erlösseite her Grenzen gesetzt sind.

Diese Situation zwingt die moderne Landwirtschaft, das Ertragspotential von Pflanzen und Tieren, Böden und Wasser bis zum Äußersten auszuschöpfen, wobei sie – wegen der erwähnten wirtschaftlichen Benachteiligung – in vielseitiger Weise von der öffentlichen Hand finanziell und mit anderen Mitteln unterstützt wird. Die Folge dieser ständig gesteigerten Ausschöpfung der natürlichen Produktionspotentiale ist einerseits eine wirtschaftlich problematische Überproduktion von Nahrungsmitteln, andererseits eine gesteigerte Umweltbelastung im ländlichen Raum und darüber hinaus. Es gelang dennoch nicht, der Landwirtschaft insgesamt den Anschluß an die allgemeine wirtschaftliche Entwicklung, insbesondere die Einkommensentwicklung zu sichern, was wiederum zu weiterer Intensivierung der Produktion anreizt. Im Zusammenhang damit ist die Zahl der landwirtschaftlichen Betriebe in der Bundesrepublik Deutschland (Grenzen von 1989) von über 1,5 Mio zu Anfang der 50er Jahre bis auf ca. 550.000 im Jahr 1994 gesunken und wird weiter abnehmen.

N.4.1 Pflanzenbau – Ackerbau

Aus der Fülle der natürlich vorkommenden Pflanzenarten sind nur relativ wenige, vor allem ähren- und knollentragende Arten, als Nutzpflanzen für den Anbau ausgewählt worden. Sie werden überwiegend in reinen Beständen gesät bzw. gepflanzt, gepflegt und geerntet. Pflanzenbau auf größeren Flächen (i.d.R. über 0,25 ha) bei jährlichem Wechsel des Aufwuchses nennt man Ackerbau. Kleinflächigerer, oft intensiverer Anbau mit hohen Erträgen zählt zum Gartenbau. Daneben gibt es „Sonderkulturen" mit ebenfalls großflächigem Anbau wie z.B. Tabak, Feldgemüse, Hopfen, Spargel, Wein und Obst; die beiden letztgenannten leiten zu den Gehölzkulturen und damit zur Forstwirtschaft über.

Zum landwirtschaftlichen Pflanzenbau zählt auch die sog. Grasland- oder Grünlandwirtschaft, die Futter für die Viehhaltung (Abschn. N.4.2) liefert. In der Regel sind Grünlandbestände, d.h. Wiesen und Weiden, Dauerbestände von Futtergräsern und -kräutern. In der modernen Landwirtschaft wird verstärkt auch Ansaat-Grasland eingesetzt, das aus besonders wertvollen Futterpflanzen besteht und nur solange genutzt wird, bis durch Zuwanderung und Ausbreitung anderer Pflanzenarten der Futterwert sinkt.

N.4.1.1 Ackerbauverfahren und -maßnahmen

Die Feldfrüchte des Ackerbaus sind Getreide (überwiegend Weizen und Gerste, dazu Hafer und Roggen), „Hackfrüchte" wie Zuckerrüben und Kartoffeln, sowie (Vieh-)Futterpflanzen wie Silomais, Futterrüben und Klee-Gras-Mischungen, ferner Ölfrüchte wie Raps und Sonnenblumen. Die letztgenannten sind sog. Rohstoffpflanzen, deren Anbau seit den 80er Jahren zur Gewinnung „nachwachsender Rohstoffe" verstärkt empfohlen wird. Zu ihnen gehören auch Faserpflanzen wie z. B. Flachs, dessen Anbau in der vorindustriellen Zeit weit verbreitet war, und „Energiepflanzen" wie Riesen- oder Chinaschilf.

Auf dem selben Feld werden i.d.R. jedes Jahr andere Feldfrüchte angebaut, die in einer bestimmten Fruchtfolge kombiniert werden. Meist folgt auf eine im Herbst gesäte Winterfrucht eine im Frühjahr gesäte Sommerfrucht, für die entweder Sommergetreide, Mais, Zuckerrüben oder Kartoffeln in Frage kommen. Zwischen Winter- und nächstjähriger Sommerfrucht wird häufig eine Zwischenfrucht eingeschaltet, die als Viehfutter oder Gründüngung genutzt wird, und außerdem das erosionsfördernde Offenliegen des Bodens einschränkt.

Die Ernte der Ackerfrüchte entzieht dem Boden so viele Nährstoffe, daß seine Fruchtbarkeit sich nach einiger Zeit erschöpfen würde. Daher muß sie durch Zufuhr von Dünger aufrechterhalten werden. Bis Mitte des 19. Jh. wurden – außer Kalk als Mergel – nur organische oder Wirtschaftsdünger (Viehdung), danach in steigendem Umfang Mineral- oder Handelsdünger verwendet. Die Nutzpflanzen-Reinbestände locken viele schädliche Tiere an, die sich von ihnen ernähren, und erleichtern auch die Ansiedlung und Ausbreitung von Pilz- und Viruskrankheiten sowie von Unkräutern. Deren Bekämpfung oder Beseitigung („Pflanzenschutz") ist daher ein fester Bestandteil des Ackerbaus und wird seit Mitte des 20. Jh. bevorzugt mit chemischen Mitteln vorgenommen.

Jeder Pflanzenbau erfordert Bodenbearbeitung: Pflügen und Eggen vor dem Säen bzw. Pflanzen, ggf. auch noch Bodenlockern oder Hacken zwischen den Feldfrüchten, und nach der Ernte das Unterpflügen der Pflanzenrückstände und Unkräuter. Die Bodenbearbeitung führt aufgrund der Entblößung des Bodens von der schützenden

Pflanzendecke unvermeidlich zur Erosion durch Wasser oder Wind. Zu ihrer Verminderung wird durch Zwischenfrucht-Anbau oder rasche Wiederbestellung des Ackers die Zeit des Offenliegens des Bodens soweit wie möglich verkürzt.

Besonders erosionsanfällig sind Zuckerrüben-, Kartoffeln-, Mais- sowie Hopfen-, Wein- und Spargelkulturen, weil der notwendige grössere Abstand der Saat- bzw. Pflanzreihen eine relativ große offene Bodenoberfläche zur Folge hat. Gerade hier siedeln sich gern Begleitpflanzen („Unkräuter") an, die zwar erosionshemmend wirken, aber wegen Nährstoffkonkurrenz für die Feldfrüchte bekämpft oder im Wachstum zurückgehalten werden müssen.

Das regelmäßige Pflügen der Äcker verändert das Bodenprofil (vgl. Abschn. D.1.4.3) und verwandelt den Oberboden bis zu einer Tiefe von 30–45 cm in eine gleichmäßig durchmischte „Akkerkrume", die nach unten durch die „Pflugsohle" begrenzt wird. In dieser und im angrenzenden Unterboden kommt es durch das häufige Befahren des Ackers mit schweren Geräten und Fahrzeugen zu Bodenverdichtungen, die die Einsikkerung von Wasser, die Durchlüftung und das Bodenleben beeinträchtigen.

Die durch Ackerbau genutzte Fläche betrug in Deutschland (1994) 11,805 Mio ha, d.h. 68,2 % der gesamten landwirtschaftlichen Nutzfläche (17,2 Mio ha) und 33,1 % der Gesamtfläche des Landes.

N.4.1.2 Schadstoffemissionen in die Umwelt und ihre Auswirkungen

Alle Pflanzenbauflächen, insbesondere die gerade genannten Ackerbau-Flächen, stellen eine bedeutsame Quelle stofflicher Emissionen in die Umwelt, vor allem in Luft und Gewässer dar. Sie sind größtenteils durch den Einsatz von – grundsätzlich unentbehrlichen – Düngemitteln sowie chemische Pflanzenschutzmittel bedingt. Auch die im Ackerbau, Hopfen- und Weinbau niemals völlig vermeidbare Bodenerosion führt zu unerwünschten Stoffeinträgen in die Umwelt. Diese Emissionen aus großen Flächen können nicht genau lokalisiert werden und zählen daher zu den „diffusen Stoffeinträgen".

Bei den Zahlenangaben über solche Stoffzufuhren ist stets auf die Bezugsflächen und den Bezugsstoff zu achten, um Mißverständnisse zu vermeiden. Als Bezugsflächen werden gelegentlich die gesamte Landesfläche, meist die landwirtschaftlich genutzte Fläche (LF), teils nur die Ackerfläche berücksichtigt. Stoffe, die in mehreren chemischen Formen vorkommen, werden entweder als solche angeführt oder auf die Elementform umgerechnet, z. B. Nitrat (NO_3), Ammoniak (NH_3) und Stickstoffoxide (N_2O, NO_x) auf elementaren Stickstoff (N).

N.4.1.2.1 Dünger

Düngung ist als ein „gewollter Stoffeintrag" in den Boden zu betrachten, dessen Ziel allerdings nicht der Boden, sondern die Nutzpflanze ist. Seine ertragssteigernde Wirkung hat immer wieder zu hohe Düngerzufuhren veranlaßt, die von den Pflanzen nicht ausgenutzt werden können und zu überhöhten Konzentrationen im Boden führen, von wo sie, oft unter chemischen Umwandlungen, in Grundwasser oder Luft übertreten und dort schädliche Effekte auslösen.

a) Einträge in Böden und Gewässer aus Stickstoffdüngung

Dies gilt in erster Linie für die besonders ertragswirksame Düngung mit *Stickstoff*, die in den 80er Jahren im intensiven Ackerbau einen Höhepunkt erreichte. Eine Stickstoffbilanz aus dieser Zeit ergab für die landwirtschaftlich genutzte Fläche (LF) der damaligen Bundesrepublik Deutschland eine Zufuhr von **241 kg/ha·a** mit folgenden Anteilen:

- aus Mineraldünger   130 kg,
- aus Wirtschaftsdünger (Viehdung, s. Abschn. N.4.2.2)   83 kg,
- aus Immissionen aus der Luft   29 kg.

Dieser Zufuhr stand ein Stickstoff-Entzug von **154 kg/ha·a** durch Ernteprodukte entgegen, so daß ein Stickstoffüberschuß von **88 kg/ha LF·a** (= 36,5 %) in der Umwelt verblieb. Andere Autoren nennen noch höhere Stickstoffüberschüsse von durchschnittlich 103–116 kg N/ha LF·a und weisen vor allem auf große regionale Schwankungen hin, die von 49–279 kg reichen; auch berücksichtigen sie den biologischen Stickstoffeintrag aus der Luft durch stickstoffbindende Mikroorganismen des Bodens.

Jedenfalls sind seit Ende der 50er Jahre bis Ende der 80er Jahre ca. 2400 kg N/ha LF mehr gedüngt worden als netto mit den Ernteprodukten abgeführt wurde.

Seit Anfang der 90er Jahre haben sich die Stickstoffüberschüsse in Deutschland aufgrund verbesserter Düngepraxis um ca. 20 kg/ha·a vermindert. So sank der Verbrauch mineralischer Stickstoffdünger in Deutschland 1994/95 auf 112,6 kg/ha LF·a (Gesamtverbrauch 1,79 Mio t N). Die Zufuhr von Wirtschafts-(Vieh-)düngern ist ungefähr gleichgeblieben, der Eintrag aus der Luft, vor allem aus Emissionen des Kraftfahrzeugverkehrs, hat noch steigende Tendenz.

Von den in die Umwelt abgegebenen Stickstoffüberschüssen wird ein Teil zeitweilig in die organische Substanz des Bodens eingebaut, ein Teil geht in die Atmosphäre (s. u.) und ein weiterer Teil wird in Form von Nitrat, das im Boden nicht gebunden werden kann, mit dem Sickerwasser ausgewaschen. Diese Auswaschung kann das Grundwasser erreichen und es in unerwünschter Weise mit Nitrat anreichern.

Durch die jahrelange intensive Düngung hat sich in den Ackerböden ein Gesamt-Stickstoff-Überschuß bis in 90 cm Tiefe von ca. 15 t/ha (normaler Gehalt 6 - 10 t!) angesammelt, dessen Abbau ungefähr 20 Jahre erfordert. Diese Stickstoffmenge, die für die Ackerböden der westlichen Bundesländer Deutschlands bereits 1986 auf 10 Mio t geschätzt wurde, bewegt sich mit dem Sickerwasser langsam auf die Grund- und Oberflächenwässer zu; die Stickstoffeinträge in diese würden also selbst bei Einstellung jeder Düngung nicht aufhören.

Die Quantifizierung des Stickstoffeintrags in das Grundwasser ist wegen der komplexen Vorgänge im Boden sehr schwierig. Einerseits wird ständig ein geringer Teil (ca. 1 - 3 %) des organisch gebundenen Bodenstickstoffs mineralisiert und als Nitrat auswaschbar. Andererseits wird Nitrat unterhalb der durchwurzelten Zone und sogar im Grundwasser durch spezielle Mikroorganismen unter bestimmten Bedingungen auch denitrifiziert und zu ca. 35 kg N/ha·a in molekularen (Luft-)Stickstoff, z. T. aber auch in umweltschädliche Stickstoffoxide (s. u.) umgewandelt. Trotz dieser Schwierigkeiten ist versucht worden, mit der Angabe eines Nitrateintrags von 18 kg NO_3-N/ha·a aus landwirtschaftlich genutzten Böden in das Grundwasser einen pauschalen Durchschnittswert zu beziffern. Insgesamt wird der Anteil der Landwirtschaft an den diffusen Nitrateinträgen in das Grundwasser auf 80 % veranschlagt.

Der Eintrag von Nitrat in die Gewässer (Hydrosphäre) schädigt zunächst das Grundwasser hinsichtlich seiner Verwendung als Trinkwasser, und führt schließlich zur Eutrophierung (richtiger: Hypertrophierung, d. h. fortschreitende Nährstoffanreicherung) von Flüssen, Seen und Küstenmeeren. Für 1995 wurde ein Stickstoffeintrag in diese aus diffusen Quellen von 465.000 t berechnet, wovon aus
- Grundwasser 325.000 t (70 %),
- Erosion und
  Dränwässern je 46.500 t (je 10 %)
stammten.

Die Angaben über die Gesamtstickstoffeinträge in Gewässern differieren um 20 - 30 % je nach Autor, sind aber seit Mitte der 80er Jahre leicht rückläufig.

Zusätzliche Stickstoffemissionen in Grundwasser und Oberflächengewässer werden durch Umwandlung von Grünland in Ackerland (Grünland-Umbruch) sowie durch Entwässerung von Niedermooren - z. T. ebenfalls zugunsten von Ackernutzung - hervorgerufen. Diese Maßnahmen haben in der Bundesrepublik Deutschland (in den Grenzen von 1989) bis 1990 aus Grünland insgesamt 2,7 Mio t, aus Niedermooren 4,3 Mio t Stickstoff freigesetzt.

In küstennahen Meeren und Quasi-Binnenmeeren wie Ostsee und Adria veranlaßt die Nitrateutrophierung oft üppiges Algenwachstum („Algenblüten") mit der Folge von Schaum- und Schleimbildungen, Behinderungen der Fischerei und vereinzelt sogar von giftigen Ausscheidungen der Algen (z. B. in der östlichen Nordsee 1989). Der Anteil der Landwirtschaft an der marinen Eutrophierung durch Stickstoff wurde für die Jahre 1985-1990 auf über 60 % geschätzt.

b) Einträge in Böden und Gewässer aus Phosphatdüngung

Für die Binnengewässer ist wegen ihrer großen natürlichen Phosphatarmut weniger die Nitrat- als die *Phosphat*zufuhr entscheidend für die Eutrophierung. Im Gegensatz zum Nitrat wird das durch Düngung in die Ackerböden eingebrachte Phosphat - außer in Niedermoorböden - so stark und fest gebunden, daß es z. T. nicht einmal pflanzenverfügbar ist und auch kaum mit Sickerwasser ausgewaschen wird. Jahrelange reiche Phosphatdüngung (seit 1959 900 kg P/ha LF mehr als Ernteentzug!) hat daher zu einer erheblichen Phosphatanreicherung (bis zu 2 t/ha) in den Ackerböden geführt. Von ihnen gelangt Phosphat hauptsächlich durch Bodenerosion in die Gewässer. Für 1995 wurde dort ein Phosphoreintrag von 25.875 t berechnet, davon
- 17.825 t aus Erosion (ca. 70 %),
- 1.150 t aus Grundwasser (4,4 %),
- 1.725 t aus Dränwässern (6,7 %).

Am gesamten Phosphoreintrag in die Fließgewässer hat die Landwirtschaft einen Anteil von 38 %.

Da mineralische Phosphatdünger zu durchschnittlich 0,05 g/kg mit Cadmium (Cd) verunreinigt sind, kommt es bei ihrer Anwendung zu geringen Cadmiumeinträgen in die Böden. Sie beliefen sich Anfang der 80er Jahre auf durchschnittlich ca. 3 g Cd/ha·a und sind seitdem wegen Verminderung der Phosphatdüngung und Wahl Cd-ärmerer Rohphosphate auf ca. 2,1 g zurückgegangen, das ist ca. 37 % des Gesamt-Cd-Eintrags. Cadmium ist im Boden relativ beweglich und geht leicht in Pflanzen und damit in die Nahrungskette über, wo es sehr schädlich ist; es kommt dadurch aber nicht zu signifikanten Cd-Anreicherungen in Böden.

c) Einträge in die Atmosphäre aus Stickstoffdüngung

Von den durch Ackerbau bedingten Schadstoffemissionen in die *Atmosphäre* sind wiederum Stickstoffeinträge bedeutsam, am wichtigsten ist Distickstoffoxid („Lachgas", N_2O). Es ist eines der „klimarelevanten Spurengase" der Atmosphäre; sein Anteil beträgt nur 0,32 ppm, doch sein „Treibhauspotential" ist 270 mal größer als bei Kohlendioxid, und daher leistet es ca. 5 % Beitrag zur Treibhauseffekt-Verstärkung. Außerdem ist N_2O neben den Fluor-Chlor-Kohlenwasserstoffen (FCKW) zu 1–4 %, aber jährlich um 0,25 % steigend, am Abbau der stratosphärischen Ozonhülle beteiligt; seine Rolle wird nach der endgültigen Eliminierung der FCKWs noch zunehmen, zumal seine atmosphärische Verweilzeit 100–150 Jahre beträgt.

Die Abschätzung der N_2O-Emissionen aus der Landwirtschaft ist wiederum aus meßtechnischen Gründen schwierig; insgesamt sollen sie 20 % aller landwirtschaftlichen Gasemissionen ausmachen. Je Hektar landwirtschaftlich genutzter Fläche (LF) und Jahr wird eine durchschnittliche N_2O-Freisetzung von 1 kg angenommen. Anderen Angaben zufolge emittiert Grünland mit 5,3 kg/ha·a das meiste N_2O, gefolgt von Futtermaisfeldern mit 4,9 kg und sonstigen Ackerkulturen mit 3,1 kg. Einzelne Messungen ergaben 25 kg N_2O/ha und mehr, vor allem in entwässerten und dann wieder vernäßten Niedermooren. Auch im Winter gibt es bei häufigem Wechsel zwischen Frost und Tauwetter jeweils bei Temperaturanstieg über 0 °C starke N_2O-Freisetzungen.

Ihre Herkunft ist die Teildenitrifikation von überschüssigem Nitrat im Boden, das sowohl aus Düngern als auch aus biologischer Stickstoffbindung mittels Leguminosenanbau sowie aus der organischen Bodensubstanz stammt. Es wird geschätzt, daß im Mittel 2–3 % des aus Düngung und Leguminosen-Anbau in die Ackerböden eingebrachten Stickstoffs als N_2O in die Atmosphäre emittiert werden. Geht man von diesem Ansatz aus, so würden sich bei einem Stickstoffdüngereintrag von 206 kg N/ha LF·a und einer Gesamtzufuhr von 3,37 Mio t N jährlich Emissionsraten von 0,8–6,4 kg N_2O-N/ha und eine Gesamtemission von 13.480–107.840 t N_2O-N/a ergeben. Dabei sind auch die indirekten Auswirkungen der landwirtschaftlichen Stickstoffeinträge berücksichtigt. Diese erreichen – vor allem als Ammoniak (s. Abschn. N.4.2.2.1) – über den Luftpfad auch Wälder und naturbetonte Ökosysteme wie Niedermoore oder Magerrasen, die dann ihrerseits zu N_2O-Emittenten werden. Somit kommen der Landwirtschaft über die Düngung der Äcker etwa bis zu einem Drittel (77.000 t N_2O/a), insgesamt aber bis knapp zur Hälfte (108.000 t N_2O/a) der anthropogenen N_2O-Emissionen in Deutschland zu.

Weitere Stickstoffemissionen in die Atmosphäre betreffen die kurzlebigen Oxide NO und NO_2, die als NO_x zusammengefaßt werden. Ihr Austritt aus Ackerböden wird im Mittel auf 20 kg-NO_x-N/ha·a geschätzt, so daß deren Anteil an der gesamten NO_x-Emission in Deutschland wahrscheinlich nur bei höchstens 12 % (346.000 t/a) liegt.

Durch mineralische Stickstoffdünger, und zwar sowohl durch deren Herstellung als auch Anwendung, wird auch eine Emission von Ammoniak (NH_3, s. Abschn N.4.2.2.1) verursacht. Sie schwankt je nach Düngerart, Herstellungs- und Ausbringungsweise erheblich. Bei der Düngerproduktion werden je Tonne Düngerstickstoff 0,00–4,179, im Mittel 1,43 kg Ammoniakstickstoff (NH_3-N) freigesetzt (am meisten bei Harnstoff); infolge von Produktionseinschränkung und Emissionsminderung geht die Freisetzung seit Ende der 80er Jahre, wo sie insgesamt auf 1480 t NH_3-N beziffert wurde, zurück. Die Ammoniakemission bei der Düngung selbst beträgt bis zu 15 % (im Mittel 3,7 %) des Düngerstickstoffs (Höchstwerte bei Ammoniumsulfat und wiederum Harnstoff) und wird im Mittel auf ca. 3–5 kg NH_3-N/ha·a veranschlagt; als Gesamtemission für 1991/92 wurden 64.270 t genannt, davon allein für Harnstoff 25.650 t.

Auch die gedüngten Nutzpflanzen setzen gasförmige Stickstoffverbindungen frei, darunter bis zu 75 % ebenfalls Ammoniakstickstoff in Mengen von ca. 1-15, im Mittel 2 kg/ha in der Vegetationsperiode (34.000 t für die westlichen Bundesländer 1991).

Alle diese Stickstoffemissionen tragen zum allgemeinen Stickstoffeintrag in die Biosphäre (s. a. Abschn. N.4.2.2.1) sowie zur troposphärischen Ozonbildung bei und verstärken die Versauerung (s. Abschn. N.4.2.2.1).

N.4.1.2.2 Chemische Pflanzenschutzmittel

Zu den düngungs- bzw. nährstoff-bedingten Emissionen addieren sich Stoffeinträge durch chemische *Pflanzenschutzmittel*. Diese haben den Zweck, Schädlinge und Krankheitserreger der Nutzpflanzen sowie konkurrierende Wildpflanzen (Unkräuter) zu schädigen oder zu töten und sind a priori Schadstoffe, z. T. auch Gifte. Insofern sind sie anders als chemische Düngemittel einzuschätzen, obwohl sie mit diesen häufig als „Agrochemikalien" zusammengefaßt werden.

Die Schad*erreger*, die mit Schad*stoffen* bekämpft werden, verursachen sowohl Ertrags- als auch Qualitätsminderungen im Pflanzenbau. Es gibt weltweit ca. 400 Arten Unkräuter von hoher Konkurrenzkraft, einige hundert pilzlicher bzw. bakterieller Krankheitserreger und mehrere hundert pflanzenschädigende Kleintierarten, vor allem Insekten und Spinnen, aber auch Vögel und Kleinsäugetiere.

Je nach den zu bekämpfenden Organismen unterscheidet man im Pflanzenschutz vor allem zwischen Mitteln gegen
- Schadinsekten (Insektizide),
- Erreger von Pilzkrankheiten (Fungizide),
- Unkräuter (Herbizide),
- wurzelfressende Fadenwürmer (Nematizide),
- schädliche Schnecken (Molluskizide).

Zusammenfassend werden sie oft als „Pestizide" bezeichnet. Viele Insektizide werden auch zur Bekämpfung krankheitsübertragender oder lästiger Insekten für Menschen und Tiere eingesetzt, insbesondere in den Tropen und Subtropen, wo ohnehin der Schwerpunkt des Insektizideinsatzes liegt. In den gemäßigten Klimazonen entfällt dagegen der Hauptanteil (60–70 %) der Pflanzenschutzmittel-Anwendung auf die Herbizide. Diese beruht wesentlich auf Arbeitseinsparung, da eine mechanische Beseitigung von Unkräutern sehr arbeitsaufwendig ist.

Im Vergleich zu Düngern ist der Einsatz von Pflanzenschutzmitteln mengenmäßig erheblich geringer und liegt in Größenordnungen von < 10 g – 1 kg/ha (oder 0,1 – 0,0001 g/m²), bezogen auf die eigentlichen Wirkstoffe; einschl. der Trägerstoffe können die Einsatzmengen 8 – 10 kg/ha erreichen. Je nach den Kulturen werden meist nur Teile der Ackerfläche behandelt.

Die Ausbringung der Pflanzenschutzmittel erfolgt meist durch Verspritzen als Flüssigkeit oder durch Verstäuben oder Deponieren als Pulversubstanz. Nematizide werden direkt in den Boden eingebracht. Oft wird auch Saatgut direkt benetzt oder getränkt. Während bis Ende der 70er Jahre bevorzugt breit wirksame Mittel von lang anhaltender Wirkung (schwere Abbaubarkeit, geringe Wasserlöslichkeit) angewendet wurden, ist man nach Erkenntnis der gerade dadurch bedingten Umweltbelastungen und Akkumulationen, wo immer es möglich war, zu rasch abbaubaren Mitteln übergegangen und hat zugleich die Auflagen ihrer Anwendung sowie die Rückstands-, Grenz- oder Höchstwerte verschärft (s. Abschn. N.4.3.3). Der Kenntnisstand über Einträge von Pflanzenschutzmitteln ist jedoch weit lückenhafter als über Nährstoffemissionen.

Trotzdem wird die Anwendung dieser Bekämpfungsmittel mit Argwohn verfolgt, und das zu Recht. Denn sie schädigen oder töten in den Feldern auch viele nützliche oder harmlose Organismen, die z. B. dem biologischen Pflanzenschutz dienen, und vermindern die Artenvielfalt. Auch werden immer wieder benachbarte naturnahe Ökosysteme durch Abdrift oder Verflüchtigung von versprühten oder verstäubten Pflanzenschutzmitteln oder durch Bodeneinschwemmung geschädigt. Das Vorhandensein „gebundener Rückstände" von Pflanzenschutzmitteln im Boden, die einen Abbau vortäuschen (s. Abschn. D.1.4.5.2), mit ungewissen zukünftigen Wirkungen ist ebenso beunruhigend wie das immer wieder nachgewiesene Auftreten dieser Mittel im Grundwasser Aufsehen erregt – auch wenn es meist nur Mengen unterhalb des Mikrogramm-Bereichs sind, die toxikologisch als nicht relevant angesehen werden. Weit schwerwiegender sind allerdings die Auswirkungen im tropischen Landbau, wo weiterhin breit wirksame, schwer abbaubare Pflanzenschutzmittel eingesetzt werden (müssen), weil der Schädlingsdruck erheblich größer ist als in den gemäßigten Zonen; allerdings ist der Mitteleinsatz pro Flächeneinheit wesentlich geringer.

Zu den schädlichen Pestizidemissionen tragen – trotz bestehender Vorschriften – auch achtloses Wegwerfen von Pflanzenschutzmittelresten und -verpackungen sowie nachlässige Reinigung von Spritzgefäßen und Transportbehältern bei, ebenso Transportunfälle.

So wird die verbreitete Auffassung, daß der chemische Pflanzenschutz die größte landwirtschaftlich verursachte Umweltbelastung darstelle, anscheinend durch viele Gründe gestützt. Dennoch trifft es nicht zu, daß es sich bei allen Pflanzenschutzmitteln um „Gifte" handelt. Die Giftigkeit (Fähigkeit zu vergiften) variiert um den Faktor 1000; der größte Anteil wirklicher Gifte entfällt auf die Insektizide, betrug aber bei den in Deutschland zugelassenen Mitteln bereits 1984 nur noch 7%. Sie werden im Vergleich zu Herbi- und Fungiziden seltener, in geringeren Mengen (meist unter 1 kg/ha) und auf kleineren Flächen ausgebracht. Dagegen ist im tropischen Ackerbau der Insektizideinsatz beträchtlich höher, am höchsten bei Baumwolle, gefolgt von Reis. Über 80% der in Deutschland zugelassenen Pflanzenschutzmittel sind nach der Gefahrstoffverordnung nicht als Gifte klassifiziert. Dies bedeutet jedoch nicht auch ökologische Unschädlichkeit, die immer wieder zu überprüfen ist.

N.4.1.2.3 Kohlenwasserstoffe und Kohlendioxid

Die schwerwiegendste durch Ackerbau verursachte Kohlenwasserstoff-Emission ist die Freisetzung des Treibhausgases Methan (CH_4) aus dem in den feuchten Tropen und Subtropen weit verbreiteten Reisanbau auf mit Wasser überstauten Feldern. Diese Emission wird weltweit auf 92 Mio. t, d.h. 17% der Gesamt-Methan-Emission (mit stark steigender Tendenz) veranschlagt. Für Mitteleuropa, wo Reis nicht gedeiht, spielt sie keine Rolle, um so mehr aber die noch größere Methan-Emission aus der Viehhaltung (s. Abschn. N.4.2.2.2).

Beim Kohlendioxid (CO_2), dem bekanntesten Treibhausgas, ist die Landwirtschaft in ihrem biologischen Produktionsbereich über die Photosynthese und die Pflanzen-, Tier- und Bodenatmung in den CO_2- bzw. Kohlenstoffkreislauf einbezogen. Was hier an CO_2 in landwirtschaftlich erzeugter Biomasse festgelegt wird, unterliegt bei deren Verbrauch – der im Vergleich zur forstwirtschaftlich erzeugten Biomasse (Holz) relativ rasch erfolgt – wieder der CO_2-Freisetzung. Im technischen Bereich ist die Landwirtschaft zusätzlich ein bedeutender CO_2-Emittent und trägt auch damit zur Verstärkung des Treibhauseffektes bei. Bereits die im Ackerbau notwendige Bodenbearbeitung begünstigt den Abbau organischer Kohlenstoffverbindungen (Humus) zu CO_2; wenn diese nur um 0,1 % vermindert werden, bedeutet dies eine CO_2-Freisetzung von 15 t/ha. Der Umbruch von Grünland in Ackerland (s.a. Abschn. N.4.1.2.1) bewirkt ebenfalls Humusabbau. In der Zeit von 1970–1990 sind dadurch in der Bundesrepublik Deutschland (Grenzen von 1989) pro Jahr 344 t CO_2/ha freigesetzt worden, 1989 allein waren es 33,4 Mio t CO_2, das sind 5% der Emissionen aus der Bereitstellung fossiler Energieträger.

Der moderne Ackerbau ist hoch mechanisiert. Weit verbreitet sind Dieselmotoren als Antrieb von Schleppern, Ernte- und anderen Landmaschinen. 1994 gab es in der deutschen Landwirtschaft ca. 1,17 Mio Schlepper, 136.000 Mähdrescher und 16.000 sonstige Erntemaschinen; die Zahlen haben seit Mitte der 80er Jahre zwar abgenommen, doch ist die Motorleistung von durchschnittlich 32 auf 36,4 KW/Schlepper gestiegen. Die Landwirtschaft verbraucht seit den frühen 80er Jahren ca. 2,1–2,2 Mio l Treibstoff pro Jahr, davon 1,7 Mio l Dieselkraftstoff. Daraus gehen Emissionen von Kohlendioxid sowie von Kohlenmonoxid, Stickstoffoxiden und Rußpartikeln hervor. Aus 1 l Dieselöl werden durchschnittlich ca. 3 kg CO_2 freigesetzt. Der Maschineneinsatz z.B. im Zuckerrübenanbau veranlaßt eine CO_2-Emission von im Mittel 800 kg/ha, im Getreideanbau 250 kg/ha; der Verzicht auf Pflügen (pflugloser Anbau) würde im Durchschnitt ca. 65 kg CO_2/ha Emission einsparen. Diese Zahlenwerte schwanken außerordentlich stark.

Weitere CO_2-Emissionen werden durch Herstellung, Transport und Ausbringung von Mineraldüngern und chemischen Pflanzenschutzmitteln bedingt, müssen also dem modernen Ackerbau (mit Ausnahme des ökologischen Landbaues, s. Abschn. N.4.4) zusätzlich zugerechnet werden. Es werden je kg folgende Werte veranschlagt (bei starken Schwankungen):
- Stickstoffdünger im Mittel   2,60 kg CO_2,
- Phosphatdünger   1,48 kg CO_2,
- Kalidünger   0,86 kg CO_2,
- Kalkdünger   0,18 kg CO_2,
- Pflanzenschutz-Wirkstoff   5,50 kg CO_2.

Die ackerbauliche mineralische Grunddüngung bedeutet eine CO_2-Emission von 100–200 kg/ha, die mineralische Stickstoffdüngung im ökonomischen Optimum 600–700 kg/ha zzgl. 100 kg CO_2/ha durch chemische Pflanzenschutzmittel.

Der direkte und indirekte Energieverbrauch der Landwirtschaft beträgt 3–4 % des gesamten Energieeinsatzes in Deutschland und bewirkt eine CO_2-Freisetzung von 27–35 Mio t/a entspr. 1,6–2,0 t CO_2/ha LF · a.

N.4.2 Viehhaltung

N.4.2.1 Typen und Techniken der Viehhaltung

Die landwirtschaftliche Viehhaltung wird auch als Veredlungswirtschaft bezeichnet, weil durch sie Nahrung mit einem höheren Nährwert und Energiegehalt erzeugt wird. Zu den tierischen Produkten gehören aber nicht nur Nahrungsmittel, sondern auch Rohstoffe wie Tierfelle und -häute, Wolle und andere Tierhaare, Federn und Daunen; auch Hörner und Knochen werden verwendet.

Die wichtigsten landwirtschaftlichen Nutztiere in Deutschland sind Rinder (zur Milch- und Fleischerzeugung), Schweine, Hühner (Mast- und Legehühner), Schafe sowie in geringerem Umfang auch Ziegen, Gänse und Enten. Pferde, die bis zur Einführung der Landmaschinen als Arbeitstiere unentbehrlich waren, werden seitdem hauptsächlich für den Reitsport gehalten. In der ersten Hälfte der 90er Jahre gab es in Deutschland durchschnittlich ca.
– 16 Mio Rinder, davon 5,3 Mio Milchkühe,
– 25 Mio Schweine,
– 96 Mio Hühner,
– 2,4 Mio Schafe,
– 600 000 Pferde.

Grundlage der Viehhaltung ist eine regelmäßige und gute Futterversorgung. Die ursprüngliche und auch weiterhin existierende Form der Futterversorgung ist die Weidewirtschaft, für die zunächst die natürlich aufwachsende Pflanzendecke genutzt wurde. Das Vieh wurde unter Aufsicht von Hirten in Wälder, Buschland oder natürliches Grasland getrieben, wo es sich sein Futter suchen mußte. Von Äckern und Gärten wurde es sorgfältig ferngehalten; nur nach der Ernte und z. Z. der Brache wurden auch Äcker beweidet. Aus den „Naturweiden", in Mitteleuropa insbesondere der Waldweide, entwickelten sich mit der Zeit durch ständigen Viehverbiß und -tritt größere grasig-krautige Pflanzenbestände als typische Weideflächen, aus denen Bäume, Sträucher und minderwertige Futterpflanzen (z. B. Disteln, Ampfer) soweit möglich entfernt wurden.

Die landwirtschaftlichen Nutztiere haben unterschiedliche Futteransprüche. Rinder, Schafe und Gänse sind reine Blatt- bzw. Grasfresser, zusätzlich verzehren Pferde auch Getreide (Hafer), Ziegen auch holzige Pflanzenteile. Schweine, Hühner und Enten durchsuchen auch den Boden und sind Allesfresser, daher anspruchsloser. Kritisch ist die Viehhaltung in der kalten Jahreszeit. Längere naß- und frostkalte Winter verlangen eine Einstellung der Tiere, für die verschiedenartige Techniken (s. u.) entwickelt wurden, und erschweren die Futterversorgung insbesondere für die Blatt- und Grasfresser. Hierfür bürgerte es sich ein, Vorräte aus getrockneten Pflanzensprossen und -zweigen, vor allem Gräsern anzulegen. Dazu wurden Teile der grasbewachsenen Naturweideflächen als Mähwiesen reserviert, wo ein- bis zweimal im Sommer der Grasaufwuchs geschnitten und an der Sonne zu Heu getrocknet wurde. Wiesen und Weiden bilden zusammen das landwirtschaftliche Grünland, das in der modernen Landwirtschaft seinen ursprünglichen naturnahen Charakter allerdings verloren hat und intensiv bewirtschaftet, gedüngt und sogar mit Unkrautbekämpfungsmitteln behandelt wird. Auf „Mähweiden" wechseln Grasschnitt und Weidenutzung periodisch ab.

Die Futterversorgung des Viehs wird nur noch in ausgesprochenen Grünlandgebieten (Voralpenland, alpine Weiden, Küstenland) überwiegend durch Grünlandwirtschaft gewährleistet. Neben dem Heu als Trockenfutter hat das durch Silierung erzeugte Gärfutter große Bedeutung erlangt. Außerhalb der Grünlandgebiete wird ein großer Teil des Viehfutters durch Anbau von Futterpflanzen auf den Äckern gewonnen; unter diesen Pflanzen hat der Silomais seit den 70er Jahren vor allem für die Rindermast eine führende Rolle erlangt, und die früher weit verbreiteten Futterrüben fast völlig verdrängt. Auch vom geernteten Getreide wird ein großer Teil zur Viehfütterung verwendet, z. B. im Wirtschaftsjahr 1993/94 18,5 Mio t = 52 % der Getreideernte bzw. 58 % des Getreide-Inlandverbrauchs 1993.

Seit Mitte des 20. Jh. werden in steigendem Masse aus dem Ausland, z. T. aus Übersee eingeführte Futtermittel zur Viehfütterung eingesetzt, darunter Sojaschrot, Maniokmehl (Tapioka), Ölkuchen verschiedener Ölfrüchte, Tier- und Fischmehl. Im Wirtschaftsjahr 1991/92 wurden z. B. 11,42 Mio t Viehfuttermittel importiert, darunter allein 5,23 Mio t Ölkuchen. Zu diesen verschiedenartigen Futtermitteln kommt eine große Zahl von Zusatzstoffen, um eine optimale Tierernährung und Futterverwertung zu gewährleisten.

Während bis in die 60er Jahre frei weidendes Vieh und frei laufendes Geflügel die Regel waren, hat sich in der modernen Viehhaltung aufgrund der arbeitswirtschaftlichen Vorteile weitgehend die Dauerstallhaltung durchgesetzt. Damit sind allerdings Nachteile in der Hygiene und Sauberhaltung des Viehes verbunden, insbesondere bei der aus Rationalisierungsgründen bevorzugten Haltung sehr großer Tierbestände („Massentierhaltung"). 1991 befanden sich

- 67,0 % aller Rinder
  in Beständen   > 60 Tieren ,
- 18,5 % aller Milchkühe
  in Beständen   > 100 Tieren,
- 86,2 % aller Schweine
  in Beständen   > 100 Tieren,
- 77,0 % aller Legehennen
  in Beständen   > 5000 Tieren,
- 35,5 % aller Legehennen
  in Beständen   > 100.000 Tieren,
- 99,5 % aller Masthühner
  in Beständen   > 10.000 Tieren.

Von größter, vor allem ökologischer Bedeutung ist die Behandlung der Viehexkremente (Dung, Mist). Traditionell wurden diese in einer Stalleinstreu aus Stroh, verstrohtem Gras oder Fallaub aufgefangen, die von Zeit zu Zeit „ausgemistet" und auf dem Dung- oder Mistplatz als Stallmist aufgeschichtet wurde. Durch mehrfaches Umsetzen wurde dieser in einen kompostartigen Zustand („Rottemist") gebracht, und dann als (organischer) Dünger auf die Äcker verteilt.

Diese arbeitsaufwendige und mühsame „Festentmistung" wurde im letzten Drittel des 20. Jh. vor allem bei der Rinder- und Schweinehaltung durch die rationellere Flüssigentmistung ersetzt, bei der die Exkremente mittels Wasser durch Spaltenöffnungen in den Stallböden in große Sammelbehälter gespült werden. Die entstehende Aufschwemmung von Exkrementen in Wasser heißt Gülle (im Unterschied zu der aus dem Stallmist heraussickerden, z. T. aus Urin bestehenden „Jauche"). Sie wurde aufgrund der großen Mengen rasch zu einem Problemstoff der landwirtschaftlich verursachten Umweltbelastung (s. Abschn. N.4.2.2.1).

Zur modernen Stallhaltung des Nutzviehs gehören neben den Gülletanks große Futterlager oder -silos mit teilautomatisierten Fütterungseinrichtungen sowie eine sorgfältig gesteuerte Stallbelüftung, oft mit Klimatisierung. Die Abluftauslässe großer Viehställe sind daher bedeutende Punktemissionsquellen, vor allem für Ammoniak und Kohlendioxid. Um Infektionskrankheiten und Parasitenbefall vorzubeugen, werden prophylaktisch Medikamente, meist als Futterzusätze verabreicht. Von großer Bedeutung ist auch die Bekämpfung bzw. Fernhaltung von Fliegen und anderen lästigen und schädlichen Insekten, wobei auf Insektizide nicht völlig verzichtet wird.

Die Stallhaltung großer Hühnerbestände erfolgt mit Drahtkäfigen und Trockenentmistung, die für den flüssigkeitsarmen Hühnerkot zweckmäßig ist.

N.4.2.2 Schadstoffemissionen in die Umwelt und ihre Auswirkungen

Ein bedeutender Teil der Schadstoffemissionen aus der Viehhaltung geht auf tierische Ausscheidungen zurück. Deren Menge hat sich infolge der Ausweitung der Viehhaltung von 1890–1990 etwa verfünffacht.

Emissionsquelle ist jeweils das einzelne Nutztier. Um die verschiedenen Nutztierarten diesbezüglich vergleichbar zu machen, wurde als statistische Bezugsgröße die „Großvieheinheit" (GVE oder GV) geschaffen. Sie entspricht einem mind. 2jährigen Rind, auf das andere Nutztiere wie folgt bezogen werden:

- Kälber und Jungrinder bis 1 Jahr   0,30 GV,
- Jungrinder, 1-2 Jahre,
  Pferde < 3 Jahre   0,70 GV,
- Pferde über 3 Jahre   1,10 GV,
- Schafe über 1 Jahr   0,10 GV,
- Ferkel   0,02 GV,
- Jungschweine bis 50 kg   0,06 GV,
- Mastschweine über 50 kg   0,16 GV,
- Zuchtschweine über 50 kg   0,30 GV,
- Geflügel   0,004 GV.

(In der Stallhaltung (s. u.) entsprechen einem 2-jährigen Rind 7 Mastschweinplätze oder 250 Legehennenplätze.)

In den Jahren 1991–1994 gab es im Mittel 1.495.825 GV in Deutschland, was 0,88 GV/ha LF entspricht.

Die eigentliche Emission in die Umwelt geht von der vom Tier ausgeschiedenen Substanz, entweder einem Exkrement oder einem ausgestoßenen Gas (z. B. Methan) aus. Deren Verhalten und Verbleib in den verschiedenen Umweltbereichen sind maßgebend für die Umweltbelastungen. Exkremente werden traditionell als Dünger im Pflanzenbau verwendet, verursachen aber auf dem Weg von der Dungstätte im Stall oder auf der Weide bis zur Düngerwirkung im Boden spezifische Emissionen, und als Dünger haben sie teil an den in Abschn. N.4.1.2.1 beschriebenen Emissionen. Insgesamt sind die Emissionen aus der Viehhaltung von besonderer Relevanz für die Belastung der Atmosphäre und den sich daraus ergebenden weiteren Umweltwirkungen.

N.4.2.2.1 Ammoniak

Die Emissionen aus der Viehhaltung bestehen hauptsächlich aus Ammoniak (NH_3), das – zusammen mit Kohlendioxid (CO_2) – aus der Spaltung des von den Tieren ausgeschiedenen Harnstoffs entsteht. Rinderharn enthält z. B. 92 % Harnstoff, während im Rinderkot nur ca. 25 % lösliche Stickstoffverbindungen zu finden sind.

Von der gesamten Ammoniakemission in Deutschland (1994: 622.000 t) entfallen auf landwirtschaftliche Quellen über 90 %, und von diesen stammen wiederum 85 – 90 % aus tierischen Ausscheidungen. Die daraus konkret emittierten Mengen werden auf ca. 540.000 t NH_3-N/a veranschlagt. Sie gehen auf den in den tierischen Ausscheidungen enthaltenen (d. h. vom Nutztier nicht verwerteten) Stickstoff zurück, dessen Menge im Durchschnitt 100 – 110 kg N/GV·a beträgt. Diese hängt vor allem von der Fütterung der Tiere ab. Um deren Produktionsleistung zu steigern, ist das Futter in den letzten 30 – 35 Jahren immer mehr auf sog. Kraftfutter mit höherem Anteil an Eiweiß umgestellt und die Futterverabreichung genau dosiert worden. Mit dem Eiweißanteil im Futter steigt auch die Stickstoffausscheidung. So rechnet man z. B. bei Milchkühen je 1000 kg Milchleistungssteigerung mit 8,4 kg/a höherer Stickstoffausscheidung.

Die Stickstoffausscheidung ist jedoch nicht identisch mit der Ammoniakemission. Diese wird im Durchschnitt für 1991 – 1994 mit 36 kg NH_3-N/GV·a (43,7 kg NH_3) berechnet, unterliegt freilich starken Schwankungen aus mehreren Gründen. So emittieren die Nutztierarten unterschiedliche NH_3-Mengen: je GV/a sind es im Mittel beim Rind 18, Schwein 17, Schaf 34, Pferd 9 und Huhn 13 kg NH_3. Auf die Zahl der gehaltenen Tiere bezogen entfallen 75 % der Stickstoffmengen auf die Ausscheidungen von Rindern und Milchkühen, 21 % auf Schweine und 4 % auf Geflügel. Jährliche oder mehrjährige Schwankungen der Tierzahlen aufgrund von Veränderungen von Verzehrgewohnheiten oder in der Vermarktung veranlassen Zu- oder Abnahmen der Emissionen; insgesamt sind die Stickstoffemissionen der Tierhaltung seit Anfang der 80er Jahre rückläufig.

Viele Nutztiere werden in Großbeständen (s. Abschn. N.4.2.1) gehalten, und außerdem ist die Viehhaltung, auch unabhängig von der Bestandsgröße, lokal oder regional konzentriert, z. B. im südlichen Oldenburg oder im Allgäu. Dadurch kommt es zu räumlich geballten NH_3-Emissionen, für deren Abschätzung die GV-Zahlen und Emissionswerte auf die landwirtschaftlich genutzte Fläche (LF) der Betriebe bezogen wird. 3 – 4 GV/ha LF sind typisch für solche „viehstarken" Gebiete, wo die NH_3-Emission 60 – 120 kg/ha·a beträgt gegenüber vieharmen Gebieten mit 30 – 35 kg. Besonders stark wirken sich Großbestände von Legehennen aus, deren durchschnittliche Emission mit 80 kg NH_3/GV·a fast doppelt so hoch wie diejenige der gesamten Viehhaltung ist.

Schließlich wird die Ammoniakemission noch dadurch bestimmt, ob die Tiere – dies gilt vor allem für Rinder – ganzjährig im Stall oder in halbjährlichem Wechsel zwischen Weide und Stall gehalten werden. Bei dauernder Stallhaltung rechnet man im Durchschnitt mit einer Emission von 48 kg NH_3-N/GV·a. Im einzelnen werden emittiert (ebenfalls Durchschnittswerte):
- im Stall selbst 8 kg,
- bei Lagerung und Aufbereitung des Dungs 10 kg,
- bei Ausbringung des Dungs auf Äcker 20 kg,
- auf Grasland 30 – 35 kg.

Bei Wechsel zwischen Stall und Weide rechnet man durchschnittlich mit einer Emission von 32 kg NH_3-N/GV·a, wovon auf die Weideperiode 8 kg, auf die Einstallungsperiode 24 kg entfallen; die Einzelemissionsanteile halbieren sich. Infolge der hohen Ammoniakemissionen bei Ausbringung des Stalldüngers auf Grasland ist die so „natürlich" wirkende Grünlandweidewirtschaft die emissionsreichste Wirtschaftsweise der Landwirtschaft. Dabei ist zu berücksichtigen, daß ein Teil des von der Weide als Dünger aufgenommenen Stickstoffs sekundär wieder als N_2O oder NO_x emittiert wird (s. Abschn. N.4.1.2.1 c).

Die vorstehenden Berechnungen gehen davon aus, daß ein viehhaltender Landwirt über genug Äcker, Wiesen und Weiden verfügt, um den Stalldünger – unter Berücksichtigung der Emissionsverluste – zu bedarfsgerechter Düngung einzusetzen. Das ist keineswegs überall der Fall. Die Vergrößerung der Viehbestände pro Betrieb und pro Region sowie der Übergang von der Fest- zur

Flüssigentmistung, vor allem in den Rinder- und Schweineställen (bzw. vom Stallmist zur Gülle, s. Abschn. N.4.2.1), hat das Volumen des Stalldungs oft erheblich vergrößert. So produzieren an Gülle
- 1 Rind   11–18 m³/a,
- 1 Kalb/Jungrind   3–10 m³/a,
- 1 Mastschwein(platz)   1,9 m³/a.

Die anfallenden Güllemengen, für die auch ausreichende Tankkapazitäten zu schaffen waren, waren oft so groß, daß sie unter Mißachtung ihres Düngerwerts ähnlich wie Abfall beseitigt wurden. Die Folge waren starke Überdüngungen landwirtschaftlich genutzter Flächen, vor allem in viehstarken Gebieten, mit allen Konsequenzen für die Nitratbelastung von Grund- und Oberflächengewässern, für die NO_x- und die N_2O-Emissionen, wie in Abschn. N.4.1.2.1 beschrieben. Die Gülleüberdüngung bewirkte noch zusätzliche schädliche Stoffeinträge aufgrund von Futterzusätzen. So wurden z. B. dem Schweinefutter jahrelang Kupferverbindungen zugesetzt, die zu Gehalten bis zu 40 g Cu/m³ Schweinegülle führten und die Böden irreversibel mit Kupfer anreicherten.

Die Ammoniakemissionen addieren sich zu den aus der Verbrennung fossiler Brennstoffe stammenden Stickstoffoxid-(NO_x)-Emissionen und erhöhen den Gehalt der Luft an reaktiven Stickstoffverbindungen, die zu folgenreichen Veränderungen im Naturhaushalt führen. Aufschlußreich ist ein Vergleich beider Emissionen: 1 GV emittiert mit 36 kg NH_3-N/a gut das Doppelte wie ein durchschnittliches Kraftfahrzeug an NO_2-N/a (16 kg). Insgesamt emittiert die Viehhaltung jedoch 24 % weniger Ammoniumstickstoff als der Kfz-Verkehr NO_2-Stickstoff.

Ammoniak hat in der Luft eine längere Verweilzeit (5-9 Tage) als NO_x, breitet sich daher räumlich weiter aus. Bei seiner Reaktion mit Wasser entstehen Ammonium-(NH_4^+-) und Hydroxyl-Ionen (OH^-). Im Nebel deutscher Mittelgebirge wird Ammoniumstickstoff bis zu 350 g/m³ nachgewiesen. Mit den ebenfalls überall anwesenden Sulfat-Ionen wird Ammoniumsulfat gebildet, das in Form feiner Partikel über ganz Europa verbreitet wird. Die gesamte NH_3- und NH_4^+-Deposition in Deutschland wurde 1991 auf 585.000 t/a veranschlagt; das entspricht 16,4 kg/ha Landesfläche mit allerdings starken regionalen Unterschieden.

In Wäldern und vielen naturnahen Land- und Gewässer-Ökosystemen, die nur eine geringe Stickstoffzufuhr (3 bis höchstens 20 kg N/ha·a) benötigen, kommt es durch die überhöhten Stickstoffeinträge von 20 – 80 kg und mehr zu verstärktem Wachstum von Pflanzen, auch Bäumen, aber auch zu Ungleichgewichten in ihrer Nährstoffversorgung, die wiederum physiologische Schädigungen (Waldschäden) verursachen. Ferner kommt es zu Verschiebungen im Artenspektrum dieser Ökosysteme, die Naturschutzzielen zuwiderlaufen. Darüber hinaus werden die hohen Stickstoffeinträge in die Waldböden, an denen Ammoniak und Ammonium zu 60 % beteiligt sind, zu ca. 10 % in Emissionen von Distickstoffoxid (N_2O) umgesetzt, das sowohl den Treibhauseffekt verstärkt als auch beim Abbau des stratosphärischen Ozons mitwirkt (s. Abschn. N.4.1.2.1 c); die (schwer abschätzbare) Emission kann bis zu 8 kg N_2O/ha·a und damit 10 % der N_2O-Austräge in die Luft erreichen.

Auch die Ökosysteme der Nordsee (vor allem Wattenmeer) und Ostsee werden durch diese Stickstoff-Hypertrophierung (Überversorgung) beeinträchtigt. Der Stickstoffeintrag über den Luftpfad beträgt hier ca. 525.000 t N/a, wovon 60 % auf Ammoniak und Ammonium entfallen. In der südlichen Nordsee wird mit einem Eintrag von 15 kg N/ha·a, davon 11 kg NH_4-N gerechnet. Der gesamte Stickstoffeintrag in die Küstenmeere umfaßt 1/3 des Gesamteintrags; 2/3 werden durch Flüsse eingetragen.

Von besonderer Bedeutung ist der Beitrag der Ammoniumemissionen zur allgemeinen *Versauerung* von Böden und Gewässern, einem der großen chronischen Umweltschäden. Zwar wirken Ammoniumionen in der Luft als Puffer gegen die durch Schwefel- und Stickstoffoxide bedingte Versauerung. Doch nach dem Eintritt in den Boden unterliegt Ammonium der Nitrifizierung zu Nitrat, wobei Wasserstoffionen bzw. Protonen (H^+) freigesetzt werden und, sofern die Bodenpufferung nicht ausreicht, den Säuregrad erhöhen. Von dem für Deutschland 1990/92 geschätzten Versauerungspotential von ca. 341.000 t H^+/a wurden ca. 86.500 t (25 %) den Ammoniumeinträgen aus der Landwirtschaft zugerechnet – die damit das Versauerungspotential des Kraftfahrzeugverkehrs um das 1,6fache übertraf.

Auch zur NO_x-Emission (vgl. Abschn. N.4.1.2.1 c) trägt die Viehhaltung etwas bei, denn bei der Silierung (Gärfutterbereitung) von Gras und anderen Futterpflanzen, insbesondere wenn diese stark mit Stickstoff gedüngt wurden, entstehen im Silo Stickstoffoxide. Im Durchschnitt schätzt man die Emission auf 60 mg NO_x je kg Gärfutter-Trockenmasse. Umgerechnet auf die Silagemenge in Deutschland 1993/94 ergibt das eine Emission von ca. 1800 t NO_x/Jahr.

N.4.2.2.2 Methan und Kohlendioxid

Eine weitere wichtige durch die Viehhaltung verursachte Schadstoffemission betrifft *Methan* (CH_4), das als Treibhausgas (Anteil 13 %) wirkt und zusätzlich die troposphärische Ozonbildung fördert. Von der weltweiten anthropogenen CH_4-Emission von 350 (225–575) Mio t werden 80 (65–100) Mio t (23 %) der Haltung von Wiederkäuern zugeschrieben, die bei der Verdauung ihrer pflanzlichen Nahrung im Pansen Methan erzeugen.

Für die Methanemission der deutschen Viehhaltung wird als Durchschnittswert 58 kg/GV·a veranschlagt. Im einzelnen ist die Emission sehr verschieden; es produzieren

- Jungrinder < 1 Jahr   21,0 kg CH_4/a,
- Rinder > 1 Jahr   65,5 kg CH_4/a,
- Milchkühe   118,0 kg CH_4/a,
- Pferde   18,0 kg CH_4/a,
- Schafe   8,0 kg CH_4/a,
- Schweine   1,5 kg CH_4/a,
- Geflügel   0,1 kg CH_4/a.

Der Hauptanteil (> 50 %) der Methanemission wird also durch die Milchkühe bedingt. Sie ist, ähnlich wie bei der NH_3-Emission, fütterungsabhängig. Auf der Weide gehaltene Rinder produzieren wegen des zellulosereicheren Grasfutters mehr Methan als Mastrinder in Stallhaltung; weil aber die Weiderinder insgesamt eine geringere Futterenergie aufnehmen, ist ihre jährliche Methanemission mit 54 kg/Rind niedriger als bei den Stallrindern mit 65 kg/Rind. Auch hier gilt die Abhängigkeit von der Leistungssteigerung: pro 1000 kg mehr Milch erhöht sich die Methanabgabe um 5 kg pro Kuh und Jahr. Eine Milchkuh von 500 kg Gewicht emittiert in Deutschland 2,6 mal soviel Methan wie ein Kraftfahrzeug an flüchtigen Kohlenwasserstoffen ausstößt.

Die Methanemissionen aus der Verdauung aller Viecharten in Deutschland betrugen 1992 ca. 1,2 Mio t, das sind ca. 25 % der anthropogenen CH_4-Emission; im Vergleich zu den 80er Jahren sind sie rückläufig.

Damit ist die viehhaltungsbedingte CH_4-Emission noch nicht erschöpft, weil auch aus der Vergärung der tierischen Exkremente, insbesondere der Gülle (s. Abschn. N.4.2.2) Methan entsteht. Weltweit sind dies 20–30 Mio t CH_4/a oder 7 % der anthropogenen CH_4-Emission (mit steigender Tendenz). Für Deutschland beläuft sich diese Methanerzeugung auf ca. 485.000 t/a. Daran haben die Flüssigentmistungen (Gülle) mit 89 % den größten Anteil; von den verschiedenen Tiergruppen entfallen auf Schweine 39, Milchkühe 32 und Rinder 24 %.

Schließlich ist noch eine spezifische viehhaltungs-bedingte Kohlendioxidemission anzuführen, deren Quelle die Gärfuttersilos sind. Pro kg Gärfutter-Trockenmasse schätzt man eine Freisetzung von im Mittel 1,1 kg CO_2. Es gibt keine Statistik über die Gärfutterbereitung; sie läßt sich jedoch aus den Daten für die Futterproduktion ableiten. Die Berechnung (Stand 1993) ergibt eine CO_2-Emission von 4,12 Mio t/a.

N.4.3 Verminderungs- und Vermeidungsmöglichkeiten und -maßnahmen

Die Landwirtschaft Deutschlands und vergleichbarer Industrieländer hat in der 2. Hälfte des 20. Jh. dank biologisch-chemisch-technischer Fortschritte und staatlich gelenkter Preis- bzw. Einkommenspolitik beträchtliche Produktionssteigerungen erzielen können. Dadurch ermöglichte sie eine in dieser Form bisher nicht dagewesene Sicherheit in der Versorgung mit hochwertigen und preisgünstigen Nahrungsmitteln, die rasch als selbstverständlich empfunden wurde.

Seit Ende der 60er Jahre begann jedoch der Produktionsfortschritt der Landwirtschaft den Nahrungsmittelbedarf zu übersteigen. Es kam zu z. T. enormen, wirtschaftlich nicht zu bewältigenden Produktionsüberschüssen, die außerdem, wie sich immer deutlicher herausstellte, mit ganz erheblichen Umweltbelastungen verbunden sind (deren Darstellung hier auf die Schadstoffemissionen des Ackerbaus und der Viehhaltung beschränkt wurde).

Die moderne Landwirtschaft wurde damit zu einem zugleich wirtschafts- und umweltpolitischen Problembereich, für den seitdem nach Lösungsmöglichkeiten gesucht wird. Diese werden auf zweifache Weise erschwert: einmal, weil die nationale Zuständigkeit für Landwirtschaft und Umweltfragen weitgehend an die Europäische Union (EU) und die EU-Kommission übergegangen ist, zum andern, weil die Probleme mit zwei unterschiedlichen, zu wenig abgestimmten Instrumentarien, nämlich der Agrarpolitik und der Umweltpolitik behandelt werden.

Die seit den 80er Jahren angelaufenen Maßnahmen gegen landwirtschaftliche Überproduktion und Umweltbelastungen bestehen dementsprechend aus Produktionsbegrenzungen, z. B. durch Quotierungen (Milch), Stillegung von Äckern und Grünland (Flächenstillegung) oder Produktions-„Extensivierung" (Senkung der Erträge um einen bestimmten Prozentsatz); die Einkommensausfälle der Landwirte werden durch Zuwendungen der öffentlichen Hand ausgeglichen. Diese Maßnahmen vermindern als solche bereits einen Teil der Umweltbelastungen, reichen aber nicht aus, um eine möglichst umweltschonende, „nachhaltige" Landwirtschaft herbeizuführen. Daher werden Ackerbau und Viehhaltung in verstärktem Maße unter gesetzliche Umweltauflagen gestellt. Sie bestehen sowohl aus verhaltensorientierten Maßnahmen, die z. B. den Umgang mit Dünge- und Pflanzenschutzmitteln regeln, als auch aus ergebnisorientierten Maßnahmen, zu denen strikt kontrollierte Grenz- oder Höchstwerte für schädliche Rückstände z. B. im Grundwasser, in Lebensmitteln oder in naturnahen Ökosystemen gehören.

Wie kaum anders zu erwarten, stoßen solche z. T. harten, nicht immer sogleich einsehbaren umweltpolitischen Auflagen auf starke Widerstände der Betroffenen, die einflußreich genug sind, um den erforderlichen politischen Willen für die Durchsetzung zu schwächen. Diese bleibt daher hinter den am Ende des 20. Jh. klar erkannten Notwendigkeiten zurück. Ihre zwingende Erfordernis ist jedoch nicht nur durch nationale, sondern in wachsendem Maße auch durch übernationale und globale umweltpolitische Erfordernisse begründet. Denn Emissionen in die Atmosphäre wandeln sich in Immissionen, die Grenzen von Ländern und Kontinenten überschreiten.

Weltweit trägt die Landwirtschaft durch ihre Emissionen mit ca. 15 % zur Verstärkung des Treibhauseffekts bei; ihr Anteil am sog. Treibhauspotential wurde 1992 sogar auf fast 63 % des Anteils aus der Verbrennung fossiler Energieträger geschätzt. Maßgebend dafür sind die Emissionen reaktiver Stickstoffverbindungen, von Methan sowie von Kohlendioxid. Es ist daher von globaler Bedeutung, diese Emissionen zu vermindern. Die gleiche Forderung gilt, allerdings aus (öko-) toxikologischen Gründen, für die Herabsetzung oder Vermeidung der Schadstoffeinträge durch chemische Pflanzenschutzmittel.

N.4.3.1 Stickstoff

Seit der Erfindung der technischen Ammoniaksynthese ist mit Stickstoff in der Landwirtschaft aufgrund seiner großen ertragssteigernden Wirkung oft verschwenderisch umgegangen worden. Zwar haben sich die Weizenerträge in Deutschland seit 1950 verdreifacht, doch ist bei steigender Stickstoffdüngung ein immer geringerer Ertrags*zuwachs* zu verzeichnen. Verhalten und Wirksamkeit von Stickstoff im System Luft-Boden-Pflanze sind schwer zu steuern, so daß viele Landwirte, um sicher zu gehen, reichlich mit Stickstoff düngen, damit aber die Stickstoffausträge in die Umwelt erhöhen. Deren Verminderung erfordert eine stärker auf den tatsächlichen Bedarf der Ackerpflanzen abgestimmte, zeitlich gestaffelte Düngung, die häufige Bodenprobenuntersuchungen und Berechnungen der Bilanz des Stickstoffs und der übrigen Nährstoffe für jeden landwirtschaftlichen Betrieb, ja für jedes Feld voraussetzt. Nur auf diese Weise können die Effizienz des Stickstoffeinsatzes verbessert und die unproduktiven Stickstoffverluste vermindert werden; zugleich verringert sich auch der Düngeraufwand. Damit sinken auch die Aufwendungen („Vorleistungen") des Landwirts. Zu diesen Zielen tragen auch die Herabsetzung der Bodenerosion, der Anbau von Zwischenfrüchten sowie der Verzicht auf Grünlandumbruch und auf Dränierungen bei.

Die verstärkte Beachtung dieser Forderungen wird durch Anwendungsvorschriften für Düngemittel (z. B. deutsche Düngemittel-Verordnung von 1996) sowie durch Rückstands-Vorschriften (z. B. Höchstwert für Nitrat in Grundwasser 50 mg/l in der ganzen Europäischen Union) unterstützt. Dies hat seit Mitte der 80er Jahre zu einer Abnahme des Mineraldüngerverbrauchs und zu größerer Zurückhaltung beim Einsatz von Gülle (s. u.) geführt. Auch wird damit eine bessere Ausnützung der zugeführten Dünger gefördert. Besondere Aufmerksamkeit erfährt die Viehhaltung bzw. die Produktion tierischer Erzeugnisse aufgrund der durch sie bewirkten Ammoniak-Emissionen, vor allem bei Flüssigentmistung durch Gülle. Ihre Verminderung führt zu beträchtlichen Umweltentlastungen: Allein die verbesserte Gewinnung, Lagerung und Anwendung von Stalldung einschl. Gülle würden in Deutschland bis zu ca. 330.000 t/a weniger Ammoniak freisetzen. Der Ammoniakgehalt der Exkremente kann seinerseits durch verbesserte Effizienz der Viehfütterung um bis zu 130.000 t/a vermindert werden. Mehr als 50 % der Ammoniak-Emissionen können also realistisch vermindert werden. Proportional dazu sinken auch die Emissionen von Phosphat und Methan (s. Abschn. N.4.3.2).

Die Emissionen aus der deutschen Viehhaltung ließen sich wirksam auf ein tragbares Maß herabsetzen, wenn der Viehbestand ungefähr auf die Hälfte der GV-Zahl von 1994 bzw. auf durchschnittlich 0,5 GV/ha reduziert würde. Damit wäre auch der Gesundheit der Bevölkerung gedient, deren Eiweißernährung einen aus physiologischer Sicht um 33 % zu hohen Anteil tierischen Eiweißes enthält. Die wirtschaftliche Bedeutung der Viehhaltung ist in der deutschen Landwirtschaft jedoch so groß, daß bei einer so rigorosen Herabsetzung der Viehbestände über die Hälfte der Landwirtschaftsbetriebe existenziell gefährdet wären; außerdem blieben die grenzüberschreitenden Ammoniakimmissionen aufrechterhalten. Davon abgesehen ist kaum zu erwarten, daß die Mehrheit der Bevölkerung kurzfristig ihren gewohnten hohen Konsum an Fleischwaren und Molkereiprodukten drosselt. Dies bewirken eher Risikoängste: als die in Großbritannien ausgebrochene Rinderseuche „BSE" (Rinderwahnsinn) um 1995 in Verdacht geriet, auf Menschen übertragbar zu sein, sank auch im BSE-freien Deutschland der Rindfleischkonsum fühlbar ab, so daß viele Rinder haltende Betriebe in wirtschaftliche Schwierigkeiten gerieten und öffentliche Beihilfen erhalten mußten.

Das Problem der zu hohen Stickstoff-Emissionen aus der gesamten Landwirtschaft wird auch durch die anhaltende regionale Spezialisierung der Betriebe verschärft. Dadurch sind einerseits reine Ackerbau- bzw. „Marktfrucht"-Betriebe ohne Viehhaltung (1988 in der früheren Bundesrepublik auf ca. 30 % der LF), andererseits reine Viehhaltungs- (bzw. „Veredlungs"-)Betriebe entstanden. In diesen fällt z. T. ein solcher Überschuß an Gülle an, daß er auf betriebseigenen Flächen nicht mehr düngungsgerecht verwertet werden kann und Überdüngungen mit allen nachteiligen Folgen verursacht – oder sogar als „Abfall" betrachtet werden muß. Die Marktfruchtbetriebe düngen ihre Felder dagegen überwiegend mineralisch mit Handelsdünger. Ein Düngerausgleich zwischen Marktfrucht- und Veredlungs-Landwirtschaft würde den Mineraldüngeraufwand senken und zu besserer Verwertung des Viehdungs führen, in beiden Fällen die Stickstoffemissionen senken – dies wird aber durch die regionale Trennung erschwert.

Auch in Zukunft wird die Landwirtschaft eine bedeutsame Quelle von Stickstoffeinträgen in die Umwelt bleiben. Es ist versucht worden, tolerierbare Stickstoffemissionen landwirtschaftlicher Betriebstypen zu bestimmen. Bei optimalem Nährstoffzustand der Böden würden sie für Stickstoff in
– in Marktfruchtbetrieben   30 kg N/ha·a,
– in Futterbau- bzw.
    Gemischtbetrieben   50 kg N/ha·a,
– in Veredlungsbetrieben   100 kg N/ha·a.
betragen.

Generell müßte die landwirtschaftliche Überschußproduktion in Deutschland und vergleichbaren Industrieländern in eine wirklich bedarfsorientierte Erzeugung überführt werden, wodurch alle stofflichen Emissionen um ca. 50 % herabgesetzt würden. Am Ende des 20. Jh. sind jedoch nur wenige Anzeichen für eine Verwirklichung dieser Erwartung erkennbar.

Wesentlich kleiner sind die Aussichten für eine Herabsetzung der Stickstoff- (und anderer düngungsbedingter) Emissionen in der Landwirtschaft der sog. Entwicklungsländer, sowohl in den ehemaligen sozialistischen Staaten Europas und Asiens als auch in den meisten Ländern Asiens, Afrikas und Lateinamerikas. Hier bedarf die Landwirtschaft generell einer Intensivierung, und zwar sowohl wegen der in den meisten dieser Länder noch zunehmenden Bevölkerung als auch wegen der Agrarexporte, von denen viele Länder weiterhin wirtschaftlich abhängig sind. Die Alternative zur Intensivierung, nämlich die Urbarmachung zusätzlichen Landes durch Rodungen, Ent- und Bewässerungen, wäre beträchtlich umweltbelastender, zumal die noch verfügbaren Standorte für landwirtschaftliche Nutzungen nur bedingt oder kaum geeignet sind. Düngung, insbesondere mit Stickstoffdüngern, aber auch auf biologischem Wege durch Anbau von Pflanzen, die die Bindung von Luftstickstoff fördern (Bohnen, Erbsen, Klee, Luzerne und andere Leguminosen/Schmetterlingsblütler), wird daher in den Entwicklungsländern eine zwingende Notwendigkeit bleiben, sollte aber durch eine auch ökologisch richtige Beratung so effizient und emissionsarm wie möglich gestaltet werden. Die sog. „grüne Revolution", d. h. Erhöhung der pflanzlichen landwirtschaftlichen Erzeugung durch Anbau hochleistungsfähiger, aber bzgl. Düngung und Pflanzenschutz besonders anspruchsvoller Nutzpflanzensorten, entsprach weitgehend nicht diesen Forderungen.

N.4.3.2 Methan und andere Kohlenstoffverbindungen

Der auf ca. 17 % geschätzte Beitrag zur globalen Methanemission, der aus dem tropischen und subtropischen Ackerbau, und zwar aus den periodisch mit Wasser überstauten Reisfeldern stammt, läßt sich wahrscheinlich nicht wesentlich vermindern, dürfte sogar infolge Ausdehnung des Reisanbaus noch zunehmen.

Die Methanemissionen aus der Viehhaltung gehen zu rund 75 % auf die Methanbildung im Magen der Wiederkäuer und zu ca. 25 % auf die Methanfreisetzung aus gärenden tierischen Exkrementen zurück. Durch verbesserte Fütterung und Futterzusammensetzung kann die Methanemission der Wiederkäuer um max. ein Viertel reduziert werden. Die Methanfreisetzung aus tierischen Exkrementen läßt sich durch deren effizientere Behandlung (Lagerung und Aufbereitung) mind. um 25 %, maximal um 80 % vermindern. Noch wirksamer wäre eine Herabsetzung der Tierbestände, wie sie bereits für die Verringerung der Ammoniakemissionen aus der intensiven Tierhaltung der Industrieländer – auch mit dem Ziel des Abbaus der Überschußproduktion von Milch und Fleisch – diskutiert wurde.

Insgesamt ist die Landwirtschaft für ca. 60 % aller Methaneinträge in die Umwelt verantwortlich; doch nur ein Drittel davon wäre vermeidbar. Der Anstieg des Methangehalts der Atmosphäre hat sich zwar vom Ende der 70er Jahre bis 1992 von 1,2 auf 0,3 % pro Jahr verlangsamt, doch als wirksames Treibhausgas mit einer mittleren Verweilzeit von 10,5 Jahren und einem ca. 25fach höheren Treibhauseffekt als CO_2 wirkt Methan grundsätzlich schädlich.

Zu berücksichtigen sind auch Wechselwirkungen zwischen Stickstoff-, vor allem Ammoniakemissionen und dem emittierten Methan. Ein Teil des Methans wird nämlich in den Böden von Wäldern und naturbetonten (nicht genutzten) Ökosystemen zu CO_2 oxidiert. Der Stickstoff-, insbesondere Ammoniumeintrag in diese Böden vermindert aber deren Fähigkeit zur Methanoxidation und verstärkt damit indirekt den landwirtschaftlichen Beitrag zum Treibhauspotential, das direkt bereits durch die N_2O-Emission aus den gleichen Böden erhöht wurde. Weltweit sollen 40 % aller landwirtschaftlichen Stickstoffemissionen potentiell klimawirksam sein.

Zur Verminderung ihrer CO_2-Emissionen kann die Landwirtschaft im wesentlichen nur durch Einsparung oder Ersetzung der von ihr direkt und indirekt eingesetzten fossilen Brenn- und Treibstoffe beitragen. Erhebliche Einsparungen (bis 40 %) leistet der ökologische Landbau (s. Abschn. N.4.4). Eine Ersetzung fossiler Brennstoffe ist prinzipiell mittels Anbau selbst erzeugter Biomasse möglich, wofür die für die Nahrungsmittelproduktion zukünftig nicht mehr benötigten Anbauflächen herangezogen werden könnten. Die Schlepper und Landmaschinen benötigen flüssige Treibstoffe wie Rapsöl oder Rapsmethylester in einer Menge, deren Erzeugung ca. 15 % der Ackerfläche (Stand 1993) beanspruchen würde. Hierbei ist aber zu berücksichtigen, daß der Anbau von Raps oder anderen Ölfrüchten, wenn er ergiebig sein soll, seinerseits energetische, d. h. CO_2-emittierende Aufwendungen erfordert und die übrigen ackerbaulichen Emissionen (s. Abschn. N.4.1.2) ebenfalls nicht vermindert.

N.4.3.3 Chemische Pflanzenschutzmittel (Pestizide)

In Deutschland und anderen Hochzivilisationsländern sind chemische Pflanzenschutzmittel seit Ende der 60er Jahre ständige Ursache größter Vorbehalte und häufiger Vorwürfe gegen die moderne Landwirtschaft, weil sie mit deren Anwendung Umwelt und Nahrungsmittel zu vergiften drohe. Es bestehen starke Tendenzen zum völligen Verbot des Einsatzes und sogar der Herstellung von Pestiziden. Die gesetzlichen Vorschriften für den Pflanzenschutz (Pflanzenschutzgesetz, Gefahrstoffverordnung u. a. m.) sind mehrfach verschärft worden.

Die meisten Mittel dürfen längst nicht mehr nach Belieben der Anwender, sondern nur unter den von der Zulassungsbehörde festgelegten Anwendungsbedingungen eingesetzt werden. So dürfen Pflanzenschutzmittel nicht in oder unmittelbar an Binnen- und Küstengewässern angewandt werden; zu Oberflächengewässern muß bei der Anwendung der Mittel i. d. R. ein Abstand von 10 m eingehalten werden. Bei Wind (Abdrift) und auf erosionsgefährdeten Böden muß die Anwendung unterbleiben.

In Wasserschutzgebieten dürfen viele Mittel überhaupt nicht eingesetzt werden. Grundwasser soll von Pflanzenschutzmitteln grundsätzlich völlig frei sein; infolgedessen wurde in der Europäischen Union ein Grenzwert von 0,1 µg/l für ein einzelnes, von 0,5 µg/l für die Summe mehrerer Mittel vorgeschrieben. Gerade die letztgenannte Vorschrift kommt einem praktischen Anwendungsverbot nahe. Daher hat diese ungewöhnlich niedrige Grenzwertfestsetzung auch zu anhaltenden Kontroversen geführt. Sie ist nicht durch Gesundheitsgefährdungen, sondern durch ein so gut wie absolutes Reinheitsgebot für Grundwasser begründet, bedingt in der Ausführungspraxis analytische Probleme und ließ sogar erwarten, daß sie praktisch gar nicht eingehalten werden könne. Nach Angaben der Wasserversorgungsunternehmen ist dies jedoch in einem überraschend großen Umfang der Fall; in Baden-Württemberg wiesen 1991 nur 12% der Wassergewinnungsanlagen Pflanzenschutzmittelrückstände im Bereich des halben Summengrenzwerts auf. Das Umweltbundesamt Berlin meldete bei 50.000 – 75.000 Untersuchungen einen Rückgang der Rückstandsfunde von 13,6 % im Jahr 1990 auf 5,6 % im Jahr 1994.

Unter dem Einfluß der allgemeinen Kritik am chemischen Pflanzenschutz und der Popularität des ökologischen Landbaus (s. Abschn. N.4.4) ist in den 70er Jahren der sog. integrierte Pflanzenschutz – später erweitert zum „integrierten Pflanzenbau" – entwickelt worden. Bei diesem Verfahren werden die biologische, anbautechnische und züchterische (auch gentechnische) Bekämpfung von Schädlingen, Krankheiten und Unkräutern – bzw. die Vorbeugung ihres Auftretens oder Befalls – und die Anwendung chemischer Mittel „integriert", deren Einsatz auf das unbedingt als notwendig angesehene Maß beschränkt wird. Er erfolgt auch erst bei Überschreitung einer bestimmten „Schadensschwelle", d. h. gewisse Schädigungen der Kulturpflanzen werden in Kauf genommen; die vorher üblichen, z. T. massiven prophylaktischen Pestizidanwendungen unterbleiben. Allerdings ist in der Praxis die Erkennung der Schadensschwellen oft schwierig. Der integrierte Pflanzenschutz zeigt, daß chemische Pflanzenschutzmittel nicht in dem Umfang eingesetzt werden müssen, der zunächst als notwendig angesehen wurde.

Infolge der gesetzlichen Vorschriften, wirksamerer Substanzen und überlegterem Einsatz sind Produktion und Absatz dieser Mittel in Deutschland seit den 80er Jahren rückläufig. Der Inlandsabsatz – als einziges verfügbares Maß der Anwendung – betrug 1989 34.625 t an Wirkstoffen, 1994 belief er sich auf 29.769 t. Die Zahl der als echte Bekämpfungsmittel in Deutschland zugelassenen Pflanzenschutzmittel sank von 1639 (1985) auf 870 (1994).

Mit diesem quantitativen Rückgang ist eine Umstellung von breit und lange wirksamen zu selektiv und nur kurzfristig wirkenden (z. T. aber akut giftigeren oder schädlicheren) Bekämpfungsmitteln verbunden worden. Auch die Anwendung erfolgt gezielter, z. B. Reihen- statt breitflächiger Ausbringung, Einsatz in Pillen- oder Kapselform statt Spritzen oder Stäuben. Selektive bzw. hochspezialisierte Mittel haben jedoch den Nachteil, daß ein größeres Sortiment vorrätig gehalten werden muß und häufigere Einsätze nötig sind.

Wenn weniger chemische Pflanzenschutzmittel zur Verfügung stehen, müssen sich die Risiken ihres Einsatzes nicht zwangsläufig verringern; denn dann werden u. U. immer weniger Mittel immer häufiger auf den gleichen Feldern angewendet, und es erhöhen sich Risiken, Rückstände, Grundwasserbelastungen und Resistenzen. Der Rückgang zugelassener Mittel führt ferner dazu, daß für eine Anzahl von Pflanzenschutzbereichen, vor allem spezielle oder seltenere Nutzpflanzen, keine chemischen Mittel mehr verfügbar sind („Lückenindikationen"); dies kann den integrierten Pflanzenbau erschweren.

Mißtrauen und Angst gegenüber chemischen Pflanzenschutzmitteln werfen immer wieder die Frage nach ihrer Notwendigkeit oder Verzichtbarkeit auf, die kontrovers diskutiert wird – weniger innerhalb der Landwirtschaft als in der von deren Realitäten entfremdeten Stadtbevölkerung. Weitgehend entbehrlich könnten Herbizide sein (die auch die meisten der 1991 – 1995 registrierten Grundwasserbelastungen verursachen), weil Unkräuter auch mechanisch – und dann sogar radikaler – bekämpft werden können. Ob der dafür notwendige höhere Arbeitsaufwand jedoch von der in den Industrieländern an Arbeitskräften armen und verarmenden Landwirtschaft erbracht werden kann, ist ungewiß. Ebenso zweifelhaft ist, ob *langfristig* bestimmte Pilzkrankheiten und Schadinsekten ohne Einsatz von Fungiziden bzw. Insektiziden an Vorkommen und Ausbreitung gehindert werden können – oder ob die dadurch bedingten Ertrags- und vor allem Qualitätsminderungen der Ackerfrüchte einfach hinzunehmen sind. Dies erfordert eine sachliche Diskussion, die bei diesem emotional belasteten Thema schwierig ist und leicht zu Verzerrungen führt.

Weitgehend anders ist der chemische Pflanzenschutz im subtropischen und tropischen Pflanzenbau zu beurteilen. Die hier viel zahlreicheren und aggressiveren Schädlinge, Krankheiten und Unkräuter machen den Verzicht auf Einsatz chemischer Pflanzenschutzmittel äußerst unwahrscheinlich. Nicht einmal die Anwendung selektiver, kurzzeitig wirksamer Mittel erweist sich hier als immer erfolgreich. Daher sind die in den Industrieländern bereits in den 70er Jahren verbotenen oder nicht mehr zugelassenen breit wirksamen Mittel wie DDT am Ende des 20. Jh. immer noch im Einsatz – zumal dieser auch zur Bekämpfung krankheitsübertragender Insekten zum Schutz von Menschen und Nutztieren unentbehrlich geblieben ist. Dennoch ist auch hier eine Vermeidung unnötiger Einträge in die Umwelt durch die Verbesserung der oft unsachgemäßen oder nachlässigen Handhabung der Mittel und durch gezieltere Anwendung möglich. Dafür ist eine gut organisierte Beratung der einheimischen Anwender und eine gründliche Aufklärung der ländlichen Bevölkerung erforderlich, die in Entwicklungshilfe-Projekten viel stärker zu berücksichtigen sind.

Allgemein ist bei der Anwendung chemischer Pflanzenschutzmittel die Regel zu beachten, daß der Eintrag dieser Stoffe in die Umwelt ihren Abbau nicht übersteigen darf. Denn langfristig sind alle Mittel – mit Ausnahme schwermetallhaltiger Substanzen – abbaubar, unbegrenzte Akkumulationen daher unwahrscheinlich. Diese Regel liefert jedoch keinen Vorwand für Nachlässigkeit oder Leichtfertigkeit im Umgang mit chemischen Pflanzenschutzmitteln oder bei der Beobachtung ihrer Wirkung.

N.4.4 Umweltschonende Landwirtschaft

Angesichts der am Ende des 20. Jh. weiter zunehmenden Zahl der Menschen auf der Erde und ihren zunehmenden Ansprüchen an eine gute Ernährung ist es unrealistisch, eine Landwirtschaft ohne oder mit nur geringfügigen Umweltbelastungen zu erwarten. Diese Feststellung darf jedoch nicht dazu verleiten, die mit der Landbewirtschaftung verbundenen Schadstoffemissionen einfach hinzunehmen. Im Gegenteil, die zahlreichen hier beschriebenen Möglichkeiten zu ihrer Verminderung oder Vermeidung müssen durch ständige Bemühung ausgeschöpft und verwirklicht werden. Dabei müssen Entwicklung, Herstellung und Anwendung aller in Ackerbau und Viehhaltung verwendeten und umgesetzten Stoffe überall kontrolliert und wissenschaftlich verfolgt werden, um die mit der Landwirtschaft unvermeidbar verbundenen Belastungen so gering wie möglich zu halten.

Die im 20. Jh. vor allem in Deutschland, aber auch in anderen Industrieländern entstandenen Bewegungen bzw. Verfahren des ökologischen Landbaus kommen dem Ziel einer umweltschonenden Landwirtschaft besonders nahe, weil sie bewußt auf die Verwendung chemischer Pflanzenschutzmittel und der meisten anorganischen Düngemittel, insbesondere rasch wirksamer Stickstoffdünger verzichten und auch die Massentierhaltung ablehnen. Dafür nehmen sie einen höheren Arbeitseinsatz und z. T. niedrigere Erträge in Kauf. Sie sparen jedoch die Aufwendungen für „Agrarchemikalien" und erzielen mit ihren Produkten bei der gegen die moderne Landwirtschaft mißtrauischen Stadtbevölkerung höhere Preise, so daß ihre Erlöse den „konventionell" wirtschaftenden Betrieben nicht nachstehen oder sogar höher sind. Infolgedessen wird der ökologische Landbau vielfach als Modell einer wirklich umweltschonenden Landwirtschaft empfohlen, seine öffentliche Förderung gefordert oder gar seine allgemeine Einführung verlangt. Dies ist am Ende des 20. Jh. Gegenstand kontroverser, oft mehr emotional als sachlich geführter Diskussionen und Auseinandersetzungen.

Wiederum ist hierbei zwischen der Situation der Landwirtschaft in Industrie- und sog. Entwicklungsländern zu unterscheiden. In den Industrieländern, vor allem in den gemäßigten Klimazonen mit fruchtbaren Böden und geringem Schädlings- oder Krankheitsdruck, besitzt der ökologische Landbau gute Chancen weiterer Ausbreitung – trotz zweier Schwächen. Eine ist wirtschaftlicher Art: Wenn sich das Angebot ökologisch erzeugter landwirtschaftlicher Produkte vergrößert, werden die dafür erzielten Preise sinken und die Einkommen der ökologischen Betriebe senken. Die andere Schwäche liegt in der langfristigen Nährstoffbilanz. Abgesehen vom Stickstoff ist nicht sicher, ob die Versorgung mit Haupt- und Spurennährstoffen, vor allem mit Phosphat und Kali, bei einer angestrebten guten Ertragshöhe ohne mineralische Düngung gewährleistet ist. Auffällig ist, daß am Ende des 20. Jh. der ökologische Landbau in Deutschland und anderen Industrieländern außerordentlich beliebt ist und starke Nachfrage genießt, dennoch aber nur ein verhältnismäßig sehr kleiner Teil der landwirtschaftlichen Betriebe bereit ist, sich auf ökologischen Landbau und die damit verbundenen Verpflichtungen und strengen Kontrollen umzustellen. 1995 gab es in Deutschland nur 6700 anerkannte Betriebe mit ca. 310.000 ha Fläche (1,2 bzw. 1,8 % der Gesamtzahl, mehr als die Hälfte davon in Süddeutschland) – mit allerdings steigender Tendenz.

Von den durch Stickstoffverbindungen verursachten Emissionen ist allerdings auch der ökologische Landbau nicht frei. Zwar verzichtet er auf mineralische Stickstoffdünger, wandelt aber steigende Mengen von Luftstickstoff durch stickstoffbindende Nutzpflanzen (s. Abschn. N.4.3.1) in reaktive Stickstoffverbindungen um. Die sog. biologische Stickstoffbindung und die technische Ammoniaksynthese halten sich Mitte der 90er Jahre weltweit mit jeweils 80 – 90 Mio t/a etwa die Waage.

In den Entwicklungsländern erscheint ökologischer Landbau, d. h. eine Landwirtschaft ohne chemische Hilfsmittel und Stützungsmaßnahmen, sehr unwahrscheinlich. Doch hier geht, wie auch in den Industrieländern, vom ökologischen Landbau eine wichtige Signalwirkung aus, die, gestärkt durch handfeste Konkurrenzeffekte erfolgreich und idealistisch wirtschaftender ökologischer Betriebe, die allgemeine Landwirtschaft allmählich und immer stärker in Richtung auf verringerte Schadstoffimmissionen orientieren wird. Indikatoren dafür sind die Verbrauchszahlen für Mineraldünger und Pflanzenschutzmittel. So hat sich in Deutschland der Einsatz mineralischer Phosphat- und Kalidüngemittel seit 1970 um die Hälfte vermindert; bei mineralischen Stickstoffdüngern hörte der Anstieg Mitte der 80er Jahre auf, um ein Jahrzehnt später in eine leichte Abnahme umzuschlagen. Weltweit ist dagegen der Mineraldüngerverbrauch von 1962 – 1991 um das 4,5fache gestiegen. Ein Großteil des Anstiegs entfällt auf die Entwicklungsländer, nämlich von 5 auf 78 kg/ha. Soweit absehbar, entscheidet sich also in den Entwicklungsländern die Zukunft des Ausmaßes stofflicher Emissionen in der Landwirtschaft, die wegen deren Unentbehrlichkeit zwar vermindert, in Teilbereichen auch vermieden, aber insgesamt als Preis für eine fortdauernde menschliche Existenz unter erträglichen Bedingungen hingenommen werden müssen.

Literatur

[N.1.1] H. Soodak (Hrsg.) Reactor Handbook, Second Edition Vol III, Part A Physics, Interscience Publishers New York (1962)

[N.1.2] Bretschneider, D.R., KERNENERGIE und Umwelt (Kern-Themen) INFORUM-Verlag Bonn (1993)

[N.1.3] Betriebsergebnisse Deutscher Kraftwerke 1996. Atomwirtschaft, Mai 1997, S. 276 ff

[N.1.4] Deutscher Bundestag Bericht der Bundesregierung über Umweltradioaktivität und Strahlenbelastung im Jahr 1991 Drucksache 12/4687 (1993)

[N.1.5] Brennelementlager Gorleben GmbH, BLG, Bausteine für die Entsorgung, (1991)

[N.1.6] Deutscher Bundestag Auswirkungen aus dem Uranbergbau und Umgang mit den Altlasten der WISMUT in Ostdeutschland Drucksache 12/3309 (1992)

[N.1.7] Koelzer, W.: Jahresbericht 1991 der Hauptabteilung Sicherheit Kernforschungszentrum Karlsruhe KfK 5030 (1992)

[N.1.8] Sicherheitsbericht Pilot-Konditionierungsanlage Gorleben (PKA) (1992)

[N.1.9] Brennecke, P., Hollmann, A.: Radioaktive Abfälle, Anfall, Bestand 1995 und zukünftiges Aufkomen. Atomwirtschaft Juni 1997, S. 401 ff

[N.1.10] Sappok, M.: Recycling of metallic materials from the dismantling of nuclear plants Kerntechnik 56, (1991) Nr. 6

[N.1.11] Brennecke, P., Hollmann, A.: Entsorgung radioaktiver Abfälle im Eram. Atomwirtschaft April 1997, S. 241 ff

[N.1.12] Gefahrstoffe 1998, Hrsg. Universum Verlagsanstalt, Wiesbaden, 1998

[N.1.13] MAK- und BAT-Werte-Liste 1997. VCH, Weinheim

[N.1.14] Bundesrepublik Deutschland, Arzneimittelgesetz (AMG) 1976 und derzeit 7 Novellen bis 1994; z. Z. neuester Druck: Editio Cantor, Aulendorf, 1997

[N.1.15] Bundesrepublik Deutschland: Betriebsverordnung für pharmazeutische Unternehmer (PharmBetrV), 1985 und z. Z. 2 Novellen bis 1998. K. Feiden: Betriebsverordnung für pharmazeutische Unternehmer, Deutscher Apotheker Verlag, Stuttgart, 4. Aufl., 1995.

[N.1.16] WHO Expert Committee on Specifications, WHO Technical Report Series No. 823: Good Manufacturing Practices for Pharmaceutical Products, Genf, 1992, und zahlreiche ergänzende Leitfäden (supplementary guidelines/annexes)

[N.1.17] FDA/USA: cGMPs in dem CFR, Bd. 21, §§ 210, 211; April 1, 19983, US Government Printing Office, Washington; ergänzt durch zahlreiche guidelines, guides for inspectors, manuals u. ä.

[N.1.18] EU und PIC: Leitfaden einer Guten Herstellungspraxis für Arzneimittel/pharmazeutische Produkte (praktisch textgleich!), 1989/1992 bzw. 1990, beide zum 1.1.1992 in Kraft getreten. EU: Editio Cantor, Aulendorf, 5. Aufl. 1998; PIC: Bundesanzeiger Vlgges., Köln,

1990. Beide sind ergänzt durch zahlreiche spezielle Leitfäden

[N.1.19] Hasskarl, H.: Gentechnikrecht, Editio Cantor, Aulendorf, 1991

[N.1.20] Hoffmann, H.: Arzneimittel in: H. Kelker (Hrsg.): Das Fischer Lexikon, Chemie 2, Angewandte Chemie, 1977, S. 80-150; Fischer Taschenbuch Vlg., Frankfurt/Main

[N.1.21] Diabetes-Journal 12/1978, S. 511

[N.1.22] Titus, H.-J.: FIMA-Verfahrenstechnik, Chemie-Anlagen und -Verfahren, Konradin-Vlg., Leinfeld-Echterdingen, Nr. 9/1993

[N.1.23] HOECHST AG, Frankfurt/Main: Umweltschutz, Leitlinien für Umweltschutz und Sicherheit, 1993

[N.1.24] Maas, A.: Der GMP-Beauftragte – ein Beruf mit Zukunft, Pharm. Ind. 55, Nr. 9, IX/204, 1993

[N.1.25] Zahlreiche Guidelines for Inspectors der FDA/USA. Beispiele:
- Guide to Inspections of foreign pharmacentical manufacturers, May 1996
- Guide to Inspections of Microbiological Pharmaceutical Control Laboratories, July 1993
- Guides to Inspection of Computerized Systems in Drug Processing, Febr. 1983 and July 1987
- Guide to Inspection of Bulk Pharmaceutical Chemicals, Revised Sept. 1991

[N.1.26] Voß, A.: Holzeinlagerung nach Forstkamalitäten. Hochschulverlag Freiburg 1988

[N.1.27] Burschel, P.: Wald, Forstwirtschaft und Holzwirtschaft als zentrale Größen im Kohlenstoffhaushalt. Holz-Zentralblatt 119 (1993) 2273-2274

[N.1.28] Welling, J.: Berücksichtigung von Umweltbelangen bei Schnittholz- und Furniertrocknern. Tagungsband zum Workshop „Trocknungstechnologie" anläßlich des 8. Holztechnischen Kolloquiums, S. 35-44, Eigenverlag Institut für Werkzeugmaschinen und Fertigungstechnologie der Technischen Universität, Braunschweig 1991

[N.1.29] VDI-Richtlinie 3462, Blatt 2: Emissionsminderung, Holzbearbeitung und -verarbeitung, Holzwerkstoffherstellung. Oktober 1995

[N.1.30] Marutzky, R. (Hrsg.): Trocknungstechnologie. Tagungsband zum Workshop anläßlich des 8. Holztechnischen Kolloquiums, Eigenverlag Institut für Werkzeugmaschinen und Fertigungstechnologie der Technischen Universität, Braunschweig 1991

[N.1.31] FGU Fortbildungszentrum Gesundheits- und Umweltschutz Berlin: Stand der Emissionsminderung bei der Spanplattenherstellung. Tagungsband zum Seminar Nr. 34 anläßlich der UTECH Berlin '93, Eigenverlag FGU, Berlin 1993

[N.1.32] Strecker, M., Marutzky, R.: Neue Erkenntnisse über Feststoffemissionen bei Spänetrocknern. Tagungsband zum Workshop „Trocknungstechnologie" anläßlich des 8. Holztechnischen Kolloquiums, S. 45-58, Eigenverlag Institut für Werkzeugmaschinen und Fertigungstechnologie der Technischen Universität, Braunschweig 1991

[N.1.33] Marutzky, R.: Untersuchungen zum Terpengehalt der Trocknungsgase von Holzspantrocknern. Holz als Roh- und Werkstoff 38 (1978) 407-411

[N.1.34] Rong, M.: Betriebserfahrungen mit einem Elektrofilter. Tagungsband „Stand der Emissionsminderung bei der Spanplattenherstellung" anläßlich der UTECH BERLIN '93, Eigenverlag FGU, Berlin 1993

[N.1.35] Schmidt, W.: Gewebefilter in der praktischen Anwendung. Tagungsband „Stand der Emissionsminderung bei der Spanplattenherstellung" anläßlich der UTECH BERLIN '93, Eigenverlag FGU, Berlin 1993

[N.1.36] Becker, M., Mehlhorn, L.: Mögliche Konzepte für zukunftsweisende Trocknungstechnologien in der Spanplattenindustrie – eine Übersicht. Tagungsband zum Workshop „Trocknungstechnologie" anläßlich des 8. Holztechnischen Kolloquiums, S. 5-20, Eigenverlag Institut für Werkzeugmaschinen und Fertigungstechnologie der Technischen Universität Braunschweig 1992

[N.1.37] Ernst, K.: Geruchsreduzierung bei der Spänetrocknung. Vortrag auf FGU-Seminar, Berlin 1992

[N.1.38] Hellenschmidt, W.: Abluftreinigung mit Wärmerückgewinnung in einem Niedertemperatur-Trockner. Tagungsband zum Mobil-Oil-Symposium für die Holzwerkstoffindustrie. Eigenverlag Mobil Oil, Hamburg 1992

[N.1.39] Hellenschmidt, W.: Betriebserfahrungen mit einer 2-stufigen Abgaswäsche mit nachgeschalteten Naß-Elektro-Filtern. Tagungsband „Stand der Emissionsminderung bei der Spanplattenherstellung" anläßlich der UTECH BERLIN '93, Eigenverlag FGU, Berlin 1993

[N.1.40] Wieser, D.I.: Möglichkeiten der Geruchsminderung bei Abgasen aus Trocknern und Pressen der Spanplattenindustrie. Tagungsband zum Mobil-Oil-Symposium für die Holzwerkstoffindustrie. Eigenverlag Mobil Oil, Hamburg 1992

[N.1.41] Schmidt, A.: Die Ablufttreinigung bei der Holzspantrocknung. Staub – Reinhaltung der Luft 49 (1989) 457-460

[N.1.42] Wiedmann, U.: Feuerungstechnik für eine emissionsarme Spänetrocknung. Holz als Roh- und Werkstoff 49 (1991) 433-438

[N.1.43] Marutzky, R.: Die Konsequenzen der Umweltgesetzgebung für die Spanplattenindustrie. Holz-Zentralblatt 118 (1992) 2509, 2510 u. 2516

[N.1.44] Strecker, M., Becker, M.: Staub- und gasförmige Emissionen bei der Spänetrocknung. Tagungsband „Stand der Emissionsminderung bei der Spanplattenherstellung" anläßlich der UTECH BERLIN '93, Eigenverlag FGU, Berlin 1993

[N.1.45] Wünsch, J.: Erste Erkenntnisse bei der Anwendung von Aktivkohle. Tagungsband „Stand der Emissionsminderung bei der Spanplattenherstellung" anläßlich der UTECH BERLIN '93, Eigenverlag FGU, Berlin 1993

[N.1.46] Marutzky, R.: Trocknungstechniken, derzeitiger Stand und zukünftige Anforderungen. Tagungsband „Stand der Emissionsminderung bei der Spanplattenherstellung" anläßlich der UTECH BERLIN '93, Eigenverlag FGU Berlin 1993

[N.1.47] Noack, D., Ruetze, M.: Mögliche Beteiligung von krebserzeugenden Arbeitsstoffen an der Entstehung von Nasenkrebs bei Beschäftigten im holzverarbeitenden Gewerbe. Holz als Roh- und Werkstoff 48 (1990) 179-184

[N.1.48] Wolf, J.: Holzstaub – Gesundheitsgefahren vermeiden. Holz Berufsgenossenschaft HBG-Mitteilungen 65 (1991) 17-26

[N.1.49] Bertling, L., Freytag, J., Fuß. M.: Reduzierung der Staubemissionen an spanenden Holzbearbeitungsmaschinen. HOB Holzbearbeitung 37 (1990) [7/8] 39-44, [9] 28-36, [10] 66-70 u. [11] 51-59

[N.1.50] Heisel, U., Weiss, E.: Entstehung, Erfassung und Messung von Holzstaub. HOB Holzbearbeitung 38 (1991) [7/8] 47-49

[N.1.51] Marutzky, R., Mehlhorn, L., May, H.A.: Formaldehydemissionen beim Herstellungsprozeß von Holzspanplatten. Holz als Roh- und Werkstoff 38 (1981) 329-335

[N.1.52] Deppe, H.-J., Ernst, K.: Technologie der Spanplattenherstellung. DRW-Verlag, Stuttgart 1991

[N.1.53] Obst, M., Ondratschek, D.: Verminderung der Emissionen beim Spritzlackieren. HOB Holzbearbeitung 37 (1990) [1/2] 53-54

[N.1.54] Böttcher, P., Schriever, E.: Formaldehydfreie Lackbeschichtungen für den Möbelbau. Holz-Zentralblatt 116 (1990) 690-691

[N.1.55] Hansemann, W.: Möbellackierung unter umweltgerechten Bedingungen. HOB Holzbearbeitung 39 (1992) [6] 36-38

[N.1.56] HDH Ratgeber Umwelt: Lösemittel-Ablufttreinigungsanlagen für Lackieranlagen in der Möbelindustrie. Eigenverlag Hauptverband der Deutschen Holz und Kunststoffe verarbeitenden Industrie und verwandter Industriezweige, Wiesbaden 1991

[N.1.57] Marutzky, R., Schriever, E.: Emissionen bei der Verbrennung von Holzspanplattenresten. Holz als Roh- und Werkstoff 44 (1986) 185-191

[N.1.58] Schriever, E.: Zur Bestimmung von Chlor und Schwefel in Holz und Holzwerkstoffen. Holz als Roh- und Werkstoff 42 (1984) 261-264

[N.1.59] Marutzky, R., Schriever, E., Strecker, M.: Chlorwasserstoffemissionen bei der Verbrennung von Holzreststoffen aus der Möbelherstellung. HK international Holz und Möbelindustrie 22 (1987) 1188-1193

[N.1.60] Nussbaumer, Th.: Stickoxide bei der Holzverbrennung. Heizung, Klima 12 (1989) 51-62

[N.1.61] Wiedmann, U.: Prozeßtechnische Perspektiven zur Emissionsminderung. Tagungsband „Stand der Emissionsminderung bei der Spanplattenherstellung" anläßlich der UTECH BERLIN '93, Eigenverlag FGU, Berlin 1993

[N.1.62] Nussbaumer, Th.: Sekundärmaßnahmen zur Stickstoffoxidminderung bei Holzfeuerungen. BWK 45 (1993) 483-488

[N.1.63] Stieglitz, L., Vogg, H.: On formation conditions of PCDD/PCDF in fly ash from municipal waste incinerators. Chemosphere 16 (1987) 1917-1922

[N.1.64] Hasberg, W., Römer, R.: Organische Spurenstoffe in Brennräumen von Anlagen zur thermischen Entsorgung. Chem.-Ing.-Technik 60 (1988) 435-443

[N.1.65] Vehlow, J.: Auftreten von Dioxinen bei der Holzverbrennung und Möglichkeiten der Minimierung. In: Marutzky, R. (Hrsg.): WKI-Bericht Nr. 22, 191-212, Eigenverlag Wilhelm-Klauditz-Institut, Braunschweig 1990

[N.1.66] Bröker, G., Geueke, K.-J., Hiester, E., Niesenhaus, H.: Emissionen polychlorierter Dibenzo-p-dioxine und furane aus Hausbrandfeuerungen. LIS Bericht Nr. 103, Eigenverlag Landesanstalt für Immissionschutz Nordrhein-Westfalen, Essen 1992

[N.1.67] Hasler, P., Nussbaumer, Th., Bühler, R.: Dioxinemissionen von Holzfeuerungen. Eigenverlag Bundesamt für Umwelt, Wald und Landschaft, Bern 1993

[N.1.68] Strecker, M., Marutzky, R.: Zur Dioxinbildung bei der Verbrennung von unbehandeltem und behandeltem Holz und Spanplatten. Holz als Roh- und Werkstoff 52 (1994) im Druck

[N.1.69] Nussbaumer, Th.: Anforderungen an umweltfreundliche Holzfeuerungsanlagen. Holz als Roh- und Werkstoff 49 (1991) 445-450

[N.1.70] Deppe, H.J.: Rundholzverwendung und Restholzrecycling. Forstarchiv 61 (1990) 10-14

[N.1.71] Willeitner, H.: Entsorgung von holzschutzmittelhaltigen Hölzern – eine kritische Übersicht. In: Marutzky, R. (Hrsg.): WKI-Bericht Nr. 22, 139-162, Eigenverlag Wilhelm-Klauditz-Institut, Braunschweig 1990

[N.1.72] Strecker M., Marutzky R.: Verbrennung von Holzresten. Tagungsband zum 7. ZAF-Seminar „Ist die thermische Abfallbehandlung vermeidbar", 303-317, Eigenverlag Technische Universität Braunschweig, Braunschweig 1992

[N.1.73] Bringezu, S., Voß, A.: Hinweise zur Entsorgung von holzschutzmittelbehandeltem Altholz. Müll und Abfall 9 (1993) 727-738

[N.1.74] Marutzky, R., Peek, R.-D., Willeitner, H.: Entsorgung von holzschutzmittelhaltigen Hölzern und Reststoffen. Informationsdienst Holz der Deutschen Gesellschaft für Holzforschung (DGfH), Eigenverlag München, Juli 1993

[N.1.75] Marutzky, R., Schmidt, W. (Hrsg.): Alt- und Restholz: Energetische und stoffliche Verwertung, Beseitigung, Verfahrenstechnik, Logistik, VDI-Verlag, Düsseldorf 1996

[N.1.76] Pohlandt, K., Marutzky, R.: Zusammensetzung und Eluierbarkeit von Aschen aus industriellen Feuerungsanlagen holzverarbeitender Betriebe. Holz als Roh- und Werkstoff 51 (1993) 193-196

[N.1.77] Obernberger, I.: Nutzung fester Biomasse in Verbrennungsanlagen unter besonderer Berücksichtigung des Verhaltens aschebildender Elemente. dbr-Verlag, Graz 1997

[N.2.1] Thoenes, H.W., Succow, M., Ewers, H.J., Henschler, D, Korff, W., Rehbinder, E.: Umweltgutachten 1994 des Rates von Sachverständigen für Umweltfragen, Drucksache 12/6995, Deutscher Bundestag – 12. Wahlperiode

[N.2.2] DIW: Ungebrochenes Wachstum des Pkw-Verkehrs erfordert verkehrspolitisches Handeln, Status-quo-Projektion des Personenverkehrs in der Bundesrepublik Deutschland bis 2010. Deutsches Institut für Wirtschaftsforschung, Wochenbericht 14/90

[N.2.3] Ahrens, G.-A. u.a.: Verkehrsbedingte Luft- und Lärmbelastungen – Emissionen, Immissionen, Wirkungen – Umweltbundesamt, Texte 40/91

[N.2.4] Lies, K.-H. u.a.: Nicht limitierte Automobil-Abgaskomponenten. Volkswagen AG, Wolfsburg 1988

[N.2.5] Schönwiese, C.-D.: Klimafaktor Mensch: Fakten, Risiken und Handlungsbedarf. Fortschrittsberichte VDI, Nr. 205, VDI-Verlag 1994

[N.2.6] Fachreihe Forschung und Technik – Ottokraftstoffe – Aral AG, Bochum, 1993

[N.2.7] Fachreihe Forschung und Technik – Dieselkraftstoff – Aral AG, Bochum, 1995

[N.2.8] Bosch Kraftfahrtechnisches Taschenbuch VDI-Verlag GmbH Düsseldorf

[N.2.9] VDA Auto 93/94, Jahresbericht VDA, Frankfurt

[N.2.10] Höhlein, B. u.a.: Energieumwandlungsketten für den Straßenverkehr im Vergleich. Energiewirtschaftliche Tagesfragen 43. Jg. (1993)

[N.2.11] AVL List GmbH: Motor und Umwelt, Zukünftige Antriebssysteme. Grazer Congress 1994

[N.2.12] Rheinisch-Westfälischer Technischer Überwachungs-Verein e.V.: Flüssiggas – ein Alternativkraftstoff. RWTÜV-Schriftenreihe, Heft 21 RWTÜV, Essen, 1983

[N.2.13] Voy, Ch. Überblick über den Stand des Elektroantriebs für Straßenfahrzeuge. Deutsche Automobilgesellschaft (DAUG), Braunschweig

[N.2.14] KFA, Forschungszentrum Jülich GmbH: Ergebnisbericht 1993 Forschungs- und Entwicklungsarbeiten 1993. Jülich, 1994

[N.2.15] Demel, H., Moser, F.X.: Möglichkeiten der Automobilindustrie zur Verminderung von klimarelevanten Emissionen. 15. Internationales Wiener Motorensymposium. VDI Fortschritts-Berichte Nr. 205

[N.2.16] Compilation of Air Pollutant Emission Factors, Volume II: Mobile Sources September 1985 U.S. Environmental Protection Agency (EPA)

[N.2.17] Motorischer Verkehr in Deutschland. Energieverbrauch und Luftschadstoffemissionen des motorischen Verkehrs in der DDR,

Berlin (OST) und der Bundesrepublik Deutschland im Jahr 1988 und in Deutschland im Jahr 2005. Institut für Energie und Umweltforschung Heidelberg, Fachbereich „Verkehr und Umwelt"

[N.2.18] Ilgmann, G., Miethner: Primärenergie im Verkehr Hamburg, 12/1991

[N.2.19] Jänisch, E.: Energieverbrauch und klimarelevante Emissionen: Der ICE im ökologischen Wettbewerb. Die Deutsche Bahn 9-10/1993

[N.2.20] Stöcker, U., Lecht, M.: Emissionen strahlgetriebener Luftfahrzeuge und Maßnahmen zur Begrenzung. Verkehrsnachrichten Heft: Mai/Juni 1994

[N.2.21] Berichte 6/89 Ermittlung der Abgasemissionen aus dem Flugverkehr über der Bundesrepublik Deutschland (Forschungsbericht 104 05 961 / UBA-FB 89-054) Umweltbundesamt

[N.2.22] Hünecke, K.: Flugtriebwerke. Ihre Technik und Funktion. Motorbuch Verlag, Stuttgart

[N.2.23] Umweltbelastung durch den zivilen Flugverkehr. Heutige Situation und mögliche Vorgehensweise zur Reduzierung der Emission von Flugtriebwerken. EB/ETWV Stand 1.4.1989 MTU München GMBH

[N.2.24] Annex 16 Volume II Aircraft Engine Emissions Second Edition 1993. International Civil Aviation Organisation (ICAO)

[N.2.25] Bodensee-Schiffahrtsordnug (BSO) Abgasvorschriften für Schiffsmotoren. Bayerisches Gesetz- und Verordnungsblatt Nr. 26/1991

[N.2.26] Teetz, Ch.: Maßnahmen zur Reduzierung der Abgasemissionen beim schnellaufenden Schiffsdieselmotor. Schiff & Hafen/Seewirtschaft, Heft 6/1993

[N.2.27] NO_x Emission Control at Sea, Schiff & Hafen 11/93

[N.3.1] Bundesverband des Schornsteinfegerhandwerks, Abteilung Technik: Emissionsstatistik 1992, Düsseldorf, 25.05.93

[N.3.2] Großhans, D.: Betriebserfahrungen an Gasbrennern und Gasmotoren mit NO_x-mindernden Maßnahmen - Teil 2 GWF Gas, Erdgas 133 (1992) Nr. 12, 617-625

[N.3.3] Umweltbundesamt: Jahresbericht 1991, Berlin

[N.3.4] Landesanstalt für Immissionsschutz, Nordrhein-Westfalen: LIS-Bericht Nr. 103 Emission polychlorierter Dibenzo-p-dioxine und -furane aus Hausbrand-Feuerungen, Essen, 1992

[N.3.5] Der Rat von Sachverständigen für Umweltfragen: Luftverunreinigungen in Innenräumen Sondergutachten, Mai 1987, Stuttgart, Mainz, W. Kohlhammer GmbH

[N.3.6] Brötzenberger, H.: Feldversuche zur Bestimmung von Emissionsfaktoren von Gasgeräten in Österreich GWF Gas, Erdgas 133 (1992) Nr. 2, 69-72

[N.3.7] Breton O., Eberhard, R.: Handbuch der Gasverwendungstechnik, Kap. 15, München, R. Oldenbourg Verlag GmbH, 1987

[N.3.8] Zullei-Seibert, N.: Pflanzenschutzmittel im Trinkwasser Entsorgungs-Technik, März/April 1993, 60-62

[N.3.9] Umweltbundesamt Jahresbericht 1990, 206-207 Berlin

[N.3.10] Bundesministerium für Umwelt, Naturschutz und Reaktorsicherheit: Internationale Ersatzstoff-Konferenz zu FCKW und Halonen, Umwelt, Nr. 5/1992, 189-192

[N.3.11] Eckrich, W.: Untersuchungen der Innenraumluft auf PCDD/PCDF in Wohngebäuden VDI Berichte Nr. 634, 193-202 VDI Verlag, Düsseldorf, 1987

[N.3.12] Statistisches Bundesamt, Abfallbilanz 1993 (vorläufig), Wiesbaden 1996

[N.3.13] Der Rat von Sachverständigen für Umweltfragen: Abfallwirtschaft, Kap. 3.2.1 Stuttgart: Verlag Metzler-Poeschel, 1991

[N.3.14] Bundesministerium für Umwelt, Naturschutz und Reaktorsicherheit: Entsorgung gebrauchter Batterien, Umwelt Nr. 5/1989, 232-233

[N.3.15] von Geldern, W.: Wege aus dem Wohlstandsmüll, Mainz, v. Hase & Köhler, 1993

[N.3.16] Umweltbundesamt: Daten zur Umwelt 1992/93 - Wasser, Berlin, Erich Schmidt Verlag, 1994

[N.3.17] Böhme, M.: Stoff oder Ersatzstoff - Phosphate in Waschmitteln sind weiter ein Irrweg, GWF Wasser, Abwasser 132 (1991) Nr. 7, 368-375

[N.3.18] Leymann, G.: Die Ersatzstoffproblematik am Beispiel phosphatfreier Waschmittel, GWF Wasser, Abwasser 132 (1991) Nr. 7, 361-368

[N.3.19] Bundesministerium für Umwelt, Naturschutz und Reaktorsicherheit: Pflanzenschädigende Wirkung ausgewählter Tenside Umwelt Nr. 9/1991, 395

[N.3.20] Hagendorf, U.: Organische Halogenverbindungen (AOX) aus diffusen Quellen im Haushalt (Papier, Geschirrspül- und Waschmaschinen), Korrespondenz Abwasser, Bd 39 (1992) 12, 1776-1783

[N.3.21] Schemel, H-J., Erbguth, W.: Handbuch

Sport und Umwelt, Aachen, Meyer & Meyer Verlag, 1992

[N.3.22] Bundesministerium für Umwelt, Naturschutz und Reaktorsicherheit: Gefährdung durch organo-zinnhaltige Antifoulinganstriche, Umwelt Nr. 12/1991, 560-561

[N.3.23] Koch, A., Zeiner, M., Feige, S., Harrer, B.: Campingurlaub in der Bundesrepublik Deutschland, Schriftenreihe des Deutschen Wirtschaftswissenschaftlichen Instituts für Fremdenverkehr an der Universität München, Heft 40, München 1990

[N.3.24] Fluk, W. Engler, H.-G.: Untersuchungen zur Bewertung unterschiedlicher Toilettensysteme aus hygienischer Sicht, Forschungsbericht 103 01 253, Umweltforschungsplan des Bundesminsters für Umwelt, Naturschutz und Reaktorsicherheit, 1991

[N.3.25] Fluk, W., Philipp, W., Strauch, D.: Überprüfung der bakteriologischen Wirksamkeit von Additiven für Chemikalientoiletten nach den Richtlinien der Deutschen Veterinär-medizinischen Gesellschaft (DVG), FORUM STÄDTE-HYGIENE 43 (1992) Nr. 6, 291-296

[N.3.26] Schenke, H.-D.: Chemische Zusammensetzung von Sanitärflüssigkeiten in Chemikalien-Toiletten – Gesetzliche Regelungen, FORUM STÄDTE-HYGIENE 43 (1992) Nr. 6, 287-290

[N.3.27] Länderarbeitsgemeinschaft Abfall: Vermeidung und Entsorgung von Abfällen aus öffentlichen und privaten Einrichtungen des Gesundheitsdienstes, Mitteilungen der Länderarbeitsgemeinschaft Abfall (LAGA) Nr. 18, Berlin, Erich Schmidt Verlag, 1991

[N.3.28] Der Rat von Sachverständigen für Umweltfragen: Abfallwirtschaft, Kap. 5.4.4 Stuttgart: Verlag Metzler-Poeschel, 1991

[N.3.29] Hodecek, P.: Medizinische Abfälle hygienisch entsorgen, UMWELT Bd. 21 (1991) Nr. 4, 201-203

[N.3.30] Staeck, F.: Infektiösen Klinikmüll vor Ort entgiften, UMWELT Bd. 24 (1994) Nr. 4, 158

[N.3.31] Deutsche Krankenhausgesellschaft: Umweltschutz im Krankenhaus, Düsseldorf, Deutsche Krankenhaus Verlagsges. 1993

[N.3.32] Sebekow, S.: Abwasserentsorgung aus Krankenhäusern, Gesundheits-Ingenieur-Haustechnik-Bauphysik Umwelttechnik 113 (1992) Heft 6, 312-317

[N.3.33] Bundesamt für Statistik: Statistisches Jahrbuch 1993, Wiesbaden

[N.3.34] Krieg, H.-U.: PCB in Baustoffen und in der Raumluft – wann muß saniert werden?" in Innenraumbelastungen: Erkennen, Bewerten, Sanieren, Friedhelm Diel (Hrsg.) Wiesbaden und Berlin, Bauverlag GmbH, 1993

[N.3.35] Zwiener, G.: Asbest – Erkennen und Bewerten, in Innenraumbelastungen: Erkennen, Bewerten, Sanieren, Friedhelm Diel (Hrsg.) Wiesbaden und Berlin, Bauverlag GmbH, 1993

[N.3.36] Kruse, H.: Formaldehyd in Innenraumbelastungen: Erkennen, Bewerten, Sanieren, Friedhelm Diel (Hrsg.), Wiesbaden und Berlin, Bauverlag GmbH, 1993

[N.3.37] Weinert, I.: Lebensmittelreste verwerten, UMWELT Bd. 23 (1993) Nr. 10, 548-550

[N.3.38] Seidel, M.: Motorisch betriebene Blockheizkraftwerke (BHKW), BWK, Bd. 46 (1994) Nr. 4, 166-169

[N.3.39] Brummel, F.: Die Auswirkungen der pH-Wert-Korrektur auf die Zusammensetzung und die Pufferkapazität des Beckenwassers, Archiv des Badewesens, Heft 5/83, 166-169

[N.3.40] Roeske, W.: Desinfektion von Schwimmbeckenwasser, Archiv des Badewesens, Heft 4/82, 122-127

[N.3.41] Pischinger, F.: Blockheizkraftwerke und Wärmepumpen – Zukunftsmärkte der Technik – BWK, Bd. 45 (1993) Nr. 11, 470-472

[N.3.42] Großhans, D.: Betriebserfahrungen an Gasbrennern und Gasmotoren mit NO_x-mindernden Maßnahmen – Teil 3, GWF Gas, Erdgas 134 (1993) Nr. 3, 151-158

[N.3.43] Lutz, A. J.: Anwendung von Katalysatoren zur Reinigung von Motorabgasen, GWF Gas, Erdgas 132 (1991) Nr. 12, 533-538

[N.3.44] Koebel, M., Elsener, M., Eichler, H.P.: Stickstoffoxidminderung bei stationären Dieselmotoren mittels SCR und Harnstoff als Reduktionsmittel, UMWELT Bd. 21 (1991) 1/2, E24-E32

[N.3.45] Scherer, R.: Konzept zur Rauchgasreinigung bei schwerölbetriebenen Motorheizkraftwerken, BWK Bd. 45 (1993) Nr. 11, 473-476

[N.3.46] Lahl, U., Zeschmar-Lahl, B., Jager, J.: Schadstofffreisetzung aus Hausmülldeponien, WLB Wasser, Luft und Boden, Bd. 35 (1991) 1/2, 64-66

[N.3.47] Funk, R.: Deponiegasnutzung am Beispiel Freiburg, GWF Gas, Erdgas 133 (1992) Nr. 10/11, 517-521

[N.3.48] Stadtfeld, R.: Die Entwicklung der öffentlichen Wasserversorgung 1970-1990, GWF Wasser, Abwasser 132 (1991) Nr. 12, 660-670

[N.3.49] Dickgreber, M.: Nitratentfernung bei der Trinkwasseraufbereitung mittels heterotroph-aquatischer Mikroorganismen in Festbettreaktoren, GWF Wasser, Abwasser 134 (1993) Nr. 3, 143-151

[N.3.50] Roennefarth, K.W.: Herkunft der Schlämme, Schlammanfall und Schlammbeschaffenheit in Abhängigkeit von Rohwassertyp und Wasseraufbereitungsverfahren, DVGW-Schriftenreihe Wasser Nr. 50 (1986) 45-51, Eschborn, DVGW, 1986

[N.3.51] Ließfeld, R., Koppers, H.M.M.: Die Entsorgung von Wasserwerksschlämmen: Probleme und Lösungsmöglichkeiten, DVGW-Schriftenreihe Wasser Nr. 50 (1986) 217-230, Eschborn, DVGW, 1986

[N.3.52] Such, W.: Verwertung und Ablagerung, DVGW-Schriftenreihe Wasser Nr. 50 (1986) 95-108, Eschborn, DVGW, 1986

[N.3.53] Eckhardt, H., Dibbets, G.: Charakterisierung der Schlämme für die natürliche Entwässerung, DVGW-Schriftenreihe Wasser Nr. 50 (1986) 71-88, Eschborn, DVGW, 1986

[N.3.54] Bramkamp, F.B., Richter, H.-G.: Die Entwicklung der Gaswirtschaft in der Bundesrepublik Deutschland im Jahre 1992, Teil 2: Statistischer Jahresbericht des Referats Gaswirtschaft, GWF Gas, Erdgas 134 (1993) Nr. 9, 427-467

[N.3.55] Jüntgen, H., van Heek, H.H.: Kohlevergasung, Grundlagen und technische Anwendung, Thiemig Taschenbücher, Band 94, München, Verlag Karl Thiemig, 1981

[N.3.56] Beckervordersandforth, Chr.P., Hofmann, G.: Technologien zur Förderung und Lieferung von Erdgas, GWF Gas, Erdgas 134 (1993) Nr. 11, 560-565

[N.3.57] Hoffmann, J.: Grabenlose Sanierung „No-dig", Einzigartige Alternative zur konventionellen Rohrauswechslung, GWF Gas, Erdgas 134 (1993) Nr. 11, 574-579

[N.3.58] Schwab, H., Kretzschmar, H.-J., Frei, J.: Gasqualitätsprobleme bei der unterirdischen Speicherung von Stadt- und Erdgasen, GWF Gas, Erdgas 133 (1992) Nr. 1, 25-31

[N.3.59] Schünzel, H., Frei, J., Schwab, H., Kasper, H.: Erfahrungen aus der Betriebskontrolle an Gastrocknungsanlagen von Untertagespeichern in Ostdeutschland, GWF Gas, Erdgas 134 (1993) Nr. 1, 14-20

[N.3.60] Fasold, H.-G., Wahle, H.-N.: Die Berechnung des Antriebsverbrauchs für Erdgasferntransportsysteme, GWF Gas, Erdgas 134 (1993) Nr. 7, 321-331

[N.3.61] DVGW-Arbeitsblatt G 491: Gas-Druckregelanlagen für Eingangsdrücke über 4-100 bar-Planung, Fertigung, Errichtung, Prüfung, Inbetriebnahme, DVGW Deutscher Verein des Gas- und Wasserfachs 3/1992

[N.3.62] Eberhard, R., Hüning, R. (Hrsg.): Handbuch der Gasversorgungstechnik – Gastransport, Gasverteilung, München, R. Oldenbourg Verlag GmbH, 1984

[N.3.63] Seddig, H.: Kombination eines Blockheizkraftwerkes und einer Expansionsmaschine zur Erdgasentspannung, GWF Gas, Erdgas 133 (1992) Nr. 7, 320-326

[N.3.64] Schmitz, H., Willmroth, G.: Magnetgelagerte Turbogeneratoren (MTG), Ersteinsatz in einer Erdgasübernahmestation der EWV Stolberg, GWF Gas, Erdgas 135 (1994) Nr. 3, 125-130

[N.3.65] Hentze, D., Zöllner, W.: Qualitätsanforderungen an Stadtgas nach TGL 28049 und Konsequenzen für die Gasgeräte, GWF Gas, Erdgas 132 (1991) Nr. 1, 31-35

[N.3.66] Puxbaumer, H., Klapputh, S., Quaschning, G.: Stadtgas- und SNG-Erzeugung in Berlin bis zur Jahrtausendwende, GWF Gas, Erdgas 134 (1993) Nr. 1, 1-8

[N.3.67] Buttker, B., Rabe, W.: Die Reststoffverwertung durch Vergasung in der Energiewerke Schwarze Pumpe AG, Energieanwendung + Energietechnik 42 (1993) 8, 393-397

[N.3.68] Kalte, P., Nolting, B.: Stickstoff- und Phosphorelimination – Messen und Regeln, UMWELT, Bd. 21 (1991) Nr. 6, 317-320

[N.3.69] Dichtl, N.: Kombinierte Verfahren zur Schlammstabilisierung, UMWELT, Bd. 19 (1989) Nr. 3, 117-123

[N.3.70] Peschen, N.: Phosphate eliminieren, UMWELT, Bd. 21 (1991) Nr. 3, 129-131

[N.3.71] Bartl, J., Wacker J.: Phosphate biologisch eliminieren, UMWELT, Bd. 21 (1991) Nr. 6, 328-330

[N.3.72] Deutsche Babcock Anlagen AG: Handbuch Wasser, Essen, Vulkan Verlag, 1988

[N.3.73] Kersting, U.: Biofilter in Kläranlagen, UMWELT, Bd. 19 (1989) Nr. 10, 511-513

[N.3.74] Der Rat von Sachverständigen für Umweltfragen: Abfallwirtschaft Kap. 3.2.5, Stuttgart, Verlag Metzler-Poeschel, 1991

[N.3.75] Diez, T.: Landwirtschaftliche Klärschlammverwertung in den 90er Jahren – Nutzen und Risiken, Berichte aus Wassergüte und Abfallwirtschaft, Technische Universität München, Bd. 110, 1992, 53-67

[N.3.76] Hohnecker, H.G.: Gibt es zeitgemäße Alternativen zur thermischen Entsorgung von Klärschlämmen? GWF Wasser, Abwasser 133 (1992) Nr. 4, 205-211

[N.3.77] Poletschny, H.: Dioxine im Klärschlamm, UMWELT, Bd. 19 (1989) Nr. 3, 102-104

[N.3.78] Klöpfer, W., Rippen, G., Gihr, R., Partscht, H., Stoll, U., Müller, J.: Untersuchungen über mögliche Quellen der polychlorierten Dibenzodioxine und Dibenzofurane in Klärschlämmen, Forschungsbericht 103 03 351, UBA-FB92-023, Umweltforschungsplan des Bundesministers für Umwelt, Naturschutz und Reaktorsicherheit, Berlin 1992

[N.3.79] Jäck, S., Meyer, K.: Grundwasser, Trinkwasser, Abwasser, UMWELT, Bd. 23 (1993) Nr. 4, 174-176

[N.3.80] Stein, D.: Sind undichte Kanalisationen eine bedeutende Schadstoffquelle für Boden und Grundwasser, Wasser Berlin 89, 330-340, Berlin, Erich Schmidt Verlag, 1990

[N.3.81] Dippold, C.: Kanäle mobil und fernbedient sanieren, UMWELT, Bd. 24 (1994) Nr. 1/2, 38-40

[N.3.82] Der Rat von Sachverständigen für Umweltfragen: Abfallwirtschaft, Kap. 3.2, Stuttgart, Verlag Metzler-Poeschel, 1991

[N.3.83] Kotte, G.: Straßen- und Wegekehrmaschinen, Straßen- und Städtereinigung, Entsorgungspraxis-Spezial (1990) No. 3, 19-26

[N.3.84] Umweltbundesamt: Jahresbericht 1990, 164-165 Berlin

[N.3.85] Lang, St.: Ein neues Verfahren zur Aufbereitung von abstumpfenden Streustoffen Ausstellerforum IFAT 90, Dokumentation 2/90, 121-122 München, Kommunalschriftenverlag J. Jehle München GmbH, 1990

[N.3.86] Bernhardt, U.: Straßenreinigung und Winterdienst Ausstellerforum IFAT 90, Dokumentation 2/90, 111-113 München, Kommunalschriftenverlag J. Jehle München GmbH, 1990

[N.3.87] Der Rat von Sachverständigen für Umweltfragen: Abfallwirtschaft, Kap. 3.1.3 Stuttgart: Verlag Metzler-Poeschel, 1991

[N.3.88] Deutscher Bundestag: Drucksache 11/6134, vom 18.12.1989

[N.3.89] von Geldern, W.: Wege aus dem Wohlstandsmüll Mainz, v. Hase & Köhler, 1993

[N.3.90] Kielburger, G., Schmitz, H.J.: Thermische Behandlung von Restmüll WLB Wasser, Luft und Boden 7-8/1993, 60-71

[N.3.91] Hauk, R., Poller, J.: Vergasungsverfahren für Abfälle VGB Fachtagung Thermische Abfallverwertung 1993, Essen 1993

[N.3.92] Bau und Betrieb der Müllverwertungsanlage Bonn BWK/TÜ/UMWELT-SPECIAL, Okt. 1993, E11-E16

[N.3.93] Schingnitz, M., Lorson, H., Göhler, P.: Die Verwertung von Rest- und Abfallstoffen durch Druckvergasung in der Flugwolke, Abfallwirtschafts-Journal 5 (1993) Oktober

[N.3.94] Mielke, H., Woelke, M.: Müllverstromung in der zirkulierenden Wirbelschicht, UMWELT Bd. 21 (1991) 10, V40 – V45

[N.3.95] Stahlberg, R.: Thermoselect-Energie- und Rohrstoffgewinnung aus Restabfall in Karl J. Thomé-Kozmiensky: Sonderabfallwirtschaft, Berlin: EF-Verlag für Energie- und Umwelttechnik GmbH, 1993, 337-351

[N.3.96] Keldenich, K.: Großtechnische Anwendung der DBI-Pyrolysetechnik Abfallwirtschafts-Journal 3 (1991) 12, 829-834

[N.3.97] Redepenning, K.-H.: Die thermische Kunststoffaufbereitung VGB Fachtagung Thermische Abfallverwertung 1993, Essen, 1993

[N.3.98] Ahrens-Botzong, R., Redmann, E.: Das Schwel-Brenn-Verfahren: Restmüllbehandlung wie die Abfallpolitik vorgibt, BWK, Bd. 45 (1993) 5, 225-228

[N.3.99] Kaminsky, W., Sinn, H., Rößler, H.: Pyrolyse von Elastomeren und Gummi zur Werkstoffrückgewinnung, Kautschuk + Gummi Kunststoffe 44 (1991) 9, 846-851

[N.3.100] Bundesministerium für Umwelt, Naturschutz und Reaktorsicherheit: Perspektiven der biologischen Abfallbehandlung, Umwelt Nr. 10/1992, 401

[N.3.101] Emberger, J.: Bioabfälle kompostieren, UMWELT Bd. 22 (1992) 11/12, 662-664

[N.3.102] Müller, G.: Biomüll sammeln und kompostieren, UMWELT Bd. 19 (1989), 4, 187-191

[N.3.103] Länderarbeitsgemeinschaft Abfall (LAGA): Merkblatt 10 Qualitätskriterien und Anwendungsempfehlungen für Kompost aus Müll und Müllklärschlamm, Berlin, Erich Schmidt Verlag GmbH, 1985

[N.3.104] Umweltbundesamt: Daten zur Umwelt 1992-93 – Abfall. Berlin, Erich Schmidt, 1994

[N.3.105] Först, C.: Chlorierte Kohlenwasserstoffe im Sickerwasser, UMWELT Bd. 19 (1989) 11/12, 570-572

[N.3.106] Hagen, K., Kretzschmar, W., Scharff, K.: Verfahren zur Behandlung hochbelasteter Deponiesickerwässer, GWF Wasser, Abwasser 134 (1993) Nr. 4, 208-212

[N.3.107] Rudolph, K.-U., Köppke, K.-E.: Deponiesickerwässer reinigen, UMWELT Bd. 19 (1989) Nr. 7/8, 396-401

[N.3.108] Kasper, K.J., Stahlberg, R.: Thermoselect, Neue Generation der thermischen Abfallverwertung (Sonderdruck), Thermoselct Südwest, Karlsruhe 1997

Ergänzende Literatur

1. Allgemeine Verwaltungsvorschrift zum Bundesimmissionsschutzgesetz – Technische Anleitung zur Reinhaltung der Luft (TA Luft) – 27.02.1986
4. Verordnung zur Durchführung des Bundesimmissionsschutzgesetzes (4. BImSchV) vom 22.04.1993
Bach, M., u. Frede, H.-G.: Zur Konzeption des Gewässerschutzes in der Landwirtschaft. Ber.üb.Landw. 73, 345-353, 1995 (zu 4.1.2.1 a)
Bank, M.: Basiswissen Umwelttechnik, 1. Aufl. Würzburg: Vogel, 1993
Baum, F.: Luftreinhaltung in der Praxis, München: Oldenbourg 1988
Bibliothek des Leders, 10 Bände. H. Herfeld (Hrsg.), Umschau-Verlag, Frankfurt 1984
Brennelementlager Gorleben GmbH, BLG, Pilot-Konditionierungsanlage Gorleben (1992)
Brunnert, H.: Der Stellenwert von Land- und Forstwirtschaft im Kohlenstoff-Kreislauf. Ber.üb.Landw. 74, 44-65, 1996 (zu 4.1.2.3, 4.2.2.2 u. 4.3.2)
Büchner, U.; Schliebs, R.; Winter, G.; Büchel K. H.: Industrielle anorgnische Chemie, Verlag Chemie Weinheim 1984
Dämmgen, U., u. Rogasik, J.: Einfluß der Land- und Forstbewirtschaftung auf Luft und Klima. In: Linckh, G. et al. (s.u.), 121-154, 1996 (zu 4.1.2.1 c, 4.3.1)
Enquête-Kommission „Schutz der Erdatmosphäre" des Deutschen Bundestages (Hrsg.): Schutz der grünen Erde. Bonn: Economica Verlag 1994 (zu 4.1.2.1 c, 4.2.2.2, 4.3.1, 4.3.2)
Fachzeitschriften: „Das Leder", Roether Verlag Darmstadt; „Leder- und Häutemarkt", Umschau-Verlag, Frankfurt
Faustzahlen für Landwirtschaft und Gartenbau, hrsg. v.d. Hydro Agri Dülmen GmbH (J. Quade). 12. Aufl. Münster: Landwirtschaftsverlag 1993
Fleischer, E.: Zur Einordnung der Nutztierhaltung in die aktualisierte nationale Stickstoffbilanz des Bereichs Landwirtschaft. Zeitschr.f.angew.Umweltforschung 9, 86-101, 1996 (zu 4.2.2.1, 4.3.1)
Frede, H.-G.: Stoffeinträge aus der Landwirtschaft in die Gewässer. Meinungen zur Agrar- und Umweltpolitik 30, 79-90, 1996 (zu 4.1.2.1 a-b)
Fuchs, C., Jene, B., Murschel, B., u. Zeddies, J.: Bilanzierung klimarelevanter Spurengase CO_2 und N_2O sowie Möglichkeiten der Emissionsminderung im Ackerbau. Agrarwirtschaft 44, 175-190, 1995 (zu 4.1.2.1 c, 4.1.2.3)
Gesetz über Medizinprodukte (Medizinproduktgesetz – MPG), 02.08.1994
Gesetz zum Schutz vor schädlichen Umwelteinwirkungen durch Luftverunreinigungen. Geräusche, Erschütterungen und ähnliche Vorgänge (Bundesimmissionsschutzgesetz – BImSchG) vom 14.05.1993
Hahn-Meitner-Institut Berlin GmbH Abteilung Strahlenschutz Jahresbericht 1992 zur Umgebungsüberwachung des Forschungsreaktors BER II (1993)
Haas, G., Geier, U., Schulze, D.G., u. Köpke, U.: Klimarelevanz des Agrarsektors der Bundesrepublik Deutschland: Reduzierung der Emission von Kohlendioxid. Ber.üb.Landw. 73, 387-400, 1995 (zu 4.1.2.3, 4.3.2)
Haber, W., u. Salzwedel, J.: Umweltprobleme der Landwirtschaft. Sachbuch Ökologie. Stuttgart: Metzler-Poeschel 1992
Heinemann, K. u.a. Radioaktive Emissionen und potentielle Strahlenexposition im Bereich des Forschungszentrums Jülich im Jahre 1992 ASS.-Bericht Nr. 0571 (1993)
Hollmann, A, Brennecke, P: Radioaktive Abfallmengen in Deutschland 1991, Atomwirtschaft, April 1993, S. 276 ff.
Isermann, K.: Nährstoffbilanzen und aktuelle Nährstoffversorgung der Böden. Ber.üb.Landw., Sonderheft 207 (Bodennutzung und Bodenfruchtbarkeit, Band 5: Nährstoffhaushalt), 15-54, 1993 (zu 4.1.2.1)
Isermann, K.: Ammoniak-Emissionen der Landwirtschaft, ihre Auswirkungen auf die Umwelt und ursachenorientierte Lösungsansätze sowie Lösungsaussichten zur hinreichenden Minderung. Pflichtenheft zur Studie E: Ammoniak, Studienprogramm „Landwirtschaft" der Enquête-Kommission „Schutz der Erdatmosphäre" des Deutschen Bundestages. 250 S. 1993 (zu 4.2.2.1, 4.3.1)
Kleinhorst, H.: Thalliumemissionen aus Zementdrehofen-Anlagen – Gedanken zur Festlegung von Emissionsgrenzwerten für Thalliumverbindungen. Staub, Reinh. Luft 40 (1980), Nr. 1, S. 26/29
Kleinhorst, H.: Emissionen und Immissionen umweltrelevanter Spurenelemente – Bedeutung und behördliche Regelung. Zement-Kalk-Gips 34 (1981) 522/29
Klusmann, A., Völcker, H.. Brennelemente von Kernreaktoren, Thiemig-Taschenbücher, Bd. 25 Thiemig München (1969)

Linckh, G., Sprich, H., Flaig, H., u. Mohr, H. (Hrsg.): Nachhaltige Land- und Forstwirtschaft. Expertisen. Berlin/Heidelberg: Springer 1996

Locher, F. W.: Entwicklung des Umweltschutzes in der Zementindustrie, Zement-Kalk-Gips 42, (1989), Nr. 3, S. 120-127

Meyer, R., Jörissen, J., u. Socher, M.: Vorsorgestrategien zum Grundwasserschutz für den Bereich Landwirtschaft. Teilbericht I zum TA-Projekt „Grundwasserschutz und Wasserversorgung". TAB-Arbeitsbericht Nr. 17. 277 S. Bonn: Büro für Technikfolgen-Abschätzung beim Deutschen Bundestag (zu 4.1.2.1 a-b, 4.3.1)

Rat von Sachverständigen für Umweltfragen: Umweltprobleme der Landwirtschaft. Sondergutachten. Stuttgart/Mainz: Kohlhammer 1985

Reiners, C., Streffer, C., Messerschmidt, O.: Strahlenrisiko durch Radon Strahlenschutz in Forschung und Praxis, Band 33. Fischer Stuttgart (1992)

Reinigung von Glaswannen-Abgasen, Lurgi-Info 1586 (1992)

Stahr, K., u. Stasch, D.: Einfluß der Land- und Forstbewirtschaftung auf die Ressource Boden. In: Linckh, G., et al. (s.o.), 77-119, 1996

Statistisches Jahrbuch 1995 für die Bundesrepublik Deutschland, hrsg. v. Statistischen Bundesamt. Stuttgart: Metzler-Poeschel 1995

Statistisches Jahrbuch über Ernährung, Landwirtschaft und Forsten der Bundesrepublik Deutschland 1995, hrsg. v. Bundesministerium f. Ernährung, Landwirtschaft u. Forsten (Abt. 2, M. Schmidt). Münster: Landwirtschaftsverlag 1995

Ullmann's Enyclopedia of Industrial Chemistry VOL A 17 Nuclear Technology, VCH-Verlag Weinheim (1991)

Ullmann's Enyclopedia of Industrial Chemistry (5. Edition), VCH-Verlag Weinheim
VOL A 1 Bauxite (1985)
VOL A 5 Cement and Concrete (1986)
VOL A 4 Gysum (1985)
VOL A 12 Glass (1989)
VOL A 15 Lime and Limestone (1990)

Weber; E., Brocke: Apparate und Verfahren der industriellen Gasreinigung, Band 1: Feststoffabscheidung, Oldenbourg, München 1973

Wendland, F., Albert, H., Bach, M., u. Schmidt, R. (Hrsg.): Atlas zum Nitratstrom in der Bundesrepublik Deutschland. Berlin/Heidelberg: Springer 1993 (zu 4.1.2.1 a)

Wienacker, E.-L.: Gene und Klone, Verlag Chemie, 1984. Prowald, K.: Gentechnik, Südwest Verlag, 1994. Bundesrepuplik Deutschland: Gesetz zur Regelung von Fragen der Gentechnik, 20.06.1990 (und Ergänzungen)

Wienacker-Küchler, Chemische Technologie, (4. Auflage, 1983), Carl Hanser Verlag, München

Zement-Taschenbuch, Hrsg. Verein Deutscher Zementwerke e.V., Düsseldorf

RL VDI 2262 Staubbekämpfung am Arbeitsplatz (1993, Blatt 1; 1997, Blatt 2; 1994, Blatt 3)
2264 Betrieb und Wartung von Entstaubungsanlagen (1994)
2578 Auswurfbegrenzung: Glashütten (1997)
3677 Filternde Abscheider (1997)
3678 Elektrische Abscheider (1997)
2094 Emissionsminderung: Zementwerke (1985)
2584 Emissionsminderung von Natursteinaufbereitungsanlagen in Steinbrüchen (1997)

Sachverzeichnis

1. Allgemeine Verwaltungsvorschrift L-5
2. Allgemeine Verwaltungsvorschrift L-5
3. Störfall-Verwaltungsvorschrift L-46
3-Wege-Katalysator N-100
4. BImSchV L-55
^{40}K J-38

α-Strahler N-26
α-Strahlung J-38
α-Teilchen D-55, M-84, N-19
Abbau
-, biologischer H-107
- polymerer Stoffe
-, acetogene Phase G-100
--, Hydrolysephase G-99
--, methanogene Phase G-100
--, Versäuerungsphase G-99
Abbaubarkeit F-74, J-78
Abbaugeschwindigkeit, mikrobielle F-74
Abbaukinetik G-127
Abdeckung G-202
Abdichtung
-, Asphaltbeton- J-53
-, Kombinations- J-53
-, Kunststoff- J-53
-, mineralische J-53
-, vertikale J-49
-, Systeme J-53
Aberration D-59
Abfall B-37, E-1, N-128
- Garten- H-105
- Potential H-4
- Prognose H-98
- zur Beseitigung B-38, H-1
- zur Verwertung H-1, B-38
-, Abgabe B-10
-, Analyse H-4
-, Arten H-2

-, Ausfuhr von B-44
-, Beauftragter B-42
-, Begriff
--, objektiver B-38
--, subjektiver B-38
-, Behandlung, thermische H-21
-, Behörde B-42
-, Beseitigung C-8
-, Besitzer B-40
-, besonders überwachungsbedürftig H-1
-, Bilanz B-41
-, Bio- H-105
-, Biotonne H-105
-, Einfuhr von B-44
-, Erzeuger B-40
-, Gesetz J-1, J-26, M-49
-, Gewerbe B-40
-, Grün- H-15, H-39, H-105
-, Küchen- H-105
-, Mengen H-3
--, Prognose H-4
--, Struktur H-97
-, nicht überwachungsbedürftig H-1
-, nichtwärmeerzeugender alphastrahlender N-33
-, organischer H-105
-, radioaktiver B-30f.
-, Sammlung H-34
-, Transport H-34
-, überwachungsbedürftiger H-1, B-38
-, Verbrennung H-55
-, Verbringung von B-44
-, Vermeidung H-99
-, Verwertung H-100
-, wärmeerzeugender N-33
-, Wirtschaftskonzept B-41, H-95–H-97
-, Zusammensetzung H-97
Abfallwirtschafts- und Kreislaufgesetz G-197
Abfluß
-, Bildung G-44
-, Erhöhung G-2
-, Modelle G-43
-, Querschnitt G-37
-, Transformation G-44
Abgas B-22
-, Behandlung G-85
-, Kanal M-3
-, Komponente N-63
-, Nachbehandlung N-65
-, Zertifikation im Flugverkehr N-84
Ablagerungen G-26
Ablauforganisation L-48
Ableitung G-36
Ableitvorrichtung L-41
Ablösung G-81
Abluft G-208
-, Behandlungsanlage G-206
-, Emissionen H-123
-, Erfassung H-111
-, Kamine G-202
-, Konzentration F-77
-, Reinigung G-206
--, Bemessung G-206
--, biologische H-123
--, biologische Verfahren F-73
-, Volumenströme G-209
Abluft- und Sickerwasseremissionen H-121
Abluftfassung und -reinigung G-200
Abraumhalde N-27
Abreinigungseffektivität F-30
Abreinigungsfilter F-28
Absaugung G-202
Abscheidegrad F-19f., F-22, F-25, F-30
- am Einzeltropfen F-21
Abscheideleistung G-61

Sachverzeichnis | S-1

Abscheidemechanismus F-28
Abscheidemedium F-54
Abscheider
-, Benzin- G-68
-, elektrischer F-6, F-7, F-32
-, Fett- G-67
-, filternde F-6, F-7
-, Fliehkraft- F-11
-, Gegenstrom- F-8
-, Hochleistungs- F-25
-, Hochleistungsstaub- H-30
-, Koaleszenz- G-68
-, Lamellen- F-10
-, Leichtflüssigkeits- G-67
-, Leichtstoff- G-54, G-67
-, Massenkraft- F-6f.
-, Querstrom- F-9
-, Rohr-Umlenk- F-10
-, Schwerkraft- F-8
-, Tropfen- F-19, F-27f.
-, Umlenk- F-9
-, Venturi- F-57
-, Zyklonabscheider F-11
Abscheideverfahren, chemisches F-1
Abscheidewirksamkeit F-28
Abscheidung von $HgCl_2$ F-51
Abschirmkegel F-12f.
Abschirmung K-7
Abschott- und Entlastungssystem (AES) L-38
Abschottung, gezielte L-38
Absetzbecken G-54, G-62, G-67, N-27
-, Bemessung G-65
-, horizontal durchströmtes G-63
-, rechteckiges G-63
-, rundes G-63
-, Sonderformen G-65
-, vertikal durchströmtes G-64
Absetzkipper H-35
Absetzteiche G-118
Absorbens F-52, F-54
-, geschmolzenes Salz F-55
Absorber F-55
-, Bauarten F-56
-, Füllkörperkolonne F-56
-, Injektor- F-56
-, Oberflächen- F-56
-, Rieselrohr- F-56
-, Sprüh- F-56
-, Teller- F-56
-, Venturi- F-56
-, Wirbelschicht- F-56
-, Zentrifugal- F-56
Absorption F-41, F-42, J-101
- in tiefkaltem Lösemittel M-17
-, chemische F-1

-, physikalische F-1, F-52
-, Anlagen F-56
-, Energie F-52
-, Gleichgewicht F-58
-, Kinetik F-2, F-58
-, Kombinationen F-54
-, Lösung M-8
-, Verfahren F-52
-, Wärme F-52
Absorptiv F-52
-, anorganisches F-54
-, organisches F-54
Absperrarmatur L-33
Abstandserlaß G-201
Abtrennung J-86
-, mechanische J-101
Abwärmenutzung B-17
Abwasser B-39, B-47, D-41, J-104, M-44, M-46
-, Abgabe B-53
-, Abgabengesetz G-29
-, alkalisch G-70
-, Anfall G-40
-, Anlage, öffentliche G-70
-, Behandlungsanlage B-52
-, Inhaltsstoffe G-92
-, Komponenten G-86
-, Menge N-53
-, Pumpwerk G-45
-, Reinigung J-104
--, mechanische Verfahren G-54
--, naturnahe Verfahren G-116
-, Teiche, unbelüftete G-118
-, Verordnung B-47
-, Verteilung G-63
Abwehrpflicht B-17
Acetaldehyd D-11
Acetat G-100
Acetogene Phase G-186
AcetV L-3
Ackerbau N-116, N-121, N-127f., N-131
Ackerböden D-40f., D-43
Acrylnitril M-18
Additives System H-40
Additivzugabe N-48
Addukte D-24
Adsorbens F-41
-, Wirkung G-79
Adsorbentien F-44, F-47
-, charakteristische Daten F-48
Adsorber F-49
-, Auswahlkriterien F-57
-, Festbett- F-49
-, Flugstrom- F-49
-, Rotations- F-49
-, Wanderbett- F-49
-, Wirbelbett- F-49, F-56

-, Harze G-81
-, Materialien G-80
-, Oberfläche G-80
Adsorbierbare organische Halogene (AOX) M-74
Adsorption F-41f., F-51, G-79, G-85, J-8, J-101
-, Belebungsverfahren G-140
-, Energie F-44
-, Filter H-30
-, Isotherme F-44
-- nach Freundlich F-46
-, Mechanismus F-46
-, Prozeß F-50f.
-, technische Gestaltung G-81
-, Verfahren F-44, F-51, G-79
Adsorptive F-44
Aerosol D-7, D-11, G-197, G-198, G-202, N-24
-, Bildung G-204
--, Vermeidungsmaßnahmen G-204
-, Emissionen G-203
--, epidemiologische Aspekte der G-203
-, Fracht G-203
-, Konzentrationen, Meßverfahren G-203
-, Schicht, natürliche D-7
AG-Aufbereitungsanlage H-53
Agenda 21 A-2
Air-Quality Criteria D-35
Akkumulator, tragbarer J-33
A-Kohle G-80
Aktivierungsenergie F-44
Aktivierungsprodukt N-19
Aktivität N-18
-, spezifische N-34
Aktivkohle F-51, F-68, G-80, G-207, H-30
-, Adsorption H-81
-, Filter F-51, G-207
-, mikroporöse F-48
-, Röhrchen M-17
Aktivkokse F-68
-, mikroporöse F-48
Aktivkoksverfahren, katalytisches F-72
Aktor L-33
Akzeptanz E-11
Alarm
-, Adressen L-46
-, Anlagen L-22
-, Fälle L-46
-, Ordnung L-52
-, Plan, betrieblicher L-46
-, Situation L-45
-, Stufen L-46
Alarm- und Gefahrenabwehrpläne, betriebliche L-6

Alarmierungsschema L-46
Aldehyde D-10f., M-18
Algenblüten G-117
Alkalische Abwässer G-70
Alkoholkraftstoffe N-71
Allgemein anerkannte Regeln der Technik (a.a.R.d.T.) G-197
Allgemeine Rahmen-Verwaltungsvorschrift über Mindestanforderungen an das Einleiten von Abwässern in Gewässer (RahmenVwV) M-47
Allmählichkeitsschäden C-25
Allokation
–, Entscheidungen C-18
–, Problem C-1, C-7, 11
Altablagerung B-58, J-2
Altanlage B-22
Altautoverordnung H-4
Altbatterien H-40
Altdeponie H-70
Alteisen J-30
Alternative Kraftstoffe N-70
Altglas (AG) H-38–40, H-51
–, Aufbereitung H-17
Altholz N-52
Altkunststoff H-38, H-40, H-54
Altlasten B-58, G-6, J-1, J-26, J-28, N-27,
–, Erkundung aus der Luft J-38
–, geothermische Erkundung J-37
–, radioaktive B-34, J-37
–, räumliche Ausdehnung J-30
–, Sanierung, nutzungsbezogene J-47
–, Verdachtsfläche J-1
–, Verordnung B-55
–, VwV M-70
Altmetall H-40
Altöl B-39, B-42
Altpapier (AP) H-38–40, H-47f.
Altstandort B-58, J-2
Altstoffe B-38, H-44
Altstoffeinsatz H-45
Alttextilien H-40
Aluminium N-17
Aluminiumoxid F-70, G-81, N-17
Aluminiumsilikat F-70
Alveolen D-19
AMG N-37, N-44
Amidosulfonsäure G-76
Amine F-74, M-18
–, aliphatische

––, primäre M-35
––, sekundäre M-35
Aminosäuren D-20
Ammoniak D-41, F-67, F-73, F-74, G-104, G-200, M-12, M-33, N-119, N-123–N-125, N-127, N-129, N-132
–, Emission N-124
Ammonifikation G-94, G-102
Ammonium G-104
–, Sulfat N-125
Anaerobanlagen G-66
Anaerobtechnik H-112
Analyse
– durch visuelle Klassifikation H-5
– mittels GC-MS M-42
–, Methoden, systematische L-7
Analysenfunktion
–, netzbezogene M-24
–, punktbezogene M-25
Anbackung F-18
Andienungspflicht B-41
Anfangsereignis L-10
Anforderungsklasse L-32
Angriffsweg L-45
Anionen M-74
–, Austauscher G-76
–, Fällung von G-73
Anlagebeurteilung M-75
Anlagen L-6
– i.S.d. BImSchG B-15, B-40
–, Begehung L-40
–, benachbarte L-7
––, genehmigungsbedürftige B-16, L-4
––, überwachungsbedürftige L-3, L-49
–, Genehmigung B-18, B-30
–, kerntechnische D-57, D-64
–, Komponenten L-39
–, Sicherung L-28
–, Standort J-107
–, Überwachung L-35
–, Verordnung B-51
–, Zwang B-44
Anlagen und Verfahren, technischer Einsatz von F-50, F-58
Anlageteile, sicherheitstechnisch bedeutsame L-6, L-10
Anlandung M-56
Anordnung B-20
Anregeteil L-35
Anregung, induktive J-32
Anreicherungstechnik G-76
Anreicherungsverfahren G-79
Ansprechempfindlichkeit F-40

Ansprechhäufigkeit L-31
Anspringtemperatur F-65
Anstrichsystem N-49
Antifoulinganstrich N-94
Antihavarietraining L-44
Antimon M-40
Antioxidantien D-31
Antriebe, alternative N-74
Anzahlverteilung F-3
Anzeige L-4
AP-Aufbereitung H-50
Apparatur, geschlossene N-41f.
Applikationsart L-15
Äquivalentdosis D-56, D-64
Äquivalenz
–, Faktor H-8
–, Prinzip J-32
Arbeitslärm D-51, K-1
Arbeitsplatz L-50
Arbeitsschutz L-49
–, Gesetz L-49
Arbeitssicherheit J-28
–, Prinzipien L-51
Arbeitsstättenverordnung B-26, L-49
Arbeitswelt, Gesundheitsschutz der L-49
Arsen M-40
Artenschutz B-15
Arzneimittel N-37
–, sterile N-41
–, Gesetz (AMG) N-37
–, Herstellung N-39
Asche M-56, N-52
Asphalt H-63f.
Atemwege D-19
Atmosphäre D-14, D-16, N-119, N-124
–, Emission in die N-127
–, explosionsfähige L-25
Atmungsaktivität H-119, M-67
Atomabsorptionsspektrometrie (AAS) M-8, M-39
Atombehörde B-33
ATS, aerobe-thermophile Stabilisation G-185
Attritionszelle J-92
ATV B-6
–, Merkblatt M 204 G-198
Aufbauorganisation L-48
Aufbereitungsbetrieb N-27
Aufenthaltszeit G-65, G-124
Auffangbehälter L-37
Auflagen B-13
Aufnahme
–, dermale J-12
–, orale J-13
–, pulmonale J-12
Aufnahmefähigkeit der Um-

Sachverzeichnis | S-3

weltmedien bzw. Ökosysteme C-5
Aufstrom
-, Klassierer J-90
-, Sortierer J-95
Auftragsverfahren N-50
Auftreffgrad F-19, F-20
Aufwachreaktion D-49
Aufwärtsregelung F-40
Aufwuchsflächen
-, rotierende G-152
-, schwebende G-153
AufzV L-3
Ausbrand N-51
Ausbreitung
-, Parameter G-200
-, Rechenmodelle G-201
-, Rechnung L-11
Ausfall
-, Art L-9
-, Dauer L-36
-, Effektanalyse L-7
-, Häufigkeiten L-10
-, Zeit L-36
Ausgangssignal L-36
Ausgangssituation J-110
Ausgleichsanspruch B-57
Ausgleichsschicht J-53
Auskunftsrecht B-8
Auslaugverhalten J-62
Auslöseteil L-35
Ausscheidung D-21
Ausschlußkriterien J-109
Ausschüsse B-4
Austauschaktive Gruppe G-76
Austauscher
-, Kapazität G-77
-, polyfunktionale G-77
-, schwache G-77
-, Selektiv- G-77
-, starke G-77
Auswaschung D-39
Auswerterechner M-22
Automation N-42
AVV-IMIS B-29
Axialzyklon F-14

β-Strahlen D-55
β-Strahlung J-38, M-8, M-84–86
β-Teilchen D-55
Backenbrecher J-90
Backstop-Technologie C-5, C-15
Baggerschlamm D-42
Bahntransport H-43
Bakterienbeläge G-98
Bandfilterpressen G-189
Bandräumer G-63

Bandtrockner G-194
Barriere, geologische J-32
Basisabdichtung H-75
Basisverfahren M-29
BAT B-17
Bau
-, Abfall H-3, H-59f.
-, Bereich K-6
-, Deponie J-29
-, Genehmigungsverfahren J-43
-, Gesetzbuch J-42
-, Lärm K-1
-, Leitpläne J-42
-, Maschinenlärm B-16
-, Mischabfall H-60
-, Nutzungsverordnung G-206
-, Schalldämmaß K-7
-, Stoffklassen L-22, N-5
Bauartzulassung B-16, B-51
Baumwolle N-121
Baustellenabfall H-59f., H-64
Bauschutt H-3, H-59f., H-62
-, Aufbereitung H-63
Bauxit N-3, N-5, N-121
Bayer-Turmbiologie G-143
Beauftragtenorganisation L-48
Becken
-, belüftete G-122
-, Kaskaden- G-126
-, Nachklär- G-62
-, Rechteck- G-63
-, Regenklär- G-51
-, Regenrückhalte- G-47
-, Regenüberlauf- G-37, G-48
-, Rund- G-63
-, Vorklär- G-62
Becquerel (Bq) J-38
Bedeckungsgrad F-46
Bedienungselemente L-38, L-42
Bedienungspersonal L-6
Bedienungspult L-42
Befeuchter G-208
Befreiung L-6
Befugnis B-9
Begleitschein B-42
Behälter
-, Glas- H-51f.
-, Kosten H-38
-, Standplatz H-37
Behandlung, physikalisch-chemische N-92, N-95
Behördliche Inspektoren N-44
Belästigung D-45, D-49
-, Potential G-201
-, Reaktion D-54
Belastungen, diffuse G-23

Belastungsarten G-4
Belebter Schlamm G-93
Belebtschlammflocke G-93
Belebungsanlagen G-66
-, Bemessung von G-126, G-132
Belebungsverfahren G-92, G-122
-, Einflußgrößen G-123
-, Randbedingungen G-123
-, zweistufige G-140
Belichtung G-117
Belüftete Becken G-122
Belüftung, künstliche G-25
Belüftungsbecken G-211
Belüftungseinrichtungen G-203
Bemessungsregen G-42
Bemessungsverfahren, vereinfachtes G-49
Bentonit J-58
Benzo(a)pyren M-21
Benzol M-18
-, chloriertes M-17
Bepflanzung G-120
Bereitstellungsgrad H-39
Bergbau B-34
Berieselungsanlagen L-23
Berstscheibe L-28, L-52
Berufsgenossenschaften L-50
Beschaffenheitsanforderungen L-50
Bescheidsystem B-53
Beschickung G-120
-, Art G-120
-, Formen G-77
Beschleunigung F-7
Beseitigung B-40
- nicht verwertbarer Stoffe E-9
Beseitigungsautarkie B-43
Besorgnisgrundsatz B-51
BET-Gleichung F-46f.
BET-Isotherme F-46
-, Klassifikation F-44, F-46, F-49
Betonplatte J-28
Betrieb L-5
-, Abfall N-33
-, Anweisung L-26, L-38, L-40, L-43
-, Beauftragter B-7
-, bestimmungsgemäßer L-6, L-34
-, Handbuch L-40, L-48
-, Kosten G-210, J-112
-, landwirtschaftlicher N-127f., N-131
-, Planverfahren B-9
-, Stabilität G-119
-, Tagebuch H-77

Bewertung
-, nutzwertanalytische J-111
-, toxikologisch-ökotoxikologische J-85
-, Filter A M-76
-, Modell J-106f.
Bewirtschaftungsermessen B-47
Bewirtschaftungsziel B-55
Bindemittel J-62, N-49
Bioabfall H-38–40, H-105, N-97
-, Vergärung H-114
-, Verordnung (BioAbfV) H-105
Bio- und Grünabfallkompostierung H-125
Biobettfilter N-48
Biofilmverfahren G-147
Biofilter F-74, G-208, H-123, N-48
-, Anlagen G-208
-, Bemessung der G-209
-, Reinigungsleistung G-208
-, Verfahren F-75
-, Wirkungsgrad H-123
BIOFOR-Anlage G-151
Biogas G-102, H-113f.
-, Ertrag H-114, H-121
BIOHOCH-Reaktor G-143
Biomassenrückführung G-122
Biomasseverbrennung D-12
Biomembranverfahren F-77, G-145
Biosphäre J-9, N-19
BIOSTYR-Verfahren G-151
Biosynthese N-36, N-39
Biotechnologie H-104
Biotest J-85
Biotonne H-39, H-105
Bioverfügbarkeit J-79
Biowäscher F-74, G-209, H-123
Biozönose G-92
Biphenyle, polychlorierte (PCB) M-20
Blähschlamm, Bekämpfung von G-111f.
Blasensäulenreaktor G-75
Blasstahlverfahren N-14
Blattseneszenz D-31
Blei J-30, M-39, N-18
-, Hütte N-18
Blockheizkraftwerk (BHKW) N-96, N-99f.
Blocklager L-53
Blutdruckerhöhung D-53
Bluthochdruck D-47
Boden A-3, J-3, M-55, N-118, N-120

-, Arten D-37, D-40
-, Aushub H-3, H-59f.
-, bindiger J-102
-, Erosion D-39, N-117, N-127
-, Fackel L-37
-, feinkörniger J-103
-, Filter, bewachsene G-119
-, Fruchtbarkeit D-37, D-40
-, Funktion D-37, D-42
-, Informationssystem B-56
-, Kolonne F-56, F-58
-, Körper G-120f.
-, Lösung D-41
-, Luftabsaugung J-51
-, Material G-122
-, Nutzungen D-40
-, Organismus D-44f.
-, Profil D-38
-, Radar J-34
-, Reinigungsverfahren, chemisch-physikalisches J-86
-, Sanierung D-40
-, Schätze D-36
-, Typen D-38, D-40
-, Verbände B-48
-, Verbesserungsmittel H-115
-, Versauerung D-33
-, Waschbarkeit J-87
-, Wäsche J-46
-, Waschverfahren J-86
--, Eignung von J-86
--, Einsatzmöglichkeiten J-89
-, Wassergehalt J-35
Bodenschutz D-37, D-45
-, Recht B-54
-, Verordnung B-55
Bodensee-Schiffahrtsverordnung N-89
Bogensieb J-90
Bohrpfahlwand, überschnittene J-57
Bohrung J-28
Boranverbrennungsverfahren J-70
Bouguer-Korrektur J-38
Boxen- und Containerkompostierung H-110f.
BRAM H-11, H-21
Brand L-5, L-17
-, Abschnitt L-22, L-54
-, Bekämpfung L-22, L-24, L-54
-, Schutz L-22
--, baulicher L-22
--, betrieblicher L-23
--, organisatorischer L-23
--, vorbeugender L-22
--, Maßnahmen, betriebliche L-23
-, Temperatur L-19

-, Verlauf L-19
-, Wände L-22
Brand- und Explosionsschutz L-17
Brauchwasser
-, Netze G-204
-, Nutzung G-17
Braunkohlen- und Steinkohlenkokse G-81
Brecher J-90
Brenn- bzw. Heizwert (H_o bzw. H_u) M-64
Brennelement N-30
-, Fertigung N-30
Brennen L-17
Brennrost N-6
Brennstoff L-20
- aus Müll (BRAM) H-11, H-21, H-34
-, Konzentration L-18
-, Mangel L-18
-, Zelle N-75
Bringsystem H-39f.
Brunnen J-8
Buchenholzstaub N-47
Bundesberggesetz J-42
Bundes-Bodenschutzgesetz B-54, J-26
Bundes-Immissionsschutzgesetz (BImSchG) G-195, L-4f., M-75
-, Genehmigungsverfahren H-105
Bundesministerium für Umwelt B-12
Bundesnaturschutzgesetz B-14
Bunker F-11
-, Absaugung F-18
-, Topf F-12
-, Volumen F-11–13
Bypass-Strömung F-33
Bypassvolumenstrom M-8

c^5-Senke D-46
C- und N-Elimination
-, einstufige Verfahren G-128
-, zweistufige Verfahren G-140
Cadmium D-43, M-40, N-119
Caesium-137 D-43
Calcium-Acetat-Lactat-Auszug (CAL) M-73
Calciumchlorid-Auszug M-73
Caroat G-75
CA-System N-48
CEN/CENELEC B-5
Centridry G-192
Checklisten L-8, L-40
Chemietoilette N-94, N-99

Chemikaliengesetz L-2, L-49
Chemikalienzugabe G-201
Chemilumineszenz M-12
–, Prinzip M-34
–, Verfahren M-15
Chemische Industrie, Verpflichtung der E-3
Chemische Wäscher G-207
Chemisorption F-1f, F-41f., F-44, F-47, F-51–53
– des Ammoniaks F-69
–, Prozeß F-58
–, Verfahren F-2
Chlor D-8, G-75, M-33
–, Aktivierung D-8
–, Gehalt M-65
–, Kohlenwasserstoff, leichtflüchtiger M-17, M-37
–, Nitrat (ClONO$_2$) D-7f.
–, Phenole J-103
–, Verbindung
––, gasförmig anorganische M-11
––, kontinuierliche Messung M-16
–, Wasserstoff (HCl) D-7f., F-53, M-33
Chlor-/Knallgasreaktion L-17
Chrom N-55
Chromatmethode M-68
Chromosomen D-59
–, Aberration D-60, D-62
CKW D-5, D-15
CO-Immission M-31
CO$_2$
–, Emission N-60
–, Gehalt D-34
–, Löschanlagen L-23, L-52, L-55
–, Löslichkeit G-102
–, Problem C-10
Coliforme Keime G-203
Combustor F-63f.
CPB H-2
Critical Levels D-35
Critical Loads D-35
Curie (Ci) J-38
CURT-Verdampfertechnologie G-88
Cyanid J-103, M-65, M-74
–, Ion G-75
Cypriniden-Gewässer G-17

Dämmstoff N-92
DampfkV L-3
Daten
–, Ausgabe M-24
–, Schutz personenbezogener J-27
Dauerschallpegel D-45

–, äquivalenter M-76
DDT D-43
Deaktivierung F-69
– durch Ammonium-Schwefel-Verbindungen F-69
– durch Arsenverbindungen F-69
– durch Phosphate F-69
Deep-Shaft-Verfahren G-142
Deflagration L-20
Dekanter G-191
Dekontamination J-44, J-49
–, Maßnahme J-44, J-49
–, thermische J-66
–, Verfahren J-45, J-109
Denitrifikation D-41, G-105, N-102, N-106
–, alternierende G-129
–, Einflußparameter G-106
–, Grad G-132
–, intermittierende G-129
–, Leistung G-140
–, nachgeschaltete G-130
–, simultane G-130
–, vorgeschaltete G-128
–, Zwischenprodukte G-106
Denitrifizierung D-8
De-Novo-Synthese N-110f.
Deponie B-44, H-68, H-117
–, Abdichtungssysteme H-75
––, Basisabdichtung H-75
––, Oberflächenabdichtung H-75
–, Anforderungen H-70
–, Bau- J-29
–, Betrieb H-76
–, Erd- J-29
–, Erscheinungsbild H-72
–, Flächenbedarf H-72
–, Funktion C-3, C-7
–, Geometrie H-74
–, Grenze J-30
–, Hausmüll- J-29
–, Klassen H-69f.
–, Nachsorgephase von H-93
–, neue H-69
–, Sickerwasser G-88, H-78
––, Behandlung G-75
––, Inhaltsstoffe H-78
–, Verhalten, Erklärung zum H-77
–, Volumina H-73
–, Zuordnungskriterien H-71
Deponiegas H-85, N-115
–, Grenzwerte H-92
–, Spurenbestandteile in H-88
–, Umweltbelastungen H-85
–, Umweltgefährdungen H-85
Deponierung H-56
Deposition D-29, D-42

–, kritische D-35
Depotcontainer H-39f.
Desinfektionsmittel N-95
Desintegratoren F-25, F-56
Desorption F-44, F-49, F-52, F-58
– mit Wasserdampf F-50
Destillation G-88
Detailbewertung J-47, J-110–112
Detektion
–, automatische L-40
–, Möglichkeit L-40
–, System L-38
Detonation L-20
Deutsch-Gleichung F-37
DEV B-6
– S$_4$-Methode M-62
Dezibelskala D-45
DFG B-6
Dialyse G-90
Dibenz(a,h)anthracen M-21
Dibenzo-p-dioxine, polychlorierte (PCDD) M-20
Dibenzo-p-furane, polychlorierte (PCDF) M-20
Dichte J-6
Dichtungen L-55
Dichtungsschicht J-53
Dichtwände J-55
Dielektrizitätskonstante J-34
Diesel
–, Kraftstoff N-121
–, Motor N-121
–, Traktionsmotor N-77
Differenzwägung M-3
Diffusion F-36
–, Abscheider M-30
–, Aufladung F-36
–, Koeffizient F-48
–, Vorgänge G-98
Dimethylphenol-Verfahren M-10
DIN B-5
DIN EN ISO 9000–9004, internationale Normen N-37
DIN ISO 14040 H-7
Dioxin D-44
–, polychloriertes F-2
–, Emission N-51
Direkteinleiter B-48
Direktreduktion N-13f.
Direkttransport H-42
Diskontrate C-4
Dispersion J-8, J-92
Distickstoffoxid N-119, N-125
DNA D-24
–, Schaden D-23
–, Strahlenschäden D-58
DNPH-Verfahren M-18
Dobson-Einheit (Dobson Units

DU) D-5
Dokumentation L-10, L-34
Dolomit N-3, N-5f.
Dominoeffekt L-44
Doppelbettverfahren F-66
Dosierungsfehler L-43
Dosimeter M-83, M-87
–, chemische M-87
Dosis D-17, D-22, L-14,
–, Grenzwert B-32, D-63f.,
 J-38
–, Messung M-83, M-86
–, Wirkungsbeziehung D-17,
 D-22, D-34, D-40, D-58, D-60,
 D-62
Downcycling H-46, H-58
Drallströmung F-11
Dränagegraben J-49
Dränrohr J-53
Drehofen N-7
Drehrohr N-112
–, Ofen H-25, N-3, N-6, N-13
Dreiecksmiete H-111
Druck
–, Absenkung, zeitabhängige
 L-41
–, Anstieg, maximaler zeitlicher
 L-21
–, Behälter N-42
–, BehV L-3
–, Entspannungsflotation
 G-68
–, Farben H-49
–, Luftaustritt K-5
–, Spitzen L-21
–, Sprung L-17
–, Stoßfilter F-31
–, System G-40
–, Verlust F-22, F-24, F-29
–, Wellen L-17
Druckwasserreaktor N-22,
 N-24
Duales System Deutschland
 (DSD) N-109
–, Leichtverpackung H-37
–, System N-93
Düker G-51
Duldungspflicht B-8
Dünger N-116, N-123
Düngung D-40, N-117, N-124,
 N-127f., N-131
Dünndarm D-60
Dünnschichttrockner G-88,
 G-194
Dünnschichtverdampfer G-87
Duotherm H-22
Durchbruchfeldstärke F-39
Durchflußanlagen G-70
Durchflußwachstum C-12
Durchflußzeit G-118
Durchlässigkeit J-3, J-7, J-51

–, Beiwert H-121, J-62
–, relative (Permeabilität) J-8
Durchlaufbecken G-50
Durchmesser
–, aerodynamischer F-2
– der Partikel, aerodynamischer M-5
–, Sinkgeschwindigkeits- F-2
Durchschnittsprobe M-53
Durchströmung G-120
Durchströmzyklus F-15
Duroplaste H-54
Düsenstrahlverfahren J-59
DVGW B-6
DVWK B-6
Dynamische Mietenverfahren
 J-80

E. coli G-203
EAKV H-2
Ecotechnik-Verfahren J-75
Edelgas N-24
Effekt F-19
–, genetischer D-63
–, glühelektrischer F-36
–, stochastischer D-63
EG-Vogelschutzrichtlinie
 B-14
Eichenholzstaub N-47
Eigen-/Selbstinspektion N-44
Eigenkompostierung H-104
Eigenpotential, elektrisches
 J-32
Eigenschaften
–, elastische J-35
–, mechanische J-62
Eigenverantwortung L-48
Eignungsfeststellung B-51
Eignungsprüfung J-58, M-28
Ein- und Auslaufstrecke M-3
Einbaudichte H-119
Einbett-Drei-Wege-Katalysator
 F-66
Einbett-Oxidations-Katalysator
 F-66
Einbindung J-59
Eindicker G-62
Eindickzentrifuge G-188
Eindringtiefe J-33f.
Eingrenzung, räumliche J-107
Eingriffe
– in Natur und Landschaft
 B-14
– Unbefugter L-45
Einhausung G-202, G-210
Einheiten, abschottbare L-38
Einheitstemperaturzeitkurve
 L-19
Einkapselung J-48
–, Maßnahme J-45

Einleitgrenzwerte H-78
Einrichtungen
–, sicherheitstechnisch bedeutsame L-31
–, störfallverhindernde L-31
Einrührverfahren G-81
Einsatzquote H-45, H-47
Einschmelzanlage N-34
Einsetzbarkeit J-109
Einstau G-121
Einstufenprozeß H-112
Eintrittswahrscheinlichkeit
 L-32
Einwegbehälter H-35
Einzelabschaltung L-42
Einzelarbeitsplätze L-51
Einzelstrangbruch D-59
Einzeltropfen
–, Abscheidegrad F-21
–, Abscheidung F-20
–, Trägheitsabscheidung F-21
Einzugsgebiet G-37
Eisdeckung G-118
Eisen N-9
Eisenerzsintern N-9
Eisenoxid N-13
Eisenschrott J-28
Eisen- und Aluminiumhydroxid-Schlämme G-81
Elastomere H-54
Elektroantrieb N-74
Elektroden J-30, J-103
–, fluorionen-sensitive M-11
–, Geometrie F-35
–, Kette, fluorsensitiv M-16
Elektro-
– Dialyse G-90f.
– Entstauber F-32
– Filter F-6, F-32, N-47
– Kiesbettfilter N-47
– Kinese J-102
– Lichtbogenofen N-16
– Magnetik J-32
– magnetisches Reflexionsverfahren (EMR) J-34
– Osmose J-102
– Phorese J-102
– Sanierung J-102
– Smog B-35
Elektrolyse J-102
–, Zelle N-17
Elektrolytische Abscheidung
 G-76
Elektronenakzeptor J-84
ElexV L-3
Eley-Rideal-Mechanismus
 F-61, F-67f.
Eliminationswirkung G-55
Eluat H-4
Elution
–, Methode M-73

Sachverzeichnis | S-7

–, Verfahren J-62, M-61, M-71
Emission B-15, B-20, D-2, D-9–11, D-27, D-41, D-43, G-197, H-68, J-43, L-5, L-11, M-1, M-76
– aus Abwasseranlagen G-197
– aus Stickstoffverbindungen N-132
– in die Atmosphäre N-127
– –, Meßverfahren G-199
–, Begrenzung M-1
–, Beurteilung von G-197
–, Engpaßsituation C-9
–, Erklärung B-20
–, gasförmige, anorganische M-9
–, Messungen N-66
–, Minderung N-64
–, radioaktive N-19, N-27
–, Rechte, handelbare C-24
–, Szenarium D-15
–, Spektrometrie, optische M-40
–, Vermeidung G-198
Emulsion J-89
–, Spaltung G-68
Endlager B-30, N-35
Endlagerung, direkte N-32
Energie B-17
–, Bedarf F-24f., G-68
–, Dosis D-55, D-56, D-64, M-82, M-87
–, Gewinn G-103
–, Gewinnung B-39, G-91
–, Pflanzen N-116
–, Quellen G-94
–, Rohstoffe J-28
–, Spektrum J-38
–, Stoffwechsel G-94
–, Träger, fossiler N-127
–, Verbrauch F-41, N-57, N-122
Engpaßsituation
–, Emission C-9
–, Stoffeintrag C-9
Entgasung H-21
Entgiftung G-75
Entkalkung, biogene G-118
Entkeimung N-99
Entlastungssystem L-38
Entledigung B-37
– Wille B-37
Entleerungsventil L-39
Entnahme
–, geschwindigkeitsproportionale M-9
–, Kosten C-7
–, massenproportionale M-9
Entphenolung G-82
Entschwefelungsanlagen D-9
Entsorgungsfachbetrieb B-44

Entsorgungsnachweis B-42
Entspannung
–, gezielte L-38
–, Ventil L-39
Entstauber F-6, F-19
Entstaubung F-1, F-6, N-52
Entwässerung
–, Netz G-40
–, Schicht J-53
–, Sieb J-98
Entwicklung
–, Fläche, städtebauliche J-42
–, Land N-128
–, nachhaltige A-2
–, pharmazeutische N-38
Entzündlichkeit L-17
Entzündungstemperatur L-21
Environmental Impact Assessment N-45
Epidermis D-19
Erdaushub/Bauschutt, Erste VwV M-59, M-70
Erdbeton J-58
Erddeponie J-29
Erdgas N-73
Ereignis
–, Ketten L-10
–, unerwünschtes L-35
Erfassungsgrad H-39
Erkennung und Überwachung D-36
Erkrankungen, genetische D-58
Erkundung
–, aerogeophysikalische J-38
–, Tiefe, maximale J-33
Erlaubnis L-4
Ermessen B-10
– Richtlinie B-3
Erosion N-117
Erregungspotential L-44
Erscheinungsbild H-72
Erschütterungen G-197
Eruptivgestein J-3
Erythrozyten D-60
Erz
–, Lager D-43
–, Prospektion D-43
–, Vorbereitung N-9
Erze J-28
E-Schrott H-40
Etagenofen H-25
Etagenwirbler H-22
Ethylbenzol M-18
EU-Deponieverordnung H-105
EU-Richtlinie G-21
Europäische Union B-1
Eutrophierung D-40, D-44
EWC H-2
Exkrement N-123, N-129

Explosion L-5, L-17
–, Bereich L-20
–, Druck, maximaler L-21
–, Gefahr L-25
–, Grenze
– –, obere L-18
– –, untere L-18
–, Klappe L-52
–, Schutz, primärer L-26
–, Schutz-Richtlinien L-20
–, unverdämmte L-21
Expositionspfade J-48, N-19
Ex-Situ-Verfahren J-80
Extinktion M-5
Extrahierbare organische Halogene (EOX) M-66, M-74
Extraktion G-82, M-61, M-71
–, Effekt G-82
–, Mittel G-83
–, Verfahren J-46, J-86
Ex-Zone L-44

Fachbetrieb i.S.d. § 19 l WHG B-52
Fackel L-37
Fahrzeugtechnik K-5
Fail-Safe-Verhalten L-36
Fallgewicht J-35
Fällmittel G-71
–, Kombination G-72
Fallrohr F-12
Fällung G-66, G-71
–, chemische G-65
Falschluft F-18
Fangbecken G-50
Farbsortiermaschine H-16
Faser
–, Pflanzen N-116
–, Platte N-49
–, Trockner N-45
Fässer J-30
Faulbehälter G-114
Faulgas G-186
Faulgräben G-36
Faulschlamm M-55
Faulung G-186
–, mesophile G-186
–, thermophile G-186
FCKW C-11, D-5, D-15
–, Emission C-11
–, Verbindungen C-2, D-2
Fehlbedienung L-43
Fehlbereich, unzulässiger L-35
Fehler
–, aktiver L-36
–, Baumanalyse L-7, L-10
–, Beherrschung L-33
–, Erkennungszeit L-36
–, passiver L-33, L-36

–, selbstmeldender L-36
–, Vermeidung L-33
Fehlfunktion L-7
Fehlsignal L-36
Fehlverhalten, menschliches L-43
Fehlzustand
–, unzulässiger L-30, L-35
–, zulässiger L-35
Fein
–, Gut H-14
–, Rechen G-55
–, Siebe G-56
–, Staub, Agglomerieren des F-18
Feinstkornabtrennung J-96
Feinstrechen G-55
Feld F-33
–, Aufladung F-36
–, elektrisches F-36
–, Emission F-36
–, Linie, elektrische F-34
–, Stärke F-34
Fenster G-212, M-80
–, atmosphärisches D-12, D-15
Fermentation N-43
Fermenter N-40
Ferntransport D-9f., H-41
Fertigarzneimittel N-36, N-40
Festbett
–, Reaktoren, getauchte G-152
–, Verfahren G-77
Festgestein J-3, J-32
–, Schadstoffimmision im J-34
Feststoff
–, Flächenbeschickung G-66
–, Gehalt G-66
–, Matrices M-48
–, Reduktion N-13
–, suspendierter G-62
Fette G-67
Fettfang G-60f.
–, Tasche G-60
Feuchtigkeitsgehalt G-207
Feuer
–, Beständigkeit L-19, L-41
–, Löscher L-23
–, Meldeanlagen L-22
–, Schutzabschlüsse L-22
–, Widerstandsklassen L-22
Feuerung
–, Misch- H-22
–, Rückschub- H-22
–, Vorschub- H-22
–, Walzenrost- H-22
Feuerwehr L-24, L-44
FFH-Richtlinie B-14
FGSV H-64
FID-Detektor M-19

FID-Meßtechnik G-199
Filmdosimeter M-83, M-87
Filter M-39
–, biologische G-150
–, Druckstoß- F-31
–, Kerzen- F-31
–, Klopf- F-31
–, Patronen- F-31
–, Rückspül- F-31
–, Schlauch- F-31
–, Schüttschicht- F-31
–, Taschen- F-31
–, Anströmgeschwindigkeit F-30
–, Band M-30
–, Druckverlust F-28
–, Flächenbelastung F-30
–, Flächenbeschickung G-209
–, Funktion D-37
–, Geschwindigkeit J-7
–, Hülse M-4
–, Kuchen F-29
–, Material F-75, G-208
–, Medium F-28
–, Raumbelastung G-209
–, Schicht J-53
–, Staub N-52
–, Stäube J-104
–, Strom, spezifischer F-34
–, Wirkung D-41f.
–, Wirkungsgrad H-124
Filterung D-44
Filtrationsabscheider F-28
Filtrieren J-98
Filze F-28
Finanzmittel J-47
Fingerpulsamplitude (FPA) D-47
Firmen-Auditoren N-44
First Pass Effect D-18
Fischgewässer G-26
Fixierung J-59
Flächen
–, Bedarf H-72
–, Beschickung G-62, G-65
–, Filter F-75
–, Kartierung J-33
–, Recycling J-42
–, Verbrauch J-11
–, Verteilung F-3
Flammenfront L-17
Flammenionisationsdetektor (FID) M-19
Flammpunkt L-17, L-21
Fließgeschwindigkeit G-58
Fließgewässer G-91
Fließpotential J-32
Flocken G-93
–, Bildung G-62
Flockulation G-188

Flockung G-65f.
–, Hilfsmittel G-67f.
–, Mittel N-99
–, Reaktor G-65
Flotat G-67
Flotation G-187, J-98
–, Anlagen G-54, G-67f.
–, Apparat J-96
–, Verfahren G-144
Flotieren H-58
Flucht- und Rettungswege L-45, L-52
Flüchtigkeit N-62
Fluglärm D-51, K-1, M-80
–, Schutz B-26
Flugstromadsorber F-49
Flugverkehr B-28
Flugzeugantrieb N-80
Fluor
–, Chlorkohlenwasserstoff (FCKW) M-17, N-119, N-38
–, Kohlenwasserstoff J-11
–, Verbindung M-16
––, gasförmige anorganische M-11
–, Wasserstoff F-53
Fluoride D-28
Fluoridionen G-73
Fluorosis D-28
Flüssigentmistung N-123
Flüssiggas N-72
Flüssigkeit
–, brennbare L-18
–, Brücke F-5
–, Tropfen F-23
Flüssigphase D-9
Flüssig-Flüssig-Extraktion G-82
Flüsterasphalt K-5
Flutplanverfahren G-43
Folgenutzung, höherwertige J-43
Formaldehyd-Immission M-35
Formfaktor F-4
Forschung
–, Pharmazeutische N-38
–, Reaktor N-22
–, Zentren N-22
Forstwirtschaft D-41
Fortschritt, technischer C-15
Fragenlisten L-8
Freisetzungsformen L-12
Freizeitbereich K-1, K-4, K-6
Fremdgeräusch M-78
Fremdwasser G-38
–, Abfluß G-41
–, Anfall G-41
Frequenz G-205
– elektromagnetischer Wellen J-34

Sachverzeichnis | S-9

Freundlich-Isotherme F-47
Fuller-Verteilung F-5
Füllgrad H-39
Füllkörperkolonne F-56, F-58
Fundamente G-212, J-35
Fungizid D-43
Funken L-18
Funktionelle Gruppen G-81
Funktionskontrolle, jährliche M-24
Funktionsprüfung L-33, L-45, M-24
–, geräteinterne M-24
–, jährliche M-24
Furane, polychlorierte F-2
Furniertrockner N-45
Furnierung N-50

γ-Strahlen D-55, M-85
γ-Strahlung D-55, D-56, J-38, M-84, M-86, N-19
Gammaquant N-19
Gammastrahlenspektrometer J-38
Gap junctions D-24
Gartenabfall H-105
Gartenbau N-116
Gas
–, Ausbreitungsmodell L-12
–, Behandlung H-90
–, Bestandteile, chemisorbierte F-49
–, Bildung H-119
–, Bildungsaktivität M-67
–, Chromatographie (GC) M-41
–, Dränschicht J-53
–, Durchbruch L-37
–, Fassung H-89
–, Filterkorrelations (GFC)-Verfahren M-13
–, Förderstation und Gasbehandlung H-90
–, Ion F-36
–, Löslichkeit F-53
–, Maschinen G-211
–, Migration J-55
–, Molekül, elektronegatives F-34
–, Nutzung H-91
–, Permeation F-43f.
–, Phase D-9
–, Phasenreaktion, homogene F-60
–, Produktionsmodell H-85
–, Qualität H-87
–, Reaktion F-42
– –, heterogen katalysierte F-1, F-42
– –, homogene F-1

– –, katalytische F-60
– –, nichtkatalytische F-60
–, Reduktion N-14
–, Versorgung N-102
–, Warneinrichtung L-40
–, Warnsystem L-38
Gas/Waschflüssigkeit, Relativgeschwindigkeit zwischen F-25
Gas-Feststoff-Reaktion, heterogene F-42
Gas-Flüssig-Extraktion G-83
Gas-Flüssigkeits-Reaktion, heterogene F-42
GashochdrLtgV L-3
Gasse F-33
Gassenbreite F-35
Gastrointestinaltrakt D-20
GCMS M-39
GCP N-38
Gebinde
–, endlagerfähiges N-32
–, ortsbewegliche L-53
Gebläse G-211
Gefährdung L-17
–, Abschätzung J-43
–, akute J-43
–, Beurteilung L-51
–, Haftung C-25
–, Pfade J-44, J-48
–, Potential F-42, L-8, L-11, J-42, L-50
Gefahren L-35, M-75
–, Abwehr J-44. L-6, L-32
–, Abwehrmaßnahmen J-42
–, Abwehrplan, betrieblicher L-46
–, Analyse, vorläufige L-7, L-10
–, betriebliche L-47
–, ernste L-5, L-31, L-35
–, Potential L-19
–, Quellen L-6, L-10
– –, betriebliche L-7
– –, naturbedingte L-7
– –, umgebungsbedingte L-7
– –, Vorbeugung J-42
Gefahrgutlager L-53
Gefahrklassen L-18
Gefährliche Stoffe G-71
Gefahrstoffverordnung L-2, L-49
Gefäßverengung, periphere D-53
Gefrierkonditionierung G-188
Gefriertrocknung M-73
Gefrierwand J-57
Gegenstrahlung D-14
–, atmosphärische D-14
Gegenstromrechen G-56

Gehörschützer K-6
Geländerelief J-38
Gemisch, explosionsfähiges L-20, L-25
–, geruchsintensives F-73
Genauigkeitsklasse M-77
Genehmigungen B-8, J-47
Genehmigungsverfahren, vereinfachtes B-19
Generalklausel B-7
Geoelektrik J-30
Geomagnetik J-28
Geometriefaktor J-31
Geophon J-37
Gerät
–, Kennlinie M-25
–, kontinuierlich arbeitende M-27
–, Sicherheitsgesetz L-49
Geräusch B-24, G-198
–, Dämpfung G-210
–, Emission G-210
–, Emissionskenngröße G-205
–, Minderung G-210
–, Spitze K-7
Gerbung N-53
Geruch G-197–199, M-19
–, Einheit (GE) G-199
–, Emissionen/-immissionen, G-68
– –, Bewertung G-200
– –, Empfindung G-199
–, Immissionsbegrenzungen G-201
–, Intensität G-199, M-19
–, Konzentration H-124
–, Korriganten G-201
–, Schwelle G-199, M-19, M-89
Geruchsstoffe
– der Abluft G-208
–, Immission M-37
–, Konzentration G-199, M-19, N-46
Gesamtabfluß G-22
Gesamter gebundener organischer Kohlenstoff (TOC) M-74
Gesamtkoloniezahl G-203
Gesamtschwefelgehalt M-65
Gesamtspeichervolumen G-49
Gesamtstickstoffgehalt M-66
Gesamturteil, vorläufiges positives B-30
Geschwindigkeit, seismische J-37
Gesetz
– für das Einleiten von Abwasser in Gewässer (AbwAG) M-46

-, kubisches L-21
-, Gebungskompetenz B-3
-, Schadeinheiten und Schwellenwerte M-47
Gestein
-, Eruptiv- J-3
-, metamorphes J-3
-, Sediment- J-3
Gesundheit
-, menschliche J-2
-, Schäden, reversible L-16
-, Schutz der Arbeitswelt L-49
Getrennte Sammlung
-, additiv H-39
-, alternierend H-39
-, integriert H-39
Gewässer
-, Belastung G-21
-, Benutzung B-46
-, Beschaffenheit G-2
-, oberirdisch B-45
--, Ausbau B-49
-, stehende G-28, G-34
-, unechte Benutzung B-61
-, Nutzung G-31
-, Randstreifen B-53
-, Schutzbeauftragter B-48
-, Sediment G-34
-, Temperatur G-5
-, Unterhaltung G-30
Gewässergüte G-1
-, Bewirtschaftung G-28
--, rechtliche Grundlagen G-28
-, Index, chemisch G-12
-, Kartierung G-33
-, Klassifizierung G-13
-, Modelle
--, Fließgewässer G-18
--, Grundwasser G-20
--, stehende Gewässer G-19
-, Netze G-32
-, Planung G-29
-, Probleme, akute G-25
-, Überwachung G-31
-, Zielvorstellungen G-2
Gewebe F-28, J-38
-, Filter N-47
Gewerbe
-, Abfall H-41
-, Lärm M-79
Gezeitenwirkung J-38
GGVS/GGVE H-37
Gichtgas N-12
Gießereien F-77
Gießhalle N-12f.
Gift N-120
Gips F-59, N-3, N-5f.
Glas N-3, N-7
-, Wanne N-7

Gleichgewichts-Zyklone F-11
Gleichstrom F-58
-, Führung F-57
-, Verfahren J-30
Gleichwertigkeit M-30
Gleitabroll-Container H-35
Gleitabsetz-Container H-35
Glimmtemperatur L-21
GLP N-38
Glucuronsäure D-20
Glühverlust H-21, H-69, M-64, M-73
-, korrigierter M-68
Glutamin
-, Oxoglutarat-Glutamat-Aminotransferase D-32
-, Synthetase D-32
Glutathion D-20
Glutbereich L-35
Glutzustand L-35
GMP N-37
-, Beautragter N-44
Good Clinical Practice (GCP) N-38
Good Laboratory Practice (GLP) N-38
Good Manufacturing Practice (GMP) N-37
Granulat F-28
Granuliertrockner G-88
Granulozyten D-60
Graphitrohr M-40
-, AAS M-40
Gravimeter J-38
Gravimetrie J-38
Grenzbeladung F-14
Grenzflächen, Tiefenlage J-36
Grenzkorndurchmesser F-26
Grenzproduktivität
- der Ressource C-4
- des Kapitals C-4
Grenzrisiko L-35
Grenzschadenskurve C-13
Grenzsignal L-36
-, Geber L-36
Grenzvermeidungskostenkurve C-14
Grenzwerte D-23, D-26, D-42, J-2, J-13, L-14, L-36
-, Boden und Klärschlamm M-49
- für Pflanzenschutzmittel im Grundwasser N-129
- für schädliche Rückstände N-127
Grobgut H-14
Grobrechen G-55
Grobsiebe G-56
Großfeuerungsanlage B-24
Großwetterlage D-11

Grubenbetrieb N-27
Grünabfall H-40, H-105
-, Kompostierung H-125
Grundatmung G-123
Grundbelastung G-4
-, ubiquitäre J-12
Grundgesetz B-2
Grundnormen B-2
Grundrechte B-2
Grundsätze der guten fachlichen Praxis B-55
Grundwasser B-45, B-60, D-41f., D-45, G-1, G-20, G-23, G-34, J-8, J-28, M-46, N-117f., N-120, N-125
- Stand G-39
--, hoher J-103
-, Abgabe B-10, B-54
-, Beschaffenheit G-6
-, Leiter J-8
-, Meßnetz G-32
-, Nitrat im N-127
-, Pflanzenschutzmittel im N-129
-, Rückstände im N-127
-, Verunreinigung J-51
-, Vorkommen, Güte von G-15
Grünland N-118f., N-121f.
Grünlandwirtschaft N-116
GSP-Vergaser H-22
Gülle D-41, F-71, H-30, N-123, N-125-128
Gußeisen N-16
Gütezustand G-31
Gutsignal L-36

H_2O_2-Thorin-Methode M-10
Habituation (Gewöhnungsreaktion) D-48
Haftbedingungen F-28
Haftung B-54
Haftwasser D-38
Halbleiter M-85
-, Detektor M-85
-, Gleichrichter F-40
Halbreaktionen G-73
Halbstufenpotential G-73
Halbstundenmittelwert M-24
Halbwertszeit N-18
Halogene D-42
-, extrahierbare organische (EOX) M-66
Halogenwasserstoff F-59
Halone D-5f.
Hammermühlen H-11f.
Hammerschlag J-35
Handhabungsanlage N-35
Handlung
-, Alternativen J-107, J-113

--, standortbezogene J-112
-, Anweisung L-38, L-42
-, Bedarf J-43
-, Felder J-43f.
-, Spielraum einer Gesellschaft C-2
-, Störer B-57f., J-27
-, Vorgaben J-112
-, Wert J-47
Harnstoff F-67
Häufigkeitsverteilung N-19
Hauptzielsetzungen J-108
Hausmüll B-40, H-4, H-41, N-92
-, Deponie J-29, N-114
-, Verbrennungsanlage H-25
Haut D-19, D-60, J-38
H-CKW D-5, D-15
Hedonische Wirkung G-200
Heilquelle B-53
Heilwässer J-11
Heißarbeiten L-45
Heißwindkupolofen N-16
Henry-
 - Gerade F-47, F-52f.
 - Isotherme F-46
 - Konstante F-52f., G-83
 - Gleichung G-83
Herbizid D-43, N-120, N-130
Herzerkrankung, koronare D-47, D-53f.
Herzinfarktrisiko D-53
Heterogene Gas-Flüssigkeits-Reaktion F-42
H-FCKW D-5, D-15
High Intensity Press G-192
High-Dust-Verfahren F-69
Hilfsstoffe N-37
-, pharmazeutische N-36, N-39
Hintergrundgeräusch M-78
Hintergrundpegel M-76
HMD H-2
HMV H-2
Hochdruck
-, Injektionswand J-57
-, Reiniger G-204
-, Wassernebellöschanlage L-55
-, Wasserstrahlrohr J-92
Hochfackel L-37
Hochfrequenzanlage B-35
Hochlasttropfkörper G-149
Hochleistung-
-, Entstauber F-21, F-23, F-25
-, Entstaubung F-19, F-57
-, Flüssigkeitschromatographie (HPLC) M-41
Hochofen N-12f.
-, Gichtgas N-9

Hochregallager L-53
Hochschulgruppenansatz G-134
Hochspannungsversorgung F-40
Höchstwert für Nitrit im Grundwasser N-127
Hochtemperaturabscheidung F-73
Hochtemperaturfiltration F-32
Hochtief-Dekontaminationsanlage J-74
Hochtonsenke D-46
Hochwasser B-53
Hohlraum J-35
Holsystem H-39f.
Holz
-, Abfall H-64
-, Asche N-52
-, Bearbeitung N-48
-, Erzeugung und Lagerung N-45
-, Feuerungsanlage N-50
-, Holzspänetrockner N-46
-, Schliff H-47
-, Schutzmittel N-92
-, Stoff H-49
-, Werkstoff N-49
Holzstaub
-, Befeuerung N-46
-, Emission N-47
-, Minderung N-49
Horizontalbrunnen J-49
Horizontaldränage J-49
Horizontalfilter G-122
Hörverlust D-46
HSO_3^--Oxidation F-60
Hüllmaterial N-31
Humaninsulin N-40
Humankapital HK C-2
Humifizierung J-78
Humus D-37f., D-42
Hydrierung H-59
Hydrologie G-5
Hydrolyse H-112
-, Phase G-99
-, Stufe H-114
Hydroxid-Carbonatfällung G-71
Hydroxyl D-9
-, Radikale OH° G-74
Hydrozyklone J-90, J-97
Hygienenachweis H-116
Hygienisierung H-116
Hyperfiltration G-90
Hypertonie D-48
Hypochlorit G-75

Identifikations-System H-41
IDLH-Wert L-16

IEC B-5
Immission D-2, D-10, B-15, D-42, J-43, L-11, M-1, N-127
- und Nachbarschaftsschutz G-206
-, Grenzwert L-16
-, Meßplanung M-26
-, Messungen
-- von PAK M-38
--, Durchführung M-26
--, kontinuierliche M-28
-, Meßverfahren für gasförmige anorganische Fluorverbindungen M-32
-, Ort G-201
-, Richtwerte G-204, G-206
-, Schutz, prophylaktischer D-34
-, Wirkungen D-2, D-16
Immobilisierung J-48, J-59, J-106
-, Maßnahme J-45
-, Verfahren J-60, J-106
Immunität G-203
Impaktorprinzip M-5
Impulshaltigkeit K-8, M-81
Impuls
-, Lärm K-5
-, Zuschlag M-79f.
In situ J-64, J-103
Incinerator F-65
Indigosulfonsäure-Verfahren M-32
Indirekteinleiter B-48
Individualschäden D-1
Individualverkehr K-1
Industrie
-, Brachen J-33, J-42
-, Lärm K-1, M-79
-, Schlamm J-30
Inertgasvolumen G-83
Inertisierung J-104
Infektionsrisiko G-203
Infiltration J-84
Informationshaltigkeit K-8
Infrarot-Absorption M-15
Infrarot-Messungen (IR) J-37
Ingestionspfad N-19
Inhaltsstoffe H-78
Initiation D-23f.
Initiatoren D-25
Injektionsverfahren J-59
Injektionswand J-57
Injektorwascher F-24
Innenohrschädigung D-46
Innenraumluftmessungen von PAK M-38
Insektizid D-43, N-120f.
In-situ-Photometer M-13
In-situ-Streulichtphotometer M-7

In-situ-Verfahren J-83
Inspektoren, behördliche
  N-44
Insulin N-40
-, Human- N-40
-, Vorstufenbildung, gentechnologisch N-40
Intensivrotte H-111
International Conference on
  Harmonization (ICH) N-45
Interpretation, digitale J-28
Inversionswetterlage M-77
Investitionen G-210
Investitionshemmnis J-48
Investitionskosten J-112
Ionenaustausch D-39, G-76
-, Verfahren G-76
Ionenaustauscher G-77
-, Anwendungsbereiche G-78
-, Eigenschaften G-77
Ionendosis M-82
Ionentauscherharz N-22
Ionisation M-81, M-84
-, Dichte M-84
-, Kammer M-83
IPPC B-8
IR-Strahlungsverdampfer G-87
ISO B-5
Isolinie J-33
Isothermengleichung F-46
IT-Corporations-Verfahren
  J-75
IVU B-8

Jahresausdruck M-24
Jahresübersicht H-77

K_{St}-Wert L-21
Kabel J-35
Kadaver J-37
Kaldnes-Verfahren G-153
Kalibrierung M-5, M-22, M-24
- von Staubmeßeinrichtungen
  M-24
Kaliumjodid-Verfahren M-32
Kalk D-42
-, Eisensulfat-Luft-Verfahren
  N-55
-, Milch G-70
Kalkstein N-3, N-5f.
-, Suspension F-59
Kältemittel N-92
Kaltwindkupolofen N-16
Kalziumoxid N-6
Kamine N-91
Kammerfilterpressen G-190
Kanal
-, Abfluß G-43
-, Ablagerung M-56

-, Bau G-52
--, geschlossene Bauweise
  G-52
--, offene Bauweise G-52
-, Netz G-42
-, schadhafter G-22
-, undichter G-7
Kanalisation B-48, G-36,
  N-107
Kanzerogene D-26
Kanzerogenese D-23f.
-, Mehrstufenkonzept D-24
Kapillarkondensation F-45
Kapillarkräfte D-38, F-5, J-4
Kapillarsäulen M-41
Kapillarsperre J-53
Kapitalstock, natürlicher C-2
Kapselung G-202, G-210f., K-5
Karsterscheinungen J-3
Kartierung, geoelektrische
  J-30
Karton H-47
Karzinogenese D-63
Kaschierung N-50
Kaskadenbecken G-126
Kaskadendenitrifikation mit
  verteilter Zulaufführung
  G-131
Kaskadenelution M-62
Kaskadenimpaktor M-4
Katalysator D-5, F-65, F-68,
  F-69, G-76, N-66
-, Belastung F-65
-, Bienenwabenform- F-70
-, Einbett-Drei-Wege- F-66
-, Einbett-Oxidations- F-66
-, heterogener F-65, G-74
-, homogener G-74
-, Keram- F-67f.
-, Metalloxid- F-68
-, Plattenform- F-70
-, Platten- F-70
-, Schüttgut- F-65
-, Schüttschichten- F-70
-, Träger- F-65
-, Voll- F-65
-, Waben- F-65
Katarakt D-58, D-61
Kataster K-1
Katastrophenfall L-46
Katastrophenschutz L-6, L-46
-, Behörde L-47
Kationen-Austauscher G-76
Kavitation J-92
KBE G-203
Kehrmaschine N-108
Keimdrüsen J-38
Keime, coliforme G-203
Kelvin-Gleichung F-45
Kenndaten, sicherheitstechnische L-18

Kenngröße, verfahrenstechnische F-37
Kennwerte von Ottokraftstoffen N-62
Kennzahlen, dimensionslose
  F-12
Kennzeichnung L-34
Keramkatalysator F-67f.
Kernbrennstoff B-29
-, Kreislauf N-22
Kernenergie B-29
Kernkraftwerk B-31, J-37, N-19
-, Fernüberwachungssystem
  B-33
Kernreaktion N-18
Kernspaltung D-54, N-19
Kernwaffen-Fallout D-58
Kerzenfilter F-31
Kieselgel-Verfahren M-17
Kläranlagen F-77, G-197, J-11,
  N-93, N-105
Klärschlamm B-42, D-42, G-7,
  G-183, H-19, N-107
-, Aufkommen G-185
-, Verordnung (AbfKlärV)
  D-43, M-48, M-59
Klarwasserabzug G-63
Klassen M-22
Klassieren H-13
Klassierer G-61
Klassierung H-13, J-90
Klassifikation, visuelle H-5
Klassifizierung L-30
Kleinfeuerungsanlage N-90
Klima D-2, D-15f.
-, Änderungen D-12, D-16
-, Anomalien D-16
-, globale Veränderungen D-16
-, Modelle D-16
-, Schwankungen D-16
-, System D-13, D-15f.
Klimatisierung N-123
Klopffestigkeit N-61
Klopffilter F-31
Klopfhämmer F-33
Klopfintervall F-33
Kluftgrundwasserleiter J-34
Knettrockner G-194
Knochenmark D-60
-, rotes J-38
Knochenoberfläche J-38
Knudsen-Diffusion F-48
KNV-Anlage F-65
Koagulation G-188
Koaleszenzfilter G-67
Koaleszenzabscheider G-68
Kohle D-9
Kohlendioxid C-9, H-113,
  N-121, N-123, N-126f.
Kohlenmonoxid D-2, D-10,
  N-121

-, Bestimmung der Konzentration M-11
Kohlenstoff
-, Adsorbentien F-51
-, gesamtorganischer (Gesamt-C) M-17, M-35
-, Kreislauf N-45
-, Monoxid-Immission M-34
-, Quellen G-94
Kohlenwasserstoffe D-2, D-10f., J-32, J-35, N-121
-, aliphatische M-36
-, aromatische M-18, M-36
-, chlorierte F-74, J-6f.
-, halogenierte D-5
-, leichtflüchtige aromatische M-75
-, polyzyklische aromatische (PAK) D-42, M-20
-, vollhalogenierte N-92
Kolbenpressen G-58
Kollektivgut-Problematik C-10
Kolmation G-122
Kolonnenwascher F-23f., F-26
Kombinationsverfahren H-21
Kombinationswirkungen D-26, D-30
Kommission Reinhaltung der Luft (KRdL) B-6
Kommunikation, interzelluläre D-24
Kommunikationsverbindung, geschützte L-48
Kompensationswachstum C-6
Komplexbildner G-72, J-95
-, organische G-75
Komplexhaltige Abwässer G-72
Kompositmembranen G-90
Kompost F-75
-, Absatz H-112
-, Anlagen F-77, H-108
-, Anwendung H-117
-, Qualität H-108, H-115
-, Rohstoffe H-105
-, Verwertung H-115
Kompostierbarkeit M-68
Kompostierung H-56, H-104, H-110
-, Anlage N-113
Kompressoren G-211
Kondensation F-42, J-101
-, Methode M-21
-, Verfahren F-43
--, Tieftemperatur F-43
- Wascher F-19
Kondensatwasser H-125
Kondenswasser H-123
Konditionieren J-59
Konditionierung F-39, N-32

-, Mittel G-188
Konduktometrie M-12, M-14
-, kontinuierliche M-14
Königswasseraufschluß M-61, M-71
Konjugation D-20
Konservierungsmaßnahme M-52
Konstruktion, lärmarme K-5
Kontaktenergie F-23
Kontakttrocknung G-193
Kontamination D-42, D-44, J-11
- des Grundwassers J-37
-, Fahne J-30
-, Muster J-47
Konvektionstrocknung G-193
Konverter N-14f.
-, Abgas N-9
Konzentrationen L-11, L-14
-, kritische D-35
Konzentrationsfähigkeit D-49
Konzentrationswirkung B-19, B-58
Konzentratseite G-88
Korndiffusion F-47
Kornform F-2
Korngröße
-, mittlere F-3
-, Verteilung H-11
-, Verteilungsdichte H-12
Korona
-, Einsatzspannung F-34
-, Entladung
--, positive F-37
--, stabile F-34
-, negative F-37
-, Prozeß F-34
-, Strom F-34
Körperdosis M-82
Körperschallabstrahlung K-5
Korrosionsschutzanforderungen G-202
Kosten B-57, J-103
-, Arten J-112
-, Einschlußfaktoren J-112
-, Obergrenze J-112
-, Vergleichsrechnungen J-112
-, Minimierung J-112
-, Nutzen-Verhältnis J-47
-, Wirksamkeitsbetrachtungen J-112
Kräfte, elektrostatische F-5
Kraftfahrzeug N-126
-, Abgase N-60
-, Verkehr N-125
Kraftstoffe, alternative N-70
Kraftwerke, Rauchgasentschwefelung F-58
Krankheitserreger G-202
Krebs D-58, D-61f., D-64

-, Risiko D-62
--, Faktoren D-26
Kreislauf-
-, Führung G-78
-, Verfahren G-78
-, Wirtschaft H-95
-, Wirtschafts- und Abfallgesetz (KrW-/AbfG) H-105, J-26
-, Wirtschaftsgesetz M-58
Kreuzschleier-(Ströder-)Absorber F-56
KrW-/AbfG (Kreislaufwirtschafts- und Abfallgesetz) H-6, H-105
Kübelspritzen L-23
Kubota-Verfahren G-145
Küchenabfälle H-105, H-35
Kühlflüssigkeit L-37
Kulturboden J-12
Kulturgüter L-6
Kulturlandschaft N-115
Kunststoff H-57
-, biologisch abbaubarer H-56
Kupfer D-41, J-30, N-18, N-125
-, Hütte N-18
Kupolofen N-16
Küstengewässer B-45
Küvette M-12
KWU-Schwelbrennverfahren N-112

Lachen
-, Abdampfung L-12
-, Bildung L-12
-, Dicke L-13
Lachenfläche L-13
Lachgas N-119
Lack
-, Schlamm N-52
-, Verlust N-49
Lackieranlage N-49
Lackierereien F-77
Ladung, elektrische F-36
LAGA B-4, H-66f.
Lagerung
-, Dichte F-5
- von Holz N-48
- von Mineralerzeugnissen L-55
LAI B-4
Lamellenabscheider F-10
Lamellenklärer G-64
LANA B-4
Landbau, ökologischer N-129–131
Landbewirtschaftung, ordnungsgemäße G-23
Länderarbeitsgemeinschaft Abfall LAGA M-59

Länderausschuß für Immissionsschutz (LAI) K-7
Landesbauordnungen J-43
Landessammelstelle N-33
Landfarmings J-83
Landmaschinen N-121, N-129
Landnutzung N-115
Landschaftsbauwerk J-46
Landschaftsprogramm B-14
Landschaftsrahmenplan B-14
Landwirtschaft D-40, N-115, N-119, N-121, N-126–129, N-131
Längenverteilung F-3
Langmuir-Hinshelwood-Mechanismus F-61, F-68
Langmuir-Isotherme F-47
Langsandfang
–, belüfteter G-60
–, unbelüfteter G-60
Lärm A-3, B-24, D-1
– am Arbeitsplatz B-27, D-51, K-1
– durch Baumaschinen B-16
– durch Flugverkehr D-51f., K-1, M-80
–, Bau- K-1
–, Belästigung D-49–51
–, Betrieb M-76
–, Emissionen/Immissionen G-204, G-206
–, Empfindlichkeit D-50
–, Freizeit D-47
–, Gewerbe- M-79
–, Industrie- K-1, M-79
–, Kataster K-1
–, Krankheit D-46
–, Meßverfahren M-75
–, Minderung K-8
– –, VDI-Kommission K-8
–, Minderungsplan B-25, K-3
–, Schwerhörigkeit D-46, M-76
–, Sportanlagen B-27
–, Straßenverkehr D-51, D-52
–, Tieffluge D-47
–, Wirkungen G-206
– –, Anhaltswerte für D-46
– –, aurale D-45f.
– –, extra-aurale D-45f., D-51, D-54
– –, psychologische D-47
Lärmschutz K-1
–, Verkehr B-17
–, Fluglärm B-26
Lästigkeit M-76, M-79
–, Empfindung D-51
–, Urteil D-49
Latenzzeit D-25
Laufzeit H-73, J-34f.
Läutertrommel J-92
Lautstärke G-205f.

LAWA B-4
LC_{50}-Wert L-15
LCA H-7
LCL_0-Wert L-15
LD_{50}-Wert L-15
LDL_0-Wert L-15
Lebensdauer D-10f.
–, atmosphärische D-5, D-9
Lebensraum J-11
Leckage L-11
–, nicht quantifizierbare L-11
–, quantifizierbare L-11
Leckgröße L-11
Leckortungssystem J-53
Lehm J-87
Leichtflüssigkeitsabscheider G-67
Leichtgasausbreitung L-13
Leichtstoffbehälter H-38
Leichtverpackung H-40
Leichtwasserreaktor N-22
Leistungsmotivation D-53
Leistungsstörung D-49
Leitfähigkeit, elektrische J-34
Leitnuklid N-32
Leitwarte L-34, L-45, L-52
Leitworte L-8
Leukämie D-61f.
Licht G-197
–, Bogen F-40
Liftbettverfahren G-77
Linien-Normalorganisation L-48
Linpor-Verfahren G-153
Lipide G-115
Lochfolie F-28, F-32
Lochvorhang F-33
Löschanlage L-52
Löschdecken L-23
Löschmaßnahmen L-17
Löschmittel L-24
Löschwasser L-24, L-55
–, Versorgung L-44, L-55
Löschzeit F-40
Lösemittel
–, Eigenschaften G-83
–, Rückgewinnung F-51, G-88
Löslichkeit G-84
–, Produkt G-71
Löß J-87
Lösung, kostenoptimierte J-47
Lösungsmittel F-73
–, organisches N-39, N-42, N-92
Low-Dust-Verfahren F-69f.
Luft A-3, J-1
–, Durchlässigkeit F-29
–, Mangel F-61, N-65
–, Menge, kritische H-10
–, Qualität

– –, Überwachung M-27
– –, Kriterien D-35
–, Reinhalteplan B-21
–, Sauerstoff G-74
–, Schall G-204
– –, Dämmung K-5
–, Trübung D-11
–, Überschuß N-60, N-65
–, Verkehr N-80
–, Verunreinigung B-21, D-27, N-57
– –, Geruch und Aerosole G-198
–, (Überschuß)zahl F-62
–, Wechselzahlen G-206f.
– Zahl λ N-60
Luft-, Körper- und Flüssigkeitsschall G-204
Lumineszenz M-85
Lunge D-19
Lymphozyten D-60

μs-Pulse F-41
Magerkonzept N-100
Magnesit N-3, N-5f.
Magnesium D-48
Magnesiumoxid N-6
Magnetisierung
–, induzierte J-29
–, remanente J-29
Magnet
–, Scheider H-16
–, Scheidung J-90
–, Sortierung H-16
Mähdrescher N-121
MAK B-6
Makroporen F-47
Makulatur J-32
MAK-Wert L-14
Malignität D-24
Mammutpumpen G-61
Mammutrotoren G-211
Maschinentechnik K-5
Massenbilanz G-66, G-69
Massenkraft F-5
Massenreduktion H-119
Massentierhaltung N-123, N-131
Massenverteilung F-3
Maßnahme
–, aktive hydraulische J-46
–, aktive pneumatische J-46
–, Beschränkungs- B-60
–, Dekontaminations- B-60
–, gebietsbezogene B-56
–, hydraulische J-84
–, organisatorische L-42
–, passive pneumatische J-45
–, primär wirkungsorientierte J-45

-, Sanierungs- B-59
-, Schutz- B-59
-, Sicherungs- B-60
-, Kombinationen J-47
-, störfallbegrenzende L-31
-, technische und organisatorische L-33
-, Wert B-56
Material, poröses F-47
Matts-Öhnfeldt-Gleichung F-38
Maximalpegel D-45, D-54
MBA H-124
MBTH-Methode M-18
MD H-2
MDT L-36
ME H-35f.
Medizinprodukt N-38
Meeresspiegel D-16
Mehrfachbelastung D-54
Mehrkammerbehälter H-39
Mehrkammersystem H-40
Mehrweg H-10
MEKAM H-36, H-40
Meldekategorien L-46
Membran F-41, F-43
-, anorganische G-89
-, asymmetrische G-90
-, Filtration G-88
--, Verfahrensvarianten G-89
-, homogene G-90
-, Komposit- G-90
-, Materialien G-89
-, mikroporöse F-43
-, Polymer- G-89
-, semipermeable F-44
-, Strukturen G-90
-, Verfahren G-145
Mengenarten F-3
Mengenentzug G-2
Mengenschwelle L-6
Mercaptane F-74
Merkblätter B-4
Mesoporen F-47
Mesosaprob G-9
Mesosphäre D-16
Meß-, Steuerungs- und Regelungstechnik (MSR) L-28
Meßanordnung, geoelektrische J-30
Meßkopf L-40, M-6
Meßnetz M-3
Meßplanung M-1
Meßpunkte, Anzahl M-3
Meßraster J-37
Meßstelle, Einrichtung M-2
Messung B-20
-, anlagenbezogene M-26
-, gebietsbezogene M-26
-, kontinuierliche M-2
-, potentiometrische M-12

- von Staubinhaltsstoffen M-39
Meßverfahren, Emissionen G-198
Meßwarte L-42, L-45, L-52
Meßwertaufnehmer L-33, L-35
Meßwertverarbeitung L-33f.
Meßzelle, elektrochemische M-15
Metabolisierung D-18
Metabolite D-18, D-43, J-78
Metall M-8
-, Hydroxid J-104
-, Lösung J-104
-, Oxidkatalysator F-68
Metallionen
-, Austauschkapazität J-103
-, Fällung von G-71
Metalloid M-8
Metastasen D-23
Methan H-113, N-121, N-123, N-126–N-129
-, Bakterien G-100
-, Bildung G-100
-, Emission N-121
-, Gärung G-100
-, Gehalt H-121
Methanisierung H-112
-, Stufe H-114
Methanogene Phase G-186
Methanoxidation D-10
Methoden
-, deterministische L-7
-, Sammlung M-63, M-69
Methylorange-Verfahren M-33
MGB H-35f.
Michaelis-Menten-Gleichung G-125
Micothrix parvicella G-115
Mietenkompostierung H-110
Mietenverfahren J-80
-, dynamisches J-80
Mikrofiltration G-90, G-145
Mikroorganismen D-45, J-78
-, anaerobe G-98
Mikroporen F-47
Mikroprozessor-Regelung F-40
Mikrosiebe G-56, G-58
Millisievert (mSv) J-38
Mindestluftmenge F-62
Mindestschlammalter G-125
Mindestzündenergie L-20
Mineraldünger N-117, N-121, N-127f., N-132
Mineralerzeugnisse, Lagerung von L-55
Mineralische Partikel G-59
Mineralisierung J-78
-, anaerobe G-98

Mineraloberfläche J-32
Mineralölkohlenwasserstoff M-66, M-74
Mineralwässer J-11
Mineralwolle K-5
Minimax-Regel C-14
Minimax-Regret-Regel C-14
Minimierungsgebot G-198
Mischanlage J-61
Mischbecken, vollständiges G-126
Mischbettverfahren G-77
Mischbrennstoff N-30
Mischfeuerung H-22
Mischgut J-61
Mischsysteme G-37f.
-, modifizierte G-38
Mischwasserkanal G-37
Mischwasserkanalisation G-22
Mitstromrechen G-56
Mitteilungspflicht B-8
Mittelungspegel D-49, D-54, K-7, M-76, M-79–81
Mitverbrennung G-196
Modelltypen, Gewässergüte G-18
Moderator-Modell D-50
Modifikationen L-10
Modulformen G-89
Möglichkeiten, technische J-42
Molekularsieb F-48
Möllerung N-12
Monoklärschlammverbrennung G-195
Monoschichtkapazität F-46
Monoterpene N-46
Montagefehler L-43
Morphologische Gestalt G-5
Mortalität J-8
Motorabgasreinigung F-65
Moving-bed G-152
MOX-Verarbeitung N-30
MS H-36
MSR (Meß-, Steuerungs- und Regelungstechnik) L-28
MT H-35f.
MTBF L-36
Muffelofen H-25
Muldenversickerung G-39
Müllabfuhr N-92
Müllsäcke H-35, H-41
Müllverbrennungsanlage H-10, N-109
Multifunktionalität J-46f.
Multizyklone F-16
Mutation D-24, D-62
-, genetische D-61
-, Rate D-61
m-von-n-Bewertung L-36

N_2O (Lachgas) F-67
NO_2, selektive Messung M-15
NO_2-Immissionsmessung
 M-31
Nachhaltigkeit C-6
Nachklärbecken G-62, G-122
Nachklärung G-66
Nachrotte H-111
Nachsorge J-45
–, Kosten H-93
–, Pflichten B-17
–, Rückstellungen H-93
Nachverbrennung F-60
–, katalytische F-65
–, thermische F-61, L-37, N-48
–, Verfahren F-61
Nachweis
–, Buch B-42
–, coulometrischer M-17
–, epidemiologischer D-25
–, Grenze M-2
––, relative M-4
–, titrimetrischer M-17
–, Verfahren, detailliertes
 G-49
Nährstoff
–, Imbalance D-33
–, Komponenten G-112
–, Versorgung G-98
Nahrung
–, Kette D-39, D-45, G-101,
 J-12
–, Mittel N-126
NALS K-8
Nanofiltration G-90, H-83
Naß- und Trockenverfahren
 H-113
Naß-/Dampfaufschluß J-86
Naßabscheider F-1, F-6, F-25
Naßabscheidung F-18f.
Naßentstauber, Bauformen
 F-23
Naßentstaubung F-19
Naßoxidation
– mit Ozon G-75
–, chemische G-75
Naßzurichtung N-54
National Institute for Occupational Safety and Health
 (NIOSH) L-16
Natriumdithionit G-76
Natriumhydrogensulfit G-76
Natronlauge G-70
Naturdenkmal B-15
Naturschutzgebiet B-15
Naturschutzverband B-14
Naturstoff-Isolierung N-36
NDIR-Verfahren M-13
NDUV-Verfahren M-13
NE-Metallurgie N-9, N-17
Netzmessung M-25

Neutralisation G-70
Neutralisationsmittel G-70
Neutronen D-55, N-18
–, thermische N-19
Neutroneneinfänge N-18
Nichteisen
–, Metallscheider
 H-18
–, Rohmetall N-18
–, Schrott J-30
Niederdruck-Naßoxidation, katalytische G-75
Niederfrequenzanlage B-36
Niederschlag D-9, D-16
–, saurer D-2, D-10
–, Elektrode F-33
–, Fläche F-34
–, Platte F-32
–, Rohr F-32
–, Wasser B-47, G-22
Nitrat D-41, J-103, N-125
– im Grundwasser N-127
–, Atmung G-105
–, Reduktion D-32
–, Stickstoff M-74
Nitrifikanten G-94
Nitrifikation G-102, N-106
–, Einflußparameter G-103
Nitrit
–, Akkumulation G-104
–, Konzentration D-33
–, Reduktase D-32
n-Octanol/Wasser-Verteilungskoeffizient G-83
NOEL (No Observed Effect Level) D-17, D-22, L-15
Nomogramm J-33
NO-Reduktionswirkung F-71
Normen B-4
–, Ausschuß
–– Akustik, Lärmminderung
 und Schwingungstechnik
 (NALS) K-8
–– Wasserwesen (NAW) B-6
Notfallorganisation L-48
–, Übung L-44, L-48, L-53
Notifizierungsverfahren B-43
Notstromanlagen G-211
Notversorgung J-11
NO_x-Reduktion F-60
Nuklearmedizin J-37
Nullbelastung J-44
Nutzenbeiträge J-112
Nutzen-Kosten-Analyse, umweltpolitische C-4
Nutztiere N-122f.
Nutzung J-46
–, altlastenbezogene J-47
–, Beschränkungen
 J-43, J-108
–, Charakteristik J-10

–, Sensibilität J-48
–, Varianten J-107
–, zukünftige J-42
Nutzwertanalyse J-112f.

O_2-Aufnahme G-118
O_3-Immissionsmessung M-31
Oberbelag J-53
Oberfläche grundwasserstauender Schichten J-37
Oberflächen
–, Abdeckung J-51
–, Abdichtung H-75, J-51
–, Abfluß G-43
–, Abschwemmungen G-4
–, Absorber F-56
–, Beschichtung N-49
–, Diffusion F-48
–, Effekt J-28
–, Feststoffbelastung G-187
–, Größe F-48
––, spezifische F-46
–, Gewässer G-20, N-118,
 N-125, N-129
––, fließende G-1
––, stehende G-1
–, heiße L-18
–, Sicherung J-51
–, Sicherungssystem J-49
–, spezifische F-3f., F-48
–, Wasser zur Trinkwassergewinnung M-45
Objektivität J-107
Octanzahl N-61
Öfen N-91
–, Drehrohr- H-25
–, Etagen- H-25
–, Hoch- N-12f.
–, Kaltwindkupol- N-16
–, Kupol- N-16
–, Muffel- H-25
–, Rostfeuerungs- H-25
–, Schacht- N-6, N-14, N-16
–, Wirbelschicht- H-25
Off site J-64, J-103
Off-Line-Abreinigung F-30
Ökoaudit B-7, C-20
Ökobilanz H-6–8, H-57
Ökofaktor H-10
Ökogas H-22
Ökologie und Ökonomie, Harmonisierung A-2
Ökologisches Realkapital ÖK
 C-2
Ökonomieverträglichkeit
 C-24
Ökosystem, terrestrisches
 D-28
Ökosysteme D-40, N-125,
 N-127

Ökosystemsicherung C-15
Öl D-9, G-67
–, verharztes J-87
Olfaktometer G-199, M-20
Olfaktometrie M-19
Oligosaprob G-9
On site J-64, J-103
Oncogen D-24
On-Line-Abreinigung F-30
Opazität M-5
Opportunitätskosten C-4
Ordnung J-11
–, Recht J-1
–, Widrigkeit B-11
Organe J-38
Organische Lösungsmittel N-42
Organismus J-2
Organismus (Mikro-), gentechnologisch veränderter N-36
Organochlorpestizide (OCP) M-75
Orientierungswert J-13
Originalsubstanz H-4
Osmogene
–, primäre G-199
–, sekundäre G-199
oTS M-64
Overspray N-49
Oxidation D-9, D-11, G-73f., G-103
–, chemische H-81
–, katalytische G-207f.
–, nasse G-196
–, thermische G-207f.
Oxidations-/Reduktionsreaktionen G-73
Oxidationsmittel D-12, G-74
Ozon (O_3) B-16, D-2, D-5, D-8–12, D-15, D-27, F-37, G-74, G-208, N-119, N-125f.
–, Abbau D-7f.
–, Abbaupotentiale D-6
–, Abnahme D-9
– –, stratosphärische D-9
–, Immissionsmeßgerät M-34
–, Konzentration D-11
–, Loch D-8f., D-16
– –, antarktisches D-2, D-6
–, Produktion D-11
–, Schicht D-2, D-9f., D-12
–, Schichtabnahme D-9
–, Schwund D-2, D-16
–, Verlust D-12
Ozone Depletion Potential (ODP-Wert) D-6

PA H-55
PAAG-Verfahren L-7f.
PAK M-38

–, unpolare J-103
PAN D-11f.
–, Verbindungen D-10
Papier H-47
Pappe H-47
Parallelplattenabscheider G-64
Partialdruck F-44
Partikel M-3
–, Abscheidung F-1f., F-28
–, Eigenschaft F-2
–, Größe L-21
– – von Stäuben M-4
–, mineralische G-59
–, Oberfläche F-3
–, Volumen F-3
Patronenfilter F-31
PCB J-103, M-38, M-42
PCB-Immissionsmessung M-39
PCDD H-56, M-38, M-75
PCDD/F M-66
PCDD-Emission M-21
PCDD-Immissionsmessung M-38
PCDF H-56, M-38, M-75
PCDF-Emission M-21
PCDF-Immissionsmessung M-38
PE H-55
P-Elimination, chemische G-108
Pellet G-99
–, Brennmaschine N-11
Pelletierung N-11
Penicillin N-40
Pentachlorphenol D-44
Perkolation G-81
Permeation F-41f., G-90
–, Verfahren F-43
–, Seite G-88
–, Strom G-88
Peroxidisulfat G-75
Peroximonosulfat G-75
Peroxipropionylnitrat D-11
Peroxiradikale D-11
Peroxyacylnitrate D-10
Personen
–, Dosimeter M-83
–, Dosis M-82, M-87
–, Schäden L-35
Pervaporation G-90
Pestizide D-43, N-120, N-129f.
Pfanderhebungspflicht B-41
Pflanzen D-27, J-11
–, Anbau N-120
–, Bau N-115
–, Beete G-120
–, Kläranlagen G-119
–, Maßnahmen am Pflanzenstandort D-36

–, Nährstoffe H-115
– –, chemische N-117, N-120, N-127, N-129–131
–, Verträglichkeit H-115
Pflanzenschutz N-116, N-128f.
–, Mittel N-91, N-132
Pflichten L-6
Pfortader D-18
Pfropfenreaktor G-126
Phase-I-Reaktion D-20
Phase-II-Reaktion D-20
Phasen
–, Grenze J-6
–, Transfer G-83
–, Trennung G-67
pH-
– Bereich G-70
– Einstellung G-70
– Meß- und Regelkreis G-70
– stat-Elutionsverfahren M-63
– Wert D-9, D-39, D-41, G-103, D-65, M-73
Phenol
–, chloriertes M-17
–, Index M-75
Phosphat D-41, J-103, M-74, N-93, N-106, N-118, N-128, N-132
–, Aufnahme G-111
–, Elimination N-106
–, Ersatzstoff N-93
–, Rücklösung G-108
Phosphationen G-73
Phospholipide G-115
Phosphor G-102
–, Elimination, biologische G-108, G-137, G-140
–, Quellen G-94
Photodetektor M-12
Photolyse D-2, D-7–9
Photometrie M-12
Photonen D-55
–, Strahlung M-87
Photooxidantien D-27
Photosmog D-2, D-10–12
–, Prozesse D-10
Physis J-9
Physisorption F-41f., F-44
Pilotkonditionierungsanlage N-32
Pilzbeläge G-98
Pipeline B-50
Planfeststellungsverfahren B-9, G-206
Planfilter M-4
Planfilter/PU-Schaum M-42
Planungsrandbedingung J-48
Plattenelektrofilter F-33
Plattenformkatalysator F-70
Plattenkatalysator F-70

Plausibilitätsprüfung J-111, L-34
PLT (Prozeßleittechnik)
-, Betriebseinrichtungen L-30
-, Schadensbegrenzungseinrichtungen L-31
-, Schutzeinrichtungen L-30
-, Überwachungseinrichtungen L-30
Plutonium N-30
Pneumatisches Verfahren J-51
Polar stratospheric clouds (PSCs) D-7
Polarisation, induzierte J-32
Polishing G-79
Polizeigesetz J-27
Poly-β-hydroxybuttersäure G-108
Polychlorierte Biphenyle (PCB) M-20, M-66, M-75
Polychlorierte Dibenzo-p-dioxine (PCDD) M-20
Polychlorierte Dibenzo-p-furane (PCDF) M-20
Polychlorierte Dioxine und Furane, katalytische Oxidation F-71
Polyelektrolyte G-188
Polyether F-54
Polymermembranen G-89
Polyphosphatgranula G-108
Polysaprob G-9
Polyzyklische aromatische Kohlenwasserstoffe (PAK) M-20, M-67, M-74
Populationsschäden D-1
Poren J-3
-, Makro- F-47
-, Meso- F-47
-, Mikro- F-47
-, System F-47
--, Grenzflächen J-32
-, Volumen F-48
Porosität F-5
Positron N-19
Potential
-, Fließ- J-32
-, kinetisches J-32
-, Redox- J-32
-, Reduktions- J-32
PP H-55
Präklusion B-18
Prallmühlen H-11
Prävention N-41
Preß-/Sickerwasser H-123
Preßmüllfahrzeug H-41
Primär
-, Harn D-21
-, Medium L-38
-, Produktion G-13

Proben
-, Aufbereitung M-42
-, Konservierung M-51
-, Form M-52
-, Vorbereitung M-57
Probenahme H-4f., M-3
- in Wasser und Abwasser M-51
- von Feststoffen M-54
- von PCB M-21
-, dynamische M-20
-, statische M-20
-, Art M-52
-, Geräte M-54
--, automatische M-53
-, Stellen M-26
-, Zeiten für PAK M-22
Problemabfall H-40
Produkt
-, Eigenschaften, grundlegend neue C-15
-, Haftung C-25
-, Ökobilanz H-7f.
-, Verantwortung B-41
-, Warnung B-11
Produktion E-1
-, Anlage, emissionsarme E-2
-, Begrenzung N-127
-, Funktion D-37
-, Verbund E-1
Prognose H-100, K-7
-, Verfahren K-6
Programmbausteine L-36
Progression D-24
Promotion D-23
Promotoren D-25
Proportionalregelung G-70
Protonen D-39, D-41, N-19
-, Magnetometer J-28f.
Protoonocogen D-24
Prozeß E-1
-, fibrotischer D-61
-, katalytischer D-5
-, Kontrolle (IPC) N-44
-, Leittechnik L 28
--, Begriffe zur L-34
-, Parameter H-107
-, Stabilität H-115
-, Wasserführung J-99
Prüfabstand L-36
Prüffristen L-45
Prüfintervall L-36
Prüfmethoden, systematische L-10
Prüfwert B-56, J-13f.
PS H-55
PSC D-8
PTFE H-55
Puffer
-, Funktion D-37
-, Kapazität G-118

-, Kraft D-41
Pufferung D-39, D-44
Puls- und Pausenzeiten F-41
Pulse Jet F-30
Pulsen F-40
Pulverlacksystem N-49
Pulverlöschanlagen L-23
Pumpen L-55
Pupillenerweiterung D-47
PUR H-55
PU-Schaum M-39
PVC H-55
Pyrolyse G-196, H-21, H-59, N-112

Qualitätskontrolle, pharmazeutische N-41
Qualitätsmanagement N-44
Qualitätssicherung J-55, N-44
Quecksilber D-43, M-8, M-41
-, Adsorption an Aktivkohle F-51
-, Chemisorption an Aktivkohle F-52
Quellgase D-2, D-5, D-7, D-9
Querschnittsbranche C-18
Querstromabscheider F-9

Radargramm J-35
Radialdesintegrator F-25
Radikal D-2, D-5, D-9, D-11
-, Fänger G-74
Radioaktivität D-54, D-57, D-64, M-82, N-18
Radiodiagnostikum N-38
Radiometrie M-28
Radiopharmaka N-38
Radium-Uran D-57
Radon B-35, D-57, N-27
Rahmen-Abwasserverwaltungsvorschrift H-79
Rahmenrichtlinie der Europäischen Union G-29
RAL H-68
-, Gütesiegel M-59
Rammsondierung J-37
Raps
-, Methylester N-129
-, Öl N-129
Rasterbegehungen G-200
Rauch- und Wärmeabzugsanlagen L-23
Rauchgas G-70
-, Entschwefelung F-58
-- in Kraftwerken F-58
-, Reinigung J-106
-, Reinigungssystem H-30
-, Wäsche, mehrstufige H-30
Rauchverbot L-44

Raumbelastung SV F-68
Räumerbrücken G-61
Raumfugen G-211
Raumgeschwindigkeit F-65
Raumgewicht H-41
Raumladungseffekt F-40
Raumsondierung J-28
Reagenzdosierung G-70
Reaktion
–, exotherme L-17
–, heterogen katalysierte F-1
–, heterogene chemische F-1
–, heterogene D-6, D-8, F-42
–, homogene F-1
–, Mechanismus F-61
–, Partner L-17
–, photochemische D-11
–, psychische D-45
–, vegetative D-45
–, Zone L-17
Reaktor
–, Typen G-126
–, Verfahren J-82
Real- bzw. Sachkapital C-2
Rechen
–, Anlagen G-54f., G-211
–, Rost G-55
Rechengut G-59, M-55
–, Belegung G-55
–, Container G-58
–, Pressen G-58
–, Räumung G-55
Rechen- und Siebanlagen G-54
–, Auslegung von G-58
–, Bemessung von G-58
Recherche, historische J-43
Rechteckbecken G-63
Rechtsbegriff, unbestimmter B-7
Rechtsverordnung über Art und Häufigkeit der Selbstüberwachung von Abwasserbehandlungsanlagen und Abwassereinleitungen M-48
Recycling H-44f., H-48, H-51, N-42
–, Kosten C-5
Recyclingbaustoff H-65
Redox-Gleichung G-73
Redoxpotential J-32
Redox-System G-73
Reduktion G-73, G-76, N-12
–, Mittel F-67, G-76, H-30
–, Politik C-10
–, Potential J-32
Redundanz L-33
–, diversitäre L-36
–, homogene L-36
Reflektor M-6

–, Tiefenlage J-35
Reflexionsseismik J-37
Refraktäre Stoffe G-75
Refraktionsseismik J-36
Regallager L-53
Regelungen, europäische K-8
Regelungsfunktionen D-37, D-42
Regelwerk, technisches L-28
Regenabfluß G-22, G-37f., G-41f.
–, Berechnungen G-43
–, Bestimmung G-41
Regenentlastungsbauwerke G-37, G-49
Regenerate G-76, G-78
Regeneration G-76, G-80
– beaufschlagter Adsorbentien F-49
–, Fähigkeit D-23
– mit Dampf G-81
–, Rate C-6
–, thermische G-81
Regen
–, Ereignis G-37
–, Häufigkeit G-41
–, Klärbecken G-51
–, Rückhaltebecken G-47
–, Spendenlinie G-41
–, Überlaufbecken G-37, G-48
–, Überläufe G-48
Regenwasser G-36
–, Einleitungen G-22
–, Kanal G-40
–, Kanalisation G-22
–, Versickerung G-39
Regengutpresse G-59
Reichweite J-51
Reingas F-75
–, Konzentration G-209
–, Staubgehalt F-30
Reinhalteordnung B-49
Reinigungseinrichtungen G-57
Reinigungsleistung G-208
Reinigungsmittel N-93
Reinsauerstoff-Verfahren G-146
Rekultivierung B-44, H-93
–, Schicht J-53
Relativgeschwindigkeit F-23
Renaturierungsmaßnahmen G-24
Reparatursystem D-59
Resonanzfrequenzmessung M-28
Resorption D-17f., G-83
Respirationstrakt D-19
Responsefaktoren M-19
Ressourcennutzungsspielräume C-19

Restabfall
–, Zusammensetzung H-102
–, Behandlung H-106, H-118
– –, biologische H-117
– –, mechanisch-biologische H-117, H-123
Restbelastung, tolerierbare J-47
Restholz N-52
Restitutionsfunktion C-25
Restmüll H-38
Restriktionen (Multifunktionalität) J-46, J-112
Restschlämme J-104
Reststoffe B-38, E-1, G-66, G-69
–, Vermeidung E-4
–, Verminderung E-4
–, Verwertung E-7
Rettungsdienste L-25, L-44
Rettungsweg L-45
Reverse Air F-30
Reversibilität D-23
Reynolds-Zahl F-12
Richtlinie des Rates der Europäischen Gemeinschaft über die Behandlung von kommunalem Abwasser M-48
Richtlinien zur Bemessung von Löschwasser-Rückhalteanlagen (LöRüRL) L-24, L-55
Richtwerte J-2, J-13
Rieselrohrabsorber F-56
RI-Fließbild L-34
Ring-Lace-Verfahren G-152
Ringofen N-6
Ringspaltwascher F-25
Rinnen G-211
Rinsebettverfahren G-77
Rio-Konferenz 1992 A-2
Risiken des Einsatzes von chemischen Pflanzenschutzmitteln N-130
Risiko D-25, D-64, L-29, L-32, L-35
–, Bereiche L-32
–, Klassen L-32
–, Minderungsstrategie C-11
–, qualitatives L-8
–, quantitatives L-8
Risikograph L-32
Roheisen N-12, N-14–16
Rohr- und Rigolenversickerung G-39
Röhrenelektrofilter F-33
Rohrleitung G-212
–, Anlage B-50
–, Detonation L-20
–, metallische J-35
–, nichtmetallische J-35

Rohrreaktor G-126
Rohrscheibenmodul G-89
Rohr-Umlenkabscheider F-10
Rohstoff
–, nachwachsender N-116
–, Verbrauch N-57
Rohware N-53
Röntgenfluoreszenzanalyse M-39
Röntgenstrahlen D-55, M-85
Röntgenverordnung B-33
Rostfeuerungsofen H-25
Rotationsadsorber F-49
Rotationswascher F-23–26, F-57
Rotorschere H-12
Rotte
–, Grad H-111
–, Prozeß N-113
Rowitec H-22
RRSB-Verteilung F-3
Rückbau H-61
Rückbelastung der Kläranlage G-188
Rückgewinnung G-78
Rückhalte- und Ableitungssysteme L-37
Rücklauf
–, Schlamm G-66, G-122
–, Verhältnis G-124
Rücknahmepflicht B-41
Rückschubfeuerung H-22
Rücksprühen F-39
Rückspülfilter F-31
Rückstände N-127, N-130
–, feuchte salzhaltige J-30
Rückstandsverbrennung, Anerkennung E-11
Ruhesignalprinzip L-36
Ruhestromprinzip L-36
Rundbecken G-63
Rundräumer G-61
Rüstungsaltlastenverdachtsfläche J-2

SO_2-Emission, kontinuierliche Messung M-12
SO_2-Immissionsmessung M-30
Sachbilanz H-7f.
Sachgüter J-2, L-6
Sachschäden L-35
Sachverständigengutachten, antizipiertes B-5
Sack + Sack H-40
SAD H-2
Salmoniden-Gewässer G-17
Saltzmann-Verfahren M-31
Salze J-105
Salzsäure G-70
Sammelbehälter H-38

Sammelelemente für Probegas M-17
Sammelfahrzeug H-41
Sammelphasen M-17
Sammlung H-34
–, getrennte H-34, H-39
Sand, salzwassererfüllter J-32
Sandfang G-54, G-59, G-61, G-211
–, Anlagen, Dimensionierung von G-59
–, Bemessung G-61
Sandfanggut M-55
–, Entsorgung G-62
–, Entwässerung G-61
–, Räumung G-61
Sanierbarkeit J-43
Sanierung J-15
–, Anordnung B-57
–, Aufwand J-48
–, Bedarf J-43, J-47, J-106
–, Konzepte J-46f., J-107, J-110
– –, differenzierte J-47
–, Konzeptvorschlag J-112
–, Lösungen, nutzungsbezogene J-112
–, Maßnahmen J-43
– –, geeignete J-110
–, Plan B-57f., B-63
–, Prinzip J-111
–, Strategien J-47
–, Szenarien J-110, J-112
– –, standortbezogene J-111
–, Überwachung J-84
–, Untersuchungen B-57, B-62, J-43, J-47, J-106
–, Verfahren J-2, J-42, J-47, J-107
–, Vertrag B-56
–, Vorplanung J-111
–, Vorschlag J-47
–, Ziele B-55, J-47
–, Zielwerte J-108
–, Zone J-47
Sanitärbereich K-6
Saprobienindex G-9
Saprobiestufen G-9
Sattdampfinjektion J-93
Sättigungsladung F-36
Sauerstoff D-2, D-9
–, Ausnutzung G-143
–, Haushalt G-10
–, Konzentration G-91
–, Lieferant J-84
–, Mangel L-18
–, Sättigungswert G-26
–, technischer G-74
–, Verbrauch G-91, G-123
–, Versorgung G-98, G-123
Saugbelüftung H-125
Saugräumer G-63

Saugwagen G-67
Säulen
–, gepackte M-41
–, Chromatographie M-42
–, Profil J-31
Säure D-9
–, Grad (pH-Wert) D-39
–, Bildung D-9
Saure Abwässer G-70
Sauter-Durchmesser F-3
SAV H-2
SBR-Verfahren G-145
Scannermethode J-32
Schachtofen N-6, N-14, N-16
Schäden
–, Allmählichkeits- C-25
–, Summations- C-25
Schadensbehebung G-53
Schadensersatz B-10
Schadenskosten C-15
Schadgase D-10
Schadstoff D-1, D-36, D-40, D-42, D-45
–, Abbau G-209
– –, Voruntersuchungen J-79
–, Abtrennungsart J-89
–, Aufnahmekapazität C-9
–, Aufschluß J-90
–, Bindungsart J-89
–, Einbindung J-59, J-106
–, Eintrag G-6
–, Entfrachtung H-100
–, Emissionen H-123, J-44
– – aus dem Ackerbau N-117
– – aus dem Verkehr N-57
– – aus der Landwirtschaft N-128
– – aus der Viehhaltung N-123, N-128
–, Fahne J-28
–, Immisionen J-34
–, Inventar J-109
–, Konzentration, organische J-35
–, Phase J-50
–, Separierung J-46
–, Transport J-44
–, Wirkung D-45
–, Zerstörung J-46
Schall G-198, G-204
Schall/Geräusch G-197
–, Abstrahlung G-210
–, Bewertung D-45
–, Dämmung K-6
–, Dämpfer G-211
–, Druck G-205
–, Leistung G-205, M-76
–, Leistungspegel dB G-205
–, Pegel D-45, G-206, K-7, M-76

–, Pegelmessung G-204
–, Schutzfenster K-6
–, Schutzmaßnahme K-1, K-6
–, Signale G-206
SchankV L-3
Schaumbekämpfung G-112, G-115
Schaumlöschanlagen L-23
Scheibentauchkörper G-150
Scheibentrockner G-194
Schicht
–, Dicke D-5
–, Grenze J-35, J-37
–, monomolekulare F-46
Schichten, Grenzfläche zweier J-36
Schienentransport H-43
Schienenverkehr B-28, N-77
Schildräumer G-63
Schlacke J-87
Schlafstörung D-48f.
Schlamm
–, Alter G-94, G-96, G-124, G-185
–, Bagger- D-42
–, Behandlung G-183, N-102
–, Belastung G-93, G-124, G-128, G-185
–, belebter G-93
–, Eindickung G-186
–, Eisen- und Aluminiumhydroxid G-81
–, Entwässerung G-189
–, Fang G-67f.
–, Faul- M-55
–, galvanischer J-32
–, Index G-124
–, Klär- B-42, D-42, D-44, G-7
–, Konditionierung G-188
–, Kontaktverfahren G-65
–, Räumsystem G-63
–, Rücklauf- G-66, G-122
–, Stabilisierung G-185
––, aerobe G-185
––, anaerobe G-186
–, Struktur G-114
–, Trocknung G-192
–, Überschuß- G-94
–, Verbrennung G-195
–, Vergasung G-195
–, Volumen G-66
––, Beschickung G-66
––, Index G-66
–, Wasser, Behandlung G-192
Schlauchfilter F-31
Schließzeit L-41
Schlitzwand
–, gerammte J-57
–, Einphasenverfahren J-57
–, Kombinationsdichtung J-57

–, Zweiphasenverfahren J-57
Schmalwand J-57
Schmelzkammerfeuerung G-197
Schmelzwanne N-7
Schmutzstoffe, abbaubare G-91
Schmutzwasser B-47, G-36, G-38
–, Abfluß G-40
–, Kanal G-40
Schneckenpressen G-58
Schneckenpumpwerk G-210
Schnellanalytik M-60, M-71
Schnittholztrockner N-45
Schockabsorptionskapazität C-3
Schönungsteiche G-119
Schrott J-30
Schürfen J-28
Schüttgewicht H-38f., H-46
Schüttgutkatalysator F-65
Schüttschicht F-28
–, Katalysator F-70
–, Filter F-31
Schüttung H-35, H-41
Schutz L-35
–, Aufgaben L-28
–, Ebene L-28
–, Einrichtung L-28
–, Gut J-1, J-43f.
–, Pflicht B-17
–, Rechen G-55
–, Schicht J-53
–, Ziele L-28
Schutz- und Beschränkungsmaßnahmen J-44, J-107
Schwachfeldscheidung J-92
Schwebebettverfahren G-77, G-153
Schwebende Aufwuchsflächen G-153
Schwebstaub M-28
–, Immissionsmessung, registrierende M-29
Schwebstoffe, grobe G-54
Schwefel
–, Dioxid (SO_2) D-27
–, Oxid M-10
–, Säure G-70
–, Trioxid F-53
–, Verbindung, biogene D-7
–, Wasserstoff F-73f., G-200, M-12, M-33
Schweizer Eluattest (SET) M-63
Schwelbrennverfahren G-196, H-22, H-33
Schwellenwert D-25, J-13
Schwerefeld der Erde J-38
Schwergasausbreitung L-13

Schwerhörigkeit D-46
Schwerkrafteindicker G-187
Schwermetall D-42, J-102, M-65, M-73
–, Gehalt H-116
Schwerterwäscher J-92
Schwimmkugeln G-201
Schwimmschlamm, Bekämpfung von G-111f.
Schwimmstoffe G-63
–, Entfernung G-63
Scintillation M-85
–, Zähler J-38
Scintillator M-86
Sedimentation G-66, J-97
–, Becken G-62
Sedimente M-56
Sedimentgestein J-3
Seeboden, Gütezustand G-34
Seedingverfahren G-87
Seen N-118
Seismik J-35
Sektion, relevante L-39
Sekundärmedium L-38
Selbstreinigung
–, Kapazität G-92
–, Kraft G-5
––, natürliche G-24
–, Prozeß G-92
Selbstüberwachung L-36
Selektivaustauscher G-77
Selektive katalytische Reduktion (SCR) N-100
Selektoren G-113
Selektorverfahren G-146
Selen M-40
Semi-Puls F-41
Sender, hochfrequenter J-37
Senkengase D-9
Sensor L-33
Separator, ballistischer H-15
Setzmaschinen J-95
Seveso-II-Richtlinie L-5
Shirco-Infrared-System J-76
Shrinking core models J-66
Sicherheit J-11, L-7, L-35
–, Abstand L-44
–, Analyse L-6, L-10, L-48
––, systematische L-29
–, Betrachtung L-35
–, Datenblätter L-47
–, Kategorien L-24
–, Konzepte L-7, L-10, L-28
–, Management L-48
–, öffentliche J-1
–, Stellung L-36, L-41
–, Technik A-4
–, Unterweisung L-45
–, Ventil L-28, L-52

-, Vorkehrungen   L-7
Sicherheitsgerichtete speicherprogrammierbare Steuerung (SSPS)   L-28
Sicherung   J-15, J-44
-, Maßnahmen   J-44, J-109
-, Verfahren   J-48, J-59, J-109
Sickerwasser   B-61, H-125, J-30, N-118
-, Menge   H-76
-, Qualität   H-76
-, Behandlungsverfahren   H-79
-, Fassung   H-75
-, Prognose   B-62
Sickerweg   J-34
Sico-WAP   G-192
Sieb
-, Analyse   F-2
-, Anlagen   G-54, G-56
--, Auslegung von   G-58
-, Gut   G-59
-, Gütegrad   H-14f.
-, Maschine   H-13f.
-, Trommeln   G-57, H-14f.
-, Wirkung   F-29
Siebung   H-13
Siedepunkt   L-17
Siedewasserreaktor   N-22, N-24
Siedlungsabfall   H-3, H-21
Signal
-, ferrimagnetisches   J-29
-, Funktion   C-3
-, Verarbeitungseinrichtung   L-36
-, Verarbeitungsteil   L-36
Silagen   N-44
Silberkugel   M-32
-, Verfahren   M-32
Silikagel   F-47
Silikate   G-81
Simulation
-, dynamische   G-135
-, Training   L-44
Sinkgeschwindigkeit   F-2
Sinterkerzen   F-28
Sinterkühler   N-11
Sintermaschine   N-9f.
Smog   B-16, D-10
Sodalösung   G-70
Sofortmaßnahme   J-44
Sohlabdichtung, nachträgliche   J-49
Sol   J-89
Solarkonstante   D-12
Solartrockner   G-194
Solventextraktion, Anwendung   G-82

Sommersmog   D-10
Sonden   J-30
Sonderabfall   H-21
-, Deponie   N-115
-, Verbrennungsanlage   H-25
Sondierungskurve   J-31
Sorbentien, feste   M-17
Sorptionsrohr   M-32
Sortieranalyse   H-4
Sortierprozesse   J-95
Sortiertechnik   J-90
Sortierung   H-13
Sortiervorgänge   J-90
Spaltdiffusion, aktivierte   F-48
Spalten   J-34
Spaltöffnungen   D-31
Spaltprodukt   N-19
-, Isotop   N-19
Spaltweite   G-55
Spänetrockner   N-45
Spannungsabsenkung   F-40
Spannungsversorgung   F-33
Spannwellensieb   H-15
Spanplatte   N-49
Speicher   M-22
-, Filter   F-28
Spermiogenese   D-60
Sperrholz   N-49
Sperrmüll   H-35, H-41
Sperrstoffe   G-54
Spinellstruktur   J-29
Spitzenabflußbeiwert   G-42f.
Spitzenpegel   D-45
Sprachverständlichkeit   D-49
Sprengung   J-35
Sprinkleranlagen   L-23, L-55
Spritzwasserbildung   G-204
Sprühelektrode   F-33
Sprühsorptionsverfahren   F-42
Sprühturm   N-47
Sprühwasseranlagen   L-23
Spülkreislauf   J-84
Spülung   J-86
Spülwasser   G-78
Spurennährstoffe   D-40f.
SSPS   L-28
Staatszielbestimmung   B-2
Stabdosimeter   M-83
Stabilisierung   G-78, J-59
-, Grad der   H-119
Stabrechen   G-55
Städteplanung   J-48
Stahl   N-9, N-15
-, Erzeugung   N-14
Stallmist   N-123
Stand der Sicherheitstechnik   L-5f.
Stand der Technik (S.d.T.)   B-17, B-47, G-197, L-28, L-50
Stand von Wissenschaft und Technik   B-31

Standeindicker   G-187
Standortkartierung, geoelektrische   J-32
Starkfeldscheidung   J-92
Stauanlage   B-52
Staub   B-22, G-197, M-2
-, Ablagerung   F-18
-, Abscheidung   F-1, F-28
-, Beladung im Rohgas   M-3
-, Explosion   L-21
--, Klassen   L-21
-, Feuerung   H-25
-, kontinuierliche Messung   M-5
-, Masse   M-3
-, Messung
--, fraktionierende   M-29
--, manuelle   M-2
-, Niederschlag   F-38, M-28
-, radioaktiver   N-31
-, Sammelbunker   F-33
-, Schicht   F-38
-, Schlupf   F-29
-, Strähne   F-11, F-13
- /Gas-Gemisch   F-23
- /Luft-Gemisch   L-21
Stellglied   L-33
Steuerluftpufferung   L-41
Steuerreform, ökologische   C-23
Steuerung, festverdrahtete   L-28
Stichprobe   M-53
-, qualifizierte   M-53
Stickoxid   D-8-11
-, Minderung   H-30
--, nichtkatalytische   F-70
-, Reduktion   F-67
--, katalytische   F-67
--, nichtkatalytische   F-67
Stickstoff   D-2, D-40f., G-102, N-117, N-127f.
-, Ausschleusung   H-83
-, Belastung   G-192
-, Elimination   G-102, G-128
-, Immission   M-34
-, Monoxid (NO)   M-31
-, Oxid   M-15, N-51, N-125
-, Quellen   G-94
-, Verbindungen   D-27
Stillegung   B-21
Stoff
-, Ableitung   L-37
-, Angebot, Ausweitung   C-15
-, anorganischer   B-22
-, Austausch   F-58
-, brandfördernde   L-17
-, brennbare   L-17
-, diamagnetischer   J-29
-, Eintrag, Engpaßsituation   C-9

–, ferromagnetischer J-29
–, filtergängiger M-8
–, Freisetzungen L-14
––, Bewertung störungsbedingter L-14
–, gefährlicher B-16
–, geruchsintensiver B-22
–, hochentzündlicher L-17
–, Information L-54
–, Inventar L-54
–, kanzerogener B-22
–, Konzentrationen J-1
–, Kreisläufe D-30, D-38, J-1
–, leichtentzündlicher L-17
–, organischer B-24
–, paramagnetischer J-29
–, radioaktiver B-30, D-42
–, schallschluckender K-5
–, ungelöster G-54
–, Verwechselung L-42
–, wassergefährdender B-50, G-197
––, Anlage zum Umgang mit B-51
–, Wechselgeschwindigkeit G-102
– /Zubereitungen L-2
Stokessches Gesetz F-2
Stokes-Zahl F-12
Störfall L-5, L-31f.
–, Ablaufanalyse L-7, L-10
–, Ablaufdiagramme L-10
–, Auswirkungen L-7
–, Beauftragter L-47
–, Beurteilungswert des VCI L-16
–, Eintrittsvoraussetzungen L-7
–, Planungsgrenzwerte B-31
–, Ursachen L-7
–, Verordnung L-4f., L 28
Störstoffe G-54
Störstrahler B-30
Störungen L-6
Stoßbelastung G-4
Stoßwelle L-20
Strafgesetzbuch B-10
Strahlapparat L-38
Strahlen
–, Absorption M-82
–, dicht ionisierende D-55
–, Dosis M-82
–, Effekt, deterministischer D-63
–, Exposition D-1, D-54, D-57f., D-64
––, natürliche D-56, D-63
––, terrestrische D-56
–, ionisierende D-56, D-58, M-81
–, locker ionisierende D-55, D-59

–, Risiko D-58, D-61
–, Schäden, akute D-60
Strahlenschutz M-83
–, Beauftragter B-33
–, Bereich B-32
–, Grundsätze B-32
–, Kommission B-35
–, Standard D-63
–, Verantwortlicher B-33
–, Verordnung B-32
–, Vorschriften der DDR B-34
Strahlenwirkung
–, deterministische D-58
–, stochastische D-58
Strahlung G-198
–, α- J-38
–, β- J-38
–, γ- J-38
–, Emission D-14
–, kosmische B-35, D-56
–, Kühlung D-14
–, nichtionisierende B-35
–, terrestrische D-57
–, thermische D-13
Strahlwascher F-25
Strähnenbildung F-14
Straßenaufbruch H-3, H-59f., H-63
Straßentransport H-43
Straßenverkehr B-27, K-1, M-80
Stratopause D-16
Stratosphäre D-5f., D-8f., D-12, D-16
–, polare D-7f.
Streulicht M-5
–, Messung M-6
Strippeffekt G-84
Strippen G-83
Strippgase G-84
Strippung G-83, G-192, G-199
Stromklassierer H-62
Strom-Spannungs-Charakteristik F-34
Strömung M-3
Strontium-90 D-43
Struktur, tiefliegende J-37
Stuckgips F-59
Stützfeuerung L-37
Styrol D-20
Sublimation F-42
Substanzen
–, polare organische J-103
–, radioaktive D-43
–, wirksame organische (WOS) M-68
Substitutionsprozeß C-10
Substrat
–, Atmung G-123
–, Fracht G-123
–, Konzentration G-95, G-125

Sulfat D-7, D-20, M-74
–, Ionen G-73
–, Schicht D-7
–, Zellstoff H-47
Sulfid M-74
–, Fällung G-71f.
–, Oxidation N-55
–, Zellstoff H-47
Summationsschäden C-25
Summenbestimmungsmethode für die Verbindungsklasse der Phenole M-36
Summenhäufigkeit F-2
Summenlinienverfahren G-43
Suspension J-89
–, Verfahren J-83
Suspensiveffekt B-13
Sustainable development A-2, E-11
Synthese
–, chemische N-36, N-39
–, Gas N-111
System, integriertes H-40

TA Abfall H-2, H-6, M-58
TA Lärm B-26, K-1, K-7, M-80
TA Luft H-123, H-125, M-2
TA Shredderrückstand M-59
TA Siedlungsabfall G-62, H-6, H-59, H-105, H-119, M-58
TA Sonderabfall M-58
Tafelmietenverfahren H-111
Tagesausdruck M-24
Tagesmittelwert M-24
Tageszeit K-7
Taktmaximalpegelverfahren M-79
Taktmaximalverfahren M-81
Talsperre B-52
Target dose D-22
Taschenfilter F-31
TASI B-40, H-4
Tauchbrennverdampfer G-87
Tauchkörper G-150
Tauchrohr F-11, F-13
–, Geschwindigkeit F-13
Taupunkt F-30
TDL$_0$-Wert L-15
Technik, beste verfügbare B-17
Technische Regel
– für brennbare Flüssigkeiten (TRbF) L-4
– für Druckbehälter (TRB) L-4
Technische Richtkonzentration (TRK) L-17
Technisches Regelwerk L-28
Technologien J-109
Teeröl J-32

Teetasseneffekt F-11
Teiche G-116
–, belüftete G-119
Teilabbau J-78
Teilchenaufladung F-36
Teilgenehmigung B-19
Teilredundanz L-33
Teiltrocknung G-193
Tellerabsorber F-56
Temperatur D-13f., G-118
–, Einfluß G-124
–, Erhöhung D-16
–, Grenze F-40
–, Messung, direkte J-37
–, Schichtung G-34
Tensid J-93
Th J-38
Thallium M-40
Thebora-Verbrennungsanlage J-71
Thermalscanner J-37
Thermische Nachverbrennung N-48
Thermitec H-22
Thermolumineszenz M-86
Thermoplaste H-54
Thermoreaktor F-63
Thermoselect H-22
–, Verfahren G-196, H-34, N-111
Threshold Limit Values (TLV) L-15
Thrombozyten D-60
Thyristor-Steuerung F-40
Thyssen-Pyrolysetechnik J-75
Tiefenlage J-36
Tiefensondierung, geoelektrische J-31
Tiefflüge M-79
Tiefspeichervorhaben B-30
Tierhaltung N-124
Titration, jodometrische M-12
TNV-Anlage F-63f.
TOC (Total Organic Carbon) M 64
Toluol M-18
Ton J-32, J-38, J-87
–, Abdeckung J-38
–, Haltigkeit M-80
–, Mehl J-58
–, Minerale D-38
–, Scherbe, glasierte J 32
–, Zuschlag M-79
Torf D-38
Totalaufschluß M-71
Totalintensität J-28f.
Tourenplanung H-42
Toxikokinetik D-17
Trägerkatalysator F-65
Trägheitsabscheidung am Einzeltropfen F-21

Transformator F-40
Transmission J-43, M-1, M-5
Transport
–, Bahn H-43
–, Entfernung H-43
–, Genehmigung B-42
–, hydraulischer H-35
–, Kosten H-43
–, Schiene H-43
–, Straße H-43
– von Holz N-48
–, Zeit H-42
TRbF B-52, H-37
Treibhaus
–, Effekt C-10, D-2, D-9, D-12–16, N-119, N-121, N-127, N-129
–, Gase D-2, D-12, D-14f., N-121, N-126, N-129
–, Potential D-14f.
–, Wirkung D-14
Treibstoff N-121, N-129
Treibstrahl-Grenzschicht-Verdampfer G-85
Trennflächenhöhe F-13
Trennfugen J-3
Trennschicht J-53
Trennsystem G-38
Trennverfahren J-45f.
Trevira-Schwerkraftfilter G-192
Trinkwasser J-11, N-118
TrinkwasserVO M-45
Tritium N-24
Trockenmasse M-73
Trockenozonisierung G-207
Trockenrückstand G-186
Trockenstabilat
–, Herstellung H-123
–, Verfahren H-121
Trockenstabilisierung, mechanisch-biologische H-117
Trockensubstanz G-93
–, Gehalt G-123
Trockenverfahren H-113, J-83
–, einstufig H-113
–, mesophil H-113
–, thermophil H-113
–, zwei- oder mehrstufig H-113
Trocknen G-86
Trockner
–, Band- G-194
–, Dünnschicht- G-194
–, Knet- G-194
–, Scheiben- G-194
–, Solar- G-194
–, Trommel- G-194
–, Wirbelschicht- G-194
Trocknung G-88, H-82, N-45
–, Bedingung N-46

Tropenwaldbrände D-12
Tropfen- bzw. Nebelzyklon F-18
Tropfenabscheidung F-55
Tropfengrößenspektrum F-19
Tropfkörper G-141, G-148
–, Anlagen G-66, G-211
–, Biowäscher F-76
–, Fliege G-98
–, Rasen G-97f.
Troposphäre D-9–12
Trümmerwurf L-17
TRUwS B-52
Tschernobyl D-43, D-57f.
Tubularmodule G-89
Tumorpromotoren D-24
Turbulenzen G-203
Türen G-212

Überbandmagnet H-16
Überbauung J-51
Überdüngung G-7
Überfälle G-211
Überfallsicherung L-57
Überflutungszonen G-24
Übergangsvorschriften H-71
Überlassungspflicht B-40
Überplanung J-48
Überproduktion N-116
Überschallknall M-79
Überschlag F-34
Überschlagsspannung F-34
Überschuß
–, Produktion N-128
–, Schlamm G-94, M-55
– –, Produktion G-97, G-124
Überschwemmungsgebiet B-53
Überwachung G-53, L-33
Ultrafiltration G-90
Ultraviolett-Absorption M-15
Ultrazentrifugenanlage N-29
Umkehrosmose G-90, H-82f.
Umlaufverdampfer G-87
Umleerbehälter H-35
Umlenkabscheider F-9
Umlenkzyklon F-11
Umlenk- und Leitbleche F-33
Umschlagstation H-42
Umwälzung, ausreichende G-123
Umwandlung
–, photochemische D-2
–, Verfahren J-45
Umwelt
–, Auswirkungen J-45
–, Bedingungen F-74
–, Belange J-42
–, Belastung N-116, N-120, N-123, N-126, N-131

-, Betriebsprüfung   C-20
-, Bilanz   B-8
-, Bundesamt   B-12
-, Informationsgesetz   B-12
-, Management   C-20
-, Managementsystem   A-1, B-7
-, Medien   J-2
-, Nutzungsspielräume   C-22
-, Ökonomie   C-2
-, Schäden   L-17, L-31, L-35
-, Statistikgesetz   H-3
-, Verträglichkeitsprüfung (UVP)   B-9
Umweltschutz   J-12
-, additiver   C-16, E-1
-, Belange   J-42
-, Betriebskosten   E-11
-, integrierter   C-16, E-3
-, Investitionen   E-11
-, nachsorgend   A-4
-, optimaler   C-13
-, planerischer   C-7
-, proaktiver   C-20
-, produkt- und produktionsintegrierter   A-4
-, produktbezogener   C-16
-, technische und gesellschaftspolitische Aufgabe   E-1
-, vorsorgender   A-4
Unbefugte, Eingriffe durch   L-7
Unfallverhütungsvorschriften B-26, L-4
Unsicherheitsfaktoren   J-108
Unterdrucksystem   G-40
Unterhaltspflichtige   G-31
Unterhaltung   B-48
-, Last   G-31
Unternehmensleitung   B-11
Untersuchungen
-, systematische   L-7, L-10
- zur Verfahrensauswahl   J-80
Untertagegasspeicher (UGS) N-103
Unterweisung   L-26
Unverfügbarkeit   L-37
Unverhältnismäßigkeiten   J-43
Uran
-, Anreicherungsverfahren N-29
-, Bergbau   N-27
-, Extraktion   N-27
-, Gewinnung   N-26
US-Gesundheitsbehörde (FDA) N-45
UTD   H-2
UV-B   D-9
UV-Bestrahlung   G-74
UV-photometrisches Verfahren M-32
UV-Strahlung   D-2

Vakuum
-, Bandfilter   J-98
-, System   G-40
-, Verdampfer   G-87
Validität   J-107
Vasokonstriktion   D-54
VbF   L-3, L-21
VDE   B-6
VDI   B-5
VDI-Kommission „Lärmminderung"   K-8
Venturi
- abscheider   F-57
- absorber   F-56
- Kehle   F-25
- Wascher   F-20, F-22–26, G-208, N-47
Veränderung
-, biochemische   D-53
-, hormonale   D-53
Verband Deutscher Landwirtschaftlicher Untersuchungs- und Forschungsanstalten VDLUFA   M-59
Verbindungen
-, halogenierte organische G-75
-, organische   F-67, M-36
-, phenolische   M-36
-, radikalische   D-31
Verbrennung   D-9f., N-50
-, Eigenschaften   H-117
-, partikelarme   N-72
-, Prozesse   D-9
-, Temperatur   F-61
-, Verfahren, direkte   H-21
Verdachtsflächenkataster   B-56
Verdampfen   G-86
-, Anwendung   G-86
Verdampferkonzentrat   N-22
Verdampfung   H-82, L-13
-, Wärme   G-86
Verdichterstation   N-104
Verdichtungen   G-211
Verdünnungsmethode   M-21
Verdunster   G-87
Verdunstung   L-13
Veredelung   N-49
Verfahren
-, Akte   L-48
-, Auswahl   J-107
-, bergmännische   J-59
-, Bewertung   J-47
-, Biofilm-   G-147
-, biologische   F-2, F-42, G-208, H-79, H-104, J-78
-, Biomembrat-   G-145
-, chemische   F-1
-, Daten   J-110
-, diskontinuierliche   M-27
-, dispersive   M-13

-, elektrokinetische   J-46, J-102
-, Flotations-   G-144
-, hydraulische   J-49
-, Kombinationen   H-80, J-111
-, kombinierte   G-152
-, Kubota-   G-145
-, Membran-   G-145
-, mikrobiologische   J-46
-, nichtdispersive   M-13
-, physikalische   F-1
-, pneumatische   J-51
-, Reinsauerstoff-   G-146
-, ressourcensparende   C-15
-, SBR-   G-145
-, Selektor-   G-146
-, statische   J-80
-, thermisches   J-46
-, UV-photometrisches   M-32
Verfahrensgrundsätze
-, Absetzbecken   G-62
-, Leichtstoffabscheider   G-67
-, Sandfänge   G-59
Verfalldatum   N-41
Verfestigung   J-59, J-106
Verfügbarkeit   L-37
Vergärung   H-104
-, Anlagen   H-108
-, Einstufenprozeß   H-112
-, System   H-112
-, Zweistufenprozeß   H-112
Vergasung   G-196, H-21, N-111
Vergiftungen durch Alkalien F-69
Verglasen   J-104
Vergleichsgas   M-12
Vergleichsstandard   M-12
Verhaltensstörer   B-10
Verhältnismäßigkeit   B-58, J-47
Verkehr
-, Anlagen, benachbarte   L-7
-, Emission   B-16
-, Lärm   B-26, D-46, K-1, M-80
-, Lärmschutz   B-17
-, Planung   K-6
Verkeimung   G-203
Vermeidung   B-39, H-6
Vermeidungs- und Minimierungstechnologien   G-198
Vermischung   G-126
Verordnung   B-2
- über die Sicherheit medizinisch-technischer Geräte L-4
- über genehmigungsbedürftige Anlagen – 4. BImSchV L-4
Verpackung
-, Steuer   B-10
-, Verordnung   H-4, H-47, H-52

Verpuffung L-20
Verrottung H-104
Versagungsermessen B-31
Versalzung D-44f.
Versauerung D-44, N-125
Versäuerung G-186
–, Phase G-99
Versickerung
–, Anlage G-39
–, Fläche G-39
–, Mulde G-39
–, Rigole G-39
–, Rohr G-39
–, Schacht G-39
Versitzgruben G-36
Versorgung, elektrische F-40
Verstopfung F-18
Versuchsreaktor N-22
Verteilung
–, Anzahl F-3
–, Dichte F-2f.
–, Flächen F-3
–, Fuller F-5
–, Koeffizient G-82
–, Kurve F-2
–, Längen F-3
–, Problem, intergenerationelles C-5
–, RRSB F-3
–, Volumen F-3
Vertikalbrunnen J-49
Vertikalfilter G-122
Verträge, internationale B-1
Verunreinigungskomponenten D-27
Verursacher J-27
Verwaltungsakzessorietät B-11
Verwaltungshandeln B-14
Verwaltungsrecht B-3
Verwaltungsvorschrift, norminterpretierende B-3
Verweilzeit G-62
Verwendung, vegetationstechnische J-85
Verwerfung J-34
– des Bodens J-85
Verwertung B-39, H-44
–, baustoffliche H-44
–, bautechnische J-85
–, energetische B-39, H-117, N-52
–, rohstoffliche H-44, H-59
–, stoffliche B-39, H-6, H-44, N-52
–, werkstoffliche H-44
Vibrationsschnecke J-92
Vibrator J-35
Viehfütterung N-122
Viehhaltung N-115, N-122, N-127, N-129, N-131

Vierring-Verbindungen M-38
Vinylchlorid M-19, M-37
Viskosität J-6
VLF-Methode J-34
Vliese F-28
Volatile organic compounds (VOC) D-27
Völkergewohnheitsrecht B-1
Vollkatalysator F-65
Vollmaterialien F-70
Volltrocknung G-193
Volumen
–, kritisches H-8
–, Reduktion H-119
–, Verteilung F-3
Vorabscheider M-5
Vorauswahl J-47, J-109–11
Vorbehandlung, mechanisch-biologische H-18f.
Vorbescheid B-19
Vorfiltration G-81
Vorgaben, gesetzliche M-44
Vorgehen, methodisches J-110
Vorklärbecken G-62
Vorklärschlamm M-55
Vorklärung G-66
Vorläufersubstanzen D-11f.
Vor-Ort-Analyse M-71
Vorreinigung G-57
Vorrotte H-110
Vorschubfeuerung H-22
Vorsorgepflicht B-17
Vorsorgewert B-59
Voruntersuchungen J-78
Vulkanausbrüche D-7
VwV Erdaushub/Bauschutt M-59, M-70

Wachstum
–, Geschwindigkeit G-102
–, qualitatives C-1
–, quantitatives C-1
–, Rate G-95
–, Vorteil G-113
–, wirtschaftliches C-1
Wäge-System H-41
Waldböden D-38, D-42f.
Waldschäden D-41, N-125
Waldschadeninventur D-34
Walmenmiete H-111
Walzenrostfeuerung H-22
Wanderbettadsorber F-49
Wanderungsgeschwindigkeit F-36
–, effektive F-37
Wandhydranten L-23
Wärme G-197
–, Belastung G-26
–, Strahlung D-13
–, Stromdichte J-37

–, Tönung M-19
Wartung M-24
–, Anlage N-35
Wasch- und Extraktionsverfahren J-86
Waschanlagen für Rechengut und Siebgut G-58
Wascher L-37
–, Injektor- F-24
–, Kolonnen- F-23–26
–, Ringspalt- F-25
–, Rotations- F-23–26
–, Strahl- F-25
–, Venturi- F-23–26, G-208
–, Wirbel- F-23–26
Waschflüssigkeit F-2, F-18, F-55
–, beaufschlagte, Regeneration F-58
–, Regenerierung der F-19
Waschmittel N-93
Waschverfahren J-46
Wasser A-3, J-1, M-44
–, Abwasser B-39, B-47, D-41, J-104, M-44, M-46
–, Adsorption F-49
–, Arten M-44
–, Aufbereitung N-101
–, Behörden G-31
–, Deponiesicker- G-88, H-78
–, Entnahme B-46
–, Feinverdüsen von F-18
–, Gefährdungsklassen B-51, L-24
–, Gehalt M-64, M-73
––, hoher J-103
–, Härte G-16
–, Heil- J-11
–, Installation K-6
–, Lösch- L-24, L-55
–, Löslichkeit F-74
–, Menge, kritische H-10
–, Mineral- J-11
–, Niederschlags- B-47, G-22
–, Pfennig B-54
–, Preß-/Sicker- H-123
–, Regen- G-36
–, Schlamm-, Behandlung G-192
–, Schmutz- B-47, G-36, G-38
–, Schutzgebiet B-53, N-129
–, Sicker- B-61, H-125, J-30, N-118
–, Sport N-94
–, Spül- G-78
–, Trink- J-11, N-118
–, Verbände B-48
–, Verkehr N-87
–, Werkstatt N-53
Wasserhaushalt, Ordnung des G-30

-, Gesetz (WHG) B-45, G-29, G-71, G-197, H-79, J-26, M-45
-, Gleichung G H-77
Wasserstoff N-74
-, Ion N-125
-, Peroxid G-74
Wechselbehälter H-35, H-42
Wechselpatronen G-81
Wechselstromverfahren J-30, J-32
Wechselwirkung, elektrokinetische J-32
Weiterverwendung H-44
Welle
-, direkte J-36
-, Kompressions- J-35
-, Longitudinal- J-35
-, P-Welle J-35
-, reflektierte J-36f.
-, refraktierte J-36
-, Scher- J-35
-, S- J-35
-, Transversal- J-35
Wellenfront J-35
Wendelscheider J-95
Werksärztliche Einrichtung L-44
Werkschutz L-45
Werkseinsatzleitung L-47
Werksleitstelle L-46
Werksverkehr L-44
Wertstoff E-1
Wertsynthese J-113
Wettereinfluß M-77
Wetterlage K-7
Wickelmodul G-90
Widerruf B-20
Widerspruch B-13
Widerstand
-, elektrischer J-30
-, Kraft F-5, F-7
-, scheinbarer spezifischer J-31
-, spezifischer F-38
-, Unterschied J-32
Wiederaufarbeitung N-30
-, Anlage N-26
Wiedernutzbarmachung J-42
Wiedernutzung J-42
Wiederverwendung H-44
Wiederverwertung, werkstoffliche H-54
Wikonex H-22
Windsichtung H-15f.
Wirbelbettreaktor J-92
Wirbelbettverfahren G-153
Wirbelschicht

-, Betrieb G-87
-, Ofen H-25
-, Technik N-6
-, Trockner G-194
Wirbelstromwascher F-56
Wirbelwascher F-23f., F-26
Wirksame organische Substanz (WOS) M-68
Wirksamkeit J-112
-, Untergrenze J-112
Wirkschwelle D-26
Wirkstoffe
-, gentechnologisch gewonnene N-38
-, pharmazeutische N-36
Wirkung
-, Abschätzung H-8
-, gentoxische D-17, D-25
-, hormonähnliche D-24
-, karzinogene L-16
-, krebserzeugende D-17
-, teratogene L-16
-, zytotoxische D-24
Wirtschaftlichkeitsbetrachtungen J-110, J-112
Wischer F-40
Wohnbereich K-4, M-79
Wolken, stratosphärische D-7
Wurfsieb H-14

Xylol M-18

Zählrohr M-83f.
Zahnschwellen G-63
Zeilen-/Tunnelkompostierung H-110
Zeilenkompostierung H-111
Zeitabflußfaktorverfahren G-43
Zeitbeiwertverfahren G-43
Zeitbewertungsart M-76
Zelle, elektrochemische M-12
Zellmembranen D-18
Zellproliferation D-60
Zellstoff H-47, H-49
Zement N-3
-, Klinker N-3
-, Ofen N-4f.
Zentrifugalapparat J-92
Zentrifugen G-191
Zeolithe F-48, F-67
-, hydrophobierte F-51
-, künstliche H-30
-, natürliche H-30
Zerfall

-, Beständigkeit J-62
-, Konstante N-18
-, radioaktiver D-55, N-18
Zerkleinerung H-11
-, selektive H-12
Zero-Emission-Vehicles N-74
Zersetzung, exotherme L-18
Ziegel J-38
Zielorgane D-17, D-22
Zielsetzungen J-43, J-108
Zink J-30, N-18
-, Hütte N-18
Zirkulation
-, enterohepatische D-22
-, System J-103
Zone
-, Einteilung L-44
-, gesättigte J-6
-, ungesättigte B-61, J-6
-, wassergesättigte B-61
Zubereitungen N-40
Züblin-Verbrennungsanlage J-71
Zündbereich L-18
Zündenergie L-20
Zündgrenze F-61
Zündquelle L-17f.
Zündquellenvermeidung L-26
Zündtemperatur F-61, L-18, L-21
Zündvorgang L-18
Zündzeitpunkt F-40
Zuordnungskriterien für Deponien M-50
Zurichtung N-54
Zusatzbelastung G-201
Zusatzbrennstoff F-63
Zusatzmaßnahmen J-107
Zustand
-, naturbedingter L-7
-, sicherer L-36
-, Störer B-10, B-57f., J-27
Zuverlässigkeit J-107, L-37
Zwangsmischer J-61
Zweistufenprozeß H-112
Zwischenlager B-30, N-35
Zwischenlagerung N-31
-, Fläche J-107
Zyklon
-, Abscheider F-11
-, Anlage F-16
-, Batterie F-16
-, Betrieb F-18
-, Druckverlust F-15
Zyklonieren H-58

MIX
Papier aus verantwortungsvollen Quellen
Paper from responsible sources
FSC® C105338

If you have any concerns about our products,
you can contact us on
ProductSafety@springernature.com

In case Publisher is established outside the EU,
the EU authorized representative is:
Springer Nature Customer Service Center GmbH
Europaplatz 3, 69115 Heidelberg, Germany

Printed by Libri Plureos GmbH
in Hamburg, Germany